U0145836

把数学分析和实验研究联合使用所得到的物理科学知识，比之一个单纯的实验人员或者单纯的数学家能具有的知识更加坚实、有益而牢固。

——麦克斯韦(James Clerk Maxwell,1831—1879)

在物理学史中，伽利略和牛顿与法拉第和麦克斯韦都同样伟大！

——爱因斯坦(Albert Einstein,1879—1955)

麦克斯韦的光辉名字将永远镌刻在经典物理学的门扉上，永放光芒。从出生地来说，他属于爱丁堡；从个性来说，他属于剑桥大学；从功绩来说，他属于全世界！

——普朗克(Max Karl Ernst Ludwig Planck,1858—1947)

本书列入“十四五”国家重点图书出版规划

科学元典丛书

The Series of the Great Classics in Science

主　　编　任定成

执行主编　周雁翎

策　　划　周雁翎

丛书主持　陈　静

科学元典是科学史和人类文明史上划时代的丰碑，是人类文化的优秀遗产，是历经时间考验的不朽之作。它们不仅是伟大的科学创造的结晶，而且是科学精神、科学思想和科学方法的载体，具有永恒的意义和价值。

科学元典丛书

电磁通论

A Treatise on Electricity and Magnetism

[英] 麦克斯韦 著　戈 革 译

北京大学出版社
PEKING UNIVERSITY PRESS

图书在版编目(CIP)数据

电磁通论/（英）麦克斯韦著；戈革译. —北京：北京大学出版社，2010.1
（科学元典丛书）
ISBN 978-7-301-16515-7

Ⅰ. 电…　Ⅱ. ①麦…②戈…　Ⅲ. 科学普及－电磁学　Ⅳ. O441

中国版本图书馆 CIP 数据核字（2009）第 230963 号

A TREATISE ON ELECTRICITY AND MAGNETISM，3th ed.
By James Clerk Maxwell
Edited by J. J. Thompson
Oxford：Clarendon，1904

书　　名	电磁通论 DIANCI TONGLUN
著作责任者	[英] 麦克斯韦　著　戈　革　译
丛书策划	周雁翎
丛书主持	陈　静
责任编辑	陈　静
标准书号	ISBN 978-7-301-16515-7
出版发行	北京大学出版社
地　　址	北京市海淀区成府路 205 号　100871
网　　址	http://www. pup. cn　新浪微博：@ 北京大学出版社
微信公众号	通识书苑（微信号：sartspku）　科学元典（微信号：kexueyuandian）
电子邮箱	编辑部 jyzx@pup. cn　总编室 zpup@pup. cn
电　　话	邮购部 010-62752015　发行部 010-62750672　编辑部 010-62707542
印 刷 者	北京中科印刷有限公司
经 销 者	新华书店
	787 毫米 × 1092 毫米　16 开本　41.5 印张　彩插 8　750 千字
	2010 年 1 月第 1 版　2023 年 10 月第 11 次印刷
定　　价	129.00 元

弁　言

· Preface to the Series of the Great Classics in Science ·

这套丛书中收入的著作，是自古希腊以来，主要是自文艺复兴时期现代科学诞生以来，经过足够长的历史检验的科学经典。为了区别于时下被广泛使用的“经典”一词，我们称之为“科学元典”。

我们这里所说的“经典”，不同于歌迷们所说的“经典”，也不同于表演艺术家们朗诵的“科学经典名篇”。受歌迷欢迎的流行歌曲属于“当代经典”，实际上是时尚的东西，其含义与我们所说的代表传统的经典恰恰相反。表演艺术家们朗诵的“科学经典名篇”多是表现科学家们的情感和生活态度的散文，甚至反映科学家生活的话剧台词，它们可能脍炙人口，是否属于人文领域里的经典姑且不论，但基本上没有科学内容。并非著名科学大师的一切言论或者是广为流传的作品都是科学经典。

这里所谓的科学元典，是指科学经典中最基本、最重要的著作，是在人类智识史和人类文明史上划时代的丰碑，是理性精神的载体，具有永恒的价值。

一

科学元典或者是一场深刻的科学革命的丰碑，或者是一个严密的科学体系的构架，或者是一个生机勃勃的科学领域的基石，或者是一座传播科学文明的灯塔。它们既是昔日科学成就的创造性总结，又是未来科学探索的理性依托。

哥白尼的《天体运行论》是人类历史上最具革命性的震撼心灵的著作，它向统治西方思想千余年的地心说发出了挑战，动摇了“正统宗教”学说的天文学基础。伽利略《关于托勒密和哥白尼两大世界体系的对话》以确凿的证据进一步论证了哥白尼学说，更直接地动摇了教会所庇护的托勒密学说。哈维的《心血运动论》以对人类躯体和心灵的双重关怀，满怀真挚的宗教情感，阐述了血液循环理论，推翻了同样统治西方思想千余年、被“正统宗教”所庇护的盖伦学说。笛卡儿的《几何》不仅创立了为后来诞生的微积分提供了工具的解析几何，而且折射出影响万世的思想方法论。牛顿的《自然哲学之数学原理》标志着17世纪科学革命的顶点，为后来的工业革命奠定了科学基础。分别以惠更斯的《光论》与牛顿的《光学》为代表的波动说与微粒说之间展开了长达200余年的论战。拉瓦锡在《化学基础论》中详尽论述了氧化理论，推翻了统治化学百余年之久的燃素理论，这一智识壮举被公认为历史上最自觉的科学革命。道尔顿的《化学哲学新体系》奠定了物质结构理论的基础，开创了科学中的新时代，使19世纪的化学家们有计划地向未知领域前进。傅立叶的《热的解析理论》以其对热传导问题的精湛处理，突破了牛顿的《自然哲学之数学原理》所规定的理论力学范围，开创了数学物理学的崭新领域。达尔文《物种起源》中的进化论思想不仅在生物学发展到分子水平的今天仍然是科学家们阐释的对象，而且100多年来几乎在科学、社会和人文的所有领域都在施展它有形和无形的影响。《基因论》揭示了孟德尔式遗传性状传递机理的物质基础，把生命科学推进到基因水平。爱因斯坦的《狭义与广义相对论浅说》和薛定谔的《关于波动力学的四次演讲》分别阐述了物质世界在高速和微观领域的运动规律，完全改变了自牛顿以来的世界观。魏格纳的《海陆的起源》提出了大陆漂移的猜想，为当代地球科学提供了新的发展基点。维纳的《控制论》揭示了控制系统的反馈过程，普里戈金的《从存在到演化》发现了系统可能从原来无序向新的有序态转化的机制，二者的思想在今天的影响已经远远超越了自然科学领域，影响到经济学、社会学、政治学等领域。

科学元典的永恒魅力令后人特别是后来的思想家为之倾倒。欧几里得的《几何原本》以手抄本形式流传了1800余年，又以印刷本用各种文字出了1000版以上。阿基米德写了大量的科学著作，达·芬奇把他当作偶像崇拜，热切搜求他的手稿。伽利略以他的继承人自居。莱布尼兹则说，了解他的人对后代杰出人物的成就就不会那么赞赏了。为捍卫《天体运行论》中的学说，布鲁诺被教会处以火刑。伽利略因为其《关于托勒密和哥白尼两大世界体系的对话》一书，遭教会的终身监禁，备受折磨。伽利略说吉尔伯特的《论磁》一书伟大得令人嫉妒。拉普拉斯说，牛顿的《自然哲学之数学原理》揭示了宇宙的最伟大定律，它将永远成为深邃智慧的纪念碑。拉瓦锡在他的《化学基础论》出版后5年被法国革命法庭处死，传说拉格朗日悲愤地说，砍掉这颗头颅只要一瞬间，再长出这样的头颅 100 年也不够。《化学哲学新体系》的作者道尔顿应邀访法，当他走进法国科学院会议厅时，院长和全体院士起立致敬，得到拿破仑未曾享有的殊荣。傅立叶在《热的解析理论》中阐述的强有力的数学工具深深影响了整个现代物理学，推动数学分析的发展达一个多世纪，麦克斯韦称赞该书是“一首美妙的诗”。当人们咒骂《物种起源》是“魔鬼的经典”“禽兽的哲学”的时候，赫胥黎甘做“达尔文的斗犬”，挺身捍卫进化论，撰写了《进化论与伦理学》和《人类在自然界的位置》，阐发达尔文的学说。经过严复的译述，赫胥黎的著作成为维新领袖、辛亥精英、“五四”斗士改造中国的思想武器。爱因斯坦说法拉第在《电学实验研究》中论证的磁场和电场的思想是自牛顿以来物理学基础所经历的最深刻变化。

在科学元典里，有讲述不完的传奇故事，有颠覆思想的心智波涛，有激动人心的理性思考，有万世不竭的精神甘泉。

二

按照科学计量学先驱普赖斯等人的研究，现代科学文献在多数时间里呈指数增长趋势。现代科学界，相当多的科学文献发表之后，并没有任何人引用。就是一时被引用过的科学文献，很多没过多久就被新的文献所淹没了。科学注重的是创造出新的实在知识。从这个意义上说，科学是向前看的。但是，我们也可以看到，这么多文献被淹没，也表明划时代的科学文献数量是很少的。大多数科学元典不被现代科学文献所引用，那是因为其中的知识早已成为科学中无须证明的常识了。即使这样，科学经典也会因为其中思想的恒久意义，而像人文领域里的经典一样，具有永恒的阅读价值。于是，科学经典就被一编再编、一印再印。

早期诺贝尔奖得主奥斯特瓦尔德编的物理学和化学经典丛书“精密自然科学经典”从 1889 年开始出版，后来以“奥斯特瓦尔德经典著作”为名一直在编辑出版，有资料说目前已经出版了 250 余卷。祖德霍夫编辑的“医学经典”丛书从 1910 年就开始陆续出版了。也是这一年，蒸馏器俱乐部编辑出版了 20 卷“蒸馏器俱乐部再版本”丛书，丛书中全是化学经典，这个版本甚至被化学家在 20 世纪的科学刊物上发表的论文所引用。一般把 1789 年拉瓦锡的化学革命当作现代化学诞生的标志，把 1914 年爆发的第一次世界大战称为化学家之战。奈特把反映这个时期化学的重大进展的文章编成一卷，把这个时期的其他 9 部总结性化学著作各编为一卷，辑为 10 卷“1789—1914 年的化学发展”丛书，于 1998 年出版。像这样的某一科学领域的经典丛书还有很多很多。

科学领域里的经典，与人文领域里的经典一样，是经得起反复咀嚼的。两个领域里的经典一起，就可以勾勒出人类智识的发展轨迹。正因为如此，在发达国家出版的很多经典丛书中，就包含了这两个领域的重要著作。1924 年起，沃尔科特开始主编一套包括人文与科学两个领域的原始文献丛书。这个计划先后得到了美国哲学协会、美国科学促进会、美国科学史学会、美国人类学协会、美国数学协会、美国数学学会以及美国天文学学会的支持。1925 年，这套丛书中的《天文学原始文献》和《数学原始文献》出版，这两本书出版后的 25 年内市场情况一直很好。1950 年，沃尔科特把这套丛书中的科学经典部分发展成为“科学史原始文献”丛书出版。其中有《希腊科学原始文献》《中世纪科学原始文献》和《20 世纪（1900—1950 年）科学原始文献》，文艺复兴至 19 世纪则按科学学科（天文学、数学、物理学、地质学、动物生物学以及化学诸卷）编辑出版。约翰逊、米利肯和威瑟斯庞三人主编的“大师杰作丛书”中，包括了小尼德勒编的 3 卷“科学大师杰作”，后者于 1947 年初版，后来多次重印。

在综合性的经典丛书中，影响最为广泛的当推哈钦斯和艾德勒 1943 年开始主持编译的“西方世界伟大著作丛书”。这套书耗资 200 万美元，于 1952 年完成。丛书根据独创性、文献价值、历史地位和现存意义等标准，选择出 74 位西方历史文化巨人的 443 部作品，加上丛书导言和综合索引，辑为 54 卷，篇幅 2 500 万单词，共 32 000 页。丛书中收入不少科学著作。购买丛书的不仅有“大款”和学者，而且还有屠夫、面包师和烛台匠。迄 1965 年，丛书已重印 30 次左右，此后还多次重印，任何国家稍微像样的大学图书馆都将其列入必藏图书之列。这套丛书是 20 世纪上半叶在美国大学兴起而后扩展到全社会的经典著作研读运动的产物。这个时期，美国一些大学的寓所、校园和酒吧里都能听到学生讨论古典佳作的声音。有的大学要求学生必须深研 100 多部名著，甚至在教学中不得使用最新的实验设备，而是借助历史上的科学大师所使用的方法和仪器复制品去再现划时代的著名实验。至 20 世纪 40 年代末，美国举办古典名著学习班的城市达 300 个，学员 50 000 余众。

相比之下，国人眼中的经典，往往多指人文而少有科学。一部公元前 300 年左右古希腊人写就的《几何原本》，从 1592 年到 1605 年的 13 年间先后 3 次汉译而未果，经 17 世纪初和 19 世纪 50 年代的两次努力才分别译刊出全书来。近几百年来移译的西学典籍中，成系统者甚多，但皆系人文领域。汉译科学著作，多为应景之需，所见典籍寥若晨星。借 20 世纪 70 年代末举国欢庆“科学春天”到来之良机，有好尚者发出组译出版“自然科学世界名著丛书”的呼声，但最终结果却是好尚者抱憾而终。20 世纪 90 年代初出版的“科学名著文库”，虽使科学元典的汉译初见系统，但以 10 卷之小的容量投放于偌大的中国读书界，与具有悠久文化传统的泱泱大国实不相称。

我们不得不问：一个民族只重视人文经典而忽视科学经典，何以自立于当代世界民族之林呢？

三

科学元典是科学进一步发展的灯塔和坐标。它们标识的重大突破，往往导致的是常规科学的快速发展。在常规科学时期，人们发现的多数现象和提出的多数理论，都要用科学元典中的思想来解释。而在常规科学中发现的旧范型中看似不能得到解释的现象，其重要性往往也要通过与科学元典中的思想的比较显示出来。

在常规科学时期，不仅有专注于狭窄领域常规研究的科学家，也有一些从事着常规研究但又关注着科学基础、科学思想以及科学划时代变化的科学家。随着科学发展中发现的新现象，这些科学家的头脑里自然而然地就会浮现历史上相应的划时代成就。他们会对科学元典中的相应思想，重新加以诠释，以期从中得出对新现象的说明，并有可能产生新的理念。百余年来，达尔文在《物种起源》中提出的思想，被不同的人解读出不同的信息。古脊椎动物学、古人类学、进化生物学、遗传学、动物行为学、社会生物学等领域的几乎所有重大发现，都要拿出来与《物种起源》中的思想进行比较和说明。玻尔在揭示氢光谱的结构时，提出的原子结构就类似于哥白尼等人的太阳系模型。现代量子力学揭示的微观物质的波粒二象性，就是对光的波粒二象性的拓展，而爱因斯坦揭示的光的波粒二象性就是在光的波动说和微粒说的基础上，针对光电效应，提出的全新理论。而正是与光的波动说和微粒说二者的困难的比较，我们才可以看出光的波粒二象性学说的意义。可以说，科学元典是时读时新的。

除了具体的科学思想之外，科学元典还以其方法学上的创造性而彪炳史册。这些方法学思想，永远值得后人学习和研究。当代诸多研究人的创造性的前沿领域，如认知心理学、科学哲学、人工智能、认知科学等，都涉及对科学大师的研究方法的研究。一些科学史学家以科学元典为基点，把触角延伸到科学家的信件、实验室记录、所属机构的档案等原始材料中去，揭示出许多新的历史现象。近二十多年兴起的机器发现，首先就是对科学史学家提供的材料，编制程序，在机器中重新做出历史上的伟大发现。借助于人工智能手段，人们已经在机器上重新发现了波义耳定律、开普勒行星运动第三定律，提出了燃素理论。萨伽德甚至用机器研究科学理论的竞争与接受，系统研究了拉瓦锡氧化理论、达尔文进化学说、魏格纳大陆漂移说、哥白尼日心说、牛顿力学、爱因斯坦相对论、量子论以及心理学中的行为主义和认知主义形成的革命过程和接受过程。

除了这些对于科学元典标识的重大科学成就中的创造力的研究之外，人们还曾经大规模地把这些成就的创造过程运用于基础教育之中。美国几十年前兴起的发现法教学，就是在这方面的尝试。近二十多年来，兴起了基础教育改革的全球浪潮，其目标就是提高学生的科学素养，改变片面灌输科学知识的状况。其中的一个重要举措，就是在教学中加强科学探究过程的理解和训练。因为，单就科学本身而言，它不仅外化为工艺、流程、技术及其产物等器物形态，直接表现为概念、定律和理论等知识形态，更深蕴于其特有的思想、观念和方法等精神形态之中。没有人怀疑，我们通过阅读今天的教科书就可以方便地学到科学元典著作中的科学知识，而且由于科学的进步，我们从现代教科书上所学的知识甚至比经典著作中的更完善。但是，教科书所提供的只是结晶状态的凝固知识，而科学本是历史的、创造的、流动的，在这历史、创造和流动过程之中，一些东西蒸发了，另一些东西积淀了，只有科学思想、科学观念和科学方法保持着永恒的活力。

然而，遗憾的是，我们的基础教育课本和科普读物中讲的许多科学史故事不少都是误讹相传的东西。比如，把血液循环的发现归于哈维，指责道尔顿提出二元化合物的元素原子数最简比是当时的错误，讲伽利略在比萨斜塔上做过落体实验，宣称牛顿提出了牛顿定律的诸数学表达式，等等。好像科学史就像网络上传播的八卦那样简单和耸人听闻。为避免这样的误讹，我们不妨读一读科学元典，看看历史上的伟人当时到底是如何思考的。

现在，我们的大学正处在席卷全球的通识教育浪潮之中。就我的理解，通识教育固然要对理工农医专业的学生开设一些人文社会科学的导论性课程，要对人文社会科学专业的学生开设一些理工农医的导论性课程，但是，我们也可以考虑适当跳出专与博、文与理的关系的思考路数，对所有专业的学生开设一些真正通而识之的综合性课程，或者倡导这样的阅读活动、讨论活动、交流活动甚至跨学科的研究活动，发掘文化遗产、分享古典智慧、继承高雅传统，把经典与前沿、传统与现代、创造与继承、现实与永恒等事关全民素质、民族命运和世界使命的问题联合起来进行思索。

我们面对不朽的理性群碑，也就是面对永恒的科学灵魂。在这些灵魂面前，我们不是要顶礼膜拜，而是要认真研习解读，读出历史的价值，读出时代的精神，把握科学的灵魂。我们要不断吸取深蕴其中的科学精神、科学思想和科学方法，并使之成为推动我们前进的伟大精神力量。

任定成
2005年8月6日
北京大学承泽园迪吉轩

位于阿伯丁大学的麦克斯韦（James Clerk Maxwell，1831—1879）的半身像

▲ 麦克斯韦的母亲和幼年的麦克斯韦

▲ 麦克斯韦的父亲约翰·克拉克·麦克斯韦

◀ 麦克斯韦的出生处——苏格兰的爱丁堡印度街14号

▶ 麦克斯韦故居内景。此故居现在是麦克斯韦基金会和世界数学科学研究中心（ICMS）所在地。

▲ 麦克斯韦的表姐杰迈玛

▲ 表姐和小麦克斯韦合作的玩具“魔盒”

◀ 麦克斯韦的表姐在1841年左右画的《孩子（麦克斯韦）和他的父亲（约翰·克拉克·麦克斯韦）同狗托比在一起》。

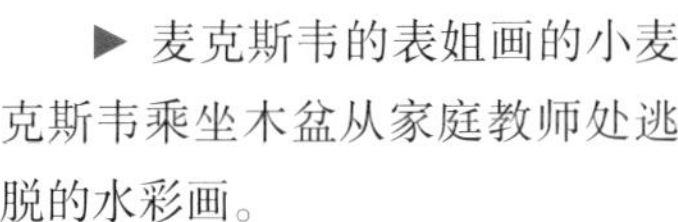

▶ 麦克斯韦的表姐画的小麦克斯韦乘坐木盆从家庭教师处逃脱的水彩画。

▲ 麦克斯韦家的格伦莱尔庄园。麦克斯韦最重要的科学著作就是在这里写成的。

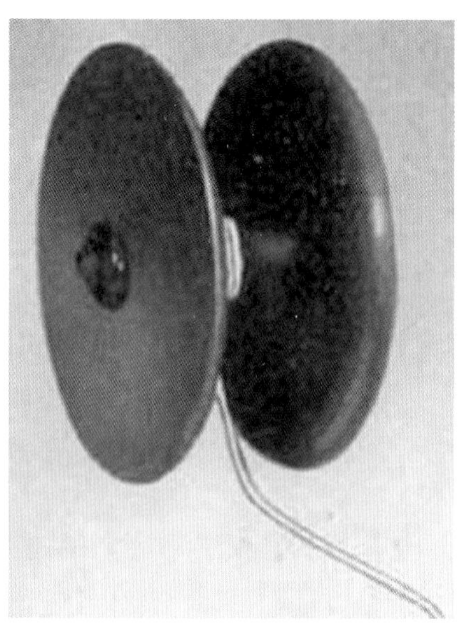

▲ 小麦克斯韦自己做的玩具。麦克斯韦在中学时代喜欢玩陀螺，还教他的许多朋友玩过。这种爱好终其一生。陀螺的原理后来还被他应用到科学上去了。

◀ 小麦克斯韦跟着骑马的父亲在庄园里。

► 小麦克斯韦在庄园里听小提琴演奏。

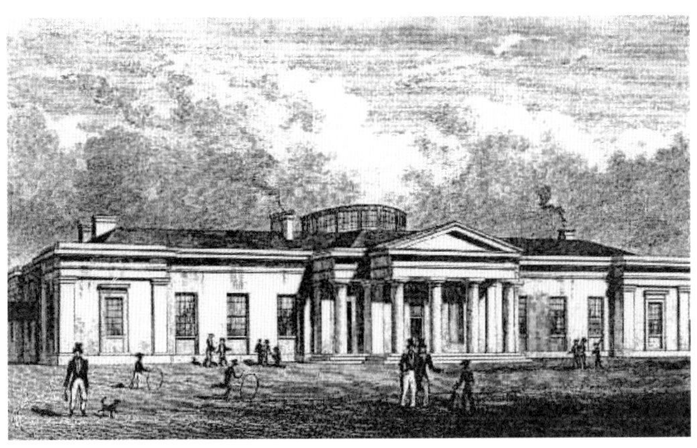

▲ 1841年麦克斯韦进入爱丁堡公学学习。

▲ 麦克斯韦16岁就进入爱丁堡大学学习数学和物理。

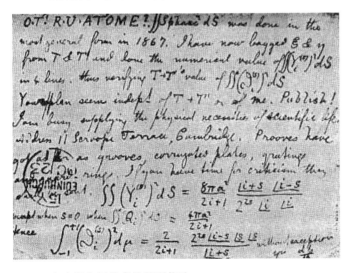

▲ 麦克斯韦写给泰特的明信片

► 麦克斯韦在爱丁堡大学的好友泰特（Peter Guthrie Tait，1831—1901）。他后来是爱丁堡大学自然哲学教授，与开尔文爵士（Lord Kelvin, 1824—1907）合作撰写了著名的《论自然哲学》。

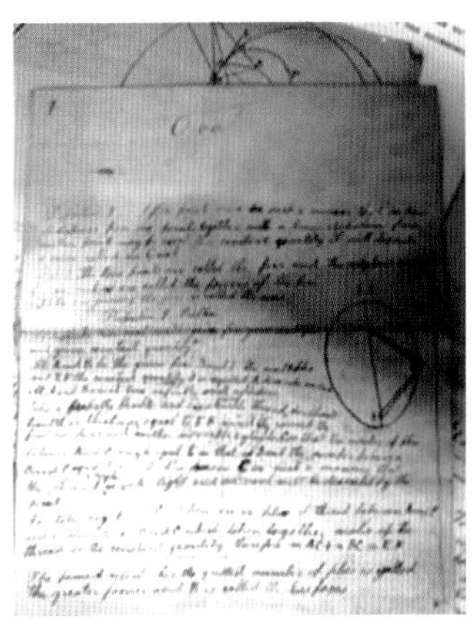

▲“卵形线”论文的手稿。年仅14岁的麦克斯韦在爱丁堡皇家学会会刊上发表了一篇关于绘制“卵形线”问题的论文。据说这个问题，当时只有大数学家笛卡儿（Rene Descartes, 1596—1650）曾经研究过。麦克斯韦的方法同笛卡儿的方法不但不雷同，而且还要简便些。

▲ 麦克斯韦在爱丁堡大学的好友坎贝尔（Lewis Campbell，1830—1908）。他和加内特（William Garnett）合著了麦克斯韦传记——《麦克斯韦的一生》。

◀ 剑桥时期的麦克斯韦。1850年，麦克斯韦转入剑桥大学彼得豪斯学院，一学期后转入三一学院。

◀ 阿伯丁大学马里沙尔学院。1856年麦克斯韦开始在该学院任自然哲学教授。

▶ 麦克斯韦在伦敦国王学院。1860年麦克斯韦开始在该学院任自然哲学和天文学教授。

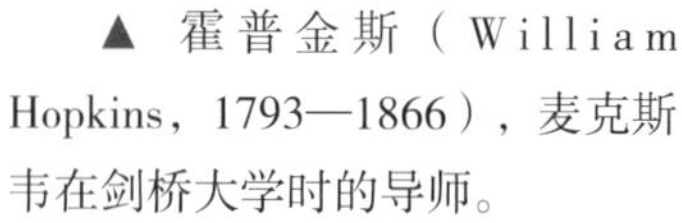

▲ 霍普金斯（William Hopkins，1793—1866），麦克斯韦在剑桥大学时的导师。

◀ 卡文迪什实验室的旧楼外观。1874年，麦克斯韦担任实验室的第一任主任。卡文迪什（Henry Cavendish，1731—1810）是一位性情怪僻的英国著名物理学家和化学家。麦克斯韦最后几年的主要工作就是整理卡文迪什留下的大量资料。这些资料大多涉及数学和电学，其中不少很有价值的东西埋没了几乎半个世纪。

▲ 婴儿时期的麦克斯韦

▲ 少儿时期的麦克斯韦

▲ 麦克斯韦和他的夫人，1875年左右摄于苏格兰。麦克斯韦于1858年结婚，夫人为阿伯丁大学马里沙尔学院院长的女儿凯瑟琳。

▲ 壮年时期的麦克斯韦

▲ 晚年时期的麦克斯韦

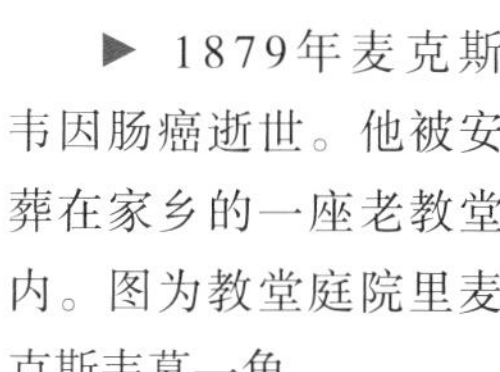

► 1879年麦克斯韦因肠癌逝世。他被安葬在家乡的一座老教堂内。图为教堂庭院里麦克斯韦墓一角。

◀ 伦敦国王学院滑铁卢校区内的“麦克斯韦”大楼

▶ 美国夏威夷莫纳克亚山上以“麦克斯韦”命名的望远镜

◀ 爱丁堡皇家学会建立的麦克斯韦雕像

▶ 1948年出版的控制论。1947年，维纳（Nobert Wiener，1894—1964）用“cybernetics”这个词来命名自己创立的这门新兴的边缘科学有两个用意：一方面想借此纪念麦克斯韦1868年发表《论调速器》一文，因为“governor”（调速器）一词是从希腊文“掌舵人”一词讹传而来的；另一方面船舶上的操舵机的确是早期反馈机构的一种通用的形式。

目　录

第四编　电磁学 / 397

导　读

戈　革　陈熙谋　陈秉乾
（中国石油大学教授）（北京大学教授）

· *Introduction to Chinese Version* ·

自从牛顿奠定理论物理学基础以来，物理学的公理基础——换句话说，就是我们关于实在结构的概念——最伟大的变革，是由法拉第和麦克斯韦在电磁现象方面的工作所引起的。

在麦克斯韦之前，人们以为物理实在——就它应当代表自然界中的事件而论——是质点，质点的变化完全是由那些服从全微分方程的运动所组成的。在麦克斯韦之后，人们则认为物理实在是由连续的场来代表的，它服从偏微分方程，不能对它做机械论的解释。实在概念的这一变革，是物理学自牛顿以来的一次最深刻、最富有成效的变革。

——爱因斯坦（许良英译）

生平简介

麦克斯韦1831年6月13日生于英国苏格兰的爱丁堡，1879年11月5日卒于英国剑桥。

麦克斯韦原姓克拉克，家族从16世纪时起就在爱丁堡一带很有名望，在18世纪中曾两度和麦克斯韦家族联姻。麦克斯韦的父亲约翰·克拉克在继承一处田产时按照当时的契约而承袭了麦克斯韦这个姓氏。田产位于苏格兰南部，包括一处住宅（格伦莱尔园）和1500英亩土地，在铁路修通以前离爱丁堡有两天的行程。后来麦克斯韦最重要的科学著作就是在那里写成的。

麦克斯韦出生于爱丁堡，随后就随父母回到了自己的庄园。他的父亲受的是法学教育，但对近于实用的、技术性的学问有兴趣，后来成为爱丁堡皇家学会的会员。他的母亲名弗朗西斯（Frances），母家姓凯（Cay），性情果敢，临事有决断，生麦克斯韦时她已经40岁，8年以后就因癌症去世了。

当时苏格兰的等级观念还不像英格兰那样严重。麦克斯韦幼时常和农民子弟一起玩耍，学会了当地的方言，而且终生未变。他从小就由母亲照管和教育；丧母以后，他父亲曾给他请过一个家庭教师，但那人教育不得法，只在麦克斯韦的性格上留下了有害的影响，所以不久便被辞退了。

麦克斯韦于1841年进入爱丁堡公学（Edinburgh Academy），在那里结识了两个好友：后来成为人文学者并和另外一个人合撰了麦克斯韦传的坎贝尔（L. Campbell）和后来成为爱丁堡大学自然哲学教授的泰特（P. G. Tait）。从1845年起，他父亲恢复出席爱丁堡皇家学会的会议，他一般都随父亲前往。1847年，他进入爱丁堡大学，在实验技术和治学态度方面都受到了良好的训练。他成绩优良，但并不是同辈中最好的一个。

1850年，麦克斯韦转入剑桥大学，起初在彼得豪斯（Peterhouse）学院，一学期后转入三一学院，并于第二年成为著名导师“优等生培育家”霍普金斯（W. Hopkins）的学生。在此期间，他还被选为半秘密的著名学生组织“使徒俱乐部”（Apostles Club）的会员，交结了各方面的朋友。他通过考试，得到了“优等生”（wrangler）的称号。

他于1855年成为剑桥大学三一学院的院侣（fellow），于1856年被任命为阿伯丁的马里沙尔学院的自然哲学教授。两年以后，他和该学院院长的女儿凯瑟琳（M. D. Katherine）结婚，夫人比他大7岁。婚后二人性格有龃龉之处，但他们还是维持了相当好的感情。

1860年，因为行政上的原因，麦克斯韦在阿伯丁的教授职位被撤销。此事引起了当地人士的愤慨和议论。当时麦克斯韦曾申请爱丁堡大学的教授职位，也因竞争不过他的老朋友泰特而告失败。但是不久以后，他就被任命为伦敦国王学院的自然哲学及天文学

◀藏于英国国家肖像美术馆的麦克斯韦瓷器画（1870年）

教授。

1865 年，他辞去教职，回到了自己的庄园。当时人们误传他的去职是由于教学工作没有搞好，其实是因为他急于摆脱教学任务，以便集中精力撰写他那划时代的电磁学巨著，并按照他酝酿已久的计划改建自己的住宅。

1871 年，麦克斯韦被任命为剑桥大学以卡文迪什(H. Cavendish)命名的第一任实验物理学教授，并负起了筹建卡文迪什实验室的任务。1874 年实验室落成后，他担任了实验室的第一任主任。众所周知，在麦克斯韦和以后几届主任的领导下，这个名为实验室而实为物理研究所的学术单位，已经发展成了科学史上最重要、最著名的学术中心之一。

1879 年 11 月 5 日，麦克斯韦因肠癌在剑桥逝世，身后没有子女。

宽广的学术视野

麦克斯韦在科学史上是可以和牛顿相提并论的人物，他在概括、发展电磁理论方面的功绩，实在无愧于“空前”二字。另外，他在分子运动论和统计物理学的发展中也起了举足轻重的作用。这两方面的巨大成就，将在下文另行介绍，现在先对他的其他科学成就作一概括的论述。

麦克斯韦还在入大学以前，年仅 14 岁，就发表了一篇学术论文，论述了一种独创的绘制“卵形线”的简便方法。进了爱丁堡大学和剑桥大学以后，他又先后各写了两篇论文。四篇论文中有三篇仍属于几何学或几何光学的领域，另外一篇，即在 1850 年写的《论弹性固体的平衡》(*On the equilibrium of elastic solids*)则通过有胁变玻璃内部的双折射研究而发展了普遍弹性理论的简单的公理化表述。光测弹性学领域中的这一工作，标志了麦克斯韦处理连续媒质力学的开始，而我们知道，他在电磁理论方面的早期工作，正是从这种力学的思想入手的。

1849 年，麦克斯韦在爱丁堡大学福布斯(J. D. Forbes)的实验室中开始了色彩混合实验。当时人们的做法是把一个圆盘分成若干个扇形区域。在各区域中涂上不同的颜色，并观察当圆盘迅速转动时所造成的色觉。这种实验结果依赖于许多因素(扇形面积的区分，颜色的浓淡、明暗和配合，等等)。麦克斯韦在剑桥大学毕业以后继续进行了这方面的研究。他改进了圆盘的设计，并设计了另一种叫做色陀螺的仪器。通过仔细的和定量探索，麦克斯韦逐步创立了定量色度学这一学科，并阐述了一些有关色觉的理论。

1855 年，剑桥公布的亚当斯奖的征文题目是关于土星光环的运动及稳定性的研究。早在 1787 年，拉普拉斯(P. S. M. Laplace)就研究过土星的光环。他把光环设想成固体，结果证明，光环不能存在，除非它的密度和运动满足某种特定的条件；另外，均匀环的运动在力学上也是不稳定的。这后一结果使我们联想到 20 世纪初期日本物理学家长冈半太郎的“土星环”原子模型，并联想到各种原子模型的力学稳定性这一令人头痛的问题。

麦克斯韦研究了土星光环问题。他起初是从拉普拉斯的固体环着手的。他利用引力势的泰勒展开式研究了环的运动，结果发现固体环的模型是站不住脚的：一个固体环(不论质量分布均匀与否)，不是会瓦解就是不能具有稳定的运动。

于是他放弃了固体环模型，而首先考虑了由若干个等距排列的卫星所组成的环（这就更加预示了长冈的原子模型）。他利用卫星环摄动的傅立叶级数展式处理了问题，结果发现环的运动稳定性也是很差的。接着他又考虑了各种特殊结构的环，求出了某些关于稳定性的条件。

关于土星环的理论探索表明麦克斯韦在剑桥学到了很多东西。有一段时间，他把这种研究当成了他的主要课题。在这种经典问题中取得的成功也增强了他的数学自信，而这种自信对他后来的发展是至关重要的。

麦克斯韦在少年时期就对几何学很感兴趣。他在爱丁堡时（1853）写的一篇短文中触及了几何光学的问题，很精彩地处理了所谓“鱼眼”透镜的理想成像规律。这种研究把他带到了几何光学和光学仪器的领域，而他也对这种问题保持了终生兴趣。他翻阅了前人的资料，发现了别人不曾注意的结果，于是他进一步研究了“鱼眼”，终于在 1856 年总结出了物点和像点之间不依赖于透镜组的几何关系。他找到了像的纵向放大率 M_L、横向放大率 M_T 和两侧媒质折射率之比之间的定量关系，即

$$M_L=(n'/n)M_T.$$

1867 年，他写了题为《论四次圆纹曲面》的论文，发展了像散透镜的几何光学理论。这篇论文表现了数学的优美和作图的精致，而且对问题的发展进行了历史的回顾和评论。1874 年，由于在泰特的协助下了解了哈密顿（W. Hamilton）的“特征函数”概念，麦克斯韦继续研究了几何光学问题。他写了三篇论文，讨论了特征函数对透镜组的应用。除此以外，他还设计过一些光学仪器，并研究过彩色照相的技术。

麦克斯韦在国王学院的教学中接触了兰金（W. J. M. Rankine）有关结构力学的理论。他把兰金的一条新定理表述成了一种几何学的论述，并写了论文《论倒易图形和力的图解》。所谓倒易图形是分析多力平衡时的一种作图方法。这种方法后来得到了很大的发展和广泛的应用。

在关于电阻的实验研究中，麦克斯韦和他的同事们使用了一种“节速器”（speed governor）来保证线圈转动的均匀性。在原理上，这种节速器和瓦特（J. Watt）蒸汽机上的节速器相仿：离心力使一些重物离开传动主轴，并从而调节控制阀门。麦克斯韦仔细考察了这种节速器的动作过程，并参阅了别人的有关文章，经过几年的探索，于 1868 年对这一问题作出了分析学的处理。他确定了各种简单情况下的稳定性条件，考虑了多级体系，研究了自然阻尼的效应和驱动负载发生变化时的效应，探索了不稳定性的条件。他的《论节速器》一文一般被认为开了控制论的先河。正因如此，当 80 年后维纳（N. Wiener）创立了他自己的理论时，他就根据希腊文的“舵手”一词来把这种理论叫成了“控制论”（cybernetics）；他用这种命名来纪念麦克斯韦的工作，因为“节速器”这个名词正是通过拉丁文的转译而从希腊文中的“舵手”一词变化成的。

综上所述，除了在电磁学和热力学及统计物理学方面的伟大贡献以外，麦克斯韦还在色觉理论和色度学、土星光环的研究、几何光学、伺服机构（节速器）理论、光测弹性学、结构力学等等不同的领域中做了重要的工作。其中有的工作带来了重要的历史后果，另一些工作则由于种种社会原因而引起了诸如有关优先权之类问题的争论。因此，全面地考察这些工作，分析他们的个人背景、社会影响和历史地位，将是一件繁重的科学史研究

课题,这里的介绍只是轮廓性的描述而已。

除了具体的、专门性的科学研究以外,麦克斯韦还做了大量的、有创造性的文献整理工作和科学管理工作。他一生共写了大约一百篇论文,撰写了四部科学著作。他担任《大英百科全书》第九版的科学编辑,为该书撰写了许多条目。他整理出版了卡文迪什的遗著,并加上了许多很有创见的评注。他在审阅别人的论文时也常常发表一些独到的见解,事实上把别人的结果更大地提高了一步。

值得特别提到的是他对卡文迪什实验室的筹建和领导工作。在他一生的最后八年中,他把大部分精力用到了这一方面。他考虑到实验的具体需要,把实验室设计得别出心裁,以致一度引起了某些人的非议,但是他的努力和热诚最终使人们消除了歧见。在教学方面,他允许学生们自由地选择自己的研究课题,但是他要求实验测量的精密性,而不赞成工作中的因陋就简。有一段时间,当实验室的财政出现困难时,他宁愿拿出自己的大量金钱来补贴实验室的费用。他培养了许多优秀的物理学家,也影响并教育了许多其他方面的人物。在他的严格要求下,有几种基础实验的精确度都被提高了好几个数量级。因此他曾经很满意地在给焦耳的信中写道:"你看,实验称雄的时代还没有过去呢。"

热力学和分子运动论

麦克斯韦写过一本《热的理论》(*Theory of heat*),于1871年出版,而且在随后的几版中进行了很大程度的修订。这本书绝不是一种人云亦云的"编纂",而是包含了著者本人的一些独创。在这本书中,麦克斯韦表述了压强、体积、熵、温度等热力学变量的偏导数关系式,后来被称为"麦克斯韦关系式"。这些关系式至今仍然在各种热力学问题中有着广泛、重要的应用。在某种意义上,这些关系式在热力学中的地位,有点像"泊松括号关系式"在分析力学中的地位或麦克斯韦基本方程组在经典电动力学中的地位。至于这些关系式的具体形式和意义,人们可以在任何一本流行的热力学教科书中找到。

另一种创见是所谓"麦克斯韦妖"(Maxwell's demon)的概念。我们知道,在人们透彻掌握统计物理学的基本思想以前,热过程的不可逆性(或者说热力学第二定律所反映的物理规律)曾经显得是和动力学的可逆性无法调和的。在尝试解决这种矛盾时,麦克斯韦引入了一种特定的"妖"的概念。设想有两个容器,由一个隔板隔开。隔板上有一个可以启闭的小门。假设两个容器中充有温度相同的气体,根据经验,在不受外界扰动的条件下,这两部分气体之间是不会自发地出现温度差的,不然导热过程就会是可逆的了。但是麦克斯韦却指出,假若存在一种可以识别并控制单个分子的运动的有意志的"小妖",它就可以完成导热过程的逆过程。做法很简单,如下页图所示,它只要盯住各个分子,当有一个高速(高动能)的分子从右向左运动过来时,它就打开小门让分子过去;同样,当有一个低速分子从左向右运动过来时,它也打开小门让分子过去。在相反的情况,它便关住小门,不许分子通过。这样做了多次以后,左边容器中各分子的平均动能就会升高,也就是温度会升高。于是就完成了所需要的(逆)过程。同样,麦克斯韦妖也可以完成其他实际热力学过程的逆过程。

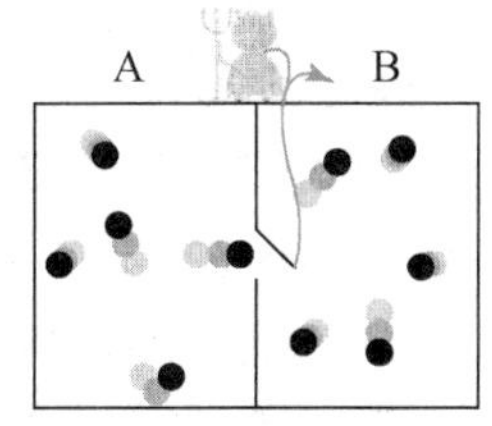

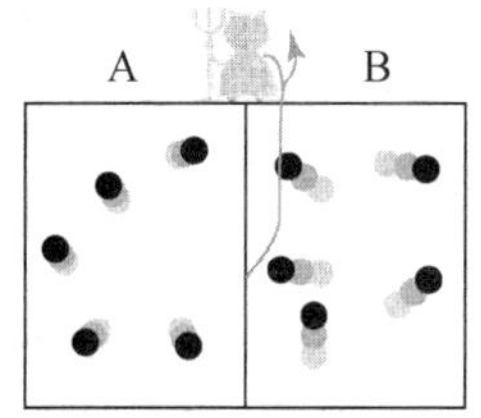

随着热力学第二定律的越来越深入人心，麦克斯韦妖的设想曾经成为很难索解的一个佯谬问题。人们从不同的角度分析了这个问题，提出了种种不同的解，包括20世纪50年代由法国物理学家布里渊(L. Brillouin)所提出的“信息熵”的理论。这种讨论大大推动了人们对热力学和统计物理学基础的理解。

当然，毋庸赘言，本来意义下的麦克斯韦妖在物理学上和生物学上都是不可能存在的。这种概念类似于科学推理中常常用到的“假想实验”，它不过是用来阐明理论的一种手段而已。从麦克斯韦到现在，人们对于热力学第二定律及其有关问题的理解当然有了绝大的提高和深化，但是问题并没有也不可能得到“最后的”解决。

在实质上，麦克斯韦妖的设想是属于分子运动论的范畴而不是属于热力学范畴的，因为它在阐述问题时处处离不开“分子”的概念。众所周知，分子运动论的重要创始人之一也正是麦克斯韦。

原子运动的想法可以追溯到古希腊时代，而分子运动论的某些基本想法也有很早的根源。但是，19世纪气体分子运动论的兴起却标志了人类认识的一次飞跃，而在这一次飞跃的完成中，麦克斯韦的开创性功绩也许比任何人的功绩都更值得注意。

麦克斯韦在大学期间就学习了数学概率论，而在后来的工作中，他也继续钻研了这种理论。当他研究土星环的运动时，他曾经考虑过许许多多个物体互相碰撞的可能性。但是当时他觉得这种问题太复杂，就没有继续研究下去。后来到了1859年，他读到了克劳修斯(R. Clausius)的一篇有关气体分子运动论的新论文，于是他的想法有了改变，并开始把注意力转到了气体理论方面。

当然，任何一种重要理论的出现都是有他的历史条件的。在19世纪中叶，能量守恒的思想已经逐渐为科学界所接受，而关于气体性质及气体行为的实验资料也积累到了一定的程度，这就为科学的而不是玄学的、系统的而不是零乱的分子运动理论的诞生做好了必要的准备。正是在这样的背景上，几个天才人物的研究成果才以崭新的面貌显现了出来。

在麦克斯韦的时代，人们对于气体压强有两种不同的诠释：一种认为压强起源于分子之间的“静斥力”，另一种认为压强起源于分子对器壁的碰撞。以克劳修斯和麦克斯韦为代表的分子运动论者采用的是后一种诠释。克劳修斯在1857年和1858年完成的两篇论文，包含了一些重要结果。第一篇包含了后世所称的“压强基本公式”，而第二篇则引用了“平均自由程”的概念来阐明气体扩散的统计实质。但是，为了简单，也因为当时对气体分子速度的分布规律还没有一个明确的概念，克劳修斯在计算时都采用了气体分子具有相同速度的假设。这等于用平均速度来代替真实速度，在某些情况下当然会导致过于粗略的结果。

麦克斯韦通过深入研究气体分子的速度分布而大大推动了分子运动论的形成和发展，他所得到的“麦克斯韦分子速度分布定律”事实上可以看成经典统计物理学的起点。在这种工作以前，概率概念在物理学中的应用基本上只限于实验数据的分析。那显然是一种相当原始的应用。克劳修斯在计算中也曾应用概率理论，但是那种应用也远远没有系统化。应该说，麦克斯韦在速度分布问题的研究中创造性地应用了概率理论。从此以后，理论物理学就在方法论上获得了新的视野。这种方法后来在玻尔兹曼（L. Bbltzmann）、吉布斯（J. W. Gibbs）、普朗克（M. Planck）、爱因斯坦（A. Einstein）等大物理学家手中得到了进一步发展，概率概念在量子物理学中占据了越来越重要的地位，麦克斯韦在这方面开创性的功绩是巨大的。

至于麦克斯韦分子速度分布定律的具体数学形式，以及他本人和后来人们对这一定律的各种不同的推导方法，人们可以在任何一本分子运动论的书上找到，在此不再赘述。

麦克斯韦在1860年的《气体分子动力论的例证》（*Illustrations of the dynamical theory of gases*）一文中发表了自己的结果。在1867年发表的另一篇论文中他对自己的结果作出了和分子碰撞直接联系起来的新的推导。他也进而用自己的分布定律处理了气体中的扩散、导热和黏滞（内摩擦）现象，并且对具体结果进行了不断的精化和修订。

麦克斯韦在1860年的文章中也探索了能量在分子的不同运动形态（平动、转动）之间的分配，得出了初级形式的“能量均分定理”，并且遵循着克劳修斯的思路对比热问题作出了初步的理论处理。这些工作带来了极其深刻、极其久远的历史后果。均分定理在玻尔兹曼手中得到了普遍的形式，但是由这种原理性的认识得出的推论却在许多问题（特别是比热问题）中和实验结果分歧很大。到了19世纪末叶，局面显得更加严重，以致开尔文（Kelvin）勋爵把这种分歧说成是经典理论晴朗天空中出现的“两朵乌云”中的一朵，而实质上正是均分定理和黑体辐射实验结果之间的尖锐矛盾才把普朗克引到了他的量子假说。

对于这种分歧情况，麦克斯韦当时是有很敏锐的觉察的。他认为当时的认识还处在一种非常原始的阶段。他写道：没有别的办法，只能采取“彻底地承认无知的态度，而这才是知识上每一次真正进步的前奏”。

麦克斯韦开创了分子运动论，而且对理论中几乎所有的重要课题都进行了不屈不挠的探索。他写出了许多重要的理论文章。直到几十年以后，当物理学家的认识和手段都已经深深进入了“现代化”的状态时，一些很有才华的探索者们在读了他的文章以后还不能不因为他思想的敏锐和方法的巧妙而感到惊讶不止呢。

也必须提到，在有关气体分子运动的种种问题中，麦克斯韦不但进行了深入的、原理性的阐述，而且亲自进行了各种各样的实验考察。即使是在进行理论讨论时，他也常常联系到一些具体的例证来进行阐述。这种情况，也很值得后人学习或借鉴。

对电磁学的划时代贡献

假如麦克斯韦根本没有研究电磁学，他在其他方面的贡献也完全足以使他不朽，而他对电磁学的集其大成、继往开来的工作，则使他成了科学史上屈指可数的伟人之一。

19 世纪是电磁学得到长足进步的世纪。在这一世纪的最初三四十年中，一些最基本电磁学实验规律已经先后被发现。特别是天才的物理学家法拉第(M. Faraday)已经凭借他那非凡的洞察力提出并发展了关于“力线”的概念，来描述电荷之间和磁铁之间的力的作用和传播。这样，就为物理学家的研究提供另外一类全新的对象——即物理场。因此，在历史的回顾中，我们不能说人们在 19 世纪前半期的电磁学知识完全是陈旧的或杂乱无章的，事实上正是在表面的纷乱中已经孕育了新的巨大突破。

但是，在理论的概括方面的确还存在着很大的迷惘。许多很有学问的理论物理学家曾经花费了很大的精力，搞出了很复杂(也很别扭)的各种理论。但是，由于他们还局限在力学的、超距作用观点的框架中，他们总是热衷于提出各种复杂的相互作用“势”来描述电磁过程，从而得出的结果总是很勉强的，而且实质上是和物理现实格格不入的。

麦克斯韦的工作结束了这种混乱的认识阶段。但是，由于人们的思想惯性，也由于数学工具的局限，麦克斯韦的先进理论并没有很快地被人们理解和接受。德国物理学家索末菲(A. Sommerfeld)在 20 世纪 40 年代发表了五卷本《理论物理学讲义》。他在《电动力学》卷中描述了自己在大学[他于 1886 年入大学，两年以后赫兹(H. R. Hertz)发现了电磁波]所遇到的困难；那时他学到的，还是“一堆陈旧的、不可靠的(而且是十分繁难的)……东西”。他说，当时德国一位最有声望的电化学家曾经下决心弄懂麦克斯韦的新理论，但是费尽了力气还没有弄懂，身体也搞得疲惫不堪，以至医生劝他出去旅行，以资休养。临行之时，朋友们在那位电化学家的行李中发现了两大本书，那正是麦克斯韦的《电磁通论》(*A Treatise on electricity and magnetism*)！这就很形象地显示了当时科学思想的状况。正如爱因斯坦后来所概括的那样：法拉第-麦克斯韦电磁学，是“物理学自牛顿以来的一次最深刻和最富成果的变革”，但是，“麦克斯韦的天才迫使他的同行们在概念上要做多么勇敢的跃进。只有等到赫兹用实验证明了麦克斯韦电磁波存在以后，对新理论的抵抗才被打垮”。

麦克斯韦于 1854 年在剑桥大学毕业后不久就开始了关于电磁现象的研究；这种研究一直持续到他逝世，长达 25 年。他的工作可以大致分成两个阶段。从 1854—1868 年为第一阶段，以他在这一期间写的关于电磁理论基础的五篇论文为标志。在以后的阶段中，他主要撰写了《电磁通论》这一经典著作和《电学简论》(*Elementary treatise on electricity*)，以及另外一些相关问题的论文。

麦克斯韦的最大远见就在于他从一开始就把注意力集中到了法拉第的“力线”概念上。他的目标是要建立一种关于“力线”的数学理论。他认为，法拉第的观念是“1830 年以来一切电现象的核心”，“法拉第的方法类似于我们那些从整体开始、通过分析而达到部分的方法……”。从这种立脚点开始，他经历了艰难曲折的道路，终于达到了“电磁场论”的科学洞察。他于 1855—1856 年发表了第一篇电磁学方面的论文《论法拉第的力线》(*On Faraday's line of force*)，文中结合汤姆孙(W. Thomson)把静电学方程和热流方程相对比的方法考虑了力线。这时他已经把磁的作用和流体的运动进行了对比，得到了某些很有启发性的结果。他不但注意了两种现象在数量关系上的类似性，而且也强调了二者的差异性。不久以后，他在剑桥大学的“使徒俱乐部”宣读了《自然界中的类比》

(*Analogies in nature*)一文,从更广阔的角度考虑了这种类似性。1861—1862 年,他撰写了《论物理的力线》(*On physical lines of force*),在进一步考虑媒质运动和磁力线的对比中得到了一个惊人的结论:媒质振动的特性和光的特性相同。在这篇论文中,为了说明磁场的"涡旋性",还引入了"分子旋涡"(molecular vertices)的概念,把磁场的"涡旋"归之于"以太"。这种研究导致了"位移电流"概念的最初萌芽,这就标志了对法拉第原始想法的本质的改进,形成了麦克斯韦对电磁理论的最有创见的贡献之一。接着,在 1863 年,他(在别人的协助下)撰写了《论各电学量的基本关系式》(*On the elementary relations of electrical quantities*)一文,论述了通过不同单位制的比较来确定一个常量 c(后来和光速等同起来)的可能性。1865 年,他写的《一种关于电磁场的动力学理论》(*A dynamical theory of electromagnetic field*),根据实验和少数几条基本动力学原理为所研究的课题确立了一个新的理论体系,导出了关于电磁波在空间中传播的结论,他宣称自己得到了一种"光的电磁学说"。

我们看到,经过艰苦的探索,麦克斯韦一步一步地得到了一些重要结论。他所采用的方法,基本上是用一种假想的弹性媒质来说明电磁力的作用。在本质上,这还是一种机械论的观念。但是在实验结果的促使下,他所得出的定量关系却超出了机械论的范围。起初,不论对麦克斯韦本人还是对和他同时代的人们来说,这种超越并不是自觉的,而是令人困惑或痛苦的。过了相当长的时间后,这种不自觉才慢慢变成了自觉。因此有人说,对麦克斯韦来说,机械的模型就好像建筑高楼大厦时的脚手架,当楼房建好之后,脚手架就一点一点地被拆掉了。

麦克斯韦于 1865 年退隐到了南苏格兰他自己的庄园,在那里,他更加集中地研究了电磁理论,在很大程度上扩大并深化了先前的成果。这也许就是有的传记作者把 1868 年定为他的两个工作阶段的分界点的原因之一。

麦克斯韦在后一阶段中的电磁学研究,集中表现在《电磁通论》一书中。这部书第一版于 1873 年问世,现已无可争议地被奉为牛顿《自然哲学之数学原理》(*The Mathematical Principles of Natural Philosophy*)以后最重要的物理学经典。这部书不像《自然哲学之数学原理》那样公理化,论述并没有遵循严格"演绎"的顺序,而是更多地采用了历史的、实验的顺序。按照他自己的说法,这部书的目的并不在于向世人详细讲述自己的理论,而是要通过检视自己的研究水平来教育他自己。在这部书中,各个章节有其一定的独立性,并不完全互相连贯,甚至有些地方存在着论证上的矛盾。在这种意义上,这部著作不太像一个经过精雕细刻的艺术品,而更多地像一些作为素材的速写或素描。这也许会给那种习惯于公理化思维的读者带来困难,但是这样的著作往往能够更加如实地反映著者的思维探索过程。因此麦克斯韦告诉人们,这部书的各篇应该对比着读,而不要完全按先后顺序来读。他后来曾经打算广泛地修订这部著作,但是直到逝世也没有来得及完成。

麦克斯韦的电磁学,构成了人类知识宝库中一份博大精深的科学遗产,在历史地位上完全可以和牛顿力学相媲美。全面准确地评价它的内容,应该是科学史家的长久任务。在这里,我们只能对该书主要观点作一简介。

第一,麦克斯韦在该书序言中论述了对法拉第观念的认识。他写道:"例如,在数学家们看来是超距吸引力中心的地方，在法拉第的心目中却是横亘整个空间的力线。在数学家们看来除了距离以外就是空洞无物的地方，在法拉第看来却有一种媒质存在；法拉第要探求媒质中实际起作用的各种现象的本质，而数学家们却满足于已经知道它对载流导体所产生的超距作用力。”就这样，他把天才的法拉第和“数学家们”区分了开来，十分自觉地承认并贯彻了法拉第关于用力线来描述电磁作用的纲领，大大丰富和精化了力线这一概念的内容。通过对“力线”或“媒质”的肯定，法拉第-麦克斯韦电磁学强调了“电磁场”的实在性。这就第一次发现了物理场的最初实例。从那以后，物理学家们的研究对象就在所谓“实物”以外增加了一种新的、极其重要的连续体，即物理场。

第二，通过艰苦的探索，麦克斯韦总结并补足了关于电磁场的基本方程。他的“麦克斯韦方程组”实际上起着电磁场的运动方程的作用，而另一些关系式则有的表述了守恒定律，有的起了电磁场“物态方程”($\boldsymbol{D}=\varepsilon\boldsymbol{E}$，等等)的作用。特别是他在表述方程组时天才地引入了关于“位移电流”的概念和规律，这就不但使方程组达到了一定的自足性，而且为预见电磁波的存在准备了条件。

第三，电磁波的存在是麦克斯韦方程组的逻辑结论。至于把光也看成一种电磁波，那却是麦克斯韦的一种十分难能可贵的天才创见。人们说，麦克斯韦关于光的电磁本性的学说，把电磁学和光学统一了起来，完成了人类对自然认识的一次伟大综合。如果只考虑光的传播规律(而不考虑其发射和吸收等等)，这种说法肯定是有道理的。

第四，没有麦克斯韦的电磁学，现代的电工学是不可想象的。特别说来，电磁波预言的实验证实，意味着无线电通信、自动控制、远距控制等领域急剧发展的开始。这些技术已经深刻地影响了人类社会。因此，我们说没有麦克斯韦电磁学就没有现代文明，绝不是夸大其词的。

第五，在表述电磁学规律时，麦克斯韦使用了“四元数”理论这种数学工具。这种理论，后来形成了矢量运算和矢量分析学的前身。这也是麦克斯韦工作的一种“副产品”。一门自然科学的兴起或臻于完善，唤起或刺激了一个或几个数学分支的诞生或蓬勃发展，这在科学史上也是不乏例证的。牛顿和“流数”理论(微分学)、麦克斯韦和“四元数”理论、海森伯和矩阵理论以及近代场论和拓扑学，都是特别典型的例子。

到了 19 世纪末期，电磁学中的混乱状态彻底结束了，麦克斯韦理论已经取得了无可争议的胜利和统治地位。这标志着经典物理学体系的一次重要重构，而 20 世纪的几次重大科学革命，正是在这样的背景和基础上酝酿起来的。

美国的著名理论物理学家费恩曼(R. Feynman)在他的《物理学讲义》中写道：

> “从人类历史的一种长久观点来看——例如从自今以后一万年间的观点来看，几乎毫无疑问的是，19 世纪中最重要的事件将被判定为麦克斯韦发现电动力学定律，而在与同一十年中这一重要科学事件相比来看，美国的内战(指南北战争)就将褪色而成为只有地区性的意义了。”

我们何妨三复斯言！

文　献

原始文献:

[1] J. C. Maxwell. The scientific papers of James Clerk Maxwell. (edited by W. D. Niven), Cambridge, 1890.

[2] J. C. Maxwell. A Treatise on electricity and magnetism. Oxford, 1873; 3rd edition by J. J. Thomson, 1891.

[3] J. C. Maxwell. Theory of heat. Oxford, 1871, 11th edition by Rayleigh, 1894.

[4] J. C. Maxwell. Matter and motion. London, 1877.

[5] J. C. Maxwell. Elementay treatise on electricity. Oxford, 1881.

研究文献:

[6] L. Campbell and W. Garnett. The life of James Maxwell. London, 1882.

[7] James Clerk Maxwell: A commeration volume. Cambridge, 1931.

[8] C. W. F. Everitt. James Clerk Maxwell. Charles Scribner's Sons, 1975.

[9] John Hendry. James Clerk Maxwell and the theory of the electromagnetic field. Adam Milger Ltd., 1986.

[10] R. A. R. Tricker. The contribution of Faraday and Maxwell to electrical science. Pergaman Press, 1966.

[11] E. T. Whittaker. A history of the theory of aether and electricity. London, 1951.

译者前言

· *Foreword to Chinese Version* ·

众所周知，本书是整个科学史中的一部超级名著，是可以和欧几里得的《几何原本》或牛顿的《自然哲学之数学原理》相提并论的。一部这样的经典名著，永远可以给后人以重要的启示和鼓舞。在这种意义上，以及在任何别的意义上，它的主要价值应被认为是在"历史的"一面。因此，在准备这份译稿时，我们尽量保持了此书的原始面貌，而绝对不敢也不肯对它进行任何的"现代化"。

本书的体裁并没有构成一个尽可能"公理化"的理论体系，而是夹叙夹议，如泉涌出。这是和欧几里得或牛顿的书很不相同的。作者在原序中曾经提到这一点。据说作者原打算对本书进行重大而全面的修订和扩充，可惜因他过早逝世而未能竟其全功。由于这种原因，再加上时代的不同，书中许多方面的表达方式就和今天人们所熟悉的方式有些差异。现在为了读者的方便，举例说明如下：

1. 书中所用的许多符号和名词，也和今天习见的不尽相同。例如用 q 代表电容，用 e 代表电量，用 E 代表电动势，用 R 代表电场强度，等等。特别是，由于当时矢量运算还没有定型，书中的矢量符号也和今天所用的符号完全不同。在名词方面，书中的"集电器"、"电动强度"、"比电阻"等等，对应于我们所说的"电容器"、"电场强度"、"电阻率"等等。如果只是名词上差几个字，倒也罢了。但是有时可以感觉出来，有些名词的差异反映了理解上的、概念上的时代差异。这种情况有待于科学史界和科学哲学界的有心人去认真发掘和细致分析，译者则深感无能为力。另外还应指出，书中有时用同一个名词代表不同的概念。例如当谈到三维媒质的导电时，书中所说的"电流"其实是指今天所说的"电流密度"；当谈到电极化时，书中所说的"电位移"有时对应于今天所说的"电感强度"（也叫"电位移"），而有时则是指的"电感强度在一个面积上的通量"。

2. 表述方法方面的差异。例如，说导体的"电容就是当……时它的电荷"。这很容易被误解为"电容就是电荷"，其实二者连量纲都不相同。类似的说法（电动强度的定义等等），书中所在多有。

所有这一切，算不得本书的什么"毛病"。只要稍加注意，读者应该是不会被引入迷途的。在个别的地方，为了语气上的明确或完整，我们在译文中增加了几个字，这些增加的字句都用括号｛　｝括出，读者鉴之！

译者谨识

1991 年 4 月 24 日

于北京北郊之史情室

1852 年 12 月 27 日，法拉第在皇家研究院讲授电学，大英帝国的阿尔伯特王子和维多利亚女王的丈夫出席听讲。

第一版原序

· *Preface to the First Edition* ·

某些物体在被摩擦以后显示吸引其他物体的能力，这一事实早为古人所知了。在现代，已经观察了各式各样的其他现象，并且已经发现他们是和这些吸引现象有关系的。这些现象被分类为电(Electric)现象，意为琥珀，因为这些现象最初是在“琥珀”(ηλεκτρον)中被描述了的。

另一些物体，特别是磁石和经过某种处理的铁块或钢块，也早就被认识到显示一些超距作用现象。经发现，这些现象以及与他们有关系的另一现象是和电现象不同的。这些现象被分类为磁(Magnetic)现象，因为磁石(μαγυηs)是在塞萨利的玛格尼西亚(Magnesia)被发现的。

后来，人们发现这两类现象是互相有关系的，而迄今已知的两类现象中那各式各样现象之间的关系，就构成电磁学这门科学。

在本书中，我打算描述这些现象中的若干最重要的现象，指明他们可以怎样加以测量，并追索所测得的各量的数学联系。既经这样求得了电磁学的数学理论的数据并证明了这一理论可以怎样应用于现象的计算，我将尽可能清楚地努力揭明这一理论的数学形式和动力学这一基础科学的数学形式之间的关系，以便我们可以在某种程度上做好准备，来确定我们可以从中寻求电磁现象之说明或解释的那些动力学现象。

在描述现象方面，我将选择那些最清楚地阐示理论的基本概念的现象，而略去别的现象，或把他们保留到读者了解得更深入一些时再来描述。

从数学观点看来，任一现象的最重要方面就是一个可测量的量的方面。因此我将主要从他们的测量的角度来考虑电现象，描述测量的方法，并定义这些方法所依据的标准。

在把数学应用于电学量的计算时，我将首先努力从我们所能运用的数据导出最普遍的结论，其次则把结果应用到所能选取的最简单的事例上。只要能做到，我将避开虽然唤起了数学家们的技巧但不曾扩大我们的科学知识的那些问题。

我们所必须研究的这门科学之不同分支之间的内部关系，是比迄今发展起来的任何其他科学之不同分支之间的内部关系更加繁多和更加复杂的。它的外部关系，一方面是同动力学的关系，另一方面是同热、光、化学作用以及物体构造的关系，似乎正表明电科学作为诠释自然的臂助的那种特殊的重要性。

因此，在我看来，从各方面来研究电磁，现在已变得是在作为促进科学进步的手段方面具有头等重要性的了。

不同类别的现象的数学定律，已经在很大程度上令人满意地得出了。

不同类别的现象之间的联系，也已经被考察过了，而且各数学定律之严格准确性的可能性，也由关于他们彼此之间的关系的一种更广阔的知识所大大加强了。

最后，通过证明任何电磁现象都不和它依赖于纯动力学作用的那一假设相矛盾，在把电磁还原为一门动力学科学方面也已经得到了某种进展。

然而。迄今已经做到的一切，绝没有把电学研究这一领域囊括净尽。相反地，通过指出一些探索课题并给我们提供考察的手段，它倒是开拓了这一领域。

几乎用不着夸耀磁学研究对航海的有益结果，以及关于罗盘之真正指向的知识的重要性，以及关于铁在船上的效应的知识的重要性。但是，通过磁学观测来力图使航海更加安全的那些人的劳动，同时也大大促进了纯科学的进步。

高斯作为德国磁学协会的会员，用他的强大智能来推动了磁学理论，推动了磁学观测方法。他不仅大大增进了我们关于吸引理论的知识，而且在所用的仪器、观测的方法和结果的计算方面改造了整个的磁科学，因此，他的论著《地磁论》可以被一切致力于任何自然力之测量的人们当做物理研究的典范。

电磁学在电报上的重要应用，也通过赋予精密电学测量以一种商业价值并通过向电学家们提供其规模大大超过任何普通实验室的一些仪器来对纯科学发生了反作用。对电学知识的这种要求，以及获得此种知识的那些实验机会，在刺激高级电学家的干劲和在实际工作人员中传播一定程度的精确知识方面已经得到了很大的后果，而那种精确知识是很可能有助于整个工程界的普遍科学进步的。

有一些著作用一种通俗的方式描述了电现象和磁现象。然而，对于那些面对面地遇到一些要测量的量而且在思想上并不满足于课堂实验的人们来说，这些著作却并不是他们所要求的。

也存在一大批在电科学方面具有巨大重要性的数学论文，但是他们全都禁锢在学术团体的浩如烟海的刊物中；他们并不形成一个连贯的体系；他们的优劣相差甚大；而且他们大多是除专业数学家以外别人都看不懂的。

因此我曾经想到，写一部论著将是有用的；那部书应该以一种方法论的方式把整个课题取做它的主要对象，而且也应该指明课题的每一部分可以怎样被置于通过精确测量来加以验证的那些方法的作用之下。

这部论著的一般面貌和那些大多是在德国出版的优秀电学著作的面貌很不相同，而且也可能显得对若干杰出的电学家和数学家的思考有殊多失敬之处。原因之一就在于，在我开始研究电以前，我决心不读任何有关这一课题的数学著作，直到我从头到尾读完了法拉第的《电的实验研究》(*Experiment Researches in Electricity*)时为止。我很明白，人们认为在法拉第对现象的想象方式和数学家们对现象的想象方式之间是有一种差别的，从而无论是法拉第还是数学家们都对彼此的语言很不满意。我也确信，这种分歧并不是由于任何一方是错的。在这一点上，我最初是被威廉·汤姆孙爵士所说服了的①；我在本课题上所学到的一切，有很大一部分都有赖于他的指教和帮助，并有赖于他所发表的那些论文。

当我继续研习法拉第的著作时，我觉察到他对现象的想象方法也是一种数学的方

① 我借此机会对W.汤姆孙爵士和泰特教授表示感谢；在本书的付印过程中，他们提出了许多宝贵的建议。

法，尽管并没有用习见的数学符号的形式表示出来。我也发现，这些方法可以表示成普通的数学形式，并从而可以和那些专业数学家的方法进行比较。

例如，在他的心目中，法拉第看到一些力线穿过全部的空间，而数学家们则只在空间中看到一些超距吸引着的力心；法拉第看到一种媒质，而他们则除距离以外毫无所见；法拉第向在媒质中进行着的真实作用中寻求现象的依据，而他们则满足于在对电媒质发生超距作用的一种本领中找到了这种依据。

当我已经把我所认为的法拉第的想法翻译成数学形式时，我发现一般说来这两种方法的结果是彼此相符的，从而同一些现象由两种方法得到了说明，同样的作用定律由两种方法推导了出来，只不过是，法拉第的方法类似于我们从整体开始来通过分析而达到部分的那些方法，而普通的数学方法则是建筑在从部分开始来通过综合而构成全体的那一原则上的。

我也发现，由数学家们发现了的若干最有成果的研究方法可以利用由法拉第得来的那些想法表示出来，比在它们的原始形式下表示得更好得多。

例如，关于势的整个理论，在本质上是属于我称之为法拉第方法的那种方法的——这里的势被看成满足某一偏微分方程的一个量。按照其他的方法，如果有任何必要考虑势的话，它就必须被看成将各带电电荷除以它到一给定点的距离然后求和的结果。于是，拉普拉斯、泊松、格林和高斯的许多数学发现就在这部论著中有其适当的位置，而且，利用主要是从法拉第得来的一些观念，他们也可以有其适当的表示式。

电科学中的伟大进步，已经由超距作用理论的开拓者们做出（主要是在德国做出的）。W.韦伯的很有价值的电学测量结果，是由他按照这种理论来诠释了的，而由高斯所倡始并由韦伯、黎曼、J.诺依曼、C.诺依曼、洛仑茨等人所继续进行了的那种电磁思索，也是建筑在超距作用理论上的，但是那种作用却直接依赖于各质点的相对速度，或是直接依赖于某种东西（势或力）从一个质点到其他质点的逐渐传播。这些杰出人物在把数学应用于电现象方面所取得的伟大成就，很自然地加强了他们那些理论思索的地位，因此那些作为电学的学习者并把他们看成数学电学中最伟大的权威的人们。有可能和他们的数学方法一起吸收了他们的物理假说。

然而，那些物理假说却是和我所采用的看待事物的方式完全不一致的，而我看到的一个目的就是，在那些愿意研究电的人们中，有些人通过阅读这部论著将能看到还有另一种处理课题的方式，它同样适于用来解释现象，而且，尽管它在某些地方可能显得不那么确定，但是我想它却更加忠实地和我们的实际知识相对应，不论是在它所肯定的东西方面还是在它姑且存疑的东西方面都是如此。

再者，从哲学观点看来，比较两种方法也是极其重要的。这两种方法在解释主要的电磁现象方面都曾取得成功，而且都曾企图把光的传播解释成一种电磁现象，而且已经算出了光的速度。但是，与此同时。关于实际发生的是什么过程的基本观念，以及关于所涉及的量的多数次级观念，却在两种理论中是大不相同的。

因此我就充当了一个倡导者而不是一个裁判者，而且只例示了一种方法而没有力图对两种方法做出不偏不倚的描述。我毫不怀疑.我所说的德国方法也将找到它的支持者，而且也将被人用一种和它的巧妙性相适应的技巧来加以阐述。

我没有企图包罗万象地论述一切电现象、电学实验和电学仪器。想要阅读有关这些课题的一切已知东西的学生可以从里夫教授(A. de la Rive)的《电学通论》(*Jraité d'Electricité*)中得到很大的裨益,也可以从若干德文论著中得到很大的裨益,例如维德曼(Wiedemann)的《动电学》(*Galvanismus*),瑞斯(Riess)的《摩擦电》(*Reibungselectricität*)和贝尔(Beer)的《静电学引论》(*Einleinng in die Electrostatik*),等等。

我几乎把自己完全限制到了课题的数学处理方面,但是我愿意向学生建议,在他了解(如果可能就要在实验上了解)了什么是所要观测的现象以后。就应该仔细地阅读法拉第的《电的实验研究》。他将在那里找到某些最伟大的电学发现和电学研究的一种严格符合当时情况的历史论述。这种历史论述是按照一种几乎不能再改进的顺序做出的,即使有关结果从一开始就为已知也是不能再改进的了,而且那种论述是用那样一个人的语言表达出来的,那个人把他的许多注意力献给了精确地描述科学操作及其结果的方法①。

学习任何课题。阅读有关该课题的原始论著总是大有好处的,因为科学总是当它处于新生状态时得到最完全的消化的。在法拉第的《研究》事例中,这是比较容易的,因为那些研究是分开发表的,从而可以依次阅读。如果我通过所写的任何东西可以帮助任一学生理解法拉第的思想模式和表达模式,我就将认为那是我的主要目的之一得以完成——那目的就是把我自己在阅读法拉第的《研究》时所感到的同样的喜悦传播给别人。

现象的描述和每一课题的理论的初等部分,将在本论著所分四编中每一编的头几章中被看到。学生将在这些章中找到足以给他以有关整个科学的初步认识的材料。

每一编靠后各章讲述理论的较高深部分、数字计算过程以及实验研究的仪器和方法。

电磁现象和辐射现象之间的关系、分子电流的理论以及关于超距作用之本性的思索结果,是在下卷的最后四章中加以处理的。

杰姆斯·克拉克·麦克斯韦

1873 年 2 月 1 日

① *Life and Letters of Faraday*, vol. i, p. 395.

第二版原序

· Preface to the Second Edition ·

当我应约阅读《电磁通论》第二版的校样时，印刷工作已经进行到第九章了。该章的较大部分曾由作者进行了修订。

熟悉第一版的人们，通过和第二版的对比将看到麦克斯韦教授打算在内容和课题处理方面进行多么重大的改变。以及他的过早逝世给这一版造成了多大的损失。前面的九章在某些情况下完全重写了，增加了许多新材料，而原先的内容也进行了重新编排和简化。

从第九章开始，这一版几乎只是前一版的重印。我擅自做出的改动只是在可能有益于读者的地方插入一个数学推理的步骤，并在课题的一些部分增加少数几条小注；在那些部分，我自己的或正在听我讲课的学生们的经验证明进一步的阐明是必要的。那些增加的小注都用方括号括了起来。

我知道课题中有两个部分是麦克斯韦教授曾经考虑进行很大的改动，那就是导线网路中电传导的数学理论和线圈中感应系数的确定。在这些课题方面，我没有发现自己能够根据教授的笔记对上一版形式下的著作进行任何实质性的增补，而只增加了一个数字表，印在下卷的〔原〕第 317—319 页上。这个表将被发现为在计算圆形线圈中的感应系数时甚为有用。

在一部具有如此独创性的著作中，而且它又包含着新结果的那么多细节，在第一版中是不可能不出现少数几处差错的。我相信，人们将发现这些差错在这一版中大多已经改正。我在表示这一希望时是有较大信心的，因为在阅读某些校样时我曾得到某些熟悉这一著作的朋友们的协助，其中我可以特别提到我的兄弟查尔斯 · 尼温(Chayles Niven)教授和剑桥三一学院的院侣 J. J. 汤姆孙先生。

W. D. 尼温

1881 年 10 月 1 日于剑桥三一学院

第三版原序

· Preface to the Third Edition ·

我应克拉伦当出版社(Clarendon Press)各委员之邀承担了阅读这一版校样的任务;他们告诉我,使我很遗憾的是 W. D. 尼温先生由于公务忙迫,不能再负责照顾本书新版的出版问题了。

麦克斯韦著作的读者们应该感谢尼温先生花费在这些著作上的孜孜不倦的劳动。因此我确信,他们也将像我自己一样遗憾,由于一些事情的干预而使这一版无法从他的关注中得到裨益。

自从本书被撰写以来,到现在已经过了将近二十年了;在此期间,电和磁的科学曾经得到进展,其进展之快几乎是在这些科学的历史中没有先例的。这在不小的程度上是由于本书在这些科学中引入的那些概念:书中的许多章节曾经起了重要研究的出发点的作用。当我开始校阅这一版时,我的意图就是用小注来对自从第一版问世以来所做出的进展加以某种说明,不仅由于我认为这将对电学的学生很有好处,而且也因为一切近来的研究都曾倾向于以最为惊人的方式证实麦克斯韦所提出的观点。然而我很快就发现,在科学中得到的进步已经是如此巨大,以致已经不可能实现这一企图而不至用为数太多的小注来把本书弄得面目全非了。因此我决定把这些小注排成一种稍许连贯的形式而把他们单独发表。这些小注现已整理就绪,可以付印了,因此我希望他们在几个月之内就将问世。这个注释卷就是我们所说的"补遗卷"。有关个别论点的少数几条可以简短处理的小注已插入前两卷中。在这一版中增入的所有材料都用弯括号{　}括了起来。

在解释某些段落中的论述方面,我曾经努力增补了一些材料;在那些段落中,我曾经根据教学经验发现几乎所有的学生都会遇到颇大的困难;要对我知道学生们遇到困难的所有段落增加解释就得增加太多的卷次,那是我无法做到的。

我曾经试图验证麦克斯韦给出而未加证明的那些结果;我并没能做到在一切事例中都得到他所给出的结果,在这种事例中我都用小注指明了差别的所在。

我根据麦克斯韦的论文《电磁场的动力理论》重印了他确定一个线圈的自感的方法。前几版中对这一内容的省略曾使这一方法多次被归功于别的作者。

在准备这一版时,我曾经得剑桥圣约翰学院的院侣查尔斯·契瑞(Charles Chree)先生的尽可能大的协助。契瑞先生读了全部的校样,而且他的建议是无比宝贵的。我也曾经得到圣约翰学院的院侣拉莫尔(Larmor)先生、卡文迪什实验室的演示员韦耳伯佛斯(Wilberforce)先生和三一学院的院侣瓦耳克尔(G. T. Walker)先生的协助。

J. J. 汤姆孙

1891 年 12 月 5 日

于卡文迪什实验室

绪　论

量的测量

· *Preliminary: On the Measurement of Quantities* ·

我希望你们不要只死记结果，适用于特殊例子的公式，你们要好好研究这些公式与原则赖以成立的条件，没有事实作根据，公式只不过是精神垃圾。我了解人的精神倾向是活动胜于思考，但精神上的劳作并不是思想，只有那些付出了巨大劳动的人们，才会获得运用的习惯。发现理解一个原则要比写出一个公式难得多。

——麦克斯韦(周兆平译)

1.〕　一个量的每一种表示式都包括两个因子或成分。其中一个成分就是作为参照标准来表示该量的某一已知同类量的名称。另一个成分就是形成所求之量对应该采取的标准量的倍数。标准量在技术上称为该量的单位，而倍数则称为该量的数值。

有多少不同的要测的量，就必须有多少不同的单位，但是在所有的动力科学中却可能用长度、时间和质量这三个基本单位来定义这许多单位。例如，面积和体积的单位就分别定义为一个正方形和一个立方体，它们的边长是一个长度单位。

然而，有时我们也见到同一类量的若干种建立在独立的考虑上的不同单位。例如加仑即十磅水的体积被用作容积的单位，正如立方英尺被用作这种单位一样。在某些情况下加仑可以是一种方便的单位，但它不是一个系统的单位，因为它对立方英尺而言的数值不是一个确切的整数。

2.〕　在构成一个数学体系时，我们假设长度、时间和质量的基本单位已经给定，并根据这些单位而通过尽可能简单的定义来推出所有的导出单位。

我们所求得的公式必须是这样的：任何国籍的一个人，通过把式中的不同符号代成用他自己国家的单位测量的各量的数值，就将得到一个真确的结果。

因此，在一切的科学研究中，最重要的就是要应用属于一个适当定义的单位制的单位，并且要知道这些单位和基本单位的关系，以便我们可以立刻把我们的结果从一个单位制换算到另一个单位制。

此事可以通过确定用三个基本单位表示的每一个单位的量纲来最方便地做到。当一个给定的单位随三个单位中一个单位的 n 次方而变化，它就叫做相对于该单位有 n 个量纲。

例如，科学上的体积单位总是其边为单位长度的一个立方体。如果长度单位改变了，体积单位就将按长度的三次方而变化，于是体积单位就叫做相对于长度单位有三个量纲。

关于单位量纲的知识提供一种检验，它应该应用于由任何冗长的研究所得到的方程。这样一个方程中的每一项相对于三个基本单位中每一个单位而言的量纲，必须是相同的。如果不相同，方程就是无意义的，从而它必然含有某种差错，因为按照我们采用的任意单位制之不同，它的诠释将是不同的[①]。

三个基本单位

3.〕　(1) 长度　在我国〔指英国〕，适用于科学目的的长度标准是一英尺，它是保存在财政部(Exchequer Chambers)中的标准码的三分之一。

◀1880 年，经麦克斯韦扩建后的格伦莱尔庄园。

① 量纲的理论最初是由傅立叶提出的，见 *Théorie de Chaleur*，§ 160.

在法国和采用了米制的其他各国，长度单位是米。在理论上，一米就是从一极量到赤道的一条地球子午线的千万分之一；但是在实用上，它是保存在巴黎的一个原器的长度，该原器是由鲍尔达制成的，它在融冰的温度下对应于戴兰伯所测定的上述长度。米并不曾改变以适应于对地球的新的和更准确的测量结果，而子午线的弧长却用原始的米来进行了估量。

在天文学中，从太阳到地球的平均距离有时被取作长度的单位。

在目前的科学状况下，我们所愿意采取的最普适的长度单位就是某种特定的光在真空中的波长，那种光是由钠之类的高度分散的物质所发射的，它在该物质的光谱中有很确定的波长。这样一个标准将和地球尺寸的任何变化都无关，从而应该被那些指望自己的著作比地球更能持久的人们所采用。

在处理单位的量纲时，我们将把长度的单位叫做[L]。如果 l 是一个长度的数值，它就被理解为是用具体的单位[L]来表示的，于是实际的长度就将是由 l[L]来充分表示的。

4.〕（2）时间　在所有的文明国家中，时间的标准单位都是由地球绕轴自转的时间得出的。恒星日，或地球的真实自转周期，可以通过天文学家们的普通观察结果而很精确地定出；而且平均太阳日可以根据我们关于一年的长度的知识而由恒星日推出。

一切物理研究中所采用的时间单位是平均太阳时的一秒。

在天文学中，一年有时被用作时间的单位。一个更加普适的时间单位可以通过采用某种特定光的振动周期来求得，该种光的波长是长度的单位。

我们将把具体的时间单位称为[T]，而时间的数值则是 t。

5.〕（3）质量　在我国，质量的标准单位是保存在财政部中的常衡磅。常常取作单位的格令定义为这种磅的七千分之一。

在米制中，质量单位是克。克在理论上是标准温度和标准压强下一立方厘米的蒸馏水的质量，而在实用上则是保存在巴黎的一个千克原器的一千分之一。

通过称量可以比较的物体质量的精确度，远大于迄今在长度的测量中所达到的精确度，因此，如果可能，一切的质量都应该和标准单位直接比较，而不是从关于水的实验来推出。

在描述天文学中，太阳的质量或地球的质量有时被取作单位，但是在天文学的动力学理论中，质量的单位却是结合万有引力的事实而从时间和长度的单位导出的。天文学的质量单位是那样一个质量，它吸引放在单位距离处的另一物质而使之得到单位加速度。

在制定一个普适的单位制时，我们可以按这种办法从已经定义的长度单位和时间单位来导出质量的单位，而在目前的科学状况下，我们可以在一种粗略的近似下做到这一点。或者，如果我们指望[①]很快就能确定一种标准物质的单一分子的质量，我们也可以等待这种确定的结果而暂不规定一个普适的质量单位。

---

① 参阅 Prof. J. Loschmidt, "Zur Grösse der Luftmolecule," *Academy of Vienna*, Oct, 12, 1865; G. J. Stoney, "The Internal Motion of Gases," *Phil. Mag.* Aug., 1868; 以及 Sir W. Thomson, "The Size of Atoms," *Nature*, March 31, 1870.

并参阅 Sir W. Thomson, "The size of Atoms," *Nature*, V. 28, pp. 203, 250, 274。

在处理其他单位的量纲时，我们将用符号[M]来表示具体的质量单位。质量单位将被看成三个基本单位之一。当像在法国制中那样把一种特定物质即水取作密度的标准时，质量的单位就不再是独立的而是按体积单位即按$[L^3]$而变的了。

如果像在天文单位制中那样质量的单位是相对于引力本领而定义的，则〔M〕的量纲是$[L^3T^{-2}]$。

因为，由一个质量 m 在一个距离 r 处引起的加速度由牛顿定律给出为$\frac{m}{r^2}$。假设这种外力在一段小时间 t 中作用在一个起初为静止的物体上并使它移动一个距离 s，则由伽利略公式可得 $s=\frac{1}{2}ft^2=\frac{1}{2}\frac{m}{r^2}t^2$；由此即得 $m=2\frac{r^2s}{t^2}$。既然 r 和 s 都是距离而 t 是时间，这个方程就不可能成立，除非 m 的量纲是$[L^3T^{-2}]$。针对任何一个在某些项中而不是在一切项中含有一个物体质量的天文学方程，也可以证明相同的结果①。

导出单位

6.〕 速度的单位就是在单位时间内走过单位距离的那个速度。它的量纲是$[LT^{-1}]$。

如果我们采用从光的振动导出的长度和时间的单位，则速度的单位就是光速。

加速度的单位就是速度在单位时间内增加 1 的那个加速度。它的量纲是$[LT^{-2}]$。

密度的单位是在单位体积内含有单位质量的一种物质的密度。它的量纲是$[ML^{-3}]$。

动量的单位就是以单位速度运动着的单位质量的动量。它的量纲是$[MLT^{-1}]$。

力的单位就是在单位时间内产生单位动量的力。它的量纲是$[MLT^{-2}]$。

这是力的绝对单位，而且这一定义是暗含在动力学的每一个方程中的。不过，在载有这些方程的许多书中，却采用了另一种力的单位，那就是质量的国家单位的重量。于是，为了满足方程，质量的国家单位本身就被放弃而改用了一个动力学单位，该单位等于国家单位除以当地的重力强度的值。按照这种方法，力的单位和质量的单位就都被弄得依赖于随地点而不同的重力强度的值了，因此，涉及这些量的那些说法就是不完全的。

对于一切科学目的来说，这种量度力的方法的废除主要是由于高斯引用了一种在重力强度不同的各国进行磁力观测的普遍制度。现在所有这样的力都是按照一种从我们的定义推得的严格动力学的方法来量度的，从而其数值不论在什么国家做实验都是相同的。

---

① 如果取厘米和秒作为单位，则按照白利重作的卡文迪什实验，质量的天文单位约是 1.537×10^7 克，或 15.37 吨。白利按照他的所有实验的平均结果，把地球的平均密度取作了 5.6604，而联系到所用的地球尺寸和地面上的引力强度，就作为实验的直接结果而得到了上述的值。

科纽重新计算了白利的结果，得到的地球平均密度是 5.55，从而质量的天文单位是 1.50×10^7 克；而科纽本人的实验则给出地球的平均密度 5.50，质量的天文单位为 1.49×10^7 克。

功的单位就是单位力通过沿其本身方向测量的单位距离时所做的功。它的量纲是$[ML^2T^{-2}]$。

作为体系做功本领的体系能量,通过体系耗尽全部能量所能做的功来量度。

其他量的定义,以及它们所涉及的单位,将在我们用到它们时再行给出。

在把用一种单位测定的物理量的值换算成用种类相同的任何其他单位来表示时,我们只需记得一点,即量的每一个表示式都包含两个因子,即单位和表示应取多少个单位的那个数字。由此可知,数字部分是反比于单位的大小而变化的,也就是反比于导出单位之量纲所指示的各基本单位之不同幂次而变化的。

物理的连续性和不连续性

7.〕 一个量被说成是连续变化的,如果当从一个值变到另一个值时它将采取一切中间值。

我们可以从一个质点在时间和空间中的连续存在的考虑得到关于连续性的观念。这样一个质点不能从一个位置过渡到另一个位置而并不在空间中描绘一条连续的线,从而它的位置的坐标必然是时间的连续函数。

在有关水力学的论著中给出的所谓"连续性方程"中,所表示的事实就是:物质不能在一个体积元中出现或消失而并不通过体积元的各边进入或逸出。

一个量被说成是它的各变量的连续函数,如果当各变量连续变化时该量本身也连续地进行变化。

例如,如果 u 是 x 的一个函数,而且当 x 从 x_0 连续地变到 x_1 时,u 从 u_0 连续地变到 u_1,但是当 x 从 x_1 变到 x_2 时,u 却从 u_1' 变到 u_2,而 u_1' 不等于 u_1,这时 u 就被说成在 $x=x_1$ 值处对它对 x 而言的变化中有一种不连续性,因为当 x 连续地通过 x_1 时,u 却突然地从 u_1 变到 u_1'。

如果我们把 u 在值 $x=x_1$ 处对 x 而言的微分系数看成令 x_2 和 x_0 都无限趋近于 x_1 时的分数$\frac{u_2-u_0}{x_2-x_0}$的极限,那么,如果 x_0 和 x_2 永远位于 x_1 的两侧,则分子的最终值将是 $u_1'-u_1$,而分母的最终值将是零。如果 u 是一个物理上连续的量,则不连续性只能针对变量 x 的个别值而存在。在这种情况下我们必须承认,当 $x=x_1$ 时,u 有一个无限大的微分系数。如果 u 并不是物理上连续的,则它是完全不可微的。

在物理问题中,有可能消除不连续性这一概念而不致很显著地改变事例的条件。如果 x_0 只比 x_1 小一点点而 x_2 只比 x 大一点点,则 u_0 将很近似地等于 u_1 而 u_2 将很近似地等于 u_1'。现在我们就可以假设 u 在界限 x_0 和 x_2 之间以一种任意的然而却是连续的方式从 u_0 变到 u_2。在许多物理问题中,我们可以从这样的一种假设开始,然后再研究当令 x_0 和 x_2 的值都趋近于 x_1 的值并终于达到该值时的结果如何。如果结果不依赖于我们所设的 u 在二界限间的任意变化方式,则可以假设当 u 为不连续时结果也是真确的。

多变数函数的不连续性

8.〕 如果我们假设除 x 以外所有变数的值都是恒定的，则函数的不连续性可以相对于 x 的特殊值而出现，而且这些特殊值是通过一个方程来和其他各变数的值相联系的；我们可以把这个方程写成 $\varphi=\varphi(x,y,z,\cdots)=0$。不连续性将在 $\varphi=0$ 时出现。当 φ 为正时，函数将具有 $F_2(x,y,z,\cdots)$的形式。当 φ 为负时，函数将具有 $F_1(x,y,z,\cdots)$的形式。形式 F_1 和 F_2 之间不一定有什么必要的关系。

为了用一种数学形式来表示不连续性，设其中一个变数例如 x 被表示成 φ 和其他变数的函数，并设 F_1 和 F_2 被表示成 x、y、z 等等的函数。现在我们可以用任何一个公式来表示函数的普遍形式，只要那个公式当 φ 为正时明显地等于 F_2，而当 φ 为负时明显地等于 F_1。这样一个公式如下：$F=\dfrac{F_1+\mathrm{e}^{n\varphi}F_2}{1+\mathrm{e}^{n\varphi}}$。

只要 n 是一个有限的量，不论它多么大，F 都将是一个连续函数。但是如果我们令 n 变为无限大，则当 φ 为正时 F 将等于 F_2 而当 φ 为负时 F 将等于 F_1。

连续函数的导数的不连续性

一个连续函数的一阶导数可以是不连续的。设出现导数之不连续的各变数之值由方程 $\varphi=\varphi(x,y,z,\cdots)=0$ 来联系，并设 F_1 和 F_2 用 φ 和 $n-1$ 个其他变数例如$(x,z,\cdots)$表示出来。

于是，当 φ 为负时，应取 F_1，而当 φ 为正时，应取 F_2；而且，既然 F 本身是连续的，当 φ 为零时就有 $F_1=F_2$。

因此，当 φ 为零时，导数$\dfrac{\mathrm{d}F_1}{\mathrm{d}\varphi}$和$\dfrac{\mathrm{d}F_2}{\mathrm{d}\varphi}$可能不相同，但是对其他变数的导数，例如$\dfrac{\mathrm{d}F_2}{\mathrm{d}y}$和$\dfrac{\mathrm{d}F_2}{\mathrm{d}\varphi}$却必然相同。因此，不连续性只限制在对 φ 的导数上，而所有其他的导数都是连续的。

周期函数和多重函数

9.〕 如果 u 是 x 的一个函数，而且它的值在 x、$x+a$、$x+na$ 以及一切相差为 a 的 x 值处都相同，u 就叫做 x 的一个周期函数，而 a 就叫做它的周期。

如果 x 被看成 u 的一个函数，则对于一个给定的 u 值，必有彼此相差为 a 的倍数的一系列无限多个 a 值。在此情况下，x 就叫做 u 的一个多重函数，而 a 就叫做它的循环常数。

对应于一个给定的 u 值，微分系数$\dfrac{\mathrm{d}x}{\mathrm{d}u}$只有一系列有限个值。

物理量和空间方向的关系

10.〕 在区分物理量的种类时，很重要的就是要知道各物理量和我们通常用来定义物体之位置的那些坐标轴的方向是如何联系的。笛卡儿在几何学中引用坐标轴，是数学进步中最大的步伐之一，因为这就把几何学的方法简化成了关于数字量的计算。一个点的位置被弄成了依赖于永远沿确定方向画出的三条线的长度，而两点之间的连线也类似地被看成了三条线段的合成量。

但是，对于物理推理的许多目的来说，不同于计算，却很有必要避免明白地引入笛卡儿坐标，并把思想一举而固定在一个空间点上而不是它的三个坐标上，固定在一个力的大小和方向上而不是它的三个分量上。这种考虑几何量和物理量的模式是比另一种模式更加原始和更加自然的，尽管和它相联系着的那些概念直到哈密顿通过发明他的四元数算法①而在处理空间方面迈出又一大步时才算得到了充分的发展。

因为笛卡儿方法仍是学习科学的人们所最熟悉的方法，也因为这种方法对计算的目的来说确实是最有用的，所以我们将在笛卡儿的形式下表述我们所有的结果。然而我却确信，关于四元数的概念而不是它的运算及方法的引入，在我们的课题之一切部分的研究中都将是大有用处的；尤其是在电动力学中，我们在那里将必须对付若干物理量，而它们彼此之间的关系可以用哈密顿的少数几个表示式来表示，比用普通的方程要简单得多。

11.〕 哈密顿方法的最重要特色之一，就在于把各个量区分为标量和矢量。

一个标量可以通过单独一个数字的指定来完全地定义。它的数值并不以任何方式依赖于我们所取的各坐标轴的方向。

一个矢量或有向量要求用三个数字的指定来定义它，而这些数字可以最简单地理解为参照了各坐标轴的方向。

标量不涉及方向。一个几何图形的体积、一个物质体的质量和能量、流体中一点处的流体静力学压强，以及空间中一点处的势，就是一些标量的例子。

一个矢量既有量值又有方向，而且当它的方向反转时它的正负号也反转。一个点的位移用从初位置到末位置一段直线来代表。这就可以看成典型的矢量，而事实上矢量一词正是由此得来的。

一个物体的速度、它的动量、作用在它上的力、一个电流、一个铁粒子的磁化强度，就是矢量的一些例子。

还有另一种物理量，它们是和空间中的方向有关的，但它们不是矢量。固体中的胁强和胁变就是这种量的例子，在弹性理论和双折射理论中考虑到的物体的某些性质也是这种量的例子。这一类量要用九个数字的指定来定义。它们在四元数的语言中是用一

① 关于四元数的初等论述，读者可以参阅 Kelland and Tait 的“Introduction to Quaternians”，Tait 的“Elementary Treatise on Quaternians”，以及 Hamilton 的“Elements of Quaternians”。

个矢量的线性矢量方程来表示的。

一个矢量和另一个同类矢量的相加，按照静力学中所给出的力的合成法则来进行。事实上，泊松所给出的关于“力的平行四边形”的证明是适用于任何那种方向的反转就相当于变号的量的。

当我们想要用单独一个符号来代表一个矢量并使人们注意到它是一个矢量从而我们必须既考虑它的量值又考虑它的方向这一事实时，我们将用一个德文大楷字母来代表它，例如$\mathfrak{A}$，$\mathfrak{B}$，等等。

在四元数算法中，一个点在空间中的位置用一个矢量来定义，该矢量从一个叫做原点的定点画到该点。如果我们必须考虑其值依赖于点的位置的任一物理量，那个量就被看成从原点画起的那个矢量的一个函数。函数本身可以是标量也可以是矢量。一个物体的密度、它的温度、它的流体静力学压强、一个点上的势，就是标量函数的例子。一个点上的合力、流体中一点上的速度、流体的一个体积元的转动速度以及引起转动的力偶矩，就是矢量函数的例子。

12.〕　物理矢量可以分成两类。一类矢量是参照一条直线来定义的，而另一类矢量是参照一个面积来定义的。

例如，一种吸引力在任一方向上的合力通过求得它在一个物体沿该方向移动一小段距时对物体所做的功并除以该段距离来加以量度。在这里，吸引力就是参照一条直线来定义的。

另一方面，固体中任一点上沿任一方向的热通量可以通过求得流过垂直于该方向的一个小面积的热量并除以该面积和时间来加以量度。在这里，通量就是参照一个面积来定义的。

也有某些情况，一个量既可以参照一个面积又可以参照一条直线来加以量度。

例如，在处理弹性固体的位移时，我们可以把自己的注意力集中到一个质点的原始位置和实际位置上。在这种情况下，质点的位移就是由第一个位置画到第二个位置的直线来量度的。或者，我们也可以考虑固定在空间中的一个小面积，并确定在位移过程中有多大数量的固体物质通过了那个面积。

同样，一种流体的速度可以参照着各个质点的实际速度来加以研究，也可以参照着通过任一固定面积的流体数量来加以研究。

但是，在这些情况下，我们要求分别地既知道位移或速度又知道物体的密度，以便应用第一种方法，而一旦我们企图形成一种分子理论，我就必须应用第二种方法了。

在电的流动事例中，我们根本不知道有关导体中的电密度或电速度的任何东西，我们只知道按照流体理论将对应于密度和速度之乘积的那个值。因此，在所有的这种事例中，我们必须应用测量通过面积之通量的那种更普遍的方法。

在电科学中，电动强度和磁强度属于第一类，它们是参照直线来定义的。当我们想要指明这一事实时，我们可以把它们叫做“强度”。

另一方面，电感和磁感，以及电流，却属于第二类，它们是参照面积来定义的。当我们想要指明这一事实时，我们将称它们为“通量”。

这些强度中的每一种强度，都可以被认为可以产生或倾向于产生它的对应通量。例如，电动强度在导体中产生电流，而在电介质中则倾向于产生电流。它在电介质中产生电感，而且或许在导体中也产生电感。在同样的意义上，磁强度产生磁感。

13.〕 在某些事例中，通量简单地正比于强度并和强度同向，但是在另一些事例中我们只能断定通量的方向和量值是强度的方向和量值的函数。

通量的分量是强度分量的线性函数的事例将在关于传导方程的一章的第 297 节中加以讨论。一般共有九个系数，确定着强度和通量之间的关系。在某些事例中，我们有理由相信其中六个系数形成三对相等的量。在这样的事例中，强度的方向直线和通量的垂直平面之间的关系属于椭球体的半直径和它的共轭径平面之间的关系那一类。在四元数的语言中，一个矢量被说成是另一矢量的线性矢量函数，而当存在三对相等的系数时，该函数就被说成是自轭的。

在铁中的磁感事例中，通量（铁的磁化）不是磁强度的线性函数。然而，在任何情况下，强度和通量在其方向上的分量的乘积都给出一个很有科学重要性的结果，而且这个乘积永远是一个标量。

14.〕 有两种适用于这两类矢量或向量的常常出现的数学运算。

在强度的事例中，我们必须沿着一条线计算线元和强度在线元方向上的分量的乘积的积分。这种运算的结果叫做强度的线积分。它代表沿该线对物体做的功。在某些事例中，线积分不依赖于线的形状而只依赖于它的两个端点的位置，这种线积分叫做势。

在通量的事例中，我们必须在一个曲面上计算通过每一面积元的通量的积分。这种运算的结果叫做通量的面积分。它代表通过曲面的量。

有些曲面上没有通量。如果两个这样的曲面相交，则它们的交线是一条通量线。在通量和力同向的那些事例中，这样一种线常常被称为力线。然而，更正确的办法是在静电学和磁学中把它们叫做感应线，而在动电学中把它们叫做流线。

15.〕 还有另一种不同种类的有向量之间的区别；这种区别虽然从物理观点看来是很重要的，但是对数学方法的目的来说却是不必考虑的。这就是纵向性质和旋转性质之间的区别。

一个量的方向和量值可以依赖于完全沿着某一条线而出现的某种作用或效应，或者，它可以依赖于其本性为以该线为轴的转动的某种东西。不论有向量是纵向的还是旋转的，它们的合成定律都是相同的，因此在这两类量的数学处理方面并没什么不同，但是却可能有一些物理情况指示着我们必须把一种特定的现象归入哪一类中。例如，电解就是某些物质沿着一条线向一个方向传递，而另一些物质则向相反的方向传递。这显然是一种纵向现象，而且不存在关于绕着力的方向的任何转动效应的证据。因此我们就推测，引起或伴随着电解现象的电流，是一种纵向的而不是旋转的现象。

另一方面，一个磁体的南极和北极，并不像在电解过程中出现在对面位置上的氧气和氢气那样地彼此不同，因此我们并没有磁性是一种纵向现象的证据，而磁性使平面偏振光的偏振面发生转动的效应却清楚地表明磁性是一种旋转现象①。

关于线积分

16.〕 一个矢量沿一条线的分量的积分，这种运算在物理科学中是普遍重要的，从而应该清楚地加以理解。

设 x、y、z 是一条线上一点 P 的坐标，而从某点 A 量起的线的长度是 s。这些坐标将是单一变数 s 的函数。

设 R 是一个矢量在 P 点上的数值，并设 P 点处曲线的切线和 R 的方向成一个角度 ε，则 $R\cos\varepsilon$ 就是 R 沿曲线的分量，而积分 $L=\int_0^s R\cos\varepsilon\,\mathrm{d}s$ 就叫做 R 沿曲线 s 的线积分。

我们可以把这一表示式写成 $L=\int_0^s\left(X\frac{\mathrm{d}x}{\mathrm{d}s}+Y\frac{\mathrm{d}y}{\mathrm{d}s}+Z\frac{\mathrm{d}z}{\mathrm{d}s}\right)\mathrm{d}s$，式中 X、Y、Z 分别是 R 平行于 x、y、z 的分量。

一般说来，这个量对于在 A、P 之间画出的不同曲线来说是不同的。然而，当在某一区域内量 $X\mathrm{d}x+Y\mathrm{d}y+Z\mathrm{d}z=-D\Psi$ 时，也就是说当它在该区域中是一个全微分时，L 的值就变为 $L=\Psi_A-\Psi_P$，而且对 A 和 P 之间的路径的任何两种形式来说都是相同的，如果一种形式可以通过连续的运动来变成另一种形式而不必越出这一区域的话。

关 于 势

量 Ψ 是点的位置的一个标量函数，从而是不依赖于各参照方向的。它叫做势函数，而分量为 X、Y、Z 的矢量被说成具有一个势 Ψ，如果

$$X=-\left(\frac{\mathrm{d}\Psi}{\mathrm{d}x}\right),Y=-\left(\frac{\mathrm{d}\Psi}{\mathrm{d}y}\right),Z=-\left(\frac{\mathrm{d}\Psi}{\mathrm{d}z}\right),$$

当存在一个势时，势为常数的那种曲面就叫做等势面。在这种面上的任一点上，R 的方向和该面的法线相重合，而如果 n 是 P 点上的一条法线，则 $R=-\frac{\mathrm{d}\Psi}{\mathrm{d}n}$。

把一个矢量的各分量看成某一坐标函数对这些坐标的一阶导数的方法，是由拉普拉斯在他关于引力理论的论著中发明的②。势这个名称是首先由格林赋予这个函数的③，他

① 一定不要以为这就意味着，在假设电现象和磁现象是由一种媒质的运动所引起的任何一种理论中，电流就必然起源于平移运动而磁力必然起源于旋转运动。例如，也有一些旋转效应是和电流联系着的，例如，一个磁极会绕着它转动，而且也很可能的是，如果静电现象在其中有其根源的那种媒质在它的内部各处有一个分量为 f、g、h 的电位移并且是以速度 u、v、w 而转动的，它就将是一个磁力的根源，其分量分别是 $4\pi(wg-vh)$、$4\pi(uh-wf)$、$4\pi(vf-ug)$；于是，在这一事例中，一种平移运动就能产生一个磁场。*Phil Mag*. July，1889.

② *Méc. Céleste*，liv. iii.

③ Essay on the Application of Mathematical Analysis to the Theories of Electrioitv and Magnetism，Nottingham，1828。重印于 *Crelle's Journal*，并重印于 Mr. Ferrers' edition of Green's Works.

把这个函数当成了处理电学问题的基础。格林的著作直到 1846 年都没有受到数学家们的重视，而在 1846 年以前，大多数他的重要定理都已经被高斯、查斯耳斯、斯图尔姆和汤姆孙[①]所重新发现了。

在引力理论中，势和此处所用的函数异号，从而任意方向上的合力就是由势函数沿该方向的增加率来量度的。在电和磁的研究中，势被定义得使任意方向上的合力由势在该方向上的减少率来量度。这种使用表示式的办法使它可以和势能的正负号相适应，因为当物体沿着作用在它上面的力的方向运动时势能总是减小的。

17.〕 势和由它如此导出的矢量之间的关系的几何学本性，通过哈密顿发现算符形式而得到了很大的澄清；利用这种算符，可以由势导出矢量。

正如我们已经看到的那样，矢量沿任何方向的分量，就是势对沿该方向画出的一个坐标的一阶导数并变号。

现在，如果 $\boldsymbol{i}$、$\boldsymbol{j}$、$\boldsymbol{k}$ 是互相垂直的三个单位矢量，而 X、Y、Z 是矢量 $\mathfrak{F}$ 平行于这些矢量的分量，就有

$$\mathfrak{F}=\boldsymbol{i}X+\boldsymbol{j}Y+\boldsymbol{k}Z; \tag{1}$$

而按照我们以上的说法，如果 Ψ 是势，就有

$$\mathfrak{F}=-\left(\boldsymbol{i}\frac{\mathrm{d}\Psi}{\mathrm{d}x}+\boldsymbol{j}\frac{\mathrm{d}\Psi}{\mathrm{d}y}+\boldsymbol{k}\frac{\mathrm{d}\Psi}{\mathrm{d}z}\right)。 \tag{2}$$

现在，如果我们用 ∇ 代表下列算符：

$$\boldsymbol{i}\frac{\mathrm{d}}{\mathrm{d}x}+\boldsymbol{j}\frac{\mathrm{d}}{\mathrm{d}y}+\boldsymbol{k}\frac{\mathrm{d}}{\mathrm{d}z}, \tag{3}$$

就有

$$\mathfrak{F}=-\nabla\Psi。 \tag{4}$$

算符 ∇ 可以诠释为指示我们，沿着三个正交的方向测量 Ψ 的增加率，然后把这样求得的各量看成矢量，并把它们合成起来成为一个量。这就是表示式(3)指示我们所要作的。但是我们也可以认为它是指示我们首先找出 Ψ 在哪个方向上增加得最快，然后沿着那个方向画出一个矢量来表示这一增加率。

拉梅先生在他的《论反函数》(*Traité des Fonction Inverses*)一书中用了微分参数一词来代表这个最大增加率的量值，但是不论这一名词还是拉梅应用它的方式都不曾指示这个量既有大小又有方向。在少数情况下我将必须把这一关系说成纯几何的关系，那时我将把矢量 $\mathfrak{F}$ 叫做标量函数 Ψ 的空间改变量，用这种说法来既指示 Ψ 的最快增加率的大小，又指示其最快增加的方向。

18.〕 然而，在某些事例中，$X\mathrm{d}x+Y\mathrm{d}y+Z\mathrm{d}z$ 是一个全微分的条件

$$\frac{\mathrm{d}Z}{\mathrm{d}Y}-\frac{\mathrm{d}Y}{\mathrm{d}z}=0,\frac{\mathrm{d}X}{\mathrm{d}z}-\frac{\mathrm{d}Z}{\mathrm{d}x}=0,\text{以及}\frac{\mathrm{d}Y}{\mathrm{d}x}-\frac{\mathrm{d}X}{\mathrm{d}y}=0$$

在某一个空间域中到处都能满足，但是在两条线上从 A 到 P 的线积分却可以不同，而其中每一条线又完全位于该域之内。如果域呈环形，而从 A 到 P 的两条线通过了环的对面段，那就会是这种情况。在这种情况下，一条路径并不能通过不越出域外的连续运动而转变成另一条路径。

在这儿，我们被引导到了属于“位置几何学”的考虑；这一课题的重要性虽已由莱布尼兹指出并由高斯例示，但是该课题还几乎没被研究过。这一课题的最完全的处理已由

① Thomson and Tait, *Natural Philosophy*, § 483.

J. B. 李斯廷给出①。

设空间中有 p 个点，并设画了 l 条任意形状的连接着这些点的线，使得没有任何两条线相交，而且没有一个点被孤立地留下来。我们将由一些线这样构成的图形叫做一个“图式”(Diagram)。在这些线中，$p-1$ 条线已经足以把 p 个点连成一个连接体系了。每一条新线都完成一条圈线或闭合路径，或者，我们将把它叫做回路。因此，图式中的回路数目就是 $k=l-p+1$。

沿着图式中的那些线画出的任何闭合路径，都是由这些独立的回路构成的，其中每一回路都可以被走过任何多次，而且是沿任何方向。

回路的存在叫做“环流性”，而图式中的回路的数目则叫做“接圆数”。

曲面上和空间域中的环流性

曲面或完全或有界。完全曲面或无限或闭合。有界曲面是以一个或多个闭合曲线为边界的，而闭合曲线在极限情况下可以变成有限的双线或变成点。

一个有限的空间域是以一个或多个闭合曲面为边界的。其中一个是外表面，其余各曲面都被表面所包围而且互不相交，它们被称为内表面。

如果域只有一个边界面，我们就可以假设那个表面向内收缩而不打破其连续性或和自己相交。如果域是一个简单连续域，例如一个球，这一过程就可以继续进行直到域收缩成一个点。但是，如果域是多连通的，则收缩的结果将是一个曲线图式，而图式的接环数也就是域的接环数。域外的空间和域本身具有相同的接环数。因此，如果域是既由外表面又由内表面所限定的，则它的接环数就是所有各表面的接环数之和。

当一个域的本身中包括了其他的域时，它就叫做一个“回绕域”(Periphractic region)。

一个域的内表面的数目，叫做它的回绕数。一个闭合曲面也是回绕的，它的回绕数为 1。

一个闭合曲面的接环数是它所包含的各域中的任一域的接环数的二倍。为了求得一个有界曲面的接环数，设想一切边界线都向内收缩而不打破其连续性，直到收缩得相遇为止。这时，在非循环曲面的事例中曲面收缩成一个点，而在循环曲面的事例中它则变成一个曲线图式。

图式的接环数就是曲面的接环数。

19.〕 **定理一** 如果在一个非循环域中到处都有 $X\mathrm{d}x+Y\mathrm{d}y+Z\mathrm{d}z=-D\Psi$，则沿着域内任一路径所取的从点 A 到点 P 的线积分之值都相同

我们首先将证明，沿着域内任一闭合路径所求的线积分为零。

设各等势面已被画出。它们全都不是闭合曲面就是完全被域的表面所限定的，因

① *Der Census Raümlicher Complere*, Gött. Abh., Bd. x. S. 97(1861). 关于对物理目的来说是必要的那些多连通空间的性质的一种初等论述，见 Lamb, *Treatise on the Motion of Fluids*, p. 47。

此，如果域内的一条闭合曲线在它的行程的任何部分和任何等势面相交，则它必将在行程的某一其他部分沿相反的方向和同一等势面相交，而既然线积分的对应部分相等而异号，总的值就是零。

于是，如果 AQP 和 $AQ'P$ 是从 A 到 P 的两条路径，则沿 $AQ'P$ 的线积分就是沿 AQP 的和沿闭合路径 $AQ'PQA$ 的线积分之和。但是沿闭合路径的线积分是零，从而沿两条路径的线积分就是相等的。

20.〕 **定理二** 如果在一个循环域中方程 $X\mathrm{d}x+Y\mathrm{d}y+Z\mathrm{d}z=-D\Psi$ 到处得到满足，则沿着在域内画出一条曲线从 A 到 P 的线积分一般并不是确定的，除非 A 和 P 之间的交通渠道已经指定。

设 N 是域的接环数，则我们可以用一些称之为屏障的曲面将域分成 N 部分，以封住 N 条交通渠道并把域简化到非循环的情况而不破坏它的连续性。

根据上述定理，沿着一条并不和任何这些屏障相交的曲线计算的从 A 到任一点 P 的线积分将有定值。

现在设 A 和 P 被取得彼此无限靠近但却位于一个屏障的两侧，并设 K 是从 A 到 P 的线积分。

设 A' 和 P' 是位于同一屏障两侧的彼此无限靠近的另外两个点，并设 K' 是从 A' 到 P' 的线积分。于是就有 $K'=K$。

因此，如果我们画出接近重合的然而却位于屏障两侧的 AA' 和 PP'，则沿着这两条线的线积分将相等[①]。设每一线积分等于 L，则沿 $A'P'$ 的线积分 K' 等于沿 $A'A+AP+PP'$ 的线积分，即等于 $-L+K+L=K=$ 沿 AP 的线积分。

因此，沿着一条按给定方向通过体系的一个屏障的闭合曲线的线积分是一个常量 K。这个量叫做对应于所给回路的循环常量。

设在域内画一条任意的闭合曲线，使它沿着正方向通过 p 次第一回路的屏障，并沿着负方向通过 p' 次。设 $p-p'=n_1$。于是沿这条闭合曲线的线积分就将是 n_1p_1。

同理，任意闭合曲线上的线积分将是 $n_1K_1+n_2K_2+\cdots+n_sK_s$，式中 n_s 代表曲线沿正方向通过回路 S 的屏障的次数减去它沿负方向通过该屏障的次数而得的余额。

设有两条曲线。若其中一条可以通过连续的运动且在任何时候都不通过势的存在条件不成立的任何空间部分而转换成另一条，则这两条曲线叫做“可调和的”曲线。不能实现这样的转换的曲线叫做“不可调和的”曲线[②]。

$X\mathrm{d}x+Y\mathrm{d}y+Z\mathrm{d}z$ 在某一域的所有各点上都是某一函数 Ψ 的全微分的条件，在若干物理研究中是出现的。在那些研究中，有向量和势具有各种不同的物理诠释。

在纯运动学中，我们可以假设 X、Y、Z 是一个连续物体中某一点的位移分量，该点的原始坐标为 x、y、z。于是，上述条件就表明这些位移构成一种非转动的胁变[③]。

如果 X、Y、Z 代表一种流体在点 x、y、z 上的速度分量，则上述条件表明流体的运动是非转动性的。

---

① 因为 X、Y、Z 是连续的。

② 见 Sir W. Thomson，“On Vortex Motion”，Trans. R. S. Edin.，1867—1868。

③ 见 Thomson and Tait，“Natural Philosophy”，§ 190(i)。

如果 X、Y、Z 代表点 x、y、z 上的分力，则上述条件表示：当一个质点从一点运动到另一点时，力对该质点做的功是这两点上的势差，而且这一势差的值对两点之间一切可调和的路径来说都是相同的。

关于面积分

21.〕 设 $\mathrm{d}S$ 是一个曲面上的面积元，而 ε 是向曲面的正方向画出的一条法线和矢量 $\boldsymbol{R}$ 之间的夹角，则 $\iint \boldsymbol{R}\cos\varepsilon\,\mathrm{d}S$ 叫做 $\boldsymbol{R}$ 在曲面 S 上的面积分①。

定理三　通量指向一个闭合曲面内部的面积分，可以表示成在曲面内部所求敛度的体积分。（见第 25 节。）

设 X、Y、Z 是 $\boldsymbol{R}$ 的分量，并设 l、m、n 是 S 的外向法线的方向余弦，则 $\boldsymbol{R}$ 在 S 上的面积分是

$$\iint R\cos\varepsilon\,\mathrm{d}S=\iint Xl\,\mathrm{d}S+\iint Ym\,\mathrm{d}S+\iint Zn\,\mathrm{d}S, \tag{1}$$

式中 X、Y、Z 的值是在曲面上一个点上的值，而积分则遍及整个曲面。

如果曲面是闭合的，则当 y 和 z 为给定时坐标 x 必有偶数个值，因为平行于 x 的一条线必将以相等的次数进入和离开所包围的空间，如果它和曲面相交的话。

在每一个进入点上，有 $l\mathrm{d}S=-\mathrm{d}y\mathrm{d}z$，而在每一个离开点上，则有 $l\mathrm{d}S=\mathrm{d}y\mathrm{d}z$。

设有一点从 $x=-\infty$ 运动到 $x=+\infty$，第一次当 $x=x_1$ 时进入此空间，而当 $x=x_2$ 时离开此空间，余以此类推。再设 X 在这些点上的值是 X_1、X_2 等等，则有

$$\iint Xl\,\mathrm{d}S=-\iint\{(X_1-X_2)+(X_3-X_4)+\cdots+(X_{2n-1}-X_{2n})\}\mathrm{d}y\mathrm{d}z。 \tag{2}$$

如果 X 是一个连续的量，而且在 x_1 和 x_2 之间没有无限大的值，则有

$$X_2-X_1=\int_{x_1}^{x_2}\frac{\mathrm{d}X}{\mathrm{d}x}\mathrm{d}x; \tag{3}$$

式中的积分从第一个交点算到第二个交点，也就是沿着位于闭合曲面内部的那一段 x 计算。把所有位于闭合曲面内部的线段都考虑在内，我们就得到

$$\iint Xl\,\mathrm{d}S=\iiint\frac{\mathrm{d}X}{\mathrm{d}x}\mathrm{d}x\mathrm{d}y\mathrm{d}z, \tag{4}$$

这里的双重积分限制在闭合曲面上，但是三重积分则遍及整个被包围的空间。因此，如果 X、Y、Z 在一个闭合曲面 S 的内部是连续的和有限的，则 $\boldsymbol{R}$ 在该曲面上的总的面积分将是

$$\iint R\cos\varepsilon\,\mathrm{d}S=\iiint\left(\frac{\mathrm{d}X}{\mathrm{d}x}+\frac{\mathrm{d}Y}{\mathrm{d}y}+\frac{\mathrm{d}Z}{\mathrm{d}z}\right)\mathrm{d}x\mathrm{d}y\mathrm{d}z, \tag{5}$$

式中的三重积分遍及 S 内部的整个空间。

其次让我们假设 X、Y、Z 在闭合曲面内部是连续的，然而在某一个曲面 $F(x,y,z)=0$ 上，X、Y、Z 的值却从反面的 X、Y、Z 突然变成正面的 X'、Y'、Z'。

如果这种不连续性出现在例如 x_1 和 x_2 之间，则 X_2-X_1 的值将是

---

① 在以下的研究中，法线的正方向指向曲面的外面。

$$\int_{x_1}^{x_2} \frac{dX}{dx}dx + (X' - X), \tag{6}$$

此处在积分号下的表示式中只计及 X 的导数的有限值。

因此，在这一事例中，$\boldsymbol{R}$ 在闭合曲面上的总面积分将是

$$\iint \boldsymbol{R}\cos\varepsilon\, dS = \iiint \left(\frac{dX}{dx} + \frac{dY}{dy} + \frac{dZ}{dz}\right) dx\,dy\,dz + \iint (X' - X)\,dy\,dz$$

$$+ \iint (Y' - Y)\,dz\,dx + \iint (Z' - Z)\,dx\,dy; \tag{7}$$

或者，如果 l'、m'、n'是不连续性曲面的法线的方向余弦，而 dS'是曲面的面积元，则有

$$\iint \boldsymbol{R}\cos\varepsilon\, dS = \iiint \left(\frac{dX}{dx} + \frac{dY}{dy} + \frac{dZ}{dz}\right) dx\,dy\,dz$$

$$+ \iint \{l'(X' - X) + m'(Y' - Y) + n'(Z' - Z)\}\,dS', \tag{8}$$

式中最后一项的积分是在不连续性曲面上计算的。

如果在 X、Y、Z 为连续的每一点上都有 $\frac{dX}{dx}+\frac{dY}{dy}+\frac{dZ}{dz}=0$，　　(9)

而且在它们为不连续的每一个曲面上都有

$$l'X' + m'Y' + n'Z' = lX' + m'Y + n'Z, \tag{10}$$

则每一个闭合曲面上的面积分都为零，而矢量的分布就被说成是“管状的”。

我们将把方程(9)叫做“普遍管状条件”，而把方程(10)叫做“表面管状条件”。

22.〕 现在让我们考虑在曲面 S 内部的每一点上方程 $\frac{dX}{dx}+\frac{dY}{dy}+\frac{dZ}{dz}=0$　　(11)

都得到满足的那种事例。作为这一点的后果，我们有每一个闭合曲面上的面积分都为零。

现在设闭合曲面 S 由三个部分 S_1、S_0 和 S_2 组成。设 S_1 是由一条闭合曲线 L_1 包围着一个任意形状的曲面。设 S_0 是通过从 L_1 的每一点上画出永远和 $\boldsymbol{R}$ 方向一致的线而形成的曲面。如果 l、m、n 是曲面 S_0 的任一点上的法线的方向余弦，我们就有

$$\boldsymbol{R}\cos\varepsilon = Xl + Ym + Zn = 0, \tag{12}$$

因此曲面的这一部分对面积分的值并无任何贡献。

设 S_2 是由闭合曲线 L_2 包围着的另一个任意形状的曲面，而 L_2 是 S_2 和 S_0 的交线。

设 Q_1、Q_0、Q_2 是曲面 S_1、S_0、S_2 上的面积分，而 Q 是闭合曲面 S 上的面积分。于是

$$Q = Q_1 + Q_0 + Q_2 = 0; \tag{13}$$

而我们知道　　$Q_0 = 0$;　　(14)

从而就有　　$Q_2 = -Q_1$;　　(15)

换句话说，曲面 S_2 上的面积分和 S_1 上的面积分相等而异号，不论 S_1 的形状和位置如何，只要中间曲面 S_0 是到处和 $\boldsymbol{R}$ 相切的就行。

如果我们假设 L_1 是一个面积很小的闭合曲线，S_0 就将是一个管状的曲面，而且它具有这样的性质：管子的每一个完全截面上的面积分都相同。

既然如果　　$\frac{dX}{dx}+\frac{dY}{dy}+\frac{dZ}{dz}=0$，　　(16)

则整个空间都可以划分成一些这样的管子，和这一方程相容的一种矢量分布就叫做“管

状分布”。

关于流管和流线

如果空间被分成一些管子，而每一个管子的面积分都为 1，则各管称为“单位管”，而由一条闭合曲线 L 所包围的任一有限曲面 S 上的面积分就等于沿正方向通过 S 的这种管子的数目，或者换句话说，就等于穿过闭合曲线 L 的这种管子的数目。

因此，S 上的面积分只依赖于 S 的边界 L 的形状，而不依赖于边界所围成的曲面的形状。

关于回绕域

如果在外面由单独一个闭合曲面 S 所包围的整个域中，管状条件 $\frac{\mathrm{d}X}{\mathrm{d}x}+\frac{\mathrm{d}Y}{\mathrm{d}y}+\frac{\mathrm{d}Z}{\mathrm{d}z}=0$ 到处都是满足的，则在域内画出的任何闭合曲面上，面积分都将是零，而一个有界曲面上的面积分则只取决于形成该面积之边界的那条闭合曲线的形状。

然而，如果管状条件在其中为满足的那个域不是由单独一个曲面所包围的，则通常并不能得到同样的结果。

因为，如果它是由多于一个连续曲面包围而成的，则其中一个曲面是外表面，而其余的都是内表面，从而域就是回绕的，在它内部有另一些域被它所完全包含在内。

在其中一个这种被包含的域中，例如在由闭合曲面 S_1 所包围的域中，如果管状条件并不满足，则可以令 $Q_1=\iint R\cos\varepsilon\,\mathrm{d}S_1$ 等于包围这个域的曲面上的面积分，并令 Q_1、Q_2 等等等于其他被包含域的曲面 S_1、S_2 等等上的对应量。

于是，如果在 S 内部画一个闭合曲面 S'，则只有当 S' 不包含任何被包含域 S_1、S_2 等等时，S' 上的面积分的值才将是零。如果它包含了任何的这种域，则面积分是位于它内部的不同被包含域上的面积分之和。

同理，在以一条闭合曲线为边的曲面上计算的面积分，也只有在那样一些曲面上才是相同的，那些曲面以该曲线为边，而且通过在域 S 内的连续运动可以和所给的曲面相调和。

当我们必须处理回绕域时，首先要做的就是通过画一些把内表面 S_1、S_2 等等和外表面 S 连接起来的线 L_1、L_2 等等来把该域简化为非回绕域。其中的每一条线，如果并不是连接了本来已经连续接触着的曲面的话，都将使回绕数减少 1，从而为了消除回绕性而必须画的线数就等于回绕数，或者说等于内表面的数目。在画这些线时我们必须记得，任何连接着已经连接起来的曲面的线并不能减少回绕数而却只引入循环性。当这些线已经画好时我们就可以断定，如果管状条件在域 S 中是满足的，则完全在 S 内部画出且不和任何一条这种线相交的任一曲面都将有等于零的面积分。如果它和任何一条线例如

L_1 相交一次或任何偶数次,它就包含曲面 S_1,从而它的面积分就是 Q_1。

管状条件在其中为满足的最习见的回绕域的例子就是一个物体周围的域,该物体是反比于距离平方的力吸引或推斥其他物体的。

在斥力的事例中,我们有 $X=m\frac{x}{r^3}, Y=m\frac{y}{r^3}, Z=m\frac{z}{r^3}$;式中 m 是假设为位于坐标原点上的物体质量。

在 r 为有限的任一点上,有 $\frac{dX}{dx}+\frac{dY}{dy}+\frac{dZ}{dz}=0$,但是在原点上这些量却变为无限大。对于不包含原点的任一闭合曲面来说,面积分是零。如果一个闭合曲面包含了原点,则其面积分是 $4\pi m$。

如果由于任何原因,我们愿意把 m 周围的域看得就像它不是一个非回绕域那样,我们就必须从 m 到无限远画一条线,而当计算面积分时我们就必须记得,每当这条线从反面向正面通过曲面时,面积分中就必须增加 $4\pi m$。

关于空间中的右手关系和左手关系

23.〕 在本论著中,沿任一轴线的前进平动和绕该轴的转动,将被认为当它们的方向对应于一个常见的或右手的螺旋的前进方向和转动方向时就具有相同的正负号①。

例如,如果地球从西向东的实际转动被取为正的,则从南到北的地轴将被取为正,从而如果一个人沿正方向前进,则正向转动是合适的,头为右旋而脚为左旋。

如果我们把自己放在一个曲面的正面一边,则它的边界线的正向将和表面朝向我们的一个表上的指针转动方向相反。

这就是在汤姆孙和泰特的《自然哲学》(*Natural Philosophy*)以及泰特的《四元数》(*Quaternians*)中采用了的右手制。相反的左手制在哈密顿的《四元数》中被采用(*Lecture*, p. 76;*Elements*, p. 108 及 p. 117 的小注)。从一种体制到另一种体制的变换被李斯廷称为"反转"(Perversion)。

一个物体在镜中的反射像,是物体的一个反转了的像。

当我们应用笛卡儿坐标 x、y、z 时,我们应该把它们画得使有关各符号之轮换次序的通常惯例导致空间中的一种右手制的方向。例如,如果 x 是向东画而 y 是向北画的,则

---

① 当我们把右手的上沿向外转,而同时把手伸向前方时,手臂肌肉的联合作用将比任何的文字定义更加牢固地在我们的记忆中留下印象。

W. H. 密勒教授曾向我指出,常春藤的卷须是右旋的,而啤酒花的卷须是左旋的,从而空间中的两种关系体制可以分别称为常春藤制和啤酒花制。

我们所采用的常春藤制是林诺乌斯的体制,也是除日本以外一切文明国家中螺旋制造者们的体制。德·堪道里是把啤酒花卷须说成"右旋"的第一个人,李斯廷学了他的样,而且论述光的圆偏振的多数作者也学了他的样。啤酒花式的螺旋是被做出来用以连接铁路车辆的,也用于把普通车辆的轮子安装在左侧,但是这种螺旋被它们的使用者叫做左手螺旋。

z 必须向上画①。

当求积分的次序和各符号的轮换次序一致时，曲面的面积将被认为是正的。例如，xy 平面上的一个闭合曲线的面积可以写成 $\int x\mathrm{d}y$ 或 $-\int y\mathrm{d}x$；求积分的次序在第一式中是 x、y，而在第二式中则是 y、x。

两个乘积 $\mathrm{d}x\mathrm{d}y$ 和 $\mathrm{d}y\mathrm{d}x$ 之间的这种关系，可以和四元数方法中两个垂直矢量之积的法则相对比，该矢量积的正负号取决于乘法的次序；而且也可以和当一个行列式中的两行或两列互换时行列式的变号相对比。

同理，当积分次序是变数 x、y、z 的轮换次序时，一个体积分就被认为是正的，当轮换次序倒转时则积分被认为是负的。

现在我们来证明一条定理。在建立一个有限曲面上的面积分和沿曲面边界的线积分之间的联系方面，这条定理是有用的。

24.〕 **定理四**　沿一条闭合曲线计算的一个线积分，可以用以该曲线为边的一个曲面上的面积分表示出来。

设 X、Y、Z 是一个矢量 $\mathfrak{A}$ 的分量，该矢量的线积分应沿一条闭合曲线 s 来计算。

设 S 是完全由闭合曲线 s 围成的任一连续的有限曲面，并设 ξ,η,ζ 是另一矢量 $\mathfrak{B}$ 的分量，它们和 X、Y、Z 的关系由下列方程来确定：

$$\xi=\frac{\mathrm{d}Z}{\mathrm{d}y}-\frac{\mathrm{d}Y}{\mathrm{d}z},\eta=\frac{\mathrm{d}X}{\mathrm{d}z}-\frac{\mathrm{d}Z}{\mathrm{d}x},\zeta=\frac{\mathrm{d}Y}{\mathrm{d}x}-\frac{\mathrm{d}X}{\mathrm{d}y}。\tag{1}$$

于是在曲面 S 上求的 $\mathfrak{B}$ 的面积分就等于沿曲线 s 求的 $\mathfrak{A}$ 的线积分。很显然，ξ,η,ζ 本身是满足管状条件的：$\frac{\mathrm{d}\xi}{\mathrm{d}x}+\frac{\mathrm{d}\eta}{\mathrm{d}y}+\frac{\mathrm{d}\zeta}{\mathrm{d}z}=0$。

设 l、m、n 是曲面的一个面积元 $\mathrm{d}S$ 上法线的方向余弦，$\mathrm{d}S$ 按正方向计算。于是，$\mathfrak{B}$ 的面积分的值就可以写成

$$\iint(l\xi+m\eta+n\zeta)\mathrm{d}S。\tag{2}$$

为了对面积元 $\mathrm{d}S$ 的意义形成一个确切的概念，我们将假设曲面上每一点的坐标 x、y、z 是作为两个独立变数 α 和 β 的函数而被给出的。如果 β 不变而 α 变化，则点(x,y,z)将在曲面上描出一条曲线，而如果赋予 β 以一系列值，则将有一系列这样的曲线被画出，它们全都位于曲面 S 上。同样，通过赋予 α 以一系列恒定的值，第二系列曲线就可以被画出；它们和第一系列曲线相交，而把整个曲面分成元部分，其中每一个部分都可以被看成面积元 $\mathrm{d}S$。

按照常用的公式，这一面积元在 yz 平面上的投影是

$$l\mathrm{d}S=\left(\frac{\mathrm{d}y}{\mathrm{d}\alpha}\frac{\mathrm{d}z}{\mathrm{d}\beta}-\frac{\mathrm{d}y}{\mathrm{d}\beta}\frac{\mathrm{d}z}{\mathrm{d}\alpha}\right)\mathrm{d}\beta\mathrm{d}\alpha。\tag{3}$$

适用于 $m\mathrm{d}S$ 和 $n\mathrm{d}S$ 的表示式通过按轮换次序将 x、y、z 代入上式来得出。

我们所要求的面积分是

$$\iint(l\xi+m\eta+n\zeta)\mathrm{d}S；\tag{4}$$

---

① 就像在这个图中那样：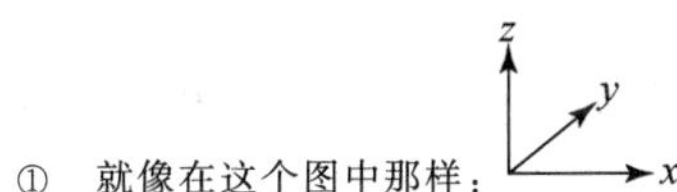

或者，将 ξ、η、ζ 按照 X、Y、Z 表示出来，就得到

$$\iint\left(m\frac{\mathrm{d}X}{\mathrm{d}z}-n\frac{\mathrm{d}X}{\mathrm{d}y}+n\frac{\mathrm{d}Y}{\mathrm{d}x}-l\frac{\mathrm{d}Y}{\mathrm{d}z}+l\frac{\mathrm{d}Z}{\mathrm{d}y}-m\frac{\mathrm{d}Z}{\mathrm{d}x}\right)\mathrm{d}S。\tag{5}$$

此式中依赖于 X 的部分可以写成

$$\iint\left\{\frac{\mathrm{d}X}{\mathrm{d}z}\left(\frac{\mathrm{d}z}{\mathrm{d}\alpha}\frac{\mathrm{d}x}{\mathrm{d}\beta}-\frac{\mathrm{d}z}{\mathrm{d}\beta}\frac{\mathrm{d}x}{\mathrm{d}\alpha}\right)-\frac{\mathrm{d}X}{\mathrm{d}y}\left(\frac{\mathrm{d}x}{\mathrm{d}\alpha}\frac{\mathrm{d}y}{\mathrm{d}\beta}-\frac{\mathrm{d}x}{\mathrm{d}\beta}\frac{\mathrm{d}y}{\mathrm{d}\alpha}\right)\right\}\mathrm{d}\beta\mathrm{d}\alpha；\tag{6}$$

加上并减去 $\frac{\mathrm{d}X}{\mathrm{d}x}\frac{\mathrm{d}x}{\mathrm{d}\alpha}\frac{\mathrm{d}x}{\mathrm{d}\beta}$，就变成

$$\iint\left\{\frac{\mathrm{d}x}{\mathrm{d}\beta}\left(\frac{\mathrm{d}X}{\mathrm{d}x}\frac{\mathrm{d}x}{\mathrm{d}\alpha}+\frac{\mathrm{d}X}{\mathrm{d}y}\frac{\mathrm{d}y}{\mathrm{d}\alpha}+\frac{\mathrm{d}X}{\mathrm{d}z}\frac{\mathrm{d}z}{\mathrm{d}\alpha}\right)-\frac{\mathrm{d}x}{\mathrm{d}\alpha}\left(\frac{\mathrm{d}X}{\mathrm{d}x}\frac{\mathrm{d}x}{\mathrm{d}\beta}+\frac{\mathrm{d}X}{\mathrm{d}y}\frac{\mathrm{d}y}{\mathrm{d}\beta}+\frac{\mathrm{d}X}{\mathrm{d}z}\frac{\mathrm{d}z}{\mathrm{d}\beta}\right)\right\}\mathrm{d}\beta\mathrm{d}\alpha；\tag{7}$$

$$=\iint\left(\frac{\mathrm{d}X}{\mathrm{d}\alpha}\frac{\mathrm{d}x}{\mathrm{d}\beta}-\frac{\mathrm{d}X}{\mathrm{d}\beta}\frac{\mathrm{d}x}{\mathrm{d}\alpha}\right)\mathrm{d}\beta\mathrm{d}\alpha。\tag{8}$$

现在让我们假设 α 为恒定的那些曲线形成一系列闭合曲线，包围着曲面上一个 α 具有极小值 α_0 的点，并设最后一条曲线，$\alpha=\alpha_1$ 的那条曲线，和闭合曲线 s 相重合。

让我们再假设 β 为恒定的那些曲线形成一系列从 $\alpha=\alpha_0$ 的点画到闭合曲线 s 的线，而且第一条 β_0 和最后一条 β_1 相重合。

对(8)分部求积分，第一项对 α 而第二项对 β 求积分，各双重积分就互相消除，而表示式就变成

$$\int_{\beta_0}^{\beta_1}\left(X\frac{\mathrm{d}x}{\mathrm{d}\beta}\right)_{\alpha=\alpha_1}\mathrm{d}\beta-\int_{\beta_0}^{\beta_1}\left(X\frac{\mathrm{d}x}{\mathrm{d}\beta}\right)_{\alpha=\alpha_0}\mathrm{d}\beta-\int_{\alpha_0}^{\alpha_1}\left(X\frac{\mathrm{d}x}{\mathrm{d}\alpha}\right)_{\beta=\beta_1}\mathrm{d}\alpha+\int_{\alpha_0}^{\alpha_1}\left(X\frac{\mathrm{d}x}{\mathrm{d}\alpha}\right)_{\beta=\beta_0}\mathrm{d}\alpha。\tag{9}$$

既然点 (α,β_1) 和点 (α,β_0) 完全相同，第三项就和第四项相消；而且，既然在 $\alpha=\alpha_0$ 的点上只有一个 x 值，第二项就等于零，而表示式就简化成了第一项。

既然曲线 $\alpha=\alpha_1$ 和闭合曲线 s 相重合，我们就可以把表示式写成下式：

$$\int X\frac{\mathrm{d}x}{\mathrm{d}s}\mathrm{d}s,\tag{10}$$

式中的积分是沿着曲线 s 求的。我们可以用同样的办法处理面积分中依赖于 Y 和依赖于 Z 的部分，因此我们最后就得到

$$\iint(l\xi+m\eta+n\zeta)\mathrm{d}S=\int\left(X\frac{\mathrm{d}x}{\mathrm{d}s}+Y\frac{\mathrm{d}y}{\mathrm{d}s}+Z\frac{\mathrm{d}z}{\mathrm{d}s}\right)\mathrm{d}s；\tag{11}$$

式中的第一个积分是在曲面 S 上计算的，而第二个积分是沿边界线 s 计算的①。

关于算符 ∇ 对一个矢量函数的作用

25.〕 我们已经看到，用∇来代表的算符就是用来从矢量的势求出该矢量的那个算符。然而，同一个算符，当应用到一个矢量函数上时就得到包括在我们刚刚证明了的两条定理（定理三和定理四）中的一些结果。这一算符在一个矢量位移上的推广应用，以及

① 这一定理是由斯托克斯教授给出的，见 Smith's *prize Examination*，1854，问题 8。在 Thomson and Tait 的 *Natural Philosophy*，§190(j)中，对定理进行了证明。

大部分进一步的发展，都是由泰特教授作出的①。

设 $\boldsymbol{\sigma}$ 是变点矢径 ρ 的一个矢量函数。让我们像通常一样假设 $\boldsymbol{\rho}=\boldsymbol{i}x+\boldsymbol{j}y+\boldsymbol{k}z$ 而 $\boldsymbol{\sigma}=\boldsymbol{i}X+\boldsymbol{j}Y+\boldsymbol{k}Z$；式中 X、Y、Z 是 $\boldsymbol{\sigma}$ 沿各轴的分量。

我们必须把算符 $\nabla=\boldsymbol{i}\dfrac{\mathrm{d}}{\mathrm{d}x}+\boldsymbol{j}\dfrac{\mathrm{d}}{\mathrm{d}y}+\boldsymbol{k}\dfrac{\mathrm{d}}{\mathrm{d}z}$ 作用在 σ 上。完成这一运算并记得 $\boldsymbol{i}$、$\boldsymbol{j}$、$\boldsymbol{k}$ 的乘法规则，我们就发现 $\nabla\boldsymbol{\sigma}$ 包括两个部分，一个部分是标量而另一个部分是矢量。

标量部分是 $S\nabla\boldsymbol{\sigma}=-\left(\dfrac{\mathrm{d}X}{\mathrm{d}x}+\dfrac{\mathrm{d}Y}{\mathrm{d}y}+\dfrac{\mathrm{d}Z}{\mathrm{d}z}\right)$，见定理三，而矢量部分是 $V\nabla\boldsymbol{\sigma}=\boldsymbol{i}\left(\dfrac{\mathrm{d}Z}{\mathrm{d}y}-\dfrac{\mathrm{d}Y}{\mathrm{d}z}\right)+\boldsymbol{j}\left(\dfrac{\mathrm{d}X}{\mathrm{d}z}-\dfrac{\mathrm{d}Z}{\mathrm{d}x}\right)+\boldsymbol{k}\left(\dfrac{\mathrm{d}Y}{\mathrm{d}x}-\dfrac{\mathrm{d}X}{\mathrm{d}y}\right)$。

如果 X、Y、Z 和 ξ、η、ζ 之间的关系是由上一定理中的方程(1)给出的，我们就可以写出 $V\nabla\boldsymbol{\sigma}=\boldsymbol{i}\xi+\boldsymbol{j}\eta+\boldsymbol{k}\zeta$。见定理四。

由此可见，出现在两条定理中的那些 X、Y、Z 的函数都可以通过对分量为 X、Y、Z 的矢量进行 ∇ 运算来得到。定理本身可以写成

$$\iiint S\nabla\boldsymbol{\sigma}\,\mathrm{d}s=\iint S.\,\boldsymbol{\sigma}Uv\,\mathrm{d}s,\qquad（三）$$

$$\int S\boldsymbol{\sigma}\,\mathrm{d}\rho=-\iint S.\,\nabla\boldsymbol{\sigma}Uv\,\mathrm{d}s;\qquad（四）$$

式中 $\mathrm{d}s$ 是体积元，$\mathrm{d}s$ 是面积元，$\mathrm{d}\rho$ 是线元，而 Uv 是一个沿着法线方向的单位矢量。

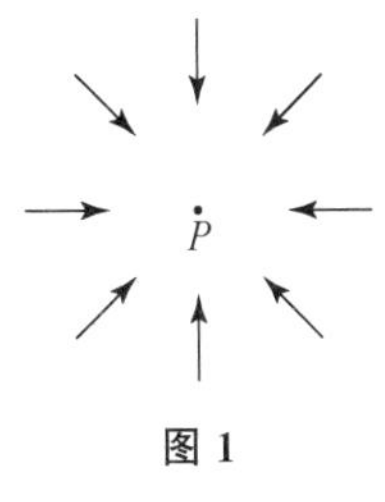

图 1

为了理解一个矢量的这些函数的意义，让我们假设 $\boldsymbol{\sigma}_0$ 是 $\boldsymbol{\sigma}$ 在点 P 上的值，并让我们在 P 点的邻域中考查 $\boldsymbol{\sigma}-\boldsymbol{\sigma}_0$ 的值。如果我们围绕着 P 点画一个闭合曲面，那么，如果 $\boldsymbol{\sigma}$ 在这曲面上的面积分是指向内部的，则 $S\nabla\boldsymbol{\sigma}$ 将为正，而 P 点附近矢量在总的看来将是指向 P 的，如图 1 所示。

因此我建议把 $\nabla\boldsymbol{\sigma}$ 的标量部分称为 $\boldsymbol{\sigma}$ 在 P 点的敛度。

为了诠释矢量部分，设其分量为 ξ、η、ζ 的那个矢量是从纸面垂直向上的，并且让我们在 P 点附近考查矢量 $\boldsymbol{\sigma}-\boldsymbol{\sigma}_0$。它将显现得如图 2 所示，这个矢量在总的看来是按照反时针的方向而和纸面相切的。

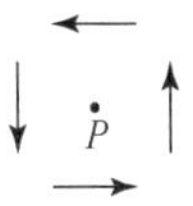

P

图 2

我(很无把握地)建议把 $\nabla\boldsymbol{\sigma}$ 的矢量部分称为 $\boldsymbol{\sigma}$ 在 P 点的旋度。

在图 3 中，我们有一个旋度和敛度相结合的图示。

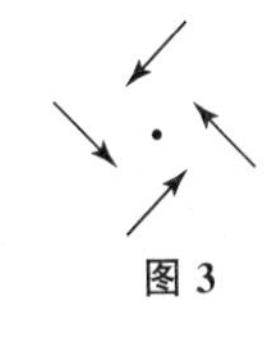
图 3

现在让我们考虑 $V\nabla\boldsymbol{\sigma}=0$ 这一个方程的意义。它意味着 $\nabla\boldsymbol{\sigma}$ 是一个标量，或者说矢量 $\boldsymbol{\sigma}$ 是某一标量函数的空间变化率。

26.〕 算符 ∇ 最引人注目的性质之一就是，当运用两次时，它就变成

$$\nabla^2=-\left(\frac{\mathrm{d}^2}{\mathrm{d}x^2}+\frac{\mathrm{d}^2}{\mathrm{d}y^2}+\frac{\mathrm{d}^2}{\mathrm{d}z^2}\right),$$

这是在物理学的所有各部分都会出现的一个算符，我们可以称之为拉普拉斯算符。

① 见 Proc. R. S. Edin, April 28, 1862, 'On Green'g and other siliea Theorems, Trans. R. S. Edin., 1869—1870, 这是一篇很有价值的论文；并见'On some Quaternion Integrals,' Proc. R. S. Edin., 1870—1871。

这个算符本身,在本质上是一个标量算符。当它作用在一个标量函数上时,结果是标量;当它作用在一个矢量函数上时,结果是矢量。

如果我们以任一点 P 为中心画一个半径为 r 的小球,那么,如果 q_0 是 q 在球心上的值而 $\bar{q}$ 是 q 在球内各点上的平均值,就有 $(q_0-\bar{q})=\frac{1}{10}r^2\nabla^2q$;因此,按照 ∇^2q 为正或为负,球心上的值将大于或小于平均值。

因此我建议把 ∇^2q 称为 q 在 P 点上的浓度,因为它指示的是 q 在该点上的值比它在该点邻域中的平均值大多少。

如果 q 是一个标量函数,则求它的平均值的方法是众所周知的。如果它是一个矢量函数,我们就必须通过求矢量函数之积分的法则来求它的平均值。求得的结果当然是一个矢量。

第一编

静电学

· Part Ⅰ Electrostatics ·

数学分析似乎是人类精神的能力，它注定要来补充生命的短促以及感官的不完善。更为令人吃惊的东西是，在对一切现象的研究中，它遵从同一过程，它用相同的语言解释它们，这就好像表明宇宙计划的简洁性和统一性一样，并且使不可变的秩序更为明显，正是这个永恒的秩序驾驭着整个自然的原因。

——拉格朗日（周兆平译）

第一章 现象的描述

摩擦起电

27.〕 **实验 I**[①] 使各自并不显示任何电性质的一块玻璃和一块树胶互相摩擦，并使摩擦过的表面保持接触，它们将不显示任何电性质；把它们分开，它们现在就将互相吸引了。

如果有第二块玻璃用第二块树胶摩擦过，然后把它们分开悬挂在前两块玻璃和树胶附近，那就可以观察到：

（1）两块玻璃互相推斥。

（2）每一块玻璃都被每一块树胶所吸引。

（3）两块树胶互相推斥。

这些吸引和推斥的现象叫做“电现象”，而显示电现象的物体被说成是带了电或得到了电荷。

物体可以通过许多其他方式而带电，正如通过摩擦那样。

两块玻璃的电性质是相似的并和两块树胶的电性质是相反的：玻璃吸引树胶所推斥的东西并推斥树胶所吸引的东西。

如果不论以什么方式带了电的一个物体表现得像玻璃一样，就是说，如果它推斥玻璃而吸引树胶，则物体被说成玻璃式地带了电；如果它吸引玻璃而推斥树胶，它就被说成树胶式地带了电。经发现，所有带电的物体不是玻璃式地就是树胶式地带电的。

科学家们所确定的做法是把玻璃式的电叫做正电，而把树胶式的电叫做负电。两种电恰好相反的性质使我们有理由用相反的正负号来标明它们，但是对其中一种而不是对另一种应用正号，却必须认为是一种任意性的约定，正如在数学作图中把向右的距离看成正距离是一种约定一样。

在一个带电的物体和一个不带电的物体之间，观察不到任何力，不论是吸引力还是推斥力。当事先并未带电的物体在任何情况下被观察到受到一个带电物体的作用时，那

◀法拉第在他的实验室中。

① 见 Sir W. Thomson，‘On the Mathematical Theory of Electricity in Equilibrium，’ *Cambridge and Dublin Mathematical Journal*，March，1848。

是因为各物体由于感应而带了电。

感应起电

28.〕 **实验Ⅱ**[①] 设把一空心金属容器用一根白色丝线悬挂起来,并设容器的盖子上也附有类似的丝线,从而容器可以打开或关闭而用不着触及它。

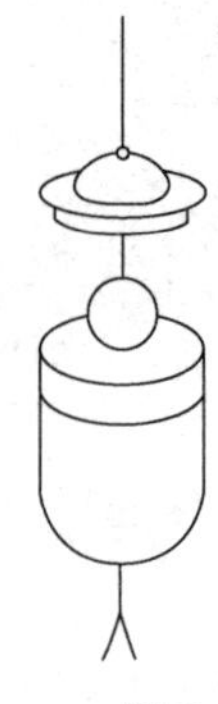

图 4

设容器起先并未带电。这时,如果有一块带电的玻璃用它的线挂在容器中而不接触容器,而且容器的盖子是盖着的,则容器的外面将被发现是带电的,而且可以证明,容器外面的电不论玻璃挂在内部的什么地方都是相同的[②]。

现在,如果玻璃被从容器中取出而并不接触容器,则玻璃上的电将和它被放入容器中以前的电相同,而容器上的电则将消失。

容器上这种依赖于玻璃在它内部的而且当玻璃被取走时就不复存在的带电,就叫做“感应”起电。

如果玻璃是挂在外面靠近容器处的,也将出现类似的效应;但是在那种情况下,我们将发现一种带电情况,即容器的外面有一部分是玻璃式地带电而其另一部分则是树胶式地带电的。当玻璃位于容器内部时,整个的外表面都是玻璃式地带电而整个的内表面都是树胶式地带电的。

传导起电

29.〕 **实验Ⅲ** 设金属容器已像在上一实验中一样感应起电,设有第二个金属物体用白丝线挂在它附近,并设有一根同样挂着的金属丝被移过来,以致同时接触了带电容器和第二个物体。

现在第二个物体将被发现为玻璃式地带电,而容器的玻璃电则已经消失了。

带电的状态已经通过金属丝从容器传送到了第二个物体上。这条金属丝叫做电的导体,而第二个物体则被说成通过传导而带了电。

导体和绝缘体

实验Ⅳ 如果用一个玻璃棒、一个树胶棒或古塔波胶棒、或一根白丝线来代替那根金属丝,则不会发生任何电的传送。因此,上述这些物质就叫做电的“非导体”。在电学

① 这一实验和以后的若干实验都起源于法拉第,‘On Static Electrical Inductive Action.,*phil. Mag.*’1843,或*Exp. Res.*,vol. ii,p. 279。

② 这是第 100c 节的一个例证。

实验中,非导体被用来支持带电的物体而不把它们的电传走。这时它们就叫做"绝缘体"。

金属是良导体。空气、树胶、古塔波胶、硬橡皮、石蜡等,是良绝缘体。但是我们以后即将看到,一切物质都阻碍电的通过,而一切物质也都允许它通过,尽管在程度上有非常大的差别。这一问题将在我们开始处理电的运动时再来考虑。在目前,我们将只考虑两类物体,即良导体和良绝缘体。

在实验Ⅱ中,一个带电体在金属容器中引起了带电但却和容器是由空气隔开的,而空气是一种不导电的媒质。这样一种媒质,被认为是传递这些电效应而不导电;这种媒质曾被法拉第称为一种"电介媒质",而在这种媒质中发生着的作用就称为"感应"。

在实验Ⅲ中,带电容器通过金属丝的媒介而在第二个金属物体上引起了带电。让我们假设金属丝被取走了,而带电的玻璃也从容器中取出并拿到了足够远的地方。第二个物体将仍然显示玻璃式的带电,而容器在玻璃被取走以后则将带有树胶式的电。现在,如果我们使金属丝和这两个物体相接触,传导就将沿着金属丝进行,而两个物体上的电就将全部消失;这表明两个物体上所带的电是相等而异号的。

30.〕 **实验 V** 在实验Ⅱ中已经指明,如果通过和树胶摩擦而带电的一块玻璃被挂在一个绝了缘的金属容器中,则在容器外面观察到的带电情况并不依赖于玻璃的位置。如果现在我们把和玻璃摩擦过的那块树胶也放入同一容器中而不触及容器,那就会发现容器外面没有电了。由此我们得到结论,树胶所带的电是和玻璃所带的电相等而异号的。通过放入以任何方式起电的随便几个物体,就可以证明容器外面所带的电是由一切电荷的代数和所引起的,这时把树胶式的电算作负电。这样我们就有了把若干物体的电效应加起来而不改变它们所带的电的一种实际的方法。

31.〕 **实验Ⅵ** 准备第二个绝了缘的金属容器 B,把带了电的那块玻璃放入第一个容器 A 中,而把带了电的那块树胶放入第二个容器 B 中。然后通过实验Ⅲ中那种办法用一根金属丝把两个容器接通。这时一切带电的迹象都将消失。

然后,把金属丝取走,并把那块玻璃和那块树胶从各容器中取出而不触及各容器。这时就会发现 A 是树胶式地带电的而 B 是玻璃式地带电的。

现在,如果把玻璃和容器 A 一起放入一个更大的绝了缘的金属容器 C 中,那就会发现 C 的外面并不带电。这就证明 A 所带的电是和那块玻璃所带的电相等而异号的,而且 B 所带的电也可以同样被证明为和那块树胶所带的电相等而异号。

于是我们就有了一种方法,可以使一个容器带上和一个带电物体所带的电恰好相等而异号的,而并不改变该物体所带的电;而且我们可以用这种办法使任意数目的容器带上任何种类的恰好相等的电量,从而我们就可以把这个电量取作临时性的单位。

32.〕 **实验Ⅶ** 设容器 B 带有一个正电量,而我们暂时就把该电量取作 1。现在把 B 放入较大的绝了缘的容器 C 中而不触及 C。这就会在 C 的外面引起一个正电量。现在让 B 和 C 的内表面接触上。这时不会观察到外面电量的任何改变。现在如果把 B 从 C 中取出而不触及 C,并把它带到足够远的地方,那就会发现 B 完全放了电,而 C 却带上了一个单位的正电。

于是我们就有了一种把 B 的电荷传给 C 的方法。

现在让 B 带上单位电荷，把它引入已经带了电的 C 中，使它和 C 的内表面相接触，然后把它取走。这时就将发现 B 又完全放了电，而 C 的电荷加了倍。

如果重复进行这种过程，那就会发现，不论 C 在事先带了多大的电荷，不论 B 是通过什么方式带电的，当 B 首先被 C 所完全包围然后和 C 相接触并最后被取走而并不触及 C 时，B 的电荷就会完全转移到 C 上，而 B 则完全不带电了。

这一实验指示了一种使一个物体带上任意倍数的单位电荷的方法。当讲到电的数学理论时我们就会发现，这一实验的结果提供了对理论之正确性的一种精确检验①。

33.〕 在我们进而研究电力的定律以前，让我们列举已经确立了的事实。

通过把任何带电体系放入一个绝了缘的中空导体容器中，我们可以确定放进去的体系的总电量的性质，而体系的不同物体之间并没有任何电的交通。

容器外面的带电情况，可以通过把容器和一个验电器接通来很灵敏地加以检验。

我们可以假设验电器包括一片金箔，挂在一个带正电而另一个带负电的两个物体之间。如果金箔带了电，它就将向和它带有异号电的那个物体偏转。通过加大两个物体所带的电并提高悬挂装置的灵敏性，电箔所带的一个非常小的电量也可以被检测出来。

当我们开始描述静电计和倍加器时，我们就将发现还有更加灵敏的方法来检验带电情况和检验我们的理论的正确性，但是在目前，我们将假设检验过程是通过把中空容器和一个金箔验电器相连来进行的。

这种方法是由法拉第在他那对电现象之规律的很令人佩服的演示中使用了的②。

34.〕 Ⅰ. 一个物体或体系的总的带电保持不变，除非它从其他物体取得电或向其他物体输送电。

在所有的电学实验中都发现物体上的电是改变的，但也永远发现这种改变是由绝缘欠佳所致，而且当绝缘手段改进了时，电的损失就会减少。因此我们可以断言，放在一种完全绝缘的媒质中的一个物体，它的电量将保持完全恒定。

Ⅱ. 当一个物体通过传导而使另一个物体带电时，两个物体的总带电量保持不变；这就是说，一个物体损失多少正电或得到多少负电，另一物体就得到多少正电或损失多少负电。

因为，如果两个物体是关闭在中空容器中的，则任何电的变化都不会被观察到。

Ⅲ. 当带电是由摩擦引起的或由任何其他已知方式引起的时，同样数量的正电和负电都将被产生。

因为，整个的体系可以在中空容器中被检验，或者说，起电过程可以在容器本身中进行，而不论体系各部分的带电是如何地强烈，金箔验电器所指示的整个体系的电都永远是零。

因此，一个物体所带的电就是一个可以测量的物理量，而两部分或大部分的电就可以合并，其结果正如当两个量代数地相加时所得到的结果一样。因此我们就可以既作为一种性质又作为一种数量来考虑电，并且可以谈到任何带电的物体“带有某一正的或负

① 为了使以上各实验成为毫无疑问，所要克服的困难非常大，以致几乎是无法克服的。然而这些实验的描述却能够以一种引人注目的方式例示电的性质。在实验Ⅴ中，没有给出可以用来测量外面容器的电荷的任何方法。

② ‘On Static Electrical Inductive Action,’*Phil. Mag.*，1848 或 *Exp. Res.*，vol. ii. p. 279.

的电量”。

35.〕 当像我们现在已经作了的那样把电归入物理量一类时，我们必须不要过于匆忙地假设它是或不是一种物质，或假设它是或不是一种形式的能量，或假设它属于任一已知的物理量范畴。我们迄今已经证明的不过是它可以如此地产生或消灭，即当一个闭合曲面中的电量增多或减少时，它的增量或减量必然是通过该闭合曲面进来或出去的。

这种情况对物质是成立的，而且是由所谓“水力学连续性方程”来表示的。

这种情况对热是不成立的，因为通过从某种其他形式的能量到热的转化或从热到某种其他形式的能量的转化，热可以在一个闭合曲面中增多或减少，但却并不通过曲面而进入或逸出。

这种情况对一般的能量也不成立，如果我们承认物体的直接超距作用的话。因为闭合曲面外面的一个物体可以和曲面里面的一个物体交换能量。但是，如果一切表观上的超距作用都是中介媒质的部分和部分之间作用的结果，那就可以设想，当媒质各部分的这种作用的本性已被清楚地了解时，在闭合曲面中的能量有所增多或减少的一切事例中，我们都将可能追索出能量通过曲面而进入或逸出的过程。

然而，却有另一种理由使我们可以有把握地断定，作为一个物理量的电，也就是一个物体的总电量，不是像热那样的一种形式的能量。一个带电体系具有一定数量的能量，而且这个能量可以算出，即把体系各部分的电量和另一个叫做各该部分的“电势”的物理量相乘，求和以后再除以 2，就得到体系的能量。“电量”和“电势”这两个量，当乘在一起时就得到“能量”这个量。因此电和能就不可能是属于同一范畴的物理量，因为电只是能的一个因子，另一个因子是“电势”①。

作为这两个因子之乘积的能量，也可以看成另外若干对因子的乘积，例如

力　　　　　×力起作用的距离。

质量　　　　×通过一个高度起了作用的重力。

质量　　　　×速度平方的二分之一。

压强　　　　×在该压强下进入一个容器的流体的体积。

化学亲和势　×以参加化合的电化学当量数为其量度的化学变化。

如果我们有一天居然对电势的本性得到了一种明确的力学概念，我们就可以把这种概念和能量概念结合起来，以确定“电”所应归属的物理范畴。

36.〕 在有关这一课题的多数学说中，“电”是被当做一种物质来处理的，但是由于存在当互相结合时就互相抵消的两种电，而我们并不能设想两种互相抵消的物质，电就被区分成了“自由电”和“结合电”。

二流体学说

在所谓“二流体学说”中，一切物体在未带电状态下都被假设为带有相等数量的正电

① 后文证明“电势”的量纲并不是零。

和负电。这些数量被认为是如此的巨大，以致任何起电过程都还不曾把物体内的其中一种电完全取走。按照这种学说，起电过程就在于从物体 A 中取走某一数量 P 的正电并把它传给物体 B，或是从 B 中取走某一数量 N 的负电并把它传给 A，或是这些过程的某种组合。

结果就将是，A 将比剩下来的正电多带 $P+N$ 个单位的负电，而那些剩下来的正电则被假设为处于和等量的负电结合在一起的状态。$P+N$ 这个量就叫做“自由电”，而其余那些电则叫做“结合电”、“潜在电”或“固定电”。

在这种学说的多数论述中，两种电都被称为“流体”，因为它们能够从一个物体传送到另一个物体，而且在导电物体中是极其活动的。流体的其他性质，例如惯性、重量和弹性，并不曾由那些只为了数学目的而使用这一学说的人们赋予电流体。但是流体一词的应用，却把包括并非自然哲学家的许多科学界人士在内的一些俗人引入了歧途。他们紧紧抓住了“流体”一词，认为它似乎是他们在学说的论述中所能理解的唯一名词。

我们将看到，课题的数学处理已由一些用“二流体”学说来表示自己的想法的作者们大大发展了。然而，他们的结果完全是由可以被实验所证明的数据推出的，从而这些结果必然是对的，不论我们是否采用二流体学说。因此，数学结果的实验证实并不是支持或反对这一学说之特定内容的任何证据。

二流体学说的引用，使我们可以把 A 的带负电和 B 的带正电看成将会导致相同结果的三种不同过程中的任何一种过程的效应。我们曾经假设这是由从 A 向 B 传送 P 个单位的正电并从 B 向传送 N 个单位的负电而引起的。但是，假如有 $P+N$ 个单位的正电曾经从 A 传送到 B，或是有 $P+N$ 个单位的负电曾经从 B 传送到 A，所得到的 A 上和 B 上的“自由电”也将和以上相同，但是 A 中的“结合电”数量在第二种事例中却将比在第一种事例中为少，而在第三种事例中却将比在第一种事例中为多。

因此，按照这一学说，看来似乎不但可以改变一个物体中的自由电的数量，而且也可以改变结合电的数量。但是从来还不曾在带电物体中观察到可以追溯为物体结合电的数量变化的任何现象。因此，不是结合电没有可观察的性质，就是结合电的数量是不能变化的。其中第一种可能性并不会给单纯的数学家带来任何困难；那种数学家除了吸引和推斥的性质以外并不赋予电流体以任何别的性质，因为他干脆设想两种流体会互相抵消，就像 $+e$ 和 $-e$ 那样，从而两种流体的结合将是一个真实的数学零。然而，对那些无法应用“流体”一词而不想到一种物质的人们说来，却很难设想两种流体的结合怎么会没有任何性质，以致向一个物体加入或多或少的结合电将不会以任何方式影响它，不会增加它的质量或重量，也不会改变它的某些别的性质。因此有些人就曾经假设，在每一个起电过程中，有数量恰好相等的两种流体沿着相反的方向被传送，从而任一物体中的两种流体的总量永远是保持不变的。利用这种新定律，他们“力图保持面子”，但是他们却忘了，除了使“二流体”学说和事实相协调并防止它预言并不存在的现象以外，是用不着这种定律的。

单流体学说

37.〕 在单流体学说中，除了一点以外每一情况都和在二流体学说中相同；那一点就是，不再假设两种物质在一切方面都相等而相反，而是对其中的一种（通常是负流体）赋予了"普通物质"的性质和名称，而另一种则保留了"电流体"的名称。电流体的粒子被假设为按照距离的平方反比定律而互相推斥，并按照同样的定律吸引普通物质的粒子。物质的粒子被假设为互相推斥并吸引电的粒子。

如果一个物体中的电流体的数量很合适，正足以使物体外的一个电流体粒子受到的物体中电流体的推斥力和受到的物体中物质的吸引力大小相同，则物体被说成是"饱和了的"。如果物体中流体的量大于饱和所需要的量，则多出的部分叫做"多余流体"，而物体则被说成是"过带电的"。如果流体量较少，则物体被说成是"欠带电的"，而使物体饱和所需要的那一部分流体有时叫做"所缺流体"。使一克普通物质达到饱和所需要的电的单位数想必是很大的，因为一克金可以打制成面积为一平方米的金箔，而且它在这种形式下可以带有至少 60,000 个电单位的负电荷。为了使这样带了电的金箔达到饱和，必须传给它这么多的电流体，因此使全饱和所需要的全部电必然大于这个量。两个饱和物体中的物质和电流体之间的吸引力，被假设为比两部分物质之间的推斥力和两部分电流体之间的推斥力都大不了多少。这种残余力被认为可以用来说明万有引力的作用。

也像二流体学说一样，这种学说解释的东西并不太多。然而它却要求我们假设电流体的质量非常小，以致迄今所能得到的正电荷或负电荷都还不曾可觉察地增大或减小一个物体的质量或重量①，而且迄今也还不能提出充分的理由来说明为什么应该假设由电的超额而引起的是玻璃式的带电而不是树胶式的带电。

一些人有时对这一学说提出一种反驳；他们其实应该更好地想一想。人们曾经说，没有和电相结合的物质粒子互相推斥的说法，是和每一个物质粒子都吸引全宇宙中每一个其他粒子这一确立得很好的事实处于直接抵触中的。假若"单流体"学说是正确的，我们就应该看到各个天体互相推斥。

然而很明显，按照这一学说，假如各天体是由没有和电相结合的物质构成的，它们就将处于最高度的带负电的状态并将互相推斥。我们没有理由相信它们是处于这样高度带电的状态或可以保持在这一状态中的。地球以及它们的吸引力曾经被观察过的一切物体，倒是处于不带电状态中的；这就是说，它们含有正常的电荷，而它们之间的唯一作用就是刚刚提到的那种残余力。然而，引用这种残余力的那种牵强方式，却是对本学说的一种有效得多的反驳。

在本书中，我打算在研究的不同阶段按照更多类别的现象来检验不同的学说。从我这方面来说，我指望根据在介于带电体之间的那种空间中出现的情况的研究来对电的本

---

① 一个物体的表观质量将由于带电而有所增大，不论所带的是玻璃式的还是树胶式的电（见 *Phil*，*Mag*. 1861，v. xi. p. 229）。

性得到进一步的认识。这就是法拉第在他的《实验研究》中所遵循的研究模式的本质特点，而随着我的论述的进行，我打算用一种连贯的和数学化的形式来显示法拉第、W.汤姆孙等人所发展出来的结果，以便我们可以觉察到，什么现象是可以用所有的学说来同样好地加以解释的，以及什么现象指示出每一学说的特殊困难。

带电体之间的力的测量

38.〕 力可以用各种办法来测量。例如，其中一个物体可以挂在精密天平的一个臂上，而把一些砝码挂在另一个臂上，直到物体当带电时处于平衡为止。然后，另一个物体可以放在离第一个物体为已知距离的地方，这样，当物体带了电时，它们的吸引力或推斥力就可以增大或减小第一个物体的表观重量。必须在另一臂上增加或减去的重量，当用动力学单位表示出来时就是物体之间的力的量度。这种装置是由 W.斯诺欧·哈里斯爵士应用了的，而且也是在 W.汤姆孙爵士的绝对静电计中被采用了的。见第 217 节。

有时用一个扭秤更加方便。扭秤中有一个水平的臂，用一条细金属丝或细线悬挂着，从而能够以竖直悬线为轴而左右扭动。物体装在臂的一端并沿切线方向受到力的作用，这样就会使臂绕竖直轴转动，并把悬线扭过一个角度。悬线的扭转模量通过观察臂的振动时间来测量，这时臂的惯量矩是已知的，从而根据扭转角和扭转模量就可以推出吸引力或推斥力。扭秤是由密切耳设计了用来测定小物体之间的万有引力的，而且是由卡文迪什应用于这一目的的。库仑在独立于这些学者而工作时重新发明了它，彻底地研究了它的作用，并且成功地应用它来发现了电力和磁力的定律；而且从那时起，扭秤就一直在必须测量小力的研究中被使用了。见第 215 节。

39.〕 让我们假设，利用这些方法中的任一种，我们可以测量两个带电体之间的力。我们将假设，物体的线度比起它们之间的距离来是很小的，从而测量结果将不会因其中任一物体上的电分布的不一致而有很大的变化，而且我们也将假设，两个物体都在空气中挂在离其他物体很远的地方，以免它们会在那些物体上造成感应带电。

这时就发现，如果二物体之间有一个固定的距离，并分别带有 e 个和 e' 个我们的临时电量单位的电荷，则它们将以一个正比于 e 和 e' 之积的力而互相推斥。如果 e 和 e' 中有一个是负的，就是说，如果有一个电荷是玻璃式的而另一个电荷是树胶式的，则力将是吸引力，但是，如果 e 和 e' 都是负的，则力又是推斥力了。

我们可以假设第一个物体 A 带有 m 个单位的正电和 n 个单位的负电，这可以设想是像在实验 V 中那样分别放在物体上的。

设第二个物体 B 带有 m' 个单位的正电和 n' 个单位的负电。

于是，A 上 m 个正单位中的每一个单位将以一个力 f 推斥 B 上的 m' 个正单位中的每一个单位，其总效果将等于 $mm'f$。

既然负电的效应是和正电的效应恰好相等而异号的，A 上 m 个正单位中的每一个单位就将以相同的力 f 吸引 B 上 n' 个负单位中的每一个单位，其总效果将等于 $mn'f$。

同理，A 上的 n 个负单位将以一个力 $nm'f$ 吸引 B 上的 m' 个正单位，并将以一个力

nn'推斥 B 上的 n' 个负单位。

因此，总的推斥力将是$(mm'+nn')f$，而总的吸引力将是$(mn'+m'n)f$。合推斥力将是$(mm'+nn'-mn'-nm')f$ 或 $(m-n)(m'-n')f$。现在，$m-n=e$ 就是 A 上电荷的代数值，而 $m'-n'=e'$就是 B 上电荷的代数值，从而合推斥力可以写成 $ee'f$，此处的 e 和 e'两个量永远被理解为采取它们的适当正负号。

力随距离的变化

40.〕 既经在固定的距离上确定了力定律，我们可以测量以恒定方式带着电的并放在不同距离处的物体之间的力。直接的测量发现，不论是吸引力还是推斥力，力是反比于距离的平方而变化的；因此，如果 f 是两个单位电荷在单位距离上的推斥力，则在距离 r 上的推斥力将是 fr^{-2}，而 e 个单位和 e'个单位在距离 r 上的推斥力的普遍表示式就将是 $fee'r^{-2}$。

电量的静电单位的定义

41.〕 我们一直用了一个完全任意的标准来作为我们的电量单位，那就是在我们的实验刚刚开始时碰巧被起了电的某一块玻璃上所带的电。现在我们能够根据一种确定的原则来选择一个单位，而为了使这一单位可以属于一套普遍的单位制，我们把它定义得可使 f 等于 1。换句话说：

*电量的静电单位是一定数量的正电，当把它放在离一个相等的电量为单位距离处时，它就将以单位的力推斥该电量*①。

这一单位叫做“静电单位”，以区别于以后定义的电磁单位。

现在我们可以把普遍的电力定律写成简单的形式 $F=ee'r^{-2}$；

或者说，分别带有 e 个和 e'个单位的电荷的两个小物体之间的推斥力，在数值上等于二电荷的乘积除以距离的平方。

电量静电单位的量纲

42.〕 如果[Q]是具体的电量静电单位本身，而 e、e'是特定电量的数值；如果[L]是长度的单位，而 r 是距离的数值；如果[F]是力的单位，而 F 是力的数值，则方程变为 $F[F]=ee'r^{-2}[Q^2][L^{-2}]$；由此即得$[Q]=[LF^{\frac{1}{2}}]=[L^{\frac{3}{2}}T^{-1}M^{\frac{1}{2}}]$。

这一单位叫做电量的“静电单位”。另一些单位可以为了实用的目的并且在电科学

① 在这一定义中，以及在电力定律的叙述中，各带电物体周围的媒质被假设为空气。见第 94 节。

的其他部分被应用，但是在静电学的方程中电量是被理解为以静电单位来量度的；这正如在物理天文学中我们应用一个建筑在引力现象上的质量单位一样，那种单位是不同于常用的质量单位的。

电力定律的证明

43.〕 库仑用扭秤做的实验，可以被认为已经在一定的近似程度上确立了力定律。然而，这一种实验却由于若干种干扰因素而成为很困难，而且在某种程度上是不确定的。那些干扰因素必须仔细地被找出并加以改正。

首先，两个带电体相对于它们之间的距离来说必须有其可觉察的线度，以便能够带有足以引起可测量的力的电荷。于是，每一个物体的作用，将对另一物体上的电的分布产生一种影响，从而电荷就不能被认为是均匀分布在表面上或集中在重心上的。但是它的影响必须通过很复杂的考察来算出。然而，这一点已由泊松以一种很能干的方式针对两个球的情况做到了，而且它的考察也由 W. 汤姆孙爵士在他的《电像理论》中大大地简化了。见第 172—175 节。

另一个困难起源于装仪器的盒子的壁上的感生电荷的作用。通过用金属来制造仪器的内表面，这种效应可以被弄成确定的和可以测量的。

一个独立的困难起源于各物体的不完全的绝缘；由于这种不完善，电荷会不断地减少。库仑考察了耗散的规律，并且在他的实验中对这一点进行了改正。

对带电导体进行绝缘的方法，以及测量电效应的方法，自库仑时代以来已经大大改进，特别是由 W. 汤姆孙爵士大大改进了。但是库仑的力定律的完全准确性，不是通过任何直接的实验和测量(这些可以用作定律的例证)来确立，而是通过实验Ⅶ所描述的那种现象的一种数学考虑来确立的；那种现象就是，如果使一个带电导体 B 和一个中空的闭合导体 C 的内表面相接触，然后把它从 C 中拿出而不再触及 C，则不论 C 的外表面是以什么方式带电，B 都会完全放电。利用精密的验电器，很容易证明在这种操作以后没有任何的电荷留在 B 上，而根据在第 74c、74d 节中所给出的数学理论，只有当力随距离的平方而反比变化时才能有这种情况，而假如定律是任何另外的形式则 B 将是带电的。

电　场

44.〕 “电场”就是针对电现象来考虑的带电体附近的那一部分空间。它可以被空气或其他物体所占据，或者也可以是所谓的真空，即我们已经用一切能用的手段从那里撤出了每一种物质的那种空间。

如果一个带电体被放在电场的任何部分，它通常就会对其他物体的电产生一种可觉察的干扰。

但是，如果物体很小，而它的电荷也很小，则其他物体的电将不会受到显著的干扰，而物体的位置也可以被认为是由它的质心来确定。这时,作用在这个物体上的力就将正比于它的电荷,而当电荷变号时力也将反向。

设 e 是物体的电荷,而 F 是沿一个确定的方向作用在物体上的力,则当 e 很小时 F 是正比于 e 的,或者说 $F=Re$,式中 R 依赖于场中其他物体上的电分布。假如电荷 e 可以弄得等于 1 而不致干扰其他物体的带电情况,则我们有 $F=R$。

我们将把 R 叫做所给场点上的"合电动强度"(resultant electromotive intensity)。当我们想要表达这个量是一个矢量的事实时,我们将用一个德文花体字母 $\mathfrak{E}$ 来代表它。

总电动势和电势

45.〕 如果带有小电荷 e 的那个小物体被从一个给定点 A 沿着给定的路径移动到另一点 B,则它在沿途的每一点上当然都会经受到一个力 Re,此处 R 当然是逐点变化的。设电力对物体作的总功是 Ee,则 E 称为沿路径 AB 的"总电动势"。如果路径形成一个闭合回路而沿回路的总电动势不等于零,则电不能处于平衡而一个电流将会出现。因此,在"静电学"中,沿任一闭合回路的总电动势必然为零;于是,如果 A 和 B 是回路上的两个点,则由 A、B 二点将回路分成的两条路径上的从 A 到 B 的总电动势是相同的,而既然其中任一条路径都可以独立于另一条而变化,沿一切路径从 A 到 B 的总电动势就都是相同的。

如果 B 被取为对一切点而言的参照点,则从 A 到 B 的总电动势称为 A 点的"电势"。它只依赖于 A 的位置。在数学的考察中,B 一般取在离各带电体为无限远处。

一个带正电荷的物体倾向于从正电势较大的地方运动到正电势较小或电势为负的地方,而一个带负电荷的物体则倾向于沿相反的方向而运动。

在一个导体上,电是可以相对于导体而自由运动的。因此,如果一个导体的两部分具有不同的电势,正电就将从具有较大电势的部分运动到具有较小电势的部分,只要电势差继续存在就会一直这样运动。因此,一个导体不能处于电平衡,除非它的每一个点都有相同的电势。这个电势叫做"导体的电势"。

等 势 面

46.〕 如果在电场中画出的或假设画出一个曲面,使得面上各点的电势都相同,则该曲面叫做一个"等势面"。

一个限制在这种曲面上的带电质点将没有从曲面的一个部分运动到另一个部分的趋势,因为电势在每一点上都是相同的。因此,一个等势面就是一个平衡面或水准面。

等势面上任何一点处的合力都是沿着该面的法线方向的,而力的量值则使得当从面 V 过渡到面 V' 时对单位电荷做的功是 $V-V'$。

任何两个具有不同电势的等势面都不可能相交,因为同一个点不能具有多于一个的电势。但是一个等势面却可以和自己相交,而其相交处永远是平衡点或平衡线。

处于电平衡中的一个导体的表面必然是一个等势面。如果导体所带的电在整个表面上都是正的,则当我们从表面向每一边运动时电势都将减小,从而导体将是被一系列电势较低的等势面所包围着的。

但是,如果(由于外在带电体的作用)导体的某些部分带正电而另一些部分带负电,则整个等势面将包括导体表面本身以及一系列别的曲面,它们沿一些曲线而和导体表面相交,那些曲线区分着正电区域和负电区域①。这些曲线将是平衡线,从而放在其中一条曲线上的一个带电质点将不会受到沿任何方向的力。

当一个导体的表面有的地方带正电而有的地方带负电时,则除了该导体以外必然还存在什么别的带电体。因为,如果我们允许一个带正电的质点从表面上带正电的区域开始永远沿着作用在它上面的力的方向而运动,则质点所在处的电势将不断减低,直到质点达到了一个电势比第一个导体的电势为低的带负电的曲面,或是一直运动到无限远处。既然无限远处的电势是零,只有当导体的电势为正时后一情况才是可能发生的。

同样,一个带负电的质点,当从表面的带负电的部分运动开去时,必将达到一个带正电的表面,或是一直运动到无限远,而后一情况也只有当导体的电势为负时才能发生。

因此,如果正电荷和负电荷都存在于一个导体上,场中就必然有另外的物体,其电势和导体电势同号而数值较大,而如果场中只有一个任意形状的导体,则它的每一部分所带的电荷都是和导体电势同号的。

没有包含任何带电体的中空导体容器的内表面是完全不带电的。因为,假如该表面的任一部分是带正电的,则沿着该处力的方向而运动一个带正电的质点必须达到一个电势较低的带负电的曲面。但是整个的内表面具有相同的电势。由此可见它不能带有电荷②。

放在容器中并和它接通的一个导体,可以看成是由容器的内表面包围着的。因此这样一个导体没有电荷。

力　线

47.〕 由一个永远沿着合强度方向运动的点所描绘出来的曲线,叫做"力线"。它和等势面相正交。力线的性质将在下文加以更充分地说明,因为法拉第曾经用他的力线概念来表示了许多电作用的规律;那些力线是在电场中画出的,而且是指示着各点的方向和强度的。

---

① 参阅第 80 节和第 114 节。

② 为了使证明完全无懈可击,必须指出,根据第 80 节,在表面带电的地方力不能为零,而根据第 112 节,在没有电荷的地方电势不可能有极大值或极小值。

电 张 力

48.〕 既然一个导体的表面是一个等势面，合强度就是垂直于表面的，而且在第 80 节中即将证明它是正比于电的表面密度的。因此，表面上任何一个小面积上的电就将受到一个力的作用，这个力指向导体的外面并正比于合强度和面密度的乘积，也就是正比于合强度的平方。

这个在导体的每一部分上作为张力而向外起作用的力，将被称为“电张力”。它是像普通的机械张力那样用作用在单位面积上的力来量度的。

“张力”一词曾在若干含糊的意义下被电学家们所应用，而且在数学语言中曾被用为“电势”的同义语。但是，经过对这一名词曾被应用的那些事例的仔细检查，我觉得把所谓张力理解为作用在导体表面或其他地方的每平方英寸上的若干磅的拉力将是和它的用法及机械类例更加一致的。我们将看到，法拉第把这一电张力看成不仅存在于带电表面上而且存在于力线的各点上的那种观念，就导致把电作用看成媒质中的张力现象的一种理论。

电 动 势

49.〕 当把电势不同的两个导体用一条细导线连接起来时，电沿导线而流动的那种趋势是用两个物体的电势之差来量度的。因此，二导体之间或二点之间的电势差，就叫做二者之间的电动势。

电动势并不是在一切事例中都可以表示成电势差的。然而那些事例在“静电学”中是不予考虑的。当我们遇到非均匀电路、化学作用、磁体的运动、不相等的温度等等问题时，我们将再来考虑那种事例。

导体的电容

50.〕 如果一个导体是绝了缘的，而所有周围的导体则都通过接地而弄成了电势为零，而且，若当导体带有电量 E 时有电势 V，则 E 和 V 之比叫做导体的“电容”。如果导体被一个导体容器完全包围而不触及该容器，则内部导体上的电荷将和外部导体之内表面上的电荷相等而异号，而且将等于内部导体的电容乘以二导体的电势差。

集 电 器

两个导体的相对表面由一种绝缘媒质的薄层隔开,这样一个体系叫做一个"集电器"。两个导体叫做"极",而绝缘媒质叫做"电介质"。集电器的电容正比于相对表面的面积而反比于它们之间的薄层的厚度。一个莱顿瓶是一个以玻璃为绝缘媒质的集电器。集电器(accumulator)有时叫做"电容器"(condenser),但是我宁愿用"电容器"一词来专指不是用来储存电荷而是用来增大其面密度的仪器。

各物体有关静电的性质

电通过物体时所受的阻力

51.〕 当一个电荷被传送到一个金属物体的任一部分上时,电就会很快地从高电势的地方向低电势的地方转移,直到整个物体的电势变为相同为止。在普通实验所用的那些金属块的事例中,这种过程是在短得无法观察的时间中完成的,但是在很长、很细的导线的事例中,例如在电报所用的那种导线的事例中,由于导线在电荷通过时的阻力,电势是直到一段可觉察的时间以后才会变成均匀的。

对电荷的通过表现出来的阻力,在不同的物质中是非常不同的,正如在第 362、364 和 367 节的那些表中可以看到的那样;那些表将在处理"电流"时再来解释。

所有的金属都是良导体,尽管铅的电阻是铜或银的电阻的 12 倍,铁的电阻是铜的电阻的 6 倍。而汞的电阻是铜的电阻的 60 倍。

许多液体是通过电解而导电的。这种导电模式将在第二编中加以考虑。在目前,我们可以把一切含水的液体和一切潮湿物体都看成导体;它们的导电性能比金属的导电性能差得多,但是它们却不能在一段长得可以观察的时间内对一个电荷进行绝缘。电解质的电阻随温度的升高而降低。

另一方面,不论潮湿或干燥,大气压下的气体却是很接近完全的绝缘体;当电张力很小时,我们迄今还没有关于电借助于普通的传导而从气体中通过的证据。带电体的电荷的逐渐损失,在每一个事例中都可以追溯到支撑物的不完善的绝缘,电不是通过支撑物的物质就是沿着它的表面被传走的。因此,当两个带电体挂得相距较近时,如果它们带的是异号的电,它们的电荷就会比带同号的电时保持得较久。因为,当它们带异号的电时,虽然倾向于使电通过它们之间的空气的那种电动势要大得多,但是却没有可觉察的电荷损失会按这种方式而出现。实际的损失是通过支撑物而发生的,而当物体带同号的电时,支撑物中的电动势是最大的。只有当我们预期损失是由电通过物体之间的空气来进行时,结果才会显得反常。一般说来,电在气体中的通过,是借助于破坏性的放电来进行的,而且在电动强度达到某一定值以前是不会开始的。可以存在于在一种电介质中而刚刚不致引起放电的那种电动强度的值，叫做电介质的“电强度”(electric strength)。当压强从大气压减小到大约三毫米汞高的压强时，空气的电强度就会减小①。当压强进一步减低时，电强度就迅速地增大，而当抽空进行到迄今所能做到的最高程度时，产生一个四分之一英寸的火花所需要的电动强度就大于在普通压强下的空气中产生一个八英寸的火花所需要的电动强度。

因此，一个真空就是一种电强度很大的绝缘体；所谓真空是指当我们把所能取走的一切东西都取走以后留在容器中的空间。

氢气的电强度比同压下的空气的电强度小得多。

某些种类的气体当冷却时是特别好的绝缘体，而且 W. 汤姆孙爵士曾经在密封的玻璃泡中保持电荷达若干年之久。然而，同样的玻璃在低于水的沸点的温度下却会变成一种导体。

古塔波胶、弹性橡皮、硬橡皮、石蜡和树胶，是很好的绝缘体，古塔波胶在 75°F 下的电阻约为铜的电阻的 6×10^{19} 倍。

冰、水晶和凝固了的电解质也是绝缘体。

某些液体，例如石油精、松节油和某些油类，也是绝缘体，但性能比最好的固体绝缘体要差。

电 介 质

介电常数

52.〕 一切物体，如果它们的绝缘能力使得当它们被放在两个电势不同的导体之间时作用在它们上的电动势并不会立即使电势简化成一个恒定值，则它们被法拉第称为“电介质”。

由迄未发表的卡文迪什的研究工作可知②，在 1773 年以前，他就已经测量了玻璃板、树胶板、蜂蜡板和虫胶板的电容，而且已经确定了它们的电容和同样大小的空气层的电容之比。

并不知道这些研究结果的法拉第发现，一个集电器的电容，既依赖于各导体本身的尺寸和相对位置也依赖于二导体之间的绝缘媒质的性质。通过用别的绝缘媒质来代替空气作为集电器的电介质而在其他方面并不改变它，他发现，当用空气和其他气体作为绝缘媒质时，集电器的电容基本上保持相同，但是当用虫胶、硫黄、玻璃等等来代替空气时，电容就按一个比值而增大，该比值对不同的物质是不同的。

利用更精细的实验方法，玻耳兹曼成功地观察到了气体的感应电容在不同压强下的变化。

---

① 电强度为最小时的压强，依赖于充有气体的容器的形状和大小。

② 见 *Electrical Researches of the Honourable Henry Cavendish*.

法拉第称之为“比感本领”(specific inductive capacity)的这一性质,也叫做物质的“介电常数”。它被定义为一个集电器当其电介质为所给物质时的电容和电介质为真空时的电容之比。

如果电介质不是一种好的绝缘质,则很难测量它的感应本领,因为集电器不会在足够长的时间内保持一个可以测量的电荷。但是感应本领肯定不是只限于良好绝缘体才有的一种性质,很可能它在一切物体中都是存在的[①]。

电的吸收

53.〕 经发现,当一个集电器包括了某些电介质时,就会发生下列现象。

当集电器已经充了一段时间的电并突然放了电然后又绝了缘时,它就变得按原来的正负而重新充电,但充电的程度较小,于是它就可以再一次又一次地重复放电,而这些放电是逐渐减小的。这一现象称为“残余放电现象”。

瞬时放电显现为永远正比于放电时刻的电势差,而二量的比值就是集电器的真实电容。但是,如果放电叉的接触时间长得包括了几次残余放电,则根据这样的放电来算出的集电器的电容将是太大的。

如果充电后保持绝缘,集电器就会表现出通过导电而损失电荷,但是经发现,损失的速率在开始时的比在以后要大得多,从而如果按开始时出现的情况来推断,则电导率的量值将是太大的。例如,当一条海底电缆受到检测时,它的绝缘性能就会显得是随充电的进行而变好的。

当物体的相对两面保持着不同的温度时,就出现一种类似于热传导的热现象。在热的事例中,我们知道现象依赖于由物体本身所吸收的和放出的热。因此,在电现象的事例中,曾经假设电是被物体的各部分吸收和放出的。然而我们在第 326 节中即将看到,通过假设电介质在某种程度上为不均匀,就可以解释现象而不必引用关于电的吸收的假说。

所谓的“电吸收”现象并不是物质对电的实际吸收;这一点可以通过当一种物质被一个闭合的、绝了缘的金属容器所包围时用任何方式使该物质带电来加以证实。当物质被充电然后被绝缘时,如果使容器瞬时放电然后使之绝缘,则从来不会由于容器内带电物质的电的逐渐耗散而有任何电荷传给容器[②]。

54.〕 这一事实被法拉第用一种说法表达了出来;就是说,不可能用一种电来使物质带有一个绝对的和独立的电荷[③]。

事实上,从已经做过的每一个实验的结果来看,在由一个金属容器所包围的一组

① Cohr 和 Arons(*Wiedemann's Annalen*, v. 33, p. 13)曾经考察了例如水和酒精之类的某些非绝缘液体的比感本领,发现它们是很大的。例如,蒸馏水的比感本领约是空气的比感本领的 76 倍,乙醇的比感本领约是空气的比感本领的 26 倍。

② 关于电吸收现象的详细论述,见 *Wiedemann's Elektricität*, v. 2, p. 83。

③ *Exp. Res.*, vol. i. series xi., ii. 'On the Absolute Charge of Matter,' and § 1244.

物体中，不论各物体之间以什么方式发生电作用，容器外表面上的电荷都是不会改变的。

假如任何一部分电可以被迫进入一个物体而被物体所吸收或变成潜在的电，或者至少是存在于物体中而并不通过感应途径而和一部分相等而异号的电发生关系，或者，假如它在被吸收以后又可以逐渐显现出来并回返其普通的作用方式，我们就将会发现周围容器上的某种电荷的变化。

既然从来没有发现过这种情况，法拉第就得出结论说，不可能把一个绝对电荷传送给物质，而且，任何一部分物质都不能通过任何的状态变化而生出一种或另一种电，也不能使之成为潜在的电。因此他就把感应看成“在电的最初发展及其后继现象中都是一种本质的功能”。他所说的感应(1298)就是电介质的粒子的一种极化状态，每一个粒子都是一边带正电而另一边带负电，每一个粒子所带的正电和负电都永远正好相等。

破坏性放电①

55.〕 如果电介质的任一点上的电动强度逐渐增大，最后就会达到一个极限，那时会出现通过电介质的突然放电，通常会伴随以光和声，以及电介质的暂时的或永久的破坏。

出现这种情况时的电动强度，是我们所说的电介质之电强度的一种量度。它依赖于电介质的品种，而且在浓密空气中比在稀薄空气中为大，在玻璃中比在空气中为大。但是，在每一个事例中，如果电动势被弄得足够大，电介质就会被击穿而它的绝缘能力就会被破坏，于是就会有一个电流通过它。正是由于这种原因，在任何地方引起无限大的电动强度的电荷分布才是不可能存在的。

电　　辉

例如，当一个带有尖端的导体带了电时，建筑在它会保持电荷的假说上的理论就会导致这样的结论：当我们向尖端趋近时，电的面密度就会无限地增大，从而在尖端本身那儿，面密度以及还有合电场强度就将是无限大。假若空气或周围的其他电介质具有无限的绝缘能力，这一结果就会真正出现。然而事实却是，尖端附近的合强度一经达到一定的限度，空气的绝缘能力就会垮掉，于是靠近尖端的空气就会变成一种导体。在离尖端有某一距离处，合强度不足以击穿空气的绝缘，于是电流就会被阻断，而电荷就聚集在尖端附近的空气中。

---

① 见 Faraday，*Exp. Res.*，vol. i.，series xii. and xiii.

自从本书第一版问世以来，已经进行了关于电在气体中的通过的那么多的研究，以致仅仅列举它们就会超出一条小注的范围之外。这些研究者们得到的结果，将在“补遗卷”中进行综述。

于是尖端就被一些空气粒子①所包围,各粒子和尖端本身带有同号的电荷。尖端附近这种带电空气的效应,就在于使尖端本身处的空气免除一部分极大的电动强度,而假如只有导体是带电的,则空气是会受到那种电动强度的作用的。事实上,带电体的表面不再是很尖的了,因为尖端被一团带电的空气包围了起来,空气团的表面而不是固体导体的表面就可以看成带电的外表面。

假如这一部分空气可以保持静止,带电体就将保持它的电荷,如果不是保持在它自身上,至少也是保持在它的邻域中。但是,带电的空气粒子在电力的作用下可以自由运动,它们倾向于离带电体而远去,因为它们是和带电体带有同一种电的。因此,带电的空气粒子就倾向于沿着力线的方向而运动开去,并向周围带异号电的物体靠拢。当它们离开以后,其他未带电的粒子就占据它们在尖端附近的位置,而既然这些粒子不能把过大的电张力从靠近尖端的粒子那儿隔开,一次新的放电就会发生;在此以后,新带了电的粒子又会离开。依此类推,只要物体还带电,事情就继续进行。

这样,就会引起下列的现象:在尖端上和在尖端附近,有一个稳定的电辉,这起源于在尖端和它附近的空气之间的进行的恒稳放电。

带电的空气粒子倾向于沿着相同的公共方向运动开去,于是就引起一种从尖端开始的空气流;这种空气流包括一些带电的粒子,也许还包括一些被带电粒子带走的其他粒子。通过人为地助长这一电流,我们可以增大这个电辉,而通过阻断这个电流,我们也可以阻止电辉的继续出现。②

尖端附近的电风有时是很迅速的,但它很快就会失去其速度,于是空气和它的带电粒子就会随大气的一般运动而飘荡,并形成一种不可见的电云。当各带电粒子来到一个导电表面例如一面墙的附近时,它们就会在那个表面上感应出一个和它们自己的电荷相反的电荷,于是就被引向墙壁;但是既然电动势是很小的,它们就可能在墙的附近停留很久,而不是一下子就到达壁面并被放电。于是它们就形成一种粘在导体上的带电氛围,其存在有时可以用静电计探测出来。然而,和通常引起刮风的那些依赖于由温度差所导致的密度差的力比起来,大团带电空气和其他物体之间的作用力是极其微弱的,因此,普通的雷电云的运动的任何可观察的部分都很少可能是由电的原因所引起的。

电通过带电粒子的运动而从一个地方移动到另一个地方,这种过程叫做"电运流"或"运流放电"。

因此,电辉是由电在一小部分空气中的持续通过所引起的;在那一部分空气中,电张力很大,从而就使附近的空气粒子带了电并被形成现象之重要部分的电风所吹走。

电辉在稀薄空气中比在浓密空气中更容易形成,而且当尖端带正电时比当它带负电时更容易形成。正电和负电之间的这一差别以及其他差别,值得想发现有关电的本性的某些东西的人们仔细研究。然而这些差别还没有很满意地和任何已有的理论联系起来。

---

① 或尘埃粒子?不含尘埃和水蒸气的空气除在很高的温度下以外是否可以带电,是相当可疑的;参阅"补遗卷"。

② 见 Priestley's *History of Electricity*, pp. 117 and 591;以及 Cavendish's 'Electrical Researches,' *Phil. Trans.*, 1771, §4,或 Art. 125 of *Electrical Researches of the Honourable Henry Cavendish*.

电 刷

56.〕 电刷是一种现象，可以通过使一个钝端或一个小球带电来产生；这时带电物体产生一个电场，场中的电张力随距离的增大而减小，但不像使用尖端时减小得那样快。电刷包括一些相继的放电，当从小球向空气中散开时它们分成许多枝杈，并终止在带电的空气部分中或终止在某一别的导体上。电刷伴随得有一种声音，其音调依赖于相继放电之间的间隔，而且这时不像在电辉事例中那样存在空气流。

电 火 花

57.〕 当在两个导体之间的空间中到处都有很大的张力时，就像在两个球间的距离比它们的半径大不了许多时的那一事例中一样，当出现放电时通常是采取火花的形式；通过这种火花，差不多全部的电都会立即被放掉。

在这一事例中，当电介质的任何一部分已经垮掉时，它沿电力方向的前后两侧的部分就会处于更大张力的状态下，于是那些部分也会垮掉，于是放电就直接通过电介质来进行，正如当在一张纸的边沿上弄一个豁口时沿着纸边作用的一个张力就会使纸从豁口开始裂开，而裂缝有时会散向纸上有弱点的地方一样。电火花也同样是从电张力最初克服了电介质的绝缘性能的那一点开始，并沿着表观上不规则的路径前进的，这样它就会把一些弱点（例如飘浮在空气中的尘埃颗粒）包括进来。

所有这些现象都在不同的气体中很不相同，而在不同密度的同一种气体中也很不相同。在某些事例中，出现发光层和黑暗层的有规则的交替，例如如果电通过一个充有很少量气体的管子，人们就会看到一些光辉的圆片沿着管子的轴线按近似相等地间隔横向排列，它们之间由一些黑暗层分开。如果电流强度被加大，一个新的圆片就会开始出现，它和那些旧的圆片将按较紧的顺序排列起来。在由迦西奥先生所描述的一根管子中①，圆片的光在负电一边是发青的，在正电一边是发红的，而在中部地段则是鲜红色的。

这些以及另外一些放电现象是极端重要的。当它们被更好地了解了时，它们很可能在气体及充满空间的媒质的本性方面以及在电的本性方面带来很大的光明。然而，在目前，它们还必须被认为是处于电的数学理论的范围之外的。

电气石的电现象②

58.〕 电气石的以及其他矿物的某些晶体，具有可以称之为“电极性”的一种性质。

① *Intellectual Observer*，March，1866.

② 关于这一性质以及由光和热引起的晶体带电现象的进一步论述，见 *Wiedemann's Elektricität*，v. 28，p. 316.

假设一个电气石晶体具有均匀的温度，而且表观地看来在表面上并没有带电。现在把它的温度升高，而晶体仍处于绝缘状态。这时就会看到它的一端带正电而另一端带负电。用一个火焰或其他手段把这种表观带电现象从晶体表面上消除，然后，如果再把晶体加热一些，同样的带电现象就又会出现，但是如果晶体被冷却，加热时带负电的一端就会带正电。

这些带电现象是在晶轴的两端观察到的。有些晶体一端呈六面角锥形而另一端呈三面角锥形。在这些晶体中，当晶体被加热时呈六面角锥形的一端就带正电。

W. 汤姆孙爵士假设这些以及其他一些半多面式晶体的每一部分都有确定的电的极性，其强度依赖于温度。当晶体表面扫过一个火焰时，表面上的每一部分都会起电到一定的程度，以致对一切的外部各点来说，正好足以抵消内在极性的影响。于是晶体就没有任何外部的电作用，也没有改变其带电方式的任何倾向。但是如果它被加热或被冷却，每一晶体粒子的内部极化就会改变而不再能被表面上的电所抵消，于是就出现一个合外部作用。

本论著的计划

59.〕 在本书中，我打算首先解释普通的电作用理论。这种理论把电作用看成只依赖各带电体和它们的相对位置，而并不考虑可以出现在中间媒质中的任何现象。用这种办法，我们将建立平方反比定律、势论，以及拉普拉斯的和泊松的方程。其次我们将考虑一个带电导体组的用一组方程联系起来的电荷和电势，各方程的系数在我们现有数学方法不能适用的那些事例中可以被假设为由实验来确定，而由这些方程，我们将确定在不同的带电体之间作用着的机械力。

然后我们将考察某些普遍定理；利用这些定理，格林、高斯和汤姆孙曾经指示了求解电分布问题的条件。这些定理的一个结果就是，如果泊松方程被任何一个函数所满足，而且这个函数在每一导体的表面上具有该导体的电势的值，则这个函数就代表每一个点上的体系的实际电势。我们也将导出一种方法来找出可以有精确解的那些问题。

在汤姆孙定理中，体系的总能量用在各带电体之间的整个空间中求的某量的积分表示了出来，也用只在带电表面上求的积分表示了出来。于是这两个表示式的相等就可以物理地加以解说。我们可以把带电体之间物理关系或是设想为中间媒质的状态的结果，或是把它设想为带电体之间一种直接的超距作用的结果。如果我们采用后一种观念，我们就可以确定作用定律，但是我们却绝不能进一步思索作用的原因。另一方面，如果我们采用通过媒质的作用的观念，我们就会被引导着来探索媒质之每一部分中的作用的本性了。

由定理可见，如果我们应该到电介媒质的不同部分中去寻求电能的存身之处，任一小部分媒质中的能量就必将依赖于该处合电动强度的平方乘以一个叫做媒质之比感本领的系数。

然而，当从最普遍的观点来考虑电介质的理论时，一个更好的做法却是把任意点上的电动强度和该点上的媒质的电极化区分开来，因为这些有向量虽然是互相联系着的，但在某些固体物质中却不是沿着相同的方向的。单位体积的媒质电能量的最普遍表示式，就是电动强度和电极化之积乘以二者夹角的余弦的二分之一。在所有的流体媒质中，电动强度和电极化都是同方向的和具有恒定比值的。

如果我们按照这一假说来计算存在于媒质中的总能量，我们就将发现它等于按照直接超距作用假说而求得的由各导体的电荷所引起的能量。因此这两种假说在数学上是等价的。

现在，如果我们根据把所观察到的带电体之间的机械作用看成通过并借助于媒质而进行的那一假说来着手考察媒质的机械状态，我们就会像在一个物体通过绳子的张力或棍子的压力而对另一物体作用以力的那种习见的例子中一样，发现媒质必然处于一种机械胁强的状态之中。

正如法拉第所指出的那样①，这种胁强的本性就在于，一个沿力线方向的张力和一个沿一切垂直于力线的方向的相等压力相结合。这些胁强的量值正比于单位体积的电能量，或者换句话说，正比于合电动强度的平方乘以媒质的比感本领。

这种胁强分布，是唯一可以和观察到的对各带电体的机械作用相一致而且也和观察到的各带电体周围流体电介质的平衡相一致的一种分布②。因此，我曾经想到，假设这种胁强状态的实际存在并追索这一假设的推论，是科学程序中的有保障的一步。由于发现电张力一词是在几种含糊不清的意义下被使用的，我曾经力图把它的应用限制在我认为其中某些应用过它的人们所曾设想的那种意义中，也就是用它来指媒质中导致带电体的运动并当不断增大时导致破坏性放电的那种胁强状态。在这种意义下，电张力就和一根绳子中的张力属于同一种类并用相同的方式来量度，而可以禁受某一张力而不能禁受更大张力的电介媒质就可以被说成有一定的强度，其意义正和一根绳子被说成有一定的强度时的意义相同。例如，汤姆孙曾经发现，在出现一个火花之前，常压常温下的空气可以经受住一个每平方英尺 9600 格令重的电张力。

60.〕 根据电作用不是物体之间的直接超距作用而是借助于物体间的媒质来发生的作用的这种假说，我们已经推知这种媒质必然处于一种胁强状态中。我们也确定了胁强的特性，并把它比拟成了可以出现在固体中的那些胁强。沿着力线存在的是张力，而垂直于力线存在的是压力，各力的数值相等，而且每个力都正比于该点的合电动强度的平方。确立了这些结果，我们就作好了准备，可以迈出另外一步并对电介媒质的电极化的本性形成一个概念了。

当一个物体的元体积在相对的两面上获得相等而相反的性质时，它就可以说是被极化了。内部极性的概念可以用永磁体的例子来最好地加以研究，而且将在我们进而处理磁性时再来更详细地加以解释。

电介质的一个元体积的电极化是一种受迫状态；媒质被电动势的作用推入这种状态中，而当电动势取消时这种状态也不复存在。我们可以把它设想为是由我们称之为电位

---

① *Exp. Res.*, series xi. 1297.

② 这种说法需要修订：所提到的胁强分布，只是可以产生所要求的效应的许多这种分布中的一种。

移的东西构成的，而电位移则由电动强度所引起。当电动势作用在一种导电媒质上时，它就在媒质中引起一种电流，但是，如果媒质是不导电的，或者说是一种电介质，电流就不能{长久地}流过媒质，而电就只能在媒质内部沿着电动强度的方向发生位移；这种位移的大小依赖于电动强度的量值，从而如果电动强度增大或减小，则电位移将按相同的比例增大或减小。

位移的数量用当位移从零增大到它的实际大小时穿过单位面积的电量来量度。因此，这就是电极化的量度。

电动强度产生电位移的作用和普通机械力产生弹性体之位移的作用之间的类似性是如此的明显，以致我曾经冒昧地把电动强度和对应电位移之比称为媒质的电弹性系数。这个系数在不同的媒质中是不同的，而且反比于每一媒质的比感本领而变化。

电位移的变化显然就构成电流①。然而这种电流只有在电位移变化的过程中才能存在，而既然电位移不能超过一个一定的值而不引起破坏性的放电，这种电流也就不能像导体中的电流那样不受限制地沿着相同的方向继续流动。

在电气石和另一些热电晶体中，或许有一种电极化状态存在着；它依赖于温度，但不需要一个外电动强度来引起它。假如一个物体的内部是处于一种电极化的状态中的，它的外表面就将以一种方式逐渐变成带电的，以便在物体外面的所有各点上把内极化的作用中和掉。这种外表面上的电荷不能用任何普通的方法来探测，也不能用普通的使表面电荷放电的方法来消除。因此，物质的内极化将根本无法被发现，除非可以通过温度变化之类的方法来使内极化的数量增大或减小。这时外电荷将不再能够中和内极化的外部效应，从而一种表观电荷就会被观察到，正如在电气石的事例中那样。

如果一个电荷 e 被均匀地分布在一个球的表面上，则球周围媒质中任一点上的合强度和电荷 e 除以该点到球心距离的平方成正比。按照我们的理论，这一合强度是和一个沿从球心向外的方向的电位移相伴随的。

如果现在我们画一个半径为 r 的同心球面，则通过这一球面的全部位移 E 将正比于合强度和球面积的乘积。但是合强度正比于电荷 e 而反比于半径的平方，而球面积正比于半径的平方。因此总的位移量 E 就正比于电荷 e 而和半径无关。

为了确定电荷 e 和通过任一球面移动出去的电量 E 之间的关系，让我们考虑当移动量从 E 增大到 $E+\delta E$ 时对介于两个同心球面之间的媒质做的功。如果 V_1 和 V_2 分别代表这些球面之内和之外的电势，则引起所增位移的电动势是 V_1-V_2，从而在增大移动量时所消耗的功就是 $(V_1-V_2)\delta E$。

如果我们现在令内球面和带电球的表面相重合并使外球面的半径变为无限大，则 V_1 变成球的电势 V 而 V_2 变成零，于是在周围媒质中做的总功就是 $V\delta E$。

但是，根据普通的理论，在增加电荷时做的功是 $V\delta e$，而如果像我们所假设的那样，这个功是用来增大了位移，就有 $\delta E=\delta e$，而既然 E 和 e 同时变为零，就有 $E=e$。或者说：

通过和带电球同心的任一球面向外的电位移，等于球上的电荷。

为了确定我们关于电位移的概念，让我们考虑一个集电器，由两个导体平板 A 和 B

① 如果我们采用上节所论述的那些观点的话。

以及中间夹着的一层电介质 C 所构成。设 W 是一根连接 A 和 B 的导线，并且让我们假设在电动势的作用下有一个正电量 Q 从 B 沿导线传到了 A。A 上的正电和 B 上的负电将产生一个从 A 向 B 在电介质层中作用着的电动势，而这个电动势将在电介质中引起一个从 A 向 B 的电位移。这个电位移的数量，用被迫通过把电介质分成两部分的一个假想截面的电量来量度；这一数量按照我们的理论将恰好是 Q。请参阅第 75、76、111 节。

因此就看到，在一个电量 Q 沿着导线被电动势从 B 传送到 A 从而通过导线的每一截面的同时，同样的电量会由于电位移而通过电介质的每一截面从 A 运动到 B。

电在集电器放电时的移动将是沿相反方向的。在导线中，放电将是 Q 从 A 到 B，而在电介质中，电位移将消退，从而一个电量 Q 将通过每一截面而从 B 运动到 A。

因此，充电或放电的每一事例都可以看成一种沿闭合回路的运动，使得在回路的每一截面上都有相同的电量在相同的时间内通过，而且这不仅在传导电路中是如此（这一点是早已被公认的），而且在通常认为电被积累在某些地方的那些事例中也是如此。

61.〕　于是我们就得到我们所考查的这种理论的一个很惊人的推论，那就是，电的运动像一种不可压缩的流体的运动一样，使得一个假想的固定闭合曲面中的总量永远保持相同。初看起来，这一结果显得和一个事实直接抵触，那就是我们可以给一个导体充电然后把它引入闭合曲面之内。但是我们必须记得，普通的理论并不顾及我们已经考虑了的电介质中的电位移，而是只把它的注意力限制在导体和电介质的分界面的带电现象上的。在带电导体的事例中。让我们假设电荷是正的，于是，如果周围的电介质向各方面延伸到闭合曲面以外，那就会出现电极化，伴随以整个闭合曲面上从内向外的电位移，而在该曲面上计算的位移的面积分就将等于曲面内的导体上的电荷。

于是，当带电导体被移入闭合曲面之内时，立刻就会有一个等于导体电荷的电量从内向外通过该曲面，从而曲面内的总电量就保持不变。

电极化的理论将在第五章中加以更详细的讨论，而且它的一个机械例证将在第 334 节中被给出，但是这种理论的重要性却只有当我们进入电磁现象的研究时才能得到充分的理解。

62.〕　这种理论的特点是：

带电时的能量存在于电介媒质中，不论媒质是固体、液体还是气体，是浓密的还是稀薄的，甚至也可以是所谓的真空，如果它还能传送电作用的话。

任何媒质部分中的能量，是以一种叫做电极化的胁变状态的形式被储存的，电极化的数量依赖于空间中的合电动强度。

作用在一种电介质上的电动势，会引起我们所说的电位移，强度和位移之间的关系在最普遍的情况下属于我们在以后当处理导电问题时即将考虑的那一种，但是在那些最普遍的事例中，位移却和强度同方向，而且在数值上等于强度乘以 $\frac{1}{4\pi}K$，此处 K 是媒质的比感本领。

由电极化引起的每单位电介质体积的能量，等于电场强度和电位移的乘积的一半，如果必要则乘以二者方向之间的夹角的余弦。

在液体电介质中，电极化伴随以沿电感线方向的一种张力，以及沿和电感线相垂直的一切方向的一种相等的压力，单位面积上的张力或压力在数值上等于同一位置上的单位体积中的能量。

我们所设想的可以由电介质体积划分成的任一体积元的表面，必须被设想为带电的，而表面任一点上的面密度则在量值上等于向内计算的通过表面上该点的位移。如果位移是沿正方向的，则面积元的正面将带负电荷而其反面将带正电荷。当相邻的体积元被考虑在内时，这种表面电荷通常将互相抵消，只有在电介质带有内部电荷的地方或在电介质的表面上是例外。

不论电是什么，不论我们怎样理解电的运动，我们称之为电位移的这种现象都是一种电的运动，其意义和电量通过导线的传送是一种运动的那种意义相同；其唯一的不同就是，在电介质中，有一种我们称之为电弹性的力，它反对着电位移而起作用，并当电动势被取消时迫使电荷返回原处；而在导线中，电弹性则一直是退让的，从而阻力就不是依赖于从它的平衡位置上被移动了的总电量，而是依赖于在给定的时间内通过导体的一个截面的电量。

在每一事例中，电的运动都服从和不可压缩流体的运动所服从的条件相同的条件，那就是，在任何时刻，有多少电从一个任意的给定闭合曲面中流出，就有多少电流进该曲面中来。

由此可以推知，每一电流都必然形成一个闭合的回路。这一结果的重要性，当我们研究电磁现象的定律时就会被看到。

既然正如我们已经看到的那样，直接超距作用的理论和借助于媒质的作用的理论在数学上是等同的，实际的现象就既可以用这种又可以用那种理论来加以解释，如果当出现任何困难时就引用适当的假说的话。例如，莫索提曾经根据普通的吸引力学说导出了电介质的数学理论，他所用的方法只是在研究中对一些符号作出了电学的而不是磁学的诠释，而利用那些符号，泊松曾经根据磁流体的学说导出了磁感应的理论。莫索提假设在电介质内部存在一些小的导电单元，它们的相对的表面可以通过感应而带异号的电，但就整体来看却不能失去和获得电，因为它们彼此之间是由一种不导电的媒质绝了缘的。这种电介质理论是和电的定律相协调的，从而可能实际上是对的。如果它是对的，一种电介质的比感本领就可以大于但不能小于真空的比感本领。迄今还没有发现比感本领小于真空比感本领的一种电介质的实例，但是假如发现了这种实例，莫索提的物理学说就必须被放弃，尽管他的公式将仍然准确而只将要求我们改变其系数的正负号。

在物理科学的许多部门中，人们发现一些形式相同的方程可以应用于肯定有着不同本性的一些现象，例如电介质中的电感应，导体中的电传导，以及磁感应。在所有这些事例中，强度和它所引起的效应之间的关系都是用一组种类相同的方程来表示的，因此，当其中某一课题中的一个问题已经解决时，该问题及其解就可以翻译成其他课题的语言，而新形式下的结果将仍然是对的。

第二章 静电的初等数学理论

作为一个数学量的电量的定义

63.〕 我们已经看到，带电体的性质是这样的：一个物体上的电荷可以等于另一物体上的电荷或等于两个物体上的电荷之和，而且，如果两个物体带有相等而相反的电荷，则当把它们一起放在一个绝了缘的闭合导电容器中时就对外面的物体没有任何电影响。我们可以把一个带电体描述为带有一定数量的电荷，用 e 来代表；这样就能够用一种简明而自治的方式来表达所有上述的结果。当带的是正电时，也就是说，按照通常的约定是玻璃式的电时，e 将是一个正量。当带的是负电即树胶式的电时，e 将是负的，而量 $-e$ 就既可以诠释为玻璃电的一个负量，又可以诠释为树胶电的一个正量。

把两个相等而异号的电荷 e 和 $-e$ 加在一起的效果就是用零来表示的一个无电荷的状态。因此我们可以把一个不带电荷的物体看成虚拟地带有其量值不确定的相等而相反的电荷，并把一个带有电荷的物体看成带有不等量的正电和负电，而这些电荷的代数和就构成所观察到的电荷。然而很显然，看待一个带电体的这种方式完全是人为的，而且可以比拟为把一个物体的速度看成由两个或多个不同的速度合成的那种观念，这些不同速度中的任何一个速度都不是物体的实际速度。

关于电荷密度

三维空间中的分布

64.〕 **定义** 空间一点上的电荷体密度就是以该点为心的一个球中的电量和球的体积在半径无限减小时的极限比值。

我们将用符号 ρ 来代表这个比值，ρ 可以为正或为负。

在一个表面上的分布

理论的和实验的结果都表明，在某些事例中，一个物体的电荷完全是在表面上的。表面任何一点上的密度，如果按上述的方法来定义就将是无限大。因此我们采用一种不同的方法来量度面密度。

定义 一个表面上某一给定点的电荷密度就是以该点为心的一个球中的电荷和该球所包围的表面的面积在半径无限减小时的极限比值。

我们将用符号 σ 来代表表面密度。

把电假设为一种物质性流体或一组粒子的那些作者们在这种情况下不得不假设电在表面上的分布是采取有一定厚度 θ 的薄层的形式的，薄层中的密度是 ρ_0，或者说是起源于尽可能靠近的各粒子的那一 ρ 值。很显然，按照这种理论，就有 $\rho_0\theta=\sigma$。按照这一理论，当 σ 为负时，厚度为 θ 的某一薄层中是完全没有带正电的粒子而只剩下带负电的粒子的，或者，按照单流体学说就是只剩下“物质”的。

然而却没有任何实验证据表明带电层具有任何厚度，或表明电是一种流体或若干粒子。因此我们宁愿不引用层厚度的符号而只用一个特定的符号来代表表面密度。

在一条线上的分布

有时假设电分布在一条线上，即分布在一个我们忽略其粗细的细长物体上，是很方便的。在这种事例中，我们可以把任一点的线密度定义为一个线元上的电荷和该线元长度当线元无限缩短时的极限比值。

如果 λ 代表线密度，则一条曲线上的总电量是 $e=\int\lambda \mathrm{d}s$，式中 $\mathrm{d}s$ 是曲线元。同理，如果 σ 是面密度，则曲面上的总电量是 $e=\iint\sigma \mathrm{d}S$，式中 $\mathrm{d}S$ 是面积元。

如果 ρ 是空间任一点上的体密度，则某一体积中的总电量是 $e=\iiint\rho \mathrm{d}x\mathrm{d}y\mathrm{d}z$，式中 $\mathrm{d}x\mathrm{d}y\mathrm{d}z$ 是体积元。在每一事例中，积分限是所考虑的曲线、曲面或空间部分的界限。

很显然，e、λ、σ 和 ρ 是一些不同种类的量，每一个量都比前一个量低一次空间量纲。因此，如果 l 是一条线，则 e、$l\lambda$、$l^2\sigma$ 和 $l^3\rho$ 将是同一类量，而如果[L]是长度的单位，而[λ]、[σ]、[ρ]是不同种类的密度的单位，则[e]、[Lλ]、[$\mathrm{L}^2\sigma$]和[$\mathrm{L}^3\rho$]将各自代表电量的单位。

电量单位的定义

65.〕 设 A 和 B 是相距为一个单位的两个点，设使其线度比距离 AB 小得多的两个物体带上相等的正电量并把它们分别放在 A 点和 B 点上，并设电荷恰好使二物体相互推斥的力等于在第 6 节中量度的那个力的单位。这时每一个物体上的电荷就被说成是电量的单位①。

如果 B 点上物体所带的电荷是负电量的一个单位，既然物体之间的作用应该反向，我们就应该得到等于单位力的一个吸引力。如果 A 的电荷也是负的，并等于 1，则力将

① 在这一定义中，把带电体分隔开来的电介质被假设为是空气。

是推斥力，并等于1。

既然任何两部分电量之间的作用不受其他部分的存在的影响，A 处 e 单位的电量和 B 处 e' 单位的电量之间的推斥力就是 ee'，这时 AB 等于1。参阅第39节。

带电体之间的力的定律

66.〕 库仑已用实验证明，线度小于彼此之间的距离的带电体之间的力，和距离的平方成反比。因此，相距为 r 的带有电量 e 和 e' 的两个这样的物体之间的推斥力，就是 $\frac{ee'}{r^2}$。

我们将在第74c、74d、74e节中证明，这条定律是和观察到的一件事实相容的唯一定律；那事实就是，一个导体，当放在一个闭合中空导体的内部并和它相接触时，将失去其所有的电荷。我们关于距离的平方反比定律之精确性的信念，可以认为是建筑在这一类的实验上而不是建筑在库仑的直接测量结果上的。

两个物体之间的合力

67.〕 为了计算两个物体之间的合力，我们可以把其中每一个物体都分成体积元，并考虑第一个物体的每一个体积元中的电量和第二个物体的每一个体积元中的电量之间的推斥力。这样我们就应该得到一系列的力，其个数等于我们把两个物体分成的体积元个数的乘积，而且我们应该按照静力学的法则把这些力的效应合并起来。例如，为了求出沿 x 方向的分力，我们将必须求出六重积分

$$\iiiiiint \frac{\rho\rho'(x-x')\mathrm{d}x\mathrm{d}y\mathrm{d}z\mathrm{d}x'\mathrm{d}y'\mathrm{d}z'}{\{(x-x')^2+(y-y')^2+(z-z')^2\}^{\frac{3}{2}}}$$

的值，式中 x、y、z 是第一物体中一点的坐标，而该点处的电荷密度是 ρ，而且 x'、y'、z' 和 ρ'，是适用于第二物体的各个对应的量，而积分是先在一个物体上然后在另一个物体上计算的。

一点上的合强度

68.〕 为了简化数学手续，不考虑一个带电体对另一任意形状的带电体的作用而考虑它对一个无限小物体的作用是方便的；那个无限小的物体带有无限小的电量，并位于电作用所能达到的空间中的任一点上。通过使这一物体上的电荷成为无限小，我们使它对第一个物体上电荷的干扰作用成为不明显的了。

设 e 是小物体的电荷，设当它位于点(x、y、z)上时作用在它上的力是 Re，并设力的方向余弦为 l、m、n，这时我们就可以把 R 叫做点(x、y、z)上合电强度。

如果用 X、Y、Z 来代表 R 的分量，就有 $X=Rl$，$Y=Rm$，$Z=Rn$。

在谈论一点上的合电强度时，我们不一定是意味着真有任何的力在那儿作用着，而只不过是说，假如把一个带电体放在那儿，它就会受到一个力 Re 的作用，此处 e 是物体的电荷[①]。

定义 任意点上的合电强度就是将会作用在一个带有单位正电荷的小物体上的力，假如它被放在该点上而并不扰乱实际的电量分布的话。

这个力不但倾向于推动一个带有电荷的物体，而且倾向于推动物体中的电，使得正电倾向于沿着 R 的方向而运动，而负电则倾向于沿着相反的方向而运动。因此 R 这个量也叫做点(x、y、z)上的"电动强度"。

当我们想要表示合强度是一个矢量的事实时，我们将用德文花体字母 $\mathfrak{E}$ 来代表它，如果物体是一种电介体，则按照本书所采用的理论，电将在物体内发生位移，使得被迫沿着 $\mathfrak{E}$ 的方向而运动并通过垂直于 $\mathfrak{E}$ 的固定单位面积的电量是 $\mathfrak{D}=\frac{1}{4\pi}K\mathfrak{E}$ 式中 $\mathfrak{D}$ 是电位移，$\mathfrak{E}$ 是合强度，而 K 是电介质的比感本领。

如果物体是一个导体，则约束状态是不断地退让的，于是一个传导电流就会被产生，并且一直保持下去，只要 $\mathfrak{E}$ 还作用在物体上。

电强度的线积分，或沿一个曲线弧的电动势

69.〕 沿一条曲线上给定弧 AP 的电动势，在数值上由电强度对从弧的起点 A 移动到弧的终点 P 的一个单位正电荷所将做的功来量度。

如果 S 是从 A 量起的弧的长度，而合强度 R 在曲线的任一点上和沿正方向画出的切线夹一个角 ε，则在沿着弧元 ds 的运动中对单位电荷做的功将是 $R\cos\varepsilon\, ds$，而总的电动势 E 将是 $E=\int_0^s R\cos\varepsilon\, ds$，式中的积分从弧的起点算到弧的终点。

如果我们利用强度的分量，则表示式变成 $E=\int_0^s\left(X\frac{dx}{ds}+Y\frac{dy}{ds}+Z\frac{dz}{ds}\right)ds$。

如果 X、Y 和 Z 恰足以使 $Xdx+Ydy+Zdz$ 是 x、y、x 的一个函数 $-V$ 的全微分，则有

$$E=\int_A^P(Xdx+Ydy+Zdz)=-\int_A^P dV=V_A-V_P;$$

式中的积分是按任意的方式从点 A 算到点 P 的，不论是沿着所给的曲线还是沿着 A 和 P 之间的任何别的曲线计算都可以。

在这种情况下，V 是空间中一点的位置的一个标量函数；就是说，当我们知道了点的坐标时，V 的值就是确定的。而且这个值不依赖于各坐标轴的位置和方向。参阅第 16 节。

---

① 电学和磁学中的电强度和磁强度，对应于重物体理论中通常用 g 来表示的重力强度。

论点的位置的函数

在以后,当我们把一个量说成点的位置的函数时,我们的意思就是说,对于点的每一个位置,函数都有一个确定的值。我们并不是意味着这个值永远可以用相同的公式针对所有的空间点表示出来,因为它可以在一个给定曲面的一侧用一个公式来表示,而在该曲面的另一侧则用另一个公式来表示。

论势函数

70.〕 每当力起源于一些吸引力和推斥力,而它们的强度是到任何一些点的距离的函数时,量 $X\mathrm{d}x+Y\mathrm{d}y+Z\mathrm{d}z$ 就是一个全微分。因为,如果 r_1 是从点(x,y,z)到其中一个点的距离,而 R_1 是那个推斥力,则有 $X_1=R_1\dfrac{x-x_1}{r_1}=R_1\dfrac{\mathrm{d}r_1}{\mathrm{d}x}$,$Y_1$ 和 Z_1 的表示式也相似,于是就有 $X_1\mathrm{d}x+Y_1\mathrm{d}y+Z_1\mathrm{d}z=R_1\mathrm{d}r_1$;而既然 R_1 只是 r_1 的函数,$R_1\mathrm{d}r_1$ 就是 r_1 的某一个函数 $-V_1$ 的全微分。

同理,对于从一个距离为 r_2 的中心作用来的别的力 R_2,也有

$$X_2\mathrm{d}x+Y_2\mathrm{d}y+Z_2\mathrm{d}z=R_2\mathrm{d}r_2=-\mathrm{d}V_2。$$

但是 $X=X_1+X_2+\cdots$,而 Y 和 Z 也按同样方式合成,故有

$$X\mathrm{d}x+Y\mathrm{d}y+Z\mathrm{d}z=-\mathrm{d}V_1-\mathrm{d}V_2-\cdots=-\mathrm{d}V。$$

这个量的积分,在它在无限远处为零的条件下,叫做“势函数”。

这一函数在吸引力理论中的应用,是由拉普拉斯在计算地球的引力时引入的。格林在他的《论数学分析对电学的应用》一文中赋予了它以“势函数”的名称。独立于格林而工作的高斯也用了“势”这个词。克劳修斯和另一些人用“势”这个名词来指当使两个物体或体系互相分开到相距无限远时所做的功。我们将遵循这个词在一些晚近英文著作中的用法,并通过采用 W. 汤姆孙爵士所给出的下列定义来避免歧义。

势的定义 一点上的势就是电力将对一个单位正电荷所做的功,如果该电荷被放在该点上而并不扰乱电的分布,并从该点被带到无限远处的话;或者换句话说,就是为了把单位正电荷从无限远处(或从势为零的任何地方)带到所给之点时必须由外力所做的功。

用势来表示的合强度及其分量

71.〕 既然沿任意弧 AB 的总电动势是 $E_{AB}=V_A-V_B$,如果我们取 $\mathrm{d}s$ 作为 AB,就得到分解到 $\mathrm{d}s$ 方向上的强度 $R\cos\varepsilon=-\dfrac{\mathrm{d}V}{\mathrm{d}s}$;于是,通过逐次假设 $\mathrm{d}s$ 平行于各坐标轴,我

们就得到 $X=-\frac{dV}{dx}$，$Y=-\frac{dV}{dy}$，$Z=-\frac{dV}{dz}$；$R=\left\{\left|\frac{\overline{dV}}{dx}\right|^2+\left|\frac{\overline{dV}}{dy}\right|^2+\left|\frac{\overline{dV}}{dz}\right|^2\right\}^{\frac{1}{2}}$。

我们将用德文字母 $\mathfrak{E}$ 来代表量值为 R 而分量为 X、Y、Z 的强度本身。

导体内部各点的势是相同的

72.〕 导体就是当它里边的电受到电动势的作用时就允许那些电从物体的一个部分运动到任何其他部分的那种物体。当电处于平衡时，不可能有任何电动强度作用于导体内部。因此在导体所占的全部空间中都有 $R=0$。由此即得 $\frac{dV}{dx}=0$，$\frac{dV}{dy}=0$，$\frac{dV}{dz}=0$；从而对于导体的每一个点都有 $V=C$，式中 C 是一个常量。

既然在导体物质内部的一切点上势都是 C，C 这个量就叫做"导体的势"。C 可以定义成为了把一个单位的电从无限远处带到导体上必须由外力做的功，这时假设电的分布并不被单位正电的存在所扰乱[①]。

在第 246 节中即将证明，一般说来，当两个不同种类的导体相接触时，一个电动势就通过接触面而从一个导体作用到另一导体，使得当它们处于平衡时后一导体的势就高于前一导体的势。因此，在目前，我们将假设我们的一切导体都是用相同的金属做成的，并假设它们的温度也是相同的。

如果导体 A 和 B 的势分别是 V_A 和 V_B，沿一条连接 A 和 B 的导线的电动势将是 V_A-V_B，其方向为 AB；这就是说，正电将倾向于从势较高的导体过渡到另一个导体。

在电的科学中，势和电量的关系正如流体静力学中压强和流体的关系或热力学中温度和热量的关系一样。电、流体和热倾向于从一个地方过渡到另一个地方，如果第一个地方的势、压强或温度比第二个地方的要高的话。一种流体肯定是一种实物，热则同样样肯定地不是实物，因此，虽然我们可以从这种的类比在对电学量之间的形式化关系形成一些清楚的概念方面得到帮助。我们却必须小心，不要让这一或那一类例引导我们设想电是一种像水一样的实物，或是像热一样的骚动状态。

带电体系所引起的势

73.〕 设有一单独带点质点，带有一个电量 e，设 r 是点(x',y',z')到该质点的距离，则有 $V=\int_r^\infty R\,dr=\int_r^\infty \frac{e}{r^2}dr=\frac{e}{r}$。

设有任意数目的带点质点，其坐标为(x_1,y_1,z_1)、(x_2,y_2,z_2)等等，而其电荷为 e_1、e_2 等等，并设它们到点(x',y',z')的距离为 r_1、r_2 等等。则体系在(x',y',z')上的势将是 $V=\sum\left(\frac{e}{r}\right)$。

---

① 如果存在势的不连续性，就像当我们从电介质进入导体中时那样，那就必须说明带电质点是被带到导体内部还是只带到它的表面上。

设一个带电体内一点(x,y,z)上的电荷密度为ρ,则由此物体所引起的势是$V=\iiint\frac{\rho}{r}\mathrm{d}x\mathrm{d}y\mathrm{d}z$;式中$r=\{(x-x')^2+(y-y')^2+(z-z')^2\}^{\frac{1}{2}}$,积分遍及整个物体。

论平方反比定律的证明

74a.〕 带电体之间的力反比于距离的平方这一事实,可以认为是由库仑用扭秤作的直接实验所确立的。然而,我们从这种实验导出的结果,必须被认为有一个误差,这依赖于每一次实验的或然误差,而且,除非操作者的技巧非常高明,否则用扭秤作的一次实验的或然误差是相当可观的。

力定律的一种准确得多的验证可以从和在第32节中描述的实验(实验Ⅶ)相似的实验推得。

卡文迪什在他迄未发表的关于电的著作中已使定律的证据依赖于这种实验。

他把一个球固定到了一个绝缘支柱上,并利用玻璃棒把两个半球固定到了两个木架上,木架用铰链装在一个轴上,从而把两个木架合在一起时,两个半球就形成和第一个球同心的一个绝了缘的球壳。

然后,借助于一条短导线,可以把球和球壳接通;导线上结着一条丝线,从而导线可以被取走而并不引起仪器的放电。

在球和半球接通的情况下,他用一个莱顿瓶给两个半球充了电(莱顿瓶的势事先用一个静电计来测出),并立即借助于丝线把连接导线拉了出来;他取走了各半球并使它们放了电,然后用一个通草球静电计检验了内球的带电情况。

通草球静电计在当时(1773年)被认为是最精密的验电器,它没有探测到内球带电的任何迹象。

然后卡文迪什就把早先传给各半球的电荷的一个已知部分传给了内球,并再次用他的静电计检测了内球。

于是他发现,内球在最初实验中所带的电荷必然小于整个仪器的电荷的$\frac{1}{60}$。因为假如它更大一些,它就会被静电计所测出。

然后他计算了内球上的电荷和两个半球上的电荷之比,所根据的假说是推斥力反比于距离的一个乘幂。其幂数稍异于2;他发现,假如这个差数是$\frac{1}{50}$,内球上就会有一个电荷。等于整个仪器的电荷的$\frac{1}{57}$,从而是能够被静电计探测出来的。

74b.〕 这种实验近来曾经以一种稍为不同的方式在卡文迪什实验室中被重作。

两个半球被固定在一个绝缘的支柱上,而内球则用硬橡胶环固定在两半球内的适当位置上。利用这种装置,内球的绝缘支架就永远不会受到任何可觉察的电力的作用,从而就永远不会被充电,因此电沿着绝缘体表面而爬行的影响就完全被消除了。

两半球不是在检测内球的势之前被取走,而是向地球放了电。内球上给定电荷对静电计的影响不像两半球被取走时那样大，但是这种缺点却小于一个优点，那就是导体容器对一切外来的电干扰提供了完美的屏障作用。

用来连接内球和外壳的那条短导线固定在一个小的金属圆片上；这个圆片形成外壳上的一个小孔的盖子，使得当导线和盖子用一根丝线被拉起来时，静电计的电极就可以从小孔中伸进去，达到内球上。

静电计就是在第 219 节中描述的汤姆孙象限静电计。静电计的外壳和一个电极的外壳永远是接地的，而检测电极也接地，直到外壳的电已经放掉时为止。

为了估计外壳上的原始电荷，把一个小的黄铜球放在了离外壳相当远的绝缘支架上。

实验操作如下：

外壳通过和一个莱顿瓶连接而充电。

小球接地，以通过感应使它带一个负电荷，然后使它保持绝缘。

内球和外壳之间的连接导线利用一根丝线被取掉。

然后外壳被放电，并保持接地。

检测电极和地断开，并通过外壳上的小孔和内球接触。

对静电计的任何最小的影响都没有被观察到。

为了检验仪器的灵敏性，外壳的接地被断开，而使小球向地球放电。于是静电计{它的检测电极一直和内球接触着}就显示了一个正的偏转 D。

黄铜球上的负电荷约为外壳原有电荷的$\frac{1}{54}$，而当外壳接地时铜球在它上面感应出来的电荷约为铜球电荷的$\frac{1}{9}$。因此，当铜球接地时，静电计所指示的外壳的势约为原势的$\frac{1}{486}$。

但是，假如推斥力曾经是按 r^{q-2} 而变化的，则由第(58)页上的方程(22)可知内球的势将为外壳的势的$-0.1478q$ 倍。

因此，如果$\pm d$ 是可能观察不到的静电计偏转的最大限度，而 D 是在实验的第二部分中观察到的偏转，则 q 不能超过 $\pm\frac{1}{72}\frac{d}{D}$。$\left\{因为 0.1478qV/\frac{1}{486}V 必然小于\frac{d}{D}。\right\}$现在，即使在一次粗略的实验中 D 也大于 300d，从而 q 不可能超过$\pm\frac{1}{21600}$。

关于实验的理论

74c.〕 设两个单位物质之间的推斥力是距离的一个任意的给定函数，试求一个均匀球壳在任一点上引起的势。

设 $\varphi(r)$是两个单位之间在距离 r 上的推斥力，而 $f(r)$满足下列条件：

$$\frac{\mathrm{d}f(r)}{\mathrm{d}r}(=f'(r))=r\int_r^\infty\varphi(r)\mathrm{d}r。\tag{1}$$

设球壳的半径为 a，而其面密度为 σ，则如果用 α 代表球的总电荷，就有

$$\alpha=4\pi a^2\sigma。\tag{2}$$

设 b 代表一个给定点离球心的距离，而 r 代表它到球壳上任意给定点的距离。

如果我们用球坐标来确定球壳上的各点，坐标的极点为球壳的中心，而极轴则为画向给定点的直线，就有 $$r^2=a^2+b^2-2ab\cos\theta。\tag{3}$$
球壳面积元的质量是 $$\sigma a^2\sin\theta d\varphi d\theta,\tag{4}$$
而由这一面积元在给定点上引起的势就是 $$\sigma a^2\sin\theta\frac{f'(r)}{r}d\theta d\varphi;\tag{5}$$
此式应该从 $\varphi=0$ 到 $\varphi=2\pi$ 按 φ 求积分，于是就有 $$2\pi\sigma a^2\sin\theta\frac{f'(r)}{r}d\theta,\tag{6}$$
此式应该从 $\theta=0$ 到 $\theta=\pi$ 求积分。

把(3)式微分一下，我们就得到 $$rdr=ab\sin\theta d\theta。\tag{7}$$
把 $d\theta$ 的值代入(6)式中，就得到 $$2\pi\sigma\frac{a}{b}f'(r)dr,\tag{8}$$
此式的积分就是 $$V=2\pi\sigma\frac{a}{b}\{f(r_1)-f(r_2)\},\tag{9}$$
式中 r_1 是 r 的最大值，它永远等于 $a+b$，而 r_2 是 r 的最小值，它在给定点位于球壳之外时是 $b-a$，而在给定点位于球壳之内时是 $a-b$。

如果我们用 α 代表球壳的总电荷，而用 V 代表它在给定点引起的电势，则对壳外一点来说有 $$V=\frac{\alpha}{2ab}\{f(b+a)-f(b-a)\}。\tag{10}$$
对在球壳本身上的一点来说，有 $$V=\frac{\alpha}{2a^2}f(2a)①,\tag{11}$$
而对壳内一点来说则有 $$V=\frac{\alpha}{2ab}\{f(a+b)-f(a-b)\}。\tag{12}$$

其次我们必须确定两个同心球壳的势，外壳的半径是 a 而内壳的半径是 b，它们的电荷是 α 和 β。

把外壳的势叫做 A 而把内壳的势叫做 B，则由前面的计算得到
$$A=\frac{\alpha}{2a^2}f(2a)+\frac{\beta}{2ab}\{f(a+b)-f(a-b)\},\tag{13}$$
$$B=\frac{\beta}{2b^2}f(2b)+\frac{\alpha}{2ab}\{f(a+b)-f(a-b)\}。\tag{14}$$

在实验的第一部分中，两个球壳用短导线相接并全都升高到了相同的势，譬如说是 V。

今 $A=B=V$ 并在方程(13)和(14)中解出 β，我们就求得内壳上的电荷
$$\beta=2Vb\frac{bf(2a)-a[f(a+b)-f(a-b)]}{f(2a)f(2b)-[f(a+b)-f(a-b)]^2}。\tag{15}$$

在卡文迪什的实验中，形成外壳的两个半球被拿到了我们可以认为是无限远的距离处并放了电。这时内壳(或内球)的势就将变成 $$B_1=\frac{\beta}{2b^2}f(2b)。\tag{16}$$

---

① 严格说来是 $f(2a)-f(0)$，但是如果我们从头到尾都把 $f(2a)$ 写成 $f(2a)-f(0)$ 而把 $f(2b)$ 写成 $f(2b)-f(0)$，则在第 74d 节中得到的结论并不会改变。

后来在卡文迪什实验室中重作了的那种实验的形式下，外壳保留了原有的位置。但却接了地，因此 $A=0$。在这种情况下，我们可以把内球的势用 V 表示出来

$$B_2=V\left\{1-\frac{a}{b}\frac{f(a+b)-f(a-b)}{f(2a)}\right\}。\tag{17}$$

74d.〕 现在让我们像卡文迪什那样假设力定律是距离的某一负数幂，和平方反比定律相差不大，从而让我们令

$$\varphi(r)=r^{q-2};\tag{18}$$

于是就有

$$f(r)=\frac{1}{1-q^2}r^{q+1}\text{①}。\tag{19}$$

如果我们假设 q 很小，那就可以按指数定理把此展成下式

$$f(r)=\frac{1}{1-q^2}r\left\{1+q\log r+\frac{1}{1.2}(q\log r)^2+\cdots\right\};\tag{20}$$

而如果我们略去含 q^2 的项，方程(16)和(17)就变成

$$B_1=\frac{1}{2}\frac{a}{a-b}Vq\left[\log\frac{4a^2}{a^2-b^2}-\frac{a}{b}\log\frac{a+b}{a-b}\right],\tag{21}$$

$$B_2=\frac{1}{2}V_q\left[\log\frac{4a^2}{a^2-b^2}-\frac{a}{b}\log\frac{a+b}{a-b}\right],\tag{22}$$

由此我们就可以利用实验的结果来确定 q。

74e.〕 拉普拉斯首先验证了，除了平方反比函数以外，没有任何一个距离的函数能够满足一个均匀球壳对其内部的一个质点并不作用任何力的条件②。

如果我们假设方程(15)中的 β 永远为零，我们就可以应用拉普拉斯的方法来确定 $f(r)$的形式。我们由(15)得到 $bf(2a)-af(a+b)+af(a-b)=0$。对 b 微分两次并除以 a，我们就得到 $f''(a+b)=f''(a-b)$。

如果这个方程是普遍成立的，就有 $f''(r)=C_0$，即为一常量。由此即得 $f'(r)=C_0r+C_1$；而由(1)即得 $\int_r^\infty\varphi(r)\mathrm{d}r=\frac{f'(r)}{r}=C_0+\frac{C_1}{r}$，$\varphi(r)=\frac{C_1}{r^2}$。

然而我们可以注意，尽管卡文迪什关于力随距离某次幂而变的假设可能显得不如拉普拉斯关于力是距离的任意函数的假设那样普遍，但它却是和一件事实能够相容的唯一假设，那事实就是，相似的表面可以充电到具有相似的电性质{使得它们的力线相似}。

因为，假如力不是距离的某次幂而是距离的另一个任意函数，两个不同距离上的力的比值将不是距离之比的函数而却将依赖于距离的绝对值，从而就将涉及这些距离和一个绝对固定的距离之比了。

事实上，卡文迪什本人就已指出③，按照他那关于电流体的构造的假说，电的分布不可能在两个几何地相似的导体上是精确相似的，除非电荷正比于体积。因为他假设了电液体的粒子在物体的表面附近是紧紧地挤在一起的，而这就等于假设推斥力的定律不再是平方反比关系④，而是当各粒子一旦挤得非常紧时，它们的推斥力就会开始以大得多的

① 严格说来是 $f(r)-f(0)=\frac{1}{1-q^2}r^{q+1}$，如果 q^2 小于1的话。

② *Mec. Cel.* I. 2.

③ *Electrical Researches of the Hon.* H. Cavendish, pp. 27, 28.

④ Idem, Note 2, p. 370.

速率随着距离的进一步减小而增大了。

电感的面积分和通过一个曲面的电位移

75.〕 设 R 是曲面上任一点处的合强度,而 ε 是 R 和向着曲面的正面画出的法线之间的夹角,则 $R\cos\varepsilon$ 是强度垂直于曲面的法向分量,而如果 $\mathrm{d}S$ 是曲面上的面积元,则由第 68 节可知,通过 $\mathrm{d}S$ 的电位移将是 $\frac{1}{4\pi}KR\cos\varepsilon\,\mathrm{d}S$。既然我们现在暂不考虑除空气以外的任何电介质,就有 $K=1$。

然而,如果把 $R\cos\varepsilon\,\mathrm{d}S$ 称为通过面积元 $\mathrm{d}S$ 的"电感"。我们就可以在这一阶段中避免引用关于电位移的理论。这个量在数学物理学中是众所周知的,但是电感一词却是从法拉第那里借来的。电感的面积积分是 $\iint R\cos\varepsilon\,\mathrm{d}S$,而由第 21 节可见,如果 X、Y、Z 是 R 的分量,而且这些量在一个被闭合曲面 S 所包围的域内是连续的。则从内向外计算的电感是 $\iint R\cos\varepsilon\,\mathrm{d}S=\iiint\left(\frac{\mathrm{d}X}{\mathrm{d}x}+\frac{\mathrm{d}Y}{\mathrm{d}y}+\frac{\mathrm{d}Z}{\mathrm{d}z}\right)\mathrm{d}x\,\mathrm{d}y\,\mathrm{d}z$,积分遍及于曲面内的全部空间。

由单一力心引起的通过一个闭合曲面的电感

76.〕 设一个电量 e 被认为放在了一点 O 上,设 r 是任意点 P 到 O 的距离,则该点上的强度是 $R=er^{-2}$,并沿 OP 的方向。

从 O 开始沿任意方向画一条直线到无限远处。如果 O 点是在闭合曲面之外的。这条直线就会或是完全不和曲面相交,或是从曲面穿出多少次就也向曲面进入多少次,如果 O 是在曲面之内的,直线就必须首先从曲面穿出,然后它可以交替地进入和穿出任意次数,而最后一次则是从曲面穿出。

设 ε 是 OP 和在 OP 与曲面相交处画出的外向法线之间的夹角,则在直线穿出的地方 $\cos\varepsilon$ 将为正,而在直线进入的地方 $\cos\varepsilon$ 将为负。

现在以 O 为心画一个半径为 1 的球面,并使直线 OP 以 O 为顶点描绘一个顶角很小的圆锥面。

这个锥面将从球面上切下一个面积元 $\mathrm{d}\omega$,并从闭合曲面上在和 OP 相交的各个地方切下面积元 $\mathrm{d}S_1$、$\mathrm{d}S_2$ 等等。

于是,既然其中每一个 $\mathrm{d}S$ 都和锥面在 r 处以倾角 ε 相交,就有 $\mathrm{d}S=\pm r^2\sec\varepsilon\,\mathrm{d}\omega$;而且,既然 $R=er^{-2}$,我们就有 $R\cos\varepsilon\,\mathrm{d}S=\pm e\,\mathrm{d}\omega$;当 r 从曲面穿出时取正号,当进入时取负号。

如果点 O 位于闭合曲面之外,则正值的数目和负值的数目相等,从而对任一方向 r 都有 $\sum R\cos\varepsilon\,\mathrm{d}S=0$,从而就有 $\iint R\cos\varepsilon\,\mathrm{d}S=0$,积分遍及整个闭合曲面。

如果点 O 位于闭合曲面之内，则矢径 OP 首先从闭合曲面穿出，给出一个正值 $e\mathrm{d}\omega$，然后就有相等次数的进入和穿出。因此，在这种情况下，就有 $\sum R\cos\varepsilon\,\mathrm{d}S = e\mathrm{d}\omega$。

在整个闭合曲面上计算积分，我们就将把整个的球面包括进来，而该球面的面积是 4π，于是就有 $\iint R\cos\varepsilon\,\mathrm{d}S = e\iint \mathrm{d}\omega = 4\pi e$。

于是我们就得到结论说，由位于一点 O 上的一个力心 e 引起的通过一个闭合曲面的总的外向电感，如果 O 点位于曲面外面则为零，如果 O 点位于曲面内部则为 $4\pi e$。

既然在空气中电位移等于电感除以 4π，向外计算的通过一个闭合曲面的电位移就等于曲面内的电量。

推论　也可以推知，如果曲面不是闭合的而是以一个给定的闭合曲线为其边界线的，则通过该曲面的总电感是 ωe，此处 ω 是闭合曲线对 O 点所张的立体角。因此，这个总电感只依赖于闭合曲线，而以该曲线为边的那个曲面则可以任意变化，如果它不从力心的一侧变到另一侧的话。

论拉普拉斯方程和泊松方程

77.〕　既然由单一力心引起的通过一个闭合曲面的总电感的值只依赖于该力心是否位于曲面之内而不以任何别的方式依赖于它的位置，那么，如果有若干个这种力心 e_1、e_2 等等位于曲面之内，而另一些力心 e_1'、e_2'等等位于曲面之外，则我们将有 $\iint R\cos\varepsilon\,\mathrm{d}S = 4\pi e$；此处 e 是位于闭合曲面内部的一切力心上的电量的代数和，也就是曲面内的总电量，而把树胶电算作负电。

如果电在曲面内部的分布使得密度在任何地方都不是无限大，则我们按照第 64 节将有 $4\pi e = 4\pi\iiint \rho\,\mathrm{d}x\,\mathrm{d}y\,\mathrm{d}z$，而由第 75 节，即得 $\iint R\cos\varepsilon\,\mathrm{d}S = \iiint\left(\frac{\mathrm{d}X}{\mathrm{d}x}+\frac{\mathrm{d}Y}{\mathrm{d}y}+\frac{\mathrm{d}Z}{\mathrm{d}z}\right)\mathrm{d}x\,\mathrm{d}y\,\mathrm{d}z$。

如果我们取一个体积元 $\mathrm{d}x\,\mathrm{d}y\,\mathrm{d}z$ 的表面作为我们的闭合曲面，则通过令这些表示式彼此相等，就得到 $\frac{\mathrm{d}X}{\mathrm{d}x}+\frac{\mathrm{d}Y}{\mathrm{d}y}+\frac{\mathrm{d}Z}{\mathrm{d}z}=4\pi\rho$；而且，如果势 V 存在，则我们由第 71 节可得 $\frac{\mathrm{d}^2V}{\mathrm{d}x^2}+\frac{\mathrm{d}^2V}{\mathrm{d}y^2}+\frac{\mathrm{d}^2V}{\mathrm{d}z^2}+4\pi\rho=0$。在密度为零的事例中，这个方程叫做拉普拉斯方程。在更普遍的形式下，这个方程是由泊松给出的。它使我们当知道了每一点上的势时能够确定电的分布。

我们将像在第 26 节中一样，把 $\frac{\mathrm{d}^2V}{\mathrm{d}x^2}+\frac{\mathrm{d}^2V}{\mathrm{d}y^2}+\frac{\mathrm{d}^2V}{\mathrm{d}z^2}$ 写成 $-\nabla^2V$，而且我们将用文字来表达泊松方程，就是说，电密度乘以 4π 等于势的浓度。在没有电的地方，势没有浓密，而这就是拉普拉斯方程的诠释。

按照第 72 节，V 在一个导体内部是常量。因此，在一个导体的内部，体密度为零，而所有的电荷必然都位于表面上。

如果我们假设，在电的面分布或线分布中体密度 ρ 保持有限，而电是以薄层或细线的形式存在的，则通过增大 ρ 而减小层的深度或线的截面，我们就可以趋近真正面分布或线分布的极限，而在整个过程中都成立的方程在极限下将仍能成立，如果适应着实际的情况来诠释它的话。

一个带电面上的势的变化

78a.〕 势函数必须在第 7 节的意义上是物理地连续的，除了在两种不同媒质的分界面上以外；在分界面的事例中，正如我们即将在第 246 节中看到的那样，两种媒质之间可以有一个势差，使得当电处于平衡时一种物质中的一点上的势比另一种媒质中一点上的势高出一个常量 C，此量依赖于两种媒质的种类和它们的温度。

但是 V 对 x、y 或 z 的一阶导数可以是不连续的，而由第 8 节可知，出现这种不连续性的各点必然位于一个曲面上，曲面的方程可以写成 $\varphi=\varphi(x,y,z)=0$ (1)
这一工面划分了 φ 为正的区域和 φ 为负的区域。

设 V_1 代表负域中任一给定点上的势，而 V_2 代表正域中任一给定点上的势，则在曲面 $\varphi=0$ 上的任一给定点(该点可以说属于两个域)上，将有 $V_1+C=V_2$， (2)
式中 C 是曲面正侧的物质中的常量超额势(如果有这种超额的话)。

设 l、m、n 是在曲面任一给定点上向正域画的法线 v_2 的方向余弦。从同一点向负域画的法线 v_1 的方向余弦将是 $-l$、$-m$、$-n$。

V 沿各法线的变化率是

$$\frac{dV_1}{dv_1}=-l\frac{dV_1}{dx}-m\frac{dV_1}{dy}-n\frac{dV_1}{dz}, \tag{3}$$

$$\frac{dV_2}{dv_2}=l\frac{dV_2}{dx}+m\frac{dV_2}{dy}+n\frac{dV_2}{dz}, \tag{4}$$

设在曲面上画出一条任意的线，设从线上一个固定点量起的线的长度是 s，则在曲面的每一点上，从而也在此线的每一点上，都有 $V_2-V_1=C$。把这一方程对 s 求导数。就得到

$$\left(\frac{dV_2}{dx}-\frac{dV_1}{dx}\right)\frac{dx}{ds}+\left(\frac{dV_2}{dy}-\frac{dV_1}{dy}\right)\frac{dy}{ds}+\left(\frac{dV_2}{dz}-\frac{dV_1}{dz}\right)\frac{dz}{ds}=0; \tag{5}$$

而且，既然法线垂直于此线，就有 $l\frac{dx}{ds}+m\frac{dy}{ds}+n\frac{dz}{ds}=0$。 (6)

由(3)，(4)，(5)，(6)，我们得到

$$\frac{dV_2}{dx}-\frac{dV_1}{dx}=l\left(\frac{dV_1}{dv_1}+\frac{dV_2}{dv_2}\right), \tag{7}$$

$$\frac{dV_2}{dy}-\frac{dV_1}{dy}=m\left(\frac{dV_1}{dv_1}+\frac{dV_2}{dv_2}\right), \tag{8}$$

$$\frac{dV_2}{dz}-\frac{dV_1}{dz}=n\left(\frac{dV_1}{dv_1}+\frac{dV_2}{dv_2}\right)\text{①。} \tag{9}$$

如果我们考虑一点上的电动强度在越过曲面时的变化，则和曲面正交的那个强度分量可能在曲面上突然变化，但是平行于切面的另外那两个分量却在越过曲面时保持连续。

78b.〕 为了确定曲面的电荷，让我们考虑一个闭合曲面；它部分地位于正域中而部分地位于负域中，因此就包围了不连续性曲面的一个部分。

在这一曲面上求的面积分 $\iint R\cos\varepsilon\, dS$，等于 $4\pi e$，此处 e 是位于闭合曲面中的电量。

仿照第 21 节中的做法。我们就得到

$$\iint R\cos\varepsilon\, dS=\iiint\left(\frac{dX}{dx}+\frac{dY}{dy}+\frac{dZ}{dz}\right)dx\,dy\,dz$$
$$+\iint\{l(X_2-X_1)+m(Y_2-Y_1)+n(Z_2-Z_1)\}dS, \tag{10}$$

式中的三重积分遍及整个的闭合曲面，而二重积分则遍及不连续性曲面。

按照(7)，(8)，(9)把这一方程中各项的值代进来，就有

$$4\pi e=\iiint 4\pi\rho\, dx\,dy\,dz-\iint\left(\frac{dV_1}{dv_1}+\frac{dV_2}{dv_2}\right)dS\text{。} \tag{11}$$

但是根据体密度 ρ 和面密度 σ 的定义，应有

$$4\pi e=4\pi\iiint\rho\, dx\,dy\,dz+4\pi\iint\sigma\, dS\text{。} \tag{12}$$

因此，比较这些方程的最后项，就得到

$$\frac{dV_1}{dv_1}+\frac{dV_2}{dv_2}+4\pi\sigma=0\text{。} \tag{13}$$

这个方程叫做面密度为 σ 的带电面上的 V 的特性方程。

78c.〕 如果 V 是在一个给定的连续域中到处满足拉普拉斯方程 $\frac{d^2V}{dx^2}+\frac{d^2V}{dy^2}+\frac{d^2V}{dz^2}=0$ 的一个 x、y、z 的函数，而且在该域的一个有限的部分中，V 到处为常量并等于 C，则 V 必在拉普拉斯方程得到满足的整个域中到处为常量并等于 C②。

如果 V 并不是在整个域中到处等于 C，则设 S 是包围着 $V=C$ 的那一有限部分的曲面。在曲面 S 上，$V=C$。

设 v 是在曲面 S 上画出的外向法线。既然 S 是 $V=C$ 的那一连续域的边界面，当我们沿着法线从曲面开始前进时，V 的值就开始异于 C 了。因此，在刚刚离开曲面的地方，$\frac{dV}{dv}$ 就可以为正或为负，但是不能为零，只除了对从划分正面积和负面积的边界线上画出的法线以外。

但是，如果 v' 是在曲面上画出的内向法线，则 $V'=C$ 而 $\frac{dV'}{dv'}=0$。

---

① 既然(5)和(6)对 $\frac{dx}{ds}:\frac{dy}{ds}:\frac{dz}{ds}$ 的无限多个值都成立，我们就有 $\frac{\frac{dV_2}{dx}-\frac{dV_1}{dx}}{l}=\frac{\frac{dV_2}{dy}-\frac{dV_1}{dy}}{m}=\frac{\frac{dV_2}{dz}-\frac{dV_1}{dz}}{n}=l\left(\frac{dV_2}{dx}-\frac{dV_1}{dx}\right)+m\left(\frac{dV_2}{dy}-\frac{dV_1}{dy}\right)+n\left(\frac{dV_2}{dz}-\frac{dV_1}{dz}\right)$；从而由方程(3)和(4)可知，其中每一个比值 $=\frac{dV_1}{dv_1}+\frac{dV_2}{dv_2}$。

② 也许可以更清楚地说，在从常量势的域中可以不必越过电荷而达到的任一点上，势都等于 C。

由此可见，在曲面的每一点上，除了某些边界线以外，$\frac{dV}{dv}+\frac{dV'}{dv'}(=-4\pi\sigma)$都是一个正的或负的有限量；因此，曲面就在所有各部分都有连续的电分布，除了把带正电的和带负电的面积划分开来的某些边界线以外。

除了在位于曲面 S 上的某些曲线上的那些点上以外，拉普拉斯方程在该曲面上是并不满足的。因此，在其内部有 $V=C$ 的曲面 S，就包括了拉普拉斯方程在其中得到满足的那一整个的连续域。

作用在一个带电面上的力

79.〕 作用在一个带电体上的力的三个坐标轴的分量普遍表示式具有下列的形式

$$A=\iiint\rho X\,dx\,dy\,dz, \tag{14}$$

而平行于 y 和 z 轴的分量 B 和 C 的表示式与此类似。

但是，在一个带电面上，ρ 是无限大，而且 X 可以是不连续的，于是我们就不能直接按照这种形式的表示式来计算力。

然而我们已经证明，不连续性只影响垂直于带电面的那个强度分量，另外两个分量则是连续的。

因此，让我们假设 x 轴在所给之点是垂直于曲面的，并且让我们也假设，至少在我们研究的最初部分中，X 并不是真正不连续，而是当 x 从 x_1 变到 x_2 时 X 从 X_1 变到 X_2。如果当 x_2-x_1 无限减小时我们的计算结果得到力的一个确定的极限值，我们就可以认为它在 $x_2=x_1$ 时是对的，并认为带电面是没有厚度的。

用在第 77 节中求得的值来代替 ρ，就有

$$A=\frac{1}{4\pi}\iiint\left(\frac{dX}{dx}+\frac{dY}{dy}+\frac{dZ}{dz}\right)X\,dx\,dy\,dz. \tag{15}$$

把此式对 x 从 $x=x_1$ 积分到 $x=x_2$，就得到

$$A=\frac{1}{4\pi}\iint\left[\frac{1}{2}(X_2^{\,2}-X_1^{\,2})+\int_{x_1}^{x_2}\left(\frac{dY}{dy}+\frac{dZ}{dz}\right)X\,dx\right]dy\,dz. \tag{16}$$

这就是平行于 yz 平面的一个厚度为 x_2-x_1 的层的 A 的值。

既然 Y 和 Z 是连续的，$\frac{dY}{dy}+\frac{dZ}{dz}$就是有限的，而既然 X 也是有限的，就有

$$\int_{x_1}^{x_2}\left(\frac{dY}{dy}+\frac{dZ}{dz}\right)X\,dx<C(x_2-x_1),$$

式中 C 是 $x=x_1$ 和 $x=x_2$ 之间$\left(\frac{dY}{dy}+\frac{dZ}{dz}\right)X$ 的最大值。

因此，当 x_2-x_1 无限减小时，这一项必为零，从而

$$A=\iint\frac{1}{8\pi}(X_2^{\,2}-X_1^{\,2})\,dy\,dz, \tag{17}$$

由第 78b 节得到

$$X_2-X_1=\frac{dV_1}{dx}-\frac{dV_2}{dx}=4\pi\sigma, \tag{18}$$

因此我们可以写出 $$A=\iint\frac{1}{2}(X_2+X_1)\sigma\,\mathrm{d}y\mathrm{d}Z。\tag{19}$$

在这儿，$\mathrm{d}y\mathrm{d}z$ 是曲面的面积元，σ 是面密度，而$\frac{1}{2}(X_2+X_1)$是曲面两侧的电动强度的算术平均值。

因此，一个带电面的面积元是受到一个力的作用的；该力垂直于该元的分量等于该面积元所带的电荷乘以电动强度在曲面两侧的算术平均值。

既然电动强度的其他两个分量并不是不连续的，在估算作用在带电面上的力的对应分量时就不会有什么歧义。

现在我们可以假设曲面法线的方向相对于各坐标轴有任意的取向，并写出作用在面积元 $\mathrm{d}S$ 上的力的各分量的普遍表示式了：

$$\left.\begin{aligned}A&=\frac{1}{2}(X_1+X_2)\sigma\mathrm{d}S,\\B&=\frac{1}{2}(Y_1+Y_2)\sigma\mathrm{d}S,\\A&=\frac{1}{2}(Z_1+Z_2)\sigma\mathrm{d}S。\end{aligned}\right\}\tag{20}$$

一个导体的带电表面

80.〕 我们已经证明(第 72 节)，在电平衡中，在一个导体的全部物质中到处都有 $X=Y=Z=0$，从而 V 是一个常量。

因此就有$\frac{\mathrm{d}X}{\mathrm{d}x}+\frac{\mathrm{d}Y}{\mathrm{d}y}+\frac{\mathrm{d}Z}{\mathrm{d}z}=4\pi\rho=0$，从而 ρ 就必然在导体的物质中到处为零，或者说导体内部不可能有电。

因此，一种表面上的电分布就是在平衡中的导体上的唯一可能的分布。

只有当物体不是导体时，在物质全体中的一种分布才能可能存在。

既然导体内部的合强度是零，刚好在导体外面的合强度就必然沿法线方向并等于 $4\pi\sigma$，它沿着从导体向外的方向而发生作用。

面密度和靠近导体表面处的合强度之间的这种关系叫做“库仑定律”，因为库仑曾经用实验确定了靠近导体表面的一点上的电动强度是垂直于表面并正比于该点的面密度的。数值关系式 $R=4\pi\sigma$ 是由泊松确立的。

由第 79 节可知，作用在导体带电表面的一个面积元 $\mathrm{d}S$ 上的力是(因为表面内侧的强度为零)$\frac{1}{2}R\sigma\mathrm{d}S=2\pi\sigma^2\mathrm{d}S=\frac{1}{8\pi}R^2\mathrm{d}S$。

这个力是沿着导体的外向法线而作用的，不论表面上的电荷是正的还是负的。

以每平方厘米达因计，它的值是$\frac{1}{2}R\sigma=2\pi\sigma^2=\frac{1}{8\pi}R^2$，它是作为从导体表面向外的一种张力而起作用的。

81.〕 如果我们现在假设有一个细长的物体被充了电，则通过减小它的横向线度，我们可以达到带电线的概念。

设 dS 是细长物体的一小段的长度，C 是它的周长，而 σ 是它表面上的面密度，则如果 λ 是单位长度上的电荷，就有 $\lambda=c\sigma$，而靠近表面处的合电强度将是 $4\pi\sigma=4\pi\frac{\lambda}{c}$。

如果当 λ 保持有限时 c 无限减小，则表面上的强度将无限增大。在每一种电介质中，都存在一个限度，强度不可能超过那个限度而不引起破毁性的放电。因此，有限的电量位于有限长的线段上，就是和自然界中存在的条件不能相容的一种分布。

即使可以找到一种甚至无限大的力也不能在里边促成放电的绝缘体，也还是不能使一个线状的导体带上有限的电量，因为(既然一个有限的电荷可以使势成为无限大)那将要求一个无限大的电动势来把电弄到线状导体上去。

同样可以证明，电量为有限的一个点电荷不能存在于自然界中。然而，在某些事例中，谈论带电的线和点却是方便的，而且我们将假设这些是用带电的导线或小物体来代表，而它们的线度和所关心的主要距离比起来是可以忽略不计的。

既然在给定的势下当导线直径无限减小时存在于给定导线部分上的电量也无限减小，线度相当大的物体上的电分布，当在场内引入很细的金属线时就不会受到显著的影响，例如用来物体之间、物体和地、电机或静电计之间形成电连接的那种金属线就是如此。

论 力 线

82.〕 如果画一条线，使它在沿途任意点上的方向都和该点合强度的方向相重合，则这条线叫做“力线”。在力线沿途的每一部分上，它都是从一个势较高的地方通往势较低的地方。

因此，一条力线不可能回到自己身上来，而是必须有一个起点和一个终点。由第 80 节可知，一条力线的起点必然是在一个带正电的面上，而一条力线的终点必然是在一个带负电的面上。

力线的起点和终点叫做分别位于带正电和带负电的面上的对应点。

如果力线运动而使其起点在带正电的面上描绘出一条闭合的曲线，则其终点将在带负电的面上描绘出一条对应的曲线，而力线本身则生成一个管状的曲面，叫做电感管。这样的一个曲面叫做一个“管”①。

既然管状面的任一点上的力都是沿着切面的，那就没有电感通过曲面。因此，如果管内没有包含任何带电的物质，则由第 77 节可知，通过由管状面和两个端面形成的闭合曲面的总电感为零，而 $\iint R\cos\varepsilon\,dS$ 在两个端面上的值必然量值相等而符号相反。

如果这些端面是导体的表面，则 $\varepsilon=0$ 而 $R=-4\pi\sigma$，从而 $\iint R\cos\varepsilon\,dS$ 变成 $-4\pi\iint\sigma\,dS$，即

① Solenoid，起源于 σωλην，意为“管子”。法拉第(3271)用“Sphondyloid”一词来代表了相同的概念。

变成表面上的电荷乘以 4π①。

因此，在管的起点处被闭合曲线所包围的表面上的正电荷，等于管的终点处被对应的闭合曲线所包围的表面上的负电荷。

电力线的性质可以推出若干重要结果。

一个闭合导电容器的内表面是完全没有电荷的，而且它里边每一点的势都是和导体的势相同的，如果容器内不存在孤立的带电体的话。

因为，既然一条力线必然起于带正电的面而终于带负电的面，而且容器内又没有任何带电体，假若在容器里面存在一条力线，它就必然起于并终于容器本身的内表面上。

但是一条力线的起点上的势必然高于终点上的势，而我们已经证明导体所有各点上的势都是相同的。

因此任何力线都不可能存在于一个中空导电容器内部的空间中，如果容器内放有任何带电体的话。

如果位于闭合中空导电容器中的一个导体被和容器接通，则它的势将变成和容器的势相同，而它的表面则和容器的内表面变成同一个面。因此这个导体就不再有电荷。

如果我们假设任一带电面被分成了基元部分，使得每一部分上的电荷为 1，而且，如果以这些面积元为底在力场中画出一些管，则任何其他曲面上的面积分将由该曲面所交截的管数来表示。正是在这种意义上，法拉第用了他的力线观念来不但指示场中任何地方的力的方向而且指示该力的大小。

我们使用了“力线”一词，因为它曾被法拉第和别的人们所使用。然而，严格说来，这些线应该叫做“电感线”。

在普通的事例中，电感线指示每一点上的电动强度的方向和量值，因为强度和电感是方向相同而比值恒定的。然而也存在另外一些事例，那时必须记得这些线主要是表示的电感，而强度则是由等势面来直接表示的，它的方向垂直于等势面，而它的量值反比于相邻等势面的距离。

论比感本领

83a.〕 在以上关于面积分的研究中，我们曾经采用了普通的直接超距作用的观念，而没有照顾到依赖于观察力时所在的电介媒质性质的任何影响。

但是法拉第曾经观察到，由一个给定电动势在以一种电介质为界的导体表面上感应出来的电量，并不是对一切电介质来说都相同。对于多数的固体和液体电介质来说，电量要比对空气和气体来说更大一些。因此这些物体就被说成比他取作标准媒质的空气具有较大的比感本领。

我们可以通过一种说法来把法拉第的学说用一种数学的语言表达出来，就是说，在一种电介媒质中，通过任一曲面的电感就是法向电强度和该媒质之比感本领系数的乘

① 此处的 R 是从管内向外画的。

积。如果用 K 来代表这个系数，则我们在有关面积分的每一部分研究中都必须将 X、Y，和 Z 乘以 K，于是泊松方程就变成

$$\frac{d}{dx}\cdot K\frac{dV}{dx}+\frac{d}{dy}\cdot K\frac{dV}{dy}+\frac{d}{dz}\cdot K\frac{dV}{dz}+4\pi\rho=0\text{①}。\tag{1}$$

在感应本领为 K_1 和 K_2 的而其中的势为 V_1 和 V_2 的两种媒质的分界面上，特征方程可以写成

$$K_1\frac{dV_1}{dv_1}+K_2\frac{dV_2}{dv_2}+4\pi\sigma=0;\tag{2}$$

式中 v_1、v_2 是在两种媒质中画出的法线，而 σ 是分界面上的真实面密度，也就是以电荷的形式实际地出现在分界面上的电量，它只能通过向该处送电或从该处取电来加以改变。

电的表观分布

83b.〕　如果我们从实际的势分布开始，并根据 K 到处等于 1 的假说来从这种分布推出体密度 ρ' 和面密度 σ'，我们就可以把 ρ' 叫做表观体密度而把 σ' 叫做表观面密度，因为这样定义的一种电分布将能够根据一条假说来说明实际的势分布，其假说就是，在第 66 节中给出的那种电力定律不需要由于电介质的不同性质而作任何的变动。

一个给定域内的表观电荷可以在没有电通过域的边界面的情况下增多或减少。因此我们必须把它和满足连续性方程的真实电荷区分开来。

在 K 在其中连续变化的不均匀电介质中，如果 ρ' 是表观体密度，就有

$$\frac{d^2V}{dx^2}+\frac{d^2V}{dy^2}+\frac{d^2V}{dz^2}+4\pi\rho'=0。\tag{3}$$

把此式和上面的(1)式相比较，我们就得到

$$4\pi(\rho-K\rho')+\frac{dK}{dx}\frac{dV}{dx}+\frac{dK}{dy}\frac{dV}{dy}+\frac{dK}{dz}\frac{dV}{dz}=0。\tag{4}$$

在变化的感应本领用 K 来表示的电介质中，真实电分布将在每一点产生势，和用 ρ' 来代表的表观电分布在感应本领到处等于 l 的电介质中产生的势相同。

表观面电荷 σ' 是利用特征方程

$$\frac{dV_1}{dv_1}+\frac{dV_2}{dv_2}+4\pi\sigma'=0\tag{5}$$

由表面附近的电力推出的。

如果一种任意形状的固体电介质是一种完全的绝缘质，而且它的表面没有接受任何电荷，则不论有什么电力作用在它上面，它的真实电分布也保持为零。

由此可见 $K_1\frac{dV_1}{dv_1}+K_2\frac{dV_2}{dv_2}=0$，$\frac{dV_1}{dv_1}=\frac{4\pi\sigma'K_2}{K_1-K_2}$，$\frac{dV_2}{dv_2}=\frac{4\pi\sigma'K_1}{K_2-K_2}$。

面密度 σ' 就是在固体电介质表面上由感应所引起的表观电分布。当感应力被取消时它就完全消失。但是如果在感应力的作用过程中表观电荷通过使一个火焰掠过表面而被从表面上放掉，则当感应力被取消时就将出现和 σ' 相反的真实电荷②。

---

① 参阅本章末尾的附录。

② 见 Faraday's 'Remarks on Static Induction', *Proceedings of the Royal Institution*, Feb. 12, 1858。

第二章附录

方程 $\frac{d}{dx}\left(K\frac{dV}{dx}\right)+\frac{d}{dy}\left(K\frac{dV}{dy}\right)+\frac{d}{dz}\left(K\frac{dV}{dz}\right)+4\pi\rho=0$，$K_2\frac{dV}{dv_2}+K_1\frac{dV}{dv_1}+4\pi\sigma=0$，就是通过任一闭合曲面的电位移等于曲面内的电荷的 4π 倍这一条件的表示。如果我们把这一原理应用在各面垂直于坐标轴的一个长方体上，第一个方程就可立即得出，而如果我们把它用在包围着一部分带电表面的一个柱面上，第二个方程也可立即得出。

如果提前应用一次下一章中的结果，我们也可以直接从法拉第的比感本领定义得出这些方程。让我们考虑由两个无限大平行平板构成的电容器这一事例。设 V_1、V_2 分别是两个平板的势，d 是它们之间的距离，于是，如果 K 是分隔二板的电介质的比感本领，就有 $E=KA\frac{V_1-V_2}{4\pi d}$。

由第 84 节可知，体系的能量 Q 等于 $\frac{1}{2}E(V_1-V_2)=\frac{1}{2}KA\frac{(V_1-V_2)^2}{4\pi d}$，或者，如果 F 是二板之间任一点上的电动强度，就有 $Q=\frac{1}{8\pi}KAdF^2$。

如果我们认为能量是存在于电介质中的，则单位体积中将有 Q/Ad 个单位的能量，于是单位体积的能量就等于 $KF^2/8\pi$。当场是均匀的时这一结果将是对的，因此，如果 Q 代表任意电场中的能量，就有

$$Q=\frac{1}{8\pi}\iiint KF^2\,dx\,dy\,dz=\frac{1}{8\pi}\iiint K\left\{\left(\frac{dV}{dx}\right)^2+\left(\frac{dV}{dy}\right)^2+\left(\frac{dV}{dz}\right)^2\right\}dx\,dy\,dz。$$

让我们假设，场中任意点上的势增加了一个小量 δV，此处 δV 是 x、y、z 的任意函数，这时能量的改变量 δQ 就由下式给出 $\delta Q=\frac{1}{4\pi}\iint\left(K\left\{\frac{dV}{dx}\frac{d\cdot\delta V}{dx}+\frac{dV}{dy}\frac{d\cdot\delta V}{dy}+\frac{dV}{dz}\frac{d\cdot\delta V}{dz}\right\}\right)dx\,dy\,dz$；由格林定理，此式 $=-\frac{1}{4\pi}\iint\left(K_1\frac{dV}{dv_1}+K_2\frac{dV}{dv_2}\right)\delta V\,dS-\frac{1}{4\pi}\iint\left\{\frac{d}{dx}\left(K\frac{dV}{dx}\right)+\frac{d}{dy}\left(K\frac{dV}{dy}\right)+\frac{d}{dz}\left(K\frac{dV}{dz}\right)\right\}\delta V\,dx\,dy\,dz$，式中 dv_1 和 dv_2 分别代表从第一种画到第二种和从第二种画到第一种媒质中的曲面法线的线段元。

但是由（第 85，86 节），就有 $\delta Q=\sum(e\delta V)=\iint\sigma\delta V\,dS+\iiint\rho\delta V\,dx\,dy\,dz$，而既然 δV 是任意的，我们就必然得到 $-\frac{1}{4\pi}\left(K_1\frac{dV}{dv_1}+K_2\frac{dV}{dv_2}\right)=\sigma$，$-\frac{1}{4\pi}\left\{\frac{d}{dx}\left(K\frac{dV}{dx}\right)+\frac{d}{dy}\left(K\frac{dV}{dy}\right)+\frac{d}{dz}\left(K\frac{dV}{dz}\right)\right\}=\rho$，这就是正文中那些方程。

在法拉第的实验中，火焰可以看成一个接地的导体，电介质的效应可以用它表面上的一种表观电分布来代表；这种作用在导电火焰上的表观电分布将吸引异号的电，而这些异号的电将分布在电介质的表面上，并把同号的电通过火焰送到地上去。于是在电介质的表面上就会出现真实的电分布并把表观电分布的效应掩盖起来；当感应力被取消时，表观电荷就将消失，但是真实电荷将留下来，而且将不再受到表观电荷的掩蔽。

第三章 论导体组中的电功和电能

84.〕 **论为了按给定方式向一个带电体系充电而必须由外界作用力所做的功。**

按照势的定义(第 70 节),把一个电量 δe 从无限远处(或任何势为零处)带到体系内势为 V 的任一给定部分上时所做的功是 $V\delta e$。

这种操作的效应就在于把体系中给定部分上的电荷增大 δe,因此,如果起初电荷是 e,则操作以后电荷将变为 $e+\delta e$。

因此,我们可以把使一个体系的电荷发生一种改变时所做的功表示成一个积分

$$W=\sum\left(\int V\delta e\right); \tag{1}$$

式中的求和$\left(\sum\right)$遍及于带电体系的所有各部分。

由第 73 节中势的表示式可见,一个给定点上的势可以看成若干部分之和,其中每一部分都是由体系电荷的对应部分所引起的势。

因此,如果 V 是由我们可以称之为 $\sum(e)$ 的一个电荷系在一个给定点上引起的势,而 V' 是由我们可以称之为 $\sum(e')$ 的另一个电荷系在同一点上引起的势,则由同时存在的两个电荷系在同一点上引起的势将是 $V+V'$。

因此,如果电荷系中的每一个电荷都按 n 比 1 的比例发生了变化,则体系中任一给定点上的势也将按 n 比 1 的比例发生变化。

因此,让我们假设使体系带电的操作是按下述方式进行的。设体系在起初并不带电,且其势为零,并设体系的不同部分同时被充电,每一部分的充电速率都正比于它的末电荷。

于是,如果 e 是体系的任一部分的末电荷,而 V 是末势,那么,如果在操作的任一阶段上电荷是 ne,则势将是 nV,从而我们可以通过假设 n 从 0 连续地增大到 1 来表示这一充电过程。

当 n 从 n 增大为 $n+\delta n$ 时,体系中任何一个末电荷为 e 而末势为 V 的部分都将接受一个电荷的增量 $e\delta n$;这时它的势是 nV,因此在这一操作中所做的功就是 $eVn\delta n$。

由此可见,使体系带电时所做的总功就是

$$\sum(eV)\int_0^1 n\,\mathrm{d}n=\frac{1}{2}\sum(eV), \tag{2}$$

或者说是体系不同部分的电荷和它们各自的势的乘积的一半。

这就是按上述方式使一个体系带电时必须由外界作用力所做的功,但是,既然体系是一个保守系,用任何其他手续把体系纳入相同的状态时所要求的功必然是相同的。

因此我们可以把

$$W=\frac{1}{2}\sum(eV) \tag{3}$$

叫做体系的电能,它是用体系不同部分的电荷和势表示出来的。

85a.〕 其次让我们假设,体系通过一个过程从状态(e,V)过渡到状态(e',V'),而在该过程中,不同的电荷都按各自正比于其总增量 $e'-e$ 的速率而同时增大。

如果在任一时刻体系的一个给定部分的电荷是 $e+n(e'-e)$，其势就将是 $V+e(V'-V)$，从而在使电荷改变这样一个部分时所做的功就将是 $\int_0^1 (e'-e)[V+n(V'-V)]\mathrm{d}n = \frac{1}{2}(e'-e)(V'+V)$，因此，如果我们用 W' 来代表体系在状态 (e',V') 中的能量，就有

$$W'-W=\frac{1}{2}\sum(e'-e)(V'+V) \tag{4}$$

但是 $W=\frac{1}{2}\sum(eV)$，$W'=\frac{1}{2}\sum(e'V')$。

把这些值代入方程(4)中，我们就得到

$$\sum(eV')=\sum(e'V)。 \tag{5}$$

因此，如果我们在同一个固定的带电导体组中考虑两个不同的带电状态，则第一状态中的各电荷和第二状态中各导体对应部分的势的乘积之和，等于第二状态中各电荷和第一状态中各导体的势的乘积之和。

在电的初等理论中，这一结果对应于解析理论中的格林定理。通过适当选择体系的初状态和末状态，我们可以推出一些有用的结果。

85b.〕 由(4)和(5)式，我们可以求出能量增量的另一个表示式，即用势的增量来表示它，

$$W'-W=\frac{1}{2}\sum(e'+e)(V'-V)。 \tag{6}$$

如果各增量为无限小，我们就可以把(4)和(6)写成

$$\mathrm{d}W=\sum(V\delta e)=\sum(e\delta V); \tag{7}$$

而如果我们用 W_e 和 W_v 来分别代表用导体组的电荷和势表出的 W 的表示式，并用 A_r、e_r 和 V_r 来代表组中一个特定的导体、它的电荷和它的势，就有

$$V_r=\frac{\mathrm{d}W_e}{\mathrm{d}e_r}, \tag{8}$$

$$e_r=\frac{\mathrm{d}W_V}{\mathrm{d}V_r}。 \tag{9}$$

86.〕 在任意一个固定的导体组中，如果有我们可以用 A_i 来代表它的任何一个导体是在初状态和末状态中都没有电荷的，则这个导体的 $e_i=0$ 而 $e_i'=0$，于是依赖于 A_i 的项就在方程(5)的两端都不出现。

如果另一个导体，例如 A_k，在导体组的两个状态中都有零势，则 $V_k=0$ 而 $V_k'=0$，于是依赖于 A_k 的项也在方程(5)的两端都不出现。

因此，如果除了两个导体 A_r 和 A_s 以外所有的导体都或是绝了缘的并没有电荷的，或是接了地的，则方程(5)将简化为下式

$$e_rV_r'+e_sV_s'=e_r'V_r+e_s'V_s \tag{10}$$

如果在初状态中有 $e_r=1$ 和 $e_s=0$，而在末状态中有 $e_r'=0$ 和 $e_s'=1$，则方程(10)变为

$$V_r'=V_s; \tag{11}$$

或者说，如果传到 A_r 上的单位电荷把绝了缘的 A_s 升高到一个势 V，则传给 A_s 的单位电荷将把绝了缘的 A_r 升高到相同的势 V，如果组中每一个其他导体都或是绝了缘且没有电荷的，或是接了地从而其势为零的话。

这是我们在电学中遇到的第一个倒易关系式的例子。这样的倒易关系式出现在科

学的每一分支中，而且常常使我们能够从已经解出的较简单问题的解推出新问题的解。

例如，电荷为1的一个导体球外面一点上的势是 r^{-1}，此处 r 是从球心量起的距离，而根据这一事实，我们就可以得出结论说，如果电荷为1的一个小物体被放在离一个不带电导体球的中心为 r 的地方，它就将把该球升高到一个势 r^{-1}。

其次让我们假设，在初状态，有 $V_r=1$ 和 $V_s=0$，而在末状态，有 $V_r'=0$ 和 $V_s'=1$，则方程(10)变成

$$e_s=e_r'; \tag{12}$$

或者说，如果当 A_r 升高到单位势时将在接了地的 A_s 上感应出一个电荷 e，则当把 A_s 升高到单位势时将在接了地的 A_r 上感应出相同的电荷 e。

第三，让我们假设，在初状态，有 $V_r=1$ 和 $e_s=0$，而在末状态，有 $V_r'=0$ 和 $e_s'=1$，则在这种情况下方程变为

$$e_r'+V_s=0。\tag{13}$$

由此可见，如果当 A_s 不带电荷时把 A_r 充电到单位势的操作将把 A_s 升高到势 V，那么，如果使 A_r 保持零势，则传给 A_s 的一个单位电荷将在 A_r 上感应出一个数值等于 V 的负电荷。

在所有的这些事例中，我们都可以假设另外的导体中有一些导体是绝了缘的和不带电荷的，而其余的导体则是接了地的。

第三个事例是格林定理的一种简单形式。作为它的应用的一个例子，让我们假设已经确定了由传给导体组中一个给定导体 A_s 的一个单位电荷在势为零的导体中不同元部分上感应出来的电荷分布。

设 η_r 是这种情况下的 A_r 上的电荷。于是，如果我们假设 A_s 不带电荷，而其他各导体则各自升高到不同的势，则 A_s 的势将是

$$V_s=-\sum(\eta_r V_r)。\tag{14}$$

于是，如果我们确定了由放在一个中空导电容器中任一给定点上的单位电荷在势为零的该容器任意给定点上感应出来的面密度，如果我们也知道形状和大小都和容器内表面相同的一个曲面上每一点的势值，我们就可以推出曲面内部其位置和该单位电荷相对应的一点的势。

因此，如果在一个闭合曲面的所有各点上势为已知，则曲面内部任一点的势也可以是确定的，如果内部并无带电体的话；曲面外部任一点的势也可以是确定的，如果外部并无带电体的话。

导体组的理论

87.〕 设 $A_1,A_2,\cdots,A_n$ 是形状任意的 n 个导体，设 $e_1,e_2,\cdots,e_n$ 是它们的电荷，而 $V_1,V_2,\cdots,V_n$ 是它们的势。

让我们假设，把各导体隔开的电介质保持相同，而且它在所要考虑的操作中并不变为带电。

我们在第84节中已经证明，各一导体的势是 n 个电荷的线性齐次函数。

由此可见，既然体系的电能是每一导体的势和电荷的乘积之和的一半，电能就必然是 n 个电荷的二次齐次函数，其形式是

$$W_e = \frac{1}{2}p_{11}e_1{}^2 + p_{12}e_1e_2 + \frac{1}{2}p_{22}e_2{}^2 + p_{13}e_1e_3 + p_{23}e_2e_3 + \frac{1}{2}p_{33}e_3{}^2 + \cdots, \tag{15}$$

下标 e 表明 W 要表示成各电荷的一个函数。当 W 不带下标时，它就代表的是表示式(3)，式中既出现电荷也出现势。

由这一表示式，我们可以推出组中每一导体的势。因为，既然势被定义为把单位电荷从零势处带到给定势处时所必须做的功，而且这个功是用于增加 W 的，我们只要把 W_e 对所给导体的电荷求导数，就能得出它的势了。于是我们就得到

$$\left.\begin{aligned} V_1 &= p_{11}e_1 + \cdots + p_{r1}e_r + \cdots + p_{n1}e_n, \\ &\vdots \\ V_s &= p_{1s}e_1 + \cdots + p_{rs}e_r + \cdots + p_{ns}e_n, \\ &\vdots \\ V_n &= p_{1n}e_1 + \cdots + p_{rn}e_r + \cdots + p_{nn}e_n, \end{aligned}\right\} \tag{16}$$

这是一组 n 个线性方程，它们用 n 个电荷表示了 n 个势。

系数 p_{rs} 等等叫做势系数。每一个系数有两个下标，其中第一个对应于电荷的下标，而第二个则对应于势的下标。

两个下标相同的系数 p_{rr} 代表当 A_r 的电荷为 1 而所有其他导体的电荷都为零时 A_r 的势。这种系数共有 n 个，每个导体有一个。

两个下标不相同的系数 p_{rs} 代表当 A_r 接受到单位电荷而除 A_r 以外其他导体的电荷都为零时 A_s 的势。

我们在第 86 节中已经证明 $p_{rs}=p_{sr}$，但是我们可以通过考虑到

$$p_{rs} = \frac{\mathrm{d}V_s}{\mathrm{d}e_r} = \frac{\mathrm{d}}{\mathrm{d}e_r}\frac{\mathrm{d}W_e}{\mathrm{d}e_s} = \frac{\mathrm{d}}{\mathrm{d}e_s}\frac{\mathrm{d}W_e}{\mathrm{d}e_r} = \frac{\mathrm{d}V_r}{\mathrm{d}e_s} = p_{sr}。 \tag{17}$$

来更加简短地证明它。

因此，具有两个不同下标的不同系数的数目就是 $\frac{1}{2}n(n-1)$，每一对导体有一个。

通过把方程组对 e_1、e_2 等等求解，我们就得用各个势来表示各电荷的 n 个方程

$$\left.\begin{aligned} e_1 &= q_{11}V_1 + \cdots + q_{ls}V_s + \cdots + q_{ln}V_n, \\ &\vdots \\ e_r &= q_{r1}V_1 + \cdots + q_{rs}V_s + \cdots + q_{rn}V_n, \\ &\vdots \\ e_n &= q_{n1}V_1 + \cdots + q_{ns}V_s + \cdots + q_{n}V_{nn}, \end{aligned}\right\} \tag{18}$$

在这一事例中，我们也有 $q_{rs}=q_{sr}$，因为

$$q_{rs} = \frac{\mathrm{d}e_r}{\mathrm{d}V_s} = \frac{\mathrm{d}}{\mathrm{d}V_s}\frac{\mathrm{d}W_V}{\mathrm{d}V_r} = \frac{\mathrm{d}}{\mathrm{d}V_r}\frac{\mathrm{d}W_V}{\mathrm{d}V_s} = \frac{\mathrm{d}e_s}{\mathrm{d}V_r} = q_{sr} \tag{19}$$

把各电荷的值代入电能的表示式 $W=\frac{1}{2}[e_1V_1+\cdots+e_rV_r\cdots+e_nV_n]$， (20)

中，我们就得到一个用势来表示的能量表示式

$$W_V = \frac{1}{2}q_{11}V_1{}^2 + q_{12}V_1V_2 + \frac{1}{2}q_{22}V_2{}^2$$

$$+q_{13}V_1V_3+q_{23}V_2V_3+\frac{1}{2}q_{33}V_3{}^2+\cdots。\tag{21}$$

两个下标相同的一个系数叫做它所属于的那个导体的"电容"。

定义 一个导体的电容就是当它自己的势是1而所有其他导体的势都是0时的它的电荷。

当没有进一步的限定时,这就是导体电容的确切定义。但是,有时用一种不同的方式来指定某些或所有其他导体的条件是方便的,例如可以假设其中某些导体的电荷为零,而我们在这种条件下就可以把导体的电容定义为当它的势为1时的它的电荷。

其他的系数叫做感应系数。其中任何一个,例如 q_{rs} 就表示当 A_s 升高到单位势而除 A_s 以外其他导体的势都为零时的 A_r 的电荷。

势系数和电容系数的数学计算通常是困难的。我们在以后即将证明它们永远具有确定的值,而且在某些事例中我们将计算这些值。我们也将说明它们可以怎样用实验来测定。

当谈到一个导体的电容而不提及同一导体组中任何其他导体的形状和位置时,就应该把电容诠释为当没有任何其他导体或带电体位于离所考虑的导体为有限距离时的该导体的电容。

当我们只是在处理电容和感应系数时,有时把它们写成[$A.P$]的形式是方便的;这一符号被理解为代表当 P 被升高到单位势{而所有别的导体都处于零势}时 A 上的电荷。

同理,[$(A+B).(P+Q)$]将代表当 P 和 Q 都升高到势1时 $A+B$ 上的电荷,而且显而易见,既然

$$[(A+B).(P+Q)]=[A.P]+[A.Q]+[B.P]+[B.Q]=[(P+Q).(A+B)],$$

各个组合符号就可以通过相加和相乘来互相结合,就好像它们是一些数量的符号一样。

符号[$A.A$]表示当 A 的势为1时的 A 上的电荷,也就是说,它代表的是 A 的电容。

同样,[$(A+B).(A+Q)$]代表当 A 和 Q 被升高到势1而除 A 和 Q 外所有导体的势都为零时 A 和 B 上的电荷之和。

它可以分解成[$A.A$]+[$A.B$]+[$A.Q$]+[$B.Q$]。

势系数不能用这种办法来处理。感应系数代表电荷,而这些电荷是可以相加的;但是势系数代表势,而如果 A 的势是 V_1,B 的势是 V_2,则二势之和 V_1+V_2 并没有和现象有关的任何物理意义,尽管 V_1-V_2 代表从 A 到 B 的电动势。

两个导体之间的感应系数可以用各导体的电容和两个导体共同的电容表出来,例如:$[A.B]=\frac{1}{2}[(A+B).(A+B)]-\frac{1}{2}[A.A]-\frac{1}{2}[B.B]$。

各系数的量纲

88.〕 既然一个电荷 e 在距离 r 处的势是 $\frac{e}{r}$,一个电荷的量纲就是势的量纲乘上一个长度。

因此,电容系数和感应系数就和长度具有相同的量纲,从而其中每一个系数就都可

以用一段直线来代表，该直线的长度并不依赖于我们所用的单位制。

同理，任一势系数都可以表示为一段直线的倒数。

论各系数所必须满足的某些条件

89a.〕 首先，既然一个体系的电能在本质上是一个正量，它作为电荷的二次函数或势的二次函数的那种表示式必须是正的，不论给予电荷或势的是什么值，是正值还是负值。

现在，n 个变数的二次齐次式将永远为正的条件共有 n 个，而且可以写成

$$\left.\begin{array}{l} p_{11}>0, \\ \begin{vmatrix} p_{11}, p_{12} \\ p_{21}, p_{22} \end{vmatrix}>0, \\ \vdots \quad \vdots \\ \begin{vmatrix} p_{11} \cdots p_{1n} \\ \vdots \quad\quad \vdots \\ p_{n1} \cdots p_{nn} \end{vmatrix}>0. \end{array}\right\} \tag{22}$$

这 n 个条件是保证 W_e 为必正的充要条件①。

但是，既然在方程(16)中我们可以按任何次序来排列导体，用属于 n 个导体之任何组合的那些系数对称地排成的每一个行列式也必须是正的，而这些组合的数目是 2^n-1。

然而，这样求得的条件中只有 n 个条件可能是独立的。

电容系数和感应系数也满足同样形式的条件。

89b.〕 **所有的势系数都是正的，但是任一系数 $\boldsymbol{P}_{rs}$ 都不大于 $\boldsymbol{P}_{rr}$ 或 $\boldsymbol{P}_{ss}$。**

因为，设把一个单位电荷传给 A_r，而其他各导体都不带电。一组等势面将会形成。其中一个等势面将是 A_r 的表面，其势为 p_{rr}。如果 A_s 被放入在 A_r 中挖出的一个空腔中从而完全被 A_r 所包围，则 A_s 的势也将是 p_{rr}。

然而，如果 A_s 是在 A_r 外面的，则它的势将介于 p_{rr} 和零之间。

因为，试考虑从带电导体 A_r 出发的力线。电荷是用从导体出发的和终止在导体上的力线数之差来量度的。因此，如果导体不带电荷，则到达导体的力线数必然等于从它出发的力线数。到达导体的那些力线来自势较大的地方，而从导体出发的那些力线则通往势较小的地方。因此，一个不带电荷的导体的势必然介于场中的最高势和最低势之间，从而最高势和最低势就不能属于任何一个不带电荷的导体。

因此，最高势必然是 p_{rr}，即带电导体 A_r 的势；最低势必然是无限远处的空间的势，那就是零；而所有其他的势，例如 p_{rs}，则必然介于 p_{rr} 和零之间。

如果 A_s 完全包围了 A_t，则 $p_{rs}=p_{rt}$。

89c.〕 **任何感应系数都不是正的，而属于单独一个导体的各感应系数之和在数值上不大于该导体的永远为正的电容系数。**

① 见 Williamson's *Differential Calculus*，3rd edition，p. 407。

因为，设 A_r 被保持于单位势，而所有别的导体都被保持于零势，则 A_r 上的电荷是 q_{rr}，而任一其他导体 A_s 上的电荷是 q_{rs}。

从 A_r 出发的力线数是 q_{rr}。在这些力线中，有的终止在别的导体上，有的可能通往无限远，但是没有任何力线可以经过任何别的导体之间或是从那些别的导体出发而通往无限远，因为它们的势都是零。

任何力线都不可能从任何别的导体例如 A_s 出发，因为场的任何部分都不会比 A_s 具有更低的势。如果 A_s 是由某一个导体的闭合表面和 A_r 隔开的，则 q_{rs} 为零。如果 A_s 不是这样被隔开的，则 q_{rs} 是一个负量。

如果其中一个导体 A_t 完全包围了 A_r，则从 A_r 出发的所有力线都落在 A_t 上和 A_t 里面的导体上，从而这些导体对 A_r 而言的感应系数之和就和 q_{rr} 相等而异号。但是，如果 A_r 并没有被一个导体所包围，则这些感应系数 q_{rs} 等等之和将小于 q_{rr}。

我们已经借助于电学的考虑而独立地证明了这两条定理。我们让学数学的人们去考虑其中一条是不是另一条的数学推论。

89d.〕 当场中只有一个导体时，它对自己而言的势系数就是它的电容的倒数。

没有外力时的电的质心，叫做导体的电心。如果导体对一个几何中心是对称的，这个中心就是电心。如果导体的线度和所考虑的距离相比是很小的，则电心的位置可以通过猜测来足够近似地加以估计。

离电心的距离为 c 处的势，必然介于 $\frac{e}{c}\left(1+\frac{a^2}{c^2}\right)$ 和 $\frac{e}{c}\left(1-\frac{1}{2}\frac{a^2}{c^2}\right)$ 之间①，式中 e 是电荷，而 a 是物体表面的任何部分到电心的最大距离。

因为，如果电荷被集中在电心两侧相距为 a 的两个点上，第一个表示式就是二点连线上的一点处的势，而第二个表示式就是垂直于该连线的直线上一点处的势。对半径为 a 的球中的一切别的分布来说，势都介于这两个值之间。

如果场中有两个导体，它们的相互势系数就是 $\frac{1}{c'}$；此处 c' 和电心间距 c 的差值不能超

---

① 因为，设 ρ 为任一点上的体密度；如果我们取电心和 P 点的连线作为 z 轴，则 P 点的势是

$$\iiint\frac{\rho\,\mathrm{d}x\,\mathrm{d}y\,\mathrm{d}z}{r}=\iiint\rho\left\{\frac{1}{c}+\frac{z}{c^2}+\frac{2z^2-(x^2+y^2)}{2c^3}+\cdots\right\}\mathrm{d}x\,\mathrm{d}y\,\mathrm{d}z,$$

式中 c 是从电心到 P 的距离。第一项等于 e/c；第二项为零，因为原点就是电心；当括号中的第三项有最大值即 a^2/c^3 时，积分中的第三项有最大值，因此这个最大值就是 ea^2/c^3；当括号中的第三项有最大的负值即 $-\frac{1}{2}a^2/c^3$ 时，积分中的第三项有最小值，从而这个最小值就是 $-\frac{1}{2}ea^2/c^3$。

第 89 节末尾处的结果可以推导如下。假设电荷是在第一个导体上的，则由上述结果可知，由这一导体上的电荷引起的势小于 $\frac{e}{R}+\frac{ea^2}{R^3}$，式中 R 是从第一个导体的电心到该电荷的距离。在第二项中，如果我们只计及 C^{-3} 的量的话，就可以对第二个导体的任一点都令 $R=C$，第一项代表第一个导体电心上的一个电荷 e 将使第二个导体升到的势。但是，由第 86 节可知，这是和第二个导体上的电荷 e 在第一个导体的电心上引起的势相同的。但是我们刚刚已经看到，这个势必然小于 $\frac{e}{c}+\frac{eb^2}{c^3}$；因此由第一个导体上的电荷 e 在第二个导体上引起的势必然小于 $\frac{e}{c}+\frac{e(a^2+b^2)}{c^3}$。然而一般说来这并不是对二导体之相互势的一种很密切的逼近。

过$\frac{a^2+b^2}{c}$，而 a 和 b 是各导体表面上任一部分到各该导体的电心的最大距离。

89e.〕 如果一个新导体被带入场中，则其他各导体中任一导体对自己而言的势系数都会减小。

因为，设新导体 B 被假设为一个非导体{和空气具有相同的比感本领}，而且它的任何部分都不带电，则当其中一个导体 A_1 接受到一个电荷 e_1 时，组中各导体上的电分布都将受到 B 的干扰；既然 B 的任何部分都还没有带电，体系的电能就简单地是

$$\frac{1}{2}e_1V_1=\frac{1}{2}e_1{}^2p_{11}。$$

现在让 B 变成一个导体。电将从势高的地方流向势低的地方，而在这样做时将使体系的电能减小，从而$\frac{1}{2}e^2p_{11}$ 这个量将减小。

但是 e_1 是保持不变的，因此 p_{11} 必须减小。

同理，如果由于把另一个物体 b 放在和 B 接触处而使 B 增大，p_{11} 就将进一步减小。

因为，让我们首先假设在 B 和 b 之间没有电的交通，新物体 b 的引入就将减小 p_{11}。现在设在 B 和 b 之间开放交通。如果有任何的电在它们之间流过，那就是从高势的地方流向低势的地方的，从而正如我们已经证明的那样，p_{11} 就会进一步减小。

由此可见，由物体 B 引起的 p_{11} 的减量，大于其表面可以包入 B 中的任何导体所将引起的减量，而小于其表面可以包围 B 的任何导体所将引起的减量。

我们在第十一章中即将证明，直径为 b 的一个球放在远大于 b 的距离 r 处，将使 p_{11} 减小一个近似等于$\frac{1}{8}\frac{b^3}{r^4}$的量①。

由此可见，如果 B 具有任意的形状，而 b 是它的最大直径，则 p_{11} 值的减量必小于$\frac{1}{8}\frac{b^3}{r_4}$。

因此，如果 B 的最大直径小得在和 B 离 A_1 的距离相比之下可以略去数量级为$\frac{1}{8}\frac{b^3}{r^4}$的量，我们就可以把当只有 A_1 存在于场中时它的电容的倒数看成 p_{11} 的一个足够好的近似值。

90a.〕 因此，让我们假设 A_1 自己存在于场中时的电容是 K_1，而 A_2 在相应情况下的电容是 K_2，并设 A_1 和 A_2 之间的平均距离是 r，此处 r 比 A_1 和 A_2 的最大直径要大得多，于是我们就可以写出 $p_{11}=\frac{1}{K_1}$，$p_{12}=\frac{1}{r}$，$p_{22}=\frac{1}{K_2}$；$V_1=e_1K_1{}^{-1}+e_2r^{-1}$，$V_2=e_1r^{-1}+e_2K_2{}^{-1}$。由此即得 $q_{11}=K_1(1-K_1K_2r^{-2})^{-1}$，$q_{12}=-K_1K_2r^{-1}(1-K_1K_2r^{-2})^{-1}$，$q_{22}=K_2(1-K_1K_2r^{-2})^{-1}$。在这些系数中，$q_{11}$ 和 q_{22} 是当 A_1 和 A_2 并非各自都距任何其他导体为无限远而是被带到彼此相距为 r 处时的电容。

90b.〕 当两个导体被放得彼此相距很近，以致它们的相互感应系数很大时，这种组合物就叫做一个“电容器”。

设 A 和 B 是电容器的两个导体或两个极。

设 L 是 A 的电容，N 是 B 的电容，而 M 是相互感应系数。（我们必须记得 M 在本

① 参阅第146节的方程(43)。

质上是负的，从而 $L+M$ 和 $M+N$ 的数值是小于 L 和 N 的。）

让我们假设 a 和 b 是和第一个电容相距为 R 处的另一个电容器的极，而 R 比其中每一个电容器的线度都大得多，此外并假设电容器 ab 当单独存在时的电容系数和感应系数是 l、n、m。让我们计算其中一个电容器对另一个电容器的系数的影响。

设 $D=LN-M^2$，和 $d=ln-m^2$；则每一个电容器当单独存在时的势系数是 $p_{AA}=D^{-1}N$，$p_{aa}=d^{-1}n$，$p_{AB}=-D^{-1}M$，$p_{ab}=-d^{-1}m$，$p_{BB}=D^{-1}L$，$p_{bb}=d^{-1}l$。当两个电容器相距为 R 时，这些系数的值将不会有多大的变化。

任何两个相距为 R 的电容器的势系数是 R^{-1}，于是就有

$$p_{Aa}=p_{Ab}=p_{Ba}=p_{Bb}=R^{-1}。$$

因此，势的方程是

$$V_A=D^{-1}Ne_A-D^{-1}Me_B+R^{-1}e_a+R^{-1}e_b,$$
$$V_B=-D^{-1}Me_A+D^{-1}Le_B+R^{-1}e_a+R^{-1}e_b,$$
$$V_a=R^{-1}e_A+R^{-1}e_B+d^{-1}ne_a-d^{-1}me_b,$$
$$V_b=R^{-1}e_A+R^{-1}e_B-d^{-1}me_a+d^{-1}le_b,$$

对电荷求解这些方程，我们就得到

$$q_{AA}=L'=L+\frac{(L+M)^2(l+2m+n)}{R^2-(L+2M+N)(l+2m+n)},$$
$$q_{AB}=M'=M+\frac{(L+M)(M+N)(l+2m+n)}{R^2-(L+2M+N)(l+2m+n)},$$
$$q_{Aa}=-\frac{R(L+M)(l+m)}{R^2-(L+2M+N)(l+2m+n)},$$
$$q_{Ab}=-\frac{R(L+M)(m+n)}{R^2-(L+2M+N)(l+2m+n)};$$

式中 L'、M'、N' 是当第二个电容器被带到场中时 L、M、N 所变成的量。

如果只有一个导体 a 被带入场中，则有 $m=n=0$，而

$$q_{AA}=L'=L+\frac{(L+M)^2l}{R^2-l(L+2M+N)},$$
$$q_{AB}=M'=M+\frac{(L+M)(M+N)l}{R^2-l(L+2M+N)},$$
$$q_{Aa}=-\frac{Rl(L+M)}{R^2-l(L+2M+N)}。$$

如果只有两个简单的导体 A 和 a，则 $M=N=m=n=0$，从而 $q_{AA}=L+\frac{L^2l}{R^2-Ll}$，$q_{Aa}=-\frac{RLl}{R^2-Ll}$；这些表示式和在第 90a 节中求出的表示式相一致。

$L+2M+N$ 这个量就是当它的电极的势为 1 时电容器的总电荷。它不能超过电容器最大直径的一半①。

---

① 因为我们可以像在第 89e 节中那样地证明，当它的所有各部分都处于相同的势时，一个电容器的电容小于它的外接球，而该球的电容等于它的半径。

$L+M$ 是当两个电极都处于势 1 时第一个电极上的电荷，而 $M+N$ 是那时第二个电极上的电荷。这些量必然各自为正，而且小于电容器自己的电容。因此，必须对一个电容器的各电容系数作出的改正，是比相等电容的一个简单电容器的系数小得多的。

在估计离其他电容器相当远的形状不规则的电容器的电容时，这一类的近似往往是很有用的。

91.〕 当其尺寸和导体间的距离相比是很小的一个圆乎乎的导体 A_3 被带入场中时，A_1 和 A_2 的势系数将增大，如果 A_3 是在以直线 A_1A_2 为直径的一个球的内部的话；势系数将减小，如果 A_3 是在该球的外面的话。

因为，如果 A_1 接受到一个单位正电荷，则 A_3 上将出现一种电分布，即有 $+e$ 位于离 A_1 最远的一边而有 $-e$ 位于离 A_1 最近的一边。由 A_3 上面的这一分布在 A_2 上引起的势将是正的或负的，全看是 $+e$ 还是 $-e$ 离 A_2 最近而定，而如果 A_3 的形状不是很细长的，这就将取决于角 $A_1A_3A_2$ 是钝角还是锐角，从而就取决于 A_3 是位于以 A_1A_2 为直径画出的球的里面还是外面。

如果 A_3 是长形的，那就很容易看到：如果它的最长轴是放在通过 A_1、A_3、A_2 各点所画之圆的切线方向上，它就可能增大 A_2 的势，即使它是完全位于球外的；如果它的最长轴是放在球的半径的方向上，则它可能减小 A_2 的势，即使它是完全位于球内的。但是这种叙述只是想对在仪器的给定排列下所应预料的现象作出一种粗略的估计而已。

92.〕 如果一个新导体 A_3 被引入场中，则已在场中的所有各导体的电容都会增大，而任一对导体之间的感应系数的数值则会减小。

让我们假设 A_1 的势是 1 而所有其他导体的势都为零。既然新导体上的电荷是负的，它就将在每一个其他导体上感应出一个正电荷，从而就将增大 A_1 上的正电荷而减小每一个其他导体上的负电荷。

电力在移动一组绝缘的带电导体时所做的功

93a.〕 既然各导体是绝了缘的，它们的电荷在移动中就保持不变。设它们在移动之前的势是 $V_1, V_2, \cdots, V_n$，而在移动之后的势是 $V_1', V_2', \cdots, V_n'$。电能在移动之前是 $W=\frac{1}{2}\sum(eV)$，而在移动之后是 $W'=\frac{1}{2}\sum(eV')$。

电力在移动的期间所做的功是初能量 W 比末能量 W' 多出的数量，或者说是

$$W-W'=\frac{1}{2}\sum[e(V-V')]。$$

这一表示式给出一个绝缘导体组在大的或小的任何位移中所做的功。

为了求出倾向于引起特定种类位移的力，设 φ 是一个变量，它的变化对应于该种位移，并设 Φ 对应的电力，当它倾向于增大 φ 时力算作正的，于是就有 $\Phi \mathrm{d}\varphi=-\mathrm{d}W_e$，$\Phi=-\frac{\mathrm{d}W_e}{\mathrm{d}\varphi}$；式中 W_e 代表作为各电荷之二次函数的电能表示式。

93b.〕 现在证明 $\frac{\mathrm{d}W_e}{\mathrm{d}\varphi}+\frac{\mathrm{d}W_v}{\mathrm{d}\varphi}=0$。

我们有体系能量的三种不同的表示式。一种是 n 个电荷和 n 个势的确定函数 $W=\frac{1}{2}\sum(eV)$，另一种是 $W_e=\frac{1}{2}\sum\sum(e_re_sp_{rs})$，式中 r 和 s 可以相同或不同，而 rs 和 sr 都应包括在和式中。

这是 n 个电荷和各个确定着位形的变量的一个函数。设 φ 是其中的一个变量。第三种是 $W_V=\frac{1}{2}\sum\sum(V_rV_sq_{rs})$，式中和式的求法同上。这是 n 个势和各个确定着位形的变量的一个函数，而 φ 就是其中的一个变量。

既然 $W=W_e=W_V$，就有 $W_e+W_V-2W=0$。

现在让 n 个电荷、n 个势和 φ 以任何自洽的方式发生变化，于是必有

$$\sum\left[\left(\frac{\mathrm{d}W_e}{\mathrm{d}e_r}-V_r\right)\delta e_r\right]+\sum\left[\left(\frac{\mathrm{d}W_V}{\mathrm{d}V_s}-e_s\right)\delta V_s\right]+\left(\frac{\mathrm{d}W_e}{\mathrm{d}\varphi}+\frac{\mathrm{d}W_V}{\mathrm{d}\varphi}\right)\delta\varphi=0。$$

n 个电荷、n 个势和 φ 并不完全是互相独立的，因为事实上只有其中的 $n+1$ 个可以是独立的。但是我们已经证明 $\frac{\mathrm{d}W_e}{\mathrm{d}e_r}=V_r$，因此第一个和式恒等于零，而由此即得(尽管我们还不曾证明它) $\frac{\mathrm{d}W_V}{\mathrm{d}V_s}=e_s$，而最后就得到 $\frac{\mathrm{d}W_e}{\mathrm{d}\varphi}+\frac{\mathrm{d}W_V}{\mathrm{d}\varphi}=0$。

电力在各势保持恒定的一个导体组移动时所做的功

93c.〕 由上式可知，力 $\Phi=\frac{\mathrm{d}W_V}{\mathrm{d}\varphi}$，而如果导体组是在所有的势都保持恒定的条件下被移动的，则电力所做的功是 $\int\Phi\mathrm{d}\varphi=\int\mathrm{d}W_V=W_V'-W_V$；或者说，在这一事例中，电力所做的功等于电能的增量。

于是，在这里，我们同时有一个能量的增量和体系所做的一定数量的功。因此体系必有某种外界能源例如一个伏打电池向它供应能量，以保持各势在移动过程中不变。

因此，电池所做的功就是体系所做的功和能量增量之和，而既然二者相等，电池所做的功就是导体组在移动中所做的功的两倍。

论相似带电体系的比较

94.〕 设两个带电体系在几何意义上是相似的，使得两个体系中对应线段的长度是成 L 和 L'之比，如果隔开各导体的电介质在两个体系中也相同，则各个感应系数和电容系数也将成 L 和 L'之比。因为，如果我们考虑两个体系的对应部分 A 和 A′，并假设 A 上的电量是 e，A′上的电量是 e'，则由这种电荷在对应点 B 和 B'引起的势 V 和 V'将是

$$V=\frac{e}{AB} \quad 和 \quad V'=\frac{e'}{A'B'}。$$

但是 AB 和 $A'B'$ 之比等于 L 和 L' 之比，因此我们必有 $e : e' :: LV : L'V'$。

但是，如果电介质的感应本领在两个体系中是不同的，在第一个体系中是 K 而在第二个体系中是 K'，那么，如果第一体系中任一点上的势和第二体系中对应点上的势成 V 和 V' 之比，而且对应部分上的电荷成 e 和 e' 之比，则我们将有 $e : e' :: LVK : L'V'K'$。

利用这种比例式，我们可以求出二体系之对应部分的总电荷。这两个体系首先是几何地相似的，其次是包含着一些电介媒质，它们在对应点上的比感本领成 K 和 K' 之比，而第三是经过适当的充电，使得对应点上的势成 V 和 V' 之比。

由此可见，如果 q 是第一体系中的任何一个电容系数或感应系数，而 q' 是第二体系中的对应系数，则 $q : q' :: LK : L'K'$；而如果 p 和 p' 代表二体系中的对应势系数，则 $p : p' :: \frac{1}{LK} : \frac{1}{L'K'}$。

如果第一体系中的一个物体被移动，而第二体系中的对应物体得到一个相似的位移，则这些位移成 L 和 L' 之比；而如果作用在两个物体上的力成 F 和 F' 之比，则在二体系中所做的功将成 FL 和 $F'L'$ 之比。

但是，总电能等于各带电体的电荷和势的乘积之和的一半，因此，在相似的体系中，如果 W 和 W' 分别是两个体系中的总电能，则 $W : W' :: eV : e'V'$，而且两个体系在相似位移之后的能量差也将成相同的比例。由此可见，既然 FL 正比于位移过程中所做的电功，就有 $FL : F'L' :: eV : e'V'$。

把这些比例式结合起来，我们就发现第一体系中作用在任一物体上的力和第二体系中作用在对应物体上的力之比，是 $F : F' :: V^2K : V'^2K'$，或 $F : F' :: \frac{e^2}{L^2K} : \frac{e'^2}{L'^2K'}$。第一个比例式表明，在相似的体系中，力正比于电动势的平方和电介质的感应本领，而和体系的实际尺寸无关。

因此，放在感应本领比空气的感应本领要大的一种液体中的两个导体，当充电到给定的势时将互相吸引，比在空气中充电到同样的势时吸引得更加强烈。

第二个比例式表明，如果每一物体上的电荷都已给定，则力正比于电荷的平方而反比于距离的平方，也反比于媒质的感应本领。

由此可见，如果带有给定电荷的两个导体被放在感应本领比空气的感应本领要大的一种液体中，则它们将互相吸引，比它们被空气所包围并充有相同的电量时吸引得要微弱一些①。

① 由以上的考察可知，被比感本领为 K 的一种媒质包围着的两个带电体之间的力是 ee'/Kr^2，式中 e 和 e' 是两个物体上的电荷，而 r 是它们之间的距离。

第四章 普遍定理

95a.〕 在第二章中,我们曾经计算了势函数并考察了它的一些性质,所根据的假说是,在带电体之间存在着一种直接的超距作用,而这就是物体各带电部分之间的那些直接作用的合作用。

如果把这种方法叫做考察的正方法,则逆方法将是假设势是由和我们已经确立的那些性质相同的性质表征着的一个函数,而来考察这个函数的形式。

在正方法中,势是通过积分过程而从电分布算出的,并且是被发现满足某些微分方程的。在逆方法中,各微分方程被假设为已经给定,而我们则必须求出势和电分布。

只有在电分布已经给定的问题中正方法才可以用。当我们必须求出导体上的电分布时,我们就必须利用逆方法。

现在我们必须证明逆方法在每一事例中都导致一种确定的结果,并确立某些从泊松偏微分方程$\frac{d^2V}{dx^2}+\frac{d^2V}{dy^2}+\frac{d^2V}{dz^2}+4\pi\rho=0$,推出的结果。

由这一方程所表达的数学概念,是和由定积分$V=\int_{-\infty}^{+\infty}\int_{-\infty}^{+\infty}\int_{-\infty}^{+\infty}\frac{\rho}{r}dx'dy'dz'$,所表达的数学概念种类不同的。

在微分方程中,我们表达的是,V在任一点的邻域中的二阶导数之和。是以某种方式和该点的密度联系着的,而并没有表达该点的V值和离该点为有限距离的任一点上的ρ值之间的任何关系。

另一方面,在定积分中,ρ存在之点(x',y',z')和V存在之点(x,y,z)之间的距离是用r来代表的,而且在被积分式中是明确地照顾到了的。

因此积分就是质点间超距作用理论的一种适当的数学表示,而微分方程则是媒质相邻各部分之间发生作用的那种理论的适当表示。

我们已经看到,积分的结果满足微分方程。现在我们必须证明,它是该方程的唯一满足某些条件的解。

我们将用这种办法不但确立两种表示之间的数学等价性,并且为我们从直接超距作用理论过渡到媒质相邻部分之间的作用理论做好思想准备。

95b.〕 本章所考虑的这些定理,和在某一有限空间域中求出的某些体积分的性质有关,而那种空间域我们可以称之为电场。

这些积分的元量,即积分号下的表示式,不是其方向和量值在场中逐点变化的某个矢量的平方就是一个矢量和另一矢量在它的方向上的分量的乘积。

在一个矢量可以在空间中分布的那些不同方式中,有两种是特别重要的。

第一种方式是,矢量可以表示成一个叫做“势”的标量函数的空间改变量〔第17节〕。

这样的一种分布可以叫做一种“无旋分布”。力定律各自为距离的给定函数的一些力心的任意组合所引起之吸引力或推斥力的合力，就是无旋地分布着的。

第二种分布方式是，敛度〔第 25 节〕在每一点都为零。这样一种分布可以做一种“管状分布”。一种不可压缩流体的速度就是按管状的方式分布的。

我们说过，有心力引起合力的无旋分布。当这种有心力是按照距离的平方反比规律而变化时，如果各力心位于场外，则场内的分布既是无旋的又是管状的。

我们说过，不可压缩流体的运动是管状的。当这种运动起源于依赖于距离的力心或表面压力对起初处于静止的无摩擦流体的作用时，速度的分布既是管状的又是无旋的。

当我们必须确定一种同时是无旋的和管状的分布时，我们将称它为一种“拉普拉斯分布”，因为拉普拉斯曾经指出了这种分布的一些最重要的性质。

我们即将看到，本章所考虑这些体积分，是电场的能量的表示式。在从格林定理开始的第一组定理中。能量是用电动强度来表示的，而电动强度就是在一切电平衡的事例中都无旋地分布着的一个矢量。即将证明，如果表面势已经给定，则在一切无旋分布中同时又是管状的那个分布具有最小能量；而从此又可推知，只可能有一种拉普拉斯分布和表面势相容。

在包括汤姆孙定理在内的第二组定理中，能量是用电位移来表示的，而电位移则是一个有着管状分布的矢量。可以证明，如果表面电荷已经给定，则在一切管状分布中具有最小能量的那种分布就也是无旋的；而从此又可推知，只可能有一种拉普拉斯分布和已给的表面电荷相容。

所有这些定理的演证都是按相同的方式进行的。为了避免重复，在按直角坐标来计算面积分的步骤的每一事例中，我们都利用第 21 节中的定理三①，那里很全面地给出了体积分和对应的面积分之间的关系。因此，我们所要做的，只是在该定理中把 X、Y、Z 代成特定的定理所依赖的那个矢量的分量而已。

在本书的第一版中，每一条定理的叙述中都夹杂着许多不同的条件，目的是要显示定理的普遍性以及它可以适用的那些事例的多样性，但是那却倾向于使读者在心中把所假设的东西和要证明的东西混为一谈。

在现在这一版中，每一条定理都是首先用一种如果是特殊却也是更明确的方式叙述出来的，而然后才证明该定理可以有多大程度的普遍性。

我们一直是用符号 V 来代表势的，而且每当我们只是处理的静电学时，我们就将继续这样做。然而在这一章中，以及在下卷的那些电势出现在电磁考察中的各编中，我们却将用 ψ 来作为电势的一个专用符号。

① 这条定理看来是由奥斯特罗格拉斯基在 1828 年宣读的一篇论文中首次提出的，该文于 1831 年发表于 *Mém. de l' Acad. de St. Pétersbourc*，T. I. p. 39. 然而这条定理却可以看成连续性方程的一种形式。

格林定理

96a.〕 下述重要定理是由乔治·格林在他的《关于数学对电和磁的应用的文章》中给出的。

定理和由一个闭合曲面 s 所包围的空间有关。我们可以把这个有限的空间叫做"场"。设 v 是从曲面 s 向场中画出的一条法线，并设 l、m、n 是这条法线的方向余弦，则

$$l\frac{d\Psi}{dx}+m\frac{d\Psi}{dy}+n\frac{d\Psi}{dz}=\frac{d\Psi}{dv} \tag{1}$$

将是当沿 v 前进时函数 Ψ 的变化率。$\frac{d\Psi}{dv}$的值被理解为是在表面本身上取的，那里的 $v=0$。

让我们也像在第 26 和 77 节中那样写出 $$\frac{d^2\Psi}{dx^2}+\frac{d^2\Psi}{dy^2}+\frac{d^2\Psi}{dz^2}=-\nabla^2\Psi, \tag{2}$$

而当有两个函数 Ψ 和 Φ 时，让我们写出 $$\frac{d\Psi}{dx}\frac{d\Phi}{dx}+\frac{d\Psi}{dy}\frac{d\Phi}{dy}+\frac{d\Psi}{dz}\frac{d\Phi}{dz}=-S.\nabla\Psi\nabla\Phi。 \tag{3}$$

不熟悉四元数方法的读者如果愿意，可以把$\nabla^2\Psi$ 和 $S.\nabla\Psi\nabla\Phi$ 看成不过是在以上二式中和它们相等的那些量的一种约定的简写；而且，由于我们在后文中将应用笛卡儿坐标，也就用不着记得这些表示式的四元数诠释。然而，我们使用这些写法而不是用一个任意选出的单独字母来代表这些表示式，其原因就是，在四元数的语言中，它们全面地代表着和它们相等的那些量。算符∇ 作用在标量函数 Ψ 上，就给出该函数的空间改变量，而$-S.\nabla\Psi\nabla\Phi$ 一式就是两个空间改变量的乘积的标量部分，或者说是其中一个空间改变量乘以另一个空间改变量在它方向上的分量而得到的乘积。$\frac{d\Psi}{dv}$在四元数理论中通常写成 $S.Uv\nabla\Psi$，此处 Uv 是沿法线方向的一个单位矢量。看来在这儿使用这个符号并无多大好处，但是当我们开始处理各向异性的媒质时，我们就会发现使用这个符号的好处了。

格林定理的叙述

设 Ψ 和 Ψ 是 x、y、z 的两个函数，它们本身和它们的一阶导数都在以闭合曲面 s 为边界的非循环域 s 中是有限的和连续的，于是就有

$$\iint\Psi\frac{d\Phi}{dv}ds-\iiint\Psi\nabla^2\Phi ds=\iiint S.\nabla\Psi\nabla\Phi ds=\iint\Phi\frac{d\Psi}{dv}ds-\iiint\Phi\nabla^2\Psi ds; \tag{4}$$

式中的二重积分是展布在整个闭合曲面 s 上的，而三重积分则遍及由该曲面所包围的整个场 s。

为了证明这一定理，在第 21 节的定理三中写出

$$X=\Psi\frac{d\Phi}{dx},\quad Y=\Psi\frac{d\Phi}{dy},\quad Z=\Psi\frac{d\Phi}{dz}, \tag{5}$$

于是就有 $R\cos\varepsilon=-\Psi\left(l\frac{d\Phi}{dx}+m\frac{d\Phi}{dy}+n\frac{d\Phi}{dz}\right)=-\Psi\frac{d\Phi}{d\nu}$,据(1); (6)

以及 $$\frac{dX}{dx}+\frac{dY}{dy}+\frac{dZ}{dz}=\Psi\left(\frac{d^2\Phi}{dx^2}+\frac{d^2\Phi}{dy^2}+\frac{d^2\Phi}{dz^2}\right)+\frac{d\Psi}{dx}\frac{d\Phi}{dx}+\frac{d\Psi}{dy}\frac{d\Phi}{dy}+\frac{d\Psi}{dz}\frac{d\Phi}{dz}$$
$$=-\Psi\nabla^2\Phi-S.\nabla\Psi\nabla\Phi,\text{据(2) 和(3)。} \tag{7}$$

但是由定理三,$\iint R\cos\varepsilon\, ds=\iiint\left(\frac{dX}{dx}+\frac{dY}{dy}+\frac{dZ}{dz}\right)ds$;或者,由(6)和(7),就有

$$\iint\Psi\frac{d\Phi}{d\nu}ds-\iiint\Psi\nabla^2\Phi ds=\iiint S.\nabla\Psi\nabla\Phi ds。\tag{8}$$

既然在此式的右端 Ψ 和 Φ 可以互换,它们在左端也就可以互换,于是我们就得到由方程(4)给出的格林定理的完全证明。

96b.〕 其次我们必须证明,当其中一个函数例如是一个多值函数时,格林定理也成立,如果该函数的一阶导数是单值的而且在非循环域 Ψ 中并不变为无限大的话。

既然$\nabla\Psi$ 和$\nabla\Phi$ 是单值的,(4)式的右端就是单值的。但是既然 Ψ 是多值的,左端的任一项例如 $\Psi\nabla^2\Phi$ 就是多值的。然而,如果我们在域 s 中的一个点 A 上选定 Ψ 的许多值中的一个,例如 Ψ_0,则 Ψ 在任何其他点 P 上的值也将是确定的。因为,既然所选定的 Ψ 值在域中是连续的,Ψ 在 P 上的值就必然是从 A 上的值 Ψ。开始沿着从 A 到 P 的任何路径通过连续变化而达到的那个值。假如在 P 点的值对于 A、P 之间的两条路径是不同的,则这两条路径之间必然包围了一条闭合曲线,而 Ψ 的导数在那条曲线上变为无限大①。这是和预设的条件相矛盾的,因为,既然各导数在域 s 中不会变成无限大,闭合曲线就必然完全位于域外,而既然域是非循环的,域内的两条路径就不可能包围域外的任何东西。

因此,如果 Ψ_0 被取作 Ψ 在点 A 上的值,则 Ψ 在 P 上的值是确定的。

假如曾经选定 Ψ 的任何别的值例如 Ψ_0+nk 来作为 A 点上的值,则 P 点上的值将是 $\Psi+nk$。但是,方程(4)的左端却将和以前相同,因为,这种改变将使左端增大一个量

$$nk\left[\iint\frac{d\Phi}{d\nu}ds-\iiint\nabla^2\Phi ds\right];$$

而根据第 21 节中的定理三,这个量是零。

96c.〕 如果域 s 是双连通的或三连通的,我们就可以通过用屏障来把它的每一条回路都隔断而把它简化成非循环域。{这时我们就可以对一个域应用定理,该域以 s 的表面和屏障的正面及负面为其边界面。}

设 s_1 是其中一个屏障,而 K_1 是对应的循环常数,也就是在沿正方向绕回路巡行一周时的 Ψ 的增量。既然域 s 是位于屏障两侧的,s_1 的每一个面积元就都将在面积分中出现两次。

如果我们假设法线 ν_1 是向着 ds_1 的正面画的,而 ν_1'是向着反面画的,则有 $\frac{d\Phi}{d\nu_1'}=$

① 对一切可调和的路径来说,$\int_A^P\left(\frac{d\Psi}{dx}dx+\frac{d\Psi}{dy}dy+\frac{d\Psi}{dz}dz\right)$ 都是相同的;而既然域是非循环的,一切的路径就是可调和的。

$-\frac{d\Phi}{dv_1}$，和 $\Psi'_1=\Psi_1+(\kappa_1)$，于是，既然 d$v$ 就是正曲面之内向法线上的元线段，面积分中来自 ds_1 的元量就将是 $\Psi_1\frac{d\Phi}{dv_1}ds_1+\Psi'_1\frac{d\Phi}{dv'_1}ds_1=-\kappa_1\frac{d\Phi}{dv_1}ds_1$。由此可见，如果域 s 是多连通的，则方程(4)的第一项必须写成

$$\iint\Psi\frac{d\Phi}{dv}ds-\kappa_1\iint\frac{d\Phi}{dv_1}ds_1-\cdots-\kappa_n\iint\frac{d\Phi}{dv_n}ds_n-\iiint\Psi\nabla^2\Phi ds;\tag{4a}$$

式中 dv 是边界面上内向法线的元线段，而且式中的第一个面积分应该是在边界面上计算的，而其他的面积分则是在不同的屏障上计算的，屏障的每一个面积元只取一次，其法线沿着回路的正方向画出。

定理在多连通域事例中的这种修订，是由亥姆霍兹首先证明其为必要的[①]，并且是由汤姆孙首先应用于该定理的[②]。

96d.〕 现在让我们和格林一起假设，其中一个函数例如 Φ 并不满足它自己及其一阶导数在所给域中不会变成无限大的条件，而是在域中的一点 P 上而且只在 P 上变成无限大，而且在和 P 很靠近的地方 Φ 的值是 Φ_0+e/r，式中 Φ_0 是一个有限而连续的量，而 r 是到 P 点的距离[③]。如果 Φ 是由集中在 P 点上的一个电量以及在所考虑域中到处都不会变成无限大的任何一种电荷体密度的分布所引起的势，情况就会是这样的。

现在让我们假设以 a 为半径以 P 点为心画一个很小的球。于是，既然在这个球的外面和曲面 s 里面的那个域中 Φ 并不显示任何奇异性，我们就可以把格林定理应用在该域上，只要记得在计算面积分时应该把小球面考虑在内。

在计算体积分时，我们必须从起源于整个域的体积分中减去起源于小球的体积分。

现在，适用于球的体积分 $\iiint\Phi\nabla^2\Psi dx\,dy\,dz$ 不可能在数值上大于 $(\nabla^2\Psi)_g\iiint\Phi\,dx\,dy\,dz$，或 $(\nabla^2\Psi)_g\left\{2\pi ea^2+\frac{4}{3}\pi a^3\Phi_0\right\}$，式中写在任何量旁的下标 g 表明取该量在球内的最大数值。

因此这个体积分具有 α^2 的数量级，从而当 α 渐减而最后变为零时体积分是可以忽略的。

另一个球积分 $\iiint\Psi\nabla^2\Phi dx\,dy\,dz$ 将被假设为在小球面和曲面 s 之间的域中进行计算，从而积分域并不包含 Ψ 在它那里变为无限大的那个点。

球上的面积分 $\iint\Phi\frac{d\Psi}{dv}ds'$ 不可能在数值上大于 $\Phi_g\iint\frac{d\Psi}{dv}ds'$。

现在，由第 21 节的定理就有 $\iint\frac{d\Psi}{dv}ds=-\iiint\nabla^2\Psi dx\,dy\,dz$，因为这里的 d$v$ 是从球面

① 'Ueber Integrale der hydrodynamischen Gleichungen welche den Wirbelbewe gungen entsprechen,' *Crelle*, 1858. Translated by Prof. Tait, *Phil. Mag.*, 1867(I).

② 'On Vortex Motion,' *Trans. R. S. Edin.* xxv. part. i. p. 241(1867).

③ e/r 中的斜线把分子和分母分开。

向外量度的；而且此式不可能在数值上大于$(\nabla^2\Psi)_g\frac{4}{3}\pi a^2$，而且 Φ_g 在球面上近似地等于$\frac{e}{g}$，从而$\iint\Phi\frac{\mathrm{d}\Psi}{\mathrm{d}v}\mathrm{d}s$ 不可能在数值上大于$\frac{4}{3}\pi a^2 e(\nabla^2\Psi)_g$，从而它具有 α^2 的数量级，而且当 α 趋于零时是可以忽略的。

但是方程另一端的在球面上计算的面积分$\iint\Psi\frac{\mathrm{d}\Phi}{\mathrm{d}v}\mathrm{d}s'$，却并不变为零，因为$\iint\frac{\mathrm{d}\Phi}{\mathrm{d}v}\mathrm{d}s'=-4\pi e$；$\mathrm{d}v$ 从球面向外量度，而且，如果 Ψ_0 是 Ψ 在 P 点上的值，就有$\iint\Psi\frac{\mathrm{d}\Phi}{\mathrm{d}v}\mathrm{d}s=-4\pi e\Psi_0$。

因此，在这一事例中，方程(4)就变为

$$\iint\Psi\frac{\mathrm{d}\Phi}{\mathrm{d}v}\mathrm{d}s-\iiint\Psi\nabla^2\Phi\mathrm{d}s-4\pi e\Psi_0=\iint\Phi\frac{\mathrm{d}\Psi}{\mathrm{d}v}\mathrm{d}s-\iiint\Phi\nabla^2\Psi\mathrm{d}s\text{①}。\tag{4b}$$

97a.〕 我们可以像格林那样利用这一定理来确定一种分布的面密度，那种分布将引起一种势，使得势的值在一个给定的闭合曲面的内外都是给定的；这样就可以得到格林定理在这一事例中的一个例证。这些势值必须在曲面上互相重合，而且在曲面内部有$\nabla^2\Psi=0$，而在曲面外部则有$\nabla^2\Psi'=0$，式中 Ψ 和 Ψ' 代表曲面内和曲面外的势。

格林是从正过程开始的，就是说，给定了面密度 σ 的分布，一个内部点 P 上和一个外部点 P' 上的势是通过计算积分

$$\Psi_P=\iint\frac{\sigma}{r}\mathrm{d}s,\ \Psi_{P'}'=\iint\frac{\sigma}{r'}\mathrm{d}s\tag{9}$$

来得出的，式中的 r 和 r' 分别从 P 点和 P' 点量起。

现在令 $\Phi=1/r$，然后对曲面内部的空间应用格林定理。记得在整个积分限内有$\nabla^2\Phi=0$ 和$\nabla^2\Psi=0$，我们就得到

$$\iint\Psi\frac{\mathrm{d}\frac{1}{r}}{\mathrm{d}v'}\mathrm{d}s-4\pi\Psi_P=\iint\frac{1}{r}\frac{\mathrm{d}\Psi}{\mathrm{d}v'}\mathrm{d}s\text{②},\tag{10}$$

式中 Ψ_P 是 Ψ 在 P 点上的值。

另外，如果我们把定理应用到曲面 s 和在无限远 α 处包围该曲面的另一曲面之间的空间中，则属于后一曲面的那一部分面积分将具有 $1/\alpha$ 的数量级而可以忽略，从而我们就得到

$$\iint\Psi'\frac{\mathrm{d}\frac{1}{r}}{\mathrm{d}v}\mathrm{d}s=\iint\frac{1}{r}\frac{\mathrm{d}\Psi'}{\mathrm{d}v}\mathrm{d}s。\tag{11}$$

现在，在曲面上有 $\Psi=\Psi'$，而既然法线 v 和 v' 是向相反的方向画的，又有

$$\frac{\mathrm{d}\frac{1}{r}}{\mathrm{d}v}+\frac{\mathrm{d}\frac{1}{r}}{\mathrm{d}v'}=0。$$

由此可见，当把方程(10)和(11)相加时，左端就互相抵消，而我们就有

$$-4\pi\Psi_P=\iint\frac{1}{r}\left(\frac{\mathrm{d}\Psi}{\mathrm{d}v'}+\frac{\mathrm{d}\Psi'}{\mathrm{d}v}\right)\mathrm{d}s。\tag{12}$$

---

① 在这个方程中，$\mathrm{d}v$ 是向着曲面的内部画的，而$\iiint\Psi\nabla^2\Phi\mathrm{d}x\mathrm{d}y\mathrm{d}z$ 不是在一个球所占的体积中计算的，该球的中心就是 Φ 在那里变为无限大的那个点。

② 在方程(10)和(11)中，$\mathrm{d}v'$ 是向曲面内部画的，而 $\mathrm{d}v$ 则是向曲面外部画的。

97b.〕 格林也证明了,如果势 Ψ 在一个闭合曲面 s 的每一点上的值是任意给定了的,则曲面内部或外部任一点上的势可以确定,如果在曲面内部或外部有 $\nabla^2\Psi=0$ 的话。

为了证明这一点,他假设函数 Φ 在 P 点附近的值近似地是 $1/r$,在曲面 s 上的值是零,而在曲面内部的每一点上有 $\nabla^2\Phi=0$。

至于这样一个函数必然存在,格林是从一种物理考虑来证明的;就是说,如果 s 是一个接地的导电表面,并有一个单位电荷放在 P 点,则 s 内的势必然满足上述条件。因为,既然 s 是接地的,s 上每一点的势必然是零;而既然势起源于 P 点上的电和在 s 上感应出来的电,在曲面内部的每一点上就有 $\nabla^2\Phi=0$。

对这一事例应用格林定理,我们就得到
$$4\pi\Psi_P=\iint\Psi\frac{\mathrm{d}\Phi}{\mathrm{d}v'}\mathrm{d}s,\tag{13}$$
此处面积分中的 Ψ 就是面积元 $\mathrm{d}s$ 上的势的给定值;而且,如果 σ_P 是由 P 点上的单位电量在 s 上感应出来的电的面密度,就有
$$4\pi\sigma_P+\frac{\mathrm{d}\Phi}{\mathrm{d}v'}=0,\tag{14}$$
从而我们就可以把方程(13)写成
$$\Psi_P=-\iint\Psi\sigma\,\mathrm{d}s\text{①}\tag{15}$$
式中 σ 是由 P 点上等于 1 的电荷在 $\mathrm{d}s$ 上感应出来的电荷面密度。

因此,如果对 P 点的一个具体位置来说曲面每一点上的 σ 值为已知,我们就可以通过普通的求积分来计算 P 点的势,这时假设曲面每一点上的势已经给定,而曲面内部的势则满足条件 $\nabla^2\Phi=0$。

我们在以后即将证明,如果我们已经求得了一个满足这些条件的函数 Ψ,则它是唯一满足这些条件的函数。

格林函数

98.〕 设使一个闭合曲面 s 保持于零势。设 P 和 Q 是位于曲面 s 的正面上的两个点(我们可以把内面或外面设为正面),并设把一个带有单位电荷的小物体放在 P 点上;Q 点的势将包括两部分,其中一部分是由 P 点上的电荷的直接作用引起的,而另一部分则是由该电荷在 s 上感应出来的那些电的作用引起的。后一部分势叫做“格林函数”,并用 G_{pq} 来代表。

这个量是 P、Q 二点的位置的函数,其函数形式依赖于曲面 s。它已经针对 s 是一个球的事例和少数几个其他事例被算出。它代表由 P 点上的单位电荷在 s 上感应出来的电荷在 Q 点引起的势。

任意点 Q 上的实际势起源于 P 点的电荷和 s 上的感生电荷;此势是 $1/r_{pq}+G_{pq}$,式中 r_{pq} 代表 P 和 Q 之间的距离。

在曲面 s 上,以及在 s 的负表面的每一点上,势都为零,因此就有
$$G_{pa}=-\frac{1}{r_{pa}},\tag{1}$$

---

① 此式和第 71 页上的方程(14)相同。

式中下标 a 表示取的是曲面 s 上的一个点 A 而不是 Q。

设 $\sigma_{pa'}$ 代表由 P 在曲面 s 的一点 A' 感应出来的面密度，于是，既然 G_{pq} 是由表面分布在 Q 上引起的势，那就有

$$G_{pq}=\iint\frac{\sigma_{pa'}}{r_{qa'}}ds', \tag{2}$$

式中 ds' 是 A' 点处的一个面积元，而积分则遍及整个曲面 s。

但是，假如曾把一个单位电荷放在 Q 上，我们由方程(1)就应有

$$\frac{1}{r_{qa'}}=-G_{qa'} \tag{3}$$

$$=-\iint\frac{\sigma_{qa}}{r_{aa'}}ds; \tag{4}$$

式中 σ_{qa} 是由 Q 感应出来的电在 A 点的密度，ds 是一个面积元，而 $r_{aa'}$ 是 A 和 A' 之间的距离。把 $1/r_{qa'}$ 的这个值代入 G_{pq} 的表示式中，我们就得到

$$G_{pq}=-\iiiint\frac{\sigma_{qa}\sigma_{pa'}}{r_{aa'}}ds\,ds'. \tag{5}$$

既然这个表示式当把 p 改成 q 而把 q 改成 p 时并不改变，我们就发现

$$G_{pq}=G_{qp}; \tag{6}$$

这是我们在第 86 节中已经证明其为必要的一个结果，但是我们现在看到它也可以由计算格林函数的数学手续来推出。

如果我们假设一种完全任意的电分布，并在场中放上一个带有单位电荷的点，如果零势曲面把该点和所设的分布完全分隔开来，那么，如果我们把这个曲面取作 s，并把这个点取作 P，则对和 P 点位于曲面的同侧的任一点来说，格林函数就将是所设的分布在曲面的另一侧引起的势。利用这种办法，我们可以构想出任意多的事例，使得格林函数可以针对 P 点的一个特定位置来算出。当曲面的形式已经给定而 P 点的位置为任意时，这一函数形式的寻求就是一个困难得多的问题，尽管我们已经证明这在数学上是可能的。

让我们假设问题已经解决，而 P 是取在曲面的内部的。这时，对于一切外部的点来说，表面分布的势都和 P 点的势相等而异号。因此表面分布就是心压式的(centrobaric)①，而它对一切外部点的作用和放在 P 点上的一个单位电荷的作用相同。

99a.〕 如果我们在格林定理中令 $\psi=\Phi$，就得到

$$\iint\Psi\frac{d\Psi}{d\nu}ds-\iiint\Psi\nabla^2\Psi ds=\iiint(\nabla\Psi)^2ds. \tag{16}$$

如果 Ψ 是由一种电分布引的势，而该分布在空间中有体密度 ρ，在表面为 s_1、s_2 等等而势为 Ψ_1、Ψ_2 等等的一些导体上有面密度 σ_1、σ_2 等等，则有

$$\nabla^2\Psi=4\pi\rho, \tag{17}$$

$$\frac{d\Psi}{d\nu}=-4\pi\sigma, \tag{18}$$

式中 $d\nu$ 是从导体向外画的，而且

$$\iint\frac{d\Psi}{d\nu_1}ds_1=-4\pi e_1, \tag{19}$$

① Thomson and Tait's *Natural Philosophy*, § 526.

式中 e_1 是曲面 s_1 上的电荷。

将(16)式除以 -8π,我们就得到

$$\frac{1}{2}(\Psi_1 e_1 + \Psi_2 e_2 + \cdots) + \frac{1}{2}\iiint \Psi\rho \mathrm{d}x\mathrm{d}y\mathrm{d}z$$

$$= \frac{1}{8\pi}\iiint \left[\left(\frac{\mathrm{d}\Psi}{\mathrm{d}x}\right)^2 + \left(\frac{\mathrm{d}\Psi}{\mathrm{d}y}\right)^2 + \left(\frac{\mathrm{d}\Psi}{\mathrm{d}z}\right)^2\right]\mathrm{d}x\mathrm{d}y\mathrm{d}z \tag{20}$$

第一项是由面分布引起的体系的电能,而第二项是由场中的电分布引起的电能,如果这样一种分布存在的话。

因此,等式的右端就表示体系的全部电能①,此处势 Ψ 是 x、y、z 的给定函数。

由于常常要用到这个体积分,我们将用一个简写符号 W_Ψ 来代表它,于是就有

$$W_\Psi = \frac{1}{8\pi}\iiint \left[\left(\frac{\mathrm{d}\Psi}{\mathrm{d}x}\right)^2 + \left(\frac{\mathrm{d}\Psi}{\mathrm{d}y}\right)^2 + \left(\frac{\mathrm{d}\Psi}{\mathrm{d}z}\right)^2\right]\mathrm{d}x\mathrm{d}y\mathrm{d}z。\tag{21}$$

如果仅有的电荷就是各导体表面上的那些电荷,则 $\rho=0$,而方程(20)左端的第二项不复存在。

正如在第 84 节中一样,能量表示式的第一项用各导体的电荷和势表示了带电体系的能量,我们将用 W 来代表这一能量表示式。

99b.〕 设 Ψ 是 x、y、z 的一个函数,满足一个条件,即它在一个闭合曲面 s 上的值 $\bar{\Psi}$ 在曲面的每一点上都是一个给定的量。在不在曲面 s 上的各点上,Ψ 的值是完全任意的。

让我们也写出

$$W = \frac{1}{8\pi}\iiint \left[\left(\frac{\mathrm{d}\Psi}{\mathrm{d}x}\right)^2 + \left(\frac{\mathrm{d}\Psi}{\mathrm{d}y}\right)^2 + \left(\frac{\mathrm{d}\Psi}{\mathrm{d}z}\right)^2\right]\mathrm{d}x\mathrm{d}y\mathrm{d}z, \tag{22}$$

积分遍及曲面内的整个空间,于是我们就将证明,如果 Ψ_1 是 Ψ 的一种特定形式,它满足表面条件而且在曲面内的每一点上也满足拉普拉斯方程

$$\nabla^2\Psi_1 = 0 \tag{23}$$

则对应于 Ψ_1 的 W 值 W_1 将小于对应于在曲面内的任一点上和 Ψ_1 不相同的任意函数的 W 值。

因为,设 Ψ 在曲面上和 Ψ_1 相重合,但并不是在曲面内部的每一点上都和 Ψ_1 相重合,而且让我们写出

$$\Psi = \Psi_1 + \Psi_2; \tag{24}$$

于是 Ψ_2 就是在曲面的每一点上都为零的一个函数。

对 Ψ 而言的 W 值显然是

$$W = W_1 + W_2 + \frac{1}{4\pi}\iiint\left(\frac{\mathrm{d}\Psi_1}{\mathrm{d}x}\frac{\mathrm{d}\Psi_2}{\mathrm{d}x} + \frac{\mathrm{d}\Psi_1}{\mathrm{d}y}\frac{\mathrm{d}\Psi_2}{\mathrm{d}y} + \frac{\mathrm{d}\Psi_1}{\mathrm{d}z}\frac{\mathrm{d}\Psi_2}{\mathrm{d}z}\right)\mathrm{d}x\mathrm{d}y\mathrm{d}z。\tag{25}$$

由格林定理,最后一项可以写成

$$\frac{1}{4\pi}\iiint \Psi_2\nabla^2\Psi_1 \mathrm{d}s - \frac{1}{4\pi}\iint \Psi_2\frac{\mathrm{d}\Psi_1}{\mathrm{d}v}\mathrm{d}s。\tag{26}$$

体积分等于零,因为在曲面内部有 $\nabla^2\Psi_1=0$;面积分也等于零,因为在曲面上有 $\Psi_2=0$。因此方程(25)就简化成了

$$W = W_1 + W_2。\tag{27}$$

作为三个平方项之和,W_2 的被积分式不可能有负值,于是积分本身只能大于或等于零。由此可见,如果 W_2 不为零,它就必须是正的,从而 W 就大于 W_1。但是,如果 W_2 为

---

① 当各导体被一种不同于空气的电介质所包围时,(20)式右端的表示式并不代表电能。

零，它的每一个被积元量就必须为零，从而在曲面内部的每一点上都有

$$\frac{\mathrm{d}\Psi_2}{\mathrm{d}x}=0,\quad \frac{\mathrm{d}\Psi_2}{\mathrm{d}y}=0,\quad \frac{\mathrm{d}\Psi_2}{\mathrm{d}z}=0$$

从而 Ψ_2 在曲面内部必为常量。但是在曲面上有 $\Psi_2=0$，从而在曲面内部的每一点上也有 $\Psi_2=0$，从而 $\Psi=\Psi_1$；因此，如果 W 不大于 W_1，则 Ψ 必然在曲面内部的每一点上恒等于 Ψ_1。

由此可知，Ψ 是在曲面上变为 $\bar{\Psi}$ 而在曲面内部的每一点上满足拉普拉斯方程的一个唯一的 x、y、z 的函数。

因为，如果这些条件是被任何其他函数 Ψ_3 所满足的，则 W_3 必然小于任何别的 W 值。但是我们已经证明 W_1 小于任何别的值，从而它也小于 W_3。因此任何不同于 Ψ_1 的函数都不能满足条件。

我们将发现最有用处的事例就是，场是由一个外表面 s 和任意多个内表面 s_1、s_2 等等所限定的，而且条件是，Ψ 将在 s 上为零，在 s_1 上为 Ψ_1，在 s_2 上为 Ψ_2，等等，此处 Ψ_1、Ψ_2 等等对各自的曲面为常量，正如在各势为给定的导体组中那样。

在所有满足这些条件的 Ψ 函数中，在场中每一点上都满足 $\nabla^2\Psi=0$ 的那个函数将给出 W_Ψ 的最小值。

汤姆孙定理　引理

100a.〕 设 Ψ 是 x、y、z 的一个任意函数，在闭合曲面 s 内部为有限和连续，而且在某些闭合曲面 $s_1,s_2,\cdots,s_P$ 等等上各自有常量值 $\Psi_1,\Psi_2,\cdots,\Psi_P$ 等等。

设 u、v、w 是 x、y、z 的函数，而我们可以把它们看成一个满足管状条件

$$-\mathrm{S}.\nabla\mathfrak{C}=\frac{\mathrm{d}u}{\mathrm{d}x}+\frac{\mathrm{d}v}{\mathrm{d}y}+\frac{\mathrm{d}w}{\mathrm{d}z}=0, \tag{28}$$

的矢量 $\mathfrak{C}$ 的分量；另外，让我们在定理三中令　$X=\Psi u, Y=\Psi v, Z=\Psi w$；　(29)

于是我们就作为这些代入的结果而得到

$$\sum_p\iint\Psi_p(l_pu+m_pv+n_pw)\mathrm{d}s_p+\iiint\Psi\left(\frac{\mathrm{d}u}{\mathrm{d}x}+\frac{\mathrm{d}v}{\mathrm{d}y}+\frac{\mathrm{d}w}{\mathrm{d}z}\right)\mathrm{d}x\mathrm{d}y\mathrm{d}z$$

$$+\iiint\left(u\frac{\mathrm{d}\Psi}{\mathrm{d}x}+v\frac{\mathrm{d}\Psi}{\mathrm{d}y}+w\frac{\mathrm{d}\Psi}{\mathrm{d}z}\right)\mathrm{d}x\mathrm{d}y\mathrm{d}z=0, \tag{30}$$

面积分遍及于各个不同的曲面，体积分遍及于整个场，而 l_p、m_p、n_p 是 s_p 上向场中画的法线的方向余弦。现在，体积分由于 u、v、w 的管状条件而等于零，而各个面积分在下列各事例中等于零：

（1）当在曲面的每一点上有 $\Psi=0$ 时。

（2）当在曲面的每一点上有 $lu+mv+nw=0$ 时。

（3）当曲面完全由满足(1)和(2)的一些部分构成时。

（4）当 Ψ 在每一个闭合曲面上为常数，并有 $\iint(lu+mv+nw)\mathrm{d}s=0$ 时。

因此，在这四种事例中，体积分就是

$$M=\iiint\left(u\frac{\mathrm{d}\Psi}{\mathrm{d}x}+v\frac{\mathrm{d}\Psi}{\mathrm{d}y}+w\frac{\mathrm{d}\Psi}{\mathrm{d}z}\right)\mathrm{d}x\,\mathrm{d}y\,\mathrm{d}z=0。\tag{31}$$

100b.〕 现在考虑由一个闭合的外表面 s 和一些闭合的内表面 s_1、s_2 等等所限定的场。

设 Ψ 是 x、y、z 的一个函数，在场中为有限和连续并满足拉普拉斯方程

$$\nabla^2\Psi=0,\tag{32}$$

而且，Ψ 在各曲面 s_1、s_2 等等上有恒定的但不是已知的值 Ψ_1、Ψ_2 等等，而在外表面 s 上则为零。

任一导电表面例如 s_1 上的电荷，由面积分 $$e_1=-\frac{1}{4\pi}\iint\frac{\mathrm{d}\Psi}{\mathrm{d}v_1}\mathrm{d}s_1,\tag{33}$$

给出，法线 v_1 是从曲面 s_1 向电场中画出的。

100c.〕 现在设 f、g、h 是 x、y、z 的函数，而我们可以把它们看成一个矢量 $\mathfrak{D}$ 的分量，该矢量只满足这样的条件：在场中每一点上，必须满足管状条件

$$\frac{\mathrm{d}f}{\mathrm{d}x}+\frac{\mathrm{d}g}{\mathrm{d}y}+\frac{\mathrm{d}h}{\mathrm{d}z}=0,\tag{34}$$

而在任一闭合的内表面例如 s_1 上，则面积分 $$\iint(l_1f+m_1g+n_1h)\mathrm{d}s=e_1,\tag{35}$$

式中 l_1、m_1、n_1 是从曲面 s_1 向外画入场中的法线 v_1 的法线的方向余弦，而 e_1 则是方程(33)中那同一个量，这事实上就是以 s_1 为其表面的那个导体上的电荷。

我们必须考虑在 s 之内和 s_1 等等之外的整个场中计算的体积分

$$W_{\mathfrak{D}}=2\pi\iiint(f^2+g^2+h^2)\mathrm{d}x\,\mathrm{d}y\,\mathrm{d}z,\tag{36}$$

并把它和 $$W_{\Psi}=\frac{1}{8\pi}\iiint\left[\left(\frac{\mathrm{d}\Psi}{\mathrm{d}x}\right)^2+\left(\frac{\mathrm{d}\Psi}{\mathrm{d}y}\right)^2+\left(\frac{\mathrm{d}\Psi}{\mathrm{d}z}\right)^2\right]\mathrm{d}x\,\mathrm{d}y\,\mathrm{d}z,\tag{37}$$

相比较，式中的积分限是相同的。

让我们写出

$$u=f+\frac{1}{4\pi}\frac{\mathrm{d}\Psi}{\mathrm{d}x},\quad v=g+\frac{1}{4\pi}\frac{\mathrm{d}\Psi}{\mathrm{d}y},\quad w=h+\frac{1}{4\pi}\frac{\mathrm{d}\Psi}{\mathrm{d}z},\tag{38}$$

以及 $$W_{\mathfrak{E}}=2\pi\iiint(u^2+v^2+w^2)\mathrm{d}x\,\mathrm{d}y\,\mathrm{d}z;\tag{39}$$

于是，既然

$$\begin{aligned}f^2+g^2+h^2=&\frac{1}{16\pi^2}\left[\left(\frac{\mathrm{d}\Psi}{\mathrm{d}x}\right)^2+\left(\frac{\mathrm{d}\Psi}{\mathrm{d}y}\right)^2+\left(\frac{\mathrm{d}\Psi}{\mathrm{d}z}\right)^2\right]\\&+u^2+v^2+w^2-\frac{1}{2\pi}\left[u\frac{\mathrm{d}\Psi}{\mathrm{d}x}+v\frac{\mathrm{d}\Psi}{\mathrm{d}y}+w\frac{\mathrm{d}\Psi}{\mathrm{d}z}\right],\end{aligned}$$

就有 $$W_{\mathfrak{D}}=W_{\Psi}+W_{\mathfrak{E}}-\iiint\left(u\frac{\mathrm{d}\Psi}{\mathrm{d}x}+v\frac{\mathrm{d}\Psi}{\mathrm{d}y}+w\frac{\mathrm{d}\Psi}{\mathrm{d}z}\right)\mathrm{d}x\,\mathrm{d}y\,\mathrm{d}z。\tag{40}$$

现在，首先，u、v、w 满足管状条件，因为由方程(38)就有

$$\frac{\mathrm{d}u}{\mathrm{d}x}+\frac{\mathrm{d}v}{\mathrm{d}y}+\frac{\mathrm{d}w}{\mathrm{d}z}=\frac{\mathrm{d}f}{\mathrm{d}x}+\frac{\mathrm{d}g}{\mathrm{d}y}+\frac{\mathrm{d}h}{\mathrm{d}z}-\frac{1}{4\pi}\nabla^2\Psi,\tag{41}$$

而根据方程(34)和(32)所表示的那些条件,(41)右端的两部分都等于零。

其次,面积分为

$$\iint (l_1 u + m_1 v + n_1 w)\mathrm{d}s_1 = \iint (l_1 f + m_1 g + n_1 h)\mathrm{d}s_1 + \frac{1}{4\pi}\iint \frac{\mathrm{d}\Psi}{\mathrm{d}\nu_1}\mathrm{d}s_1, \tag{42}$$

但是由(35)可知右端第一项是 e_1,而由(33)可知第二项是 $-e_1$,于是就有

$$\iint (l_1 u + m_1 v + n_1 w)\mathrm{d}s_1 = 0。 \tag{43}$$

因此,既然 Ψ 是常量,第 100a 节中的第四个条件就得到满足,从而方程(40)的最后一项就是零,于是方程简化为

$$W_{\mathfrak{D}} = W_{\Psi} + W_{\mathfrak{E}}。 \tag{44}$$

现在,既然积分 $W_{\mathfrak{E}}$ 中的被积分式是三个平方项之和 $u^2+v^2+w^2$,积分就必须为正或为零。如果在场中任一点上 u、v、w 并不各自等于零,积分 $W_{\mathfrak{E}}$ 就必将有一个正值,从而 $W_{\mathfrak{D}}$ 就必然大于 W_{Ψ}。只有在每一点上 $u=v=w=0$ 各值才满足条件。

由此可见,如果在每一点上有

$$f = -\frac{1}{4\pi}\frac{\mathrm{d}\Psi}{\mathrm{d}x}, g = -\frac{1}{4\pi}\frac{\mathrm{d}\Psi}{\mathrm{d}y}, h = -\frac{1}{4\pi}\frac{\mathrm{d}\Psi}{\mathrm{d}z}, \tag{45}$$

则

$$W_{\mathfrak{D}} = W_{\Psi}, \tag{46}$$

而和这些 f、g、h 值相对应的 $W_{\mathfrak{D}}$ 则小于和任何不同于这些值的 f、g、h 值相对应的值。

因此,当每一个导体上的电荷已经给定时,确定场中每一点上的位移和势的问题就有一个而且只有一个解。

在它的一种更普遍的形式下,这条定理是由 W. 汤姆孙爵士给出的[①]。我们在以下将指明它可以有些什么样的推广。

100d.〕 这条定理可以修改如下:假设矢量 $\mathfrak{D}$ 不是在场中每一点上满足管状条件而是满足

$$\frac{\mathrm{d}f}{\mathrm{d}x} + \frac{\mathrm{d}g}{\mathrm{d}y} + \frac{\mathrm{d}h}{\mathrm{d}z} = \rho, \tag{47}$$

式中 ρ 是一个有限的量,它在场中每一点上的值已经给定,可以为正或为负,可以是连续的,然而它在一个有限域中的体积分却是有限的。

我们也可以假设,在场中的某些曲面上,有

$$lf + mg + nh + l'f' + m'g' + n'h' = \sigma, \tag{48}$$

式中 l、m、n 和 l'、m'、n' 是从曲面上的一点向着位移分别为 f、g、h 和 f'、g'、h' 的域中画出的法线的方向余弦,而 σ 是在曲面的一切点上给定的一个量,它在一个有限曲面上的面积分是有限的。

100e.〕 我们也可以改变边界曲面上的条件,即假设在这些曲面的每一点上有

$$lf + mg + nh = \sigma, \tag{49}$$

式中 σ 是在每一点上给出的。

(在起初的叙述中,我们只假设了 σ 的积分值在每一个曲面上是给定的。在这里,我们假设 σ 的值在每一个面积元上是给定的;这种假设和在原有假设中把每一个面积元看成一个分离的曲面时意义相同。)

---

① *Cambridge and Dublin Mathematical Journal*, February, 1848.

这些修订全都不会影响定理的成立，如果我们记得 Ψ 必须满足对应的条件，即满足

普遍条件
$$\frac{d^2\Psi}{dx^2}+\frac{d^2\Psi}{dy^2}+\frac{d^2\Psi}{dz^2}+4\pi\rho=0, \tag{50}$$

和表面条件
$$\frac{d\Psi}{d\nu}+\frac{d\Psi'}{d\nu'}+4\pi\sigma=0 \tag{51}$$

的话。

因为，如果像以前那样仍有 $f+\frac{1}{4\pi}\frac{d\Psi}{dx}=u$，$g+\frac{1}{4\pi}\frac{d\Psi}{dy}=v$，$h+\frac{1}{4\pi}\frac{d\Psi}{dz}=w$，则 u、v、w 将满足普遍的管状条件 $\frac{du}{dx}+\frac{dv}{dy}+\frac{dw}{dz}=0$，和表面条件 $lu+mv+nw+l'u'+m'v'+n'w'=0$，而且在外表面上有 $lu+mv+nw=0$，由此我们就像从前那样得到 $M=\iiint\left(u\frac{d\Psi}{dx}+v\frac{d\Psi}{dy}+w\frac{d\Psi}{dz}\right)dx\,dy\,dz=0$，以及 $W_{\mathfrak{D}}=W_{\Psi}+W_{\mathfrak{E}}$。

因此，和从前一样，已经证明 $W_{\mathfrak{D}}$ 是当 $W_{\mathfrak{E}}=0$ 时的唯一的极小值，这就意味着 $u^2+v^2+w^2$ 到处为零，从而就有 $f=-\frac{1}{4\pi}\frac{d\Psi}{dx}$，$g=-\frac{1}{4\pi}\frac{d\Psi}{dy}$，$h=-\frac{1}{4\pi}\frac{d\Psi}{dz}$。

101a.〕 在这些定理的叙述中，我们一直只考虑了那样一种电学理论，它认为带电体系的性质依赖于各导体的形状和相对位置，并依赖于它们的电荷，但是我们却不曾照顾各导体之间的电介媒质的本性。

例如，按照这种理论，在一个导体的面密度和刚好在它外边的电动强度之间，存在着一种不变的关系，就像在库仑定律 $R=4\pi\sigma$ 中表达出来的那样。

但是这只有在我们可以取为空气的标准媒质中才是对的。在其他媒质中，关系是不同的，正如卡文迪什在实验上证明了(尽管没有发表)而后又由法拉第独立地重新发现了的那样。

为了全面地表示现象，我们发现有必要考虑两个矢量，它们之间的关系在不同的媒质中是不同的。其中一个矢量是电动强度，而另一个就是电位移。电动强度是通过形式不变的方程而和势联系着的，电位移是通过形式不变的方程而和电的分布联系着的，但是电动强度和电位移之间的关系却依赖于电介媒质的本性，而且必须用一些方程来表示，那些方程的最普遍的形式是还没有充分确定的，而且是只能通过有关电介质的实验来确定的。

101b.〕 电动强度是一个矢量，在第 68 节中定义为作用在一个小电量 e 上的机械力并除以 e，我们将用字母 P、Q、R 来代表它的分量，而用 $\mathfrak{E}$ 代表矢量本身。

在静电学中，$\mathfrak{E}$ 的线积分永远和积分路径无关，或者换句话说，$\mathfrak{E}$ 是一个势函数的空间改变量。因此就有 $P=-\frac{d\Psi}{dx}$，$Q=-\frac{d\Psi}{dy}$，$R=-\frac{d\Psi}{dz}$，或者更简练地用四元数语言表示就是 $\mathfrak{E}=-\nabla\Psi$。

101c.〕 沿任一方向的电位移，在第 60 节中定义为通过一个小面积 A 而运动过去的电量并除以 A，而 A 的平面垂直于所考虑的方向。我们将用字母 f、g、h 来代表电位移的直角分量，而用 $\mathfrak{D}$ 来代表矢量本身。

任意点上的体密度，由方程 $\rho=\frac{\mathrm{d}f}{\mathrm{d}x}+\frac{\mathrm{d}g}{\mathrm{d}y}+\frac{\mathrm{d}h}{\mathrm{d}z}$ 来确定，或者，在四元数语言中就是 $\rho=-S.\nabla\mathfrak{D}$。

一个带电曲面的任一点上的面密度，由方程 $\sigma=lf+mg+nh+l'f'+m'g'+n'h'$ 来确定，式中 f、g、h 是曲面一侧的电位移分量，从该侧画起的法线的方向余弦是 l、m、n；f'、g'、h' 和 l'、m'、n' 是曲面另一侧的电位移分量和法线的方向余弦。

这一点，在四元数中用方程 $\sigma=-[S.Uv\,\mathfrak{D}+S.Uv'\,\mathfrak{D}']$ 来表示，式中 U_v、$U_{v'}$ 是曲面两侧的单位法线，而字母 S 表明应取乘积的标量部分。

当曲面是一个导体的表面时，v 就是向外画的法线，而既然这时 f'、g'、h' 和 $\mathfrak{D}$ 都为零，方程就简化为 $\sigma=lf+mg+nh=-S.U_v\,\mathfrak{D}$。

因此导体上的总电荷就是

$$e=\iint(lf+mg+nh)\mathrm{d}s;$$

$$=-\iint S.U_v\,\mathfrak{D}\mathrm{d}s。$$

101d.〕 正如在第 84 节中已经证明的那样，体系的电能是各电荷和相应之势的乘积的一半。用 W 代表这个能量，就有

$$W=\frac{1}{2}\sum(e\Psi)=\frac{1}{2}\iiint\rho\Psi\mathrm{d}x\mathrm{d}y\mathrm{d}z+\frac{1}{2}\iint\sigma\Psi\mathrm{d}s,$$

$$=\frac{1}{2}\iiint\Psi\left(\frac{\mathrm{d}f}{\mathrm{d}x}+\frac{\mathrm{d}g}{\mathrm{d}y}+\frac{\mathrm{d}h}{\mathrm{d}z}\right)\mathrm{d}x\mathrm{d}y\mathrm{d}z+\frac{1}{2}\iint\Psi(lf+mg+nh)\mathrm{d}s;$$

式中的体积分应该遍及整个电场，而面积分则遍及各导体的表面。

在第 21 节的定理三中写出 $X=\Psi f$，$Y=\Psi g$，$Z=\Psi h$，我们发现，如果 l、m、n 是从曲面向场中画出的法线的方向余弦，就有

$$\iint\Psi(lf+mg+nh)\mathrm{d}s=-\iiint\Psi\left(\frac{\mathrm{d}f}{\mathrm{d}x}+\frac{\mathrm{d}g}{\mathrm{d}y}+\frac{\mathrm{d}h}{\mathrm{d}z}\right)\mathrm{d}x\mathrm{d}y\mathrm{d}z,$$

$$-\iiint\left(f\frac{\mathrm{d}\Psi}{\mathrm{d}x}+g\frac{\mathrm{d}\Psi}{\mathrm{d}y}+h\frac{\mathrm{d}\Psi}{\mathrm{d}z}\right)\mathrm{d}x\mathrm{d}y\mathrm{d}z。$$

将这个值作为面积分代入 W 中，我们就得到

$$W=-\frac{1}{2}\iiint\left(f\frac{\mathrm{d}\Psi}{\mathrm{d}x}+g\frac{\mathrm{d}\Psi}{\mathrm{d}y}+h\frac{\mathrm{d}\Psi}{\mathrm{d}z}\right)\mathrm{d}x\mathrm{d}y\mathrm{d}z;$$

或

$$W=\frac{1}{2}\iiint(fP+gQ+hR)\mathrm{d}x\mathrm{d}y\mathrm{d}z。$$

101e.〕 现在我们来看 $\mathfrak{D}$ 和 $\mathfrak{E}$ 之间的关系。

电量的单位通常是参照在空气中做的实验来定义的。现在我们由玻耳兹曼的实验得知，空气的电介常数比真空的略小，而且是随密度而变的。因此，严格说来，关于电学量的一切测量结果都应该换算到标准压强和标准温度下的空气中的情况，或是更加科学化地换算到真空中的情况，正如在空气中测量的折射率需要一种类似的改正那样。在这两种事例中，改正量都很小，只有在极端精确的测量中才能觉察到。

在标准媒质中，有 $4\pi\mathfrak{D}=\mathfrak{E}$，或者说 $4\pi f=P$， $4\pi g=Q$， $4\pi h=R$。

在电介常数为 K 的各向同性的媒质中，有

$$4\pi\mathfrak{D}=K\mathfrak{E},\quad 4\pi f=KP,\quad 4\pi g=KQ,\quad 4\pi h=KR。$$

然而也有某些媒质，其中玻璃被研究得最为仔细；在这些媒质，$\mathfrak{D}$ 和 $\mathfrak{E}$ 之间的关系更加复杂，而且包括一个或两个量的时间变化率，从而那种关系必将具有下列形式

$$F(\mathfrak{D},\mathfrak{E},\dot{\mathfrak{D}},\dot{\mathfrak{E}},\ddot{\mathfrak{D}},\ddot{\mathfrak{E}},\cdots)=0$$

我们暂时不打算讨论这种更普遍的关系，而是将只讨论 $\mathfrak{D}$ 是 $\mathfrak{E}$ 的一个线性的矢量函数的情况。

这样一种关系的最普遍形式可以写成 $4\pi\mathfrak{D}=\varphi(\mathfrak{E})$，式中的 φ 在目前的考察中永远代表一个线性的矢量函数。因此，$\mathfrak{D}$ 的各分量是 E 的各分量的齐次线性函数，并且可以写成

$$\begin{aligned}4\pi f&=K_{xx}P+K_{xy}Q+K_{xz}R,\\4\pi g&=K_{yx}P+K_{yy}Q+K_{yz}R,\\4\pi h&=K_{zx}P+K_{zy}Q+K_{zz}R;\end{aligned}$$

式中每一个系数 K 的第一个下标指示位移的方向，而第二个下标指示电动强度的方向。

最普遍形式的线性矢量函数包括九个独立的系数。当具有一对相同下标的系数彼此相等时，函数就被说成是自共轭的。

如果我们用 $\mathfrak{D}$ 来表示 $\mathfrak{E}$，就得到 $\mathfrak{E}=4\pi\varphi^{-1}(\mathfrak{D})$，或 $P=4\pi(k_{xx}f+k_{yx}g+k_{zx}h)$，$Q=4\pi(k_{xy}f+k_{yy}g+k_{zy}h)$，$R=4\pi(k_{xz}f+k_{yz}g+k_{zz}h)$。

101f.〕 其分量为 P、Q、R 的电动强度在单位体积的媒质中引起分量为 df、dg、dh 的位移时所做的功是 $dW=Pdf+Qdg+Rdh$。

既然处于电位移状态{在稳定状态}下的一种电介质是一个保守体系，W 就必然是 f、g、h 的函数，而既然 f、g、h 可以独立地变化，我们就有 $P=\frac{dW}{df}$，$Q=\frac{dW}{dg}$，$R=\frac{dW}{dh}$。

由此即得 $\frac{dP}{dg}=\frac{d^2W}{dg\,df}=\frac{d^2W}{df\,dg}=\frac{dQ}{df}$。

但是 $\frac{dP}{dg}=4\pi k_{yx}$ 就是 g 在 P 的表示式中的系数，而 $\frac{dQ}{df}=4\pi k_{xy}$ 就是 f 在 Q 的表示式中的系数。

因此，如果一种电介质是一个保守体系(而我们知道它是这样的，因为它可以无限期地保持它的能量)，则 $k_{xy}=k_{yx}$，而 φ^{-1} 是一个自共轭的函数。

由此可以推知，φ 也是自共轭的，从而 $K_{xy}=K_{yx}$。

101g.〕 因此，能量的表示式可以写成两种形式中的任何一种：

$$W_{\mathfrak{E}}=\frac{1}{8\pi}\iiint[K_{xx}P^2+K_{yy}Q^2+K_{zz}R^2+2K_{yz}QR+2K_{zx}RP+2K_{xy}PQ]dx\,dy\,dz,$$

或 $$W_{\mathfrak{D}}=2\pi\iiint[k_{xx}f^2+k_{yy}g^2+k_{zz}h^2+2k_{yz}gh+2k_{zx}hf+2k_{xy}fg]dx\,dy\,dz,$$

此处 W 的下标指示用它来把 W 表示出来的那个矢量。当没有下标时，能量就被理解为是用两个矢量表示出来。

于是我们就总共有了电场能量的六种不同的表示式。其中三种涉及导体表面上的电荷和势，这已在第 87 节中给出了。

另外三种是在整个电场中计算的体积分，而且涉及电动强度的或电位移的或它们二者的各个分量。

因此，前三种属于超距作用理论，而后三种则属于借助于中间媒质而发生作用的理论。

后三种 W 表示式可以写成 $W=-\frac{1}{2}\iiint S.\,\mathfrak{D}\mathfrak{E}\,\mathrm{d}s$，

$$W_{\mathfrak{E}}=-\frac{1}{8\pi}\iiint S.\,\mathfrak{E}\varphi(\mathfrak{E})\,\mathrm{d}s,$$

$$W_{\mathfrak{D}}=-2\pi\iiint S.\,\mathfrak{D}\varphi^{-1}(\mathfrak{D})\,\mathrm{d}s。$$

101h.〕 为了把格林定理推广到一种不均匀的各向异性媒质中，我们只需在第21节的定理三中写出

$$X=\Psi\left[K_{xx}\frac{\mathrm{d}\Phi}{\mathrm{d}x}+K_{xy}\frac{\mathrm{d}\Phi}{\mathrm{d}y}+K_{xz}\frac{\mathrm{d}\Phi}{\mathrm{d}z}\right],$$

$$Y=\Psi\left[K_{yx}\frac{\mathrm{d}\Phi}{\mathrm{d}x}+K_{yy}\frac{\mathrm{d}\Phi}{\mathrm{d}y}+K_{yz}\frac{\mathrm{d}\Phi}{\mathrm{d}z}\right],$$

$$Z=\Psi\left[K_{zx}\frac{\mathrm{d}\Phi}{\mathrm{d}x}+K_{zy}\frac{\mathrm{d}\Phi}{\mathrm{d}y}+K_{zz}\frac{\mathrm{d}\Phi}{\mathrm{d}z}\right],$$

于是，如果 l、m、n 是曲面的外向法线的方向余弦（并记得各系数的下标次序可以随意变动），我们就得到

$$\begin{aligned}&\iint\Psi\left[(K_{xx}l+K_{yx}m+K_{zx}n)\frac{\mathrm{d}\Phi}{\mathrm{d}x}+(K_{xy}l+K_{yy}m+K_{zy}n)\frac{\mathrm{d}\Phi}{\mathrm{d}y}\right.\\&\left.+(K_{xz}l+K_{yz}m+K_{zz}n)\frac{\mathrm{d}\Phi}{\mathrm{d}z}\right]\mathrm{d}s-\iiint\Psi\left[\frac{\mathrm{d}}{\mathrm{d}x}\left(K_{xx}\frac{\mathrm{d}\Phi}{\mathrm{d}x}+K_{xy}\frac{\mathrm{d}\Phi}{\mathrm{d}y}+K_{xz}\frac{\mathrm{d}\Phi}{\mathrm{d}z}\right)\right.\\&\left.+\frac{\mathrm{d}}{\mathrm{d}y}\left(K_{yx}\frac{\mathrm{d}\Phi}{\mathrm{d}x}+K_{yy}\frac{\mathrm{d}\Phi}{\mathrm{d}y}+K_{yz}\frac{\mathrm{d}\Phi}{\mathrm{d}z}\right)+\frac{\mathrm{d}}{\mathrm{d}z}\left(K_{zx}\frac{\mathrm{d}\Phi}{\mathrm{d}x}+K_{zy}\frac{\mathrm{d}\Phi}{\mathrm{d}y}+K_{zz}\frac{\mathrm{d}\Phi}{\mathrm{d}z}\right)\right]\mathrm{d}x\,\mathrm{d}y\,\mathrm{d}z\\&=\iiint\left[K_{xx}\frac{\mathrm{d}\Psi}{\mathrm{d}x}\frac{\mathrm{d}\Phi}{\mathrm{d}x}+K_{yy}\frac{\mathrm{d}\Psi}{\mathrm{d}y}\frac{\mathrm{d}\Phi}{\mathrm{d}y}+K_{zz}\frac{\mathrm{d}\Psi}{\mathrm{d}z}\frac{\mathrm{d}\Phi}{\mathrm{d}z}\right.\\&\left.+K_{yz}\left(\frac{\mathrm{d}\Psi}{\mathrm{d}y}\frac{\mathrm{d}\Phi}{\mathrm{d}z}+\frac{\mathrm{d}\Psi}{\mathrm{d}z}\frac{\mathrm{d}\Phi}{\mathrm{d}y}\right)+K_{zx}\left(\frac{\mathrm{d}\Psi}{\mathrm{d}z}\frac{\mathrm{d}\Phi}{\mathrm{d}x}+\frac{\mathrm{d}\Psi}{\mathrm{d}x}\frac{\mathrm{d}\Phi}{\mathrm{d}z}\right)+K_{xy}\left(\frac{\mathrm{d}\Psi}{\mathrm{d}x}\frac{\mathrm{d}\Phi}{\mathrm{d}y}+\frac{\mathrm{d}\Psi}{\mathrm{d}y}\frac{\mathrm{d}\Phi}{\mathrm{d}x}\right)\right]\mathrm{d}x\,\mathrm{d}y\,\mathrm{d}z\\&=\iint\Phi\left[(K_{xx}l+K_{yx}m+K_{zx}n)\frac{\mathrm{d}\Psi}{\mathrm{d}x}+(K_{xy}l+K_{yy}m+K_{zy}n)\frac{\mathrm{d}\Psi}{\mathrm{d}y}\right.\\&\left.+(K_{xz}l+K_{yz}m+K_{zz}n)\frac{\mathrm{d}\Psi}{\mathrm{d}z}\right]\mathrm{d}s-\iiint\Phi\left[\frac{\mathrm{d}}{\mathrm{d}x}\left(K_{xx}\frac{\mathrm{d}\Psi}{\mathrm{d}x}+K_{xy}\frac{\mathrm{d}\Psi}{\mathrm{d}y}+K_{xz}\frac{\mathrm{d}\Psi}{\mathrm{d}z}\right)\right.\\&\left.+\frac{\mathrm{d}}{\mathrm{d}y}\left(K_{yx}\frac{\mathrm{d}\Psi}{\mathrm{d}x}+K_{yy}\frac{\mathrm{d}\Psi}{\mathrm{d}y}+K_{yz}\frac{\mathrm{d}\Psi}{\mathrm{d}z}\right)+\frac{\mathrm{d}}{\mathrm{d}z}\left(K_{zx}\frac{\mathrm{d}\Psi}{\mathrm{d}x}+K_{zy}\frac{\mathrm{d}\Psi}{\mathrm{d}y}+K_{zz}\frac{\mathrm{d}\Psi}{\mathrm{d}z}\right)\right]\mathrm{d}x\,\mathrm{d}y\,\mathrm{d}z。\end{aligned}$$

利用四元数的符号，结果就可以更简洁地写成

$$\begin{aligned}&\iint\Psi S.\,Uv\varphi(\nabla\Phi)\,\mathrm{d}s-\iiint\Psi S.\,\{\nabla\varphi(\nabla\Psi)\}\,\mathrm{d}s=-\iiint S.\,\nabla\Psi\varphi(\nabla\Phi)\,\mathrm{d}\sigma\\&=-\iiint S.\,\nabla\Phi\varphi(\nabla\Psi)\,\mathrm{d}s=\iint\Phi S.\,Uv\varphi(\nabla\Psi)\,\mathrm{d}s-\iiint\Phi S.\,\{\nabla\varphi(\nabla\Psi)\}\,\mathrm{d}s。\end{aligned}$$

一个导体之电容的上下限

102a.〕 一个导体或一个导体组的电容，曾经定义在当升高到势1时该导体或导体

组上的电荷,这时场中所有其他的导体都应处于零势。

确定电容之上下限的下述方法是J. W. 斯特鲁特勋爵在一篇题为《论共振理论》的论文中提出的(J. W. Strutt, *Phil. Trans.* 1871.),参阅第306节。

设 s_1 是我们要确定其电容的那一导体或导体组的表面,而 s_0 是所有其他导体的表面。设 s_1 的势是 Ψ_1 而 s_0 的势是 Ψ_0。设 s_1 的电荷是 e_1。设 s_0 的电荷是 $-e_1$。

于是,如果 s_1 的电容是 q,则

$$q=\frac{e_1}{\Psi_1-\Psi_0},\tag{1}$$

而如果 W 是体系在其实际电分布下的能量,则

$$W=\frac{1}{2}e_1(\Psi_1-\Psi_0),\tag{2}$$

从而

$$q=\frac{2W}{(\Psi_1-\Psi_0)^2}=\frac{e_1{}^2}{2W}。\tag{3}$$

先求电容值的上限:假设一个任意的势函数,它在 s_1 上的值是1而在 s_0 上的值是零,并计算在整个场中求的体积分

$$W_\Psi=\frac{1}{8\pi}\iiint\left[\left(\frac{\mathrm{d}\Psi}{\mathrm{d}x}\right)^2+\left(\frac{\mathrm{d}\Psi}{\mathrm{d}y}\right)^2+\left(\frac{\mathrm{d}\Psi}{\mathrm{d}z}\right)^2\right]\mathrm{d}x\,\mathrm{d}y\,\mathrm{d}z\tag{4}$$

于是,既然我们已经证明(第99b节)W 不能大于 W_Ψ,电容 q 就不能大于 $2W_\Psi$。

再求电容值的下限:假设任意一组函数 f、g、h 满足方程

$$\frac{\mathrm{d}f}{\mathrm{d}x}+\frac{\mathrm{d}g}{\mathrm{d}y}+\frac{\mathrm{d}h}{\mathrm{d}z}=0,\tag{5}$$

并使得

$$\iint(l_1f+m_1g+n_1h)\mathrm{d}s_1=e_1。\tag{6}$$

试计算在整个场中求的体积分

$$W_{\mathfrak{D}}=2\pi\iiint(f^2+g^2+h^2)\mathrm{d}x\,\mathrm{d}y\,\mathrm{d}z,\tag{7}$$

这时,既然我们已经证明(第100c节)W 不能大于 $W_{\mathfrak{D}}$,电容 q 就不能小于

$$\frac{e_1{}^2}{2W_{\mathfrak{D}}}\tag{8}$$

求得满足管状条件的一组函数 f、g、h 的最简单方法,就是在曲面 s_1 上和 s_0 上各设一种电分布,其电荷之和为零,然后计算由这种分布引起的势,以及体系在这种安排下的电能。

于是,如果我们令 $f=-\dfrac{1}{4\pi}\dfrac{\mathrm{d}\Psi}{\mathrm{d}x}$, $g=-\dfrac{1}{4\pi}\dfrac{\mathrm{d}\Psi}{\mathrm{d}y}$, $h=-\dfrac{1}{4\pi}\dfrac{\mathrm{d}\Psi}{\mathrm{d}z}$,这些 f、g、h 就将满足管状条件。

但是,在这一事例中,我们可以确定 $W_{\mathfrak{D}}$ 而不必经过计算体积分的过程,因为,既然这种解在场中的一切点上都使 $\nabla^2\Psi=0$,我们就可以在面积分

$$W_{\mathfrak{D}}=\frac{1}{2}\iint\Psi\sigma_1\mathrm{d}s_1+\frac{1}{2}\iint\Psi\sigma_0\mathrm{d}s_0,\tag{9}$$

的形式下得出 $W_{\mathfrak{D}}$,式中第一个积分在曲面 s_1 上求而第二个积分在曲面 s_0 上求。

如果曲面 s_0 是在离 s_1 无限远的地方,则 s_0 上的势为零,而第二项也就不复存在。

102b.〕 当各导体的势为给定时,它们的电分布问题的解的一种近似值可用下法得出:

设 s_1 是其势保持为1的一个导体或导体组的表面,并设 s_0 是所有其他导体的表面,其中包括包围着所有各导体的那一中空导体,但是后一导体在某些事例中可以在离其他导体无限远的地方。

开始时先从 s_1 到 s_0 画一组直线或曲线。

沿着其中每一条线，假设 Ψ 是分布得在 s_1 上等于 1 而在 s_0 上等于 0。于是，如果 P 是其中一条线上的一个点{s_1 和 s_0 就是这条线和各曲面的交点}，我们就可以取 $\Psi_1=\frac{Ps_0}{s_0s_1}$ 作为初阶近似。

于是我们就将得到 Ψ 的一种初阶近似，满足在 s_1 上等于 1 而在 s_0 上等于 0 的条件。按 Ψ_1 算出的 $W_{\mathfrak{D}}$ 将大于 W。

其次，作为对力线的一种二阶近似，让我们假设

$$f=-p\frac{\mathrm{d}\Psi_1}{\mathrm{d}x},\quad g=-p\frac{\mathrm{d}\Psi_1}{\mathrm{d}y},\quad h=-p\frac{\mathrm{d}\Psi_1}{\mathrm{d}z}。\tag{10}$$

分量为 f、g、h 的矢量是垂直于 Ψ 等于常量的曲面的。让我们确定能使 f、g、h 满足管状条件的 p。这时我们就得到

$$p\left(\frac{\mathrm{d}^2\Psi_1}{\mathrm{d}x^2}+\frac{\mathrm{d}^2\Psi_1}{\mathrm{d}y^2}+\frac{\mathrm{d}^2\Psi_1}{\mathrm{d}z^2}\right)+\frac{\mathrm{d}p}{\mathrm{d}x}\frac{\mathrm{d}\Psi_1}{\mathrm{d}x}+\frac{\mathrm{d}p}{\mathrm{d}y}\frac{\mathrm{d}\Psi_1}{\mathrm{d}y}+\frac{\mathrm{d}p}{\mathrm{d}z}\frac{\mathrm{d}\Psi_1}{\mathrm{d}z}=0。\tag{11}$$

如果我们从 s_1 到 s_0 画一条线，使它的方向到处到垂直于 Ψ_1 等于常量的曲面，并且用 s 来代表从 s_0 量起的这条线的长度，就有

$$R\frac{\mathrm{d}x}{\mathrm{d}s}=-\frac{\mathrm{d}\Psi_1}{\mathrm{d}x},\quad R\frac{\mathrm{d}y}{\mathrm{d}s}=-\frac{\mathrm{d}\Psi_1}{\mathrm{d}y},\quad R\frac{\mathrm{d}z}{\mathrm{d}s}=-\frac{\mathrm{d}\Psi_1}{\mathrm{d}z},\tag{12}$$

式中 R 是合强度并等于$-\frac{\mathrm{d}\Psi_1}{\mathrm{d}s}$，于是就有

$$\frac{\mathrm{d}p}{\mathrm{d}x}\frac{\mathrm{d}\Psi_1}{\mathrm{d}x}+\frac{\mathrm{d}p}{\mathrm{d}y}\frac{\mathrm{d}\Psi_1}{\mathrm{d}y}+\frac{\mathrm{d}p}{\mathrm{d}z}\frac{\mathrm{d}\Psi_1}{\mathrm{d}z}=-R\frac{\mathrm{d}p}{\mathrm{d}s}=R^2\frac{\mathrm{d}p}{\mathrm{d}\Psi_1},\tag{13}$$

从而方程(11)就变成

$$p\nabla^2\Psi=R^2\frac{\mathrm{d}p}{\mathrm{d}\Psi_1}\tag{14}$$

由此即得

$$p=C\exp.\int_0^{\Psi_1}\frac{\nabla^2\Psi_1}{R^2}\mathrm{d}\Psi_1,\tag{15}$$

积分是沿 s 计算的线积分。

其次让我们假设，沿着曲线 s，有

$$\begin{aligned}-\frac{\mathrm{d}\Psi_2}{\mathrm{d}s}&=f\frac{\mathrm{d}x}{\mathrm{d}s}+g\frac{\mathrm{d}y}{\mathrm{d}s}+h\frac{\mathrm{d}z}{\mathrm{d}s},\\&=-p\frac{\mathrm{d}\Psi_1}{\mathrm{d}s},\end{aligned}\tag{16}$$

于是就有

$$\Psi_2=C\int_0^{\Psi}\left(\exp.\int\frac{\nabla^2\Psi_1}{R^2}\mathrm{d}\Psi_1\right)\mathrm{d}\Psi_1,\tag{17}$$

积分永远理解为沿着曲线 s 计算。

常数 C 由一个条件来确定，那就是在 s_1 上有 $\Psi_2=1$，当也有 $\Psi_1=1$ 时。于是

$$C\int_0^1\left\{\exp.\int_0^{\Psi}\frac{\nabla^2\Psi}{R^2}\mathrm{d}\Psi\right\}\mathrm{d}\Psi=1。\tag{18}$$

这就给出 Ψ 的一个二阶近似，而且这种手续可以重复进行。

通过计算 W_{Ψ_1}、$W_{\mathfrak{D}_2}$、W_{Ψ_2} 等等而得出的结果，给出一些交替地大于和小于真实电容并不断接近真实电容的电容值。

上述手续涉及曲线 s 的形式计算和沿这一曲线的积分计算，这些运算通常对实用目

的来说是太困难的。

然而在某些事例中我们却可以用更简单的方法来求得一种近似。

102c.〕 作为这种方法的一种例示，让我们应用此法来求出两个曲面之间的电场中的等势面和电感线的逐阶近似，该二曲面是近似地而不是绝对地平面的和平行的，其中一个平面的势为零，而另一个的势则为1。

设在两个曲面中，其势为零的那个曲面的方法是 $z_1=f_1(x,y)=a,$ (19)

而其势为1的那个曲面的方程是 $z_2=f_2(x,y)=b,$ (20)

a 和 b 是 x 和 y 的给定函数，其中 b 永远大于 a。a 和 b 对 x 和 y 的一阶导数是一些小量，我们可以忽略它们的二次以上的乘幂或乘积。

我们在开始时将假设电感线平行于 z 轴，在这种情况下就有

$$f=0,\quad g=0,\quad \frac{\mathrm{d}h}{\mathrm{d}z}=0。\tag{21}$$

因此，沿着每一条个别的电感线，h 都是常量，从而

$$\Psi=-4\pi\int_a^z h\,\mathrm{d}z=-4\pi h(z-a)。\tag{22}$$

当 $z=b$ 时，$\Psi_1=1$，因此 $h=-\dfrac{1}{4\pi(b-a)},$ (23)

从而
$$\Psi=\frac{z-a}{b-a},\tag{24}$$

这就给出势的一阶近似，并指示了一系列等势面，而沿着平行于 z 轴的方向测量的各等势面之间的间隔是相等的。

为了得到电感线的一种二阶近似，让我们假设各电感线到处垂直于由方程(24)给出的那些等势面。

这就和下列条件相等价： $4\pi f=\lambda\dfrac{\mathrm{d}\Psi}{\mathrm{d}x},\quad 4\pi g=\lambda\dfrac{\mathrm{d}\Psi}{\mathrm{d}y},\quad 4\pi h=\lambda\dfrac{\mathrm{d}\Psi}{\mathrm{d}z},$ (25)

式中 λ 应该适当确定，使得在场中的每一点上有 $\dfrac{\mathrm{d}f}{\mathrm{d}x}+\dfrac{\mathrm{d}g}{\mathrm{d}y}+\dfrac{\mathrm{d}h}{\mathrm{d}z}=0,$ (26)

并且使得沿着从曲面 a 到曲面 b 的任何电感线计算的线积分

$$4\pi\int\left(f\frac{\mathrm{d}x}{\mathrm{d}s}+g\frac{\mathrm{d}y}{\mathrm{d}s}+h\frac{\mathrm{d}z}{\mathrm{d}s}\right)\mathrm{d}s,\tag{27}$$

都等于-1。

让我们假设 $\lambda=1+A+B(z-a)+C(z-a)^2,$ (28)

并忽略 A、B、C 的乘幂和乘积，而且在我们的这一工作阶段中也忽略 a 和 b 的一阶导数的乘幂和乘积。

于是管状条件就给出 $B=-\nabla^2 a,\quad C=-\dfrac{1}{2}\dfrac{\nabla^2(b-a)}{b-a},$ (29)

式中
$$\nabla^2=-\left(\frac{\mathrm{d}^2}{\mathrm{d}x^2}+\frac{\mathrm{d}^2}{\mathrm{d}y^2}\right)。\tag{30}$$

如果我们不是沿着新电感线而是沿着平行于 z 轴的旧电感线计算线积分，第二个条件就会给出 $1=1+A+\dfrac{1}{2}B(b-a)+\dfrac{1}{3}C(b-a)^2。$

由此即得
$$A=\frac{1}{6}(b-a)\nabla^2(2a+b),\tag{31}$$
以及
$$\lambda=1+\frac{1}{6}(b-a)\nabla^2(2a+b)-(z-a)\nabla^2 a-\frac{1}{2}\frac{(z-a)^2}{b-a}\nabla^2(b-a)。\tag{32}$$
于是我们就发现，作为电位移分量的二阶近似，有
$$\left.\begin{aligned}-4\pi f&=\frac{\lambda}{b-a}\left[\frac{\mathrm{d}a}{\mathrm{d}x}+\frac{\mathrm{d}(b-a)}{\mathrm{d}x}\frac{z-a}{b-a}\right],\\-4\pi g&=\frac{\lambda}{b-a}\left[\frac{\mathrm{d}a}{\mathrm{d}y}+\frac{\mathrm{d}(b-a)}{\mathrm{d}y}\frac{z-a}{b-a}\right],\\4\pi h&=\frac{\lambda}{b-a},\end{aligned}\right\}\tag{33}$$
而作为势的二阶近似，则有
$$\Psi=\frac{z-a}{b-a}+\frac{1}{6}\nabla^2(2a+b)(z-a)-\frac{1}{2}\nabla^2 a\frac{(z-a)^2}{b-a}-\frac{1}{6}\nabla^2(b-a)\frac{(z-a)^3}{(b-a)^2}。\tag{34}$$

如果 σ_a 和 σ_b 分别是曲面 a 和 b 上的面密度而 Ψ_a 和 Ψ_b 是它们的势，则
$$\sigma_a=\frac{1}{4\pi}(\Psi_a-\Psi_b)\left[\frac{1}{b-a}+\frac{1}{3}\nabla^2 a+\frac{1}{6}\nabla^2 b\right],$$
$$\sigma_b=\frac{1}{4\pi}(\Psi_b-\Psi_a)\left[\frac{1}{b-a}-\frac{1}{6}\nabla^2 a-\frac{1}{3}\nabla^2 b\right]$$ ①。

① 这种研究并不很严格，而且面密度的表示式也和由适用于两个球面、两个柱面、球和平面或柱和平面放在靠近处的各事例的严格方法求得的结果不相符。我们可以得出面密度的一个表示式如下。让我们假设 z 轴是一个对称轴，则它将和所有的等势面相正交，而如果 V 是势，R_1、R_2 是一个等势面和 z 轴相交处的主曲率半径，则沿 z 轴的管状条件可以很容易地证明为 $\frac{\mathrm{d}^2V}{\mathrm{d}z^2}+\left(\frac{1}{R_1}+\frac{1}{R_2}\right)\frac{\mathrm{d}V}{\mathrm{d}z}=0$。

如果 V_a、V_b 分别是两个曲面的势，t 是二曲面间沿 z 轴的距离，则 $V_B=V_A+t\left(\frac{\mathrm{d}V}{\mathrm{d}z}\right)_A+\frac{1}{2}t^2\left(\frac{\mathrm{d}^2V}{\mathrm{d}z^2}\right)_A+\cdots$；

或者，如果 r_{a1}、r_{a2} 是第一个曲面的主曲率半径，则从微分方程中求出 $\frac{\mathrm{d}^2V}{\mathrm{d}z^2}$ 并代入，我们就得到
$$V_B-V_A=t\left(\frac{\mathrm{d}V}{\mathrm{d}z}\right)_A\left\{1-\frac{1}{2}t\left\{\frac{1}{R_{A_1}}+\frac{1}{R_{A_2}}\right\}\right\}+\cdots;$$
但是 $\left(\frac{\mathrm{d}V}{\mathrm{d}z}\right)_A=-4\pi\sigma_A$ 式中 σ_A 是 z 轴和第一个曲面相交处的面密度，于是近似地就有 $\sigma_A=\frac{1}{4\pi}\frac{(V_A-V_B)}{t}\times\left\{1+\frac{1}{2}t\left\{\frac{1}{R_{A_1}}+\frac{1}{R_{A_2}}\right\}\right\}$ 同理，近似地也有 $\sigma_B=\frac{1}{4\pi}\frac{(V_B-V_A)}{t}\left\{1+\frac{1}{2}t\left\{\frac{1}{R_{B_1}}+\frac{1}{R_{B_2}}\right\}\right\}$ 而且这些表示式和在上述各事例中用严格方法求得的结果相符。

第五章 两个带电体系之间的机械作用

103.〕 设 E_1 和 E_2 是两个带电体系，我们想要研究它们之间的相互作用。设 E_1 中的电分布由坐标为 x_1、y_1、z_1 的体积元的体密度 ρ_1 来确定。设 ρ_2 是 E_2 中坐标为 x_2、y_2、z_2 的体积元的体密度。

于是，由于 E_2 体积元的推斥而作用在 E_1 体积元上的力的 x 分量将是

$$\rho_1\rho_2\frac{x_1-x_2}{r^3}\mathrm{d}x_1\mathrm{d}y_1\mathrm{d}z_1\mathrm{d}x_2\mathrm{d}y_2\mathrm{d}z_2,$$

式中 $r^2=(x_1-x_2)^2+(y_1-y_2)^2+(z_1-z_2)^2$，而且，如果 A 代表由于 E_2 的存在而作用在 A_1 上的全部力的 x 分量，则有

$$A=\iiiint\!\!\iint\frac{x_1-x_2}{r^3}\rho_1\rho_2\mathrm{d}x_1\mathrm{d}y_1\mathrm{d}z_1\mathrm{d}x_2\mathrm{d}y_2\mathrm{d}z_2,\tag{1}$$

式中对 x_1、y_1、z_1 的积分是在 E_1 所占据的整个域中求的，而对 x_2、y_2、z_2 的积分是在 E_2 所占据的整个域中求的。

然而，既然除了在体系 E_1 中以外 ρ_1 等于零而除了在体系 E_2 中以外 ρ_2 等于零，如果把积分限扩大，积分的值也不会改变，因此我们可以假设每一个积分限都是 $\pm\infty$。

这一表示式是一种理论在数学符号形式下的忠实翻译，那种理论假设电力在物体之间直接超距地起作用，而对中间的媒质则不予任何注意。

如果我们现在用方程
$$\Psi_2=\iiint\frac{\rho_2}{r}\mathrm{d}x_2\mathrm{d}y_2\mathrm{d}z_2,\tag{2}$$

来定义由于 E_2 的存在而在一点 x_1、y_1、z_1 上引起的势 Ψ_2，则 Ψ_2 在无限远处将为零，并将到处满足方程
$$\nabla^2\Psi_2=4\pi\rho_2。\tag{3}$$

现在我们可以把 A 表示成一个三重积分了
$$A=-\iiint\frac{\mathrm{d}\Psi_2}{\mathrm{d}x_1}\rho_1\mathrm{d}x_1\mathrm{d}y_1\mathrm{d}z_1。\tag{4}$$

在这里，势 Ψ_2 被假设为在场中每一点上都有一个有限值，而 A 则是用这个势以及 E_1 中的电分布 ρ_1 表示出来，而没有明显地提到第二个体系 E_2 中的电分布。

现在，设用方程
$$\Psi_1=\iiint\frac{\rho_1}{r}\mathrm{d}x_1\mathrm{d}y_1\mathrm{d}z_1,\tag{5}$$

来定义由第一个体系引起的表示成 x、y、z 的函数的势 Ψ_1，则 Ψ_1 将在无限远处为零，并将到处满足方程
$$\nabla^2\Psi_1=4\pi\rho_1。\tag{6}$$

现在我们可以从 A 中消去 ρ_1 并得到
$$A=-\frac{1}{4\pi}\iiint\frac{\mathrm{d}\Psi_2}{\mathrm{d}x_1}\nabla^2\Psi_1\mathrm{d}x_1\mathrm{d}y_1\mathrm{d}z_1,\tag{7}$$

在此式中，力是只用两个势来表示的。

104.〕 在迄今考虑过的一切积分计算中，指定什么积分限都是无关紧要的，如果积分限包括了整个体系 E_1 的话。在下文中，我们将假设 E_1 和 E_2 安排得合适，以致某一个

闭合曲面 s 将包含整个的 E_1 而不包含 E_2 的任何部分。

让我们写出
$$\rho=\rho_1+\rho_2,\quad \Psi=\Psi_1+\Psi_2, \tag{8}$$
于是在 s 之内就有
$$\rho_2=0,\quad \rho=\rho_1,$$
而在 s 之外就有
$$\rho_1=0,\quad \rho=\rho_2。 \tag{9}$$

现在，
$$A_{11}=-\iiint \frac{d\Psi_1}{dx_1}\rho_1 dx_1 dy_1 dz_1 \tag{10}$$
就代表由体系本身中的电所引起的作用在体系 E_1 上的沿 x 方向的合力。但是，按照直接作用理论这个力必为零，因为任一质点 P 对另一质点 Q 的作用是和 Q 对 P 的作用相等而异号的，而既然这两个作用的分量都出现在积分中，它们就将相互抵消。

因此我们可以写出
$$A=-\frac{1}{4\pi}\iiint \frac{d\Psi}{dx}\nabla^2\Psi dx_1 dy_1 dz_1, \tag{11}$$
式中 Ψ 是由两个体系所引起的势，而现在的积分计算则限制在闭合曲面 s 之内的空间中，该曲面包含着整个体系 E_1 而不包含 E_2。

105.〕 如果 E_2 对 E_1 的作用不是通过直接的超距作用来进行，而是借助于从 E_2 扩展到 E_1 的一种媒质中的胁强分布来进行的，那就很显然，如果我们知道把 E_1 从 E_2 完全隔开的任何一个闭合曲面 s 上每一点处的胁强，我们就将能够确定 E_2 对 E_1 的机械作用。因为，如果作用在 E_1 上的力不能由通过 s 的胁强来完全地说明，那就必然存在 s 外面的某些东西和 s 里边的某些东西之间的直接作用。

由此可见，如果可能借助于中间媒质中的一种胁强分布来说明 E_2 对 E_1 的作用，那就必然能够把这种作用表示成在把 E_2 和 E_1 完全隔开的任何一个曲面上计算的面积分的形式。

由此，让我们想法把
$$A=\frac{1}{4\pi}\iiint \frac{d\Psi}{dx}\left[\frac{d^2\Psi}{dx^2}+\frac{d^2\Psi}{dy^2}+\frac{d^2\Psi}{dz^2}\right]dx\,dy\,dz \tag{12}$$
表示成一个面积分的形式。

由第 21 节中的定理三，我们可以做到这一点，如果我们可以确定 x、y、z，使得
$$\frac{d\Psi}{dx}\left(\frac{d^2\Psi}{dx^2}+\frac{d^2\Psi}{dy^2}+\frac{d^2\Psi}{dz^2}\right)=\frac{dX}{dx}+\frac{dY}{dy}+\frac{dZ}{dz}。 \tag{13}$$

分别考虑各项，就看到
$$\frac{d\Psi}{dx}\frac{d^2\Psi}{dx^2}=\frac{1}{2}\frac{d}{dx}\left(\frac{d\Psi}{dx}\right)^2,$$
$$\frac{d\Psi}{dx}\frac{d^2\Psi}{dy^2}=\frac{d}{dy}\left(\frac{d\Psi}{dx}\frac{d\Psi}{dy}\right)-\frac{d\Psi}{dy}\frac{d^2\Psi}{dx\,dy},$$
$$=\frac{d}{dy}\left(\frac{d\Psi}{dx}\frac{d\Psi}{dy}\right)-\frac{1}{2}\frac{d}{dx}\left(\frac{d\Psi}{dy}\right)^2。$$
同理
$$\frac{d\Psi}{dx}\frac{d^2\Psi}{dz^2}=\frac{d}{dz}\left(\frac{d\Psi}{dx}\frac{d\Psi}{dz}\right)-\frac{1}{2}\frac{d}{dx}\left(\frac{d\Psi}{dz}\right)^2。$$

因此，如果我们写出

$$\left.\begin{aligned}&\left(\frac{d\Psi}{dx}\right)^2-\left(\frac{d\Psi}{dy}\right)^2-\left(\frac{d\Psi}{dz}\right)^2=8\pi p_{xx},\\&\left(\frac{d\Psi}{dy}\right)^2-\left(\frac{d\Psi}{dz}\right)^2-\left(\frac{d\Psi}{dx}\right)^2=8\pi p_{yy},\\&\left(\frac{d\Psi}{dz}\right)^2-\left(\frac{d\Psi}{dx}\right)^2-\left(\frac{d\Psi}{dy}\right)^2=8\pi p_{zz},\\&\frac{d\Psi}{dy}\frac{d\Psi}{dz}=4\pi p_{yz}=4\pi p_{zy},\\&\frac{d\Psi}{dz}\frac{d\Psi}{dx}=4\pi p_{zx}=4\pi p_{xz},\\&\frac{d\Psi}{dx}\frac{d\Psi}{dy}=4\pi p_{xy}=4\pi p_{yx};\end{aligned}\right\}\tag{14}$$

就有

$$A=\iiint\left(\frac{dp_{xx}}{dx}+\frac{dp_{yx}}{dy}+\frac{dp_{zx}}{dz}\right)dx\,dy\,dz,\tag{15}$$

积分在 s 内的整个空间中计算。利用第 21 节的定理三来变换体积分，就有

$$A=\iint(lp_{xx}+mp_{yx}+np_{zx})ds,\tag{16}$$

式中 ds 是包含整个 E_1 而完全不包含 E_2 的任一闭合曲面上的面积元，而 l、m、n 是从 ds 向外画的法线的方向余弦。

关于沿 y 方向和 z 方向作用在 E_1 上的分力，我们同样得到

$$B=\iint(lp_{xy}+mp_{yy}+np_{zy})ds,\tag{17}$$

$$C=\iint(lp_{xz}+mp_{yz}+np_{zz})ds。\tag{18}$$

如果体系 E_2 对 E_1 的作用确实是通过直接的超距作用来进行而不需任何媒质介入的，我们就必须把 p_{xx} 等等这些量看成只是某些符号表示式的简写，而并没有任何物理意义。

但是，如果我们假设 E_2 和 E_1 之间的相互作用是借助于它们之间的媒质中的胁强来实现的，那么，既然方程(16)、(17)、(18)给出一个合力的力量，而该合力起源于其六个分量为 p_{xx} 等等的胁强在曲面 s 外面的作用，我们就必须认为 p_{xx} 等等是确实存在于媒质中的一种胁强的分量了。

106.〕 为了得到关于这一胁强之本性的一种更清楚的看法，让我们改变曲面 s 的一部分的形状，使得 ds 可以成为一个等势面的一部分。(曲面的这种变化是允许的，如果我们并不因此而排出 E_1 的任何部分或包入 E_2 的任何部分的话。)

设 v 是 ds 上向外画的法线。

设 $R=-\frac{d\Psi}{dv}$ 是沿 v 方向的电动强度的量值，则有

$$\frac{d\Psi}{dx}=-Rl,\quad \frac{d\Psi}{dy}=-Rm,\quad \frac{d\Psi}{dz}=-Rn。$$

由此可见，胁强的六个分量就是 $p_{xx}=\frac{1}{8\pi}R^2(l^2-m^2-n^2)$，$p_{yz}=\frac{1}{4\pi}R^2mn$，$p_{yy}=\frac{1}{8\pi}R^2(m^2-n^2-l^2)$，$p_{zx}=\frac{1}{4\pi}R^2nl$，$p_{zz}=\frac{1}{8\pi}R^2(n^2-l^2-m^2)$，$p_{xy}=\frac{1}{4\pi}R^2lm$。

如果 a、b、c 是作用在 $\mathrm{d}s$ 的单位面积上的力的分量，则有 $a=lp_{xx}+mp_{yx}+np_{zx}=\frac{1}{8\pi}R^2l, b=\frac{1}{8\pi}R^2m, c=\frac{1}{8\pi}R^2n$。

由此可见，$\mathrm{d}s$ 外面的媒质部分作用在 $\mathrm{d}s$ 里边的媒质部分上的力，是垂直于面积元而指向外面的，而它在每单位面积上的值是$\frac{1}{8\pi}R^2$。

其次让我们假设面积元 $\mathrm{d}s$ 和与它相交的等势面相垂直，在这种情况下就有

$$l\frac{\mathrm{d}\Psi}{\mathrm{d}x}+m\frac{\mathrm{d}\Psi}{\mathrm{d}y}+n\frac{\mathrm{d}\Psi}{\mathrm{d}z}=0。\tag{19}$$

现在 $8\pi(lp_{xx}+mp_{yx}+np_{zx})=l\left[\left(\frac{\mathrm{d}\Psi}{\mathrm{d}x}\right)^2-\left(\frac{\mathrm{d}\Psi}{\mathrm{d}y}\right)^2-\left(\frac{\mathrm{d}\Psi}{\mathrm{d}z}\right)^2\right]+2m\frac{\mathrm{d}\Psi}{\mathrm{d}x}\frac{\mathrm{d}\Psi}{\mathrm{d}y}+2n\frac{\mathrm{d}\Psi}{\mathrm{d}x}\frac{\mathrm{d}\Psi}{\mathrm{d}z}$。 (20)

将(19)乘以 $2\frac{\mathrm{d}\Psi}{\mathrm{d}x}$并从(20)中减去此式，就得到

$$8\pi(lp_{xx}+mp_{yx}+np_{zx})=-l\left[\left(\frac{\mathrm{d}\Psi}{\mathrm{d}x}\right)^2+\left(\frac{\mathrm{d}\Psi}{\mathrm{d}y}\right)^2+\left(\frac{\mathrm{d}\Psi}{\mathrm{d}z}\right)^2\right]=-lR^2。\tag{21}$$

因此，$\mathrm{d}s$ 上单位面积的张力的分量是 $a=-\frac{1}{8\pi}R^2l, b=-\frac{1}{8\pi}R^2m, c=-\frac{1}{8\pi}R^2n$。

因此，如果面积元 $\mathrm{d}s$ 和等势面相正交，则作用在它上面的力和该曲面相垂直，而其单位面积上的数值是和前一事例中的数值相同的，但是力的方向却不同，因为它是一个压力而不是一个张力。

这样我们就完全确定了媒质中任一给定点上的胁强的类型。

一点上的电动强度的方向，是胁强的一个主轴，而这一方向上的胁强是一种张力，其数值是

$$p=\frac{1}{8\pi}R^2\tag{22}$$

式中 R 是电动强度。

和这一方向相垂直的任一方向也是胁强的一个主轴，而沿着这样一个轴的胁强是一个压强，其数值也是 p。

这样定义的胁强并不属于最普遍的类型，因为它有两个主胁强是相等的，而第三个则具有相同的值而正负号相反。

这些条件使确定胁强的独立普量数从六减少到三，从而它是由电动力的三个分量$-\frac{\mathrm{d}\Psi}{\mathrm{d}x}, -\frac{\mathrm{d}\Psi}{\mathrm{d}y}, -\frac{\mathrm{d}\Psi}{\mathrm{d}z}$来完全确定的。

六个胁强分量之间的三个关系式是

$$\left.\begin{aligned}p_{yz}^2&=(p_{xx}+p_{yy})(p_{zz}+p_{xx}),\\p_{zx}^2&=(p_{yy}+p_{zz})(p_{xx}+p_{yy}),\\p_{xy}^2&=(p_{zz}+p_{xx})(p_{yy}+p_{zz})。\end{aligned}\right\}\tag{23}$$

107.〕 现在让我们看看，当把一个有限的电量收集在一个有限的曲面上，使得体密度在曲面上变为无限大时，我们所求得的结果是否需要修订。

在这一事例中，正如我们已经在第 78a、78b 节中证明过的那样，电动强度的分量在曲面上是不连续的。因此胁强的分量也将在曲面上不连续。

设 l、m、n 是 ds 上的法线的方向余弦。设 P、Q、R 是画了法线的那一侧的电动强度的分量，而 P'、Q'、R'是它们在另一侧的值。

于是，由第 78a 和 78b 节可知，如果 σ 是面密度，就有

$$\left.\begin{aligned}P-P'&=4\pi\sigma l,\\Q-Q'&=4\pi\sigma m,\\R-R'&=4\pi\sigma n。\end{aligned}\right\}\tag{24}$$

设 a 是由两侧的胁强所引起的作用在曲面之单位面积上的合力的 x 分量，就有

$$\begin{aligned}a&=l(p_{xx}-p'_{xx})+m(p_{xy}-p'_{xy})+n(p_{xz}-p'_{xz}),\\&=\frac{1}{8\pi}l\{(P^2-P'^2)-(Q^2-Q'^2)-(R^2-R'^2)\}\\&\quad+\frac{1}{4\pi}m(PQ-P'Q')+\frac{1}{4\pi}n(PR-P'R'),\\&=\frac{1}{8\pi}l\{(P-P')(P+P')-(Q-Q')(Q+Q')-(R-R')(R+R')\}\\&\quad+\frac{1}{8\pi}m\{(P-P')(Q+Q')+(P+P')(Q-Q')\}\\&\quad+\frac{1}{8\pi}n\{(P-P')(R+R')+(P+P')(R-R')\},\\&=\frac{1}{2}l\sigma\{l(P+P')-m(Q+Q')-n(R+R')\}\\&\quad+\frac{1}{2}m\sigma\{l(Q+Q')+m(P+P')\}+\frac{1}{2}n\sigma\{l(R+R')+n(P+P')\},\\&=\frac{1}{2}\sigma(P+P')。\end{aligned}\tag{25}$$

由此可见，假设了任一点上的胁强由方程(14)来给出，我们就发现，作用在单位体积[①]的带电曲面上的沿 x 方向的合力，等于面密度乘以曲面两侧电动强度之 x 分量的算术平均值。

这就是我们在第 79 节中用基本上相同的手续求得的同一结果。

因此，周围媒质中的胁强的假说，在有限电量收集在有限曲面上的事例中是可以应用的。

作用在一个面积元上的合力，通常是通过考虑其线度远小于曲面之曲率半径的一部分曲面而从超距作用理论推出的[②]。

在这一部分曲面的中点上的法线上取一点 P，它到曲面的距离远小于这一部分曲面的线度。由这一小部分曲面引起的这一点上的电动强度，将和曲面是一个无限大平面时的电动强度近似地相同，就是说近似地等于 $2\pi\sigma$ 并沿着从曲面画起的法线方向。对于刚刚位于曲面另一侧的一点 P'，强度将相同，但方向相反。

现在考虑由曲面的其他部分和离面积元为有限距离的其他带电体所引起的那一部分电动强度。既然点 P 和点 P'是彼此无限接近的，由有限距离处的电所引起的电动强

① 译注：应作“单位面积”，原文笔误。

② 这种方法源于拉普拉斯。见 Poisson，‘Sur la Distribution de l’électricité&. c. ’*Mém. de l’Institul*，1811，p. 30。

度分量对这两点来说就将是相同的。

设 P_0 是由有限距离处的电在 A 或 A' 上引起的电动强度的 x 分量,则对 A 来说,x 分量的总值将是 $P=P_0+2\pi\sigma l$,而对 A' 来说则是 $P'=P_0-2\pi\sigma l$。由此即得 $P_0=\frac{1}{2}(P+P')$。

现在,作用在一个面积元上的合机械力必然完全起源于有限距离处的电的作用,因为面积元对它自己的作用必然有零合力。由此可见,单位面积上的这一力的 x 分量必然是 $a=\sigma P_0=\frac{1}{2}\sigma(P+P')$。

108.〕 如果我们(像在方程(2)中那样)通过假设为给定的电分布来定义势,则由任一对带电质点之间的作用和反作用相等而反向这一事实可知,由一个体系对它自己的作用所引起的力的 x 分量必为零,而且我们可以把这个分量写成

$$\frac{1}{4\pi}\iiint\frac{\mathrm{d}\Psi}{\mathrm{d}x}\nabla^2\Psi\mathrm{d}x\mathrm{d}y\mathrm{d}z=0。\tag{26}$$

但是,如果我们把 Ψ 定义成 x、y、z 的那样一个函数,它在闭合曲面 s 外面的各点上满足方程 $\nabla^2\Psi=0$ 而且在无限远处为零,则在 s 所包括的任一空间域中计算的体积分为零这件事就会显得是需要证明的。

一种证明方法是建筑在一条定理(第 100c 节)上的;那定理就是,如果 $\nabla^2\Psi$ 在每一点上已经给定,而且在无限远处 $\Psi=0$,则 Ψ 在每一点上的值是确定的,并等于

$$\Psi'=\frac{1}{4\pi}\iiint\frac{1}{r}\nabla^2\Psi\mathrm{d}x\mathrm{d}y\mathrm{d}z。\tag{27}$$

式中 r 是 Ψ 的浓度被给定为 $=\nabla^2\Psi$ 的那一体积元 $\mathrm{d}x\mathrm{d}y\mathrm{d}z$ 和需要计算其 Ψ' 的那一点 x'、y'、z' 之间的距离。

这就把定理简化成了我们由 Ψ 的第一种定义推出的结论。

但是,当我们把 Ψ 看成 x、y、z 的原始函数而认为其他函数都由它导出时,把(26)简化成一个形如

$$A=\iint(lp_{xx}+mp_{xy}+np_{xz})\mathrm{d}S\tag{28}$$

的面积分就是更妥当的;而且,如果我们假设曲面 S 到处都和包围了 $\nabla^2\Psi$ 不等于零的所有各点的曲面 s 有一个很大的距离 a,我们就知道 Ψ 在数值上不可能大于 e/a,此处是 $4\pi e$ 的体积分;我们也知道,p_{xx}、p_{xy}、p_{xz} 各量没有一个可以大于 p 即 $R^2/8\pi$ 或 $e^2/8\pi a^2$。因此,在半径很大并等于 a 的一个球面上计算的面积分就不能大于 $e^2/2a^2$,而当 a 无限增大时,面积分必然终于变为零。

但是这个面积分等于体积分(26),而不论 S 所包围的空间的大小如何,只要 S 包围了每一个 $\nabla^2\Psi$ 异于零的点,这个体积分的值就是相同的。因此,既然当 a 为无限大时积分为零,当积分限由任何包围了一切 $\nabla^2\Psi$ 异于零的点的任何曲面来确定时,积分必将也等于零。

109.〕 本章所考虑的胁强分布,恰恰就是法拉第在研究通过电介质而发生的感应时被引导到的那种分布。他用下列的说法概括了它:

"(1297)可以设想成沿两个界限性的带电导体表面之间的一些线作用着的直接感应力,是由一种侧向的或横向的力所伴随着的,这种侧向力和这些代表线之间的一种膨胀或推斥相等价(1224);或者说,沿着电感应的方向而存在于电介质粒子之间的吸引力,是

由一种沿着横方向的推斥力或发散力所伴随着的。

(1298)感应显现为各粒子的一种极化状态,它们是被保持作用的带电体纳入到这种状态之中的;各质点上出现正的和负的端点或部分,这些正负部分彼此之间对引起感应的曲面或质点来说是对称地分布着的。这种状态必然是一种受迫状态,因为它只能由力来引起和保持,而当力被取消时它就又回到正常的或安静的状态。它只能由相同部分的电在一些绝缘体中继续建立,因为只有绝缘体才能承受这种粒子状态。

这是我们通过数学考察而得出的那些结论的一种精确的论述。在媒质中的每一点上,都存在那样一个胁强状态,使得沿着力线有一个张力而沿一切垂直于力线的方向有一个压力,张力和压力数值相等,而且都和该点的合力平方成正比。

"电张力"一词曾由不同的作者在不同的意义下加以应用。我将永远用它来代表沿着力线的张力,而正如我们已经看到的那样,这种张力是逐点变化的,而且永远正比于该点的合力的平方。

110.〕 在空气或松节油之类的流体电介质中也存在这样一种胁强状态;初看起来,这一假说似乎和已经确立的原理相抵触,那原理就是,在流体中,压强在一切方向上都是相等的。但是,在从关于流体各部分的活动和平衡的考虑推出这条原理时,曾经不言而喻地认为流体中不存在我们在这儿假设为沿着力线进行的那样作用。我们所研究的这种胁强状态,是和流体的活动及平衡完全不矛盾的,因为我们已经看到,如果流体的任何部分都不带电荷,它就不会从它表面上的胁强受到任何合力的作用,不论那些胁强多么强。只有当一部分流体带了电时,它的平衡才会被它表面上的胁强所打乱,而我们知道在这种情况下流体确实倾向于发生运动。由此可见,所设的胁强状态并不是和流体电介质的平衡相矛盾的。

在第四章第 99a 节中研究了的 W 这个量,可以诠释为由于胁强的分布而出现在媒质中的能量。由该章的那些定理可以看到,满足在该章中给出的那些条件的胁强分布,也使 W 有一个绝对最小值。当在任何一个位形下能量有极小值时,那个位形就是一个平衡位形,而且平衡是稳定的。因此,当受到带电体的感应作用时,电介质就将自动采取一种按我们所描述过的方式而分布的胁强状态①。

必须认真地记住,我们只在媒质作用的理论中迈出了一步。我们曾经假设媒质处于一种胁强状态中,但是我们却没有用任何方式来说明这种胁强,也没有解释它是怎样被保持的。然而,在我看来,迈出的这一步却似乎是很重要的一步,因为它利用媒质各相邻部分的作用来解释了以前被认为只能用超距作用来加以解释的那些现象。

111.〕 我没有能够迈出下一步,那就是用力学的考虑来说明电介质中的这些胁强。因此我现在就让理论停止在这个地方,而只说出电介质中感应现象的其他部分是什么。

Ⅰ. 电位移 当感应通过电介质而被传送时,首先就沿着电感的方向出现电的位移。例如,在内壳带正电而外壳带负电的一个莱顿瓶中,正电在玻璃材料中的位移方向是从内向外的。

---

① 媒质中的胁强这一课题,将在"补遗卷"中进一步加以考虑,然而在此可以指出,求出一套胁强使之产生和存在于电场中的力相同的力的问题,是有无限多种解的一个问题。麦克斯韦所采用的,是不能由弹性固体中的胁变来普遍地引起的一种胁强分布。

这种位移的任何增加，都在增加过程中相当于正电从内向外的一个电流，而位移的任何减小都相当于一个方向相反的电流。

通过固定在电介质中的一个曲面上任一面积而移动过去的总电量，由一个量来量度，而那个量已经作为电感在该面积上的面积分乘以 $K/4\pi$ 来考察过(第 75 节)，此处 K 是电介质的比感本领。

Ⅱ. **电介质粒子的表面电荷** 设想有或大或小的任何一部分电介质由一个闭合曲面(想象地)而和其他部分划分开，于是我们就必须假设，在这个曲面的每一元部分上，都有一个电荷，由向内计算的电荷通过这一面积元的总移移动量来量度。

在内壳带正电的莱顿瓶的事例中，任何一部分玻璃都将是内侧带正电而外侧带负电的。如果这一部分完全位于玻璃内部，则它的表面电荷将被和它接触着的各部分上的异号电荷所中和；但是如果它是和不能在本身中保持感应状态的导体相接触的，表面电荷就不会被中和而是形成通常被称为“导体的电荷”的那种表观电荷。

因此，在旧理论中被称为“导体的电荷”的那种导体和周围电介质之分界面上的电荷，在感应理论中必须被称为周围电介质的表面电荷。

按照这种理论，所有的电荷都是电介质极化的残余效应。极化在物质内部到处存在，但是它在内部却由于带相反电荷的部分互相靠紧而被中和，因此只有在电介质的表面上电荷的效应才会显示出来。

理论可以完全说明第 77 节中的定理，即通过一个闭合曲面的总电感等于曲面内部的总电量乘以 4π。因为，我们所说的通过曲面的电感，简单的就是电位移乘以 4π，而外向的总电位移必然等于曲面内部的总电荷。

理论也能说明传给物质以一个“绝对电荷”的不可能性。因为，电介质的每一个粒子都在相对的两面带有相等而异号的电荷，或者也不妨说。这些电荷只是我们可以称之为“电极化”的单独一种现象的表现。

当这样被极化了时，一种电介媒质是电能的所在之处，而单位体积媒质中的能量在数值上等于作用在单位面积上的电张力，二者都等于电位移和合电动强度之乘积的一半，或者说 $p=\frac{1}{2}\mathfrak{D}\mathfrak{E}=\frac{1}{8\pi}K\mathfrak{E}^2=\frac{2\pi}{K}\mathfrak{D}^2$，式中 p 是电张力，$\mathfrak{D}$ 是电位移，$\mathfrak{E}$ 是电动强度，而 K 是比感本领。

如果媒质不是一种完全的绝缘质，则我们称之为电极化的那种约束状态将不断地消退，媒质会对电动强度屈服，电胁强会松弛，而约束状态的势能将转化为热。极化状态的衰减速度依赖于媒质的本性。在某些品种的玻璃中，要过若干天或若干年极化才会衰减到原值的一半。在铜中，同样的变化会在不到百万分之一秒内完成。

我们曾经假设，媒质在被极化后就被放置不顾了。在叫做电流的现象中，电在媒质中的不断通过倾向于恢复极化状态，其速率和媒质的导电性允许其衰减的速率相同。于是，保持电流的外界作用物就永远会在恢复媒质的不断衰退的极化时做功，而这种极化的势能则不断地转化为热，于是为保持电流而消耗的能量的最终效果就是逐渐地提高导体的温度，直到通过传导和辐射而损失的热和电流在相同时间内产生的热一样多时为止。

第六章 论平衡点和平衡线

112.〕 如果电场中任何一点上的合力为零,该点就叫做一个"平衡点"。

如果某一条线上的每一点都是平衡点,该线就叫做一条"平衡线"。

一点为平衡点的条件就是在该点上有$\frac{dV}{dx}=0$, $\frac{dV}{dy}=0$, $\frac{dV}{dz}=0$. 因此,在这样一个点上,势对坐标的变化来说就有一个极大值或极小值,或为驻定。然而,只有在一个带正电或负电的点上,或是在由一个带正电或负电的曲面所包围的整个有限空间中,势才能有一个极大值或极小值。因此,如果有一个平衡点出现在场的一个不带电的部分中,势就必然是驻定的,而不是一个极大值或极小值。

事实上,极大值或极小值的条件就是$\frac{d^2V}{dx^2}$, $\frac{d^2V}{dy^2}$, $\frac{d^2V}{dz^2}$必须全为负或全为正,如果它们取有限值的话。

现在,在一个不存在电荷的点上,由拉普拉斯方程可知三个量的和为零,从而这一条件是不能满足的。

我们将不考虑力的各分量同时为零的那一事例的数学分析上的条件,而是利用等势面来给出一个普遍的证明。

如果在任一点 P 上存在 V 的真极大值,则在 P 点邻域中的一切其他点上,V 的值都小于它在 P 点上的值。于是 P 就将被一系列闭合的等势面所包围,每一个等势面都在前一个等势面的外面,而且在其中任一等势面的一切点上,电力都将是指向外面的。但是我们在第 76 节中已经证明,在任何闭合曲面上计算的电动强度的面积分,就给出该曲面内的总电荷乘以 4π。在这一事例中,力是到处指向外面的,从而面积分必然为正,因此在曲面内部就有一个正电荷,而且,既然我们可以把曲面画得离 P 要多近就多近,那就是说在 P 点上有一个正电荷。

同样,我们也可以证明,如果 V 在 P 点有一个极小值,则 P 是带负电的。

其次,设 P 是一个无电荷域中的一个平衡点,让我们围绕着 P 画一个半径很小的球,这时,正如我们已经看到的那样,这个球面上的势不能到处都大于或都小于在 P 点的势。因此它必然在球面的某些部分上较大而在其他部分上较小。曲面上的这些部分是以一些线为边界的,在那些线上势等于 P 点上的势。沿着从 P 点画到其势小于 P 点之势的点画出的线,电力是从 P 点开始的;而沿着从 P 点到势较大的点画出的线,力是指向 P 点的。因此 P 点对某些位移来说是一个稳定平衡点,而对另一些位移来说则是不稳平衡点。

113.〕 为了确定平衡点或平衡线的数目,让我们考虑其上的势等于一个给定量 C 的那个曲面或那些曲面。让我们把其中的势小于 C 的那些区域叫做负域,而把其中的势

大于 C 的那些域叫做正域。设 V_0 是电场中最低的势而 V_1 是电场中最高的势。如果我们令 $C=V_0$，则负域将只包括那些具有最低势的点或导体，而这些点或导体必然是带负电的。正域包括空间的其余部分，而既然它包围着负域，它就是回绕的。参阅第 18 节。

如果我们现在增大 C 的值，负域就将扩大，而且新的负域也将在带负电的物体周围形成。对于这样形成的每一个负域，周围的正域都将要求一个回绕度。

当不同的负域扩大时，其中两个或多个可以在一个点上或一条线上相遇。如果有 $n+1$ 个负域相遇，周围的正域就失去 n 个回绕度，而各负域相遇的点或线就是一个 n 阶的平衡点或平衡线。

当 C 变得等于 V_1 时，正域就只剩了具有最高势的那个点或导体，从而也就失去了它的一切回绕性。因此，如果按照它的阶次把每一个平衡点或平衡线算作 1、2 或 n，则这样由现在所考虑的点或线得出的那个数目将比带负电物体的数目小一。

也有另一些平衡点或平衡线出现在各正域变成互相分离而负域获得回绕性的那种地方。按照它们的阶数来计算的它们的数目，比带正电物体的数目小一。

如果当它是两个或多个正域相遇之处时我们就把一个平衡点或平衡线叫做正的，而当它是一些负域相遇之处时把它叫做负的，那么，如果共有 p 个物体是带正电的和 n 个物体是带负电的，则正平衡点及正平衡线的阶数之和就是 $p-1$，而负平衡点及负平衡线的阶数之和则是 $n-1$。在无限远处包围着带电体系的那个曲面应该被看成一个物体，它的电荷和体系的电荷之和相等而异号。

但是，除了由不同域的连接而引起的这些数目确定的平衡点和平衡线以外，还可以有另外的一些平衡点或平衡线，关于这些，我们只能断定它们的数目必须是偶数。因为，如果当一个负域扩大时它会和自己相遇，它就会变成一个循球域，而且，通过重复地和自己相遇，它可以获得任意多个循环度，其中每一个循环度都对应于循环性出现处的那个平衡点或平衡线。当负域不断扩大直到它充满了整个空间时，它就会失去其所曾得到的每一个循环度而变成非循环的。因此，就有一组平衡点或平衡线，在它们那里循环性是被失去的，而且它们的数目正等于循环性在那里被获得的那些平衡点及平衡线的数目。

如果带电体或带电导体的形状是任意的，我们就只能断定这些增加的点或线的数目是偶数。但是，如果它们是带电的点或球形导体，则用这种办法得到的数目不能超过 $(n-1)(n-2)$，此处 n 是物体的个数[①]。

114.〕 靠近任一点 P 处的势可以展成级数 $V=V_0+H_1+H_2+\cdots$；式中 H_1、H_2 等等是 x、y、z 的齐次函数，其次数分别为 1、2 等等。

既然 V 的一阶导数在一个平衡点上为零，就有 $H_1=0$，如果 P 是一个平衡点的话。

设 H_n 是最先不等于零的那个函数，则在 P 点附近我们可以略去比 H_n 次数更高的一切函数。

现在，$H_n=0$ 就是一个 n 阶圆锥面的方程，而这个锥面就是和 P 点处的等势面最密接的那个锥面。

---

① 我没能找到证明这一结果的任何地方。

因此就看到，经过 P 点的等势面在该点有一个圆锥点，也就是它和一个 2 阶的或 n 阶的锥面相切。这个锥面和以其顶点为心的一个球面的交线，叫做“节线”(nodal line)。

如果 P 点并不位于一条平衡线上，则节线不和自己相交，而是由 n 条或较少闭合曲线所构成。

如果有些节线交点并不位于球面的正对面点上，则 P 点是三条或更多条平衡线的交点。因为经过 P 点的等势面必然沿每条平衡线和自己相交。

115.〕 如果同一个等势面有 n 页相交，它们各自的交角必然等于 π/n。

因为，设把交线的切线取作 z 轴，就有 $d^2V/dz^2=0$。另外，设 x 轴是其中一页的一条切线，则又有 $d^2V/dx^2=0$。根据拉普拉斯方程，由此即得 $d^2V/dy=0$，或者说 y 轴是另一页的一条切线。

这里的考虑假设了 H_2 是有限的。如果 H_2 为零，设把交线的切线取作 z 轴，并令 $x=r\cos\theta$ 而 $y=r\sin\theta$，那么，既然 $\frac{d^2V}{dz^2}=0$，$\frac{d^2V}{dx^2}+\frac{d^2V}{dy^2}=0$ 或 $\frac{d^2V}{dr^2}+\frac{1}{r}\frac{dV}{dr}+\frac{1}{r^2}\frac{d^2V}{d\theta^2}=0$；则写成 r 的升幂级数，比一方程的解就是

$$V=V_0+A_1r\cos(\theta+\alpha_1)+A_2r^2\cos(2\theta+\alpha_2)+\cdots+A_nr^n\cos(n\theta+\alpha_n)。$$

在一个平衡点上，A_1 等于零。如果第一个不为零的项是含 r^n 的项，则有

$$V-V_0=A_nr^n\cos(n\theta+\alpha_n)+r \text{ 的更高次幂。}$$

这个方程表明，等势面 $V=V_0$ 的 n 个页相交，每一交角为 π/n。这一定理是由兰金(Rankine)给出的①。

只有在某些条件下，一条平衡线才会在空间中存在，但是每当导体的面密度在一部分上是正的而在另一部分上是负的时，导体表面上却必然存在一条平衡线。

为了使导体可以在它表面的不同部分上带有异号的电荷，场中必须有些地方的势高于导体的而另一些地方的势则低于导体的势。

让我们从两个带正电的而势也相同的导体开始。在二物体之间将存在一个平衡点。让第一个物体的势逐渐降低。平衡点就将向它趋近，并在过程的某一阶段和它表面上的一点相重合。在过程的下一阶段中，和第一物体具有相同的势的第二物体周围的等势面将和第二物体的表面相正交，其交线就是一条平衡线。在扫过了导体的整个表面以后，这条闭合曲线将重新收缩成一点；然后这个平衡点就将在第一物体的另一侧越走越远，而且当两个物体的电荷成为相等而异号时这个点将运动到无限远处。

---

① 'Surmmary of the Properties of certain Stream Lines', *Phil. Mag.*, Oct. 1864. 并参阅 Thomson and Tait's *Natural Philoscphy*, § 780；以及 Rankine and Stokes, in the *Proc. R. S.*, 1867, p. 468；以及 W. R. Smith, *Proc. R. S. Edin.* 1869—1870, p. 79。

当 d^2V/dz^2 只沿 z 轴为零时，这里的讨论就是不能令人满意的。兰金的证明是严格的。H_m 可以写成

$$u_nz^{m-n}+u_{n+1}z^{m-n-1}+\cdots+u_m,$$

式中 $u_n, u_{n+1}, \cdots$ 分别是 x、y 的 n 次、$n+1$ 次…的齐次函数，而 z 轴是 n 阶奇线。既然 H_m 满足 $\nabla^2H_m=0$，我们必然就有 $\frac{d^2u_n}{dx^2}+\frac{d^2u_n}{dy^2}=0$，或者说 $u_n=Ar^n\cos(n\theta+\alpha)$；但是 $u_n=0$ 就是从 z 轴画起的锥面 $H_m=0$ 的切面的方程，也就是等势面的 n 页的切面方程，因此这些页就以 π/n 角相交。

鄂伦肖定理

116.〕 放在一个电力场中的一个带电体不可能处于稳定平衡。

首先，让我们假设可运动物体 A 上的电和周围物体组 B 上的电都是固定在这些物体上的。

设 V 是由于周围物体 B 的作用而在可动物体 A 的任一点上引起的势，设 e 是可动物体 A 上此点周围的一小部分所带的电。于是 A 对 B 而言的势能就将是 $M=\sum(Ve)$，式中的和式遍及于 A 上一切带电的部分。

设 a、b、c 是 A 上任一带点部分相对于固定在 A 中并和 x、y、z 各轴相平行的坐标轴而言的坐标。设这些坐标轴的原点绝对坐标是 ξ、η、ζ。

让我们暂时假设 A 受到约束，只能平行于自身而运动，于是点(a,b,c)的绝对坐标就将是 $x=\xi+a$，$y=\eta+b$，$z=\zeta+c$。

现在物体 A 对 B 而言的势可以写成若干项之和[①]，在其中每一项中 V 都是用 a、b、c 和 ξ、η、ζ 表示出来的，从而这些项的总和就是 a、b、c 的函数和 ξ、η、ζ 的函数；前三个坐标对物体的每一点来说都是常量，而后三个坐标则当物体运动时是变化的。

既然拉普拉斯方程是被其中每一项所满足的，它也就是被各项之和所满足的，或者说 $\frac{\mathrm{d}^2M}{\mathrm{d}\xi^2}+\frac{\mathrm{d}^2M}{\mathrm{d}\eta^2}+\frac{\mathrm{d}^2M}{\mathrm{d}\zeta^2}=0$。现在设令 A 发生一个小位移，使得 $\mathrm{d}\xi=l\mathrm{d}r$，$\mathrm{d}\eta=m\mathrm{d}r$，$\mathrm{d}\zeta=n\mathrm{d}r$；并设 $\mathrm{d}M$ 是 A 相对于周围体系 B 而言的势的增量。

如果这个增量是正的，则要增大 r 就必须做功，从而就有一个倾向于使 r 减小并使 A 恢复其从前的位置的力 $R=\mathrm{d}M/\mathrm{d}r$，从而对这种位移来说平衡就将是稳定的。另一方面，如果增量是负的，力就将倾向于使 r 增大，从而平衡就将是非稳的。

现在考虑一个以原点为心而以 r 为半径的小球；它是如此之小，使得当固定在物体上点位于球内时，运动物体 A 的任何部分都不能和外部体系 B 的任何部分相重合。这时，既然在球内有 $\nabla^2M=0$，在球面上求的面积分 $\iint\frac{\mathrm{d}M}{\mathrm{d}r}\mathrm{d}S$，就等于零。

由此可见，如果在球面的任何部分上 $\mathrm{d}M/\mathrm{d}r$ 是正的。则必然有些其他部分，在那里 $\mathrm{d}M/\mathrm{d}r$ 是负的，而如果物体 A 沿着 $\mathrm{d}M/\mathrm{d}r$ 的方向而被移动，它就将倾向于离开原有位置而运动，从而它的平衡就必然是非稳的。

因此，即使当被约束得只能平行于自身而运动时，物体也是非稳的，而毋庸赘言，当它完全自由时当然更是非稳的了。

现在让我们假设物体 A 是一个导体。我们可以把这种情况当做一个物体组的平衡事例来处理，即把可运动的电看成体系的一些部分。于是我们就可以论证说，既然当通过电的固定而被剥夺了那么多的自由度时体系都是非稳的，那就毋庸赘言，当这种自由

① 由下文可见，此处所说的“势”实系“势能”。——译注

度被还给它时，它当然更是非稳的了。

但是我们也可以用更加特殊的方式来考虑这一事例，例如：

第一，设电被固定在 A 中，并让 A 平行于自身而移动一个小距离 $\mathrm{d}r$。由这种原因而引起的 A 的势的增量已经考虑过了。

其次，让电在 A 中运动到它的平衡位置上，这种平衡永远是稳定的。在这种运动过程中，势肯定会减少一个量，我们可以称之为 $C\mathrm{d}r$。

因此，当电可以自由运动时，势的总增量就将是 $\left(\frac{\mathrm{d}M}{\mathrm{d}r}-C\right)\mathrm{d}r$；而倾向于使 A 回到它的原位置的就将是 $\frac{\mathrm{d}M}{\mathrm{d}r}-C$，式中 C 永远是正的。

我们已经证明过 $\mathrm{d}M/\mathrm{d}r$ 对 r 的某些方向而言是负的，因此当电可以自由运动时，沿这些方向的非稳性就将增大。

第七章　简单事例中的等势面和电感线的形状

117.〕 我们已经看到，导体表面上电的分布的确定，可以弄成依赖于拉普拉斯方程 $\frac{d^2V}{dx^2}+\frac{d^2V}{dy^2}+\frac{d^2V}{dz^2}=0$ 的解；此处 V 是 x、y 和 z 的一个函数，它永远是有限的和连续的，在无限远处为零，而且在每一个导体的表面上有一个给定的恒定值。

通常并不能用已知的数学方法来求解这一方程以使任意给出的条件能够得到满足，但是却很容易写出任意多个能够满足方程的函数 V 的表示式，并在每一事例中确定出函数 V 将是真正解的那些导电表面的形状。

因此，看起来我们很自然地应该称之为逆问题的这种当势的表示式已经给定时要确定导体形状的问题，是比当导体形状已经给定时要确定势的正问题更加容易对付的。

事实上，我们已知其解的每一个电学问题，都是通过这种逆过程来得出的。因此，对电学家来说大为重要的就是要知道用这种办法已经得到了一些什么结果，因为他可以指望用来求解一个新问题的唯一方法就是把问题归结成某些事例之一，在那些事例中已经通过逆过程构造了一个类似的问题。

关于结果的历史知识可以通过两种方式来起作用。如果我们被要求设计一种仪器来进行更精确的电学测量，我们就可以选择那样一些带电表面的形状，它们对应于我们已知其精确解的那些事例。另一方面，如果我们被要求估计形状给定的一些物体的带电情况，我们就可以从等势面的形状和所给物体形状相近的某一事例开始，然后我们可以利用尝试的办法来改动问题，直到它和所给的情况更近似地对应。这种方法从数学观点看来显然是很不完善的。但这却是我们所具备的唯一方法，而且，如果不许我们选择自己的条件，我们就只能对电分布进行一种近似的计算。因此，看来我们所需要的，就是在我们所能收集和记住的尽可能多的不同事例中关于等势面和电感线之形状的知识。在某几类事例中，例如在和球有关的那些事例中，存在一些我们可以利用的已知的数学方法。在另一些事例中，我们就不能不用一种更粗浅的方法，那就是在纸上实际地画出一些尝试性的图形，并从中选用和我们所需要的图形相差最小的一种。

我认为，即使在精确解为已知的那些事例中，这后一种方法也可能是有某种用处的，因为我发现，关于等势面形状的一种直观知识，常常导致数学求解方法的一种正确选择。

因此我曾经画了若干幅等势面族和电感线族的图，以便学生可以熟悉这些线的形状。可以用来画这种图的方法，将在第 123 节中进行说明。

118.〕 在本书末尾的图版 1 中，我们有两个点周围的等势面的横截面，该二点带有同号电荷，其大小为 20 和 5 之比。

在这里，每一个点电荷都被一系列等势面所包围，当逐渐变小时，它们就变得越来越接近于球形，尽管其中任何一个也不是准确的球面。如果各自包围一个点的两个曲面被用来代表两个近似球形而并不完全是球形的导体的表面，而且假设这两个物体被充以 4 比 1 的同号电荷，则此图将代表它们的等势面，如果我们擦掉画在两个物体内部的所有那些等势面的话。由图可见，两个物体之间的作用和两个带有相同电荷的点之间的作用相同；这两个点并不位于两个物体轴线的确切中点上，而是各自比中点离另一物体更远一些。

同一个图也使我们能够看到其中一个卵形面上将有什么样的电分布；这种卵形面一头大一头小，而且包围着两个中心。如果带有 25 个单位的电而且不受外界影响，这样一个物体将在小端具有最大的面密度，在大端具有较小的面密度，而且在离小端比离大端更近的一个圆周上有最小的面密度[①]。

存在一个等势面，在图中用虚线来代表，它包括两个圈线，在锥面点 P 处相遇。这个点是一个平衡点，从而具有这种表面形状的一个物体上的面密度在该点将为零。

在这一事例中，力线形成两个分离的组，由一个六次曲面互相分开；该曲面用虚线来代表；它通过平衡点，而且和双曲面的一页有点相像。

这个图也可以被看成代表两个有重物质球的力线和等势面，二球的质量成 4 比 1 之比[②]。

119.〕 在图版 2 中我们又有两个点，所带的电荷成 20 与 5 之比，但是一个是正电荷而另一个是负电荷。在这一事例中，有一个等势面，也就是对应于零势的那个面，是一个球面。这个等势面在图中用虚线圆 Q 来代表。这个球面的重要性，当我们进行到电像的理论时就将被看到。

我们由此图可以看出，如果两个圆乎乎的物体带有异号电荷，它们就将像两个点那样地互相吸引；那两个点和它们带的电荷相同，但是放得比两个物体的中点更靠近一些。

这儿又有用虚线表示的一个等势面是有两个圈线的，里边一个圈包围着电荷为 5 的点而外边一个圈包围着两个物体，这两个圈线在锥面点 P 相遇，那是一个平衡点。

如果一个导体的表面具有外面圈线的形状，也就是说，如果它是一个圆乎乎的像苹果似的物体，在一端有一个圆锥形的凹陷，那么，如果这个导体是带电的，我们就将能够确定它的任一点的面密度。凹陷底上的面密度为零。

在这个曲面的周围，我们有另外一些曲面；它们也有一个圆顶的凹陷，这种凹陷越变越平，并且终于在经过用 M 来表示的一点的那个等势面上完全消失。

在这一事例中，力线形成两组，由经过平衡点的那个曲面所隔开。

如果我们考虑中轴上 B 点外面的一些点，我们就会发现合力越来越小，直到在 P 点上变为零。然后它就变号，并在 M 点上达到极大值，然后它又继续减小。

然而这个极大值只是一个相对于轴上其他各点而言的极大值，因为，如果我们考虑一个经过 M 点而垂直于中轴的面，则相对于该面上的邻近各点来说，M 是一个极小力的点。

120.〕 图版 3 表示电荷为 10 并位于力场中的一个点所引起的等势面和电感线，力

---

① 这一点，可以通过在场的不同部分比较等势面之间的距离来看出。

② 这句话恐怕不好，应移到第 119 节之末。——译注

场在放入点电荷以前在方向和量值上是到处均匀的①。

等势面各自都有一个渐近平面。其中用虚线代表的一个有一个锥面点，并有一个围绕 A 点的圈线。这一等势面下面的那些等势面只有一页，并在轴附近有一个凹陷。上面的那些有一个围绕着 A 的闭合部分，和另外在轴附近稍有凹陷的一页。

如果我们把 A 下面的一个曲面看成一个导体的表面，并把 A 下面很远处的另一曲面看成具有另一个势的另一个导体的表面，则这两个导体之间的那一套曲线和曲面将指示电力的分布。如果下面一个导体离 A 很远，它的表面就将很接近于平面，于是我们在这儿就得到两个全都近似地是平面并相互平行的表面上的电分布的解，不过上面的一个表面在中点附近有一处突起。其重要性或大或小，随所选定的是哪个等势面而定。

121.〕 图版 4 表示由三个点 A、B、C 所引起的等势面和电感线；其中 A 带有 15 个单位的正电荷，B 带有 12 个单位的负电荷。而 C 带有 20 个单位的正电荷。这些点放在一条直线上，使得 $AB=9$，$BC=16$，$AC=25$。

在这一事例中，势为零的曲面是两个球，它们的中心是 A 和 C，而半径是 15 和 20。这两个球相交于一个圆，它和纸面在 D 点及 D' 点相正交，使得 B 成为此圆之心，而圆的半径为 12。这个圆是一条平衡线的例子，因为合力在这条线上的每一点上为零。

如果我们假设以 A 为心的球是带有 3 个单位的正电的导体，并受到 C 处 20 个单位的正电的影响，则这一事例的情况将由本图来表示，如果我们略去球 A 内部所有的线的话。在小圆 DD' 下面那一部分球面将在 C 的影响下带负电。球的所有其余的部分将带正电，而小圆 DD' 的本身则将是一条无电荷的线。

我们也可以认为本图是表示的一个球的情况，该球以 C 为心，带有 8 个单位的正电，并受到放在 A 点的 15 个单位的正电的影响。

这个图也可以被看成表示一个导体的情况，该导体的表面由相遇于 DD' 的两个球的较大的部分构成，并带有 23 个单位的正电。

我们将回到这一个图，把它看成汤姆孙的“电像理论”的一个例证。参阅第 168 节。

122.〕 这些图应该作为法拉第关于“力线”和“带电体的力”等等的说法的例示来加以研究。

“力”这个词代表两个物质体之间的作用的一个特定的方面；通过这种作用，各物体的运动将变成和没有这种作用时的运动有所不同。当同时考虑两个物体时，这整个的现象就叫做“强制作用”(stress)，并且可以被描述成从一个物体到另一个物体的动量传递。当我们把自己的注意力集中到二物体中的第一个物体上时，我们将把加在这个物体上的强制作用叫做“主动力”，或简单地叫做对该物体作用的力。而且它是用该物体在单位时间内接受到的动量来量度的。

两个带电体之间的机械作用是一种强制作用，而对其中一个物体的作用则是一个力。作用在一个小的带电体上的力正比于它自己的电荷，而单位电荷的力就叫做力的

---

① 麦克斯韦没有给出场的强度。然而 M. 科纽曾经根据力线计算了均匀场的强度，并发现在放入带电体之前场的电动强度是 1.5。——译注

“强度”。

“感应”一词被法拉第用来代表各带电体的电荷之间的联系方式；每一个单位的正电荷都用一条线来和一个单位的负电荷互相连接，那条线的方向在流体电介质中在线的每一部分都和电强度相重合。这样一条线常常被称为一条“力线”，但更准确地做法是称它为一条“电感线”。

现在，按照法拉第的概念，一个物体中的电量是用从它发出的力线的数目或者说电感线的数目来量度的。这些力线必然终止在什么地方，或是终止在附近的物体上，或是终止在房间的墙壁和天花板上，或是终止在地上，或是终止在一些天体上，而不管终止在什么地方，那里总会存在一个电量，和力线所由出发的那一物体部分上的电量恰好相等而异号。通过仔细观察这些图，可以看到情况正是如此的。因此，在法拉第的观点和旧理论的数学结果之间并没有任何矛盾，而相反的却是，力线的概念给这些结果带来了很大的澄清，而且它似乎可以提供一种手段，用来通过一种连续的过程而从旧理论的多少有些死板的观念上升到一些可以有很大的扩充余地的想法，这就可以为通过进一步的研究来增加我们的知识留下余地。

123.〕 这些图是按下述方式画成的。

首先，试考虑单独一个力心即一个电荷为 e 的小带电体的事例。在距离为 r 处，势是 $V=e/r$；因此，如果我们令 $r=e/v$，我们就将求得 r，即势为 V 的那个球面的半径。如果我们现在令 V 取 1、2、3 等等的值，并画出对应的球面，我们就会得到一系列等势面，其对应的势是用各自然数来量度的。这些球在通过其公共球心的一个平面上的截面将是一些圆，我们可以用代表其势的那个数来标明其中每一个圆。在图 5 的右半，用一些虚线半圆来代表了这些等势面。

如果还有另一个力心，我们就可以按相同的方式画出属于它的那些等势面，而如果我们现在想要找出由两个力心共同引起的各等势面的形状，我们就必须记得：如果 V_1 是由一个心引起的势而 V_2 是由另一个心引起的势，则由两个心引起的势将是 $V_1+V_2=V$。因此，既然在属于两个系列的各等势面的每一个交点上我们既知道 V_1 又知道 V_2，我们也就知道 V 的值。因此，如果我们画一个曲面通过所有 V 值相同的各交点，这个曲面就将和所有这些交点上的等势面相重合，而如果原来那些等势面系列画得足够密，新曲面就可以在任何需要的精确度下被画出。由电荷相等而异号的两个点所引起的等势面，在图 5 中的右半用实线表示了出来。

这种方法可以应用来画任何等势面系列，如果势是二势之和，而对于二势我们已经画出了等势面的话。

由单独一个力心引起的力线是从该心辐射而出的一些直线。如果我们愿意利用这些线来在任何点既指示力的方向又指示力的强度，我们就必须那样地画这些线，使它们在各等势面上标出一些部分，而在各该部分上计算的电感的面积分具有确定的值。这样做的最好办法就是假设我们的平面图是一个空间图的截面，那个空间图通过把平面图绕着经过力心的一条轴线旋转一周来形成。这时，任何从力心辐射而出并和轴线成 θ 角的直线都将描绘一个锥面，而电感通过任一曲面上由此锥面在轴线正向一侧截割下来的部

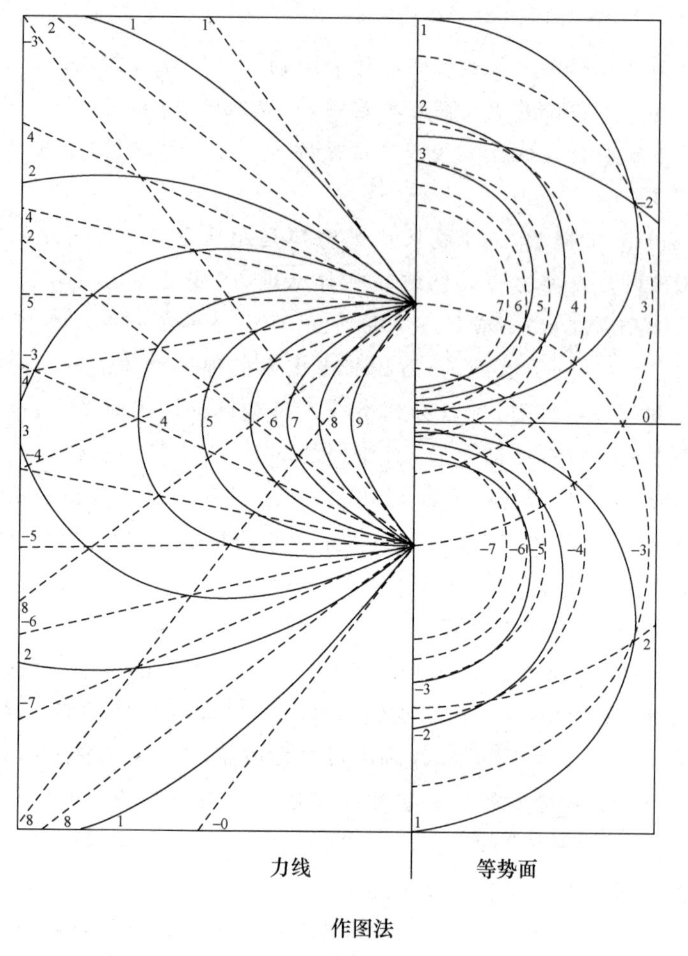

作图法

力线和等势面

图 5

分上的面积分就是 $2\pi e(1-\cos\theta)$。

如果我们进一步假设这个曲面是以它和两个平面的交线为边界，那两个平面都经过轴线而且彼此的夹角使得该角的弧等于半径的一半，则通过这样限定的一个曲面的电感将是$\frac{1}{2}e(1-\cos\theta)=\Phi$，而 $\theta=\cos^{-1}\left(1-2\,\frac{\Phi}{e}\right)$。

如果我们现在给 Φ 指定一系列值 1，2，3，…，我们就将得到一系列 θ 值；而如果 e 是一个整数，则对应的力线包括轴线在内的数目将等于 e。

这样我们就有了一种画力线的方法，使得任何力心的电荷用从力心发出的力线数目来表示，而通过用上述办法截割出来的任一曲面的电感则用通过该曲面的力线数目来量度。图 5 左半的虚线表示两个带电点中每一点所引起的力线。那两个点的电荷分别是 10 和 −10。

如果在图中的轴线上有两个力心，我们就可以针对每一条对应于 Φ_1 值和 Φ_2 值的轴线画出力线，然后，通过这些线的 $\Phi_1+\Phi_2$ 具有相同值的那些交点画出曲线，我们就可以得出由两个力心所引起的力线，而且，利用同样的办法，我们也可以把对同一轴线对称分布的任何两组力线结合起来。图 5 左半的实线，就表示同时起作用的两个带电点所引起的力线。

在用这种方法画出了等势面和力线以后，就可以通过观察这两组曲线是否到处正交以及相邻等势面的间距和相邻力线的间距之比是否等于到轴线的平均距离的一半和所用的长度单位之比，来检验作图的精确性。

在任何这种有限大小的体系的事例中，任何指数为 Φ 的力线都有一条通过体系电心(第 89d 节)的渐近线，而其对轴线而言的斜角为 $1-2\Phi/e$，如果 Φ 小于 e 的话。指数大于 Φ 的力线是有限的线。如果 e 为零，力线就都是有限的。

和一个平行于轴线的均匀力场相对应的力线是一些平行于轴线的线，到轴线的距离是一个算术级数的平方根。

当我们讲到共轭函数时[①]，我们将给出二维空间中的等势面和力线的理论。

① 参阅 Prof. W. R. Smith 的一篇论文，'On the Flow of Electrictity in Conducting Surfaces'，*Proc. R. S. Edin.*，1869—1870. p. 79。

第八章　简单的带电事例

两个平行平面

124.〕 首先我们将考虑两个无限大的平行平面的导电表面，它们相距为 c，分别保持于势 A 和势 B。

很显然，在这一事例中，势 V 将是到平面 A 的距离 z 的函数，而且在 A、B 之间任一平面的一切点上都将是相同的，除了在带电表面的边沿附近以外，而根据假设，那些边沿部分是离所考虑的点无限地远的。

由此可见，拉普拉斯方程变成$\frac{\mathrm{d}^2V}{\mathrm{d}z^2}=0$，其积分是 $V=C_1+C_2z$；而既然当 $z=0$ 时 $V=A$ 而当 $z=c$ 时 $V=B$，就有 $V=A+(B-A)\frac{z}{c}$。

对于二平面之间的一切点来说，合强度都垂直于平面，其量值是 $R=\frac{A-B}{c}$。

在导体本身的物质中，$R=0$。因此，第一个平面上的电分布就有一个面密度 σ，此处 $4\pi\sigma=R=\frac{A-B}{c}$。

在势为 B 的另一个表面上，面密度 σ'将和 σ 相等而异号，从而 $4\pi\sigma'=-R=\frac{B-A}{c}$。

其次让我们考虑第一个表面上面积为 S 的一个部分，它被选得没有任何地方是靠近曲面的边沿的。

这一块表面上的电量是 $e_1=S\sigma$，而由第 79 节，作用在每一单位电量上的力是$\frac{1}{2}R$，于是作用在面积 S 上并把它吸向另一个平面的总力就是 $F=\frac{1}{2}RS\sigma=\frac{1}{8\pi}R^2S=\frac{S}{8\pi}\frac{(B-A)^2}{c^2}$。

这里的吸引力是用面积 S、两个表面的势差$(A-B)$和表面之间的距离 c 表示出来的。用面积 S 上的电荷 e_1 表示出来的吸引力是 $F=\frac{2\pi}{S}{e_1}^2$。

在这一事例中，力线是垂直于平面的。设通过用一组力线把面积 S 投影到表面 B 上而得到的对应面积为 S'，则由 S 上的和 S'上的电分布所引起的电能是 $W=\frac{1}{2}(e_1A+e_2B)=\frac{1}{2}\frac{S}{4\pi}\frac{(A-B)^2}{c}=\frac{R^2}{8\pi}Sc=\frac{2\pi}{S}{e_1}^2c=Fc$。

这些表示式中的第一个，是电能的普遍表示式(第 84 节)。

第二个表示式用面积、距离和势差来表示了能量。

第三个表示式用合力 R 和包括在 S、S' 之间的体积 Sc 来表示了能量，而且表明了单位体积中的能量是 p，此外 $8\pi p=R^2$。

两块平面间的吸引力是 pS，或者换句话说，存在一个在每单位面积上等于 p 的电张力（或者说是负压强）。

第四个表示式用电荷表示了能量。

第五个表示式表明，电能等于当两个表面平行于自己而运动到一起而保持其电荷不变时电力所做的功。

为了用势差来表示电荷，我们有 $e_1=\frac{1}{4\pi}\frac{S}{c}(A-B)=q(A-B)$。

系数 q 代表由等于 1 的势差所引起的电荷。这个系数叫做表面 S 由于它相对于对面表面的位置而具有的“电容”。

现在让我们假设两个表面之间的媒质不再是空气而是比感本领为 K 的某种别的电介质，这时由给定势差所引起的电荷就将是当电介质为空气时的电荷的 K 倍，或者说 $e_1=\frac{KS}{4\pi c}(A-B)$。总能量将是 $W=\frac{KS}{8\pi c}(A-B)^2=\frac{2\pi}{KS}e_1{}^2c$。表面间的力将是 $F=pS=\frac{KS}{8\pi}\times\frac{(A-B)^2}{c^2}=\frac{2\pi}{KS}e_1{}^2$。

由此可见，各具给定之势的两个表面之间的力正比于电介质的比感本领 K，但是带有给定电量的两个表面之间的力却反比于 K。

两个同心球面

125.〕 设半径为 a 和 b（b 较大）的两个同心球面分别被保持在势 A 和势 B，则很显然，势 V 是到球心的距离 r 的函数。在这一事例中，拉普拉斯方程变为 $\frac{d^2V}{dr^2}+\frac{2}{r}\frac{dV}{dr}=0$。

这一方程的解是 $V=C_1+C_2r^{-1}$；而当 $r=a$ 时 $V=A$ 且当 $r=b$ 时 $V=B$ 的条件就在二球面之间的空间中给出 $V=\frac{Aa-Bb}{a-b}+\frac{A-B}{a^{-1}-b^{-1}}r^{-1}$；$R=-\frac{dV}{dr}=\frac{A-B}{a^{-1}-b^{-1}}r^{-2}$。

如果 σ_1、σ_2 是一个半径为 a 的实心球和一个半径为 b 的空心球的相对表面上的面密度，就有 $\sigma_1=\frac{1}{4\pi a^2}\frac{A-B}{a^{-1}-b^{-1}}$，$\sigma_2=\frac{1}{4\pi b^2}\frac{B-A}{a^{-1}-b^{-1}}$。

如果 e_1、e_2 是这些表面上的总电荷，就有 $e_1=4\pi a^2\sigma_1=\frac{A-B}{a^{-1}-b^{-1}}=-e_2$。

因此，被包围的球的电容就是 $\frac{ab}{b-a}$。

如果外壳的外表面也是球形的，而且其半径为 c，那么，如果附近没有其他导体，则外表面上的电荷是 $e_3=Bc$，由此可见，内球上的总电荷是 $e_1=\frac{ab}{b-a}(A-B)$，而外壳上的电

荷则是 $e_2+e_3=\frac{ab}{b-a}(B-A)+Bc$。

如果我们令 $b=\infty$,我们就有一个无限空间中的球的事例。这样一个球的电容是 a,或者说在数值上等于它的半径。

内球的单位面积上的电张力是 $p=\frac{1}{8\pi}\frac{b^2}{a^2}\frac{(A-B)^2}{(b-a)^2}$。这个张力在一个半球上的合力是 $\pi a^2 p=F$,它垂直于半球的底面,而且如果合力被作用在半球的圆形边界线上的一种表面张力所平衡,而作用在单位长度上的表面张力为 T,则有 $F=2\pi aT$。

由此即得 $F=\frac{b^2}{8}\frac{(A-B)^2}{(b-a)^2}=\frac{e_1{}^2}{8a^2}$, $T=\frac{b^2}{16\pi a}\frac{(A-B)^2}{(b-a)^2}$。

如果一个肥皂泡被充电到势 A,如果它的半径是 a,则其电荷将是 Aa,而面密度将是 $\sigma=\frac{1}{4\pi}\frac{A}{a}$。

刚刚在表面之外的地方的合强度将是 $4\pi\sigma$,而在肥皂泡里边则强度为零,于是由第79节可知,作用在表面的单位面积上的力将是 $2\pi\sigma^2$,方向向外。由此可见,电荷将使泡内的压强减少一个量 $2\pi\sigma^2$,或者说减少一个量 $\frac{1}{8\pi}\frac{A^2}{a^2}$。

但是可以证明,如果 T_0 是液膜作用在单位长度的线上的张力,则阻止肥皂泡破裂所需要的泡内压强将是 $2T_0/a$。如果当泡内外的空气压强相同时电力适足以使泡保持平衡,就有 $A^2=16\pi aT_0$。

两个无限长的同轴圆柱面

126.〕 设一个导电圆柱的外表面的半径为 a,而和此圆柱同轴的一个中空圆柱的内表面的半径为 b。设它们的势分别是 A 和 B。于是,既然势 V 是离轴线的距离 r 的函数,拉普拉斯方程就变为 $\frac{d^2V}{dr^2}+\frac{1}{r}\frac{dV}{dr}=0$,由此即得 $V=C_1+C_2\log r$,

既然当 $r=a$ 时 $V=A$ 而当 $r=b$ 时 $V=B$,就有 $V=\frac{A\log(b/r)+B\log(r/a)}{\log(b/a)}$。

如果 σ_1、σ_2 是内、外表面上的面密度,则 $4\pi\sigma_1=\frac{A-B}{a\log(b/a)}$, $4\pi\sigma_2=\frac{B-A}{b\log(b/a)}$。

如果 e_1 和 e_2 是二柱面上相隔 l 处两个垂直截面之间的一段上的电荷,则

$$e_1=2\pi al\sigma_1=\frac{1}{2}\frac{A-B}{\log(b/a)}l=-e_2。$$

因此,长度为 l 的一段内柱的电容就是 $\frac{1}{2}\frac{l}{\log(b/a)}$。

如果二柱面之间的空间是由一种比感本领为 K 的电介质而不是由空气所占据的,则长度为 l 的一段内柱的电容是 $\frac{1}{2}\frac{lK}{\log(b/a)}$。

无限长柱上我们所考虑的这一段上的电分布的能量是$\frac{1}{4}\frac{lK(A-B)^2}{\log(b/a)}$。

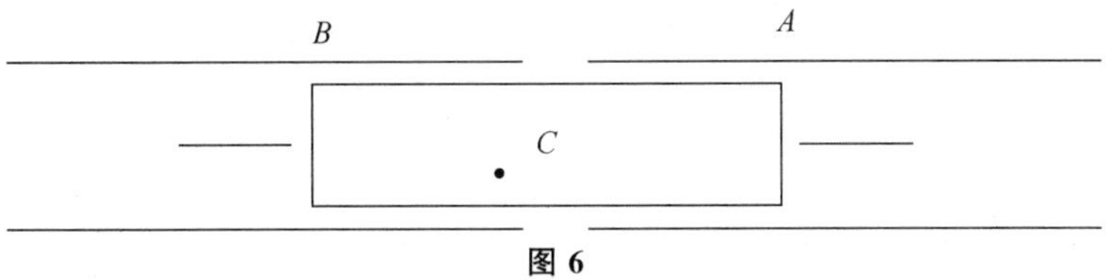

图 6

127.〕 设有两个无限长的中空圆柱形导体 A 和 B，如图 6 所示，它们的公共轴是 x 轴，一个在原点的正侧面，一个在原点的负侧，中间由原点附近的坐标上的一个小区间所隔开。

设把长度为 $2l$ 的一个圆柱 C 放得使它的中点位于原点正侧距离为 x 处，并使它插入两个中空圆柱中。

设位于正侧的中空圆柱的势为 A，位于负侧的那个的势为 B，而中间圆柱的势为 C。让我们用 α 代表 C 的单位长度对 A 而言的电容，而用 β 代表对 B 而言的同样的量。

如果有相当长的内柱进入每一个中空圆柱中，则各圆柱位于原点附近各固定点处的那些部分上的面密度以及离内柱端点为给定的小距离的各点处的那些部分上的面密度都不会受到 x 值的影响。在中空圆柱的端点附近，以及在内部圆柱的端点附近，将存在一些迄今还无法计算的电分布，但是原点附近的分布却不会由于内柱的运动而有所改变，如果内部的两端不会达到原点附近的话。因此内柱两端的分布就将随着它一起运动，从而运动的唯一效应就将只是内柱上分布和无限长柱上的分布相似的那些部分的长度的增减而已。

因此，只要它依赖于 x，体系的总能量就将是 $Q=\frac{1}{2}\alpha(l+x)(C-A)^2+\frac{1}{2}\beta(l-x)(C-B)^2+$不依赖于 x 的项，而既然能量是用势来表示的，则由第 93b 节可知，平行于柱轴的合力将是 $X=\frac{\mathrm{d}Q}{\mathrm{d}x}=\frac{1}{2}\alpha(C-A)^2-\frac{1}{2}\beta(C-B)^2$。

如果柱 A 和柱 B 具有相等的截面，则 $\alpha=\beta$，从而 $X=\alpha(B-A)\left(C-\frac{1}{2}(A+B)\right)$。

由此可见，存在一个作用在内柱上的恒定的力，倾向于把它拉入其势和内住的势相差最大的那个外柱中去。

如果 C 的数值很大而 $A+B$ 则较小，力就近似地是 $X=\alpha(B-A)C$；于是两个柱的势差就可以测出，如果我们能够测量 X 的话。这种测量的精确度将由于内柱势 C 的升高而增大。

这一原理在一种修订的形式下已被用于汤姆孙的象限静电计中，见第 126 页。

同样三个圆柱的装置可以通过连接 B 和 C 而用作电容的测量仪器。如果 A 的势为零而 B 和 C 的势为 V，则 A 上的电量将是 $E_3=(q_{13}+\alpha(l+x))V$；式中 q_{13} 是依赖于圆柱两端的电分布但不依赖于 x 的一个量，于是，通过把 C 向右移动以使 x 变成 $x+\zeta$，柱 C 的电容就将增大一个确定的量 $\alpha\zeta$。式中 $\alpha=\frac{1}{2\log(b/a)}$，而 a 和 b 是对面的两个柱面的半径。

第九章 球谐函数

128.〕 球谐函数的数学理论曾被当做若干专著的主题。

有关这一课题的最完备的著作，E. 海恩博士的《球谐函数手册》(*Handbuch der Kugelfunctionen*)现在(1878)已经出了两卷本的第二版，而 F. 诺依曼博士也发表了他的《关于球谐函数理论的论著》(*Beiträge zur Theorie der Kugelfunctionen*, Leipzig, Teubner, 1878)。汤姆孙和泰特的《自然哲学》中对这一课题的处理在第二版(1879)中得到了颇大的改进，而陶德洪特先生的《关于拉普拉斯函数、拉梅函数和贝塞耳函数的初等论著》(*Elementary Treatise on laplace's Functions, Lamé's Functions, and Bessel Functions*)以及弗勒尔斯先生的《关于球谐函数及其有关问题的初等论著》(*Elementary Treatise on Spherical Harmonics and subject connected with them*)已经使得没有必要在一部关于电的书中在这一课题的纯数学的发展方面花费太多的篇幅了。

然而我却保留了用它的极点来对球谐函数作出的确定。

论势在那里变为无限大的奇点

129a.〕 如果一个电荷 A_0 均匀地分布在中心坐标为(a,b,c)的一个球面上，则由第 125 节可知，球外任一点(x,y,z)上的势是
$$V=\frac{A_0}{r},\tag{1}$$
式中
$$r^2=(x-a)^2+(y-b)^2+(z-c)^2。\tag{2}$$

由于 V 的表示式不依赖于球的半径，这个表示式的形式就将是相同的，如果我们假设半径为无限小的话。表示式的物理诠释将是，电荷 A_0 是放在一个无限小的球的表面上的，这个小球近似地和一个数学点相同。我们已经证明(第 55 和 81 节)电的面密度有一个极限，从而在物理上是不可能把一个有限的电荷放在半径小于某值的一个球上的。

不过，既然方程(1)表示的是势在一个球周围的空间中的一种可能的分布，我们为了数学的目的就可以把它看成是由集中在数学点(a,b,c)上的一个电荷 A_0 所引起的，而且我们可以把这个点叫做一个零阶的奇点。

还有另外一些种类的奇点，它们的性质我们不久就会研究。但是，在那样作以前，我们必须定义某些表示式，而我们即将发现，在处理空间中的方向以及球上和各该方向相对应的那些点时，这些表示式是有用的。

129b.〕 一个轴就是空间中的任何一个确定的方向。我们可以假设它是由在球面的一点上画出的一个记号来定义的。该点就是从球心沿轴的方向画出的半径和球面相交的那个点。这个点叫做轴的"极点"。因此一个轴只有一个而不是两个极点。

如果 μ 是轴 h 和任一矢量 $\boldsymbol{r}$ 之间的夹角的余弦，而且
$$p=\mu r,\tag{3}$$

则 p 是 r 分解在轴 h 方向上的分量。

不同的轴用不同的下标来区分，而两个轴之间夹角的余弦用 λ_{mn} 来代表，此处的 m 和 n 就是标明各轴的下标。

对方向余弦为 L、M、N 的一个轴 h 求导数，表示为

$$\frac{\mathrm{d}}{\mathrm{d}h}=L\frac{\mathrm{d}}{\mathrm{d}x}+M\frac{\mathrm{d}}{\mathrm{d}y}+N\frac{\mathrm{d}}{\mathrm{d}z}。\tag{4}$$

由这些定义显然可得

$$\frac{\mathrm{d}r}{\mathrm{d}h_m}=\frac{p_m}{r}=\mu_m,\tag{5}$$

$$\frac{\mathrm{d}p_n}{\mathrm{d}h_m}=\lambda_{mn}=\frac{\mathrm{d}p_m}{\mathrm{d}h_n},\tag{6}$$

$$\frac{\mathrm{d}\mu_m}{\mathrm{d}h_n}=\frac{\lambda_{mn}-\mu_m\mu_n}{r}\tag{7}$$

如果我们现在假设由位于原点上的一个任意阶次的奇点在点(x,y,z)上引起的势是 $Af(x,y,z)$，那么，如果这样一个点是位于轴 h 的端点上的，则(x,y,z)上的势将是 $Af[(x-Lh),(y-Mh),(z-Nh)]$，而如果除了 A 变号以外在一切方面都相同的一个点被放在原点上，则由这一对点所引起的势将是 $V=Af[(x-Lh),(y-Mh),(z-Nh)]-Af(x,y,z),=-Af\frac{\mathrm{d}}{\mathrm{d}h}f(x,y,z)+$含 h^2 的项。

如果我们现在无限制地减小 h 而增大 A，使它们的乘积保持有限并等于 A'，则这一对点的势的终极值将是

$$V'=-A'\frac{\mathrm{d}}{\mathrm{d}h}f(x,y,z)。\tag{8}$$

如果 $f(x,y,z)$满足拉普拉斯方程，则由于这一方程是线性的，作为各自满足方程的两个函数之差的 V' 也必满足该方程。

129c.〕 现在，由一个零阶奇点引起的势

$$V_0=A_0\frac{1}{r}\tag{9}$$

满足拉普拉斯方程，因此，由这一函数通过对任意数目的轴逐次求导数而得到的每一个函数也必满足方程。

取两个零阶点，具有相等而异号的电荷 $-A_0$ 和 A_0，把第一个点放在原点上而把第二个点放在轴 h_1 的端点上，然后令 h_1 的值无限减小而令 A_0 的值无限增大，但使乘积 A_0h_1 永远保持等于 A_1；这样就可以构成一个一阶的点。这一手续的最后结果，即当两个点互相重合时，就是一个矩为 A_1 而轴为 h_1 的一阶的点。因此，一个一阶的点是一个双重点。它的势是

$$\begin{aligned}V_1&=-h_1\frac{\mathrm{d}}{\mathrm{d}h_1}V_0\\&=A_1\frac{\mu_1}{r^2}。\end{aligned}\tag{10}$$

通过把一个矩为 $-A_1$ 的一阶点放在原点上，把另一个矩为 A_1 的一阶点放在轴 h_2 的端点上，然后减小 h_2 而增大 A_1，使得

$$A_1h_2=\frac{1}{2}A_2,\tag{11}$$

我们就得到一个二阶的点，其势是

$$\begin{aligned}V_2&=-h_2\frac{\mathrm{d}}{\mathrm{d}h_2}V_1\\&=A_2\frac{1}{2}\frac{3\mu_1\mu_2-\lambda_{12}}{r^3}。\end{aligned}\tag{12}$$

我们可以把一个二阶的点叫做一个四重点，因为它是通过使四个零阶点互相趋近来构成的。它有两个轴 h_1 及 h_2 和一个矩 A_2。这些轴的方向和这个矩的量值就完全地定义了点的本性。

通过相对于 n 个轴逐次求导数，我们就得到由一个 n 阶点引起的势。它将是三个因子的乘积，一个常量，若干余弦的一个数组合和 $r^{-(n+1)}$。为了以后即将说明的理由，将常量的数值适当调整，使得当一切轴都和矢量相重合时矩的系数为 $r^{-(n+1)}$ 是方便的。因此，当我们对 h_n 求导数时就要除以 n。

按照这种办法我们就得到一个特定势的确定数值，我们称这种势为 $-(n+1)$ 阶的“体谐函数”，即

$$V_n=(-1)^n\frac{1}{1\times2\times3\times\cdots\times n}\frac{\mathrm{d}}{\mathrm{d}h_1}\cdot\frac{\mathrm{d}}{\mathrm{d}h_2}\cdots\frac{\mathrm{d}}{\mathrm{d}h_n}\cdot\frac{1}{r}。\tag{13}$$

如果这个量被乘上一个常量，它仍然是由某一个 n 阶点引起的势。

129d.〕 运算(13)的结果具有下列形式

$$V_n=Y_nr^{-(n+1)},\tag{14}$$

式中 Y_n 是 r 和 n 个轴之间的 n 个夹角余弦 $\mu_1,\cdots,\mu_n$ 和每两个轴之间的 $\frac{1}{2}n(n-1)$ 个夹角余弦 λ_{12} 等等的函数。

如果我们认为 r 的方向和 n 个轴的方向是由球面上的点来确定的，我们就可以把 Y_n 看成在该面上逐点变化的一个量，也就是各轴的 n 个极点和矢量的极点之间的距离的一个函数。因此我们把 Y_n 称为 n 阶的“面谐函数”。

130a.〕 其次我们必须证明，和每一个 n 阶面谐函数相对应的，不仅有一个 $-(n+1)$ 阶的体谐函数，而且还有一个 n 阶的体谐函数，或者说

$$H_n=Y_nr^n=V_nr^{2n+1}\tag{15}$$

是满足拉普拉斯方程的。

因为，

$$\frac{\mathrm{d}H_n}{\mathrm{d}x}=(2n+1)r^{2n-1}xV_n+r^{2n+1}\frac{\mathrm{d}V_n}{\mathrm{d}x},$$

$$\frac{\mathrm{d}^2H_n}{\mathrm{d}x^2}=(2n+1)[(2n-1)x^2+r^2]r^{2n-3}V_n$$
$$+2(2n+1)r^{2n-1}x\frac{\mathrm{d}V_n}{\mathrm{d}x}+r^{2n+1}\frac{\mathrm{d}^2V_n}{\mathrm{d}x^2}。$$

由此即得

$$\frac{\mathrm{d}^2H_n}{\mathrm{d}x}+\frac{\mathrm{d}^2H_n}{\mathrm{d}y^2}+\frac{\mathrm{d}^2H_n}{\mathrm{d}z^2}=(2n+1)(2n+2)r^{2n-1}V_n$$
$$+2(2n+1)r^{2n-1}\left(x\frac{\mathrm{d}V_n}{\mathrm{d}x}+y\frac{\mathrm{d}V_n}{\mathrm{d}y}+z\frac{\mathrm{d}V_n}{\mathrm{d}z}\right)$$
$$+r^{2n+1}\left(\frac{\mathrm{d}^2V_n}{\mathrm{d}x^2}+\frac{\mathrm{d}^2V_n}{\mathrm{d}y^2}+\frac{\mathrm{d}^2V_n}{\mathrm{d}z^2}\right)。\tag{16}$$

现在，既然 V_n 是 x、y、z 的一个 $-(n+1)$ 次的齐次函数，就有

$$x\frac{\mathrm{d}V_n}{\mathrm{d}x}+y\frac{\mathrm{d}V_n}{\mathrm{d}y}+z\frac{\mathrm{d}V_n}{\mathrm{d}z}=-(n+1)V_n。\tag{17}$$

因此，方程(16)右端的前两项互相抵消，而既然 V_n 满足拉普拉斯方程，第三项就是零，因此 H_n 也满足拉普拉斯方程，从而它就是一个 n 阶的体谐函数。

这是普遍的电反演定理的一个特例，该定理断定，如果 $F(x,y,z)$ 是 x、y、z 的一个满足拉普拉斯方程的函数，则存在另一个函数 $\frac{a}{r}F\left(\frac{a^2x}{r^2},\frac{a^2y}{r^2},\frac{a^2z}{r^2}\right)$，也满足拉普拉斯方

程。见第 162 节。

130b.〕 面谐函数 Y_n 有 $2n$ 个任意变数,因为它是由它在球面上的 n 个极点的位置来确定的,而每一个极点则是由两个坐标来确定的。

由此可见,V_n 和 H_n 也都包含 $2n$ 个任意变数。然而,这些量中的每一个量当乘以一个常数时都将满足拉普拉斯方程。

为了证明 AH_n 是可以满足拉普拉斯方程的最普遍 n 次齐次有理函数,我们注意到普遍的 n 次齐次有理函数 K 共包含$\frac{1}{2}(n+1)(n+2)$项。但是$\nabla^2 K$ 是一个 $n-2$ 次的齐次函数,从而共包含$\frac{1}{2}n(n-1)$项,而$\nabla^2 K=0$ 这个条件就要求其中每一项必须等于零。因此,在满足拉普拉斯方程的 n 次齐次函数的最普遍形式中,在函数 K 的$\frac{1}{2}(n+1)(n+2)$项的各系数之间就存在$\frac{1}{2}n(n-1)$个方程,还剩下 $2n+1$ 个独立常数。但是,当 H_n 被乘以一个常数时,它就满足所要求的条件并有 $2n+1$ 个任意常数。因此它就是最普遍的形式。

131a.〕 现在我们能够构成一种势的分布,使它本身及其一阶导数在任一点上都不变为无限大了。

函数 $V_n=Y_n r^{-(n+1)}$满足在无限远处为零的条件,但却在原点上变为无限大。

函数 $H_n=Y_n r^n$ 在离原点为有限距离处是有限的和连续的,但在无限远处不为零。

但是,如果我们令 $a^n Y_n r^{-(n+1)}$等于以原点为心以 a 为半径的一个球的外面各点上的势,而令 $a^{-(n+1)}Y_n r^n$ 等于球内各点上的势,并且假设在球的本身上分布着一种电的面密度,使得

$$4\pi\sigma a^2=(2n+1)Y_n, \tag{18}$$

则关于由一个如此带电的球壳所引起的势的一切条件都将得到满足。

因此,势在到处都是有限的和连续的,而且在无限远处为零;它的一阶导数除了在带电球面上以外到处都有限而连续,在球面上则满足

$$\frac{\mathrm{d}V}{\mathrm{d}v}+\frac{\mathrm{d}V'}{\mathrm{d}v'}+4\pi\sigma=0, \tag{19}$$

而且拉普拉斯方程在球面各点和球外各点都是得到满足的。

因此,这确实是满足条件的一种势分布,而由第 100c 节可知,它就是能够满足这些条件的唯一的分布。

131b.〕 半径为 a 而面密度由方程

$$4\pi a^2\sigma=(2n+1)Y_n, \tag{20}$$

给出的一个球所引起的势,在球外各点和对应的 n 阶奇点所引起的势相等同。

现在让我们假设,在球外,有一个我们可称之为 E 的带电体系,而 Ψ 是这个体系所引起的势,让我们来针对奇点求出 $E(\Phi_e)$的值。这就是依赖于外部体系对奇点的作用的那一部分电能。

如果 A_0 是一个零阶奇点的电荷,则所谈的势能是

$$W_0=A_0\Psi。 \tag{21}$$

如果存在两个这样的奇点,一个负点位于原点而一个数值相等的正点位于轴 h_1 的端点上,则势能将是 $-A_0\Psi+A_0\left(\Psi+h_1\frac{\mathrm{d}\Psi}{\mathrm{d}h_1}+\frac{1}{2}h_1^2\frac{\mathrm{d}^2\Psi}{\mathrm{d}h_1^2}+\cdots\right)$,而且,当 A_0 无限增大而

h_1 无限减小但保持 $A_0h_1=A_1$ 时，一阶点的势能值就将是 $$W_1=A_1\frac{d\Psi}{dh_1}。\tag{22}$$

同理，对于一个 n 阶点，势能将是 $$W_n=\frac{1}{1\times2\times\cdots\times n}A_n\frac{d^n\Psi}{dh_1\cdots dh_n}^{*}。\tag{23}$$

131c.〕 如果我们假设外部体系的电荷是由一些部分构成的，其中任一部分用 dE 来代表，而 n 阶奇点的电荷则是由一些部分 de 构成的，那就有 $$\Psi=\sum\left(\frac{1}{r}dE\right)。\tag{24}$$

但是，如果 V_n 是由奇点引起的势，就有 $$V_n=\sum\left(\frac{1}{r}de\right),\tag{25}$$

从而由 E 对 e 的作用所引起的势能就是

$$W_n=\sum(\Psi de)=\sum\sum\left(\frac{1}{r}dEde\right)=\sum(V_n dE),\tag{26}$$

最后一个表示式就是由 e 对 E 的作用所引起的势能。

同理，如果 σds 是球壳的一个面积元上的电荷，则由于球壳在外部体系 E 上引起的势是 V_n，我们应有 $$W_n=\sum(V_n dE)=\sum\sum\left(\frac{1}{r}dE\sigma ds\right)=\sum(\Psi\sigma ds)。\tag{27}$$

最后一个表示式包括一个在球的表面上计算的和式。把它和 W_n 的第一个表示式相等起来，我们就有 $$\iint\Psi\sigma ds=\sum(\Psi de)=\frac{1}{n!}A_n\frac{d^n\Psi}{dh_1\cdots dh_n}。\tag{28}$$

如果我们记得 $4\pi\sigma a^2=(2n+1)Y_n$ 和 $A_n=a^n$，此式就变为

$$\iint\Psi Y_n ds=\frac{4\pi}{n!\ (2n+1)}a^{n+2}\frac{d^n\Psi}{dh_1\cdots dh_n}。\tag{29}$$

这个方程把按半径为 a 的球上各面积元来计算 $\Psi Y_n ds$ 的面积分的过程，简化成了对谐函数的 n 个轴求 Ψ 的导数并在球心上取微分系数的值的过程，如果 Ψ 在球内各点满足拉普拉斯方程而 Y_n 是一个 n 阶的面谐函数的话。

132.〕 现在让我们假设 Ψ 是一个正 m 阶的体谐函数，其形式是

$$\Psi=a^{-m}Y_m r^m。\tag{30}$$

在球面上，$r=\alpha$ 而 $\Psi=Y_n$，从而方程(29)在这一事例中变为

$$\iint Y_m Y_n ds=\frac{4\pi}{n!\ (2n+1)}a^{n-m+2}\frac{d^n(Y_m r^m)}{dh_1\cdots dh_n},\tag{31}$$

式中微分系数的值应在球心上取。

当 n 小于 m 时，求导数的结果是 x、y、z 的一个 $m-n$ 次的齐次式，它在球心上的值是零。如果 n 等于 m，求导数的结果就是一个常数，它的值我们将在第 134 节中加以确定。如果进一步求导数，结果就是零。由此可见，只要 m 和 n 不相等，面积分 $\iint Y_m Y_n ds$ 就等于零。

我们用来得到这一结果的那些步骤，全都是纯数学性的，因为，尽管我们利用了电能之类的具有物理意义的术语，但是每一个这种术语却不是被看成一个有待研究的物理现象，而是被看成一个确定的数学表示式，一个数学家同样有权应用这些术语，正如他有权应用他可能觉得有用的任何别的数学函数一样，而当一个物理学家必须进行数学计算时，如果各计算步骤可以有一种物理诠释，他就会理解得更加清楚。

---

* 以后我们将发现，用 $n!$ 来代表各整数的连乘积 $1\times2\times3\times\cdots\times n$ 是方便的.

133.〕 现在我们将确定面谐函数 Y_n 作为球面上一点 P 相对于该函数之 n 个极点的位置的函数形式。

我们有

$$\left.\begin{aligned} &Y_0=1,\quad Y_1=\mu_1,\quad Y_2=\frac{3}{2}\mu_1\mu_2-\frac{1}{2}\lambda_{12},\\ &Y_3=\frac{5}{2}\mu_1\mu_2\mu_3-\frac{1}{2}(\mu_1\lambda_{23}+\mu_2\lambda_{31}+\mu_3\lambda_{12}),\end{aligned}\right\}\tag{32}$$

等等。

因此，Y_n 的每一项都包括一些余弦的乘积，其中带有一个下标的 μ 是 P 和不同极点之间的夹角余弦，而带有两个下标的 λ 则是极点之间的夹角余弦。

既然每一个轴都是通过 n 次微分中的一次而被引入的，该轴的符号就必然在每一项的余弦下标中出现一次，而且只出现一次。

因此，如果任一项中包含 s 个具有双下标的余弦，那就必然包含 $n-2s$ 个具有单下标的余弦。

设把一切包含着 s 个具有双下标的余弦的乘积之和简写为 $\sum(\mu^{n-2s}\lambda^s)$。

在每一个乘积中，所有的下标都出现一次，而且没有任何下标会重复出现。

如果我们愿意表明一个特定的下标 m 只出现在 μ 中或只出现在 λ 中，我们就把它作为一个一标写在 μ 旁或 λ 旁。例如，方程 $\sum(\mu^{n-2s}\lambda^s)=\sum(\mu_m^{n-2s}\lambda^s)+\sum(\mu^{n-2s}\lambda_m^s)$

$$\tag{33}$$

就表示，整套的乘积可以分成两部分；在其中一部分中；下标 m 出现在变动点 P 的方向余弦中，而在另一部分中 m 则出现在各极点之间的夹角余弦中。

现在让我们假设，对于一个特定的 n 值，有

$$\begin{aligned} Y_n=A_{n\cdot 0}\sum(\mu^n)+A_{n\cdot 1}\sum(\mu^{n-2}\lambda^1)+\cdots\\ +A_{n\cdot s}\sum(\mu^{n-2s}\lambda^s)+\cdots,\end{aligned}\tag{34}$$

式中的各个 A 是一些常数。我们可以把级数简写成 $Y_n=S[A_{n\cdot s}\sum(\mu^{n-2s}\lambda^s)]$， (35)

式中的 S 表明一个连加式，在连加时所取的是包括零在内的一切大于 $\frac{1}{2}n$ 的 s 值。

为了得出负 n 阶的和 n 阶的对应体谐函数，我们用 $r^{-(n+1)}$ 去乘，并得到

$$V_n=S[A_{n\cdot s}r^{2s-2n-1}\sum(p^{n-2s}\lambda^s)],\tag{36}$$

此处正如在方程(3)中一样，曾令 $r\mu=p$。

如果把 V_n 对一个新轴 h_m 求导数，我们就得到 $-(n+1)V_{n+1}$，从而就有 $(n+1)V_{n+1}=$

$$S[A_{n,s}(2n+1-2s)r^{2s-2n-3}\sum(p_m^{n-2s+1}\lambda^s)-A_{n,s}r^{2s-2n-1}\sum(p^{n-2s-1}\lambda_m^{s+1})]。\tag{37}$$

如果想求得包含 s 个具有双下标的余弦的各项，我们必须在最后一项中令 s 减小 1，于是就得到

$$(n+1)V_{n+1}=S[r^{2s-2n-3}\{A_{n,s}(2n-2s+1)\sum(p_m^{n-2s+1}\lambda^s)-A_{n,s-1}\sum(p^{n-2s+1}\lambda_m^s)\}]。\tag{38}$$

现在，两类乘积在别的方面并无区别，只不过下标 m 在一类乘积中出现在 p 中而在另一类乘积中出现在 λ 中。因此它们的系数必然相同，而既然应该能够通过在 V_n 的表示式中把 n 换成 $n+1$ 并乘以 $n+1$ 来得到相同的结果，我们就得到下列的方程

$$(n+1)A_{n+1,s}=(2n-2s+1)A_{n,s}=-A_{n,s-1}\text{。}\tag{39}$$

如果我们令 $s=0$,就得到 $(n+1)A_{n+1\cdot 0}=(2n+1)A_{n\cdot 0}$; (40)

因此,既然 $A_{1,0}=1$,就有 $$A_{n\cdot 0}=\frac{2n!}{2^n(n!)^2};\tag{41}$$

而我们由此就得系数的普遍值 $$A_{n\cdot s}=(-1)^s\ \frac{(2n-2s)!}{2^{n-s}n!\ (n-s)};\tag{42}$$

而最后就得到面谐函数的三角函数表示式

$$Y_n=S[(-1)^s\ \frac{(2n-2s)!}{2^{n-s}n!\ (n-s)!}\sum(\mu^{n-2s}\lambda^s)]^*\text{。}\tag{43}$$

这一表示式借助于 P 点到不同极点的距离的余弦以及各极点彼此之间的距离的余弦来给出了球面的任一点 P 上的面谐函数的值。

很容易看出,如果其中任何一个极点被移到球面上正对面的那个点,谐函数的值就会变号。因为涉及这个极点的下标的任何一个余弦都会变号,而在谐函数的每一项中,极点的下标都出现一次并只出现一次。

因此,如果两个或任何偶数个极点被移到正对面的点上,函数的值就并不改变。

西耳外斯特教授曾经证明(*Phil. Mag.*,Oct. 1876),当面谐函数已经给定时,寻求和各轴相重合的直线的问题有一个解并只有一个解,尽管正如我们所看到的那样,沿着这些轴所取的正向各自可以有两种选择。

134.〕 现在我们能够确定当两个面谐函数的阶次相同时面积分 $\iint Y_mY_n\mathrm{d}s$ 的值了,尽管二函数各轴的方向通常是不同的。

为此目的,我们必须写出体谐函数 Y_mr^m 并对 Y_n 的 n 个轴中的每一个轴求导数。

Y_mr^m 的任一形如 $r^m\mu^{m-2s}\lambda^s$ 的项都可以写成 $r^{2s}p_m^{m-2s}\lambda_{mn}^s$。把此式对 Y_n 的 n 个轴逐次求导数,我们就发现,当其中 s 个轴求 r^{2s} 的导数时,我们就会引入 s 个 p_m 和一个数字因子 $2s(2s-2)\cdots 2$,或者说是 $2^ss!$。当继续对其次的 s 个轴线求导数时,各个 p_m 就变成 λ_m,但是没有数字因子被引入;当对其余的 $n-2s$ 个轴求导数时,各个 p_m 就变成各个 λ_{mn},从而结果就是 $2^ss!\ \lambda_{nn}^s\lambda_{mm}^s\lambda_{mn}^{m-2s}$。

---

* 我们由此可以推出

$$\frac{\mathrm{d}^p}{\mathrm{d}x^p}\frac{\mathrm{d}^q}{\mathrm{d}y^q}\frac{\mathrm{d}^r}{\mathrm{d}z^r}\frac{1}{R}=\frac{(-1)^n.2n!}{2^nn!}R^{-(2n+1)}\{x^py^qz^r-$$

$$\frac{R^2}{2n-1}({}_pc_2x^{p-2}y^qz^r+{}_qc_2x^py^{q-2}z^r+{}_rc_2x^py^qz^{r-2})+\frac{1}{(2n-1)}\frac{1}{(2n-3)}R^4$$

$$({}_pc_4\cdot x^{p-4}y^qz^r+{}_qc_4\cdot x^py^{q-4}z^r+{}_rc_4\cdot x^py^qz^{r-4}+{}_pc_{2q}c_2x^{p-2}y^{q-2}z^r$$

$$+{}_pc_{2r}c_2x^{p-2}y^qz^{r-2}+{}_qc_{2r}c_2x^py^{q-2}z^{r-2})-\frac{1}{(2n-1)(2n-3)(2n-5)}R^6$$

$$({}_pc_6\cdot x^{p-6}y^qz^r+{}_qc_6\cdot x^py^{q-6}z^r+{}_rc_6\cdot x^py^qz^{r-6}+{}_pc_{4q}c_2x^{p-4}y^{q-2}z^r$$

$$+{}_pc_{4r}c_2x^{p-4}y^qz^{r-2}+{}_pc_{2q}c_4\cdot x^{p-2}y^{q-4}z^r+{}_qc_{4r}c_2x^py^{q-4}z^{r-2}$$

$$+{}_pc_{2r}c_4\cdot x^{p-2}y^qz^{r-4}+{}_qc_{2r}c_4\cdot x^py^{q-2}z^{r-4}+{}_pc_{2q}c_{2r}c_2x^{p-2}y^{p-2}z^{r-2})+\cdots\},$$

式中 $n=p+q+r$,$R^2=x^2+y^2+z^2$,而 ${}_mc_n$ 代表 m 个物体每次排列 n 个的排列数除以 $2^{\frac{n}{2}}\left(\frac{n}{2}\right)!$.

因此，我们由方程(31)就得到 $$\iint Y_m Y_n \mathrm{d}s=\frac{4\pi}{n!\ (2n+1)}a^{n-m+2}\frac{\mathrm{d}^m(Y_m r^m)}{\mathrm{d}h_1\cdots\mathrm{d}h_n},\tag{44}$$

而由方程(43)就有 $$Y_m r^m=S\left[(-1)^s\frac{(2m-2s)!}{2^{m-s}m!\ (m-s)!}\sum(r^{2s}p_m^{m-2s}\lambda_{mm}^s)\right]。\tag{45}$$

于是，完成微分计算并记得 $m=n$，我们就得到

$$\iint Y_m Y_n \mathrm{d}s=\frac{4\pi a^2}{(2n+1)(n!\ )^2}S\left[(-1)^s\frac{(2n-2s)!\ s!}{2^{n-2s}(n-s)!}\sum(\lambda_{mm}^s\lambda_{nn}^s\lambda_{mn}^{n-2s})\right]\tag{46}$$

135a.〕 如果我们假设其中一个面谐函数 Y_m 的所有各轴都互相重合，从而 Y_m 变成我们以后将定义的 m 阶带谐函数，用符号 P_m 来代表，则两个面谐函数之积的面积分表示式(46)将采取一种引人注意的形式。

在这一事例中，所有形如 λ_{nm} 的余弦都可以写成 μ_n，此处 μ_n 代表 P_m 的公共轴和 Y_n 的一个轴之间的夹角的余弦。形如 λ_{mm} 的余弦将变成等于 1，因此我们必须把 $\sum\lambda_{mm}^s$ 代成 s 个符号的组合数，其中每一符号都由 n 个下标中的两个下标来互相区别，任何下标都不重复出现。于是就得到 $$\sum\lambda_{mm}^s=\frac{n!}{2^s s!\ (n-2s)!}\ ^{*}。\tag{47}$$

P_m 各轴的其余 $n-2s$ 个下标的排列数是 $(n-2s)!$ 于是就有

$$\sum(\lambda_{mn}^{n-2s})=(n-2s)!\ \mu^{n-2s}。\tag{48}$$

因此，当 Y_m 的所有各轴互相重合时，方程(46)就变成

$$\iint Y_n P_m \mathrm{d}s=\frac{4\pi a^2}{(2n+1)n!}S\left[(-1)^s\frac{(2n-2s)!}{2^{n-s}(n-s)!}\sum(\mu^{n-2s}\lambda^s)\right]\tag{49}$$

$$=\frac{4\pi a^2}{2n+1}Y_{n(m)}\text{(据方程(43))},\tag{50}$$

式中 $Y_{n(m)}$ 表示 Y_n 在极点 P_m 上的值。

我们可以按下列较短的手续得出相同的结果。

设取一个直角坐标系，使 z 轴和 P_m 的轴相重合，并把 $Y_n r^n$ 展成 x、y、z 的 n 次齐次函数。

在极点 P_m 上，$x=y=0$ 而 $z=r$，从而如果 Cz^n 是不包括 x 和 y 的项，则 C 是 Y_n 在极点 P_m 上的值。

在这一事例中，方程(31)变成 $\iint Y_n P_m \mathrm{d}s=\frac{4\pi a^2}{2n+1}\frac{1}{n!}\cdot\frac{\mathrm{d}^m}{\mathrm{d}z^m}(Y_n r^n)$。

当 m 等于 n 时，求 Cz^n 的导数的结果是 $n!C$，而其他各项的导数为零。于是就有 $\iint Y_n P_m \mathrm{d}s=\frac{4\pi a^2}{2n+1}C$，$C$ 是 Y_n 在极点 P_m 上的值。

---

* 如果我们考虑一下表示式 $\sum\lambda_{mm}^s$ 的一项可以有多少种下标的排列，就可以看到这一点。下标有 s 组，每组两个。通过改变各组的次序，我们得到 $s!$ 种排列，而通过交换组内的数字，又可以从每一种排列得 $2s$ 种排列，因此由每 s 组下标可得 $2^s s!$ 种排列。于是，如果 N 是级数 $\sum\lambda_{mm}^s$ 中的项数，就可以得到在 n 个数中每次取 $2s$ 个的 $N2^s s!$ 种排列，但是总的排列数显然等于 n 个物体每次取 $2s$ 个排列数，即 $\frac{n!}{(n-2s)!}$ 故有 $N2^s s!=\frac{n!}{(n-2s)!}$，或者说 $N=\frac{n!}{2^s s!\ (n-2s)!}$。

135b.〕 这一结果是球谐函数理论中一种很重要的结果，因为它表明了怎样确定表示着一个量的值的一系列球谐函数，那个量在一个球面的每一点上具有任意指定的有限而连续的值。

因为，设 F 是那个量的值，而 $\mathrm{d}s$ 是球面上一点 Q 处的面积元，于是，如果我们把 $F\mathrm{d}s$ 乘以极点为同一球面上 P 点的那个带谐函数 P_n 并在球面上求积分，则结果可以看成 P 点位置的一个函数，因为它是依赖于 P 点的位置的。

但是，因为以 Q 点为极点的带谐函数在 P 点上的值等于以 P 点为极点的带谐函数在 Q 点上的值，所以我们可以假设，对于每一个面积元，都能构造一个以 Q 点为极点而以 $F\mathrm{d}s$ 为其系数的带谐函数。

于是我们就可以有一套互相叠加的带谐函数，它们的极点位于球面上 F 有值的每一点上。既然其中每一个都是一个 n 阶面谐函数的倍数，它们的和式也是一个球谐（不一定是带谐）函数的倍数。

因此，看成 P 点的函数的面积分 $\iint FP_n\mathrm{d}s$ 就是一个面谐函数 Y_n 的倍数，于是

$$\frac{2n+1}{4\pi a^2}\iint FP_n\mathrm{d}s,$$

也就是属于用来表示 F 的那一系列面谐函数的那个特定的 n 阶面谐函数，如果 F 可以这样被表示的话。

因为，如果 F 可以表示成 $F=A_0Y_0+A_1Y_1+\cdots+A_nY_m+\cdots$ 那么，如果我们乘上 $Pn\mathrm{d}s$ 并在整个球面上求面积分，则所有包括不同阶次的谐函数之积的各项都将为零，只剩下 $\iint FP_n\mathrm{d}s=\frac{4\pi a^2}{2n+1}A_nY_n$。由此可见，$F$ 的唯一可能的球谐函数表示式就是 $F=$

$$\frac{1}{4\pi a^2}\left[\iint FP_0\mathrm{d}s+\cdots+(2n+1)\iint FP_n\mathrm{d}s+\cdots\right] \tag{51}$$

共轭谐函数

136.〕 我们已经看到，阶次不同的两个谐函数之积的面积分永远是零。但是，即使两个谐函数是阶次相同的，它们的乘积的面积分也可以是零。这时两个谐函数就被说成是互相共轭的。两个同阶谐函数互相共轭的条件，通过在方程(46)中令各项为零来表示。

如果其中一个是带谐函数，则共轭条件是另一个谐函数在带谐函数的极点上的值必须为零。

如果我们从一个给定的 n 阶谐函数开始，则为了使第二个谐函数可以和它共轭，那个谐函数的 $2n$ 个变数必须满足一个条件式。

如果第三个谐函数应该和这两个谐函数都共轭，它的 $2n$ 个变数就必须满足两个条件式。如果我们继续构造一些谐函数，使每一个都和以前的谐函数的共轭，则每个谐函数所满足的条件式的数目将等于已经存在的谐函数的数目，因此，第$(2n+1)$个谐函数就将通过 $2n$ 个变数来满足 $2n$ 个条件式，从而就将是完全确定的。

一个 n 阶面谐函数的任何倍数 AY_n，可以表示成任何一组 $2n+1$ 个同阶谐函数的倍数之和，因为 $2n+1$ 个共轭谐函数的系数，是其数目等于 Y_n 的 $2n$ 个系数和 A 的一组可以选择的量。

为了求出任一共轭谐函数例如 Y_n^σ 的系数，可以假设 $AY_n=A_0Y_n^\sigma+\cdots+A_\sigma Y_n^\sigma+\cdots$ 乘以 $Y_n^\sigma \mathrm{d}s$ 并在球上求面积分，所有包括相互共轭的谐函数之积的项都将为零，只剩下

$$A\iint Y_n Y_n^\sigma \mathrm{d}s=A_\sigma\iint (Y_n^\sigma)^2\mathrm{d}s, \tag{52}$$

这是一个确定着 A_σ 的方程。

由此可见，如果我假设一组 $2n+1$ 个共轭谐函数已经给定，则每一个别的 n 阶谐函数都可以用它们表示出来，而且只有一种表示方式。

137.〕 我们已经看到，如果一组完备的 $2n+1$ 个全都互相共轭的 n 阶谐函数已经给定，则任一个其他的同阶谐函数可以用这些谐函数表示出来。在这样 $2n+1$ 个谐函数的组中，共有 $2n(2n+1)$ 个变数由 $n(2n+1)$ 个方程联系着，因此就有 $n(2n+1)$ 个变数可以认为是任意的。

我们可以就像汤姆孙和泰特所建议的那样把一组函数选作共轭谐函数组；在这组函数中，每一个谐函数的 n 个极点都是这样分布的：有 j 个极点和 x 轴的极点相重合，k 个极点和 y 轴的极点相重合，而 $l(=n-j-k)$ 个极点和 z 轴的极点相重合。于是，当 $n+1$ 个 $l=0$ 的分布和 n 个 $l=1$ 的分布已经给定时，所有别的谐函数就都可以用这些谐函数表示出来。

实际上被一切数学家（包括汤姆孙和泰特）所采用了的是那样一个函数组，即其中有 $n-\sigma$ 个极点被放得和可以叫做"球的正极"的一个点相重合，其余的 σ 个极点当 σ 为奇数时等距地被放在赤道上，而当 σ 为偶数时则等距地被放在赤道的一半上。

在这一事例中，$\mu_1,\mu_2,\cdots,\mu_\sigma$ 中的每一个都等于 $\cos\theta$，我们将用 μ 来代表它。如果我们也用 v 来代表 $\sin\theta$，则 $\mu_{n-\sigma+1},\cdots,\mu_n$ 具有 $v\cos(\varphi-\beta)$ 的形式，此处 β 是其中一个极点在赤道上的方位角。

另外，如果 p 和 q 都小于 σ，则 λ_{pq} 的值也是 1；如果 p 和 q 中有一个大于 σ 而另一个小于 σ，则 λ_{pq} 为零；当 p 和 q 都大于 σ 时，λ_{pq} 的值是 $\cos\pi/\alpha$，此处 s 是一个小于 σ 的整数。

138.〕 当所有的极点都和球的极点相重合时，$\sigma=0$，而函数就叫做一个带谐函数。由于带谐函数是有很大重要性的，我们将给它保留一个符号，即 P_n。

我们可以由三角函数表示式(43)或是更直接地通过求导数来得出带谐函数的值，于是就有

$$P_n=(-1)^n\frac{r^{n+1}}{n!}\frac{\mathrm{d}^n}{\mathrm{d}z^n}\left(\frac{1}{r}\right), \tag{53}$$

$$\begin{aligned}P_n&=\frac{1\times3\times5\times\cdots\times(2n-1)}{1\times2\times3\times\cdots\times n}\left[\mu^n-\frac{n(n-1)}{2.(2n-1)}\mu^{n-2}+\frac{n(n-1)(n-2)(n-3)}{2\times4\times(2n-1)(2n-3)}\mu^{n-4}-\cdots\right]\\&=\sum\left[(-1)^p\frac{(2n-2p)!}{2^n p!\,(n-p)!\,(n-2p)!}\mu^{n-2p}\right],\end{aligned} \tag{54}$$

式中 p 必须取从零到不超过 $\frac{1}{2}n$ 的最大整数的每一个整数值。

有时把 P_n 表示成 $\cos\theta$ 和 $\sin\theta$ 或我们所写的 μ 和 v 的齐次函数是方便的，这时

$$P_n=\mu^n-\frac{n(n-1)}{2\times 2}\mu^{n-2}v^2+\frac{n(n-1)(n-2)(n-3)}{2\times 2\times 4\times 4}\mu^{n-4}v^4-\cdots,$$
$$=\sum\left[(-1)^p\frac{n!}{2^{2p}(p!)^2(n-2p)!}\mu^{n-2p}v^{2p}\right]。\tag{55}$$

在有关这一课题的数学著作中已经证明，$P_n(\mu)$就是$(1-2\mu h+h^2)^{-\frac{1}{2}}$的展式中$h^n$项的系数{而且也等于$\frac{1}{2^n n!}\frac{d^n}{d\mu^n}(\mu^2-1)^n$}。

带谐函数平方的面积分是 $$\iint(P_n)^2ds=2\pi a^2\int_{-1}^{+1}(P_n(\mu))^2d\mu=\frac{4\pi a^2}{2n+1}。\tag{56}$$

由此即得 $$\int_{-1}^{+1}(P_n(\mu))^2d\mu=\frac{2}{2n+1}。\tag{57}$$

139.〕 如果我们把一个带谐函数简单地看成μ的函数而并不和球面进行任何的联系，它就可以被称为一个勒让德系数。

如果我们把带谐函数看成存在于一个球面上，球面上的各点用坐标θ和φ来确定，并假设带谐函数的极点位于一点(θ',φ')上，则带谐函数在(θ,φ)点上的值将是四个角θ'、φ'、θ、φ的函数，而因为它是(θ,φ)和(θ',φ')之间的连接弧的余弦μ的函数，如果将θ和θ'互换并把φ和φ'互换，它的值就不会改变。这样表示的带谐函数曾被称为“勒让德系数”。汤姆孙和泰特称之为“双轴谐函数”。

任何x、y、z的能够满足拉普拉斯方程的齐次函数可以叫做一个“体谐函数”，而一个体谐函数在一个以原点为心的球面上的值就可以叫做一个“面谐函数”。在本书中，我们曾借助于一个面谐函数的n个极点来定义它，从而它只有$2n$个变数。具有$2n+1$个变数的更广义的面谐函数就是更狭义的面谐函数乘以一个任意常数。当用θ和φ表示出来时，更普遍的面谐函数叫做“拉普拉斯系数”。

140a.〕 为了得到对称体系的其他谐函数，我们必须对σ个轴求导数，各该轴位于xy平面上，彼此之间的夹角等于π/α。这可以最方便地借助于在汤姆孙和泰特的《自然哲学》第一卷第148页{或第二版的第185页}上定义了的虚数坐标来做到。

如果我们写出$\zeta=x+iy$，$\eta=x-iy$，式中i表示$\sqrt{-1}$，如果一个轴和x轴成α的角，则当σ为奇数时，对σ个轴求导数的运算可以写成

$$\left(e^{i\alpha}\frac{d}{d\zeta}+e^{-i\alpha}\frac{d}{d\eta}\right)\left(e^{i\left(\alpha+\frac{2\pi}{\sigma}\right)}\frac{d}{d\zeta}+e^{-i\left(\alpha+\frac{2\pi}{\sigma}\right)}\frac{d}{d\eta}\right)\left(e^{i\left(\alpha+\frac{4\pi}{\sigma}\right)}\frac{d}{d\zeta}+e^{-i\left(\alpha+\frac{4\pi}{\sigma}\right)}\frac{d}{d\eta}\right)\cdots$$

此式等于 $$\cos\sigma\alpha\left\{\frac{d^\sigma}{d\zeta^\sigma}+\frac{d^\sigma}{d\eta^\sigma}\right\}+\sin\sigma\alpha.\,i\left\{\frac{d^\sigma}{d\zeta^\sigma}-\frac{d^\sigma}{d\eta^s}\right\}。\tag{58}$$

如果σ是偶数，我们就能证明求导数的运算可以写成

$$(-1)^{\frac{\sigma+2}{2}}\left\{\cos\sigma\alpha.\,i\left(\frac{d^\sigma}{d\zeta^\sigma}-\frac{d^\sigma}{d\eta^\sigma}\right)-\sin\sigma\alpha\left(\frac{d^\sigma}{d\zeta^\sigma}+\frac{d^\sigma}{d\eta^\sigma}\right)\right\}。\tag{59}$$

于是，如果$i\left(\frac{d^\sigma}{d\zeta^\sigma}-\frac{d^\sigma}{d\eta^\sigma}\right)=\overset{(\sigma)}{Ds}$，$\left(\frac{d^\sigma}{d\zeta^\sigma}+\frac{d^\sigma}{d\eta^\sigma}\right)=\overset{(\sigma)}{Dc}$，我们就可以利用$\overset{(\sigma)}{Ds}$、$\overset{(\sigma)}{Dc}$来把对$\sigma$个轴求导数的运算表示出来。这些当然是实数运算，从而是可以不用虚数符号来表示的，例如

$$2^{\sigma-1}\overset{(\sigma)}{Ds}=\sigma\frac{d^{\sigma-1}}{dx^{\sigma-1}}\frac{d}{dy}-\frac{\sigma(\sigma-1)(\sigma-2)}{1\times 2\times 3}\frac{d^{\sigma-3}}{dx^{\sigma-3}}\frac{d^3}{dy^3}+\cdots\tag{60}$$

$$2^{\sigma-1} D\overset{(\sigma)}{c} = \frac{d^\sigma}{dx^\sigma} - \frac{\sigma(\sigma-1)}{1\times 2}\frac{d^{\sigma-2}}{dx^{\sigma-2}}\frac{d^2}{dy^2} + \cdots \tag{61}$$

我们也将写出 $$\frac{d^{n-\sigma}}{dz^{n-\sigma}} D\overset{(\sigma)}{s} = D\overset{(\sigma)}{\underset{n}{s}}，和 \frac{d^{n-\sigma}}{dz^{n-\sigma}} D\overset{(\sigma)}{c} = D\overset{(\sigma)}{\underset{n}{c}}； \tag{62}$$

于是 $D\overset{(\sigma)}{\underset{n}{s}}$ 和 $D\overset{(\sigma)}{\underset{n}{c}}$ 就代表对 n 个轴求导数的运算，其中 $n-\sigma$ 个轴和 z 轴相重合，而其余的 σ 个轴则在 xy 平面上互成相等的角，这里当 y 轴和其中一个轴相重合时用 $D\overset{(\sigma)}{\underset{n}{s}}$，而当 y 轴平分二轴之间的夹角时用 $D\overset{(\sigma)}{\underset{n}{c}}$。

两个 σ 型的 n 个阶田谐函数现在可以写成

$$Y\overset{(\sigma)}{\underset{n}{s}} = (-1)^n \frac{1}{n!} r^{n+1} D\overset{(\sigma)}{\underset{n}{s}} \frac{1}{r}, \tag{63}$$

$$Y\overset{(\sigma)}{\underset{n}{c}} = (-1)^n \frac{1}{n!} r^{n+1} D\overset{(\sigma)}{\underset{n}{c}} \frac{1}{r}。 \tag{64}$$

写出 $\mu=\cos\theta$，$v=\sin\theta$，$\rho^2=z^2+y^2$，$r^2=\zeta\eta+z^2$，从而 $z=\mu r$，$\rho=vr$，$x=\cos\varphi$，$y=\sin\varphi$，我们就有

$$D\overset{(\sigma)}{s} \frac{1}{r} = (-1)^\sigma \frac{(2\sigma)!}{2^{2\sigma}\sigma!} i(\eta^\sigma - \zeta^\sigma) \frac{1}{r^{2\sigma+1}}, \tag{65}$$

$$D\overset{(\sigma)}{c} \frac{1}{r} = (-1)^\sigma \frac{(2\sigma)!}{2^{2\sigma}\sigma!} (\zeta^\sigma + \eta^\sigma) \frac{1}{r^{2\sigma+1}}, \tag{66}$$

在这里我们可以写出 $$\frac{i}{2}(\eta^\sigma - \zeta^\sigma) = \rho^\sigma \sin\sigma\varphi, \frac{1}{2}(\zeta^\sigma + \eta^\sigma) = \rho^\sigma \cos\sigma\varphi。 \tag{67}$$

我们现在只需对 z 求导数了，这一点我们可作得或是得出含 r 和 z 的结果，或是得出作为 z 和 ρ 除以 r 的某次幂的一个齐次函数的结果

$$\frac{d^{n-\sigma}}{dz^{n-\sigma}} \frac{1}{r^{2\sigma+1}} = (-1)^{n-\sigma} \frac{(2n)!}{2^n n!} \frac{2^\sigma \sigma!}{(2\sigma)!} \frac{2}{r^{2n+1}} \times \left[z^{n-\sigma} - \frac{(n-\sigma)(n-\sigma-1)}{2(2n-1)} z^{n-\sigma-2} r^2 + \cdots \right]^*, \tag{68}$$

或 $$\frac{d^{n-\sigma}}{dz^{n-\sigma}} \frac{1}{r^{2\sigma+1}} = (-1)^{n-\sigma} \frac{(n+\sigma)!}{(2\sigma)!} \frac{2}{r^{2\sigma+1}} \times \left[z^{n-\sigma} - \frac{(n-\sigma)(n-\sigma-1)}{4(\sigma+1)} z^{n-\sigma-2} \rho^2 + \cdots \right]。 \tag{69}$$

如果我们写出 $$\Theta_n^{(\sigma)} = v^\sigma \left[\mu^{n-\sigma} - \frac{(n-\sigma)(n-\sigma-1)}{2(2n-1)} \mu^{n-\sigma-2} + \frac{(n-\sigma)(n-\sigma-1)(n-\sigma-2)(n-\sigma-3)}{2.4(2n-1)(2n-3)} \mu^{n-\sigma-4} - \cdots \right], \tag{70}$$

以及 $$\vartheta_n^{(\sigma)} = v^\sigma \left[\mu^{n-\sigma} - \frac{(n-\sigma)(n-\sigma-1)}{4(\sigma+1)} \mu^{n-\sigma-2} v^2 + \frac{(n-\sigma)(n-\sigma-1)(n-\sigma-2)(n-\sigma-3)}{4.8(\sigma+1)(\sigma+2)} \mu^{n-\sigma-4} y^4 - \cdots \right], \tag{71}$$

就有 $$\Theta_n^{(\sigma)} = \frac{2^{n-\sigma} n!\,(n+\sigma)!}{(2n)!\,\sigma!} \vartheta_n^{(\sigma)}, \tag{72}$$

---

* 方程(68)很容易证明，只要注意到左端是 $\left\{\frac{1}{\zeta\eta+(z+h)^2}\right\}^{\frac{2\sigma+1}{2}}$，或 $\frac{1}{r^{2\sigma+1}}\left\{1+\frac{2hz+h^2}{r^2}\right\}^{-\frac{(2\sigma+1)}{2}}$ 中 $h^{n-\sigma}$ 的系数的$(n-\sigma)!$ 倍。如果我们把此式写成 $\frac{1}{r^{2\sigma-1}}\left\{\left(1+\mu\frac{h}{r}\right)^2+v^2\frac{h^2}{v^2}\right\}^{-\frac{(2\sigma+1)}{2}}$ 并提取 $h^{n-\sigma}$ 的系数。就得到方程(69)。

从而这两个函数只差一个常数因子。

现在我们可以利用 Θ 和 ϑ 来写出两个 σ 型的 n 阶田谐函数表示式了，

$$Y_{s\atop n}^{(\sigma)}=\frac{(2n)!}{2^{n+\sigma}n!\;n!}\Theta_n^{(\sigma)}2\sin\sigma\varphi=\frac{(n+\sigma)!}{2^{2\sigma}n!\;\sigma!}\vartheta_n^{(\sigma)}2\sin\sigma\varphi, \tag{73}$$

$$Y_{c\atop n}^{(\sigma)}=\frac{(2n)!}{2^{n+\sigma}n!\;n!}\Theta_n^{(\sigma)}2\cos\sigma\varphi=\frac{(n+\sigma)!}{2^{2\sigma}n!\;\sigma!}\vartheta_n^{(\sigma)}2\cos\sigma\varphi^{*}。 \tag{74}$$

我们必须注意，当 $\sigma=0$ 时 $\sin\sigma\varphi=0$ 而 $\cos\sigma\varphi=1$。

对于包括从 1 到 n 的每一个 σ 值，都有一对田谐函数，但是当 $\sigma=0$ 时却有 $Y_{s\atop n}^{(0)}=0$ 而 $Y_{c\atop n}^{(\sigma)}=P=$带谐函数。因此，正如应该有的那样，$n$ 阶谐函数的总数就是 $2n+1$。

140b.〕 本书所采用的 Y 是我们当对 n 个轴求 r^{-1} 的导数并除以 $n!$ 时所得到的值。它是四个因子的乘积，即 $\sigma\varphi$ 的正弦或余弦、v^σ、μ(或 μ 和 v)的一个函数和一个数字系数。

第二和第三部分的乘积，也就是依赖于 θ 的那一部分，曾经利用三种不同的符号表示出来，它们只在数字因子方面有所不同。当把它表示成 v^σ 和一个 μ 的降幂级数的乘积时，既然第一项是 $\mu^{n-\sigma}$，它就是我们仿照汤姆孙和泰特用 Θ 来代表的那个函数。

海恩(《球谐函数手册》，§ 47)用 $P_\sigma^{(n)}$ 来代表的那个函数，被称为“*eine zugeordnete Function erster Art*”，按照陶德洪特的翻译，即“第一类缔合函数”，它是通过下列方程来和 Θ 相联系的：

$$\Theta_n^{(\sigma)}=(-1)^{\frac{\sigma}{2}}P_\sigma^{(n)}。 \tag{75}$$

从 $\mu^{n-\sigma}$ 开始的 μ 的降幂级数，曾被海恩表示成 $\mathfrak{P}_\sigma^{(n)}$ 而被陶德洪特写成 $\bar{\omega}(\sigma,n)$。

这个级数也可以写成另外两种形式

$$\mathfrak{P}_\sigma^{(n)}=\bar{\omega}(\sigma,n)=\frac{(n-\sigma)!}{(2n)!}\frac{\mathrm{d}^{n+\sigma}}{\mathrm{d}\mu^{n+\sigma}}(\mu^2-1)^n=\frac{2^n(n-\sigma)!\;n!}{(2n)!}\frac{\mathrm{d}^\sigma}{\mathrm{d}\mu^\sigma}P_n。 \tag{76}$$

在最后一种形式中，级数是通过对 μ 求带谐函数的导数而得出的；这种形式似乎引导弗勒尔斯采用了 $T_n^{(\sigma)}$ 这个符号，他是这样定义它的：

$$T_n^{(\sigma)}=v^\sigma\frac{\mathrm{d}^\sigma}{\mathrm{d}\mu^\sigma}P_n=\frac{(2n)!}{2^n(n-\sigma)!\;n!}\Theta_n^{(\sigma)}。 \tag{77}$$

当同一个量被表示成 μ 和 v 的齐次函数并除以 $\mu^{n-\sigma}v^\sigma$ 的系数时，它就是我们已经定义为 $\vartheta_n^{(\sigma)}$ 的那个函数。

140c.〕 对称体系的谐函数曾由汤姆孙和泰特按照各函数在其上变为零的球面曲线的形式来进行分类。

带谐函数在球面上任一点的值是极距离的余弦的函数；如果令它等于零，就得到一个 n 次方程，该方程的所有各根都介于 -1 和 $+1$ 之间，从而就对应于球面纬线的 n 条平行线。

由这些平行线划分而成的环带交替地为正或为负，球极周围的圆永远为正。

因此带谐函数就适于用来表示一个函数，该函数在球面纬线的某些平行线上或在空间的某些圆锥面上变为零。

对称体系的其他谐函数是成对出现的，一个函数包括 $\sigma\varphi$ 的余弦，而另一个则包括其正弦。因此它们在球面的 σ 条子午线上和 $n-\sigma$ 条纬线平行线上变为零，于是球面变被

* 当 $\sigma=0$ 时此值应除以 2。

划分成 $2\sigma(n-\sigma-1)$ 个正四边形或田字格，另外还有极点处的 4σ 个三角形。因此，在关于球面上由经纬线分成的正四边形或田字格的研究中，这些函数是有用的。

它们全都称为田谐函数，只有最后一对除外。最后一对函数只在 n 条子午线上为零，这些子午线把球面分成 $2n$ 瓣。因此这一对函数称为“瓣谐函数”。

141.〕 其次我们必须求出任何田谐函数的平方在球面上的面积分，我们可以用第 134 节中的方法来做到这一点。我们通过用 r^n 来乘面谐函数 $Y_n^{(\sigma)}$ 而把它化成一个体谐函数，把这一体谐函数对它自己的 n 个轴求导数然后取 $x=y=z=0$，并且将结果乘以 $\dfrac{4\pi a^2}{n!\,(2n+1)}$。

按照我们的符号，这些运算由下式来表示：$\iint (Y_n^{(\sigma)})^2\,\mathrm{d}s=\dfrac{4\pi a^2}{n!\,(2n+1)}D_n^{(\sigma)}(r^n Y_n^{(\sigma)})$ (78)

把体谐函数写成 z 和 ζ 及 η 的齐次函数的形式，即

$$r^n \overset{(\sigma)}{\underset{n}{Ys}}=\frac{(n+\sigma)!}{2^{2\sigma}n!\,\sigma!}i(\eta^\sigma-\zeta^\sigma)\times\left[z^{n-\sigma}-\frac{(n-\sigma)(n-\sigma-1)}{4(\sigma+1)}z^{n-\sigma-2}\zeta\eta+\cdots\right],\quad(79)$$

我们发现，当对 z 求导数时，除了第一项以外所有的项都不复存在，而且还引入一个因子 $(n-\sigma)!$。

逐次对 ζ 和 η 求导数，我们就也将消除这些变数并引入一个因子 $-zi\sigma!$，因此最后的结果就是

$$\iint(\overset{(\sigma)}{\underset{n}{Ys}})^2\,\mathrm{d}s=\frac{8\pi a^2}{2n+1}\frac{(n+\sigma)!\,(n-\sigma)!}{2^{2\sigma}n!\,n!}。\quad(80)$$

我们将用符号 $[n,\sigma]$ 来代表这一方程的右端。

这一表示式对于包括 1 到 n 的一切 σ 值都是对的，但是却不存在和 $\sigma=0$ 相对应的包含 $\sin\sigma\varphi$ 的谐函数。

同理我们可以证明

$$\iint(\overset{(\sigma)}{\underset{n}{Yc}})^2\,\mathrm{d}s=\frac{8\pi a^2}{2n+1}\frac{(n+\sigma)!\,(n-\sigma)!}{2^{2\sigma}n!\,n!}\quad(81)$$

对包括从 1 到 n 的 σ 值都成立。

当 $\sigma=0$ 时，谐函数变成带谐函数，从而

$$\iint(\overset{(0)}{\underset{n}{Yc}})^2\,\mathrm{d}s=\iint(P_n)^2\,\mathrm{d}s=\frac{4\pi a^2}{2n+1};\quad(82)$$

这个结果可以通过在方程(50)中令 $Y_n=P_n$ 并记得带谐函数在其极点上的值是 1 来直接得出。

142a.〕 现在我们可以应用第 136 节的方法来确定球面一点位置的任意一个函数的展式中任一给定田谐面函数的导数。因为，设 F 是任意函数，并设 A_n^σ 是这一函数的对称组面谐函数展式中 $Y_n^{(\sigma)}$ 的系数，那就有 $\iint FY_n^{(\sigma)}\,\mathrm{d}s=A_n^{(\sigma)}\iint(Y_n^{(\sigma)})^2\,\mathrm{d}s=A_n^{(\sigma)}[n,\sigma]$， (83)

式中 $[n,\sigma]$ 是在方程(80)中给出的那个面积分的值的简写。

142b.〕 设 Ψ 是一个任意函数，满足拉普拉斯方程，并在离一点 O 为 a 的一段距离之内没有奇值，而这个 O 点就可以取作坐标原点。把这样一个函数展成以 O 为原点的一些正阶的体谐函数的级数永远是可能的。

这样做的一个办法就是以 O 为心画一个球，其半径小于 a，然后把球面上的势的值展成面谐函数的级数。把每一个这种谐函数乘以幂次等于面谐函数之阶次的 r/a 的乘幂，我们就得到一些体谐函数，而所给的函数就是这些体谐函数之和。

但是，一个更方便的而且不涉及积分计算的方法就是对各个对称组谐函数的各轴求导数。

例如，让我们假设在 Ψ 的展式中有一项的形式是 $\underset{n}{Ac}^{(\sigma)}\underset{n}{Yc}^{(\sigma)}r^n$。

如果我们对 Ψ 并对它的展式进行下一运算 $\frac{d^{n-\sigma}}{dz^{n-\sigma}}\left(\frac{d^\sigma}{d\zeta^\sigma}+\frac{d^\sigma}{d\eta^\sigma}\right)$ 并在求导数以后令 x、y、z 等于零，则除了包含 $\overset{(\sigma)}{\underset{n}{A}}c$ 的一项以外展式中的所有各项都为零。

借助于对各实轴求导数的算符来把作用在 Ψ 上的算符表示出来，我们就得到

$$\frac{d^{n-\sigma}}{dz^{n-\sigma}}\left[\frac{d^\sigma}{dx^\sigma}-\frac{\sigma(\sigma-1)}{1.2}\frac{d^{\sigma-2}}{dx^{\sigma-2}}\frac{d^2}{dy^2}+\cdots\right]\Psi=\overset{(\sigma)}{\underset{n}{A}}c\,\frac{(n+\sigma)!\,(n-\sigma)!}{2^\sigma n!},\tag{84}$$

由此方程，我们就可以借助于 Ψ 在原点上的对 x、y、z 的各个微分系数来确定级数中任一谐函数的系数。

143.〕 由方程(50)可见，永远可能把一个谐函数表示成极点分布在球面上的一系列同阶带谐函数之和。然而，这一函数组的简化却似乎大非易易，然而，为了直观地显示球谐函数的一些特点，我曾经计算了第三阶和第四阶的带谐函数，并且按照已经描述过的函数相加的方法来针对一些谐函数画出了球面上的等势线，各该函数就是两个带谐函数之和。见本书末尾的图版 6 到图版 9。

图版 6 表示两个三阶带谐函数之差，该二函数的轴在纸面上成 120°之角，而这个差就是 $\sigma=1$ 的第二种类型的谐函数，其轴垂直于纸面。

在图版 7 中，谐函数仍是三阶的，但它却是轴线互成 90°角的两个带谐函数之和，而所得结果并不是任何类型的对称体系。节线之一是一个大圆，但是和大圆相交的另外两条节线却不是圆。

图版 8 代表轴线互成直角的两个四阶带谐函数之差。结果是 $n=4$、$\sigma=2$ 的一个田谐函数。

图版 9 代表同样两个带谐函数之和。结果可以提供有关一种更普遍的四阶谐函数的一些概念。在这种类型中，球面上的节线包括互不相交的六条卵形线。谐函数在卵形线内部为正，而在位于卵形线外的那一部分六连通的球面上则为负。

所有这些图都是球面的正交投影。

我也在图版 5 中画了一个经过球轴的平面截面，以显示按照一阶球函数的值而带电的一个球面所引起的等势面和力线。

在球内，等势面是一些等距的平面，而力线是一些平行于轴线的直线，各直线到轴线的距离是自然数的平方根。球外那些线可以看成将能代表由地球的磁性所引起的情况，假如磁性是按最简单的形式分布的话。

144a.〕 现在我们能够确定受到势已给定的电力作用的一个球形导体上的电分布了。

按照已经给出的方法，我们把所给电力的势 Ψ 展成原点在球心上的一些正阶次的体谐函数的级数。

设 $A_n r^n Y_n$ 是其中一个体谐函数，则由于势在导体球内部是均匀的，就必有起源于球面上电分布的一项 $-A_n r^n Y_n$，于是，在 $4\pi\sigma$ 的展式中必有一项 $4\pi\sigma_n=(2n+1)a^{n-1}A_n Y_n$，用这种办法，我们就能确定面密度展式中除了零阶以外的一切阶次的谐函数的系数。和零阶相对应的系数依赖于的电荷 e，并由 $4\pi\sigma_0=a^{-2}e$ 来给出。

球的势是 $V=\Psi_0+\frac{e}{a}$。

144b.〕 其次让我们假设，球位于一些接地的导体附近，而格林函数 G 已经针对球所在的域中任何两点的坐标 x、y、z 和 x'、y'、z'被确定了。

如果球上的面电荷被表示成球谐函数的一个级数，则由球上的这一电荷在球外引起的电现象，和由全都位于原点上的一系列假想的奇点所引起的电现象相等同；其中第一个奇点是单独一个点，所带的电荷等于球的电荷，而其他的奇点是不同阶的多重点，它们和表示面密度的那些谐函数相对应。

设格林函数用 $G_{pp'}$ 来代表，此处 p 指示坐标为 x、y、z 的点而 p'指示坐标为 x'、y'、z'的点。

如果有一个电荷 A_0 放在 p'点，则当把 x'、y'、z'看成常数时 $G_{pp'}$ 就变成 x、y、z 的一个函数；而由 A_0 在周围物体上感应出来的那些电所引起的势就是 $\Psi=A_0G_{pp'}$。 (1)

假如电荷 A_0 不是放在 p'点而是均匀分布在一个以 p'为心、以 a 为半径的球上，Ψ 在球外各点上的值还将是相同的。

如果球上的电荷不是均匀分布的，设它的面密度被表示成球谐函数的一个级数（因为这永远可能），就有

$$4\pi a^2\sigma=A_0+3A_1Y_1+\cdots+(2n+1)A_nY_n+\cdots \tag{2}$$

由这种分布的任何一项例如

$$4\pi a^2\sigma_n=(2n+1)A_nY_n, \tag{3}$$

所引起的势，对球内的点来说是$\frac{r^n}{a^{n+1}}A_nY_n$ 而对球外的点来说是$\frac{a^n}{r^{n+1}}A_nY_n$。

由第 129c 和 129d 节中的方程(13)和(14)可知，后一表示式等于 $(-1)^nA_n\frac{a^n}{n!}\frac{\mathrm{d}^n}{\mathrm{d}h_1\cdots\mathrm{d}h_n}\frac{1}{r}$；或者说，由球上的电荷引起的球外的势，是和由某一个多重点所引起的势相等价的，该多重点的轴是 $h_1,\cdots,h_n$ 而其矩是 A_na^n。

由此可见，周围各导体上的电分布以及由这种分布所引起的势，和将由这样一个多重点所引起的电分布及势相同。

因此，周围物体上的感生电在 p 点即(x,y,z)点上引起的势就是

$$\Psi_n=(-1)^nA_n\frac{a^n}{n!}\frac{\mathrm{d}'^n}{\mathrm{d}'h_1\cdots\mathrm{d}'h_n}G, \tag{4}$$

式中 d 上的撇号表示导数是对 x'、y'、z'求的。这些坐标在事后应被弄成等于球心的坐标。

假设 Y_n 分解成它的 $2n+1$ 个对称组分量是方便的。设 $A_n^{(\sigma)}Y_n^{(\sigma)}$ 是其中一个分量，就有

$$\frac{\mathrm{d}'^n}{\mathrm{d}'h_1\cdots\mathrm{d}'h_n}=D'^{(\sigma)}_n。 \tag{5}$$

这里用不着再写上指示出现在谐函数中的是 $\sin\sigma\varphi$ 或 $\cos\sigma\varphi$ 的角注 s 或 c。

现在我们可以写出由电感生电引起的势 Ψ 的完备表示式了：

$$\Psi=A_0G+\sum\sum\left[(-1)^nA_n^{(\sigma)}\frac{a^n}{n!}D'^{(\sigma)}_nG\right]。 \tag{6}$$

但是，势在球内是常量，或者说

$$\Psi+\frac{1}{a}A_0+\sum\sum\left[\frac{r^{n_1}}{a^{n_1+1}}A_{n_1}^{(\sigma_1)}Y_{n_1}^{(\sigma_1)}\right]=\text{常量}。 \tag{7}$$

现在对这一表示式进行运算 $D_{n_1}^{(\sigma_1)}$，这里的微分是对 x、y、z 进行的，而 n_1 和 σ_1 的值独立于 n 和 σ 的值。(7)式中的一切项，除了含 $Yn_{n_1}^{(\sigma_1)}$ 的一项以外都为零，从而我们就得到

$$-2\frac{(n_1+\sigma_1)!\ (n_1-\sigma_1)!}{2^{2\sigma_1}n_1!}\ \frac{1}{a^{n_1+1}}A_n^{(\sigma_1)}=A_0D_{n_1}^{(\sigma_1)}G'+\sum\sum\left[(-1)^nA_n^{\sigma}\ \frac{a^n}{n!}D_{n_1}^{(\sigma_1)}D_n'^{(\sigma)}G\right]。\quad(8)$$

于是我们就得到一组方程,其中每一方程的左端都包含着我们所要确定各系数之一。右端第一项包含 A_0,即球的电荷,而且我们把这一项看做主项。暂时忽略其他各项,我们就作为初级近似而得到

$$A_{n_1}^{(\sigma_1)}=-\frac{1}{2}\ \frac{2^{2\sigma_1}n_1!}{(n_1+\sigma_1)!\ (n_1-\sigma_1)!}A_0a^{n_1+1}D_{n_1}^{(\sigma_1)}G。\quad(9)$$

如果从球心到周围最近的导体的最短距离用 b 来代表,就有 $a^{n_1+1}D_{n_1}^{(\sigma_1)}G<n_1!\ \left(\frac{a}{b}\right)^{n_1+1}$。

因此,如果和球的半径 a 相比 b 是很大的,则其他球谐函数的系数比 A_0 小得多。因此,方程(8)中第一项后面某一项和第一项之比,将和 $\left(\frac{a}{b}\right)^{2n+n_1+1}$ 有相同的数量级。

因此我们在初级近似下就可以忽略那些项,而在二级近似下则可以把在初级近似下得到的系数值代到这些项中去,依此类推,直到我们达到了所要求的近似程度为止。

近似球形的导体上的电分布

145a.〕 设导体表面的方程是

$$r=a(1+F),\quad(1)$$

式中 F 是 r 的方向即 φ 的一个函数,而且是在研究中可以忽略其平方项的一个量。

设 F 被展成面谐函数的级数的形式

$$F=f_0+f_1Y_1+f_2Y_2+\cdots+f_nY_n。\quad(2)$$

在这些项中,第一项依赖于平均半径超过 a 的数量。因此,如果我们假设 a 就是平均半径,也就是说,假设 a 近似地是体积等于所给导体的体积的一个球的平径,则系数 f_0 将等于零。

第二项,即系数为 f_1 的一项,依赖于导体质心离原点的距离(假设导体具有均匀的密度)。因此如果我们取该质心作为原点,则系数 f_1 也将等于零。

在开始时,我们将假设导体有一个电荷 A_0 而且没有外来的电力作用在它上面。因此,导体外面的势必将形式如下:

$$V=A_0\ \frac{1}{r}+A_1Y_1'\ \frac{1}{r^2}+\cdots+A_nY_n'\ \frac{1}{r^{n+1}}+\cdots,\quad(3)$$

式中各面谐函数并不被假设为和 F 的展式中那些面谐函数属于相同的类型。

在导体的表面上,势就是导体的势,即等于常量 α。

因此,把 r 的乘幂按 a 和 F 展开并略去 F 的二次及更高次项,我们就有

$$\alpha=A_0\ \frac{1}{a}(1-F)+A_1\ \frac{1}{a^2}Y_1'(1-2F)+\cdots+A_n\ \frac{1}{a^{n+1}}Y_n'(1-(n+1)F)+\cdots。\quad(4)$$

既然各系数 A_1 等等显然比 A_0 小得多,我们在开始时就可以忽略这些系数和 F 的乘积。

于是,如果我们把 F 换成它的球谐函数展式中的第一项,并使包含同阶谐函数的各项等于零,就得到

$$\alpha=A_0\ \frac{1}{a},\quad(5)$$

$$A_1Y_1'=A_0af_1Y_1=0,\quad(6)$$

……

$$A_nY'n=A_0a^nf_nY_n。\quad(7)$$

由这些方程可见，各个Y'必然和各个Y属于相同的类型，从而就和它们相等同，从而就有$A_1=0$和$A_n=A_0a^nf_n$。

为了确定表面上任一点的密度，我们近似地有一个方程$4\pi\sigma=-\frac{dV}{dv}=-\frac{dV}{dr}\cos\varepsilon$，(8)

式中v是法线而ε是法线和半径之间的夹角。既然在这一研究中我们假设F及其对θ和φ的第一阶微分系数都很小，那就有$4\pi\sigma=-\frac{dV}{dr}=A_0\frac{1}{r^2}+\cdots+(n+1)A_nY_n\frac{1}{r^{n+2}}+\cdots$ (9)

将r的乘幂按a和F展开并略去F和A_n的乘积，我们就得到

$$4\pi\sigma=A_0\frac{1}{a^2}(1-2F)+\cdots+(n+1)A_n\frac{1}{a^{n+2}}Y_n。\tag{10}$$

把F按球谐函数展开并令A_n等于已经求得的那些值，我们就得到

$$4\pi\sigma=A_0\frac{1}{a^2}[1+f_2Y_2+2f_3Y_3+\cdots+(n-1)f_nY_n]\tag{11}$$

由此可见，如果表面和一个球面相差一薄层，该层的厚度按照n阶球谐函数而变，则任意二点面密度之差和面密度之和的比值，将是该二点处半径之差和半径之和的比值的$n-1$倍。

145b.〕 如果近似球形的导体(1)受到外来电力的作用，设由这些力引起的势U被展成以导体的体积中心为原点的正阶球谐函数的级数

$$U=B_0+B_1rY_1'+B_2r^2Y_2'+\cdots+B_nr^nY_n'+\cdots,\tag{12}$$

式中Y上的撇号表明这个谐函数不一定和F展式中的同阶谐函数属于相同的类型。

假如导体确切地是球形的，由它的面电荷在导体外面一点上引起的势就将是

$$V=A_0\frac{1}{r}-B_1\frac{a^3}{r^2}Y_1'-\cdots-B_n\frac{a^{2n+1}}{r^{n+1}}Y_n'-\cdots。\tag{13}$$

设由面电荷引起的实际势为$V+W$，此处

$$W=C_1\frac{1}{r^2}Y_1''+\cdots+C_m\frac{1}{r^{m+1}}Y_m''+\cdots;\tag{14}$$

带着双撇的谐函数和出现在F或U中的不相同，而且各系数G很小，因为F很小。

必须满足的条件是，当$r=a(1+F)$时，$U+V+W=$ 常量$=A_0\frac{1}{a}+B_0$，即等于导体的势。

把r的乘幂按a和F展开，当和A或B相乘时保留F的一次项，但忽略它和小量C的乘积，我们就得到$F\left[-A_0\frac{1}{a}+3B_1aY_1'+5B_2a^2Y_2'+\cdots+(2n+1)B_na^nY_n'+\cdots\right]$

$$+C_1\frac{1}{a^2}Y_1''+\cdots+C_m\frac{1}{a^{m+1}}Y_m''+\cdots=0。\tag{15}$$

为了定出系数C，我们必须完成上式第一行中所表示的乘法并把结果表示成球谐函数的级数。这个级数经过变号，将是导体表面上的W的级数。

n阶和m阶的两个球谐函数的乘积，是x/r、y/r和z/r的一个$n+m$次的有理函数，从而可以展成阶次不超过$n+m$的球谐函数的一个级数。因此，如果F可以按阶次不超过m的球谐函数展开，而由外力引起的势可以按阶次不超过n的球谐函数展开，则由面电荷所引起的势将只包含阶次不超过$m+n$的球谐函数。

然后面密度就可以利用近似方程来由势求出， $4\pi\sigma+\frac{d}{dr}(U+V+W)=0$。 (16)

145c.〕 **包围在一个近似球形的近似同心的导体电容器中的一个近似球形的导体。**

设导体表面的方程是 $$r=a(1+F),\tag{17}$$

式中 $$F=f_1Y_1+\cdots+f_n^{(\sigma)}Y_n^{(\sigma)}。\tag{18}$$

设容器内表面的方程是 $$r=b(1+G)。\tag{19}$$

式中 $$G=g_1Y_1+\cdots+g_n^{(\sigma)}Y_n^{(\sigma)},\tag{20}$$

而各个 f 和各个 g 都远小于 1，$Y_n^{(\sigma)}$ 是 σ 型的 n 阶面谐函数。

设导体的势是 α 而容器的势是 β。设把导体和容器之间任一点上的势按球谐函数展开，例如

$$\Psi=h_0+h_1Y_1r+\cdots+h_n^{(\sigma)}Y_n^{(\sigma)}r^n+\cdots$$
$$+k_0\frac{1}{r}+k_1Y_1\frac{1}{r^2}+\cdots+k_n^{(\sigma)}Y_n^{(\sigma)}\frac{1}{r^{n+1}}+\cdots,\tag{21}$$

于是我们就必须确定各系数 h 和 k，以使当 $r=a(1+F)$ 时 $\Psi=\alpha$ 而当 $r=b(1+G)$ 时 $\Psi=\beta$。

由以前的讨论显然可知，除了 h_0 和 k_0 以外，所有的 h 和 k 都将是小量，它们和 F 的乘积可以忽略。因此我们可以写出

$$\alpha=h_0+k_0\frac{1}{a}(1-F)+\cdots+\left(h_n^{(\sigma)}a^n+k_n^{(\sigma)}\frac{1}{a^{n+1}}\right)Y_n^{(\sigma)}+\cdots,\tag{22}$$

$$\beta=h_0+k_0\frac{1}{b}(1-G)+\cdots+\left(h_n^{(\sigma)}b^n+k_n^{(\sigma)}\frac{1}{b^{n+1}}\right)Y_n^{(\sigma)}+\cdots。\tag{23}$$

因此我们就有

$$\alpha=h_0+k_0\frac{1}{a},\tag{24}$$

$$\beta=h_0+k_0\frac{1}{b},\tag{25}$$

$$k_0\frac{1}{a}f_n^{(\sigma)}=h_n^{(\sigma)}a^n+k_n^{(\sigma)}\frac{1}{a^{n+1}},\tag{26}$$

$$k_0\frac{1}{b}g_n^{(\sigma)}=h_n^{(\sigma)}b^n+k_n^{(\sigma)}\frac{1}{b^{n+1}},\tag{27}$$

由此我们就得到 k_0，即内部导体的电荷 $$k_0=(\alpha-\beta)\frac{ab}{b-a},\tag{28}$$

而关于 n 阶谐函数的系数，就有 $$h_n^{(\sigma)}=k_0\frac{b^ng_n^{(\sigma)}-a^nf^{(\sigma)}}{b^{2n+1}-a^{2n+1}},\tag{29}$$

$$k_n^{(\sigma)}=k_0a^nb^n\frac{b^{n+1}f_n^{(\sigma)}-a^{n+1}g_n^{(\sigma)}}{b^{2n+1}-a^{2n+1}},\tag{30}$$

这里我们必须记得，各系数 $f_n^{(\sigma)}$、$g_n^{(\sigma)}$、$h_n^{(\sigma)}$、$k_n^{(\sigma)}$ 是属于相同的阶次和相同的类型的。

内部导体的面密度由下列方程给出： $4\pi\sigma a^2=k_0(1+\cdots+A_nY_n^{(\sigma)}+\cdots)$，

式中 $$A_n=\frac{f_n^{(\sigma)}\{(n+2)a^{2n+1}+(n-1)b^{2n+1}\}-g_n^{(\sigma)}(2n+1)a^{n+1}b^n}{b^{2n+1}-a^{2n+1}}。\tag{31}$$

146.〕 作为带谐函数之应用的一个例子，让我们来考察两个球形导体上的电的平衡。

设 a 和 b 是二球的半径，而 c 是它们中心之间的距离。为了简单起见，我们也将写出 $a=cx$ 和 $b=cy$，从而 x 和 y 就是小于 1 的数字。

设取二球的连心线作为带谐函数的轴，并设属于每一个球的带函数的极点就是离另一个球最近的那个点。

设 r 是任意点离第一球的球心的距离，而 s 是同一点离第二球的球心的距离。

设第一球的面密度 σ_1 由下列方程给出，

$$4\pi\sigma_1 a^2 = A + A_1 P_1 + 3A_2 P_2 + \cdots + (2m+1)A_m P_m, \tag{1}$$

于是 A 就是该球的电荷，而 A_1 等等就是带谐函数 P_1 等等的系数。

由这一电荷分布所引起的势，对球内各点来说可以表示为

$$U' = \frac{1}{a}\left[A + A_1 P_1 \frac{r}{a} + A_2 P_2 \frac{r^2}{a^2} + \cdots + A_m P_m \frac{r^m}{a^m}\right], \tag{2}$$

而对球外各点来说可以表示为

$$U = \frac{1}{r}\left[A + A_1 P_1 \frac{a}{r} + A_2 P_2 \frac{a^2}{r^2} + \cdots + A_m P_m \frac{a^m}{r^m}\right]。 \tag{3}$$

同样，如果第二球上的面电荷由下列方程给出，

$$4\pi\sigma_2 b^2 = B + B_1 P_1 + \cdots + (2n+1)B_n P_n, \tag{4}$$

则在此球之内和之外由这一电荷所引起的势可以表示成下列形式的方程

$$V' = \frac{1}{b}\left[B + B_1 P_1 \frac{s}{b} + \cdots + B_n P_n \frac{s^n}{b^n}\right], \tag{5}$$

$$V = \frac{1}{s}\left[B + B_1 P_1 \frac{b}{s} + \cdots + B_n P_n \frac{b^n}{s^n}\right], \tag{6}$$

式中的几个谐函数是联系在第二个球上的。

各球的电荷分别是 A 和 B。

第一球内每一点的势是常量，并等于该球的势 α，从而在第一球的内部就有

$$U' + V = \alpha。 \tag{7}$$

同理，如果第二个球的势是 β，则对该球内部各点有 $U + V' = \beta$。 (8)

对于两个球外面的各点，势是 Ψ，而 $U + V = \Psi$。 (9)

在轴上，在二球心之间，有 $r + s = c$。 (10)

于是，对 r 求导数而在求导数以后令 $r=0$，并且记得每一个带谐函数在极点上都等于 1，我们就得到

$$\left.\begin{aligned}
&A_1 \frac{1}{a^2} - \frac{dV}{ds} = 0,\\
&A_2 \frac{2!}{a^3} + \frac{d^2V}{ds^2} = 0,\\
&\cdots\cdots\\
&A_m \frac{m!}{a^{m+1}} + (-1)^m \frac{d^mV}{ds^m} = 0,
\end{aligned}\right\} \tag{11}$$

式中在求导数以后应令 s 等于 c。

如果我们完成微分计算并写出 $a/c = x$ 和 $b/c = y$，这些方程就变成

$$\left.\begin{aligned}
&0 = A_1 + Bx^2 + 2B_1x^2y + 3B_2x^2y^2 + \cdots + (n+1)B_nx^2y^n,\\
&0 = A_2 + Bx^3 + 3B_1x^3y + 6B_2x^3y^2 + \cdots\\
&\qquad + \frac{1}{2}(n+1)(n+2)B_nx^3y^n,\\
&\qquad\qquad\cdots\cdots\\
&0 = A_m + Bx^{m+1} + (m+1)B_1x^{m+1}y\\
&\qquad + \frac{1}{2}(m+1)(m+2)B_2x^{m+1}y^2 + \cdots + \frac{(m+n)}{m!\ n!}B_nx^{m+1}y^n。
\end{aligned}\right\} \tag{12}$$

通过对第二个球进行对应的运算，我们得到

$$\left.\begin{aligned}
0 &= B_1 + Ay^2 + 2A_1xy^2 + 3A_2x^2y^2 + \cdots + (m+1)A_mx^my^2,\\
0 &= B_2 + Ay^3 + 3A_1xy^3 + 6A_2x^2y^3 + \cdots\\
&\quad + \frac{1}{2}(m+1)(m+2)A_mx^my^3,\\
&\cdots\cdots\\
0 &= B_n + Ay^{n+1} + (n+1)A_1xy^{n+1}\\
&\quad + \frac{1}{2}(n+1)(n+2)A_2x^2y^{n+1} + \cdots + \frac{(m+n)}{m!\ n!}A_mx^my^{n+1}。
\end{aligned}\right\}\tag{13}$$

为了确定两个球的势 α 和 β，我们有方程(7)和(8)，现在我们可以把它们写成

$$c\alpha = A\frac{1}{x} + B + B_1y + B_2y^2 + \cdots + B_ny^n,\tag{14}$$

$$c\beta = B\frac{1}{y} + A + A_1x + A_2x^2 + \cdots + A_mx^m。\tag{15}$$

因此，如果只注意系数 A_1 到 A_m 和 B_1 到 B_n，我们就有 $m+n$ 个方程，而由这些方程就可以解出这些量，把它们用两个球的电荷 A 和 B 表示出来。然后，把这些系数的值代入(14)和(15)中，我们就可以用二球的电荷把它们的势表示出来

这些运算可以用行列式的形式来表示，但是从计算的目的来看，更方便的是按下述方式来进行。

根据方程(13)把 $A_1,\cdots,A_n$ 的值代入(12)中，我们就得到

$$\begin{aligned}
A_1 = -Bx^2 &+ Ax^2y^3[2.1 + 3.1y^2 + 4.1y^4 + 5.1y^6 + 6.1y^8 + \cdots]\\
&+ A_1x^3y^3[2.2 + 3.3y^2 + 4.4y^4 + 5.5y^6 + \cdots]\\
&+ A_2x^4y^3[2.3 + 3.6y^2 + 4.10y^4 + \cdots]\\
&+ A_3x^5y^3[2.4 + 3.10y^2 + \cdots]\\
&+ A_4x^6y^3[2.5 + \cdots]\\
&+ \cdots
\end{aligned}\tag{16}$$

$$\begin{aligned}
A_2 = -Bx^3 &+ Ax^3y^3[3.1 + 6.1y^2 + 10.1y^4 + 15.1y^6 + \cdots]\\
&+ A_1x^4y^3[3.2 + 6.3y^2 + 10.4y^4 + \cdots]\\
&+ A_2x^5y^3[3.3 + 6.6y^2 + \cdots]\\
&+ A_3x^6y^3[3.4 + \cdots]\\
&+ \cdots
\end{aligned}\tag{17}$$

$$\begin{aligned}
A_3 = -Bx^4 &+ Ax^4y^3[4.1 + 10.1y^2 + 20.1y^4 + \cdots]\\
&+ A_1x^5y^3[4.2 + 10.3y^2 + \cdots]\\
&+ A_2x^6y^3[4.3 + \cdots]\\
&+ \cdots
\end{aligned}\tag{18}$$

$$\begin{aligned}
A_4 = -Bx^5 &+ Ax^5y^3[5.1 + 15.1y^2 + \cdots]\\
&+ A_1x^6y^3[5.2 + \cdots]\\
&+ \cdots
\end{aligned}\tag{19}$$

通过把 A_1 等等的近似值代入这些方程的右端并重复上述过程以求得更进一步的近似，我们可以按照 x 和 y 的乘积的升幂式把对这些系数的逼近进行到任意的程度。如果我们写出

$$A_n = p_n A - q_n B,$$
$$B_n = -r_n A + s_n B,$$

就得到

$$\begin{aligned} p_1 = {} & x^2y^3[2+3y^2+4y^4+5y^6+6y^8+7y^{10}+8y^{12}+9y^{14}+\cdots] \\ & + x^5y^6[8+30y^2+75y^4+154y^6+280y^8+\cdots] \\ & + x^7y^6[18+90y^2+288y^4+735y^6+\cdots] \\ & + x^9y^6[32+200y^2+780y^4+\cdots] \\ & + x^{11}y^6[50+375y^2+\cdots] \\ & + x^{13}y^6[72+\cdots] \\ & + \cdots \\ & + x^8y^9[32+192y^2+\cdots] \\ & + x^{10}y^9[144+\cdots] \\ & + \cdots \end{aligned} \tag{20}$$

$$\begin{aligned} q_1 = {} & x^2 \\ & + x^5y^3[4+9y^2+16y^4+25y^6+36y^8+49y^{10}+64y^{12}+\cdots] \\ & + x^7y^3[6+18y^2+40y^4+75y^6+126y^8+196y^{10}+\cdots] \\ & + x^9y^3[8+30y^2+80y^4+175y^6+336y^8+\cdots] \\ & + x^{11}y^3[10+45y^2+140y^4+350y^6+\cdots] \\ & + x^{13}y^3[12+63y^2+224y^4+\cdots] \\ & + x^{15}y^3[14+84y^2+\cdots] \\ & + x^{17}y^3[16+\cdots] \\ & + \cdots \\ & + x^8y^6[16+72y^2+209y^4+488y^6+\cdots] \\ & + x^{10}y^6[60+342y^2+1222y^4+\cdots] \\ & + x^{12}y^6[150+1050y^2+\cdots] \\ & + x^{14}y^6[308+\cdots] \\ & + \cdots \\ & + x^{11}y^9[64+\cdots] \\ & + \cdots \end{aligned} \tag{21}$$

在以下的运算中，把这些系数用 a、b、c 表示出来并按照这三个量的幂次来排列各项是更加方便的。这将使对 c 求导数更容易些。于是我们就得到

$$\begin{aligned} p_1 = {} & 2a^2b^3c^{-5}+3a^2b^5c^{-7}+4a^2b^7c^{-9}+(5a^2b^9+8a^5b^6)c^{-11} \\ & +(6a^2b^{11}+39a^5b^8+18a^7b^6)c^{-13} \\ & +(7a^2b^{13}+75a^5b^{10}+90a^7b^8+32a^9b^6)c^{-15} \\ & +(8a^2b^{15}+154a^5b^{12}+288a^7b^{10}+32a^8b^9+200a^9b^8+50a^{11}b^6)c^{-17} \\ & +(9a^2b^{17}+280a^5b^{14}+735a^7b^{12}+192a^8b^{11}+780a^9b^{10} \\ & +144a^{10}b^9+375a^{11}b^8+72a^{13}b^6)c^{-19}+\cdots \end{aligned} \tag{22}$$

$$
\begin{aligned}
q_1 = & a^2c^{-2} + 4a^5b^3c^{-8} + (6a^7b^3 + 9a^5b^5)c^{-10} \\
& + (8a^9b^3 + 18a^7b^5 + 16a^5b^7)c^{-12} \\
& + (10a^{11}b^3 + 30a^9b^5 + 16a^8b^6 + 40a^7b^7 + 25a^5b^9)c^{-14} \\
& + (12a^{13}b^3 + 45a^{11}b^5 + 60a^{10}b^6 + 80a^9b^7 + 72a^8b^8 + 75a^7b^9 + 36a^5b^{11})c^{-16} \\
& + (14a^{15}b^3 + 63a^{13}b^5 + 150a^{12}b^6 + 140a^{11}b^7 + 342a^{10}b^8 \\
& + 175a^9b^9 + 209a^8b^{10} + 126a^7b^{11} + 49a^5b^{13})c^{-18} \\
& + (16a^{17}b^3 + 84a^{15}b^5 + 308a^{14}b^6 + 224a^{13}b^7 + 1050a^{12}b^8 + 414a^{11}b^9 \\
& + 1222a^{10}b^{10} + 336a^9b^{11} + 488a^8b^{12} + 196a^7b^{13} + 64a^5b^{15})c^{-20} + \cdots
\end{aligned} \tag{23}
$$

$$
\begin{aligned}
p_2 = & 3a^3b^3c^{-6} + 6a^3b^5c^{-8} + 10a^3b^7c^{-10} + (12a^6b^6 + 15a^3b^9)c^{-12} \\
& + (27a^8b^6 + 54a^6b^8 + 21a^3b^{11})c^{-14} \\
& + (48a^{10}b^6 + 162a^8b^8 + 158a^6b^{10} + 28a^3b^{13})c^{-16} \\
& + (75a^{12}b^6 + 360a^{10}b^8 + 48a^9b^9 + 606a^8b^{10} \\
& + 372a^6b^{12} + 36a^3b^{15})c^{-18} + \cdots
\end{aligned} \tag{24}
$$

$$
\begin{aligned}
q_2 = & a^3c^{-3} + 6a^6b^3c^{-9} + (9a^8b^3 + 18a^6b^5)c^{-11} \\
& + (12a^{10}b^3 + 36a^8b^5 + 40a^6b^7)c^{-13} \\
& + (15a^{12}b^3 + 60a^{10}b^5 + 24a^9b^6 + 100a^8b^7 + 75a^6b^9)c^{-15} \\
& (18a^{14}b^3 + 90a^{12}b^5 + 90a^{11}b^6 + 200a^{10}b^7 + 126a^9b^8 + 225a^8b^9 + 126a^6b^{11})c^{-17} \\
& + (21a^{16}b^3 + 126a^{14}b^5 + 225a^{13}b^6 + 350a^{12}b^7 + 594a^{11}b^8 \\
& + 525a^{10}b^9 + 418a^9b^{10} + 441a^8b^{11} + 196a^6b^{13})c^{-19} + \cdots
\end{aligned} \tag{25}
$$

$$
\begin{aligned}
p_3 = & 4a^4b^3c^{-7} + 10a^4b^5c^{-9} + 20a^4b^7c^{-11} + (16a^7b^6 + 35a^4b^9)c^{-13} \\
& + (36a^9b^6 + 84a^7b^8 + 56a^4b^{11})c^{-15} \\
& + (64a^{11}b^6 + 252a^9b^8 + 282a^7b^{10} + 84a^4b^{13})c^{-17} + \cdots
\end{aligned} \tag{26}
$$

$$
\begin{aligned}
q_3 = & a^4c^{-4} + 8a^7b^3c^{-10} + (12a^9b^3 + 30a^7b^5)c^{-12} \\
& + (16a^{11}b^3 + 60a^9b^5 + 80a^7b^7)c^{-14} \\
& + (20a^{13}b^3 + 100a^{11}b^5 + 32a^{10}b^6 + 200a^9b^7 + 175a^7b^9)c^{-16} \\
& + (24a^{15}b^3 + 150a^{13}b^5 + 120a^{12}b^6 + 400a^{11}b^7 \\
& + 192a^{10}b^8 + 525a^9b^9 + 336a^7b^{11})c^{-18} + \cdots
\end{aligned} \tag{27}
$$

$$
\begin{aligned}
p_4 = & 5a^6b^3c^{-8} + 15a^5b^5c^{-10} + 35a^5b^7c^{-12} + (20a^8b^6 + 70a^6b^9)c^{-14} \\
& + (45a^{10}b^6 + 120a^8b^8 + 126a^5b^{11})c^{-16} + \cdots
\end{aligned} \tag{28}
$$

$$
\begin{aligned}
q_4 = & a^5c^{-5} + 10a^8b^3c^{-11} + (15a^{10}b^3 + 45a^8b^5)c^{-13} \\
& + (20a^{12}b^3 + 90a^{10}b^5 + 140a^8b^7)c^{-15} \\
& + (25a^{14}b^3 + 150a^{12}b^5 + 40a^{11}b^6 + 350a^{10}b^7 + 350a^8b^9)c^{-17} + \cdots
\end{aligned} \tag{29}
$$

$$
p_5 = 6a^6b^3c^{-9} + 21a^6b^5c^{-11} + 56a^6b^7c^{-13} + (24a^9b^6 + 126a^6b^9)c^{-15} + \cdots \tag{30}
$$

$$
\begin{aligned}
q_5 = & a^6c^{-6} + 12a^9b^3c^{-12} + (18a^{11}b^3 + 63a^9b^5)c^{-14} \\
& + (24a^{13}b^3 + 126a^{11}b^5 + 224a^9b^7)c^{-16} + \cdots
\end{aligned} \tag{31}
$$

$$
p_6 = 7a^7b^3c^{-10} + 28a^7b^5c^{-12} + 84a^7b^7c^{-14} + \cdots \tag{32}
$$

$$
q_6 = a^7c^{-7} + 14a^{10}b^3c^{-13} + (21a^{12}b^3 + 84a^{10}b^5)c^{-15} + \cdots \tag{33}
$$

$$p_7=8a^8b^3c^{-11}+36a^8b^5c^{-13}+\cdots \tag{34}$$

$$q_7=a^8c^{-8}+16a^{11}b^3c^{-14}+\cdots \tag{35}$$

$$p_8=9a^9b^3c^{-12}+\cdots \tag{36}$$

$$q_8=a^9c^{-9}+\cdots \tag{37}$$

各个 r 和 s 的值，可以通过分别在各个 q 和 p 中将 a 和 b 互换来写出。

现在如果我们在下列形式下按照这些系数来计算两个球的势，

$$\alpha=lA+mB, \tag{38}$$

$$\beta=mA+nB, \tag{39}$$

则 l、m、n 是电势系数(第 87 节)，其中

$$m=c^{-1}+p_1ac^{-2}+p_2a^2c^{-3}+\cdots \tag{40}$$

$$n=b^{-1}-q_1ac^{-2}-q_2a^2c^{-3}-\cdots \tag{41}$$

或者，按 a、b、c 展开，就有

$$\begin{aligned}m=&c^{-1}+2a^3b^3c^{-7}+3a^3b^3(a^2+b^2)c^{-9}+a^3b^3(4a^4+6a^2b^2+4b^4)c^{-11}\\&+a^3b^3[5a^6+10a^4b^2+8a^3b^3+10a^2b^4+5b^6]c^{-13}\\&+a^3b^3[6a^8+15a^6b^2+30a^5b^3+20a^4b^4+30a^3b^5+15a^2b^6+6b^8]c^{-15}\\&+a^3b^3[7a^{10}+21a^8b^2+75a^7b^3+35a^6b^4+144a^5b^5+35a^4b^6\\&+75a^3b^7+21a^2b^8+7b^{10}]c^{-17}\\&+a^3b^3[8a^{12}+28a^{10}b^2+154a^9b^3+56a^8b^4+446a^7b^5+102a^6b^6\\&+446a^5b^7+56a^4b^8+154a^3b^9+28a^2b^{10}+8b^{12}]c^{-19}\\&+a^3b^3[9a^{14}+36a^{12}b^2+280a^{11}b^3+84a^{10}b^4+1107a^9b^5+318a^8b^6+1668a^7b^7\\&+318a^6b^8+1107a^5b^9+84a^4b^{10}+208a^3b^{11}+36a^2b^{12}+9b^{14}]c^{-21}+\cdots\end{aligned} \tag{42}$$

$$\begin{aligned}n=&b^{-1}-a^3c^{-4}-a^5c^{-6}-a^7b^{-8}-(a^2+4b^3)a^6c^{-10}\\&-(a^5+12a^2b^3+9b^5)a^6c^{-12}\\&-(a^7+25a^4b^3+36a^2b^5+16b^7)a^6c^{-14}\\&-(a^9+44a^6b^3+96a^4b^5+16a^3b^6+80a^2b^7+25b^9)a^6b^{-16}\\&-(a^{11}+70a^8b^3+210a^6b^5+84a^5b^6+260a^4b^7+72a^3b^8+150a^2b^9+36b^{11})a^6c^{-18}\\&-(a^{13}+104a^{10}b^3+406a^8b^5+272a^7b^6+680a^6b^7+468a^5b^8+575a^4b^9\\&+209a^3b^{10}+252a^2b^{11}+49b^{13})a^6c^{-20}\\&-(a^{15}+147a^{12}b^3+720a^{10}b^5+693a^9b^6+1548a^8b^7+1836a^7b^8+1814a^6b^9\\&+1640a^5b^{10}+1113a^4b^{11}+488a^3b^{12}+392a^2b^{13}+64b^{15})a^6c^{-22}+\cdots\end{aligned} \tag{43}$$

l 的值可以通过在 n 中把 a 和 b 互换来求得。

根据第 87 节，体系的势能是

$$W=\frac{1}{2}lA^2+mAB+\frac{1}{2}nB^2, \tag{44}$$

而根据第 93a 节，二球之间的推斥力是

$$-\frac{dW}{dc}=\frac{1}{2}A^2\frac{dl}{dc}+AB\frac{dm}{dc}+\frac{1}{2}B^2\frac{dn}{dc}。 \tag{45}$$

任一球上任一点处的面密度，由方程(1)和(4)而通过各系数 A_n 和 B_n 来给出。

第十章 共焦二次曲面*

147.〕 设一个共焦族的普遍方程是
$$\frac{x^2}{\lambda^2-a^2}+\frac{y^2}{\lambda^2-b^2}+\frac{z^2}{\lambda^2-c^2}=1,\tag{1}$$
式中 λ 是一个变化的参数。我们将用 λ 的下标来区分二次曲面的品种，即用 λ_1 表示双页双曲面，用 λ_2 表示单页双曲面，而用 λ_3 表示椭球面。各量 $a,\lambda_1,b,\lambda_2,c,\lambda_3$ 是按数值递增的次序排列的。a 这个量是为了形式对称才被引入的，但是在我们的结果中我们将永远假设 $a=0$。

考虑一下参数各为 λ_1、λ_2、λ_3 的三个曲面，我们就发现，通过在它们的方程之间消去变数，它们的交点上的 x^2 的值满足方程
$$x^2(b^2-a^2)(c^2-a^2)=(\lambda_1^2-a^2)(\lambda_2^2-a^2)(\lambda_3^2-a^2)。\tag{2}$$
y^2 和 z^2 的值可以通过把 a、b、c 互相轮换来得出。

把这个方程对 λ_1 求导数，我们就得到
$$\frac{\mathrm{d}x}{\mathrm{d}\lambda_1}=\frac{\lambda_1}{\lambda_1^2-a^2}x。\tag{3}$$

如果 $\mathrm{d}s_1$ 是夹在曲面 λ_1 和 $\lambda_1+\mathrm{d}\lambda_1$ 之间的 λ_2 和 λ_3 的交线的截距长度，则有
$$\overline{\frac{\mathrm{d}s_1}{\mathrm{d}\lambda_1}}\Big|^2=\overline{\frac{\mathrm{d}x}{\mathrm{d}\lambda_1}}\Big|^2+\overline{\frac{\mathrm{d}y}{\mathrm{d}\lambda_1}}\Big|^2+\overline{\frac{\mathrm{d}z}{\mathrm{d}\lambda_1}}\Big|^2=$$
$$\frac{\lambda_1^2(\lambda_2^2-\lambda_1^2)(\lambda_3^2-\lambda_1^2)}{(\lambda_1^2-a^2)(\lambda_1^2-b^2)(\lambda_1^2-c^2)}。\tag{4}$$

这个分式的分母，就是曲面 λ_1 的各个半轴的平方乘积。

如果我们令
$$D_1^2=\lambda_3^2-\lambda_2^2,\quad D_2^2=\lambda_3^2-\lambda_1^2,\quad D_3^2=\lambda_2^2-\lambda_1^2,\tag{5}$$
并令 $a=0$，就有
$$\frac{\mathrm{d}s_1}{\mathrm{d}\lambda_1}=\frac{D_2D_3}{\sqrt{b^2-\lambda_1^2}\sqrt{c^2-\lambda_1^2}}。\tag{6}$$

很容易看到，D_2 和 D_3 就是 λ_1 的中央部分的半轴，该部分和通过给定点的直径相共轭，而且，D_3 平行于 $\mathrm{d}s_2$ 而 D_2 平行于 $\mathrm{d}s_3$。

如果我们也把三个参数 λ_1、λ_2、λ_3 代成它们通过下列方程而由三个函数 α、β、γ 来定义的值，
$$\alpha=\int_0^{\lambda_1}\frac{c\,\mathrm{d}\lambda_1}{\sqrt{(b^2-\lambda_1^2)(c^2-\lambda_1^2)}},$$
$$\beta=\int_b^{\lambda_2}\frac{c\,\mathrm{d}\lambda_2}{\sqrt{(\lambda_2^2-b^2)(c^2-\lambda_2^2)}},\tag{7}$$
$$\gamma=\int_c^{\lambda_3}\frac{c\,\mathrm{d}\lambda_3}{\sqrt{(\lambda_3^2-b^2)(\lambda_3^2-c^2)}};$$
则有
$$\mathrm{d}s_1=\frac{1}{c}D_2D_3\mathrm{d}\alpha,\quad \mathrm{d}s_2=\frac{1}{c}D_3D_1\mathrm{d}\beta,\quad \mathrm{d}s_3=\frac{1}{c}D_1D_2\mathrm{d}\gamma。\tag{8}$$

* 这种考察主要采自一本很有趣的著作，即 *Leçns sur les Fonctions Inverses des Transcendantes et les Surfaces Isothermes* Par G. Lamé，Paris，1857。

148.〕　现在，设 V 是任一点 α、β、γ 上的势，则沿 ds_1 的合力是

$$R_1=-\frac{dV}{ds_1}=-\frac{dV}{d\alpha}\frac{d\alpha}{ds_1}=-\frac{dV}{d\alpha}\frac{c}{D_2D_3}。\tag{9}$$

既然 ds_1、ds_2 和 ds_3 是互相垂直的，面积元 ds_2ds_3 上的面积分就是

$$R_1ds_2ds_3=-\frac{dV}{d\alpha}\frac{c}{D_2D_3}\cdot\frac{D_3D_1}{c}\cdot\frac{D_1D_2}{c}\cdot d\beta d\gamma=-\frac{dV}{d\alpha}\frac{D_1^2}{c}d\beta d\gamma。\tag{10}$$

现在考虑介于各曲面 α、β、γ 和 $\alpha+d\alpha$、$\beta+d\beta$、$\gamma+d\gamma$ 之间的体积元。共有八个这样的体积元，每一空间卦限中有一个。

我们已经得出力的法向分量(向内测量)在由曲面 β 和 $\beta+d\beta$、γ 和 $\gamma+d\gamma$ 从曲面 α 上截下的面积元上的面积分*。

曲面 $\alpha+d\alpha$ 的对应面积元上的面积分将是 $+\frac{dV}{d\alpha}\frac{D_1^2}{c}d\beta d\gamma+\frac{d^2V}{d\alpha^2}\frac{D_1^2}{c}d\alpha d\beta d\gamma$。因为 D_1 是不依赖于 α 的。体积元的两个对面表面上的面积分将是 $\frac{d^2V}{d\alpha^2}\frac{D_1^2}{c}d\alpha d\beta d\gamma$。

同样，另外两对表面上的面积分将是 $\frac{d^2V}{d\beta^2}\frac{D_2^2}{c}d\alpha d\beta d\gamma$ 和 $\frac{d^2V}{d\gamma^2}\frac{D_3^2}{c}d\alpha d\beta d\gamma$。

这六个表面包围了一个体积元，其体积是 $ds_1ds_2ds_3=\frac{D_1^2D_2^2D_3^2}{c^3}d\alpha d\beta d\gamma$，而且，如果体积元中的体密度是 ρ，则我们由第 77 节得到，这一体积元表面的总的面积分加上它里面的电量乘以 4π，应等于零，或者除以 $d\alpha d\beta d\gamma$ 就有

$$\frac{d^2V}{d\alpha^2}D_1^2+\frac{d^2V}{d\beta^2}D_2^2+\frac{d^2V}{d\gamma^2}D_3^2+4\pi\rho\frac{D_1^2D_2^2D_3^2}{c^2}=0,\tag{11}$$

这就是椭球坐标下的拉普拉斯方程的泊松推广形式。

如果 $\rho=0$，第四项就不存在，而方程就和拉普拉斯方程相等价。

关于这一方程的普遍讨论，读者可以参阅已经(在前面的小注中)提到的拉梅的著作。

149.〕　为了确定 α、β、γ 各量，我们可以通过引用辅助角 θ、φ、ψ 来把它们写成普通的椭圆积分的形式，此处

$$\lambda_1=b\sin\theta,\tag{12}$$

$$\lambda_2=\sqrt{c^2\sin^2\varphi+b^2\cos^2\varphi},\tag{13}$$

$$\lambda_3=c\sec\psi。\tag{14}$$

如果令 $b=kc$ 和 $k^2+k'^2=1$，我们就可以把 k 和 k' 叫做共焦族的两个互补模数，而且我们得到

$$\alpha=\int_0^\theta\frac{d\theta}{\sqrt{1-k^2\sin^2\theta}},\tag{15}$$

这是一个第一类的椭圆积分，我们可以按照通常的符号把它写成 $F(k,\theta)$。

同样我们得到

$$\beta=\int_0^\varphi\frac{d\varphi}{\sqrt{1-k'^2\cos^2\varphi}}=F(k')-F(k',\varphi),\tag{16}$$

式中 $F(k')$ 是关于模数 k' 的完备函数，

$$\gamma=\int_0^\psi\frac{d\psi}{\sqrt{1-k^2\cos^2\psi}}=F(k)-F(k,\psi)。\tag{17}$$

在这里，α 被表示成角 θ 的一个函数，从而它是参数 λ_1 的函数；β 是 φ 的从而是 λ_2 的

---

* 这里所说的"面积分"显然就是后人所说的"通量"。——译注

函数；γ 是 ψ 的从而是 λ_3 的函数。

但是这些角和这些参数可以看成 α、β、γ 的函数。这些反函数及其有关函数的性质，在拉梅的有关著作中进行了说明。

很容易看到，既然各函数是各辅助角的周期函数，它们也将是 α、β、γ 这些量的周期函数：λ_1 和 λ_3 的周期是 $4F(k)$，而 λ_2 的周期是 $2F(k')$。

特 殊 解

150.〕 如果 V 是 α、β 或 γ 的线性函数，方程就是满足的。因此我们就可以从方程推出同族中保持在给定的势的任何两个共焦曲面上的电分布，以及二曲面之间任一点上的势。

双页双曲面

当 α 为常数时，对应的曲面是双页双曲面。让我们把 α 的符号取为和所考虑的一页上的 x 的符号相同。这样我们就可以每次考虑其中的一页。

设 α_1、α_2 是和两个单独页相对应的 α 值，这两页可以属于相同的或不同的双曲面。另外又设 V_1、V_2 是这两页被给予的势。于是，如果我们令

$$V=\frac{\alpha_1 V_2-\alpha_2 V_1+\alpha(V_1-V_2)}{\alpha_1-\alpha_2} \tag{18}$$

条件就会在两个曲面上和它们之间的全部空间中得到满足。如果我们令 V 在曲面 α_1 的外侧空间中等于常量并等于 V_1，而在曲面 α_2 的外侧空间中等于 V_2，我们就将得到这一特殊事例的完备解。

在某一页的任一点上，合力是 $\pm R_1=-\dfrac{dV}{ds_1}=-\dfrac{dV}{d\alpha}\dfrac{d\alpha}{ds_1}$，　(19)

$$\text{或 } R_1=\frac{V_1-V_2}{\alpha_2-\alpha_1}\frac{c}{D_2 D_3}。 \tag{20}$$

如果 p_1 是从中心到任一点的切面的垂直距离，而 P_1 是曲面的半轴的乘积，则有 $p_1 D_2 D_3=P_1$。

由此我们得到
$$R_1=\frac{V_1-V_2}{\alpha_2-\alpha_1}\frac{cp_1}{P_1}, \tag{21}$$

或者说，曲面上任一点上的力，垂直于从中心到切面的垂线。

面密度 σ 可由下列方程求出：
$$4\pi\sigma=R_1。 \tag{22}$$

方程为 $x=d$ 的一个平面从双曲面的一页上切割下一个部分，这一部分曲面上的总电量是
$$Q=\frac{c}{2}\frac{V_1-V_2}{\alpha_2-\alpha_1}\left(\frac{d}{\lambda_1}-1\right)。 \tag{23}$$

从而整个无限大的一页上的电量就是无限大。

曲面的一些极限形式是：

（1）当 $\alpha = F(k)$ 时，曲面就是 xz 平面上位于方程为 $\frac{x^2}{b^2} - \frac{z^2}{c^2 - b^2} = 1$。 (24)

的双曲线正支的正侧的那一部分平面。

（2）当 $\alpha = 0$ 时，曲面是 yz 平面。

（3）当 $\alpha = -F(k)$ 时，曲面是 xz 平面上位于同一双曲线负支的负侧的那一部分平面。

单页双曲面

令 β 等于常数，我们就得到单页双曲面的方程。因此，形成电场之边界面的那两个曲面必然属于两个不同的双曲面。其他方面的考察和在双页双曲面的事例中相同，从而当势差给定时，曲面上任一点处的密度将正比于从中心到切面的垂直距离，而无限大页上的总电量将是无限大。

极限形式

（1）当 $\beta = 0$ 时，曲面就是 xz 平面上介于双曲线之间的那一部分平面，该双曲线的方程已在前面写出，即(24)。

（2）当 $\beta = F(k')$ 时，曲面就是 xy 平面上于方程为 $\frac{x^2}{c^2} + \frac{y^2}{c^2 - b^2} = 1$ (25)

的椭圆外面的那一部分平面。

椭　球　面

对于任一给定的椭球面，γ 是常数。如果两个椭球面 γ_1 和 γ_2 被保持在势 V_1 和 V_2，则在二者之间的空间中的任一点 γ 上，我们有

$$V = \frac{\gamma_1 V_2 - \gamma_2 V_1 + \gamma(V_1 - V_2)}{\gamma_1 - \gamma_2}。\tag{26}$$

任一点上的面密度是

$$\sigma = -\frac{1}{4\pi}\frac{V_1 - V_2}{\gamma_1 - \gamma_2}\frac{c p_3}{P_3},\tag{27}$$

式中 p_3 是从中心到切面的垂直距离，而 P_3 是半轴的乘积。

每一曲面上的总电荷由下式给出，

$$Q_2 = c\,\frac{V_1 - V_2}{\gamma_1 - \gamma_2} = -Q_1,\tag{28}$$

从而是有限的。

当 $\gamma = F(k)$ 时，椭球的表面在一切方向上都在无限远处。

如果令 $V_2 = 0$ 而 $\gamma_2 = F(k)$，我们就得到位于一个无限广阔的场中的保持在势 V 的一个椭球面上的总电量，

$$Q = c\,\frac{V}{F(k) - \gamma}。\tag{29}$$

椭球面的极限形式出现在 $\gamma=0$ 时，其时曲面是 xy 平面位于一个椭圆内的那一部分平面，该椭圆的方程已在前面写出，即(25)。

方程为(25)而离心率为 k 的椭圆形平板的每一面上的面密度是

$$\sigma=\frac{V}{4\pi\sqrt{c^2-b^2}}\frac{1}{F(k)}\frac{1}{\sqrt{1-\frac{x^2}{c^2}-\frac{y^2}{c^2-b^2}}},\tag{30}$$

而其电荷是

$$Q=c\frac{V}{F(k)}。\tag{31}$$

特　　例

151.〕 如果 c 保持不变，而 b 从而还有 k 则无限地减小而终于变为零，曲面族就会变化如下：

双页双曲线的实轴和其中一个虚轴都无限减小，而曲面最后就和相交于 z 轴的两个平面相重合。

量 α 变为和 θ 相等同，而第一族曲面退化成的那一族子午面的方程就是

$$\frac{x^2}{(\sin\alpha)^2}-\frac{y^2}{(\cos\alpha)^2}=0。\tag{32}$$

至于 β 这个量，如果采用在第(152)页上由(7)式给出的定义，我们就会在积分的下限处被引导到积分的无限大值。为了避免这一点，我们在这一特例中把 β 定义为下列积分的值，$\int_{\lambda_2}^{c}\frac{c\,d\lambda_2}{\lambda_2\sqrt{c^2-\lambda_2^2}}$。

如果我们现在令 $\lambda_2=c\sin\varphi$，则 β 变成 $\int_{\varphi}^{\frac{\pi}{2}}\frac{d\varphi}{\sin\varphi}$，即 $\log\cot\frac{1}{2}\varphi$；

于是

$$\cos\varphi=\frac{e^\beta-e^{-\beta}}{e^\beta+e^{-\beta}},\tag{33}$$

从而

$$\sin\varphi=\frac{2}{e^\beta+e^{-\beta}}。\tag{34}$$

如果我们把指数式 $\frac{1}{2}(e^\beta+e^{-\beta})$ 叫做 β 的双曲余弦并写成 $\cosh\beta$，而且把 $\frac{1}{2}(e^\beta-e^{-\beta})$ 叫做 β 的双曲正弦并写成 $\sinh\beta$，而且如果我们按相同的方式应用一些在特点上和其他那些简单三角函数相类似的函数，则 $\lambda_2=c\,\mathrm{sech}\beta$，而单页双曲线族的方程则是

$$\frac{x^2+y^2}{(\mathrm{sech}\beta)^2}-\frac{z^2}{(\tanh\beta)^2}=c^2。\tag{35}$$

量 γ 简化成了 Ψ，从而 $\lambda_3=c\sec\gamma$，而椭球族的方程就是 $\frac{x^2+y^2}{(\sec\gamma)^2}+\frac{z^2}{(\tan\gamma)^2}=c^2$。　(36)

这是一些绕共轭轴的旋转图形。这一类椭球叫做“行星椭球”。

无限场中一个保持在势 V 的行星椭球上的电量是 $Q=c\frac{V}{\frac{1}{2}\pi-\gamma}$，　(37)

式中 $c\sec\gamma$ 是赤道半径，而 $c\tan\gamma$ 是极向半径。

如果 $\gamma=0$，图形就是半径为 c 的圆盘，而且

$$\sigma=\frac{V}{2\pi^2\sqrt{c^2-r^2}}, \tag{38}$$

$$Q=c\frac{V}{\frac{1}{2}\pi}。 \tag{39}$$

152.〕 **第二个事例** 设 $b=c$，则 $k=1$ 而 $k'=0$，

$$\alpha=\log\tan\frac{\pi+2\theta}{4}，由此即得\ \gamma=c\tanh\alpha, \tag{40}$$

而双页旋转双曲面的方程变为

$$\frac{x^2}{(\tanh\alpha)^2}-\frac{y^2+z^2}{(\operatorname{sech}\alpha)^2}=c^2。 \tag{41}$$

量 β 被简化为 φ，而每一个单页双曲面则退化为一对交于 x 轴的平面，其方程是

$$\frac{y^2}{(\sin\beta)^2}-\frac{z^2}{(\cos\beta)^2}=0。 \tag{42}$$

这是一族子午面，而 β 即其经度。

在第 152 页的(7)式中定义的量 γ，在此事例中在积分下限处变为无限大。为了避免这一点，让我们把它定义为下列积分的值，$\int_{\lambda_3}^{\infty}\frac{c\,d\lambda_3}{\lambda_3^2-c^2}$。

如果令 $\lambda_3=c\sec\psi$，我们就得到 $\gamma=\int_{\psi}^{\frac{\pi}{2}}\frac{d\psi}{\sin\psi}$，由此即得 $\lambda_3=c\coth\gamma$，而椭球族的方程就是

$$\frac{x^2}{(\coth\gamma)^2}+\frac{y^2+z^2}{(\operatorname{cosech}\gamma)^2}=c^2。 \tag{43}$$

这些以短轴为其旋转轴的椭球叫做“卵形椭球”。

在这一事例中，由(29)式即得，无限场中一个保持在势 V 的卵形椭球上的电量是

$$cV\div\int_{\psi_0}^{\frac{\pi}{2}}\frac{d\psi}{\sin\psi}, \tag{44}$$

式中 $c\sec\psi_0$ 是极向半径。

如果我们用 A 代表极向半径而用 B 代表赤道半径，则刚刚求得的结果变成

$$V\frac{\sqrt{A^2-B^2}}{\log\frac{A+\sqrt{A^2-B^2}}{B}}。 \tag{45}$$

如果和极向半径相比赤道半径是很小的，就像在圆头导线的事例中那样，则有

$$Q=\frac{AV}{\log 2A-\log B}。 \tag{46}$$

当 b 和 c 都变为零而它们之比则保持有限时，曲面族就变成两个共焦锥面族和半径反比于 γ 的一个球面族。

如果 b 和 c 之比是零或一，曲面族就变成一个子午面族、一个共轴正锥面族和一个半径反比于 γ 的同心球面族。这就是普通的球极坐标系。

柱　面

153.〕 当 c 为无限大时曲面是柱面，其母线平行于 z 轴，一族柱面是双曲柱面，也就是由双页双曲线所生成的柱面。既然当 c 为无限大时 k 为零，从而 $\theta=\alpha$，可见这一族柱面的方程是

$$\frac{x^2}{\sin^2\alpha}-\frac{y^2}{\cos^2\alpha}=b^2。\tag{47}$$

另一族是椭圆柱面，而既然当 $k=0$ 时 β 变成 $\int_b^{\lambda_2}\frac{d\lambda_2}{\sqrt{\lambda_2^2-b^2}}$，或 $\lambda_2=b\cosh\beta$，这一族柱面的方程就是

$$\frac{x^2}{(\cosh\beta)^2}+\frac{y^2}{(\sinh\beta)^2}=b^2。\tag{48}$$

这两族曲面在本书末尾的图版 10 中表示了出来。

共焦抛物面

154.〕 如果我们在普遍方程中把坐标原点移到 x 轴上离曲面族中心的距离为 t 的一点，并把 x、λ、b 和 c 分别改写成 $t+x$、$t+\lambda$、$t+b$ 和 $t+c$，然后使 t 无限增大，则我们在极限情况下得到一族抛物面，其焦点位于 $x=b$ 和 $x=c$ 二点，就是说，方程是

$$4(x-\lambda)+\frac{y^2}{\lambda-b}+\frac{z^2}{\lambda-c}=0。\tag{49}$$

如果第一个椭圆抛物物面族的变动参数是 λ，双曲抛物面族的变动参数是 μ，而第二个椭圆抛物面族的变动参数是 v，则我们有按数值递增的次序排列的 λ、b、μ、c、v，而且

$$\left.\begin{aligned}x&=\lambda+\mu+v-c-b,\\ y^2&=4\frac{(b-\lambda)(\mu-b)(v-b)}{c-b},\\ z^2&=4\frac{(c-\lambda)(c-\mu)(v-c)}{c-b}。\end{aligned}\right\}\tag{50}$$

为了避免积分(7)中的无限大值，抛物面族中的对应积分是在不同的积分限之间计算的。

我们在这一事例中写出 $\alpha=\int_\lambda^b\frac{d\lambda}{\sqrt{(b-\lambda)(c-\lambda)}}$，$\beta=\int_b^\mu\frac{d\mu}{\sqrt{(\mu-b)(c-\mu)}}$，$\gamma=\int_c^v\frac{dv}{\sqrt{(v-b)(v-c)}}$。

由此即得

$$\left.\begin{aligned}\lambda&=\frac{1}{2}(c+b)-\frac{1}{2}(c-b)\cosh\alpha,\\ \mu&=\frac{1}{2}(c+b)-\frac{1}{2}(c-b)\cos\beta,\\ v&=\frac{1}{2}(c+b)+\frac{1}{2}(c-b)\cosh\gamma,\end{aligned}\right\}\tag{51}$$

$$\left.\begin{aligned}
x &= \frac{1}{2}(c+b)+\frac{1}{2}(c-b)(\cosh\gamma-\cos\beta-\cosh\alpha),\\
y &= 2(c-b)\sinh\frac{\alpha}{2}\sin\frac{\beta}{2}\cosh\frac{\gamma}{2},\\
z &= 2(c-b)\cosh\frac{\alpha}{2}\cos\frac{\beta}{2}\sinh\frac{\gamma}{2}。
\end{aligned}\right\} \tag{52}$$

当 $b=c$ 时，我们有绕 x 轴的旋转抛物面的事例，而且{见附注}

$$x=a(e^{2\alpha}-e^{2\gamma}),\ y=2a\,e^{\alpha+\gamma}\cos\beta,\ z=2a\,e^{\alpha+\gamma}\sin\beta. \tag{53}$$

β 为常数的曲面是一些通过轴的平面，β 就是这样一个平面和通过轴的一个固定平面之间的夹角。

α 为常数的曲面是一些共焦抛物面。当 $\alpha=-\infty$ 时，抛物面退化成一条以原点为端点的直线。

我们也可以利用以焦点为原点而以抛物面的轴为 θ 轴的球极坐标 γ、θ 和 φ 来给出 α、β、γ 的值，

$$\alpha=\log\left(r^{\frac{1}{2}}\cos\frac{1}{2}\theta\right),\ \beta=\varphi,\ \gamma=\log\left(r^{\frac{1}{2}}\sin\frac{1}{2}\theta\right)。 \tag{54}$$

我们可以把势等于 α 的事例和带体谐函数 r^iQ_i 相比较。二者都满足拉普拉斯方程，而且都是 x、y、z 的齐次函数，但是在从抛物面导出的事例中在轴上有一种不连续性{因为当把 θ 改写成 $\theta+2\pi$ 时 α 是改变的}。

无限场中一个带电抛物面(包括在一个方向上为无限的直线事例)上的面密度，反比于离焦点的距离的平方根，或者，在直线的事例中是反比于离端点的距离的平方根*。

---

* 第154节中的结果可以推导如下。从 x、y、z 到 λ、μ、v 换变数，拉普拉斯方程就变成 $\dfrac{d}{d\lambda}\left\{\dfrac{(\mu-v)(b-\lambda)^{\frac{1}{2}}(c-\lambda)^{\frac{1}{2}}}{(\mu-b)^{\frac{1}{2}}(c-\mu)^{\frac{1}{2}}(v-b)^{\frac{1}{2}}(v-c)^{\frac{1}{2}}}\dfrac{d\varphi}{d\lambda}\right\}+\cdots=0$，或 $(v-\mu)\{b-\lambda\}^{\frac{1}{2}}\{c-\lambda\}^{\frac{1}{2}}\dfrac{d}{d\lambda}\left\{\{b-\lambda\}^{\frac{1}{2}}\{c-\lambda\}^{\frac{1}{2}}\dfrac{d\varphi}{d\lambda}\right\}+(v-\lambda)\{\mu-b\}^{\frac{1}{2}}\{c-\mu\}^{\frac{1}{2}}\dfrac{d}{d\mu}\left\{\{\mu-b\}^{\frac{1}{2}}\{c-\mu\}^{\frac{1}{2}}\dfrac{d\varphi}{d\mu}\right\}+(\mu-\lambda)\{v-b\}^{\frac{1}{2}}(v-c)^{\frac{1}{2}}\dfrac{d}{dv}\left\{(v-b)^{\frac{1}{2}}(v-c)^{\frac{1}{2}}\dfrac{d\varphi}{dv}\right\}=0$ 或者，如果 $\dfrac{d\alpha}{d\lambda}\dfrac{1}{(b-\lambda)^{\frac{1}{2}}(c-\lambda)^{\frac{1}{2}}}$，$\dfrac{d\beta}{d\mu}=\dfrac{1}{(\mu-b)^{\frac{1}{2}}(c-\mu)^{\frac{1}{2}}}$，$\dfrac{d\gamma}{dv}=\dfrac{1}{(v-b)^{\frac{1}{2}}(v-c)^{\frac{1}{2}}}$，则拉普拉斯方程变成 $(v-\mu)\dfrac{d^2\varphi}{d\alpha^2}+(v-\lambda)\dfrac{d^2\varphi}{d\beta^2}+(\mu-\lambda)\dfrac{d^2\varphi}{d\gamma^2}=0$。因此，$\alpha$、$\beta$、$\gamma$ 的一个线性函数就满足拉普拉斯方程。

当 $b=c$ 时，我们可以取 $\alpha=-\displaystyle\int_0^\lambda\frac{d\lambda}{b-\lambda}$，$\gamma=\displaystyle\int_{2b}^{v}\frac{dv}{v-b}$，$\lambda=b\{1-e^\alpha\}v=b\{1+e^\gamma\}$。由(51)就有 $(\mu-b)=\dfrac{1}{2}(c-b)\times\{1-\cos\beta\}$，$(c-\mu)=\dfrac{1}{2}(c-b)\{1+\cos\beta\}$；于是由(50)就得到 $x=b+b(e^\gamma-e^\alpha)$，$y^2=4b^2e^{\gamma+\alpha}\sin^2\dfrac{\beta}{2}$，$z^2=4b^2e^{\gamma+\alpha}\times\cos^2\dfrac{\beta}{2}$。

如果把原点取在焦点 $x=b$ 上，并把 β 改写成 $2\beta'$，把 be^γ 改写成 $\alpha e^{2\gamma'}$，把 be^α 改写成 $\alpha e^{2\beta}$，我们就得到 $x=e^2\gamma'-e^{2\alpha}{}'$，$y=2\alpha e^{\alpha'+\gamma'}\sin\beta'$，$z=2\alpha\varepsilon^{\alpha'+\gamma'}\cos\beta'$。由此就可以得出具有(54)形式的方程。

既然由这些方程可知沿半径的力是像 $1/r$ 那样变化的，法向力从而还有面密度就将像 $\dfrac{1}{r}\cdot\dfrac{r}{p}$ 那样地变化，此处 p 是从焦点到切面的垂直距离，于是面密度就像 $1/p$ 那样地变化，从而就是反比于 r 的平方根的.

第十一章　电像和电反演的理论

155.〕 我们已经证明，当一个导体球受到一种已知的电分布的影响时，球表面上的电分布是可以用球谐函数的方法来确定的。

为此目的，我们需要把被影响体系的势展成以球心为原点的一些正阶体谐函数的级数，然后我们求出一些负阶体谐函数的一个对应的级数，它表示由球上的电所引起的势。

通过这种很有威力的分析方法的应用，泊松确定了在给定的电体系影响下的一个球的带电情况，而且他也解决了确定互相影响下的两个导体球上的电分布这一更困难的问题。这些研究曾由普兰纳等人详细进行，他们证实了泊松的精确性。

当把这种方法应用于受到单独一个带电点的影响的一个球这一最基本的事例时，我们要求把由带电点引起的势展成体谐函数的级数，并定出表示着由球上的电在球外空间中引起的势的第二个体谐函数级数。

看来任何一个数学家都不曾注意到，这第二个级数表示着由一个想象的带电点所引起的势；那个想象的点绝不像一个带电质点那样有其物理的存在，但它却可以叫做一个电像，因为表面对外界一点的作用，是和球面被取走时即将由该想象的带电点所起的作用相同的。

这种发现似乎是直到W.汤姆孙爵士才作出的，他曾经把这种发现发展成一种求解电学问题的很有威力的方法，而同时又能用初等几何的形式表示出来。

他的原始研究见《剑桥和都柏林数学期刊》(*Cambridge and Dublin Mathematical Journal*，1848)；那些研究是用普通的超距吸引力的理论表示出来的，而并没有用到势和第四章中各定理的那种方法，尽管那些研究也许是利用这些方法来发现的。然而，只要能够把问题弄得更清楚易懂，我就不想遵循原作者的方法而将不受限制地应用势和等势面的概念。

电像理论

156.〕 设图7中的 A 和 B 代表无限大的均匀电介媒质中的两个点。设 A 和 B 的电荷分别是 e_1 和 e_2。设 P 是空间中的任意点，它到 A 和 B 的距离分别是 r_1 和 r_2。于是 P 点处的势就是

$$V=\frac{e_1}{r_1}+\frac{e_2}{r_2} \tag{1}$$

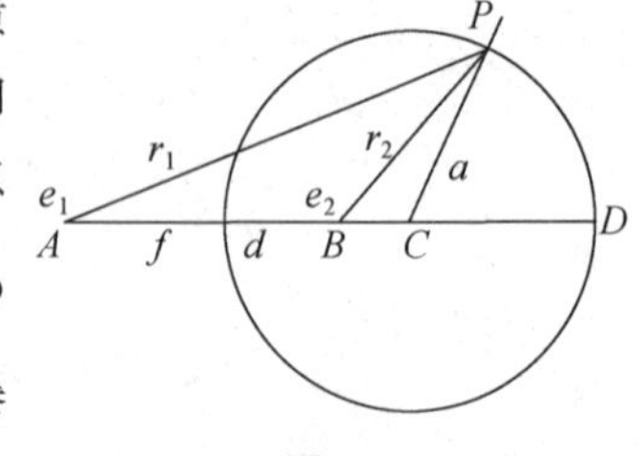

图 7

这种电分布所引起的等势面，当 e_1 和 e_2 同号时由(本卷末尾的)图一来表示，当 e_1 和 e_2 异号时由图二来表示。我们现在必须考虑 $V=0$ 的曲面，这是等势面族中唯一的球面。

当 e_1 和 e_2 同号时，这个曲面完全位于无限远处。但是当 e_1 和 e_2 异号时，却存在一个位于有限距离处的平面或球面，而面上各点的势为零。

这一曲面的方程是
$$\frac{e_1}{r_1}+\frac{e_2}{r_2}=0。\tag{2}$$

它的中心位于 AB 延线上的一点 C，使得 $AC:BC::e_1^2:e_2^2$，而且球的半径是 $AB\ \frac{e_1e_2}{e_1^2-e_2^2}$。

A、B 二点是相对于这一球面而言的反演点。这就是说，它们位于同一半径上，而半径就是它们到球心的距离的比例中项。

既然这个球面位于零势，如果我们假设它由金属薄片制成并已接地，则球外或球内任一点的势都不会改变，而任何地方的电作用将仍然只是由两个带电点 A 和 B 引起的。

如果我们现在使金属壳保持接地而把 B 点取走，则球内的势将到处变为零，而球外的势则仍和以前一样。因为球面将仍然有相同的势，而外部带电情况也没有任何改变。

由此可见，如果一个带电点 A 被放在一个势为零的球形导体外面，则球外一切点上的电作用将是由点 A 和球内另一点 B 所共同引起的那种作用；这个点 B 就可以叫做 A 的电像。

同样我们也可以证明，如果 B 被放在球壳里边，则球内的电作用｛可以看成｝是由 B 和它的电像 A 所共同引起的。

157.〕 **电像的定义** 一个电像就是一个或一组位于一个曲面一侧的带电点，它在曲面的另一侧将和曲面上实际上带的电引起相同电作用。

在光学中，一个镜面或一个透镜一侧的一个或一组点，如果存在时将发射和实际存在于镜面或透镜的另一侧的光线，就叫做一个虚像。

电像对应于光学中的虚像，因为它是和曲面另一侧的空间有关的。电像并不是在位置上或只在焦点的近似特性上和光学中的虚像相对应的。

不存在实电像，也就是不存在将在带电曲面的同侧引起和带电曲面的效应相等价的效应的那种想象的带电点。

因为，如果任一空间域中的势等于由同一域中的某种电分布所引起的势，它就必然真是由那种电分布所引起的。事实上，任一点上的电｛密度｝，可以通过泊松方程的应用而从该点附近的势求出。

设 a 是球的半径。设 f 是带电点 A 到球心 C 的距离。设 e 是该点的电荷。于是此点的像就位于此球的同一半径上的一点 B，到球心的距离是$\frac{a^2}{f}$，而像的电荷是$-e\ \frac{a}{f}$。

我们已经证明，这个像将在球的另一面和球面上的实际电荷引起相同的效应。其次我们将确定这种电荷在球面任一点 P 处的面密度；为此目的，我们将利用第 80 节中的库仑定理，就是说，如果 R 是一个导体表面上的合力，而 σ 是面密度，则 $R=4\pi\sigma$，R 是由表面向外测量的。

我们可以把 R 看成两个力的合力，其中一个是沿 AP 作用的推斥力$\frac{e}{AP^2}$，而另一个是沿 PB 作用的吸引力 $e\ \frac{a}{f}\frac{1}{PB^2}$。

把这些力分解在 AC 和 CP 方向上，我们就发现，推斥力的分力是 $\frac{ef}{AP^3}$沿 AC，$\frac{ea}{AP^3}$沿 CP。

吸引力的分力是 $-e\frac{a}{f}\frac{1}{BP^3}BC$ 沿 AC，$-e\frac{a^2}{f}\frac{1}{BP^3}$沿 CP。

$BP=\frac{a}{f}AP$ 而 $BC=\frac{a^2}{f}$，从而吸引力的分力可以写成 $-ef\frac{1}{AP^3}$沿 AC，$-e\frac{f^2}{a}\frac{1}{AP^3}$沿 CP。

吸引力和推斥力沿 AC 的分力是相等而反号的，从而合力是完全沿着半径 AC 的方向的*。这只不过肯定了我们已经证明的结论，就是说，球面是一个等势面，从而是一个到处和合力相垂直的曲面。

沿着 CP，也就是沿着向 A 所在的一侧画去的曲面的法线测量的合力是

$$R=-e\frac{f^2-a^2}{a}\frac{1}{AP^3}。\tag{3}$$

如果 A 是取在球内的，f 就小于 a，而我们就应该向内测量 R。因此，对于这一事例就有

$$R=-e\frac{a^2-f^2}{a}\frac{1}{AP^3}。\tag{4}$$

在一切事例中，我们都可以写出

$$R=-e\frac{AD.Ad}{CP}\frac{1}{AP^3},\tag{5}$$

式中 AD、Ad 是任一条过 A 的直线和球面相交而成的线段，而且它们的乘积在一切事例中都应取为正。

158.〕 利用第 80 节中的库仑定理，由此即得 P 点处的面密度，

$$\sigma=-e\frac{AD.Ad}{4\pi.CP}\frac{1}{AP^3}。\tag{6}$$

球面任一点上的电密度反比于该点到 A 点距离的三次方。

这一表面分布的效应，和 A 点的效应一起，应该在 A 点所在的曲面一侧引起由 A 点上的 e 和 B 点上的电像 $-e\frac{a}{f}$所引起的效应，而在曲面的另一侧则势到处为零。因此，表面分布本身的效应就应该在 A 点一侧引起和 B 点上的电像 $-e\frac{a}{f}$的势相同的势，而在另一侧则引起和 A 点上的 e 的势相反的势。

球面上的总电荷显然是 $-e\frac{a}{f}$，因为它和 B 点上的电像等价。

因此我们就已经得到了关于一个球面上电分布的作用的下列各定理，该球上的面密度反比于离开球外或球内一点 A 的距离的立方。

设面密度由方程

$$\sigma=\frac{C}{AP^3}\tag{7}$$

给出，式中 C 是某一常量，则由方程(6)得到

$$C=-e\frac{AD.Ad}{4\pi a}。\tag{8}$$

这一表面分布在和 A 由此表面隔开的任一点上的作用，等于集中在 A 点上的一个电量 $-e$ 或 $\frac{4\pi aC}{AD.Ad}$的作用。

---

* 原书笔(或印)误，AC 应作 CP。——译注

它在和 A 位于曲面同侧的任一点上的作用，等于集中在 A 的像点 B 上的一个电量 $\frac{4\pi Ca^2}{f.AD.Ad}$ 的作用。

球面上的总电量，如果 A 在球内则等于第一个电量，如果 A 在球外则等于第二个电量。

这些命题都是由W. 汤姆孙爵士在他参照球形导体上的电分布所作的原始几何研究中确立的，读者应参考他的原著。

159.〕 如果把一个已知其电分布的体系放在一个半径为 a 的导体球附近，该球通过接地而保持其势为零，则球上由体系之各部分所引起的电荷将互相叠加。

设 A_1、A_2 等等是体系中的带电点，f_1、f_2 等等是各点到球心的距离，e_1、e_2 等等是它们的电荷，则这些点的像 B_1、B_2 等等将和各点本身位于相同的半径上，到球心的距离将是 $\frac{a^2}{f_1}$、$\frac{a^2}{f_2}$ 等等，而它们的电荷将是 $-e_1\frac{a}{f_1}$、$-e_2\frac{a}{f_2}$ 等等。

球面电荷在球外引起的势，将和像体系 B_1、B_2 等等所将引起的势相同。因此这个体系就叫做体系 A_1、A_2 等等的电像。

如果球不是保持在零势而是保持在一个势 V，我们就必须在它的外表面上叠加上一个具有均匀面密度 $\sigma=\frac{V}{4\pi a}$ 的电分布。这种分布在球外各点的效应，将等于集中在球心上的一个电量 V_a 的效应，而在球内的各点上则势将简单地增加一个值 V。

由外部各影响点 A_1、A_2 等等的体系在球上引起的总电荷是

$$E=Va-e_1\frac{a}{f_1}-e_2\frac{a}{f_3}-\cdots, \tag{9}$$

由此就可以计算电荷 E 或势 V，当其中另一个已经给定时。

当带电体系位于球面之内时，球面上的感生电荷将和施感电荷相等而反号，正如我们在以前已经在任意闭合曲面的情况下对其内部各点证明了的那样。

*160.〕 当位于离球心距离 f 大于球的半径 a 处的一个带电点和在带电点及球上电荷影响下的球面上的电分布之间发生相互作用时，作用能量是

$$M=\frac{Ee}{f}-\frac{1}{2}\frac{e^2a^3}{f^2(f^2-a^2)}, \tag{10}$$

---

* 如果把问题看成第86节的一个例子，正文中的结果也许就会更好懂一些。那么，让我们假设所说的带电点其实是一个小的导体球，其半径为 b 而势为 v。于是我们就有两个球的问题的一个特例，该问题的一种解已在第146节中给出，而另一种解将在第173节中给出。然而在我们所面临的事例中，b 是如此的小，以致我们可以认为小物体上的电是均匀地分布在它的表面上的，从而除了小物体的第一个电像以外所有的电像都可以忽略不计。既然球上的电荷 E 已经给定，我们除了像点上的电荷 $-ea/f$ 以外还必须在球心上有一个电荷 ea/f。

于是我们就有 $V=\frac{E}{a}+\frac{e}{f}$，$v=\frac{E+e\frac{a}{f}}{f}-\frac{ea}{f^2-a^2}+\frac{e}{b}$。因此体系的能量就是(见第85节) $\frac{E^2}{2a}+\frac{Ee}{f}+\frac{e^2}{2}\left(\frac{1}{b}-\frac{a^3}{f^2(f^2-a^2)}\right)$。

利用以上各式，我们也可以用势把能量表示出来：在相同的近似程度下，能量是 $\frac{aV^2}{2}-\frac{ab}{f}Vv+\frac{1}{2}\left(b+\frac{ab^2}{f^2-a^2}\right)v^3$。

V 是球的势，而 E 是球的电荷。

因此，由第 92 节可知，带电点和球之间的推斥力是

$$F=ea\left(\frac{V}{f^2}-\frac{ef}{(f^2-a^2)^2}\right)=\frac{e}{f^2}\left(E-e\frac{a^3(2f^2-a^2)}{f(f^2-a^2)^2}\right)。\tag{11}$$

由此可见，点和球之间的力在下列各事例中永远是一个吸引力：(1) 当球不被绝缘时。(2) 当球不带电荷时。(3) 当带电点离球面很近时。

为了使力可以是推斥性的，球的势必须为正并大于 $e\frac{f^3}{(f^2-a^2)^2}$，而球的电荷必须和 e 同号并大于 $e\frac{a^3(2f^2-a^2)}{f(f^2-a^2)^2}$。

在平衡点上，平衡是非稳定的；当物体相距较近时力是吸引力，当它们相距较远时力是推斥力。

当带电点位于球面之内时，作用在带电点上的力永远指向远离球心的方向，并等于

$$\frac{e^2af}{(a^2-f^2)^2}。$$

当带电点位于球外时，球上离该点最近的一点处的面密度是

$$\sigma_1=\frac{1}{4\pi a^2}\left\{Va-e\frac{a(f+a)}{(f-a)^2}\right\}=\frac{1}{4\pi a^2}\left\{E-e\frac{a^2(3f-a)}{f(f-a)^2}\right\}。\tag{12}$$

球上离带电点最远的一点处的面密度是 $\sigma_2=\frac{1}{4\pi a^2}\left\{Va-e\frac{a(f-a)}{(f+a)^2}\right\}$

$$=\frac{1}{4\pi a^2}\left\{E+e\frac{a^2(3f+a)}{f(f+a)^2}\right\}。\tag{13}$$

当球的电荷 E 介于 $e\frac{a^2(3f-a)}{f(f-a)^2}$ 和 $-e\frac{a^2(3f+a)}{f(f+a)^2}$ 之间时，靠近带电点处的电将是负的，而远离带电点处的电将是正的。球面上带正电的部分和带负电的部分之间有一条圆形的分界线，而这条线将是一条平衡线。

如果

$$E=ea\left(\frac{1}{\sqrt{f^2-a^2}}-\frac{1}{f}\right),\tag{14}$$

和球相交于一条平衡线的那个等势面就是一个球面，其球心是带电点，其半径是 $\sqrt{f^2-a^2}$。

属于这种事例的力线和等势面，在本卷末尾的图四中给出。

无限大平面导体表面上的像

161.〕 如果第 156 节中的两个带电点 A 和 B 是带的相等而反号的电荷，零势面就将是一个平面，面上的每一点都和 A、B 等距。

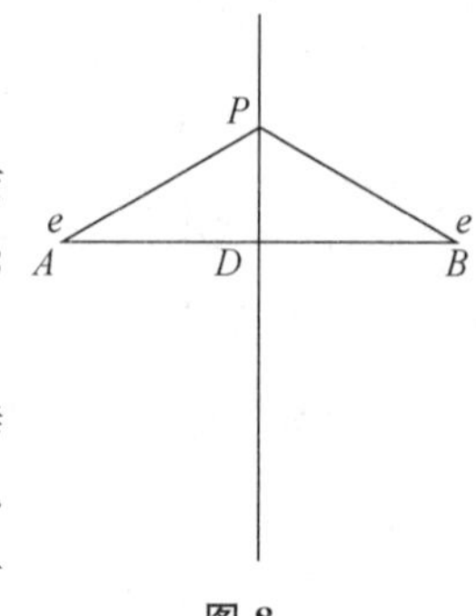

图 8

因此，如果 A 是一个电荷为 e 的带电点，而 AD 是到平面的垂线，延长 AD 到 B，使得 $DB=AD$，并在 B 点放一个等于 $-e$ 的电荷，则这个位于 B 的电荷将是 A 的像，并将在平面的 A 所在的一

侧各点上产生一种效应，等于平面上的实际电荷所产生的效应。因为，A 侧由 A 和 B 引起的势，满足除在 A 点外到处有 $\nabla^2 V=0$ 和在平面上 $V=0$ 的条件，而只有一种形式的 V 能够满足这些条件。

为了确定平面上 P 点处的合力，我们注意到它是由两个力合成的；两个力都等于 $\frac{e}{AP^2}$，一个沿着 AP 的方向，另一个沿着 PB 的方向。因此这些力的合力就沿着平行于 AB 的方向，并等于 $\frac{e}{AP^2}\cdot\frac{AB}{AP}$。因此，从平面向 A 所在的空间中量度的合力 R 就是

$$R=-\frac{2eAD}{AP^3}, \tag{15}$$

而 P 点处的密度就是

$$\sigma=-\frac{eAD}{2\pi AP^3}。 \tag{16}$$

论电反演

162.〕　电像法直接导致一种变换法；利用这种变换法，可以从我们已知其解的任一电学问题导出任意多的其他问题和它们的解。

我们已经看到，位于离半径为 R 的球的球心为距离 r 处的一个点，它的像位于同一半径的 r' 处，使得 $rr'=R^2$。因此，一组点、一组线或一组面的像，就是通过在纯几何学中被称为反演法，并由恰斯耳斯、萨耳芒以及别的数学家们描述了的方法来从原体系得出的。

如果 A 和 B 是两个点，A' 和 B' 是它们的像，O 是反演中心，而 R 是反演半径，则有 $OA.OA'=R^2=OB.OB'$。由此可见，三角形 OAB 和 $OB'A'$ 是相似的，且有 $AB:A'B'::OA:OB'::OA'.OB:R^2$。

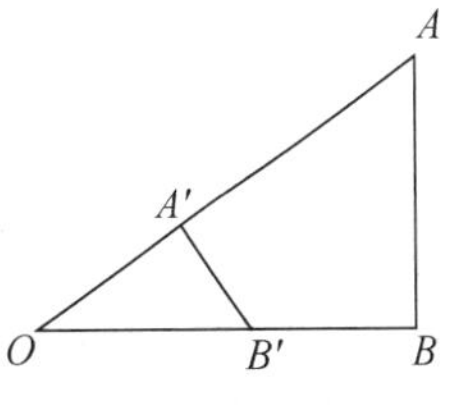

如果一个电量 e 被放在 A，则它在 B 的势将是 $V=\frac{e}{AB}$。

如果 e' 被放在 A'，则它在 B' 的势是 $V'=\frac{e'}{A'B'}$。

在电像理论中有 $e:e'::OA:R::R:OA'$。由此即得

$$V:V'::R:OB, \tag{17}$$

图 9

或者说，A 点的电在 B 点上引起的势和 A 点的电像在 B 的像点上引起的势之比，等于 R 和 OB 之比。

既然比值只依赖于 OB 而不依赖于 OA，任何带电体系在 B 点引起的势和体系之像在 B' 点引起的势之比就都等于 R 和 OB 之比。

如果 r 是任一点 A 到中心的距离，r' 是 A' 到中心的距离，e 是 A 所带的电，e' 是 A' 所带的电，而且如果 L、S、K 是 A 点上的线段元、面积元和体积元，L'、S'、K' 是它们在 A' 点的像，而 λ、σ、ρ、λ'、σ'、ρ' 是这两个点上对应的线密度、面密度和质量体积，V 是由原体系在 A 点引起的势，V' 是由反演体系在 A' 点引起的势，则有

$$\left.\begin{aligned}&\frac{r'}{r}=\frac{L'}{L}=\frac{R^2}{r^2}=\frac{r'^2}{R^2},\quad \frac{S'}{S}=\frac{R^4}{r^4}=\frac{r'^4}{R^4},\quad \frac{K'}{K}=\frac{R^6}{r^6}=\frac{r'^6}{R^6},\\&\frac{e'}{e}=\frac{R}{r}=\frac{r'}{R},\quad \frac{\lambda'}{\lambda}=\frac{r}{R}=\frac{R}{r'},\\&\frac{\sigma'}{\sigma}=\frac{r^3}{R^3}=\frac{R^3}{r'^3},\quad \frac{\rho'}{\rho}=\frac{r^5}{R^5}=\frac{R^5}{r'^5},\\&\frac{V'}{V}=\frac{r}{R}=\frac{R}{r'}。\end{aligned}\right\}\quad {}^*(18)$$

如果原体系中有一个曲面是一个导体的表面，从而具有常量势 P，则在变换后的体系中，该曲面的像将具有势 $P\dfrac{R}{r}$。但是通过在反演中心 O 上放一个等于 $-PR$ 的电量，变换后的曲面的势就被简化为零。

由此可见，当一个导体在空间中被绝了缘并充电到势 P 时，如果我们知道了该导体上的电分布，我们就可以通过反演来求出另一导体上的电分布，该另一导体是第一个导体的像，处于放在反演中心上的一个电荷等于 $-PR$ 的带电点的影响之下，并且被接了地。

163.〕 下列的几何定理在研究反演事例时是有用的。

当反演以后，每一个球都变成另一个球，除非它通过反演中心，那时它就变成一个平面。

如果两个球的球心离反演中心的距离是 a 和 a'，它们的半径是 α 和 α'，而且，如果我们把一个球相对于反演中心的强度定义为该球在通过反演中心的一条直线上截取的两条线段的乘积，则第一个球的强度等于 $a^2-\alpha^2$，而第二个球的强度等于 $a'^2-\alpha'^2$，在这一事例中，我们有

$$\frac{a'}{a}=\frac{\alpha'}{\alpha}=\frac{R^2}{a^2-\alpha^2}=\frac{a'^2-\alpha'^2}{R^2},\tag{19}$$

或者说，第一个和第二个球到中心的距离之比等于它们的半径之比，也等于反演球的强度和第一个球的强度之比，或等于第二个球的强度和反演球的强度之比。

反演中心对一个球而言的像，就是另一个球的球心的反演点。

在反演后的曲面是一个平面和一个球面的事例中，从反演中心到平面的垂直距离和反演半径之比，等于反演半径和球的直径之比。

每一个圆都反演成另一个圆，除非它通过反演中心，那时它就变成一条直线。

两个曲面或两条曲线在相交处的夹角不因反演而变。

任何一个通过一个点及其对一个球而言的像点的圆都和该球相正交。

由此可见，任何通过一点并和一球正交的圆也将通过该点的像点。

164.〕 我们可以利用反演法来从不受任何其他物体影响的已绝缘球上的均匀分布推出另一个受到一个带电点影响的已绝缘球上的电分布。

如果带电点位于 A，就取该点为反演中心。如果 A 离半径为 α 的球心的距离是 a，则反演图形将是一个球，其半径为 a'，其中心距离为 f'，此处 $\dfrac{a'}{a}=\dfrac{f'}{f}=\dfrac{R^2}{f^2-a^2}$。 (20)

* 见 Thomson and Tait's *Natural Philosophy*，§ 515。

其中一个球的心,对应于另一球的心对 A 而言的反演点,或者说,如果 C 是第一个球的心而 B 是它的反演点,则 C' 就是反演点而 B' 是第二个球的心。

现在设把一个电量 e' 传给第二个球,并设它不受外界影响。这个电量将均匀地分布在球上,其面密度为

$$\sigma'=\frac{e'}{4\pi a'^2}。 \tag{21}$$

它在球外任何一点的作用,将和放在第二个球心 B' 上的一个电荷 e' 的作用相同。

在球面上和球面内,势是

$$P'=\frac{e'}{a'}, \tag{22}$$

即一个常量。

现在让我们对这一体系进行反演。球心 B' 在反演体系中变成反演点 B,而位于 B' 的电荷 e' 变成位于 B 的 $e'\dfrac{R}{f'}$,而且在和 B 点由曲面隔开的任何点上,势是由位于 B 的这一电荷引起的。

在反演体系中,球面上任一点或和 B 位于同侧的任一点上的势是 $\dfrac{e'}{a'}\dfrac{R}{AP}$。

如果现在我们在这一体系上叠加一个位于 A 的电荷 e,此处 $e=-\dfrac{e'}{a'}R$, (23)

则球面上的势以及和 B 位于同侧的一切点上的势将简化为零。在和 A 位于同侧的一切点上,势将是由位于 A 的一个电荷 e 和位于 B 的一个电荷 $e'\dfrac{R}{f'}$ 所引起的。

但是

$$e'\frac{R}{f'}=-e\ \frac{a'}{f'}=-e\ \frac{a}{f}, \tag{24}$$

正如我们在前面求得的 B 上的像电荷那样。

为了求出第一个球上任意点处的面密度,我们有

$$\sigma=\sigma'\frac{R^3}{AP^3}。 \tag{25}$$

把 σ' 代成用属于第一个球的那些量表示的值,我们就得到和第 158 节中的值相同的值

$$\sigma=-\frac{e(f^2-a^2)}{4\pi aAP^3}。 \tag{26}$$

论相继电像的有限系列

165.〕 如果两个导电平面相交于一个角,而该角等于两倍直角的一个分数,则将存在一个有限的电像系列,而该系列将完全地确定电分布。

因为,设 AOB 是垂直于二导电平面之交线的一个截面,设交角为 $AOB=\dfrac{\pi}{n}$,并设 P 是一个带电点。那么,如果我们以 O 为心以 OP 为半径画一个圆,并从 OB 开始找出作为 P 对两个平面而言的相继电像的各点,我们就将得到作为 P 对 OB 而言的像的 Q_1、作为 Q_1 对 OA 而言的像的 P_2、作为 P_2 对 OB 而言的像的 Q_3、作为 Q_3 对 OA 而言的像的 P_3,作为 P_3 对 OB 而言的像的 Q_2,余类推。

如果我们从 P 对 OA 而言的像开始,我们将按照相反的顺序而得到同样的点 Q_2、

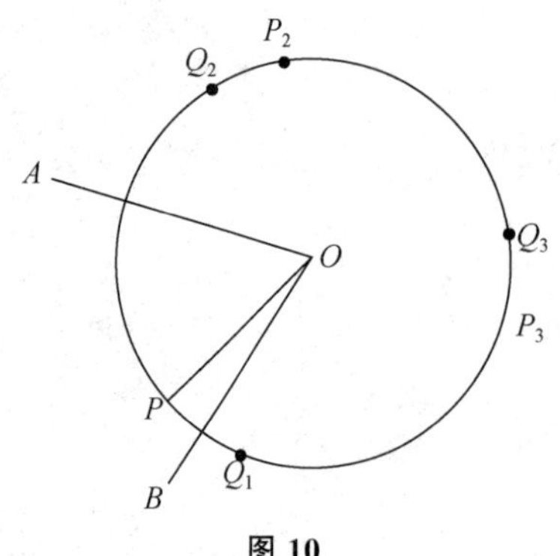

图 10

P_3、Q_3、P_2、Q_1 等等，如果 AOB 是二直角的分数的话。

因为，带电点和每隔一个的像点 P_2、P_3 是按照等于 $2AOB$ 的角度间隔而排列在圆周上的，而中间的各点 Q_1、Q_2、Q_3 是按照相同大小的间隔排列的。因此，如果 $2AOB$ 是 2π 的一个分数，就将存在有限个像，而其中没有一个会落在角 AOB 中。然而，如果 AOB 不是 π 的分数，那就不可能作为有限系列带电点的结果来表示实际的带电情况。

如果 $AOB=\frac{\pi}{n}$，就将有 n 个负像 Q_1、Q_2 等等，每一个都和 P 相等而反号，并有 $n-1$ 个正像 P_2、P_3 等等，每一个都等于 P，而符号也相同。

符号相同的相继二像之间的角度是 $\frac{2\pi}{n}$。如果我们把其中一个导电平面看成一个对称面，我们就将发现带电点和正像及负像是对该平面对称排列的，使得对于每一个正像都有一个负像和它位于相同的法线上，并位于平面两侧的相同距离处。

如果我们现在相对于任何一点对这一体系进行反演，两个平面就变成两个球，或变成以 $\frac{\pi}{n}$ 角相交的一个球和一个平面，而 P 的反演点 P' 则位于这个角内。

相继的像点位于通过 P' 点并和两个球都正交的圆上。

为了找出各像点的位置，我们可以利用一条原理，即一个点和它对一个球而言的像是位于球的同一条半径上的。我们可以从 P' 开始画出像点位于其上并交替通过两个球心的弦。

为了求出必须指定给每一个像的电荷，在交线圆上任取一点，于是每一个像的电荷就正比于它到此点的距离，而其符号的正负则取决于它是属于第一个或第二个序列。

166.〕 这样我们就求得了一种情况下的像点分布，即当任何空间以一个导体为边界时的情况，该导体包括相交于 $\frac{\pi}{n}$ 角的两个球，保持在零位，并受到一个带电点的影响。

我们可以利用反演来推出由以 $\frac{\pi}{n}$ 角相交的两个球截体构成的一个导体的事例，该导体被充电到单位势，并放在自由空间中。

为此目的，我们把二平面体系相对于 P 点进行反演并改变各电像的符号。起先各像点所在的那个圆现在变成了通过球心的直线。

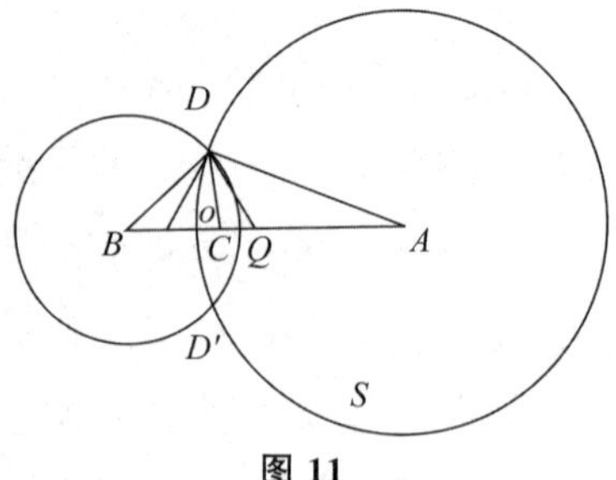

图 11

如果图 10 代表通过连心线 AB 的一个截面，而 D、D' 是交线圆和纸面相交的点，则为了找出相继的像，可以先画出第一个圆的半径 DA，然后再画 DC、DE 等等，它们和 DA 成角 $\frac{\pi}{n}$、$\frac{2\pi}{n}$ 等等。它们和连心线的交点 A、C、E 等等将是各正像的位置，而每一个像的电荷将由它到 D 的距离来表示。这些像中的最后一个将位于第二个圆的圆心上。

为了找出各个负像，作 DQ、DR 等等，和连心线成角 $\frac{\pi}{n}$、$\frac{2\pi}{n}$ 等等。这些线和连心线的交点将给出各负像的位置，而每个像的电荷将由它到 D 的距离来表示{因为如果 E 和 Q 是对球 A 而言的反演点，则角 ADE 和角 AQD 相等}。

其中任一球上任一点处的面密度，是由这一系列像所引起的面密度之和。例如，球心为 A 的球上任一点 S 处的面密度是

$$\sigma=\frac{1}{4\pi DA}\left\{1+(AD^2-AB^2)\frac{DB}{BS^3}+(AD^2-AC^2)\frac{DC}{CS^3}+\cdots\right\},$$

式中 A、B、C 等等是正像系列。

当 S 在交线圆上时，面密度为零。

为了求出其中一个球截体上的总电荷，我们可以求由每一个像在该截体上引起的电感的面积分。

位于 A 点而电荷为 DA 的像在球心为 A 的截体上引起的总电荷是

$$DA\,\frac{DA+OA}{2DA}=\frac{1}{2}(DA+OA),$$

式中 O 是交线圆的圆心。

同样，位于 B 点的像在同一截体上引起的电荷是 $\frac{1}{2}(DB+OB)$，余类推，OB 之类从 O 向左测量的线段取负值。

由此即得，球心为 A 的截体上的总电荷是

$$\frac{1}{2}(DA+DB+DC+\cdots)+\frac{1}{2}(OA+OB+OC+\cdots)$$

$$-\frac{1}{2}(DP+DQ+\cdots)-\frac{1}{2}(OP+OQ+\cdots)。$$

167.〕 电像法可以应用于由平面或球面所限定的任何空间，如果这些边界面都相交于二直角的分数角的话。

为了这样一组球面可以存在，图形的每一个立体角都必须是三面体角，它的两个角是直角，而第三个角或是直角或是二直角的分数。

由此可知，像数为有限的事例是：

(1) 单独一个球面或平面。

(2) 两个平面、一个球面和一个球面或两个球面相交于 $\frac{\pi}{n}$。

(3) 这些面以及可以是平面或球面的第三个面和它们相正交。

(4) 这些面和第四个平面或球面，它和前两个面相正交，而和第三个面交于角 $\frac{\pi}{n}$。在这四个面中至少有一个必须是球面。

我们已经分析了第一个和第二个事例。在第一个事例中，我们有单独一个像。在第二个事例中，我们有 $2n-1$ 个像，沿着一个圆排列成两个系列，该圆通过影响点并和两个面相正交。在第三个事例中，除了这些像和影响点以外，我们还有它们对第三个面而言的像，也就是说，除了影响点，共有 $4n-1$ 个像。

在第四个事例中，我们首先画一个和前两个面相正交的圆并确定圆上的几个负像和 $n-1$ 个正像的位置和电荷，然后，通过包括影响点在内的 $2n$ 个点中的每一个点，我们画一个圆和第三个及第四个面相正交并确定圆上的两系列像，每系列有 n' 个像。用这种办法，除了影响点以外，我们将得到 $2nn'-1$ 个正像和 $2nn'$ 个负像。这 $4nn'$ 个点是属于一条旋轮线的两组曲率线的那些圆的交点。

如果其中每一点都带有应有的电量，则其势为零的曲面将包括 $n+n'$ 个球面；它们形成两个系列，其中第一个系列中的相继球面相交于角 $\frac{\pi}{n}$，而第二个系列中的相继球面相交于角 $\frac{\pi}{n'}$，而第一个系列中的每一个球面都和第二个系列中的每一个球面互相正交。

两个正交球的事例。见本卷书末图四

168.〕 设图 12 中的 A 和 B 是互相正交于一个圆的两个球的球心，该圆通过 D 和 D'，直线 DD' 和连心线相交于 C。于是 C 就是 A 对球 B 而言的像，也是 B 对球 A 而言的像。如果 $AD=\alpha$，$BD=\beta$，则 $AB=\sqrt{\alpha^2+\beta^2}$，而如果我们在 A、B、C 上分别放上等于 α、β 和 $-\frac{\alpha\beta}{\sqrt{\alpha^2+\beta^2}}$ 的电量，则两个球都将是势等于 1 的等势面。

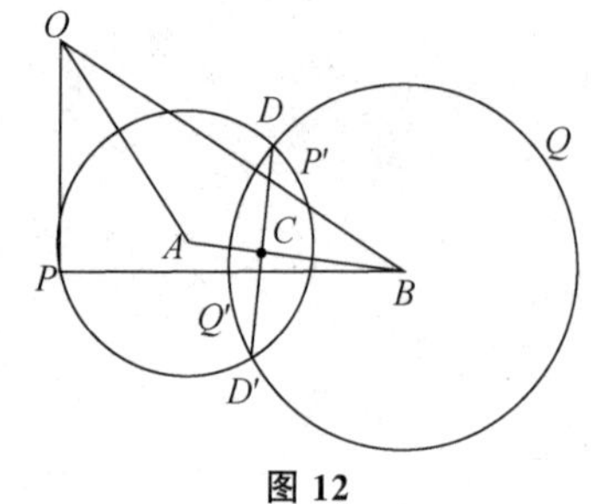

图 12

因此，我们可以根据这一体系导出下列各事例中的电分布：

（1）在由二球的较大截体形成的导体 $PDQD'$ 上，它的势是 1，而它的电荷是 $\alpha+\beta-\frac{\alpha\beta}{\sqrt{\alpha^2+\beta^2}}=AD+BD-CD$。

因此，这个量就量度了这样一个图形在不受其他物体的感应作用时的电容。

球心为 A 的球上任一点 P 处的密度，以及球心为 B 的球上任一点 Q 处的密度，分别是 $\frac{1}{4\pi\alpha}\left(1-\left(\frac{\beta}{BP}\right)^3\right)$ 和 $\frac{1}{4\pi\beta}\left(1-\left(\frac{\alpha}{AQ}\right)^3\right)$。在交线圆上，密度为零。

如果其中一个球比另一个球大得多，小球顶点上的密度最后就将是大球顶点上的密度的三倍。

（2）在由二球的较小截体形成的透镜体 $P'DQ'D'$ 上，设电量 $=-\frac{\alpha\beta}{\sqrt{\alpha^2+\beta^2}}$，并在单位势下受到 A 点和 B 点上的电量 α 和 β 的影响，则任何点的密度将由相同的公式来表示。

（3）在带有电量 α 的缺月体 $DPD'P'$ 上，设受到 B 点和 C 点上的电量 β 和 $\frac{-\alpha\beta}{\sqrt{\alpha^2+\beta^2}}$ 的作用，则它也是在单位势下处于平衡的。

（4）在带有电量 β 并受到 A 和 C 的影响的另一个缺月体 $QDP'D'$ 上。

我们也可以确定下列各内表面上的电分布：

受到圆 DD' 的圆心上的内部带电点 C 的影响的透镜形的空腔。

受到凹面中心上的一个点的影响的缺月形空腔。

受到三个点 A、B、C 的影响的由二球的较大截体形成的空腔。

但是,我们不想直接算出这些事例的解,而却将利用电像原理来确定由放在 O 上并带有单位电荷的一个点在导体 $PDQD'$ 之外表面上的一点 P 处感应出来的电密度。

令 $OA=a$, $OB=b$, $OP=r$, $BP=p$, $AD=\alpha$, $BD=\beta$, $AB=\sqrt{\alpha^2+\beta^2}$。

相对于以 C 为心以 1 为半径的一个球来对体系进行反演。

两个球将仍然是互相正交的球,球心在 A 和 B 并有相同的半径。如果我们用带撇的字母来代表对应于反演体系的各量,就有

$$a'=\frac{a}{a^2-\alpha^2},\quad b'=\frac{b}{b^2-\beta^2},\quad \alpha'=\frac{\alpha}{a^2-\alpha^2},\quad \beta'=\frac{\beta}{b^2-\beta^2},$$

$$r'=\frac{1}{r},\quad p'^2=\frac{\beta^2r^2+(b^2-\beta^2)(p^2-\beta^2)}{r^2(b^2-\beta^2)^2}。$$

如果在反演体系中曲面的势是 1,则 P' 点处的密度是 $\sigma'=\frac{1}{4\pi\alpha'}\left(1-\left(\frac{\beta'}{p'}\right)^3\right)$。

如果在原体系中 P 点处的密度是 σ,则 $\frac{\sigma}{\sigma'}=\frac{1}{r^3}$,而势是 $\frac{1}{r}$。通过在 O 点放一个等于 1 的电荷,原曲面上的势将变为零,而 P 点处的密度将是 $\sigma=\frac{1}{4\pi}\frac{a^2-\alpha^2}{\alpha r^3}\left(1-\frac{\beta^3r^3}{(\beta^2r^2+(b^2-\beta^2)(p^2-\beta^2))^{\frac{3}{2}}}\right)$。

此式给出由位于 O 点的一个电荷在其中一个球截体上引起的电分布。另一个球截体上的分布可以通过交换 a 和 b、α 和 β 并把 p 换成 q 或 AQ 来得出。

为了求出由 O 点上的带电点在导体上感应出来的总电荷,让我们研究反演体系。

在反演体系中,我们在 A' 有电荷 α',在 B' 有电荷 β',在 $A'B'$ 上的一点 C' 有一个负电荷 $\frac{\alpha'\beta'}{\sqrt{\alpha'^2+\beta'^2}}$,使得 $A'C':C'B::\alpha'^2:\beta'^2$。

如果 $OA'=a'$,$OB=b'$,$OC'=c'$,我们就得到 $c'^2=\frac{a'^2\beta'^2+b'^2\alpha'^2-\alpha'^2\beta'^2}{\alpha'^2+\beta'^2}$。

对这一体系进行反演,各电荷就变成 $\frac{\alpha'}{a'}=\frac{\alpha}{a}$,$\frac{\beta'}{b'}=\frac{\beta}{b}$,$-\frac{\alpha'\beta'}{\sqrt{\alpha'^2+\beta'^2}}\frac{1}{c'}=-\frac{\alpha\beta}{\sqrt{a^2\beta^2+b^2\alpha^2-\alpha^2\beta^2}}$。由此可见,由 O 点上的一个单位负电荷在导体上引起总电荷就是 $\frac{\alpha}{a}+\frac{\beta}{b}-\frac{\alpha\beta}{\sqrt{a^2\beta^2+b^2\alpha^2-\alpha^2\beta^2}}$。

三个正交球上的电分布

169.〕 设各球的半径为 α、β、γ,则

$$BC=\sqrt{\beta^2+\gamma^2},\quad CA=\sqrt{\gamma^2+\alpha^2},\quad AB=\sqrt{\alpha^2+\beta^2}。$$

设图 13 中的 PQR 是从 ABC 到对边的垂线的垂足,并设 O 是三条垂线的交点。

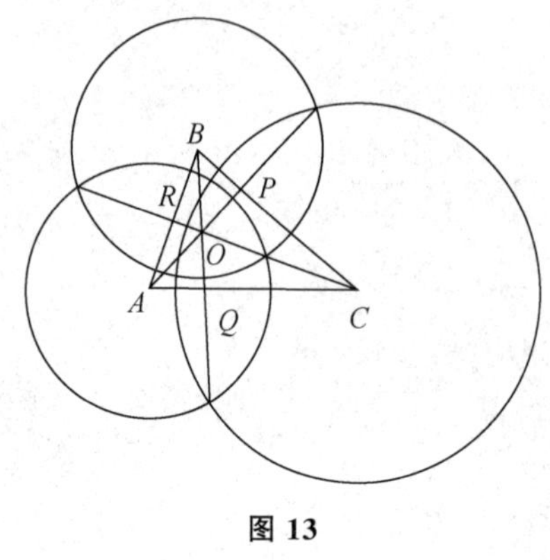

图 13

于是，P 就是 B 对球 γ 而言的像，也是 C 对球 β 而言的像。同样，O 就是 P 对球 α 而言的像。

设把电荷 α、β 和 γ 放在 A、B 和 C 各点上。

于是，应该放在 P 点上的电荷就是 $-\dfrac{\beta\gamma}{\sqrt{\beta^2+\gamma^2}}=-\dfrac{1}{\sqrt{\dfrac{1}{\beta^2}+\dfrac{1}{\gamma^2}}}$。同样也有 $AP=\dfrac{\sqrt{\beta^2\gamma^2+\gamma^2\alpha^2+\alpha^2\beta^2}}{\sqrt{\beta^2+\gamma^2}}$，从而把 O 看成 P 的像，O 点上的电荷就是 $\dfrac{\alpha\beta\gamma}{\sqrt{\beta^2\gamma^2+\gamma^2\alpha^2+\alpha^2\beta^2}}=\dfrac{1}{\sqrt{\dfrac{1}{\alpha^2}+\dfrac{1}{\beta^2}+\dfrac{1}{\gamma^2}}}$。

用同样的办法，我们可以找出一组像来在电的方面和相互正交的处于势 1 的四个球面相等价。

如果第四个球的半径是 δ 而且我们令它的球心上的电荷也等于 δ，则任何两个球例如 α 和 β 的连心线和它们交面的交点上的电荷将是 $-\dfrac{1}{\sqrt{\dfrac{1}{\alpha^2}+\dfrac{1}{\beta^2}}}$。任意三个球心 ABC 的平面和球心 D 上之垂线的交点上的电荷是 $+\dfrac{1}{\sqrt{\dfrac{1}{\alpha^2}+\dfrac{1}{\beta^2}+\dfrac{1}{\gamma^2}}}$，而四条垂线的交点上的电荷是 $-\dfrac{1}{\sqrt{\dfrac{1}{\alpha^2}+\dfrac{1}{\beta^2}+\dfrac{1}{\gamma^2}+\dfrac{1}{\delta^2}}}$。

相互正交的四个球，势为零，受到一个单位带电点的作用

170.〕 设四个球为 A、B、C、D，而带电点为 O。画四个球 A_1、B_1、C_1、D_1，使得其中任何一个例如 A_1 通过 O 并和另外三个球即 B、C、D 相正交。再画六个球 (ab)、(ac)、(ad)、(bc)、(bd)、(cd)，使得其中每一个都通过 O 并通过两个原有球的交线圆。

三个球 B_1、C_1、D_1 除 O 点外还交于另外一点。设把此点叫做 A'，并设 B'、C'、D' 分别是 C_1、D_1、A_1，D_1、A_1、B_1，以及 A_1、B_1、C_1 的交点。这些球中的任意两个，例如 A_1、B_1，将和六球之一 (cd) 相交于一点 $(a'b')$，共有六个这样的点。

其中任何一个球例如 A_1 将和六球中的三球 (ab)、(ac)、(ad) 相交于一点 a'。共有四个这样的点。最后，六个球 (ab)、(ac)、(ad)、(cd)、(db)、(bc) 除 O 点以外还将相交于另一个点 S。

如果我们现在相对于一个以 O 为心以 1 为半径的球来对体系进行反演，四个球 A、B、C、D 就将反演为球，而其他的十个球则将变成平面。在各个交点中，前四个 A'、B'、C'、D' 将变成球心，而其他各点则将对应于以上所述的十一个点。这十五个点就形成 O

对四个球而言的像。

在作为 O 对球 A 而言的像的 A' 点上，我们必须放上一个等于 O 的像的电荷，即 $-\frac{\alpha}{a}$，此处 α 是球 A 的半径，而 a 是它的球心到 O 点的距离。按照同样的办法，我们必须在 B'、C'、D' 放上适当的电荷。

其他十一个点上的电荷可以通过在上节的表示式中把 α、β、γ、δ 换成 α'、β'、γ'、δ' 并把有关每一点的结果乘以到 O 点的距离来求得，此处

$$\alpha'=-\frac{\alpha}{a^2-\alpha^2},\beta'=-\frac{\beta}{b^2-\beta^2},\quad r'=\frac{\gamma}{c^2-\gamma^2},\quad \delta'=-\frac{\delta}{d^2-\delta^2}。$$

［在第 169、170 节中讨论的各事例可以处理如下：取三个互相正交的坐标平面，让我们在一组八个点 $\left(\pm\frac{1}{2\alpha},\pm\frac{1}{2\beta},\pm\frac{1}{2\gamma}\right)$ 上放上电荷 $\pm e$，在有 1 个或 3 个负坐标的点上放负电荷。于是显然可见，各坐标面的势为零。现在让我们相对于任何一点来进行反演，于是我们就得到受到一个带电点作用的三个正交球。如果我们相对于其中一个带电点来进行反演，我们就得到由相互正交而半径为 α、β、γ 的三个球形成的自由带电导体事例的解。

如果在上述一组带电点上再增加上它们对原点为心的一个球而言的像，我们就看到，除了三个坐标平面以外，球面也形成零势面的一个部分。］

不相交的两个球

171.］ 当空间由两个不相交的球面所限定时，这一空间中一个影响点的相继像就形成两个无限系列，其中任一个像都不会位于二球面之间，从而是满足电像法的适用性条件的。

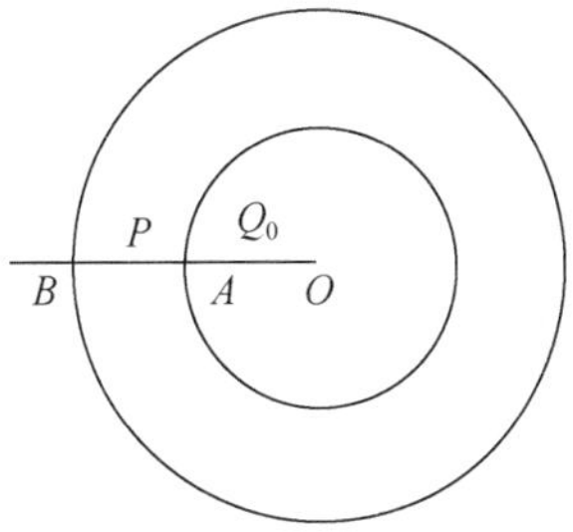

任何两个不相交的球都可以通过取它们的两个公共反演点之一来作为反演点而反演成两个同心球。

因此我们将从两个未绝缘的同心球面的事例开始，它们受到放在它们之间的一个影响点 P 的感应作用。

设第一个球的半径为 b，第二个球的半径为 be^{ϖ}，而影响点到球心的距离为 $r=be^{u}$。

图 14

于是所有的相继像就都将和影响点位于同一条半径上。

设图 14 中的 Q_0 是 P 对第一球而言的像，P_1 是 Q_0 对第二球而言的像，Q_1 是 P_1 对第一球而言的像，依此类推。于是就有 $OP_s.OQ_s=b^2$，$OP_s.OQ_{s-1}=b^2e^{2\bar{\omega}}$，同样也有 $OQ_0=be^{-u}$，$OP_1=be^{u+2\bar{\omega}}$，$OQ_1=be^{-(u+2\bar{\omega})}$，等等。

由此即得 $OP_s=be^{(u+2s\bar{\omega})}$，$OQ_s=be^{-(u+2s\bar{\omega})}$。

如果 P 点的电荷用 P 来代表，P_s 点的电荷用 P_s 来代表，则 $P_s=Pe^{\bar{\omega}}$，$Q_s=-Pe^{-(u+s\bar{\omega})}$。

其次，设 Q'_1 是 P 对第二球而言的像，P'_1 是 Q'_1 对第一球而言的像，依此类推，则有 $OQ'_1=be^{2\bar{\omega}-u}$，$OP'_1=be^{v-2\bar{\omega}}$，$OQ'_2=be^{4\bar{\omega}-u}$，$OP'_2=be^{u-4\bar{\omega}}$，$OQ'_s=be^{2s\bar{\omega}-u}$，$OP'_s=be^{u-2s\bar{\omega}}$，

$Q'_s=-Pe^{s\bar{\omega}-u}$，$P'_s=Pe^{-s\bar{\omega}}$。

在这些像中，所有的 P 都是正的而所有的 Q 都是负的；所有的 P' 和 Q 都属于第一个球，而所有的 P 和 Q' 都属于第二个球。

第一个球内的各像形成两个收敛的系列，其和是 $-P\dfrac{e^{\bar{\omega}-u}-1}{e^{\bar{\omega}}-1}$。

因此这就是第一个球或内球上的电量。第二个球外面的各像形成两个发散的系列，但是由每一系列在球面上引起的面积分却是零。因此，外球上的电量就是

$$P\left(\frac{e^{\bar{\omega}-u}-1}{e^{\bar{\omega}}-1}-1\right)=-P\frac{e^{\bar{\omega}}-e^{\bar{\omega}-u}}{e^{\bar{\omega}}-1}。$$

如果用 OA、OB 和 OP 把这些表示式的值表示出来，我们就发现

$$A\ \text{上的电荷}=-P\frac{OA}{OP}\frac{PB}{AB},\ B\ \text{上的电荷}=-P\frac{OB}{OP}\frac{AP}{AB}。$$

如果我们假设各球的半径变为无限大，我们就得到放在二平行板 A 和 B 之间的一个点的事例。在这一事例中，这些表示式变为 A 上的电荷 $=-P\dfrac{PB}{AB}$，B 上的电荷 $=-P\dfrac{AP}{AB}$。

172.〕 为了从这一事例过渡到不相交的两个任意球的事例，我们首先找出两个公共反演点 O 和 O'，而通过这两个点的一切圆都和两个球相正交。于是，如果我们相对于其中一个点来对体系进行反演，两个球就变成第一个事例中那样的同心球。

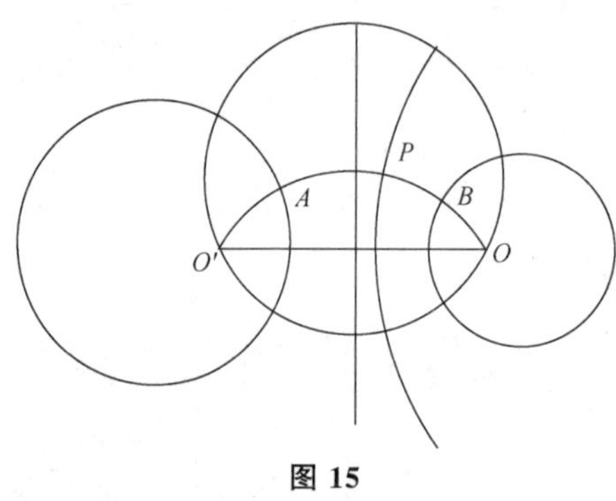

图 15

如果我们取图 15 中的 O 点作为反演中心，则此点将位于图 14 中两个球面之间的某个地方。

在第 171 节中，我们求解了一个带电点位于具有零势的两个同心球之间的事例。因此，通过对于 O 点来对这一事例进行反演，我们将导出由附近一个带电点在一内一外两个球面导体上感应出来的分布。在第 173 节中即将指明，可以怎样应用如此求得的结果来找出只有相互作用的球形带电导体上的分布。

图 14 中各相继像点位于其上的那个半径 $OAPB$，在图 15 中变成通过 O 和 O' 的圆上的一段弧，而 $O'P$ 和 OP 之比等于 Ce^u，此处 C 是一个数字量。

如果我们令 $\theta=\log\dfrac{O'P}{OP}$，$\alpha=\log\dfrac{O'A}{OA}$，$\beta=\log\dfrac{O'B}{OB}$，就有 $\beta-\alpha=\bar{\omega}$，$u+\alpha=\theta$*。$P$ 的一切相继像点都将位于圆弧 $O'APBO$ 上。

P 对 A 而言的像是 Q_0，此处 $\theta(Q_0)=\log\dfrac{O'Q_0}{OQ_0}=2\alpha-\theta$。

Q_0 对 B 而言的像是 P_1，此处 $\theta(P_1)=\log\dfrac{O'P_1}{OP_1}=\theta+2\bar{\omega}$。

---

* 既然 O' 反演为二球的公共球心 O，我们由第 162 节就有

$$\frac{O'P}{OP}=\frac{OP}{OO'},\frac{O'A}{OA}=\frac{OA}{OO'}\text{从而}\frac{O'P.OA}{OP.O'A}=\frac{OP}{OA}=e^u.$$

同理$\theta(P_s)=\theta+2s\bar{\omega}$, $\theta(Q_s)=2\alpha-\theta-2s\bar{\omega}$。

同样,如果 P 对 B、A、B 等等而言的相继像是 Q'_0、P'_1、Q'_1 等等,就有 $\theta(Q'_0)=2\beta-\theta$, $\theta(P'_1)=\theta-2\bar{\omega}$;$\theta(P'_s)=\theta-2s\bar{\omega}$, $\theta(Q'_s)=2\beta-\theta+2s\bar{\omega}$。

为了求出任一像 P_s 的电荷,我们注意到,在反演的图形(14)上,它的电荷是 $P\sqrt{\dfrac{OP_s}{OP}}$。在原图形(15)中,我们必须用 OP_s 来乘这个值。因此,在偶极图中因为 $P=P/OP$,所以 P_s 上的电荷是 $P\sqrt{\dfrac{OP_s.O'P_s}{OP.O'P}}$。

如果我们令 $\xi=\sqrt{OP.O'P}$,并把 ξ 叫做 P 点的参数,我们就可以写出 $P_s=\dfrac{\xi_s}{\xi}P$,或者说,任何像的电荷都正比于它的参数。

如果我们利用曲线坐标 θ 和 φ,使得 $e^{\theta+\sqrt{-1}\varphi}=\dfrac{x+\sqrt{-1}\,y-k}{x+\sqrt{-1}\,y+k}$,式中 $2k$ 是距离 OO',则有 $x=-\dfrac{k\sinh\theta}{\cosh\theta-\cos\varphi}$, $y=\dfrac{k\sinh\varphi}{\cosh\theta-\cos\varphi}$;$x^2+(y-k\cot\varphi)^2=k^2\csc^2\varphi$,$(x+k\coth\theta)^2+y^2=k^2\operatorname{csch}^2\theta$,$\cot\varphi=\dfrac{x^2+y^2-k^2}{2ky}$[*],$\coth\theta=-\dfrac{x^2+y^2+k^2}{2kx}$;$\xi=\dfrac{\sqrt{2}k}{\sqrt{\cosh\theta-\cos\varphi}}$[*]。

既然每个像的电荷正比于它的参数 ξ,而且是按照它采取 P 的或 Q 的形式而为正或负的,我们就得到[**]$P_s=\dfrac{P\sqrt{\cosh\theta-\cos\varphi}}{\sqrt{\cosh(\theta+2s\bar{\omega})-\cos\varphi}}$,$Q_s=-\dfrac{P\sqrt{\cosh\theta-\cos\varphi}}{\sqrt{\cosh(2\alpha-\theta-2s\bar{\omega})-\cos\varphi}}$,$P'_s=\dfrac{P\sqrt{\cosh\theta-\cos\varphi}}{\sqrt{\cosh(\theta-2s\bar{\omega})-\cos\varphi}}$,$Q'_s=-\dfrac{P\sqrt{\cosh\theta-\cos\varphi}}{\sqrt{\cosh(2\beta-\theta+2s\bar{\omega})-\cos\varphi}}$。

现在我们已经得出了两个无限系列的像的位置和电荷。其次我们就必须通过求出球 A 内具有 Q 和 P' 形式的所有各像之和来定出球 A 上的总电荷。我们可以写出

$$P\sqrt{\cosh\theta-\cos\varphi}\sum_{s=1}^{s=\infty}\frac{1}{\sqrt{\cosh(\theta-2s\bar{\omega})-\cos\varphi}},$$

$$-P\sqrt{\cosh\theta-\cos\varphi}\sum_{s=0}^{s=\infty}\frac{1}{\sqrt{\cosh(2\alpha-\theta-2s\bar{\omega})-\cos\varphi}}。$$

同样,B 上总的感生电荷就是 $P\sqrt{\cosh\theta-\cos\varphi}\sum_{s=1}^{s=\infty}\dfrac{1}{\sqrt{\cosh(\theta+2s\bar{\omega})-\cos\varphi}}$,$-P\sqrt{\cosh\theta-\cos\varphi}\sum_{s=0}^{s=\infty}\dfrac{1}{\sqrt{\cosh(2\beta-\theta+2s\bar{\omega})-\cos\varphi}}$。

173.〕 我们将应用这些结果来确定两个球的电容系数和感应系数,二球的半径是 a

---

* 此处 φ 对各像点所在的那段弧上的各点为常数。

** 在这些表示式中,我们必须记得 $2\cosh\theta=e^{\theta}+e^{-\theta}$,$2\sinh\theta=e^{\theta}-e^{-\theta}$。而 θ 的其他函数是通过和对应的三角函数相同的定义而从这些函数导出的。

对这一事例利用偶极坐标的方法,是由汤姆孙在 *Liouville's Journal for* 1847 中给出的。见汤姆孙重印的 *Electrical Papers*;§ § 211,212。在正文中,我曾经引用了 Prof. Betti, *Nuovo Cimento*, vol. xx,中对分析法的考察,但是我保留了汤姆孙在 *Phil. Mag*,1853 中所用的对电像概念的原始考察.

和 b，其球心距离是 c。

设 A 的势是 1 而 B 的势是 0。于是，放在球 A 中心上的一个电荷 α 的各个相继像就将是实际的电分布。所有的像都将位于二球的极点和球心之间的轴线上，而且也可以看到，在第 172 节中所确定的四组像中，只有第三组和第四组存在于这一事例中。

如果我们令 $k=\dfrac{\sqrt{a^4+b^4+c^4-2b^2c^2-2c^2a^2-2a^2b^2}}{2c}$，就有 $\sinh\alpha=-\dfrac{k}{a}$，$\sinh\beta=\dfrac{k}{b}$。

球 A 中心的 Q 值和 φ 值是 $\theta=2\alpha$，$\varphi=0$。因此，在方程中我们必须把 P 代成 a 或 $-k\dfrac{1}{\sinh\alpha}$，把 θ 代成 2α，而把 φ 代成零，这时要记得 P 本身就形成 A 的电荷的一部分。于是，关于 A 的电容系数，我们就得到 $q_{aa}=k\sum_{s=0}^{s=\infty}\dfrac{1}{\sinh(s\bar{\omega}-\alpha)}$，关于 A 对 B 或 B 对 A 的感应系数，就有 $q_{ab}=-k\sum_{s=1}^{s=\infty}\dfrac{1}{\sinh s\bar{\omega}}$。

按照同样的方式，我们可以假设 B 的势是 1 而 A 的势是 0，这样就可以定出 q_{bb}。按照现在的符号，我们将得到 $q_{bb}=k\sum_{s=0}^{s=\infty}\dfrac{1}{\sinh(\beta+s\bar{\omega})}$。

为了按二球的半径 a 和 b 以及它们的球心距离 c 来计算这些系数，我们注意到，如果 $K=\sqrt{a^4+b^4+c^4-2b^2c^2-2c^2a^2-2a^2b^2}$，就可以写出 $\sinh\alpha=-\dfrac{K}{2ac}$，$\sinh\beta=\dfrac{K}{2bc}$，$\sinh\bar{\omega}=\dfrac{K}{2ab}$，$\cosh\alpha=\dfrac{c^2+a^2-b^2}{2ca}$，$\cosh\beta=\dfrac{c^2+b^2-a^2}{2cb}$，$\cosh\bar{\omega}=\dfrac{c^2-a^2-b^2}{2ab}$；而且我们可以利用 $\sinh(\alpha+\beta)=\sinh\alpha\cosh\beta+\cosh\alpha\sinh\beta$，$\cosh(\alpha+\beta)=\cosh\alpha\cosh\beta+\sinh\alpha\sinh\beta$。

利用这种手续或利用在 W. 汤姆孙爵士的论文中论述了的那种相继电像的直接计算，我们就得到 $q_{aa}=a+\dfrac{a^2b}{c^2-b^2}+\dfrac{a^3b^2}{(c^2-b^2+ac)(c^2-b^2-ac)}+\cdots$，$-q_{ab}=-\dfrac{ab}{c}-\dfrac{a^2b^2}{c(c^2-a^2-b^2)}-\dfrac{a^3b^3}{c(c^2-a^2-b^2+ab)(c^2-a^2-b^2-ab)}-\cdots$，$q_{bb}=b+\dfrac{ab^2}{c^2-a^2}+\dfrac{a^2b^3}{(c^2-a^2+bc)(c^2-a^2-bc)}+\cdots$

174.〕 于是我们就有下列的方程来确定当分别充电到势为 V_a 和 V_b 时两个球上的电荷 E_a 和 E_b，$E_a=V_aq_{aa}+V_bq_{ab}$，$E_b=V_aq_{ab}+V_bq_{bb}$。

如果我们令 $q_{aa}q_{bb}-q_{ab}^2=D=\dfrac{1}{D'}$，$p_{aa}=q_{bb}D'$，　$p_{ab}=-q_{ab}D'$，$p_{bb}=q_{aa}D'$，从而 $p_{aa}p_{bb}-p_{ab}^2=D'$；则利用电荷来确定势的方程是 $V_a=p_{aa}E_a+p_{ab}E_b$，$V_b=p_{ab}E_a+p_{bb}E_b$，式中 p_{aa}、p_{ab} 和 p_{bb} 是电势系数。

由第 85 节可知，体系的总能量是 $Q=\dfrac{1}{2}(E_aV_a+E_bV_b)=\dfrac{1}{2}(V_a^2q_{aa}+2V_aV_bq_{ab}+V_b^2q_{bb})=\dfrac{1}{2}(E_a^2p_{aa}+2E_aE_bp_{ab}+E_b^2p_{bb})$。

因此，由第 92、93 节可知，二球之间的推斥力是 $F=\dfrac{1}{2}\Big\{V_a^2\dfrac{dq_{aa}}{dc}+2V_aV_b\dfrac{dq_{ab}}{dc}+$

$V_b^2 \frac{\mathrm{d}q_{bb}}{\mathrm{d}c}\Big\} = -\frac{1}{2}\Big\{E_a^2 \frac{\mathrm{d}p_{aa}}{\mathrm{d}c} + 2E_aE_b \frac{\mathrm{d}p_{ab}}{\mathrm{d}c} + E_b^2 \frac{\mathrm{d}p_{bb}}{\mathrm{d}c}\Big\}$，式中 c 是球心之间的距离。

在推斥力的这两个表示式中，第一个即利用二球的势及其电容系数和感应系数之变化率来表示力的表示式最便于计算。

因此我们必须对 c 微分各个 q，这些量是表示成 k、α、β 和 ω 的函数的，而且在微分时应该假设 a 和 b 为常量。我们由方程 $k = -a\sinh\alpha = b\sinh\beta = -c\frac{\sinh\alpha\sinh\beta}{\sinh\bar{\omega}}$，$\frac{\mathrm{d}k}{\mathrm{d}c} = \frac{\cosh\alpha\cosh\beta}{\sinh\bar{\omega}}$，得到 $\frac{\mathrm{d}\alpha}{\mathrm{d}c} = \frac{\sinh\alpha\cosh\beta}{k\sinh\bar{\omega}}$，$\frac{\mathrm{d}\beta}{\mathrm{d}c} = \frac{\cosh\alpha\sinh\beta}{k\sinh\bar{\omega}}$，$\frac{\mathrm{d}\bar{\omega}}{\mathrm{d}c} = \frac{1}{k}$；

由此就有

$$\frac{\mathrm{d}q_{aa}}{\mathrm{d}c} = \frac{\cosh\alpha\cosh\beta}{\sinh\bar{\omega}}\frac{q_{aa}}{k} - \sum_{s=0}^{s=\infty}\frac{(sc + b\cosh\beta)\cosh(s\bar{\omega} - \alpha)}{c(\sinh(s\bar{\omega} - \alpha))^2}$$

$$\frac{\mathrm{d}q_{ab}}{\mathrm{d}c} = \frac{\cosh\alpha\cosh\beta}{\sinh\bar{\omega}}\frac{q_{ab}}{k} + \sum_{s=1}^{s=\infty}\frac{s\cosh s\bar{\omega}}{(\sinh s\bar{\omega})^2},$$

$$\frac{\mathrm{d}q_{bb}}{\mathrm{d}c} = \frac{\cosh\alpha\cosh\beta}{\sinh\bar{\omega}}\frac{q_{bb}}{k} - \sum_{s=0}^{s=\infty}\frac{(sc + a\cosh\alpha)\cosh(\beta + s\bar{\omega})}{c(\sinh(\beta + s\bar{\omega}))^2}。$$

威廉·汤姆孙爵士曾经计算了半径相同而距离小于各球之直径的两个球之间的力，对于更大的距离来说，是不必用到多于两个或三个的相继电像的。

各个 q 对 c 的微分系数的级数表示式，很容易通过直接的微分计算来求得

$$\frac{\mathrm{d}q_{aa}}{\mathrm{d}c} = -\frac{2a^2bc}{(c^2 - b^2)^2} - \frac{2a^3b^2c(2c^2 - 2b^2 - a^2)}{(c^2 - b^2 + ac)^2(c^2 - b^2 - ac)^2} - \cdots,$$

$$\frac{\mathrm{d}q_{ab}}{\mathrm{d}c} = \frac{ab}{c^2} + \frac{a^2b^2(3c^2 - a^2 - b^2)}{c^2(c^2 - a^2 - b^2)^2} + \frac{a^3b^3\{(5c^2 - a^2 - b^2)(c^2 - a^2 - b^2) - a^2b^2\}}{c^2(c^2 - a^2 - b^2 + ab)^2(c^2 - a^2 - b^2 - ab)^2} - \cdots,$$

$$\frac{\mathrm{d}q_{bb}}{\mathrm{d}c} = -\frac{2ab^2c}{(c^2 - a^2)^2} - \frac{2a^2b^3c(2c^2 - 2a^2 - b^2)}{(c^2 - a^2 + bc)^2(c^2 - a^2 - bc)^2} - \cdots。$$

两个相互接触的球上的电分布

175.〕 如果我们假设处于单位势的两个球是没受任何点的影响的，那么，如果相对于接触点来对体系进行反演，我们就将得到离反演点为 $\frac{1}{2a}$ 和 $\frac{1}{2b}$，并在该点的一个单位正电荷的作用下带了电的两个平面。

这时将有一系列正像，每个都等于 1，到原点的距离是 $s\left(\frac{1}{a}+\frac{1}{b}\right)$，此处 s 可取从 $-\infty$ 到 $+\infty$ 的任意整数值。

也将存在一系列负像，每一个都等于 -1，沿 a 的方向计算的到原点的距离是 $\frac{1}{a} + s\left(\frac{1}{a}+\frac{1}{b}\right)$。

当这一体系被反演回去而成为互相接触的两个球时，对应于各个正像我们将有一系

列负像，它们到接触点的距离被表示成$\dfrac{1}{s\left(\dfrac{1}{a}+\dfrac{1}{b}\right)}$，式中 s 对球 A 为正数而对球 B 为负数。当各球的势为 1 时，每一个像的电荷在数值上等于它到接触点的距离，而且永远是负的。

也将有一系列正像和两个平面的负像相对应，沿着向 a 球的球心的方向来量度，各正像到接触点的距离可以写成$\dfrac{1}{\dfrac{1}{a}+s\left(\dfrac{1}{a}+\dfrac{1}{b}\right)}$。

当 s 为零或正整数时，像位于球 A 内。当 s 为负整数时，像位于球 B 内。

每一个像的电荷在数值上等于它到原点的距离，而且永远是正的。

因此，球 A 的总电荷就是 $E_a=\sum_{s=0}^{s=\infty}\dfrac{1}{\dfrac{1}{a}+s\left(\dfrac{1}{a}+\dfrac{1}{b}\right)}-\dfrac{ab}{a+b}\sum_{s=1}^{s=\infty}\dfrac{1}{s}$。

这些级数的每一个都是无限大，但是如果我们把它们合并成

$$E_a=\sum_{s=1}^{s=\infty}\frac{a^2b}{s(a+b)\{s(a+b)-a\}}$$

的形式，级数就会变成收敛的。

用同样办法，我们得到球 B 的电荷

$$E_b=\sum_{s=1}^{s=\infty}\frac{ab}{s(a+b)-b}-\frac{ab}{a+b}\sum_{s=-1}^{s=-\infty}\frac{1}{s}=\sum_{s=1}^{s=\infty}\frac{ab^2}{s(a+b)\{s(a+b)-b\}}。$$

E_a 的表示式显然等于$\dfrac{ab}{a+b}\displaystyle\int_0^1\dfrac{\theta^{\frac{b}{a+b}-1}-1}{1-\theta}\mathrm{d}\theta$，这一事例中的结果就是在这种形式下由泊松给出的。

也可以证明(Legendre，*Traité des Fonctions Elliptiques*，ii. 438)上述 E_a 的级数等于 $a-\left\{\gamma+\Psi\left(\dfrac{b}{a+b}\right)\right\}\dfrac{ab}{a+b}$，式中 $\gamma=.57712\cdots$，而 $\Psi(x)=\dfrac{\mathrm{d}}{\mathrm{d}x}\log\Gamma(1+x)$。$\Psi$ 的值已由高斯制了表(*Werke*，Band iii. pp. 161～162)。

如果暂时用 x 代表 $b\div(a+b)$，关于电荷 E_a 和 E_b 之差我们就得到 $-\dfrac{\mathrm{d}}{\mathrm{d}x}\log\{\Gamma(x)\times\Gamma(1-x)\}\times\dfrac{ab}{a+b}=\dfrac{ab}{a+b}\times\dfrac{\mathrm{d}}{\mathrm{d}x}\log\sin\pi x=\dfrac{\pi ab}{a+b}\cot\dfrac{\pi b}{a+b}$。

当二球相等时，在单位势下，每一球的电荷就是 $E_a=a\sum_{s=1}^{s=\infty}\dfrac{1}{2s(2s-1)}=a\left(1-\dfrac{1}{2}+\dfrac{1}{3}-\dfrac{1}{4}+\cdots\right)=a\ln 2=.69314718a$。

当球 A 比球 B 小得多时，A 上的电荷就近似地是 $E_a=\dfrac{a^2}{b}\sum_{s=1}^{s=\infty}\dfrac{1}{s^2}$ 或 $E_a=\dfrac{\pi^2}{6}\dfrac{a^2}{b}$。

B 上的电荷和 A 被取走时近似地相同，或者说 $E_b=b$。

每一个球的平均密度通过用表面积去除电荷来求得。这样我们就得到 $\sigma_a=\dfrac{E_a}{4\pi a^2}=\dfrac{\pi}{24b}$，$\sigma_b=\dfrac{E_b}{4\pi b^2}=\dfrac{1}{4\pi b}$，$\sigma_a=\dfrac{\pi^2}{6}\sigma_b$。

因此，如果使一个很小的球和一个很大的球接触到一起，则小球上的平均密度等于

大球上的平均密度乘以$\frac{\pi^2}{6}$或 1.644936。

反演法对球形碗事例的应用

176.〕 W. 汤姆孙爵士的电像法的威力的一个最惊人的例示,是由他对以一个小圆为界的一部分球面上的电分布的研究提供出来的。这种研究的结果被报道给了 M. 刘维(但未加证明),并于 1847 年在他的《学报》(*Journal*)上发表了。完备的研究见重印的汤姆孙的《电学论文集》(*Electrical Papers*,文 XV)。我不知道有任何别的数学家曾经给出任何曲面之有限部分上的电分布问题的解。

因为我是想论述方法而不是验证计算,我将不再详细介绍几何情况和积分算法,而只请读者们参阅汤姆孙的著作。

椭球上的电分布

177.〕 已经用一种众所周知的方法证明*,由两个相似的同样取向的同心椭球所限定的一个椭球壳的吸引力是这样的:在壳内任何点上,没有合吸引力。如果我们假设壳的厚度无限地减小而它的密度则增大,我们在最后就得到面密度按从中心到切面的垂直距离而变的观念,而且,既然面密度对椭球内任一点的合吸引力为零,如果电是这样分布在表面上的,它就是处于平衡的。

由此可见,在一个没受外界干扰的椭球上,任一点的面密度都将正比于从中心到该点切面的垂直距离。

圆盘上的电分布

通过令椭球的两个轴相等并令第三个轴趋于零,我们就得到圆盘的事例,并得到当充电到势 V 而不受外来影响时这样一个圆盘的任意点 P 上的面密度的一个表示式。如果 σ 是圆盘一面的面密度而 KPL 是通 P 点的一个弦,则有 $\sigma=\frac{V}{2\pi^2\sqrt{KP.PL}}$。

电反演原理的应用

178.〕 取任意一点 Q 作为反演中心,并设 R 是反演球的半径,则圆盘的平面将变成通过 Q 点的一个球面,而圆盘本身则变成球面上以一个圆周为界的一部分。我们将把

* 见 Thomson and Tait's *Natural Philosophy*, § 520,或本书第 150 节。

这一部分曲面叫做碗。

如果 S' 是充电到势 V' 而未受外界影响的圆盘，则其电像 S 将是势为零并在一个放在 Q 点的电量 $V'R$ 的影响下而带电的一部分球面。

因此我们已经利用反演手续求得了势为零的并受到放在球或平面的延伸部分的一个带电点影响的碗或平面圆盘的电分布问题的一种解。

放在球面之空余部分上的一个带电点的影响

利用已经给出的原理和反演几何学而求得的解形式如下：

如果 C 是球形碗 S 的中心或极点，而 a 是从 C 到碗边上任一点的距离，那么，如果有一个电量 q 被放在球面延伸部分的一点 Q 上，而且 S 被保持在零势，则碗的任一点 P 上的密度 σ 将是 $\sigma=\frac{1}{2\pi^2}\frac{q}{QP^2}\sqrt{\frac{CQ^2-a^2}{a^2-CP^2}}$，式中 CQ、CP 和 QP 是 C、Q 和 P 各点的连线。

很可注意的是这个表示式不依赖于碗作为其一部分的那个球面的半径。因此它可以不加改动地应用于平面圆盘的事例。

任意多个带电点的影响

现在让我们把球看做分成了两部分，其中我们已经定出其电分布的那一部分，我们将称之为碗，而其余的部分，或球的空余部分，则是要放影响点的地方。

如有任意数目的影响点被放在球的空余部分上，它们在碗的任一点上感应出来的电可以通对每一个影响点所分别感应出来的密度求和来得出。

179.〕 设球面的其余部分是均匀带电的，其面密度为 ρ，则碗的任意点上的密度可以通在这样带电的曲面上求普通的积分来得出。

这样我们就将得到一种事例的解；在那种事例中，碗处于零势并在密度为 ρ 的刚性带电的球面其余部分的影响下带了电。

现在，设整个体系被绝缘并放在一个直径为 f 的球内，并设该球均匀而刚性地带了电，其面电荷为 ρ'。

在这个球内，将不会有合力，从而碗上的电分布就不会改变，但是球内各点的势却将增大一个量 V，此处 $V=2\pi\rho' f$。因此现在碗上每一点的势都将是 V。

现在让我们假设这个球与碗作为一部分的那个球是同心的，而且二球的半径只相差一个无限小的量。

现在我们就有一个事例，即碗保持在势 V，并受到表面密度为 $\rho+\rho'$ 的刚性带电的球面其余部分的影响。

180.〕 我们现在只要假设 $\rho+\rho'=0$，就得到碗保持在势 V 而未受外界影响的事例。

如果 σ 是当碗处于零势并受到带电密度为 ρ 的球面其余部分的影响时的一个表面上给定点处的密度，则当碗被保持在势 V 时，我们就必须在碗的外表面上把密度增加一个

ρ'，即增加上所假设的外围球上的密度。

这种研究的结果就是，如果 f 是球的直径，a 是作为碗口半径的弦，而 r 是作为从 P 到碗极点之距离的弦，则碗的内表面上的面密度是 $\sigma=\frac{V}{2\pi^2 f}\left\{\sqrt{\frac{f^2-a^2}{a^2-r^2}}-\tan^{-1}\sqrt{\frac{f^2-a^2}{a^2-r^2}}\right\}$，而碗的外表面上同一点处的面密度是 $\sigma+\frac{V}{2\pi f}$。

在这种结果的计算中，没有用到比在球面的一个部分上求普通积分更深奥的任何运算。为了补全关于球形碗的带电的理论，我们只需要关于球面的反演的几何学。

181.〕 设要找出由放在并不位于球面延伸部分的一点 Q 上的一个电量 q 在未绝缘碗的任一点上感应出来的面密度。

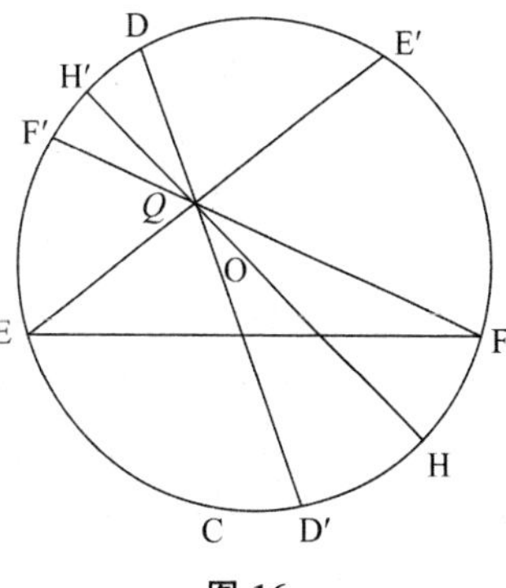

图 16

相对于 Q 点来对碗进行反演，设反演半径为 R。碗 S 将反演为它的像 S'，而点 P 将以 P' 为它的像。我们现在必须确定 P' 点上的密度 σ'，这时碗 S' 保持在势 V'，使得 $q=V'R$，而且不受任何外力的影响。

原碗的一点 P 上的密度 σ 是 $\sigma=-\frac{\sigma' R^3}{QP^3}$，这个碗是保持在零势并受到放在 Q 点的一个电量 q 的影响的。

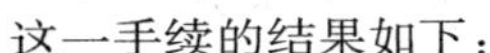

这一手续的结果如下：

设图 16 代表通过球心 O、碗的极点 C 和影响点 Q 的一个截面。D 是一个点，在反演图形中和碗沿的空余极点相对应；这个点可以通过下述作图来找出。

通过 Q 点画弦 EQE' 和 FQF'，于是，如果我们假设反演球的半径是一条弦由 Q 点分成的两个线段的比例中项，则 $E'F'$ 将是 EF 的像。平分弧 $F'CE'$ 于 D'，使得 $F'D'=D'E'$，并作 $D'QD$ 交球面于 D，则 D 就是所求的点。另外，通过球心 O 和 Q 作 $HOQH'$ 交球面于 H 和 H'。于是，如果 P 是碗上的任一点，则在由完整球面和 Q 点隔开的一侧，由放在 Q 点的电量 q 在 P 点上感应出来的面密度是

$$\sigma=\frac{q}{2\pi^2}\frac{QH.QH'}{HH'.PQ^3}\left\{\frac{PQ}{DQ}\left(\frac{CD^2-a^2}{a^2-CP^2}\right)^{\frac{1}{2}}-\tan^{-1}\left[\frac{PQ}{DQ}\left(\frac{CD^2-a^2}{a^2-CP^2}\right)^{\frac{1}{2}}\right]\right\},$$

式中 a 代表从碗的极点 C 画到碗的边沿的弦*。

在和 Q 相近的一侧，面密度是 $\sigma+\frac{q}{2\pi}\frac{QH.QH'}{HH'.PQ^3}$。

* 关于碗上电分布的进一步研究，见 Ferrer's *Quarterly Journal of Math*. 1882；Gallop.，*Quarterly Journal*，1886，p. 229. 在这篇论文中已经证明，碗的电容$=\frac{a(\alpha+\sin\alpha)}{\pi}$，式中 a 是碗作为其一部分的那个球的半径，而 α 是通过碗边而顶角在球心上的圆锥面的半顶角。并参阅 Kruseman 'On the Potential of the Electric Field in the neighbourhood of a Spherical Bowl,' *Phil. Mag*. xxiv. 38，1887. Basset，*Proc. Lond. Math. Soc*. xvi. p. 286。

第十一章附录

互相影响的两个球上的电分布，曾经吸引了许多数学家的注意。用定积分表示出来的最初的解，是由泊松在两篇最有威力和最引人入胜的论文中给出，见 *Mem. de l'Institut*，1811，(1)p. 1，(2)p. 163. 除了在正文中提到的以外，下列各作者以及另一些人都考虑过这个问题。Plana，*Mem. di Torino* 7，p. 71，16，p. 57；Cayley，*Phil. Mag.* (4)，18，pp. 119，193；Kirchhoff，*Crelle*，59，p. 89，Wied. Ann. 27，p. 673；Mascart，C. R. 98，p. 222，1884。

给出二球上的电荷的两个级数，曾由基尔霍夫写成最简练的形式。它们也很容易推导如下。

设以 A、B 为心的两个球的半径是 a、b，它们的势分别是 U、V，那么，假如二球并不互相影响，则其电效应将和放在二球心上的两个电荷 aU、bV 的效应相同。当球心距离 c 为有限时，这种电分布就不会使球上各点的势为常量；例如 A 上的电荷将改变 B 球的势。如果我们想要使这个势保持不变，我们就必须找出 A 对 B 而言的像并在那儿放一个电荷，然而这个电荷将改变 A 的势，从而我们又必须找出这个像的像，依此类推。于是我们就将得出一个无限系列的像，而这些像可以很方便地分成四组 α、β、γ、δ。前两组是由球心 A 上的电荷引起的，α 包括位于球 A 内的那些像，而 β 包括位于球 B 内的那些像。另外两组 γ 和 δ 是由球心 B 上的电荷引起的；γ 包括位于 B 内的而 δ 包括位于球 A 内的那些像。设 p_n、f_n 代表第一组中第 n 个像的电荷和到 A 的距离，p'_n、f'_n 代表第二组中第 n 个像的电荷和到 B 的距离，我们就有各相继电像之间的关系式如下

$$f'_n=\frac{b^2}{c-f_n},\quad p'_n=-\frac{p_n f'_n}{b},\quad f_{n+1}=\frac{a^2}{c-f'_n},\quad p_{n+1}=-\frac{p'_n f_{n+1}}{a}。$$

由各式消去 f'_n 和 p'_n，我们就得到

$$p_{n+1}=\frac{p_n(cf_{n+1}-a^2)}{ab},\tag{1}$$

但是 $f_{n+1}=\dfrac{a^2}{c-\dfrac{b^2}{c-f_n}}$，从而 $cf_{n+1}-a^2=\dfrac{a^2b^2}{e^2-cf_n-b^2}$，$p_{n+1}=p_n\dfrac{ab}{c^2-cf_n-b^2}$，或者写成 $\dfrac{p_n}{p_{n+1}}=\dfrac{c^2-cf_n-b^2}{ab}$；但是由(1)可知 $\dfrac{p_n}{p_{n-1}}=\dfrac{cf_n-a^2}{ab}$，从而就有 $\dfrac{p_n}{p_{n+1}}+\dfrac{p_n}{p_{n-1}}=\dfrac{c^2-b^2-a^2}{ab}$，或者，如果令 $p_n=\dfrac{1}{P_n}$，$p_{n-1}=\dfrac{1}{P_{n-1}}$，$p_{n+1}=\dfrac{1}{P_{n+1}}$，我们就得到 $P_{n+1}+P_{n-1}=\dfrac{c^2-b^2-a^2}{ab}P_n$。

我们由各方程的对称性就能看出，如果令 $p'_n=\dfrac{1}{P'_n}$，就将得到关于 P'_n 或 P_n 的同样的递推公式。

由递推公式可见 $P_n=Aa^n+\dfrac{B}{a^n}$；式中 a 和 $1/a$ 是方程 $x^2-x\dfrac{(c^2-a^2-b^2)}{ab}+1=0$ 的根。我们将假设 a 是小于 1 的那个根，于是就有 $p_n=\dfrac{a^n}{Aa^{2n}+B}$，而由这一系列像在球上

引起的电荷就是 $\sum_{n=0}^{n=\infty}\frac{a^n}{Aa^{2n}+B}$。

为了确定 A 和 B，我们有方程* $P_0=\frac{1}{Ua}=A+B$，$P_1=\frac{c^2-b^2}{Ua^2b}=Aa+\frac{B}{a}$；（第 164 节）由此即得 $\frac{A}{B}=-\frac{(a+ba)^2}{c^2}=-\xi^2$，$p_n=aU\{1-\xi^2\}\frac{a^n}{1-\xi^2\alpha^{2n}}$，$\sum p_n=aU(1-\xi^2)\times\left\{\frac{1}{1-\xi^2}+\frac{a}{1-\xi^2a^2}+\frac{a^2}{1-\xi^2a^4}+\cdots\right\}$；$p'_n=\frac{a^n}{A'a^{2n}+B'}$，$p'_0=-\frac{abU}{c}=\frac{1}{A'+B'}$，$p'_1=-\frac{a^2b^2U}{c(c^2-(a^2+b^2))}=\frac{a}{A'a^2+B'}$。由此即得 $A'/B'=-a^2$，以及 $\sum p'_n=-\frac{abU}{c}\{1-a^2\}\times\left\{\frac{1}{1-a^2}+\frac{a}{1-a^4}+\frac{a^3}{1-a^6}+\cdots\right\}$。因此，如果 E_1 和 E_2 是二球上的电荷，而且如果 $E_1=q_{11}U+q_{12}V$，$E_2=q_{12}U+q_{22}V$；则有 $q_{11}=a(1-\xi^2)\left\{\frac{1}{1-\xi^2}+\frac{a}{1-\xi^2a^2}+\frac{a^2}{1-\xi^2a^4}+\cdots\right\}$，

$$q_{12}=-\frac{ab}{c}(1-a^2)\left\{\frac{1}{1-a^2}+\frac{a}{1-a^4}+\frac{a^2}{1-a^6}+\cdots\right\},$$

$$q_{22}=b(1-\eta^2)\left\{\frac{1}{1-\eta^2}+\frac{a}{1-\eta^2a^2}+\frac{a^2}{1-\eta^2a^4}+\cdots\right\},$$

式中 $\eta^2=\frac{(b+\alpha a^2)}{c^2}$。

这就是由泊松和基尔霍夫给出的那些级数。

既然 $\frac{e^p+1}{e^p-1}=\frac{2}{p}+4\int_0^\infty\frac{\sin pt}{e^{2\pi t}-1}dt$**，$\frac{1}{1-e^p}=\frac{1}{2}-\frac{1}{p}-2\int_0^\infty\frac{\sin pt}{e^{2\pi t}-1}dt$*，就有

$$\frac{a^n}{1-\xi^2\alpha^{2n}}=\frac{1}{2}a^n-\frac{a^u}{2n\log\alpha+2\log\xi}-2\int_0^\infty\frac{a^n\sin(2n\log\alpha+2\log\xi)t}{e^{2\pi t}-1}dt,$$

$$\sum\frac{a^n}{1-\xi^2\alpha^{2n}}=\frac{1}{2}\frac{1}{1-a}-\sum\frac{a^n}{2n\log\alpha+2\log\xi}-2\int_0^\infty\sum\frac{a^n\sin(2n\log\alpha+2\log\xi)t}{e^{2\pi t}-1}dt。$$

现在 $\sum\frac{a^n}{2n\log\alpha+2\log\xi}=\int_0^\infty\frac{e^{2t\log\xi}}{1-ae^{2t\log\alpha}}dt$，而且 $\sum a^n\sin(2n\log\alpha+2\log\xi)t=\frac{\sin(2t\log\xi)-a\sin(2t\log\xi/\alpha)}{1-2a\cos(2t\log\alpha)+a^2}$；从而就得到 $q_{11}=a(1-\xi^2)\left\{\frac{1}{2}\frac{1}{1-a}-\int_0^\infty\frac{e^{2t\log\xi}}{1-a\,e^{2t\log\alpha}}dt-2\int_0^\infty\frac{\sin(2t\log\xi)-a\sin(2t\log\xi/\alpha)}{(e^{2\pi t}-1)(1-2a\cos(2t\log\alpha)+a^2)}\right\}dt$，这就是关于这些表示式的泊松积分。

---

* 此处的 A 和 B 是两个系数，而不是前面所设的两个球心。——译注

** De Morgan, Diff. *and Int. Cal*. p. 672.

第十二章　二维空间中的共轭函数理论

182.〕 电平衡问题已经解出的那些独立的事例是为数很少的。球谐函数法曾被应用于球形导体，而电像法和反演法在它们可以应用的事例中是更强有力的。就我所知，二次曲面的事例是当力线并非平面曲线时人们已知其等势面和力线的唯一事例。

但是，在电平衡理论中，以及在电流的传导理论中，却存在一类重要的问题，即我们只要考虑二维空间的那种问题。

例如，如果在所考虑的整个那一部分电场中以及在它以外的一段相当距离之内，一切导体的表面都是由平行于 z 轴的直线的运动所生成的，而且这种情况不再存在的那一部分场离所考虑的一部分场很远，以致远方场的电作用可以忽略不计，则电将沿着每一条母线而均匀分布，从而如果我们考虑由相距为一单位的两个垂直于 z 轴的平面所限定的一部分场，势和电分布就将只是 x 和 y 的函数。

如果 $\rho\mathrm{d}x\mathrm{d}y$ 代表一个体积元中的电量，该体积元的底是 $\mathrm{d}x\mathrm{d}y$ 而其高为 1，而 $\sigma\mathrm{d}s$ 代表一个面积元上的电荷，该面积元的底是线段元 $\mathrm{d}s$ 而其高为 1，则泊松方程可以写成

$$\frac{\mathrm{d}^2V}{\mathrm{d}x^2}+\frac{\mathrm{d}^2V}{\mathrm{d}y^2}+4\pi\rho=0。$$

当不存在自由电荷时，此式就简化成拉普拉斯方程 $\frac{\mathrm{d}^2V}{\mathrm{d}x^2}+\frac{\mathrm{d}^2V}{\mathrm{d}y^2}=0$。

普遍的电平衡问题可以叙述如下：

给定一个由闭合曲线 C_1、C_2 等等限定的二维连续空间，试求一个函数 V 的形式，使它在这些边界线上的值分别为 V_1、V_2 等等，且对每一边界线来说为常量，而在空间中，V 则可以是有限的、连续的和单值的，而且是可以满足拉普拉斯方程的。

即使是这个问题，我也不知道有人给出过任何普遍的解，但是在第 190 节中给出的一种变换法却对这一事例是适用的，而且是比适用于三维问题的任何已知方法都更加有力的。

这种变换法依赖于二变数共轭函数的性质。

共轭函数的定义

183.〕 两个量 α 和 β 称为 x 和 y 的共轭函数，如果 $\alpha+\sqrt{-1}\beta$ 是 $x+\sqrt{-1}y$ 的函数。由这一定义可以推出

$$\frac{\mathrm{d}\alpha}{\mathrm{d}x}=\frac{\mathrm{d}\beta}{\mathrm{d}y}\text{ 和 }\frac{\mathrm{d}\alpha}{\mathrm{d}y}+\frac{\mathrm{d}\beta}{\mathrm{d}x}=0; \tag{1}$$

$$\frac{\mathrm{d}^2\alpha}{\mathrm{d}x^2}+\frac{\mathrm{d}^2\alpha}{\mathrm{d}y^2}=0,\qquad \frac{\mathrm{d}^2\beta}{\mathrm{d}x^2}+\frac{\mathrm{d}^2\beta}{\mathrm{d}y^2}=0。 \tag{2}$$

由此可见，两个函数都满足拉普拉斯方程，另外还有

$$\frac{d\alpha}{dx}\frac{d\beta}{dy}-\frac{d\alpha}{dy}\frac{d\beta}{dx}=\overline{\frac{d\alpha}{dx}}\Big|^2+\overline{\frac{d\alpha}{dy}}\Big|^2=\overline{\frac{d\beta}{dx}}\Big|^2+\overline{\frac{d\beta}{dy}}\Big|^2=R^2。\tag{3}$$

如果 x 和 y 是直角坐标，而且 ds_1 是曲线 $\beta=$ 常数在曲线(α)和($\alpha+d\alpha$)之间的段落，而 ds_2 是 α 在(β)和($\beta+d\beta$)之间的段落，则有

$$-\frac{ds_1}{d\alpha}=\frac{ds_2}{d\beta}=\frac{1}{R},\tag{4}$$

而各曲线是互相正交的。

如果我们假设势 $V=V_0+k\alpha$，式中 k 是某一常量，则 V 将满足拉普拉斯方程，而各曲线(α)就将是一些等势线。各曲线(β)将是一些力线，而在 xy 平面上的投影是曲线 AB 的一段单位长度的柱面上的面积分就将是 $k(\beta_B-\beta_A)$，此处 β_A 和 β_B 是 β 在曲线二端点上的值。

如果在平面上画出一系列曲线来和按算术级数变化的 α 值相对应，并画出另一系列曲线来和具有相同公共差值的 β 值相对应，则这两组曲线将到处正交；而且，如果公共差值足够小，平面被分成的面积元最终就将是一些小方块，它们的边在场的不同部分将有不同的方向和大小，即反比于 R。

如果两条或更多条等势线(α)是在它们之间围出一个连续空间的闭合曲线，我们就可以把这些曲线看成其势分别为 $V_0+k\alpha_1$、$V_0+k\alpha_2$ 等等的一些导体的表面。其中任一表面上在力线(β_1)和(β_2)之间的电量，将是 $\frac{k}{4\pi}(\beta_2-\beta_1)$。

因此，两个导体之间的等势线的数目，就指示它们之间的势差，而从一个导体出发的力线的数目，就将指示导体上的电量。

其次我们就必须叙述几条有关共轭函数的最重要的定理，而在证明这些定理时我们或是利用包含着微分系数的方程组(1)，或是利用涉及虚数符号的原始定义。

184.〕 **定理一** 如果 x' 和 y' 是对 x 和 y 而言的共轭函数，而 x'' 和 y'' 也是对 x 和 y 而言的共轭函数，则 $x'+x''$ 和 $y'+y''$ 也将是对 x 和 y 而言的共轭函数。

因为，$\frac{dx'}{dx}=\frac{dy'}{dy}$，而 $\frac{dx''}{dx}=\frac{dy''}{dy}$；故有 $\frac{d(x'+x'')}{dx}=\frac{d(y'+y'')}{dy}$。又因 $\frac{dx'}{dy}=-\frac{dy'}{dx}$，$\frac{dx''}{dy}=-\frac{dy''}{dx}$；故有 $\frac{d(x'+x'')}{dy}=-\frac{d(y'+y'')}{dx}$；或者说 $x'+x''$ 和 $y'+y''$ 是对 x 和 y 而言的共轭函数。

作为二给定函数之和的一个函数的图解表示法

设 x 和 y 的一个函数(α)在 xy 平面上用一系列曲线表示了出来，其中每一条曲线对应于一个 α 值，而各条曲线所对应的值有一个公共差值 δ。

设 x 和 y 的任一另外的函数(β)按同样的办法用一系列曲线表示了出来，各曲线对应于一系列和各 α 值有着同样公共差值的 β 值。

于是，为了用同样方式把函数($\alpha+\beta$)表示出来，我们必须画一系列曲线通过(α)曲线和(β)曲线的交点，从(α)和(β)的交点到($\alpha+\delta$)($\beta-\delta$)的交点，然后到($\alpha+2\delta$)和($\beta-2\delta$)的交点，余类推。在其中每一个交点上，函数将有相同的值，即($\alpha+\beta$)。下一条曲线必须

画得通过(α)和$(\beta+\delta)$的交点、$(\alpha+\delta)$和(β)的交点、$(\alpha+2\delta)$和$(\beta-\delta)$的交点，等等。属于这条曲线的函数值将是$(\alpha+\beta+\delta)$。

按照这种办法，当(α)的曲线系列和(β)的曲线系列已经画出时，$(\alpha+\beta)$的系列就可以被画出。这三组曲线可以分别画在透明的纸上，而当把第一组和第二组适当地重叠起来时，第三组曲线就可以画出。

用这种相加的办法来对共轭函数进行组合，我们就能毫不困难地画出许多有趣事例的图形，如果我们知道怎样画它们所由组成的更简单事例的图形的话。然而我们却有一种更加有力得多的变换解的方法，这依赖于下述的定理。

185.〕 **定理二** 如果x''和y''是对变数x'和y'而言的共轭函数，而x'和y'是对x和y而言的共轭函数，则x''和y''将是对x和y而言的共轭函数。

因为$\frac{dx''}{dx}=\frac{dx''}{dx'}\frac{dx'}{dx}+\frac{dx''}{dy'}\frac{dy'}{dx}=\frac{dy''}{dy'}\frac{dy'}{dy}+\frac{dy''}{dx'}\frac{dx'}{dy}=\frac{dy''}{dy}$；而且$\frac{dx''}{dy}=\frac{dx''}{dx'}\frac{dx'}{dy}+\frac{dx''}{dy'}\frac{dy'}{dy}=-\frac{dy''}{dy'}\frac{dy'}{dx}-\frac{dy''}{dx'}\frac{dx'}{dx}=-\frac{dy''}{dx}$；而这就是$x''$和$y''$应为$x$和$y$的共轭函数的条件。

这一点也可以根据共轭函数的原始定义来证明。因为$x''+\sqrt{-1}\,y''$是$x'+\sqrt{-1}\,y'$的函数，而$x'+\sqrt{-1}\,y'$是$x+\sqrt{-1}\,y$的函数。由此就知道$x''+\sqrt{-1}\,y''$是$x+\sqrt{-1}\,y$的函数。

同样我们也可以证明，如果x'和y'是x和y的共轭函数，则x和y是x'和y'的共轭函数。

这一定理可以图解地诠释如下：

设把x'和y'看成直角坐标，并设在纸上画出了按算术级数取值的x''和y''的曲线。这样就有两组曲线把纸面分成小的方块。设纸上还有一些等距的水平线和竖直线，上面标有对应的x'值和y'值。

其次，设用另一张纸，在上面画出x和y作为直角坐标，并画出x'和y'的两组曲线，每一条曲线上都标有对应的x'值或y'值。这一个曲线坐标系将和第一张纸上的直角坐标系x'、y'一点一点地互相对应。

因此，如果我们在第一张纸上的x''曲线上取任意数目的点，并注意这些点上的x'值和y'值，然后在第二张纸上标出对应的点，我们就将找到变换后的x''曲线上的若干个点。如果我们在第一张纸上对x''的和y''的曲线全都这么做，我们就将在第二张纸上得出形式不同的x''曲线和y''曲线，这些曲线具有相同的把纸面分成小方块的性质。

186.〕 **定理三** 如果V是x'和y'的任一函数，而x'和y'是x和y的共轭函数，则$\iint\left(\frac{d^2V}{dx^2}+\frac{d^2V}{dy^2}\right)dx\,dy=\iint\left(\frac{d^2V}{dx'^2}+\frac{d^2V}{dy'^2}\right)dx'dy'$，式中两端的积分限相同。

因为，$\frac{dV}{dx}=\frac{dV}{dx'}\frac{dx'}{dx}+\frac{dV}{dy'}\frac{dy'}{dx}$，$\frac{d^2V}{dx^2}=\frac{d^2V}{dx'^2}\left(\frac{dx'}{dx}\right)^2+2\frac{d^2V}{dx'dy'}\frac{dx'}{dx}\frac{dy'}{dx}+\frac{d^2V}{dy'^2}\left(\frac{dy'}{dx}\right)^2+\frac{dV}{dx'}\frac{d^2x'}{dx^2}+\frac{dV}{dy'}\frac{d^2y'}{dx^2}$；而且$\frac{d^2V}{dy^2}=\frac{d^2V}{dx'^2}\left(\frac{dx'}{dy}\right)^2+2\frac{d^2V}{dx'dy'}\frac{dx'}{dy}\frac{dy'}{dy}+\frac{d^2V}{dy'^2}\left(\frac{dy'}{dy}\right)^2+\frac{dV}{dx'}\frac{d^2x'}{dy^2}+\frac{dV}{dy'}\frac{d^2y'}{dy^2}$。

把最后二式相加并记得共轭函数的定义(1)，我们就得到

$$\frac{d^2V}{dx^2}+\frac{d^2V}{dy^2}=\frac{d^2V}{dx'^2}\left\{\left(\frac{dx'}{dx}\right)^2+\left(\frac{dx'}{dy}\right)^2\right\}+\frac{d^2V}{dy'^2}\left\{\left(\frac{dy'}{dx}\right)^2+\left(\frac{dy'}{dy}\right)^2\right\},$$

$$=\left(\frac{d^2V}{dx'^2}+\frac{d^2V}{dy'^2}\right)\left(\frac{dx'}{dx}\frac{dy'}{dy}-\frac{dx'}{dy}\frac{dy'}{dx}\right)。$$

由此就有 $\iint\left(\frac{d^2V}{dx^2}+\frac{d^2V}{dy^2}\right)dx\,dy=\iint\left(\frac{d^2V}{dx'^2}+\frac{d^2V}{dy'^2}\right)\left(\frac{dx'}{dx}\frac{dy'}{dy}-\frac{dx'}{dy}\frac{dy'}{dx}\right)dx\,dy=\iint\left(\frac{d^2V}{dx'^2}+\frac{d^2V}{dy'^2}\right)dx'dy'$。

如果 V 是一个势，则由泊松方程得到 $\frac{d^2V}{dx^2}+\frac{d^2V}{dy^2}+4\pi\rho=0$，从而我们可以把结果写成 $\iint\rho\,dx\,dy=\iint\rho'\,dx'dy'$，或者说，如果一个体系的坐标是另一体系的坐标的共轭函数，则二体系的对应部分上的电量是相同的。

关于共轭函数的其他定理

187.〕 **定理四** 如果 x_1 和 y_1，以及 x_2y_2 是 x 和 y 的共轭函数，并有 $X=x_1x_2-y_1y_2$，$Y=x_1y_2+x_2y_1$，则 X 和 Y 将是 x 和 y 的共轭函数。因为 $X=\sqrt{-1}Y=(x_1+\sqrt{-1}y_1)(x_2+\sqrt{-1}y_2)$。

定理五 如果 φ 是方程 $\frac{d^2\varphi}{dx^2}+\frac{d^2\varphi}{dy^2}=0$，的一个解，并有 $2R=\log\left(\overline{\frac{d\varphi}{dx}}\Big|^2+\overline{\frac{d\varphi}{dy}}\Big|^2\right)$， 和 $\Theta=-\tan^{-1}\frac{\frac{d\varphi}{dx}}{\frac{d\varphi}{dy}}$，则 R 和 Θ 将是 x 和 y 的共轭函数。因为 R 和 Θ 是 $\frac{d\varphi}{dy}$ 和 $\frac{d\varphi}{dx}$ 的共轭函数，而这些又是 x 和 y 的共轭函数。

例一——反演

188.〕 作为普遍的变换法的一个例子，让我们采取二维空间中的反演这一事例。

如果 O 是空间中的一个固定点，而 OA 是一个固定方向，而且 $r=OP=ae^{\theta}$ 而 $\theta=AOP$，此外并设 x、y 是 P 对 O 而言的直角坐标，

$$\left.\begin{aligned}\rho&=\log\frac{1}{a}\sqrt{x^2+y^2},\quad \theta=\tan^{-1}\frac{y}{x},\\ x&=ae^{\rho}\cos\theta,\quad y=ae^{\rho}\sin\theta,\end{aligned}\right\}\tag{5}$$

于是 ρ 和 θ 就是 x 和 y 的共轭函数。

如果 $\rho'=n\rho$ 而 $\theta'=n\theta$，则 ρ' 和 θ' 将是 ρ 和 θ 的共轭函数。在 $n=-1$ 的事例中，我们有

$$r'=\frac{a^2}{r},\quad 和\ \theta'=-\theta,\tag{6}$$

这就是普通的反演再加上图形从 OA 开始的 180°转动。

二维空间中的反演

在这一事例中，如果 r 和 r' 代表对应点到 O 的距离，e 和 e' 代表物体的总电量，S 和 S' 代表面积元，V 和 V' 代表体积元，σ 和 σ' 代表面密度，ρ 和 ρ' 代表体密度，φ 和 φ' 代表对应的势，则有

$$\left.\begin{array}{l}\dfrac{r'}{r}=\dfrac{S'}{S}=\dfrac{a^2}{r^2}=\dfrac{r'^2}{a^2},\dfrac{V'}{V}=\dfrac{a^4}{r^4}=\dfrac{r'^4}{a^4},\\ \dfrac{e'}{e}=1,\dfrac{\sigma'}{\sigma}=\dfrac{r^2}{a^2}=\dfrac{a^2}{r'^2},\dfrac{\rho'}{\rho}=\dfrac{r^4}{a^4}=\dfrac{a^4}{r'^4},\\ \text{而按照假说，}\varphi'\text{ 是通过用新的变数来表示}\\ \text{旧的变数而从 }\varphi\text{ 得出的，故有}\dfrac{\varphi'}{\varphi}=1\text{。}\end{array}\right\}\tag{7}$$

例二——二维空间中的电像

189.〕 设 A 是一个处于零势的半径 $AQ=b$ 的圆的中心，而 E 是一个位于 A 的电荷，则任一点 P 上的势是

$$\varphi=2E\log\frac{b}{AP};\tag{8}$$

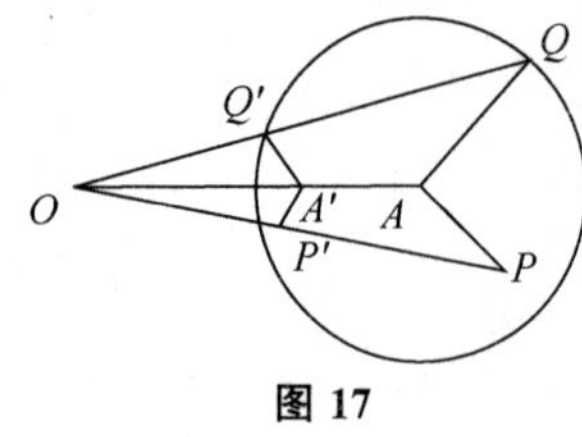

图 17

而如果此圆是一个中空导体圆柱的截面，则任意点 Q 上的面密度是 $-\dfrac{E}{2\pi b}$。

相对于一个点 O 来对这一体系进行反演，令 $AO=mb$，和 $a^2=(m^2-1)b^2$；则圆反演为它自己，而我们在 A' 有一个等于 A 点电荷的电荷，此处 $AA'=\dfrac{b}{m}$。

Q' 点的密度是 $-\dfrac{E}{2\pi b}\dfrac{b^2-\overline{AA'}^2}{A'Q'^2}$，而圆内任一点 P' 上的势是

$$\varphi'=\varphi=2E(\log b-\log AP)=2E(\log OP'-\log A'P'-\log m)\text{。}\tag{9}$$

这和一个势相等价，该势起源于 A' 点的一个电荷 E 和 O 点的一个电荷 $-E$，后一电荷是 A' 对圆而言的像。因此 O 点上的想象电荷就和 A' 点上的电荷相等而反号。

如果 P' 点是用它的相对于圆心的极坐标来确定的，而且我们令 $\rho=\log r-\log b$，和 $\rho_0=\log AA'-\log b$，

就有

$$AP'=be^{\rho},\quad AA'=be^{\rho_0},\quad AO=be^{-\rho_0};\tag{10}$$

而点 (ρ,θ) 上的势就是

$$\varphi=E\log(e^{-2\rho_0}-2e^{-\rho_0}e^{\rho}\cos\theta+e^{2\rho})-E\log(e^{2\rho_0}-2e^{\rho_0}e^{\rho}\cos\theta+e^{2\rho})+2E_{\rho0}\text{。}\tag{11}$$

这就是由放在点 $(\rho_0,0)$ 上的一个电荷 E 所引起的势，其条件是当 $\rho=0$ 时 $\varphi=0$。

在这一事例中，ρ 和 θ 就是方程(5)中的共轭函数：ρ 就是一点的矢径和圆的半径之比的对数，而 θ 是一个角。

圆心是这一坐标系中的唯一奇点，而沿一条闭合曲线的线积分 $\int\frac{d\theta}{ds}ds$ 是零或 2π，全

看闭合曲线是不包围或包围圆心而定。

例三——这一事例的诺依曼变换*

190.〕 现在设 α 和 β 是 x 和 y 的任意共轭函数，使得(α)曲线是由一个体系引起的等势线而(β)曲线是力线；该体系包括放在原点上的每单位长度上为二分之一单位的电荷，和在离原点有一定距离处按任意方式放置的一个带电体系。

让我们假设，势为 α_0 的那条曲线是一条闭合曲线，而且除了原点处的二分之一单位的电荷以外带电体系的任何部分都不在曲线之内。

于是这一曲线和原点之间的一切(α)线都将是围绕原点的闭合曲线，而所有的(β)线都将相交于原点并和(α)线相正交。

曲线(α_0)内任一点的坐标将取决于该点的 α 值和 β 值，而如果该点沿着正方向在其中一条(α)线上运动，则每运动一周 β 值就将增加 2π。

如果现在我们假设曲线(α_0)是一个任意形状的中空导体的内表面，并假设该导体在线密度为 E 的一条以原点为其投影的直线电荷的影响下保持于零势，我们就可以把外部带电体系排除于考虑之外，而关于曲线(α_0)内任一点的势就有 $\varphi = 2E(\alpha - \alpha_0)$， (12)

而关于曲线 α_0 上任意和 β_1 及 β_2 相对应的二点之间的部分上的电量则有

$$Q = \frac{1}{2\pi}E(\beta_1 - \beta_2)。 \tag{13}$$

如果利用这种办法或任意别的办法而当电荷放在取为原点的一个给定点上时确定了给定截面上一条曲线上的势分布，我们就可以利用普遍的变换法来过渡到电荷放在任意别的点上的事例。

设电荷所在点的 α 值和 β 值是 α_1 和 β_2 则在方程(11)中把 ρ 代成 $\alpha - \alpha_0$，把 ρ_0 代成 $\alpha_1 - \alpha_0$(在表面 $\alpha = \alpha_0$ 上二者都等于零)，并把 θ 代成 $\beta - \beta_1$，我们就得到坐标为 α 和 β 的任一点上的势

$$\begin{aligned} \varphi = & E\log(1 - 2e^{\alpha+\alpha_1-2\alpha_0}\cos(\beta - \beta_1) + e^{2(\alpha+\alpha_1-2\alpha_0)}) \\ & - E\log(1 - 2e^{\alpha-\alpha_1}\cos(\beta - \beta_1) + e^{2(\alpha-\alpha_1)}) - 2E(\alpha_1 - \alpha_0)。 \end{aligned} \tag{14}$$

这一势的表示式当 $\alpha = \alpha_0$ 时变为零，而且在曲线 α_0 内除(α_0，β_0)点以外的任何点上都为有限和连续；在(α_0，β_0)点上，第二项变为无限大，而在该点的邻域中，这一项趋于 $-2E\log r'$，此处 r' 是到该点的距离。

因此我们就得到了一种手段，当位于任一其他点上的电荷的问题的解为已知时，可以导出位于一条闭合曲线内的任一点上的一个电荷的格林问题的解。

放在一点(α_1，β_1)上的一个电荷 E 在曲线 α_0 上介于 β 和 $\beta + d\beta$ 二点之间的线段元上感应出来的电荷，按照第 183 节的符号就是 $-\frac{1}{4\pi}\frac{d\varphi}{ds_1}ds_2$，式中 ds 是向内测量的，而且在微分以后要令 α 等于 α_0。

由第 183 节的(4)式，此式变为 $\frac{1}{4\pi}\frac{d\varphi}{d\alpha}d\beta$， ($\alpha = \alpha_0$)；

---

* 见 Crelle's *Journal*，lix. P. 335，1861，并见 Schwarz Crelle，lxxiv. p. 218，1872。

即 $$-\frac{E}{2\pi}\frac{1-e^{2(\alpha_1-\alpha_0)}}{1-2e^{(\alpha_1-\alpha_0)}\cos(\beta-\beta_1)+e^{2(\alpha_1-\alpha_0)}}d\beta。\tag{15}$$

由这一表示式，当闭合曲线的每一点上的势已经作为 β 的函数而被给出，而在闭合曲线内又不存在电荷时，我们就可以求出闭合曲线内任一点(α_1,β_1)上的势。

因为，由第 86 节可知，由于使闭合曲线上的一段 $d\beta$ 保持在势 V 而在(α_1,β_1)上引起的那一部分势是 nV，此处 n 是由(α_1,β_1)上的一个单位电荷在 $d\beta$ 上感应出来的电荷。因此，如果 V 是在闭合曲线的一点上作为 β 的函数而定义的势，而 φ 是闭合曲线之内的点(α_1,β_1)上的势，而且该曲线内又不存在电荷，则有

$$\varphi=\frac{1}{2\pi}\int_0^{2\pi}\frac{(1-e^{2(\alpha_1-\alpha_0)})Vd\beta}{1-2e^{(\alpha_1-\alpha_0)}\cos(\beta-\beta_1)+e^{2(\alpha_1-\alpha_0)}}。\tag{16}$$

例四——两个平面相交而形成的导体的棱线附近的电分布

191.〕 在导体有一个无限平面 $y=0$ 沿 y 的负方向伸向无限远处并带有面密度为 σ_0 的电荷的事例中，我们求得离平面的距离为 y 处的势是 $V=C-4\pi\sigma_0 y$，式中 C 是势在导体本身上的值。

在平面上取一条直线作为极轴并变换到极坐标，我们就得到势的表示式 $V=C-4\pi\sigma_0 a e^{\rho}\sin\theta$，而在宽为一单位而沿着极轴测量的长为 ae^{ρ} 的一个长方形上，电量就是 $E=\sigma_0 a e^{\rho}$。

其次让我们令 $\rho=n\rho'$ 而 $\theta=n\theta'$，则由于 ρ' 和 θ' 是与 ρ 和 θ 共轭的，方程 $V=C-4\pi\sigma_0 a e^{n\rho'}\sin n\theta'$，$E=\sigma_0 a e^{n\rho'}$ 就表示势和电的一种可能的分布。

如果我们把 $ae^{\rho'}$ 改写成 r，则 r 将是离轴的距离；我们也可以不用 θ' 而用 θ 来代表角度。于是我们就将得到 $V=C-4\pi\sigma_0\frac{r^n}{a^{n-1}}\sin n\theta$，$E=\sigma_0\frac{r^n}{a^{n-1}}$。每当 $n\theta$ 等于 π 或 π 的倍数时，V 就将等于 C。

设棱线是导体的一个凸角，其二平面的夹角是 α，则电介质的角是 $2\pi-\alpha$，因此当 $\theta=2\pi-\alpha$ 时点就是在导体的另一个面上的。因此我们必须令 $n(2\pi-\alpha)=\pi$，或 $n=\frac{\pi}{2\pi-\alpha}$。

于是就有 $V=C-4\pi\sigma_0 a\left(\frac{r}{a}\right)^{\frac{\pi}{2\pi-\alpha}}\sin\frac{\pi\theta}{2\pi-\alpha}$，$E=\sigma_0 a\left(\frac{r}{a}\right)^{\frac{\pi}{2\pi-\alpha}}$。

在离棱线任一距离 r 处，面密度是 $\sigma=\frac{dE}{dr}=\frac{\pi}{2\pi-\alpha}\sigma_0\left(\frac{r}{a}\right)^{\frac{\alpha-r}{2\pi-\alpha}}$。

当角为一凸角时，α 小于 π，从而面密度就随离棱线距离 r 的某一负数幂而变，从而在棱线本身上密度就变为无限大，尽管从棱线计算到任何有限距离处的总电荷永远是有限的。

例如，当 $\alpha=0$ 时棱角就是无限尖锐的，像一个数学平面的边沿那样。在这一事例中，密度和离棱线的距离的平方根成反比。

当 $\alpha=\frac{\pi}{3}$ 时，棱角有如一个等边三棱镜的角，而密度则和距离的 $\frac{2}{5}$ 次幂成反比。

当 $\alpha=\frac{\pi}{2}$ 时，棱角是一个直角，而密度则和距离的立方根成反比。

当 $\alpha=\frac{2\pi}{3}$时，棱角有如一个正六角柱的角，而密度则和距离的四次方根成反比。

当 $\alpha=\pi$ 时，棱线不存在，而密度则为常量。

当 $\alpha=\frac{4\pi}{3}$时，棱角有如六角柱外面的角，而密度则和离棱线的距离的平方根成正比。

当 $\alpha=\frac{3\pi}{2}$时，棱角是一个反向直角，而密度正比于离棱线的距离。

当 $\alpha=\frac{5\pi}{2}$时，棱角是 60°的反向角，而密度正比于离棱线距离平方。

事实上，在密度在任一点上变为无限大的一切事例中，都在该点有向电介质中的放电，正如在第 55 节中解释过的那样。

例五——椭圆和双曲线。图版 10

192.〕 我们看到，如果
$$x_1=e^{\varphi}\cos\psi,\quad y_1=e^{\varphi}\sin\psi, \tag{1}$$
则 x_1 和 y_1 将是 φ 和 ψ 的共轭函数。

另外，如果
$$x_2=e^{-\varphi}\cos\psi,\quad y_2=-e^{-\varphi}\sin\psi, \tag{2}$$
则 x_2 和 y_2 将是 φ 和 ψ 的共轭函数。由此可知，如果
$$2x=x_1+x_2=(e^{\varphi}+e^{-\varphi})\cos\psi,\quad 2y=y_1+y_2=(e^{\varphi}-e^{-\varphi})\sin\psi, \tag{3}$$
则 x 和 y 也将是 φ 和 ψ 的共轭函数。

在这一事例中，φ 为常数的各点位于一个椭圆上，椭圆的轴是 $e^{\varphi}+e^{-\varphi}$ 和 $e^{\varphi}-e^{-\varphi}$。

ψ 为常数的各点位于双曲线上，其轴为 $2\cos\psi$ 和 $2\sin\psi$。

在 x 轴上，在 $x=-1$ 和 $x=+1$ 之间，有
$$\varphi=0,\quad \psi=\cos^{-1}x。\tag{4}$$

在 x 轴上，在上述界限外面的两侧，我们有
$$\begin{aligned}&x>1,\quad \psi=2n\pi,\quad \varphi=\log(x+\sqrt{x^2-1}),\\&x<-1,\quad \psi=(2n+1)\pi,\quad \varphi=\log(\sqrt{x^2-1}-x)。\end{aligned}\tag{5}$$

因此，如果 φ 是势函数而 ψ 是流函数，我们就有这样的事例：电在 -1 和 $+1$ 二点间的空间中从 x 轴的正侧流向负侧，x 轴上这个界限以外的部分是不允许电通过的。

在这一事例中，既然 y 轴是一条流线，我们可以假设它也是不允许电荷越过的。

我们也可以把各椭圆看成等势面的截线，那些等势面由一个宽度为 2 的无限长的导体片所引起，导体的每单位长度上带有二分之一个单位的电荷。{这里包括导体片的两个表面上带的电荷。}

如果我们令 ψ 为势函数而 φ 为流函数，事例就变成这样：在一个无限大的平面上切除了宽度为 2 的一条，剩下的部分一边充电到势 π 而另一边则保持为零势。

这些事例可以看成在第十章中处理了的二次曲面的特例。各曲线的形式在图版 10 中给出。

例六——图版 11

193.〕 其次让我们把 x'和 y'看成 x 和 y 的函数，此处

$$x' = b\log\sqrt{x^2+y^2}, \quad y' = b\tan^{-1}\frac{y}{x}, \tag{6}$$

这时 x' 和 y' 也将是第 192 节中的 φ 和 ψ 的共轭函数。

由相对于这些新坐标作出的图版 10 的变换而得到的曲线，在图版 11 中给出。

如果 x' 和 y' 是直角坐标，则第一个图中的 x 轴的那些性质在第二个图中将属于一系列平行于 x' 轴的直线 $y'=bn'\pi$，式中 n' 是一个任意整数。

这些线上的正 x' 值将和大于 1 的 x 值相对应，而正如我们已经看到的那样，对于这些值有

$$\psi = n\pi, \quad \varphi = \log(x+\sqrt{x^2-1}) = \log\left(e^{\frac{x'}{b}}+\sqrt{e^{\frac{2x'}{b}}-1}\right)。 \tag{7}$$

同一些线上的负 x' 值将和小于 1 的 x 值相对应，而我们已经看到，对于这些值有

$$\varphi = 0, \quad \psi = \cos^{-1}x = \cos^{-1}e^{\frac{x'}{b}}。 \tag{8}$$

第一个图中的 y 轴的那些性质，在第二个图中将属于一系列平行于 x' 轴的直线，它们的方程是

$$y' = b\pi\left(n'+\frac{1}{2}\right)。 \tag{9}$$

沿着这些线，ψ 的值在一切正的和负的点上都是 $\psi=\pi\left(n+\frac{1}{2}\right)$，而且

$$\varphi = \log(y+\sqrt{y^2+1}) = \log\left(e^{\frac{x'}{b}}+\sqrt{e^{\frac{2x'}{b}}+1}\right)。 \tag{10}$$

[φ 和 ψ 为常数的那些曲线，可按方程

$$x' = \frac{1}{2}b\log\frac{1}{4}(e^{2\varphi}+e^{-2\varphi}+2\cos2\psi), y' = b\tan^{-1}\left(\frac{e^{\varphi}-e^{-\varphi}}{e^{\varphi}+e^{-\varphi}}\tan\psi\right)。$$

直接画出。既然图形按 y' 值的区间 πb 而重复出现，只要在其中一个区间中画出曲线也就够了。

现在，按照是 φ 还是 ψ 随着 y' 而变号，将有两种事例。让我们假设 φ 是这样变号的。这时 ψ 为常数的任何曲线都将对 x' 轴为对称，并在负侧的某点上和该轴正交。如果我们从这个 $\varphi=0$ 的点开始来逐渐增大 φ，曲线就将渐渐弯曲，从起初和 x' 轴正交而在大的 φ 值处终于变得和该轴平行。x' 轴的正值部分是曲线组的一个轴，就是说，ψ 在那儿为零，而且当 $y'=\pm\frac{1}{2}\pi b$ 时 $\psi=\frac{1}{2}\pi$。因此，在 0 到 $\frac{1}{2}\pi$ 的范围内，ψ 有常数值的那些线就形成一组包围着正 x' 轴的曲线。

φ 有常数值的那些曲线和 ψ 曲线组相正交，φ 值的范围是从 $+\infty$ 到 $-\infty$。对于在 x' 轴的上方画出的任一条 φ 曲线来说，φ 值都是正的，在负 x' 轴的部分其值为零；而对于在 x' 轴的下方画出的任何曲线来说，φ 值是负的。

我们已经看到 ψ 组是对 x' 轴为对称的；设 PQR 是任意一条曲线，和该组正交而在直线 $y=\pm\frac{1}{2}\pi b$ 上的端点为 P 和 R，Q 点位于 x' 轴上。这时，曲线 PQR 是对 x' 轴为对称的，但是，如果沿 PQ 的 φ 值是 c，则沿 QR 的 φ 值将是 $-c$。这种 φ 值的不连续性，将在第 195 节所要讨论的事例中用一种电分布来加以说明。

如果我们其次假设不是 φ 而是 ψ 随 y' 而变号，则 φ 值的范围是从 0 到 ∞。当 $\varphi=0$ 时我们有 x' 轴的负值方面，而当 $\varphi=\infty$ 时我们有无限远处的一条垂直于 x' 轴的线。在这二者之间，沿着和 ψ 组正交的任一曲线 PQR，φ 的值在整条曲线上都是常数，并且是正的。

现在，任何的 ψ 值在它的等值线越过负 x' 轴的地方都会经历一次突然的变化，它的

符号将在该处改变。这种不连续性的意义将在第197节中给出。

我们已经说明其画法的那些线，已经画在图版11中，如果我们只看那张图的三分之二，而把最上部的三分之一去掉的话。]

194.〕 如果我们把 φ 看成势函数而把 ψ 看成流函数，我们就可以认为事例是这样的：一个宽度为 πb 的无限长的金属片，有一个不导电的开口从原点向正方向无限延伸，从而把长片的正向部分分成两个分离的通道。我们可以假设这个开口是金属片上的一条狭缝。

如果让一个电流沿着一个通道流走并沿着另一个通道返回，电流的出入点都在原点的正向一方的无限远处，则势和电流的分布将分别由函数 φ 和 ψ 给出。

另一方面，如果我们令 ψ 为势函数而 φ 为流函数，则事例将是这样的：一个电流通过一个长片而沿着 y' 的普遍方向流动，长片上有若干条平行于 x' 的不导电的开口，从 y' 轴向负方向延伸到无限远处。

195.〕 我们也可以把结果应用于两个重要的静电事例。

(1) 设把一个平面片状的导体，以一条直线为边而在其他方向则无限延伸，放在 xz 平面上原点的正侧，并设有两个无限大的导电平面和它平行地放着，在两侧各离开一个距离 $\frac{1}{2}\pi b$。这时，如果 ψ 是势函数，则它的值在中间导体上是零，而在两侧导体上则是 $\frac{1}{2}\pi$。

让我们考虑中间导体的一个部分上的电量，该部分在 z 方向上延伸到一个距离1并从原点延伸到 $x'=a$。

这一长条的从 x'_1 延伸到 x'_2 的那一部分上的电量是 $\frac{1}{4\pi}(\varphi_2-\varphi_1)$。

因此，从原点到 $x'=a$，中间平板的一面上的电量就是 $E=\frac{1}{4\pi}\log\left(e^{\frac{a}{b}}+\sqrt{e^{\frac{2a}{b}}-1}\right)$。 (11)

如果 a 比 b 大得多，此量就变成 $$E=\frac{1}{4\pi}\log 2e^{\frac{a}{b}}=\frac{a+b\ln 2}{4\pi b}。\tag{12}$$

由此可见，以一个直棱为界的平面上的电量，大于以它在离边界有一距离的同一面密度而均匀带电时的电量，而且等于它向实际边界以外延伸一个宽度 $b\ln 2$ 并具有相同的均匀面密度时的电量。

这种想象的均匀分布在图版11中用虚直线表出。竖直的线代表力线，而水平的线代表等势面，所根据的假说是，在沿各方向延伸到无限远处的两个平面上，密度都是均匀的。

196.〕 电容器有时是这样做成的：一块平板放在两块平行平板的正中间，而那块平板在各个方向上都比中间的一块延伸得远得多。如果中间平板的边界线的曲率半径比平板间的距离大得多，我们就可以把边界线近似地看成直线，并这样来计算电容器的电容：假设中间平板沿着边界线延伸出去了宽度均匀的一条，并假设延伸了的平板上的面宽度和不靠延边界处的面密度相同。

于是，如果 S 是该板的实际面积，L 是它的周长而 B 是二大板之间的距离，我们就有

$$b=\frac{1}{\pi}B,\tag{13}$$

而增加的长条的宽度就是

$$a=\frac{\ln 2}{\pi}B,\tag{14}$$

从而延伸面积是

$$S'=S+\frac{\ln 2}{\pi}BL。\tag{15}$$

中间平板的一面的电容是 $$\frac{1}{2\pi}\frac{S'}{B}=\frac{1}{2\pi}\left\{\frac{S}{B}+L\ \frac{1}{\pi}\ln 2\right\}。\tag{16}$$

平板厚度的改正

既然中间平板通常有一个和板间距离相比是不可忽略的厚度，我们就可以通过假设中间平板的截面和曲线 $\psi=\psi'$ 相对应，来对这一事例的事实得到一种更好的表示。

在离边沿有一定距离处，平板将具有近似均匀的厚度 $\beta=2b\psi'$，但是在靠近边沿处则厚度将是渐变的。

平板的实际边沿的位置，通过令 $y'=0$ 来求得，由此即得 $x'=b\ln\cos\psi'$。 (17)

这一边沿上的 φ 值是零，而在 $x'=\alpha$ 的一点上（α/b 很大），它近似地是 $\dfrac{a+b\ln 2}{b}$。

因此，总起来看，板上的电量就和下述情况下的电量相同：板面积增加了宽度为

$$\frac{B}{\pi}\left(\ln 2+\ln\cos\frac{\pi\beta}{2B}\right)，即\frac{B}{\pi}\ln\left(2\cos\frac{\pi\beta}{2B}\right)\tag{18}$$

的一条，而面密度则假设为到处都和离边沿有一定距离处的面密度相同。

靠近边沿处的面密度

板上任一点处的面密度是

$$\begin{aligned}\frac{1}{4\pi}\frac{\mathrm{d}\varphi}{\mathrm{d}x'}&=\frac{1}{4\pi b}\frac{\mathrm{e}^{\frac{x'}{b}}}{\sqrt{\mathrm{e}^{\frac{2x'}{b}}-1}}\\&=\frac{1}{4\pi b}\left(1+\frac{1}{2}\mathrm{e}^{-\frac{2x'}{b}}+\frac{3}{8}\mathrm{e}^{-\frac{4x'}{b}}+\cdots\right)。\end{aligned}\tag{19}$$

当 x' 增大时，括号中的量很快地趋于 1，因此，在离边沿的距离等于条宽 α 的几倍的地方，实际的密度约比标准密度大了标准密度的 $\frac{1}{2^{2n+1}}$ 倍。

同样我们也能计算无限平面上的密度， $$=\frac{1}{4\pi b}\frac{\mathrm{e}^{\frac{x'}{b}}}{\sqrt{\mathrm{e}^{\frac{2x'}{b}}+1}}。\tag{20}$$

当 $x'=0$ 时，密度是标准密度的 $2^{-\frac{1}{2}}$ 倍。

在正方向上 n 倍条宽的地方，密度约比标准密度小了标准密度的 $\frac{1}{2^{2n+1}}$ 倍。

在负方向上 n 倍条宽的地方，密度约为标准密度的 $\frac{1}{2^n}$ 倍。

这些结果指示了当把这种方法应用于有限广延的平板或在离边沿不远处有些不规则性的平板时可以指望得到的准确度。在一个无限系列的等距排列的相似平板，而各板的势交替地是 $+V$ 和 $-V$ 的事例中，同样的分布也将存在。在这一事例中，我们必须取板间的距离等于 B。

197.〕 (2) 我们即将考虑的第二个事例，就是一系列无限多个平行于 $x'z$ 而距离为 $B=\pi b$ 的平面的事例，各平面都被 $y'z$ 平面所截断，从而它们只向这一平面的负侧延伸过去。

让我们考虑 φ 等于常数的那些曲线。

当 $y'=n\pi b$ 时，也就是在每一平面的延伸部分上，我们有 $x' = b\log\frac{1}{2}(e^{\varphi}+e^{-\varphi})$，(21)

当 $y'=(n+\frac{1}{2})\pi b$ 时，也就是中间位置上，则有 $x'=b\log\frac{1}{2}(e^{\varphi}-e^{-\varphi})$。(22)

因此，当 φ 很大时，φ 为常数的曲线就是一种振动曲线，它离 y' 轴的平均距离近似地是

$$a=b(\varphi-\ln 2),\tag{23}$$

而在这条线的两侧，振幅是

$$\frac{1}{2}b\log\frac{e^{\varphi}+e^{-\varphi}}{e^{\varphi}-e^{-\varphi}}6。\tag{24}$$

当 φ 很大时，此式变为 $be^{-2\varphi}$，从而曲线趋近于一条平行于 y' 轴而在正值一侧离该轴一个距离 a 的直线。

如果我们假设一个平面 $x'=a$ 被保持于恒定的势，而那一系列平行平面被保持于一个不同的势，则由于 $b\varphi=a+b\ln 2$，平面上的感生电的面密度将等于由平行于它本身的一个平面所感应出来的面密度，该平面的势等于那一系列平面的势，但是它的距离却比那些平面的边沿的距离大 $b\ln 2$。

如果 B 是那一系列平面中二平面间的距离，则 $B=\pi b$，于是增加的距离就是

$$a=B\frac{\ln 2}{\pi}。\tag{25}$$

198.〕 其次让我们考虑包括在两个等势面之间的空间，其中一个等势面包括一列平行波，而另一个对应于大 φ 值的等势面则可以看成近似的平面。

如果 D 是这些振动从峰点到谷点的深度，则我们求得的对应 φ 值是

$$\varphi=\frac{1}{2}\log\frac{e^{\frac{D}{b}}+1}{e^{\frac{D}{b}}-1}。\tag{26}$$

波峰上的 x' 值是

$$b\log\frac{1}{2}(e^{\varphi}+e^{-\varphi})。\tag{27}$$

由此可见*，如果 A 是从波峰到对面平面的距离，则由平面和波形面组成的体系的电容和两个相距为 $A+\alpha'$ 的平面的电容相同，此处

$$a'=\frac{B}{\pi}\ln\frac{2}{1+e^{-\pi\frac{D}{B}}}。\tag{28}$$

199.〕 如果在一个导体上作出单独一条这种形状的沟槽，而其余部分的表面则是平面，而且另一个导体是位于距离 A 处的一个平面，则一个导体相对于另一导体的电容将减小。这一减量将小于由 n 条并列的这种沟槽所引起的减量的 $\frac{1}{n}$，因为后一事例中导体之间的平均电力将比前一事例中的为小，从而每一沟槽表面上的感应作用都将由于有相邻的沟槽而减小。

如果 L 是沟长，B 是沟宽而 D 是沟深，则对面平面的一个面积为 S 的部分的电容将是

$$\frac{S-LB}{4\pi A}+\frac{LB}{4\pi(A+a')}=\frac{S}{4\pi A}-\frac{LB}{4\pi A}\cdot\frac{a'}{A+a'}。\tag{29}$$

---

* 设 Φ 是平面的势，而 φ 是波形曲面的势。平面上单位面积的电量是 $1\div 4\pi b$，从而电容近似地等于 $1\div 4\pi b\times(\Phi-\varphi)=1\div 4\pi(A+a)$，于是 $A+a'=b(\Phi-\varphi)$。但是 $A+b\log\frac{1}{2}(e^{\varphi}+e^{-\varphi})=b(\Phi-\log 2)$；所以 $a'=-b\varphi+b(\log 2+\log\frac{1}{2}(e^{\varphi}+e^{-\varphi}))=b\log(1+e^{-2\varphi})=b\log\frac{2}{1+e^{-\frac{n}{b}}}$， 据(26)。

如果 A 比 B 或 α' 大得多，则由(28)可知改正量变成 $$\frac{L}{4\pi^2}\frac{B^2}{A^2}\ln\frac{2}{1+e^{-\pi\frac{D}{B}}},\tag{30}$$

而对于一条无限深的缝来说，令 $D=\infty$，改正量就是 $$\frac{L}{4\pi^2}\frac{B^2}{A^2}\ln 2。\tag{31}$$

为了求得一系列平行平面上的面密度，我们必有当 $\varphi=0$ 时 $\sigma=\frac{1}{4\pi}\frac{d\psi}{dx'}$，我们得到

$$\sigma=\frac{1}{4\pi b}\frac{1}{\sqrt{e^{-2\frac{x'}{b}}-1}}。\tag{32}$$

离系列平板的边沿有一距离 A 的平板上的平均密度是 $\bar{\sigma}=\frac{1}{4\pi b}$。因此，在离其中一板的边沿的距离等于 na 处，面密度是这一平均密度的 $\frac{1}{\sqrt{2^{2n}-1}}$ 倍。

200.〕 其次让我们试图从这些结果推出由第 197 节中的图绕 $y'=-R$ 的轴线旋转而成的图形{一个平面前面的一系列同轴圆柱}中的电分布。在这一事例中，泊松方程的形式将是 $$\frac{d^2V}{dx'^2}+\frac{d^2V}{dy'^2}+\frac{1}{R+y'}\frac{dV}{dy'}+4\pi\rho=0。\tag{33}$$

让我们假设 $V=\varphi$，即等于在第 193 节中给出的那个函数，然后由这一方程来确定 ρ 的值。我们知道前两项等于零，从而就有 $$\rho=-\frac{1}{4\pi}\frac{1}{R+y'}\frac{d\varphi}{dy'}。\tag{34}$$

如果我们假设除了已经研究过的面密度以外空间中还按照刚刚叙述的规律存在着一种电分布，则势的分布将由图版 11 中的那些曲线来表示。

现在，由这个图可以看出，$\frac{d\varphi}{dy'}$ 除了在边界附近以外通常是很小的，因此新的分布可以用平板边沿附近的某种面电荷的分布来近似地表示。

因此，如果我们在界限 $y'=0$ 和 $y'=\frac{\pi}{2}b$ 之间以及从 $x'=-\infty$ 到 $x'=+\infty$ 计算积分 $\iint\rho\,dx'dy'$，我们就将求出由曲率引起的平板一面的总的附加电荷。

既然 $\frac{d\varphi}{dy'}=-\frac{d\psi}{dx'}$，我们就有
$$\begin{aligned}\int_{-\infty}^{\infty}\rho\,dx'&=\int_{-\infty}^{\infty}\frac{1}{4\pi}\frac{1}{R+y}\frac{d\psi}{dx'}dx'\\&=\frac{1}{4\pi}\frac{1}{R+y'}(\psi_{\infty}-\psi_{-\infty})\\&=\frac{1}{8}\frac{1}{R+y'}\left(2\frac{y'}{B}-1\right)。\end{aligned}\tag{35}$$

对 y' 求积分，我们就得到

$$\int_0^{\frac{B}{2}}\int_{-\infty}^{\infty}\rho\,dx'dy'=\frac{1}{8}-\frac{1}{8}\frac{2R+B}{B}\log\frac{2R+B}{2R}\tag{36}$$

$$=-\frac{1}{32}\frac{B}{R}+\frac{1}{192}\frac{B^2}{R^2}+\cdots。\tag{37}$$

这就是我们必须假设在其中一个圆柱的单位周长的边沿附近分布在空间中的总电量的一半。既然密度只有在板的边沿附近才是明显的，我们就可以假设所有的电都集中在板的表面上而不会显著地改变它对对面表面的作用，而且在计算该表面和柱面之间的

吸引力时，我们可以假设这种电是属于柱面的。

假如不曾有曲率，则单位长度板的正表面上的表面电荷将是

$$-\int_{-\infty}^{0}\frac{1}{4\pi}\frac{d\varphi}{dy'}dx'=\frac{1}{4\pi}(\psi_0-\psi_{-\infty})=-\frac{1}{8}。$$

因此，如果我们把前面这一整个的分布加在它上面，这一电荷就必须乘上一个因子$\left(1+\frac{1}{2}\frac{B}{R}\right)$才能给出正面的总电荷*。

在一个半径为 R 的圆盘放在两个相距为 B 的两个无限大平行平板的正中间的事例中**我们得到圆盘的电容为

$$\frac{R^2}{B}+2\frac{\ln 2}{\pi}R+\frac{1}{2}B。\tag{38}$$

---

* 既然板的负面上存在一个等于正面电荷的电荷，看来单位周长的柱面上的总电荷似乎是$-\frac{1}{4}\left(1+\frac{1}{4}\frac{B}{R}\right)$，从而关于曲率的改正量是$\left(1+\frac{1}{4}\frac{B}{R}\right)$。而不是像在正文中一样的$\left(1+\frac{1}{2}\frac{B}{R}\right)$。

** [在第 200 节中，当估计总的空间分布时，我们也许可以更正确地把它取作积分$\iint\rho 2\pi(R+y')dx'dy'$；对于单位周长的半径为 R 的边沿来说，此式给出$-\frac{1}{32}\frac{B}{R}$，从而就导致和正文中相同的改正量。

圆盘的事例可以处理如下：

让第 195 节中的图绕着一条垂直于板面并离中板边沿为 $+P$ 的直线而转动一周。于是，边沿就将包络一个圆，这就是圆盘的边沿。正如在第 200 节中一样，我们从泊松方程开始，该方程在这一事例中将是

$$\frac{d^2V}{dy'^2}+\frac{d^2V}{dx'^2}-\frac{1}{R-x'}\frac{dV}{dx'}+4\pi\rho=0。$$

现在我们假设 $V=\psi$，即等于第 195 节中的势函数。因此我们必须假设，板间的区域中存在电荷，其体密度是

$$\frac{1}{4\pi}\frac{1}{R-x'}\frac{d\psi}{dx'}。$$

总量是 $2\int_0^{\frac{B}{2}}\int_{-\infty}^{R}\rho.2\pi(R-x')dx'dy'$。

现在，如果 R 比板间的距离大得多，则通过检视图版 11 中的等势线可以看到这一结果大体上和下式相同，

$$\int_0^{\frac{B}{2}}\int_{-\infty}^{\infty}\frac{d\psi}{dx'}dx'dy'；即-\frac{1}{8}\pi B。$$

如果我们把圆盘的两面都考虑在内，总的面分布就是

$$2\int_0^R\left(-\frac{1}{4\pi}\frac{d\psi}{dy'}\right)_{y'=0}2\pi(R-x')dx'=-\int_0^R(R-x')\left(\frac{d\varphi}{dx'}\right)_{y'=0}dx'=-\int_0^R\varphi_{y'=0}dx'=-\int_0^R\log\left(e^{\frac{x'}{b}}+\sqrt{e^{\frac{2x'}{b}}-1}\right)dx'$$

$$=-\int_0^R\left\{\frac{x'}{b}+\log\left(1+\sqrt{1-e^{-\frac{2x'}{b}}}\right)\right\}dx'=-\frac{\pi R^2}{2b}-\int_0^{\frac{R}{b}}b\log(1+\sqrt{1-e^{-2\xi}})d\xi。$$

为了求出后一积分，令 $\sqrt{1-e^{-2\xi}}=1-t$，于是，如果 R/b 很大，我们就近似地得到

$$\int_0^{\frac{R}{b}}\log(1+\sqrt{1-e^{-2\xi}})d\xi=\frac{1}{2}\int_0^{\frac{1}{2}e^{-\frac{2R}{b}}}\log(2-t)\left(\frac{1}{2-t}-\frac{1}{t}\right)dt=-\frac{1}{4}\{\log 2\}^2-\frac{1}{2}\log 2\left(-\log 2-\frac{2R}{b}\right)-\sum_{n=1}^{n=\infty}\frac{1}{2^{n-1}}\frac{1}{n^2}$$

从而板上的电量就是$=-\frac{R^2}{2b}-R\log 2-\frac{1}{8}\pi B-\frac{b}{4}\{\log 2\}^2+\sum_{n=1}^{n=\infty}\frac{b}{2^{n-1}}\frac{1}{n^2}$。

既然板间的势差是$\frac{\pi}{2}$，而 $B=\pi b$，电容就是$\frac{R^2}{B}+\frac{2}{\pi}R\log 2+\frac{B}{4}+\frac{B}{2\pi^2}(\log 2)^2-\frac{B}{\pi^2}\sum_{n=1}^{n=\infty}\frac{1}{2^n}\frac{1}{n^2}=\frac{\pi^2}{12}-\frac{1}{2}(\log 2)^2$，这一结果比正文中的结果约小 0.28.]

汤姆孙保护环的理论

201.〕 在W.汤姆孙爵士的某些静电计中，一个大平面被保持于一个势，而在离这个表面的距离为A处放了一个半径为R的平面圆盘，它被具有半径R'的并和圆盘同心的一个圆孔的大平板所围绕，这个大平板叫做保护环。圆盘和平板保持在零势。

圆盘和保护环之间的间隔可以看成一条无限深的圆形沟槽，宽度$R'-R$用B来代表。

由大盘上的单位势在圆盘上引起的电荷，如果密度均匀就将是$\frac{R^2}{4A}$。

在一条宽度为B而长度为$L=2\pi R$的无限深的直沟的一边，电荷可以通过从大盘出发而终止在沟一边的力线数目来估计。因此，参照第197节和小注，我们看到电荷将是$\frac{1}{2}LB\times\frac{1}{4\pi b}$，即$\frac{1}{4}\frac{RB}{A+a'}$，因为在这一事例中$\Phi=1,\varphi=0$，从而$b=A+a'$。

但是，既然沟不是直的而是有一个曲率半径R，结果就应该乘上因子$\left(1+\frac{1}{2}\frac{B}{R}\right)$*。

因此，圆盘上的总电荷就是
$$\frac{R^2}{4A}+\frac{1}{4}\frac{RB}{A+a'}\left(1+\frac{1}{2}\frac{B}{R}\right) \tag{39}$$
$$=\frac{R^2+R'^2}{8A}-\frac{R'^2-R^2}{8A}\cdot\frac{a'}{A+a'}。 \tag{40}$$

a'的值不可能大于$\frac{B\log 2}{\pi}=0.22B$，近似地。

如果B和A或R相比是很小的，这一表示式就将给出关于由单位势差在圆盘上引起的电荷的一种足够好的近似。A和R之比可以有任意的值，但是大盘的半径和保护环的半径必须比R大出A的若干倍。

例七——图版12

202.〕 在他的关于非连续流体运动的论文中**，亥姆霍兹曾经指出了若干公式的应用；在那些公式中，坐标被表示成了势及其共轭函数的函数。

其中一个公式可以应用于这一事例：一个有限大小的带电板被放得和一个接地的无限大平面相平行。

既然$x_1=A\varphi$和$y_1=A\psi$以及$x_2=Ae^{\varphi}\cos\psi$和$y_2=Ae^{\varphi}\sin\psi$，都是φ和ψ的共轭函数，通过把x_1和x_2相加以及把y_1和y_2相加而得到的函数就也将是共轭的，由此可见，如果$x=A\varphi+Ae^{\varphi}\cos\psi$，$y=A\psi+Ae^{\varphi}\sin\psi$，则$x$和$y$将对$\varphi$和$\psi$为共轭，而$\varphi$和$\psi$将对$x$和$y$为共轭。

---

* 如果我们把关于曲率的改正量取作$\left(1+\frac{1}{4}\frac{B}{R}\right)$，见第176页的小注，则圆盘上的电荷将比正文中给出的小$B^2/16(A+a')$。

** *Monatsberichte der Königl. Akad. det Wiesenschaften*, zu Berlin, April 23, 1868, p. 215.

现在设 x 和 y 是直角坐标，并设 $k\psi$ 是势函数，这时 $k\varphi$ 就将和 $k\psi$ 相共轭，k 是任意常数。

让我们令 $\psi=\pi$，于是就有 $y=A\pi$，$x=A(\varphi-e^{\varphi})$。

如果 φ 从 $-\infty$ 变到 0，然后从 0 变到 $+\infty$，由 x 从 $-\infty$ 变到 $-A$，然后从 $-A$ 变到 $-\infty$。由此可见，$\psi=\pi$ 的那个等势面就是在离原点的距离为 $b=\pi A$ 处平行于 xz 平面并从 $x=-\infty$ 伸展到 $x=-A$ 的一个平面。

让我们考虑这个平面的一部分，从 $x=-(A+a)$ 伸展到 $x=-A$ 并从 $z=0$ 伸展到 $z=c$；让我们假设它到 xz 平面的距离是 $y=b=A\pi$，而它的势是 $V=k\psi=k\pi$。

所考虑的这一部分平面上的电荷，通过确定它的边界上的 φ 值来求出。

因此我们必须由方程 $x=-(A+a)=A(\varphi-e^{\varphi})$ 来确定 φ；φ 将有一个负值 φ_1 和一个正值 φ_2，在平面的边沿 $x=-A$ 上，$\varphi=0$。

由此可见，平面的一面所带的电荷是 $-ck\varphi_1\div 4\pi$，而其另一面上的电荷是 $ck\varphi_2\div 4\pi$。

这两个电荷都是正的，它们的和是 $\dfrac{ck(\varphi_2-\varphi_1)}{4\pi}$。

如果我们假设 a 比 A 大得多，就有 $\varphi_1=-\dfrac{a}{A}-1+e^{-\frac{a}{A}-1+e^{-\frac{a}{A}-1+\cdots}}$ $\varphi_2=\log\left\{\dfrac{a}{A}+1+\log\left(\dfrac{a}{A}+1+\cdots\right)\right\}$。

如果略去 φ_1 中的指数项，我们就将发现负表面上的电荷大于当面密度为均匀并等于离边界有一距离处的密度时的电荷，二者之差等于宽度为 $A=\dfrac{b}{\pi}$ 并具有均匀面密度的一条面积上的电荷。

所考虑的这一部分平面的总电容是 $C=\dfrac{c}{4\pi^2}(\varphi_2-\varphi_1)$。

总电荷是 CV，指向方程为 $y=0$ 而势为 $\psi=0$ 的无限平面的吸引力是

$$-\frac{1}{2}V^2\frac{\mathrm{d}C}{\mathrm{d}b}=V^2\frac{ac}{8\pi^3A^2}\left(1+\frac{\frac{A}{a}}{1+\frac{A}{a}\log\frac{a}{A}}+e^{-\frac{a}{A}}+\cdots\right)=\frac{V^2c}{8\pi b^2}\left\{a+\frac{b}{\pi}-\frac{b^2}{\pi^2a}\log\frac{a\pi}{b}+\cdots\right\}。$$

等势线和力线在图版 12 中给出。

例八——平行导线栅的理论。图版 13

203.〕 在许多电学仪器中，常用一个导线栅来保护仪器的某些部分，使之不会由于感应而带电，我们知道，如果一个导体被一个和它本身具有相同的势的金属容器所完全包围，则容器外面的任何带电体都不会在导体表面上感应出任何的电荷。然而，当完全被金属包围起来时，一个导体就不能被看到，因此在某些事例中就要在容器上开一个小口，并用细导线的栅网把它盖住。让我们考察一下这个栅在减弱电感应方面的效应。我们将假设栅是由在同一平面内等距排列的一系列平行导线构成的，导线的直径比它们之间的距离小得多，而一边的带电体的最近部分和另一边的被保护的导体之间的距离，则

颇大于相邻导线之间的距离。

204.〕 设一条无限长的直导线在每单位长度上带有电量 λ，则离此导线轴线的距离为 r 处的势是

$$V=-2\lambda\log r'+C。\tag{1}$$

我们可以参照一条轴线来用极坐标表示此式，该轴线离导线的距离是 1；在这种事例中，我们可以令

$$r'^2=1-2r\cos\theta+r^2,\tag{2}$$

而且，如果我们假设参照轴也带有线密度为 λ' 的电荷，我们就会得到

$$V=-\lambda\log(1-2r\cos\theta+r^2)-2\lambda'\log r+C。\tag{3}$$

如果我们现在令

$$r=e^{2\pi\frac{y}{a}},\quad \theta=\frac{2\pi x}{a},\tag{4}$$

则由共轭函数的理论可知，

$$V=-\lambda\log\left(1-2e^{\frac{2\pi y}{a}}\cos\frac{2\pi x}{a}+e^{\frac{4\pi y}{a}}\right)-2\lambda'\log e^{\frac{2\pi y}{a}}+C,\tag{5}$$

式中 x 和 y 是直角坐标，这就将是由一系列无限多条导线所引起的势的值，那些导线在 xz 平面上平行于 z 轴，通过 x 轴上 x 等于 a 的倍数的各点，并平行于和 y 轴相垂直的平面。

其中每一条导线都带有线密度为 λ 的电荷。

含 λ' 的项表示一种带电情况，即在 y 方向上引起一个常力 $\frac{4\pi\lambda'}{a}$ 的情况。

当 $\lambda'=0$ 时，等势面和力线的形式在图版 13 中给出。导线附近的等势面近似地是柱面，因此我们可以认为即使当各导线是直径有限（但比导线间的距离小得多）的圆柱时，解仍然是近似成立的。

离导线较远处的等势面将越来越变得近似于和栅的平面相平行的平面。

如果在方程中令 $y=b_1$ = 一个比 a 大得多的量，我们就近似地得到

$$V_1=-\frac{4\pi b_1}{a}(\lambda+\lambda')+C。\tag{6}$$

如果其次令 $y=-b_2$，而 b_2 是一个比 a 大得多的正量，我们就近似地得到

$$V_2=\frac{4\pi b_2}{a}\lambda'+C。\tag{7}$$

如果 c 是栅上导线的半径，而 c 比 α 小得多，我们就可以假设导线本身和在离 z 轴距离为 c 的地方和 xz 平面相交的等势面重合，而由此求出栅本身的势。因此，为了求出栅的势，我们令 $x=c$ 而 $y=0$，由此即得

$$V=-2\lambda\ln 2\sin\frac{\pi c}{a}+C。\tag{8}$$

205.〕 现在我们已经得到一些表示式，表示着由一个导线栅和两个平面导电表面所构成的体系的电状态，这时导线的直径比它们之间的距离小得多，两个平面位于导线栅的两侧，到栅的距离比导线间的距离大得多。

第一个平面上的面密度 σ_1 由方程(6)得出，

$$4\pi\sigma_1=\frac{dV_1}{db_1}=-\frac{4\pi}{a}(\lambda+\lambda'),\tag{9}$$

第二个平面上的面密度 σ_2 由方程(7)得出，

$$4\pi\sigma_2=\frac{dV_2}{db_2}=\frac{4\pi}{a}\lambda'。\tag{10}$$

如果写出

$$\alpha=-\frac{a}{2\pi}\ln\left(2\sin\frac{\pi c}{a}\right),\tag{11}$$

并由(6)、(7)、(8)、(9)、(10)各式消去 c、λ 和 λ'，我们就得到

$$4\pi\sigma_1\left(b_1+b_2+\frac{b_1b_2}{a}\right)=V_1\left(1+\frac{b_2}{a}\right)-V_2-V\frac{b_2}{a},\tag{12}$$

$$4\pi\sigma_2\left(b_1+b_2+\frac{b_1b_2}{a}\right)=-V_1+V_2\left(1+\frac{b_1}{a}\right)-V\frac{b_1}{a}。\tag{13}$$

当导线是无限地细时，a 就变成无限大，从而以它为分母的各项就不复存在，从而事例就变成两个平行平面而中间没放导线栅的情况。

如果栅是和其中一个平面接通的，例如是和第一个平面接通的，则 $V=V_1$，从而 σ_1 的方程的右端就变成 V_1-V_2。由此可见，放上栅时在第一个平面上感应出来的密度 σ_1 和把栅取走而第二个平面保持相同的势时所将感应出来的密度之比，等于 1 比 $1+\frac{b_1b_2}{a(b_1+b_2)}$。

假如我们曾经假设栅是和第二个表面相接通的，我们也将得到有关栅在减弱第一个表面对第二个表面的电影响方面同样大小的效应。这是显而易见的，因为 b_1 和 b_2 按相同的方式出现在表示式中。这也是第 88 节中的定理的一个直接的结果。

一个带电平面隔着导线栅对另一个带电平面发生的感应作用，和把导线栅取走并把二平面间的距离从 b_1+b_2 增大到 $b_1+b_2+\frac{b_1b_2}{a}$时的感应作用相同。

如果两个平面保持在零势，而栅被充电到一个给定的势，则栅上的电量和即将在面积相同并放在相同位置的一个平面上感应出来的电量之比，将是 $b_1b_2:b_1b_2+a(b_1+b_2)$。

这种考察只有当 b_1 和 b_2 比 a 大得多而 a 比 c 大得多时才是近似成立的。量 a 是一个可以有任意大小的线度。当 c 无限减小时它就变成无限大。

如果我们假设 $c=\frac{a}{2}$，栅上导线之间就没有空隙，从而就将没有感应作用透过它。因此，对于这种事例应有 $\alpha=0$。然而公式(11)在这一事例中却给出 $\alpha=-\frac{a}{2\pi}\ln2=-0.11a$，这显然是错误的，因为感应绝不能因有栅而变号。然而，在由柱状导线构成的栅的事例中，却很容易进行到更高的近似程度。我将只指出这种手续的步骤。

近似方法

206.〕 既然导线是柱状的，既然每一根导线上的电分布对平行于 y 的直径来说是对称的，势的正确展式就有下列形式：

$$V=C_0\log r+\sum C_ir^i\cos i\theta,\tag{14}$$

式中 r 是离其中一条导线之轴线的距离，而 θ 是 r 和 y 之间的夹角；而且，既然导线是导体，当令 r 等于半径时 V 就必须是常量，从而每一个 θ 的倍角余弦的系数必须变为零。

为了方便，让我们采用新坐标 ξ、η 等等，使得

$$a\xi=2\pi x,\quad a\eta=2\pi y,\quad a\rho=2\pi r,\quad a\beta=2\pi b,\text{等等},\tag{15}$$

并令

$$F_\beta=\log\left(e^{\eta+\beta}+e^{-(\eta+\beta)}-2\cos\xi\right)。\tag{16}$$

于是，如果我们令

$$V=A_0F_\beta+A_1\frac{dF_\beta}{d\eta}+A_2\frac{d^2F_\beta}{d\eta^2}+\cdots,\tag{17}$$

则通过给予各个 A 系数以适当的值，我们就可以表示作为 η 和 $\cos\xi$ 的函数而除了当 $\eta+\beta=0$ 和 $\cos\xi=1$ 时以外不会变成无限大的任意势。

当 $\beta=0$ 时，用 ρ 和 θ 表示出的 F 的展式是*，

$$F_0=2\log\rho+\frac{1}{12}\rho^2\cos2\theta-\frac{1}{1440}\rho^4\cos4\theta+\cdots。\tag{18}$$

对于 β 的有限值，F 的展式是

$$F_\beta=\beta+2\log(1-e^{-\beta})+\frac{1+e^{-\beta}}{1-e^{-\beta}}\rho\cos\theta-\frac{e^{-\beta}}{(1-e^{-\beta})^2}\rho^2\cos2\theta+\cdots。\tag{19}$$

在栅和两个导电平面的事例中，设二平面的方程为 $\eta=\beta_1$ 和 $\eta=-\beta_2$，而栅的方程为 $\beta=0$，这时就有栅的两个无限系列的像。第一个系列将包括栅本身和位于两侧带有相等而同号的电荷的无限多个像。这些想象的圆柱的轴，位于方程为 $\eta=\pm2n(\beta_1+\beta_2)$，(20) 的平面上，$n$ 是一个整数。

第二个系列将包括无限多个像，它们的系数 A_0、A_2、A_4 等和栅本身的同样系数相等而反号，而 A_1、A_3 等等则相等而同号。这些像的轴位于方程为 $\eta=2\beta_2\pm2m(\beta_1+\beta_2)$，(21) 的平面上，$n$ 是一个整数。

这种像的任何一个无限系列所引起的势，将取决于像的数目是奇数或偶数。因此由一个无限系列引起的势是不确定的。但是如果我们给它加上一个函数 $B\eta+C$，则问题的条件将足以确定电分布。

我们首先可以借助于各系数 A_0、A_1 等等以及 B 和 C 来确定两个导电平面的势 V_1 和 V_2，然后我们必须确定这些平面的任一点上的面密度 σ_1 和 σ_2。σ_1 和 σ_2 的平均值由下式给出：

$$4\pi\sigma_1=\frac{2\pi}{a}(A_0-B),\quad 4\pi\sigma_2=\frac{2\pi}{a}(A_0+B)。\tag{22}$$

然后我们必须把由栅本身及一切像所引起的势按 ρ 和 θ 的倍角余弦展开，并在结果上加上 $B\rho\cos\theta+C$。于是，不依赖于 θ 的各项就给出栅的势 V，而令 θ 的每一倍角余弦的系数等于零，就得出各待定系数之间的一个方程。

用这种办法，就可以求出许多方程，适足以消去所有这些系数，而剩下两个方程用以按照 V_1、V_2 和 V 来确定 σ_1 和 σ_2。

这两个方程的形式将是：

$$\begin{aligned}V_1-V&=4\pi\sigma_1(b_1+\alpha-\gamma)+4\pi\sigma_2(\alpha+\gamma),\\ V_2-V&=4\pi\sigma_1(\alpha+\gamma)+4\pi\sigma_2(b_2+\alpha-\gamma)。\end{aligned}\tag{23}$$

受到栅的保护的一个平面的感生电量，当另一平面保持在一个给定的势差时将和平面不是位于距离 b_1+b_2 处而是位于距离 $\dfrac{(\alpha-\gamma)(b_1+b_2)+b_1b_2-4\alpha\gamma}{\alpha+\gamma}$ 处时的感生电荷相同。

α 和 γ 的值近似地如下：

$$\alpha=\frac{a}{2\pi}\left\{\log\frac{a}{2\pi c}-\frac{5}{3}\cdot\frac{\pi^4c^4}{15a^4+\pi^4c^4}+2e^{-4\pi\frac{b_1+b_2}{a}}\left(1+e^{-4\pi\frac{b_1}{a}}+e^{-4\pi\frac{b_2}{a}}+\cdots\right)+\cdots\right\},\tag{24}$$

$$\gamma=\frac{3\pi ac^2}{3a^2+\pi^2c^2}\left(\frac{e^{-4\pi\frac{b_1}{a}}}{1-e^{-4\pi\frac{b_1}{a}}}-\frac{e^{-4\pi\frac{b_2}{a}}}{1-e^{-4\pi\frac{b_2}{a}}}\right)+\cdots^{**}。\tag{25}$$

* 通过注意到 $\log(e^{-\eta}+\varepsilon^{\eta}-2\cos\xi)$ 和 $\log r^2+\log r_1^2+\log r_2^2+\cdots$ 只差一个常数，式中 $r,r_1,r_2,\cdots$ 是 P 到各导线的距离，就可以得出 F 的展式。

我们可以对 $F\beta$ 应用相同的方法，因为这对应于使各导线平行于 y 而移动一个距离 $-b$，然而展式却和正文中给出的不相同。

** 在补遗卷中，将论述另一种应用共轭函数的方法；利用那种方法，可以计算有限平面表面等等的电容。

第十三章 静电仪器

关于静电仪器

我们当前必须考虑的仪器可以分成下列几类：(1) 用来引起带电并增强带电的起电机。(2) 按已知比例增加电量的倍加器。(3) 用来测量电势和电荷的静电计。(4) 用来储存大电荷的集电器{电容器}。

起 电 机

207.〕 在普通的起电机中，一个玻璃板或玻璃圆筒被转动起来，使它和一个皮革表面相摩擦，皮革上散布着一种锌汞齐。玻璃的表面会变得带正电，而皮革表面则变得带负电。当带电的玻璃表面运动着远离皮革的负电时，它就获得一个高的正势。然后它就来到一组尖端附近，那些尖端和起电机上的导体相连。玻璃上的正电在尖端上感应出一种负电，尖端越尖和它们离玻璃越近，感应的负电就越多。

当机器正常工作时，在玻璃和尖端之间将通过空气而放电，玻璃失去它的一部分正电荷，这些电荷传递到尖端上，并由此而传递到起电机上绝了缘的主要导体上，或传递到和它相连的任何其他物体上。于是，正在向皮革接近过去的那一部分玻璃就比同时正在离开皮革的那一部分玻璃带的电要少一些，于是皮革以及和它相连的导体就会变成带负电的了。

正在离开皮革的那种高度带正电的玻璃表面，将比正在靠近皮革的部分地放了电的表面受到皮革上负电的更大吸引力。因此电力就起了反抗用来使机器转动的那个力的作用。因此，转动机器时所做的功就大于普通的摩擦力和其他阻力所消耗的功，而这一超额功就被用来产生一种带电状态，其能量和这一超额功相等价。

克服摩擦力时所做的功立即转变成互相摩擦的物体中的热量。电能可以或是转变成机械能量，或是转变成热。

如果机器并不储存机械能，则所有的能量都将转变为热，而由摩擦而生的热和由电作用而生的热之间的唯一不同就在于，前者是在互相摩擦的表面上产生的，而后者则可以在远处的导体中产生①。

① 或许可能，在机械能由摩擦而转变为热的许多事例中，一部分能量可以先转变成电能，然后再作为在摩擦表面附近的小电路中保持电流而耗费的电能被转变成热。参阅 Sir W. Thomson，'On the Electrodynamic Qualities of Metals.' *Phil. Trans*，1856.，p. 649。

我们已经看到,玻璃表面上的电荷是受到皮革的吸引的。如果这种吸引力足够强,在玻璃和皮革之间而不是在玻璃和集电尖端之间就会出现放电。为了避免这种事,就在皮革上加了一些绸子条儿。它们变成带负电的而附着在玻璃上,并从而减小皮革附近的势。

因此,当玻璃离开皮革时,势就增加得更慢一些,从而在任一点上就有较小吸引力把玻璃上的电荷吸向皮革,因此向皮革直接放电的危险也就较小。

在某些起电机中,运动部分是用硬橡胶做成而不是用玻璃做成的,而摩擦物则是用羊毛或兽皮做成的。这时摩擦物就会带正电而主要导体则带负电。

伏打的起电盘

208.〕 起电盘包括一个贴在金属板上的用树胶或硬橡胶做的板,和一个同样大小的金属板。其中一个板的背面,可以用螺丝装上一个绝缘柄。硬橡胶板上有一个金属针,当橡胶板和金属板相接触时,这个针就把金属板和橡胶板的金属背壳相接通。

通过把它和羊毛或猫皮摩擦,橡胶板上就会带了负电。然后利用绝缘柄把金属板移到橡胶板附近。橡胶板和金属板之间并没有直接的放电,但是金属板的势却通过感应而变成了负的,从而当它来到和金属针相距某一距离处时,就会有一个火花跳过,而如果这时把金属板拿到远处,它就会被发现带有一个正电荷,这个电荷可以移到一个导体上去。橡胶板背后的金属壳被发现带有一个负电荷,和金属板的电荷相等而反号。

在应用这种仪器来给一个电容器或集电器充电时,其中一个板放在一个接了地的导体上,而另一个板首先放在该板上面,然后被拿走并作用在电容器的电板上,然后再放在第一个板上,如此重复进行。如果橡胶板是固定的,则电容器将被充以正电。如果金属板是固定的,则电容器被充以负电。

手在分开两个板时所做的功,永远大于当两板靠拢时电力所做的功,因此对电容器充电时的操作就涉及功的耗费。其中一部分功用充了电的电容器的能量来说明,一部分功被用来产生了火花的响声和热,而其余的部分则用来克服了对运动的其他阻力。

关于用机械功来起电的机器

209.〕 在普通的摩擦起电机中,克服摩擦而做的功远远大于增大带电所做的功。因此,可以完全用反抗电力所做的机械功来产生带电的任何装置就是具有科学重要性的,即使没有实用价值的话。第一个这一类的起电机,似乎就是尼科耳孙的"转动倍加器";在1788年的《哲学会报》(*Philosophical Transactions*)上,它被描写成"通过转动一个曲柄来产生两个电状态而不用摩擦或接地的一种仪器"。

210.〕 正是利用一个转动倍加器,伏打做到了从电堆的电得到能够影响他的静电计的电。利用相同原理的仪器也由瓦尔莱[①]和 W. 汤姆孙爵士独立地发明过。

这些仪器主要由一些不同形状的绝了缘的导体所构成，其中有些导体是固定的，而其他导体则是活动的。活动的导体叫做“携带器”，而固定的导体则可以称为“感应器”、“接受器”和“再生器”。感应器和接受器被做得合适，以致携带器在转动到某些地方时会几乎完全地被一个导电体包围起来。由于感应器和接受器不能真正完全地包围携带器而同时又不必用一种可动部件的复杂装置就可以允许携带器自由地出入，若没有一对再生器，这种仪器就在理论上是不完善的；这些再生器将把携带器从接受器中出来时所保留着的微小电量储存起来。

然而，我们可以暂时认为携带器当在感应器和接受器之内时是被它们完全包围的，在这种情况下理论就会大为简化。

我们将假设机器包括两个感应器 A 和 C，两个接受器 B 和 D，以及两个携带器 F 和 G。

假设感应器 A 带有正电而其势为 A，并假设携带器 F 位于 A 内并有势 F。于是，如果 Q 是 A 和 F 之间的感应系数（取作正的），则携带器上的电量将是 $Q(F-A)$。

如果携带器当在感应器内时被接了地，则 $F=0$，而携带器上的电荷将是 $-QA$，即一个负量。设携带器被移过去，以致它进入了接受器 B 内，并设这时它碰到一个弹簧，从而和 B 相接通。于是，正如在第 32 节中所证明的那样，携带器就将完全放电，并把它的全部负电荷传给接受器 B。

携带器随后就将移入感应器 C 中，我们将假设 C 是带负电的。当位于 C 内时携带器又被接地并从而获得一个正电荷，而它就把这个正电荷带走并把它传给接受器 D，如此类推。

这样，如果感应器的势永远保持不变，接受器 B 和 D 就会一次一次地得到电荷，而携带器每转一周，它们得到的电荷都相同，于是每一周就在接受器中产生一个相等的电量增量。

但是，通过使感应器 A 和接受器相接通，并使感应器 C 和接受器 B 相接通，各感应器的势就将不断地增高，而在每一周中传给接受器的电量也将不断地增大。

例如，设 A 和 D 的势是 U 而 B 和 C 的势是 V，那么，既然当携带器位于 A 内时因接地而有零势，它的电荷就 $=-QU$。携带器带着这个电荷进入 B 内并把它传给 B。如果 B 和 C 的电容是 B，则它们的势将从 V 变到 $V-\frac{Q}{B}U$。

如果另一个携带器同时把一个电荷 $-QV$ 从 C 带到 D，这就会使 A 和 D 的势从 U 变到 $U-\frac{Q'}{A}V$，如果 Q' 是携带器和 C 之间的感应系数而 A 是 A 和 D 的电容的话。因此，如果 U_n 和 V_n 是在 n 个“半周”之后两个感应器的势，而 U_{n+1} 和 V_{n+1} 是在 $n+1$ 个半周以后的势，则有 $U_{n+1}=U_n-\frac{Q'}{A}V_n$，$V_{n+1}=V_n-\frac{Q}{B}U_n$。

如果写出 $p^2=\frac{Q}{B}$ 和 $q^2=\frac{Q'}{A}$，我们就得到

$$pU_{n+1}+qV_{n+1}=(pU_n+qV_n)(1-pq)=(pU_0+qV_0)(1-pq)^{n+1},$$

① Specification of Patent, Jan. 27, 1860, No. 206.

$$pU_{n+1}-qV_{n+1}=(pU_n-qV_n)(1+pq)=(pU_0-qV_0)(1+pq)^{n+1}。$$

由此即得

$$2U_n=U_0((1-pq)^n+(1+pq)^n)+\frac{q}{p}V_0((1-pq)^n-(1+pq)^n),$$

$$2V_n=\frac{p}{q}-U_0((1-pq)^n-(1+pq)^n)+V_0((1-pq)^n+(1+pq)^n)。$$

由这些方程可以看出，$pU+qV$ 这个量是不断减小的，从而不论起初的带电状态如何，各携带器最后都将带有相反的电荷，使得 A 和 B 的势成 q 和 $-p$ 之比。

另一方面，$pU-qV$ 这个量却不断增大，从而不论起初 pU 比 pV 大或小多么一点点，这一差值都将在每一周中按几何级数的比例而增大，直到电动势大得可以克服仪器的绝缘时为止。

这一类仪器可以用于各式各样的目的：

用来在高势下产生一种丰富的供电，就如利用瓦尔莱先生的大机器所作的那样。

用来调节一个电容的电荷，正如在汤姆孙的静电计的事例中一样；那个电容的电荷可以通过一个很小的这种机器的几次转动来加大或减小，那个机器叫做"补电器"。

用于成倍地增大小的势差。感应器起初可能只充电到极小的势，例如由一个温差电偶引起的势；然后，通过机器的转动，势差可以一倍倍地增大到可以用一个普通的静电计来加以测量。通过用实验来测定机器每转一周使势差增大的比例，原先用来使感应器充电的那个电动势就可以根据转数和最后的带电情况推导出来。

在大多数这种仪器中，携带器是通过一个轴的转动而弄得绕一条轴线而转动并达到适当的相对于感应器的位置的。电的连接借助于弹簧来达成，弹簧装得使携带器在适当的时刻和它们接触。

211.〕 然而 W.汤姆孙爵士①却制造了一个用来倍加电荷的机器，机器中的携带器是一些水滴，从一个放在导体中但不和它相接触的未绝缘的容器中滴到一个绝了缘的接受器中。这样，接受器就不断地得到电，其符号和感应器的电的符号相反。如果感应器是带正电的，接受器就将接受到一个不断增大的负电荷。

借助于一个漏斗，可以使水从接受器中逸出；漏斗的出口几乎被接受器的金属所包围。因此，从出口滴下的水滴是几乎不带电的。另一组结构相同感应器和接受器被安装得使一组中的感应器和另一组中的接受器相接通。于是接受器电荷的增加率就不再是常量，而是随着时间而按几何级数增加的，两个接受器的电荷具有相反的符号。这种增大继续进行，直到下落的水滴由于电的作用而偏离了它们的路程，以致落到接受器的外边，甚至打中了感应器时为止。

在这种装置中，电的能量是从下落水滴的能量中得来的。

212.〕 另一些利用电感应原理的起电机也曾经被造出，其中最可注意的就是霍耳兹的起电机。这种起电机中的携带器是一块涂了虫胶的玻璃板，而其感应器是几块硬纸板。在转动携带器玻璃板的两侧有两块玻璃板，以防止在仪器各部分之间打火花。人们发现这种起电机是很有效的，而且不会受到大气状态的太大的影响。所用的原理和转动

① *Proc. R. S.*, June 20, 1867.

倍加器以及按同样的想法发展出来的那些仪器的原理相同，但是既然携带器是一个绝缘板而感应器是一些不完善的导体，它的动作的全面解释就比在携带器是形状已知的良导体并在确定的地点充电和放电的那种事例中更困难了[①]。

213.〕　在上述这些起电机中，每当携带器接触到一个势不相同的导体时就会出现火花。

现在，我们已经证明，每当发生这种事时就会有能量的损失，从而用在转动机器方面的功并不是以一种可用的方式而全部转化为电能，而是有一部分被消耗在产生电火花的声音和热方面的。

因此我曾想到，有必要说明可以怎样制造一种并无这种效率损耗的起电机。我不想说这是一种起电机的有用形式；这只是一种例子，说明可以把在热机中被称为再生器的那种设计应用在起电机中以防止功的损失的那种方法。

在图 18 中，设 A、B、C、A'、B'、C'代表一些中空的固定导体，排列得使携带器 P 可以逐个地通过它们的内部。其中 A、A'和 B、B'当携带器通过它们的中点时将把携带器几乎完全包围起来，而 C 和 C'却不会包围得那么多。

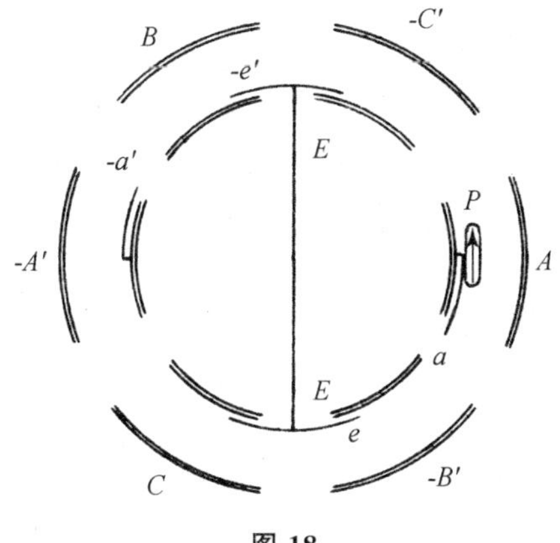

图 18

我们将假设 A、B、C 和一个电容很大并处于势 V 的莱顿瓶相接，而 A'、B'、C'则和另一个处于势 $-V$ 的莱顿瓶相接。

P 是其中一个携带器，沿圆周从 A 转向 C'等等并沿途和一些弹簧相接触，其中弹簧 a 和 a'分别接在 A 和 A'上，而 e、e'则接地。

让我们假设，当携带器位于 A 的中点上时，P 和 A 之间的感应系数是 $-A$。P 在这一位置上的电容大于 A，因为它并不是被接受器 A 所完全包围的。设此电容为 $A+a$。

于是，设 P 的势是 U 而 A 的势是 V，则 P 上的电荷将是 $(A+a)U-AV$。

现在，设 P 当位于接受器 A 的中点上时和弹簧 a 相接触，则 P 的势是 V，即和 A 的势相同，从而它的电荷就是 aV。

如果现在 P 脱离开弹簧 a，则它将把电荷 aV 带走。当 P 离开 A 时，它的势就会减低，而且当它开始受到带负电的 C'的影响时，它的势还会进一步减低。

---

① 目前用得最多的感应起电机是沃斯的和维姆胡斯的起电机。这些起电机的描述和图示可见 *Nature*, vol. xxviii, p. 12。

如果当 P 来到 C' 内时它对 C' 的感应系数是 $-C'$ 而它的电容是 $C'+c'$，如果 U 是 P 的势，则 P 上的电荷是 $(C'+c')U+C'V'=aV$。如果 $C'V'=aV$，则在这一点上 P 的势 U 将减小到零。

设 P 在这一点上和接地的弹簧 e' 相接触。既然 P 的势等于弹簧的势，在接触时就不会有火花。

通过它来使携带器能够接地而不致发生火花的这个导体 C'，就对应于热机中称为再生器的那种设计。因此我们将称之为"再生器"。

其次让 P 继续运动，仍然和接地弹簧相接触，直到它运动到势为 V 的感应器 B 的中部为止。如果 $-B$ 是 P 和 B 在这种位置上的感应系数，既然 $U=0$，P 上的电荷就是 $-BV$。

当 P 从接地弹簧离开时，它会把它的电荷带走。当它从带正电的感应器 B 中出来而转向带负电的接受器 A'，它的势将变得越来越负。在 A' 的中点上，假若它保持了自己的电荷，它的势就将是 $-\dfrac{A'V'+BV}{A'+a'}$，而且，如果 BV 大于 $a'V'$，则这个势的数值将大于 V' 的数值。由此可见，在 P 到达 A' 的中点以前，将有某一点，而 P 在该点上的势是 $-V'$。在这一点上，让它和负电接受器的弹簧 a' 相接触。这时不会有火花，因为两个物体是处于相同的势的。让 P 继续运动到 A' 的中点，仍然和弹簧接触着，从而和 A' 处于相同的势。在这一运动过程中，它向 A' 传送一个负电荷。在 A' 的中点上它离开弹簧并把一个电荷 $-a'V'$ 带向带正电的再生器 C，在那里，它的势被降低到零，而且它将和接地弹簧 e 相接触。然后它就沿着弹簧滑入带负电的感应器 B' 中，在运动期间它获得一个正电荷 $B'V'$，而这个正电荷最后被它传送给带正电的接受器 A，于是动作循环就完成了。

在这一循环中，正电接受器曾经损失了一个电荷 aV 而得到了一个电荷 $B'V'$。因此，总的正电增益就是 $B'V'-aV$。同理，总的负电增益是 $BV-a'V'$。

通过使各导体在绝缘允许的情况下尽可能和携带器的表面靠近一些，B 和 B' 可以弄成很大；而通过使接受器当携带器位于它们内部时尽可能完全地包围它，a 和 a' 可以弄成很小。于是两个莱顿瓶的电荷在每一转中都将增大。

再生器所应满足的条件是 $C'V'=aV$ 和 $CV=a'V'$。

既然 a 和 a' 很小，再生器就既不能太大也不能离携带器太近。

关于静电计和验电器

214.〕 一个静电计就是可以用来测量电荷或电势的一种仪器。可以用来指示电荷或势差的存在但不能提供数值结果的仪器，叫做验电器。

如果足够灵敏，一个验电器就可以用于电学的测量，如果我们能够把测量结果弄得依赖于电的不存在的话。例如，如果我们有两个带电体 A 和 B，我们就可以利用在第一章中描述了的方法来确定哪一个物体带有较大的电荷。设用一个绝缘柄把物体 A 带入一个绝了缘的闭合容器 C 的内部。把 C 接地，然后再使它绝缘。这时 C 的外面就不会带电。现在把 A 取走而把 B 放进 C 中来，并用一个验电器来检验 C 的带电情况。如果 B 的电荷等于 A 的电荷，C 就不会带电，但是如果 B 的电荷较大或较小，就会出现和 B 的电荷种类相同或相反的电。

所要观察的是某种现象的不存在，这种方法就叫做零点法。它所要求的只是一种能够指示现象之存在的仪器。

在另一类记录现象的仪器中，仪器可以保证对所记录量的相同值永远显示相同的指示，但是仪器刻度的读数却并不和量的值成正比，而且这些读数和对应值之间的关系是未知的，除了一方面是另一方面的某一连续函数以外，若干种静电计依赖于仪器中同样带电的部件之间的推斥力；这些静电计就属于上述这一类仪器。这种仪器的用处在于记录现象，而不是量度现象。得到的不是所要测量的量的真实值，而是一系列的数字；这些数字在事后可以用来确定那些真实值，当仪器的刻度被适当研究并登记了以后。

在更高的一类仪器中，刻度读数正比于所要测量的量，因此量的完全测量所要求的，只是关于一个系数的知识，把刻度读数乘以这个系数，就得到量的真实值。

制造得本身就包含着确定量的真实值的手段的那种仪器，叫做“绝对仪器”。

库仑的扭秤

215.〕 库仑用以确定其电学基本定律的许多实验，是通过测量两个带电小球之间的力来作出的；其中一个小球是固定的，而另一个小球则在两个力下保持平衡，那就是小球间的力和一个玻璃丝或金属丝的扭转弹性力，见第 38 节。

扭秤包括一个用虫胶制成的水平横杆，用细金属丝或玻璃丝悬挂着，它的一端上有一个平滑地镀了金的小通草球。悬丝的上端固定在一个臂的竖直轴上，那个臂可以沿着一个刻了度的水平圆周而运动，这样就可以使悬丝的上端绕它自己的轴扭转任意的度数。

整个的这套仪器封在一个外壳里。另一个小球适当地安装在一个绝缘杆上，它可以被充电并通过一个小孔被放入外壳中，而且弄得它的中心位于悬挂小球所描绘的水平圆周的一个定点上。悬挂小球的位置通过刻在仪器之柱状玻璃外壳上的一个刻度圆来确定。

现在假设两个球都带了电，而悬挂小球在一个已知位置上处于平衡，以致扭杆和通过固定小球中心的半径成一个 θ 角。于是球心间的距离就是 $2a\sin\frac{1}{2}\theta$，此处 a 是扭杆的半径，而且，如果 F 是球间的力，则力对扭轴而言的矩是 $Fa\cos\frac{1}{2}\theta$。

使两个球完全放电，设扭杆现在是在和通过固定小球中心的半径成 φ 角的位置上处于平衡。于是，电力使扭杆转过的角度必为 $\theta-\varphi$，而且，如果 M 是悬丝的扭转弹性力矩，

则我们有方程 $Fa\cos\frac{1}{2}\theta=M(\theta-\varphi)$。由此可见，如果我们能够确定 M，我们就能够确定 F，这就是二球相距 $2a\sin\frac{1}{2}\theta$ 时的实际的力。

为了求出扭力矩 M，设 I 是扭臂的惯量矩而 T 是扭臂在扭转弹性的作用下往返振动两次所需的时间，则有 $M=4\pi^2\frac{I}{T^2}$。

在所有的静电计中，最重要的是要知道我们正在测量的是什么力。作用在悬挂小球上的力，一部分来自固定小球的直接作用，但也有一部分来自外壳壁上的电荷，如果有这种电荷的话。

如果外壳是用玻璃做成的，则除了在各点进行很困难的测量以外就不可能确定其表面的带电情况。然而，如果外壳是用金属做成的，或是在小球和玻璃外壳之间放一个几乎完全把仪器包围起来的金属壳来作为屏蔽，则金属屏的内表面上的带电情况将完全依赖于小球的带电情况，而玻璃外壳的带电情况则将对小球毫无影响。

为了用一个我们可以计算其中的一切效应的例子来说明这一点，让我们假设外壳是一个半径为 b 的球，而扭臂运动的中心和球心相重合，其半径为 a；另外假设两个球的电荷是 E_1 和 E_2，它们的位置之间的角度是 θ，固定小球到中心的距离是 a_1，而二球之间的距离是 r。

暂时忽略感应对小球上电分布的影响，两球之间的力将是一个推斥力$=\frac{EE_1}{r^2}$，而这个力对通过中心的竖直轴而言的矩将是$\frac{EE_1aa_1\sin\theta}{r^3}$。

由外壳的球形表面所引起的 E_1 的像，是同一半径上距中心为$\frac{b^2}{a_1}$处的一个点，其电荷是$-E_1\frac{b}{a_1}$，而 E_1 和这个像之间的吸引力对悬轴而言的矩是

$$EE_1\frac{b}{a_1}\frac{a\frac{b^2}{a_1}\sin\theta}{\left\{a^2-2\frac{ab^2}{a_1}\cos\theta+\frac{b^4}{a_1^2}\right\}^{\frac{3}{2}}}=EE_1\frac{aa_1\sin\theta}{b^3\left\{1-2\frac{aa_1}{b^2}\cos\theta+\frac{a^2a_1^2}{b^4}\right\}^{\frac{3}{2}}}。$$

如果球形外壳的半径 b 比 a 和各球到中心的距离 a_1 大得多，我们就可以忽略分母上的第二项和第三项。令使扭杆发生转动的两个力矩彼此相等，我们就得到

$$EE_1aa_1\sin\theta\left\{\frac{1}{r^3}-\frac{1}{b^3}\right\}=M(\theta-\varphi)。$$

测量电势的静电计

216.〕 在所有的静电计中，活动的部分都是一个带电体，而它的势和周围某些固定部分的势不同，当像在库仑方法中那样所用的是一个带有某一电荷的绝了缘的物体时，

电荷是测量的直接对象。然而我们可以利用导线把库仑静电计中的小球和一些不同的导体连接起来。于是球上的电荷就将依赖于这些导体的势的值，并依赖于仪器外壳的势的值。每一小球上的势将近似地等于它的半径乘以它的势比仪器外壳的势高出的值，如果球的半径比球间的距离和到外壳壁面或外壳开口的距离小得多的话。

然而库仑形式的仪器，由于当势差很小时二球在适当距离处的力也很小，所以是不太适宜用于这样一种测量的。一种更方便的形式是"吸引盘静电计"的形式。依据这一原理的最初一些静电计是由 W. 斯诺·哈里斯爵士制造的[①]。从那时起，这些静电计已由 W. 汤姆孙爵士在理论上和构造上作出了很大的改进[②]。

当势不相同的两个圆盘面对面地放在很小距离处时，在相向的面上就会出现近似均匀的电荷，而在背面则几乎没有电荷，如果附近没有别的导体或带电体的话。正盘上的电荷将近似地正比于它的面积，正比于盘间的势差而反比于盘间的距离。因此，通过把盘做得很大而把盘间的距离弄得很小，一个小的势差就可以引起一个可以测出的吸引力。

关于这样摆放的两个圆盘上的电分布的数学理论，已在第 202 节中给出，但是不可能把仪器外壳做得很大以致我们可以假设圆盘是在无限大的空间中被绝缘的，这种形式下的仪器的指示就是不容易进行数值上的解说的。

217.〕 在被吸圆盘上增加一个保护环，这就是 W. 汤姆孙爵士对这种仪器作出的主要改进之一。

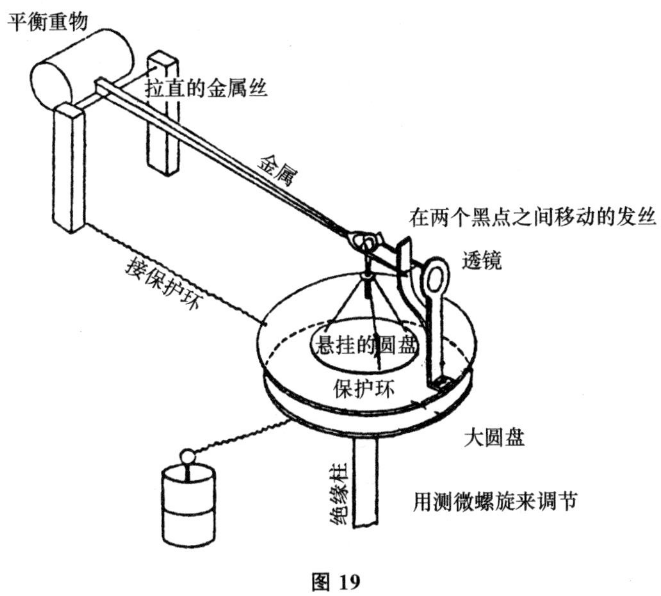

图 19

现在不是把其中一个圆盘整个地悬挂起来并测定作用在它上面的力，而是从圆盘上分出一个中心部分来形成被吸引的圆盘，而形成剩余部分的外围环则保持固定。这样，

① *Phil. Trang.* 1834.

② 参阅 W. 汤姆孙爵士关于静电计的一篇很精彩的报告。*Report of the British Association*, Dundee, 1867。

力就是只在分布得最规律的圆盘部分上被测量的，而边沿附近电的不够均匀则不重要，因为那是出现在保护环上而不是出现在圆盘的悬挂部分上。

除此以外，通过把保护环和一个包围着被吸引盘的背面及其一切悬挂装置的金属外壳相连接，盘背面的带电就被弄得不可能了，因为它成了一个到处有相同的势的闭合中空导体的内表面的一部分。

因此，汤姆孙的“绝对静电计”基本上就是由两个势不相同的圆盘构成的；其中一个圆盘做得有一部分可以在电力作用下发生运动，而且该部分没有任何地方靠近整个盘的边沿。为了明确我们的想法，我们可以假设被吸引的圆盘和保护环是在上面的。固定的圆盘是水平的，装在一个绝缘柱上，绝缘柱可以通过一个测微螺旋来得到一种可以测量的竖直运动。保护环至少要和固定圆盘一样大，它的下表面真正是平面并平行于固定的圆盘。在保护环上竖立一个精密天平，天平上挂着一个轻的可以活动的圆盘，它几乎填满保护环上的圆孔而不和孔的边沿相摩擦。悬挂圆盘的下表面必须是真正的平面，而且我们必须有办法知道它的平面何时与保护环的下表面相重合而形成仅仅由圆盘和保护环之间的窄缝隔断的单独一个平面。

为此目的，下面的圆盘被推上去，直到和保护环接触上为止；然后让悬挂的圆盘停止在下面的圆盘上。从而它的下表面就和保护环的下表面位于同一平面上。然后它的相对于保护环的位置就借助于一组基准标记来加以确定。为此目的，W. 汤姆孙爵士通常是用一根附属在可动部件上的黑头发。这根头发在一种白釉背景上的两个黑点的正前方移上或移下，并且这根头发和这两个黑点都利用一个平凸透镜来进行观察，透镜上平的一面靠近眼睛。如果通过透镜看到的头发是直的，而且恰好位于两个黑点的正中间，它就算是处于正视位置，而这就表明它随之而动的那个悬挂圆盘在高度方面是处于适当位置的。悬挂圆盘的水平性可以通过比较任何物体的一部分在该盘上表面上的反射和同一物体的其余部分在保护环上表面上的反射来进行检验。

然后调节天平，使得当把一个已知砝码放在悬挂圆盘的中心时，该盘就在它的正视位置上处于平衡，这时通过把仪器的每一部分都用金属连接起来而保证仪器不带电。一个金属外壳被放在保护环的上方，把天平和悬挂盘都笼罩在内，但是留出足够的开口来观察基准标记。

保护环、外壳和悬挂圆盘都是互相接通的，但它们和仪器的其他部分却是绝缘的。

现在假设要测量两个导体的势差。将两个导体用导线分别和上下圆盘连接起来，将砝码从悬挂圆盘上拿开，并借助于测微螺旋把下面的圆盘向上推进，直到电吸引力把悬挂圆盘拉到它的正视位置时为止。这时我们就知道，圆盘之间的吸引力等于当时把圆盘带到正视位置的那个重力。

如果 W 是那个砝码的数值，而 g 是重力强度，则重力是 Wg；而且，如果 A 是悬挂圆

盘的面积，D 是圆盘之间的距离，而 V 是圆盘之间的势差，则有[①]

$$Wg=\frac{V^2A}{8\pi D^2},\quad \text{或 } V=D\sqrt{\frac{8\pi gW}{A}}。$$

如果悬挂盘是圆形的，且半径为 R，而且保护环的圆孔的半径是 R'，则有

$$A=\frac{1}{2}\pi(R^2+R'^2),\quad \text{以及 } V=4D\sqrt{\frac{gW}{R^2+R'^2}}。$$

218.〕 既然在确定和 $D=0$ 相对应的测微螺旋读数时总有某些不准确性，而且当 D 很小时悬挂盘的位置方面的任何误差都是至关重要的，W. 汤姆孙爵士就宁愿把他的所有测量结果都弄成取决于电动势 V 之差。例如，如果 V 和 V' 是两个势而 D 和 D' 是对应的距离，则有 $V-V'=(D-D')\sqrt{\frac{8\pi gW}{A}}$。

例如，为了测量一个伽瓦尼电池的电动势，使用了两个静电计。

借助于一个在必要时用补电器保持为充电的电容器，主静电计的下盘被保持于一个恒定的势。这一点，通过把主静电计的下盘和一个辅静电计的下盘接通来加以检验；辅静电计的悬挂盘是接地的。既然辅静电计的盘间距离和把它的悬挂盘置于正视位置时所需的力都是恒定的，如果我们提高电容器的势，直至辅静电计达到它的正视位置时为止，我们就知道，主静电计下盘的势比地球的势大一个常量，我们可以把这个常量叫做 V。

如果我们现在把电池的正极接地，把主静电计的悬挂盘和负极接通，则盘间的势差将是 $V+v$，如果 v 是电池的电动势的话。设 D 是这一情况下的测微螺旋读数，而 D' 是当悬挂盘接地时的读数，则有 $v=(D-D')\sqrt{\frac{8\pi gW}{A}}$。

用这种办法，一个小的电动势 v 就可以用一个静电计来测量，这时静电计的二盘之间有一可以很方便地加以测量的距离。当距离太小时，绝对距离的很小变化就会引起力

---

① 让我们用 R 代表悬挂圆盘的半径，而用 R' 代表保护环孔的半径，则圆盘和保护环之间的圆形窄缝的宽度将是 $B=R'-R$。

如果悬挂圆盘和固定大圆盘之间的距离是 D，而二圆盘之间的势差是 V，则按照第 201 节的考虑，悬挂圆盘上的电荷将是 $Q=V\left\{\frac{R^2+R'^2}{8D}-\frac{R'^2-R^2}{8D}\frac{a}{D+a}\right\}$，式中 $a=B\frac{\ln 2}{\pi}$，或 $a=0.220635(R'-R)$。

如果保护环的表面和悬挂圆盘的表面并不恰好在同一平面上，让我们假设固定圆盘和保护环之间的距离不是 D 而是 $D+z=D'$，则由第 225 节中的考察可知，由于高度上的差别 z(译注，原文略误，今改)，圆盘的边沿附近将出现附加的电荷。因此，这一事例中的总电荷就近似地是

$$Q=V\left\{\frac{R^2+R'^2}{8D}-\frac{R'^2-R^2}{8D}\frac{a}{D+a}+\frac{R+R'}{D}(D'-D)\ln\frac{4\pi(R+R')}{D'-D}\right\},$$

而且在吸引力的表示式中我们必须把圆盘面积 A 代成改正后的值

$$A=\frac{1}{2}\pi\left\{R^2+R'^2-(R'^2-R^2)\frac{a}{D+a}+8(R+R')(D'-D)\ln\frac{4\pi(R+R')}{D'-D}\right\},$$

式中 R=悬挂圆盘的半径，R'=保护环孔的半径，D=固定盘和悬挂盘之间的距离，D'=固定盘和保护环之间的距离，$a=0.220635(R'-R)$。

当 a 比 D 小得多时，我们可以略去第二项，而当 $D'-D$ 很小时，我们可以略去最后一项。{关于这一情况的另一种考察，见补遗卷。}

的很大变化，因为力是和距离的平方成反比的。因此，绝对距离的任何误差都会在结果中引起很大的误差，除非距离比测微螺旋的误差范围大得多。

各盘表面的不规则性和它们之间的间隔的不规则性，其影响是和距离的立方及更高次方成反比的，而且，不论一个褶皱表面是什么形状，它的那些突起点总是正好达到一个平面，而在比褶皱宽度大得多的距离处的电效应，和在突起点平面后面某一距离处的一个平面的电效应相同。参阅第197、198节。

借助于经过辅静电计检验的辅助电荷，就可以保证一个适当的盘间距离。

辅静电计可以结构比较简单，可以没有按绝对量值来测定吸引力的设备，因为所要求的无非是保证一种恒定的带电而已。这样一个静电计可以叫做一个计量静电计。

除了所要测量的电量还应用一个辅助电量，这种方法叫做量电学的"异势差势"，以别于"同势差法"；在后一方法中，全部的效应都是由所要测量的带电情况引起的。

在某些形式的吸引盘静电计中，被吸引的盘子被放在一个臂的一端，该臂连接在一条通过它的重心并用弹簧保持拉紧的铂丝上。臂的另一端系有发丝；通过改变盘间的距离来把电吸引力调节到一个常量值，可以把发丝调到一个正视位置。在这些静电计中，这个力通常并不是按绝对量值被定出，而只要知道它是常量，如果铂丝的扭转弹性并不改变的话。

整个的仪器放在一个莱顿瓶中，该瓶的内表面和吸引盘及保护环相连接。另一个盘用一个测微螺旋来调节，而且是接地之后又和要测其电势的那个导体相连接的。读数之差乘以一个对每一静电计都须单独测定的常量，就给出所要测量的势。

219.〕 已经描述过的这些静电计不是自动的，而是每观测一次都要求调节一个测微螺旋，或是要求观测者进行某种别的动作。因此这些静电计都不适于用作必须自己活动到适当位置的自动记录静电计。这一条件是用"汤姆孙象限静电计"来满足的。

这种仪器所根据的原理可以解释如下：

A 和 B 是两个固定的导体，他们的势可以相同或不同。C 是一个处于高势的活动导体，被放得有一部分正对着 A 的表面而另一部分则正对着 B 的表面，而且当 C 运动时这两个部分之间的比例就会改变。

为此目的，最方便的办法就是使 C 可以绕着一个轴运动，而把 A 的和 B 的以及 C 的对面表面作成绕同一轴线的旋转曲面的一些部分。

这样，C 的表面和 A 的或 B 的对面表面之间的距离就永远保持相同，而 C 沿正方向的运动就只会增大对着 B 的面积和减小对着 A 的面积。

如果 A 的势和 B 的势相等，就不会有促使 C 从 A 向 B 运动的力。但是如果 C 的势和 B 的势相差较大而和 A 的势相差较小，则 C 将倾向于运动以增大它面对 B 的面积。

通过仪器的适当装配，这个力可以弄得在一定的界限内在 C 的不同位置上接近相同，因此，如果 C 是用一根扭丝悬挂着的，它的偏转就将近似地正比于 A 和 B 间的势差乘以 C 的势和 A、B 的平均势之差。

用一个附有补电器的电容器，C 被保持在一个高势并用一个计量静电计来加以检验，而 A 和 B 则接在须要测量其势差的那两个导体上。C 的势越高，仪器的灵敏度就越大。和所要测量的带电情况无关的这种 C 的带电情况，使静电计成为属于异势差类型的了。

我们可以把第 93、127 节中所给出的关于导体组的普遍理论应用在这种静电计上。

用 A、B、C 分别代表三个导体的势，设 a、b、c 分别是它们的电容，p 是 B 和 C 之间的感应系数，q 是 C 和 A 之间的感应系数，而 r 是 A 和 B 之间的感应系数。所有这些系数通常都随 C 的位置而变，而且，如果 C 安装得合适，使得在一定的运动界限之内 A 的和 B 的边沿并不和 C 的边沿离得很近，我们就可以确定这些系数的形式。如果 θ 代表 C 从 A 向 B 偏转的角度，则 A 对着 C 的那一部分面积当 θ 增大时就将减小。由此可见，如果 A 被保持于势 1 而 B 和 C 被保持于势 0，则 A 上的电荷将是 $a=a_0-\alpha\theta$，式中 a_0 和 α 是常量而 a 是 A 的电容。

如果 A 和 B 是对称的，则 B 的电容是 $b=b_0+\alpha\theta$。

C 的电容不因运动而变，因这运动的唯一效应就是使 C 的不同部分对准 A 和 B 之间的间隙。由此得到 $c=-c_0$。

当 B 升到单位势时在 C 上感应出来的电是 $p=p_0-\alpha\theta$。

A 和 C 间的感应系数是 $q=q_0+\alpha\theta$。

A 和 B 间的感应系数不因 C 的运动而变，仍保持为 $r=r_0$。

因此，体系的电能是 $W=\frac{1}{2}A^2a+\frac{1}{2}B^2b+\frac{1}{2}C^2c+BCp+CAq+ABr$，而如果 Θ 是使 θ 增大的力矩，则有

$$\Theta=\frac{\mathrm{d}W}{\mathrm{d}\theta}, A、B、C \text{ 被看成常量},$$

$$=\frac{1}{2}A^2\frac{\mathrm{d}a}{\mathrm{d}\theta}+\frac{1}{2}B^2\frac{\mathrm{d}b}{\mathrm{d}\theta}+\frac{1}{2}C^2\frac{\mathrm{d}c}{\mathrm{d}\theta}+BC\frac{\mathrm{d}p}{\mathrm{d}\theta}+CA\frac{\mathrm{d}q}{\mathrm{d}\theta}+AB\frac{\mathrm{d}r}{\mathrm{d}\theta},$$

$$=-\frac{1}{2}A^2a+\frac{1}{2}B^2a-BCa+CAa;$$

或 $\Theta=a(A-B)\left\{C-\frac{1}{2}(A+B)\right\}$。①

在现在考虑的这种汤姆孙象限静电计中，导体 A 和 B 作成被完全分成四个象限的一个圆盒的形状，各象限分别被绝缘，但是用导线把对角的象限连接起来，即 A 和 A' 连

---

① 这一点也可推导如下：如果针是对称地摆在各象限中的，则当 $A=B$ 时不会有力偶。既然 $\mathrm{d}W/\mathrm{d}\theta$ 在这种情况下对一切可能的 C 值都为零，我们必有 $\frac{1}{2}\frac{\mathrm{d}a}{\mathrm{d}\theta}+\frac{1}{2}\frac{\mathrm{d}b}{\mathrm{d}\theta}+\frac{\mathrm{d}r}{\mathrm{d}\theta}=0$，$\frac{\mathrm{d}p}{\mathrm{d}\theta}+\frac{\mathrm{d}q}{\mathrm{d}\theta}=0$，$\frac{\mathrm{d}c}{\mathrm{d}\theta}=0$。于是就有 $\frac{\mathrm{d}W}{\mathrm{d}\theta}=\frac{1}{2}(A-B)\left(A\frac{\mathrm{d}a}{\mathrm{d}\theta}-B\frac{\mathrm{d}b}{\mathrm{d}\theta}+2C\frac{\mathrm{d}q}{\mathrm{d}\theta}\right)$。

如果各象限是把针完全包围起来的，则当把各个势都增大一个相同的量时力偶将不受影响，从而 $\frac{\mathrm{d}a}{\mathrm{d}\theta}-\frac{\mathrm{d}b}{\mathrm{d}\theta}+2\frac{\mathrm{d}q}{\mathrm{d}\theta}=0$。于是 $\frac{\mathrm{d}W}{\mathrm{d}\theta}=\frac{1}{2}(A-B)\left\{(A-C)\frac{\mathrm{d}a}{\mathrm{d}\theta}-(B-C)\frac{\mathrm{d}b}{\mathrm{d}\theta}\right\}$。

如果各象限是对称的，则有 $\frac{\mathrm{d}a}{\mathrm{d}\theta}=-\frac{\mathrm{d}b}{\mathrm{d}\theta}$，于是我们就得到正文中的表示式。

读者也应参考 G. 霍普金孙博士关于象限静电计的论文，见 *Phil. Mag*. 5th series, xix. p. 291，以及 Hallwachs Wied. Ann. xxix. p. 11.

接，B 和 B' 连接。

导体 C 被悬挂得可以绕竖直轴旋转，它可以是张在一些半径端点的两个对角的 $90°$ 的弧。在平衡位置上，这两个弧应该部分地位于 A 中而部分地位于 B 中，而各个支持着的半径应该近似地位于中空盒子的四个象限的中间平面上，以便盒子的分割线和 C 的边沿及支持半径可以互相离得尽可能地远。

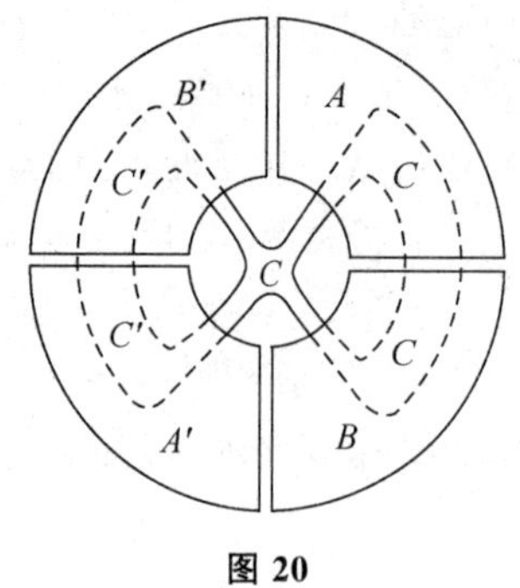

图 20

形成仪器外壳的是一个莱顿瓶的内表面；通过和该表面相接，导体 C 被永远保持于一个高势。B 接地，而 A 和要测其势的物体相接。

如果物体的势是零而且仪器已经调好，那就不应该有使 C 运动的力；但是如果 A 的势和 C 的势同号，则 C 将在一个近似均匀的力下从 A 向 B 运动，于是悬挂装置就受到扭转，直到出现了相等的力并达成了平衡时为止。在一定的界限之内，C 的偏转将和乘积 $(A-B)\left\{C-\frac{1}{2}(A+B)\right\}$ 成正比。通过增高 C 的势，仪器的灵敏度可以提高，而且，当 $\frac{1}{2}(A+B)$ 的值很小时，偏转将近似地正比于 $(A-B)C$。

关于电势的测量

220.〕 为了按照绝对量值来测定一个大的势差，我们可以利用吸引盘静电计并把吸引力和一个砝码的效应相比较。如果我们同时也用象限静电计来测量相同那些导体之间的势差，我们就将定出象限静电计的刻度的某些读数的绝对值，而利用这种方法，我们就可以按照悬挂部件的势和悬挂装置的扭力矩来得出象限静电计的刻度读数的值[①]。

为了测定一个有限大小的带电导体的势，我们可以把这个导体接在静电计的一个极上，而其另一个极则接地或接在一个具有恒定的势的导体上。静电计读数将给出导体在把它的电荷和它所连接的静电计部件分享以后的势。如 K 代表导体的电容而 K' 代表上述那一部件的电容，而 V、V' 代表这些物体在互相接通以前的势，则它们在接通以后的共同势将是 $\overline{V}=\frac{KV+K'V'}{K+K'}$。

因此，导体的原有势就是 $V=\overline{V}+\frac{K'}{K}(\overline{V}-V')$。

如果导体并不比静电计大得多，则 K' 将是可以和 K 相比的，从而除非我们可以确定 K 和 K' 的值，表示式中的第二项就将有一个可疑的值。但是如果我们能够在接通之前把静电计电极的势弄得和物体的势很相近，则 K 和 K' 的值的不准确性将没有多大影响。

如果我们近似地知道物体的势，我们就可以借助于一个"补电器"或其他装置来把电

① 大势差可以用 W. 汤姆孙爵士的新伏特计来更方便地加以量度。

极充电到这个近似的势，而其次的实验就将给出一个更好的近似。用这种办法，我们可以测量其电容比静电计的电容小得多的一个导体的势。

空气中一点上的电势的测量

221.〕 *第一种方法* 取一个小球，其半径比带电导体的距离小得多，把它的中心放在所给的点上。用一根细导线把小球接地，然后把它绝缘，并把它拿到一个静电计那里去测定它上面的总电荷。

于是，如果 V 是给定点上的势而 a 是球的半径，则球上的电荷将是 $-Va=Q$；而且，如果 V' 是当放在四壁接地的房间中时用一个静电计测得的球的势，则有 $Q=V'a$，由此即得 $V+V'=0$，或者说，空气中球心曾放在那儿的一点上的势，和该球接地再绝缘并拿到一个房间中以后的势相等而反号。

这种方法曾被克勒茨纳赫的代耳曼先生用来测量离地面一定高度处的势。

第二种方法 我们曾经假设小球被放在给定点上，起初接地，然后绝缘并被带到一个由势为零的导电物质包围着的空间中。

现在让我们假设，有一条绝了缘的细导线被从静电计的电极拿到了要测其势的地方。设小球首先被完全放电。这可以通过把它放在一个用相同金属做成的几乎完全包围起它来的容器中并让它接触容器来做到。现在设把这样放了电的小球拿到导线端点那儿并让它碰一下导线端点。既然球是不带电的，它就将具有该点处空气的势。如果电极导线处于相同的势，则它不会受到这种接触的影响；但是，如果电极有一个不同的势，则通过和球接触它的势将变得比以前更接近于空气的势。通过一系列这样的动作，小球交替地放电和接触电极，静电计的电极的势就会不断地趋近于所给点上的空气的势。

222.〕 为了测量一个导体的势而不碰到它，我们可以测量导体附近一个任意点上的空气的势，并根据结果来算出导体的势。如果有一个几乎被导体包围起来的空腔，则空腔中任一点处的空气的势都将和导体的势很相近。

用这种办法，W. 汤姆孙爵士曾经确定，如果有两个互相接触的中空导体，一个用铜做成而另一个用锌做成，则被锌包围着的空腔中的空气的势相对于被铜包围着的空腔中的空气的势来说是正的。

第三种方法 如果我们用任一种办法可以使一系列小物体脱离电极的端点，则电极的势将趋近于周围空气的势。这一点，可以通过让弹丸、碎屑、沙粒或水珠从连在电极上的一个漏斗或管子中漏出而做到。要测量其势的点，就是流注不再是连续的而分裂成分开的部分或小滴的那个点。

另一种方便的办法就是在电极上绑一根慢燃的导火索。势很快就会变成等于导火索燃烧端处的空气的势。当势差颇大时，甚至一个很细的金属尖端就足以通过空气的粒子(或尘埃?)而造成一次放电，但是，如果想把这个势减低为零，我们就必须使用上述各方法中的一种。

如果我们只想确定两个地方之间的势差的正负而不考虑它的数值，我们就可以让液滴或碎屑从一个和其中一个地方相连的喷嘴中在另一个地方喷出，并把那些液滴或碎屑收集在一个绝了缘的容器中。每一个液滴在下落时都会得到一个电荷，而这个电荷就完全放出在容器中。因此容器的电荷就不断地积累，而在足够多的液滴已经落入以后，容器的电荷就可以用最粗糙的方法来进行检验。如果和喷嘴相连的那个地方的势相对于另一个地方的势来说是正的，则电荷的符号也是正的。

电的面密度的测量

证明片理论

223.〕 在检验关于导体表面上的电分布的数学理论的结果时，必须能够测量导体的不同点上的面密度。为此目的，库仑应用了一个贴在虫胶绝缘柄上的镀金纸小圆片。他把这个小片放在导体的不同点上，使它尽可能密切地和导体的表面相重合。然后他借助于绝缘柄把小片拿开，并利用他的静电计测量了小片上的电荷。

既然当放在导体上时小片的表面是和导体的表面接近重合的，他就得出结论说，小片外表面上的面密度近似地等于导体表面上那一点的面密度，而当拿开时，小片上的电荷就近似地等于导体表面上和小片一侧的面积相等的一个面积上的电荷。这样使用的一个小片，叫做“库仑的证明片”。

因为人们对库仑的使用证明片提出过一些不同意见，我将对实验的理论进行一些评述。

这个实验就在于使一个小的导电物体在要测密度的点上和导体表面相接触，然后拿开物体并测定其电荷。

我们首先必须证明，当和导体接触着时小物体上的电荷正比于在放上小物体以前存在于接触点上的面密度。

我们将假设，小物体的各个线度，特别是沿接触点法线方向的线度，比导体在接触点上的哪一个曲率半径都小得多。因此，把导体假设为刚性带电，它所引起的合力在小物体所占空间范围内的变化就可以忽略不计，从而我们就可以把小物体附近的导体表面看成一个平面。

现在，小物体通过和一个平面表面相接触而取得的电荷，将正比于垂直于表面的合力，也就是正比于面密度。我们将针对特殊形状的物体来确定电荷的数量。

其次我们必须证明，当小物体被拿开时，在它和导体之间不会有将使它所带走的电荷发生改变的任何火花。这是显然的，因为当物体相接触时它们的势是相同的，从而离接触点最近的那些地方的密度是极小的。当小物体被拿到离导体有一很短的距离时，如果我们假设导体是带正电的，离小物体最近的那些部分上所带的电就不再等于零而是正的了。但是，既然小物体的电荷也是正的，靠小物体最近的那些部分所带的正电就将比表面上其他邻近点上的正电要少一些。一个火花的通过一般依赖于合力的大小，而合力的大小又依赖于面密度。由此可见，既然我们假设导体的带电没有达到在它表面的其他部分上进行放电的程度，而我们又证明了离小物体最近的表面上的面密度较小，导体就不会从那些部分的表面上向小物体放出火花。

224.〕 现在我们将考虑各种形状的小物体。

假设它是一个很小的半球，用它的平底面的中心和导体相接触。

设导体是一个大球。让我们稍微改动一下半球的形状，使它的表面比半球面稍大一点，并且和球面的夹角是直角。于是我们就得到一个事例，它的精确解我们已经求出了。见第 168 节。

如果 A 和 B 是两个互相正交的球，DD' 是交线圆的一条直径，而 C 是该圆的中心，那么，如果 V 是一个导体的势，而导体的表面和两个球的表面相重合，则球 A 的暴露表面上的电量是 $\frac{1}{2}V(AD+BD+AC-CD-BC)$，而球 B 的暴露表面上的电量是 $\frac{1}{2}V(AD+BD+BC-CD-AC)$，总电量是二者之和，即 $V(AD+BD-CD)$。

如果 α 和 β 是二球的半径，则当 α 比 β 大得多时，B 上的电荷和 A 上的电荷之比等于

$$\frac{3}{4}\frac{\beta^2}{\alpha^2}\left(1+\frac{1}{3}\frac{\beta}{\alpha}+\frac{1}{6}\frac{\beta^2}{\alpha^2}+\cdots\right) \text{比} 1。$$

现在，设 σ 是当 B 被拿走时 A 上的均匀面密度，则 A 上的电荷是 $4\pi\alpha^2\sigma$，从而 B 上的电荷就是 $3\pi\beta^2\sigma\left(1+\frac{1}{3}\frac{\beta}{\alpha}+\cdots\right)$，或者说，当 β 远小于 α 时，半球 B 上的电荷等于以面密度 σ 分布在半球的圆形底面积上的电荷的三倍。

由第 175 节可知，如果使一个小球和一个带电体相接触然后把它拿到远处，则球上的平均面密度和物体上的面密度之比，等于 π^2 和 6 之比，或者说是 1.645 和 1 之比。

225.〕 证明片的最方便的形式就是一个圆片。因此我们将指明放在一个带电表面上的圆片上的电荷应该怎样测量。

为此目的，我们将构造一个势函数，使它的等势面像一个扁圆形的突起，其一般形状类似于放在平面上的一个圆盘。

设 σ 是一个平面上的面密度，该平面我们将假设为 xy 平面。

由于这种带电情况而引起的势将是 $V=-4\pi\sigma z$。

现在设有两个半径为 a 的圆盘，刚性地带有面密度为 $-\sigma'$ 和 $+\sigma'$ 的电。设其中第一个圆盘放在 xy 平面上，圆心位于原点；第二个和它平行，并有一很小的距离 c。

于是可以证明，正如我们即将在磁学理论中看到的那样，这两个圆盘在任意点上引起的势是 $\omega\sigma' c$，此处 ω 是圆盘边沿在该点所张的立体角。因此，整个体系的势将是

$$V=-4\pi\sigma z+\sigma' c\omega。$$

等势面和电感线的形状如本书末尾图版 20 的左边所示。

让我们看看 $V=0$ 的等势面的形状。这个等势面用虚线标出。

令任意点离 z 轴的距离等于 r，当 r 比 a 小得多而 z 也很小时，我们就有

$$\omega=2\pi-2\pi\frac{z}{a}+\cdots。$$

因此，对于远小于 a 的 r 值，零等势面的方程就是 $0=-4\pi\sigma z_0+2\pi\sigma' c-2\pi\sigma'\frac{z_0 c}{a}+\cdots$；

或者 $z_0=\frac{\sigma' c}{2\sigma+\sigma'\frac{c}{a}}$。由此可见,这个等势面在中轴附近是扁平的。

在圆片以外,r 大于 a,那 z 为零时 ω 为零,从而 xy 平面是等势面的一部分。

为了找出这两个部分在何处相接,让我们找出在这个平面的哪一点上 $\frac{\mathrm{d}V}{\mathrm{d}z}=0$。

当 r 很接近于和 a 相等时,立体角 ω 就接近于一个球上的一部分,该球的半径是 1,而那一部分的顶角是 $\tan^{-1}\frac{z}{(r-a)}$,也就是说 ω 等于 $2\tan^{-1}\frac{z}{(r-a)}$,因此当 $z=0$ 时就近似地有 $\frac{\mathrm{d}V}{\mathrm{d}z}=-4\pi\sigma+\frac{2\sigma' c}{r-a}$。

因此,当 $\frac{\mathrm{d}V}{\mathrm{d}z}=0$ 时,近似地就有 $r_0=a+\frac{\sigma' c}{2\pi\sigma}=a+\frac{z_0}{\pi}$。

因此,等势面 $V=0$ 就包括一个半径为 r_0 并具有近似均匀的厚度 z_0 的圆盘状的图形,并包括这一图形外面的那一部分无限大的 xy 平面。

在整个圆盘上计算的面积分就给出它的电荷。正如在第四编第 704 节的圆形电流的理论中那样,可以求出这一电荷是 $Q=4\pi a\sigma' c\left\{\log\frac{8a}{r_0-a}-2\right\}+\pi\sigma r_0^2$。

平面表面的一个相等面积上的电荷是 $\pi a r_0^2$,因此,圆盘上的电荷大于平面上相等面积上的电荷,二者之比很近似地是 $1+8\frac{z_0}{r_0}\log\frac{8\pi r_0}{z_0}$ 比 1,式中 z_0 是圆盘的厚度,r_0 是圆盘的半径,而 z_0 被假设为远小于 r_0。

关于集电器及其电容的测量

226.〕 一个集电器或电容器是一个仪器,它包括两个导电表面,被一种绝缘的电介媒质所隔开。

一个莱顿瓶就是一个集电器,它的内层锡箔由构成瓶的玻璃来和外层相隔开。原始的莱顿瓶是一个装了水的容器,水和拿着容器的手被玻璃隔开。

任何一个绝了缘的导体的外表面都可以看成集电器的一个表面,其另一个表面就是地面或导体所在房间中的壁面,而中间的空气就是电介媒质。

一个集电器的电容,由为使二表面间的势差等于 1 而必须充给内表面的电量来量度。

既然任一电势都是若干部分之和,而各部分通过每一电量元除以它到一点的距离来求得,电量和势之比就必须具有长度的量纲,因此静电电容就是一个线量,或者说我们可以用英尺或米来毫不含糊地量度它。

在电学研究中,集电器被用于两个主要目的,即在一个尽可能小的体积内接受或储存大的电量,和借助于一个确定的电量所引起的集电器的势来测量该电量。

为了储存电荷,还没有发明出比莱顿瓶更完善的任何东西。电损耗的主要部分起源于电沿着未覆盖的潮湿玻璃表面从一个表层爬到另一个表层。这一点可以通过瓶内空气的人工干燥和未覆盖玻璃表面的涂油来在很大程度上予以避免。在 W. 汤姆孙的静电计中,每过一天损失的电只占一个很小的百分数,而且我们相信当玻璃是好的时,任何的损失都不能归因于通过空气或通过玻璃的直接传导,而主要是起源于沿着仪器中各种绝缘杆和玻璃的表面而进行的传导。

事实上,同一电学家{指 W. 汤姆孙}曾经把一个电荷传给一个长颈大玻璃泡中的硫酸,然后通过熔化把瓶颈密封了起来,从而电荷就是完全被玻璃所包围的,而过了些年以后,发现电荷还保存在那里呢。

然而,只有当温度较低时,玻璃才有这样的绝缘性,因为只要把玻璃加热到还不到100℃,电荷立刻就会开始逃逸。

当希望得到小体积的大电容时,以弹性橡皮、石棉或蜡纸作为电介质的集电器就是合用的。

227.〕 对于第二类集电器即用于电量的测量的集电器来说,使用任何固体电介质时都要大大留心,因为它们有所谓"电吸收"的性质。

对于这种集电器来说,唯一保险的电介质就是空气,而空气也有一种不方便处,那就是,如果有些尘埃或杂物进入到两个相对表面之间本来只应该被空气所占据的狭窄空间中去,那就不但会改变空气层的厚度,而且可能在相对的表面之间建立一种联系,而那样一来集电器就将不能保留电荷了。

为了用绝对单位即用英尺或米来量度一个集电器的电容,我们必须或是首先确定它的形状和尺寸然后求解它的相对表面上的电分布问题,或是把它的电容和一个已经求解了问题的集电器的电容相比较。

由于这问题是很困难的,最好从一种形状的集电器开始,而对那种形状来说解是已知的。例如,已经知道,无限空间中一个绝了缘的{导体}球的电容用球的半径来量度。

挂在房间里的一个球,曾由考耳劳什和韦伯两位先生实际地当成一个绝对标准,他们把其他集电器的电容和这一标准进行了比较。

然而,一个中等大小的球的电容和常用的集电器的电容比起来是太小了,从而球并不是一种方便的标准单位。

通过用一个半径大一些的中空同心球面把它包围起来,球的电容可以大大增大。这时内表面的电容反比于空气层的厚度而正比于二表面的半径[①]。

W. 汤姆孙爵士曾经利用这种装置作为电容的标准,{它也曾由罗兰教授和罗斯先生在他们关于电的电磁单位和静电单位之比值的测定中应用过,见 *Phil. Mag*. ser. v. 28, pp. 304,315,}但是把各表面制成真正的球面,把它们弄得真正同心并足够准确地测量它们的距离和半径,这却是相当困难的。

因此我们就被引导着更愿意采用那样一种形式的物体来作为电容的标准单位,其相对的表面是平行的平面。

平行平面的电容很容易测试,它们的距离可以用测微螺旋来测量,而且可以作得能够连续变化,而这是测量仪器的一种最重要的性质。

---

① 这句话的原文意义不明,今略改,但仍欠妥。——译注

唯一剩下来的困难来自这样一个事实:平面肯定是有边的,而平面边沿附近的电分布还不曾严格地被求出。确实,如果我们把它们做成圆盘状,而圆盘的半径比它们之间的距离大得多,我们就可以把圆盘的边沿看成直线,并利用在第 202 节中描述过的由亥姆霍兹提出的方法来计算其电分布。但是应该注意到,在这一事例中,一部分电是分布在两个圆盘的背面的,而且在计算中曾经假设附近没有任何导体,而对一个小仪器来说事实却不是也不可能如此。

228.〕 因此我们更愿意采用由 W. 汤姆孙爵士发明的下述装置;我们可以把它叫做保护环装置,而利用这种装置,一个绝了缘的圆盘上的电量可以按照它的势来准确地加以确定。

保护环集电器

Bb 是用导电材料制成的一个圆柱形的容器,它的外表面的上面是一个精密的平面。这个上面由两部分构成,一个圆盘 A,和围绕圆盘的阔环 BB,二者之间到处有一个小间隔,刚刚足以阻止火花的通过。圆盘的上表面和保护环的上表面准确地位于同一平面上。圆盘被用绝缘材料做成的支柱 GG 支住。C 是一个金属圆盘,它的下表面是精密的平面并平行于 BB。圆盘 C 比 A 大很多。它到 A 的距离用一个在图中没有画出的测微螺旋来调节和测量。

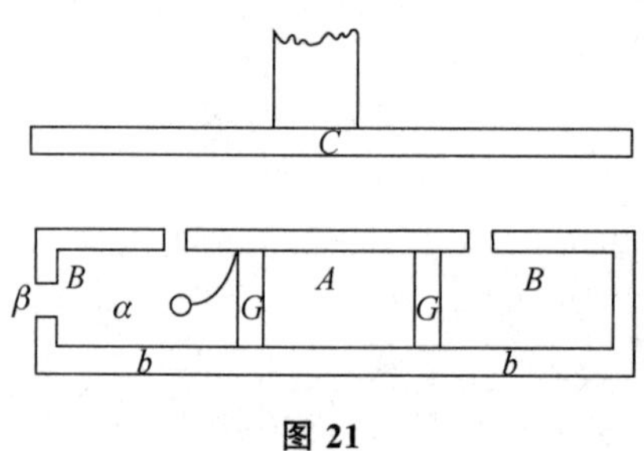

图 21

这种集电器用作一种测量仪器如下:

设 C 处于零势而圆盘 A 和容器 Bb 处于势 V。于是圆盘背面上不会有电,因为容器接近闭合并全体处于相同的势。圆盘边沿上的电也将很少,因为 Bb 和圆盘处于同势。在圆盘的面上,电将是接近均匀的,从而圆盘上的总电荷将由它的面积乘以平面上的面密度来几乎精确地表示,就如在第 124 节中给出的那样。

事实上,我们由第 201 节的考察就知道,圆盘上的电荷是

$$V\left\{\frac{R^2+R'^2}{8A}-\frac{R'^2-R^2}{8A}\frac{a}{A+a}\right\},$$

式中 R 是圆盘的半径,R'是保护环孔的半径,A 是 A 和 C 之间的距离,而 a 是不可能超过$(R'-R)\frac{\ln 2}{\pi}$的一个量。

如果圆盘和保护环之间的间隙比 A 和 C 之间的距离小得多,则第二项将很小,而圆

盘上的电荷就将很接近于 $V\frac{R^2+R'^2}{8A}$。

{这就和一个面密度为 $V/4\pi A$ 的均匀带电的圆盘上的电荷很近似地相同，该圆盘的半径是原有圆盘和孔的半径的算术平均值。}

现在设把容器 Bb 接地。这时圆盘 A 上的电荷将不再是均匀分布的，但其数量将不改变，而且，如果我们现在使 A 放电，我们就将得到一个电荷，它的值可以根据原来的势差 V 和可以测量的量 R、R'及 A 来求出。

论集电器电容的比较

229.〕 最适宜根据其各部件的形状及尺寸来用绝对单位确定其电容的那种形式的集电器，通常并不最适合电学实验之用。很重要的是，实际应用中的电容的量度应该是只有两个导电表面的集电器，其中一个表面应该尽可能近似地被另一个表面所包围。另一方面，保护环集电器却有三个独立的导电部分，它们必须按一定的顺序充电和放电。因此，最好能够通过一种电学过程来比较两个集电器的电容，以便检验后来可以用作次级标准的那些集电器。

我首先将指明如何验证两个保护环集电器的电容的相等。

设 A 是其中一个集电器的圆盘，B 是和导电容器的其余部分连在一起的保护环，C 是大圆盘，而 A'、B'、C'是另一个集电器的相应部件。

如果其中一个集电器属于更简单的类型，即只有两个导体，我们就只需略去 B 或 B'，而假设 A 是内导电表面而 C 是外导电表面，这时 C 被理解为包围着 A。

设接线步骤如下：

B 永远和 C'相接，B'永远和 C 相接，就是说，每一个保护环和另一电容器的大圆盘相接。

(1) 令 A 和 B 及 C'相接，并和一个莱顿瓶上带正电的电极 J 相接；令 A'和 B'及 C 相接，并接地。

(2) 令 A、B、C'和 J 断开。

(3) 令 A 从 B 和 C'断开，A'从 B'和 C 断开。

(4) 令 B、C'和 B'、C 相接并接地。

(5) 令 A 和 A'相接。

(6) 令 A、A'和一个验电器 E 相接。

我们可以表示这些接线步骤如下：

(1) $0=C=B'=A' \quad | \quad A=B=C'=J$。

(2) $0=C=B'=A' \quad | \quad A=B=C' \mid J$。

(3) $0=C=B' \mid A' \quad | \quad A \mid B=C'$。

(4) $0=C=B' \mid A' \quad | \quad A \mid B=C'=0$。

(5) $0=C=B' \mid A' \quad = \quad A \mid B=C'=0$。

(6) $0=C=B' \mid A'=E=A \mid B=C'=0$。

在这儿，等号表示电接通而竖线表示绝缘。

在(1)中，两个集电器是相反充电的，从而 A 为正而 A' 为负，而 A 和 A' 上的电荷是均匀分布在和每一个集电器中的大圆盘所对着的上表面上的。

在(2)中，莱顿瓶被取走，而在(3)中 A 和 A' 上的电荷被绝缘。

在(4)中，保护环和大圆盘接通，从而 A 和 A' 上的电荷尽管量值不变但现在却是分布在它们的整个表面上了。

在(5)中 A 和 A' 接通了。如果电荷是相等而反号的，则带电状态将完全消失，而在(6)中这一点用验电器 E 来进行了检验。

按照 A 或 A' 具有较大的电容，验电器 E 将指示正电荷或负电荷。

借助于一个构造适当的开关①，所有的这些动作可以在一秒的一个很小分数之内按适当顺序完成，而且各电容也可以调节得使验电器检测不到任何电荷；用这种办法，一个集电器的电容可以调节得等于任何另一个集电器的电容或等于若干集电器的电容之和，因此就可以组成一个集电器组，其中每一个集电器的电容都是用绝对单位即英尺或米来测定了的，而同时它们的结构又是最适于电学实验之用的。

这种比较法也许在测定制成板状或盘状的不同电介质的静电比感本领方面将被证实为有用处。如果一个电介质圆盘被插入 A 和 C 之间，而圆盘比 A 大得相当多，则集电器的电容将被改变，并被弄得等于当同一个集电器的 A 和 C 相距较近时的电容。如果加了电介质板而 A、C 之间的距离为 x 的一个集电器，和不加电介质板而 A、C 之间的距离为 x' 的同一个集电器具有相同的电容，那么，如果 a 是板的厚度而 K 是相对于空气而言的电介质比感本领，则有 $K=\frac{a}{a+x'-x}$。

在第 127 节中描述了的那种三个柱面的组合，曾被 W. 汤姆孙爵士当作其电容可以按可测量的数量增大或减小的一种集电器来使用。

关于吉布孙先生和巴克雷先生用这种仪器做的实验的描述，见 *Proceedings of the Royal Society*, *Feb*. 2, 1871，以及 *Phil. Trans.*, 1871, p. 573. 他们发现固体石蜡的比感本领是 1.975，这时认为空气的比感本领是 1。

① 这样一个开关曾在霍普金孙博士关于气体和液体的静电电容的论文中加以描述，见 *Phil. Trans.*, 1881, Part Ⅱ, p. 360。

第二编

动　电　学

· Part Ⅱ　Electrokinematics ·

不少人抱着极大的热情研究麦克斯韦的著作，常常遇到极大的困难，于是他们不得不放弃系统全面理解麦克斯韦的希望……麦克斯韦的理论是什么？我只能说，麦克斯韦的理论就是麦克斯韦方程的体系。

——赫兹（周兆平译）

CITY ART CENTRE

第十四章 电 流

230.〕 我们在第45节中已经看到,当一个导体处于电平衡时,导体各点的势必然相同。

如果两个导体 A 和 B 被充了电,以致 A 的势高于 B 的势,则当用和它们二者相接触的一条金属线把它们接通时,A 的一部分电荷就会过渡到 B,而 A 和 B 的势就会在很短的时间内变为相等。

231.〕 在这一过程的进行中,在导线 C 中观察到某些现象,这些现象叫做电流①。

其中第一种现象就是正电从 A 到 B 而负电从 B 到 A 的转移。这种转移也可以通过使一个绝了缘的小物体交替地和 A 及 B 相接触而用一种更慢的方式来达成。利用我们可称之为电运流的这种过程,每一个物体所带电的一个个的小部分可以转移到另一个物体上。不论在哪一种事例中,某一电量或带电状态都在物体之间的空间中沿着某一路径从一个地方运动到另一个地方。

因此,不论我们对电的本性有何见解,我们都必须承认所描述的过程构成电的一种流动。这种流动可以描述为正电从 A 到 B 的流动,或负电从 B 到 A 的流动,或这两种流动的组合。

按照菲希诺尔的学说和韦伯的学说,这是一种正电的流动和一种恰好相等的负电沿相反方向而通过相同物质的流动的组合。为了理解韦伯关于某些最有价值的实验结果的叙述,记住这种有关电流之组成的极其牵强的假说是必要的。

如果我们像在第36节中一样假设,在单位时间之内,有 P 个单位的正电从 A 转移到 B 而有 N 个单位的负电从 B 转移到 A,则按照韦伯的学说,应有 $P=N$,而 P 或 N 就应该被取为电流的数值。

与此相反,我们对 P 和 N 之间的关系不作任何假定,而只注意流动的结果,那就是 $P+N$ 个单位的正电从 A 到 B 的转移,从而我们将把 $P+N$ 看成电流的真实量度。因此,韦伯将称之为1的电流,我们将称之为2。

论恒稳电流

232.〕 在处于不同势的两个绝缘导体之间的流动事例中,过程很快地就会因二物

◀1831年的爱丁堡

① 原书还引用了“电矛盾”(electric conflict)一词作为“电流”的同义语。——译注

体的势的相等而停止，从而电流在本质上就是一种“瞬变电流”。

但是也有一些办法可以使导体之间的势差保持恒定，在那种情况下，电流就将以一种均匀的强度作为一种“恒稳电流”而继续流动。

伏打电池组

产生恒稳电流的最方便的方法是利用一个伏打电池组。

为了明确起见，我们将描述丹聂耳的恒势电池组：

一种硫酸锌的溶液放在一个多孔性的素烧瓷瓶子中，而这个瓶子又放在一个装有硫酸铜饱和溶液的容器中。一块锌浸在硫酸锌中，而一块铜浸在硫酸铜中。在液面以上，有导线焊在锌上和铜上。这一套东西，就叫做丹聂耳电池组的一个电池或单元。见第 272 节。

233.〕 如果这个电池通过放在一个不导电的底座上而被绝缘，而使连在铜上的导线和一个绝了缘的导体 A 相接触，使连在锌上的导线和另一个绝了缘的并和 A 用相同金属制成的导体 B 相接触，则可以利用一个精密的静电计来证明，A 的势比 B 的高出某一个数量。这个势差叫做丹聂耳单元的“电动势”。

如果 A 和 B 现在从电池断开并利用一根导线互相连接起来，一个瞬变电流就会从 A 流向 B，而 A 和 B 的势就会变成相等。然后 A 和 B 又可以被电池所充电，而这种过程就可以重复进行，只要电池还能工作就行。但是，如果 A 和 B 用一根导线连接起来，而且像从前那样仍和电池连接着，则电池将在 C 中保持一个恒定的电流，而且也在 A 和 B 之间保持一个恒定的势差。我们即将看到，这个势差并不等于电池的总电动势，因为一部分电动势要被用来在电池本身中保持电流。

若干个电池串联起来，即用金属把第一个电池的锌和第二个电池的铜相接，如此等等，就叫做一个“伏打电池组”，这样一个电池组的电动势是它所由组成的各电池的电动势之和。如果电池组被绝了缘，作为整体它可能带电，但是铜端的势永远比锌端的势大，而二者之差就是它的电动势，不论这两个势的绝对值是什么。电池组中的那些电池可以有很不相同的构造，含有不同的化学溶液和不同的金属，如果当没有电流通过时没有化学反应继续进行的话。

234.〕 现在让我们考虑两端互相绝缘的一个电池组。铜端将带正电或玻璃电，而锌端将带负电或树胶电。

现在设用一根导线把电池组的两端连接起来。于是一个电流就出现，并在一个很短的时间内达到一个恒定值。这时它就叫做一个“恒稳电流”。

电流的性质

235.〕 电流形成一条回路，沿着从铜到锌的方向通过导线，并从锌到铜通过溶液。

如果把任何一条把一个电池的铜和其次一个电池的锌连接起来的导线切断，回路就被切断，电流就会停止，而连在铜上的导线的端点的势就会比连在锌上的导线的端点的势高出一个常量，这就是回路的总电动势。

电流的电解作用

236.〕 只要回路是断开的，电池中就没有化学作用在继续进行，但是一旦回路接通，每一个丹聂耳电池中的锌块就会开始溶解，而在它的铜块上就会有铜沉积下来。

硫酸锌的量将增加，硫酸铜的量将减少，除非有更多的硫酸铜不断地被加进来。

被溶解的锌的量，和所沉积的铜的量，在整个回路中的每一个丹聂耳电池中都相同，不论各锌板的大小如何；而且，如果任何一个电池是具有不同的构造的，它里边的化学作用也会在数量上和丹聂耳电池中的化学作用有一个恒定的比值。例如，如果其中一个电池是由浸在用水稀释过的硫酸中的两个铂板构成的，就会有氧在电流进入液体处的那个板上放出，也就是在和丹聂耳电池的铜用金属连接着的那个板上放出，并有氢在电流离开液体处的板上即和丹聂耳电池的锌相连的那个板上放出。

氢的体积正好是在相同时间内放出的氧的体积的两倍，而氧的重量正好是氢的重量的八倍。

在回路的每一电池中，每一种溶解了的、沉积了的或分解了的物质的重量，等于一个叫做该物质之化学当量的量乘以电流的强度和电流流动的时间。

关于确立这一原理的那些实验，见法拉第《实验研究》的系列七和系列八。关于这一法则的表观例外的考察，见密勒的《化学物理学》和魏德曼的《动电》。

237.〕 用这种方式分解的物质，叫做“电解质”。这种过程叫做“电解”。电流进入和离开电解质的地方叫做“电极”。其中电流所由进入电解质的电极叫做“阳极”，而电流所由离开电解质的电极叫做“阴极”。电解质分解而成的组分叫做“离子”：出现在阳极处的离子叫做“阴离子”，而出现在阴极处的离子叫做“阳离子”。

我相信这些名词是由法拉第在惠威耳博士的协助下制定的。其中前三个即电极、电解和电解质已经得到公认，而其中出现这种组分的分解和传递的导电模由叫做“电解导电”。

如果有一种均匀的电解质放在一根变截面的管子中，而电极装在这根管子的两端，则我们发现当电流通过时阴离子就出现在阳极上而阳离子就出现在阴极上，这些离子的数量是电化学地等价的，而且是共同和电解质的某一个量等价的。在管子的其他部分，不论截面是大是小，是均匀的还是变化的，电解质的成分都保持不变。因此，通过管子的每一截面进行的电解的数量都相同。因此，在截面小的地方，作用必然比在截面大的地方更强，但是在给定时间内通过任一完整截面的每一种离子的数量对所有的截面来说都是相同的。

因此，电流的强度可以用给定时间内的电解数量来量度。可以很方便地测量电解产物的数量的一种仪器叫做“电量计”。

这样量得的电流强度在回路的每一部分都相同，而且在任一给定时间以后出现在电量计中的电解产物的总量，和在同一时间内通过任一截面的电量成正比。

238.〕 如果我们在一个电池组的回路中接入一个电量计并在任何部分把回路切断，我们就可以假设电流的测量是如下进行的。设断路的两端是 A 和 B，并设 A 是阳极而B是阴极，让一个绝了缘的球交替地接触A和B，则它在每一次行程中都会把某一个可测量的电量从A带到B。这个电量可以用一个静电计来测量，它也可以通过用球的静电电容去乘回路的电动势而被算出。就这样，电就在一个过程中被一个绝了缘的球从A带到B，这个过程可以叫做“运流”。与此同时，电解在电量计和电池组的各电池中持续进行，而每一个电池中的电解数量可以和被绝缘球带过去的电量相比较。被单位电量所电解的物质的量，叫做该物质的“电化当量”。

如果用一个普通大小的球和一个可以摆弄的电池组来这样进行，这个实验就将是极其繁难和麻烦的，因为在一个可觉察数量的电解质被分解以前，必须来来回回搞了许许多多次。因此，实验必须被认为只是一种说明，而电化当量的实际测量则是用不同的方式进行的。但是这个实验也可以看成电解过程本身的一种说明。因为，如果我们把电解导电看成运流的一种，在这种运流中一个电化当量的阴离子携带着负电向阳极方向运动，而一个电化当量的阳离子携带着正电向阴极方向运动，而电的总传递量则是一个单位，那么我们就将得到有关电解过程的一种概念。就我所知，这种概念是和已知的事实并不抵触的，尽管由于我们对电的本性和化学化合物的本性不够了解，它可能只是实际上发生的事情的一种很不完善的表象。

电流的磁作用

239.〕 奥斯特发现，放在直线电流附近的一个磁铁，倾向于使自己变得垂直于通过电流和磁铁的平面。见第475节。

假如一个人把自己的身体摆得沿着电流线的方向，使得从铜经过导线到锌的电流将从他的头流向脚，而且他的脸则向着磁铁的中心，则当电流在流时，磁铁的指北极将倾向于指向人的右手。

这种电磁作用的本性和规律，将在我们进行到本书第四编时再行讨论。目前我们所要谈到的是这样一个事实：电流有一种在电流外面起作用的磁效应；通过这种效应，电流的存在可以被确定，电流的强度可以被测量，而不必断开电路或在电流本身中接入任何仪器。

已经确定，磁作用的大小正比于由电量计中的电解产物来测量的电流强度，而和电流所流过的导体的本性完全无关，不论导体是金属还是电解质。

240.〕 通过它的磁效应来指示一个电流的强度的仪器，叫做“电流计”。

电流计通常包括一个或多个用丝包线绕成的线圈，线圈内挂着一个轴线水平的磁铁。当电流在导线中通过时，磁铁就倾向于把自己摆在轴线垂直于线圈平面的方位上。如果我们假设线圈的平面是摆得和地球的赤道面相平行的，而电流是沿着太阳的表观运动方向从东向西在线圈中运行的，则线圈中的磁铁将倾向于把自己摆得使它的磁化和看成大磁铁的地球的磁化方向相同，地球的北极和罗盘指针指向南方的那一端相类似。

电流计是测量电流强度的最方便的仪器。因此我们将假设在电流规律的研究中制造这样一种仪器的可能性，而把仪器的原理留到我们的第四编中再来讨论。因此，当我们说一个电流具有某一强度时，我们就假设测量是用电流计来完成的。

第十五章 电导和电阻

241.〕 如果我们在一个保持着恒定电流的电路中用一个静电计来测定不同点上的电势，我们就会发现，在由温度均匀的单独一种金属构成的任何一段电路上，任何一点的势都比沿电流方向来看是更远一些的任何其他点的势大一个量，这个量依赖于电流的强度，并依赖于所研究的那一段电路的本性和尺寸。这一路段两端的势差，叫做作用在它上面的“外电动势”。如果所考虑的一段电路不是均匀的而却包含着从一种物质到另一种物质的过渡、从金属到电解质的过渡或从较热部分到较冷部分的过渡，则除了外电动势以外，还可能存在必须考虑在内的“内电动势”。

电动势、电流和电阻之间的关系，是由 G. S. 欧姆博士在 1827 年发表的一篇题为《动电序列的数学研究》的论文中首先研究了的，该论文的英译本见泰勒的《科学论文集》(Taylor, *Scientific Memoirs*)。在均匀导体的事例中，这些研究的结果通常称为“欧姆定律”。

欧姆定律

作用在电路任一部分的两端之间的电动势，是电流强度和该部分电路的电阻的乘积。

这里引用了一个新的名词，导体的“电阻”，它被定义为电动势和所产生的电流强度之比。欧姆曾经用实验证明，电阻一词是和一个实在的物理量相对应的，就是说，它有一个确定的值，只有当导体的本性改变时这个值才会改变。没有这种证明，名词的引用就将是没有任何科学价值的。

总之，第一，一个导体的电阻不依赖于通过导体的电流强度。

第二，电阻不依赖于导体所在的势，也不依赖于导体表面上的电分布的密度。

它完全依赖于构成导体的材料的本性、导体各部分的聚集态和导体的温度。

导体的电阻可以测量到它的值的万分之一乃至十万分之一的精确度，而且已经测试过的导体是如此之多，以致我们关于欧姆定律之真确性的信心现在是很大的了[①]。在第六章中，我们将追索它的应用和推论。

---

① 关于针对各种金属导体对欧姆定律所作的验证，见 B. A. Report 1866 p. 36 上克里斯陶的文章，他证明了一条导线对无限弱的电流而言的电阻和它对很强的电流而言的电阻约相差百分之 10^{-10}；关于针对电解质对该定律所作的验证，见 B. A. Report 1886 上斐兹杰惹和特罗顿的文章。

电流的生热

242.〕 我们已经看到，当一个电动势使一个电流通过一个导体而流动时，电就从高势的地方转移到低势的地方。假如这种转移是通过运流来进行的，也就是通过在一个球上带着一个个的电荷从一个地方到另一个地方来的运动进行的，电力就会对球做功，而这种功就将需要说明。在一些干堆电路中，它也确实以一种部分的方式得到了说明；在那些电路中，电极被作成钟形，而运送电的小球则像一个摆似地在两个钟之间运动并交替地敲响它们。用这种办法，电作用被弄得和摆的摆动步调一致并把钟声传到远处。在导线的事例中，我们有同样的从高势处到低势处的电转移而没有任何的外功被作出。因此，能量守恒原理就引导我们到导体中去寻找内功。在一种电解质中，内功部分地表现为电解质组分的被分离。在其他导体中，它完全转化为热。

在这一事例中，转化为热的能量等于电动势和通过的电量的乘积。但是电动势等于电流和电阻的乘积，而电量等于电流和时间的乘积。由此可见，热量乘以热功当量就等于电流强度的平方乘以电阻再乘以时间。

在克服电阻中由电流产生的热量，曾由焦耳博士测定过。他首次确定了，在给定时间内产生的热量正比于电流的平方，而且后来又通过所有各有关量的仔细的绝对测量，证实了方程 $JH=C^2Rt$，式中 J 是焦耳的热功当量，H 是热量，C 是电流强度，R 是电阻，而 t 是电流流动的时间。电动势、功和热之间的这些关系，由 W. 汤姆孙爵士在一篇关于机械效应对电动势测量之应用的论文中第一次作出了充分的解释①。

243.〕 初看起来，电的传导理论和热的传导理论之间的类似性是完全的。如果我们取两个在几何上相似的体系，假设第一个体系中任一点上的热导率正比于第二个体系中对应点上的电导率，而且令第一个体系中任一部分处的温度正比于第二部分中对应点上的电势，则通过第一个体系中任一面积的热流将正比于通过第二个体系中对应面积的电流。

于是，在我们已经作出的说明中，既然电的流动对应于热的流动，而电势对应于温度，那么电就倾向于从高势处流向低势处，正如热倾向于从高温处流向低温处一样。

244.〕 因此，电势理论和温度理论可以弄成互相例示的形式，然而在电现象和热现象之间却有一个引人注目的差别。

用一根丝线把一个导电物体挂在一个闭合的导电容器中并使容器带电。容器和它内部所有东西的势将立即升高，但是，不论容器被多么强烈地充了电，不论它里边的物体是否和它相接触，容器内部都不会出现任何带电的迹象，而且当物体被拿出时它也不会显示任何电效应。

但是如果容器被加热到一个高的温度，器内的物体也将达到相同的温度，但那要在一段相当长的时间以后，而且，如果后来把它拿出来，它就会是热的，而且它会保持为热

---

① *Phil. Mag.*, Dec. 1851.

的，直到它继续放了一段时间的热以后。

两种现象的差别在于这样一件事实：物体能够吸热和放热，而在电的方面它们却没有对应的性质。不向物体供应一定量的热，就不可能使它热起来，而所需的热量依赖于物体的质量和比热，但是一个物体的电势却可以用上述方法提高到任何程度而不必把任何的电传给该物体。

245.〕 另外，假设一个物体首先被加热然后被放在闭合容器中。容器的外表面起先将和周围的物体温度相同，但它不久就会热起来，而且将保持为较热，直到内部物体所有的热都被放掉为止。

进行一个对应的电学实验是不可能的。不可能使一个物体带电，然后把它放在一个中空容器中，而使容器的外表面起初并不显示任何的带电现象，但是后来却带了电。法拉第曾经徒劳地寻求过的所谓“绝对电荷”，正是某种这一类的现象。

热可以隐藏在一个物体的内部而没有外部作用，但是却不可能把一个电量隔离起来，以阻止它和一个种类相反的相等电量处于经常的感应之中。

因此，在电现象中就没有任何东西和一个物体的热容量相对应。这可以从本书所肯定的学说中立刻推出来；那学说就是，电和一种不可压缩的流体服从相同的连续性条件。因此就不可能通过把一个附加的电量挤入任何物质中而使它得到一个体电荷。参阅第61、111、329、334各节。

第十六章　接触物体之间的电动势

接触中的不同物质的势

246.〕 如果我们把一个中空导电容器的势定义为器内空气的势，我们就可以借助于在第一编第 221 节中描述了的一个静电计来确定这个势。

如果现在取两个用不同金属例如铜和锌做成的中空容器，并使它们互相处于金属接触之中，然后检测每一个容器中的空气的势，则锌质容器中的空气的势和铜质容器中的空气的势相比将是正的。势差依赖于各容器的内表面的本性；当锌是光亮的而铜上附有一层氧化物时，势差最大。

由此可见，当两种金属互相接触时，通常会有一个电动势从一种金属向另一种金属作用着，以促使一种金属的势超过另一种金属的势。这就是伏打有关"接触电"的理论。

如果我们取一种金属例如铜作为标准，那么，如果铁在和势为零的铜相接触时的势是 I 而锌在和势为零的铜接触时的势为 Z，则锌在和势为零的铁相接触时的势将是 $Z-I$，如果各金属周围的媒质保持相同的话。

这种结果对任何三种金属都是对的。由这种结果可知，温度相同的任何两种金属相接触时的势差，等于它们和第三种金属相接触时二势之差，因此，如果一个电路由温度相同的任意几种金属所形成，则各金属一经得到了它们的适当的势，电路中就将存在一种电平衡，从而电路中就不会有电流继续存在。

247.〕 然而，如果电路由两种金属和一种电解质所构成，则按照伏打的理论，电解质将倾向于使和它接触着的两种金属的势变成相等，于是金属接触点上的电动势就不再是被平衡掉的，而一个连续的电流就会得到保持。这个电流的能量由发生在电解质和金属之间的化学作用来提供。

248.〕 然而，电效应也可以不用化学作用来产生，如果我们能够用任何别的办法来使相接触的两种金属的势相互接近的话。例如，在 W. 汤姆孙爵士所作的一个实验中[①]，一个铜漏斗被放在和一个竖直的锌圆筒相接触的位置上，从而当使一些铜屑通过漏斗时，它们就在锌筒的中部互相分开并离开漏斗而落入放在下面的绝缘接收器中。于是接收器就被发现为带负电，而且它的电荷将随着碎屑的不断下落而增加。与此同时，里边放了铜漏斗的那个锌筒就会越来越多地带正电。

如果现在用一根导线把锌筒和接收器连接起来，导线中就会有一个正电流从锌筒流

① *North British Review*，1864，p. 353；以及 *Proc. R. S.* June 20，1867.

向接收器。每一片铜屑都由于感应而带了负电，而铜屑流就形成从漏斗到接收器的一个负电流，或者换句话说，形成从接收器到铜漏斗的一个正电流。于是正电流就(由铜屑携带着)通过空气从锌流到铜，并通过金属连线而从铜流到锌，正如在普通的电池电路中一样。但是，在这一事例中，保持电流的力不是化学作用而是重力，这种重力使铜屑下落，尽管有带正电的漏斗和带负电的铜屑之间的电吸引力。

249.〕 接触电理论的一种引人注目的证实曾由珀耳帖的发现所给出。他曾发现，设有一个电流通过两种金属的接触点，当电流沿一个方向流动时接触点就发热，而当它沿相反方向流动时接触点就变冷。必须记得，一个电流在通过一种金属时永远产生热，因为它会遇到电阻。因此，整个导体中的冷却效应必然永远小于发热效应。从而我们就必须区分每一种金属中由普通的电阻而引起的发热和两种金属接头处的热的产生或吸收。我们将把前者称为由电流引起的热的摩擦产生，而正如我们已经看到的那样，这种热量正比于电流的平方，从而不论电流沿正方向还是沿负方向流动热量都是相同的。我们可以把第二种效应叫做珀耳帖效应，它随着电流的变号而变号。

在由两种金属形成的组合导体的一个部分中，产生的总热量可以表示成 $H=\frac{R}{J}C^2t-\Pi Ct$，式中 H 是热量，J 是热功当量，R 是导体的电阻，C 是电流，而 t 是时间；Π 是珀耳帖效应的系数，也就是单位电流在单位时间内在接触点上吸收的热量。

产生的热和在导体中反抗电力所做的功是在力学上等价的；就是说，它等于电流和产生电流的电动势的乘积。由此可见，如果 E 是使电流通过导体而流动的那个外电动势，则有 $JH=CEt=RC^2t-J\Pi Ct$，从而 $E=RC-J\Pi$。

由这一方程可以看到，推动电流通过组合导体所需要的外电动势，比只由它的电阻所要求的电动势小一个电动势 $J\Pi$。因此 $J\Pi$ 就代表在接触点上沿正方向发生作用的电动势。

由 W. 汤姆孙爵士[①]作出的这种热的动力理论对区域性电动势之确定的应用，具有很大的科学重要性，用导线把组合导体的两个点和一个电流计或验电器的两个极连接起来的那种普通方法，将由于导线和组合导体物质接头处的接触力而成为无用的。另一方面，在热学方法中，我们知道能量的唯一来源是电流，而除了使那一部分导体变热以外电流在电路的一部分中不做任何的功。因此，如果我们能够测量电流的大小和产生的或吸收的热量，我们就能确定促使电流通过那一部分导体时所需要的电动势，而且这种测量是和电路其他部分中的接触力效应完全无关的。

用这种方法测定的二金属接头处的电动势，并不能说明在第 246 节中描述的那种伏打电动势。后者通常是比本节所述的这种电动势大得多的，而且有时是符号相反的。因此，认为一种金属的势应该用和它接触着的空气的势来量度的那种假设就必然是错误的，而且伏打电动势的较大部分不应该到两种金属的接头处去找，而应该到把金属和形成电路之第三种单元的空气或其他媒质的一个或两个分界面上去找。

250.〕 塞贝克发现，当接触点处于不同的温度时，由不同金属构成的电路中出现温差电流；这就表明，一个闭合电路中的接触势并不是永远互相平衡的。然而很明显，在由

---

① *Proc. R. S. Edin.*, Dec. 15, 1851；以及 *Trans. R. S. Edin.*, 1854.

均匀温度下的不同金属构成的闭合电路中，接触势必然互相平衡。因为，假若不是这样，电路中就会出现电流，而这个电流就可以带动一个机器或在电路中产生热，也就是说可以做功，而与此同时却没有能量的任何消耗，因为电路到处的温度相同，而且也没有化学变化或其他的变化发生。由此可见，如果在由两种金属 a 和 b 的接触点上当电流从 a 流到 b 时珀耳帖效应用 Π_{ab} 来代表，则对由同温下的两种金属构成的电路来说，应用 $\Pi_{ab}+\Pi_{ba}=0$，而对由三种 a、b、c 构成的电路来说，我们必有 $\Pi_{bc}+\Pi_{ca}+\Pi_{ab}=0$。

由这一方程可知，三个珀耳帖效应并不是独立的，而是其中一个可由另外两个推出。例如，如果我们假设 c 是一种标准金属，并写出 $P_a=J\Pi_{ac}$ 和 $P_a=J\Pi_{bc}$，则有 $J\Pi_{ab}=P_a-P_b$。

P_a 这个量是温度的函数，并取决于金属 a 的本性。

251.〕 马格努斯也曾证明，如果一个电路是由单独一种金属构成的，电路中就不会形成任何电流，不论导体的截面和温度怎么变化①。

既然在这种事例中存在热传导以及由此引起的能量耗散，我们就不能像在以前的事例中那样把这一结果看成显而易见的。例如，电路两部分之间的电动势可能取决于电流是从导体的较粗部分流向较细部分还是相反，也可能取决于它是迅速地或缓慢地从较热部分流向较冷部分还是相反，而这就会使得由一种金属构成的不均匀加热的一个电路中的电流成为可能。

因此，利用和在珀耳帖现象的事例中相同的推理，我们就得到，如果电流在单一金属导体中的通过会引起任何的热效应，而当电流反向时该效应也反向，则这只有当电流从高温处流向低温处或从低温处流向高温处时才是可能发生的，而且，如果当从温度为 x 处流到温度为 y 处时在导体中产生的热是 H，则 $JH=RC^2t-S_{xy}Ct$，而倾向于保持这一电流的电动势则是 S_{xy}。

如果 x、y、z 是一个均匀电路中三个点上的温度，则按照马格努斯的结果，我们必有 $S_{yz}+S_{zx}+S_{xy}=0$。因此，如果我们假设 x 是零温度，并令 $Q_x=S_{xz}$ 而 $Q_y=S_{yz}$，我们就得到 $S_{xy}=Q_x-Q_y$，式中 Q_x 是温度 x 的一个函数，其函数形式取决于金属的本性。

如果我们现在考虑由两种金属 a 和 b 构成的一个电路，设电流从 a 流入 b 处的温度为 x 而它从 b 流入 a 处的温度为 y，则电动势将是

$$F=P_{ax}-P_{bx}+Q_{bx}-Q_{by}+P_{by}-P_{ay}+Q_{ay}-Q_{ax},$$

式中 P_{ax} 代表金属 a 在温度 x 下的 P 值，或者说

$$F=P_{ax}-Q_{ax}-(P_{ay}-Q_{ay})-(P_{bx}-Q_{bx})+P_{by}-Q_{by}$$

既然在非均匀加热的不同金属的电路中一般是存在温差电流的，那就可以推知 P 和 Q 一般对同一金属和同一温度来说是不同的。

252.〕 Q 这个量的存在最初是由 W. 汤姆孙爵士在我们已经提到的论文中作为由克明②发现的温差电反转的一种推论而证实了的；克明发现，某些金属在温差电系列中的次序在高温下和在低温下是不同的，从而对一个确定的温度来说两种金属可以是无分轩

① 勒·罗意曾经证明，当各截面上存在突然的变化，以致在一段可以和分子距离相比的距离上出现有限大小的温度改变时，这一结果就是不成立的。

② *Cambridge Transactions*, 1823.

轻的。例如，在由铜和铁构成的一个电路中，如果一个接触点保持在常温而另一个接触点的温度被提高，则有一个电流在热接触点上从铜流入铁中，而且电动势不断增大，直到热接触点达到一个温度 T 时为止，而按照汤姆孙的研究，这个温度约为 284℃。当热接触点的温度进一步升高时，电动势就变小，而到最后，如果温度升得够高，电流就会反向。电流的反向可以通过升高冷接触点的温度来更容易地得到。如果两个接触点的温度都高于 T，则电流在热接触点上从铁流入铜中，也就是和在两个接触点的温度都低于 T 时观察到的电流方向相反。

由此可见，如果一个接触点的温度是中性温度 T，而另一个接触点则较热或较冷，电流就总是将在中性温度的接触点上从铜流入铁中。

253.〕 由这一事实出发，汤姆孙推理如下：

假设另一个接触点处于一个低于 T 的温度。电流可被用来带动一个机器或在一根导线中产生热，而能量的消耗必将由从热到电能的转变来补充，也就是说热必须在电路的某个地方消失。现在，在温度 T 下，铜和铁是势均力敌的，从而在热接触点上不会有可逆的热效应，而在冷接触点上则由珀耳帖原理将由电流产生热。由此可见，热可以消失的唯一所在就是电路的铜段或铁段，因此，或是铁中一个从热到冷的电流将冷却铁，或是铜中一个从冷到热的电流将冷却铜，或是两种效应都可能发生。{这种推理假设温差接触点在有电流通过时只作为一个热机而起作用，而在形成接触点的物质的能量方面没有任何别的变化（例如像电池组中那样的变化）。}通过一系列精心设计的巧妙实验，汤姆孙成功地探测到了电流在流过温度不同的导体部分时的可逆的热作用，而且他发现电流在铜中和铁中将产生相反的效应①。

当一种物质性的流体在一根管子中从热的部分流到冷的部分时，它就使管子变热，而当它从冷的部分流到热的部分时，它就使管子变冷，而且这些效应依赖于流体的比热。假如我们假设电无论正负都是一种物质性的流体，我们就将可能通过非均匀加热导体中的热效应来量度电流体的比热。现在汤姆孙的实验证明，铜中的正电和铁中的负电都把热从热处带到冷处。由此可见，假如我们假设正电或负电是可以被加热和被冷却并能够把热传给其他物体的一种流体，我们就会发现这种命题对正电而言被铁所否定而对负电而言被铜所否定，从而我们将不得不放弃这两种假说。

关于电流对非均匀加热的单一金属的可逆效应的这种科学预见，又是应用能量守恒学说来指明科学研究新方向的一个很有教育意义的范例。汤姆孙也曾经应用热力学第二定律来指明了我们用 P 和 Q 来代表的那些量之间的关系，而且也研究了沿不同方向有着不同结构的那些物体的可能的温差电性质。他也在实验上研究了这些性质通过压力、磁化等等而得到发展的那些条件。

254.〕 泰特教授②近来研究了接触点温度不相同的由不同的金属构成的电路中的电动势。他发现，一个电路的电动势可以很准确地用公式 $E=a(t_1-t_2)\left[t_0-\frac{1}{2}(t_1+t_2)\right]$，来表示，式中 t_1 是热接触点的绝对温度，t_2 是冷接触点的绝对温度，而 t_0 是两种金属相

① 'On the Electrodynamic Oualities of Metals.' *Phil. Trans.*, Part Ⅲ, 1856.

② *Proc. R. S. Edin.*, *Session* 1870—1871, p. 308，亦见 Dec. 18, 1871。

互中立时的温度。因子 α 是取决于构成电路的两种金属的本性的一个系数。这条定律曾由泰特教授和他的学生们在相当大的温度范围内进行了验证，而且他希望把温差电路弄成一种测温仪器，使之可以应用于他的关于热传导的实验中，以及汞温计不便于应用或其温度范围不足的其他事例中。

按照泰特的理论，汤姆孙称之为电的比热的那个量在每一种金属中都和温度成正比，尽管它的量值乃至正负号是随金属的不同而不同的。他由此而用热力学的原理导出了下述的结果。设 $k_a t$、$k_b t$、$k_c t$ 是三种金属 a、b、c 的比热，而 T_{bc}、T_{ca}、T_{ab} 是每两种金属互相中立时的温度，则方程

$$(k_b-k_c)T_{bc}+(k_c-k_a)T_{ca}+(k_a-k_b)T_{ab}=0,$$

$$J\Pi_{ab}=(k_a-k_b)t(T_{ab}-t),$$

$$E_{ab}=(k_a-k_b)(t_1-t_2)\left[T_{ab}-\frac{1}{2}(t_1+t_2)\right]$$

将表示一个温差电路的各中立温度，珀耳帖效应的值和电动势之间的关系。

第十七章 电解导电

255.] 我已经叙述过，当一个电流在电路的任一部分通过一种叫做“电解质”的化合物时，它的通过就是由一种叫做“电解”的化学过程伴随着的；在这种过程中，化合物被分解成两种叫做“离子”的成分，其中一种叫做“阴离子”，或带负电的成分，它出现在阳极处，或电流进入电解质的地方，另一种叫做“阳离子”，出现在阴极处，或电流离开电解质的地方。

电解的全面考察有很大一部分属于化学，正如也有一部分属于电学一样。我们将从电学的观点来考虑它，而不考虑它在化合物的构造理论方面的应用。

在所有的电现象中，电解似乎是最有可能向我们提供一种关于电流之真实本性的实在识见的现象，因为我们发现普通物质的流动和电的流动都形成同一现象的本质性的部分。

也许正是由于这个原因，在目前还很不完善的我们关于电的概念状况下，电解的理论才是如此不能令人满意的。

由法拉第确立了的并迄已被比茨、希托尔夫等人的实验所证实了的基本电解定律如下：

在给定时间内由一个电流的通过而分解的一种电解质的电化当量数，等于在同一时间由电流所传递的电量的单位数。

一种物质的电化当量，就是通过该物质的单位电流在单位时间内所电解的该物的数量，或者换句话说，就是当单位电量通过时电解的数量。当电量的单位是用绝对单位定义的时，每一种物质的电化当量的值就可以用格令或克来计算。

不同物质的电化当量正比于它们的普通的化学当量。然而，普通的化学当量只是各物质互相化合时的数值比，而电化当量则是物质的一种具有确定量值的性质，它的量值依赖于电量的单位。

每一种电解质都包括两种组分，它们在电解过程中出现在电流进入和离开电解质的地方而不出现在任何别的地方。因此，如果我们设想在电解质的内部画一个曲面，则用沿相反方向通过曲面的各组分的电化当量数来量度的通过该面而进行的电解的数量，将正比于通过该曲面的总电流。

因此，沿相反方向而通过电解质的那些离子的实际传递，就是电流通过电解来传导的那种现象的一个部分。在电流所通过的那种电解质中的每一点上，也有阴离子和阳离子的两个物质流，它们和电流具有相同的流线，并且在量值上和电流成正比。

因此就可以极其自然地假设，离子流就是电的对流，而特别说来，每一个阳离子是带有一个确定的正电荷的；这一电荷在一切阳离子上都相同，而每一个阴离子则带有一个相等的负电荷。

于是,离子通过电解质的反向运动就将是电流的一种完备的物理表象。我们可以把这种离子运动和扩散过程中气体和液体互相通过的运动相比较;这两种过程间有一种区别,那就是,在扩散中,不同的物质只是互相混合的,而且混合物是不均匀的,而在电解中,不同的物质是化合的,而且电解质是均匀的。在扩散中,一种物质在一个给定方向上的运动的决定性原因就在于每单位体积中的该物质数量沿该方向的减小,而在电解中,每一种离子的运动都起源于作用在带电分子上的电动势。

256.〕 克劳修斯[①]曾经在物体的分子骚动理论方面进行过许多的研究;他曾假设一切物体的分子都处于一种经常骚动的状态,但是在固体中,每一个分子永远不会离它的原始位置远于一定的距离,而在流体中,一个分子在从它的原始位置运动离开一定的距离以后,却有同样的可能性来继续远离或开始回向原位置。因此,在表观上静止的一种流体中,各分子是不断地改变着自己的位置,并无规则地从流体的一部分过渡到另一部分的。在化合物的流体中,他假设不仅仅化合物的分子是这样运动的,而且在发生于各化合物分子之间的碰撞中,组成化合物分子的那些分子还常常分开并交换伙伴,从而某一个别原子就时而和某一个种类相反的原子相结合,时而又和另一个那种原子相结合。克劳修斯假设这种过程是一直在液中进行着的;但是当一个电动势作用在液体上时,起先在一切方向并无不同的分子运动就会受到电动势的影响,从而带正电的分子就比趋于正极具有较大的倾向趋于负极,而带负电的分子则有较大的倾向沿相反的方向而运动。因此,阳离子在其自由阶段内就将努力奔向阴极,但是它们却不断因为和阴离子短期配对而耽误行程,而阴离子也是不断地在离子群中挤着前进的,不过是沿着相反的方向。

257.〕 克劳修斯的理论使我们能够理解,尽管一种电解质的实际分解需要一个有限大小的电动势,怎么电解质中的电传导还会服从欧姆定律,使得电解质中每一个哪怕是最微弱的电动势都产生一个量值与之成正比的电流。

按照克劳修斯的理论,电解质的离解和复合即使当没有电流时也是不断进行着的,而最微弱的电动势就足以使这种过程得到某种程度的方向性,并从而产生离子流和作为现象之一部分的电流。然而,在电解质中,离子根本不会以有限的数量被释放,而正是这种离子的释放才要求一个有限的电动势。在电极那儿,离子会积累起来,因为相继到来的那些离子不是在那里找到很容易和它们结合的反号的离子,而却发现自己置身于不能与之结合的同类离子群中。产生这种效应所要求的电动势是有一个有限量值的,而且它也形成一个反向的电动势,并当其他电动势被取消时将产生一个反向的电流。当由于离子在电极上的积累而引起的这种逆电动势被观察到时,电极就叫做被“极化”了。

258.〕 确定一个物体是不是一种电解质的最好的方法就是把它放在两个铂电极之间并给它通一段时间的电流,然后,把电极从电池组切断而把它们接在一个电流计上,并观察是否有一个由电极的极化而引起的反向电流通过电流计。这样一个电流既然起源于不同物质在两个电板上的积累,它也就是物质曾被来自电池组的原有电流所电解的一个证明。当用直接的化学方法来探测分解产物在电极上的出现有困难时,这种方法常常可以应用。见第 271 节。

① Pogg. *Ann*. ci. p. 338(1857).

259.〕 到此为止，电解理论都显得是很令人满意的。它借助于电解质的物质组分流来解释了我们不理解其本性的电流，而那些组分的运动虽然不能为肉眼所见但却是很容易证实的。正如法拉第所指明的那样，这种理论也解释了为什么在液态下可以导电的一种电解质当凝固以后却不是一种导体。这是因为，除非各分子能够从一个地方运动到另一个地方，就不能出现任何的电解导电，因此，为了成为一种导体，物质就必须通过融解或溶解而处于液态。

但是，如果我们继续下去，并假设电解质中的离子确实带有一定数量的正的或负的电荷，从而电解电流不过是一种对流，我们就会发现这种诱人的假说会把我们引导到很困难的处境中去。

首先，我们必须假设，在每一种电解质中，每一个阳离子当在阴极上被释放时都会传给阴极一个正电荷，而这个正电荷不仅对该阳离子来说而且对所有其他的阳离子来说都应该是相同的。同样，每一个阴离子在被释放时也将传给阳极一个负电荷，其数值和由阳离子传递的正电荷相等而符号相反。

如果我们不是考虑单独一个离子而是考虑形成该离子的一个电化当量的一群离子，则所有离子上的总电荷就像我们已经看到的那样是一个正的或负的单位电量。

260.〕 我们还不知道在任何一种物质的一个电化当量中共有多少个分子，但是由许多物理考虑所制定的化学分子理论却假设一个化学当量中的分子数对一切物质来说都是相同的。因此在关于分子的思索中我们就可以假设一个化学当量中的分子数 N；这在目前还是一个未知的数，但是我们在以后可以设法确定它[①]。

因此，每一个分子当从化合态中被释放时都带走一个电荷，其量值是$\frac{1}{N}$，其符号对阳离子为正而对阴离子为负。我们将把这个确定的电荷叫做分子电荷。假如它是已知的，它就将是最自然的电量单位。

到此为止，我们通过在追索分子的带电和放电方面运用我们的想象而增大了我们的概念的精确性。

离子的释放和正电从阳极被送到阴极是同时的事件。离子当被释放时是不带电的，从而在化合状态下它们就将带有如上所述的分子电荷。

然而，分子的带电虽然谈起来容易，想象起来却并非容易。

我们知道，如果两种金属被放得在任一点上互相接触，则它们的表面的其余部分将带电，而如果这些金属做成平板的形式，而且中间由一个很窄的空气间隙所隔开，每个板上的电荷就可以变得相当大，当一种电解质的两种组分互相化合时，可以设想发生了某种类似的情况。可以假设，每一对分子将在一个点上互相接触，而它们的表面的其余部分则由于接触电动势而带了电。

但是，要想解释电有现象，我们就必须证明为什么这样产生的每一个分子上的电荷具有一个确定的数量，以及为什么当一个氯分子和一个锌分子相结合时，其分子电荷与一个氯分子和一个铜分子相结合时的分子电荷相同，尽管氯和锌之间的电动势比氯和铜之间的电动势大很多。如果分子的带电是接触电动势的效应，为什么强弱不同的电动势

① 见第5节的小注。

应该产生恰好相等的电荷呢？

然而，假设我们通过简单地肯定分子电荷的常量值来跳过这一困难，并假设我们为描述上的方便而把这个常量分子电荷称为电的一个分子。

这个说法尽管很粗略，而且和本书的其余部分也不协调，但是它却使我们至少能够清楚地叙述关于电解的已知情况，并领会那些突出的困难。

每一种电解质必须被看成它的阴离子和阳离子的二元化合物。阴离子或阳离子或两种离子都可以是组合物体，从而一个阴离子或阳离子可以是由简单物体的若干个分子{原子}所构成的。一个阴离子和一个阳离子相结合，就形成电解质的一个分子。

为了在电解质中作为一个阴离子而起作用，起作用的分子必须带有我们已经称之为电分子的一个负电荷，而为了作为一个阳离子而起作用，分子则必须带有一个电分子的正电荷。

这些电荷，只有当各分子作为阴离子和阳离子而在电解质中互相化合时才是联系在分子上的。

当各分子被电解时，它们就把电荷带到电极那儿去，而当从化合中被释放时它们就作为不带电的物体而出现。

如果同一个分子能够在一种电解质中作为阳离子而起作用，而在另一种电解质中则作为阴离子而起作用，而且也能够参加到不是电解质的化合物中去，我们就必须假设当作为阳离子而起作用时它就得到一个正电荷，当作为一个阴离子而起作用时它就得到一个负电荷，而当不在电解质中时它就不带电荷。

例如，碘在金属碘化物和氢碘酸中是作为阴离子而起作用的，但是在碘的溴化物中却据说是作为阳离子而起作用的。

这种分子电荷的学说可以作为一种方法，我们可以用这种方法来记住有关电解的许多事实。然而，当我们终于理解了电解的真实本性时，我们仍然保持任何形式的分子电荷学说的可能性却是非常小的，因为那时我们将已经得到一种可靠的基础来建立一种真实的电流理论，并从而不再依赖于这些暂时性的学说了。

261.〕 我们关于电解的知识的最重要步骤之一曾经是一些次级化学过程的认知；当各离子从电极那儿被放出时，这些次级过程就会出现。

在许多事例中，在电极那儿被发现的并不是电解质的实际离子，而是这些离子对电极的作用的产物。

例如，当一种硫酸苏打溶液被一个也通过了稀硫酸的电流所电解时，在硫酸苏打中的阳极和硫酸中的阳极上将得出相等数量的氧，而在各阴极处就得到相等数量的氢。

但是，如果电解在U形管或加了多孔壁障的容器之类的适当容器中进行，从而每一电极周围的物质都可以分别检查的话，那就会发现，在硫酸苏打中的阳极处，既存在一个当量的氧也存在一个当量的硫酸，而在阴极处则既存在一个当量的氢也存在一个当量的苏打。

初看起来，按照盐类构造的旧理论，似乎是硫酸苏打被电解成了它的组分硫酸和苏打，而溶液中的水则同时被电解成了氧和氢。但是这种解释将引导人们承认，通过稀硫酸并电解了一个当量的水的同一个电流，当它通过硫酸苏打的溶液时就既电解一个当量的水又电解一个当量的硫酸盐，而这就将是和电化当量定律相矛盾的。

但是，如果我们假设硫酸苏打的组分不是 SO_3 和 Na_2O 而是 SO_4 和 Na_2（不是硫酸和苏打而是硫酸根和钠），则硫酸根将运动到阳极并被放出；但是由于不能自由存在，它将分解成硫酸和氧，各一当量。与此同时，钠也在阴极上被放出并在那里使溶液中的水分解，形成一当量的苏打和一当量的氢。

在稀硫酸中，收集在两个电极处的气体是水的组分，即一个体积的氧和两个体积的氢。阳极处的硫酸也有所增多，但它的量不等于一当量。

纯水是不是一种电解质是有疑问的。水的纯度越大，它在电解导电中的电阻就越大。极少的一点杂质就足以引起水的电阻的很大的减低。不同观察者所测定的水的电阻很不一致，从而我们还不能认为它是一个确定的量。水越纯电阻越大，从而假如我们能得到真正纯的水，它到底还能否导电就是很可疑的了[①]。

只要水还被看成一种电解质，而事实上它是被当作电解质的典型的，那就有很强的理由认为它是一种二元化合物，而且两个体积的氢是在化学上和一个体积的氧相等价的。然而，如果我们承认水不是一种电解质，我们就可以自由地假设一个体积的氧和一个体积的氢是在化学上等价的。

气体的分子运动论引导我们假设，在理想气体中，相同的体积中永远包含着相同数目的分子，而且比热的主要部分，即依赖于分子彼此之间的骚动的那一部分，对于一切气体的相同数目的分子来说是相同的。因此我们就更喜欢一种化学体系，在那里，体积相等的氧和氢被认为是等价的，而水是由两个当量的氢和一个当量的氧化合而成的，从而或许是不能直接电解的。

尽管电解现象充分确立了电现象和化合现象之间的密切关系，但是并非每一种化合物都是一种电解质这一事实却表明，化合过程是比任何单纯的电现象复杂程度更高的。例如，尽管金属是良导体，而且它们在接触带电的序列中占据着不同的位置，但是金属的一些结合物却甚至在液态下也不能被一个电流所分解[②]。作为阴离子而起作用的那些物质的多数结合物都不是导体，从而也不是电解质。此外我们还有许多化合物，它们包含着和一些电解质的组分相同的组分，但不是按当量的比例来包含的；这些化合物也不是导体，从而也不是电解质。

关于电解中的能量守恒

262.〕 试考虑包括一个电池组、一条导线和一个电解池的任一电路。

在单位电荷通过电路的任一截面的过程中，不论是在伏打电池中还是在电解池中，每一种物质都将有一个电化当量被电解。

和任一给定的化学过程相等价的机械能的数量，可以通过把由该过程引起的全部能

① 见 F. Kohlrausch,'Die Eiektrische Leitungsfähigkeit des im Vacuum distillirten Wassers.' Wied. *Ann.* 24,p. 48. Bleekrode Wied. *Ann.* 3,p. 161，曾经证明纯盐酸不是导体。

② 见 Roberts-Austen,B. A. Report,1887。

量转化为热并乘以焦耳的热功当量而换算成力学单位来确定。

在这种直接方法不适用的地方,如果我们能够估计由各物质在归结到同一末状态的过程中放出的热,即首先考虑它在过程以前的状态,然后考虑它在过程以后的状态,则过程的热当量将是这两个热量之差。

在化学作用保持一个伏打电路的事例中,焦耳发现在伏打电池中发生的热少于由电池中的化学过程所造成的热,而其多余的热量则是在连接导线中发出的,或者,如果电路中有一个电机,一部分热量就可以用机器所做的机械功来说明。

例如,如果伏打电池的两极首先是用短而粗的导线连接,而后改用长而细的导线连接的,则对被溶解的每一格令锌来说,电池中产生的热量在第一事例中将比在第二事例中更大,但是导线中产生的热量在第二事例中却比在第一事例中为大。对于被溶解的每一格令锌来说,在电池中发生的热量和在导线中发生的热量之和在两个事例中是相同的。这一点已由焦耳用直接的实验确证过了。

电池中产生的热量和导线中产生的热量之比等于电池电阻和导线电阻之比,因此,假如导线被做得电阻够大,则几乎全部的热量都将是在导线中产生的,而假如它被做得有够大的导电本领,则几乎全部的热量都将是在电池中产生的。

设导线被做得具有很大的电阻,则以力学单位计的在导线中产生的热量就等于传送过去的电量和传送中所受到的电动势的乘积。

263.〕 现在,在电池中的一个电化当量的物质经历引起电流的那种化学过程的时间之内,一个单位的电量将通过导线。因此,由一个单位电量的通过所产生的热量,在这一事例中就是用电动势来量度的。但是这一热量就是一个电化当量的物质当经历所给的化学过程时所产生的,不论是在电池中还是在导线中产生。

由此就得到首先由汤姆孙证明了的重要定理如下(*Phil*,*Mag*,Dec. 1851):

"以绝对单位计的一个电化学仪器的电动势,等于作用在一个电化当量的物质上的化学作用的机械当量[①]。"

许多化学作用的热当量已由安德鲁斯、赫斯、否尔和则耳伯曼、汤姆孙等人所测定,而由这些热当量就可以通过乘以热功当量而推得它们的机械当量。

这一定理不仅使我们能够根据纯粹的热数据来计算不同的伏打装置的电动势,并计算在不同的事例中达成电解所必需的电动势,而且也提供了实际地测量化学亲和势的手段。

长时间以来人们已经知道,化学亲和势,或者说指向某些化学变化之发生的那种趋势,在某些事例中是比在另一些事例中更强的,但是这一趋势的任何适当的量度却都没能得出,直到证明了这一趋势在某些事例中恰恰和一个电动势相等价,从而可以按照测电动势的相同原理来加以测量时为止。

因此,在某些事例中,化学亲和势被归结成了一个可测量的量的形式;这样一来,化学

---

① 只有当电池中不存在可逆的热效应时,这一定理才是适用的;当存在这种效应时,电动势 p 和化学作用的机械当量 ω 之间的关系用方程 $p-\theta\dfrac{\mathrm{d}p}{\mathrm{d}\theta}=\omega$ 来表示,式中 θ 是电池的绝对温度。见 v. Helmholtx,'Die Thermodynamik chemischer Vorgänge.'*Wissenschaftliche Abhandlungen*,ii. p. 958。

过程的整个理论,它们的进行速率的理论,一种物质被另一种物质所置换的理论,等等,就变得比化学亲和势被看成一种特别的、不能归结为数字测量的量时更好理解多了。

当电解产物的体积大于电解质的体积时,在电解过程中就要反抗压强而做功,如果一个电化当量的电解质当在压强 p 下被电解时体积增大了 v,则在单位电荷通过时反抗压强所做的功是 vp,而电解所要求的电动势必须包括等于 vp 的用来完成这一机械功的一个部分。

如果电解产物是气体,它们像氧和氢那样比电解质稀薄得多,而且很准确地服从玻意耳定律,则 vp 在相同的温度下将很近似地等于常量,而电解所要求的电动势将不会在任何可觉察的程度上依赖于压强①。因此,曾经发现,通过把气体的分解限制在一个小空间中来核对稀硫酸的电离,是不可能的。

当解产物是液体或固体时,vp 这个量将随着压强的增大而增大,因此,如果 v 是正的,则压强的增大将增大电解所要求的电动势。

同样,电解中所做的任何其他种类的功也将影响电动势的值;例如,如果有一个竖直的电流在一种硫酸锌溶液中的两个锌质电极之间流过,则当电流在溶液中向上流时,将比它向下流时要求一个较大的电动势,因为,在第一种事例中,电流将把锌从下面的电极带到上面的电极,而在第二种事例中则从上面的电极带到下面的电极。为此目的而要求的按每英尺计算的电动势,小于丹聂耳电池的电动势的百万分之一。

---

① 这一结果是和热力学第二定律相矛盾的;按照该定律,压强的增大将增大电解所要求的电动势。见 J. J. Thomson's 'Applications of Dynamics to Physics and Chemistry,' p. 86. v. Helmholtz, 'Weitere Untersuchungen die Electrolyse des Wassers betreffend.' *Wied. Ann.* 34, p. 737。

第十八章 电解极化

264.〕 当一个电流在以金属电极为边界的一种电解质中通过时,各离子在电极上的积累就引起一种叫做"极化"的现象;这种现象就在于有一个电动势沿着和电流相反的方向发生作用,从而引起电阻的一个表观增量。

当所用的是一个连续的电流时,电阻显示为从电流开始时迅速增大;而最后则达到一个将近恒定的值。如果装着电解质的容器的形状发生改变,则电阻也发生改变,其改变的方式和一个金属导体形状的相似改变将改变其电阻的那种方式相同,但是一个附加的依赖于电极之本性的表观电阻永远必须被加在电解质的真实电阻上。

265.〕 这些现象曾经引导某些人假设,需要一个有限的电动势来使一个电流通过一种电解质。然而,通过楞茨、诺依曼、比兹、魏德曼[①]、帕耳佐[②]以及近来的 F. 考耳劳什和 W. A. 尼波耳特[③]、斐兹杰惹和特罗顿[④]等人的研究,已经证明电解质本身中的导电,在和金属导体中的导电相同的精确度下服从欧姆定律,而电解质边界面上的电极表面上的表观电阻则完全是由极化引起的。

266.〕 所谓极化现象在连续电流的事例中通过电流的减小而表现出来;电流减小就表示有一个反对电流的力。电阻也被感受为一种反对电流的力,但是我们可以通过在一瞬间取消或反转电动势来分辨这两种现象。

阻力永远是和电流方向相反的,而克服阻力所必需的外电动势则正比于电流强度,而且当电流的方向改变时它的方向也改变。如果外电动势变为零,电流就干脆停止。

另一方面,由极化所引起的电动势则存一个固定的方向,和引起极化的电流方向相反。如果产生电流的电动势被取消,极化{电动势}就沿相反的方向产生一个电流。

两种现象之间的区别可以比拟为通过一个长毛细管和通过一个普通口径的管子把水打入高处的水槽中时的区别。在第一种事例中,如果我们取消打水的压力,水流就会干脆停止。在第二种事例中,如果我们取消压力,水就会从水槽中再向下流。

为了使这种机械比喻再加全面,我们只需假设水槽具有中等的深度,从而当一定量的水被打入时水就会溢出来。这就将代表由极化引起的总电动势有一个最大限度。

267.〕 极化的起因看来是由于在电极上出现了电极之间的流体的电分解产物。电极的表面变得在电的方面不相同了,从而就在电极之间引起了一个电动势,其方向和引起极化的电流方向相反。

由于它们的存在而引起极化的那些离子,并不是处于完全自由的状态,而是处于以

① Klektricität, i, 568, bd. j.

② *Berlin. Monatsbericht*, July, 1868.

③ Pogg. *Ann*. bd. exxxviii. s. 286(October, 1869).

④ B. A. Report, 1887.

相当的力附着的电极表面上的状态。

由极化引起的电动势依赖于覆盖电极的离子密度，但却并不正比于这一密度，因为电动势并不像密度增长得那么快。

离子的这种沉积总是倾向于变成自由的或是扩散到液体中去，或是作为气体而逸出，或是作为固体而下沉。

极化的这种耗散率，当极化程度很小时是非常小的，而在极化接近极限值时则是非常大的。

268.〕 我们在第 262 节中已经看到，在任何电解过程中起着作用的电动势，在数值上等于该过程对物质的一个电化当量所造成的结果的机械当量。如果过程引起参加过程的各物质的内能的一种降低，就像在一个伏打电池中那样，则电动势是沿着电流的方向的。如果过程引起各物质的内能的增高，就像在一个电解池中那样，则电动势是和电流方向相反的，而这种电动势就叫做极化{电动势}。

在电解持续进行而各离子是在自由状态下在电极上被分离的那种恒稳电流的事例中，我们只要用适当的手续测量被分出的离子的内能并把它和电解质的内能相比较，就可以计算电解所要求的电动势。这将给出最大的极化。

但是，在电解过程的最初阶段，沉积在电极上的离子并不是处于自由状态，从而它们的内能也小于自由状态中的内能，尽管比它们结合为电解质时的内能要大一些。事实上，当沉积层很薄时，和电极相接触的离子是处于一个可以比拟为离子与电极相化合的那种状态，但是当沉积密度增大时，后来的部分就不再和电极结合得那么紧密，而只是附着在它上面而已了；而到了最后，如果沉积层是气体，它就会作为气泡而逸出；如果是液体，就会通过电解液而扩散；如果是固体，就形成一种沉淀。

因此，当研究极化时，我们必须考虑：

(1) 沉积层的面密度，我们用 σ 来代表它。量 σ 代表沉积在单位面积上的离子的电化当量数。既然所沉积的每一个电化当量都对应于被电流传递了的一个单位电量，我们就可以把 σ 或是看成物质的面密度或是看成电的面密度。

(2) 极化电动势，我们用 p 来代表它。p 这个量就是当通过电解质的电流非常弱，以致电解质的固有电阻在电极之间并不造成任何可觉察的势差时二电极之间的势差。

电动势 p 在任何时刻都在数值上等于在该时刻进行着的那种电解过程的和一个电化当量的物质相对应的机械当量。必须记得，这种电解过程就造成离子在电极上的沉积，而它们在沉积时所处的状态则依赖于电极表面的可以因先前的沉积而改变的实际状态。

由此可见，任一时刻的电动势都依赖于各电动极的以前历史。很粗略地说来，它是沉积密度 σ 的函数：当 $\sigma=0$ 时 $p=0$，而且 p 比 σ 更快得多地趋于一个极限值。然而 p 是 σ 的函数的说法不能被认为是准确的。更准确一些的说法或许是，p 是沉积物的表面层的化学状态的函数，而且这个状态按照某种和时间有关的规律而依赖于沉积密度。

269.〕 (3) 我们必须考虑到的第三个问题就是极化的耗散。当不受外界强制时，极化就减小，其减小率部分地依赖于极化强度或沉积密度，部分地依赖于周围媒质的本性和电极所受到的化学的、力学的或热学的作用。

如果我们确定一个时间 T，使得按照沉积的耗散率来看，整个的沉积将在 T 内被消除，则我们可以把 T 叫做耗散时间的模量。当沉积密度很小时：T 是很大的，可能以天计或以月计，当沉积趋于它的极限值时 T 就迅速地减小，而且也许会是一秒的一个很小的分数。事实上，耗散率很快地增加，以致当电流强度保持不变时分离开的气体不是增大沉积密度而是刚一形成就会作为气泡而逸出。

270.〕 因此，当极化很弱时和当极化达到其极限值时，电解池中各电极的极化状态就是很不相同的。例如，如果把一些带有铂电极的稀硫酸电解池串联起来，并且把一个小电动势例如单一丹聂耳电池的电动势接到电路中，这个电动势就会在一段非常短的时间内产生一个电流，因为，在一段很短的时间之后，由各电解池的极化所引起的电动势就会把丹聂耳电池的电动势平衡掉。

在如此微弱的极化状态下，耗散将是很小的，而且它将通过很缓慢的气体吸收和液体中的扩散来进行。这种耗散的速率由一个非常弱的电流来指示，这一电流继续流动而没有任何显著的气体分离。

如果我们在极化状态的很短的建立时间内忽略这种耗散，并且用 Q 来代表电流在这一时间内传递的电量，那么，如果 A 是一个电极的面积，而 σ 是假设为均匀的沉积密度，就有 $Q=A\sigma$。

如果现在我们把电解装置的电极从丹聂耳电池断开并把它们接在一个能够测量通过它的总电量的电流计上，则当极化消失时就会有一个近似等于 Q 的电量被放掉。

271.〕 因此我们就可以把这种实际上是一种形式的里特尔次级电堆的装置的作用和一个莱顿瓶的作用相比较。

次级电堆和莱顿瓶都能够被充以一定数量的电，然后也可以把电再放掉。在放电过程中，一个近似等于所充电荷的电量将沿相反方向流过去，充入的和放掉的电量之差，部分地起源于耗散；这种过程在少量充电的事例中是很慢的，但是当充电超过某一限度时，过程就变得非常地快，充电和放电之差的另一部分起源于这样一件事实：当二电极连接了一段足以产生一次表观上完全的放电的时间，从而电流已经完全消失以后，如果我们把电极分开，过了一段时间以后再把它们接起来，我们就会得到和原先的放电方向相同的第二次放电。这叫做剩余放电，而且是莱顿瓶的一个现象，正如是次级电堆的现象一样。

因此，次级电堆在许多方面都可以和莱顿瓶相比拟。然而也有某些重要的区别。莱顿瓶的电荷精确地正比于充电的电动势，也就是正比于两个表面的势差的，而对应于单位电动势的电荷就叫做瓶的电容，是一个恒量。可以称为次级电堆之电容的对应的量，当电动势增大时却是增大的。

莱顿瓶的电容依赖于相对的两个面积依赖于两个表面之间的距离，并依赖于二者之间的媒质的本性，但是却不依赖于金属表面本身的本性。次级电堆的电容依赖于电极表面的面积，但是却不依赖于电极之间的距离，而且它既依赖于电极之间的流体的本性也依赖于电极表面的本性。次级电堆中每一个单元中的电极之间的最大势差比起充电莱顿瓶的电极之间的最大势差来是很小的，因此，为了得到较大的电动势，就必须使用由许多单元构成的电堆。

另一方面，次级电堆中的电荷面密度却比可以积累在一个莱顿瓶表面上的电荷面密度大得多，以致竟使瓦尔莱先生[①]在描述大电容的电容器的制造时从经济观点出发建议使用浸在稀酸中的金片或铂片而不使用由绝缘材料隔开的锡箔感应片。

储存在莱顿瓶中的能量的形式是导电表面之间的电介质的约束状态；我曾经在电极化的名称下描述过这种状态，当时指出了目前已知的和这一状态相伴随的那些现象，并且指示了我们对实际发生的事情的了解方面的不足。参阅第 62、111 节。

储存在次级电堆中的能量的形式是电极表面上的物质层的化学条件，其中包括电解质离子和电极物质之间的从化学结合到表面聚集、机械附着和简单并列的那种变化的关系。

这种能量的所在之处是电极的表面附近而不是电极物质的全部，而且它的存在形式可以叫做电解极化。

在联系到莱顿瓶而研究了次级电堆以后，读者还应该把伏打电池组和某种形式的起电机作一比较，例如和在第 211 节中描述过的那种起电机作一比较。

近来瓦尔莱先生曾经发现[②]，对于稀硫酸中的铂片来说，一平方英寸的电容是 175 到 542 微法拉以上，而且电容是随着电动势而增加的，当电动势是丹聂耳电池电动势的 0.02 倍时电容约为 175，当电动势是丹聂耳电池电动势的 1.6 倍时电容约为 542。

但是莱顿瓶和次级电堆之间的比较还可以进行得更远，正如在由杜夫[③]所作的下述实验中那样。只有当莱顿瓶的玻璃是冷的时，它才能保存电荷，在不到 100℃ 的温度下，玻璃就变成一个导体。如果把装有水银的一根试管放入一个装了水银的容器中，并把一对电极分别接在内部的外部的水银上，这种装置就构成一个莱顿瓶，它在常温下可以保存一个电荷。如果把各电极接到一个伏打电池组的电极上，只要玻璃是冷的，就不会有电流通过。但是如果仪器被慢慢加热，一个电流就会开始通过，而且它的强度会随着温度的升高而迅速地增大，尽管玻璃还是像从前那样硬。

这个电流显然是电解电流，因为如果把电极从电池组上断开并把它们接在一个电流计上，就会有一个相当大的由玻璃表面的极化所引起的反向电流通过。

如果当电池组还在起作用时仪器被冷却，电流就会像从前那样被冷的玻璃所阻止，但是表面的极化却还在。水银可以被取走，玻璃表面可以用硝酸和水洗净，然后换上新的水银。如果这时再把仪器加热，则玻璃刚一热到可以导电，极化电流立刻就会出现。

因此，我们可以把 100℃ 的玻璃看成一种电解质，尽管表面看来它是一种固体。而且有相当的理由可以相信，在一种电介质有一个很小的导电程度的多数事例中，导电都是电解性的。极化的存在可以看成电解的一种决定性的证据，而且如果一种物质的电导率是随着温度而增大的，我们就有很好的理由来推测导电是电解性的[④]。

---

① C. F. Varley, 'Klectric Telegraphs, &c,' Jan. 1860 中的论述。

② Proc. R. S., Jan. 12, 1871. 至于有关这一课题的其他研究，见 Wiedemanns *Elektricität*, bd. ii. pp. 744—771。

③ *Annalen der Chemic und Pharmacie*, bd. xc. 257(1854).

④ 当时人们显然还不熟悉半导体。——译注

关于恒定的伏打元件

272.〕 当用一个内部出现着极化的伏打电池组来做一系列实验时，极化在电流不通的时间内将变小，从而当它再开始流时，电流就会比在它流了一段时间以后时更强一些。另一方面，如果允许电流通过一条短的支路而把电路的电阻减小，则当使电流重新通过普通的电路时，由于使用短电路而引起的大极化，电流强度在一开始时就会比它的正常强度要小一些。

电流方面的这些不规则性，在涉及精密测量的实验中是非常讨厌的。为了消除这些不规则性，必须消除极化，或至少是尽可能地减小极化。

当一块锌板被浸入硫酸锌溶液或稀硫酸中时，它的表面上似乎没有多大的极化。极化的主要部分出现在负金属的表面上，当负金属所浸入的液体是稀硫酸时，就可以看到它的表面布满了由液体的电分解而产生的氢气泡。这些气泡当然会通过阻止液体和金属相接触而减小接触面积并增大电路的电阻。但是，除了可以看到气泡以外，肯定还有一层或许并非处于自由状态的氢膜附着在金属上，而正如我们看到的那样，这层薄膜能够沿相反的方向产生一个电动势，它必然会减小电池组的电动势。

曾经采取了各种方案来消除这个氢膜。它可以通过机械方法而在某种程度上被减小，例如搅动液体或擦拭负金属的表面。在斯密的电池组中，负板是竖直的，而上面涂有很细的铂粉，气泡很容易从这种表面上逸出，而且在上升的过程中引起一种液流，而这种液流就有助于把新形成的其他气泡带走。

然而一种更有效得多的方法就是利用化学手段。化学手段是两种。在格罗夫的和本生的电池组中，负板被浸入于一种富含氧的液体中，从而氢就不是覆盖极板而是和这种物质相结合。在格罗夫的电池组中，极板是浸在强硝酸中的铂板。在本生的电池组中，极板是浸在同一种酸中的碳板。铬酸也被用于同一目的，而且有一个优点就是它没有由硝酸的还原而产生的那种烟雾。

一种不同的除氢方式就是用铜来作为负金属，并在表面上涂一层氧化物。然而当用它作为负极时，这种氧化物会很快地消失。为了更新它，焦耳曾经建议把铜板做成圆盘状，把它的一半浸入液体中并慢慢转动它，于是空气就对轮流暴露出来的部分起作用。

另一种办法就是用一种电解质来作为液体，该电解质的阳离子是比锌负得多的一种金属。

在丹聂耳电池组中，一个铜板被浸在一种硫酸铜的饱和溶液中。当电流通过溶液而从锌流到铜时，没有氢出现在铜板上而只有铜沉积在它上面。当溶液是饱和的而电流并不太强时，铜就作为真正的阳离子而起作用，而阴离子 SO_4 则向着锌运动。

当这些条件并不满足时，氢就会在阴极上出现，但是它立刻就会和溶液发生作用，并留下铜而和 SO_4 形成硫酸。当出现这种情况时，靠近铜板的硫酸铜就会被硫酸所取代，溶液变成无色的，而氢气就又开始引起极化。用这种方式沉积下来的铜比由真正的电解所沉积下来的铜在结构上更加松脆。

为了保证和铜相接触的液体是被硫酸铜所饱和的，必须在铜附近的液体中放一些硫酸铜的晶体，以便当溶液由于铜的沉积而变得较稀时可以有更多的晶体被溶解。

我们已经看到，靠近铜的液体必须被硫酸铜所饱和。更加必要的是锌所浸入的液体中应该没有硫酸铜。如果任何这种盐跑到锌的表面上去，它就会被还原，而铜就会在锌上沉积下来。于是锌、铜和液体就会形成一种小电路，而电解作用就在该电路中迅速地进行，而锌就被一种对电池组并无任何有用效应的作用所不断地腐蚀掉。

为了避免这一点，锌就被浸在稀硫酸或硫酸锌溶液中，而为了避免硫酸铜溶液和这种液体互相混合，两种液体就被一个用膀胱或素烧瓷作的屏障互相隔开；这种屏障允许电解通过它来进行，但是却很有效地阻止了各液体通过可见的液流而互相混合。

在某些电池组中，是用锯末来阻止液流的。然而格喇汉的实验却证明，如果使用这样一种隔离物，扩散过程就将进行得差不多和液体直接接触但没有可见的液流时同样地快；而且情况或许是，如果采用一个减弱扩散的屏障，它就将按相同的比例增大元件的电阻，因为电解导电是一种过程，它的数学规律和扩散的规律形式相同，从而对一种过程的干预必将同样地干预另一种过程。唯一的区别就在于，扩散是永远进行的，而电流则只有当电池组起作用时才会存在。

在一切形式的丹聂耳电池中，最后的结果都是硫酸铜总有办法到达锌那里并对电池组进行破坏。为了无限期地阻止这种结果，W. 汤姆孙爵士[①]曾经按照下面的形式制造了丹聂耳电池组。

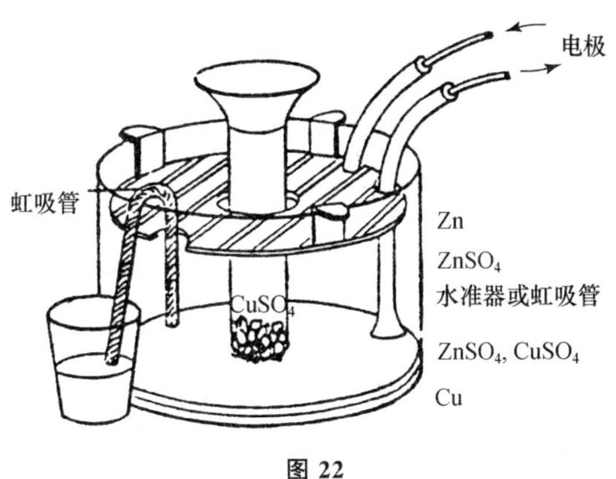

图 22

在每一个电池中，铜板都是水平地放在底部的，铜板的上面倒上了硫酸锌的饱和溶液。锌被做成格子状，水平地放在溶液的表面附近，一根玻璃管竖直地插在溶液中，其下端刚好在铜板表面的上方，硫酸铜的晶体通过此管被放下去，并溶解在液体中，形成密度比纯硫酸锌的密度还要大的一种溶液，从而除了通过扩散以外不可能达到锌那儿。为了阻滞扩散过程，用玻璃管和棉花做成一个虹吸管，把它的一端放在锌和铜的中间，而其另一端则在电池外面的一个容器中，于是液体就从它的深度的中部被很慢地抽走。为了保证它的位置，在必要时从上面添入水或硫酸锌的稀溶液。这样，通过液体而扩散上来的

① *Proc. R. S.*, Jan. 19, 1871.

硫酸铜的一大部分在到达锌以前就会被虹吸管所抽走，而锌就被一种几乎不含硫酸铜的并在电池中缓缓向下流动的液体所包围，而这种流动就会进一步阻止硫酸铜向上运动。在电池组的作用时间内，铜会沉积在铜板上，而 SO_4 则通过液体而慢慢地运动到锌，并和锌化合而形成硫酸锌。于是，底部的液体就通过铜的沉积而变稀，而上部的液体则通过锌的加入而变浓。为了阻止这种作用改变各液层的密度顺序并从而在容器中引起不稳定性和可见液流，必须注意保证管子中有充分的硫酸铜晶体，并在上方加入足够稀的硫酸锌溶液，使它比电池中的任一其他液层都要轻。

丹聂耳电池组绝不是常用电池组中的最强大的一种。格罗夫电池的电动势是丹聂耳电池的电动势的 192,000,000 倍，而本生电池的电动势是丹聂耳电池的电动势的 188,000,000 倍。

丹聂耳电池的电阻通常大于同样尺寸的格罗夫电池的电阻和本生电池的电阻。

然而，在一切要求精确测量结果的事例中，这些缺点却抵不过一个优点，那就是，在电动势的恒定性方面，丹聂耳电池胜过一切已知的装置①。它还有能够长时间地正常工作和不放出任何气体的优点。

---

① 当要求一个标准电动势时，现在最常用的是一个克拉克电池。关于制造和使用这样一个电池的注意事项，见 Lord Rayleigh 的论文"The Clark Cell as a Staudard of Electromotive Force. ,*Phil. Trans*. part ii. 1885."

第十九章 线性电流

论线性导体组

273.〕 任何一个导体可以当作一个线性导体来处理，如果它被安排得适当，使是电流在它的表面的两个部分之间永远按相同的方式而通过；那两个部分表面叫做它的电极。例如，设有任意形状的一块金属，除了两个地方以外整个的表面都被一种绝缘材料所覆盖，而在那两个地方，暴露着的导体表面则和用理想导电材料做成的电极相连接；这样一块金属就可以看成一个线性导体。因为，如果使电流从一个电极流入而从另一个电极流出，则流线将是确定的，而电动势、电流和电阻之间的关系将由欧姆定律来表示，因为物体每一部分中的电流都将是 E 的线性函数。但是，如果有多于两个的一些可能的电极，则导体中可以有多于一个的独立电流通过，而这些电流可以不互相共轭。参阅第 282a 和 282b 节。

欧姆定律

274.〕 设 E 是一个线性导体中从电极 A_1 到电极 A_2 的电动势。（参阅第 69 节）。设 C 是沿该导体的电流强度，这就是说，设有 C 个单位的电量在单位时间内沿方向 A_1A_2 通过每一个截面，并设 R 是导体的电阻，则欧姆定律的表示式是 $E=CR$。 (1)

串联的线性导体

275.〕 设 A_1、A_2 是第一个导体的电极，并设第二个导体被摆得有一个电极和 A_2 相连接，于是第二个导体就以 A_2、A_3 为其两个电极。第三个导体的电极可以用 A_3 和 A_4 来代表。

设沿着这些导体的电动势用 E_{12}、E_{23}、E_{34} 来代表，对其他导体依此类推。设各导体的电阻是 R_{12}，R_{23}，R_{34}，等等。于是，既然各导体是串联的从而有一个相同的电流 C 通过它们，我们由欧姆定律就有 $E_{12}=CR_{12}$， $E_{23}=CR_{23}$， $E_{34}=CR_{34}$，…。 (2)

如果 E 是体系的合电动势而 R 是合电阻，则我们由欧姆定律必有 $E=CR$。 (3)

现在

$$\begin{aligned} E &= E_{12}+E_{23}+E_{34}+\cdots=\text{各分电动势之和}, \\ &= C(R_{12}+R_{23}+R_{34}+\cdots),\text{据方程(2)}。 \end{aligned} \tag{4}$$

把这一结果和(3)式相比较,我们就得到 $$R=R_{12}+R_{23}+R_{34}+\cdots。\tag{5}$$
或者说,串联导体的电阻是分别考虑的各导体的电阻之和。

串联导体的任一点上的势

设 A 和 C 是串联导体的电极而 B 是二者之间的一个点,设 a、c 和 b 分别是这些点的势。设 R_1 是从 A 到 B 的那一部分的电阻,R_2 是从 B 到 C 的那一部分的电阻,而 R 则是从 A 到 C 的整个体系的电阻,那么,既然 $a-b=R_1C$, $b-c=R_2C$, 而 $a-c=RC$,

B 点的势就是 $$b=\frac{R_2a+R_1c}{R},\tag{6}$$
当 A 点和 B 点的势已给定时,此式就确定 B 点的势。

并联的线性导体

276.〕 设有一些导体 ABZ、ACZ、ADZ 并排摆放,使得它们的两端都和相同的两个点 A、Z 相接。这些导体被说成是联成一个"多重弧",或称并联。

设这些导体的电阻分别是 R_1、R_2、R_3,而其电流是 C_1、C_2、C_3,此外并设并联导体的电阻是 R,而其总电流是 C。于是,既然 A 和 Z 上的势对一切导体都相同,我们就有相同的势差,用 E 来代表。于是我们就有 $E=C_1R_1=C_2R_2=C_3R_3=CR$,但是 $C=C_1+C_2+C_3$,故得到 $$\frac{1}{R}=\frac{1}{R_1}+\frac{1}{R_2}+\frac{1}{R_3}。\tag{7}$$
或者说,并联导体的电阻的倒数等于各分导体的电阻倒数之和。

如果我们把一个导体的电阻的倒数叫做导体的电导,我们就可以说,并联导体的电导是各分导体的电导之和。

并联导体的任一分支中的电流

由以上的各方程可以看出,如果 C_1 是并联导体的任一分支中的电流而 R_1 是该分支的电阻,则有 $$C_1=C\frac{R}{R_1},\tag{8}$$
式中 C 是总电流,而 R 是以上确定的并联导体的电阻。

截面均匀的导体的纵向电阻

277.〕 设一块立方形给定材料对平行于它的边棱的电流而言的电阻是 ρ,而立方形的棱长为一个长度单位，则 ρ 叫做“该材料的单位体积的比电阻”{电阻率}。

现在考虑一个用相同材料做成的角柱形的导体，其长度为 l 而截面为 1。这就相当于 l 个立方体串联在一起。因此这一导体的电阻就是 l_ρ。

最后，考虑一个长度为 l 而均匀截面为 s 的导体，这就相当于 s 个上面那样的导体相并联。因此这一导体的电阻就是 $R=\frac{l\rho}{s}$。当我们知道了一条均匀导线的电阻时，如果我们能够测量它的长度和截面，我们就能确定制成导线的材料的比电阻。

细导线的截面积可以通过测定样品的长度、重量和比重来最准确地确定。比重的测定有时是不方便的；在那种情况下，就用一根单位长度和单位质量的导线的电阻来作为“单位长度的比电阻”。

如果 r 是一根导线的这种比电阻，l 是它的长度而 m 是它的质量，则有 $R=\frac{l^2 r}{m}$。

关于这些方程中所含各量的量纲

278.〕 一个导体的电阻就是作用在它上面的电动势和所引起的电流之比。导体的电导就是这个量的倒数，或者换句话说就是电流和引起电流的电动势之比。

现在我们知道，在静电单位制中，一个电量和带此电量的导体的势之比就是导体的电容，而且这是用长度单位来量度的。如果导体是一个放在无限场中的球，则这个长度是球的半径，因此，电量和电动势之比就是一个长度，但是电量和电流之比是一个时间，在该时间之内电流传递了那个电量。由此可见，电流和电动势之比就是长度和时间之比，换句话说就是一个速度。

导体的电导在静电单位制中是以速度单位计的；这一事实可以通过假设一个半径为 r 的球被充电到势 V 然后用所给的导体把球接地来加以验证。设球逐渐缩小，使得当电量通过导体而流走时球的势永远保持为 V。于是球上的电荷就在任何时刻都是 rV，而电流就是 $-\frac{\mathrm{d}}{\mathrm{d}t}(rV)$；但是 V 是一个常量，故电流就是 $-\frac{\mathrm{d}r}{\mathrm{d}t}V$，而通过导体的电动势则是 V。

导体的电导是电流和电动势之比，或者说是 $-\frac{\mathrm{d}r}{\mathrm{d}t}$，也就是说，它就是当电荷被允许通过导体流到地上时球的半径必须收缩以便保持其势不变的那个收缩速度。

因此，在静电单位制中，导体的电导是一个速度，从而具有量纲[LT^{-1}]。

因此导体的电阻具有量纲[$\mathrm{L}^{-1}\mathrm{T}$]。

单位体积的比电阻具有量纲[T]，而单位体积的比电导则具有量纲[T^{-1}]。

系数的数值只依赖于时间的单位，而这一单位在不同的国家中是相同的。

单位重量的比电阻具有量纲[$\mathrm{L}^{-3}\mathrm{MT}$]。

279.〕 以后我们将发现，在电磁单位制中，导体的电阻是用一个速度来表示的，从而在该单位制中导体的电阻就具有量纲[LT^{-1}]。

导体的电导当然是这个量的倒数。

单位体积的比电阻在这一单位制中具有量纲$[L^2T^{-1}]$，而单位重量的比电阻则具有量纲$[L^{-1}T^{-1}M]$。

论一般的线性导体组

280.〕 一个线性导体组的最普遍事例就是用$\frac{1}{2}n(n-1)$个线性导体成对连接起来的n个点$A_1,A_2,\cdots,A_n$。设连接任何一对点例如A_p和A_q的那一导体的电导(即电阻的倒数)用K_{pq}来代表。并设从A_p到A_q的电流是C_{pq}。设P_p和P_q分别是点A_p和点A_q处的电势，而如果有任何电动势沿着导体从A_p指向A_q，就用E_{pq}来代表它。

由欧姆定律，从A_p到A_q的电流是
$$C_{pq}=K_{pq}(P_p-P_q+E_{pq})。\tag{1}$$

在这些量之间，我们有下列一组关系式：

导体的电导在正反两个方向上是相同的，或者说
$$E_{pq}=K_{qp}。\tag{2}$$

电动势和电流是有方向{译：应作“正负”}的量，故有$E_{pq}=-E_{qp}$，和$C_{pq}=-C_{qp}$。 (3)

设$P_1,P_2,\cdots,P_n$分别是$A_1,A_2,\cdots,A_n$上的势，并设$Q_1,Q_2,\cdots,Q_n$是单位时间内分别在这些点上进入体系中的电量。这些电量肯定服从“连续性”条件。$Q_1+Q_2+\cdots+Q_n=0$， (4)

因为电既不能在体系中无限积累也不能在体系中无限产生。

在任一点A_P上，“连续性”条件是
$$Q_p=C_{p1}+C_{p2}+\cdots+C_{pn}。\tag{5}$$

利用方程(1)把各电流的值代入此式中，就得到
$$Q_p=(K_{p1}+K_{p2}+\cdots+K_{pn})P_p-(K_{p1}P_1+K_{p2}P_2+\cdots+K_{pn}P_n)$$
$$+(K_{p1}E_{p1}+\cdots+K_{pn}E_{pn})。\tag{6}$$

符号K_{pp}并不出现在此式中，因此让我们设它的值是
$$K_{pp}=-(K_{p1}+K_{p2}+\cdots+K_{pn});\tag{7}$$
也就是说，设K_{pp}是和相聚于A_p点的一切导体的电导之和相等而反号的一个量。于是我们就可以把A_p点处的连续性条件写成
$$K_{p1}P_1+K_{p2}P_2+\cdots+K_{pp}P_p+\cdots+K_{pn}P_n=K_{p1}E_{p1}+\cdots+K_{pn}E_{pn}-Q_p。\tag{8}$$

在这一方程中令p等于$1,2,\cdots,n$，我们就将得到种类相同的n个方程，由此就能定出n个势$P_1,P_2,\cdots,P_n$。

然而如果我们把方程组(8)加起来，既然由(3)、(4)和(7)可知结果恒等于零，那就只会有$n-1$个独立的方程，这些方程将足以确定各点间的势差，而不能确定任一点的绝对势。然而在计算体系中的电流时并不需要任何绝对势。

如果我们用D来代表行列式
$$\begin{vmatrix} K_{11} & K_{12} & \cdots & K_{1(n-1)} \\ K_{21} & K_{22} & \cdots & K_{2(n-1)} \\ \vdots & \vdots & & \vdots \\ K_{(n-1)1} & K_{(n-1)2} & \cdots & K_{(n-1)(n-1)} \end{vmatrix}\tag{9}$$

并用 D_{pq} 代表 K_{pq} 的子行列式，我们就能求得 $P_p - P_n$ 的值

$$(P_p - P_n)D = (K_{12}E_{12} + \cdots - Q_1)D_{p1} + (K_{21}E_{21} + \cdots - Q_2)D_{p2} + \cdots + (K_{q1}E_{q1} + \cdots + K_{qn}E_{qn} - Q_q)D_{pq} + \cdots。 \tag{10}$$

同理也可以定出任一其他点例如 A_q 的势比 A_n 的势大出的值。然后我们就能由方程(1)定出 A_p 和 A_q 之间的电流，并从而完全地解出问题。

281.〕 现在我们将演证体系中任意二导体的一种倒易性，这是和我们已经在第86节中演证过的静电倒易性相对应的。

在 P_p 的表示式中 Q_q 的系数是 $-\frac{D_{pq}}{D}$。在 P_q 的表示式中，Q_p 的系数是 $\frac{D_{qp}}{D}$。

D_{pq} 和 D_{qp} 的区别只在于把 K_{pq} 代成 K_{qp}，但是由方程(2)可知这两个符号是相等的，因为导体沿正反方向的电导相同。由此即得

$$D_{pq} = D_{qp}。 \tag{11}$$

由此可知，由于在 A_q 点通入一个单位电流而在 A_p 引起的那一部分势，等于由于在 A_p 点通入一个单位电流而在 A_q 引起的那一部分势。

我们可以由这一定理推出一种更切实用的形式。

设 A、B、C、D 是体系中的任意四点，并设由于一个电流从 A 进入并从 B 离开体系而使 C 点的势比 D 点的势大出一个量 P。于是，如果一个相等的电流 Q 从 C 进入并从 D 离开体系，则 A 点的势将比 B 点的势大出同一个量 P。

如果引入一个电动势 E，使它在从 A 到 B 的导体中起作用，而如果这就引起一个从 X 到 Y 的电流 C，则引入到从 X 到 Y 的导体中的同一个电动势 E 将引起从 A 到 B 的相等的电流 C。

电动势 E 可以是一个伏打电池组的电动势，这时必须注意保证导体的电阻在引入电池组的以前和以后是相同的。

282a.〕 如果有一个电动势 E_{pq} 沿着导体 A_pA_q 起作用，则很容易求出沿着体系中的另一导体 A_rA_s 引起的电流是 $K_{rs}K_{pq}E_{pq}(D_{rp}+D_{sq}-D_{rq}-D_{sp})\div D$。

如果

$$D_{rp}+D_{sq}-D_{rq}-D_{sp}=0, \tag{12}$$

那就不会有电流，但是由(11)可知，同样的方程也成立，如果当电动势沿 A_rA_s 起作用时在 A_pA_q 中没有电流的话。由于这种倒易关系式，所谈到的两个导体就被说成是共轭的。

共轭导体的理论曾由基尔霍夫研究过，他曾按照下面这种避免考虑势的方式叙述了线性导体组的条件。

(1)(“连续性”条件。)在体系的任一点上，流向该点的一切电流之{代数}和等于零。

(2) 在由一些导体构成的任何完整回路中，沿回路计算的电动势之和等于每一导体中的电流和该导体的电阻的乘积之和。

我们可以通过针对完整回路来把形如(1)的各方程加起来而得到这一结果，这时各个势必然不再出现。

[①]282b.〕 如果一些导线形成一个简单的网络，而且我们假设绕着每一个网络都有一个电流在周流，则形成两个网格之公共边的那条导线中的实际电流，将是周流于二网

① 此节摘录 J. A. 弗莱明先生所作的麦克斯韦教授的演讲，参阅弗莱明的论文，见 *Phil. Mag.*，xx. p. 221，1885.

格中的二电流之差,这时当电流按反时针的方向运行时就把它算作正的。在这种情况下,很容易建立下列定理:设任意网格中的电流是 x,电动势是 E,而总电阻是 R,并设和 x 在其中周流的那个网格具有公共边的各相邻网格中的周流电流是 $y,z,\cdots$,而各公共边的电阻是 $s,t,\cdots$,则有 $Rx-sy-tz-\cdots=E$。

为了举例说明这一法则的应用,我们将取所谓惠斯登电桥,并采用第 347 节中的图形和符号,于是我们就得到三个方程,它们代表这一法则在三个回路 OBC、OCA、OAB 的事例中的应用,而三个回路中的周流电流则分别是 x、y、z;方程就是

$$(\alpha+\beta+\gamma)x-\gamma y-\beta z=E,$$
$$-\gamma x+(b+\gamma+\alpha)y-\alpha z=0,$$
$$-\beta x-\alpha y+(c+\alpha+\beta)z=0。$$

由这些方程,我们现在就可以定出支路 OA 中的电流计电流 $z-y$ 的值,但是读者请参阅第 347 节及以后各节,那里讨论了这一问题以及和惠斯登电桥有关的其他问题。

体系中产生的热

283〕 由第 242 节可知,单位时间内由一个电流 C 在电阻为 R 的一个导体中产生的热量的机械当量是
$$JH=RC^2。\tag{13}$$

因此我们必须确定体系中一切导体上的 RC^2 类型的量的和。

对于从 A_p 到 A_q 的导体来说,电导是 K_{pq},而电阻 R_{pq} 则满足 $K_{pq}\cdot R_{pq}=1$。 (14)

按照欧姆定律,这一导体中的电流是
$$C_{pq}=K_{pq}(P_p-P_q)。\tag{15}$$

然而我们将假设,电流的值不是由欧姆定值给出而是 X_{pq},而且
$$X_{pq}=C_{pq}+Y_{pq}。\tag{16}$$

为了确定体系中产生的热,我们必须求出形如 $R_{pq}X_{pq}^2$,

或
$$JH=\sum\{R_{pq}C_{pq}^2+2R_{pq}C_{pq}Y_{pq}+R_{pq}Y_{pq}^2\},\tag{17}$$

的各量之和。

代入 C_{pq} 的值产记得 K_{pq} 和 R_{pq} 之间的关系,这一关系式就变成
$$\sum[(P_p-P_q)(C_{pq}+2Y_{pq})+R_{pq}Y_{pq}^2]。\tag{18}$$

现在,既然 C 和 X 都必须满足 A_p 处的连续性条件,我们就有
$$Q_p=C_{p1}+C_{p2}+\cdots+C_{pn},\tag{19}$$
$$Q_p=X_{p1}+X_{p2}+\cdots+X_{pn},\tag{20}$$

因此就得到
$$0=Y_{p1}+Y_{p2}+\cdots+Y_{pn}。\tag{21}$$

因此,将(18)式的各项相加,我们就得到
$$\sum(R_{pq}X_{pq}^2)=\sum R_pQ_q+\sum R_{pq}Y_{pq}^2。\tag{22}$$

现在,既然 R 永远为正而 Y^2 也必为正,上式中的最后一项必然是正的。因此,当每一导体中的 Y 都为零时,也就是当每一导体中的电流都由欧姆定律给出时,上式的左端

必为极小值①。

由此就得到下列的定理：

284〕　在任何不包含内电动势的导体组中，由按照欧姆定律而分布的电流所产生的热量，小于由按照和电流的供入和流出的实际条件不相矛盾的任何其他方式而分布的电流所产生的热量。

当欧姆定律得到满足时，实际产生的热量的机械当量是 $\sum P_pQ_p$，也就是说，它等于在各个外电极上供入的电量和各该供电处的势的乘积之和。

第六章附录

在第 280 节中研究了的电流分布规律，可以表示成很容易记住的法则如下。

让我们把其中一个点例如 A_n 的势取作零势，那么，如果有一个电量 Q_s 流入 A_s 中，则在正文中已经证明一点 A_p 处的势应是 $-\frac{D_{ps}}{D}Q_s$。D 和 D_{ps} 各量可按下述法则求出：D 就是每次取$(n-1)$个电导的各乘积之和，而略去所有包括了形成闭合回路的各支路电导的乘积的那些项。D_{ps} 就是每次取$(n-2)$个电导的各乘积之和，而略去所有包含支路 A_pA_n 或 A_sA_n 的电导的那些项，或是包含本身形成闭合回路或借助于 A_pA_s 或 A_sA_n 可以形成闭合回路的各支路电导的乘积的那些项。

我们由方程(11)看到，沿支路 A_qA_r 作用着的一个电动势 E_{qr} 的效应，和 Q 处的一个强度为 $K_{qr}E_{qr}$ 的源头以及 R 处的一个相同强度的尾闾的效应相同，从而上一法则将包括这一事例。然而这一法则的应用结果可以更简单地叙述如下。如果一个电动势 E_{pq} 沿着导体 A_pA_q 而起作用，则沿另一导体 A_rA_s 引起的电流是 $K_{rs}K_{pq}\frac{\Delta}{D}E_{pq}$，式中 D 按上述法则得出，而 $\Delta=\Delta_1-\Delta_2$。这里的 Δ_1 是这样得出的：在每次取$(n-2)$个电导的各乘积的和式中，选取既包含 A_pA_r 的电导(或和 A_pA_r 一起形成闭合回路的各支路电导的乘积)又包含 A_qA_s 的电导(或和 A_sA_q 一起形成闭合回路的各支路电导的乘积)的那些乘积，而从如此选出的各项中略去所有包含 A_{rs} 或 A_{pq} 的电导的那些项，或是所有包含本身形成或和 A_rA_s 或 A_pA_q 一起形成闭合回路的那些支路电导的乘积的那些项。Δ_2 和 Δ_1 相对应，不过要分别取 A_pA_s、A_qA_r 来代替 A_pA_r 和 A_sA_q。

---

① 我们可以用同样的办法证明，当不同支路中有电动势时，各电流将满足 $\sum RC^2-2\sum EC$ 为极小值，式中 E 是支路中的电动势而 C 是支路中的电流。我们把这个量叫做 F。如果我们用沿各回路流动的那些独立电流把 F 表示出来，则各导体中的电流分布 $x,y,z,\cdots$ 可由方程 $\frac{\mathrm{d}F}{\mathrm{d}x}=0,\frac{\mathrm{d}F}{\mathrm{d}y}=0$ 来求出。

例如，在第 382 节所考虑的惠斯登电桥的事例中，就有 $F=ax^2+by^2+cz^2+\beta(x-z)^2+\gamma(y-x)^2+\alpha(z-y)^2-2Ex$，

从而该节中的方程就是和 $\frac{\mathrm{d}F}{\mathrm{d}x}=0,\frac{\mathrm{d}F}{\mathrm{d}y}=0,\frac{\mathrm{d}F}{\mathrm{d}z}=0$ 等价的。这常常是求出电流按导体的分布的最方便的办法。第 281 节中的倒易性也可以很容易地用这种办法推出。

如果一个电流在 P 进入而在 Q 离开，则电流和 A_p、A_q 之间的势差之比是$\frac{D}{\Delta'}$。

这里的 Δ'是每次取 $n-2$ 个电导的乘积之和，而略去所有包含 A_pA_q 的电导或包含和 A_pA_q 一起形成闭合回路的支路电导之积的那些项。

在这些表示式中，所有包含形成闭合回路的各支路电导之积的那些项都应略去。

我们可以举例来说明这些法则，即把它们用于一个很重要的事例，那就是用 6 个导体连接起来的 4 个点的事例。让我们用 1、2、3、4 来代表这 4 个点。

于是 D＝每次取 3 个电导的乘积之和，但是要略去 4 个乘积 $K_{12}K_{23}K_{31}$、$K_{12}K_{24}K_{41}$、$K_{13}K_{34}K_{41}$、$K_{23}K_{34}K_{42}$，因为它们对应于四个闭合回路(123)、(124)、(134)、(234)。

于是就有 $D=(K_{14}+K_{24}+K_{34})(K_{12}K_{13}+K_{12}K_{23}+K_{13}K_{23})+K_{14}K_{24}(K_{13}+K_{23})+K_{14}K_{34}(K_{12}+K_{23})+K_{34}K_{24}(K_{12}+K_{13})+K_{14}K_{24}K_{34}$。

让我们假设有一个电动势 E 沿着(23)而作用，则通过支路(14)的电流$=\frac{\Delta_1-\Delta_2}{D}EK_{14}\times K_{23}$，$\Delta_1=K_{13}K_{24}$(根据定义)，$\Delta_2=K_{13}K_{43}$。由此可见，如果没有电流通过(14)，则 $K_{13}K_{24}-K_{12}K_{43}=0$，这就是(23)和(14)可以共轭的条件。

通过(13)的电流$=\frac{K_{12}(K_{14}+K_{24}+K_{34})+K_{14}K_{24}}{D}EK_{14}K_{23}$。

当一个电流在(2)进入而从(3)流出时，网络的电导

$$=\frac{D}{(K_{14}+K_{24}+K_{34})(K_{12}+K_{13})+K_{14}(K_{24}+K_{34})}。$$

如果我们有 5 个点，则(23)和(14)相共轭的条件是

$$K_{12}K_{34}(K_{15}+K_{25}+K_{35}+K_{45})+K_{12}K_{35}K_{45}+K_{34}K_{51}K_{52}$$
$$=K_{13}K_{24}(K_{15}+K_{25}+K_{35}+K_{45})+K_{13}K_{52}K_{54}+K_{24}K_{51}K_{53}。$$

第二十章 三维空间中的导电

电流的本性

285.〕 设在任一点取一个面积元 $\mathrm{d}S$ 和 x 轴相垂直，并设有 Q 个单位的电量在单位时间内从负侧向正侧通过这一面积，那么，如果当 $\mathrm{d}S$ 无限缩小时 $\frac{Q}{\mathrm{d}S}$ 变为等于 u，则 u 叫做给定点上电流沿 x 方向的"分量"①。

同样我们可以定义 v 和 w，它们分别是电流沿 y 方向和 z 方向的分量。

286.〕 为了定义电流在给定点 O 上沿任一其他方向 OR 的分量，设 l、m、n 为 OR 的方向余弦；于是，如果我们分别在 A、B、C 三点上从 x、y、z 轴上截取等于 $\frac{r}{l}$，$\frac{r}{m}$，和 $\frac{r}{n}$ 的线段，则三角形 ABC 将垂直于 OR。

这个三角形 ABC 的面积将是 $\mathrm{d}S=\frac{1}{2}\frac{r^2}{lmn}$，而通过减小 r，这个面积将无限地减小。

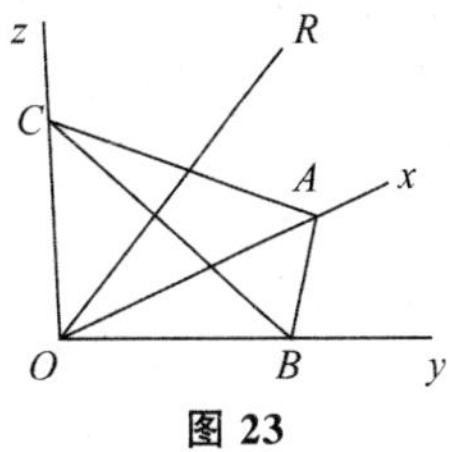

图 23

通过三角形 ABC 而离开四面体 $ABCO$ 的电量，必然等于通过三个三角形 OBC、OCA 和 OAB 而进入这个四面体的电量。

三角形 OBC 的面积是 $\frac{1}{2}\frac{r^2}{mn}$，而垂直于它的平面的电流分量是 u，故单位时间内通过这个三角形的电量就是 $\frac{1}{2}r^2\frac{u}{mn}$。

单位时间内分别通过三角形 OCA 和 OAB 而流进来的电量是 $\frac{1}{2}r^2\frac{v}{nl}$ 和 $\frac{1}{2}r^2\frac{w}{lm}$。

如果 γ 是电流在 OR 方向上的分量，则单位时间内通过 ABC 而离开四面体的电量是 $\frac{1}{2}r^2\times\frac{\gamma}{lmn}$。既然这一电量等于通过另外三个三角形流进来的电量，就有 $\frac{1}{2}\frac{r^2\gamma}{lmn}=\frac{1}{2}r^2\left\{\frac{u}{mn}+\frac{v}{nl}+\frac{w}{lm}\right\}$；

乘以 $\frac{2lmn}{r^2}$，我们就得到

$$\gamma=lu+mv+nw。\tag{1}$$

如果我们令 $u^2+v^2+w^2=\Gamma^2$，并取 l'、m'、n'，使之满足 $u=l'\Gamma$，$v=m'\Gamma$，$w=n'\Gamma$；

① 此处定义的是电流密度的分量。——译注

就得到
$$\gamma=\Gamma(ll'+mm'+nn')。\tag{2}$$

由此可见，如果我们可以把合电流定义为一个矢量，其量值是 Γ，其方向余弦是 l'、m'、n'，而 γ 则代表沿着和合电流有一夹角 θ 的一个方向的电流分量，就有
$$\gamma=\Gamma\cos\theta;\tag{3}$$
这就表明，电流的分解规律和速度、力以及其他矢量的分解规律相同。

287.〕 为了确定一个给定的曲面可以是一个流面的条件，设 $F(x,y,z)=\lambda$ (4)
是一族曲面的方程，其中每一个平面通过令 l 取一个常数值来给出。于是，如果我们令
$$\overline{\frac{d\lambda}{dx}}\Big|^2+\overline{\frac{d\lambda}{dy}}\Big|^2+\overline{\frac{d\lambda}{dz}}\Big|^2=\frac{1}{N^2},\tag{5}$$
则沿 λ 增大的方向画出的法线的方向余弦是
$$l=N\frac{d\lambda}{dx},\quad m=N\frac{d\lambda}{dy},\quad n=N\frac{d\lambda}{dz}。\tag{6}$$

因此，如果 γ 是沿曲面法线的电流分量，则有
$$\gamma=N\left\{u\frac{d\lambda}{dx}+v\frac{d\lambda}{dy}+w\frac{d\lambda}{dz}\right\}。\tag{7}$$

如果 $\gamma=0$，就没有电流通过曲面，从而曲面就可以叫做一个“流面”，因为各流线是在这个曲面上的。

288.〕 因此，流面的方程就是
$$u\frac{d\lambda}{dx}+v\frac{d\lambda}{dy}+w\frac{d\lambda}{dz}=0。\tag{8}$$
如果这一方程对一切的 λ 值都成立，则族中的一切曲面都将是流面。

289.〕 设有另外一族曲面，其参数为 λ'，那么，如果这些曲面也是流面，我们就将有
$$u\frac{d\lambda'}{dx}+v\frac{d\lambda'}{dy}+w\frac{d\lambda'}{dz}=0。\tag{9}$$

如果有第三族流面，其参数为 λ''，则有
$$u\frac{d\lambda''}{dx}+v\frac{d\lambda''}{dy}+w\frac{d\lambda''}{dz}=0。\tag{10}$$

如果在这三个方程中消去 u、v 和 w，我们就得到
$$\begin{vmatrix}\dfrac{d\lambda}{dx}, & \dfrac{d\lambda}{dy}, & \dfrac{d\lambda}{dz}\\ \dfrac{d\lambda'}{dx}, & \dfrac{d\lambda'}{dy}, & \dfrac{d\lambda'}{dz}\\ \dfrac{d\lambda''}{dx}, & \dfrac{d\lambda''}{dy}, & \dfrac{d\lambda''}{dz}\end{vmatrix}=0;\tag{11}$$
或者说
$$\lambda''=\varphi(\lambda,\lambda');\tag{12}$$
这就是说，λ''是 λ 和 λ'的某一函数。

290.〕 现在考虑四个曲面，其参数是 λ、$\lambda+\delta\lambda$、λ'以及 $\lambda'+\delta\lambda'$。这四个曲面包围成一个方截面的管子，我们称之为管 $\delta\lambda.\delta\lambda'$。既然这个管子是由一些没有电流通过的曲面包围而成的，我们就可以称之为一个“流管”。如果我们在管上取两个截面，则通过一个截面流进来的电量必然等于通过另一个截面流出去的电量，从而这个电量就在一切截面上都相同，让我们用 $L\delta\lambda.\delta\lambda'$来代表它，此处 L 是定义特定流管的参数 λ 和 λ'的函数。

291.〕 如果 δS 代表由一个垂直于 x 的平面在一个流管上切出的截面，则我们由自

变数的变化理论得到
$$\delta\lambda.\delta\lambda' = \delta S\left(\frac{d\lambda}{dy}\frac{d\lambda'}{dz} - \frac{d\lambda}{dz}\frac{d\lambda'}{dy}\right), \tag{13}$$

而由电流分量的定义就得到
$$u\,dS = L\delta\lambda.\delta\lambda'。\tag{14}$$

由此即得
$$u = L\left(\frac{d\lambda}{dy}\frac{d\lambda'}{dz} - \frac{d\lambda}{dz}\frac{d\lambda'}{dy}\right)。$$

同理可有
$$\left.\begin{aligned} v &= L\left(\frac{d\lambda}{dz}\frac{d\lambda'}{dx} - \frac{d\lambda}{dx}\frac{d\lambda'}{dz}\right), \\ w &= L\left(\frac{d\lambda}{dx}\frac{d\lambda'}{dy} - \frac{d\lambda}{dy}\frac{d\lambda}{dx}\right)。\end{aligned}\right\} \tag{15}$$

292.〕 当函数 λ 和 λ' 中的一个函数为已知时，总可以定义另一个函数使它的 L 等于 1。例如，让我们取 yz 平面，在上面画一系列平行于 y 的等距线来代表这一平面在族 λ' 中切出的截面。换句话说，设函数由当 $x=0$ 时 $\lambda'=z$ 这个条件来确定。那么，如果我们令 $L=1$，从而(当 $x=0$ 时) $\lambda=\int u\,dy$，则在平面($x=0$)上通过任一部分的电量将是

$$\iint u\,dy\,dz = \iint d\lambda\,d\lambda'。\tag{16}$$

由 yz 平面在各流面上切出的截面的本性既已确定，各流面在别处的形状就可以由条件式(8)和(9)来确定。这样确定的两个函数 λ 和 λ' 就足以通过把 L 代成 1 以后的方程(15)来确定每一点上的电流。

关于流线

293.〕 设已经选定一系列 λ 的值和 λ' 的值，相邻值之差为 1。由这些值定义的两系列曲面将把空间分成许多方形截面的流管，通过每一流管的将是一个单位电流。通过假设电流的单位很小，电流的细节就可以在任意的精确度下用这些流管来反映，于是，如果画一个任意曲面和这一组流管相交截，则通过这一曲面的电流的数量将由它所交截的流管数目来表示，因为每一个流管载有单位电流。

各曲面的实际交线可以叫做"流线"。当单位取得够小时，和曲面相交的流线就近似地等于和它相交的流管数，因此我们可以认为，各流线不仅表示着电流的方向而且表示着电流的强度，因为通过一个截面的每一条流线都对应于一个单位电流。

关于电流层和电流函数

294.〕 包括在一族流面(例如 λ')中的两个相邻流面之间的一层导体，叫做一个"电流层"。这一层内的流线，由函数 λ 来确定。如果 λ_A 和 λ_P 分别代表点 A 和点 P 上的 λ 值，则从右向左越过在层上从 A 画到 P 的任何线的电流是 $\lambda_P-\lambda_A$[①]。如果 AP 是在层上

① 所谓"越过 AP 的电流"是指通过由曲面 λ_A、λ_P、λ' 和 $\lambda'+1$ 所包围而成的那一流管的电流。

画出的一条曲线上的一个线段元 ds，则从右向左越过这一线段元的电流是$\frac{d\lambda}{ds}ds$。

根据函数 λ，可以完全地确定层中的电流分布；这一函数叫做“电流函数”。

两侧以空气或其他非导电媒质为界的任何金层薄层或导电物质薄层，都可以看成一个电流层，层中的电流分布可以利用一个电流函数来表示。参阅第 647 节。

“连续性”方程

295.〕 如果我们把(15)中的三个方程分别对 x、y、z 微分，记得 L 是 λ 和 λ' 的一个函数，我们就得到

$$\frac{du}{dx}+\frac{dv}{dy}+\frac{dw}{dz}=0。\tag{17}$$

在流体力学中，对应的方程叫做“连续性方程”。它所表示的连续性是存在上的连续性，也就是表示的这样一件事实：一种物质实体不可能离开空间的一个部分到达另一部分而并不经过二者之间的空间。它不能简单地从一个地方消失和在另一个地方出现，而是必须沿着一条连续的路径而运动。因此，如果画一个闭合曲面，包围一个地方而不包围另一个地方，则一种物质实体在从一个地方运动到另一个地方时必将越过这个闭合曲面。流体力学中最普遍的方程形式是

$$\frac{d(\rho u)}{dx}+\frac{d(\rho v)}{dy}+\frac{d(\rho w)}{dz}+\frac{d\rho}{dt}=0;\tag{18}$$

式中 ρ 代表实体的数量和它所占的体积之比，这时体积应是体积元；(ρu)、(ρv)和(ρw)代表单位时间内越过一个面积元的实体数量和面积元之比，而各面积元分别垂直于 x、y 和 z 轴。在这样的理解下，方程就适用于任何的物质实体，不论是固体还是流体，不论运动是连续的还是非连续的，只是该实体的各部分的存在是连续的就行。如果任何一种东西，尽管不是一种实体，但是却满足在时间和空间中连续存在的条件，则这一方程将表示那种条件。在物理科学的其他部门中，例如在电学量和磁学量的理论中，形式相似的方程也存在。我们将把这样的方程叫做“连续性方程”，以指示他们的形式，尽管我们可能并不认为这些量有什么物质性，甚至并不认为它们在时间和空间中有什么连续存在。

如果在方程(18)中令 $\rho=1$，也就是说，如果假设实体是均匀的和不可压缩的，则我们在电流的事例中求得的方程(17)将和方程(18)完全相同。在流体的事例中，这个方程也可以按照在流体力学中给出的任何一种证明方式来确立。在其中一种证明方式中，我们在某一个数量的流体的运动过程中追索它的变形过程。在另一种方式中，我们把注意力集中在一个空间体积元上，并考虑进入和离开该体积元的一切流体。前一种方法不能应用于电流，因为我们并不知道电在物体中的运动速度，甚至不知道它是沿着电流的正方向还是负方向而运动的。我们所知道的一切，只是在单位时间内越过单位面积的电量的代数值，这是和方程(18)中的(ρu)相对应的一个量。我们没有任何办法来确定因子 ρ 的或因子 u 的值，从而我们不能追索一部分电量在物体中的运动。另一种研究方法，即考虑通过一个体积元的各壁面的各个电量的方法，对电流是适用的，而且从我们已经给出的形式来看也许是更加可取的，但是既然这种方法可以在任何流体力学著作中找到，我们也就用不着在这里重述了。

通过一个给定曲面的电量

296.〕 设 Γ 是曲面的任意点上的合电流。设 $\mathrm{d}S$ 是曲面的一个面积元，而 ϵ 是 Γ 和曲面的外向法线之间的夹角，则通过曲面的电流将是 $\iint \Gamma\cos\epsilon\,\mathrm{d}S$，积分遍及于该曲面。

正如在第 21 节中一样，在任何闭合曲面的事例中，我们可以把这一积分变换成

$$\iint \Gamma\cos\epsilon\ \mathrm{d}S = \iiint\left(\frac{\mathrm{d}u}{\mathrm{d}x}+\frac{\mathrm{d}v}{\mathrm{d}y}+\frac{\mathrm{d}w}{\mathrm{d}z}\right)\mathrm{d}x\,\mathrm{d}y\,\mathrm{d}z \tag{19}$$

的形式，三重积分的积分限就是曲面所包括的界限。这就是闭合曲面上的外向通量的表示式。既然在一切恒稳电流的事例中这一通量不论积分限是什么都等于零，被积函数就必须为零，而这样我们就能得到连续性方程(17)。

第二十一章　三维空间中的电阻和电导

关于电流和电动势之间的最普遍的关系

297.〕 设任意点上的电流分量为 u、v、w。设电动强度的分量为 X、Y、Z。

任意点上的电动强度就是作用在位于该点的一个单位正电荷上的合力。它可以起源于(1)静电作用，这时如果 V 是势，就有

$$X=-\frac{\mathrm{d}V}{\mathrm{d}x},\quad Y=-\frac{\mathrm{d}V}{\mathrm{d}y},\quad Z=-\frac{\mathrm{d}V}{\mathrm{d}z};\tag{1}$$

或起源于(2)电磁感应，其规律将在以后加以考查；或起源于(3)该点本身上倾向于沿给定方向产生电流的温差电作用或电化学作用。

一般说来，我们将假设 X、Y、Z 代表一点上的实际电动强度的分量，不论力的起源是什么，但是有时我们也将考查假设它完全起源于势的变化时所将得到的结果。

由欧姆定律，电流正比于电动强度。由此可知 X、Y、Z 必然是 u、v、w 的线性函数。因此我们可以采用"电阻方程"如右：

$$\left.\begin{aligned}X&=R_1u+Q_3v+P_2w,\\Y&=P_3u+R_2v+Q_1w,\\Z&=Q_2u+P_1v+R_3w。\end{aligned}\right\}\tag{2}$$

我们可以把各个系数 R 叫做沿各坐标轴方向的纵向电阻系数。

各系数 P 和 Q 可以叫做横向电阻系数。它们指示的是沿一个方向产生电流时所要求的沿另一方向的电动强度。

假如我们能够假设一个固体可以看成一个线性导体组，则由线性组中任意二导体的倒易性(第 281 节)，我们可以证明平行于 y 产生单位电流所要求的沿 z 的电动强度，等于平行于 z 产生单位电流所要求的沿 y 的电动强度。这就将表明 $P_1=Q_1$，同理我们将得到 $P_2=Q_2$ 和 $P_3=Q_3$。当这些条件得到满足时，系数组就被说成是"对称的"。当条件不满足时，系数组就被说成是"非对称的"{译注：原文是 Skew system，易引起误解，今略改。}

我们有很强的理由相信在每一个实际事例中系数组都是对称的*，但是我们也将考查承认非对称可能性的某些后果。

298.〕 u、v、w 这些量可以用一组方程来表示成 X、Y、Z 的线性函数，我们把这一组方程称为"电导方程"。

$$\left.\begin{aligned}u&=r_1X+p_3Y+q_2Z,\\v&=q_3X+r_2Y+p_1Z,\\w&=p_2X+q_1Y+r_3Z;\end{aligned}\right\}\tag{3}$$

* 参阅第 303 节的注。

我们可以把各个系数 r 叫做“纵向电导系数”，而把各个 p 和各个 q 叫做“横向电导系数”。

各个电阻系数是和各个电导系数互逆的。这种关系可以定义如下。

设 $[PQR]$ 是电阻系数行列式，而 $[pqr]$ 是电导系数行列式，于是就有

$$[PQR]=P_1P_2P_3+Q_1Q_2Q_3+R_1R_2R_3-P_1Q_1R_1-P_2Q_2R_2-P_3Q_3R_3。\tag{4}$$

$$[pqr]=p_1p_2p_3+q_1q_2q_3+r_1r_2r_3-p_1q_1r_1-p_2q_2r_2-p_3q_3r_3,\tag{5}$$

$$[PQR][pqr]=1,\tag{6}$$

$$[PQR]p_1=(P_2P_3-Q_1R_1),\ [pqr]P_1=(p_2p_3-q_1r_1),\tag{7}$$

等等　　等等

其他的方程可以通过将各符号 P、Q、R、p、q、r 按各下标 1、2、3 进行轮换来得出。

热的产生率

299.〕 为了求出电流在单位时间内克服电阻而产生热时所做的功，我们把电流分量和对应的电动强度分量相乘。于是我们就得到单位时间内消耗的功 W 的表示式如下：

$$W=Xu+Yv+Zw;\tag{8}$$

$$=R_1u^2+R_2v^2+R_3w^2+(P_1+Q_1)vw+(P_2+Q_2)wu+(P_3+Q_3)uv;\tag{9}$$

$$=r_1X^2+r_2Y^2+r_3Z^2+(p_1+q_1)YZ+(p_2+q_2)ZX+(p_3+q_3)XY。\tag{10}$$

通过坐标轴的适当选择，可以从(9)中消去含 u、v、w 的乘积的各项，或是从(10)中消去含 X、Y、Z 的乘积的各项。然而，把 W 简化成 $R_1u^2+R_2v^2+R_3w^2$ 的坐标系通常并不同于把它简化成 $r_1X^2+r_2Y^2+r_3Z^2$ 的坐标系。

只有当系数 P_1、P_2、P_3 分别等于 Q_1、Q_2、Q_3 时两个坐标系才会重合。

如果我们像汤姆孙①那样写出

$$\left.\begin{aligned}&P=S+T,\quad Q=S-T;\\&p=s+t,\quad q=s-t;\end{aligned}\right\}\tag{11}$$

我们就得到

$$\left.\begin{aligned}[PQR]=&R_1R_2R_3+2S_1S_2S_3-S_1^2R_1-S_2^2R_2-S_3^2R_3\\&+2(S_1T_2T_3+S_2T_3T_1+S_3T_1T_2)+R_1T_1^2+R_2T_2^2+R_3T_3^2;\end{aligned}\right\}\tag{12}$$

和

$$\left.\begin{aligned}&[PQR]r_1=R_2R_3-S_1^2+T_1^2,\\&[PQR]s_1=T_2T_3+S_2S_3-R_1S_1,\\&[PQR]t_1=R_1T_1+S_2T_3+S_3T_2。\end{aligned}\right\}\tag{13}$$

因此，如果我们使 S_1、S_2、S_3 不再存在，则各系数 s 并不会也不再存在，除非各系数 T 等于零。

稳定条件

300.〕 既然电的平衡是稳定的，用于保持电流的功就必须永远是正的。W 必为正

① *Trans. R. S. Edin.*, 1853—1854, p. 165.

的条件是三个系数 R_1、R_2、R_3 和三个表示式

$$\left.\begin{array}{l}4R_2R_3-(P_1+Q_1)^2,\\4R_3R_1-(P_2+Q_2)^2,\\4R_1R_2-(P_3+Q_3)^2,\end{array}\right\}\tag{14}$$

必须都是正的。

关于电导系数也有类似的条件。

均匀媒质中的连续性方程

301.〕 如果我们把电动强度的各分量写成势的导数，则连续性方程

$$\frac{\mathrm{d}u}{\mathrm{d}x}+\frac{\mathrm{d}v}{\mathrm{d}y}+\frac{\mathrm{d}w}{\mathrm{d}z}=0\tag{15}$$

在均匀媒质中将变成

$$r_1\frac{\mathrm{d}^2V}{\mathrm{d}x^2}+r_2\frac{\mathrm{d}^2V}{\mathrm{d}y^2}+r_3\frac{\mathrm{d}^2V}{\mathrm{d}z^2}+2s_1\frac{\mathrm{d}^2V}{\mathrm{d}y\mathrm{d}z}+2s_2\frac{\mathrm{d}^2V}{\mathrm{d}z\mathrm{d}x}+2s_3\frac{\mathrm{d}^2V}{\mathrm{d}x\mathrm{d}y}=0。\tag{16}$$

如果媒质是不均匀的，则会有起源于电导系数从一点到另一点的变化的一些项。

这一方程对应于各向异性媒质中的拉普拉斯方程。

302.〕 如果我们令 $[rs]=r_1r_2r_3+2s_1s_2s_3-r_1s_1^2-r_1s_2^2-r_3s_3^2$, (17)

$$[AB]=A_1A_2A_3+2B_1B_2B_3-A_1B_1^2-A_2B_2^2-A_3B_3^2,\tag{18}$$

式中

$$\left.\begin{array}{l}[rs]A_1=r_2r_3-s_1^2,\\ [rs]B_1=s_2s_3-r_1s_1,\\ \cdots\end{array}\right\}\tag{19}$$

等等，则 A、B 组将和 r、s 组互逆，而如果我们令

$$A_1x^2+A_2y^2+A_3z^2+2B_1yz+2B_2zx+2B_3xy=[AB]\rho^2,\tag{20}$$

我们就会发现

$$V=\frac{C}{4\pi}\frac{1}{\rho}\tag{21}$$

是方程的一个解*。

---

* 假设通过变换 $x=aX+bY+cZ, y=a'X+b'Y+c'Z, z=a''X+b''Y+c''Z$, (1)

能使(16)式的左端变成 $\frac{\mathrm{d}^2V}{\mathrm{d}X^2}+\frac{\mathrm{d}^2V}{\mathrm{d}Y^2}+\frac{\mathrm{d}^2V}{\mathrm{d}Z^2}$。 (2)

为了做到这一点，我们看到 $r_1\xi^2+r_2\eta^2+r_3\zeta^2+2s_1\eta\zeta+\cdots$ 必须和 $(a\xi+a'\eta+a''\zeta)^2+(b\xi+b'\eta+b''\zeta)^2+(c\xi+c'\eta+c''\zeta)^2$。相等同，我们用 U 来代表此式。

如果我们利用方程

$$\left.\begin{array}{l}x=\frac{1}{2}\frac{\mathrm{d}U}{\mathrm{d}\xi},\quad y=\frac{1}{2}\frac{\mathrm{d}U}{\mathrm{d}\eta},\quad z=\frac{1}{2}\frac{\mathrm{d}U}{\mathrm{d}\zeta},\\ \text{或 } x=a(a\xi+a'\eta+a''\zeta)+b(b\xi+b'\eta+b''\zeta)+c(c\xi+c'\eta+c''\zeta),\\ y=a'(a\xi+a'\eta+a''\zeta)+b'(b\xi+b'\eta+b''\zeta)+c'(c\xi+c'\eta+c''\zeta),\\ z=a''(a\xi+a'\eta+a''\zeta)+b''(b\xi+b'\eta+b''\zeta)+c''(c\xi+c'\eta+c''\zeta),\end{array}\right\}\tag{3}$$

消去 ξ,η,ξ，则因为 AB 组和 rs 组互逆，我们就得到 $U=A_1x^2+A_2y^2+A_3z^2+2B_1yz+\cdots$

但是我们由(1)和(3)看到 $X=a\xi+a'\eta+a''\zeta; Y=b\xi+b'\eta+b''\zeta; Z=c\xi+c'\eta+c''\zeta$；由此即得 $U=X^2+Y^2+Z^2$。

但是由(2)可见 $V=\frac{1}{\sqrt{X^2+Y^2+Z^2}}$ 满足微分方程，从而 $1/\sqrt{U}$ 必须满足该方程。

在各系数 T 为零的事例中，各系数 A 和 B 变成与第 299 节中的各系数 R 和 S 相等同。当 T 不等于零时，情况并不是这样的。

因此，在电从一种无限的、均匀的然而并非各向同性的媒质中的一个中心流出的事例中，等势面就是一些椭球，对其中每一个椭球来说 ρ 是常量。这些椭球的轴各沿电导的主轴，而这些轴并不和电阻的主轴相重合，除非体系是对称的。

通过方程(16)的变换，我们可以取电导的主轴作为 x、y、z 轴。于是形如 s 和 B 的系数将简化为零，而每一个形如 A 的系数将和对应的形如 r 的系数互为倒数。p 的表示式将是

$$\frac{x^2}{r_1}+\frac{y^2}{r_2}+\frac{z^2}{r_3}=\frac{\rho^2}{r_1r_2r_3}。\tag{22}$$

303.〕 电阻和电导的完整方程组的理论就是三变数线性函数组的理论；这种理论在协变理论①和物理学的其他部门中有其实例。处理这种问题的最合适的方法，就是哈密顿和泰特用来处理一个矢量的线性矢量函数的那种方法。然而我们不准备明显地引用四元数的符号。

各系数 T_1、T_2、T_3 可以看成一个矢量 $\boldsymbol{T}$ 的直角分量，该矢量的量值和方向是固定在物体中的，和坐标轴的方向无关。对于 t_1、t_2、t_3 也有相同的情况，它们是另一个矢量 $\boldsymbol{t}$ 的分量。

矢量 $\boldsymbol{T}$ 和 $\boldsymbol{t}$ 的方向通常并不一致。

现在让我们把 z 轴取成和矢量 $\boldsymbol{T}$ 相重合，并相应地变换电阻方程。这时它们的形式将是

$$\left.\begin{aligned}X&=R_1u+S_3v+S_2w-Tv,\\Y&=S_3u+R_2v+S_1w+Tu,\\Z&=S_2u+S_1v+R_3w。\end{aligned}\right\}\tag{23}$$

由这些方程看来，我们可以把电动强度看成两个力的合力；其中一个力依赖于各系数 R 和 S，而另一个力则只依赖于 $\boldsymbol{T}$，依赖于 R 及 S 的分力和电流的关系，与椭球切面的垂线和矢径的关系相同。另一个依赖于 $\boldsymbol{T}$ 的分力等于 $\boldsymbol{T}$ 和垂直于 $\boldsymbol{T}$ 的电流分量的乘积，其方向垂直于 $\boldsymbol{T}$ 和电流，并永远指向电流分量沿正方向绕 $\boldsymbol{T}$ 转动 90°时所指的方向。

如果我们把电流和 $\boldsymbol{T}$ 都看成矢量，由 $\boldsymbol{T}$ 引起的电动强度分量就是乘积“TX 电流”的矢量部分。

系数 T 可以叫做“旋转系数”。我们有理由相信它在任何已知的物质中都是不存在的。如果存在的话，它应该在一些磁体中被找到，那些磁体有一种沿着一个方向的也许是由物质内的旋转现象所引起的极化②。

304.〕 于是，假设不存在任何旋转系数，我们就将指明可以怎样对在第 100a—100e 节中给出的汤姆孙定理进行推广，来证明电流在给定时间内在一个体系中产生的热量是一个唯一的极小值。

为了简化代数计算，设坐标轴选得可以把表示式(9)简化为三项，而且在现有的事例中也把表示式(10)简化为三项；然后让我们考虑这时简化为

① 见 Thomson and Tait's *Natural Philosophy*，§154。

② 霍耳先生关于磁性对永久电流的作用的发现(*Phil. Mag*. ix. p. 225；x. p. 301，1880)，可以用一种说法来描述，即放在磁场中的一个导体有一个旋转系数。参阅霍普金孙(*Phil. Mag*. x. p. 430，1880)。

$$r_1\frac{d^2V}{dx^2}+r_2\frac{d^2V}{dy^2}+r_3\frac{d^2V}{dz^2}=0。\tag{24}$$

的普遍特征方程(16)。另外，设 a、b、c 是 x、y、z 的满足条件 $\frac{da}{dx}+\frac{db}{dy}+\frac{dc}{dz}=0$； (25)

的三个函数，并设

$$\left.\begin{aligned}a&=-r_1\frac{dV}{dx}+u,\\ b&=-r_2\frac{dV}{dy}+v,\\ c&=-r_3\frac{dV}{dz}+w,\end{aligned}\right\}\tag{26}$$

最后，设三重积分 $W=\iiint(R_1a^2+R_2b^2+R_3c^2)\,dx\,dy\,dz$ (27)

遍及于一个空间，该空间的边界如第 100a 节所述；也就是说，在某些部分上，V 是常量而在另一些部分上矢量 $\boldsymbol{a}$、$\boldsymbol{b}$、$\boldsymbol{c}$ 的法向分量已经给定，而且前一个条件还附加着一个限制，即这一分量在整个边界面上的积分应为零。于是，当 $u=0$，$v=0$，$w=0$ 时 W 将是一个极小值。

因为，我们在这一事例中有 $r_1R_1=1$，$r_2R_2=1$，$r_3R_3=1$；从而由(26)即得

$$W=\iiint\left(r_1\overline{\frac{dV}{dx}}\bigg|^2+r_2\overline{\frac{dV}{dy}}\bigg|^2+r_3\overline{\frac{dV}{dz}}\bigg|^2\right)dx\,dy\,dz+\iiint(R_1u^2+R_2v^2+R_3w^2)\,dx\,dy\,dz$$
$$-2\iiint\left(u\frac{dV}{dx}+v\frac{dV}{dy}+w\frac{dV}{dz}\right)dx\,dy\,dz。\tag{28}$$

但是既然

$$\frac{du}{dx}+\frac{dv}{dy}+\frac{dw}{dz}=0,\tag{29}$$

第三项就因为积分限上的条件而等于零。

因此(28)式中的第一项就是 W 的唯一的极小值。

305.〕 由于这一定理在电学理论中有很大的重要性，在不用分析运算的形式下给出下述最普遍事例的证明就可能是有用的。

让我们考虑电通过一个任意形状的、均匀或不均匀的导体的传播情况。

这时我们知道：

(1) 如果我们沿着路径并沿着电流的方向画一条线，则这条线必然从高势的地方引向低势的地方。

(2) 如果体系各点的势按一个给定的均匀的比例而变化，则按照欧姆定律，电流也将按相同的比例而变化。

(3) 如果某种势分布引起某种电流分布，而第二种势分布引起第二种电流分布，则其势为第一种和第二种分布中的势之和或差的第三种势分布将引起第三种电流分布，而这种分布通过给定有限曲面的总电流将等于在第一种和第二种分布中通过该曲面的总电流之和或差。因为，由欧姆定律，由于势的改变所引起的附加电流是和由原有势分布所引起的原有电流无关的。

(4) 如果势在整个一个闭合曲面上是常量，而且曲面内没有任何的电极或内禀电动势，则闭合曲面内部不会有电流，而其内部各点的势将等于曲面上的势。

假如闭合曲面中有电流，则电流必然或是形成闭合曲线，或是其起点和终点都位于曲面之内或之上。

但是，既然电流必须从高势处流到低势处，它就不能形成闭合曲线。

既然曲面内没有任何电极，电流的起点和终点就不可在闭合曲面之内，而既然曲面上各点的势都相同，也不可能有任何电流沿着从曲面上一点到另一点的线而流动。

由此可见曲面内部没有任何电流，从而也不可能有任何势差，因为这样一个势差将引起电流，而因此闭合曲面内的势就到处都和曲面上的势相同。

(5) 如果没有任何电流通过一个闭合曲面的任何部分，而又没有任何电极或内禀电动势位于曲面之内，则曲面内部将没有电流，而势将是均匀的。

我们已经看到，电流不能形成闭合曲线或是起始或终止于曲面之内，而既然根据假设它又不通过曲面，那就不可能有任何电流，从而势就是不变的。

(6) 如果势在一个闭合曲面的一部分上是均匀的，而曲面的其余部分上又没有电流通过，则根据相同的理由可知势在曲面内部将是均匀的。

(7) 如果一个物体的一部分表面的每一点上的势为已知，而在其余部分表面的每一点上通过的电流为已知，则物体内部各点上只能存在一种势分布。

因为，假若在物体内的任一点上可以有两个不同的势值，设在第一种事例中为 V_1 而在第二种事例中为 V_2，并且让我们设想第三种事例，那时物体每一点的势是第一、二两种事例中的势的差值。那么，在势为已知的那一部分表面上，第三种事例中的势将是零，而在所通过的电流为已知的那一部分表面上，则第三种事例中的电流将为零，于是由(6)可知，曲面内到处的势都将是零，或者说 V_1 和 V_2 并无差值。因此就只有一种可能的势分布。这一定理是对的，不论固体是以一个还是以若干个闭合曲面为其边界面。

一个形状给定的导体的电阻的近似计算

306.〕 这里考虑的导体，其表面被分成三部分。在其中第一部分上，势被保持为一个常量。在第二部分上，势有一个不同于第一部分上的值的常量值。表面的整个其余部分都不允许电通过。我们可以假设第一部分和第二部分上的条件是通过在导体上加了两个用理想导电材料做成的电极来满足的，而其余表面上的条件则是通过用一种完全不导电的材料盖住它来满足的。

在这些条件下，导体任何部分的电流将简单地正比于两个电极之间的势差。把这个势差称为电动势，从一个电极到另一个电极的总电流就等于电动势和整个导体的电导的乘积，而导体的电阻就是电导的倒数。

只有当一个导体近似地处于上述这样的条件下时，它才能被说成有一个确定的整体电阻。两头接在大铜块上的用细导线绕成的线圈就近似地满足这些条件，因为大电极中的势差不多是常量，而同一电极上各点之间的任何势差和二电极之间的势差比起来是可以忽略不计的。

计算这样的导体的电阻的一种很有用的方法，据我所知是由瑞利勋爵最初在一篇论文“关于共振理论”[1]中提出的。

这是建筑在下面的想法上的。

如果导体任一部分的比电阻被改变而其余部分的比电阻保持不变，则整个导体的电阻将变大，如果该部分的电阻是增大了的，而整个导体的电阻将变小，如果该部分的电阻是减小了的。

这一原理可以认为是不言而喻的，但是可以很容易地证明，一个导体组在取为电极的二点之间的电阻表示式的值，是随着组内每一导体电阻的增加而增加的。

由此可以推知，如果在导体物质中画一个任意形状的曲面，而且进一步假设这个曲面是一个由理想导电物质构成的无限薄的层，则整个导体的电阻将减小，除非曲面是导体在自然状态下的一个等势面；在后一情况下，把该面做成理想导体不会产生任何效应，因为它已经是处于平衡的了。

因此，如果我们在导体内部画出一系列曲面，其中第一个曲面和第一个电极相重合，其最后一个曲面和第二个电极相重合，而中间的各曲面以导体的不导电表面为边界，而且并不相交，另外，如果我们假设这些曲面中的每一个曲面都是一个无限薄的理想导电层，我们就将得到一个体系，其电阻肯定不大于原有导体的电阻，而且只有当我们所选的那些曲面是自然等势面时，该体系的电阻才等于原有导体的电阻。

计算人为体系的电阻是比原有问题容易得多的一种运算。因为整体电阻就是包括在相邻曲面之间的所有各物质层的电阻之和，而每一物质层的电阻可以求出如下：

设 $\mathrm{d}S$ 是物质层表面的一个面积元，v 是层的垂直于面积元的厚度，ρ 是比电阻，E 是完全导电曲面之间的势差，而 $\mathrm{d}C$ 是通过 $\mathrm{d}S$ 的电流，于是就有

$$\mathrm{d}C=E\,\frac{1}{\rho v}\mathrm{d}S, \tag{1}$$

而通过物质层的总电流就是

$$C=E\iint\frac{1}{\rho v}\mathrm{d}S, \tag{2}$$

积分遍及以导体的不导电表面为其边界的整个物质层。

由此可见，物质层的电导就是

$$\frac{C}{E}=\iint\frac{1}{\rho v}\mathrm{d}S, \tag{3}$$

而物质层的电阻是这个量的倒数。

如果物质层是以两个曲面为其边界面的，而函数 F 在该二曲面上的值分别是 F 和 $F+\mathrm{d}F$，则有

$$\frac{\mathrm{d}F}{v}=\Delta F=\left[\left(\frac{\mathrm{d}F}{\mathrm{d}x}\right)^2+\left(\frac{\mathrm{d}F}{\mathrm{d}y}\right)^2+\left(\frac{\mathrm{d}F}{\mathrm{d}z}\right)^2\right]^{\frac{1}{2}}, \tag{4}$$

而该层的电阻就是

$$\frac{\mathrm{d}F}{\iint\frac{1}{\rho}\,\nabla F\mathrm{d}S}。 \tag{5}$$

为了求出整个人为导体的电阻，我们只要对 F 求积分，于是就得到

$$R_1=\int\frac{\mathrm{d}F}{\iint\frac{1}{\rho}\,\nabla F\mathrm{d}S}。 \tag{6}$$

自然状态下的导体的电阻大于如此求得的值，除非我们所选的曲面全部都是自然等

[1] *Phil. Trans.*，1871，p. 77. 见第 102a 节。

势面。另外，既然 R 的真实值是各个 R_1 值的绝对最大值，它就可以这样来求出：所选可曲面对真实等势面的微小偏离，将引起 R 的一个比较小的误差。

这种确定电阻值下限的方法显然是完全普遍的，而且是可以应用于任何形状的导体的，即使比电阻 ρ 是在导体内以任意方式变化的也无妨。

最熟知的例子就是确定变截面直导线的电阻的普通方法。在这一事例中，所选的各面是一些垂直于导线轴的平面，各物质层具有平行的表面，而截面为 S、厚度为 $\mathrm{d}S$ 的层的电阻就是

$$\mathrm{d}R_1=\frac{\rho\,\mathrm{d}s}{S}, \tag{7}$$

而长度为 s 的整个导线的电阻就是

$$R_1=\int\frac{\rho\,\mathrm{d}s}{S}, \tag{8}$$

式中 S 是横截面，而且是 s 的函数。

在导线的截面随长度而缓慢变化的事例中，这一方法给出的结果和真实值很接近，但结果其实只是一个下限，因为真实的电阻永远大于这种结果，截面完全均匀的事例除外。

307.〕 为了求出电阻的上限，让我们假设在导体中画出的一个曲面被弄成不导电的。此事的效应必然是增大导体的电阻，除非该曲面是自然电流面之一。借助于两组曲面，我们可以形成一组管子，它们将完全限定电流，而这些不导电曲面的效应，如果有任何效应的话，将是使电阻超过它的自然值。

每一根管子的电阻，可以用已经给出的计算细导线电阻的办法来计算，而整个导体的电阻是所有各管电阻倒数之和的倒数。这样求出的电阻大于自然电阻，除了各管和自然流线相一致时以外。

在已经考虑过的事例中，导体的形状是一个拉长了的旋转体；让我们沿物体的轴来测量 x，并设任一点上的截面半径为 b。设一组非导电曲面是通过轴线的一些平面，对其中每一个平面来说 φ 是不变的；设另一组曲面是一些旋转曲面，其方程是 $y^2=\psi b^2$， (9)
式中 ψ 是介于 0 和 1 之间的一个数字。

让我们考虑由各面 φ 和 $\varphi+\mathrm{d}\varphi$、$\psi$ 和 $\psi+\mathrm{d}\psi$、x 和 $x+\mathrm{d}x$ 限定的一根管子的一段。

垂直于轴线的管子截面是

$$y\,\mathrm{d}y\,\mathrm{d}\varphi=\frac{1}{2}b^2\,\mathrm{d}\psi\,\mathrm{d}\varphi。\tag{10}$$

如果 θ 是该管和轴线之间的夹角，则有

$$\tan\theta=\psi^{\frac{1}{2}}\frac{\mathrm{d}b}{\mathrm{d}x}。\tag{11}$$

管子的元段的真实长度是 $\mathrm{d}x\ \sec\theta$，而其真实截面积是 $\frac{1}{2}b^2\,\mathrm{d}\psi\,\mathrm{d}\varphi\cos\theta$ 因此它的电阻是

$$2\rho\,\frac{\mathrm{d}x}{b^2\,\mathrm{d}\psi\,\mathrm{d}\varphi}\sec^2\theta=2\rho\,\frac{\mathrm{d}x}{b^2\,\mathrm{d}\psi\,\mathrm{d}\varphi}\left(1+\psi\,\overline{\frac{\mathrm{d}b}{\mathrm{d}x}}\,\Big|^{2}\right), \tag{12}$$

令

$$A=\int\frac{\rho}{b^2}\mathrm{d}x\text{，并且 }B=\int\frac{\rho}{b^2}\left(\frac{\mathrm{d}b}{\mathrm{d}x}\right)^2\mathrm{d}x, \tag{13}$$

积分遍及导体的全部长度 x，则管 $\mathrm{d}\psi\mathrm{d}\varphi$ 的电阻是 $\frac{2}{\mathrm{d}\psi\mathrm{d}\varphi}(A+\psi B)$。而其电导是 $\frac{\mathrm{d}\psi\mathrm{d}\varphi}{2(A+\psi B)}$。

整个导体的电导是各管电导之和。为了求出这一电导，我们必须把此式从 $\varphi=0$ 积

分到 $\varphi=2\pi$,并从 $\psi=0$ 积分到 $\psi=1$。结果是
$$\frac{1}{R'}=\frac{\pi}{B}\ln\left(1+\frac{B}{A}\right) \tag{14}$$
这一结果可以小于但不能大于导体的真实电导。

当 $\frac{db}{dx}$ 永远是一个小量时,$\frac{B}{A}$ 也将很小,从而我们可以把这个电导表示式展开,于是
$$\frac{1}{R'}=\frac{\pi}{A}\left(1-\frac{1}{2}\frac{B}{A}+\frac{1}{3}\frac{B^2}{A^2}-\frac{1}{4}\frac{B^3}{A^3}+\cdots\right)。\tag{15}$$

此式第一项,$\frac{\pi}{A}$,就是我们用以前的方法所应得到的电导的上限。因此,真实的电导就小于第一项而大于整个的级数。电阻的上限就是此式的倒数,或者说
$$R'=\frac{A}{\pi}\left(1+\frac{1}{2}\frac{B}{A}-\frac{1}{12}\frac{B^2}{A^2}+\frac{1}{24}\frac{B^3}{A^3}-\cdots\right)。\tag{16}$$

如果除了认为电流受到各曲面 φ 和 ψ 的限制以外还假设通过每一根管子的电流和 $d\psi d\varphi$ 成正比,我们就将得到这一附加约束下的电阻值 $R''=\frac{1}{\pi}\left(A+\frac{1}{2}B\right)$①, (17)
此值显然大于上一值,而由于附加的约束,这也是理所当然的。在瑞利勋爵的论文中这就是所作的假设,而文中给出的电阻上限就具有(17)的值,它比我们在(16)中得到的稍大一些。

308.〕 我们现在必须应用相同的方法来求出当一个半径为 a 的圆柱导体的一端和一个很大的电极相接时必须对导体的长作出的改正量。这时我们可以假设电极是用另一种金属制成的。

为了得到电阻的下限,我们可以假设有一个无限薄的用理想电物质制成的圆片被放在圆柱的一端和大块电极之间,以便使圆柱的端面上具有一个到处相同的势。于是圆柱内部的势将只是它的长度的函数,而且,如果我们假设电极和圆柱接触的部分近似地是平面,而且它的一切线度都比圆柱的直径大得多,则势的分布将是由放在无限媒质中的一个圆盘形导体所引起的那种势分布。见第 151、177 节。

如果 E 是圆片和电极最远部分之间的势差,C 是从圆片的表面出发而进入电极中的电流,而 ρ' 是电极的比电阻,那么,如果 Q 是我们将假设为像在第 151 节中那样分布在圆片上的电量,我们就看到,电动强度在圆上的积分是
$$\begin{aligned}\rho'C&=\frac{1}{2}\cdot 4\pi Q=2\pi\frac{aE}{\frac{\pi}{2}},\text{据第 151 节}\\&=4aE。\end{aligned}\tag{18}$$

因此,如果从一点到电极的导线长度是 L,而导线的比电阻是 ρ,则从该点到电极上不靠近接触面的任何一点的电阻是 $R=\rho\frac{L}{\pi a^2}+\frac{\rho'}{4a}$,而且此式可以写成
$$R=\frac{\rho}{\pi a^2}\left(L+\frac{\rho'}{\rho}\frac{\pi a}{4}\right),\tag{19}$$
此处括号中的第二项就是在计算一根圆柱或导线的电阻时必须加在它的长度上的一个

① Lord Rayleigh, *Theory of Sound*, ii. p. 171.

量，而这肯定是一个微不足道的改正量。

为了理解主要误差的本性，我们可以注意，尽管我们曾经假设导线中的电流直到圆片为止是在整个截面上均匀分布的，但是从圆片到电极的电流却不是均匀分布的，而是在任一点上都反比于通过该点的最短弦的(第 151 节)。在实际情况下，通过圆片的电流将不是均匀的，但它也不像所假设的情况一样从一点到一点变化得那么快。实际情况下的圆片的势将不是均匀的而是从中间到边沿逐步减小。

309.〕 其次我们将通过把圆片中的电流约束成各点均匀来确定一个大于真实电阻的量。我们可以假设，为此目的而引入的电动势是垂直于圆片的表面而作用着的。

导线中的电阻将和以前相同，但是电极中的发热率将是电流和势的乘积的面积分。任何一点的流动率将是$\frac{C}{\pi a^2}$，而势将和面密度为 σ 的带电表面的势相同，此处 $2\pi\sigma=\frac{C\rho'}{\pi a^2}$，

$$ \tag{20} $$

ρ'是比电阻。

因此我们必须确定圆片均匀地带有面密度为 σ 的电荷时的势能。

①密度 σ 均匀的一个圆片的边沿上的势，很容易求出为 $4a\sigma$，在圆片边沿上增加宽度为 $\mathrm{d}a$ 的一条时所做的功是 $2\pi a\sigma\mathrm{d}a$。$4a\sigma$，而圆片的总势能就是此式的积分，或者说是

$$P=\frac{8\pi}{3}a^3\sigma^2。\tag{21}$$

在电传导的事例中，电阻为 R'的电极中的功率是 C^2R'。但是，由普遍的导电方程可知，穿过圆片的单位面积的电流应是 $-\frac{1}{\rho'}\frac{\mathrm{d}V}{\mathrm{d}v}$ 或 $\frac{2\pi}{\rho'}\sigma$。如果 V 是圆片的势而 $\mathrm{d}s$ 是它的面积元，则功率 $=\frac{C}{\pi a^2}\int V\mathrm{d}s=\frac{2C}{\pi a^2}\frac{P}{\sigma}\left(因为 P=\frac{1}{2}\int V\sigma\mathrm{d}s\right)=\frac{4\pi}{\rho'}P$(据(20))。

因此我们就有

$$C^2R'=\frac{4\pi}{\rho}P,\tag{22}$$

于是，由(20)和(21)即得 $R'=\frac{8\rho'}{3\pi^2a}$，而必须加在圆柱长度上的改正量就是$\frac{\rho'}{\rho}\frac{8}{3\pi}a$，这个改正量大于真实值。因此，必须加在长度上的改正量是$\frac{\rho'}{\rho}an$，n 是一个数字，介于$\frac{\pi}{4}$和$\frac{8}{3\pi}$之间，或者说介于 0.785 和 0.849 之间。

②利用二级近似，瑞利勋爵曾经把上限减小到 0.8282。

---

① 见 Cayley 教授的论文，*London Math. Soc. Proc.* vi. p. 38. VOL. I。

② *Phil. Mag.* Now. 1872, p. 344. 随后瑞利勋爵得到了 0.8242 作为上限。参阅 *London Math. Sac. Prac.* vii. p. 74，并见 Theory of Sound, vol. ii. Appendix A. p. 291。

第二十二章　不均匀媒质中的导电

关于在两种导电媒质的分界面上必须满足的条件

310.〕　有两个条件是电流分布必须普遍满足的，即势必须连续的条件和电流的“连续性”条件。

在两种媒质的分界面上，第一个条件要求分界面两侧相距无限近的两个点上的势应该相等。这里所说的势，应理解为借助于一个用给定金属制成的电极而接在所给点上的一个静电计所测得的势。如果势是用第222、246节所描述的那种把电极放在金属中一个充有空气的空腔中的办法来测量的，则如此测得的靠近不同金属的点上的势将相差一个量，该量依赖于两种金属的温度和种类。

界面上的另一个条件是，通过任一面积元的电流当在两种媒质中测量时应该相等。

于是，如果 V_1 和 V_2 是两种媒质中的势，则在分界面的任一点上，有 $V_1=V_2$，　(1)

而且，如果 u_1、v_1、w_1 和 u_2、v_2、w_2 是两种媒质中的电流分量，而 l、m、n 是分界面法线的方向余弦，则有

$$u_1l+v_1m+w_1n=u_2l+v_2m+w_2n。\tag{2}$$

在最普遍的事例中，各分量 u、v、w 是 V 的导数的线性函数，其形式由方程

$$\left.\begin{aligned}u&=r_1X+p_3Y+q_2Z,\\ v&=q_3X+r_2Y+p_1Z,\\ w&=p_2X+q_1Y+r_3Z,\end{aligned}\right\}\tag{3}$$

来给出，此处 X、Y、Z 分别是 V 对 x、y、z 的导数。

让我们考虑一种分界面的事例，分界面一侧的媒质具有这些电导系数，而其另一侧则是电导系数等于 r 的一种各向同性的媒质。

设 X'、Y'、Z'是各向同性媒质中的 X、Y、Z 的值，于是我们在分界面上就有 $V=V'$，(4)

或
$$X\mathrm{d}x+Y\mathrm{d}y+Z\mathrm{d}z=X'\mathrm{d}x+Y'\mathrm{d}y+Z'\mathrm{d}z,\tag{5}$$

当
$$l\mathrm{d}x+m\mathrm{d}y+n\mathrm{d}z=0。\tag{6}$$

这一条件导致
$$X'=X+4\pi\sigma l,\quad Y'=Y+4\pi\sigma m,\quad Z'=Z+4\pi\sigma n,\tag{7}$$

式中 σ 是面密度。

在各向同性媒质中，我们还有
$$u'=rX',\quad v'=rY',\quad w'=rZ',\tag{8}$$

从而分界面上的电流条件就是
$$u'l+v'm+w'n=ul+vm+wn,\tag{9}$$

或
$$r(lX+mY+nZ+4\pi\sigma)=l(r_1X+p_3Y+q_2Z)+m(q_3X+r_2Y+p_1Z)+n(p_2X+q_1Y+r_3Z),\tag{10}$$

由此即得 $4\pi\sigma r=[l(r_1-r)+mq_3+np_2]X+[lp_3+m(r_2-r)+nq_1]Y+[lq_2+mp_1+n(r_3-r)]Z$。 (11)

量 σ 代表分界面上的电荷面密度。在结晶的和有结构的物质中，它依赖于分界面的方向和垂直于分界面的力。在各向同性物质中，系数 p 和 q 是零而各个系数 r 都相等，从而就有

$$4\pi\sigma=\left(\frac{r_1}{r}-1\right)(lX+mY+nZ)。\tag{12}$$

式中 r_1 是物质的比电导，r 是外部媒质的比电导，而 l、m、n 是向着比电导为 r 的媒质画出的法线的方向余弦。

当两种媒质都为各向同性时，条件可以大为简化，因为，如果 k 是单位体积的比电阻，就有

$$u=-\frac{1}{k}\frac{\mathrm{d}V}{\mathrm{d}x},\quad v=-\frac{1}{k}\frac{\mathrm{d}V}{\mathrm{d}y},\quad w=-\frac{1}{k}\frac{\mathrm{d}V}{\mathrm{d}z},\tag{13}$$

从而如果 v 是分界面任一点上从第一种媒质向第二种媒质画的法线，则连续性条件是

$$\frac{1}{k_1}\frac{\mathrm{d}V_1}{\mathrm{d}v}=\frac{1}{k_2}\frac{\mathrm{d}V_2}{\mathrm{d}v}。\tag{14}$$

如果 θ_1 和 θ_2 分别是第一种媒质和第二种媒质中的流线和分界面法线所夹的角，则这些流线的切线和该法线位于同一平面上，且在法线的两侧，而且有

$$k_1\tan\theta_1=k_2\tan\theta_2。\tag{15}$$

此式可以叫做流线的折射定律。

311.〕 作为电在穿越两种媒质的分界面时所必须满足的条件的例子，让我们假设分界面是半径为 a 的球面，球面内、外的比电阻为 k_1 和 k_2。

设把球面之内和之外的势能都按体谐函数展开，并设其依赖于面谐函数 S_i 的部分在球面之内和之外分别是

$$V_1=(A_1r^i+B_1r^{-(i+1)})S_i,\tag{1}$$

$$V_2=(A_2r^i+B_2r^{-(i+1)})S_i,\tag{2}$$

在分界面上，$r=a$，我们应有

$$V_1=V_2 \text{ 和 } \frac{1}{k_1}\frac{\mathrm{d}V_1}{\mathrm{d}r}=\frac{1}{k_2}\frac{\mathrm{d}V_2}{\mathrm{d}r}。\tag{3}$$

由这些条件式，我们得到方程

$$\left.\begin{aligned}&(A_1-A_2)a^{2i+1}+B_1-B_2=0,\\&\left(\frac{1}{k_1}A_1-\frac{1}{k_2}A_2\right)ia^{2i+1}-\left(\frac{1}{k_1}B_1-\frac{1}{k_2}B_2\right)(i+1)=0。\end{aligned}\right\}\tag{4}$$

当我们知道了四个量 A_1、A_2、B_1、B_2 中的两个量时，这些方程就足以导出其余的两个量。让我们假设 A_1 和 B_1 是已知的，于是我们就得到 A_2 和 B_2 的下列表示式，

$$\left.\begin{aligned}A_2&=\frac{\{k_1(i+1)+k_2i\}A_1+(k_1-k_2)(i+1)B_1a^{(-2i+1)}}{k_1(2i+1)},\\B_2&=\frac{(k_1-k_2)iA_1a^{2i+1}+\{k_1i+k_2(i+1)\}B_1}{k_1(2i+1)}。\end{aligned}\right\}\tag{5}$$

用这种办法，我们可以针对由同心球面分成的任意多层媒质来求出势的谐函数展式中每一项所必须满足的条件。

312.〕 让我们假设第一个球面的半径是 a_1，并设有第二个球面，其半径 a_2 大于 a_1，而在这个球面以外，比电阻是 k_2。如果在这些球面内没有电荷的正负源头，那就不会有

V 的无限值，从而我们将有 $B_1=0$。

于是我们就求得外面媒质中的系数 A_3 和 B_3 的表示式

$$\left.\begin{aligned}A_3k_1k_2(2i+1)^2&=\Big[\{k_1(i+1)+k_2i\}\{k_2(i+1)+k_3i\}\\&\quad+i(i+1)(k_1-k_2)(k_2-k_3)\left(\frac{a_1}{a_2}\right)^{2i+1}\Big]A_1,\\B_3k_1k_2(2i+1)^2&=\big[i(k_2-k_3)\{k_1(i+1)+k_2i\}a_2^{2i+1}\\&\quad+i(k_1-k_2)\{k_2i+k_3(i+1)\}a_1^{2i+1}\big]A_1。\end{aligned}\right\}\tag{6}$$

外部媒质中的势值，部分地依赖于外部的电源，这种电源独立于内部不均匀物质球的存在而引起电流，而同时势值也部分地依赖于引入不均匀球而造成的干扰。

第一部分必然只依赖正阶次的体谐函数，因为它不可能在球内有无限值。第二部分必然依赖于负阶次的体谐函数，因为它在距球心无限远处必须为零。

由此可见，由外电动势引起的势必须展成正阶体谐函数的级数。设 A_3 是形如 $A_3S_ir^i$ 的一个体谐函数的系数。于是我们就能由(6)求得内球的对应系数 A_1，并由此导出 A_2、B_2 和 B_3。在这些系数中，B_2 代表由于引入不均匀球而对外部媒质中的势所造成的影响。

现在让我们假设 $k_3=k_1$，于是情况就变成，一个 $k=k_2$ 的中间球壳把 $k=k_1$ 的一种媒质分成了内外两部分。

如果我们令 $$C=\frac{1}{(2i+1)^2k_1k_2+i(i+1)(k_2-k_1)^2\left(1-\left(\dfrac{a_1}{a_2}\right)^{2i+1}\right)},$$

就得到

$$\left.\begin{aligned}A_1&=k_1k_2(2i+1)^2CA_3,\\A_2&=k_2(2i+1)(k_1(i+1)+k_2i)CA_3,\\B_2&=k_2i(2i+1)(k_1-k_2)a_1^{2i+1}CA_3,\\B_3&=i(k_2-k_1)(k_1(i+1)+k_2i)(a_2^{2i+1}-a_1^{2i+1})CA_3。\end{aligned}\right\}\tag{7}$$

未受干扰的系数 A_3 和它在壳内部的值 A_1 之差是

$$A_3-A_1=(k_2-k_1)^2i(i+1)\left(1-\left(\frac{a_1}{a_2}\right)^{2i+1}\right)CA_3。\tag{8}$$

既然不论 k_1、k_2 的值是什么这一差值都永远和 A_3 同号，那就可以知道，不论球壳的导电性能比其余媒质的性能是好还是坏，球壳所占据的空间中的电作用都是比没有球壳时更弱一些的。如果球壳是比其余其质更好的一个导体，它就倾向于使内球各点的势变为相等。如果它是一个较坏的导体，它就倾向于阻止电流达到内球。

实心球的事例可以通过令 $a=0$ 而由此事例推得，它也可以独立地被算出。

313.〕 谐函数展式中最重要的项是 $i=1$ 的那一项，对该项来说有

$$\left.\begin{aligned}&C=\frac{1}{9k_1k_2+2(k_2-k_1)^2\left(1-\left(\dfrac{a_1}{a_2}\right)^3\right)},\\&A_1=9k_1k_2CA_3,\quad A_2=3k_2(2k_1+k_2)CA_3,\\&B_2=3k_2(k_1-k_2)a_1^3CA_3,\\&B_3=(k_2-k_1)(2k_1+k_2)(a_2^3-a_1^3)CA_3。\end{aligned}\right\}\tag{9}$$

比电阻为 k_2 的实心球的事例可以通过令 $a_1=0$ 而从此式推出，于是我们就有

$$\left.\begin{aligned}A_2&=\frac{3k_2}{k_1+2k_2}A_3,\quad B_2=0,\\B_3&=\frac{k_2-k_1}{k_1+2k_2}a_2^3A_3。\end{aligned}\right\}\tag{10}$$

很容易由普遍表示式证明，在由电阻为 k_2 的球壳包围的电阻为 k_1 的球核的事例中，B_3 的值和电阻为 K 而具有外球半径的一个均匀实心球的事例中的值相同，此处

$$K=\frac{(2k_1+k_2)a_2^3+(k_1-k_2)a_1^3}{(2k_1+k_2)a_2^3-2(k_1-k_2)a_1^3}k_2。\tag{11}$$

314.〕 设有几个半径为 a_1 而其比电阻为 k_1 的球放在一种比电阻为 k_2 的媒质中，各球相距较远，以致它们对电流路线的干扰效应可以看成是相互独立的，那么，如果所有这些球都包括在一个半径为 a_2 的球中，则离此球心很大距离 r 处的势将有如下的形式。

$$V=\left(Ar+nB\frac{1}{r^2}\right)\cos\theta,\tag{12}$$

式中 B 的值是

$$B=\frac{k_1-k_2}{2k_1+k_2}a_1^3A。\tag{13}$$

n 个小球的体积和包围它们的大球体积之比是

$$p=\frac{na_1^3}{a_2^3}。\tag{14}$$

因此，离球很远处的势的值可以写成

$$V=A\left(r+pa_2^3\frac{k_1-k_2}{2k_1+k_2}\frac{1}{r^2}\right)\cos\theta。\tag{15}$$

假如半径为 a_2 的整个球都是用一种比电阻为 K 的材料制成的，我们就将得到

$$V=A\left\{r+a_2^3\frac{K-k_2}{2K+k_2}\frac{1}{r^2}\right\}\cos\theta。\tag{16}$$

为了使一个表示式和另一个表示式相等价，应有

$$K=\frac{2k_1+k_2+p(k_1-k_2)}{2k_1+k_2-2p(k_1-k_2)}k_2。\tag{17}$$

因此这就是一种组合媒质的比电阻，该媒质包括一种比电阻为 k_2 的媒质，里边分散着一些比电阻为 k_1 的小球，所有小球的体积和整个球的体积之比是 p。为了使这些球的作用可以没有依赖于它们的干涉的效应，它们的半径应该比它们的距离小得多，从而 p 必然是个很小的分数。

这一结果也可以用别的方法来求得，但是此处给出的求法只重复了已经得到的关于单一球的结果。

当各球之间的距离并非远大于它们的半径而且 $\frac{k_1-k_2}{2k_1+k_2}$ 也相当大时，结果中就会出现一些其他的项；我们现在不考虑那些项。由于这些项的存在，各球的某些分布方法将使组合媒质的电阻在不同方向上有不同的值。

电像原理的应用

315.〕 作为例子，让我们考虑由一个平界面分开的两种媒质，并且让我们假设有一个

电的源头位于第一种媒质中，离分界面的距离是 a，单位时间内从源头流出的电量是 S。

假若第一种媒质是无限延伸的，任一点 P 上的电流就将沿着 SP 方向的，而 P 点的势则将是$\frac{E}{r_1}$，此处 $E=\frac{Sk_1}{4\pi}$，而 $r_1=SP$。

在实际事例中，各条件可以通过在第二种媒质取 S 的一个像 I 来加以满足，此时 IS 垂直于分界面并被该面所平分。设 r_2 是任一点离开 I 的距离，则在分界面上有

$$r_1=r_2, \tag{1}$$

$$\frac{\mathrm{d}r_1}{\mathrm{d}v}=-\frac{\mathrm{d}r_2}{\mathrm{d}v}。 \tag{2}$$

设第一种媒质中任一点的势 V_1 是由放在 S 点上的一个电量 E 和放在 I 点上的一个电量 E_2 所引起的，而第二种媒质中任一点的势 V_2 是由放在 S 上的像电量 E_1 所引起的，那么，如果

$$V_1=\frac{E}{r_1}+\frac{E_2}{r_2}\text{ 而 }V_2=\frac{E_1}{r_1}, \tag{3}$$

则边界条件 $V_1=V_2$ 给出

$$E+E_2=E_1, \tag{4}$$

而条件

$$\frac{1}{k_1}\frac{\mathrm{d}V_1}{dv}=\frac{1}{k_2}\frac{\mathrm{d}V_2}{dv} \tag{5}$$

则给出

$$\frac{1}{k_1}(E-E_2)=\frac{1}{k_2}E_1, \tag{6}$$

由此即得

$$E_1=\frac{2k_2}{k_1+k_2}E,\quad E_2=\frac{k_2-k_1}{k_1+k_2}E。 \tag{7}$$

因此，第一种媒质中的势就是由 S 处的电荷 E 和 I 处的电荷 E_2 按照静电理论而即将在空气中引起的势，而第二种媒质中的势则是由 S 处的电荷 E_1 所将在空气中引起的势。

第一种媒质中任一点上的电流和该媒质为无限时由源头 S 和放在 I 处的源头 $\frac{k_2-k_1}{k_1+k_2}S$ 所引起的电流相同，第二种媒质中任一点上的电流和该媒质为无限大时由放大 S 处的源头$\frac{2k_2S}{(k_1+k_2)}$所起的电流相同。

于是，在由平面边界分开的两种媒质的事例中，我们就有一种完备的电像理论。不论第一种媒质中有些什么性质的电动势，它们在第一种媒质中引起的势都可以通过把它们的直接效应和它们的像的效应结合起来而得出。

如果我们假设第二种媒质是一种理想导体，则 $k_2=0$，而 I 处的像就和 S 处的源头相等并异号。这就是汤姆孙静电理论中的那种电像的事例。

如果我们假设第二种媒质是一种理想绝缘体，则 $k_2=\infty$，而 I 处的像就和 S 处的源头相等并同号。这就是流体运动学中当流体以一个刚性平面为界面时的像的事例①。

316.〕 在分界面被假设为一个理想导体的表面时非常有用的反演法，是不能应用

① 类似的考虑将给出由放在一种电介质中的 S 点上的一个电荷所引起的电场，该电介质的比感本领是 K_1，由一个平面和比感本领为 K_2 的另一种电介质分平。在这一事例中，如果电荷 $=K_1E$ 而 $K_1k_1=1=K_2k_2$，则正文中的 V_1 和 V_2 将表示势。

于比电阻不相等的两种导体的分界面的更普遍事例的。然而，二维空间中的反演法却是适用的，正如在第 190 节中给出的更普遍的变换法一样①。

分隔两种媒质的平板中的导电

317.〕 其次让我们考虑一种厚度为 AB 的平板媒质，其比电阻为 k_2；它分隔开两种媒质，其比电阻为 k_1 和 k_2 设在第一种媒质 (k_2) 中有一个源头 S，试考虑其在该媒质中引起的势的改变。

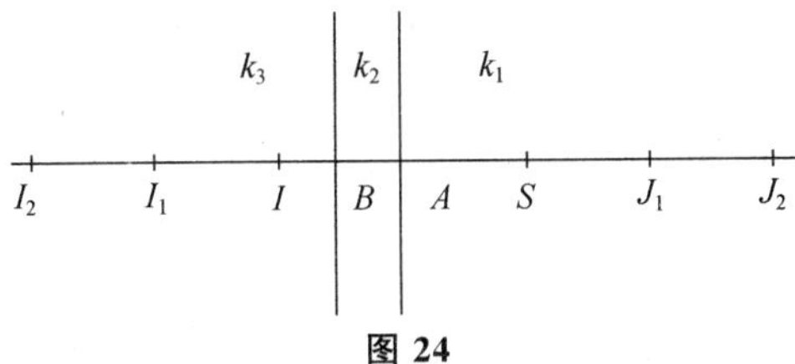

图 24

势将等于由一系列电荷引起的势，各电荷放在通过 S 的平板法线上的某些点上。

令 $AI=SA, BI_1=SB, AJ_1=I_1A, BI_2=J_1B, AJ_2=I_2A$，等等，

我们就有一系列点，彼此之间的距离等于平板厚度的两倍。

318.〕 第一处媒质中任一点 P 上的势是
$$\frac{E}{PS}+\frac{I}{PI}+\frac{I_1}{PI_1}+\frac{I_2}{PI_2}+\cdots, \tag{8}$$

在第二种媒质中的一点 P' 上，
$$\frac{E'}{P'S}+\frac{I'}{P'I}+\frac{I'}{P'I_1}+\frac{I'_2}{P'I_2}+\cdots+\frac{J'_1}{P'J_1}+\frac{J'_2}{P'J_2}+\cdots, \tag{9}$$

在第三种媒质中的一点 P'' 上，
$$\frac{E''}{P''S}+\frac{J_1}{P''J_1}+\frac{J_2}{P''J_2}+\cdots, \tag{10}$$

式中 I、I' 等等代表放在 I 等点上的假想电荷，而撇号表示势是要在平板内部取的。

于是，按照第 315 节，我们由关于通过 A 点的分界面的条件就得到
$$I=\frac{k_2-k_1}{k_2+k_1}E,\quad E'=\frac{2k_2}{k_2+k_1}E。 \tag{11}$$

对于通过 B 点的分界面，我们有
$$I'_1=\frac{k_3-k_2}{k_3+k_2}E',\quad E''=\frac{2k_3}{k_2+k_3}E'。 \tag{12}$$

同样，又是对于通过 A 点的分界面，
$$J'_1=\frac{k_1-k_2}{k_1+k_2}I'_1,\quad I_1=\frac{2k_1}{k_1+k_2}I'_1, \tag{13}$$

而对于通过 B 点的分界面则有
$$I'_2=\frac{k_3-k_2}{k_3+k_2}J'_1,\quad J_1=\frac{2k_3}{k_3+k_2}J'_1。 \tag{14}$$

如果令 $\rho=\dfrac{k_1-k_2}{k_1+k_2}$，$\rho'=\dfrac{k_3-k_2}{k_3+k_2}$，则我们得到第一种媒质中的势的表示式如下，

① 参阅 Kirchhoff, Pogg. *Ann.* lxiv. 497, and lxvii. 344; Quineke. Pogg. revii. 382; Smith, *Proc. R. S. Edin.*, 1869—1870, p. 79. Holzmüller, *Einfuhrung in die Theoris der isogonalen Verwandschaften*, Leipzig, 1882. Guedhard, *Journal de Physique*, t. i. p. 483, 1882. W. G. Adams, *Phil. Mag.* iv. 50, p. 548, 1876; G. C. Foster and O. J. Lodge, *Phil. Mag.* iv. 49, pp. 385, 453; 50, p. 475, 1879 and 1880; O. J. Lodge, *Phil. Mag.* (5), i. 373, 1876。

$$V=\frac{E}{PS}-\rho\frac{E}{PI}+(1-\rho^2)\rho'\frac{E}{PI_1}+\rho'(1-\rho^2)\rho\rho'\frac{E}{PI_2}+\cdots+\rho'(1-\rho^2)(\rho\rho')^{n-1}\frac{E}{PI_n}+\cdots \tag{15}$$

关于第三种媒质中的势,我们得到

$$V=(1+\rho')(1-\rho)E\left\{\frac{1}{PS}+\frac{\rho\rho'}{PJ_1}+\cdots+\frac{(\rho\rho')^n}{PJ_n}+\cdots\right\}①。 \tag{16}$$

如果第一种媒质和第三种媒质相同,则有 $k_1=k_3$ 和 $\rho=\rho'$,而平板另一侧的势就将是

$$V=(1-\rho^2)E\left\{\frac{1}{PS}+\frac{\rho^2}{PJ_1}+\cdots+\frac{\rho_n^2}{PJ_n}+\cdots\right\}。 \tag{17}$$

如果平板是比其余媒质好得多的导体,则 ρ 很近似地等于 1。如果平板几乎是一种理想绝缘体,则 ρ 近似地等于 -1,而如果平板在导电性能上和其余的媒质相差很小,则 ρ 是一个正的或负的小量。

这一事例的理论是由格林在他的《磁感应理论》(Essay, p. 65)中首次给出的。然而他的结果只有当 ρ 近似地等于 1 时才是正确的②。他所引用的量 g 是由下列方程来和 ρ 相联系的:$g=\frac{2\rho}{3-\rho}=\frac{k_1-k_2}{k_1+2k_2}$,$\rho=\frac{3g}{2+g}=\frac{k_1-k_2}{k_1+k_2}$。如果令 $\rho=\frac{2\pi\kappa}{1+2\pi\kappa}$,我们就将得到一个磁感应问题的解,那种磁感应是由放在磁化系数为 κ 的无限平板中的一个磁极所引起的。

论层状导体

319.〕 设一个导体是由导电系数不同的两种物质的交替层构成的,物质层的厚度为 c 和 c'。要求的是组合导体的电阻系数和电导系数。

设各层的平面垂直于 z。设和第二种层有关的符号用撇号来区分,并用横线来标明和组合导体有关的量,例如 $\overline{X}$。于是就有 $\overline{X}=X=X'$,$(c+c')\overline{u}=cu+c'u'$,$\overline{Y}=Y=Y'$,$(c+c')\overline{v}=cv+c'v'$;$(c+c')\overline{Z}=cZ+c'Z'$,$\overline{w}=w=w'$。

首先我们必须根据第 297 节中的电阻方程或第 298 节中的电导方程,把 u、u'、v、v'、Z 和 Z' 用 $\overline{X}$、$\overline{Y}$ 和 $\overline{\omega}$ 表示出来。如果用 D 代表电阻系数的行列式,我们就得到
$ur_3D=R_2\overline{X}-Q_3\overline{Y}+\overline{w}q_2D$,$vr_3D=R_1\overline{Y}-P_3\overline{X}+\overline{w}p_1D$,$Zr_3=-p_2\overline{X}-q_1\overline{Y}+\overline{w}$。

各符号加了撇号的类似方程就给出 u'、v'和 Z'的值。既经借助于 $\overline{X}$、$\overline{Y}$ 和 $\overline{Z}$ 求出 $\overline{u}$、$\overline{u}$ 和 $\overline{w}$,我们就可以写出分层导体的电导方程。如果令 $h=\frac{c}{r_3}$和 $h'=\frac{c'}{r_3'}$,我们就得到 $\overline{p}_1=$

① 这些表示式可以利用关系式 $\frac{1}{\sqrt{a^2+b^2}}=\int_0^\infty \mathrm{J}_0(bt)\mathrm{e}^{-at}\mathrm{d}t$ 来简化为定积分,式中 J_0 代表零阶贝塞耳函数。

由此可见,如果我们把 S 取作坐标原点,而把平板的法线取作 x 轴,就有 $\frac{1}{PS}=\int_0^\infty \mathrm{J}_0(yt)\mathrm{e}^{-xt}\mathrm{d}t$,$\frac{1}{PJ_1}=\int_0^\infty \mathrm{J}_0(yt)\mathrm{e}^{-(x+2c)t}\mathrm{d}t$,式中 c 是平板的厚度,$\frac{1}{PJ_2}=\int_0^\infty \mathrm{J}_0(yt)\mathrm{e}^{-(x+4c)t}\mathrm{d}t$,等等。把这些值代入(15)中,我们就看到 V 等于 $E(1+\rho')(1-\rho)\int_0^\infty \frac{\mathrm{J}_0(yt)\mathrm{e}^{-xt}}{1-\rho\rho'\mathrm{e}^{-2ct}}\mathrm{d}t$。当 $y=0$、$x=2nc$ 而 n 为整数时,此式的值很容易求出。

② 见 Sir W. Thomson's 'Note on Induced Magnetism in a Plate,' *Camb.* 和 *Dub. Math. Journ*, Nov. 1845,或 *Reprint*, art. ix. § 156。

$\dfrac{hp_1+h'p_1'}{h+h'}$， $\bar q_1=\dfrac{hq_1+h'q_1'}{h+h'}$，$\bar p_2=\dfrac{hp_2+h'p_2'}{h+h'}$， $\bar q_2=\dfrac{hq_2+h'q_2'}{h+h'}$，$\bar p_3=\dfrac{cp_3+c'p_3'}{c+c'}-\dfrac{hh'(q_1-q_1')(q_2-q_2')}{(h+h')(c+c')}$，$\bar q_3=\dfrac{cq_3+c'q_3'}{c+c'}-\dfrac{hh'(p_1-p_1')(p_2-p_2')}{(h+h')(c+c')}$，$\bar r_1=\dfrac{cr_1+c'r_1'}{c+c'}-\dfrac{hh'(p_2-p_2')(q_2-q_2')}{(h+h')(c+c')}$，$\bar r_2=\dfrac{cr_2+c'r_2'}{c+c'}-\dfrac{hh'(p_1-p_1')(q_1-q_1')}{(h+h')(c+c')}$，$\bar r_3=\dfrac{c+c'}{h+h'}$。

320.〕 如果构成各层的两种物质都不具备第 303 节的那种旋转性，则任一 P 或 p 的值将等于和它对应的 Q 或 q 的值。由此可以推知，在分层导体中也有 $\bar p_1=\bar q_1$，$\bar p_2=\bar q_2$，$\bar p_3=\bar q_3$，或者说，层化并不会造成任何的旋转性，除非单纯材料的一种或两种具备这种旋转性。

321.〕 如果我们现在假设并不存在任何旋转性，而且 x、y、z 轴是主轴，则 p 系数和 q 系数为零，从而 $\bar r_1=\dfrac{cr_1+c'r_1'}{c+c'}$，$\bar r_2=\dfrac{cr_2+c'r_2'}{c+c'}$，$\bar r_3=\dfrac{c+c'}{\dfrac{c}{r_3}+\dfrac{c'}{r_3'}}$。

如果我们从电导 r 和 r' 不同的两种各向同性的媒质开始，那么，既然 $\bar r_1-\bar r_3=\dfrac{cc'}{c+c'}\cdot\dfrac{(r-r')^2}{(cr'+c'r)}$，分层的结果就将是，电阻在和各层相垂直的方向上为最大，而在各层平面上的一切方向上则都相等。

322.〕 试取一种比电导为 r 的各向同性物质，把它切成厚度为 a 的非常薄的薄片，并把这些薄片和一些比电导为 s 而厚度为 k_1a 的薄片交替地叠合起来。

设这些薄片垂直于 x 轴。然后把这种组合导体切成厚度为 b 的厚得多并垂直于 y 的片子，并把它们和比电导为 s 和厚度为 k_1b 的片子交替起来。

最后，把这种新导体再切成厚度为 c 的更加厚的并垂直于 z 的片子，并把它们和比电导为 s 而厚度为 k_3c 的片子交替起来。

这三次手续的结果，将是把比电导为 r 的物质切成线度为 a、b 和 c 的一些长方体，其中 b 远小于 c 而 a 远小于 b，然后把这些长方体嵌在比电阻为 s 的物质中，使得它们之间的距离在 z 方向上是 k_1a，在 y 方向上是 k_2b，而在 z 方向上是 k_3c。这样形成的导体在 x、y 和 z 方向上的比电导通过按次序应用三次第 321 节中的结果来求得。我们于是就得到

$$r_1=\frac{\{1+k_1(1+k_2)(1+k_3)\}r+(k_2+k_3+k_2k_3)s}{(1+k_2)(1+k_3)(k_1r+s)}s,$$

$$r_2=\frac{(1+k_2+k_2k_3)r+(k_1+k_3+k_1k_2+k_1k_3+k_1k_2k_3)s}{(1+k_3)\{k_2r+(1+k_1+k_1k_2)s\}}s,$$

$$r_3=\frac{(1+k_3)[r+(k_1+k_2+k_1k_2)s]}{k_3r+(1+k_1+k_2+k_2k_3+k_3k_1+k_1k_2+k_1k_2k_3)s}s。$$

这种研究的精确性全靠长方体的三个线度具有不同的数量级，从而我们可以忽略在他们的边角等处所必须满足的条件。如果我们令 k_1、k_2 和 k_3 都等于 1，则有

$$r_1=\frac{5r+3s}{4r+4s}s,\quad r_2=\frac{3r+5s}{2r+6s}s,\quad r_3=\frac{2r+6s}{r+7s}s。$$

如果 $r=0$，也就是说，如果构成各长方体的物质是一种理想绝缘体，就有

$$r_1=\frac{3}{4}s,\quad r_2=\frac{5}{6}s,\quad r_3=\frac{6}{7}s。$$

如果 $r=\infty$，就是说，如果各长方体是一些理想导体，则有

$$r_1=\frac{5}{4}s,\quad r_2=\frac{3}{2}s,\quad r_3=2s。$$

在每一个事例中，如果 $k_1=k_2=k_3$，则可以 r_1，r_2 和 r_3 具有递升的数量级，从而最大的比电导出现在长方体最大线度的方向上，而最大的比电阻则出现在最小线度的方向上。

323.〕 设在一个长方形的导电固体中从一个顶角到对面的顶角开一个导电通路，设这条通路是一根用绝缘材料包着的导线，其横向线度很小，以致除了由导线所传导的电流以外，固体的电导并不受其他影响。

设长方体在各坐标轴方向上的线度为 a、b、c，并设从原点到(abc)点的通路的电导是 $abcK$。

在通路两端作用着的电动势是 $aX+bY+cZ$，而如果 C 是通路中的电流，则 $C'=Kabc(aX+bY+cZ)$。

穿越 bc 面的电流是 bcu，而这就包括由固体的电导所引起的电流和通路的电导所引起的电流，或者说 $bcu=bc(r_1X+p_3Y+q_2Z)+Kabc(aX+bY+cZ)$，或 $u=(r_1+Ka^2)X+(p_3+Kab)Y+(q_2+Kca)Z$。同样也可以求出 v 和 w 的值。被通路的效应所改变了的各电导系数将是 r_1+Ka^2，r_2+Kb^2，r_3+Kc^2，p_1+Kbc，p_2+Kca，p_3+Kab，q_1+Kbc，q_2+Kca，q_3+Kab。

在这些表示式中，由通路的效应所引起的 p_1 等等的值的增量等于 q_1 等等的值的增量。由此可见，p_1 和 q_1 的值不能由于在固体的每一体积元中引入线性通路而变成不相等，因此，如果第 303 节中那种旋转性起初在固体中并不存在，它是不会通过这种方法而被引入的。

324.〕 试构成线性导体的一种构架，使它具有任意给定的形成对称组的电导系数。

设空间被分成许多相等的小立方体，其中一个如图 25 所示。设 O、L、M、N 各点的坐标和势如下

	x	y	z	势
O	0	0	0	$X+Y+Z$
L	0	1	1	X
M	1	0	1	Y
N	1	1	0	Z。

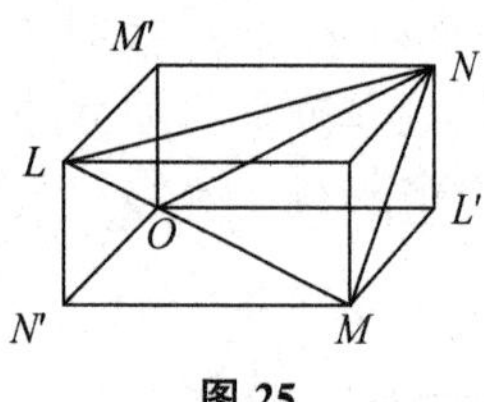

图 25

把这四个点用六个导体 OL，OM，ON，MN，NL，LM，连接起来，各导体的电导分别是 A，B，C，P，Q，R。

沿着这些导体而起作用的电动势将是 $Y+Z$，$Z+X$，$X+Y$，$Y-Z$，$Z-X$，$X-Y$，而电流则是 $A(Y+Z)$，$B(Z+X)$，$C(X+Y)$，$P(Y-Z)$，$Q(Z-X)$，$R(X-Y)$. 在这些电流中，沿着 x 的正方向而送电的电流就是沿着 LM、LN、OM 和 ON 而流动的那些，而所送的电量就是 $u=(B+C+Q+R)X+(C-R)Y+(B-Q)Z$。同理得到 $v=(C-R)X+(C+A+R+P)Y+(A-P)Z$；$w=(B-Q)X+(A-P)Y+(A+B+P+Q)Z$；由此，我们通过和第 298 节中的导电方程相比较就得到 $4A=r_2+r_3-r_1+2p_1$，$4P=r_2+r_3-r_1-2p_1$，$4B=r_3+r_1-r_2+2p_2$，$4Q=r_3+r_1-r_2-2p_2$，$4C=r_1+r_2-r_3+2p_3$，$4R=r_1+r_2-r_3-2p_3$。

第二十三章　电介质中的导电

325.〕　我们已经看到，当有电动势作用在一种电介媒质上时，它就在媒质中引起一种我们曾称之为电极化的状态，而且我们曾经把这种状态描述成由媒质中的电位移和我们设想由电介质分成的每一个体积元上的表面电荷所构成；在各向同性媒质中电位移的方向和电动势的方向相同，体积元上的正电荷出现在电动势所指向的面上，而其负电荷则出现在电动势所由开始的面上。

当电动势作用在一种导电媒质上时，它也引起所谓的电流。

电介媒质也是或多或少的非理想导体，如果有例外也是很少见的，而且许多并非良导体的媒质也显示电介感应的现象。因此我们就被引导到一种媒质的状态的研究，在那种媒质中感应和传导是同时在进行着的。

为了简单，我们将假设媒质在每一点上都为各向同性，但不一定在不同点上是均匀的。在这种情况下，由第 83 节可知泊松方程变为

$$\frac{\mathrm{d}}{\mathrm{d}x}\left(K\frac{\mathrm{d}V}{\mathrm{d}x}\right)+\frac{\mathrm{d}}{\mathrm{d}y}\left(K\frac{\mathrm{d}V}{\mathrm{d}y}\right)+\frac{\mathrm{d}}{\mathrm{d}z}\left(K\frac{\mathrm{d}V}{\mathrm{d}z}\right)+4\pi\rho=0,\tag{1}$$

式中 K 是“比感本领”。

电流的“连续性方程”变为

$$\frac{\mathrm{d}}{\mathrm{d}x}\left(\frac{1}{r}\frac{\mathrm{d}V}{\mathrm{d}x}\right)+\frac{\mathrm{d}}{\mathrm{d}y}\left(\frac{1}{r}\frac{\mathrm{d}V}{\mathrm{d}y}\right)+\frac{\mathrm{d}}{\mathrm{d}z}\left(\frac{1}{r}\frac{\mathrm{d}V}{\mathrm{d}z}\right)-\frac{\mathrm{d}\rho}{\mathrm{d}t}=0,\tag{2}$$

式中 r 是相对于单位体积而言的比电阻。

当 K 或 r 是不连续的时，这些方程必须被变换成适用于不连续界面的那些方程。

在一种严格均匀的媒质中，r 和 K 都是常量，从而我们就得到

$$\frac{\mathrm{d}^2V}{\mathrm{d}x^2}+\frac{\mathrm{d}^2V}{\mathrm{d}y^2}+\frac{\mathrm{d}^2V}{\mathrm{d}z^2}=-4\pi\frac{\rho}{K}=r\frac{\mathrm{d}\rho}{\mathrm{d}t},\tag{3}$$

由此即得

$$\rho=C\mathrm{e}^{-\frac{4\pi}{Kr}t};\tag{4}$$

或者，如果我们令 $T=\dfrac{Kr}{4\pi}$，就得到

$$\rho=C\mathrm{e}^{-\frac{t}{T}}。\tag{5}$$

这一结果表明，在任何外电动势对其内部起初以任何方式带电的均匀媒质的作用下，内部的电荷永远将以一个不依赖于外力的速率而衰减，从而最后在媒质内部将不再有任何电荷，而在此以后，任何外力都不能在媒质的任何体内部分引起或保持一个电荷，如果电动势、电极化和电导之间的关系保持不变的话。当破坏性放电发生时，这些关系就不再成立，从而内部电荷就可能出现。

关于通过一个电容器的导电

326.〕　设 C 是一个电容器的电容，R 是它的电阻，而 E 是作用在它上面的电动势，也就是两个金属极的表面之间的势差。

于是，电动势起点处的一个表面上的电量将是 CE，而沿着电动势的方向而通过电容器材料的电流将是 $\frac{E}{R}$。

如果带电状态被假设为是由在电容器形成其一个部分的电路中起作用的一个电动势 E 所引起的，而且 $\frac{\mathrm{d}Q}{\mathrm{d}t}$ 代表该电路中的电流，则有
$$\frac{\mathrm{d}Q}{\mathrm{d}t}=\frac{E}{R}+C\,\frac{\mathrm{d}E}{\mathrm{d}t}。\tag{6}$$

把一个电动势为 E 而包括各电极连接导线在内的电阻为 r 的一个电池接入电路中，就有
$$\frac{\mathrm{d}Q}{\mathrm{d}t}=\frac{E_0-E}{r_1}=\frac{E}{R}+C\,\frac{\mathrm{d}E}{\mathrm{d}t}。\tag{7}$$

由此可见，在任何时刻 t_1，应有
$$E(=E_1)=E_0\frac{R}{R+r_1}\left(1-\mathrm{e}^{-\frac{t_1}{T_1}}，式中\ T_1=\frac{CRr_1}{R+r_1}\right)。\tag{8}$$

其次，把电路 r_1 切断一段时间 t_2，这时 r_1 为无限大，我们由(7)就得到
$$E(=E_2)=E_1\mathrm{e}^{-\frac{t_2}{T_2}}，式中\ T_2=CR。\tag{9}$$

最后，用一根电阻为 r_3 的导线把电容器的两个表面连接一段时间 t_3，则在(7)中令 $E=0$，$r_1=r_3$，我们就得到
$$E(=E_3)=E_2\mathrm{e}^{-\frac{t_3}{T_3}}，式中\ T_3=\frac{CRr_3}{R+r_3}。\tag{10}$$

如果 Q_3 是在时间 t_3 内流过这一导线的总电量，则有
$$Q_3=E_0\frac{CR^2}{(R+r_1)(R+r_3)}\left(1-\mathrm{e}^{-\frac{t_1}{T_1}}\right)\mathrm{e}^{-\frac{t_2}{T_2}}\left(1-\mathrm{e}^{-\frac{t_3}{T_3}}\right)。\tag{11}$$

用这种办法，我们就可以在电容器被充电一段时间 t_1 然后被绝缘一段时间 t_2 以后求出通过一根把它的两个表面连接起来的导线而进行总放电。如果像通常那样充电时间长得足以得到全部的电荷，而且放电时间也足以得到完全的放电，则所放的电是
$$Q_3=E_0\frac{CR^2}{(R+r_1)(R+r_3)}\mathrm{e}^{-\frac{t_2}{CR}}。\tag{12}$$

327.〕 在这样的一种电容器中，当起初以任意方式充电其次通过一根小电阻的导线而放电然后被绝缘时，是不会出现任何新的带电现象的。然而，在多数的实际电容器中，我们却发现在放电和绝缘以后，一个新的电荷会逐渐长成，它和原有电荷同号，但强度较小。这就叫做残余电荷。为了说明它，我们必须承认电介媒质的构造是和我们刚刚描述过的有所不同的。然而我们却将发现，由不同种类的媒质小块堆集而成的一种媒质，将具有这种性质。

组合电介质理论

328.〕 为了简单起见，我们将假设电介质由一些不同材料的平面层所组成的，其面积为一个单位，而电力则是沿着各层的法线方向起作用的。

设 a_1、a_2 等等是不同层的厚度。X_1、X_2 等等是各层中的合电力。p_1、p_2 等等是各层中的传导电流。f_1、f_2 等等是电位移。u_1、u_2 等等是部分地起源于传导而部分地起源

于电位移变化的全电流。r_1、r_2 等等是对单位体积而言的比电阻。K_1、K_2 等等是比感本领。k_1、k_2 等等是比感本领的倒数。E 是一个电池组所引起的电动势；该电池组接在从最后一层接到最初一层的电路中，而我们假设那电路由一些良导体构成。Q 是直到时刻 t 为止通过电路的这一部分的总电量。R_0 是电池和连线的电阻。σ_{12} 是第一、二层的分界面上的电荷面密度。

于是，在第一层中，我们由欧姆定律得到　$X_1=r_1p_1$。　(1)

由电位移理论得到　$X_1=4\pi k_1f_1$。　(2)

由全电流的定义得到　$u_1=p_1+\frac{df_1}{dt}$，　(3)

在其他各层中也有相似的方程，而每一层中的各量都带有属于该层的下标。

为了确定任何一层上的面密度，我们有一个形如　$\sigma_{12}=f_2-f_1$，　(4)

的方程，而为了确定其变化，我们有　$\frac{d\sigma_{12}}{dt}=p_1-p_2$。　(5)

对 t 微分(4)并使结果和(5)相等，我们就得到例如　$p_1+\frac{df_1}{dt}=p_2+\frac{df_2}{dt}=u$，(6)

或者，照顾到(3)，就有　$u_1=u_2=\cdots=u$。　(7)

就是说，全电流在所有各层中都相同，并等于通过导线和电池组的电流。

由于有方程(1)和(2)，我们也有　$u=\frac{1}{r_1}X_1+\frac{1}{4\pi k_1}\frac{dX_1}{dt}$，　(8)

由此我们通过对 u 的逆运算就能求出 X_1，　$X_1=\left(\frac{1}{r_1}+\frac{1}{4\pi k_1}\frac{d}{dt}\right)^{-1}u$。　(9)

总电动势是　$E=a_1X_1+a_2X_2+\cdots$　(10)

或　$E=\left\{a_1\left(\frac{1}{r_1}+\frac{1}{4\pi k_1}\frac{d}{dt}\right)^{-1}+a_2\left(\frac{1}{r_2}+\frac{1}{4\pi k_2}\frac{d}{dt}\right)^{-1}+\cdots\right\}u$，　(11)

这是外电动势 E 和外电流 u 之间的一个方程。

如果 r 和 k 之比在所有各层中都相同，则方程简化为

$$E+\frac{r}{4\pi k}\frac{dE}{dt}=(a_1r_2+a_2r_2+\cdots)u,\tag{12}$$

这就是我们在第 326 节中已经分析过的事例，在那种事例中我们发现不可能出现任何残余电荷现象。

如果有 n 种物质具有不同的 r 和 k 之比，普遍方程(11)在执行了逆运算以后就将是对 E 为 n 阶而对 u 为$(n-1)$阶的一个以 t 为自变数的线性微分方程。

由方程的形式可以显然看出，不同层的顺序是无关紧要的，因此，如果有若干个相同物质的层，我们可以假设它们合并成一层而并不改变现象。

329.〕 现在让我们假设，起初 f_1、f_2 等等都是零，而一个电动势 E_0 突然发生了作用，让我们求出它的瞬时效应。

把(8)对 t 求积分，我们就得到　$Q=\int u\,dt=\frac{1}{r_1}\int X_1\,dt+\frac{1}{4\pi k_1}X_1+$ 常量。　(13)

现在，既然 X_1 在这一事例中永远是有限的，当 t 很小时 $\int X_1\,dt$ 以就必然是很小的，因此，既然 X_1 起初为零，瞬时效应就将是　$X_1=4\pi k_1Q$。　(14)

因此，由方程(10)就得到 $$E_0=4\pi(k_1a_1+k_2a_2+\cdots)Q,\tag{15}$$

而如果 C 是用这种瞬时方式测量的体系电容，就有 $$C=\frac{Q}{E_0}=\frac{1}{4\pi(k_1a_1+k_2a_2+\cdots)},\tag{16}$$

这就是当忽略各层的电导时我们即将得到的同样的结果。

其次让我们假设，电动势继续均匀作用了一段无限长的时间，或是一直作用到在体系中建立了一个等于 p 的均匀的传导电流的时候。

于是我们就有 $X_1=r_1p_1$，等等，从而由(10)就有 $$E_0=(r_1a_1+r_2a_2+\cdots)p。\tag{17}$$

如果 R 是体系的总电阻，则 $$R=\frac{E_0}{p}=r_1a_1+r_2a_2+\cdots。\tag{18}$$

在这一状态下，我们由(2)得到 $f_1=\frac{r_1}{4\pi k_1}p$，从而就有 $$\sigma_{12}=\left(\frac{r_2}{4\pi k_2}-\frac{r_1}{4\pi k_1}\right)p。\tag{19}$$

如果我们现在突然用一个电阻很小的导体把两边的层接起来，E 就将突然地从它的原有值 E_0 变成零，而且一个电量 Q 就将流过该导体。

为了确定 Q，我们注意到，如果 X_1'是新的 X_1 值，则由(13)可得

$$X_1'=X_1+4\pi k_1Q。\tag{20}$$

于是，令 $E=0$，由(10)即得 $$0=a_1X_1+\cdots+4\pi(a_1k_1+a_2k_2+\cdots)Q,\tag{21}$$

或 $$0=E_0+\frac{1}{C}Q。\tag{22}$$

由此即得 $Q=-CE_0$，式中 C 是由方程(16)给出的电容。因此，瞬时的放电量等于瞬时的充电量。

其次让我们假设，在这一放电之后，连线立即被切断。这时我们将有 $u=0$，从而由方程(8)即得 $$X_1=X_1'\,e^{-\frac{4\pi k_1}{r_1}t},\tag{23}$$

式中 X_1'是放电以后的初始值。

由此可见，在任一时刻 t，我们由(23)和(20)就得到 $X_1=E_0\left\{\frac{r_1}{R}-4\pi k_1C\right\}e^{-\frac{4\pi k_1}{r_1}t}$。

因此，任一时刻的 E 值

$$=E_0\left\{\left(\frac{a_1r_1}{R}-4\pi a_1k_1C\right)e^{-\frac{4\pi k_1}{r_1}t}+\left(\frac{a_2r_2}{R}-4\pi a_2k_2C\right)e^{-\frac{4\pi k_2}{r_2}t}+\cdots\right\},\tag{24}$$

而任何时间 t 以后的放电量是 EC，这叫做残余放电。

如果 r 和 k 之比在一切层中都相同，则 E 的值将减小到零。然而，如果这一比值并不相同，让我们把各项按这一比值的递减次序排列起来。

所有系数之和显然是零，从而当 $t=0$ 时 $E=0$。各系数也是按量值递减的次序排列的，而当 t 为正时各个指数也是如此排列的。因此，当 t 为正时 E 将为正①，从而残余放

① 如果我们把(24)写成 $E=\frac{E_0 4\pi C}{R}\sum\left[\frac{a_pa_q}{r_pr_q}\left\{\frac{k_q}{r_q}-\frac{k_p}{r_p}\right\}\left\{e^{-\frac{4\pi k_p}{r_p}t}-e^{-\frac{4\pi k_q}{r_q}t}\right\}\right]$，或许就可以更容易地看到这一点。

电永远和原始放电同号。

当 t 为无限大时所有的项都不复存在，除非有一层是一种理想的绝缘体；在那种事例中，该层的 r_1 是无限大，从而整个体系的 R 也是无限大，而且 E 的末值也不是零而是

$$E = E_0(1 - 4\pi a_1 k_1 C)。 \tag{25}$$

由此可见，当某些层而不是所有的层是理想的绝缘体时，一种残余放电可以永远地保持在体系中。

330.〕 其次我们将假设体系首先通过一个电动势 E 的长久持续作用而被充了电，来确定通过一根电阻为 R_0 的长期接在体系的两个边界层上的导线的总放电量。

在任一时刻，我们有

$$E = a_1 r_1 p_1 + a_2 r_2 p_2 + \cdots + R_0 u = 0, \tag{26}$$

另外，由(3)即得

$$u = p_1 + \frac{\mathrm{d}f_1}{\mathrm{d}t}。 \tag{27}$$

由此可见，

$$(R + R_0)u = a_1 r_1 \frac{\mathrm{d}f_1}{\mathrm{d}t} + a_2 r_2 \frac{\mathrm{d}f_2}{\mathrm{d}t} + \cdots。 \tag{28}$$

对 t 求积分以得出 Q，我们就有 $(R + R_0)Q = a_1 r_1(f'_1 - f_1) + a_2 r_2(f'_2 - f_2) + \cdots,$ (29)

式中 f_1 和 f'_1 是 f_1 的初值和末值。

在这一事例中，$f'_1 = 0$，而且由(2)和(20)得到 $f_1 = E_0\left(\frac{r_1}{4\pi k_1 R} - C\right)$。

由此即得

$$(R + R_0)Q = -\frac{E}{4\pi R}\left(\frac{a_1 r_1^2}{k_1} + \frac{a_2 r_2^2}{k_2} + \cdots\right) + E_0 CR, \tag{30}$$

$$= -\frac{CE_0}{R}\sum\sum\left[a_1 a_2 k_1 k_2\left(\frac{r_1}{k_1} - \frac{r_2}{k_2}\right)\right], \tag{31}$$

式中的求和遍及属于每一对层的这种形式的量。

由此可见 Q 永远是负的，也就是说，放电是和用来对体系充电的电流方向相反的。

这种研究表明，一种由种类不同的物质层构成的电介质可以显示所谓的电吸收现象和残余放电现象，尽管构成它的各种物质当单独存在时全部不显示这些现象。各物质不是分成层而是按其他方式分布的那种事例的研究，也将导致类似的结果，尽管计算可能是更加复杂的。因此我们可以得出结论说，在由种类不同的部分构成的物质中，可以预期出现电吸收的现象，即使那些部分是微观地小的①。

由此绝不能推断，每一种显示这种现象的物质都是如此组合而成的，因为它可能指示均匀物质所可能具备的一种新式的电极化，而且在某些事例中这种电极化可类似于电化学极化而不那么类似于电介极化。

这一研究的目的只是要指出所谓电吸收的真正数学特性，并且指明它和热现象是多么的根本不相同，尽管初看起来二者是类似的。

331.〕 让我们取任一物质的一块厚板并在一面对它加热，这样就会引起通过它的一个热流，而如果这时我们把加了热的一面突然冷却到和另一面相同的温度并让平板自行变化，则加过热的那一面将由于体内的热传导而再次变得热一些。

---

① 罗兰和尼科耳斯曾经证明，很均匀的冰洲石晶体并不显示电吸收，*Phil. Mag.* xi. p. 414，1881. 穆索达发现，尽管单独考虑时石蜡和二甲苯并不显示残余电荷，一层石蜡上加一层二甲苯却显示这种现象，*Wied. Ann.* 40，331，1890.

现在，和这种现象完全类似的一种电现象也可以产生，而且实际上是出现在电报电缆中的，然而它的数学规律虽然和热现象的规律精确相符，但这却是和分层电容器的规律完全不同的。

在热的事例中，存在热在物质中的真正吸收，结果使物质变热。在电的方面造成一个真正类似的现象是不可能的，但是我们可以在一种课堂演示实验的形式下用下述的方法来模拟它。

设 A_1、A_2 等等是一系列电容器的内表面而 B_0、B_1、B_2 等等是它们的外表面。

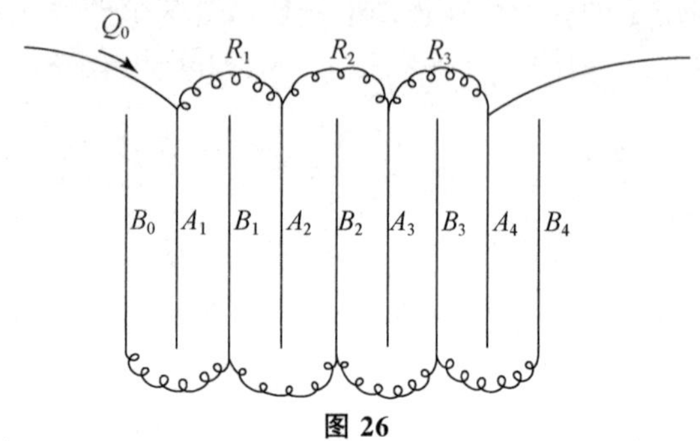

图 26

设 A_1、A_2 等等用一些电阻为 R 的连接物串联起来，并且使一个电流从左向右通过这一系列。

让我们首先假设 B_0、B_1、B_2 各板是各自绝缘和没有电荷的。于是每一个 B 板上的总电量必然保持为零，而既然各个 A 板上的电量是和对面的板上的电量相等而反号的，这些 A 板也将不带电，从而人们也就不会观察到电流的任何改变。

但是，让我们把所有的 B 板都连接起来并把它们每一个都接地。这时，既然 A_1 的势是正的而各个 B 板的势是零，A_1 就将带正电而 B_1 就将带负电。

设 P_1、P_2 等等是各板 A_1、A_2 等等的电势而 C 是每一个板的电容；如果我们假设一个等于 Q_0 的电量通过了左侧的导线，Q_1 通过了连接物 R_1，余类推，则存在于 A_1 板上的电量是 Q_0-Q_1，从而我们就有 $Q_0-Q_1=CP_1$。同理得到 $Q_1-Q_2=CP_2$，余类推。

但是由欧姆定律，我们有 $P_1-P_2=R_1\dfrac{\mathrm{d}Q_1}{\mathrm{d}t}$，$P_2-P_3=R_2\dfrac{\mathrm{d}Q_2}{\mathrm{d}t}$。

我们曾经假设各板的 C 值是相同的，如果假设各导线的 R 值也相同，我们就将得到一系列形式如下的方程，$Q_0-2Q_1+Q_2=RC\dfrac{\mathrm{d}Q_1}{\mathrm{d}t}$，$Q_1-2Q_2+Q_3=RC\dfrac{\mathrm{d}Q_2}{\mathrm{d}t}$。

如果共有 n 个电量有待确定，而且如果或是总电动势或是某种等价的条件已经给定，则确定其中任一电量的微分方程将是线性的和 n 阶的。

利用这样装置起来的一部仪器，瓦尔莱先生做到了模拟一根 12,000 英里长的电缆的电作用。

当使一个电动势沿着左端的导线起作用时，流入体系中的电首先就被用来对从 A_1 开始的不同电容器充电，而只有过了相当一段时间以后，电流的一个很小的部分才会在右端出现。如果在 R_1、R_2 等处把一些电流计接在电路中，它们就会一个跟着一个地受到影响，而当我们向右端看过去时，相等指示之间的时间间隔是越来越大的。

332.〕 在电缆的事例中，传导电线和外面的导体是由一个用硬橡胶或其他绝缘材料制成的包皮隔开的。于是每一段电缆都变成一个电容器，其外表面永远处于零势。因此，在一段给定的电缆中，传导电线表面上的自由电量就等于势和看成一个电容器的那段电缆的电容的乘积。

如果 a_1、a_2 是绝缘包皮的外半径和内半径，而 K 是比感本领，则由第 126 节可知电缆的单位长度的电容是

$$c=\frac{K}{2\log\frac{a_1}{a_2}}。\tag{1}$$

设 v 是电线任一点上的势，我们可以认为这个势在同一截面的不同部分上是相同的。

设 Q 是从电流开时以后流过了这一截面的总电量，则在时刻 t 存在于 x 处和 $x+\delta x$ 处的二截面之间的电量是 $Q-\left(Q+\frac{\mathrm{d}Q}{\mathrm{d}x}\delta x\right)$，或者说 $-\frac{\mathrm{d}Q}{\mathrm{d}x}\delta x$，而按照以上的论述，这应该等于 $cv\delta x$，从而就有

$$cv=-\frac{\mathrm{d}Q}{\mathrm{d}x}。\tag{2}$$

另外，任一截面上的电动势是 $-\frac{\mathrm{d}v}{\mathrm{d}x}$，而由欧姆定律就得到

$$-\frac{\mathrm{d}v}{\mathrm{d}x}=k\frac{\mathrm{d}Q}{\mathrm{d}t},\tag{3}$$

式中 k 是导体单位长度的电阻，而 $\frac{\mathrm{d}Q}{\mathrm{d}t}$ 是电流强度。从(2)和(3)中消去 Q，我们就得到

$$ck\frac{\mathrm{d}v}{\mathrm{d}t}=\frac{\mathrm{d}^2v}{\mathrm{d}x^2}。\tag{4}$$

为了得到电缆的任意点上在任意时刻的势，这就是必须求解那个偏微分方程。它和傅立叶所给出的确定一个物质层中任意点上的温度的方程完全相同，在那个物质层中热是沿层的法线方向在流动的。在热的事例中，C 代表单位体积的热容量，此量被傅立叶写成 CD，而 k 代表热导率的倒数。

如果包皮不是一种理想绝缘体，而 k_1 是包皮对径向导电而言的单位长度的电阻，ρ_1 是绝缘材料的比电阻，那就很容易证明

$$k_1=\frac{1}{2\pi}\rho_1\ln\frac{a_1}{a_2}\tag{5}$$

方程(2)将不再成立，因为电不但被用在把导线充电到 cv 所代表的程度，而且还会以 v/k_1 所代表的速率而流失。因此，电的消耗率将

$$-\frac{\mathrm{d}_2Q}{\mathrm{d}x\,\mathrm{d}t}=c\frac{\mathrm{d}v}{\mathrm{d}t}+\frac{1}{k_1}v,\tag{6}$$

和(3)式相比较，我们由此即得

$$ck\frac{\mathrm{d}v}{\mathrm{d}t}=\frac{\mathrm{d}^2v}{\mathrm{d}x^2}-\frac{k}{k_1}v,\tag{7}$$

而这就是傅立叶所给出的一根棒或一个环中的导热方程①。

333.〕 假如我们曾经假设当一个物体的势被提高时，它就在整个的物质内部带电，就好像电被挤压到它里边一样，我们就会得到恰恰是这种形式的一些方程。很可惊奇的是，由于受到电和热之间这种类似性的蒙蔽，欧姆本人就抱有这样一种见解，并从而通过一种错误的见解而被引导着还在这些方程的适用性的实在原因被推测到的很久以前，就用傅立叶的方程来表示了电通过长导线而传导的正确规律。

① *Théorie de la Chaleur*，第 105 节。

电介质性质的机械例示

334.〕 如图所示，五根截面积相等的管子 A、B、C、D 和 P 连成一条回路，A、B、C 和 D 是竖直的和相等的，而 P 则是水平的。

A、B、C、D 的下半段充有水银，它们的上半段和水平管 P 中充有水。

一个带阀门的管子把 A、B 的下端和 C、D 的下端接通，而一个活塞 P 可以在水平管中滑动。

让我们在开始时假设四根管子中的水银水平面是等高的，用 A_0、B_0、C_0、D_0 来代表，活塞的位置是 P_0，而且阀门 Q 是关住的。

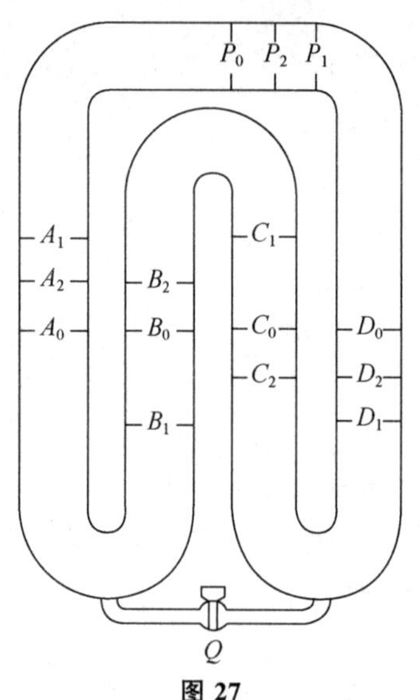

图 27

现在让活塞从 P_0 移动一段距离 a 而到达 P_1。那么，既然所有管子的截面都相等，A 和 C 中的水银液面就将上升一个距离而到达 A_1 和 C_1，而 B 和 D 中的水银则将下降一个相等的距离 a 而到达 B_1 和 D_1。

活塞两侧的压力差将由 $4a$ 来代表。

这种装置可以用来代表受到一个电动势 $4a$ 作用的电介质的状态。

管 D 中多出的水可以看成代表电介质一侧的正电荷，而管 A 中多出的水银则可以代表另一侧的负电荷。于是，管 P 中活塞靠近 D 的一边多出的压力就代表电介质正侧高出的势。

如果活塞可以随便活动，它就将回到 P_0 并在那里保持平衡。这就代表电介质的完全放电。

在"放电"过程中，整个管子中都存在液体的反向运动，而这就代表我们曾经假设存在于电介质中的电位移的变化。

我曾经假设管子体系的每一部分中都充满了不可压缩的液体，为的是要代表所有电位移的一种性质，即在任何地方都不存在电的真正积累。

现在让我们考虑当活塞位于 P_1 时打开阀门 Q 所引起的效应。

A_1 和 D_1 的液面将保持不变，但是 B 和 C 的将变为相同并将与 B_0 和 C_0 相重合。

阀门 Q 的打开就代表电介质中存在一个部分，它具有一个很小的导电性能，但是并不扩展到全体而形成一种导电通路。

电介质两面的电荷仍然是被绝缘的，但是它们的势差却减小了。

事实上，活塞两侧的压力差在液体通过 Q 的过程中将从 $4a$ 降到 $2a$。

如果我们现在关上阀门 Q 并让活塞自由运动，它就会在 P_2 达到平衡，而所放的电则显然将只是电荷的一半。

A 和 B 中的水银液面将比原始液面高 $\frac{1}{2}a$，而 C 和 D 中的液面则比原始液面低 $\frac{1}{2}a$，这一情况用水平表面 A_2、B_2、C_2、D_2 而来表示。

如果现在活塞被固定而阀门被打开，则水银将从 B 流到 C，直到两管中的液面又回到 B_0 和 C_0 时为止。这时在活塞 P 的两侧将出现一个等于 a 的压力差。如果阀门被关住而活塞又可以随便活动，它就又会在 P_2 和 P_0 的中点 P_3 上达到平衡。这就对应于当一种充了电的电介质首先被放电然后自己存在时所观察到的那种残余电荷。电介质将慢慢地恢复其电荷的一部分，而如果这一部分电荷又被放掉，则第三个电荷又将形成，但是各电荷逐个减小。在例示实验的情况下，每一个电荷都是前一电荷的一半，而等于原电荷的$\frac{1}{2}$、$\frac{1}{4}$等等的各次放电则形成一个级数，其和等于原始电荷。

如果我们不是时而打开、时而关闭阀门，而是让它在整个实验过程中处于几乎关闭而又并不完全关闭的状态，我们就会有一个事例，和一种电介质的带电状况相类似，该电介质是一种理想绝缘体，但却显示一种称为“电吸收”的现象。

为了代表在电介质中存在真实导电的事例，我们必须或是使活塞有漏洞，或是在管 A 的顶部和管 D 的顶部建立一种联系。

用这种办法，我们可以构造一种机械例示来代表任何一种电介质的性质；在这种例示中，两种电用两种实在的液体来代表，而电势差则用压力差来代表。充电和放电用活塞 P 的运动来代表，而电动势则用作用在活塞上的合力来代表。

第二十四章　电阻的测量

335.〕 在电科学的当前状况下，一个导体的电阻的测定可以看成电学中的基本工作，正如重量的测定是化学中的基本工作一样。

这一点的理由就在于，其他电学量例如电量、电动势、电流等等的绝对测量，在每一事例中都要求一系列很繁复的操作，通常包括时间的观测、距离的测量和惯性矩的测定，而这些操作，至少是其中的某些操作在每一次新的测定中都必须重复进行，因为把一个电量单位、电动势单位或电流单位保持在不变的状态以便随时用来进行直接的比较是不可能的。

但是，人们发现，当用适当选定的材料做成的一个适当形状的导体的电阻一旦被测定了时，它就会在相同的温度下保持相同的值，从而这个导体就可以当作一个标准电阻来使用，而别的导体的电阻就可以和这个电阻相比较，而且电阻的比较是一种可以达到很高精确度的操作。

当电阻的单位既经选定时，就可以在“电阻线圈”的形式下做成这种单位的一些物质性的样品来供电学家们使用，这样，在世界的每一部分，电阻就都可以用相同的单位来表示。这些单位电阻线圈，在目前就是可以保存、复制并应用于测量目的的那种物质性电学标准的唯一范例[①]。也很重要的电容的量度，由于有电吸收的干扰影响，现在还是有缺点的。

336.〕 电阻的单位可以是完全任意的，就如在雅考比的原器事例中那样。那种原器是一条确定的铜线，质量为22.4932克，长度为7.61975米，而直径为0.667毫米。这种原器的一些复制品曾由莱比锡的莱瑟尔制成，而且可以在不同的地方见到。

按照另一种方法，单位可以定义为具有确定尺寸的一部分确定物质的电阻。例如，西门子的单位被定义为一个水银柱的电阻，水银柱的长度为一米，截面积为一平方毫米，而温度为0℃。

337.〕 最后，单位可从参照静电单位制或电磁单位制来定义。在实践中，电磁单位制是在一切的电报操作中被应用的，从而实际上被应用的唯一系统化的单位也就是这一单位制中的单位。

正如我们在适当的地方即将看到的那样，在电磁单位制中，电阻是一个具有速度量纲的量，从而是可以用速度的单位来量度的。参阅第628节。

338.〕 按照这一单位制来进行的最早的实际测量是由韦伯作出的，他用毫米每秒来当作了自己的单位。W.汤姆孙爵士后来采用了英尺每秒来作为单位，但是许多电学家现在已经同意采用大英协会的单位，那是一个电阻，当表示为一个速度时等于一千万

① 作为电动势之标准的克拉克电池，现在可算是这种说法的一个例外。

米每秒。这个单位的大小比韦伯单位的大小更适用，因为韦伯单位太小。这种单位有时称为 B. A. 单位，但是为了把它和电阻定律的发现者的姓氏联系起来，这种单位被称为“欧姆”。

339.〕 为了记忆它在绝对单位制中的值，知道一点是很有用的，那就是，一千万被认为是沿巴黎子午线测量的从地极到赤道的距离。因此，在一秒钟内从地极沿子午线运动到赤道的一个物体就具有一个在电磁单位制中理应代表一欧姆的速度。

我说“理应”代表，因为，如果更精确的研究竟然证明按照大英协会的物质标准制成的“欧姆”实际上并不是用这个速度来表示的，电学家们也不会改换他们的标准，而只会应用一个改正量①。同样，一米理应是某一地球象限弧的一千万分之一，然而尽管人们发现这一点并不绝对正确，一米的长度却并没有被改动，而是地球的线度被用一个不那么简单的数字来表示了。

按照大英协会的单位制，这一单位的绝对值原先是被选得尽可能近似地代表由电磁单位制导出的一个量的。

340.〕 当代表这一抽象量的一个物质单位已经做成时，其他的标准就可以通过复制这一单位而被制成；这是可以达到很大精确度的一个过程，例如比按照一个标准英尺来复制英尺要准确得多。

用最耐久的材料做成的这些复制品被分送到世界各地，从而假若原始标准被失去，也不太可能在获得复制品方面遇到任何困难。

但是，例如西门子的单位是不必费什么事就可以复制得很准确的，因此，既然一欧姆和一西门子单位之间的关系是已知的，即使没有一个标准来据以复制，标准欧姆也是可以重新制成的，尽管所费的功夫比直接复制要大得多而得到的精确度要小得多。

最后，标准欧姆也可以通过最初确定它的那种电磁方法来重新制造。这种方法比根据秒摆来确定英尺要费事得多，它或许比上述的方法更不精确。另一方面，以一种和电科学的进步相适应的精确度而借助于欧姆来确定电磁单位，却是一种顶重要的物理研究，而且是很值得重复进行的。

制造了用来代表欧姆的实际电阻线圈，是用两份银和一份铂制成的导线，其直径从 0.5 到 0.8 毫米，其长度从 1 到 2 米。这些导线焊在粗壮的铜电极上。导线本身包着两层丝绸，嵌在固体石蜡中，并包从薄铜外壳，以便很容易把它调到电阻准确地等于一欧姆的那一温度。这个温度被标明在线圈的绝缘支柱上(参阅图 28)。

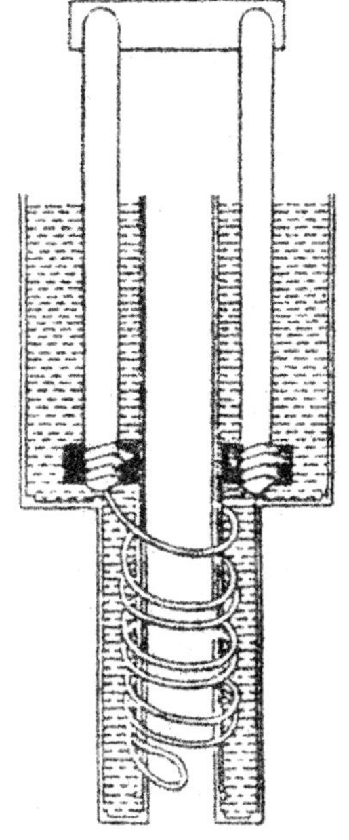

图 28

① 瑞利爵士和席维克先生的实验已经证明，大英协会单位只是 0.9867 地球象限弧每秒，从而它比所拟议的值约小百分之 1.3。1884 年在巴黎召开的国际电学家会议采用了一个新的电阻单位，即“法定欧姆”，它被定义为一个长度为 106 厘米而截面积为 1 平方毫米的水银柱在 0℃下的电阻。

关于电阻线圈的形状

341.〕 一个电阻线圈是一个导体，它很容易被接到电路中去并从而在电路中引入一个已知电阻。

线圈的两极或两端必须做得不会因为连接方式而引起可觉察的误差。对于量值较大的电阻来说，用粗铜线或粗铜棒来做电极也就够了，电极的头上经过很好地汞齐化，而且这一头应该压在汞杯中平坦的齐化铜的表面上。

对于非常大的电阻来说，用厚黄铜块来做电极就够了，连接物应该是用铜或黄铜做成的楔子，可以插入电极的间隙中。这种方法被发现是很方便的。

电阻线圈本身是用丝绸包得很好的导线，其两端永久性地焊在电极上。

线圈必须适当装配，以便很容易观察它的温度。为此目的，导线被绕在一根管子上，外面套着另一个管子，这样它就可以被放到一个水容器中，而水就可以接触它的里面和外面。

为了避免线圈中电流的电磁效应，导线先双起来然后绕在管子上，这样，在线圈的任何部分就都在导线的相邻部分中有着相等而反向的电流。

当有必要使两个线圈保持相同的温度时，有时把两根导线并排在一起然后绕成线圈。当保证电阻的相等比知道电阻的绝对值更加重要时，例如在惠斯登电桥的等臂中(第 347 节)，这种方法就是特别有用的。

当最初尝试测量电阻时，用得很多的是用裸导线绕在绝缘材料圆筒上的螺旋沟槽中而制成的线圈，这种线圈叫做可变电阻器。不久人们就发现，用这种线圈来比较电阻时所能够达到的精确度，是和利用其接线方式不比利用可变电阻器所能做到的接线方式更完善的任何仪器来得到的精确度不相容的。然而，在并不要求精确测量的地方，可变电阻器仍然被用来调节电阻。

电阻线圈通常是用那些电阻最大而其随温度的变化又最小的金属制成的。德银很好地满足这些条件，但是有些德银的品种却会逐年改变其性质。因此，为了制造标准线圈，曾经使用过几种纯金属，也使用过铂和银的一种合金，而且人们发现，在若干年内，这些东西的相对电阻在现代精确度的范围内是并不改变的。

342.〕 要得到很大的电阻，例如几兆欧姆的电阻，导线必须不是很细就是很长，从而线圈的制造就是昂贵而困难的。因此就曾有人建议用碲或硒来作为制造大电阻标准器的材料。一种很巧妙而又很容易的制造方法近来已由菲利普斯提出[①]。在一块胶木或磨砂玻璃上画一条很细的铅笔线。这条石墨细丝的两端被接在两个金属电极上，然后把整条细丝用绝缘漆覆盖起来。如果竟然发现这样一条铅笔线的电阻保持不变，这就将是得到若干兆欧姆电阻的最好的方法。

343.〕 有一些装置可以用来很容易地把电阻线圈接到一个电路中去。

① *Phil. Mag*, July; 1870.

例如，其电阻按 2 的幂次递增为 1、2、4、8、16 等等的一系列线圈，可以串联起来装在一个箱子里。

电极用结实的黄铜块制成，适当地排列在箱子的外面，使得通过插入一个黄铜制的塞子或楔子作为旁路，对应的线圈可以排除于电路之外。这种装置是西门子引入的。

电极之间的每一个间隙都标有对应线圈的电阻值，从而如果想使箱中的电阻等于 107，我们只要就把 107 按二进制写成 64＋32＋8＋2＋1 或 1101011。然后我们就从和 64、32、8、2、1 相对应的洞中把塞子拔出来，而剩下 16 和 4 处的塞子。

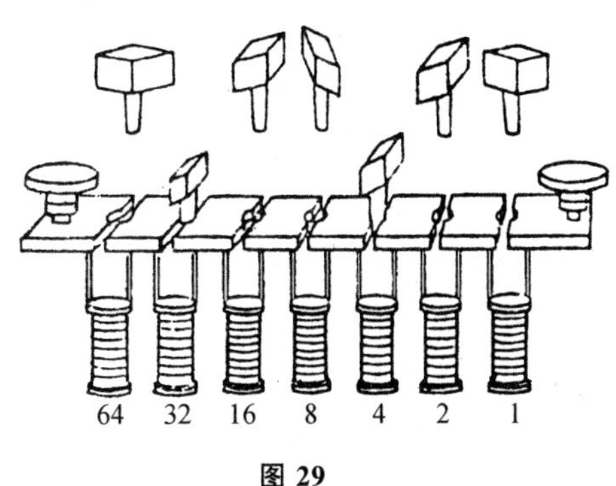

图 29

这种建筑在二进制上的方法是这样的：所要求的单个线圈的数目最小，而且可以最容易地加以检验。因为，如果我们有另一个等于 1 的线圈，我们就可以检验 1 和 1′的品质，然后是 1＋1′和 2 的品质，然后是 1＋1′＋2 和 4 的品质，如此类推。

这种装置的唯一缺点就是它要求人们熟悉二进制计数法，而这通常是那些用惯了十进制计数法的人们并不熟悉的。

344.〕 为了用来测量电导而不是电阻，一个电阻箱也可以按另一种方法来装配。

各个线圈可以这样装配：每个线圈的一端都接在一块长而厚的金属上，这就形成电阻箱的一个极，线圈的另一端和在上述事例中一样接在一块结实的黄铜上。

电阻箱的另一个极是一块黄铜长板，通过在此板和线圈极之间插入一个黄铜塞子，可以把这个极板通过任何一组给定的线圈而和第一个极连接起来。这时箱子的电导就是各该线圈的电导之和。

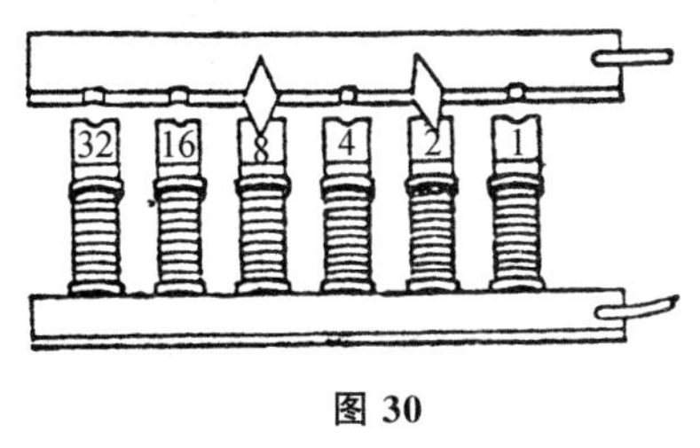

图 30

在图 30 中，各线圈的电阻是 1、2、4 等等，塞子插在 2 和 8 处，从而箱子的电导是$\frac{1}{2}+\frac{1}{8}=\frac{5}{8}$，而箱子的电阻则是$\frac{8}{5}$或 1.6。

这种组合线圈来测量分数电阻的方法是由 W. 汤姆孙爵士在多重弧法的名称下引入的。参阅第 276 节。

论电阻的比较

345.〕 如果 E 是一个电池组的电动势，R 是电池组和包括用来测量电流的电流计在内的连接线的电阻，如果当电池组的连线被接通时电流强度是 I，而当附加电阻 r_1、r_2 被接入电路中时电流强度是 I_1、I_2，则由欧姆定律可得

$$E=IR=I_1(R+r_1)=I_2(R+r_2)。$$

消去电池组的电动势 E 和电池组及其连线的电阻 R，我们就得到欧姆的公式 $\frac{r_1}{r_2}=\frac{(I-I_1)I_2}{(I-I_2)I_1}$。这种方法要求测量 I、I_1 和 I_2 的比值，而这就意味着要求一个有着绝对刻度的电流计。

如果电阻 r_1 和 r_2 相等，则 I_1 和 I_2 相等，而我们就可以用一个不能测量电流比值的电流计来检验电流的相等。

但是这却应该被看成一种测定电阻的有毛病的方法，而不是一种切合实用的方法。电动势 E 不能严格地保持恒定，而电池组的内阻也非常不稳定的，因此，在一种方法中即使假设这些量在一段短时间内保持不变，这种方法也是不可靠的。

346.〕 电阻的比较可以利用两种方法中的任一种来很精确地进行；在这两种方法中，所得的结果都和 R 及 E 的变化无关。

其中第一种方法依赖于差绕电流计的应用。这种仪器中有两个线圈，线圈中的电流互相独立，从而当使两个电流沿相反的方向流动时，它们就对指针发生相反的作用，而且当电流之比是 m 和 n 之比时，它们对电流计指针的合效应就是零。

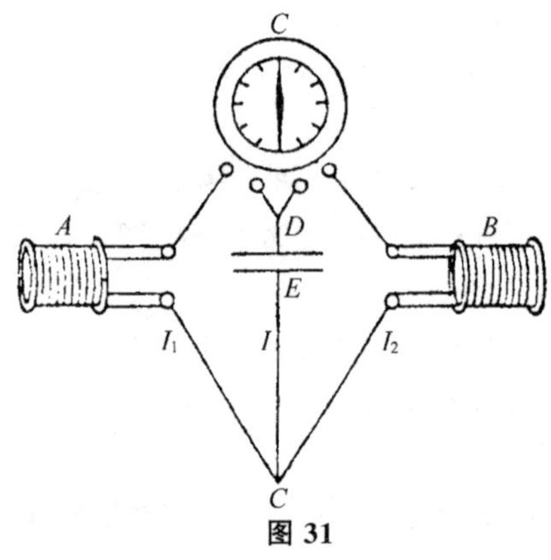

图 31

设 I_1、I_2 是通过电流计的两个线圈的电流，则指针的偏转可以写成 $\delta=mI_1-nI_2$。

现在让电池组的电流分头流入电流计的两个线圈中，并把电阻 A 和 B 分别接在第一个和第二个线圈上，设各线圈及其连线的其余电阻分别是 α 和 β，设电池组及其 C、D 之间的连线的电阻为 r，而其电动势为 E。

于是，关于 C、D 之间的势差，我们由欧姆定律就得到 $I_1(A+\alpha)=I_2(B+\beta)=E-Ir$，而且，既然 $I_1+I_2=I$，就有 $I_1=E\,\frac{B+\beta}{D}$，$I_2=E\,\frac{A+\alpha}{D}$，$I=E\,\frac{A+\alpha+B+\beta}{D}$，式中 $D=(A+\alpha)(B+\beta)+r(A+\alpha+B+\beta)$。

因此，电流计指针的偏转就是 $\delta=\frac{E}{D}\{m(B+\beta)-n(A+\alpha)\}$，而如果没有能够观察到的偏转，我们就知道括号中的量和零之差不能超过某一小量，该小量依赖于电池组的强度、装置的优劣、电流计的精确度和观察者的能力。

现在设用另一个导体 A' 来代替 A，并设 A' 被调节得使电流计指针仍没有显著的偏转。这时显然在初级近似下就有 $A'=A$。

为了确定这一估计的精确性，设在第二次观察中得到的变化了的量用撇号来区分，就有 $m(B+\beta)-n(A+\alpha)=\frac{D}{E}\delta$，$m(B+\beta)-n(A'+\alpha)=\frac{D'}{E'}\delta'$。由此即得 $n(A'-A)=\frac{D}{E}\delta-\frac{D'}{E'}\delta'$。

设 δ 和 δ' 不是在表观上都等于零，而是被观察到彼此相等，则方程右端不会等于零，除非我们能够确知 $E=E'$。事实上，这种方法只是已经描述过的方法的一种修改形式。

这种方法的优点在于这样一件事实：观察到的是任何偏转的不存在；换句话说，这是一种“调零法”,即根据观察来断定一个力的不存在的方法,在那种观察中如果一个力和零的差值超过某一小量,它就会引起一个可以观察到的效应。

调零法在可以应用的地方是有很大价值的,但是只有当我们能够使两个种类相同的相等而相反的量一起进入实验中时,这种方法才能应用。

在我们遇到的事例中,δ 和 δ' 是一些小得很难观察的量,从而 E 值的任何改变都不会影响结果的精确度。

这种方法的实际精确度,可以通过进行若干次分别调节 A' 的观察并比较每次观察结果和所有结果的平均值来加以确定。

但是,通过使 A' 从调整值偏离一个已知量,例如通过在 A 或 B 处增加一个等于 A 或 B 的百分之一的电阻,然后观察电流计指针的偏转,我们就能估计和百分之一的误差相对应的偏转度数。为了求出实际的精确度,我们必须估计可能观察不到的那一最小的偏转,并把它和由百分之一的误差所引起的偏转相比较。[①]

如果必须比较的是 A 和 B,而且 A 和 B 交换了位置,则第二个方程变成 $m(A+\beta)-n(B+\alpha)=\frac{D'}{E}\delta'$,由此即得 $(m+n)(B-A)=\frac{D}{E}\delta-\frac{D'}{E'}\delta'$。

如果 m 和 n、A 和 B、α 和 β、E 和 E' 都近似地相等,则有

$$B-A=\frac{1}{2nE}(A+\alpha)(A+\alpha+2r)(\delta-\delta')。$$

这里的 $\delta-\delta'$ 可以看成可观察的电流计最小偏转。

如果电流计的导线被做得更长一些和更细一些而总的质量不变,则 n 将按导线长度而变化,而 α 则按长度的平方而变化。因此,当 $\alpha=\frac{1}{3}(A+r)\left\{2\sqrt{1-\frac{3}{4}\frac{r^2}{(A+r)^2}}-1\right\}$ 时就将有 $\frac{(A+\alpha)(A+\alpha+2r)}{n}$ 的一个最小值。

如果我们假设和 A 相比电池组的电阻 r 是可以忽略的,则上式给出 $\alpha=\frac{1}{3}A$;或者说,电流计的每一个线圈的电阻应该是待测电阻的三分之一。

这时我们就得到 $B-A=\frac{8}{9}\frac{A^2}{nE}(\delta-\delta')$。

如果我们让电流只通过电流计中的二线圈之一,而由此引起的偏转是 Δ(假设偏转确切地正比于致偏力),则有 $\Delta=\frac{nE}{A+\alpha+r}=\frac{3}{4}\frac{nE}{A}$,如果 $r=0$ 而 $\alpha=\frac{1}{3}A$。由此即得 $\frac{B-A}{A}=\frac{2}{3}\frac{\delta-\delta'}{\Delta}$。

在差绕式的电流计中,两个电流被调得对悬挂着的指针引起相等而相反的效应。每一电流作用在指针上的力,不但依赖于电流的强度,而且依赖于导线各圈相对于指针的位置。由此可见,除非线圈被绕得很仔细,m 和 n 之比可能会随指针的位置而变,因此,在每一次实验过程中,如果预料会有指针位置的任何变化,那就有必要用适当的方法来

① 这种研究采自韦伯的关于量电流学的论文,见 *Göttingen Transactions*, x. p. 65。

确定这一比值。

另一种调零法要用到惠斯登电桥。这种方法只要求一个普通的电流计，而所观察到的指针的零偏转不是起源于两个电流的相反效应，而是起源于导线中电流的不存在。因此，作为观察到的现象，我们不但有一个零偏转而且有一个零电流，从而电流计线圈的不规则性或任何种类的变化都不会引起任何误差。电流计只要够灵敏，可以探测电流的存在和方向就行了，它用不着以任何方式测定电流的值或把该值和另一个电流的值互相比较。

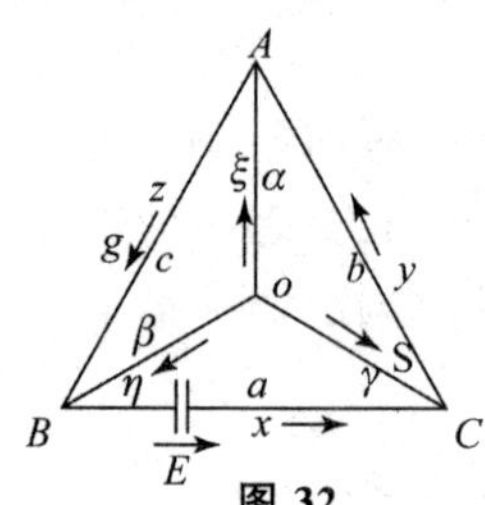

图 32

347.〕 惠斯登电桥本质上就是连接着四个点的六个导体。借助于接在 B 和 C 之间的一个伏打电池组，使一个电动势 E 作用于二点之间。另外两点 O 和 A 之间的电流用一个电流计来测量。

在某一情况下这个电流变为零。这时导体 BC 和 OB 就被说成是互相共轭的；这就意味着在其他四个导体的电阻之间有一个关系式，而这个关系式就被利用来测量电阻。

如果 OA 中的电流是零，则 O 点的势必然等于 A 点的势。现在，当我们知道 B 点和 C 点的势时，我们就可以利用第 275 节所给出的法则来确定 O 点和 A 点的势，如果 OA 中没有电流的话。我们得到，$O=\frac{B\gamma+C\beta}{\beta+\gamma}$，$A=\frac{Bb+Cc}{b+c}$，由此即得条件式 $b\beta=c\gamma$，式中 b、c、β、γ 分别是 CA、AB、BO 和 OC 的电阻。

为了确定用这种方法所能得到的精确度，我们必须在这一条件并非确切地得到满足时确定 OA 中的电流强度。

设 A、B、C 和 O 是四个点。设沿着 BC、CA 和 AB 而流动的电流是 x、y 和 z，而这些导体的电阻是 a、b 和 c。设沿着 OA、OB 和 OC 而流动的电流是 ξ、η、ζ，而电阻是 α、β 和 γ。设有一个电动势 E 沿着 BC 而起作用。试求沿 OA 的电流 ζ。

设 A、B、C 和 O 上的势用 A、B、C 和 O 来代表。导电方程是 $ax=B-C+E$，$\alpha\xi=O-A$，$by=C-A$，$\beta\eta=O-B$，$cz=A-B$，$\gamma\zeta=O-C$；并有连续性方程 $\xi+y-z=0$，$\eta+z-x=0$，$\zeta+x-y=0$。

把体系看成由三个回路 OBC、OCA 和 OAB 构成，各回路中的电流分别为 x、y、z，并对每一个回路应用基尔霍夫的法则，我们就可以消去势 O、A、B、C 和电流 ξ、η、ζ 的值，而得到关于 x、y、z 的方程如下：$(a+\beta+\gamma)x-\gamma y-\beta z=E$，$-\gamma x+(b+\gamma+\alpha)y-\alpha z=0$，$-\beta x-\alpha y+(c+\alpha+\beta)z=0$。

由此可见，如果令 $D=\begin{vmatrix} a+\beta+\gamma & -\gamma & -\beta \\ -\gamma & b+\gamma+\alpha & -\alpha \\ -\beta & -\alpha & c+\alpha+\beta \end{vmatrix}$，我们就得到 $\zeta=\frac{E}{D}(b\beta-c\gamma)$，和 $x=\frac{E}{D}\{(b+\gamma)(c+\beta)+\alpha(b+c+\beta+\gamma)\}$。

348.〕 D 的值可以写成对称式

$$D=abc+bc(\beta+\gamma)+ca(\gamma+\alpha)+ab(\alpha+\beta)+(a+b+c)(\beta\gamma+\gamma\alpha+\alpha\beta)^{①},$$

① D 是每次取三个电阻的各乘积之和，比时应略去交于一点的任意三个电阻的乘积。

或者，既然我们假设电池组是在 a 上而电流计是在 α 上，我们就可以把 a 换成电池组的电阻 B 而把 α 换成电流计的电阻 G。于是我们就得到

$$D=BG(b+c+\beta+\gamma)+B(b+\gamma)(c+\beta)+G(b+c)(\beta+\gamma)+bc(\beta+\gamma)+\beta\gamma(b+c)。$$

假如使电动势沿着 OA 发生作用，而 OA 的电阻仍为 α，并把电流计接在 BC 上，而 BC 的电阻仍为 a，则 D 的值将仍然相同，而由沿 OA 作用的电动势 E 在 BC 中引起的电流将等于沿 BC 作用的电动势 E 在 OA 中引起的电流。

但是，如果我们简单地摘掉电池组和电流计，而且不改变它们各自的电阻就把电池组接在 O 和 A 之间而把电流计接在 B 和 C 之间，则我们必须在 D 中把 B 和 G 二值互换。如果互换之后的 D 值是 D'，我们就得到

$$D-D'=(G-B)\{(b+c)(\beta+\gamma)-(b+\gamma)(\beta+c)\}=(B-G)\{(b-\beta)(c-\gamma)\}。$$

让我们假设，电流计的电阻大于电池组的电阻。

让我们也假设，在原来的位置上，电流计把两个具有最小电阻 β、γ 的导体的接头和两个具有最大电阻 b、c 的导体的接头连接了起来；或者换句话说，我们将假设，如果 b、c、γ、β 各量是按照大小次序排列的，则 b 和 c 是互接的而 γ 和 β 是互接的。由此可见，$b-\beta$ 和 $c-\gamma$ 这两个量同号，因此它们的乘积是正的，从而 $D-D'$ 和 $B-G$ 同号。

因此，如果电流计是连接了两个最大电阻的接头和两个最小电阻的接头的，而且电流计电阻大于电池组电阻，则 D 的值将小于二者互换时的值，而电流计的偏转值则将较大。

因此，在一个给定体系中得到最大电流计偏转的规则如下：

在电池组电阻和电流计电阻这两个电阻中，应把较大的一个电阻接在其他四个电阻中的两个最大电阻的接头和两个最小电阻的接头之间。

349.〕 我们将假设我们必须测定导体 AB 和 AC 的电阻之比，而且做法就是在导体 BOC 上找到一个点 O，使得当 A 点和 O 点用一根中间接着电流计的导线连接起来，而电池组是在 B、C 之间起作用时，电流计指针没有可以觉察到的偏转。

导体 BOC 可以设想为被划分成若干等份的一根具有均匀电阻的导线，这样，BO 和 OC 的电阻之比就可以立即读出。

我们也可以不是把整个的导体做成一根导线而只在靠近 O 点处接上这样一根导线，而在每一侧的其他部分则可以采用一些其电阻为精确已知的任意形式的线圈。

现在我们将使用另外一套符号，而不再使用开始时使用的那种对称的符号。

设 BAC 的总电阻是 R。设 $c=mR$ 而 $b=(1-m)R$。设 BOC 的总电阻是 S。设 $\beta=nS$ 而 $\gamma=(1-n)S$。

n 的值是直接读出的，而 m 的值则当不存在可觉察的电流计偏转时由 n 的值推出。

设电池组及其连线的电阻是 B，而电流计及其连线的电阻是 G。

像以前一样，我们得到

$$D=G\{BR+BS+RS\}+m(1-m)R^2(B+S)+n(1-n)S^2(B+R)+(m+n-2mn)BRS,$$

而如果 ξ 是电流计导线中的电流，则有 $\xi=\frac{ERS}{D}(n-m)$。

为了得到最精确的结果，我们必须使指针的偏转和 $(n-m)$ 的值相比要尽可能地大。

这一点可以通过适当选择电流计的规格和标准电阻线来做到。

当我们在第 716 节中讲到量电流学时就将证明，当电流计导线的形状改变而其质量保持不变时，单位电流引起的指针偏转是正比于导线长度的，但是电阻却像长度的平方一样地增大。由此就可以证明，当电流计导线的电阻等于电路其余部分的常量电阻时，最大的偏转就出现。

在现有的事例中，如果 δ 是偏转，则 $\delta=C\sqrt{G}\xi$，式中 C 是某一常数，而 G 是随导线长度的平方而变的电流计电阻。我们由此就得到，在 D 的表示式中，如果 δ 是最大值，则必须令包含 G 的部分等于表示式的其余部分。

如果我们也令 $m=n$，正如当我们作出了正确的观察时所应有的情况那样，我们就发现 G 的最佳值是 $G=n(1-n)(R+S)$。

这一结果很容易通过考虑从 A 到 O 通过体系的电阻而求得，这时要记得 BC 和 AO 相共轭，从而对这一电阻没有任何效应。

同样我们即将发现，如果电池组的作用表面的总面积已经给定，则由于在这一事例中 E 正比于 $\sqrt{B}$，电池组的最佳装配就出现在 $B=\dfrac{RS}{R+S}$。

最后我们将确定那个 S 值，它使 n 值的一个给定改变量将引起最大的电流计偏转。把 ξ 的表示式对 S 求导线，我们发现它当 $S^2=\dfrac{BR}{B+R}\left(R+\dfrac{G}{n(1-n)}\right)$时有最大值。

如果我们必须进行许多次电阻测量，而所测的实际电阻具有接近相同的值，则为此目的而专门准备一个电流计和一个电池组是值得的。在这一事例中，我们发现最佳装配是 $S=R$，$B=\dfrac{1}{2}R$，$G=2n(1-n)R$，而且如果 $n=\dfrac{1}{2}$则 $G=\dfrac{1}{2}R$。

关于惠斯登电桥的应用

350.〕 我们已经论述了惠斯登电桥的普遍理论，现在我们将考虑它的一些应用。

可以作得最准确的是两个相等电阻的比较。

让我们假设 β 是一个标准电阻线圈。而我们想要调节 γ 使它的电阻等于 β 的电阻。

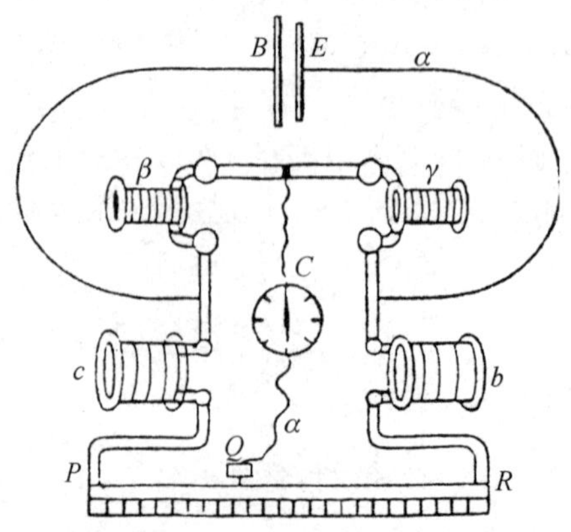

图 33

准备另外两个线圈 b 和 c，它们是相等的或接近相等的。把这四个线圈的电极插入水银杯中，并使电池组的电流分成两路，一路是 β 和 γ 而另一路是 b 和 c。线圈 b 和 c 是用一根导线 PR 连接的，该导线的电阻要尽可能地均匀，并且附有等分的标尺。

电流计的导线把 β、γ 的接头和导线 PR 上的一点 Q 相连接，并且变动接触点 Q，直到当先接通电池组电路而后接通电流计电路时观察不到电流计指针的偏转时为止。

然后交换线圈 β 和 γ 的位置，并找出 Q 点的一个新位置。如果新位置和旧位置相同，我们就知道 β 和 γ 的交换并没有引起电阻比例方面的变化，从而 γ 就是调好了的。如果 Q 点必须移动，这种变动的方向和大小就将显示为使 γ 和 β 的电阻相等所要求的 γ 的导线长度改变量的性质和数量。

线圈 b 和 c，再加上它们到零读数点的滑线 PR 上的那一段，如果二者的电阻分别等于滑线上 b 格和 c 格的电阻，那么，如果 x 是第一种情况下的 Q 点读数，而 y 是第二种情况下的 Q 点读数，则有 $\dfrac{c+x}{b-x}=\dfrac{\beta}{\gamma}$，$\dfrac{c+y}{b-y}=\dfrac{\gamma}{\beta}$，由此即得 $\dfrac{\gamma^2}{\beta^2}=1+\dfrac{(b+c)(y-x)}{(c+x)(b-y)}$。

既然 $b-y$ 近似地等于 $c+x$，而且二者都比 x 或 y 大得多，我们就可以把上式写成 $\dfrac{\gamma^2}{\beta^2}=1+4\,\dfrac{y-x}{b+c}$，从而就有 $\gamma=\beta\left(1+2\,\dfrac{y-x}{b+c}\right)$。

当 γ 已经尽可能地调好时，我们把 b 和 c 换成例如电阻变为十倍的另外两个线圈。

这时在 β 和 γ 之间保留着的差值将比使用原来的线圈 b 和 c 时引起 Q 点位置的十倍大的差别，从而利用这种办法我们就可以继续提高电阻比较的精确度。利用滑线接触法来调节可以进行得比利用电阻箱更加迅速，而且还可以连续变化。

电池组绝不可以代替电流计而接在滑线上，因为强电流在接触点上的通过将损坏滑线的表面。因此，这种装配就适用于电流计电阻大于电池组电阻的情况。

当待测电阻 γ、电池组电阻 a 和电流计电阻 α 已经给定时，奥立沃·亥维赛先生曾经证明(*Phil. Mag.*, Feb. 1873)其他各电阻的最佳值是 $c=\sqrt{a\alpha}$，$b=\sqrt{a\gamma\dfrac{\alpha+y}{a+y}}$，$\beta=\sqrt{\alpha\gamma\dfrac{a+y}{\alpha+y}}$。

关于小电阻的测量

351.〕 当一个短而粗的导体被接入电路中时，它的电阻比由接触不良或焊接不好之类的不可避免的缺点所造成的电阻还要小得多，从而就不能用按上述方式做的实验来得出正确的电阻值。

这样一些实验的目的通常是测定物质的比电阻，而且当物质不能做成又长又细的导线时，或是当既要测量纵向导电的电阻又要测量横向导电的电阻时，这种实验就常被采用。

W. 汤姆孙爵士[①]曾经描述了一种适用于这些事例的方法，我们将把这种方法看成一组九个导体的例子。

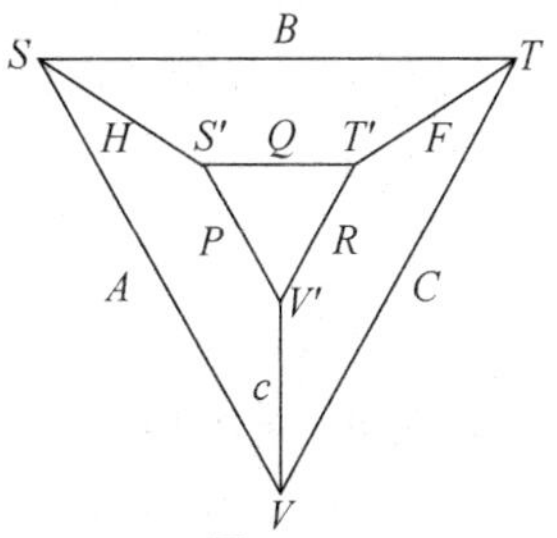

图 34

① *Proc. R. S.*, June 6, 1861.

这种方法的最重要部分就在于不是测量导体的整个长度的电阻，而是测量靠它两端不远处的两个记号之间的那一段的电阻。

我们所要测量的，就是其强度在导体的任一截面都均匀分布而其流动方向则平行于导体轴线的那个电流所遇到的电阻。在端点附近，当电流借助于电极而被引入时，不论是焊接的、汞齐化的还是简单地压在导体两端上的电极，通常电流在导体中的分布都是不够均匀的。在离开端点一段小距离的地方，电流就变得基本上均匀了。读者可以自行检视第 193 节中的考察和图片；在那儿，一个电流从一条边上被送入了一片有着平行边的导体中，而很快就变得和两边平行了。

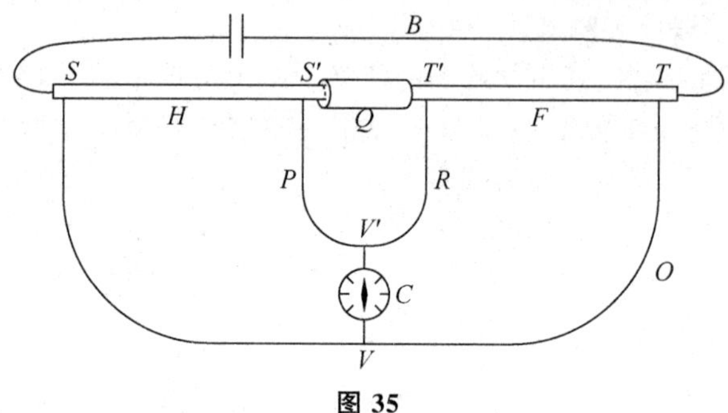

图 35

要比较的是一些导体在某些记号 S、S'之间和 T、T'之间的电阻。

导体被串联起来，而且通过尽可能好的接法被接入一个电阻很小的电池组的电路中，一根滑线 SVT 的两端在 S 点及 T 点和导体相接触，而另一根滑线 $S'V'T'$则在 S'点及 T'点和导体相接触。

电流计的导线接在这些滑线的 V 点和 V'点上。

滑线 SVT 和 $S'V'T'$具有很大的电阻，以致由于 S、T、S'或 T'处的接触不良而引起的电阻和滑线的电阻比起来可以忽略不计；V、V'二点要取得适当，以使每一导线通向两个导体的支路电阻之比近似地等于两导体的电阻之比。

用 H 和 F 代表导体 SS'和 TT'的电阻。

用 A 和 C 代表支路 SV 和 VT 的电阻。

用 P 和 R 代表支路 $S'V'$和 $V'T'$的电阻。

用 Q 代表连接器 $S'T'$的电阻。

用 B 代表电池组及其连线的电阻。

用 G 代表电流计及其连线的电阻。

体系的对称性可以由线路图 35 看出。

电池组 B 和电流计 G 相共轭的条件，在这一事例中是①

$$\frac{F}{C}-\frac{H}{A}+\left(\frac{R}{C}-\frac{P}{A}\right)\frac{Q}{P+Q+R}=0。$$

现在，导体 Q 的电阻是弄得尽可能地小的。假如它等于零，条件就将简化为$\frac{F}{C}=\frac{H}{A}$，

① 这一条件可以通过在第五章附录中给出的法则来导出。

从而所要比较的两个导体的电阻之比就将是 C 和 A 之比，就像在通常形式的惠斯登电桥中一样。

在现有的事例中，Q 的值和 P 或 R 相比都是很小的，因此，如果我们选择 V、V'二点，使得 R 和 C 之比近似地等于 P 和 A 之比，则方程中的最后一项将变为零，而我们就将有 $F:H=C:A$。

这种方法的成功，在某种程度上依赖于滑线和被测导体在 S、S'、T、T'点上的接触良好性。在马提森和霍金[①]所应用的下述方法中，这一条件就不必要了。

352.〕 如图 36 所示，待测的导体按以上已经描述的方式排列，其接通处要尽量完善，而所要比较的是第一个导体上 S、S'之间的电阻和第二个导体上 T'、T 之间的电阻。

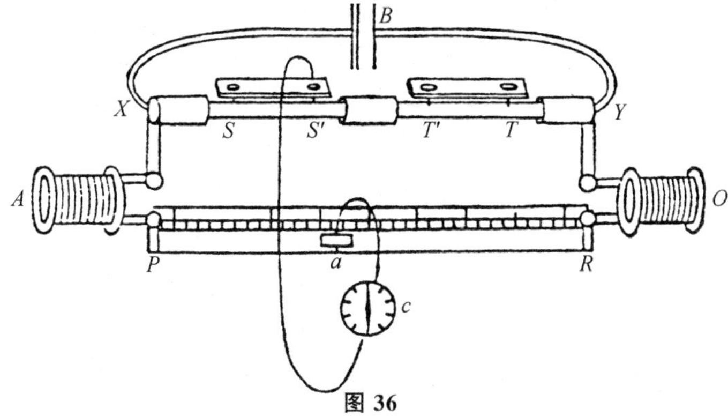

图 36

两个导电的尖端或刀口被固定在一块绝缘材料上，从而它们之间的距离可以精确测量。这个仪器放在被测试的导体上，从而它和导体的两个接触点就是隔着一段已知的距离 SS'的。这些接触物中的每一个都接着一个水银杯，而电流计的一个极就可以插入杯中。

仪器的其他部分就像在惠斯登电桥中一样安排得有电阻线圈或电阻箱 A 和 C，和一根带着滑动接触器的导线，而电流计的另一个极 O 就接在这个接触点上。

现在把电流计接在 S 和 Q 上，调节 A_1 和 C_1 并调节 Q 的位置（即 Q_1），使得电流计的导线中没有电流。

于是我们就知道，$\dfrac{XS}{SY}=\dfrac{A_1+PQ_1}{C_1+Q_1R}$。式中 XS、PQ_1 等等代表各该导体的电阻。

由此我们得到$\dfrac{XS}{XY}=\dfrac{A_1+PQ_1}{A_1+C_1+PR}$。

现在把电流计的电极接在 S'上，并（通过把一些电阻线圈从一边挪到另一边）从 C 向 A 搬运电阻，直到可以通过把 Q 放在滑线的某点例如 Q_2 上而得到电流计导线中的电平衡。设现在 C 和 A 的值是 C_2 和 A_2，并设 $A_2+C_2+PR=A_1+C_1+PR=R$。

于是我们就和以前一样得到$\dfrac{XS'}{XY}=\dfrac{A_2+PQ_2}{R}$。由此即得$\dfrac{SS'}{XY}=\dfrac{A_2-A_1+Q_1Q_2}{R}$。

---

① *Laboratory*. Matthiessen and Hockin on Alloys.

按同样办法，把仪器放在第二个导体的 TT' 段上，并且再次调动电阻，当电极位于 T' 时我们就得到 $\frac{XT'}{XY}=\frac{A_3+PQ_3}{R}$，而当电极位于 T 时则得到 $\frac{XT}{XY}=\frac{A_4+PQ_4}{R}$。由此即得 $\frac{T'T}{XY}=\frac{A_4-A_3+Q_3Q_4}{R}$。

现在我们可以推出 SS' 和 $T'T$ 的电阻之比了，因为 $\frac{SS'}{T'T}=\frac{A_2-A_1+Q_1Q_2}{A_4-A_3+Q_3Q_4}$。

当并不要求很大的精确度时，我们就不必使用电阻线圈 A 和 C，这时我们就得到 $\frac{SS'}{T'T}=\frac{Q_1Q_2}{Q_3Q_4}$。

一根一米长的滑线上的 Q 点位置读数，不能精确到十分之一毫米，而且由于温度、摩擦等等的不相等，滑线的电阻可能在不同的部分变化颇大。因此，当要求很高的精确度时，就要在 A 和 C 两处引入电阻颇大的线圈，而这些线圈的电阻之比就可以比滑线在 Q 点被分成的两部分的电阻之比被测得更准确。

必须知道，在这种方法中，测定的精确度简直和 S、S' 或 T、T' 等处的接触的完善性完全无关。

这种方法可以叫做应用惠斯登电桥的差分用法，因为它依赖于分别作出的一些观察结果的比较。

这种方法中的精确性的一个根本条件就是，在完成测定所要求的四次观测过程中，各连接部分的电阻应该保持相同。因此，为了发现电阻的任何变化，观测系列永远必须重复进行①。

关于大电阻的比较

353.〕 当要测量的电阻很大时，体系中不同点上的势的比较，可以借助于一个精密的静电计来进行，例如借助于第 219 节中的象限静电计来进行。

如果要测量其电阻的那些导体是串联的，而且借助于一个电动势很大的电池组使一个相同的电流通过这些导体，则每一导体两端的势差将正比于该导体的电阻。因此，通过把静电计的两极先接在第一个导体的两端而后再接在第二个导体的两端，就可以测定该两导体的电阻之比。

这是测定电阻的最直接的方法。它涉及一个读数可靠的静电计的应用，而且我们必须有某种保证，可使电流在实验过程中保持不变。

四个大电阻的导体也可以像惠斯登电桥那样地接起来，而桥路本身则可以包括一个静电计的而不是一个电流计的两极。这种方法的好处就在于，为了引起静电计的偏转，并不要求任何持久的电流，而电流计则非有一个电流通过不能偏转。

① 关于小电阻的另一种比较方法，见 Lord Rayleigh，*Proceedings of the Cambridge Philosophical Society*，vol. v. p. 50。

354.〕 当一个导体的电阻非常大，以致用任何既有的电动势送进去的通过它的电流都小得无法用一个电流计来直接测量时，就可以用一个电容器来在一段时间内积累电荷，然后，让电容器通过一个电流计而放电，所积累的电量就可以被估计出来。这就是布来特和克拉克用来测试海底电缆接头的那种方法。

355.〕 但是，测量这样一个导体的电阻的最简单方法，就是把一个电容很大的电容器充电，并把它的两个表面和一个静电计的两个极接起来，而同时也和导体的两端接起来。如果 E 是静电计所指示的势差，S 是电容器的电容，Q 是电容器任一表面上的电荷，R 是导体的电阻而 x 是导体中的电流，则由电容器理论可得 $Q=SE$。

由欧姆定律，$E=Rx$，而由电流的定义，$x=-\frac{\mathrm{d}Q}{\mathrm{d}t}$。

由此即得 $-Q=RS\frac{\mathrm{d}Q}{\mathrm{d}t}$，从而就有 $Q=Q_0\mathrm{e}^{-\frac{t}{RS}}$，式中 Q_0 是起初 $t=0$ 时的电荷。

同理，$E=E_0\mathrm{e}^{-\frac{t}{RS}}$，式中 E_0 是静电计的原始读数，而 E 是在时间 t 以后的读数。由此我们就得到 $R=\frac{t}{S\{\ln E_0-\ln E\}}$，此式按绝对单位给出了 R。在这一表示式中，关于静电计刻度的单位值的知识是不必要的。

如果电容器的电容 S 是在静电单位制中作为若干米而被给出的，则 R 也是在静电单位制中作为一个速度的倒数而被给出的。

如果 S 是在电磁单位制中被给出的，则它的量纲是 $\left[\frac{\mathrm{T}^2}{\mathrm{L}}\right]$，而 R 就是一个速度。

既然电容器本身并不是一个理想的绝缘体，那就有必要进行两个实验。在第一个实验中，我们测定导体本身的电阻 R_0；而在第二个实验中，我们测定当导体和电容器的两极相接时电容器的电阻，于是导体的电阻 R 就由下式给出，$\frac{1}{R}=\frac{1}{R'}-\frac{1}{R_0}$。

这种方法曾由西门子先生应用过。

测定电流计电阻的汤姆孙方法①

356.〕 一种和惠斯登电桥相似的装置曾被 W. 汤姆孙爵士很有好处地应用于电流计在实际使用中的电阻的测定。在这方面，W. 汤姆孙爵士受到了曼斯方法的启发。参阅第 357 节。

设电池组仍像从前那样接在第 347 节的图中的 B 和 C 之间，但是电流计却接在 CA 上而不接在 OA 上。如果 $b\beta-c\gamma=0$，则导体 OA 和 BC 共轭，而且，由于 BC 上的电池组并不在 OA 中产生电流，任何其他导体中的电流强度就都和 OA 上的电阻无关。因此，如果电流计接在 CA 上，它的偏转就将保持相同，不论 OA 上的电阻是小还是大。因此，我们就可以观察电流计的偏转当 O 和 A 被一个导体接通时是否和不被接通时相同，而且，

① *Proe. R. S.*, Jan. 19, 1871.

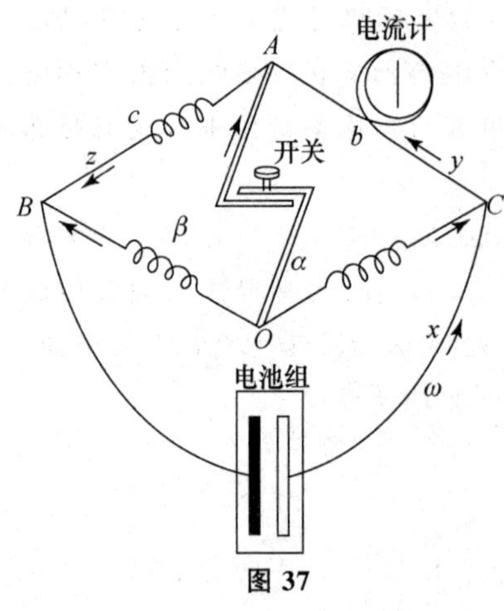

图 37

如果我们通过适当调节各导体的电阻而得到了这一结果，我们就知道电流计的电阻是 $b=\frac{c\gamma}{\beta}$，式中 c、γ 和 β 是电阻已知的电阻线圈。{译按：原文如此，其意义当是“线圈的已知电阻”。}

可以注意，在电流计中并无电流的意义上，这不是一种调零法；但是所观察的是一个负效应，即当接通某一支路时电流计的偏转不变，而在这种意义上，这正是一种调零法。这样一种观察比同一电流计的两次不同偏转相等的观察更有价值，因为在后一事例中有一定的时间来让电池组的强度或电流计的灵敏度发生变化，而当我们可以随便重复某些变动而偏转则保持不变时，我们却可以确信电流是和这些变动完全无关的。

一个电流计线圈的电阻的测定很容易通过在 OA 上接入另一个电流计而用惠斯登电桥来按普通方法完成。利用现在所描述的方法，电流计本身却被用来测量它自己的电阻。

测定电池组电阻的曼斯方法[①]

357.〕 电池组正在起作用时的电阻的测定，是困难程度更大得多的，因为人们发现，在通过它的电流发生变化以后的一段时间内，电池组的电阻会有相当的变化。在通常用来测量一个电池组的电阻的许多方法中，通过电池组的电流强度在操作过程中是会发生这样的变化的，从而就使所得的结果很可怀疑了。

在没有这种缺点的曼斯方法中，电池组被接在 BC 上而电流计被接在 CA 上。然后 O 和 B 之间的电路就被交替地接通和断开。

如果 OB 和 AC 是共轭的，则不论 OB 的电阻如何变化，电流计指针的偏转都会保持不变。这可以看成在第 347 节中已经证明的那种结果的一个特例，也可以通过从该节那些方程中消去 z 和 β 而直接看出，那时我们就有

$$(a\alpha-c\gamma)x+(c\gamma+c\alpha+cb+b\alpha)y=E\alpha。$$

如果 y 和 x 无关并从而和 β 无关，我们就必有 $a\alpha=c\gamma$。这样就由 c、γ、α 得出了电池组的电阻。

当条件式 $a\alpha=c\gamma$ 得到满足时，通过电流计的电流由下式给出，

$$y=\frac{E\alpha}{cb+\alpha(a+b+c)},=\frac{E\gamma}{ab+\gamma(a+b+c)}。$$

为了检验这种方法的精确度，让我们假设条件式 $c\gamma=a\alpha$ 近似地而不是准确地得到满足，并假设 y_0 是当 O 和 B 被一个电阻可忽略的导体接通时通过电流计的电流，而 y_1 是 C 和 B 完全断开时通过电流计的电流。

① *Proc. R. S.*, Jan. 19, 1871.

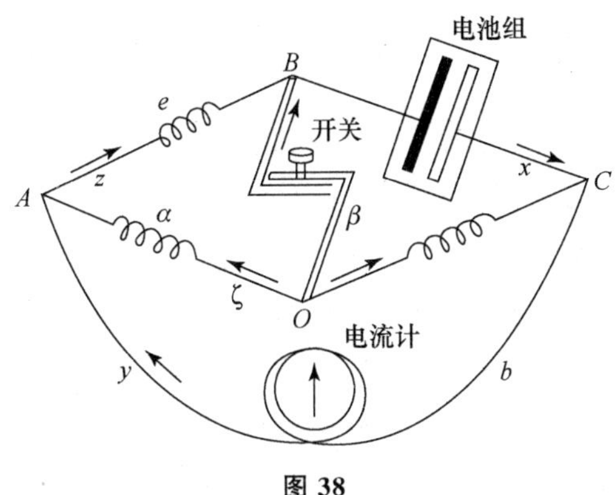

图 38

为了求出这些值，我们必须在 y 的普通公式中令 β 等于 0 和 ∞，然后比较所得的结果。

y 的普遍值是 $\dfrac{c\gamma+\beta\gamma+\gamma\alpha+\alpha\beta}{D}E$，式中 D 代表第 348 节中的同一个表示式。令 $\beta=0$，

我们得到 $y_0-\dfrac{\gamma E}{ab+\gamma(a+b+c)+\dfrac{c(a\alpha-c\gamma)}{\alpha+c}}=y+\dfrac{c(c\gamma-a\alpha)}{\gamma(c+\alpha)}\dfrac{y^2}{E}$，近似地，

令 $\beta=\infty$，我们得到 $y_1=\dfrac{E}{a+b+c+\dfrac{ab}{\gamma}-\dfrac{(a\alpha-c\gamma)b}{(\gamma+\alpha)\gamma}}=y-\dfrac{b(c\gamma-a\alpha)}{\gamma(\gamma+a)}\dfrac{y^2}{E}$。

由这些值，我们即得 $\dfrac{y_0-y_1}{y}=\dfrac{\alpha}{\gamma}\dfrac{c\gamma-a\alpha}{(c+\alpha)(\alpha+\gamma)}$。

导体 AB 的电阻 c 应该等于电池组的电阻 a；α 和 γ 应该相等并尽可能地小；而 b 应该等于 $a+\gamma$。

既然一个电流计当指针偏转很小时最为灵敏，我们在接通 O 和 B 以前就应该利用固定的磁体把指针弄到靠近零点的地方。

在这种测量电池组电阻的方法中，电流计中的电流在操作过程中是不受任何干扰的，因此我们就可以针对任何给定的电流计中的电流强度来确定电池组的电阻，以确定电流强度如何影响电阻①。

如果 y 是电流计中的电流，当开关合上时通过电池组的电流是 x_0，而当开关断开时的电流是 x_1，此处 $x_0=y\left(1+\dfrac{b}{\gamma}+\dfrac{\alpha c}{\gamma(\alpha+c)}\right)$，$x_1=y\left(1+\dfrac{b}{\alpha+\gamma}\right)$，则电池组的电阻是 $a=\dfrac{c\gamma}{\alpha}$，而电池组的电动势是 $E=y\left(b+c+\dfrac{c}{\alpha}(b+\gamma)\right)$。

第 356 节中确定电流计电阻的方法和这里的方法只有一点不同，那就是电路的通断是在 O、A 之间而不是在 O、B 之间，从而通过把 α 和 β 互换和把 a 和 b 互换，我们就在这

① 在 *Philosophical Magazine* for 1877，vol. i. pp. 515～525 上，奥立沃·亥维赛先生曾经作为曼斯方法的一个缺点而指出了，如果方程 $a\alpha=c\gamma$ 成立，则由于电池组的电动势依赖于通过电池组的电流，故当开关合上和开断时电流计指针的偏转不可能是相同的。洛治先生描述了曼斯方法的修订形式，这是他成功地应用了的。

一事例中得到$\frac{y_0-y_1}{y}=\frac{\beta}{\gamma}\frac{c\gamma-b\beta}{(c+\beta)(\beta+\gamma)}$。

关于电动势的比较

358.〕 在装置中没有电流通过时比较伏打装置及温差装置的下述方法，只需要一组电阻线圈和一个恒定电池组。

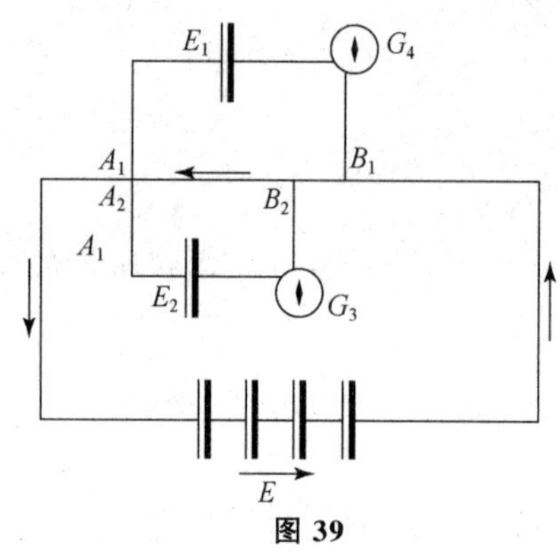

图 39

设电池组的电动势 E 大于所要比较的任何一个发电装置的电动势，那么，如果把一个足够大的电阻 R_1 插入到初级回路 EB_1A_1E 中的 A_1、B_1 二点之间，则从 B_1 到 A_1 的电动势可以弄成等于发电装置 E_1 的电动势。如果现在把这一装置的电极接在 A_1、B_1 二点上，就不会有电流通过该装置。在发电装置 E_1 的电路上接一个电流计 G_1，并调节 A_1 和 B_1 之间的电阻直到电流计不指示任何电流时为止，我们就得到方程 $E_1=R_1C$ 式中 R_1 是 A_1 和 B_1 之间的电阻，而 C 是初级回路中的电流强度。

同样，取第二个发电装置并把它的电极接在 A_2 和 B_2 上，使得电流计 G_2 不指示任何电流，就得到 $E_2=R_2C$，式中 R_2 是 A_2 和 B_2 之间的电阻。如果电流计 G_1 和 G_2 的观察是同时进行的，初级回路中的 C 值在两个方程中就是相同的，从而我们就得到 $E_1:E_2=R_1:R_2$。

用这种方法，就可以比较两个发电装置的电动势。一个发电装置的绝对电动势既可以在静电学上借助于一个静电计来测量又可以在电磁学上借助于一个绝对电流计来测量。

在这种方法中，在进行比较的时间内没有任何电流通过其中任何一个发电装置。这种方法是波根道夫方法的一种修订形式；这是由拉提摩·克拉克先生提出的，他曾经得出了下列的各电动势的值：

				浓溶液	伏特
丹聂耳	Ⅰ.	锌汞齐	$H_2SO_4+4aq.$	$CuSO_4$	铜＝1.079
	Ⅱ.	锌汞齐	$H_2SO_4+12aq.$	$CuSO_4$	铜＝0.978
	Ⅲ.	锌汞齐	$H_2SO_4+12aq.$	$Cu(NO_3)_2$	铜＝1.00
本　生	Ⅰ.	锌汞齐	$H_2SO_4+12aq.$	HNO_3	碳＝1.964
	Ⅱ.	锌汞齐	$H_2SO_4+12aq.$	ap. g. 1.38	碳＝1.888
格罗夫		锌汞齐	$H_2SO_4+4aq.$	HNO_3	铂＝1.956

一伏特就是等于 100,000,000 厘米-克-秒单位的一个电动势。

第二十五章 关于物质的电阻

359.〕 按照电在它们中通过的情况，不同的物质可以分成三类。

第一类包括所有的金属及其合金、某些硫化物以及含金属的其他化合物，此外还包括煤化焦炭形态的碳和晶体形态的硒。

在所有这些物质中，导电都是在不引起物质的分解或化学本性的改变的情况下进行的，不论在物质的内部还是在电流进入和离开物体的地方都如此。在所有这些物质中，电阻是随温度的升高而增大的①。

第二类包括称为电解质的那些物质；其所以称为电解质，是因为电流和物质变成出现在电极上的两种成分的那种分解相伴随。通常说来，一种物质只有当处于液体形态时才是一种电解质，但是某些表观上是固体的胶体，例如100℃下的玻璃，也是电解质②。按照B. C. 布罗迪爵士的实验来看，似乎某些气体也可以被很强的电动势所电解。

在所有通过电解而导电的物质中，电阻都随着温度的升高而减小。

第三类包括一些物质，它们的电阻如此之大，以致只有利用最精巧的方法才能探测电在它们中的通过。这些物质叫做电介质。属于这一类的有相当多的当融解时是电解质的固体，有一些液体例如松节油、石油精、融解的石蜡等等，还有所有的气体和蒸汽。金刚石形态的碳和非晶态的硒也属于这一类。

这一类物体的电阻比起金属的电阻来是非常大的，它随着温度的升高而减小。由于这些物质的电阻很大，人们很难确定我们勉强在它们中得到的微弱电流是不是和电解相伴随。

关于金属的电阻

360.〕 在电学的研究中，没有任何部分比金属电阻的确定有更多的和更精确的实验。在电报工作中，最重要的就是用来制造电线的金属应有尽可能小的电阻。因此在选定材料以前必须进行电阻的测量。当线路上出了故障时，故障的位置通过测量电阻就能立即确定，而现在占用了那么多人的这种测量就要用到用金属做成的电阻线圈，而那种金属的电学性质也必须经过仔细的测试。

金属及其合金的电学性质曾由马提森、佛格特、霍金、西门子等先生很仔细地研究过，它们在把精密的电学测量引入到实际工作中来的方面作出了许多贡献。

---

① 对于这一说法，碳是一种例外；而佛森诺近来曾经发现，一种锰铜合金的电阻当温度升高时是减小的。

② 考耳若什曾经证实，银的卤化物在固态下是电解导电的，见 Wied. *Ann.* 17. p. 642，1882。

从马提森博士的研究可以看出，温度对电阻的影响在相当多的纯金属中是近似相同的 100℃时的电阻和 0℃时的电阻之比是 1.414 比 1，或者说是 100 比 70.7。对纯铁来说，比值是 1.6197，而对铊来说则是 1.458。

金属的电阻曾由 V. W. 西门子博士[①]在广阔得多的温度范围内观察过，其范围从冰点扩展到 350℃，而且在某些事例中扩展到 1000℃。他发现，电阻随温度的升高而增加，但是增加率却随温度的升高而减小。他发现有一个公式既和马提森博士在低温度下观察到的电阻符合得很好，也和他自己在 1000℃的范围内的观察结果符合得很好；那公式就是 $r=\alpha T^{\frac{1}{2}}+\beta T+\gamma$，式中 T 是从 -273℃算起的绝对温度，而 α、β、γ 是一些常量。例如，对于

$$\text{铂}\cdots\cdots r=0.039369T^{\frac{1}{2}}+0.00216407T-0.2413\text{②},$$

$$\text{铜}\cdots\cdots r=0.026577T^{\frac{1}{2}}+0.0031443T-0.22751,$$

$$\text{铁}\cdots\cdots r=0.072545T^{\frac{1}{2}}+0.0038133T-1.23971。$$

由这一类的想法可知，一个炉子的温度，可以通过观察放在炉中的一根铂丝的电阻来加以测定。

马提林博士发现，当两种金属结合成合金时，合金的电阻在多数事例中都大于按照各成分金属的电阻及其性质来算出的电阻。在金和银的合金的事例中，合金的电阻既大于纯金的又大于纯银的电阻，而且，在各成分的一定限度的比例范围之内，合金的电阻几乎不随比例的变化而变化。基于这种原因，马提森博士就建议用两份重量的金和一份重量的银的合金来作为复制电阻单位的一种材料。

温度变化对电阻的效应，通常在合金中比在纯金属中要小。

因此普通的电阻线圈是用德银制成的，因为这种合金的电阻很大而其随温度的变化很小。

银和铂的一种合金也被用来制造标准线圈。

361.〕 某些金属的电阻当金属被退火时就会改变，从而只有当一根金属丝通过反复地升到高温而不再显示电阻的永久变化时，它才能够可靠地被当作一种电阻的标准。有些金属丝即使没有遭受温度的变化也会在时间过程中改变自己的电阻。因此确定汞的比电阻就是重要的。汞这种金属是液体，从而永远有相同的分子结构，而且很容易通过蒸馏或用硝酸处理来加以提纯。W. 西门子和 C. F. 西门子曾经很细心地测定了这种金属的电阻，他们引用了这个电阻来作为一种标准。他们的研究曾经得到了马提森和霍金的实验的补充。

汞的比电阻是由观察到的一根长度为 l 并充有质量为 w 的汞的管子的电阻按下述方式推出的。

---

① *Proc. R. S.*, April 27, 1871.

② 卡林达先生近来在卡文迪什实验室中所作的关于铂的电阻的实验已经证明，这些表示式是和高温下的事实不一致的。西门子的关于铂的公式要求电阻的温度系数在高温下变为常量并等于 0.0021，而实验却似乎在很高的温度下指示着一个慢得多的增加率，如果不是减小率的话。见 H. L. Callendar. 'On the Practical Measurement of Temperature,' *Phil Trans*. 178 A. pp. 161～230。

没有任何玻璃管的内径是到处完全相同的，但是，如果把少量的汞装入管中使它占据管子的一个长度 λ，而这个长度的中点到管子一端的距离是 x，则这一点附近的截面积 s 将是 $s=\frac{C}{\lambda}$，式中 C 是一个相同的常量。

充满整个管子的汞的质量是 $w=\rho\int s\mathrm{d}x=\rho C\sum\left(\frac{1}{\lambda}\right)\frac{l}{n}$，式中 n 是沿管子等距排列的在那里测量 λ 的各点的数目，而 ρ 是单位体积的质量。

整个管子的电阻是 $R=\int\frac{r}{s}\mathrm{d}x=\frac{r}{C}\sum(\lambda)\frac{l}{n}$，式中 r 是单位体积的比电阻。

由此可得 $wR=r\rho\sum(\lambda)\sum\left(\frac{1}{\lambda}\right)\frac{l^2}{n^2}$，从而单位体积的比电阻就是 $r=\frac{wR}{\rho l^2}\frac{n^2}{\sum(\lambda)\sum\left(\frac{1}{\lambda}\right)}$。

为了求出单位长度和单位质量的电阻，我们必须用密度来乘这个量。

由马提森和霍金的实验可知，长度为一米而质量为一克的均匀汞柱在 0℃时的电阻是 13.071 大英协会单位；由此可见，如果汞的比重是 13.595，则长度为一米而截面积为一平方毫米的汞柱的电阻是 0.96146 大英协会单位。

362.〕 在下面的表中，是按照马提森的实验[①]得出的电阻，R 是长度为一米而质量为一克的一个柱体在 0℃下以大英协会单位计的电阻，而 r 是一个立方厘米体积以厘米每秒计的电阻，这时假设一个大英协会单位等于 0.98677 地球象限弧。

	比重		R.	r.	20℃下每 1℃的电阻增量百分比
银……	10.50	冷拉	0.1689	1588	0.377
铜……	8.95	冷拉	0.1469	1620	0.388
金……	19.27	冷拉	0.4150	2125	0.365
铅……	11.391	压	2.257	19584	0.387
汞[②]……	13.595	液体	13.071	94874	0.072
金 2，银 1……	15.218	冷或退火	1.668	18326	0.065
100℃下的硒		晶态		6×10^{13}	1.00

关于电解质的电阻

363.〕 电解质电阻的测量，由于电极上的极化而成为很困难的；这种极化导致观察到的金属电极之间的势差大于实际上产生电流的那个电动势。

---

① *Phil. Mag.*，May，1865.

② 更新的实验已经给出了汞的比电阻的不同值。下面是在 0℃下对长度为一米而截面为一平方毫米的汞柱的电阻测定结果，以大英协会单位计：Lord Rayleigh and Mrs. Sidgwick，*Phil. Trans.* Part Ⅰ. 1883…95412，Glazebrook and Fitzpatrick，*Phil. Truns.* A. 1888…95352，Hutchinson and Wilkes，*Phil. Mag.* (5). 28. 17. 1889…95341.

这一困难可以用各种方法来克服。在某些情况下我们可以用适当材料的电极来消除极化,例如在硫酸锌溶液中用锌电极。通过把电极的表面做得比要测其电阻的那一部分电解质的截面大得多,并通过沿相反的方向交替地在短时间内接通电流,我们可以在电流的通过激起任何相当强的极化以前进行测量。

最后,通过进行两个不同的实验,我们也可以估计极化的总效应;在这两个实验中,电流在一个实验中在电解质中经过的路程要比在另一个实验中的路程长得多,而电动势则调节得使两个实验中的实际电流和它们流动的时间都接近相同。

364.〕 在帕耳佐夫博士[①]的实验中,电极被做成大圆盘的形状,放在分开的扁平容器中,容器中充有电解质,另外把一个很长的充有电解质的虹吸管的两端插在两个容器中,以便把它们连接起来。用了两个不同长度的这种虹吸管。

观察到的这些虹吸管中的电解质的电阻是 R_1 和 R_2;然后在这些虹吸管中充入汞,测得它们的电阻是 R_1' 和 R_2'。

于是就由公式 $\rho=\dfrac{R_1-R_2}{R_1'-R_2'}$。求出了形状相同的一部分汞和一部分电解质在 0℃下的电阻之比。

为了从各个 ρ 值推出长度为一厘米而截面积为一平方毫米的电解质的电阻,我们必须用汞在 0℃下的 r 值去乘这些 ρ 值。参阅第 361 节。

帕耳佐夫给出的结果如下:

硫酸和水的混合物

	温度	电阻和汞电阻之比
H_2SO_4	……15℃	96950
$H_2SO_4+14H_2O$	……19℃	14157
$H_2SO_4+13H_2O$	……22℃	13310
$H_2SO_4+499H_2O$	……22℃	184773
硫酸锌和水		
$ZnSO_4+33H_2O$	……23℃	194400
$ZnSO_4+24H_2O$	……23℃	191000
$ZnSO_4+107H_2O$	……23℃	354000
硫酸铜和水		
$CuSO_4+45H_2O$	……22℃	202410
$CuSO_4+105H_2O$	……22℃	339341
硫酸镁和水		
$MgSO_4+34H_2O$	……22℃	199180
$MgSO_4+107H_2O$	……22℃	324600
盐酸和水		
$HCl+15H_2O$	……23℃	13626
$HCl+500H_2O$	……23℃	86679

① *Berlin Monatsbericht*, July, 1868.

365.〕 F. 考耳劳什先生和 W. A. 尼波耳特先生[1]曾经测定了硫酸和水的混合物的电阻。他们使用了磁电式的电流，其电动势变动于格罗夫电池的电动势的$\frac{1}{2}$到$\frac{1}{74}$之间，而借助于一个铜-铁温差电偶，他们把电动势减到了格罗夫电池电动势的$\frac{1}{429000}$。他们发现，在整个的电动势范围之内，欧姆定律是适用于这种电解质的。

在含有大约三分之一的硫酸的混合物中，电阻有最小值。

电解质的电阻随温度的升高而减小。每增加 1℃时的电导增时百分比列在下面的表中：

以 0℃下的汞电阻表出的硫酸和水的混合物在 22℃下的电阻。据考耳劳什和尼波耳特。

18.5℃下的比重	H_2SO_4 的百分比	22℃下的电阻(Hg=1)	每 1℃的电导增量百分比
0.9985	0.0	746300	0.47
1.00	0.2	465100	0.47
1.0504	8.3	34530	0.653
1.0989	14.2	18946	0.646
1.1431	20.2	14990	0.799
1.2045	28.0	13133	1.317
1.2631	35.2	13132	1.259
1.3163	41.5	14286	1.410
1.3597	46.0	15762	1.674
1.3994	50.4	17726	1.582
1.4482	55.2	20796	1.417
1.5026	60.3	25574	1.794

关于电介质的电阻

366.〕 关于古塔波胶和在电报电缆的制造中用作绝缘媒质的其他材料，曾经进行过许多的电阻测定，为的是要确定这些材料作为绝缘质的价值。

通常测定是在材料已经用作导线的包皮以后才进行的，而导线就被用作一个电极；电缆被浸入一个水槽中，槽中的水就被用作另一个电极。于是电流就是透过用绝缘质制成的一个面积很大而厚度很小的圆柱形包皮而流动的。

经发现，当电动势开始作用时，电流绝不是恒定的，就如电流计所指示的那样。最初的效应当然是一个强度相当大的瞬变电流，总的电量被用来把绝缘体的表面充电到和电动势相对应的面电荷分布。因此，最初的电流就不是电导的一种量度而是绝缘层电容的一种量度。

---

[1] Pogg., *Ann*. cxxxviii. pp. 280, 370, 1869.

但是，即使在这种电流已经衰减掉以后，剩下来的电流也还不是恒定的，而且也并不指示物质的真实电导。人们发现电流至少在半小时之内还要继续减小，因此，如果过了一段时间以后再来按电流确定电阻，得到的值将大于刚一加上电池组就进行确定的电阻值。

例如，对于胡波尔的绝缘材料来说，10 分钟结束时的表观电阻是一分钟结束时的表观电阻的四倍，而 19 小时结束时的表观电阻则是一分钟结束时的表观电阻的 22 倍。当电动势的方向倒转时，电阻就降到等于或低于起初的电阻，然后又逐渐增高。

这些现象似乎起源于古塔波胶的一种状态；由于没有更好的名称，我们可以把这种状态叫做极化，并且一方面把它和一系列级联充电的莱顿瓶的状态相比拟，而另一方面又把它和第 271 节中的里特尔次级电堆相比拟。

如果把若干个大电容的莱顿瓶用一些电阻很大的导体（例如高更实验中的湿棉线）串联起来，则作用在这一串莱顿瓶上的一个电动势将产生一个电流，而正如一个电流计所指示的那样，这个电流将逐渐减小，直到各个莱顿瓶已经完全充电时为止。

这样一串东西的表观电阻将增大，而如果各个莱顿瓶的电介质是一种理想绝缘体，则表观电阻将无限地增大。如果电动势被取消，而把这一串东西的两端连接起来，那就可以观察到一个反向的电流，而其总电量在理想绝缘体的事例中将和正向电流的总电量相同。在次级电堆的事例中也观察到类似的效应，所不同的是最后的绝缘不是那么好，而且每单位面积的电容要大得多。

在用古塔波胶等等为包皮的电缆事例中，人们发现，在加上电池组半小时以后，若把导线和外电极连接起来，就会出现一个反向电流；这个电流将持续一段时间，并逐渐使体系还原到原来的状态。

这些现象是和由莱顿瓶的“残余放电”所指示的那些现象种类相同的，只除了极化的数量在古塔波胶等等中比在玻璃中要大得多。

这种极化状态似乎是材料的一种有向的性质；为了造成这种状态，不但要有一个电动势，而且要按照位移或其他方式而有一个相当大的电量的通过，而这种通过是需要相当的时间的。当极化状态已经建成时，就有一个内电动势在物质内部沿相反的方向而作用着；这种电动势将继续存在，直到它已经产生了一个总量等于第一个电流的反向电流，或是极化状态已经通过物质中的真实导电而暗暗消失时为止。

我们曾经称之为残余放电、电的吸收、起电或极化的那种现象的整个理论，是值得仔细研究的，而且是也许会导致有关物体之内部结构的重要发现的。

367.〕 多数电介质的电阻是随温度的升高而减小的。例如，古塔波胶在 0℃时的电阻约为它在 24℃时的电阻的 20 倍。布莱特先生和克拉克先生曾经发现，下面的公式可以给出和他们的实验相符的结果。如果 r 是古塔波胶在百分温度计 T 度下的电阻，则在 $T+t$ 度下的电阻将是 $R=r\times C^{t}$，式中 C 是一个常数，其数值随古塔波胶品种的不同而在 0.8878 和 0.9 之间变动。

霍金先生曾经证实了这样一件稀奇的事实：只有当古塔波胶已经达到了它的末温度若干小时以后，它的电阻才能达到它的对应值。温度对弹性橡皮的电阻的影响，不像对古塔波胶电阻的影响那么大。当受到压力时，古塔波胶的电阻将有颇大的增加。

用在不同电缆中的不同古塔波胶的一立方米的电阻，以欧姆为单位，如下表所示[①]：

电缆名称	
红海	$267\times10^{12}\sim362\times10^{12}$
马耳他—亚里山大里亚	1.23×10^{12}
波斯湾	1.80×10^{12}
第二大西洋	3.42×10^{12}
胡波尔的波斯湾缆芯	74.7×10^{12}
24℃下的古塔波胶	3.53×10^{12}

368.〕 根据第 271 节所描述的布夫实验算出的下面这个表，表示了不同温度下一立方米玻璃的以欧姆为单位的电阻。

温度	电阻
200℃	227000
250°	13900
300°	1480
350°	1035
400°	735

369.〕 C. F. 瓦尔莱先生[②]近来曾经考察了电流通过稀薄气体的条件，他发现电动势 E 等于一个常量 E_0 和一个按照欧姆定律而依赖于电流的部分，即 $E=E_0+RC$。

例如，使某一根管子中开始出现电流时所需要的电动势，是 323 个丹聂耳电池的电动势，而 304 个电池的电动势就刚刚足以维持电流了。按照电流计的测量，电流强度正比于比 304 多出的电池数目。例如，对于 305 个电池，偏转为 2；对于 306 个电池，偏转为 4；对于 307 个电池，偏转为 6；如此等等，直到 380 个，那就是 304＋76，这时偏转为 150，或 76×1.97。

由这些实验可以看出存在电极的一种极化，其电动势等于 304 个丹聂耳电池的电动势，而且直到此值为止，电动势是被用来建立这种极化状态的。当最大极化已经建成时，比 304 个电池电动势多出的部分电动势就被用来按照欧姆定律维持电流了。

因此，一种稀薄气体中的电流规律，和通过一种电解质的电流规律很相像；在电解质中，我们是必须照顾到电极的极化的。

联系到这一课题，我们必须研讨汤姆孙的结果；那就是，曾经发现，在空气中产生一个火花所需要的电动势不是正比于距离而是正比于距离加一个常量。和这个常量相对应的电动势可以看成电极极化的强度。

370.〕 魏德曼先生和吕耳曼先生[③]近来研究了电在气体中的通过。电流是用霍耳兹起电机来产生的，放电发生于充有稀薄气体的一个金属容器中的球形电极之间。放电

① Jenkin's *Cantor Lectures*.

② Proc. *R. S.*, Jan, 12, 1871.

③ *Berichte der Königl, Sächs. Gesellschaft*, Leipzing, Oct. 20, 1871.

通常是不连续的，相继放电之间的时间阶段利用一个和霍耳兹起电机的轴一起转动的镜子来测量。放电系列的像借助于一个具有分格物镜的测日计来观察；测日计被调节好，使每一次放电的一个像和下一次放电的另一个像相重合。利用这种方法，得到了很自洽的结果。经发现，每次放电的电量不依赖于电流强度和电极材料，而是依赖于气体的种类和密度，并依赖于电极的距离和形状。

这些研究证实了法拉第的下列叙述[①]：使一个导体的带电表面上开始出现一次破坏性放电时所需要的电张力(参阅第 48 节)，当所带的是负电时将比所带的是正电时稍小，但是当一次放电确已发生时，一次在正电表面上开始的放电所放出的电却要多得多。这些研究也倾向于支持在第 57 节中提出过的假说，那就是，凝聚在电极表面上的气体层在现象中起重要的作用。而且这些研究也指示出来，这种凝聚是在正电极上最大的。

① *Exp. Res.*, 1501.

第三编

磁　　学

· *Part* Ⅲ *Magnetism* ·

我们实验室的主要工作是熟悉各式各样的科学方法，并对它们进行比较，以对它们的价值作出估计。这是我们大学值得做的工作，在这里更可能好地完成任务。通过对不同科学程序相对价值的讨论，我们就可以成功地对某一学派进行科学的批评，这有助于方法学的发展。

——麦克斯韦（周兆平译）

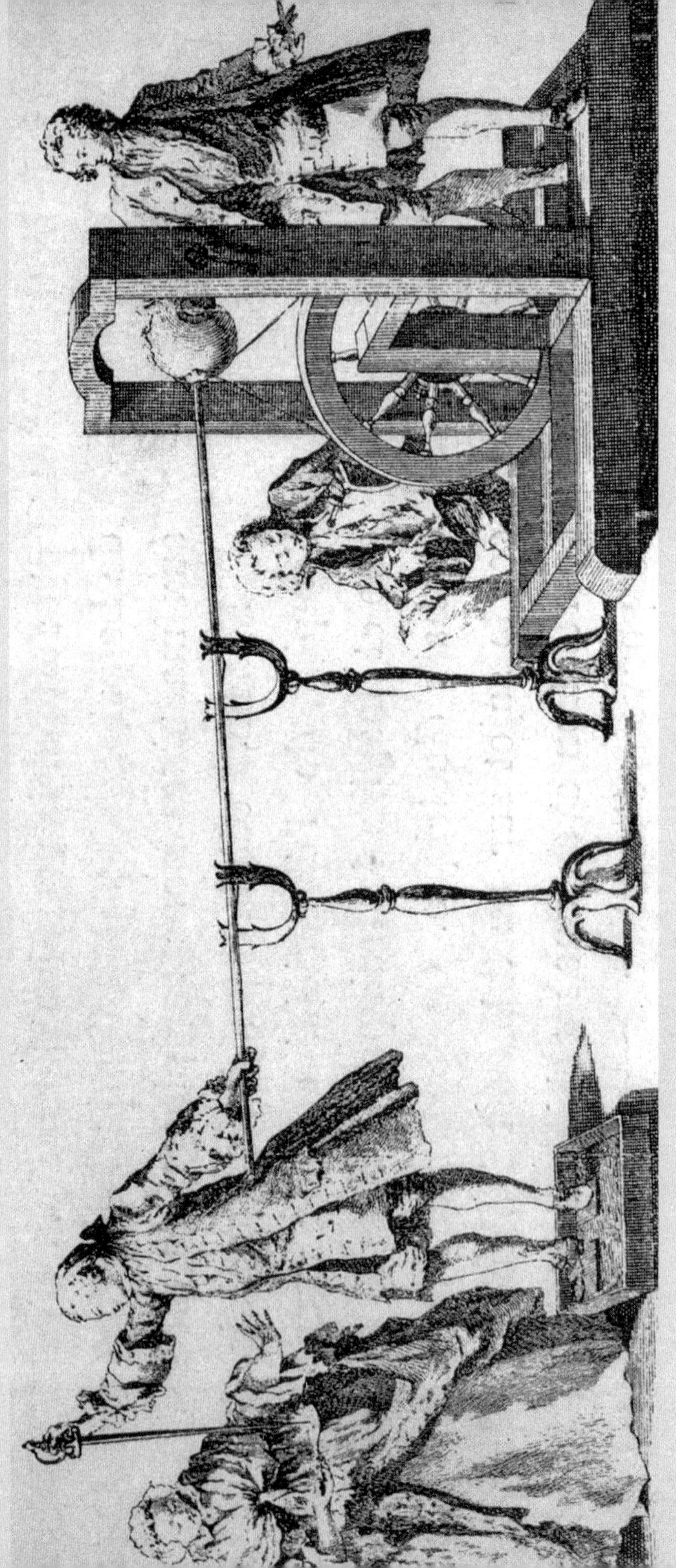

第二十六章 磁学的初等理论

371.〕 人们发现,某些物体,例如被称为磁石的一种铁矿石、地球本身以及经过某种处理的钢铁,具有下述的性质,并称为"磁体"。

如果一个磁体在地球表面附近除地磁极以外的任何地方被悬挂起来,使得它可以绕一个竖直轴而自由转动,则一般说来它将倾向于使自己沿着一个确定的方位,而如果从该方位上被扰动,它就将在该方位附近进行振动。一个没被磁化的物体并不具备这样的倾向,而是在任何方位上都同样处于平衡。

372.〕 经发现,作用在磁体上的力,倾向于使磁体中叫做"磁体轴线"的一条确定的线和空间中一条叫做"磁力的方向"的定线相平行。

让我们假设,磁体被悬挂得可以绕一个固定点而向一切方向自由转动。为了消除重力的影响,我们可以假设这个点就是它的重心。设磁体达到了一个平衡位置。在磁体上标出两个点,并记下它们在空间中的位置。然后,让磁体达到一个新的平衡位置,并注意磁体上两个标志点在空间中的位置。

既然在两个位置上磁体的轴线都和磁力的方向相重合,我们就必须找出在运动前后在空间中占据相同位置的那条线。由不变形物体的运动理论可知,这样一条线总是存在的,而和实际运动相等价的一种运动可以通过绕该线的简单转动来实现。

为了求得这条线,把每一标志点的起始位置和终末位置连接起来,并作这些连线的垂直平分面。二平面的交线就将是所求的线,它指示着磁体轴线的方向和磁力在空间中的方向。

上述这种方法在确定这些方向时是不方便的。当处理磁学测量时,我们还将回到这一课题上来。

经发现,在地面上的不同部分,磁力的方向是不同的,如果注意磁体轴线指向北方的一端,就会发现磁轴所沿的方向通常是从真实经线偏开一个一定的角度的,而两标志端点的整体则在北半球向下倾斜,而在南半球向上倾斜。

磁力方向从真正北方向西的偏转,叫做"磁偏角"。磁力方向和水平面之间的夹角,叫做"磁倾角"。这两个角度确定了磁力的方向,而当磁力强度也为已知时,磁力就是完全确定的了。地面不同部分的这三个要素之值的测量,它们按照观测地点和观测时间的变化方式的讨论,以及磁力及其变化的原因的考察,就构成"地磁"科学。

373.〕 现在让我们假设,若干个磁体的轴线已经确定,而每一磁体指向北方的一端

◀静电电流被用作恶作剧,也成了上流社会的玩物。来自旋转球体的电流通过一个男人(做了认真的绝缘)和他的剑将酒精点燃。

也已标出。这时，如果其中一个磁体是自由悬挂的，而另一个磁体被带到了它的附近，那就会发现，两个标志端互相推斥，一个标志端和一个未标志端互相吸引，而两个未标志端也互相推斥。

如果磁体是长棒形或长线形的，而且是沿着纵向而均匀磁化的（参阅第 284 节），那就会发现，当一个磁体的一端和另一磁体的一端相距很近时，力就显示得最为强烈；而这种现象就可以通过一种假设来加以说明，即假设各磁体的相似端互相推斥，其不相似端互相吸引，而各磁体的中间部分则没有显著的相互作用。

一个细长磁体的两端，通常叫做它的“极”。在沿长度均匀磁化的无限细磁体的事例中，两个端点就起着力心的作用，而磁体的其余部分则没有磁作用。在所有实际的磁体中，磁化都不是绝对地均匀，从而没有任何单个的点可以被看成磁极。然而，通过应用仔细磁化的细长棒，库仑却做到了两个相似磁极之间的力定律的建立（磁极间的媒质为空气）①。

二相同磁极之间的推斥力沿二极之连线，其数值等于二极强度的乘积除以极间距离的平方。

374.〕 这一定律，当然假设每一磁极的强度是用某种单位来量度的，该单位的大小可由定律的叙述推知。

单位磁极是一个指北的极，而且当在空气中和另一个单位磁极相距为一个单位时，它就会以单位的力推斥那个磁极，此处单位力的定义和第 6 节中的定义相同。一个指南的磁极被看成负的。

如果 m_1 和 m_2 是两个磁极的强度，l 是二者之间的距离，而 f 是推斥力，各量都以数字来表示，则有 $f=\dfrac{m_1m_2}{l^2}$。

但是，如果[m]、[L]和[F]是磁极、长度和力的具体单位，则有 $f[\mathrm{F}]=\left[\dfrac{\mathrm{m}}{\mathrm{L}}\right]^2\dfrac{m_1m_2}{l^2}$，由此即得 $[\mathrm{m}^2]=[\mathrm{L}^2\mathrm{F}]=\left[\mathrm{L}^2\dfrac{\mathrm{ML}}{\mathrm{T}^2}\right]$，或 $[\mathrm{m}]=[\mathrm{L}^{\frac{3}{2}}\mathrm{T}^{-1}\mathrm{M}^{\frac{1}{2}}]$。因此，单位磁极的量纲就是长度的 $\dfrac{3}{2}$ 次方、时间的（−1）次方和质量的 $\dfrac{1}{2}$ 次方。这种量纲是和在第 41、42 节中用完全相同的方法确定的电荷静电单位的量纲相同的。

375.〕 这一定律的精确性，可以认为已由库仑的扭秤实验所确立，并已由高斯和韦伯的实验以及许多磁观测站的所有观测员的实验所证实。那些观测员们每天都在进行着磁学量的测量，而假如力定律是错的，他们就会得出互相矛盾的结果。这一定律也通过它和电磁现象的定律的一致性而得到了更多的支持。

376.〕 我们一直称之为磁极强度的这个量，也可以叫做“磁量”，如果我们除了在磁极方面观察到的那些性质以外并不给“磁”指定别的性质的话。

既然“磁量”之间的力定律和数值相同的“电量”之间的力定律具有相同的数学形式，关于磁的许多数学处理就必然和关于电的处理相类似。然而也存在磁体的另外一些性

① Coulomb, *Mém. de l'Acad.* 1785, p. 603，并见 Biot's *Truité de Physique*, tome iii。

质,它们是必须牢记的和可能在物体的电学性质方面提供某些启示的。

一个磁体的磁极之间的关系

377.〕 磁体一极的磁量和另一极的磁量等值而异号,或者,说得更普遍一些就是:

在每一个磁体中,总的磁量(代数地算起来)是零。

因此,在一个在磁体所占之空间中是均匀而平行的力场中,作用在磁体的标志端上的力,就和作用在未标志端上的力恰好相等、反向而平行,从而二力之和就是一个静力矩,它倾向于使磁体的轴线转到一个确定的方向上,但是并不会沿任何方向而推动整个的磁体。

这一点,可以很容易地通过把磁体放入一个小容器并把容器浮在水面上来加以证明。容器将转到某一方向,以便磁体轴线尽可能地和地球磁力的方向相接近,但是却不存在整个容器沿任何方向的运动,因此就并不存在北向力对南向力的超额,也不存在相反的超额。根据一个事实也可以证明,一块钢铁的磁化并不会改变它的重心,并不会在一些纬度上使重心沿着轴线向北偏移。由转动现象确定的质心是保持不变的。

378.〕 如果对一个细长磁体的中部进行检验,就会发现那里并不具备任何磁性。但是如何在该点把磁体打断,则会发现两段物体在断点处各有一个磁极,而且这个新磁极是和该段原有的另一磁极正好相等而相反的。不论是通过磁化,或是通过打断磁体,或是通过任何别的办法,都是不可能得到一个具有不相等的磁极的磁体的。

如果把一个细长磁体打成若干短段,我们就将得到一系列短磁体,其中每一磁体的各极都和原始长磁体的各极具有接近相同的强度。这种磁极的增多不一定是能量的增大,因为我们必须记得,由于它们的互相吸引,我们在打断磁体以后必须做功才能使各段分开。

379.〕 现在,让我们把磁体的各段像从前那样摆在一起。在每一个接头处,将有两个正好相等而反号的磁极互相接触着,从而它们对任一其他磁极的合作用都将为零。因此,这样重新组合起来以后,磁体就将和以前具有相同的性质,就是说,它在两端各有一极,二者相等而异号,而其二极之间的部分则不显示任何磁作用。

既然在这一事例中我们知道长磁体是由一些小的短磁体组成的,而且现象又和在未打断磁体时的情况相同,那么我们就可以认为,甚至在未被打断以前。磁体也是由一些小的粒子组成的,其中每一粒子都有两个相等而异号的极。如果我们假设所有的磁体都是由这样的粒子组成的,那就显而易见,既然每一个粒子中的磁量代数和为零,整个磁体的总磁量也必为零,或者换句话说,它的磁极将具有相等的强度和相反的种类。

"磁质"学说

380.〕 既然磁作用的定律和电作用的定律具有完全相同的形式,赋予电现象以单"流体"或二"流体"之作用的那些相同的理由,就可以用来论证一种或两种"磁质"的存在，它可能是也可能不是“流体”。事实上，若只在纯数学的意义下来运用，一种磁质学说是不会无法解释现象的，如果新的规律被自由地引用来说明各个实际事实的话。

这些新规律之一必须是，磁流体不能从磁体的一个分子或粒子转移到它的另一个分子或粒子，而磁化过程则只是每一粒子中两种流体在某种程度上互相分离，这就使得一种流体在粒子的一端更加集中，而另一种流体则在粒子的另一端更加集中。这就是泊松的学说。

按照这种学说，一种可磁化物体的一个粒子，和一个已绝缘的不带电荷的小导体相仿佛；按照二流体学说，这种导体含有无限而正好相等的两种电的数量。当有一个电动势作用在这个导体上时，它就造成两种电的分离，而使它们在导体的对面两侧显示出来。按照这种学说，磁化力将以相仿的方式使起初处于中和状态的两种磁质互相分开，并使它们出现在被磁化粒子的面对面的两侧。

在某些物质中，例如在软铁或其他那些不可能被永久磁化的磁性物质中，当施感力消失时，这种磁状态将像导体的起电那样随之而消失①。在另一些物质中，例如在硬钢中，这种磁状态不易发生，而一旦发生，它在施感力被取消时也还会存留下来。

这种情况是用下列说法来表达的：在后一事例中，存在一种“顽滞力”(coercive force)，它倾向于阻止磁化的改变，而要增强或减弱一个磁体的性能，必先克服这个顽滞力。在起电物体的事例中，这种顽滞力将对应于一种电阻，而这种电阻和在金属中观察到的电阻不同，它在低于某值的电动势下将和完全的绝缘相等价。

这种关于磁的学说，正如关于电的对应学说一样，显然对于事实来说是太宽松的，它需要用一些人为的条件来加以限制。因为，它不仅没有给出任何理由来说明何以一个物体不会因为含有更多的两种流体而不同于另一物体，而且它还使我们能够说出含有过多的一种流体的一个物体将有什么样的性质。确实，关于这样的一个物体何以不能存在，倒是提出了一种理由的，但是这种理由只是作为一种事后的想法而被引用了来解释这一特定事实的。它并不是从这一学说中自动生长出来的。

381.〕 因此，我们必须寻求一种表达模式，它不会表达得太多，而且也将为由新事实发展而成的新想法的引用留下余地。我想，如果我们从认为一个磁体的粒子是“极化的”来开始，我们就将得到这样的表达模式。

“极化”一词的意义

如果一个物体的粒子具有一些和物体中某一直线或方向有关的性质，而且当物体保持着这些性质而被转动，以使这一方向反向时，如果粒子的这些性质相对于其他物体也反向，则按照这些性质来说，粒子就叫做极化的，而这些性质就叫做构成一种特定的极化。

例如，我们可以说物体绕一条轴线的转动就构成一种极化。因为，如果在转动继续

① 参阅第56页的脚注。

进行中轴线方向被颠倒过来，则物体对空间来说将是向反方向转动的。

通有电流的一个导电粒子可以说是极化的，因为，如果把粒子倒过来，而粒子中的电流则相对于粒子来说仍沿相同的方向在流动，则电流在空间中的方向将是反了向的。

简短地说，如果任何一个数学量或物理量具有在第 11 节中定义了的那种矢量的性质，则这种有向量所属于的任何一个物体或粒子就可以被说成是“极化的”①，因为在有向量的两个方向或两个极上，它是具有相反的性质的。

例如，地球的两极是和它的转动有关的，从而各极就具有不同的名称。

“磁极化”一词的意义

382.〕 当把一个物体的各粒子的状态说成磁极化时，我们的意思就是，一个磁体所能分成的那些最小部分中的每一个部分，都具有某些和通过粒子的一个确定方向有关的性质，该方向叫做粒子的“磁化轴”，而且，和这个轴的一端有关的那些性质，是与和另一端有关的那些性质相反的。

指定给粒子的那些性质，是和我们在整个磁体中观察到的那些性质同一种类的，而在假设各粒子具有这些性质时，我们所肯定的只是我们可以通过把磁体打成小块来证明的情况，因为我们发现其中每一小块都是一个磁体。

一个磁化粒子的性质

383.〕 设体积元 $dx\,dy\,dz$ 是磁体的一个粒子。让我们假设，粒子的性质就是一个磁体的性质，该磁体的正极强度是 m，而它的长度是 ds。于是，设 P 是空间中的任意点，它离正极的距离是 r 而离负极的距离是 r'，则由正极在 P 点引起的磁势将是 $\frac{m}{r}$，而由负极在 P 点引起的磁势将是 $-\frac{m}{r'}$，或者写成 $V=\frac{m}{rr'}(r'-r)$。 (1)

如果二极之间的距离 ds 很小，我们就可以令 $r'-r=ds\cos\varepsilon$， (2)

式中 ε 是从磁体画到 P 点的矢量和磁体轴线之间的夹角②，或者，在这种极限下就有

$$V=\frac{m\,ds}{r^2}\cos\varepsilon。 \tag{3}$$

① “极化”(polarizatisn，偏振)一词在光学中曾按和此处不一致的意义而被应用。在光学中，当一条光线具有一些和光线的侧向有关的性质，而这些性质在光线的对面两侧是相同的，则光线被说成是 polarized(偏振的)。这种 polarization 涉及另一种有向量，可以叫做“偶极量”，而以前那种有向量则可以叫做“单极量”。

当一个偶极量被反向时，它将和以前保持相同。固体中的张力和压强，伸长、压缩和畸变，以及结晶物体的大多数光学的、电学的和磁学的性质，都是偶极量。

磁性在透明物体中引起的使入射光的偏振面发生旋转的那种性质，正如磁性本身一样，是单极的性质。在第 303 节中提到过的那种旋转性，也是单极的。

② 这一轴线的正方向是从负极指向正极的。

磁 矩

384.〕 均匀纵向磁化的棒形磁体的长度和它的正极强度的乘积，叫做它的“磁矩”。

磁化强度

一个磁性粒子的磁化强度，就是它的磁矩和体积之比。我们将用 I 来代表它。

磁体任一点处的磁化，可以用磁化强度和磁化方向来定义。该方向可以用它的方向余弦 λ、μ、v 来定义。

磁化分量

磁体一点处的磁化(作为一个矢量或有向量)，可以用它相对于各坐标轴的三个分量表示出来。把这些分量写成 A、B、C，就有 $$A=I\lambda,B=I\mu,C=Iv,\tag{4}$$
而 I 的数值就由方程 $$I^2=A^2+B^2+C^2\tag{5}$$
来给出。

385.〕 如果我们所考虑的磁体部分是微分体积元 $\mathrm{d}x\mathrm{d}y\mathrm{d}z$，而 I 代表这一体积元的磁化强度，则它的磁矩是 $I\mathrm{d}x\mathrm{d}y\mathrm{d}z$。将方程(3)中的 $m\mathrm{d}s$ 代成比式，并记得

$$r\cos\epsilon=\lambda(\xi-x)+\mu(\eta-y)+v(\zeta-z),\tag{6}$$

式中 ξ、η、ζ 是从点(x,y,z)画起的矢量 $\boldsymbol{r}$ 的端点坐标，我们就得到由点(x,y,z)上的磁化体积元在点$(\xi$、η、$\zeta)$上引起的势 $$\{A(\xi-x)+B(\eta-y)+C(\zeta-z)\}\frac{1}{r^3}\mathrm{d}x\mathrm{d}y\mathrm{d}z。\tag{7}$$

为了求出由一个有限大小的磁体在点(ξ,η,ζ)上引起的势，我们必须对包含在磁体所占空间中的各个体积元求这个表示式的积分，或者说，

$$V=\iiint\{A(\xi-x)+B(\eta-y)+C(\zeta-z)\}\frac{1}{r^3}\mathrm{d}x\mathrm{d}y\mathrm{d}z。\tag{8}$$

分部积分，比式就变成

$$V=\iint A\frac{1}{r}\mathrm{d}y\mathrm{d}z+\iint B\frac{1}{r}\mathrm{d}z\mathrm{d}x+\iint C\frac{1}{r}\mathrm{d}x\mathrm{d}y-\iiint\frac{1}{r}\left(\frac{\mathrm{d}A}{\mathrm{d}x}+\frac{\mathrm{d}B}{\mathrm{d}y}+\frac{\mathrm{d}C}{\mathrm{d}z}\right)\mathrm{d}x\mathrm{d}y\mathrm{d}z,$$

式中前三项的双重积分是在磁体的表面上求的，而第四项的三重积分则是在表面内的空间中求的。

如果 l、m、n 代表从面积元 $\mathrm{d}s$ 向外画的法线的方向余弦，我们就可以像在第 21 节中那样把前三项的和式写成 $\iint(lA+mB+mC)\frac{1}{r}\mathrm{d}S$，式中的积分遍及于磁体的整个表面。

如果现在我们引用由方程组 $\sigma=lA+mB+nC,\rho=-\left(\frac{\mathrm{d}A}{\mathrm{d}x}+\frac{\mathrm{d}B}{\mathrm{d}y}+\frac{\mathrm{d}C}{\mathrm{d}z}\right)$来定义的两个

新符号 σ 和 ρ,则势的表示式可以写成 $V=\iint \frac{\sigma}{r}\mathrm{d}S+\iiint \frac{\rho}{r}\mathrm{d}x\,\mathrm{d}y\,\mathrm{d}z$。

386.〕 这一表示式和由一个物体所引起的电势的表示式完全相同;在该物体的表面上,有一个面密度为 σ 的面电荷,而在它的整个体积中则有一个体密度为 ρ 的体电荷。因此,如果我们假设 σ 和 ρ 就是我们曾经称之为"磁质"的那种假想物质分布的面密度和体密度,由这一假想分布所引起的势就将和由磁体之每一体积元的实际磁化所引起的势完全相同。

面密度 σ 就是磁化强度 I 在面积的外向法线方向上的分量,而体密度 ρ 就是磁体中给定点上的磁化强度的"敛度"(参阅第 25 节)。

这种把一个磁体的作用表示成由一种"磁质"分布所引起的作用的方法,是很方便的,但是我们必须永远记得,这只是一种表示一组极化粒子之作用的人为方法。

关于一个磁体性粒子对另一磁性粒子的作用

387.〕 如果我们像在关于球谐函数的一章的第 129b 节中那样令

$$\frac{\mathrm{d}}{\mathrm{d}h}=l\frac{\mathrm{d}}{\mathrm{d}x}+m\frac{\mathrm{d}}{\mathrm{d}y}+n\frac{\mathrm{d}}{\mathrm{d}z}, \tag{1}$$

式中 l、m、n 是轴线 h 的方向余弦,则由原点上磁轴平行于 h_1 而磁矩为 m_1 的一个磁性分子所引的势应是

$$V_1=-\frac{\mathrm{d}}{\mathrm{d}h_1}\frac{m_1}{r}=\frac{m_1}{r^2}\lambda_1, \tag{2}$$

式中 λ_1 是 h_1 和 r 之间的夹角的余弦。

其次,如果在矢径 r 的端点上放上第二个磁性分子,其磁矩为 m_2 而其磁轴平行于 h_2,则由一个分子对另一个分子的作用而引起的势能将是

$$W=m_2\frac{\mathrm{d}V_1}{\mathrm{d}h_2}=-m_1m_2\frac{\mathrm{d}^2}{\mathrm{d}h_1\mathrm{d}h_2}\left(\frac{1}{r}\right), \tag{3}$$

$$=\frac{m_1m_2}{r^3}(\mu_{12}-3\lambda_1\lambda_2), \tag{4}$$

式中 μ_{12} 是二轴线所夹之角的余弦,而 λ_1、λ_2 是各轴线和 r 所夹之角的余弦。

其次让我们确定第一个磁体倾向于使第二个磁体绕其中心而转动的那一力偶的矩。

让我们假设,第二个磁体在垂直于某一第三个轴线 h_3 的平面内转过了一个角度 $\mathrm{d}\varphi$,则反抗磁力所做的功将是 $\frac{\mathrm{d}W}{\mathrm{d}\varphi}\mathrm{d}\varphi$。而作用在磁体上的各力在这一平面上的力矩将是

$$-\frac{\mathrm{d}W}{\mathrm{d}\varphi}=-\frac{m_1m_2}{r^3}\left(\frac{\mathrm{d}\mu_{12}}{\mathrm{d}\varphi}-3\lambda_1\frac{\mathrm{d}\lambda_2}{\mathrm{d}\varphi}\right)。 \tag{5}$$

因此,作用在第二个磁体上的实际力矩可以看成两个力偶矩之和,其中一个力偶在平行于二磁体之轴线的平面内起作用,并以一力偶矩

$$\frac{m_1m_2}{r^3}\sin(h_1h_2) \tag{6}$$

而倾向于使二轴线之间的夹角增大,而第二个力偶则在通过 r 和第二个磁体的轴线的平面内起作用,并倾向于使这些方向之间的夹角减小,其力偶矩是

$$\frac{3m_1m_2}{r^3}\cos(rh_1)\sin(rh_2), \tag{7}$$

式中(rh_1)、(rh_2)、(h_1h_2)表示各线 r、h_1、h_2 之间的夹角①。

为了确定沿着平行于一条线 h_3 的方向而作用在第二个磁体上的力，我们必须计算

$$-\frac{\mathrm{d}W}{\mathrm{d}h_3}=m_1m_2\frac{\mathrm{d}^3}{\mathrm{d}h_1\mathrm{d}h_2\mathrm{d}h_3}\left(\frac{1}{r}\right), \tag{8}$$

$$=-m_1m_2\frac{\lfloor 3\,!\ Y_3}{r^4}, \text{根据第 129c 节},$$

$$=3\frac{m_1m_2}{r^4}\{\lambda_1\mu_{23}+\lambda_2\mu_{31}+\lambda_3\mu_{12}-5\lambda_1\lambda_2\lambda_3\}, \text{根据第 133 节}, \tag{9}$$

$$=3\lambda_3\frac{m_1m_2}{r^4}(\mu_{12}-5\lambda_1\lambda_2)+3\mu_{13}\frac{m_1m_2}{r^4}\lambda_2+3\mu_{23}\frac{m_1m_2}{r^4}\lambda_1. \tag{10}$$

如果我们假设实际的力是由三个分别沿 r、h_1 和 h_2 方向的力 R、H_1 和 H_2 合成的，则沿 h_3 方向的力是

$$\lambda_3R+\mu_{13}H_1+\mu_{23}H_2. \tag{11}$$

既然 h_3 的方向是任意的，我们就应该有

$$\left.\begin{aligned}R&=\frac{3m_1m_2}{r^4}(\mu_{12}-5\lambda_1\lambda_2),\\H_1&=\frac{3m_1m_2}{r^4}\lambda_2,\ H_2=\frac{3m_1m_2}{r^4}\lambda_1.\end{aligned}\right\} \tag{12}$$

力 R 是一个倾向于使 r 增大的推斥力；H_1 和 H_2 分别沿着第一个和第二个磁体的轴线而作用在第二个磁体上。

这种关于两个小磁体之间的作用力的分析，是由泰特教授在 1860 年 1 月份的 *Quarterly Math. Journ.* 上利用四元数分析而最初给出的。并请参阅他关于四元数的著作第二版的第 442～443 节。

特殊位置

388.〕 (1) 如果 λ_1 和 λ_2 各等于 1，也就是说，如果两个磁体的轴线位于同一直线上而且方向相同，则 $\mu_{12}=1$，而两磁体之间的力是一个推斥力 $R+H_1+H_2=-\frac{6m_1m_2}{r^4}$， (13)

负号表示它实际上是一个吸引力。

(2) 如果 λ_1 和 λ_2 是零，而 μ_{12} 是 1，则二磁体的轴线互相平行而垂直于 r，而力则是一个推斥力

$$\frac{3m_1m_2}{r^4}, \tag{14}$$

---

① 如果 θ_1、θ_2 是各磁体轴线和 r 之间的夹角，ψ 是分别包含第一个和第二个磁体的轴线及 r 的平面之间的夹角，则有 $\mu_{12}-3\lambda_1\lambda_2=-2\cos\theta_1\cos\theta_2+\sin\theta_1\sin\theta_2\cos\psi$。

于是作用在第二个磁体上的力偶，就和两个力偶相等价，其中一个力偶的轴线是 r，而且倾向于使 ψ 增大的力偶矩 $-\mathrm{d}W/\mathrm{d}\psi$ 是 $\frac{m_1m_2}{r^3}\sin\theta_1\sin\theta_2\sin\psi$。另一个力偶位于 r 和第二个磁体之轴线的平面内，其倾向于使 θ_2 增大的方偶矩 $-\mathrm{d}W/\mathrm{d}\theta_2$ 是 $-\frac{m_1m_2}{r^3}\{2\cos\theta_1\sin\theta_2+\sin\theta_1\cos\theta_2\cos\psi\}$。

这些力偶是和由(6)和(7)给出的力偶相等价的。

在这两种事例中，任何力偶都是不存在的。

(3) 如果 $\lambda_1=1$ 而 $\lambda_2=0$ 则 $\mu_{12}=0$。 (15)

作用在第二个磁体上的力将是 $\frac{3m_1m_2}{r^4}$，沿着它的轴线的方向；力矩将是 $\frac{2m_1m_2}{r^4}$，并倾向于把它转得和第一个磁体相平行。这就和单独一个力 $\frac{3m_1m_2}{r^3}$ 相等价，该力沿着平行于第二个磁体轴线的方向而起作用，并和 r 相交于从 m_2 算起的 2/3 的长度处①。

例如，在图 40 中，两个磁体被浮在水面上，m_2 位于 m_1 的轴线方向上，但是它自己的轴线却垂直于 m_1 的轴线。如果把两个分别和 m_1 及 m_2 刚性连接着的点 A、B 用一个弹簧 T 连接起来，则体系将处于平衡，如果 T 和直线 m_1m_2 在从 m_1 到 m_2 的 1/3 距离处垂直相交的话。

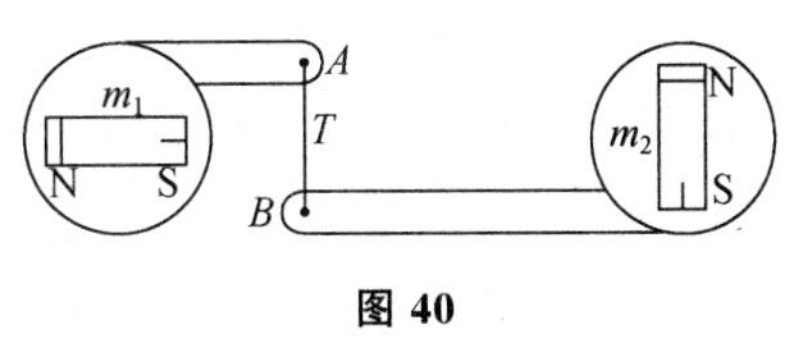

图 40

(4) 如果我们让第二个磁体绕着它的中心而自由转动，直到它达到一个稳定平衡位置时为止，则 W 对 h_2 而言将是一个极小值，从而由 m_2 引起的沿 h_1 方向的分力将是一个极大值。因此，如果我们希望利用中心位置给定的一些磁体来在给定点上沿给定方向产生尽可能大的磁力，则为了确定这些磁体的轴线的适当方向来产生这一效应，我们只需把一个磁体沿着给定的方向而放在给定点上，并观察当第二个磁体的中心位于另一给定点上时它的轴线的稳定平衡方向。于是，各磁体就必须摆得使它们的轴线沿着第二个磁体的轴线所指示的那些方向了。

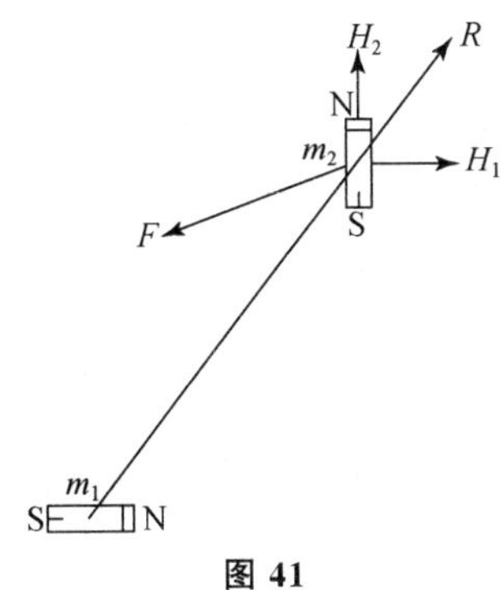

图 41

设第二个磁体位于一个对它的方向而言为稳定的平衡位置上，那么，既然作用在它上面的力偶为零，第二个磁体的轴线就必然和第一个磁体的轴线位于同一平面上。由此就有

$$(h_1h_2)=(h_1r)+(rh_2), \tag{16}$$

而既然力偶是

$$\frac{m_1m_2}{r^3}(\sin(h_1h_2)-3\cos(h_1r)\sin(rh_2)), \tag{17}$$

则当此力偶为零时我们就有

$$\tan(h_1r)=2\tan(rh_2), \tag{18}$$

或者写作

$$\tan H_1m_2R=2\tan Rm_{2'}H_2。 \tag{19}$$

当这一位置已经被第二个磁体所占据时，W 的值就变成 $m_2\frac{\mathrm{d}V_1}{\mathrm{d}h_2}$，式中 h_2 是由 m_1 在 m_2 处引起的力线的方向。由此即得

$$W=-m_2\sqrt{\left|\frac{\mathrm{d}V_1}{\mathrm{d}x}\right|^2+\left|\frac{\mathrm{d}V_1}{\mathrm{d}y}\right|^2+\left|\frac{\mathrm{d}V_1}{\mathrm{d}z}\right|^2}。 \tag{20}$$

---

① 在事例(3)中，第一磁体叫做“正指”第二磁体，而第二磁体则为“侧向”第一磁体。我们很容易利用公式(6)和(7)证明，假如第一磁体是“侧向”第二磁体的，则作用在第二磁体上的力偶将是 m_1m_2/r^3。因此，当致偏磁体“正指”时，力偶将是当它为“侧向”时的二倍。高斯曾经证明，假如力定律是和极间距离的 p 次方成反比的，则致偏磁体为“正指”时的力偶将是它为“侧向”时的 p 倍。通过比较这些情况下的力偶，我们可以比利用扭秤更精确地检证平方反比定律。

因此,第二个磁体将倾向于向着合力更大的地方运动。

作用在第二个磁体上的力,可以分解成力 R 和力 H_1。在这一事例中,R 永远是指向第一磁体的一个吸引力;力 H_1 是平行第一磁体的轴线的。我们有

$$R=3\frac{m_1m_2}{r^4}\frac{4\lambda_1^2+1}{\sqrt{3\lambda_1{}^2+1}},\quad H_1=3\frac{m_1m_2}{r^4}\frac{\lambda_1}{\sqrt{3\lambda_1{}^2+1}}\text{。}\tag{21}$$

在本卷后面所附的图版 14 中,画出了二维空间中的力线和等势面。引起这些力线和等势面的磁体被假设为两个长的圆棒,其截面由图中的两个空白圆面积来代表;这些圆棒是沿着箭头的方向而横向磁化的。

如果我们记得沿着力线是有一种张力的,那就很容易看到,每一个磁体都将倾向于按顺时针的方向而转动。

作为一个整体,位于右方的那个磁体也将倾向于向纸面上方运动,而位于左方的那个磁体则将倾向于向纸面下方运动。

放在磁场中的一个磁体的势能

389.〕 设 V 是由对所考虑的那个磁体起着作用的任一磁体系引起的磁势。我们将把 V 叫做外磁力的势。如果有一个强度为 m 而长度为 ds 的小磁体被摆得正极位于势为 V 的一点而负极位于势为 V' 的一点,则这个磁体的势能将是 $m(V-V')$,或者,如果 ds 是从负极向正极测量的,则势能是

$$m\frac{dV}{ds}ds\text{。}\tag{1}$$

如果 I 是极化强度,而 λ、μ、v 是它的方向余弦,我们就可以写出 $m\,ds=I\,dx\,dy\,dz$,和$\frac{dV}{ds}=\lambda\frac{dV}{dx}+\mu\frac{dV}{dy}+v\frac{dV}{dz}$,最后,如果 A,B,C 是极化分量,就有 $A=\lambda I$,$B=\mu I$,$C=vI$,于是磁体元的势能表示式(1)就变成

$$\left(A\frac{dV}{dx}+B\frac{dV}{dy}+C\frac{dV}{dz}\right)dx\,dy\,dz\text{。}\tag{2}$$

为了求出一个有限大小的磁体的势能,我们必须针对每一个磁体元求这一表示式的积分。于是我们就得到

$$W=\iiint\left(A\frac{dV}{dx}+B\frac{dV}{dy}+C\frac{dV}{dz}\right)dx\,dy\,dz\text{。}\tag{3}$$

这就是磁体相对于它所在的磁场而言的势能的值。

在这儿,势能是用磁化分量和由外因引起的磁力的分量表示出来的。

通过分部积分,我们可以用磁质的分布和磁势来表示它,于是就有

$$W=\iint(Al+Bm+Cn)V\,dS-\iiint V\left(\frac{dA}{dx}+\frac{dB}{dy}+\frac{dC}{dz}\right)dx\,dy\,dz,\tag{4}$$

式中 l、m、n 是面积元 dS 上的法线的方向余弦。如果我们把在第 365 节中给出的磁质的面密度和体密度的表示式代入这一方程中,则势能表示式变为

$$W=\iint V\sigma\,dS+\iiint V\rho\,dx\,dy\,dz\text{。}\tag{5}$$

我们可以把(3)式写成

$$W=-\iiint(A\alpha+B\beta+C\gamma)\,dx\,dy\,dz,\tag{6}$$

式中 α、β 和 γ 是外磁力的分量。

论一个磁体的磁矩和轴线

390.〕 如果外磁场在磁体所占据的空间中到处都在方向和大小上是均匀的，则各分量 α、β、γ 将是常量，而如果我们写出

$$\iiint A\mathrm{d}x\mathrm{d}y\mathrm{d}z=lK,\quad \iiint B\mathrm{d}x\mathrm{d}y\mathrm{d}z=mK,\quad \iiint C\mathrm{d}x\mathrm{d}y\mathrm{d}z=nK,\tag{7}$$

式中的积分遍及磁体的全部物质，则 W 的值可以写成 $W=-K(l\alpha+m\beta+n\gamma)$。 (8)

在这一表示式中，l、m、n 是磁体轴线的方向余弦，而 K 是磁体的磁矩。如果 ε 是磁体轴线和磁力 $\mathfrak{H}$ 的方向所夹的角，则 W 的值可以写成 $W=-K\mathfrak{H}\cos\varepsilon$。 (9)

如果磁体是悬挂着并可以绕着一条竖直轴线而转动的，就如在一个普通指南针的事例中那样，那就可以用 φ 来表示磁体轴线的方位角，而用 θ 来表示轴线对水平面的倾角。设地磁力的方向有一个方位角 δ 和一个倾角 ζ，则有

$$\alpha=\mathfrak{H}\cos\zeta\cos\delta,\quad \beta=\mathfrak{H}\cos\zeta\sin\delta,\quad \gamma=\mathfrak{H}\sin\zeta\tag{10}$$

$$l=\cos\theta\cos\varphi,\quad m=\cos\theta\sin\varphi,\quad n=\sin\theta;\tag{11}$$

由此即得

$$W=-K\mathfrak{H}\{\cos\zeta\cos\theta\cos(\varphi-\delta)+\sin\zeta\sin\theta\}。\tag{12}$$

倾向于使磁体绕竖直轴线转动而增大其 φ 角的力矩是

$$-\frac{\mathrm{d}W}{\mathrm{d}\varphi}=-K\mathfrak{H}\cos\zeta\cos\theta\sin(\varphi-\delta)。\tag{13}$$

磁体的势的体谐函数展式

391.〕 设 V 是由位于点 (ξ,η,ζ) 上的一个单位磁极所引起的势。在点 (x,y,z) 上，V 的值是

$$V=\{(\xi-x)^2+(\eta-y)^2+(\zeta-z)^2\}^{-\frac{1}{2}}。\tag{1}$$

这一表示式可以按中心位于坐标原点上的球谐函数展开。于是我们就有

$$V=V_0+V_1+V_2+\cdots,\tag{2}$$

式中 $V_0=\dfrac{1}{r}$，r 是从原点到点 (ξ,η,ζ) 的距离， (3)

$$V_1=\frac{\xi x+\eta y+\zeta z}{r^3},\tag{4}$$

$$V_2=\frac{3(\xi x+\eta y+\zeta z)^2-(x^2+y^2+z^2)(\xi^2+\eta^2+\zeta^2)}{2r^5},\cdots\tag{5}$$

为了确定当磁体位于用这个势来表示的力场中时的势能值，我们必须在第 389 节方程(3)的 W 表示式中对 x,y,z 求积分而把 ξ,η,ζ 和 r 看成常量。

如果我们只考虑由 V_0、V_1 和 V_2 所引入的各项，则结果将依赖于下列这些体积分，

$$lK=\iiint A\mathrm{d}x\mathrm{d}y\mathrm{d}z,\ mK=\iiint B\mathrm{d}x\mathrm{d}y\mathrm{d}z,\ nK=\iiint C\mathrm{d}x\mathrm{d}y\mathrm{d}z;\tag{6}$$

$$L=\iiint Ax\mathrm{d}x\mathrm{d}y\mathrm{d}z,\ M=\iiint By\mathrm{d}x\mathrm{d}y\mathrm{d}z,\ N=\iiint Cz\mathrm{d}x\mathrm{d}y\mathrm{d}z;\tag{7}$$

$$P=\iiint(Bz+Cy)\mathrm{d}x\mathrm{d}y\mathrm{d}z,Q=\iiint(Cx+Az)\mathrm{d}x\mathrm{d}y\mathrm{d}z,R=\iiint(Ay+Bx)\mathrm{d}x\mathrm{d}y\mathrm{d}z。\quad(8)$$

于是我们就得到一个磁体受到位于点(ξ,η,ζ)上的单位磁极的作用时的势能的值

$$W=K\frac{l\xi+m\eta+n\zeta}{r^3}+$$

$$\frac{\xi^2(2L-M-N)+\eta^2(2M-N-L)+\zeta^2(2N-L-M)+3(P\eta\zeta+Q\zeta\xi+R\xi\eta)}{r^5}。\quad(9)$$

这一表示式也可以看成一个单位磁极受到一个磁体的作用时的势能，或者简单地看成磁体在点(ξ,η,ζ)上引起的势。

一个磁体的中心及其主轴线和副轴线

392.〕 这一表示式可以通过改变坐标轴的方向和坐标原点的位置来加以简化。首先，我们将使 x 轴的方向平行于磁体的轴线。这就等于令 $l=1,m=0,n=0$。 (10)

如果我们保持各轴的方向不变而把坐标原点移到点(x',y',z')上，则各体积分 lK、mK 和 nK 将保持不变，而其他的积分则将变化如下：

$$L'=L-lKx',\quad M'=M-mKy',\quad N'=N-nKz';\quad(11)$$

$$P'=P-K(mz'+ny'),Q'=Q-K(nx'+lz'),R'=R-K(ly'+mx')。\quad(12)$$

现在，如果我们令 z 轴平行于磁体轴线，并令

$$x'=\frac{2L-M-N}{2K},\qquad y'=\frac{R}{K},\qquad z'=\frac{Q}{K},\quad(13)$$

则对于新坐标轴来说，M 和 N 的值都保持不变在而 L' 的值则变成$\frac{1}{2}(M+N)$。P 保持不变，而 Q 和 R 则变为零。因此我们就可以把势写成

$$K\frac{\xi}{r^3}+\frac{\frac{3}{2}(\eta^2-\zeta^2)(M-N)+3P\eta\zeta}{r^5}+\cdots。\quad(14)$$

于是我们就找到了一个相对于磁体为固定的点，而当取这个点作为坐标原点时，势函数的第二项将取最简单的形式。因此我们就把这个点定义为磁体的中心，而通过中心沿着以前称之为磁体轴线的那个方向画出的轴，则可以定义为磁体的主轴。

通过使 y 轴和 z 轴绕着 x 轴而转过一个角度，该角度等于其正切为$\frac{P}{M-N}$的那个角度的二分之一，我们就可以进一步简化结果。这将使 P 变为零，而势函数的最后形式就可以写成

$$K\frac{\xi}{r^3}+\frac{3}{2}\frac{(\eta^2-\zeta^2)(M-N)}{r^5}+\cdots。\quad(15)$$

这就是一个磁体的势函数中头两项的最简单形式。当 y 轴和 z 轴取这种位置时，它们就可以叫做磁体的副轴。

我们也可以通过找到坐标原点的一个位置来确定磁体的中心，对于那个位置来说，在一个单位半径的球面上求出的势函数第二项的平方的面积分是一个极小值。

按照第 141 节，必须取极小值的那个量就是

$$4(L^2+M^2+N^2-MN-NL-LM)+3(P^2+Q^2+R^2)。\quad(16)$$

由于原点位置的改变而引起的这个量的值的改变，可以由方程(11)和(12)推出。因此极小值的条件就是

$$\left.\begin{aligned} 2l(2L-M-N)+3nQ+3mR=0,\\ 2m(2M-N-L)+3lR+3nP=0,\\ 2n(2N-L-M)+3mP+3lQ=0。\end{aligned}\right\} \tag{17}$$

如果我们令 $l=1,m=0,n=0$，这些条件就变成 $2L-M-N=0,Q=0,R=0$，(18)这就是在前面的探讨中利用了的条件。

这种探讨可以和把由一个有重物质体系引起的势展开的那种探讨相对比。在后一事例中，最适宜取作原点的一点就是体系的重心，而最方便的坐标轴就是通过该点的几个惯量主轴。

在磁体的事例中，和重心相对应的一点位于磁轴上的无限远处，而我们称之为磁体中心的那个点是和重心性质不同的一个点。量 L、M、N 对应于一个物质体的惯量矩，而 P、Q、R 则对应于惯量积，只不过 L、M 和 N 不一定是正量。

当把磁体的中心取作原点时，第二阶球谐函数具有瓣谐形式，其轴线和磁体轴线相重合，而这一情况对于任何其他的点都是不成立的。

当磁体在这一轴线的所有各侧都为对称时，例如在一个旋成图形的事例中，包括二阶谐函数的那一项就根本不出现。

393.〕 在地球表面的所有各部分，除了两极附近的某些部分以外，一个磁体的一端总是指向北方，或者说至少是指向偏北的方向的，而其另一端则总是指向偏南的方向的。在谈到磁体的各端时，我们将采用流行的办法，即指北的一端叫做磁体的北端，而把指南的一端叫做它的南端。然而，当我们用磁质学说的语言来叙述问题时，我们将利用“玄武”(Boreal)和“朱雀”(Austral)二词。玄磁性是一种假想的物质，被假设为在地球的北半部最为丰富；而朱磁性则是在地球的南半部更丰富的那种假想磁质。一个磁体的北端的磁性是朱磁性，而其南端的磁性是玄磁性。因此，当我们谈到一个磁体的北端和南端时，我们并不是把那个磁体和看成一个大磁体的地球相比拟，而只是表达当磁体可以自由活动时它所力图采取的位置而已。另一方面，当我们想要比较假想的磁流体在磁体中和在地球中的分布时，我们就将利用“玄磁性”和“朱磁性”这些更加夸饰的名词。

394.〕 在谈到一个磁力场时，我们将用“磁北方”一词来表示当一个磁针被放在力场中时它的北端所指的方向。

在谈到磁力线时，我们将永远假设它是从磁南方画向磁北方的，而且我们将把这一方向称为正方向。同样，一个磁体的磁化方向，用从磁体的南端画向北端的一条线来表示，而磁体指北的一端被算作正端。

我们将把朱磁性即磁体指北的一端上的磁性叫做正磁性。如果我们用 m 来代表它的数值，则磁势是 $V=\sum\left(\frac{m}{r}\right)$，而磁力的正方向就是 V 减小的方向。

第二十七章　磁力和磁感

395.〕 我们已经确定了由一个磁体在一个给定点上引起的磁势(第 385 节),该磁体的磁化在它的物质的每一点上都是已给定的。我们已经指明,数学结果可以用磁体中每一个体积元的实际磁化表示出来,或是用一种假想的"磁质"分布表示出来;那种磁质的一部分集中在磁体的表面上,而其另一部分则散布在它的整个体积中。

这样定义的磁势,不论所给之点是在磁体之外或之内,都是用相同的数学过程来求出的。作用在位于磁体之外任一点上的一个单位磁极上的力,像在对应的电学问题中一样用相同的微分过程来从势函数求出。如果这个力的分量是 α、β、γ,则有

$$\alpha=-\frac{\mathrm{d}V}{\mathrm{d}x},\quad \beta=-\frac{\mathrm{d}V}{\mathrm{d}y},\quad \gamma=-\frac{\mathrm{d}V}{\mathrm{d}z}。\tag{1}$$

为了用实验来测定磁体内部一点上的磁力,我们首先必须把一部分磁化了的物质弄走,以形成一个空腔,而在这个空腔中我们将放进〔测量用的〕磁极。一般说来,作用在磁极上的力将依赖于这一空腔的形状,并依赖于各个腔壁和磁化方向所成的角。因此,在谈到磁体内部的磁力时,为了避免混淆,就有必要指定测量磁力时所在的空腔的形状和位置。很明显,当空腔的形状和位置已经指定时,空腔中放上磁极的那个点就必须被认为不再是位于磁体物质之内的,从而测定力的普通方法也就立刻成为可用的了。

396.〕 现在让我们考虑一个磁体的一部分,假设在磁体内部磁化的方向和强度都是均匀的。在磁体的这一部分中,设有一个柱状空腔被挖出,空腔的轴线平行于磁化的方向。另外,设有一个单位强度的磁极被放在了轴线的中点上。

既然这一柱体的母线是沿着磁化方向的,在弯曲的柱面上就不会有磁质的表面分布,而既然柱体的圆形端面是垂直于磁化方向的,那里就会有一种均匀的表面分布,其面密度在负端为 I 而在正端为 $-I$。

设柱体轴线的长度为 $2b$,而柱体的半径为 a。于是由表面分布引起的作用在位于轴线中点上的一个磁极上的力,就是来自正端圆盘的吸引力和来自负端圆盘的推斥力。这两个力是相等而同向的,而其合力就是

$$R=4\pi I\left(1-\frac{b}{\sqrt{a^2+b^2}}\right)。\tag{2}$$

由这一表示式可以看出,力并不依赖于空腔的绝对尺寸而是依赖于柱体的长度和直径之比。因此,不论我们把空腔弄得多小,由腔壁上的表面分布所引起的力一般都将保持为有限。

397.〕 迄今为止,我们一直假设在挖出空腔的那一磁体部分中磁化是均匀的和到处方向相同的。当磁化并不是如此限定时,一般说来就有假想磁质的一种分布存在于整个磁体的物质中。柱体的挖除将带走这种分布的一个部分。但是,既然相似图形中各对应点上的力正比于图形的线度,由磁质体密度而来的作用在磁极上的力的改变量〔即由

挖出空腔而造成的改变量〕,就将随着空腔尺寸的减小而无限地减小,而由腔壁上的面密度引起的效应则一般将会保持有限。

因此,如果我们假设柱体的尺寸足够小,以致被挖走的部分的磁化可以看成到处都平行于柱体轴线并具有常值大小 I,则作用在位于柱状空腔的轴线中点上的一个磁极上的力将由两个力合成。其中第一个力就是由磁体外表面上的磁质分布以及除所挖空腔以外整个磁体内部的磁质分布所引起的力。这个力的分量,就是按照方程(1)而由势函数导出的 α、β 和 γ。第二个力就是沿着柱体的轴线而作用的力 R,其方向是磁化的方向。这个力的值依赖于柱状空腔的长度和直径之比。

398.〕 **事例Ⅰ**。设这一比值很大,或者说,设柱体的直径比它的长度小得多。把 R 的表示式按 $\frac{a}{b}$ 的幂次展开,我们就有

$$R=4\pi I\left\{\frac{1}{2}\frac{a^2}{b^2}-\frac{3}{8}\frac{a^4}{b^4}+\cdots\right\},\tag{3}$$

这是当令 b 和 a 之比趋于无限大时就会变为零的一个量。因此,当空腔是轴线平行于磁化方向的一个很细的柱体时,空腔中的磁力就不会受到柱体两端的表面分布的影响,从而这个力的分量就简单地是 α、β、γ 而此处

$$\alpha=-\frac{\mathrm{d}V}{\mathrm{d}x},\quad \beta=-\frac{\mathrm{d}V}{\mathrm{d}y},\quad \gamma=-\frac{\mathrm{d}V}{\mathrm{d}z}。\tag{4}$$

我们将把这种形状的空腔中的力定义为磁体内部的磁力。威廉·汤姆孙爵士曾把这种定义称为磁力的“极定义”(Polar definition)。当我们有机会把这个力看成一个矢量时,我们将用 $\mathfrak{H}$ 来代表它。

399.〕 **事例Ⅱ**。设柱体的长度比它的直径小得多,以致柱体变成一个很薄的圆盘。把 R 的表示式按 $\frac{b}{a}$ 的幂次展开,它就变成

$$R=4\pi I\left\{1-\frac{b}{a}+\frac{1}{2}\frac{b^3}{a^3}-\cdots\right\},\tag{5}$$

当把 a 和 b 的比值取为无限大时,这个表示式的最终值就是 $4\pi I$。

因此,当空腔的形状是其平面垂直于磁化方向的一个薄圆盘时,放在轴线中点上的一个单位磁极就受到起源于盘子的圆形表面上的表面磁性的一个沿磁化方向的力 $4\pi I$①。

既然 I 的分量是 A、B 和 C,这个力的分量就是 $4\pi A$、$4\pi B$ 和 $4\pi C$。这个力必须和分量为 α、β、γ 的那个力合成在一起。

400.〕 设用矢量 $\mathfrak{B}$ 代表作用在单位磁极上的实际力,用 a、b 和 c 代表它的分量,则有

$$\left.\begin{aligned}a&=\alpha+4\pi A,\\ b&=\beta+4\pi B,\\ c&=\gamma+4\pi C,\end{aligned}\right\}\tag{6}$$

我们将把其平面垂直于磁化方向的一个中空圆盘中的力定义为磁体中的“磁感”。威廉·汤姆孙爵士曾把这一定义叫做磁力的“电磁定义”。

---

① 关于其他形状的空腔中的力。

1. 任意窄缝——起源于表面磁化的力是 $4\pi I\cos\varepsilon$,并着裂缝平面的法线方向 ε,此处 ε 是该法线和磁化方向之间的夹角。当裂缝平行于磁化方向时,力就是磁力 $\mathfrak{H}$;当裂缝垂直于磁化方向时,力就是磁感 $\mathfrak{B}$。

2. 在其轴线和磁化方向成一角度 ε 的一个无限拉长的柱体中,由表面磁性引起的力是 $2\pi I\sin\varepsilon$,并在包含轴线和磁化方向的平面内垂直于轴线。

3. 在一个球中,由表面磁性引起的力是 $\frac{1}{3}\pi I$,并沿着磁化的方向。

磁化 $\mathfrak{I}$、磁力 $\mathfrak{H}$ 和磁感 $\mathfrak{B}$ 这三个矢量，是用矢量方程 $\mathfrak{B}=\mathfrak{H}+4\pi\mathfrak{I}$ (7)
来互相联系的。

磁力的线积分

401.〕 既然在第 398 节中定义的磁力是由磁体的表面上的和整个体积中的自由磁质引起的，而且是不受空腔之表面磁质的影响的，它就可以由磁体之势的普遍表示式直接推得，而从点 A 到点 B 沿任意曲线计算的磁力的线积分就是

$$\int_A^B\left(\alpha\frac{\mathrm{d}x}{\mathrm{d}s}+\beta\frac{\mathrm{d}y}{\mathrm{d}s}+\gamma\frac{\mathrm{d}z}{\mathrm{d}s}\right)\mathrm{d}s=V_A-V_B, \tag{8}$$

式中 V_A 和 V_B 分别代表 A 点和 B 点的势。

磁感的面积分

402.〕 通过曲面 S 的磁感〔通量〕，定义为下列积分的值： $Q=\iint\mathfrak{B}\cos\varepsilon\mathrm{d}S$， (9)

式中 $\mathfrak{B}$ 代表面积元 $\mathrm{d}S$ 上的磁感的量值，ε 代表磁感方向和面积元法线之间的夹角，而积分应遍及整个的曲面，该曲面可以是闭合的，也可以是以一条闭合曲线为其边界的。

如果 a、b、c 代表磁感的分量，而 l、m、n 代表法线的方向余弦，则面积分可以写成

$$Q=\iint(la+mb+nc)\mathrm{d}S。 \tag{10}$$

如果把磁感的各个分量代换成第 400 节中给出的用磁力分量和磁化分量表示出来的那些值，我们就得到 $Q=\iint(l\alpha+m\beta+n\gamma)\mathrm{d}S+4\pi\iint(lA+mB+nC)\mathrm{d}S$。(11)

现在我们将假设求积分时所在的曲面是一个闭合曲面，并考察等式右端两项的值。

既然磁力和自由磁质之间的关系与电力和自由电荷之间的关系具有相同的数学形式，我们就可以把在第 77 节中给出的结果应用于 Q 值中的第一项。为此，我们用磁力分量 α、β、γ 来代替在第 77 节中给出的电力分量 X、Y、Z，并用闭合曲面中自由磁质的代数和 M 来代替自由电荷的代数和 e。

于是我们就得到一个方程

$$\iint(l\alpha+m\beta+n\gamma)\mathrm{d}S=4\pi M。 \tag{12}$$

既然每一个磁粒子都有两个数值相等而符号相反的极，粒子的磁质的代数和就是零。因此，完全位于闭合曲面 S 之内的那些粒子就不会对 S 内的磁质代数和有任何贡献。因此 M 的值就只依赖于被曲面 S 所交截的那些磁粒子。

试考虑磁体的一个体积元，设其长度为 s，截面积为 k^2，并沿着它的长度而被磁化，使得它的磁极强度为 m。这一体积元的磁矩将是 ms，而既然磁化强度 I 等于磁矩和体积之比，我们就有

$$I=\frac{m}{k^2}。 \tag{13}$$

设这个小磁体被曲面 S 所交截，而其磁化方向和曲面之外向法线的夹角为 ε'，则有

$$k^2 = \mathrm{d}S\cos\varepsilon'。\tag{14}$$

此处 $\mathrm{d}S$ 代表交截面积。这一磁体的负极 $-m$ 位于曲面 S 内部。

因此，如果我们用 $\mathrm{d}M$ 来代表这一小磁体对 S 内部自由磁质的那一部分贡献，就有

$$\mathrm{d}M = -m = -Ik^2 = -I\cos\varepsilon'\mathrm{d}S。\tag{15}$$

为了求出闭合曲面 S 内部自由磁质的代数和 M，我们必须在该闭合曲面上求这一表示式的积分，于是就有 $M=-\iint I\cos\varepsilon'\mathrm{d}S$，或者，用 A、B、C 代表磁化分量，用 l、m、n 代表外向法线的方向余弦，就得到 $M=-\iint(lA+mB+nC)\mathrm{d}S$。　(16)

这就给出了方程(11)右端第二项中的积分的值。因此，该方程中的 Q 的值就可以由方程(12)和(16)求出，

$$Q = 4\pi M - 4\pi M = 0,\tag{17}$$

或者说，通过任一闭合曲面的磁感的面积分都是零。

403.〕　如果把微分体积元 $\mathrm{d}x\mathrm{d}y\mathrm{d}z$ 的表面取成所涉及的闭合曲面，我们就得到一个方程

$$\frac{\mathrm{d}a}{\mathrm{d}x}+\frac{\mathrm{d}b}{\mathrm{d}y}+\frac{\mathrm{d}c}{\mathrm{d}z}=0。\tag{18}$$

这就是磁感分量永远满足的管状条件。

既然磁感的分布是管状的，通过以一条闭合曲线为边的任意曲面的磁感就只依赖于曲线的形状和位置，而不依赖于曲面本身的形状和位置。

404.〕　每一点都满足条件

$$la+mb+nc=0\tag{19}$$

的曲面，叫做无磁感面，而两个这种曲面的交线叫做无磁感曲线。因此，一条曲线 s 可以是无磁感曲线的条件就是

$$\frac{1}{a}\frac{\mathrm{d}x}{\mathrm{d}s}=\frac{1}{b}\frac{\mathrm{d}y}{\mathrm{d}s}=\frac{1}{c}\frac{\mathrm{d}z}{\mathrm{d}},\tag{20}$$

通过一条闭合曲线上每一点的一族磁感线，形成一个管状的曲面，叫做一个“磁感管”。

通过一根管子的任一截面的磁感都是相同的。如果磁感为 1，则此管叫做“单位磁感管”。

如果按照磁感线和磁感管来理解，则法拉第[①]关于磁力线和磁力管的一切议论都是数学地正确的。

磁力和磁感在磁体外面是等同的，但是在磁体物质的内部，它们却必须仔细地加以区分。

在一个均匀磁化的直棒磁体中，由磁体本身引起的磁力在磁体内部和外面的空间中都是从我们称之为正极的指北极到负极即指南极的。

另一方面，磁感却在磁体外面从正极到负极，而在磁体内部从负极到正极，从而磁感线和磁感管都是一些回头的或循环的图形。

磁感作为一个物理量的重要性，我们当学到电磁现象时就会更清楚地看出。当磁场是用一条运动导线来加以探测，就如在法拉第的 *Exp. Res.* 3076 中那样时，直接被测的就是磁感而不是磁力。

---

① *Exp. Res.* series. xxviii.

磁感的矢势

405.〕 既然正如我们已经在第 403 节中指明了的那样,通过以一条闭合曲线为边的曲面的磁感是依赖于该闭合曲线而不依赖于闭合曲线所限定的曲面的,那就必然能够利用一种只依赖于该曲线而不涉及形成曲线之罩膜的一个曲面之画法的过程,来确定通过闭合曲线的磁感。

这一点可以通过求出和磁感 $\mathfrak{B}$ 相联系着的一个矢量 $\mathfrak{A}$ 来达成,这时 $\mathfrak{A}$ 沿闭合曲线的线积分应该等于 $\mathfrak{B}$ 在以闭合曲线为边的一个曲面上的面积分。

如果在第 24 节中把 F、G、H 看成 $\mathfrak{A}$ 的分量而把 a、b、c 看成 $\mathfrak{B}$ 的分量,我们就得到这些分量之间的关系式

$$a=\frac{\mathrm{d}H}{\mathrm{d}y}-\frac{\mathrm{d}G}{\mathrm{d}z},\quad b=\frac{\mathrm{d}F}{\mathrm{d}z}-\frac{\mathrm{d}H}{\mathrm{d}x},\quad c=\frac{\mathrm{d}G}{\mathrm{d}x}-\frac{\mathrm{d}F}{\mathrm{d}y}。\tag{21}$$

其分量为 F、G、H 的矢量 $\mathfrak{A}$,叫做磁感的矢势。

如果有一个磁矩为 m 而其磁化轴线的方向为(λ,μ,v)的磁分子位于坐标原点上,则由第 387 节可知,距原点为 r 的一个点(x,y,z)上的势是

$$-m\left(\lambda\frac{\mathrm{d}}{\mathrm{d}x}+\mu\frac{\mathrm{d}}{\mathrm{d}y}+v\frac{\mathrm{d}}{\mathrm{d}z}\right)\frac{1}{r};\quad 故\ c=m\left(\lambda\frac{\mathrm{d}^2}{\mathrm{d}x\,\mathrm{d}z}+\mu\frac{\mathrm{d}^2}{\mathrm{d}y\,\mathrm{d}z}+v\frac{\mathrm{d}^2}{\mathrm{d}z^2}\right)\frac{1}{r},$$

利用拉普拉斯方程,此式可以写成 $m\frac{\mathrm{d}}{\mathrm{d}x}\left(\lambda\frac{\mathrm{d}}{\mathrm{d}z}-v\frac{\mathrm{d}}{\mathrm{d}x}\right)\frac{1}{r}-m\frac{\mathrm{d}}{\mathrm{d}y}\left(v\frac{\mathrm{d}}{\mathrm{d}y}-\mu\frac{\mathrm{d}}{\mathrm{d}z}\right)\frac{1}{r}$。

a、b 各量也可以按同样方式来处理。

由此即得 $F=m\left(v\frac{\mathrm{d}}{\mathrm{d}y}-\mu\frac{\mathrm{d}}{\mathrm{d}z}\right)\frac{1}{r}=\frac{m(\mu z-vy)}{r^3}$。

利用对称性,由此式也可求出 G 和 H。于是我们就看到,由一个位于原点上的磁化粒子在一个给定点上引起的矢势,在数值上等于粒子的磁矩除以矢径的平方并乘以磁化轴线和矢径之夹角的正弦,而矢势的方向则垂直于磁化轴线和矢径的平面,而且对于一个沿磁化轴线的正方向看过去的眼睛来说,矢径是沿着顺时针的方向画出的。

由此可见,对于任意形状的磁体来说,若在点(x,y,z)处的磁化分量是 A、B、C,则点(ξ,η,ζ)上的矢势分量是

$$\left.\begin{aligned}F&=\iiint\left(B\frac{\mathrm{d}p}{\mathrm{d}z}-C\frac{\mathrm{d}p}{\mathrm{d}y}\right)\mathrm{d}x\,\mathrm{d}y\,\mathrm{d}z,\\ G&=\iiint\left(C\frac{\mathrm{d}p}{\mathrm{d}x}-A\frac{\mathrm{d}p}{\mathrm{d}z}\right)\mathrm{d}x\,\mathrm{d}y\,\mathrm{d}z,\\ H&=\iiint\left(A\frac{\mathrm{d}p}{\mathrm{d}y}-C\frac{\mathrm{d}p}{\mathrm{d}x}\right)\mathrm{d}x\,\mathrm{d}y\,\mathrm{d}z,\end{aligned}\right\}\tag{22}$$

式中为了方便,用 p 代表了点(ξ,η,ζ)和点(x,y,z)之间的距离的倒数,而积分则遍及于磁体所占的空间。

406.〕 第 385 节中磁力的标势或普通的势,当用同样的符号表示出来时就是

$$V=\iiint\left(A\frac{\mathrm{d}p}{\mathrm{d}x}+B\frac{\mathrm{d}p}{\mathrm{d}y}+C\frac{\mathrm{d}p}{\mathrm{d}z}\right)\mathrm{d}x\,\mathrm{d}y\,\mathrm{d}z。\tag{23}$$

记得$\frac{\mathrm{d}p}{\mathrm{d}x}=-\frac{\mathrm{d}p}{\mathrm{d}\xi}$并记得积分 $\iiint A\left(\frac{\mathrm{d}^2p}{\mathrm{d}x^2}+\frac{\mathrm{d}^2p}{\mathrm{d}y^2}+\frac{\mathrm{d}^2p}{\mathrm{d}z^2}\right)\mathrm{d}x\,\mathrm{d}x\,\mathrm{d}y\,\mathrm{d}z$。

当点(ξ,η,ζ)位于积分域内时的值是$-4\pi(A)$，而当它不位于积分域内时的值是零，此处(A)是A在点(ξ,η,ζ)上的值，我们就得到磁感之x分量的表示式如下：

$$
\begin{aligned}
a=\frac{dH}{d\eta}-\frac{dG}{d\zeta}&=\iiint\left\{A\left(\frac{d^2p}{dy\,d\eta}+\frac{d^2p}{dz\,d\zeta}\right)-B\frac{d^2p}{dx\,d\eta}-C\frac{d^2p}{dx\,d\zeta}\right\}dx\,dy\,dz\\
&=-\frac{d}{d\xi}\iiint\left\{A\frac{dp}{dx}+B\frac{dp}{dy}+C\frac{dp}{dz}\right\}dx\,dy\,dz-\iiint A\left(\frac{d^2p}{dx^2}+\frac{d^2p}{dy^2}+\frac{d^2p}{dz^2}\right)dx\,dy\,dz。
\end{aligned}
\tag{24}
$$

此式的第一项，显然就是$-\frac{dV}{d\xi}$，或者说是磁力的分量α。

第二项中的被积分式对每一体积元都为零，只有包含点(ξ,η,ζ)的体积元例外。如果A在点(ξ,η,ζ)上的值是(A)，则很容易证明第二项的值是$4\pi(A)$，此处(A)在磁体外面的所有各点上显然都是零。

现在我们可以把磁感的x分量写成

$$a=\alpha+4\pi(A),\tag{25}$$

这是和第400节中给出的那些方程的第一个方程相等同的一个方程。关于b和c的方程也将和第400节中的方程相一致。

我们已经看到，磁力$\mathfrak{H}$是通过哈密顿算符∇的应用而从标量磁势V推出的，从而我们可以像在第17节中一样地写出

$$\mathfrak{H}=-\nabla V,\tag{26}$$

而且这个方程是在磁体之外或之内都成立的。

由现在的考察可以看出，磁感$\mathfrak{B}$是通过同一算符的应用而从矢势$\mathfrak{A}$导出的，而且结果是在磁体之内和之外都能成立的。

这一算符对一个矢量函数的应用，通常将给出一个标量和一个矢量。然而，我们曾称之为矢量函数之敛度的那个标量部分，当矢量函数满足管状条件

$$\frac{dF}{d\xi}+\frac{dG}{d\eta}+\frac{dH}{d\zeta}=0\tag{27}$$

时将等于零。通过求方程组(22)中F、G、H的表示式的导数，我们发现各该量是满足这一条件的。

因此我们可以写出磁感和它的矢势之间的关系式$\mathfrak{B}=\nabla\mathfrak{A}$，这可以用文字表示出来，即磁感等于矢势的旋度。参阅第25节。

第二十八章　磁管和磁壳①

论特殊形式的磁体

407.〕 如果形如导线的一种磁性物质的细长丝到处沿纵向而被磁化，则细丝的任一截面和该截面上平均磁化强度的乘积，叫做磁体在该截面上的强度。如果细丝在截面处被切成两段而不改变其磁化，则两个表面在分开以后将被发现具有相等而异号的表面磁量，其中每一磁量都在数值上等于磁体在该截面处的强度。

一条磁性物质细丝，如果磁化得在每一截面上都具有相同强度而不论截面取在沿轴线的何处，就叫做一条"磁管"。如果 m 是磁管的强度，$\mathrm{d}s$ 是它的一个长度元，而 s 是从磁体的负极向正极测量的，设 r 是这一长度元到一个给定点的距离，而 ε 是 r 和长度元的磁化轴线之间的夹角，则由这一长度元在所给点上引起的势是 $\frac{m\,\mathrm{d}s\cos\varepsilon}{r^2}=-\frac{m}{r^2}\frac{\mathrm{d}r}{\mathrm{d}s}\mathrm{d}s$。

把这一表示式对 s 求积分，以照顾到磁管的所有各长度元，就得到磁管的势函数 $V=m\left(\frac{1}{r_1}-\frac{1}{r_2}\right)$，式中 r_1 是磁管的正极到测量磁势所在之点的距离，而 r_2 是磁管的负极到该点的距离。

因此，由一条磁管引起的势，从而还有它的一切磁效应，都只依赖于磁管的强度及其两个端点的位置，而完全不依赖于它在二点之间的形状，不依赖于它是直的还是弯的。

因此，一条磁管的两个端点，就可以在一种直接的意义下被称为它的两个极。

如果磁管形成一条闭合的曲线，则由它引起的势在每一点上都为零，因此这样一条磁管不能产生任何的磁作用，而且，不在某一点上把它切断并将断点分开，它的磁化也就不可能被发现。

如果一个磁体可以划分为若干磁管，而且各磁管不是形成闭合曲线就是在磁体的外表面上有其端点，则磁体的磁化叫做管状的，而且，既然磁体的作用完全取决于各磁管端点的作用，假想磁质的分布就将是完全的面分布。

因此，磁化为管状的条件就是 $\frac{\mathrm{d}A}{\mathrm{d}x}+\frac{\mathrm{d}B}{\mathrm{d}y}+\frac{\mathrm{d}C}{\mathrm{d}z}=0$，式中 A、B、C 是磁体任一点上的磁化分量。

408.〕 一条纵向磁化的、其强度沿长度而变化的细丝，可以设想为由一束不同长度

① 见 Sir. W. Thnomson's 'Mathematical Theory of Magnetism,' *Phil. Trans.*, June 1849 和 June 1850. 或 Reprint of Papers on Electrostatics and Magnetism. p. 310。

的磁管构成，所有通过一个给定截面的磁管的强度之和，就是细丝在该截面上的磁性强度。因此，任何一条纵向磁化的丝，可以叫做一条“复杂磁管”。

如果一条复杂磁管在任一截面上的强度是 m，则由它的作用而引起的势

$$V=-\int \frac{m}{r^2}\frac{\mathrm{d}r}{\mathrm{d}s}\mathrm{d}s=\frac{m_1}{r_1}-\frac{m_2}{r_2}-\int \frac{1}{r}\frac{\mathrm{d}m}{\mathrm{d}s}\mathrm{d}s,$$

式中 m 为变量，这就表明，除了在这一事例中强度可以不相等的二端点的作用以外，还存在一种由假想磁质沿丝长的分布所引起的作用，而这种分布的线密度是 $\lambda=-\frac{\mathrm{d}m}{\mathrm{d}s}$。

磁　壳

409.〕 如果磁性物质的一个薄壳是沿着到处和表面相垂直的方向而被磁化的，则任一点上的磁化强度乘以该点的薄壳厚度，就叫做磁壳在该点的“强度”。

如果一个磁壳的强度到处相同，它就叫做一个“简单磁壳”；如果强度逐点变化，磁壳就可以被设想为由若干个简单磁壳叠加在一起而构成。因此它就叫做一个“复杂磁壳”。

设 $\mathrm{d}S$ 是磁壳上一点 Q 处的一个面积元，而 Φ 是磁壳强度，则由这一磁壳元在任意点 P 处引起的势是 $\mathrm{d}V=\Phi\frac{1}{r^2}\mathrm{d}S\cos\varepsilon$，式中 ε 是矢量 $\boldsymbol{QP}$ 或 $\boldsymbol{r}$ 和磁壳正表面上的外向法线之间的夹角。

但是，如果 $\mathrm{d}\omega$ 是 $\mathrm{d}S$ 在 P 点所张的立体角，$r^2\mathrm{d}\omega=\mathrm{d}S\cos\varepsilon$，则有 $\mathrm{d}V=\Phi\mathrm{d}\omega$，从而在简单磁壳的事例中就有 $V=\Phi\omega$，或者说，由一个磁壳在任一点上引起的势，等于它的强度和它的边界在所给点所张立体角的乘积①。

410.〕 同样的结果可以用另一种办法求得，那就是假设磁壳被放在任何一个磁力场中，并确定由于磁壳的放入而引起的势能。

如果 V 是面积元 $\mathrm{d}S$ 处的势，则由这一面积元引起的能量是

$$\Phi\left(l\frac{\mathrm{d}V}{\mathrm{d}x}+m\frac{\mathrm{d}V}{\mathrm{d}y}+n\frac{\mathrm{d}V}{\mathrm{d}z}\right)\mathrm{d}S,$$

或者说，能量就是磁壳强度乘以由磁壳元 $\mathrm{d}S$ 引起的 $\mathrm{d}V/\mathrm{d}v$ 的那一部分面积分。

因此，按所有这样的磁壳元求积分，由磁壳在场中的位置而引起的能量，就是磁壳强度和磁感在磁壳面积上的积分的乘积。

既然这一面积分对任何两个具有相同的边界线而在二者之间并不包含任何力心的曲面来说是相同的，磁壳的作用就只依赖于它的边界线。

现在假设力场是由强度为 m 的一个磁极引起的。我们已经看到(第 76 节的引理)，在边界线给定的一个曲面上求的面积分，等于磁极强度和边界线在磁极那儿所张立体角的乘积。因此，由磁极和磁壳的相互作用而引起的能量就是 $\Phi m\omega$，而由格林定理可知，这个量就等于磁极强度和磁壳在磁极那儿引起的势的乘积。因此磁壳引起的势就是 $\Phi\omega$。

---

① 这一定理归功于高斯，*General Theory of Terrestrial Magnetism*，§38。

411.〕 如果一个磁极 m 从一个磁壳的负侧的任一点开始，并沿着空间中的一条任意路径绕过边界线而运动到磁壳正侧和起始点很靠近的一点，则立体角将连续变化，并在过程中增大 4π。磁极所做的功将是 $4\pi\Phi m$，从而磁壳正侧任一点上的势，将比负侧一个邻近点上的势大 $4\pi\Phi$。

如果一个磁壳形成一个闭合曲面，则磁壳外面的势到处为零，而磁壳内部空间中的势则到处是 $4\pi\Phi$；它是正的，若磁壳的正面是朝里的。因此，这样一个磁壳就对放在壳外或壳内的任何磁体都不作用任何力。

412.〕 如果一个磁体可以划分为一些简单磁壳，而各该磁壳不是闭合的就是其边界线位于磁体的表面上，则磁性的分布叫做"层状"分布。如果 φ 是一个点当从一个给定位置沿着磁体内部的一条路线而运动到一个点(x,y,z)时所穿过的所有各磁壳的强度之和，则层状磁化的条件是 $A=\frac{d\varphi}{dx}$，$B=\frac{d\varphi}{dy}$，$C=\frac{d\varphi}{dz}$。

这样地完全确定着任一点上的磁化的这个量 φ，可以叫做"磁化势"。它必须被认真地和"磁势"区分开来。

413.〕 一个可以分成复杂磁壳的磁体，叫做具有磁性的一种复杂层状分布。这样一种分布的条件是，磁化线的分布必须使得有可能画出一组和它们正交的曲面。这一条件由众所周知的方程 $A\left(\frac{dC}{dy}-\frac{dB}{dz}\right)+B\left(\frac{dA}{dz}-\frac{dC}{dx}\right)+C\left(\frac{dB}{dx}-\frac{dA}{dy}\right)=0$ 来表示。

管状和层状磁体的势函数形式

414.〕 一个磁体的标势的普遍表示式是 $V=\iiint\left(A\frac{dp}{dx}+B\frac{dp}{dy}+C\frac{dp}{dz}\right)dx\,dy\,dz$，式中 p 代表由位于(ξ,η,ζ)处的一个单位磁极在点(x,y,z)上引起的势，或者换句话说，它代表从测量磁势之点(ξ,η,ζ)到引起磁势的磁体元所在之点(x,y,z)的距离的倒数。

这个量可以分部求积分，正如在第 96、386 节中那样

$$V=\iint p(Al+Bm+Cn)dS-\iiint p\left(\frac{dA}{dx}+\frac{dB}{dy}+\frac{dC}{dz}\right)dx\,dy\,dz,$$

式中 l、m、n 代表磁体表面的一个面积元 dS 上的外向法线的方向余弦。

当磁体是管状的时，第二项中的被积函数在磁体内部的每一点上都为零，从而三重积分为零，从而在磁体之内或之外的任一点上，磁势都由第一项中的面积分来给出。

因此，当磁体表面的每一点上的磁化法向分量为已知时，一个管状磁体的标势就是完全确定的，而且它是和磁体内部的磁管形状无关的。

415.〕 在一个层状磁体的事例中，磁化由磁化势 φ 来确定，即有

$$A=\frac{d\varphi}{dx},\qquad B=\frac{d\varphi}{dy},\qquad C=\frac{d\varphi}{dz}。$$

因此 V 的表示式就可以写成 $V=\iiint\left(\frac{d\varphi}{dx}\frac{dp}{dx}+\frac{d\varphi}{dy}\frac{dp}{dy}+\frac{d\varphi}{dz}\frac{dp}{dz}\right)dx\,dy\,dz$。

把这一表示式分部求积分，就得到

$$V=\iint\varphi\left(l\frac{\mathrm{d}p}{\mathrm{d}x}+m\frac{\mathrm{d}p}{\mathrm{d}y}+n\frac{\mathrm{d}p}{\mathrm{d}z}\right)\mathrm{d}S-\iiint\varphi\left(\frac{\mathrm{d}^2p}{\mathrm{d}x^2}+\frac{\mathrm{d}^2p}{\mathrm{d}y^2}+\frac{\mathrm{d}^2p}{\mathrm{d}z^2}\right)\mathrm{d}x\mathrm{d}y\mathrm{d}z。$$

第二项为零，除非点(ξ,η,ζ)被包含在磁体内部；在那种事例中，该项变为$4\pi(\varphi)$，此处(φ)是φ在点(ξ,η,ζ)上的值。面积分可以用从(x,y,z)到(ξ,η,ζ)的直线r以及该直线和$\mathrm{d}S$上的外向法线之间的夹角θ表示出来，于是势函数就可以写成

$$V=\iint\frac{1}{r^2}\varphi\cos\theta\mathrm{d}S+4\pi(\varphi),$$

式中的第二项，当点(ξ,η,ζ)并不位于磁体物质内时当然等于零。

由这一方程来表示的势V，甚至在φ突然变为零的磁体表面上也是连续的。因为，如果我们写出$\Omega=\iint\frac{1}{r^2}\varphi\cos\theta\mathrm{d}S$，而且$\Omega_1$是$\Omega$在刚刚位于表面内部的一个点上的值，而$\Omega_2$是它在刚刚位于表面外面并和前面那个点很靠近的一个点上的值，就有$\Omega_2=\Omega_1+4\pi(\varphi)$，或者说$V_2=V_1$。因此$\Omega$这个量在磁体的表面上是连续的。

磁感分量和Ω的联系由方程组$a=-\frac{\mathrm{d}\Omega}{\mathrm{d}x}$，$b=-\frac{\mathrm{d}\Omega}{\mathrm{d}y}$，$c=-\frac{\mathrm{d}\Omega}{\mathrm{d}z}$来表示。

416.〕 在层状磁性分布的事例中，我们也能简化磁感的矢势。

它的x分量可以写成$F=\iiint\left(\frac{\mathrm{d}\varphi}{\mathrm{d}y}\frac{\mathrm{d}p}{\mathrm{d}z}-\frac{\mathrm{d}\varphi}{\mathrm{d}z}\frac{\mathrm{d}p}{\mathrm{d}y}\right)\mathrm{d}x\mathrm{d}y\mathrm{d}z$。

通过分部求积分，我们可以把这个量写成面积分的形式$F=\iint\varphi\left(m\frac{\mathrm{d}p}{\mathrm{d}z}-n\frac{\mathrm{d}p}{\mathrm{d}y}\right)\mathrm{d}S$，或者写成$F=-\iint p\left(m\frac{\mathrm{d}\varphi}{\mathrm{d}z}-n\frac{\mathrm{d}\varphi}{\mathrm{d}y}\right)\mathrm{d}S$。

矢势的其他分量，也可以通过适当的代换而据这一表示式写出。

论立体角

417.〕 我们已经证明，在任一点上，由一个磁壳引起的势等于由磁壳边界线所张的立体角乘以磁壳的强度。由于我们在电流理论中将有机会涉及立体角，现在我们将解释一下立体角是怎样量度的。

定义 一条闭合曲线在一个给定点上所张的立体角，由一个球面上的一块面积来量度；球面的中心位于所给之点，球面的半径为一个单位，而所取的面积则由当矢径描绘该闭合曲线时它和曲面的交点的运动轨迹来限定。这一面积的是正是负，按照从所给点看来该面积是位于矢径路径的左侧或右侧来决定①。

设(ξ,η,ζ)是所给的点，而(x,y,z)是闭合曲线上的一个点。坐标x,y,z是s的函数，s即从一个给定点算起的曲线长度。这些坐标是s的周期函数；每当s增加一个等于闭合曲线全长度的量时，正数就重复一次。

① 当要确定一条已给闭合曲线对它所张立体角的那个点是运动的时，如果我们假设矢径沿曲线的运动方向永远相同，则球上的面积可以看成正的，若当从球心看过去时该面积是位于球的一侧，即矢径端点的运动显得是顺时针进行的那一侧；它是负的，如果情况相反的话。

我们可以根据这样的定义来直接计算立体角 ω。利用以(ξ,η,ζ)为中心的球坐标，并令 $x-\xi=r\sin\theta\cos\varphi$，$y-\eta=r\sin\theta\sin\varphi$，$z-\zeta=r\cos\theta$，我们通过积分就能求出球面上任意曲线的面积 $\omega=\int(1-\cos\theta)\mathrm{d}\varphi$，或者，利用直角坐标，就有

$$\omega=\int\mathrm{d}\varphi-\int_0^s\frac{z-\zeta}{r\{(x-\xi)^2+(y-\eta)^2\}}\left[(x-\xi)\frac{\mathrm{d}y}{\mathrm{d}s}-(y-\eta)\frac{\mathrm{d}x}{\mathrm{d}s}\right]\mathrm{d}s,$$

积分是沿曲线 s 计算的。

如果 z 轴穿过闭合曲线一次，则第一项为 2π。如果 z 轴并不穿过闭合曲线，则此项为零。

418.〕 这种计算立体角的方法涉及坐标轴的在某种程度上带有任意性的一种选择，从而它并不是只依赖于闭合曲线的。因此，为了几何学上的适当性，可以谈谈下面这种并不涉及任何曲面画法的方法。

当从一个给定点画起的矢径描绘出一条闭合曲线时，设有一个通过所给点的平面在闭合曲线上滚动，以致这个平面逐次成为曲线上每一点的切面。设从所给点开始画一条单位长度的直线使它垂直于这个平面。当平面沿闭合曲线滚动时，这条垂线的端点将描绘出第二条闭合曲线。设第二条闭合曲线的长度为 σ，则第一条闭合曲线所张的立体角是 $\omega=2\pi-\sigma$。

这一结果可以从一条众所周知的定理推出。那定理就是，单位半径的球面上一条闭合曲线所限定的面积，以及这一极坐标曲线的周长，在数值上等于球面上一个大圆的周长。

这种想法有时在求一个直线图形所张的立体角时是方便的。我们的目的是要形成物理现象的一种清晰的概念。对于这种目的来说，下述的办法是更合用的，因为它并不会用到问题之物理数据以外的任何构想。

419.〕 设在空间中给定了一条闭合曲线 s，而我们必须求出 s 在一个给定点 P 上所张的立体角。

如果我们把这个立体角看成边界线和闭合曲线相重的一个单位强度的磁壳所引起的势，我们就必须把它定义为一个单位磁极在从无限远处运动到点 P 时反抗磁力而做的功。因此，如果 σ 是磁极向 P 点运动过来时所沿的路径，则磁势必然是沿这一路径的一个线积分的结果。它也必将是沿闭合曲线 s 的一个线积分的结果。因此，立体角表示式的正确形式，必将是按两条曲线 s 和 σ 来计算的一个二重积分。

当 P 位于无限远处时，立体角显然是零。当 P 逐步靠近时，从运动点看来的闭合曲线就显得是逐渐张开的，从而整个的立体角就可以设想为是当运动点靠近过来时由闭合曲线上不同线段元的表观运动来生成的。

当 P 点径由线段元 $\mathrm{d}\sigma$ 从 P 运动到 P' 时，我们用 $\mathrm{d}s$ 来代表的闭合曲线之线段元 QQ' 将相对于 P 而改变其位置，而单位球上和 QQ' 相对应的直线则将在球面上扫过一个面积，我们可以把这个面积写成 $\mathrm{d}\omega=\Pi\,\mathrm{d}s\,\mathrm{d}\sigma$。 (1)

为了求出 Π，让我们假设 P 为固定而闭合曲线却平行于自身而移动了一段等于 PP' 但方向相反的距离 $\mathrm{d}\sigma$。P 点的相对运动将和实际事例中相同。

在这种运动过程中，线段元 QQ' 将生成一个平行四边形的面积，其二边分别平行于

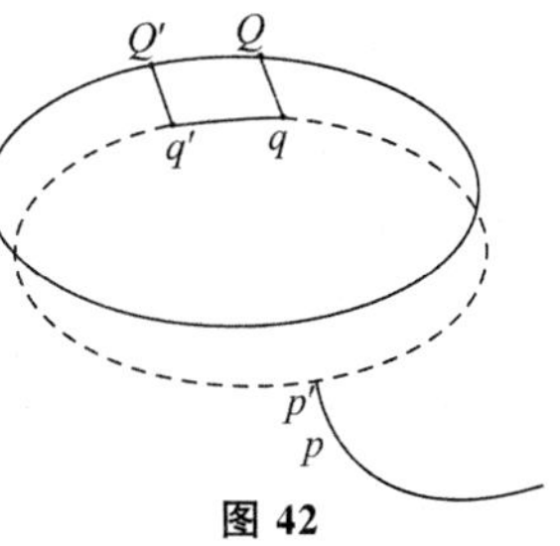

图 42

并等于 QQ' 和 PP'。如果我们以这个平行四边形为底而以 P 为顶点来画出一个角锥体，则这个角锥体的立体角就将是我们正在寻求的增量 $d\omega$。

为了确定这一立体角的值，设 Q 和 Q' 分别是 ds 及 $d\sigma$ 和 PQ 之间的夹角，并设 φ 是这两个角度的平面之间的夹角，于是平行四边形 $dsd\sigma$ 的 PQ 或 r 的垂面上的投射面积就将是 $dsd\sigma\sin\theta\sin\theta'\sin\varphi$，而既然这一面积等于 $r^2 d\omega$，我们就有

$$d\omega = \Pi ds d\sigma = \frac{1}{r^2}\sin\theta\sin\theta'\sin\varphi ds d\sigma, \tag{2}$$

由此即得

$$\Pi = \frac{1}{r^2}\sin\theta\sin\theta'\sin\varphi, \tag{3}$$

420.〕 我们可以用 r 及其对 s 和 σ 的微分系数来把角 θ、θ' 和 φ 表示出来，因为

$$\cos\theta = \frac{dr}{ds},\quad \cos\theta' = \frac{dr}{d\sigma},\quad \text{而}\ \sin\theta\sin\theta'\cos\varphi = r\frac{d^2 r}{ds d\sigma}。\tag{4}$$

于是我们就求得 Π^2 的值如下：$\Pi^2 = \frac{1}{r^4}\left[1-\left(\frac{dr}{ds}\right)^2\right]\left[1-\left(\frac{dr}{d\sigma}\right)^2\right] - \frac{1}{r^2}\left(\frac{d^2 r}{ds d\sigma}\right)^2$。(5)

用直角坐标来表示的第三个 Π 表示式可以由下述考虑来得出：立体角为 $d\omega$ 而边长为 r 的那个角锥体的体积是 $\frac{1}{3}r^3 d\omega = \frac{1}{3}r^3\Pi ds d\sigma$。

但是这个角锥体的体积也可以用 r、ds 和 $d\sigma$ 在 x 轴、y 轴和 z 轴上的投影来表示成这九个投影的行列式，而我们则必须取这个行列式的第三个部分。于是，作为 Π 的值，我们就得到①

$$\Pi = -\frac{1}{r^3}\begin{vmatrix} \xi - x, \eta - y, \zeta - z, \\ \frac{d\xi}{d\sigma}, \frac{d\eta}{d\sigma}, \frac{d\zeta}{d\sigma}, \\ \frac{dx}{ds}, \frac{dy}{ds}, \frac{dz}{ds} \end{vmatrix} \tag{6}$$

这一表示式给出 Π 的值，而不带方程(5)所引入的正负号方面的含糊性。

421.〕 现在，闭合曲线在 P 点所张立体角 ω 的值就可以写成

$$\omega = \iint \Pi ds d\sigma + \omega_0, \tag{7}$$

式中对 s 的积分是沿着整个闭合曲线计算的，而对 σ 的积分则从曲线上的一个固定点 A 计算到点 P。常数 ω_0 就是立体角在点 A 上的值。如果 A 位于离闭合曲线的无限远处，则 ω_0 为零。

ω 在任一点 P 上的值和 A、P 之间的曲线形状无关，如果该曲线并不穿过磁壳本身的话。如果磁壳是无限薄的，而 P 和 P' 是相距很近的两个点，但是 P 位于磁壳的正表面上而 P' 位于它的负表面上，则曲线 AP 和 AP' 必然位于磁壳边界相反的两侧，于是 PAP' 就是一条曲线，它和无限短的线段 $P'P$ 一起形成绕过边界线的一条闭合曲线。ω 在 P 点的值比在 P' 点的值大 4π，这也就是一个单位半径的球面的面积。

① Π 的正负号可以通过考虑一个简单事例来最容易地得出；为此目的，一个垂直于盘面而被磁化的圆盘的事例是很合用的。

因此，如果画一条闭合曲线使它穿过磁壳一次，或者换句话说，如果它和磁壳的边界线互相穿套一次，则在这两条曲线上计算的积分 $\iint \Pi \mathrm{d}s\mathrm{d}\sigma$ 的值将是 4π。

因此，当看成只依赖于闭合曲线 s 和任意曲线 AP 时，这个积分就是一个多值函数的实例。因为，如果我们沿着不同的路径从 A 移动到 P，则积分将有不同的值，全看曲线 AP 穿过曲线 s 的次数而定。

如果 A 和 P 之间曲线的一种形状可以不经过和曲线 s 相交的连续变动而变换成另一种形状，则积分在这两条曲线上将有相同的值，但是，如果它在变动中和闭合曲线相交 n 次，则积分值将相差 $4\pi n$。

设 s 和 σ 是空间中任意两条闭合曲线，如果它们并不互相穿套，则在两条曲线上各计算一次的积分是零。

图 43

如果它们沿同一方向互相穿套 n 次，则积分的值为 $4\pi n$。然而，也可能有两条曲线沿相反的方向而交替穿套，以致它们不可分离地互相扭结在一起，尽管积分的值是零。见图 43。

这个积分表示着一个磁极当在一个闭合电流的附近描绘一条闭合曲线时外界对它做的功，它也指示着两条闭合曲线之间的几何学联系；正是由于高斯发现了这个积分，才使他因为自从莱布尼兹、欧勒和范德蒙德以来“位置几何学”的进步之慢而深感遗憾。然而我们现在却有些进步可以报告，这主要归功于黎曼、亥姆霍兹和李斯廷。

422.〕 现在让我们考察沿闭合曲线对 s 求积分的结果。方程(7)中 Π 的一项是

$$-\frac{\xi-x}{r^3}\frac{\mathrm{d}\eta}{\mathrm{d}\sigma}\frac{\mathrm{d}z}{\mathrm{d}s}=\frac{\mathrm{d}\eta}{\mathrm{d}\sigma}\frac{\mathrm{d}}{\mathrm{d}\xi}\left(\frac{1}{r}\frac{\mathrm{d}z}{\mathrm{d}s}\right)。\tag{8}$$

如果我们为了简单而写出

$$F=\int\frac{1}{r}\frac{\mathrm{d}x}{\mathrm{d}s}\mathrm{d}s, G=\int\frac{1}{r}\frac{\mathrm{d}y}{\mathrm{d}s}\mathrm{d}s, H=\int\frac{1}{r}\frac{\mathrm{d}z}{\mathrm{d}s}\mathrm{d}s,\tag{9}$$

式中的积分沿着闭合曲线 s 计算一周，则 Π 的这一项可以写成 $\frac{\mathrm{d}\eta}{\mathrm{d}\sigma}\frac{\mathrm{d}^2H}{\mathrm{d}\xi\mathrm{d}s}$，而 $\int\Pi\mathrm{d}s$ 中的对应项则为 $\frac{\mathrm{d}\eta}{\mathrm{d}\sigma}\frac{\mathrm{d}H}{\mathrm{d}\xi}$。

现在，把 Π 的各项归并起来，我们就可以写出

$$-\frac{\mathrm{d}\omega}{\mathrm{d}\sigma}=-\int\Pi\mathrm{d}s=\left(\frac{\mathrm{d}H}{\mathrm{d}\eta}-\frac{\mathrm{d}G}{\mathrm{d}\zeta}\right)\frac{\mathrm{d}\xi}{\mathrm{d}\sigma}+\left(\frac{\mathrm{d}F}{\mathrm{d}\zeta}-\frac{\mathrm{d}H}{\mathrm{d}\xi}\right)\frac{\mathrm{d}\eta}{\mathrm{d}\sigma}+\left(\frac{\mathrm{d}G}{\mathrm{d}\xi}-\frac{\mathrm{d}F}{\mathrm{d}\eta}\right)\frac{\mathrm{d}\zeta}{\mathrm{d}\sigma}。\tag{10}$$

这个量显然就是 ω 的减少率，即磁势沿曲线 σ 绕行时的减少率；或者换句话说，它就是 $\mathrm{d}\sigma$ 方向上的磁力。

通过逐次假设 $\mathrm{d}\sigma$ 和 x、y 及 z 轴方向一致，我们就得到磁力分量的值

$$\left.\begin{aligned}\alpha&=-\frac{\mathrm{d}\omega}{\mathrm{d}\xi}=\frac{\mathrm{d}H}{\mathrm{d}\eta}-\frac{\mathrm{d}G}{\mathrm{d}\zeta},\\ \beta&=-\frac{\mathrm{d}\omega}{\mathrm{d}\eta}=\frac{\mathrm{d}F}{\mathrm{d}\zeta}-\frac{\mathrm{d}H}{\mathrm{d}\xi},\\ \gamma&=-\frac{\mathrm{d}\omega}{\mathrm{d}\zeta}=\frac{\mathrm{d}G}{\mathrm{d}\xi}-\frac{\mathrm{d}F}{\mathrm{d}\eta}。\end{aligned}\right\}\tag{11}$$

各量 F、G、H 是一个磁壳的矢势分量，该磁壳的强度为 1 而其边界线是 s。它们并

不像标势 ω 那样是一些有着一系列值的函数，而在空间的每一点上都完全确定。

由以一条闭合曲线为边界的一个磁壳在一点 P 上引起的矢势，可以用下述的几何作图方法求得。

设一点 Q 沿闭合曲线而运动，其速度在数值上等于该点到 P 的距离；再设第二个点 R 从一个固定点 A 开始，其运动速度的方向永远平行于 Q 的速度，但其速度的数值等于 1，当 Q 已经沿闭合曲线运行了一周时，作连线 AR，于是线段 AR 就在方向上和量值上表示由闭合曲线在 P 点引起的矢势。

放在磁场中的一个磁壳的势能

423.〕 我们在第 410 节中已经证明，放在势为 V 的磁场中的一个强度为 φ 的磁壳的势能是

$$M=\varphi\iint\left(l\frac{\mathrm{d}V}{\mathrm{d}x}+m\frac{\mathrm{d}V}{\mathrm{d}y}+n\frac{\mathrm{d}V}{\mathrm{d}z}\right)\mathrm{d}S,\tag{12}$$

式中 l、m、n 是磁壳正侧的外向法线的方向余弦，而积分遍布于磁壳的面积上。

现在，借助于磁场的矢势，可以把这个面积分变换成一个线积分，而且我们可以写出

$$M=-\varphi\int\left(F\frac{\mathrm{d}x}{\mathrm{d}s}+G\frac{\mathrm{d}y}{\mathrm{d}s}+H\frac{\mathrm{d}z}{\mathrm{d}s}\right)\mathrm{d}s,\tag{13}$$

式中的积分应沿形成磁壳之边界的闭合曲线 s 计算一周，而从磁壳的正侧看去 $\mathrm{d}s$ 的方向应是逆时针的。

如果现在我们假设磁场是由强度为 φ' 的第二个磁壳引起的，我们就可以由第 416 节或第 405 节的结果直接定出 F 的值。如果 l'、m'、m' 是第二个磁壳的面积元 $\mathrm{d}s'$ 上的外向法线的方向余弦，我们就有 $F=\varphi'\iint\left(m'\frac{\mathrm{d}}{\mathrm{d}z'}\frac{1}{r}-n'\frac{\mathrm{d}}{\mathrm{d}y'}\frac{1}{r}\right)\mathrm{d}S'$，式中 r 是面积元 $\mathrm{d}S'$ 和第一磁壳边界线上一点之间的距离。

现在，这个面积分可以变换成一个沿第二磁壳边界线的线积分，那就是

$$\varphi'\int\frac{1}{r}\frac{\mathrm{d}x'}{\mathrm{d}s'}\mathrm{d}s'。\tag{14}$$

同样即得 $G=\varphi'\int\frac{1}{r}\frac{\mathrm{d}y'}{\mathrm{d}s'}\mathrm{d}s'$，$H=\varphi'\int\frac{1}{r}\frac{\mathrm{d}z'}{\mathrm{d}s'}\mathrm{d}s'$。

把这些值代入 M 的表示式中，我们得到

$$M=-\varphi\varphi'\iint\frac{1}{r}\left(\frac{\mathrm{d}x}{\mathrm{d}s}\frac{\mathrm{d}x'}{\mathrm{d}s'}+\frac{\mathrm{d}y}{\mathrm{d}s}\frac{\mathrm{d}y'}{\mathrm{d}s'}+\frac{\mathrm{d}z}{\mathrm{d}s}\frac{\mathrm{d}z'}{\mathrm{d}s'}\right)\mathrm{d}s\mathrm{d}s',\tag{15}$$

式中的积分沿 s 计算一周并沿 s' 计算一周。这一表示式给出由两个磁壳的相互作用而来的势能，而且正如理所当然的那样当把 s 和 s' 互换时表示式是不变的。这在电流理论中是一个很重要的物理量。如果我们用 ε 来代表线段元 $\mathrm{d}s$ 和 $\mathrm{d}s'$ 的方向之间的夹角，则 s 和 s' 的势可以写成

$$\iint\frac{\cos\varepsilon}{r}\mathrm{d}s\mathrm{d}s'。\tag{16}$$

这显然是一个具有长度量纲的量。

第二十九章　感生磁化

424.〕 迄今为止,我们一直把磁体中的磁性分布看成一种明确给出的研究数据。除了在曾经设想磁体被打成小块或是一些小块被从磁体取走而并不改变任何部分的磁化的那些推理段落以外,我们对磁化是永久的或暂时的问题并未作出任何假设。

现在我们必须参照磁化所能被产生或被改变的方式来考虑物体的磁化。经发现,保持在平行于地球磁力的方向上的一根铁棒,会变成有磁性,其二极和地球的各极相反,或者说它是采取罗盘指针处于稳定平衡时的位置。

放在磁场中的任何一块软铁,都被发现为显示磁性。如果它被放在场中磁力较大的部分,例如放在一个蹄形磁铁的两极之间,则软铁的磁性变强。如果铁块被从磁场中取出,则它的磁性大大减弱或完全消失。如果铁的磁性完全依赖于它所在的场中的磁力,而当从场中取出时磁性就消失,则它叫做"软铁"。在词的意义上是软的铁。它很容易被弄弯并得到永久的变形,而且很不容易被弄断。

当从磁场中被取出时仍保持其磁性的铁,叫做"硬铁"。这样的铁不像软铁那样容易达成其磁状态。锤击手续或任何其他种类的振动,能使硬铁在磁力的影响下更容易达成磁状态,并使它当磁化力被取消时更容易离开磁状态[①]。磁性上硬的铁也更难弯曲而更易于折断。

锻造、轧制、拉丝和突然冷却等过程倾向于使铁变硬,而退火过程则倾向于使铁变软。

硬钢和软钢之间的磁性差别,也像它们的机械差别一样,是比硬铁和软铁之间的差别大得多的。软钢几乎像铁一样容易被磁化和被去磁,而最硬的钢则是制造我们希望长久使用的磁体的最好材料。

铸铁虽然比钢含有更多的碳,但是却不像钢那样易于保持磁性。

假如一个磁体可以磁化得使它的磁化分布不会被它能受到的任何磁力所改变,它就将可以称为一个刚性磁化的物体。唯一已知的满足这种条件的物体就是里边通有恒定电流的一个传导电路。

这样一个电路显示磁学性质,从而可以叫做一个电磁体,但是它的磁学性质却不受其他场中的磁力的影响。我们将在第四编中回到这一课题上来。

一切实际的磁体,不论是用硬化的钢做成还是用磁石做成的,都被发现为会受到外来作用的任何磁力的影响。

为了科学的目的,区分永久磁化和暂时磁化是方便的;这时把永久磁化定义为不依

---

① 厄翁(*Phil. Trans.*,Part ii. 1885)曾经证明,当不受到振动和去磁力的影响时,软铁可以比最硬的钢保持其更大的磁性。

赖于磁力而存在的磁化,把暂时磁化定义为依赖于磁力而存在的磁化。然而我们必须注意,这种区分并不是建筑在一种有关可磁化物质之内在本性的知识上的,它只是一种为了使计算和现象发生关系而引入的一个假说的表达方法而已。在第五章中,我们将回到物理的磁化理论上来。

425.〕 在目前,我们将考察暂时磁化,所依据的假设是,物质中任一粒子的磁化,只依赖于作用在该粒子上的磁力。这个磁力可以部分地起源于外界的原因,并部分地起源于附近各粒子的暂时磁化。

借助于磁力的作用而这样磁化了的一个物体,叫做被感应磁化了,而其磁化则叫做由磁化力所感生的。

由一个给定磁力所感生的磁化,在不同的物质中是不同的。在最纯的和最软的铁中,感生磁化最大,这时磁化和磁力之比可以达到 32,甚至达到 45①。

其他的物质,例如金属镍和金属钴,可以达到一种较低的磁化程度,而且人们发现,当受到足够强的磁力作用时,所有的物质都会显示极性。

当磁化和磁力方向相同,就像在铁、镍、钴等等中那样时,物质就叫做"顺磁性的"、"铁磁性的"或简称为"磁性的"物质。当感生磁化和磁力方向相反,就像在铋等等中那样时,物质就被说成是"抗磁性的"。

在所有的这些抗磁性物质中,磁化和产生磁化的磁力之比都是非常小的,在铋中仅为 $-\frac{1}{400000}$,而铋是已知的最高度抗磁性的物质。

在结晶的、形变的和组织化的物质中,磁化的方向并不总是和引起磁化的磁力的方向相一致。相对于固定在物体内的坐标轴来说,磁化分量和磁力分量之间的关系,可以用一组三个线性方程来表示。我们即将证明,在这些方程所包含的九个系数中,只有六个是独立的。有关这一类物体的现象,叫做"磁晶现象"。

当放在一个磁力场中时,晶体倾向于转入适当的取向,以使最大顺磁感应或最小抗磁感应的轴线和磁力线相平行。见第 436 节。

在软铁中,磁化的方向和该点磁力的方向相重合,而且对于小值的磁力来说磁化近似地正比于磁力②。然而,当磁力较大时,磁化却增加得较慢一些,而且由第六章中所描述的那些实验将可看出,存在一个磁化的极限值,而不论磁力的值是什么,磁化都不能超过这个值。

在下面的简略感生磁理论中,我们将从一种假设开始,那就是,磁化正比于磁力,并且和磁力共线。

---

① Thalén, *Nova Acta*, *Reg. Soc. Sc.*, Upsal, 1863。厄翁(见前引文献)已经证明,这个比值可以高达 279,而且,如果铁丝在受到磁力作用时经过摇动,则比值甚至可以达到 1600。

② 瑞利勋爵(*Phil. Mag.* 23, p. 225. 1887)曾经证明,当磁化力小于地球水平磁力的 $\frac{1}{10}$ 时,磁化是正比于磁化力的,而当磁力较大时二者就不再成正比了。

感生磁化系数的定义

426.〕 设 $\mathfrak{H}$ 是在物体中任意点上像在第 398 节中那样定义的磁力，而 $\mathfrak{J}$ 是该点的磁化，则 $\mathfrak{J}$ 和 $\mathfrak{H}$ 之比叫做“感生磁化系数”。

用 κ 代表这个系数，则感生磁的基本方程是 $\mathfrak{J}=\kappa\mathfrak{H}$。 (1)

系数 κ 对铁磁性和顺磁性物质来说是正的，对铋及其他抗磁性物质来说是负的。它在铁中可高达{1600}，而且在镍和钴的事例中也被说成是大的，但在所有其他的事例中它都是一个很小的量，不超过 0.00001。

磁力 $\mathfrak{H}$ 部分地起源于被感生磁化的物体外部的那些磁体，部分地起源于物体本身的感生磁化。这两部分都满足有势条件。

427.〕 设 V 是由物体外面的磁体所引起的势，而 Ω 是由感生磁化所引起的势，那么，如果 U 是由这两种原因所引起的实际的势，则有 $U=V+\Omega$ (2)

设磁力 $\mathfrak{H}$ 沿 x、y、z 方向的分量是 α、β、γ，而磁化 $\mathfrak{J}$ 的分量是 A、B、C，则由方程(1)得到

$$\left.\begin{aligned}A&=\kappa\alpha,\\B&=\kappa\beta,\\C&=\kappa\gamma,\end{aligned}\right\} \tag{3}$$

将这些方程分别乘以 $\mathrm{d}x$、$\mathrm{d}y$、$\mathrm{d}z$ 并相加，我们就得到

$$A\mathrm{d}x+B\mathrm{d}y+C\mathrm{d}z=\kappa(\alpha\mathrm{d}x+\beta\mathrm{d}y+\gamma\mathrm{d}z)。$$

但是，既然 α、β 和 γ 是由势 U 推得的，我们就可以把右端写成 $-\kappa\mathrm{d}U$。

因此，如果 κ 在物质中到处为常量，则上式的左端也必然是 x、y 和 z 的一个函数的全微分。用 φ 代表这个函数，则上式变成 $\mathrm{d}\varphi=-\kappa\mathrm{d}U$ (4)

式中 $$A=\frac{\mathrm{d}\varphi}{\mathrm{d}x},\quad B=\frac{\mathrm{d}\varphi}{\mathrm{d}y},\quad C=\frac{\mathrm{d}\varphi}{\mathrm{d}z}。\tag{5}$$

因此，磁化是层状的，正如在第 412 节中定义的那样。

在第 385 节中已经证明，如果 ρ 是自由磁量的体密度，则有 $\rho=-\left(\frac{\mathrm{d}A}{\mathrm{d}x}+\frac{\mathrm{d}B}{\mathrm{d}y}+\frac{\mathrm{d}C}{\mathrm{d}z}\right)$，

由于存在方程(3)，上式变为 $\rho=-\kappa\left(\frac{\mathrm{d}\alpha}{\mathrm{d}x}+\frac{\mathrm{d}\beta}{\mathrm{d}y}+\frac{\mathrm{d}\gamma}{\mathrm{d}z}\right)$。

但是，由第 77 节就有 $\frac{\mathrm{d}\alpha}{\mathrm{d}x}+\frac{\mathrm{d}\beta}{\mathrm{d}y}+\frac{\mathrm{d}\gamma}{\mathrm{d}z}=-4\pi\rho$。因此得到 $(1+4\pi\kappa)\rho=0$ 由此即得，在整块物质中应有 $$\rho=0,\tag{6}$$

从而磁化既是层状的，也是管状的。

因此，除了在物体的边界面上以外，不存在任何自由磁量。如果 v 是表面的内向法线，则磁量的面密度是 $$\sigma=-\frac{\mathrm{d}\varphi}{\mathrm{d}v}。\tag{7}$$

因此，由这一磁化在任意一点上引起的势 Ω，可以由下列的面积分求得：

$$\Omega=\iint\frac{\sigma}{r}\mathrm{d}S。\tag{8}$$

Ω 的值将到处是有限的和连续的，而且在表面的内外都将满足拉普拉斯方程。如果我们用一个撇号来区分表面外部的 Ω 值，而且，如果 v' 是外向法线，则我们在表面上得到

$$\Omega' = \Omega; \tag{9}$$

$$\frac{d\Omega}{dv} + \frac{d\Omega'}{dv'} = -4\pi\sigma\text{，根据第 786 节，}$$

$$= 4\pi \frac{k\varphi}{dv}\text{，根据(7)，}$$

$$= -4\pi\kappa \frac{dU}{dv}\text{，根据(4)，}$$

$$= -4\pi\kappa\left(\frac{dV}{dv} + \frac{d\Omega}{dv}\right)\text{，根据(2)。}$$

因此我们可以写出第二个表面条件式 $$(1+4\pi\kappa)\frac{d\Omega}{dv} + \frac{d\Omega'}{dv'} + 4\pi\kappa\frac{dV}{dv} = 0。\tag{10}$$

由此可见，在一个以曲面 S 为边界并受到其势为 V 的磁力的作用的均匀各向同性的特体中，感性磁量的确定可以归结为下列的数学问题。

我们必须求出满足下列条件的两个函数 Ω 和 Ω'：

在曲面 S 内部，Ω 必须是有限和连续的，而且必须满足拉普拉斯方程。

在曲面 S 的外面，Ω' 必须是有限和连续的，它在无限远处必须变为零，而且它必须满足拉普拉斯方程。

在曲面本身的每一点上，$\Omega = \Omega'$，而且 Ω、Ω' 和 V 沿法线求的方向导数必须满足方程(10)。

这种处理感生磁量问题的方法，是由泊松提出的。他在自己的论著中使用的一个量 k 和这里的 κ 并不相同，而是和它有下列的关系： $$4\pi\kappa(k-1) + 3k = 0。\tag{11}$$
我们在这里采用的 k 这个系数，是由 F. E. 诺依曼引入的。

428.〕 感生磁的问题，也可以通过像法拉第那样引入我们称之为“磁感”的那个量来用另一种办法处理。

磁感 $\mathfrak{B}$、磁力 $\mathfrak{H}$ 和磁化 $\mathfrak{I}$ 之间的关系，由方程 $$\mathfrak{B} = \mathfrak{H} + 4\pi\mathfrak{I} \tag{12}$$
来表示。

用磁力来表示感生磁化的方程是 $$\mathfrak{I} = \kappa\mathfrak{H}。\tag{13}$$

因此，消去 $\mathfrak{I}$，我们就得到其磁化由磁力感生而成的物质中的磁感和磁力之间的关系式如下： $$\mathfrak{B} = (1+4\pi\kappa)\mathfrak{H}。\tag{14}$$

在最普遍的事例中，κ 可以不仅是物质中各点位置的函数，而且是矢量 $\mathfrak{H}$ 的方向的函数。但是在我们现在考虑的事例中，κ 却是一个数字量。

如果写出 $$\mu = 1 + 4\pi\kappa, \tag{15}$$
我们就可以把 μ 定义成磁感和磁力之比，而且我们可以把这一比值叫做物质的磁感本领，以别于感生磁化系数 κ。

如果用 U 来代表由外界原因所引起的势 V 和感生磁化所引起的势 Ω 合成的总磁势，我们就可以表示磁感分量 a、b、c 和磁力分量 α、β、γ 如下：

$$\left.\begin{aligned} a&=\mu\alpha=-\mu\frac{\mathrm{d}U}{\mathrm{d}x},\\ b&=u\beta=-\mu\frac{\mathrm{d}U}{\mathrm{d}y},\\ c&=\mu\gamma=-\mu\frac{\mathrm{d}U}{\mathrm{d}z}。\end{aligned}\right\}\tag{16}$$

各分量 a、b、c 满足管状条件
$$\frac{\mathrm{d}a}{\mathrm{d}x}+\frac{\mathrm{d}b}{\mathrm{d}y}+\frac{\mathrm{d}c}{\mathrm{d}z}=0。\tag{17}$$

由此可见,势 U 必须在 μ 为常量处的每一点上满足拉普拉斯方程
$$\frac{\mathrm{d}^2U}{\mathrm{d}x^2}+\frac{\mathrm{d}^2U}{\mathrm{d}y^2}+\frac{\mathrm{d}^2U}{\mathrm{d}z^2}=0,\tag{18}$$
也就是必须在均匀物质或真空中的每一点上满足该方程。

在表面本身上,设 v 是指向物质内部的法线而 v' 是外向法线,如果物质外部各量的符号用一个撇号来区分,则磁感的连续性条件是
$$a\frac{\mathrm{d}x}{\mathrm{d}v}+b\frac{\mathrm{d}y}{\mathrm{d}v}+c\frac{\mathrm{d}z}{\mathrm{d}v}+a'\frac{\mathrm{d}x}{\mathrm{d}v'}+b'\frac{\mathrm{d}y}{\mathrm{d}v'}+c'\frac{\mathrm{d}z}{\mathrm{d}v'}=0;\tag{19}$$

或者,由方程(16)就得,
$$\mu\frac{\mathrm{d}U}{\mathrm{d}v}+\mu'\frac{\mathrm{d}U'}{\mathrm{d}v'}=0。\tag{20}$$

磁体外面的磁感系数 μ' 将是 1,除非周围的媒质是磁性的或抗磁性的。

如果把 U 的值用 V 和 Ω 表示出来,并把 μ 的值用 κ 表示出来,我们就得到以前用泊松法求得的同一方程(10)。

当从磁感和磁力的关系方面来看它时,感生磁的问题是和在第 310 节中给出的那种各向异性媒质中的传导电流的问题确切对应的。

磁力从磁势中导出,恰恰和电力从电势中导出完全一样。

磁感是一个具有流量本性的量,而且像电流一样满足同样的连续性条件。

在各向同性媒质中,磁感依赖于磁力的方式,恰恰和电流依赖于电动势的方式相对应。

一个问题中的磁比感本领,对应于另一问题中的电导率。因此汤姆孙在他的 *Theory of Induced Magnetism*(Reprint,1872,p. 484)[《感生磁理论》]中曾称这个量为媒质的"磁导率"。

现在我们做好准备来从我所认为的法拉第观点考虑感生磁的理论了。

当磁力作用在任何一种媒质上时,不论媒质是磁性的、抗磁性的还是中性的,它都会在媒质中引起一种叫做"磁感应"的现象。

磁感是一种具有流量本性的有向量,而且像电流及其他流量那样地满足相同的连续性条件。

在各向同性媒质中,磁力和磁感方向相同,而且磁感是磁力和我们曾用 μ 来代表之的一个叫做磁感系数的量的乘积。

在真空中,磁感系数是 1。在可以受到感生磁化的物体中,磁感系数是 $1+4\pi\kappa=\mu$,式中 κ 是已经定义为感生磁化系数的那个量。

429.〕 设 μ、μ'是两种媒质的分界面两侧的 μ 值，如果 V、V'是两种媒质中的势，则两种媒质中指向分界面的磁力是$\frac{dV}{dv}$和$\frac{dV'}{dv'}$。

通过面积元 dS 的磁感通量，沿指向 dS 的方向计算，在两种媒质中分别是 $\mu\frac{dV}{dv}dS$ 和$\mu'\frac{dV'}{dv'}dS$。

既然流向 dS 的总通量为零，就有 $\mu\frac{dV}{dv}+\mu'\frac{dV'}{dv'}=0$。但是，由关于密度为 σ 的表面附近的势的理论可知，$\frac{dV}{dv}+\frac{dV'}{dv'}+4\pi\sigma=0$。由此即得，$\frac{dV}{dv}(1-\frac{\mu}{\mu'})+4\mu\sigma=0$。

如果 κ_1 是系数为 μ 的媒质中表面磁化和法向力之比，我们就有 $4\pi\kappa_1=\frac{\mu-\mu'}{\mu'}$。

由此可见，按照 μ 是大于或小于 μ'，κ_1 将是正的或负的。如果我们令 $\mu=4\pi\kappa+1$ 和 $d\mu'=4\pi\kappa'+1$，就有 $\kappa_1=\frac{\kappa-\kappa'}{4\pi\kappa'+1}$。

在这一表示式中，κ 和 κ'是由在空气中进行的实验推得的第一种和第二种媒质的感生磁化系数，而 κ 是当被第二种媒质所包围时第一种媒质的感生磁化系数。

如果 κ'大于 κ，则 κ_1 是负的，或者说第一种媒质的表观磁化是和磁化力方向相反的。

例如，如果一个充有顺磁性铁盐之稀水溶液的容器被挂在同种盐类的较浓溶液中并受到一个磁体的作用，则容器将运动，就像是沿着和当一个磁体被悬在同一地点时所将采取的方向相反的方向而被磁化了那样。

这一点可以用一条假说来加以解释；其假说就是，容器中的溶液确实是沿着磁力的方向而被磁化的，但是容器周围的溶液却是更强地沿着同一方向而被磁化的。因此，容器就像是放在两个强磁体之间的一个弱磁体，三者都沿着相同的方向而被磁化，从而相反的极互相接触。弱磁体的北极指向强磁体北极所指的同一方向，但是，既然它是和较强磁体的南极接触着的，在它的北极附近就有一些多余的南磁量，这就使得弱磁体显得像是沿相反的方向而被磁化了一样。

然而，在某些物质中，即使当它们被悬挂在所谓的真空中时，它们的表观磁化也是负的。

如果我们假设真空的 $\kappa=0$，则这些物质的 κ 将是负的。然而却从来不曾发现任何具有数值上大于$\frac{1}{4\pi}$的负 κ 的物质，因此一切已知物质的 μ 都是正的。

κ 为负从而 μ 小于 1 的物质，叫做"抗磁性物质"。κ 为正而 μ 大于 1 的物质叫做"顺磁性物质"或"铁磁性物质"，或者简称为"磁性物质"。

当我们在第 832—845 节中讨论到电磁现象时，我们将考虑抗磁性质和顺磁性质的物理理论。

430.〕 磁感应的数学理论是由泊松[①]最初提出的。他的理论所依据的，是二磁流体

---

① *Mémoires de l'Institut*, 1824, p. 247.

假说，这是和二电流体学说有着相同的数学优点和物理困难的一个假说。然而，为了解释为什么一块软铁可以通过感应来被磁化，而却不能充以数量不相等的两种磁质，泊松就假设了一般的物质是磁流体的非导体，而且只有物质的某些小部分才含有处于自由状态从而可以服从所受作用力而运动的磁流体。物质中的这些小的磁性元，每个都含有数量恰好相等的两种磁流体，而且在每一磁性元的内部，磁流体是可以完全自由地运动的，但是磁流体却绝不能从一个磁性元转入另一个磁性元中。

因此，问题就和关于若干个小的导电物体的问题属于同一类型，那些小导体是散布在一种介电绝缘的媒质中的。这些导体可以具有任意的形状，如果它们是小的并且互不接触的话。

如果它们是一些沿着同一公共方向排列的长形物体，或者，如果它们在一个方向上比在另一个方向上更加密集，则正如泊松本人已经证明的那样，媒质将不是各向同性的。因此，为了避免无用的复杂性，泊松就考虑了这样一种事例：每一个磁性元都是球形的，而且它们的分布并不偏向于任何轴线。他假设了，物质的单位体积中所含各磁性元的总体积是 k。

我们在第 314 节中已经考虑了一种媒质的电导率，在那种媒质中，分布得有一些另一种媒质的小球。

如果媒质的电导率是 μ_1 而小球的电导率是 μ_2，则我们已经求得复合体系的电导率是 $\mu=\mu_1\dfrac{2\mu_1+\mu_2+2k(\mu_2-\mu_1)}{2\mu_1+\mu_2-k(\mu_2-\mu_1)}$。令 $\mu_1=1$ 而 $\mu_2=\infty$，此式就变为 $\mu=\dfrac{1+2k}{1-k}$。这个量 μ 就是由一些理想导电的小球分布在一种电导率为 1 的媒质中而形成的复合媒质的电导率，单位媒质体积中小球的总体积为 k。μ 这个符号也代表一种媒质的磁感系数，该媒质包括一些磁导率为无限大的小球，分布在一种磁导率为 1 的媒质中。我们将称之为“泊松磁系数”的 k 这个符号，代表的是各磁性元的和物质的总体积之比。κ 这个符号被称为“诺依曼磁感系数”。它比泊松的系数更适用。我们将把符号 μ 叫做“磁感系数”。它的优点在于能使我们很容易地把磁的问题翻译成有关电和热的问题。

这三个符号的关系如下：

$$k=\frac{4\pi\kappa}{4\pi\kappa+3},\ k=\frac{\mu-1}{\mu+2},\ \kappa=\frac{\mu-1}{4\pi},\ \kappa=\frac{3k}{4\pi(1-k)},\ \mu=\frac{1+2k}{1-k},\ \mu=4\pi\kappa+1。$$

如果我们按照塔伦[①]有关软铁的实验令 $\kappa=32$，就会得到 $k=\dfrac{134}{135}$。按照泊松的理论，这就是磁分子的总体积和铁的总体积之比。在一个空间中堆满相等的小球，是不可能做到使它们的体积和空间总体积之比如此接近于 1 的，而且也很难想象铁的这么大一部分体积都被刚性的分子所占满，不论这些分子是什么形状。这是我们之所以必须放弃泊松假说的理由之一。其他的理由将在第六章中加以论述。当然，泊松的数学探讨的价值并不会减小，因为这种探讨不是建筑在他的假说上，而是建筑在感生磁化的实验事实上的。

① *Recherches sur les proprietés magnétiques du fer*, *Nova Acta*, Upsal, 1863.

第三十章 磁感应的特殊问题

中空球壳

431.〕 一个磁感问题的完备解的第一个例子，是由泊松针对一个受到任意磁力作用的中空球壳而给出的。为了简单，我们将假设磁力的源位于球壳外面的空间中。

如果用 V 代表由外部磁体系引起的势，我们就可以把 V 展成体谐函数的级数

$$V = C_0 S_0 + C_1 S_1 r + \cdots + C_i S_i r^i + \cdots, \tag{1}$$

式中 r 是从球壳中心量起的距离，S_i 是 i 阶的面谐函数，而 C_i 是一个系数。

设球壳的外半径为 a_2 而内半径为 a_1，并设由球壳的感生磁量所引起的势是 Ω。函数 Ω 的形式，通常在球内空间、球壳物质和球外空间中是不同的。如果把这些函数展成球谐函数的级数并只注意包含面谐函数 S_i 的各项，我们就会发现，如果 Ω_1 是对应于球壳内部的空间的函数，则 Ω_1 的展式必然是由形如 $A_1 S_0 r^i$ 的正的谐函数构成的，因为势一定不能在半径为 a_1 的球内变为无限大。

在 r 介于 a_1 和 a_2 之间的球壳物质中，级数可以既包含 r 的正次幂也包含 r 的负次幂而形如 $A_2 S_i r^i + B_2 S_i r^{-(i+1)}$。

在球壳外面，r 大于 a_2，既然不论 r 多大级数也必须收敛，我们就必将只有 r 的负次幂，形如 $B_3 S_i r^{-(i+1)}$。

函数 Ω 所必须满足的条件是：它必须是 1°有限的，2°连续的，3°在无限远处变为零，4°到处满足拉普拉斯方程。

由 1°，就有 $B_1 = 0$。

由 2°，当 $r = a_1$ 时应有

$$(A_1 - A_2) a_1^{2i+1} - B_2 = 0 \tag{2}$$

而当 $r = a_2$ 时应有

$$(A_2 - A_3) a_2^{2i+1} + B_2 - B_3 = 0。 \tag{3}$$

由 3°就有 $A_3 = 0$，而条件 4°是到处满足的，因为各函数是一些谐函数。

但是，除了这些条件以外，由于有第 427 节中的方程(10)，还有另外一些条件必须在内表面和外表面上得到满足。

在 $r = a_1$ 的内表面上，有

$$(1 + 4\pi\kappa)\frac{\mathrm{d}\Omega_2}{\mathrm{d}r} - \frac{\mathrm{d}\Omega_1}{\mathrm{d}r} + 4\pi\kappa\frac{\mathrm{d}V}{\mathrm{d}r} = 0, \tag{4}$$

而在 $r = a_2$ 的外表面上则有

$$-(1 + 4\pi\kappa)\frac{\mathrm{d}\Omega_2}{\mathrm{d}r} + \frac{\mathrm{d}\Omega_3}{\mathrm{d}r} - 4\pi\kappa\frac{\mathrm{d}V}{\mathrm{d}r} = 0。 \tag{5}$$

由这些条件，我们得到两个方程

$$(1 + 4\pi\kappa)\{iA_2 a_1^{2i+1} - (i+1)B_2\} - iA_1 a_1^{2i+1} + 4\pi\kappa i C_i a_1^{2i+1} = 0, \tag{6}$$

$$(1 + 4\pi\kappa)\{iA_2 a_1^{2i+1} - (i+1)B_2\} + (i+1)B_3 + 4\pi\kappa i C_i a_2^{2i+1} = 0; \tag{7}$$

而且，如果令
$$N_i=\frac{1}{(1+4\pi\kappa)(2i+1)^2+(4\pi\kappa)^2 i(i+1)\left(1-\left(\frac{a_1}{a_2}\right)^{2i+1}\right)},\tag{8}$$

我们就得到
$$A_1=-(4\pi\kappa)^2 i(i+1)\left(1-\left(\frac{a_1}{a_2}\right)^{2i+1}\right)N_iC_i,\tag{9}$$

$$A_2=-4\pi\kappa i\left[2i+1+4\pi\kappa(i+1)\left(1-\left(\frac{a_1}{a_2}\right)^{2i+1}\right)\right]N_iC_i,\tag{10}$$

$$B_2=4\pi\kappa i(2i+1)a_1{}^{2i+1}N_iC_i,\tag{11}$$

$$B_3=-4\pi\kappa i\{2i+1+4\pi\kappa(i+1)\}(a_2{}^{2i+1}-a_1{}^{2i+1})N_iC_i。\tag{12}$$

把这些量代入谐函数展式中，就得到由球壳的磁化所引起的那一部分磁势。量 N_i 永远是正的，因为 $1+4\pi\kappa$ 不可能为负。由此可知 A_1 永远为负，或者换句话说，磁化球壳在壳内一点上的作用永远和外磁力的作用相反，不论球壳是顺磁性的还是抗磁性的。球壳内部的合磁势的实际值是 $(C_i+A_1)S_ir^i$，或者写作 $(1+4\pi\kappa)(2i+1)^2N_iC_iS_ir^i$。 (13)

432.〕 当像在软铁的事例中一样 κ 是一个大数时，球壳内的磁力只是外磁力的一个很小的分数，除非球壳十分薄。

用这种办法，W. 汤姆孙爵士曾经通过把他的海上电流计封装在一个软铁管中，来使该电流计不致受外磁力的影响。

433.〕 具有最大的实用重要性的事例就是 $i=1$ 的事例。这时就有：

$$N_1=\frac{1}{9(1+4\pi\kappa)+2(4\pi\kappa)^2\left(1-\left(\frac{a_1}{a_2}\right)^3\right)},\tag{14}$$

$$\left.\begin{aligned}A_1&=-2(4\pi\kappa)^2\left(1-\left(\frac{a_1}{a_2}\right)^3\right)N_1C_1,\\ A_2&=-4\pi\kappa\left[3+8\pi\kappa\left(-1\left(\frac{a_1}{a_2}\right)^3\right)\right]N_1C_1,\\ B_2&=12\pi\kappa\alpha_1{}^3N_1C_1,\\ B_3&=-4\pi\kappa(3+8\pi\kappa)(a_2{}^3-a_1{}^3)N_1C_1。\end{aligned}\right\}\tag{15}$$

在这一事例中，空壳内部的磁力是均匀的，其量值等于

$$C_1+A_1=\frac{9(1+4\pi\kappa)}{9(1+4\pi\kappa)+2(4\pi\kappa)^2\left(1-\left(\frac{a_1}{a_2}\right)^3\right)}C_1。\tag{16}$$

如果我们希望通过测量一个空壳中的磁力并把它和外磁力相比较而来确定 κ，则球壳厚度的最佳值可由下列方程求得：
$$1-\frac{a_1{}^3}{a_2{}^3}=\frac{91+4\pi\kappa}{2(4\pi\kappa)^2}。\tag{17}$$

这个$\frac{a_1}{a_2}$值使$\frac{\mathrm{d}}{\mathrm{d}\kappa}\left(1+\frac{A_1}{C_1}\right)$成为一个最大值，因此，当$\frac{(C_1+A_1)}{C_1}$的误差给定时，$\kappa$ 的对应误差是尽可能地小的。这时，壳内的磁力是壳外的磁力的二分之一。

既然在铁的事例中 κ 是一个介于 20 和 30 之间的数，球壳的厚度就应该大约是它的半径的百分之二。这种方法只有当 κ 较大时才是可用的。当它很小时，A_1 的值就变得微乎其微了，因为它是依赖于 κ 的平方的。

对于一个具有很小球形空腔的几乎是实心的球来说，我们有

$$\left.\begin{aligned} A_1 &= -\frac{2(4\pi\kappa)^2}{(3+4\pi\kappa)(3+8\pi\kappa)}C_1, \\ A_2 &= -\frac{4\pi\kappa}{3+4\pi\kappa}C_1, \\ B_3 &= -\frac{4\pi\kappa}{3+4\pi\kappa}C_1 a_2{}^3。 \end{aligned}\right\} \tag{18}$$

全部的这种探索，也可以从第 312 节中所给出的关于球壳导电的探索直接推得，只要在那儿所给出的表示式中令 $k_1=(1+4\pi\kappa)k_2$，并记得导电问题中的 A_1 和 A_2 等价于磁感应问题中的 C_1+A_1 和 C_1+A_2 就行了。

434.〕 二维空间中的对应解，图解式地表示在本书末尾的图版 15 上。在离开中心有一个距离处，磁感线接近水平；图中表示的是磁感线受到一个圆柱的干扰时的情况，圆柱被横向磁化，并放在它的稳定平衡位置上。和这组曲线相正交的曲线代表等势面，其中一个是圆柱面。大的虚线圆代表一个顺磁性物质圆柱的截面，圆内那些作为外部磁感线之延长线的水平虚线代表物质内部的磁感线。竖直的虚直线代表内部的等势面，它们和外部的一组等势面也是相接连的。可以看到，磁感线在物质内部被画得较密，而等势面则被顺磁性圆柱隔开得较远一些，而按照法拉第的说法就是，顺磁性圆柱能够比周围的媒质更好地传导磁感线。

如果把竖直的直线族看成磁感线而把水平的直线族看成等势面，我们首先就得到一个在力线中位于其不稳定平衡位置上的横向磁化的圆柱的事例，这时圆柱会使力线散开。其次，把大的虚线圆看成一个抗磁性圆柱的截面，圆内的虚直线和外面的曲线一起，就代表一种抗磁性物质把磁感线排开和把等势面拉近的效应，而这种物质是比周围媒质更差地传导磁感线的。

磁化系数在不同方向上有不同值的一个球的事例

435.〕 设 α、β、γ 是任意点上的磁力分量，A、B、C 是磁化分量，则这些量之间的最普遍的线性关系由下列方程组给出：

$$\left.\begin{aligned} A &= r_1\alpha + p_3\beta + q_2\gamma, \\ B &= q_3\alpha + r_2\beta + p_1\gamma, \\ C &= p_2\alpha + q_1\beta + r_3\gamma, \end{aligned}\right\} \tag{1}$$

式中的系数 r、p、q 是九个磁化系数。

现在让我们假设，这就是一个半径为 a 的球的内部的磁化情况，而且物质内的每一点上的磁化都是均匀的和同方向的，其分量为 A、B、C。

让我们再假设，外部的磁化力也是均匀的和平行于一个方向的，而且它的分量是 X、Y、Z。

因此，V 的值就是 $$V=-(Xx+Yy+Zz), \tag{2}$$

而由第 391 节可知，磁化球外面的势 Ω' 的值就是 $$\Omega'=\frac{4\pi a^3}{3r_3}(Ax+By+Cz)。\tag{3}$$

磁化球内部的势 Ω 的值是 $$\Omega=\frac{4\pi}{3}(Ax+By+Cz)。\tag{4}$$

球内的实际势是 $V+\Omega$，因此，关于球内的磁力分量，我们将有

$$\left.\begin{aligned}\alpha&=X-\frac{4}{3}\pi A,\\ \beta&=Y-\frac{4}{3}\pi B,\\ \gamma&=Z-\frac{4}{3}\pi C。\end{aligned}\right\}\tag{5}$$

由此即得

$$\left.\begin{aligned}&\left(1+\frac{4}{3}\pi r_1\right)A+\frac{4}{3}\pi p_3B+\frac{4}{3}\pi q_2C=r_1X+p_3Y+q_2Z,\\ &\frac{4}{3}\pi q_3A+\left(1+\frac{4}{3}\pi r_2\right)B+\frac{4}{3}\pi p_1C=q_3X+r_2Y+p_1Z,\\ &\frac{4}{3}\pi p_2A+\frac{4}{3}\pi q_1B+\left(1+\frac{4}{3}\pi r_3\right)C=p_2X+q_1Y+r_3Z。\end{aligned}\right\}\tag{6}$$

求解这些方程，我们得到

$$\left.\begin{aligned}A&=r_1'X+p_3'Y+q_2'Z,\\ B&=q_3'X+r_2'Y+p_1'Z,\\ C&=p_2'X+q_1'Y+r_3'Z,\end{aligned}\right\}\tag{7}$$

式中

$$\left.\begin{aligned}&D'r_1'=r_1+\frac{4}{3}\pi(r_3r_1-p_2q_2+r_1r_2-p_3q_3)+\left(\frac{4}{3}\pi\right)^2D,\\ &D'p_1'=p_1-\frac{4}{3}\pi(q_2q_3-p_1r_1),\\ &D'q_1'=q_1-\frac{4}{3}\pi(p_2p_3-q_1r_1),\\ &\cdots\end{aligned}\right\}\tag{8}$$

此处 D 是方程组(6)右端的系数行列式，而 D' 是其左端的系数行列式。

只有当系数组 p、q、r 是对称的，即当 p 式的系数等于对应的 q 式的系数时，新的系数组 p'、q'、r' 才是对称的。

436.〕 倾向于使球体绕着 x 轴从 y 轴转向 z 轴的力偶矩①，通过考虑由一个元体积引起的力偶并对球体求力偶矩之和来得出。结果就是

$$L=\frac{4}{3}\pi a^3(\gamma B-\beta C)=\frac{4}{3}\pi a^3\{p_1'Z^2-q_1'Y^2+(r_2'-r_3')YZ+X(q_3'Z-p_2'Y)\}。\tag{9}$$

① 系数 p 和 q 的相等可以证明如下：设作用在球上的力使它绕着一个方向余弦为 λ、μ、ν 的直径转了一个角 $\delta\theta$，若用 W 代表球的能量，则由第 436 节得到 $-\delta W=\frac{4}{3}\pi a^3\{(ZB-YC)\lambda+(XC-ZA)\mu+(YA-XB)\nu\}\delta\theta$。但是，如果坐标轴是固定在球中的，则转动的结果将导致 $\delta X=(Y\nu-Z\mu)\delta\theta,\cdots$。

因此我们可以令 $-\delta W=\frac{4}{3}\pi a^3(A\delta X+B\delta Y+C\delta Z)$。既然转动的球不能变成一种能源，上式右端的表示式就必须是一个全微分。于是，既然 A、B、C 是 X、Y、Z 的线性函数，W 就必然是 X、Y、Z 的二次函数，由此立刻得到所要的结果。

并请参阅 Sir W. Thomson's Reprint of *Papers on Electrostatics and Magnetism*, pp. 480～481。

如果我们令 $X=0$，$Y=F\cos\theta$，$Z=F\sin\theta$，这就对应于一个位于 yz 平面上并和 y 轴成一个角度 θ 的磁力 F。如果在这个力保持恒定时使球转动，则每转一周力对球做的功将是 $\int_0^{2\pi} L\,\mathrm{d}\theta$。但是这个功等于 $\frac{4}{3}\pi^2 a^3 F^2(p_1'-q_1')$。 (10)

由此可见，为使转动的球不致变成取之不尽的能源，应有 $p_1'=q_1'$；同理应有 $p_2'=q_2'$ 和 $p_3'=q_3'$。

这些条件表明，在原有的方程组中，第三个方程中 B 的系数等于第二个方程中 C 的系数，余类推。因此，方程组是对称的，而当相对于磁化主轴写出时，各方程就变成

$$\left.\begin{aligned} A &= \frac{r_1}{1+\frac{4}{3}\pi r_1}X, \\ B &= \frac{r_2}{1+\frac{4}{3}\pi r_2}Y, \\ C &= \frac{r_3}{1+\frac{4}{3}\pi r_3}Z. \end{aligned}\right\} \tag{11}$$

倾向于使球体绕 x 轴而转动的力偶矩是 $L=\frac{4}{3}\pi a^3\frac{r_2-r_3}{\left(1+\frac{4}{3}\pi r_2\right)\left(1+\frac{4}{3}\pi r_3\right)}YZ$。 (12)

在多数事例中，不同方向上的磁化系数之差是很小的，因此，如果 r 代表系数平均值，我们就可以令

$$L=\frac{2}{3}\pi a^3\frac{r_2-r_3}{\left(1+\frac{4}{3}\pi r\right)^2}F^2\sin 2\theta。 \tag{13}$$

这就是倾向于使一个晶体球绕着 x 轴而从 y 轴转向 z 轴的力[力矩]。它永远倾向于使最大磁系数轴(或最小抗磁系数轴)转得和磁力线相平行。

二维空间中的对应事例已表示在图版 16 上。

如果我们假设该图的上方是向北的，此图就代表受到一个圆柱的干扰的力线和等势面，该圆柱是横向磁化的，其北极一面向着东方。合力倾向于使圆柱从东向北转动。大的虚线圆代表一个结晶物质的柱体的截面，该柱体沿着从东北到西南的一条轴线的磁感系数大于它沿着从西北到东南的轴线的磁感系数。圆内的虚线代表磁感线和等势面，二者在这一事例中并不是互相正交的。作用在柱体上的合力显然倾向于使柱体从东向北转动。

437.〕 放在均匀而平行的磁力场中的一个椭球体的事例，是由泊松用一种很巧妙的方式求了解的。

如果 V 是一个任意形状的具有均匀密度 ρ 的物体在点 (x,y,z) 上引起的引力势，则 $-\frac{\mathrm{d}V}{\mathrm{d}x}$ 应是由同一物体的磁量所引起的势，如果物体被沿着 x 方向而均匀磁化到强度为 $I=\rho$ 的话。

因为，$-\frac{\mathrm{d}V}{\mathrm{d}x}\delta x$ 在任意点上的值，就是物体的势 V 对另一值 V' 的超额，此处 V' 就是当物体沿着 x 方向运动了一段距离 $-\delta x$ 时的势的值。

如果我们假设物体移动了一个距离 $-\delta x$，而且它的密度从 ρ 变成了 $-\rho$(就是说，它

不再是由引力物质构成的而是由斥力物质构成的了)，则$-\frac{dV}{dx}\delta x$将是由这样两个物体所引起的势。

现在考虑物体的任意一个元部分，设其体积为δv。它的质量是$\rho\delta v$，而与此对应，就有一个移动后的物体元，其质量为$-\rho\delta v$，并位于距离$-\delta x$处。这两个物体元的效应是和一个强度为$\rho\delta v$而长度为δx的磁体的效应相等价的。磁化强度通过把物体元的磁矩除以它的体积来求得。结果就是$\rho\delta x$。

因此，$-\frac{dV}{dx}\delta x$就是一个沿x方向而磁化到强度$\rho\delta x$的物体的磁势，而$-\frac{dV}{dx}$就是磁化到强度ρ的物体的磁势。

这个势也可以从另一角度来加以考虑。物体被移动了一个距离$-\delta x$并由密度为$-\rho$的物质所构成。在物体在其两个位置上所共同占据的整个空间区域中，密度到处为零，因为，就其引力而言，两个相等而异号的密度将互相抵消。因此，剩下来的只是一个壳，一边是正物质另一边是负物质，从而我们可以认为合势就是由这物质引起的。在外向法线和x轴的夹角为ε的地方，壳的厚度是$\delta x\cos\varepsilon$而其密度为ρ。因此面密度就是$\rho\delta x\cos\varepsilon$，而在势为$-\frac{dV}{dx}$的事例中则面密度为$\rho\cos\varepsilon$。

用这种办法，我们可以求出沿给定方向而均匀磁化的任意物体的磁势。现在，如果这种均匀磁化起源于磁感应，则物体内部所有各点上的磁化力也必须是均匀而平行的。

这个力包括两部分，一部分由外界原因引起，另一部分由物体磁化引起。因此，如果外磁力是均匀而平行的，则由磁化所引起的磁力在物体内部的所有各点上也必将是均匀而平行的。

因此，为了使这一方法可以导致磁感问题的一个解，$\frac{dV}{dx}$就必须在物体内部是坐标x、y、z的一个线性函数，从而V就必须是坐标的二次函数。

现在，我们所熟知的V在物体内部是坐标的二次函数的事例，只有那些物体的边界面是某些完全的二次曲面的事例，而其中这样一个物体为有限大小的唯一事例就是当物体为一椭球体时的事例。因此我们将对椭球体的事例应用这一方法。

设椭球的方程是
$$\frac{x^2}{a^2}+\frac{y^2}{b^2}+\frac{z^2}{c^2}=1 \tag{1}$$

而Φ_0代表定积分
$$\int_0^\infty \frac{d(\varphi^2)}{\sqrt{(a^2+\varphi^2)(b^2+\varphi^2)(c^2+\varphi^2)}}\text{①。} \tag{2}$$

于是，如果我们令
$$L=4\pi abc\frac{d\Phi_0}{d(a^2)},M=4\pi abc\frac{d\Phi_0}{d(b^2)},N=4\pi abc\frac{d\Phi_0}{d(c^2)}, \tag{3}$$

则势在椭球内的值将是
$$V_0=-\frac{\rho}{2}(Lx^2+My^2+Nz^2)+\text{常量。} \tag{4}$$

如果椭球是沿着其方向余弦为l、m、n的方向而磁化到均匀强度I的，则磁化分量是
$$A=Il,B=Im,C=In,$$

① 参阅 Thomson and Tait's *Natural Philosophy*, § 525, 2nd Edition。

而由这一磁化在椭球内部引起的势则是 $\Omega=-I(Llx+Mmy+Nnz)$。 (5)

如果外磁化力是 $\mathfrak{D}$ 而其分量为 X、Y、Z，则它的势将是 $V=-(Xx+Yy+Zz)$。(6)

因此，物体内部任一点上的实际磁化力的分量就是 $X+AL, Y+BM, Z+CN$。 (7)

磁化和磁化力之间的最普遍的关系，由包含着九个系数的三个线性方程来给出。然而，为了满足能量守恒的条件，在磁感应的事例中这九个系数中的三个系数必须等于另外三个系数，从而我们就应该有

$$\left.\begin{aligned}A&=\kappa_1(X+AL)+\kappa'_3(Y+BM)+\kappa'_2(Z+CN),\\B&=\kappa'_3(X+AL)+\kappa_2(Y+BM)+\kappa'_1(Z+CN),\\C&=\kappa'_2(X+AL)+\kappa'_1(Y+BM)+\kappa_3(Z+CN)。\end{aligned}\right\}\tag{8}$$

根据这些方程，我们可以由 X、Y、Z 求出 A、B 和 C，而这就将给出问题的最普遍的解。

这时，椭球外面的势就将是由椭球的磁化所引起的势再加上由外磁力所引起的势。

438.〕 唯一具有实际重要性的事例就是 $\kappa'_1=\kappa'_2=\kappa'_3=0$ (9)

的事例。

这时我们就有

$$\left.\begin{aligned}A&=\frac{\kappa_1}{1-\kappa_1 L}X,\\B&=\frac{\kappa_2}{1-\kappa_2 M}Y,\\C&=\frac{\kappa_3}{1-\kappa_3 N}Z。\end{aligned}\right\}\tag{10}$$

如果椭球有两个轴是相等的，而且它的形状属于扁平形，则有 $b=c=\dfrac{a}{\sqrt{1-e^2}}$； (11)

$$\left.\begin{aligned}L&=-4\pi\left(\frac{1}{e^2}-\frac{\sqrt{1-e^2}}{e^3}\sin^{-1}e\right),\\M=N&=-2\pi\left(\frac{\sqrt{1-e^2}}{e^3}\sin^{-1}e-\frac{1-e^2}{e^2}\right)。\end{aligned}\right\}\tag{12}$$

如果它的形状属于细长形，则有 $a=b=\sqrt{1-e^2c}$； (13)

$$\left.\begin{aligned}L=M&=-2\pi\left(\frac{1}{e^2}-\frac{1-e^2}{2e^3}\log\frac{1+e}{1-e}\right),\\N&=-4\pi\left(\frac{1}{e^2}-1\right)\left(\frac{1}{2e}\log\frac{1+e}{1-e}-1\right)。\end{aligned}\right\}\tag{14}$$

在球的事例中，$e=0$，故有 $L=M=N=-\frac{4}{3}\pi$。 (15)

在平板式的椭球的事例中，L 的值在极限下等于 -4π，而 M 和 N 变为 $-\pi^2\dfrac{a}{c}$。

在细长卵形的椭球的事例中，L 和 M 趋近于一个值 -2π，而 N 趋近于一个形式

$$-4\pi\frac{a^2}{c^2}\left(\log\frac{2c}{a}-1\right),$$

并当 $e=1$ 时变为零。

由这些结果可以看出：

(1)当磁化系数 κ 很小时，不论它为正为负，感生磁化将近似地等于磁化力乘以 κ，而几乎和物体的形状无关。

(2)当 κ 是一个很大的量时，磁化主要依赖于物体的形状而几乎和 κ 的确切值无关，只除了作用在一个细长椭球上的纵向力的事例以外，该椭球是如此的细长，以致尽管 κ 很大而 $N\kappa$ 却是一个小量。

(3)假如 κ 的值可以为负而等于 $\frac{1}{4\pi}$，我们在垂直作用在一个平盘上的磁化力的事例中就将得到无限大的磁化。这一结果的荒谬性，就证实了我们在第 428 节中给出的结论。

由此可见，只要 κ 很小，就可以利用任意形状的物体来做测定 κ 值的实验，例如在一切抗磁性物体以及除铁、镍、钴以外的一切磁性物体的事例中就是这种情况。

然而，如果像在铁的事例中那样 κ 是一个大数，则利用球形或扁平形的物体来做实验就是不适于测定 κ 的；例如，在球体的事例中，如果像在某些种类的铁中那样 $\kappa=30$，则磁化和磁化力之比将等于 1 比 4.22，而假如 κ 为无限大，则这一比值将等于 1 比 4.19，因此，磁化测定中的很小误差将导致 κ 值中的很大误差。

但是，如果我们使用一块很长的卵形铁，只要 $N\kappa$ 和一相比还有中等的大小，我们就可以由磁化的测定来推知 κ 的值，而 N 值越小则 κ 值将越准确。

事实上，如果 $N\kappa$ 被弄得足够小，则 N 本身方面的一个小误差将不会引入多大误差，因此我们可以使用任意形状的长物体，例如长丝或长棒，而不一定使用卵形体[①]。

然而我们必须记得，只有当 $N\kappa$ 还远小于 1 时这种代换才是允许的。事实上，平头长柱上的磁量分布是和长卵形体上的分布并不相像的，因为在柱端附近自由磁是很集中的，而在卵形体的事例中自由磁的密度却和到赤道的距离成正比。

然而，圆柱上的电的分布，却确实可以和卵形体上的分布相比拟，正如我们已经在第 152 节中看到的那样。

这些结果也使我们能够理解，当一个永磁体具有细长形状时，为什么它的磁矩可以达到大得多的值。假若我们必须垂直于盘面的方向来把一个圆盘磁化到强度 I，然后就把它放置不管，则内部各粒子将受到一个等于 $4\pi I$ 的恒定的去磁力，而这个去磁力即使还不足以破坏一部分磁化，它也会很快地做到这一点，如果受到一些振动或温度变化的促进的话[②]。

假如我们要横向地磁化一个柱体，则去磁力将只是 $2\pi I$。

假如磁体是一个球，则去磁力将是 $\frac{4}{3}\pi I$。

在一个横向磁化的圆盘中，去磁力是 $\pi^2\frac{a}{c}I$，而在一个纵向磁化的长卵形体中，去磁力是最小的，它等于 $4\pi\frac{a^2}{c^2}I\log\frac{2c}{a}$。

因此，一个细长的磁体，比一个粗短的磁体更不容易失去其磁性。

作用在沿三个轴线具有不同磁系数的一个椭球上并倾向于使它绕 x 轴转动的力矩是

$$\frac{4}{3}\pi abc(BZ-CY)=\frac{4}{3}\pi abcYZ\frac{\kappa_2-\kappa_3+\kappa_2\kappa_3(M-N)}{(1-\kappa_2M)(1-\kappa_3N)}。$$

① 如果使用长丝，它们的长度至少应为直径的 300 倍。

② 圆盘中的磁力 $=X+AL=\frac{X}{1-\kappa L}$；而既然在这一事例中 $L=-4\pi$，磁力就是 $\frac{X}{1+4\pi\kappa}$。于是通过圆盘的磁感就是 X，这也就是当圆盘被拿开时磁感所将有的值。

因此，如果 κ_2 和 κ_3 很小，这个力就将主要依赖于物体的结晶品质而不依赖于它的形状，如果它的各方线度相差并不悬殊的话；但是，如果 κ_2 和 κ_3 相当大，就像在铁的事例中那样，力就会显著地依赖于物体的形状，而物体就会转动得使自己的长轴平行于力线。

假如可以得到一个足够强的然而却是均匀的磁力场，则一个细长的各向同性的抗磁性物体也会转动，以使自己的最长的线度和磁力线相平行①。

439.〕 一个旋转型椭球在任意磁力作用下的磁化分布问题，曾由 J. 诺依曼②研究过。基尔霍夫③把这种方法推广到了任意力作用下的无限长圆柱的事例。

在他的著作的第 17 节中，格林曾对受到平行于柱轴的均匀外力 X 作用的一个有限长圆柱中的磁量分布作出了探讨。尽管这种探讨中的某些步骤并不是很严格，所得结果却很可能大致代表了这一最重要事例中的实际磁化。它肯定很好地表示了从 κ 很大的柱体事例到 κ 很小的柱体事例的过渡，但是它在抗磁性物质那样的 κ 为负数的事例中却是完全失效的。

格林发现，在一个半径为 a 而长度为 $2l$ 的圆柱上，距柱体中点为 x 距离处的自由磁量线密度是 $\lambda=\pi\kappa Xpa\dfrac{e^{\frac{px}{a}}-e^{-\frac{px}{a}}}{e^{\frac{pl}{a}}+e^{-\frac{pl}{a}}}$，式中 p 是应由下列方程中求出的一个数字：$0.231863-2\ln p+2p=\dfrac{1}{\pi\kappa p^2}$。

下面是 p 和 κ 的一些对应值。

κ	p	κ	p
∞	0	11.802	0.07
336.4	0.01	9.137	0.08
62.02	0.02	7.517	0.09
48.416	0.03	6.319	0.10
29.475	0.04	0.1427	1.00
20.185	0.05	0.0002	10.00
14.794	0.06	0.0000	∞
		负数	虚数

当圆柱的长度远大于它的半径时，柱体中点每一侧的总的自由磁量就理所当然地是

$$M=\pi a^2\kappa X。$$

在这些磁量中，一个量 $\dfrac{1}{2}pM$ 是位于柱体的端平面上的④，而从总量 M 的重心到柱

① 这种效应依赖于 κ 的平方，将在第 440 节中研究的力依赖于 κ 的一次方；因此，既然抗磁性物体的 κ 是很小的，后一种力就将胜过本节所讨论的这种倾向，只有特例除外。

② *Crelle*, bd. xxxvii(1848).

③ *Crelle*, bd. xlviii(1854).

④ 柱体正端的圆柱面上的自由磁量 $=\int_0^l\lambda\,dx=\pi a^2\kappa X\left(1-\operatorname{sech}\dfrac{pl}{a}\right)$。假设端平面上的密度和 $x=l$ 时的圆柱面上的密度相同，则端平面上的磁量是 $\dfrac{\pi\kappa Xpa}{2\pi a}\tanh\dfrac{pl}{a}\cdot\pi a^2$。于是总的自由磁量就是 $\pi a^2\kappa X\left(1-\operatorname{sech}\dfrac{pl}{a}+\dfrac{p}{2}\tanh\dfrac{pl}{a}\right)$。当 pl/a 很大时，这个量就等于 $M\left(1+\dfrac{p}{2}\right)$。

端的距离是$\frac{a}{p}$。

当κ很小时p就很大，从而几乎所有的自由磁都位于柱体的两端。当κ增大时p就减小，而自由磁就分散在离柱端较大的距离处。当κ是无限大时，柱体任意点上的自由磁将简单地正比于从该点到中点的距离，这种分布和均匀力场中的一个导体柱上的电荷分布相仿。

440.〕 在除了铁、镍、钴以外的所有物质中，磁化系数都很小，以致物体的感生磁化只引起磁场中的力的很小变化。因此，作为初级近似，我们可以假设物体内部的实际磁力和物体不存在时的磁力相同。因此，作为初级近似，物体的表面磁化就是$\kappa\frac{\mathrm{d}V}{\mathrm{d}v}$，此处$\frac{\mathrm{d}V}{\mathrm{d}v}$是由外部磁体引起的磁势在表面的内向法线方向上的增加率。现在如果算出由这一表面磁化所引起的势，我们就可以用它来得到第二级近似。

为了在这种初级近似下求出由磁量分布所引起的机械能量，我们必须求出在物体的整个表面上计算的面积分$E=\frac{1}{2}\iint\kappa V\frac{\mathrm{d}V}{\mathrm{d}v}\mathrm{d}S$。现在，我们在第100节中已经证明，这一积分等于在物体所占的整个空间中计算的体积分$E=-\frac{1}{2}\iiint\kappa\left(\overline{\frac{\mathrm{d}V}{\mathrm{d}x}}\Big|^{2}+\overline{\frac{\mathrm{d}V}{\mathrm{d}y}}\Big|^{2}+\overline{\frac{\mathrm{d}V}{\mathrm{d}z}}\Big|^{2}\right)\mathrm{d}x\,\mathrm{d}y\,\mathrm{d}z$，或者，如果$R$是合磁力，则有$E=-\frac{1}{2}\iiint\kappa R^{2}\mathrm{d}x\,\mathrm{d}y\,\mathrm{d}z$。现在，既然在一个位移$\delta x$上磁力对物体所做的功是$X\delta x$，此处$X$是$x$方向上的机械力，而且，既然$\int X\delta x+E=$常量，就有$X=-\frac{\mathrm{d}E}{\mathrm{d}x}=\frac{1}{2}\frac{\mathrm{d}}{\mathrm{d}x}\iiint\kappa R^{2}\mathrm{d}x\,\mathrm{d}y\,\mathrm{d}z=\frac{1}{2}\iiint\kappa\frac{\mathrm{d}.R^{2}}{\mathrm{d}x}\mathrm{d}x\,\mathrm{d}y\,\mathrm{d}z$，而这就表明，作用在物体上的力，就仿佛使物体的每一部分都从R^2较小的地方运动到R^2较大的地方一样，而作用在单位体积上的力则是$\frac{1}{2}\kappa\frac{\mathrm{d}.R^{2}}{\mathrm{d}x}$。

如果像在抗磁性物体中那样κ是负的，则正如法拉第所首次证明的那样，这个力是从磁场的较强部分指向它的较弱部分的。在抗磁性物体的事例中观察到的多数作用，都取决于这一性质。

船舶的磁学

441.〕 差不多磁科学的每一个部分，都在航海中有其用处。地磁对罗盘指针的定向作用，是在太阳和星星都隐没时确定船舶航程的唯一方法。指针对直实子午线的偏角，起初似乎是罗盘在航海方面的应用的一种障碍，但是，当这一困难通过磁力海图的绘制而被克服以后，看来磁偏角本身就很可能会帮助海员确定他的船的位置了。

航海中的最大困难，一直是经度的确定；但是，既然磁偏角在同一经度平行线的不同点上是不同的，一种磁偏角的观测和有关纬度的知识一起，就将使海员能够在磁力海图上定出自己的位置了。

但是，近年来，人们在造船中大量地使用了钢铁，以致不照顾到船舶本身作为一个磁性物体而对指针发生的作用,罗盘的使用就是不可能的了。

正如我们已经看到的那样,确定一块任意形状的铁在地球磁力的影响下的磁量分布,即使铁块没有受到机械胁变或其他干扰的影响也是一个很困难的问题。

然而,在现在这一事例中,问题却通过下面的考虑而得到了简化。

罗盘被假设为放在船上,其中心位于船上的一个固定点,而且离任何的铁质都很远,以致指针的磁性并不在船上感生任何可觉察的磁性。罗盘指针的体积被假设为很小,以致我们可以认为指针每一点上的磁力都是相同的。

船上的铁被假设为只有两种。

(1)按恒定方式被磁化了的硬铁。

(2)其磁化由地球或其他磁体所感生的软铁。

严格说来我们必须承认,最硬的铁也不仅能够受到感应而且会以各种方式损失其一部分所谓的永久磁化。

最软的铁也能够保持其所谓的剩磁化。铁的实际性质并不能通过它由以上定义的硬铁和软铁所合成来准确地加以表示。但是已经发现,当一只船受到地球磁力的作用而没有受到气候的任何反常作用的影响时,可以假设船的磁性部分地起源于永久磁化而部分地起源于感应,而当把这种假设应用于罗盘的改正时是可以得出足够准确的结果的。

作为罗盘变化理论之基础的那些方程,是由泊松在第五卷 *Mémoires de l'Institut*, p. 533(1824)上给出的。

包含在这些方程中的唯一和感生磁性有关的假设就是,如果起源于外界磁性的一个磁力 X 在船舶的铁中引起一种感生磁化,而这种感生磁化对罗盘指针作用一个其分量为 X'、Y'、Z'的干扰力,那么,如果外磁力按一个给定的比例而发生了变化,则干扰力的分量将按相同的比例而发生变化。

确实,当作用在铁上的磁力很大时,感生磁化就不再和外磁力成正比了,但是对于由地球所引起的那样大小的磁力来说,这种比例性的欠缺却是不可觉察的。

因此在实践中我们就可以假设,如果一个其值为 1 的磁力通过船上铁器的媒介而对罗盘指针作用一个 x 分量为 a、其 y 分量为 d 而其 z 分量为 g 的干扰力,则由一个沿 x 方向的力 X 所引起的干扰力的分量将是 aX、dX 和 gX。

因此,如果我们假设把坐标轴固定在船上,使得 x 轴指向船头,y 轴指向右舷,而 z 轴指向龙骨,如果 X、Y、Z 代表地球磁力在这些方向上的分量,而 X'、Y'、Z'代表地球和船作用在罗盘指针上的合磁力的分量,则有

$$\left.\begin{aligned} X' &= X + aX + bY + cZ + P, \\ Y' &= Y + dX + eY + fZ + Q, \\ Z' &= Z + gX + hY + kZ + R。 \end{aligned}\right\} \quad (1)$$

在这些方程中,a、b、c、d、e、f、g、h、k 是依赖于船上软铁的数量、布置及其感应性能的九个常系数。

P、Q、R 是依赖于船只的永久磁化的常量。

很显然,如果磁感是磁力的线性函数,则这些方程是充分普遍的,因为它们不多不少,恰恰是一个矢量作为另一矢量之线性函数的最普遍的表示式。

也可以证明,它们并不是太普遍的,因为,通过铁的一种适当布置,任何一个系数都

可以被弄得独立于其他系数而变。

例如，一根细长的铁棒在纵向磁力的作用下会获得磁极，其中每一磁极的强度在数值上等于棒的截面乘以磁化力再乘以感生磁化系数。一个对棒为横向的磁力会产生弱得多的磁化，其效应在几倍直径的距离处就几乎是觉察不到的。

如果在罗盘指针的前方在向船头方向量去的 x 距离处放一根长铁棒，那么，设棒的截面是 A 而它的磁化系数是 κ，则磁极强度将是 $A\kappa X$，而如果 $A=\frac{ax^2}{\kappa}$，则这个磁极对罗盘指针作用的力将是 aX。可以假设棒很长，以致另一个磁极对罗盘的效应可以忽略不计。

这样，我们就得到了使系数 a 具有任何需要的值的办法。

如果我们把截面为 B 的另一根棒放得有一个端点位于同一点上，即位于向船头量去的 x 距离处，而棒的长度则伸向右舷，且其远处的一极对罗盘并不发生可觉察的效应，则由这个棒引起的干扰力将是沿着 x 方向的，而且是等于 $\frac{B\kappa Y}{x^2}$ 的，或者，如果 $B=\frac{bx^2}{\kappa}$，则力将是 bY。

因此这个棒就将引入系数 b。

从同一点伸向下方的第三根棒将引入系数 c。

系数 d、e、f 可以用从罗盘右侧的一点伸向船头、右舷和下方的三根棒来引入，而 g、h、k 则由从罗盘下面的一点沿上述三个方向摆放的三根棒来引入。

由此可见，九个系数中的每一个系数，都可以通过适当摆放的铁棒来分别地加以改变。

各量 P、Q、R 不过是作用在罗盘上的力的分量，该力起源于船的永久磁化以及由这种永久磁化所引起的那一部分感生磁化。

方程组(1)的一种全面讨论，以及船的真实磁学航向和罗盘所示航向之间的关系的全面讨论，已由阿乞巴耳德·斯密茨先生在海军部的《罗盘偏差手册》(*Manual of the Deviation of the Compass*)中给出。

那里给出了一种研究问题的很有价值的图解方法。取一个固定点作为原点，从该点开始作一直线，其方向和大小代表着作用在罗盘指针上的实际磁力的水平部分。在船只转来转去而使它的船头逐次采取不同的方位时，这条直线的端点就描绘出一条曲线，曲线上的每一点都对应于一个特定的方位。

这样一条曲线叫做“磁迹图”(dygogram)，利用这种图，可以按照船只的磁学航向来给出作用在罗盘上的力的方向和大小。

磁迹图有两种形式。在第一种形式中，曲线画在一个平面上，而该平面在船只转动时是固定在空间中的。在第二种形式中，曲线是画在相对于船为固定的平面上的。

第一种磁迹图是帕斯卡蚶线，第二种磁迹图是椭圆。关于这些曲线的作图和使用，以及许多在数学家看来很有兴趣而在航海家看来也很重要的定理，请读者参阅海军部的《罗盘偏差手册》。

第三十一章 感生磁的韦伯理论

442.〕 我们已经看到,泊松假设了铁的磁化就在于每一磁分子内部的两种磁流体的分离。如果我们希望避免关于存在磁流体的假设,我们也可以用另一种形式来叙述同一理论;我们可以说,当磁化力作用在铁的分子上时,每一个分子都会变成一个磁体。

韦伯的理论与此不同。他假设,即使在加上磁化力以前,铁分子也永远是一些磁体,但是,在普通的铁中,各分子的磁轴是不偏不倚地指向各个方向的,从而整块的铁就不会显示任何磁性。

当一个磁力作用在铁上时,它就倾向于把分子的轴都转到同一个方向,这样就会使整块的铁变成一个磁体。

假如所有分子的磁轴都已摆得互相平行,铁就会显示它所能获得的最大磁化强度。因此,韦伯的理论就蕴涵了一个极限磁化强度的存在,从而关于存在这样一个极限的实验证据就是这种理论所必需的。显示着对一个磁化极限值的趋近的实验,曾由焦耳[①] J.密勒[②]以及厄翁和娄[③]作出。

比兹[④]关于在磁力的作用下沉积出来的电解铁(electrotypeiron)的实验,提供了有关这一极限的最全面的证据。

一条银导线涂了漆,在漆层上划开一条很细的纵向开口,以露出很细的一条金属。然后把这条导线浸入一种铁盐的溶液中,并放入磁场中,使开口沿着一条磁力线的方向。用这根导线作为通过溶液的一个电流的阴极,铁就会一个分子一个分子地沉积在导线的很窄的暴露部分上。然后就对这样形成的一个铁的细丝进行磁的检验。经发现,对于如此小的一部分铁来说,它的磁矩是很大的,而当使一个强大的磁力沿相同方向作用上去时,却发现暂时磁化的增量很小,而永久磁化则并不改变。沿相反方向而作用的一个磁力将立刻使细丝回到按普通方式而被磁化的铁的状况。

韦伯理论认为,在这一事例中,磁化力在每一分子的沉积时刻就把它的磁轴摆到了相同的方向上;这种理论是和观察到的现象符合得很好的。

比兹发现,当电解在磁化力的作用下继续进行时,后来沉积下来的铁的磁化强度就将较小。当各个分子肩并肩地被排在早先已经沉积下来的那些分子旁边时,它们的磁轴或许会偏离磁力线的方向,因此只有在很细的铁条纹的事例中才能得到近似的平行性。

如果像韦伯所假设的那样,铁分子本来就已经是一些磁体,则在它们的电沉积过程中足以使它们的磁轴平行排列的任何磁力,都将足以在沉积丝中产生最高的磁化强度。

---

① *Annals of Electricity*, iv. p. 131, 1839; *Phil. Mag.* [4] iii. p. 32.

② Pogg. *Ann.* lxxix. p. 337, 1850.

③ Phil. Trans. 1889. A. p. 221.

④ Pogg. cxi. 1860.

另一方面，如果铁分子并不是磁体而只是能够受到磁化，则沉积丝的磁化将依赖于磁化力，其方式和一般软铁依赖于磁化力的方式相同。比兹的实验没有为后一假说留下任何余地。

443.〕 现在我们将像韦伯那样假设，在铁的每单位体积中共有 n 个磁性分子，而每个磁性分子的磁矩是 m。假如所有分子的磁轴都已摆得相互平行，则单位体积的磁矩将是 $M=nm$，而且这就将是铁所能得到的最大磁化强度。

韦伯假设，在普通铁的非磁化状态中，各分子的磁轴是杂乱无章地沿各个方向摆放的。

为了表示这一点，我们可以假设画出了一个球，而且从球心画一些半径，分别和 n 个分子中的每一个分子的磁轴方向相平行。这些半径的端点的分布，将代表各分子的磁轴的分布。在普通铁的事例中，这 n 个点是均匀地分布在球面的各个部分上的，因此，其磁轴和 x 轴的夹角小于 α 的分子的数目就是 $\frac{n}{2}(1-\cos\alpha)$，而其磁轴和 x 轴的夹角介于 α 和 $\alpha+\mathrm{d}\alpha$ 之间的分子的数目就是 $\frac{n}{2}\sin\alpha\,\mathrm{d}\alpha$。这就是一块从来未被磁化的铁中的分子分布。

现在让我们假设，使一个磁力 X 沿着 x 轴的方向而作用在铁上，并考虑其磁轴起先和 x 轴成 α 角的一个分子。

如果这个分子是可以完全自由地转动的，它就会把自己转到磁轴平行于 x 轴的位置，而假如所有的分子都是这样的，则我们将发现最小的磁化力都将足以引发最高的极化程度。然而事实却不是这样的。

各分子并不把它们的磁轴转得平行于 x 轴，而这不是因为每一个分子都受到一个倾向于保持其原始方向的力的作用，就是因为整个分子体系的相互作用引起了一种与此等价的效应。

韦伯作为最简单的假设而采用了前一种假设。它假设，当受到偏转时，每一个分子都倾向于以一个力而返回其原始位置；这个力和一个沿原始磁轴方向作用的磁力 D 所将产生的力相同。

因此，磁轴所实际采取的位置，就是沿着 X 和 D 的合力方向的。

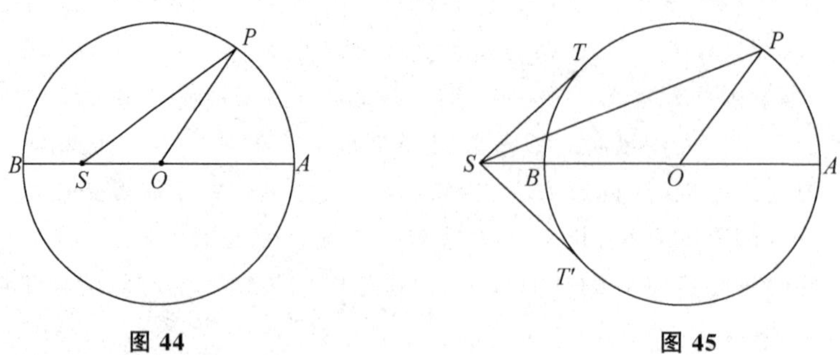

图 44　　图 45

设 APB 代表一个球的截面，球的半径以一定的比例代表着力 D。

设半径 OP 平行于某一特定分子在其原始位置上的磁轴。

设 SO 按相同的比例代表被假设为从 S 向 O 而起作用的磁化力 X。这样，如果分子

受到一个沿 SO 方向的力 X 和一个平行于分子磁轴之原始方向 OP 的力 D 的作用，则其磁轴将转到 SP 的方向，也就是 X 和 D 的合力的方向。

既然各分子的磁轴起初是沿着一切方向的，P 就可以是球面上随便哪一个点。在 X 小于 D 的图 44 中，磁轴的末位置 SP 可以取任意方向，但却不是完全随便的，因为磁轴转向 A 的分子将比磁轴转向 B 的分子更多。在 X 大于 D 的图 45 中，分子的磁轴将全都包括在和球面相切的锥面 TST' 中。

因此，按照 X 是小于还是大于 D，就有两种不同的事例。

设 $\alpha=AOP$，即分子磁轴对 x 轴的初倾角。

$\theta=ASP$，即磁轴在受到力 X 的倾转时的倾角。

$\beta=SPO$，即偏转角。

$SO=X$，即磁化力①。

$OP=D$，即倾向于回返初位置的力。

$SP=R$，即 X 和 D 的合力。

$m=$分子的磁矩。

于是，倾向于使角 θ 减小的由 X 引起的力偶矩就是 $mL=mX\sin\theta$，而倾向于使 θ 增大的由 D 引起的力偶矩就是 $mL=mD\sin\beta$。

令这些值相等并记得 $\beta=\alpha-\theta$，我们就得到

$$\tan\theta=\frac{D\sin\alpha}{X+D\cos\alpha} \tag{1}$$

以确定偏转后的磁轴方向。

其次我们应该求出力 X 在物体中引起的磁化的强度，而为此目的，我们必须把每一个分子的磁矩投影到 x 轴上，然后把所有这些分量加起来。

分子磁矩沿 x 轴方向的分量是 $m\cos\theta$。其磁矩之初倾角介于 α 和 $\alpha+\mathrm{d}\alpha$ 之间的分子数是 $\frac{n}{2}\sin\alpha\,\mathrm{d}\alpha$。

因此我们必须记得 θ 是 α 的函数并计算积分

$$I=\int_0^\pi\frac{mn}{2}\cos\theta\sin\alpha\,\mathrm{d}\alpha。\tag{2}$$

我们可以把 θ 和 α 都用 R 表示出来，于是被积分式就变成

$$-\frac{mn}{4X^2D}(R^2+X^2-D^2)\mathrm{d}R, \tag{3}$$

它的不定积分是

$$-\frac{mnR}{12X^2D}(R^2+3X^2-3D^2)+C。\tag{4}$$

在第一种事例中，即当 X 小于 D 时，积分限是从 $R=D+X$ 到 $R=D-X$。在第二种事例中，即当 X 大于 D 时，积分限是从 $R=X+D$ 到 $R=X-D$。

当 X 小于 D 时，有

$$I=\frac{2}{3}\frac{mn}{D}X。\tag{5}$$

① 作用在磁体内部一个磁极上的力是不确定的，它依赖于磁极所在的空腔的形状。例如力 X 是不确定的，因为，既然我们关于分子磁体的形状及布置一无所知，那也就没有任何理由假设力是一种形状的空腔中的那个力而不是另一种形状的空腔中的那个力。于是，看样子，除非作出别的假设，我们似乎应该令 $X=X_0+pI$，式中 X_0 是外磁力而 p 是我们只知道它介于 0 和 4π 之间的一个常数。在铁中，I 比 X_0 大得多；由于有这种事实，这里的不确定性就更加讨厌，因为包含不确定性的那一项可以是两项之中更加重要得多的一项。

当 X 等于 D 时，有 $$I=\frac{2}{3}mn。\tag{6}$$

当 X 大于 D 时，有 $$I=mn\left(1-\frac{1}{3}\frac{D^2}{X^2}\right)；\tag{7}$$

而当 X 变为无限大时则有 $$I=mn。\tag{8}$$

按照韦伯[①]所采用的这种理论的形式，当磁化力从 0 增大到 D 时，磁化就按相同的比例而增大。当磁化力达到 D 这个值时，磁化是极限值的三分之二。当磁化力进一步增大时，磁化不是无限地增大而是趋于一个有限的极限。

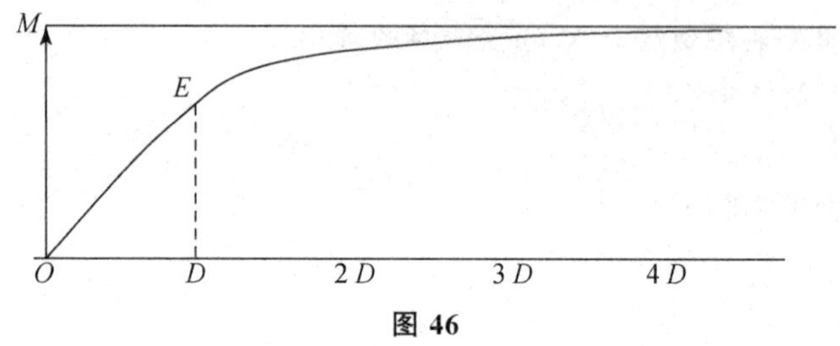

图 46

磁化的规律如图 46 所示。图中的磁化力是从 0 向右算起的，而磁化则用纵坐标来代表。韦伯自己的实验给出了和这一规律符合得令人满意的结果。然而，也可能 D 值并不是对同一块铁中的所有分子都相同，从而从由 0 至 E 的直线到 E 以后的曲线的过渡也可能并不像图中所示的那样突然。

444.〕 这种形式的理论并不能对剩磁化作出任何说明，而人们发现，当磁化力被取消以后，剩磁化是存在的。因此我曾经想到，有必要检查再作出一条假设的后果，这条假设牵涉到分子的平衡位置可以永久性地改变的条件。

让我们假设，如果被偏转了任意一个小于 β_0 的角度 β，磁性分子的轴线在致偏力被取消时将返回其原始位置，但是，如果偏转角 β 超过 β_0，则当致偏力被取消时磁轴并不会回返到原始位置，而是将永久性地偏转一个角度 $\beta-\beta_0$，这个角度可以叫做分子的永久取向[②]。

这条关于分子偏转规律的假设，并不能认为是建筑在任何有关物体之内部结构的确切知识上的，这只不过是我们由于对事情的真实情况全无所知而采取的一种追随韦伯所提示的猜想的想象方式而已。

设 $$L=D\sin\beta_0，\tag{9}$$

那么，如果作用在一个分子上的力偶矩小于 mL，就不会有任何永久偏转；但是，如果力偶矩超过了 L，那就会出现平衡位置的永久改变了。

① 韦伯在 Abhandlungen der Kg. Sächs-Gesellschaft der Wissens. i. p. 572(1852)或 Pogg. ,*Ann.* ,lxxxvii. p. 167(1852)上给出的公式中有些错误，他没有给出计算步骤而只给出了这一积分的结果。他的公式是

$$I=mn\frac{X}{\sqrt{X^2+D^2}}\frac{X^4+\frac{7}{6}X^2D^2+\frac{2}{3}D^4}{X^4+X^2D^2+D^4}。$$

② 麦克斯韦所真正作出的，似乎并不是本节叙述的这条假设，而是在第 445 节的脚注中论述的那种假设。

为了追索这一假设的后果，设作中心在 O 点而半径为 $OL=L$ 的一个球。

只要 X 还小于 L，一切情况就将和以前考虑过的事例中的情况相同；但是，一旦 X 超过了 L，它就将开始引起某些分子的永久偏转。

让我们考虑图 47 中的事例，这时 X 大于 L 而小于 D。以 S 为顶点作一个双锥面和球 L 相切。设这个锥面和球 D 交于 P 及 Q。那么，如果一个分子的磁轴在它的初位置上是位于 OA 和 OP 之间或 OB 和 OQ 之间的，则它将偏过一个小于 β_0 的角度，从而就不会有永久偏转。但是，如果分子的磁轴起初位于 OP 和 OQ 之间，则将有一个力矩大于 L 的力偶作用在分子上并使它偏转到位置 SP 上，而当力 X 停止作用时，分子并不会回返原来的取向而是采取永久偏转的方向 OP。

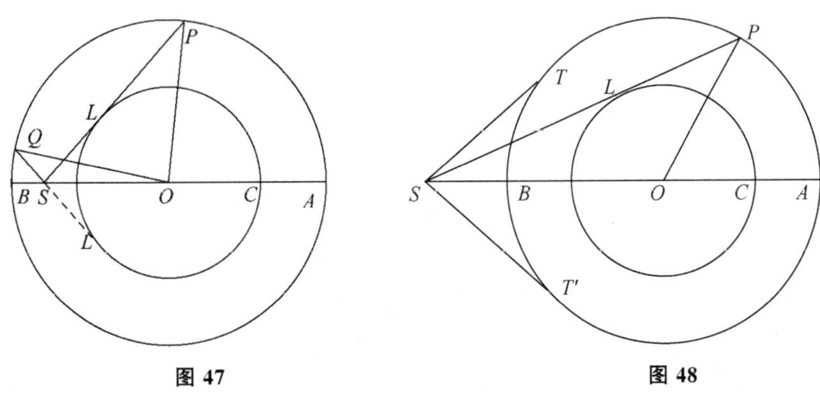

图 47　　　　图 48

让我们令 $L=X\sin\theta_0$，式中 $\theta_0=PSA$ 或 QSB，于是，按照以前的假说其磁轴将具有介于 θ_0 和 $\pi-\theta_0$ 之间的 θ 值的所有那些分子，在力 X 的作用过程中都将被弄得具有 θ_0 这个值。

因此，在力 X 的作用过程中，那些在偏转以后磁轴位于半顶角为 θ_0 的双锥面的任一片内的分子，都将像在以前的事例中一样地排列，但是，那些按照以前的理论其磁轴将位于两片锥面之外的分子却将永久性地受到偏转，使得它们的磁轴将在锥面指向 A 的那一片附近形成一种密集带。

随着 X 的增大，属于 B 点周围那一锥面的分子数就持续减小，而当 X 变为等于 D 时，所有的分子就都已被迫离开了它们从前的平衡位置，而转到 A 点周围的锥面一带了；因此，当 X 变得大于 D 时，所有的分子就将形成锥面的一部分或密集在锥面附近了。

当力 X 被撤销时，在 X 小于 L 的事例中一切情况就都会返回原始的状态。当 X 介于 L 和 D 之间时，将有一个围绕 A 点的而其半顶角为 $AOP=\theta_0+\beta_0$ 的锥面，和一个围绕 B 点的而其半顶角为 $BOQ=\theta_0-\beta_0$ 的锥面。在这些锥面内部，分子的磁轴是均匀分布的。但是，其磁轴的原始方向位于这两个锥面之外的所有分子，却都已经被驱离了它们的原始位置而在 A 点周围的锥面附近形成了密集带。

如果 X 大于 D，则 B 点周围的圆锥将完全分散，而起先形成这一圆锥的所有分子将被转化成 A 点周围的密集带，而其倾角则是 $\theta_w+\beta_0$。

445.〕 用和以前相同的办法处理这一事例①，我们就能求得在力 X 作用期间的暂时磁化强度，此处的 X 是被假设为作用在以前从示被磁化过的铁上的。

当 X 小于 L 时，$I=\frac{2}{3}M\frac{X}{D}$。

当 X 等于 L 时，$I=\frac{2}{3}M\frac{L}{D}$。

当 X 介于 L 和 D 之间时，$I=M\left\{\frac{2}{3}\frac{X}{D}+\left(1-\frac{L^2}{X^2}\right)\left[\sqrt{1-\frac{L^2}{D^2}}-\frac{2}{3}\sqrt{\frac{X^2}{D^2}-\frac{L^2}{D^2}}\right]\right\}$。

当 X 等于 D 时，$I=M\left\{\frac{2}{3}+\frac{1}{3}\left(1-\frac{L^2}{D^2}\right)^{\frac{3}{2}}\right\}$。

当 X 大于 D 时，

$$I=M\left\{\frac{1}{3}\frac{X}{D}+\frac{1}{2}-\frac{1}{6}\frac{D}{X}+\frac{(D^2-L^2)^{\frac{3}{2}}}{6X^2D}-\frac{\sqrt{X^2-L^2}}{6X^2D}(2X^2-3XD+L^2)\right\}。$$

当 X 为无限大时，$I=M$。

当 X 小于 L 时，磁化服从以前的规律，而且是和磁化力成正比的。一旦 X 超过了 L，磁化就会有一个更快的增加率，因为这时有些分子开始被从一个圆锥转送到另一个圆锥。然而，随着形成负圆锥的分子数的减少，这种迅速的增大很快就会停止，而最后磁化就会达到极限值 M。

假若我们必须假设不同的分子具有不同的 L 值和 D 值，我们就会得到不同的磁化阶段区别得并非如此明显的一种结果。

由磁化力 X 引起而当该力已被撤销时才能观察到的剩磁化 I' 如下所述：

当 X 小于 L 时，没有剩磁化。

---

① 正文中给出的结果，除了一点小小的例外，都可以按照下述的手续得出。第 444 节中的修订理论的叙述如下：一个磁性分子的磁轴，如果偏转了一个小于 β_0 的角 β，则当致偏力被撤销时将返回其原始位置；但是，当偏转超过了 β_0 时，倾向于反抗偏转的力就会垮掉而允许分子偏转到和其偏转为 β_0 的分子相同的方向，而当致偏力被撤销时，分子就将采取一个方向，平行于其偏转本为 β_0 的那种分子的方向。这个方向可以叫做分子的永久取向。

在 $X>L<D$ 的事例中，磁矩的表示式 I 包括两个部分。第一部分是由锥面 AOP 和 BOQ 中的分子引起的，可以按照和第 443 节中的方法完全相同的方法来求出，只要适当注意到积分限就行了。参照图 8，我们按照以上的理论叙述就能求得表示式的第二部分 $\frac{1}{2}mn\cos ASP\times\frac{QP\text{ 在 }BA\text{ 上的投影}}{OP}$。

经过化简，这两部分就共同给出正文中的结果。

当 $X>D$ 时，积分又是包括两部分，其中一部分正如在第 443 节中那样应在圆锥 AOP 上计算。第二部分是(见图 49) $\frac{1}{2}mn\cos ASP\times\frac{BP\text{ 在 }BA\text{ 上的投影}}{OP}$。

经过化简以后，这一事例中的 I 的值和正文中所给的值在第三项上有所不同，就是说我们有 $-\frac{1}{6}\frac{D^2}{X^2}$ 而不是 $-\frac{1}{6}\frac{D}{X}$。这种改变对正文中所给数值表的影响就是，当 $X=6$、7、8 时，对应的 l 值将是 887、917、936。这些变化并不会改变图 10 中所给的暂时磁化曲线的一般特点。

图 47 的事例中的 I' 值是 $\frac{1}{2}mn\left\{\int_0^{AOP}\sin\alpha\cos\alpha\,d\alpha+\int_{AOQ}^{\pi}\sin\alpha\cos\alpha\,d\alpha+\cos AOP\times\frac{QP\text{ 在 }BA\text{ 上的投影}}{OP}\right\}$。

图 48 的事例中的 I' 值可按类似的方式求出。

当 X 介于 L 和 D 之间时，$I'=M\left(1-\frac{L^2}{D^2}\right)\left(1-\frac{L^2}{X^2}\right)$。

当 X 等于 D 时，$I'=M\left(1-\frac{L^2}{D^2}\right)$。

当 X 大于 D 时，$I'=\frac{1}{4}M\left\{1-\frac{L^2}{XD}+\sqrt{1-\frac{L^2}{D^2}}\sqrt{1-\frac{L^2}{X^2}}\right\}^2$。

当 X 为无限大时，$I'=\frac{1}{4}M\left\{1+\sqrt{1-\frac{L^2}{D^2}}\right\}^2$。

如果令 $M=1000$，$L=3$，$D=5$，我们就得到下列的暂时磁化和剩磁化的值

磁化力 X	暂时磁化 I	剩磁化 I'
0	0	0
1	133	0
2	267	0
3	400	0
4	729	280
5	837	410
6	864	485
7	882	537
8	897	575
…	…	…
∞	1000	810

这些结果表示在图 49 中。

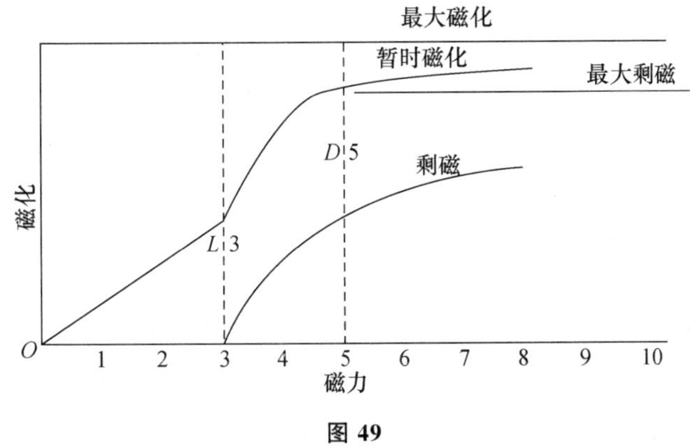

图 49

剩磁化曲线在 $X=L$ 时开始，并趋近于一条渐近线，其纵坐标$=0.81M$。

必须记得，这样求得的剩磁对应于一种情况，即当外力被撤销时并不存在任何起源于物体本身之磁性分布的去磁力。因此，这种计算只适用于很长的纵向磁化的物体。在短粗物体的事例中，剩磁将由于自由磁的反作用而有所减小，其方式正如有一个反向的

外磁化力作用在物体上一样①。

446.〕 在这种理论中我们作出了如此多的假设和引用了如此多的调节常量;这样一种理论的科学价值,并不能单纯地根据它和某一组实验的数值符合来加以评估。如果它还有任何价值,那就是因为它使我们能够对一块铁在磁化过程中出现的变化得到一种思维形象。为了检验理论,我们必须把它应用于这样一个事例:一块铁在受到一个磁化力 X_0 的作用以后又受到一个磁化力 X_1 的作用。

如果新力 X_1 是沿着和 X_0 的作用方向相同的方向(我们将称之为正方向)而作用的,那么,如果 X_1 小于 X_0,则它将不会引起分子的任何永久取向,从而当 X_1 被撤销以后,剩磁化将和由 X_0 所引起的相同。如果 X_1 大于 X_0,则它所引起的效应将和 X_0 不曾起过作用时的效应完全相同。

但是,让我们假设 X_1 是沿负方向而作用的,并且让我们假设

$$X_0 = L\csc\theta_0, \text{而 } X_1 = -L\csc\theta_1。$$

当 X_1 在数值上增大时,θ_1 就减小。X_1 将引起其永久偏转的第一批分子,就是形成 A 点周围的锥面之密集带的那些分子②,以及当未受偏转时有一个倾角 $\theta_0+\beta_0$ 的那些分子。

一旦 $\theta_1-\beta_0$ 变到小于 $\theta_0+\beta_0$,去磁过程就将开始。既然这时 $\theta_1=\theta_0+2\beta$,去磁开始时所要求的力 X_1 就将小于引起磁化的力 X_0。

假如 D 值及 L 值对所有的分子来说都是相同的,则 X_1 的很小增量就将把所有磁轴倾角为 $\theta_0+\beta_0$ 的分子都转到一个磁轴对负轴 OB 的倾角为 $\theta_1+\beta_0$ 的位置上去。

虽然去磁并不是按一种如此突然的方式发生的,但是它却发生得相当迅速,以致给过程的这种解释模式提供了某种支持。

现在让我们假设,通过取一个反向力 X_1 的适当值,我们在撤销 X_1 后恰好使铁块完全去了磁。

现在,各分子的磁轴将不会像在一块从来未被磁化的铁中那样完全随便地分布在一切方向上,而是将形成三组。

(1) 在一个围绕正极而半顶角为 $\theta_1-\theta_0$ 的锥面内,分子的磁轴保持在它们的原始位置上。

(2) 在一个围绕负极而半顶角为 $\theta_0-\beta_0$ 的锥面内,情况也如此。

(3) 所有其他分子的磁轴方向形成一个围绕负极的锥面,而其倾角为 $\theta_1+\beta_0$。

当 X_0 大于 D 时,第二组是不存在的。当 X_1 大于 D 时,第一组也不存在。

因此,尽管在外观上去了磁,铁的状态却是和一块从来未经磁化的铁的状态不同的。

为了证明这一点,让我们考虑一个沿正方向或负方向而作用的磁化力 X_2 的效应。

① 试考虑这样一个事例:一块铁沿正方向受到一个磁力的作用,该磁力从零增加到一个足以产生永久磁化的值 X_0,然后又减小到零。很显然,按照上述的理论,由于给予了某些分子磁体以永久性的取向,对于磁化力的一个给定值来说,磁化强度在磁化力减小时将比在磁化力增加时为大。因此,铁在磁场中的行为将依赖于他的以前处理。这一效应被厄翁称为"磁滞",他充分地研究了这种效应(见 *Phil. Trans.* Part Ⅱ,1885)。然而,第 445 节中给出的理论却并不能解释厄翁所发现的现象的全部。因为,如果我们在上一事例中在减小了磁力之后又增大它,则针对一个值 $X_1<X_0$ 来说,磁化强度的值应该和磁力第一次减小到 X_1 时相同。然而厄翁的研究却表明情况不是这样。这些研究以及类似的研究的一种简短介绍,将在本书的补遗卷中给出。

② 这里假设,在图 47 和图 58 中,P 点是位于 C 点的右方的。

这样一个力的第一种永久效应将发生在磁轴和负方向成角 $\theta_1+\beta_0$ 的第三组分子上。

如果 X_2 是沿负方向作用的，则一旦 $\theta_2+\beta_0$ 变成小于 $\theta_1+\beta_0$，也就是说一旦 X_2 变成大于 X_1，它就将开始产生永久性的效应。但是，如果 X_2 是沿正方向作用的，则一旦 $\theta_2-\beta_0$ 变成小于 $\theta_1+\beta_0$，也就是说当 $\theta_2=\theta_1+2\beta_0$ 即当 X_2 还比 X_1 小得多时，X_2 就将开始再引起铁的磁化。

因此，由我们的假说可以看出：

当一块铁受到一个力 X_0 的磁化时，不加上一个大于 X_0 的力就不能使它的剩磁有所增加。一个小于 X_0 的反向力就足以使它的剩磁有所减少。

如果铁被一个反向力所完全去磁，不加上一个大于 X_1 的力就不能沿反方向把它磁化，但是一个小于 X_1 的正向力却足以开始沿原有的方向而把它再磁化。

这些结果是和瑞奇①、雅考比②、马瑞安尼尼③以及焦耳④所实际观察到的结果相一致的。

关于铁及钢的磁化和磁力的及机械胁变的关系的一种很全面的论述，已由魏德曼在他的《动电》一书中给出。他通过磁化的效应和扭变的效应的一种仔细比较已经证明，我们通过有关线材之暂时扭变和永久扭变的实验而导出的关于弹性和塑性的概念，可以同等适当地应用于铁及钢的暂时磁化和永久磁化。

447.〕 马吐西⑤发现，一个硬铁棒在受到磁化力时的拉伸，会增大其暂时磁化⑥。这一点曾由外尔泰姆加以证实。在软铁棒的事例中，磁性会因拉伸而减小。

一根铁棒的永久磁性当棒被拉伸时就增大，当它被压缩时就减小。

因此，如果一块铁首先沿着一个方向被磁化然后沿着另一方向被拉伸，则磁化的方向将倾向于趋近拉伸的方向。如果它被压缩，则磁化的方向将倾向于变得和压缩方向相垂直。

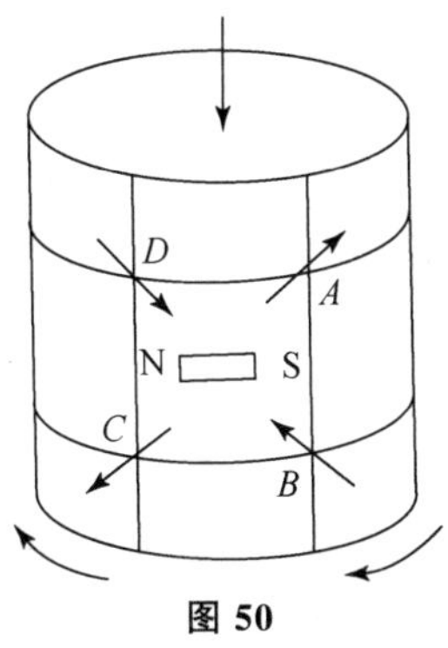

图 50

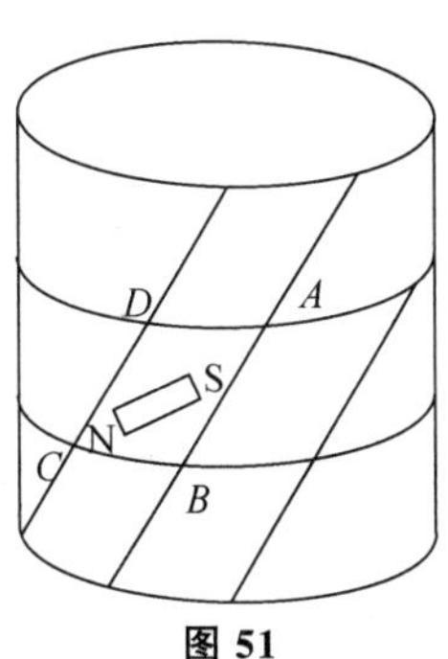

图 51

---

① *Phil. Mag.* 3 ,1833.

② Pogg. ,*Ann.* ,31,367,1834.

③ Ann. de Chimie et de Physique,16,pp. 436 and 448,1846.

④ *Phil. Trans.* ,1856, p. 287.

⑤ *Ann. de Chimie et de Physigue*,53. p. 385. 1858.

⑥ 威拉利曾经证明，只有当磁化力小于某一临界值时，这种结论才是对的，但是当磁化力超过临界值时，拉伸却会引起磁化强度的减小；Pogg. *Ann.* ,126,p. 87. 1865. 正文中关于软铁棒之行为的论述，对于小胁变和弱磁场是不成立的。

这就解释了魏德曼的一个实验的结果。在一条竖直的导线中由上向下通一个电流。如果在电流正在通过或在它已经停止以后,把导线按右手螺旋方向加以扭转,则导线的下端变成一个北极。

在这儿,向下的电流对导线的每一部分沿切线方向进行磁化,正如字母 N 和 S 所指示的那样。

沿右手螺旋方向对导线的扭转,使得 $ABCD$ 这一部分沿对角线 AC 而被拉伸,并沿对角线 BD 而被压缩。因此,磁化方向就倾向于趋近 AC 而背离 BD,于是下端就变成北极而上端就变成南极。

磁化对磁体尺寸的影响

448.〕 焦耳[①]在 1842 年发现,当一根铁棒被围绕它的一个线圈中的电流所磁化时,它就会变长。后来他[②]又通过把铁棒放在一个玻璃管里的水中来证明了,铁的体积并不会因为磁化而变大,从而他就得出结论说,它的横向线度缩小了。

最后,他使一个电流通过一根铁管的轴线并由管外返回,这样就使铁管变成了一条闭合的磁管。经发现,铁管的轴线在这一事例中是缩短了的。

他发现,在纵向压力下,一根铁棒当被磁化时也会伸长。然而,当铁棒受到相当大的纵向拉力时,磁化的效应却是使它缩短。

在一根硬钢丝的事例中,磁化力的效应却总是使钢丝缩短,不论钢丝是处于拉力还是处于压力作用之下。长度的改变只有当磁化力还在起作用时才是存在的,没有观察到由钢的永久磁化而引起的任何长度变化。

焦耳发现,铁导线的伸长近似地正比于实际磁化的平方,从而一个去磁电流的最初效应就是使导线缩短[③]。

另一方面,他发现,对拉力作用下的铁导线和对钢来说,缩短效应是正比于磁化强度和磁化电流的乘积而变的。

魏德曼发现,如果一根竖直导线被磁化得上端成为南极,并且由上向下在导线中通一个电流,如果导线的下端是自由的,则从上向下看去时,导线的下端是按顺时针的方向而扭转的;或者换句话说,导线将像一个右手螺旋那样地发生扭转,如果纵向电流和磁化电流之间的关系是右手关系的话。

在这一事例中,电流的作用和由早先存在的磁化而造成的合磁化,是沿着右手螺旋的方向而围绕导线的。因此,这种扭转就似乎表明,当铁受到磁化时,它就沿着磁化的方向而膨胀并沿着垂直于磁化的方向而收缩。这是和焦耳的结果相一致的。

关于磁化理论的进一步发展,请参阅第 832～845 节。

---

① Sturgeon's *Annals of Electricity* ,vol. viii. p. 219.

② *Phil. Mag.* ,xxx. 1847.

③ {歇耳福·比德外耳曾经证明,当磁化力很大时,磁体的长度是随磁化力的增大而减小的。*Proc. Roy. Soc.* xl. p. 109.}

第三十二章 磁学测量

449.〕 主要的磁学测量就是一个磁体的磁轴和磁矩的测定，以及一个给定位置上的磁力的方向和强度的测定。

既然这些测量是在地面附近进行的，磁体就总是既受到地磁的作用又受到重力的作用的，而且，既然各个磁体是用钢做成的，它们的磁性就部分地是永久磁性而部分地是感生磁性。永久磁性会被温度的变化、被强烈感应和被激烈的敲打所改变；感生磁性会随着外磁力的每一次变化而变化。

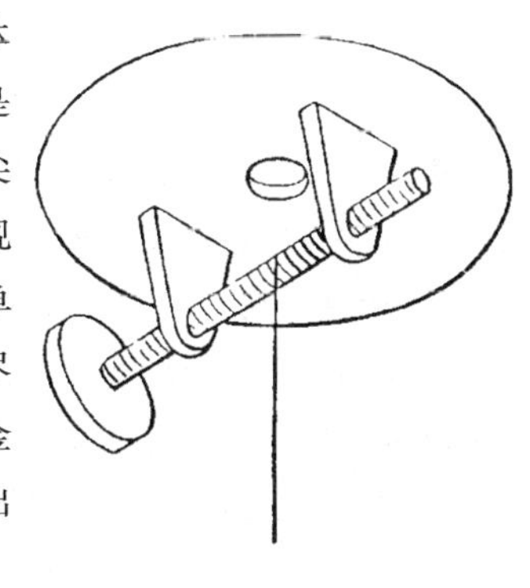

观察作用在一个磁体上的力的最方便办法就是使磁体可以绕着一条竖直轴线而自由转动。在普通的罗盘中，这是通过把磁体平衡地支放在一个支轴上来做到的。支轴的尖端越细，干扰磁力作用的摩擦力矩就越小。为了更精密的观察，磁体是用无扭转的丝线悬挂起来的；这种悬线是一根单丝或几根丝合并成的一条线，每根丝互相平行，各自负担尽可能相等的部分重量。这样一根线的扭力比同样强度的金属线的扭力要小得多，而且可以借助于磁体的方位而计算出来，而由支轴的摩擦所引起的力则不是这样的。

通过转动装在固定螺母中的螺丝，悬线可以升高或降低。悬线是绕在螺丝的螺纹上的，因此当螺丝转动时悬线永远沿同一竖直线悬挂着。

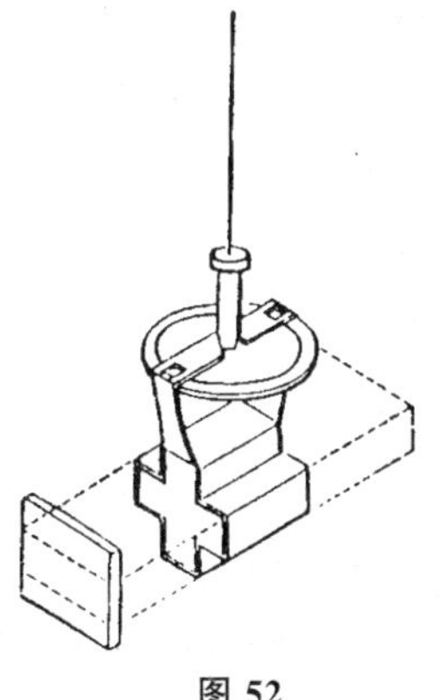

图 52

悬线下面挂着一个水平的圆圈，上有刻度，叫做“扭转圆”；另外还挂着一个附有指针的镫形器，可以任意调节，以使指针和扭转圆上的任一刻度相重合。镫形器的造型使得磁棒可以放在上面，使其轴线水平，其四个侧面中的任一侧面都可以朝上。

为了保证零扭转，把一个和磁体重量相同的非磁性物体放在镫形器上，并定出平衡时的扭转圆位置。

磁体本身是一块硬淬火的钢。按照高斯和韦伯的研究，它的长度至少要是它的最大横向线度的八倍。当磁体内部的磁轴方向之永久性是最首要的考虑时，这一点是必要的。当所要求的是运动的及时性时，磁体就应该短一些，而当观察磁力的突然变化时，甚至宜于使用一根横向磁化的棒，并把它挂得最长的线度位于竖直方向①。

① Joule, *Proc. Phil. Soc.*, *Manchester.*, Nov. 29, 1864.

450.〕 磁体上附有测定其角位置的装置。为了普通的目的，磁体的两端做成两个尖，而在它的下面装一个刻度图；利用这个刻度图，就可以用肉眼读出两个尖端的位置，这时人眼应位于通过悬线和磁针尖端的平面上。

为了更精确的观察，一个平面镜被固定在磁体上，使得镜面的法线尽可能接近地和磁化轴相重合。这就是高斯和韦伯所采用的方法。

另一种方法是在磁体的一端装一个透镜，而在其另一端装一个用玻璃制成的标尺，透镜和标尺之间的距离等于透镜的主焦距。标尺零点和透镜光心的连线应该尽可能接近地和磁轴相重合。

因为这些确定悬挂仪器之角位置的光学方法在许多物理研究中是有很大重要性的，我们将在这里一劳永逸地考虑考虑它们的数学理论。

镜尺法的理论

我们将假设，要测定其角位置的那件仪器是可以绕着一个竖直轴转动的。这个轴通常是悬挂仪器的一根悬丝或金属线。镜面必须真正是平面，这样，一个毫米标尺就可以通过反射而在离镜面数米处被看到。

镜面中点上的法线应该通过悬挂轴线，而且应该是严格水平的。我们将把这一法线称为仪器的准直线(line of collimation)。

大致地确定了准直线在所要进行的实验过程中的平均方向以后，在镜面前面的一个适当距离上，在略高于镜面的水平面的地方架起一个望远镜来。

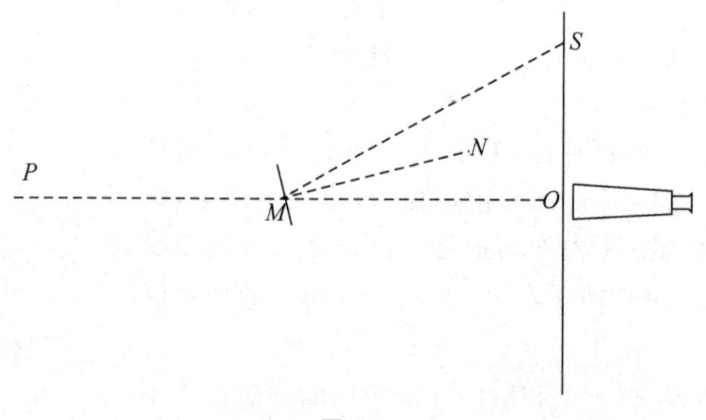

图 53

这个望远镜可以在竖直平面内运动，它指向悬丝上略高于镜面的地方，另外再在视线上设立一个固定的标记，标记到物镜的距离等于镜面到物镜的距离的两倍。如果可能的话，仪器应该安装得使这个标记是在一面墙上或在其他固定物体上。为了同时在望远镜中看到标记和悬丝，可以在物镜上加一个盖子，盖子上沿着竖直的直径开一细缝。在进行别的观察时应把这个盖子取掉。然后调节望远镜，使得标记可被清楚地看到和望远镜焦点上竖丝相重合。然后把一根铅垂线调节得切近地通过物镜光心的前面并位于望远镜的下方。在望远镜下方恰好在铅垂线之后的位置上装一个具有相等刻度的标尺，使它被通过标记、悬丝和铅垂线的平面所垂直平分。标尺和物镜的离地高度之和应该等于镜面的离地高度的两倍。现在,望远镜既已指向镜面,观察者就将在望远镜中看到标尺的反射像。如果标尺上被铅垂线穿越的那一部分显得是和望远镜的竖丝相重合的,镜面的准直线就是和标记及物镜光心的平面相重合的。如果竖丝和标尺上的任何其他刻度相重合,准直线的角位置就应如下求出:

设纸面是水平的,而不同的点就投影在这一平面上。设 O 为望远镜物镜的中心,P 为固定标记:P 和望远镜竖丝相对于物镜来说是共轭焦点。设 M 是 OP 和镜面的交点。设 MN 是镜面的法线,则 $OMN=\theta$ 是准直线和固定平面所夹的角。设 MS 是 OM 和 MN 的平面上的一条满足 $NMS=OMN$ 的直线,则 S 是通过反射将被看到和望远镜竖丝相重合的那一部分标尺。现在,既然 MN 是水平的,投影在图上的角度 OMN 和 NMS 就是相等的,从而 $OMS=2\theta$。由此即得 $OS=OM\tan 2\theta$。

因此我们必须按标尺的刻度来量度 OM;然后,如果 s_0 是标尺上和铅垂线相重合的度数,而 s 是观察到的度数,则有 $s-s_0=OM\tan 2\theta$,由此就可以求出 θ。我们在量度 OM 时必须记得,如果镜子是由背面镀银的玻璃构成的,则竖直反射面是在玻璃前表面后边一段距离 $\frac{t}{\mu}$ 处,此处 t 是玻璃的厚度而 μ 是折射率。

我们也必须记得,如果悬线并不通过反射点,则 M 的位置将随 θ 而变。因此,如果可能,最好使镜子的中心和悬线相重合。

也值得建议把标尺作成以悬线为轴的凹圆柱面的形状,特别是当有必要观察大的角度变化时。这样,角度就立即是按圆周测量的,用不着查正切表。标尺应该仔细调节,使得柱轴和悬丝相重合。标尺上的数字应该永远沿同一方向从一端排到另一端,以避免负读数。图 54 代表必须和镜面及倒向望远镜一起应用的一个标尺的中间部分。

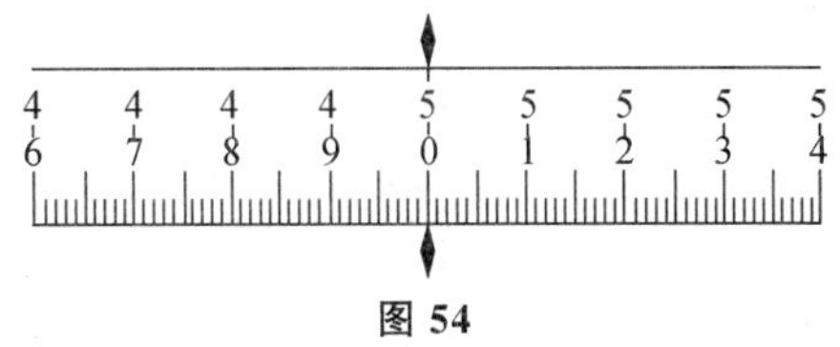

图 54

当运动较慢时,这种观察方法是最好的。观察者坐在望远镜旁,并看到标尺的像运动着向右或向左而通过望远镜的竖丝。利用他旁边的一个时钟,他可以记下标尺上一个给定的刻度通过竖丝的时刻,或是记下在给定秒数通过竖丝的标尺刻度,而且他也可以记录每一次振动的两端界限。

当运动更快时,就将不可能读出标尺刻度,只除了在振动极限的静止时刻以外。可以在标尺的一个已知的刻度上作一个明显记号,并注意这个记号的通过时刻。

当仪器很轻而力又是变化的时,运动就会如此的灵活而迅速,以致通过一个望远镜来进行的观察将成为无用的。在这一事例中,观察者可以直接注视标尺,并观察由一个灯投射到标尺上的竖丝像的运动。

很显然,既然经过镜面反射和物镜折射而成的标尺像是和竖丝相重合的,那么,如果充分照明,竖丝的像就将和标尺相重合。为了观察这一点,房间必须遮暗,并使一个灯的会聚光线向着物镜而射在竖丝上。在标尺上,就看到一片光亮上面竖立着竖丝的暗影。它的运动可用眼睛追踪,而它停在那儿的那个标尺刻度就可以经过注视而定下来,并且被从容不迫地读出。如果想要注意光点通过标尺上一个给定地点的时刻,可以在那儿放一根针或一根光亮的金属丝，这样当光点通过时就会看到闪光。

通过用薄膜上的小孔来代替叉丝，像就变成一个在标尺上左右运动的小光点；而通过把标尺换成一个用时钟装置使之绕水平轴面转动的上面卷有作图纸的圆筒，光点就在上面描出一条曲线，而这条曲线可以在事后被弄成可见的。这条曲线的每一个横坐标对应于一个特定的时刻，而其纵坐标则指示镜子在该时刻的角位置。按照这种方法，已经在丘市观测站和其他观测站上建立了连续记录地磁之所有要素的自动系统。

在某些事例中，望远镜被略去，而一根竖丝则被放在它后面的一个灯所照亮，而镜面则是一个凹面镜，它在标尺上造成竖丝的像，那是一个光斑上的一道黑线。

451.〕 在丘市的可携式仪器中，磁体被做成了一根管子，一端装有透镜，而另一端则装有标尺，经过调节，标尺位于透镜的主焦面上。光由标尺后面射入，通过透镜以后用一个望远镜来加以观察。

既然标尺是位于透镜的主焦面上的，来自任一标尺刻度处的光就都会从透镜平行射出，而如果望远镜是聚焦在无限远处的，它就会使标尺的像和望远镜的叉丝相重合。如果一个给定的标尺刻度和叉丝交点相重合，则该刻度和透镜光心的连线必然平行于望远镜的准直线。通过固定磁体而移动望远镜，我们可以确定标尺刻度的角度值；然后，当磁体被挂起而望远镜的位置为已知时，我们就能通过读出和叉丝相重合的标尺刻度来测定磁体在任一时刻的位置。

望远镜架在一个臂上，这个臂的中心位于悬丝的直线上，而望远镜的位置则通过仪器方位圆上的游标来读出。

这种安排对于一个小的可携式磁强计是合用的；在那种磁强计中，整个仪器都装在同一个三脚架上，而且由偶然干扰所造成的振动将很快地衰减掉。

磁体轴线方向的确定和地磁方向的确定

452.〕 设在一个磁体内画一个坐标系；假设磁体是一个长方体，坐标系的 z 轴沿磁体长度的方向，而 x 轴和 y 轴垂直于其他侧表面。

设 l、m、n 和 λ、μ、ν 分别是磁轴及准直线和这些坐标轴之间的夹角。

设 M 是磁体的磁矩，H 是地磁的水平分量，Z 是竖直分量，而 δ 是 H 的从北向西计算的方位角。

设 ζ 是观察到的准直线的方位角，α 是镫形器的方位角，而 β 是扭转圆上的指针读数，于是 $\alpha-\beta$ 就是悬丝下端的方位角。

设 γ 是当没有扭力时的 $\alpha-\beta$ 的值，则倾向于使 α 减小的扭力矩就将是 $\tau(\alpha-\beta-\gamma)$，式中 τ 是依赖于悬丝本性的扭转系数。

为了确定 x 轴和准直线在 xz 平面上的夹角 λ_x，固定镫形器，使得 y 轴竖直向上，z 轴指北而 x 轴指西，然后观察准直线的方位角 ζ。然后取下磁体，把它绕 z 轴转一个 π 角再放在这个反了个儿的位置上，然后观察当 y 轴向下而 x 轴指西时的准直线方位角 ζ'，

$$\zeta=\alpha+\frac{\pi}{2}-\lambda_x, \tag{1}$$

$$\zeta' = \alpha - \frac{\pi}{2} + \lambda_x。\tag{2}$$

由此即得
$$\lambda_x = \frac{\pi}{2} + \frac{1}{2}(\zeta' - \zeta)。\tag{3}$$

其次，把镫形器挂在悬丝上并把磁体放上去，仔细地调节它以做到 y 轴竖向上，于是倾向于使 α 增大的力矩就是
$$MH\sin m\sin\left(\delta - \alpha - \frac{\pi}{2} + l_x\right) - \tau(\alpha - \beta - \gamma);\tag{4}$$
式中 l_x 是 x 轴和磁轴在 xz 平面上的投影之间的夹角。

但是，如果 ζ 是观察到的准直线的方位角，则有
$$\zeta = \alpha + \frac{\pi}{2} - \lambda_x,\tag{5}$$

于是力[矩]就可以写成
$$MH\sin m\sin(\delta - \zeta + l_x - \lambda_x) - \tau\left(\zeta + \lambda_x - \frac{\pi}{2} - \beta - \gamma\right)。\tag{6}$$

当仪器处于平衡时，这个量对一个特定的 ζ 值变为零。

当仪器永不停止而必须在一种振动状态下来加以观察时，对应于平衡位置的 ζ 值可以用一种即将在第 735 节中加以描述的方法来进行计算。

当扭力矩远小于磁力矩时，我们可以用 $\delta - \zeta + l_x - \lambda_x$ 来代替它的正弦。

如果我们使扭转圆的读数 β 取两个值 β_1 和 β_2，而 ζ_1 和 ζ_2 是对应的 ζ 值，则有
$$MH(\zeta_2 - \zeta_1)\sin m = \tau(\zeta_1 - \zeta_2 - \beta_1 + \beta_2),\tag{7}$$

或者，如果我们令 $\frac{\zeta_2 - \zeta_1}{\zeta_1 - \zeta_2 - \beta_1 + \beta_2} = \tau'$，则有
$$\tau = \tau' MH\sin m,\tag{8}$$

而方程(6)除以 $MH\sin m$ 后就变成
$$\delta - \zeta + l_x - \lambda_x - \tau'\left(\zeta + \lambda_x - \frac{\pi}{2} - \beta - \gamma\right) = 0。\tag{9}$$

如果我们现在把磁体翻过来，使得 y 轴向下，并调节仪器直到 y 轴确切竖直，而如果这时 ζ' 是方位角的新值，而 δ' 是对应的倾角，则
$$\delta' - \zeta' - l_x + \lambda_x - \tau'(\zeta' - \lambda_x + \frac{\pi}{2} - \beta - \gamma) = 0,\tag{10}$$

由此即得
$$\frac{\delta + \delta'}{2} = \frac{1}{2}(\zeta + \zeta') + \frac{1}{2}\tau'\{\zeta + \zeta' - 2(\beta + \gamma)\}。\tag{11}$$

现在必须调节扭转圆，使得 τ' 的系数尽可能接近于零。为此目的，我们必须确定当没有扭力时的 $\alpha - \beta$ 的值 γ。此点可以这样做到：放上一个和磁体等重的非磁性棒，并在平衡状态下测定 $\alpha - \beta$。既然 τ' 很小，测定时并不要求多大的精确度。另一种方法是利用一个和磁体等重的扭转棒，里边含有一个很小的磁体，其磁矩是主磁体之磁矩的 $\frac{l}{n}$ 倍。既然 τ 并不改变，τ' 就将变成 $n\tau'$，而如果 ζ_1 和 ζ_1' 是利用扭转棒求得的 ζ 值，就有
$$\frac{\delta + \delta'}{2} = \frac{1}{2}(\zeta_1 + \zeta_1') + \frac{1}{2}n\tau'\{\zeta_1 + \zeta_1' - 2(\beta + \gamma)\}。\tag{12}$$

从(11)中减去此式，即得
$$2(n - 1)(\beta + \gamma) = \left(n + \frac{1}{\tau'}\right)(\zeta_1 + \zeta_1') - \left(1 + \frac{1}{\tau'}\right)(\zeta + \zeta')。\tag{13}$$

既经用这种办法求出了 $\beta + \gamma$ 的值，就应该改变扭转圆的读数，直到在仪器的普通位置下尽可能近似地做到
$$\zeta + \zeta' - 2(\beta + \gamma) = 0,\tag{14}$$

这时，既然 τ' 是一个很小的数，而且它的系数也很小，τ' 值和 γ 值的微小误差就不会引起 δ 表示式中第二项的值的多大变化，而 τ' 和 γ 正是我们知道最不准确的两个量。

磁倾角 δ 的值可以用这种办法相当精确地求出，如果它在实验过程中保持不变，从而我们可求假设 $\delta'=\delta$ 的话。

当要求很大的精确度时，必须照顾到 δ 在实验时间内的变化。为此目的，必须在观察 ζ 值的各个相同时刻对另一个悬挂着的磁体进行观察。如果 η、η' 是观察到的对应于 ζ 和 ζ' 的第二个磁体的方位角，而 δ 和 δ' 是对应的 δ 值，则有
$$\delta'-\delta=\eta'-\eta。\tag{15}$$

由此可见，为了求出 δ 值，我们必须在(11)式中加一个改正量 $\frac{1}{2}(\eta-\eta')$。

因此，第一次观察时的倾角就是

$$\delta=\frac{1}{2}(\zeta+\zeta'+\eta-\eta')+\frac{1}{2}\tau'(\zeta+\zeta'-2\beta-2\gamma)。\tag{16}$$

为了求出磁体内部的磁轴方向，从(9)减去(10)并加上(15)，即得

$$l_x=\lambda_x+\frac{1}{2}(\zeta-\zeta')-\frac{1}{2}(\eta-\eta')+\frac{1}{2}\tau'(\zeta-\zeta'+2\lambda_x-\pi)。\tag{17}$$

使棒的两面分别朝下来重复进行实验，即令 x 轴竖直向上和竖直向下，我们就可以求出 m。如果准直线是可以调节的，它就必须被调得尽可能近似地重合，这样由于磁体并不是正好翻转而引起的误差就可以尽可能地小①。

关于磁力的测量

453.〕 最重要的磁力测量就是确定一个磁体的磁矩 M 和确定地磁水平分量强度的那些测量。通常这是通过结合运用两个实验的结果来进行的，一个实验确定这两个量的比值，而另一个实验则确定它们的乘积。

由一个磁矩为 M 的无限小的磁体在磁轴正方向的延线上离磁体中心为 r 处一点引起的磁力强度是
$$R=2\frac{M}{r^3}\tag{1}$$
而且是沿 r 方向的。如果磁体具有有限的大小，但却是球形的，而且是沿着轴线方向均匀磁化的，则上述的力值仍是准确的。如果磁体是一个长度为 $2L$ 的圆柱形磁棒，则

$$R=2\frac{M}{r^3}\left(1+2\frac{L^2}{r^2}+3\frac{L^4}{r^4}+\cdots\right)。\tag{2}$$

如果磁体是任意种类的，只要它的一切线度都远小于 r，则有

$$R=2\frac{M}{r^3}\left(1+A_1\frac{1}{r}+A_2\frac{1}{r^2}+\cdots\right),\tag{3}$$

式中 A_1、A_2 等等是一些依赖于磁棒之磁化分布的系数。

设 H 是任意地方的地磁水平分量的强度。H 是指向磁北方的。设 r 是向磁西方量度的，则 r 终点上的力将是向北的 H 和向西的 R。合力将和磁子午面夹一个角度，设向

① 参阅论文'Imperfect Inrersion,'by W. Swan. *Trans. R. S. Edin.*, vol. xxi(1855), p. 349。

西量度为 θ，而且 $$R=H\tan\theta。\tag{4}$$

因此，为了测定$\frac{R}{H}$，我们可以进行如下：

既经确定了磁北的方向，把一个尺寸不应该太大的磁体像在前面的实验中那样悬挂起来，而致偏磁体 M 则摆在悬挂磁体的正磁东方，在同一水平面内，从它的中心到悬挂磁体中心的距离为 r。

M 的磁轴要仔细地调到水平，并指向 r 的方向。

在拿过 M 来以前和在把它摆好以后，对悬挂磁体进行观察。设 θ 是观察到的偏角，如果应用近似公式(1)，我们就有 $$\frac{M}{H}=\frac{r^3}{2}\tan\theta;\tag{5}$$

或者，如果我们应用公式(3)，就有 $$\frac{1}{2}\frac{H}{M}r^3\tan\theta=1+A_1\frac{1}{r}+A_2\frac{1}{r^2}+\cdots。\tag{6}$$

这儿我们必须记得，尽管偏角 θ 可以观察得很精确，磁体中心之间的距离 r 却是一个不容易准确测定的量，除非两个磁体都是固定的，而且它们的中心是用记号标明了的。

这种困难可以克服如下：

磁体 M 放在一个刻了度的标尺上，标尺沿东西方向伸向悬挂磁体的两侧。M 两端之间的中点被认为是磁体的中心。这个点可以在磁体上标出，它的位置可以在标尺上观测，或者也可以观测其两端的位置并取算术平均值。设这个平均值为 s_1，并设悬挂磁体的悬丝延线和标尺相交于 s_0，就有 $r_1=s_1-s_0$，式中 s_1 为精确地已知而 s_0 为近似地已知。设 θ 是当 M 在这一位置上时观察到的偏角。

现在把 M 反向，就是说，把它两端颠倒过来摆在标尺上，这时 r_1 将相同，但是 M 和 A_1、A_2 等等则将变号，因此，如果 Q_2 是向西的偏角，则有

$$-\frac{1}{2}\frac{H}{M}r_1{}^3\tan\theta_2=1-A_1\frac{1}{r_1}+A_2\frac{1}{r_1{}^2}-\cdots。\tag{7}$$

取(6)和(7)的算术平均值，即得

$$\frac{1}{4}\frac{H}{M}r_1{}^3(\tan\theta_1-\tan\theta_2)=1+A_2\frac{1}{r_1{}^2}+A_4\frac{1}{r_1{}^4}+\cdots。\tag{8}$$

现在把 M 移到悬挂磁体的西边，并把它的中心放在标尺上刻度为 $2s_0-s_1$ 的地方。设当轴线位于第一位置上时的偏角是 θ_3，而当位于第二位置上时的偏角是 θ_4，则有

$$r_1=r-\sigma, r_2=r+\sigma,\tag{10}$$

以及 $$\frac{1}{2}(r_1{}^n+r_2{}^n)=r^n\left\{1+\frac{n(n-1)}{2}\frac{\sigma^2}{r^2}+\cdots\right\};\tag{11}$$

而且，当测量作得很小心时，$\frac{\sigma^2}{r^2}$是可以忽略不计的，因此我们确信可以取 $r_1{}^n$ 和 $r_2{}^n$ 的算术平均值作为 r^n。

因此，取(8)和(9)的算术平均值，即得

$$\frac{1}{8}\frac{H}{M}r^3(\tan\theta_1-\tan\theta_2+\tan\theta_3-\tan\theta_4)=1+A_2\frac{1}{r^2}+\cdots,\tag{12}$$

或者，利用 $$\frac{1}{4}(\tan\theta_1-\tan\theta_2+\tan\theta_3-\tan\theta_4)=D,\tag{13}$$

即得$\frac{1}{2}\frac{H}{M}Dr^3=1+A_2\frac{1}{r^2}+\cdots$。

454.〕 现在我们可以认为 D 和 r 是能够被准确测定的。量 A_2 在任何情况下都不会超过 $2L^2$，此处 L 是磁体长度的一半，因此，当 r 比 L 大得多时，我们就可以略去含 A_2 的一项并立即定出 H 和 M 之比。然而我们却不能假设 A_2 等于 $2L^2$，因为它可以较小，而且对于其最大线度和磁轴横交的磁体来说 A_2 甚至可以是负的。含 A_4 的项和所有更高次的项，可以毫无问题地忽略不计。

为了消失 A_2，利用距离 r_1、r_2、r_3 等等来重作实验，设 D_1、D_2、D_3 等等是 D 的值，则有

$$D_1=\frac{2M}{H}\left(\frac{1}{r_1^{\ 3}}+\frac{A_2}{r_1^{\ 5}}\right),\quad D_2=\frac{2M}{H}\left(\frac{1}{r_2^{\ 3}}+\frac{A_2}{r_2^{\ 5}}\right),\text{等等。}$$

如果我们假设这些方程的可几误差是相同的(而它们也将是相同的，只要它们仅仅依赖于 D 的测定)，另外，如果不存在关于 r 的不确定性，那么，根据当每一方程的可几误差被假设为相同时不准测量之组合理论的普遍规则，用 r^{-3} 乘每一个方程并把结果加起来，我们就得到一个方程；而用 r^{-5} 乘每一个方程并把结果加起来，我们就得到另一个方程。

对于 $D_1r_1^{-3}+D_2r_2^{-3}+D_3r_3^{-3}+\cdots$，让我们写出 $\sum(Dr^{-3})$ 并利用关于其他符号组之和的类似表示式，则两个结果方程可以写成

$$\sum(Dr^{-3})=\frac{2M}{H}\left\{\sum(r^{-6})+A_2\sum(r^{-8})\right\},$$

$$\sum(Dr^{-5})=\frac{2M}{H}\left\{\sum(r^{-8})+A_2\sum(r^{-10})\right\},$$

由此即得

$$\frac{2M}{H}\left\{\sum(r^{-6})\sum(r^{-10})-\left[\sum(r^{-8})\right]^2\right\}=\sum(Dr^{-3})\sum(r^{-10})-\sum(Dr^{-5})\sum(r^{-8}),$$

以及

$$A_2\left\{\sum(Dr^{-3})\sum(r^{-10})-\sum(Dr^{-5})\sum(r^{-8})\right\}=\sum(Dr^{-5})\sum(r^{-6})-\sum(Dr^{-3})\sum(r^{-8})。$$

由这些方程推得的 A_2 应该小于磁体 M 的长度平方的一半。如果它不是这样的，我们就可以推想观测中有些不对头的地方。这种观测和化简的方法，是由高斯在《磁学协会的第一份报告》(*First Report of the Magnetic Association*)中给出的。

当观察者只能在距离 r_1 和 r_2 处进行两组实验时，由这些实验导出的$\frac{2M}{H}$值和 A_2 值就是

$$Q=\frac{2M}{H}=\frac{D_1r_1^{\ 5}-D_2r_2^{\ 5}}{r_1^{\ 2}-r_2^{\ 2}},\quad A_2=\frac{D_2r_2^{\ 3}-D_1r_1^{\ 3}}{D_1r_1^{\ 5}-D_2r_2^{\ 5}}r_1^{\ 2}r_2^{\ 2}。$$

如果 δD_1 和 δD_2 是观察到的偏角 D_1 和 D_2 的实际误差，则计算结果 Q 的实际误差将是

$$\delta Q=\frac{r_1^{\ 5}\delta D_1-r_2^{\ 5}\delta D_2}{r_1^{\ 2}-r_2^{\ 2}}。$$

如果我们假设误差 δD_1 和 δD_2 是独立的，而且其中每一个的可几误差是 δD，则 Q 的计算值中的误差的可几值将是 δQ，此处 $(\delta Q)^2=\frac{r_1^{\ 10}+r_2^{\ 10}}{(r_1^{\ 2}-r_2^{\ 2})^2}(\delta D)^2$。

如果我们假设，其中一个距离已经给定，譬如说较小的那个距离已经给定，则较大的那个距离的值可以适当确定以使 δQ 取最小值。这一条件导致一个 r_1^2 的五次方程，它只有一个大于 r_2^2 的实根，由此得到 r_1 的值是[①] $r_1=1.3189r_2$。

如果只进行一次观测，则最佳条件出现在 $\frac{\delta D}{D}=\sqrt{3}\frac{\delta r}{r}$ 时[②]，式中 δD 是一次偏角测量中的可几误差，而 δr 是一次距离测量中的可几误差。

正弦法

455.〕 我们刚才描述了的方法可以叫做“正切法”，因为偏角的正切是磁力的一种量度。

如果线段 r_1 不是沿东西方向测量而是被调节得垂直于偏转以后的磁体的轴，则 R 仍和以前相同，但是，为了使悬挂的磁体可以垂直于 r，力 H 在 r 方向上的分量必须和 R 相等而反向。因此，如果 θ 是偏角，则有 $R=H\sin\theta$。

这种方法叫做“正弦法”。只有当 R 小于 H 时这种方法才是可以应用的。

丘市可携式的仪器就是采用的这种方法。悬挂的磁体挂在仪器的一个部件上，那个部件和望远镜及装有致偏磁体的臂一起转动，而整体的转动就在方位圆上被测量。

仪器首先被调节，使得望远镜的轴线和磁体在未受扰状态中的准直线的平均位置相重合。如果磁体是振动的，则通过观察透明标尺的振动极限并对方位圆读数进行适当的改正来求出磁北方的真实方位。

然后，致偏磁体就被放在一个直杆上，该直杆通过仪器的转动轴而和望远镜的轴线相垂直，而且调节得使致偏磁体的轴线位于一条通过悬挂磁体之中心的直线上。

然后整个的转动仪器被调节，直到悬挂磁体的准直线再次和望远镜的轴线相重合，而如果有必要，新方位就要借助于振动极限上的刻度读数来加以改正。

改正后的方位角之差就给出偏角。在此以后，我们就像在正切法中那样地操作，只除了在 D 的表示式中要用 $\sin\theta$ 来代替 $\tan\theta$。

在这种方法中，用不着有关悬丝扭力的改正，因为悬丝、望远镜和磁体的相对位置在每一次观察中都是相同的。

在这种方法中，两个磁体的轴永远互相垂直，因此长度的改正可以作得更正确。

456.〕 即已这样测量了致偏磁体的磁矩和地磁水平分量之比，其次我们就必须通过确定当同一磁体偏离磁子午面时地磁倾向于使它转动的那一力偶矩来求出上述二量的乘积。

进行这种测量的方法有二：动态法和静态法。在动态法中，观察的是磁体在地磁作用下的振动时间；在静态法中，磁体在一个可测量的静力偶和磁力[偶]之间保持平衡。

动态法要求的仪器比较简单，而且在绝对测量方面也比较精确，但是却要用颇长的

---

① 见 Airy's *Magnetism*.

② 在这一事例中，忽略含 A_2 的项，我们就有 $(\delta Q)^2=(\delta D)^2r^6+9\frac{Q^2}{r^2}(\delta r)^2$，而当 $\frac{\delta D}{D}=\sqrt{3}\frac{\delta r}{r}$ 时此式即取最小值。

时间。静态法几乎可以进行瞬时的测量，从而在追踪磁力强度的变化中是有用的，但是它却要求更精密的仪器，而且在绝对测量方面也不是那么精确。

振动法

磁体被适当悬挂，使它的磁轴为水平，并使它沿很小的弧而发生振动。振动用已经描述的任何方法来进行观察。

在标尺上选定一个点，和振动弧的中点相对应。把沿正方向而通过标尺上这个点的时刻观测出来。如果在磁体回到同一点以前还有足够的时间，则把沿负方向通过这一点的时刻也观测出来。继续进行这种工作，直到观测了 $n+1$ 次正向通过和 n 次负向通过时为止。如果振动太快而无法逐次观测，则每振动三次或五次观测一次，但要注意使观测到的通过是正负交替的。

设观测到的时间是 T_1, T_2, T_{2n+1}，如果我们令

$$\frac{1}{n}\left(\frac{1}{2}T_1+T_3+T_5+\cdots+T_{2n-1}+\frac{1}{2}T_{2n+1}\right)=T_{n+1},$$

$$\frac{1}{n}(T_2+T_4+\cdots+T_{2n-2}+T_{2n})=T'_{n+1};$$

则正通过的平均时间 T_{n+1} 应该和负通过的平均时间 T'_{n+1} 相符合，如果点选得适当的话。这些结果的平均值被取为中点通过的平均时间。

在多次振动已经发生之后，但是在振动不再是清楚而规则的以前，观测者应进行另一系列的观测，由此他就可以推出第二系列的中点通过的平均时间。

根据第一或第二观测系列来计算振动周期，观测者应该能够确定在一系列的中点通过时间之间的时间阶段中已经发生过的振动次数。用这一振动数去除两个系列的中点通过之平均时间之间的时间阶段，就得到平均振动时间。

然后，利用和在摆观测中所用的同一种公式，观测到的振动时间可以折算成无限小振幅的振动时间，而且，如果发现振动的振幅是迅速递减的，就还要有一种关于阻力的改正，见第 740 节。然而，当磁体是用悬丝挂着的而振动弧又只有几度时，这些改正都是很小的。

磁体的运动方程是 $$A\frac{\mathrm{d}^2\theta}{\mathrm{d}t^2}+MH\sin\theta+HM\tau'(\theta-\gamma)=0,$$

式中 θ 是磁轴和力 H 的方向之间的夹角，A 是磁体和悬置装置的惯量矩，M 是磁体的磁矩，H 是水平磁力的强度，$MH\tau'$ 是扭转系数：τ' 像在第 452 节中那样地确定，而且是一个很小的量。平衡时的 θ 值是 $$\theta_0=\frac{\tau'\gamma}{1+\tau'},$$

这是一个很小的角，对很小的振幅值来说，方程的解是 $$\theta=C\cos\left(2\pi\frac{t}{T}+\alpha\right)+\theta_0,$$

式中 T 是周期，α 是一个常数，C 是振幅，而且 $T^2=\dfrac{4\pi^2A}{MH(1+\tau')}$；由此我们就得到 MH 的值，$MH=\dfrac{4\pi^2A}{T^2(1+\tau')}$。

这里的 T 是由观测定出的一次完全振动所需的时间。惯量矩 M 是针对磁体而一劳永逸地求出的；如果它有一种规则的外形，就可以通过称重和量度来求出，或是通过和一个惯量矩已知的物体相对应的动力学手续来求出。

把这种 MH 值和以前求得的 $\frac{M}{H}$ 值结合起来，我们就得到 $M^2=(MH)\left(\frac{M}{H}\right)=\frac{2\pi^2 A}{T^2(1+\tau')}Dr^3$，以及 $H^2=(MH)\left(\frac{H}{M}\right)=\frac{8\pi^2 A}{T^2(1+\tau')Dr^3}$。

457.〕 我们曾经假设，H 和 M 在两个实验系列中保持恒定，H 的涨落可以通过即将描述的双线磁强计的同时观察来确定，另外，如果磁体已经使用颇久，而且在实验过程中并未受到什么温度变化或撞击的影响，则依赖于永久磁性的那一部分 M 可被假设为常量。然而，所有的钢质磁体都能够获得依赖于外磁力的感生磁性。

现在，当应用于偏角实验时，磁体是被放成磁轴取东西方向的，因此地磁是沿横向而作用在磁体上，从而并不倾向于增大或减小 M，当磁体是在振动中使用时，它的磁轴是南北向的，于是地磁的作用就倾向于在轴的方向上对它进行磁化，并从而使它的磁矩增加一个量 kH，此处 k 是一个必须通过对磁体进行实验来求出的系数。

有两种方法可以避免这种误差来源而不必计算 k，即适当安排实验，使得磁体在用来使另一磁体发生偏转时和在自己摆动时都处于相同的条件之下。

我们可以把致偏磁体摆得磁轴指北，到悬挂磁体中心的距离为 r，而且直线 r 和磁子午面之间有一个余弦为 $\sqrt{\frac{1}{3}}$ 的夹角。于是，致偏磁体对悬挂磁体的作用就将垂直它自己的方向，而且等于 $R=\sqrt{2}\frac{M}{r^3}$。

在这儿，M 是当磁轴正如在振动实验中那样指北时的磁矩，因此用不着关于感应的任何改正。

然而，这种方法是极其困难的，因为致偏磁体的微小位移将引起很大的误差，而且，由于用翻转致偏磁体的办法来进行改正在这儿是不适用的，因此这种方法一般不被采用，除非目的在于确定感应系数。

在下述方法中，磁体在振动中不会受到地磁的感应；这种方法起源于 J. P. 焦耳博士①。

制备两个磁体，使它们的磁矩尽可能近似地相等。在偏角实验中，这些磁体被分别地使用，或者，它们也可以同时摆在悬挂磁体的两侧以引起较大的偏角。在这些实验中，地磁的感应力是垂直于磁轴的。

设把其中一个磁体挂起来，而把另一个磁体摆得和前一磁体相平行，其中心位于悬挂磁体的中心的正下方，其磁轴指向相同的方向。固定磁体作用在悬挂磁体上的力是和地磁作用力方向相反的。如果使固定磁体慢慢向悬挂磁体靠拢，振动时间就会增加，直到在某一点上平衡不再稳定时为止，而越过了这一点，悬挂磁体将在反向位置附近进行振动。通过按这种方式进行实验，就能找出固定磁体的一个位置；在该位置上，固定磁体

① *Proc. Phil. S.*, *Manchester*, March 19, 1867.

将恰好中和地磁对悬挂磁体的影响。两个磁体被联成一体，以便互相平行，它们的磁轴指向相同的方向，二者之间的距离就是刚刚通过实验求得的那个距离。然后它们就被用通常的方式挂起来，并沿着很小的圆弧一起振动。

下面的磁体恰能中和地磁对上面磁体的影响，而既然两磁体具有相等的磁矩，上面的磁体也将中和地球对下面磁体的感应作用。

因此，M 值在振动实验中和在偏角实验中是相同的，从而任何关于感应的改正都是不必要的。

458.〕 确定水平磁力强度的最精确的方法，就是我们刚刚描述过的方法。然而，整个系列的实验并不能在比一小时短得多的时间内足够精确地完成，因此，发生在几分钟的时间之内的强度变化都将观察不到。因此就需要一种不同的方法来观察磁力在任一时刻的强度。

静态方法就在于用一个在水平面上起作用的静力偶来使磁体发生偏转。如果 L 是这个力偶的矩，M 是磁体的磁矩，H 是地磁的水平分量，而 θ 是偏角，则有 $MH\sin\theta=L$。

由此可见，如果 L 作为 θ 的函数为已知，则 MH 可以求得。

力偶 L 可以用两种方法得到，像在普通扭秤中那样利用一条悬线的扭变弹性来得到，或是像在双线悬置中那样利用被悬挂的仪器的重量来得到。

在扭秤中，磁体固定在一根竖直金属丝的下端，其上端可以转动，而它的转动可以利用一个扭转圆来加以量度。

于是我们就有 $L=\tau(\alpha-\alpha_0-\theta)=MH\sin\theta$，此处 α_0 是当磁体的轴和磁子午线相重合时的扭转圆读数，而 α 是实际的读数。如果扭转圆被转动，使得磁体几乎垂直于磁子午面，从而 $\theta=\frac{\pi}{2}-\theta'$，那就会有 $\tau\left(\alpha-\alpha_0-\frac{\pi}{2}+\theta'\right)=MH\left(1-\frac{1}{2}\theta'^2\right)$，或者写作 $MH=\tau\left(1+\frac{1}{2}\theta'^2\right)\left(\alpha-\alpha_0-\frac{\pi}{2}+\theta'\right)$。

通过观察磁体在平衡时的偏角 θ'，我们可以在 τ 为已知时算出 MH。

如果我们只想知道 H 在不同时刻的相对值，那就既不必知道 M 也不必知道 τ。

通过在同一金属丝上挂一个非磁性物体并观察其振动时间，我们就很容易用绝对单位来测量 τ。这时，如果 A 是物体的惯量矩而 T 是一次完整振动的时间，则有 $\tau=\frac{4\pi^2 A}{T^2}$。

对应用扭秤的主要反对意见就在于，零读数 α_0 肯定是要变化的。在由磁体转向指北的倾向所引起的恒定扭力作用之下，金属丝将逐渐获得一种永久性的扭变，因此就有必要每过一段时间就重新测定扭转圆的零读数。

双线悬置

459.〕 用两根金属丝或纤维来悬挂磁体的方法，是由高斯和韦伯引入的。由于双线悬置在许多电学仪器中都会被用到，我们将比较仔细地考察考察它。这种悬置的一般外貌如图 55 所示，而图 56 则代表各悬丝在一个水平面上的投影。

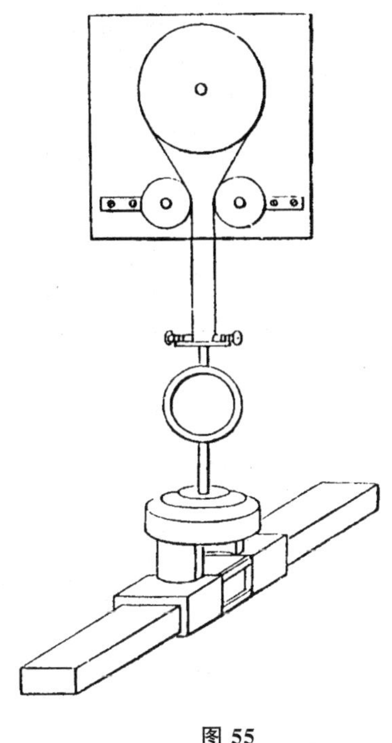

图 55

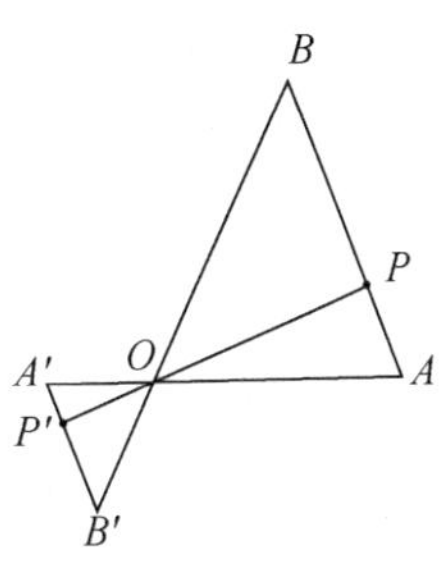

图 56

AB 和 $A'B'$是两条悬丝的投影。AA'和 BB'是两条悬丝的上端连线的和下端连线。a 和 b 是线段 AA'和 BB'的长度。α 和 β 是它们的方位角。W 和 W'是悬丝张力的竖直分量。Q 和 Q'是它们的水平分量。h 是 AA'和 BB'之间的竖直距离。

作用在磁体上的力是:它的重量,由地磁引起的力偶,悬丝的扭力(如果有的话)和它们的张力。在这些力中,地磁和张力的效应具有力偶的性质。由此可见,张力的合力必然包括一个等于磁体重量的竖直力和一个力偶。因此,张力的竖直分量之和是沿着其投影为 O 点的那条直线的;该点就是 AA'和 BB'的交点,而其中每一条线段都是按照 W'和 W 之比在 O 点被分割的。

张力的水平分量形成一个力偶,从而它们是量值相等而方向[反]平行的。用 Q 代表其中一个力,它们所形成的力偶的矩就是

$$L=Q.PP', \tag{1}$$

式中 PP'是平行线 AB 和 $A'B'$之间的距离。

为了求得 L 的值,我们有力矩方程

$$Qh=W.AB=W'.A'B', \tag{2}$$

和几何方程

$$(AB+A'B')PP'=ab\sin(\alpha-\beta), \tag{3}$$

由此即得

$$L=Q.PP'=\frac{ab}{h}\frac{WW'}{W+W'}\sin(\alpha-\beta)。 \tag{4}$$

如果 m 是悬挂着的仪器的质量,g 是重力强度,则有

$$W+W'=mg。 \tag{5}$$

如果也写出

$$W-W'=nmg, \tag{6}$$

我们就有

$$L=\frac{1}{4}(1-n^2)mg\,\frac{ab}{h}\sin(\alpha-\beta)。 \tag{7}$$

因此,当 n 为零时,也就是当所悬物体的重量由两条悬丝平均负担时,L 的值就相对于 n 来说是一个最大值。

为了把悬丝的张力调成相等，我们可以观察振动时间并把它调到最小值，或者，我们也可以像在图 55 中那样把悬丝的上端接在一个滑轮上，滑轮绕轴旋转直到张力相等时为止，这样我们就得到一种自动调节的装置。

两根悬丝的上端之间的距离用另外两个滑轮来控制。悬丝下端之间的距离也是可以调节的。

通过这种张力调节，由悬丝张力所引起的力偶就变成 $L=\frac{1}{4}\frac{ab}{h}mg\sin(\alpha-\beta)$。

由悬丝张力引起的力偶矩具有如下形式：$\tau(\gamma-\beta)$，式中 τ 是二悬丝的扭转系数之和。当 $\alpha=\beta$ 时各悬丝应该没有扭转，因此我们可以取 $\gamma=\alpha$。

由水平磁力引起的力偶矩具有形式 $MH\sin(\delta-\theta)$，式中 δ 是磁偏角，而 θ 是磁体轴线的方位角。如果我们假设磁体轴线平行于 BB'，或者说假设 $\beta=\theta$，我们就可以既避免引用不必要的符号而又不会牺牲普遍性。

于是，运动方程就变成 $$A\frac{\mathrm{d}^2\theta}{\mathrm{d}t^2}=MH\sin(\delta-\theta)+\frac{1}{4}\frac{ab}{h}mg\sin(\alpha-\theta)+\tau(\alpha-\theta)。\tag{8}$$

这种仪器的主要位置有三。

(1)当 α 近似地等于 δ 时。如果 T_1 是这一位置上一次完整振动的时间，则有

$$\frac{4\pi^2A}{T_1{}^2}=\frac{1}{4}\frac{ab}{h}mg+\tau+MH。\tag{9}$$

(2)当 α 近似地等于 $\delta+\pi$ 时。如果 T_2 是这一位置上一次完整振动的时间，现在磁体的北端转得指向南方了，于是就有 $$\frac{4\pi^2A}{T_2{}^2}=\frac{1}{4}\frac{ab}{h}mg+\tau-MH。\tag{10}$$

这一方程右端的量，可以通过减小 a 或 b 而弄得要多小就有多小，但是它不能被弄成负值，不然磁体的平衡就会变成非稳定的了。在这一位置上，磁体就形成一种仪器，可以用来使磁力方向的微小变化成为可觉察的。

因为，当 $\theta-\delta$ 非常近似地等于 π 时，$\sin(\delta-\theta)$就近似地等于 $\theta-\delta-\pi$，从而我们就得到

$$\theta=\alpha-\frac{MH}{\frac{1}{4}\frac{ab}{h}mg+\tau-MH}(\delta+\pi-\alpha)。\tag{11}$$

通过减小最后一个分式中的分母，我们可以把 θ 的改变量弄得远远大于 δ 的改变量。必须注意，这一表示式中的 δ 的系数是负的，因此，当磁力向一边转动时，磁体就向另一边转动。

(3)在第三种位置上，悬置装置的上部被转动，直到磁体的轴线近似垂直于磁子午面时为止。

如果我们令 $$\theta-\delta=\frac{\pi}{2}+\theta'，和\ \alpha-\theta=\beta-\theta'，\tag{12}$$

则运动方程可以写成 $$A\frac{\mathrm{d}^2\theta'}{\mathrm{d}t^2}=-MH\cos\theta'+\frac{1}{4}\frac{ab}{h}mg\sin(\beta-\theta')+\tau(\beta-\theta')。\tag{13}$$

如果当 $H=H_0$ 而 $\theta'=0$ 时达到平衡，则有 $$-MH_0+\frac{1}{4}\frac{ab}{h}mg\sin\beta+\beta\tau=0，\tag{14}$$

而如果 H 是和一个小角 θ' 相对应的水平力的值，则有

$$H = H_0\left(1 - \frac{\frac{1}{4}\frac{ab}{h}mg\cos\beta + \tau}{\frac{1}{4}\frac{ab}{h}mg\sin\beta + \tau\beta}\theta'\right)。 \tag{15}$$

为了使磁体能够处于稳定平衡，第二项中分式的分子必须为正，但是，它越接近于零，仪器在指示地球水平分量的强度值变化方面将越灵敏。

估计力之强度的静态方法依赖于一种仪器的作用，该仪器本身对不同的力值将有不同的平衡位置。因此，在磁体上加一个小镜子，使它把一个光点投射在用时钟装置带动的一个感光表面上，就可以画出一条曲线，而由这条曲线，就可以按照我们暂时假设其为任意的一种标度来确定力在任意时刻的强度。

460.〕 在一个观测站中，人们利用肉眼观察或利用自动摄影法来保持一种偏角和强度的连续记录制度。在这种观测站中，偏角和强度的绝对值，以及一个磁体之磁轴的位置和磁矩，都可以在很大的精确度下被测定。

因为，磁偏计在每一时刻给出受到一个恒定误差影响的偏角，而双线磁强计则给出乘以一个恒定系数的每一时刻的强度。在实验中，我们用 $\delta'+\delta_0$ 来代替 δ，式中 δ' 是磁偏计在所给时刻的读数而 δ_0 是未知然而恒定的误差，从而 $\delta'+\delta_0$ 就是该时刻的真实偏角。

同样，我们用 CH' 来代替 H，此处 H' 是磁强计按任意标度的读数，而 C 是把这种读数换算到绝对单位的一个未知而恒定的因子，从而 CH' 就是该时刻的水平力。

测定各量之绝对值的那些实验，必须在离磁偏计和磁强计足够远的地方进行，以便不同的磁体不会明显地互相影响。必须记下每一次观测的时刻，并把对应的 δ' 值和 H' 代进去。然后处理各方程，以求得磁偏计的恒定误差 δ_0 和必须乘在磁强计读数上的系数 C。求得了这些量，两种仪器上的读数就都可以用绝对单位表示出来了。然而，绝对测量必须时常重作，以照顾到可能发生在各磁体之磁轴和磁矩方面的那些变化。

461.〕 测定地磁竖直分量的方法不曾发展到同样的准确程度。竖直力必须作用在一个绕水平轴而转动的磁体上。一个绕水平轴而转动的物体不能被弄得和一个用悬丝挂起并绕竖直轴而转动的物体一样对小力的作用十分敏感。此外，磁体的重量比作用在它上面的磁力要大得多，以致由于不对称的膨胀等等所造成的一个微小的质心位移将比磁力的颇大变化对磁体的位置发生更大的影响。

因此，竖直力的测量，或者说竖直力和水平力的比较，就是磁测制度中最不完善的部分。

磁力的竖直部分通常是通过总力方向的测定而从水平力导出的。

如果 i 是总力和它的水平分量之间的夹角，它就叫做磁倾角；另外，如果 H 是已经求得的水平力，则竖直力是 $H\tan i$ 而总力是 $H\sec i$。

磁倾角用一个“倾角针”来求得。

理论的磁倾针是一个磁体，它有一个通过其质心并垂直于其磁轴的转轴。转轴的两端作成很细的圆柱状，圆柱的中轴和通过质心的直线相重合。这两个柱状的轴端放在两个水平的平面上，可以在上面自由滚动。

当转轴取磁的东西向时，指针就可以在磁子午面内自由转动，而如果仪器调节得很完善，磁轴就将使自己沿着总磁力的方向。

然而，实际上并不能把一个倾角针调节得使它的重量不会影响它的平衡位置，因为，即使它的质心起初是位于转轴之柱状端的中心线上的，当针被稍稍弯曲或发生不对称的膨胀时，质心也会不再位于这一直线上的。另外，由于磁力和重力之间的互相干扰，一个磁体的质心的测定也是一种很困难的手续。

让我们假设针的一端和支轴的一端都被标记了出来。设在针上画了一条实在的或假想的线，我们将称之为准直线。这条线的位置在一个竖直的圆上读出。设 θ 是这条线和零刻度半径之间的夹角，在此我们将假设零刻度半径是水平的。设 λ 是磁轴和准直线之间的夹角，因此，当针在它的位置上时，磁轴和水平面之间的夹角就是 $\theta+\lambda$。

设 p 是从质心到转轴在上面滚动的那个平面的垂线，则不论滚动表面的形状如何，p 都将是 θ 的一个函数。如果转轴两端的滚动部分都是圆的，我们就有一个形如

$$p=c-a\sin(\theta+\alpha), \tag{1}$$

的方程，式中 a 是质心到滚动部分之中心连线的距离，而 α 是这一连线和准直线之间的夹角。

如果 M 是磁体的磁矩，m 是它的质量，g 是重力[强度]，I 是总磁力，而 i 是倾角，则由能量的守恒可知，当存在一种稳定平衡时，量

$$MI\cos(\theta+\lambda-i)-mgp \tag{2}$$

必须对 θ 来说有一个极大值，或者说，

$$MI\sin(\theta+\lambda-i)=-mg\frac{\mathrm{d}p}{\mathrm{d}\theta},$$

$$=mga\cos(\theta+\alpha), \tag{3}$$

如果转轴的两端呈圆柱状的话。

另外，如果 T 是在平衡位置附近振动的周期，则有

$$MI+mga\sin(\theta+\alpha)=\frac{4\pi^2A}{T^2}, \tag{4}$$

式中 A 是针对转轴而言的惯量矩，而 θ 由(3)来确定。

在测定倾角时，用一个位于磁子午面内和向西刻度的倾角圆取一个读数。

设 θ_1 是这个读数，于是我们就有

$$MI\sin(\theta_1+\lambda-i)=mga\cos(\theta_1+\alpha)。 \tag{5}$$

现在把仪器绕竖直轴转过 180°，使得刻度变成向东，而如果现在读数为 θ_2，则有

$$MI\sin(\theta_2+\lambda-\pi+i)=mga\cos(\theta_2+\alpha)。 \tag{6}$$

从(5)中减去(6)，并记得 θ_1 近似地等于 i，θ_2 近似地等于 $\pi-i$，而 λ 是一个小角，从而和 MI 相比 $mga\lambda$ 可以忽略不计，于是就有

$$MI(\theta_1-\theta_2+\pi-2i)=2mga\cos i\cos\alpha。 \tag{7}$$

现在把磁体从它的支架上取下并把它放在第 453 节中的磁偏角仪器上，以利用一个悬挂磁体的偏角来指示它自己的磁矩，于是就有

$$M=\frac{1}{2}r^3HD, \tag{8}$$

式中 D 是偏角的正切。

其次把针的磁性颠倒过来并通过观察其正切为 D' 的一个新偏角来测定其新磁矩 M'，而距离则和以前相同，于是

$$M'=\frac{1}{2}r^3HD', \tag{9}$$

式中

$$MD'=M'D。 \tag{10}$$

然后再把它放在支架上并取两个读数 θ_3 和 θ_4，其中 θ_3 近似于 $\pi+i$ 而 θ_4 近似于 $-i$，于是

$$M'I\sin(\theta_3+\lambda'-\pi-i)=mga\cos(\theta_3+\alpha), \tag{11}$$

$$M'I\sin(\theta_4+\lambda'+i)=mga\cos(\theta_4+\alpha), \tag{12}$$

由此就像以前一样得到

$$M'I(\theta_3-\theta_4-\pi-2i)=-2mga\cos i\cos\alpha, \tag{13}$$

和(7)相加，就得到 $$MI(\theta_1-\theta_2+\pi-2i)+M'I(\theta_3-\theta_4-\pi-2i)=0,\tag{14}$$

或者写成 $$D(\theta_1-\theta_2+\pi-2i)+D'(\theta_3-\theta_4-\pi-2i)=0,\tag{15}$$

由此我们就得到倾角， $$i=\frac{D(\theta_1-\theta_2+\pi)+D'(\theta_3-\theta_4-\pi)}{2D+2D'},\tag{16}$$

式中 D 和 D' 是由磁针分别在第一磁化和第二磁化中所引起的偏角的正切。

在利用倾角针来进行观测时，竖直轴应调节得使磁体转轴所在的那个平面在每一方位角上都为水平。磁体被磁化得 A 端下倾。把磁体放好，其转轴位于支撑平面上，而当圆的平面位于磁子午面内和圆的刻度面向东时取观测值。磁体的每一端都借助于读数显微镜来进行观察；显微镜装在一个臂杆上，并沿着倾角圆的同心圆而运动。使显微镜的叉丝和磁体上一个记号的像相重合，然后臂杆的位置就借助于一个游标来在倾角圆上读出。

于是我们就在刻度向东时得到 A 端的一个观测值和 B 端的一个观测值。必须观测两端，为的是消除由于磁体的转轴和倾角圆并不同心而引起的任何误差。

然后把刻度转成向西，并进行更多的两次观测。

然后把磁体翻转，使它的转轴反向，并注视着磁体的另一面来再进行四次观测。

然后把磁体的磁化倒转，使得 B 端下倾，测定其磁矩并在这一状态下取八个观测值，而这十六个观测值结合起来，就给出真实的倾角。

462.〕 曾经发现，尽管作得极其细心，由用一个倾角圆求得的观测值导出倾角，仍和由用另一个倾角圆在同一地点求得的观测值导出倾角颇不相同。布劳恩先生曾经指出了由于转轴的椭圆性而引起的效应，并指出了怎样通过用磁化到不同强度的磁体取得观测值来进行改正。

这种方法的原理可以叙述如下。我们将假设，任何一次观测的误差都是一个不超过一度的小量。我们也将假设，有一未知的然而却是规则的力作用在磁体上，把它干扰得离开其正确位置。

如果 L 是这个力的力矩，θ_0 是真实倾角，而 θ 是观测到的倾角，则有

$$L=MI\sin(\theta-\theta_0),\tag{17}$$

$$=MI(\theta-\theta_0),\tag{18}$$

式中 $\theta-\theta_0$ 是小量。

显然，M 变得越大，磁针就越接近于它的正确位置。现在，设测定倾角的手续进行两次，第一次使磁化等于磁针可能达到的最大磁化 M_1，第二次使磁化等于 M_2，这是一个小得多的值，但仍能使读数清晰可辨而误差也还不致很大。设 θ_1 和 θ_2 是从这两组观测值推得的倾角，而 L 是对每次测定中的八个位置而言的未知干扰力[矩]的平均值——我们将假设这个平均值在两次测定中是相同的。于是就有

$$L=M_1I(\theta_1-\theta_0)=M_2I(\theta_2-\theta_0),\tag{19}$$

由此即得 $$\theta_0=\frac{M_1\theta_1-M_2\theta_2}{M_1-M_2},\quad L=M_1M_2I\frac{\theta_1-\theta_2}{M_2-M_1}。\tag{20}$$

如果我们发现若干次实验给出近似相等的 L 值，我们就可以认为 θ_0 必然是和倾角的真实值很相近的。

463.〕 焦耳博士近来制造了一个倾角圆。在这种倾角圆中，磁针的转轴不是在水平的玛瑙平面上滚动而是套在两根丝线或蛛丝上。悬丝的两端固定在一个灵敏天平的

两臂上。于是磁针的转轴就在悬丝的两个套儿上滚动，而焦耳博士发现，它的运动自由性是比在玛瑙平面上滚动时大得多的。

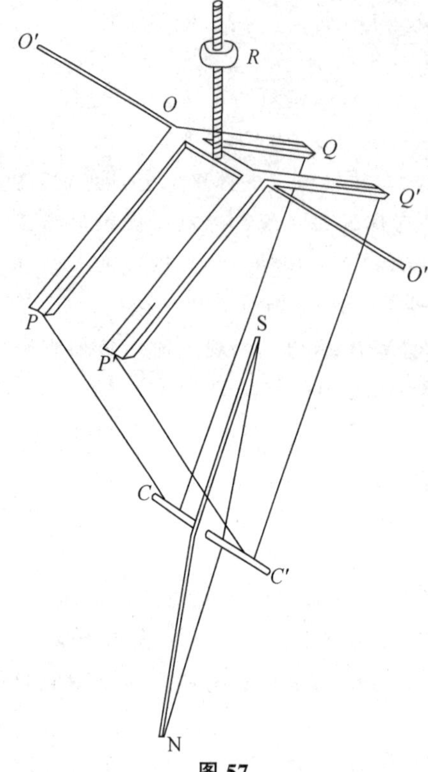

图 57

在图 57 中，NS 是磁针；CC' 是转轴，这是一条直的柱状金属丝；而 PCQ 和 $P'C'Q'$ 是转轴在上面滚动的悬丝。PCQ 是天平，由支持在一根金属丝 $O'O'$ 上的一个双重的弯杠杆构成；$O'O'$ 架在一个叉状架的尖齿上，成水平方向；另外天平还有一个用螺丝上下调节的平衡器，以使天平位于 $O'O'$ 周围的一个随遇平衡的位置上。

为了使磁针当在悬丝上滚动时处于随遇平衡，重心必须既不升高也不降低。因此，在磁针的滚动中，距离 OC 必须保持不变。这一条件将得到满足，如果天平的两臂 OP 和 OQ 是相等的，而且悬丝是垂直于两臂的。

焦耳博士发现，磁针不应该长过五英寸。当它长达八英寸时，针的弯曲就倾向于使表观倾角减小一分的一个分数。磁针的转轴起初是一段钢丝，通过在一个砝码的拉伸下烧到赤热而被拉直，但是焦耳博士却发现，有了新的悬置，就不必再用钢丝了，因为铂乃至标准金就是够硬的了。

天平连接在一根金属丝 $O'O'$ 上；$O'O'$ 长约一英尺，水平地张在一个叉子的两齿之间。这个叉子通过支撑整个仪器的三脚架上的一个圆来转动其方位。一小时可以进行六次完整的倾角观测，而单独一次观测的平均误差是一分角度的一个分数。

曾经建议，剑桥物理实验室中的倾角针应该借助于一个双像仪器来进行观察。这种仪器包括两个全反射棱镜，像在图 58 中那样装在一个竖直的刻度圆上，从而反射面可以绕着一个水平轴而转动，该水平轴近似地和悬挂着的倾角针的转轴延线相重合。磁针借助于放在棱镜后面的一个望远镜来观察，从而针的两端就可以同时被看到，如图 59 所示。通过绕着竖直圆的中轴转动棱镜，可以使画在针上的两条直线的像互相重合。于是针的倾角就可以根据竖直圆的读数来确定。

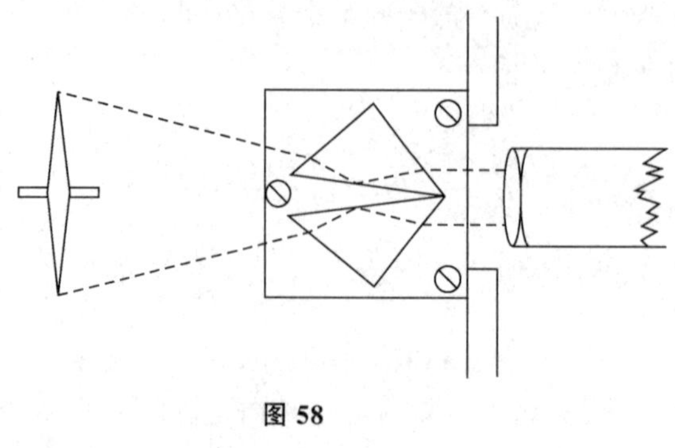
图 58

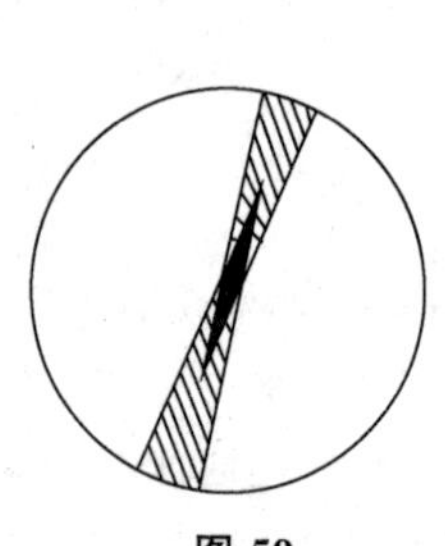
图 59

沿着倾角直线的磁力的总强度 I 可以根据在已经描述过的四个位置上的振动时间 T_1、T_2、T_3、T_4 来推出如下：$I=\frac{4\pi^2 A}{2M+2M'}\left\{\frac{1}{T_1{}^2}+\frac{1}{T_2{}^2}+\frac{1}{T_3{}^2}+\frac{1}{T_4{}^2}\right\}$。

M 和 M' 的值必须用以上描述的偏转和振动的方法来求出，而 A 是磁针绕其转轴的惯量矩。

利用悬挂磁体来进行的观测是更加精确得多的，因此通常是借助于方程 $I=H\sec\theta$ 来根据水平力推求总力，式中 I 是总力，H 是水平力，而 θ 是倾角。

464.〕 测定倾角的手续是很麻烦的，它不适于用来确定磁力的连续变化。用于连续观测的最方便的仪器是竖直力磁强计。这简单的就是平衡在刀口上而其磁轴近似水平地处于稳定平衡的一个磁体。

如果 Z 是磁力的竖直分量，M 是磁矩，而 θ 是磁矩和水平面之间的小夹角，则有 $MZ\cos\theta=mga\cos(\alpha-\theta)$，式中 m 是磁体的质量，g 是重力[强度]，a 是从重心到悬置轴线的距离，而 α 是通过轴及重心的平面和磁轴之间的夹角。

由此可见，对于竖直力的微小改变量 δZ 来说，既然 θ 很小，将有磁体之角位置的一个改变量 $\delta\theta$，使得 $M\delta Z=mga\sin(\alpha-\theta)\delta\theta$。

在实践中，这种仪器并不是用来测定竖直力的绝对值，而是用来记录其微小的变化。为此目的，只要知道当 $\theta=0$ 时的 z 的绝对值以及 $\frac{dZ}{d\theta}$ 的值就够了。当水平力和倾角为已知时，Z 的值由方程 $Z=H\tan\theta_0$ 求得，式中 θ 是倾角而 H 是水平力。

为了求出由 Z 的一个给定改变量所引起的偏转，取一个磁体把它放在轴线为东西向的位置上，并使它的中心在磁偏计之东或之西的 r_1 距置处，正如在偏角实验中那样。设偏角的正切为 D_1。

然后把它放得轴线沿竖直方向，而其中心在竖直力磁强计之上或之下的 r_2 距离处，并设在磁强计中引起的偏角的正切为 D_2。那么，如果致偏磁体的磁矩是 M'，则有

$$2M=Hr_1{}^3D_1=\frac{dZ}{d\theta}r_2{}^3D_2。$$

由此即得 $\frac{dZ}{d\theta}=H\ \frac{r_1{}^3D_1}{r_2{}^3D_2}$。

竖直力在任意时刻的实际值是 $Z=Z_0+\theta\ \frac{dZ}{d\theta}$，式中 Z_0 是当 $\theta=0$ 时的 Z 值。

为了在一个固定观测站上对磁力的变化进行连续的观测，单线磁偏计、双线水平力磁强计和天平竖直力磁强计是最方便的仪器。

在一些观测站上，现在已在用钟表装置带动的专用纸上描绘摄影曲线，以便在任何时刻都对三种仪器上的指示形成一种连续的纪录。这些曲线表示着力的三个垂直分量对它们的标准值的改变量。磁偏计给出指向平均磁西方的力，双线磁强计给出指向磁北方的力的改变量，而天平磁强计则给出竖直力的改变量。这些力的标准值，或者说这些力在各仪器示数为零时的值，是通过对绝对偏角、水平力和倾角的频繁观测来推得的。

第三十三章　关于地磁

465.〕 我们关于地磁的知识，是由对于磁力在任一时刻在地面上的分布的研究以及对于这一分布在不同时刻的变化的研究导出的。

任一地点和任一时刻的磁力，当它的三个坐标为已知时，就是已知的。这三个坐标可以在力的偏角或方位角、对水平面的倾角和总强度的形式下被给出。

然而，考察磁力在地面上的普遍分布的最方便的方法，就在于考虑力的三个分量的量值，即

$$\left.\begin{aligned}X &= H\cos\delta，\text{指向西北}，\\ Y &= H\sin\delta，\text{指向正西}，\\ Z &= H\tan\theta，\text{竖直向下}，\end{aligned}\right\}\tag{1}$$

式中 H 代表水平力，δ 代表偏角，而 θ 代表倾角。

如果 V 是地面上的磁势而我们把地球看成一个半径为 a 的球，则有

$$X = -\frac{1}{a}\frac{\mathrm{d}V}{\mathrm{d}l}，\qquad Y = -\frac{1}{a\cos l}\frac{\mathrm{d}V}{\mathrm{d}\lambda}，\qquad Z = \frac{\mathrm{d}V}{\mathrm{d}r}，\tag{2}$$

式中 l 是纬度，λ 是经度，而 r 是从地心算起的距离。

关于地面上的 V 的一种知识，可以只依赖于有关水平力的观测而得出如下。

设 V_0 是真实北极上的 V 值，那么，沿任一子午线求线积分，我们就得到

$$V = -a\int_{\frac{\pi}{2}}^{l} X\,\mathrm{d}l + V_0，\tag{3}$$

这就是该子午线上纬度为 l 处的势的值。

于是，如果我们知道每一点上的指北分量 X 的值，又知道北极上的 V 值 V_0，就可以求出地面上每一点的势。

既然力并不依赖于 V 的绝对值而是依赖于 V 的导数，那也就没有必要指定任何特定的 V_0 了。

任意点上的 V 值可被定出，如果我们知道沿任意子午线的 X 值和整个地面上的 Y 值的话。

令
$$V_2 = -a\int_{\frac{\pi}{2}}^{l} X\,\mathrm{d}l + V_0，\tag{4}$$

式中的积分沿所给的子午线从极点计算到纬度 l，于是就有 $V = V_l - a\int_{\lambda_0}^{\lambda} Y\cos l\,\mathrm{d}\lambda$，　(5)

式中的积分沿 l 纬度线从已给的经度 λ_0 计算到所要考虑的点。

这种方法意味着，必须在地面上进行完备的磁勘测，以便在给定的时期知道地面上每一点的 X 值、Y 值或 X 和 Y 的值。我们实际上知道的是若干观测站上的磁力分量。在地球上的各个开化部分，这样的观测站是比较多的；在其他的部分，却有大片的地面是我们并不掌握其数据的。

磁 勘 测[①]

466.〕 让我们假设，在最大线度为几百英里的一个中等大小的国家中，在适当分布在全国各地的相当多的观测站上已经作出了关于偏角和水平力的观测。

在这一区域内，我们可以假设 V 的值能够足够精确地用公式

$$V=\text{常量}-a\left(A_1 l+A_2\lambda+\frac{1}{2}B_1 l^2+B_2 l\lambda+\frac{1}{2}B_3\lambda^2+\cdots\right), \tag{6}$$

来表示，由此即得

$$X=A_1+B_1 l+B_2\lambda, \tag{7}$$

$$Y\cos l=A_2+B_2 l+B_3\lambda。 \tag{8}$$

设共有 n 个站，它们的纬度是 l_1、l_2 等等而它们的经度是 λ_1、λ_2 等等，并设每一个站上的 X 和 Y 都已测出。

令

$$l_0=\frac{1}{n}\sum(l),\qquad \lambda_0=\frac{1}{n}\sum(\lambda), \tag{9}$$

l_0 和 λ_0 可以叫做中心站的纬度和经度。令

$$X_0=\frac{1}{n}\sum(X),\qquad Y_0\cos l_0=\frac{1}{n}\sum(Y\cos l), \tag{10}$$

于是 X_0 和 Y_0 就是假想的中心站上的 X 值和 Y 值，于是就有

$$X=X_0+B_1(l-l_0)+B_2(\lambda-\lambda_0), \tag{11}$$

$$Y\cos l=Y_0\cos l_0+B_2(l-l_0)+B_3(\lambda-\lambda_0)。 \tag{12}$$

我们有 n 个形如(11)的方程和 n 个形如(12)的方程。如果我们用 ζ 来代表测定 X 时的可几误差，而用 η 来代表测定 $Y\cos l$ 时的可几误差，我们就可以假设二者起源于 H 和 δ 的观测误差，并根据这一假设来计算 ζ 和 η。

设 H 的可几误差是 h 而 δ 的可几误差是 Δ，既然 $\mathrm{d}X=\cos\delta\cdot\mathrm{d}H-H\sin\delta\cdot\mathrm{d}\delta$，

就有

$$\xi^2=h^2\cos^2\delta+\mathrm{d}^2H^2\sin^2\delta。$$

同理可得

$$\eta^2=h^2\sin^2\delta+\mathrm{d}^2H^2\cos^2\delta。$$

如果 X 和 Y 对由形如(11)和(12)的方程给出的值而言的改变量远远超过观测的可几误差，我们就可以断定这些改变量是由地域性的吸引力引起的，而这时我们就没有任何理由不认为 ζ 和 η 之比等于 1。

按照最小二乘式法，我们把形如(11)的方程乘以 η 而把形如(12)的方程乘以 ζ，以便它们的可几误差相同。然后我们把每一个方程乘以 B_1、B_2 或 B_3 中一个未知量的系数并把结果加起来，这样就得到可以求出 B_1、B_2、B_3 的三个方程，即 $P_1=B_1b_1+B_2b_2$，$\eta^2P_2+\xi^2Q_1=B_1\eta^2b_2+B_2(\xi^2b_1+\eta^2b_3)+B_3\xi^2b_2$，$Q_2=B_2b_2+B_3b_3$；在这些方程中，我们为了方便使用了下列符号：

① 读者应参阅 Rücker and Thorpe 的论文‘A Magnetic Survey of the British Isles,’*Phil. Trans.*, 1890, A, pp. 53～328。

$$b_1=\sum(l^2)-nl_0{}^2, b_2=\sum(l\lambda)-nl_0\lambda_0, b_3=\sum(\lambda^2)-n\lambda_0{}^2,$$

$$P_1=\sum(lX)-nl_0X_0, \qquad Q_1=\sum(lY\cos l)-nl_0Y_0\cos l_0,$$

$$P_2=\sum(\lambda X)-n\lambda_0X_0, \qquad Q_2=\sum(\lambda Y\cos l)-n\lambda_0Y_0\cos l_0。$$

通过计算 B_1、B_2 和 B_3 并代入方程(11)和(12)中，我们可以求出勘测界限以内任一点上的 X 值和 Y 值而不受地区性干扰的影响；经发现，当观测站附近存在像大多数火成岩那样的磁性岩石时，地区性干扰就是存在的。

只有在磁学仪器可以运往各地并在许多观测站上安装起来的那种国家，这种勘测才可以做到。对于世界上的其他部分来说，我们必须满足于利用在相距很远的较少观测站的数据之间进行内插的办法来求出地磁要素的分布。

467.〕 现在让我们假设，通过这种手续，或是通过等价地绘制各磁性要素之等值线图的作图手续，X 和 Y 的值，从而还有势 V 的值，在整个的地球表面上都是已知的。下一步就是要把 V 展成球谐函数的级数了。

假如地球在它的全部体积内都是沿同一方向而均匀磁化的，V 就将是一个一阶的谐函数，磁子午线将是通过两个对面磁极的大圆，磁赤道将是一个大圆，磁赤道的所有各点上的水平力将相等，而如果 H_0 是这个常量，则任一其他点上的值将是 $H=H_0\cos l'$，式中 l' 是磁纬度。竖直力将是 $z=2H_0\sin l'$，而如果 θ 是倾角，则 $\tan\theta$ 将等于 $2\tan l'$。

在地球的事例中，磁赤道被定义为无倾角的曲线。它并不是球体的大圆。

磁极被定义为没有水平的点，或者说是倾角为 90°的点。共有两个这样的点，一个在北半球，一个在南半球，但它们却并不是正好对面，而且它们的连线并不平行于地球的磁轴。

468.〕 磁极就是地面上 V 值为极大值或极小值，或为稳定值的那些点。

在势为极小值的任一点上，倾角针的北端将竖直向下，而如果把一个罗盘指针放在该点附近的任何地方，则其北端将指向该点。

在势为极大值的点上，倾角针的南端将指向下方，而在该点附近，罗盘指针的南端将指向该点。

如果在地球的表面上有 p 个 V 的极小值，那就必然有 $p-1$ 个另外的点，在那儿，倾角针的北端是指向下方的，但是当使罗盘指针沿圆周绕该点运动一周时，指针的转动却并不是使北端永远指向该点，而是有时北端指向该点，而有时南端指向该点。

如果我们把势为极小值的各点叫做真北极，则这些另外的点可以叫做赝北极，因为罗盘指针对它们并不忠实。如果共有 p 个真北极，那就必有 $p-1$ 个赝北极；同样，如果共有 q 个真南极，那就必有 $q-1$ 个赝南极。同名磁极的数目必须是奇数，因此曾经流行一时的认为共有两个北极和两个南极的观念是不对的。按照高斯的意见，地球表面上事实上只有一个真北极和一个真南北，从而没有任何赝极。这两个极的连线并不是地球的直径，而且它也并不平行于地球的磁轴。

469.〕 大多数关于地磁本性的早期探索，都力图把它表示成一个或多个磁棒的作用结果，而磁棒各极的位置则是有待确定的。高斯是第一个通过把势函数展成体谐函数的级数来用一种完全普遍的方式表示了地磁分布的人，他定出了前四阶体谐函数的系数。这些系数共有 24 个；3 个属于一阶函数，5 个属于二阶函数，7 个属于三阶函数，而 9 个属于四阶函数。经发现，为了对地磁的实际状态作出一种尚称精确的表示，所有这些项都是必要的。

试图定出观测到的磁力的哪一部分起源于外因和哪一部分起源于内因

470.〕 现在让我们假设，我们已经得到了地球磁势的一种球谐函数的展式，和地球表面每一点上水平力的方向及量值相容，这样，高斯就已经指明，如何根据观测到的竖直力来确定磁力是地球内部的磁化和电流之类的原因引起的呢，还是有某一部分是由地球表面以外的原因所直接引起的。

设 V 是展成球谐函数之双级数的实际磁势。

$$V=A_1\frac{r}{a}+\cdots+A_i\left(\frac{r}{a}\right)^i+\cdots+B_1\left(\frac{r}{a}\right)^{-2}+\cdots+B_i\left(\frac{r}{a}\right)^{-(i+1)}+\cdots。$$

第一个级数代表由地球外部的原因所引起的那一部分势，而第二个级数则代表由地球内部的原因所引起的那一部分势。

水平力的观测向我们提供的是当 $r=a=$ 地球的半径时这两个级数之和。其 i 次项是 $V_i=A_i+B_i$。

竖直力的观测给我们以 $Z=\frac{\mathrm{d}V}{\mathrm{d}r}$，而其 aZ 的 i 次项是 $aZ_i=iA_i-(i+1)B_i$，由此即得，由外因引起的部分是 $A_i=\frac{(i+1)V_i+aZ_i}{2i+1}$ 而由内因引起的部分是 $B_i=\frac{iV_i-aZ_i}{2i+1}$。

V 的展式迄今只是针对在或接近某一年代的 V 的平均值算出的。看来这一平均值并没有任何部分是由地球以外的原因所引起的。

471.〕 关于 V 的改变量展式的日因部分和月因部分的形式，我们知道得不够清楚，不足以利用这种方法来确定这些改变量是否有任何部分起源于从外界作用过来的磁力。然而可以肯定，正如斯通内先生和钱伯斯先生已经证明的那样，假设太阳和月亮是一些磁体，这些改变量的主要部分也不可能起源于太阳和月亮的任何直接的磁作用①。

472.〕 曾经注意到的磁力的主要变化如下。

Ⅰ. 较规则的变化

(1) 日因变化，依赖于一天内的钟点和一年内的时序。

(2) 月因变化，依赖于月球的时间角以及它的其他位置要素。

(3) 这些变化并不在不同的年份中重复出现，而是受到一种周期更长的即约为十一年的变化的影响。

(4) 除此以外，地磁的状态还有一种久期变化，它自从有地磁勘测以来就一直在进行

① 布拉格的赫尔施坦教授曾经发现了各磁要素的一种周期变化，其周期为 26.33 天，几乎正好等于太阳的朔望转动，正如由太阳赤道附近的黑子的观测所推知的那样。这种根据它对磁针的效应来发现太阳的未被看到的整体转动时间的方法，是地磁学对天文学的借贷偿还的第一次支付。请参阅 *Anzeiger der k. Akad.*，Wien，june 15，1871。见 *Proc. R. S.*，Nov. 16，1871。

着，而且正在引起各地磁要素的变化，其量值远大于任何小周期变化的量值。

Ⅱ. 干扰

473.〕 除了较规则的变化以外，各地磁要素还会受到或大或小的突然干扰的影响。曾经发现，这些干扰在一段时间之内会比在别的时期更强，而且在干扰较大的时期内规则变化的规律会受到掩盖，尽管那些规律在干扰较小的时期内是很清楚的。因此，曾对这些干扰给予了很大的注意，而且曾经发现，特定种类的干扰在一天的某些时候以及在某些季节和时期更容易发生，尽管每一次干扰是十分无规则地出现的。除了这些更加普通的干扰以外，还偶然有些大干扰的时期，在那种时期内，地磁会在一两天内受到很强的干扰。这叫做“磁暴”。个体的干扰有时会在相距很远的观测站上同时被观测到。

艾瑞先生曾经发现，格林尼治的干扰的一个很大的部分，和安装在附近的土内的电极所收集到的电流相对应，而且是电流将对磁体直接产生的一种干扰，如果地电流保持其实际的方向而通过放在磁体下面的一根导线的话。

曾经发现，每十一年就有一个最大干扰时期，而且这个时期看来是和太阳黑子数目最多的时期相对应的。

474.〕 我们被地磁的研究所带入的探索领域是既深且广的。

我们知道，太阳和月亮都对地磁有影响。曾经证明，这种作用并不能通过假设太阳和月亮是磁体来加以解释。因此作用是间接的。

在太阳的事例中，部分的影响可能是热作用，但是在月亮的事例中我们却不能把作用归之于这种原因。也有可能，这些物体的吸引力通过在地球内部发生胁变而引起地球内部早已存在的磁性的一些变化(第 447 节)，并从而通过一种潮汐作用而造成一些半昼夜的变化吧？

但是，和地磁的很大的久期变化相比，所有这些变化的数量都是很小的。

什么原因，地球外部的或其内部深处的原因，引起地磁的如此巨大的变化，以致磁极会慢慢地从大地的一部分移动到另一部分呢？当我们考虑到大地球的磁化强度完全可以和我们克服了许多困难才在我们的钢铁磁体中造成的磁化强度相比时，如此巨大的一个物体中的这些巨大变化，就迫使我们作出结论说，我们还不熟悉自然界中最强有力的作用之一，它的活动场所位于地球内部的深处，而要获得有关那种地方的知识，我们可用的手段是很少的。①

① 巴耳福·斯提瓦特曾经建议，周日变化是由大气上层区域的稀薄空气中的感生电流引起的，当这种空气扫过地球的磁力线而运动时，这种电流就会出现。舒斯特近来在 *Phil. Trans.* A，1889，p. 467 上通过格林方法的应用已经证明，这些干扰的较大部分是在地球表面的上方有其起源的。

▲ 泰勒斯（Thalês，约前624年—前546年）。泰勒斯曾用磁石和琥珀做实验，发现这两种物体对其他物体有吸引力。

▲ 吉尔伯特（William Gilbert，1540—1605）正在锤打一根热铁条，以便制作出一根磁铁。吉尔伯特在物理学中的贡献是开创了电学和磁学的近代研究。1600年他发表了一部巨著《论磁》，系统地总结和阐述了他对磁的研究成果。他还发明了第一只验电器。

► 莱顿瓶是在18世纪时科学家们用来储存电量的一种电容器。其实，它就是一个玻璃瓶，只不过在这个玻璃瓶的内外壁都涂有一层金属箔，并且在瓶子的中间插有一根电极。在当时，科学家们把几个玻璃瓶排在一起，然后用金属挂钩连接每个瓶子的电极以获得更强大的电流输出。

▲ 富兰克林（Benjamin Franklin，1706—1790）。富兰克林证明，闪电是一种放电，并且他阐述了高大的建筑物如何通过把电荷导向地面而免受雷击。

► 富兰克林早期的避雷装置之一。1754年用避雷针来防护建筑物免遭雷击，首先由狄维施（Procopius Divisch，1698—1765）实现，这是迄今所知的电的第一个实际应用。

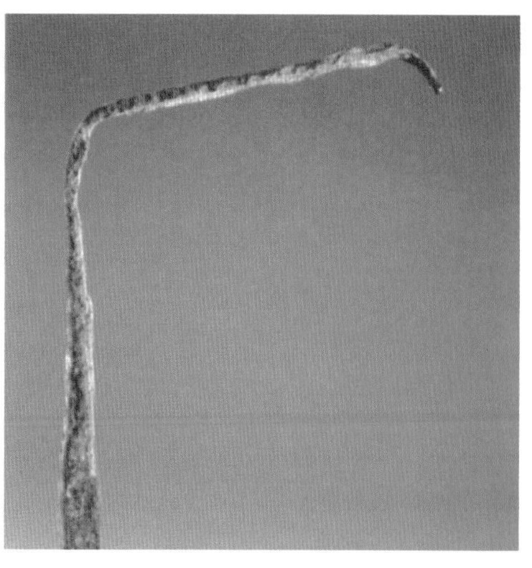

◀ 在18世纪的一次沙龙上，参加派对的人在做性质不明但显然很有趣味的电实验取乐。

► 18世纪的一个有关电的恶作剧：一个带电的男孩被吊在天棚上，右侧那位妇女从他的鼻子上提取火花。

▼ 1794年2月27日，在法国加莱进行的电流通过一片水面上空的实验。

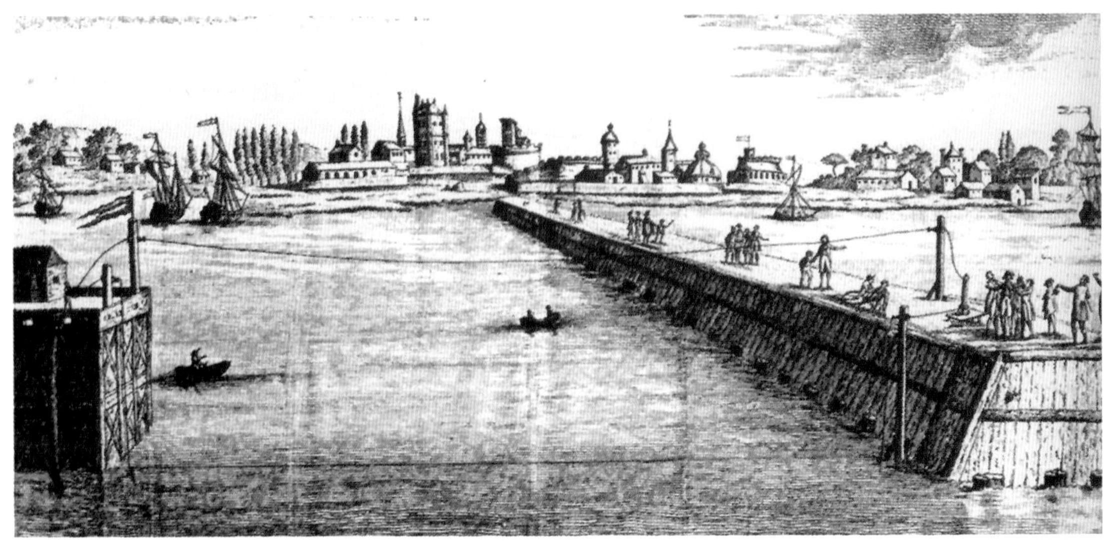

▲ 奥斯特（Hans Christian Oersted，1777—1851）用一种仪器发现了电和磁之间的联系，即当电流在罗盘的指针周围流过时，罗盘的指针发生偏转。

▲ 库仑（Charlse-Augustin de Coulomb ,1736—1806）。1785年，库仑设计了精巧的扭秤实验，直接测定了两个静止的同种点电荷之间的斥力与它们之间距离的平方成反比，与它们的电量乘积成正比。经过不断的探索，他又用电扭摆实验对吸引力测出了相同的结果。至此，库仑定律得到了世界公认，从而开辟了近代电磁理论研究的新纪元。

▲ 1773年，卡文迪什用数学方法得出了类似库仑定律的关系，但他的成果未公开发表，一直到1879年，才由麦克斯韦整理，注释出版了这些手稿。

▲ 安培（André-Marie Ampère，1775—1836）。1820年安培发现了电流的磁效应（电产生磁）。

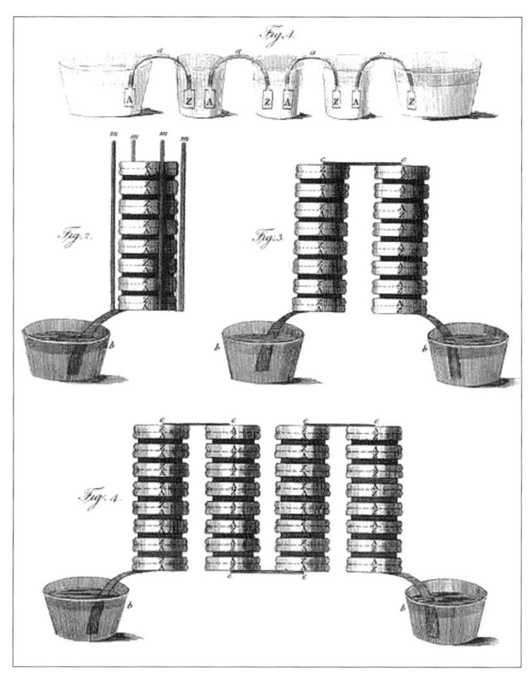

► 伏打电堆是第一个现代的化学电池，能提供较长时间的电流。它是在1800年由伏打（Alessandro Vlota，1745—1827）发明的。

◀ 欧姆（Georg Simon Ohm，1787—1854）。1826年他建立了欧姆定律。

▲ 法拉第在19世纪20年代制造的一个早期的电磁体。1831年法拉第发现电磁感应现象（磁产生电）。

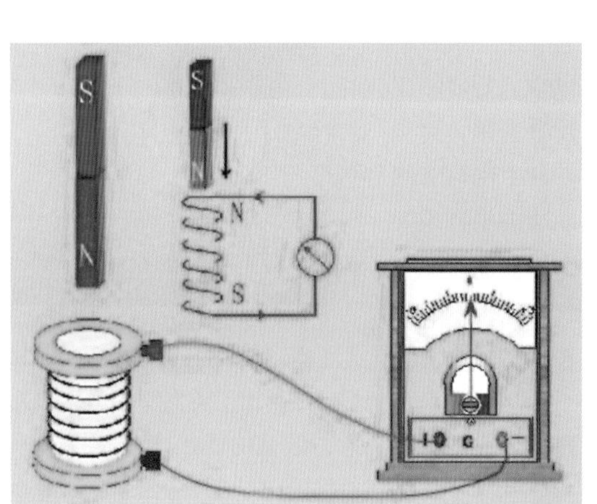

▲ 楞次定律实验演示仪器。1834年楞次（Heinrich Friedrich Emil Lenz，1804—1865）建立楞次定律。

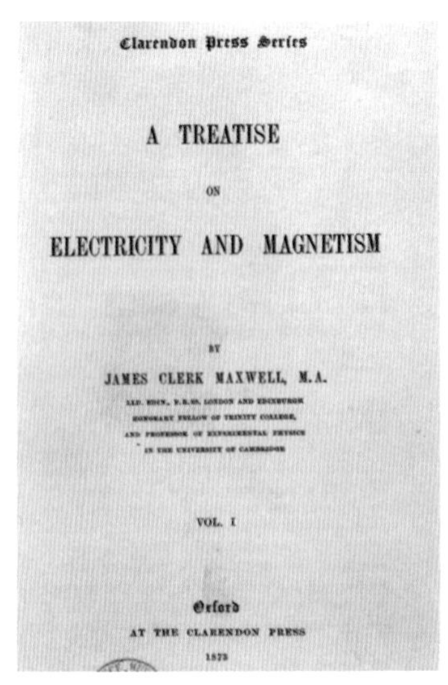

Clarendon Press Series

A TREATISE

ON

ELECTRICITY AND MAGNETISM

BY

JAMES CLERK MAXWELL, M.A.

VOL. I

Oxford

AT THE CLARENDON PRESS

1873

▲ 1873年出版的《电磁通论》（第一版）的扉页。麦克斯韦第一次成功地将电和磁这两个不同的自然现象统一起来。

▲ 麦克斯韦和赫兹（Heinrich Rudolf Hertz，1857—1894）的肖像一起出现在这张墨西哥发行的电信纪念票中。1888年赫兹用实验证明了电磁波的存在，麦克斯韦的电磁理论才得到人们确信，麦克斯韦被公认为“牛顿以后世界上最伟大的数学物理学家”。

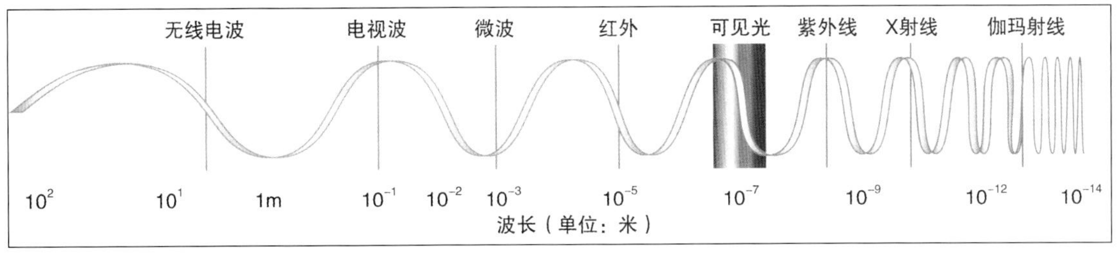

▲ 麦克斯韦首先认识到电场的表现是和光完全一样的高速波。科学家后来确认了电磁辐射谱的存在，在这个谱中，可见光只不过是一小部分。

$$\nabla \times \boldsymbol{E} = -\frac{\partial \boldsymbol{B}}{\partial t}$$

$$\nabla \times \boldsymbol{H} = \boldsymbol{J} + \frac{\partial \boldsymbol{D}}{\partial t}$$

$$\nabla \cdot \boldsymbol{B} = 0$$

$$\nabla \cdot \boldsymbol{D} = \rho$$

▲ 麦克斯韦方程组。这些方程被誉为改变世界的最伟大的方程。

▲ 关于《电磁通论》的漫画。

◄ 麦克斯韦创立电磁理论用过的实验仪器。

► 麦克斯韦的老师开尔文爵士。正是开尔文卓有成效地运用类比的方法使麦克斯韦深受启示，在他的电磁场理论的论文中多次使用了类比研究方法，寻找到了不同现象之间的联系，建立了统一的电磁场理论。

◀ 麦克斯韦在《电磁场的动力理论》一书中预言了电磁波的存在，赫兹通过实验发现了在空中传播的电磁波。图为马可尼（Guglielmo Marchese Marconi, 1874—1937）在两者基础上，于1901年首次成功实现了横跨大西洋的无线电通信。

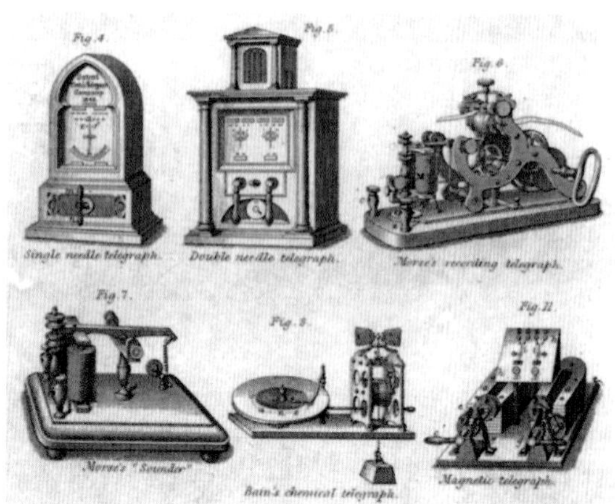

► 在当时的百科全书中看到的电报机。电报引领了通信的现代革命。

▲ 爱迪生自己设计的电灯依然照亮蒙罗园主楼楼上的大实验室，这里是电话送话器、留声机和电灯泡的诞生地。

► 1904年的巴黎电话总局。电话接线员主要由妇女组成。对她们来说，这项发明提供了干净、令人尊敬、报酬相对较高的工作机会。早期的电话如果传送较高的频率，效果似乎好些，所以女子的声音听起来较清楚。

▶ 麦克斯韦还热衷研究颜色的组成，他手里正拿着他的色陀螺（1855年摄于剑桥）。

▲ 麦克斯韦的色陀螺。这是根据麦克斯韦的老师福布斯（James David Forbes，1809—1868）在1849年发明的色陀螺发展起来的，它有两套着色纸，排列成可调整的扇形，当陀螺旋转时，这些颜色就在眼睛里混合起来，通过各种颜色显露的角度，一个色方程就构成了。

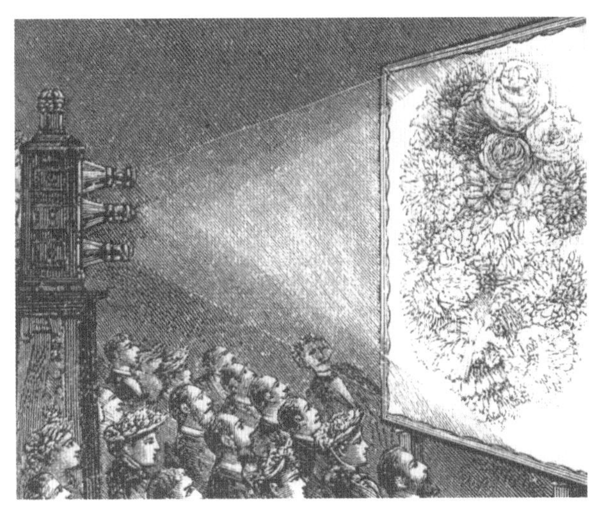

▲ 1861年在伦敦通过三个不同的滤镜（红、蓝、绿）向公众演示由三张反转片叠加而成的彩图。

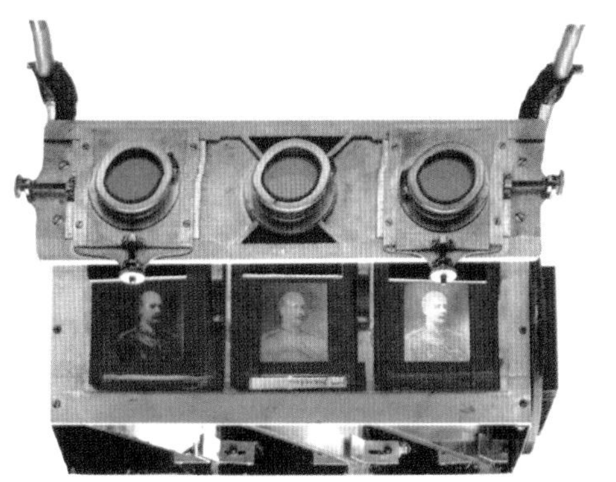

▲ 这架诞生于1900年前后的三色投影仪是根据麦克斯韦“所有颜色都源自三种基本色彩（红、蓝、绿）的理论研制的。

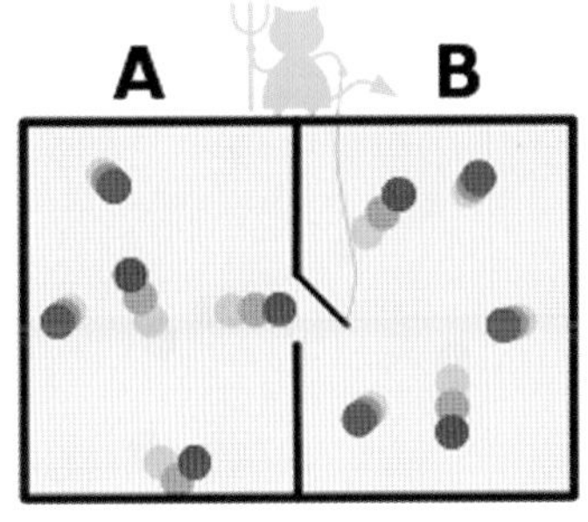

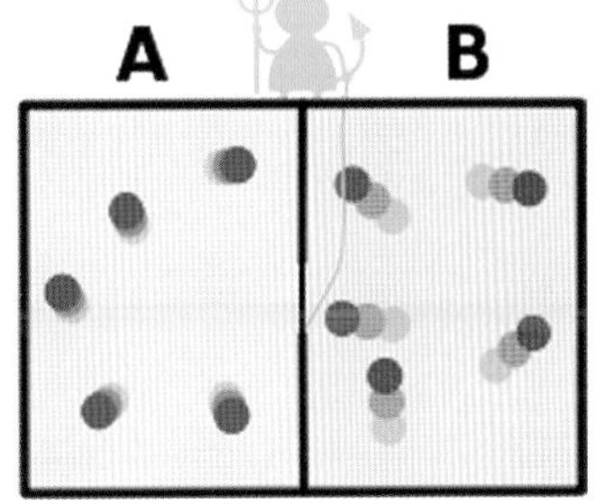

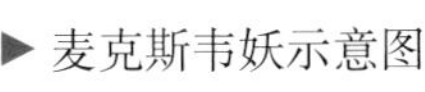
▶ 麦克斯韦妖示意图

麦克斯韦使用过的实验仪器

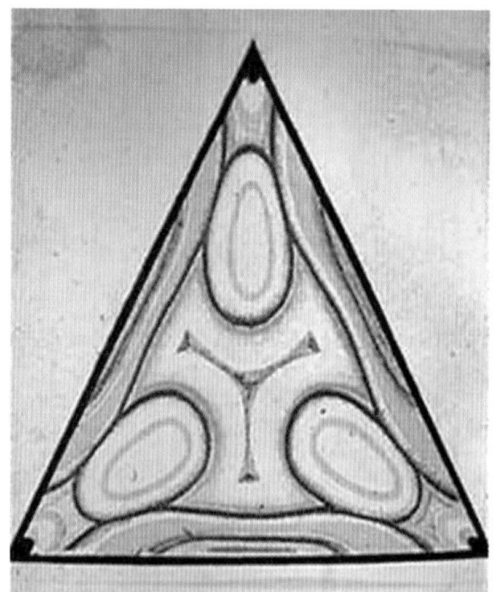

▲ 用偏振光研究光弹性

▲ 土星光环模型

▲ 可调陀螺

◀ 旋转线圈

▲ 对库仑定律的验证

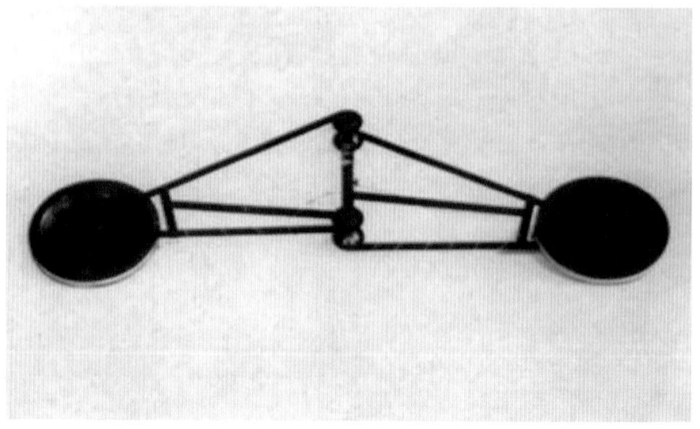

▲ 电量单位比实验

第四编

电 磁 学

· *Part Ⅳ Electromagnetism* ·

我们这一代人没有权利抱怨前人已有的伟大发现。科学是没有边界的，我们不能把它们限制在狭隘的范围之内。我们应该开拓新的领域，探索前沿性的东西。

——麦克斯韦(周兆平译)

第三十四章　电　磁　力

475.〕 许多不同的观察者都曾注意到，在某些事例中，物体中或其附近的放电不必要地引起或破坏了它们的磁性，而人们也对磁和电之间的关系做出过各式各样的猜想，但是，直到汉斯·克里斯蒂安·奥斯特[①]在对哥本哈根的少数几个高年级学生所做的一次私人演讲中观察到连着电池两极的一根导线会影响它附近的一个磁体时为止，这些现象的规律，以及这些关系的形式却都是完全未知的。奥斯特在所标时间为 1820 年 7 月的一篇为〈关于磁体附近的电冲突效应的实验〉(*Experimenta circa effectum Conflictus Electrici in Acum Magneticam*)的论文中发表了他的发现。

关于磁体和带电物体的关系的实验曾经进行过，但是直到奥斯特力图确证一条导线被电池所加热的效应时为止，这些实验都毫无结果。然而奥斯特却发现，电流本身而不是导线的加热，才是作用的原因，而且“电冲突是以一种转动的方式而起作用的”；就是说，放在一根通有电流的导线附近的一个磁体，倾向于使自己垂直于导线，而且当使磁体绕着导线而运动时，它将永远以相同的一端指向导线。

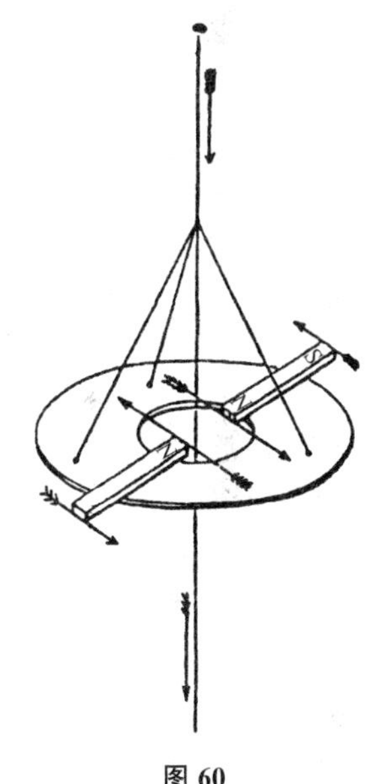
图 60

476.〕 因此，看样子，在载有电流的导线周围的空间中，一个磁体会受到的力的作用，这些力依赖于导线的位置和电流的强度。因此，这些力起作用的那个空间，可以被看成一个磁场，而且我们可以用在研究普通磁体附近的场时已经用过的同样方法来研究它，即通过追踪力线的走向并在每一点上测量力的强度来研究它。

477.〕 让我们从一根载有电流的无限长直导线的事例开始。假若一个人设想自己立在导线的位置上，使电流从他的头流向他的脚，则一个自由悬挂在他面前的磁体将使自己在电流的作用下用原来指北的一端指向他的右手。

磁力线到处都垂直于通过导线而画出的平面，从而就是一些圆，每一个圆都位于导线的垂面内，而导线则通过圆心。如果使磁体从左向右沿其中一个圆绕行一周，则磁体指北的一极将受到一个力的作用，而这个力是永远指向磁体的运动方向的。

◀本杰明·威尔逊(Benjamin Wilson)制作的筒形静电发电机，于 17 世纪晚期在巴黎先贤祠进行实验。

① 汉斯汀教授在一封信中对奥斯特的发现作了另一次叙述，见 *the Life of Faraday* by Dr. Bence Jones, vol. ii. p. 395。

478.〕 为了比较这些力,假设导线是竖直的,而其电流是向下的,设把一个磁体放在一个可以绕竖直轴线自由转动的仪器上,而其轴线和导线相结合。经发现,在这种情况下,电流并没有使整个仪器以电流本身为其轴线而发生转动的任何效应。由此可见,竖直电流对磁体两极的作用是这样的:以电流为轴线,两个力的力矩是相等而反向的。设 m_1 和 m_2 分别是两个极的强度,r_1 和 r_2 是它们离导线中轴的距离,T_1 和 T_2 是在两个磁极处由电流引起的磁力强度,则作用在 m_1 上的力是 m_1T_1,而既然它是垂直于轴线的,它的力矩就是 $m_1T_1r_1$。同理,作用在另一极上的力矩是 $m_2T_2r_2$,而既然没有观察到任何运动,那就有 $m_1T_1r_1+m_2T_2r_2=0$。

但是我们知道,在一切磁体中都有 $m_1+m_2=0$。

由此即得 $T_1r_1=T_2r_2$,或者说,由一个无限长的直电流引起的电磁力垂直于电流并和离开电流的距离成反比。

479.〕 既然乘积 Tr 依赖于电流强度,它就可以作为电流的一种量度。这种测量方法是不同于建立在静电现象上的测量方法的,而且既然这种测量依赖于电流引起的磁现象,它就被称为"电磁测量制"。在电磁制中,如果 i 是电流,则有 $Tr=2i$。

480.〕 如果导线被取作 z 轴,则 T 的直角分量是 $X=-2i\dfrac{y}{r^2}$, $Y=2i\dfrac{x}{r^2}$, $Z=0$。

此处 $X\mathrm{d}x+Y\mathrm{d}y+Z\mathrm{d}z$ 是一个全微分,即下式的全微分:$2i\tan^{-1}\dfrac{y}{x}+C$。

由此可见,场中的磁力可以由一个势函数导出,正如在以前的若干例子中一样,但是在这一事例中,势却是一个具有一系列无限多个值的函数,各值之间的公共差为 $4\pi i$。然而,势对各坐标的微分系数却在每一点上有一个确定的单一的值。

电流附近的场中的一个势函数的存在,并不是能量守恒原理的一种不言而喻的结果,因为,在一切实际的电流中,都存在一种电源电能的连续消耗,以克服导线的电阻,因此,除非这种消耗的数量是精确已知的,人们就总可以推测电池的一部分能量曾被用来对一个沿回线运动的磁体做功。事实上,如果一个磁极 m 沿着一条绕过导线的闭合曲线而运动一周,则实际做的功是 $4\pi mi$。只有在并不绕过导线的闭合路径上,力的线积分才是零。因此,在目前,我们必须认为力定律和势函数的存在是建筑在已经描述过的实验的证据上的。

481.〕 如果考虑一条无限长直线周围的空间,我们就会看到它是一个循环空间,因为它会回到自己中来。如果我们现在设想有一个平面或任意别的曲面从这条直线开始而在直线的一侧伸展到无限远处,这个曲面就可以被看成一个把循环空间简化为非循环空间的壁障。如果从任一固定点开始画一些曲线到达任一另外的点而不空穿过壁障,并把势定义为沿其中任一条曲线计算的力的线积分,则势在任一点上都将有单独一个确定的值。

现在磁场就在一切方面都和一个磁壳所引起的场相等同,该磁壳和这个曲面相重合,而磁壳的强度为 i。这个磁壳在一侧是以无限长的直线为界的。它的边界的其他部分都在离所考虑的这一部分场为无限远的距离处。

482.〕 在所有实际的实验中,电流都形成一个有限大小的闭合回路。因此我们将比较一个有限电路的磁作用和一个以该电路为边界的磁壳的磁作用。

许多实验,其中最早的是安培的实验而最精确的是韦伯的实验,已经证明,一个小的平面电路在远大于电路线度的距离处引起的磁作用和一个磁体的磁作用相同，该磁体的磁轴垂直于电路的平面，而其磁矩等于电路面积乘以电流强度①。

如果电路被设想为用一个以电路为边界的曲面所补满并从而形成一个壁障，而且，如果把这个电路换成一个和曲面相重合而强度为 i 的磁壳，则磁壳在一切遥远点上的磁作用将和电流的磁作用相等同。

483.〕 到此为止，我们一直假设电路的线度远小于从电路的任一部分到所考察的场的部分的距离。现在我们将假设电路具有完全任意的形状和大小，并检查它在并不位于导线内部的任一点 P 上的作用。下面这种具有重要的几何应用的方法，是由安培为此目的而引入的。

设想有一个以电路为边界而并不通过 P 点的任意曲面 S。在这个曲面上画两组相交的曲线，这样就把曲面分成了一些元部分，它们的线度远小于它们到 P 点的距离，也远小于曲面的曲率半径。

沿着其中每一个元部分的边界，设想有一个强度为 i 的电流在流动，其巡回方向在一切元部分中都和原电路中的方向相同。

在形成二相邻面积元之分界线的任何线段中，都有两个相等强度 i 的电流沿着相反的方向在流动。

同一位置上两个相等而反向的电流的效应绝对地是零，不论我们在什么方面来考虑电流。因此它们的磁效应为零。各个元电路上并不如此被中和的部分，只有那些和原电路相重合的段落。因此，各个元电路的总效应，就和原电路的效应相等价。

484.〕 现在，既然每一个元电路都可以看成一个离 P 点的距离远大于其线度的平面小电路，我们就可以把它代换成一个强度为 i 而以元电路为其边界的元磁壳。元磁壳在 P 点的磁效应和元电路的磁效应相等价。全部的元磁壳构成一个强度为 i、和曲面 S 相重合并以原电路为其边界的磁壳，从而整个磁壳在 P 点的磁作用就和原电路的磁作用相等价。

很显然，电路的作用是和任意画出来布满电路的曲面 S 的形状无关的。我们由此就看到，一个磁壳的作用只依赖于它的边界的形状而不依赖于磁壳本身的形状。这个结果我们以前在第 410 节中已经得到，但是了解它可以怎样从电磁的想法推得也是很有教育意义的。

因此，电路在任意点上引起的磁力，就在量值和方向上是和由一个磁壳所引起的磁力相等的，该磁壳以电路为边界而不通过该点，磁壳的强度在数值上等于电流的强度。电路中电流的方向是和磁壳的磁化方向这样联系着的：假如一个人把他的双脚站在磁壳上我们称之为正面的并倾向于朝北的那一面上，则他面前的电流将是从右向左的。

485.〕 然而，对那些位于磁壳物质之内的点来说，电路的磁势却不同于磁壳的磁势。

如果 ω 是磁壳在 P 点所张的立体角，当磁壳的正侧或指北侧向着 P 点时立体角为正时，则任一并不位于磁壳内部的点上的磁势是 $\omega\varphi$，此处 φ 是磁壳的强度。在磁壳本身物质内部的任一点上，我们可以假设磁壳分成强度为 φ_1 和 φ_2 的两部分，此处 $\varphi_1+\varphi_2=\varphi$，而所考虑的点则位于 φ_1 的正侧和 φ_2 的负侧。这一点上的势是 $\omega(\varphi_1+\varphi_2)-4\pi\varphi_2$。

---

① Ampère，*Théorie des phénomènes électrodynamiques*，1826；Weber，*Elektrodymamische Maasbestimmungen*（*Abhandlungen der königlich Sächs. Gesellschuft zu Leipzig*. 1850—1852.）

在磁壳的负侧，势变成 $\varphi(\omega-4\pi)$。因此，在这一事例中，势是连续的，而且在每一点上具有单一而确定的值。另一方面，在电流的事例中，每一并不位于导线本身内部的点上的磁势等于 $i\omega$，此处 i 是电流的强度，而 ω 是一个电路在该点上所张的立体角，当从 P 点看来电流是逆时针运行时立体角被取为正。

量 $i\omega$ 是一个具有一系列无限多个值的函数，各值的公共差是 $4\pi i$。然而，$i\omega$ 对坐标的微分系数却在空间的每一点上都有单一而确定的值。

486.〕 如果一个细长而柔硬的管性磁体被放在一个电路的附近，则磁管的北极和南极将倾向于沿相反的方向而绕着导线运动，而且，假如它们可以自由地服从磁力，则磁体最后将绕着导线缠成一个闭合的线圈。假若能够得到只有一个极的磁体，或得到磁极的强度不相等的磁体，则这样一个磁体将绕着导线而向一个方向不停地转动，但是，既然每个磁体的极事实上是相等而反号的，这样的结果就绝不会发生。然而，通过使磁体的一个极可以绕着导线继续转动而另一个极却不能，法拉第曾经指明了如何引起磁体的一个极绕一个电流的连续转动。为了使这种过程可以无限地重复进行，整个的磁体在每一周转动中必须从电流的一侧被搬到另一侧。为了做到这一点而不打断电的流动，电流被分成了两支，而且当一支被断开以允许磁体通过时，电流就经由另一支流过。法拉第为此目的而应用了一个圆形的汞槽，如第 491 节中的图 63 所示。电流经由导线 AB 而进入槽中，并在 A 点分支，而在流经弧 BQP 和 BRP 后在 P 点重新合并，然后电流就经过导线 PO、汞杯 O 和 O 下面的一根竖直导线而流走。

磁体（图中未画出）被安装得可以绕着一个通过 O 点的竖直轴而转动，导线 OP 也随之而转。磁体穿过汞槽的开口，一个极譬如说北极在汞槽平面的下方，而另一极则在其上方。当磁体和导线 OP 绕着竖直轴而转动时，电流就逐渐从槽中位于磁体前方的支路转移到位于磁体后方的支路中去，于是在每一次完整的转动中磁体都从电流的一侧过渡到另一侧。磁体的北极沿方向 $N—E—S—W$ 而绕着向下的电流转动，而如果 ω、ω' 是圆形槽在两个极上所张的立体角（不计正负），则电磁力在每一次完整转动中所做的功是 $mi(4\pi-\omega-\omega')$，式中 m 是任一极的强度，而 i 是电流强度①。

487.〕 现在让我们力图对一个线性电路附近的磁场状态形成一种概念。

设电路对空间每一点所张的立体角 ω 的值已被求出，让我们画出 ω 在上面为常数的

---

① 这一问题可以讨论如下：参照着第 491 节中的图 63，让我们取 OP 的任一位置并引入假想的平衡电流即 i 沿 BO 而 x、y 沿 OB。当连接在 OP 上的磁体被移动了整整一周时，被假设为沿 $ABOZ$ 而运行的电流 i 对南极并不做功，因为该极描述了一条并未绕过电流的闭合曲线。然而北极却描述了一条确实绕过电流的闭合曲线，从而对该极做的功是 $4\pi mi$。现在我们必须估算电路 $BPOB$ 中的电流 x 和电路 $BRPOB$ 中的电流 y 的效应。北极是位于这些电路平面的下方的，它的势将是 $-mx\omega_\theta+my(\omega-\omega_\theta)$ 而南极的势是 $-mx\omega'\theta-my(-\omega'+\omega'_\theta)$，式中 ω_θ 和 ω'_θ 是 BOP 在两个极上所张的立体角，而 ω、ω' 是圆形槽所张的立体角。总的势是 $my(\omega+\omega')-mi(\omega_\theta+\omega'_\theta)$。由此可见，当导线从 OP 沿方向 $NESW$ 转回到 OP 时，势将改变一个量 $-mi(\omega+\omega')$。因此电流所做的功就由正文中的公式给出。

下面是求得这种结果的一种稍许不同的方法：通过各导线和汞槽的电流和一些电流相等价，那就是通过汞槽的圆形电流 $i-x$、通过电路 POB 的电流 i 以及通过 AB、BO 和竖直导线 OZ 的电流 i。圆形电流显然不会引起使任一磁极沿着和电路同轴的圆而运动的任何力。北极在每一周中绕过电路 AB、BO 和竖直的 OZ 一次，因此对该极做的功就是 $4\pi im$。如果 Ω 和 Ω' 分别是电路 POB 在磁体的北极上和南极上所张立体角的数值，则磁体和电路的势能是 $-mi\times(\Omega+\Omega')$。因此，如果 θ 是角 POB，则在每一完整转动中对磁体做的功是 $-\int_0^{2\pi} mi\frac{\mathrm{d}}{\mathrm{d}\theta}(\Omega+\Omega')\mathrm{d}\theta=-mi(\omega+\omega')$。因此对磁体做的总功就是 $mi\{4\pi-(\omega+\omega')\}$。

一些曲面。这些曲面将是等势面。每一个这种曲面都将以电路为其边界，而任意两个曲面 ω_1 和 ω_2 将在电路上相交于一个角度$\frac{1}{2}(\omega_1-\omega_2)$①。

本卷末尾的图版 18，代表由一个圆形电流所引起等势面的一个截面。小圆圈代表导线的截面，图的下方的水平线是通过圆电流的中心而垂直于其平面的直线。图中画了 24 个等势面，对应于一系列相差为$\frac{\pi}{6}$的 ω 值。它们是旋成曲面，以上述垂线为其公共轴。它们显然是扁的图形，在轴的方向上较扁。它们在电路的曲线上相交于 15°的角。

作用在一个等势面的任一点处的一个磁极上的力垂直于该等势面，并且和相邻等势面之间的距离成反比。图版 18 中围绕着导线截面的那些闭合曲线就是力线。它们是根据 W. 汤姆孙爵士的论文《漩涡运动》②而画出的。

一个电路对任一磁性体系的作用

488.〕 现在我们能够由磁壳理论来推论一个电路对它附近的任一磁性体系的作用了。因为，如果我们画一个磁壳，其强度在数值上等于电流强度，而其边界在位置上和电路相重合，而磁壳本身并不通过磁性体系的任何部分，则这个磁壳对磁性体系的作用将和电路的作用相等同。

磁性体系对电路的反作用

489.〕 由此，应用作用和反作用相等而反向的原理，我们就得到这样的结论：磁性体系对电路的机械作用和它对一个以电路为其边界的磁壳的作用相等同。

一个强度为 φ 的位于势为 V 的磁力场中的磁壳，由第 410 节可知其势能等于 $\varphi\iint\left(l\frac{\mathrm{d}V}{\mathrm{d}x}+m\frac{\mathrm{d}V}{\mathrm{d}y}+n\frac{\mathrm{d}V}{\mathrm{d}z}\right)\mathrm{d}S$，式中 l、m、n 是从面积元 $\mathrm{d}S$ 的正侧画起的法线的方向余弦，而积分则展布在磁壳的表面上。

现在考虑面积分 $N=\iint(la+mb+nc)\mathrm{d}S$，式中 a、b、c 是磁感分量。这个积分代表

---

① 这一点可以推导如下：考虑曲面 ω_1 上靠近二等势面交线处的一个点 P，设 O 是交线上靠近 P 的一个点，那么就以 O 为心画一个单位半径的球面。电路在 P 点上所张的立体角，将由单位球上被曲面 ω_1 在 O 点的切面以及由电路在离 O 点某距离处的形状来确定的一个不规则锥面所切割下来的面积来量度。现在考虑曲面 ω_2 上一个靠近 O 点的点 Q。电路在这个点上所张的立体角，将由以 O 为心的单位球上曲面 ω_2 在 O 点的切面以及一个不规则锥面所切割下来的面积来量度，而如果 P 和 Q 很靠近，这个锥面就将和以前的锥面相同。因此，二立体角之差就是两个切面之间的半月形面积，而这个面积就是二切面之间的夹角的两倍，也就是曲面 ω_1 和 ω_2 的交角的两倍，于是曲面之间的交角就是$\frac{1}{2}(\omega_1-\omega_2)$。

② *Trans. R. S. Edin.*, vol. xxv. p. 217, (1869).

通过磁壳的磁感数量，或者按照法拉第的语言，它就代表代数地计算的从负侧向正侧穿过磁壳的磁感线的数目，这时把沿相反方向穿过磁壳的磁感线算作负的。

记得磁壳并不属于引起势 V 的那一磁性体系，从而磁力就等于磁感，我们就有 $a=-\dfrac{\mathrm{d}V}{\mathrm{d}x}$，$b=-\dfrac{\mathrm{d}V}{\mathrm{d}y}$，$c=-\dfrac{\mathrm{d}V}{\mathrm{d}z}$，而且我们可以把 M 的值写成 $M=-\varphi N$。

如果 δx_1 代表磁壳的任一位移，而 X_1 代表促进这一位移的力，则由能量守恒原理应有 $X_1\delta x_1+\delta M=0$，或者写成 $X_1=\varphi\dfrac{\mathrm{d}N}{\mathrm{d}x_1}$。

现在我们已经确定了和磁壳的任一给定位移相对应的力的性质。它推动或阻碍位移，全看位移将使通过磁壳的磁感线数目增大或减小而定。

这一点对等价的电路也是成立的。电路的任一位移将受到推动或阻碍，全看位移是增大或减小沿正方向穿过电路的磁感线数目而定。

我们必须记得，磁感线的正方向就是一个磁体的指北极倾向于沿该线运动的那个方向，而当一条磁感线的方向和电路中玻璃电的流动方向之间成右手螺旋的前进方向和转动方向之间的关系时，该磁感线就是沿正方向穿过电路的。

490.〕 很明显，和整个电路的任一位移相对应的力，可以立刻就由磁壳理论导出。但这并不是一切。如果电路的一部分是可以变形以致可以独立于其他部分而移动的，我们就可以通过把磁壳分划成用可变形接头连接着的足够多的小块，来使磁壳能够发生相同种类的位移。由此我们就得出结论说，如果由于电路任一部分沿给定方向的位移而使穿过电路的磁感线数目的所增大，则这种位移将受到作用在电路上的电磁力的推动。

因此，电路的每一部分都受到一个力，促使它切割磁感线，以使电路可以包围更多的磁感线，而力在这一位移过程中做的功，在数值上就等于所增加的磁感线数目乘以电流强度。

设通有电流强度 i 的电路上的一个元线段 $\mathrm{d}s$ 平行于自身而运动了一段距离 δx，它就将扫过一个平行四边形的面积，该平行四边形的各边分别平行于 $\mathrm{d}s$ 和 δx。

如果磁感用 $\mathfrak{B}$ 来代表而其方向和平行四边形的法线成一个角度 ϵ，则对应于这一位移的 N 的增量可以通过将平行四边形的面积乘以 $\mathfrak{B}\cos\epsilon$ 来求得。这种运算的结果用一个平行六面体的体积来几何地加以表示，该平行六面体的各个棱在方向和量值上分别代表 δx、$\mathrm{d}s$ 和 $\mathfrak{B}$。这个量算作正的，如果当我们按照此处所给的次序指向这些方向时，指示器是按顺时针的方向绕着平行六面体的对角线而转动的①。这个平行六面体的体积等于 $X\delta x$。

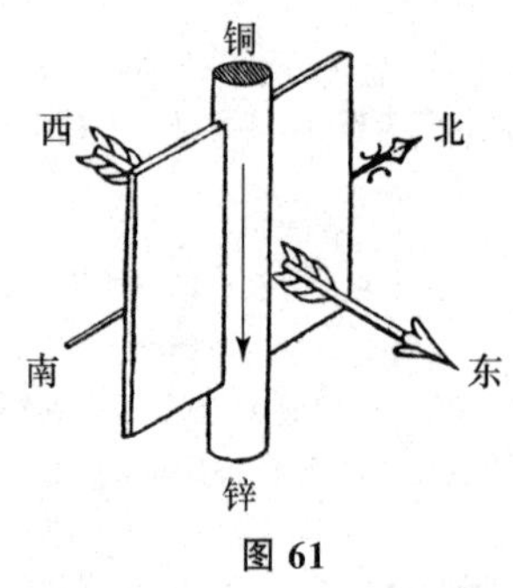

图 61

如果 θ 是 $\mathrm{d}s$ 和 $\mathfrak{B}$ 之间的夹角，则以 $\mathrm{d}s$ 和 $\mathfrak{B}$ 为边的那个平行四边形的面积是 $\mathrm{d}s\cdot\mathfrak{B}\sin\theta$，而如果 η 是位移 δx 和平行四边形的法线之间的夹角，则平行六面体积是 $\mathrm{d}s\cdot\mathfrak{B}\sin\theta\cdot\delta x\cos\eta=\delta N$。现在 $X\delta x=i\,\delta N=i\,\mathrm{d}s\cdot\mathfrak{B}\sin\theta\delta x\cos\eta$，从而 $X=i\,\mathrm{d}s$

① 在这个法则中，$\mathrm{d}s$ 是沿 i 的方向画出的，在观察者被假设为位于平行六面体上 δx、$\mathrm{d}s$ 和 $\mathfrak{B}$ 所有出发的那个角上。

· $\mathfrak{B}\sin\theta\cos\eta$ 就是投影在 δx 方向上的推动位移 ds 的力。

因此这个力的方向是垂直于平行四边形的，而其量值则等于 $i\cdot ds\cdot\mathfrak{B}\sin\theta$。

这就是一个平行四边形的面积，该平行四边形的各边在量值和方向上代表着 ids 和 $\mathfrak{B}$。因此，作用在 ds 上的力，在量值上就用这个平行四边形的面积来代表，而在方向上则用平行四边形的法线来代表；法线的正向是这样规定的：当一个右手螺旋从电流元 ids 的方向转向磁感 $\mathfrak{B}$ 的方向时，螺旋前进的方向就是法线的正向。

我们可以用四元数的语言来表述这个力的方向和量值；我们说，这个力就是电流元矢量 ids 乘以磁感矢量 $\mathfrak{B}$ 所得结果的矢量部分。

491.〕 于是我们就全面地确定了作用在位于磁场中的一个电路的任一部分的力。如果电路被用任何方式来推动，使它经历了各种的形状和位置以后又回到原来的地方，而且电流强度在运动过程中保持不变，则电磁力所做的总功将是零。既然这一点对电路的任意循环运动都是正确的，那就可以知道，用电磁力来使一个恒定强度的线性电路的任何部分反抗摩擦力等等而保持一种连续的旋转运动，是不可能的。

然而，如果在电流进程的某一段落上，电流从一个导体过渡到另一导体，而这两个导体可以相对滑动，则产生连续转动是可能的。

当一个电路中的一个导体和一个平滑固体或一种流体的表面有一种滑动接触时，电路就不能再看成单一的强度恒定的线性电路，而必须看成两个或更多个强度可变的电路的体系了；在这样的体系中，电流是适当分配的，就是说，在 N 正在增加的电路中电流具有正方向，而在 N 正在减小的电路中则电流有负方向。

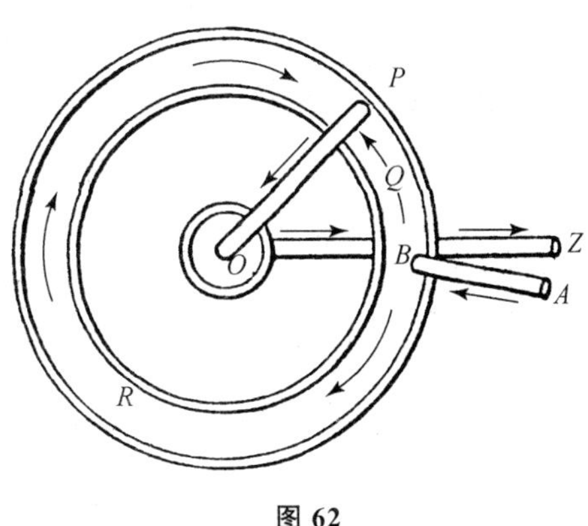

图 62

例如，在图 62 所代表的仪器中，OP 是一个活动的导体；它的一端放在一个汞杯 O 中，而其另一端则浸入一个和 O 同心的圆形汞槽中。

电流沿 AB 进入，并在圆槽中分成两部分；其中一部分 x 沿着圆弧 BQP 流动，而另一部分 y 则沿着 BRP 流动。这些电流在 P 点汇合并沿着活动导体 PO 和电极 OZ 而流向电池的锌极。沿 PO 和 OZ 的电流的强度是 $x+y$，即 i。

在这儿，我们有两个电路。一个是 $ABQPOZ$，其电流强度为 x，沿正方向运行；另一个是 $ABRPOZ$，其电流强度为 y，沿负方向运行。

设 $\mathfrak{B}$ 是磁感，并设它的方向向上而垂直于圆槽的平面。

当 OP 沿逆时针的方向转过一个角 θ 时，第一个电路的面积增大 $\frac{1}{2}OP^2\cdot\theta$，而第二个电路的面积减小同一数量。既然第一个电路中的电流强度是 x，它所做的功就是 $\frac{1}{2}x\cdot OP^2\cdot\theta\cdot\mathfrak{B}$；而既然第二个电路中的电流强度是 $-y$，它所做的功就是 $\frac{1}{2}y\cdot OP^2\cdot\theta\cdot\mathfrak{B}$。因此，所做的总功就是 $\frac{1}{2}(x+y)OP^2\cdot\theta\cdot\mathfrak{B}$ 或 $\frac{1}{2}i\cdot OP^2\cdot\theta\cdot\mathfrak{B}$，只依赖

于 PO 中的电流强度。由此可见,如果 i 被保持为恒定,臂 OP 就被一个均匀的力推动着沿圆周不停地转动;这个力的力矩是 $\frac{1}{2}i\cdot OP^2\cdot\mathfrak{B}$。如果像在北半球一样 $\mathfrak{B}$ 是向下的,而且如果电流是向内的,则转动将是沿负方向的,即沿 $PQBR$ 方向的。

492.〕 现在我们能够从磁体和电流的相互作用过渡到一个电路对另一个电路的作用了。因为我们知道,一个电路 C_1 对任一磁性体系 M_2 而言的磁学性质,等同于一个磁壳 S_1 的磁学性质,该磁壳的边界和电路相重合,而其强度在数值上等于电流的强度。设磁性体系 M_2 是一个磁壳 S_2,则 S_1 和 S_2 之间的相互作用等同于 S_1 和一个电路 C_2 之间的相互作用,该 C_2 和 S_2 的边界相重合,其电流强度等于 S_2 的强度;而且后一相互作用又等同于 C_1 和 C_2 之间的相互作用。

因此,两个电路 C_1 和 C_2 之间的相互作用,等同于对应磁壳 S_1 和 S_2 之间的相互作用。

我们在第 423 节中已经考察过边界为闭合曲线 s_1 和 s_2 的两个磁壳的相互作用。如果我们令 $M=\int_0^{s_2}\int_0^{s_1}\frac{\cos\epsilon}{r}\mathrm{d}s_1\mathrm{d}s_2$,式中 ϵ 是线元 $\mathrm{d}s_1$ 和 $\mathrm{d}s_2$ 的方向之间的夹角,r 是它们之间的距离,一次积分是沿 s_2 计算的,而另一次积分则是沿 s_1 计算的,而且,如果我们把 M 叫做两条闭合曲线 s_1 和 s_2 的势,则由两个以 s_1 和 s_2 为边界而其强度为 i_1 和 i_2 的磁壳的相互作用而引起的势能是 $-i_1i_2M$,而促进任一位移 δx 的力 X 就是 $i_1i_2\frac{\mathrm{d}M}{\mathrm{d}x}$。

关于由任一电路的存在而引起的作用在另一电路的任一部分上的力的全部理论,都可以从这一结果推演出来。

493.〕 我们在本章中所采用的方法,是法拉第的方法。我们在下一章中将按照安培的方法而从一个电路的一部分对另一电路的一部分的直接作用开始。在本章中我们不这样做,而是首先必须证明一个电路和一个磁壳对一个磁体产生相同的效应,换句话说,我们要确定由电路引起的磁场的本性。其次我们证明,一个电路当放在任一磁场中时会和一个磁壳受到相同的力。这样我们就能确定作用在位于任一磁场中的电路上的力。最后,通过假设磁场是由第二个电路引起的,我们就能确定一个电路对另一电路的整体或任一部分的作用。

494.〕 让我们把这种方法应用于一个事例:一个无限长的直电流作用在一个平行直导体的一部分上。

让我们假设,一个电流 i 在第一个导体中竖直向下流动。在这种情况下,一个磁体的指北端将指向一个从电流的轴线朝磁体看去的人(头上脚下)的右手。

因此,磁感线是一些水平的圆,它们的圆心在电流的轴线上,而它们的正方向是由北向东向南再向西。

设把另一个向下的竖直电流放在第一个电流的正西方。在那儿,由第一个电流引起的磁感线是指向北方的。作用在第二个电路上的力的方向,通过把一个右手螺旋的扳手柄从最下方即电流的方向转向北方即磁感的方向来确定。这时螺旋将向东运动,就是说,作用在第二个电路上的力是指向第一个电流的,或者普遍地说,既然现象只依赖于各电流的相对位置,两个载有同向电流的电路是互相吸引的。

用同样的方式，我们可以证明两个载有异向电流的电路是互相排斥的。

495.〕 正如我们在第 479 节中已经证明的那样，在离强度为 i 的长直电流的 r 距离处，磁感强度是 $2\frac{i}{r}$。由此可见，和第一个导体相平行并载有强度为 i' 而方向相同的电流的第二个导体的一个部分，将被一个力 $F=2ii'\frac{a}{r}$ 吸向第一个导体，此处 a 是那一导体部分的长度，而 r 是离开第一个导体的距离。既然 a 和 r 之比是一个数字量而和这些长度的绝对量度无关，两个电流的乘积当用电磁单位制来测量时就必须具有力的量纲，由此可见单位电流的量纲就是 $[\mathrm{i}]=[\mathrm{F}^{\frac{1}{2}}]=[\mathrm{M}^{\frac{1}{2}}\mathrm{L}^{\frac{1}{2}}\mathrm{T}^{-1}]$。

496.〕 确定作用在一个电路上的力的方向的另一种方法，就是考虑电流的磁作用和其他电流及磁体的磁效应的关系。

如果在载有电流的导线的一侧，由电流引起的磁效应是和由其他电流引起的磁效应同向或接近同向的，则在导线的另一侧这些力将是反向或接近反向的，而且，作用在导线上的力将从二力互相加强的一侧指向二力互相反对的一侧。

例如，如果一个向下的电流被放在一个指向北方的磁力场中，它的磁作用将在西侧指向北方而在东侧指向南方的。由此可知，二力在西侧互相加强而在东侧互相反对，从而电路就将受到一个从西向东的力的作用。

在本书末尾的图版 17 中，小圆圈代表载有向下的电流的导线的一个截面，导线放在一个指向图左的均匀磁力场中。导线下方的磁力大于导线上方的磁力。因此导线将被促使从图的下方运动向图的上方。

497.〕 如果两个电流位于同一平面内但是并不平行，我们也可以应用这一原理。设一个导体是一根位于纸面上的无限长的直导线。在电流的右侧①，磁力是向下作用的，而在其左侧则是向上作用的。对于由同一平面内第二个电流的任意短段引起的磁力来说，情况也相同。如果第二个导体位于第一个导体的右侧，则磁力将在它的右侧互相加

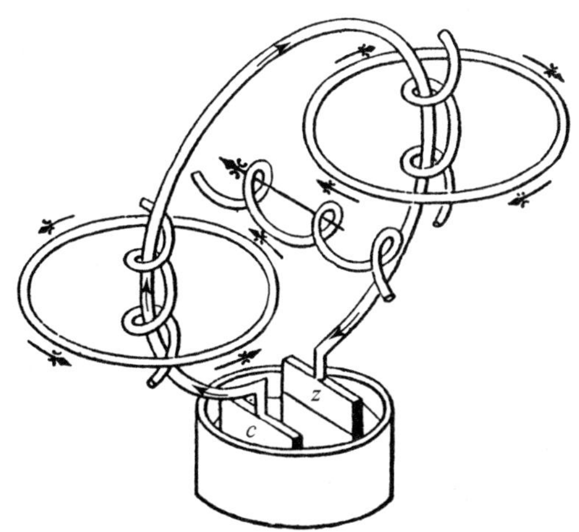

图 63　用一个右手螺旋来表示的电流和磁感线之间的关系

① 电流的右侧就是一个观察者的右侧，其人背靠纸面，而电流从他的头流向他的脚。

强而在它的左侧互相反对。由此可见，载有第二个电流的电路将受到一个力的作用，把它从自已的右侧推向左侧。这个力的量值只依赖于第二个电流的位置而不依赖于它的方向。如果第二个电路是放在第一个电路的左侧的，则它将被从左推向右。

由此可见，如果第二个电流是和第一个电流同向的，则它的电路会被吸引；如果是反向的，则被推斥；如果它是垂直于第一个电流并向离此远去的方向流动的，则它会被迫使沿第一个电流的方向而运动；而如果它是向着第一个电流而流动的，则它会被迫使沿着和第一个电流的方向相反的方向而运动。

在考虑两个电流的相互作用时，用不着记住我们曾经力图用一个右手螺旋来阐明的电和磁之间的关系。即使我们忘掉了那些关系，只要我们始终坚持二种关系形式中的一种，我们就将得到正确的结果。

498.〕 现在让我们把在此以前已经研究过的电路的磁现象综述一下。

我们可以设想电路是一个伏打电池和一根连接电池两极的导线，或是一个温差的电装置，或是一个充电的莱顿瓶和一根连接其正、负极的导线，或是沿着一个确定的路径产生电流的任何其他的位置。

电流要在它的附近产生磁现象。

如果画一条任意的闭合曲线并沿着整条曲线计算磁力的线积分，那么，如果闭合曲线并不和电路互相穿套，则线积分是零，但是，如果它和电路互相穿套，以致电流穿过这条闭合曲线，则线积分是 $4\pi i$，而且这个值是正的，如果沿闭合曲线的积分方向和一个沿电流流向而穿过曲线的人所看到的时针转动方向相重合的话。在一个沿着积分方向在曲线上运动着而穿过电路的人看来，电流的方向将和时针转动方向相同。我们可以用一种说法来表达这一情况，那就是说，这两条闭合曲线的方向之间的关系，可以通过沿着电路和积分路径各画一个右手螺旋来加以表达。如果当我们穿过其中一条闭合曲线时看到它的螺纹线的转动方向和另一个螺旋的前进方向相重合，则线积分为正，而在相反的情况下则线积分为负。

499.〕 线积分 $4\pi i$ 只依赖于电流的流量而不依赖于任何别的东西。它并不依赖于电流所通过的导体的本性，例如它不依赖于这一导体是一种金属，一种电解质，还是一种非理想导体。我们有理由相信，甚至当并不存在真正的导电而是只有一种电位移的变化时，例如像当充电或放电时发生在莱顿瓶的玻璃中的情况那样，电的运动的磁效应也是完全相同的。

另外，线积分的值 $4\pi i$ 也不依赖于闭合曲线画在什么样的媒质中。不论闭合曲线是完全在空气中画出的，还是经过了一个磁体、一块软铁或任何别的顺磁性或抗磁性的物质，积分值都是相同的。

500.〕 当一个电路被放在一个磁场中时，电流和场的其他组成之间的相互作用依赖于磁感在以电路为边界的任一曲面上的面积分。如果通过电路整体或其一部分的运动，这个面积分可以增大，则将有一个机械力倾向于使导体或其部分按照给定的方式而运动。

使面积分增大的那种导体运动，就是垂直于电流方向而扫过磁感线的导体运动。

如果画一个平行四边形，使它的各边平行于并正比于任一点上的电流强度和同一点上的磁感，则作用在导体的单位长度上的力在数值上等于[正比于]这个平行四边形的面积；这个力垂直于平行四边形的面积，它的方向就是当从电流的方向向磁感的方向转动一个右手螺旋时螺旋中轴前进的方向。

图 64 用三个右手螺旋来表示的运动正方向和转动之间的关系

由此我们就得到磁感线的一种新的电磁性的定义。它就是永远和作用在导体上的力相垂直的那种曲线。

它也可以定义成这样的曲线：如果有一个电流沿此线运行，则载有这一电流的导体将不会受到任何力。

501.〕 必须认真记住，促使一个载流导体扫过磁力线而运动的机械力，不是作用在电流上而是作用在电流所通过的导体上的。如果导体是一个转动圆盘或一种流体，它就将服从这个力而运动，而这种运动可能和它所载有的电流的一种位置变化相伴随，也可能不和这种位置变化相伴随。[但是，如果电流可以在一个固定的导体或导线网路中自由地选取任意路径，则当使一个恒定的力作用在体系上时，电流通过导体的路径并不会发生永久性的变化，而在某种被称为感生电流的瞬变现象已经衰退以后，人们就将发现电流的分布是和没有任何磁力在起作用时的电流分布相同的。]①

唯一对电流起作用的力就是电动力，这种力必须和本章所考虑的机械力区别开来。

---

① 霍耳先生曾经发现(*Phil. Mag.* ix. p. 225, x. p. 301, 1880)，一个稳定的磁场确实会使多数导体中的电流分布发生微小的变化，从而正文中方括号内的说法必须被认为只是近似地对的。

第三十五章　安培关于电流的相互作用的研究

502.〕 我们在上一章中已经考虑了由一个电路所引起的磁场的本性，也考虑了作用在位于一个磁场中的载流导体的机械作用力。由此出发，我们接下去通过确定由一个电路引起的磁场对另一个电路的作用，来考虑了一个电路对另一个电路的作用。但是，几乎就在奥斯特的发现刚刚发表以后，一个电路对另一电路的作用是由安培用一种直接的方式来最初研究了的。因此我们将给出安培方法的一个轮廓，而在下一章中再回到本论著所用的方法中来。

知道了安培的那些想法，属于那种承认远距作用的体系，而且我们将发现，建筑在这些想法上的一种引人注目的思辨和考察的过程，已经由高斯、韦伯、F. E. 诺依曼、黎曼、比提、C. 诺依曼、洛仑茨以及别的人进行过，而且在新事实的发现和电理论的形成方面都得到了引人注目的结果。参阅第 846～866 节。

我所企图彻底追随的想法，是那些关于作用通过一种媒质从一部分传到相邻部分的想法。这些想法曾由法拉第广泛应用，而它们的数学形式的发展，以及结果和已知事实的对比，曾经是我在若干已发表论文中的目标。从一种哲学观点出发来对两种在原理上如此完全相反的方法的结果进行的比较，必将在研究科学思维的条件方面导致宝贵的资料。

503.〕 安培关于电流的相互作用的理论，是建筑在四个实验事实和一条假设上的。

安培的基本实验，全都是曾被称为比较力的零点法的实例。参阅第 214 节。在零点法中，不是通过向物体传送运动的动力学效应来测量力，也不采用使力和一个物体的重量或一根悬丝的弹性相平衡的静力学方法，而是使由相同的起源引起的两个力同时作用在已经处于平衡的一个物体上，而并不造成任何效应，这就表明这两个力本身是互相平衡的。这种方法对于比较电流在通过不同形状的电路时的效应来说是特别有价值的。通过把所有的导体接成一个连续的系列，我们就可以保证电流的强度在它的行程的每一点上都相同，而且，既然电流在整个行程的所有各点上几乎是同时开始的，我们就可以通过观察一个物体完全不受电流的开始或停止的影响，来证明由电流的作用而引起的对一个悬挂物体的力是互相平衡的。

504.〕 安培秤就是一个可以绕竖直轴而转动的很轻的架子，上面装有一根形成两个面积相等的电路的导线；两个电路位于相同的或平行的平面内，而两个电路中的电流则是沿相反向流动的。这种装置的目的是要消除地磁对导线的影响。当一个电路可以自由运动时，它就倾向于把自己摆得可以包围尽可能多的磁感线。如果这些磁感线是由地磁引起的，对于一个位于竖直平面内的电路来说，这一位置就将是电路平面采取磁东磁西的方位，而电路流向则和太阳的表观运动方向相反。

通过把位于平面内载有方向相反的电流的两个等面积的电路刚性地连接在一起，就可以形成一种不受地磁影响的、从而被称为“无定向的”组合，见图 65。然而，这种装置却会受到起源于一些电流或磁体的力的作用；那些电流或磁体离它足够近，以致对两个电路的作用并不相同。

505.〕 安培的第一个实验是关于两个相等的电流的效应的，两个电流很靠近而方向相反。一根包有绝缘材料的导线被从中间折成双股，并被放在无定向秤的一个电路附近。当使一个电流通过导线和秤时，秤的平衡不受干扰，表明两个相距很近而方向相反的相等电流是互相中和的。如果不是用两根并在一起的导线，而是把一根绝了缘的导线放在一根金属管的中间，而电流通过导线并由金属管返回，则管外的作用不仅近似地而且是准确地等于零。这一原理在电学仪器的制造中是有很大重要性的，因为它提供了一种使电流通入并流出任一电流计或其他仪器的适当手段，可以保证电流在往来于仪器中时并不产生任何电磁效应。在实践中，一般把导线并在一起也就够了，这时必须注意使它们互相之间很好地绝缘，但是，在它们经过仪器的灵敏部件的地方，最好是把一个导体做成管状而把另一个导体做成管中的导线。请参阅第 683 节。

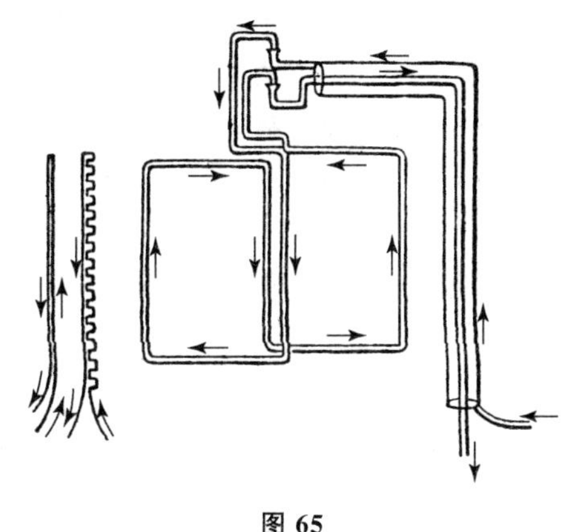
图 65

506.〕 在安培的第二个实验中，其中一根导线被弯上了一些小的弯曲，但是在它的每一部分，仍然和直导线靠得很近。经发现，通过曲导线并由直导线返回的一个电流，对无定向秤并无影响。这就证明，通过导线之任一弯曲部分的电流的效应，是和通过弯曲部分两端之连接直线的相同电流的效应相等价的，如果弯曲导线的任何部分都不是离直导线很远的话。由此可见，一个电路的任一元段都和两个或更多个分量元段相等价，分量元段和合元段之间的关系与分位移和合位移或分速度和合速度之间的关系相同。

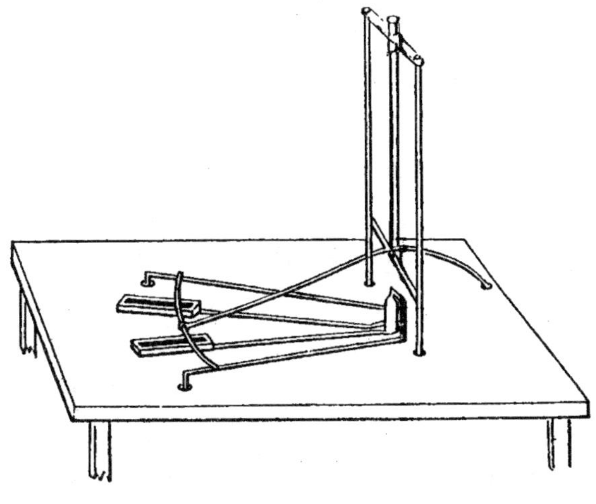
图 66

507.〕 在第三个实验中,一个只能沿其长度的方向而运动的导体代替了无定向秤。电流在一些空间固定点上进入和离开这一导体,而且经发现,放在导体附近的任何闭合电路都不能移动导体。

在这一实验中,导体是一根挂在架子上的圆弧形导线,可以绕竖直轴而转动。圆弧是水平的,其圆心在竖直轴上。两个小槽中注有汞,凸形的汞表面离出于槽面以上。二槽被放在圆弧下面,调节得汞面触及导线。导线为铜质,经过很好的汞齐化。电流从一个槽中通入,流经二槽之间的圆弧部分并从另一槽中流出。这样,圆弧的一部分就通有电流,而圆弧在同时又可以颇为自由地沿着它自己的方向运动。现在可以使任意的电流或磁体向这个活动导体靠近,而并不引起使它沿自身长度的方向发生运动的最小的倾向。

508.〕 在第四个实验中,和无定向秤一起,使用了两个电路;其中每一个,都和秤中的一个电路相似,但是其中之一即 C,却具有 n 倍的线度,而另一个即 A,则具有 $1/n$ 的线度。这些电路被放在我们称之为 B 的秤电路的两侧,并且它们相对于秤电路来说是相似地摆放的,C 到 B 的距离是 B 到 A 的距离的 n 倍。电流的方向和强度,在 A 和 C 中都是相同的。它在 B 中的方向可以相同或相反。在这些情况下就发现,只要各电路具有上述的关系,不论三个电路的形状和距离是什么,B 都会在 A 和 C 的作用下处于平衡。

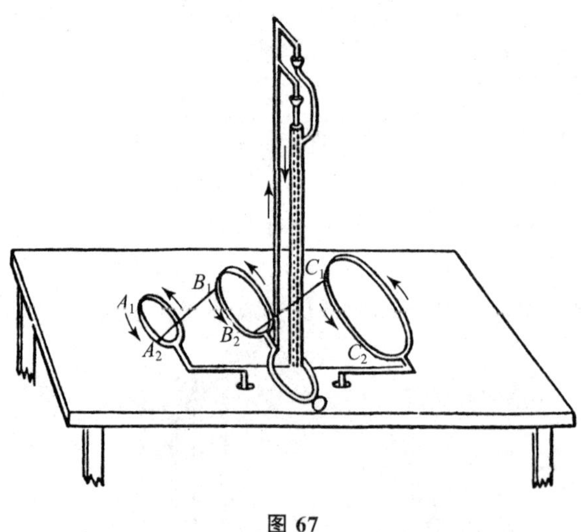

图 67

既然整体电路之间的作用可以看成是由各电路元段之间的作用引起的,我们就可以应用确定这些作用的下述方法。

设图 67 中的 A_1、B_1、C_1 是三个电路中的对应元段,并设 A_2、B_2、C_2 是各电路其他部分的对应元段。于是,B_1 对 A_2 而言的状况就和 C_1 对 B_2 而言的状况相似,但是 C_1 和 B_2 的距离和尺寸却分别是 B_1 和 A_2 的距离和尺寸的 n 倍。如果电磁力的定律是距离的函数,则不论其形式和性质如何,B_1 和 A_2 之间的作用都可以写成 $F=B_1\cdot A_2 f(\overline{B_1A_2})ab$,

而 C_1 和 B_2 之间的作用可以写成 $F'=C_1\cdot B_2 f(\overline{C_1B_2})bc$ 式中 a、b、c 是 A、B、C 中

的电流强度。但是 $nB_1=C_1$，$nA_2=B_2$，$n\overline{B_1A_2}=\overline{C_1B_2}$，而 $a=c$。由此即得 $F'=n^2B_1\cdot A_2f(n\overline{B_1A_2})ab$，而由实验可知此力等于 F，因此我们就有 $n^2f(n\overline{A_2B_1})=f(\overline{A^2B_1})$；或者说，力是反比于距离的平方而变的①。

509.〕 参照这些实验可以注意到，每一个电流都形成一个闭合的回路。安培所用的由电池产生的电流当然是形成闭合回路的。人们可能假设，在导体通过一个火花而放电的事例中，我们似乎有一种形成一条开放的有限的线段的电流，但是，按照本书的观点，即使这一事例也是一个闭合回路的事例。还不曾做过有关非闭合电流之相互作用的任何实验。因此，任何关于两个电路元的相互作用的说法都不能说是建筑在纯实验的基础上的。确实，我们可以把电路的一部分弄成活动的，以确定其他电流对它的作用，但是这些电流和活动部分中的电流一起，必然形成一些闭合回路，因此实验的最终结果就是一个或多个闭合电流对一个闭合电路的整体或部分的作用。

510.〕 然而，在现象的分析中，我们却可经把一个闭合电路对它自己的或另一电路的一个元段的作用看成若干个分开的力的合力；那些分开的力依赖于第一个电路可以为了数学的目的而被设想分成的那些分开的部分。

这只是作用力的一种数学的分析，从而是完全合理的，不论这些力是否真正分别地起作用。

511.〕 我们将从考虑空间中代表电路的两条曲线之间的以及这些曲线的元线段之间的纯几何关系开始。

设空间中有两条曲线。在其中每一条曲线上各取一固定点，从该点开始在曲线上沿确定的方向测量弧长。设 A，A'是这两个点。设 PQ 和 $P'Q'$是两条曲线上的线段元。

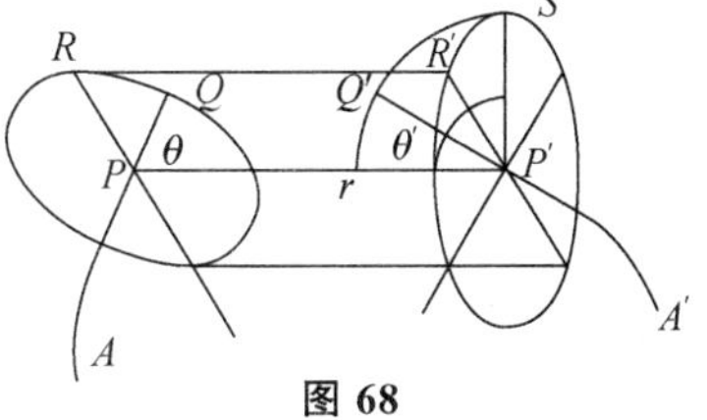

图 68

设
$$\left.\begin{aligned}AP=s,\ A'P'=s',\\ PQ=\mathrm{d}s,\ P'Q'=\mathrm{d}s',\end{aligned}\right\}\tag{1}$$

并设距离 PP'用 r 来代表。设角 $P'PQ$ 用 θ 来代表，$PP'Q'$用 θ'来代表，并设这些角的平面之间的夹角用 η 来代表。

两个线段元之间的相对位置由它们之间的距离 r 用三个角度 θ、θ'及 η 来充分确定，因为，如果这些量已经给定，则它们的相对位置就像它们形成同一刚体的各部分一样的完全确定了。

512.〕 如果我们使用直角坐标，并设 x、y、z 为 P 的坐标，x'、y'、z'为 P'的坐标，并用 l、m、n 和 l'、m'、n'分别代表 PQ 和 PQ'的方向余弦，则有

$$\left.\begin{aligned}\frac{\mathrm{d}x}{\mathrm{d}s}=l,\ \frac{\mathrm{d}y}{\mathrm{d}s}=m,\ \frac{\mathrm{d}z}{\mathrm{d}s}=n,\\ \frac{\mathrm{d}x'}{\mathrm{d}s'}=l',\ \frac{\mathrm{d}y'}{\mathrm{d}s'}=m',\ \frac{\mathrm{d}z'}{\mathrm{d}s'}=n',\end{aligned}\right\}\tag{2}$$

① 关于这一实验导致平方反比定律的另一种证明在第 523 节中给出，而且读者也许会觉得那证明比以上的证明更加简单和更有说服力。

以及

$$\left.\begin{aligned}&l(x'-x)+m(y'-y)+n(z'-z)=r\cos\theta,\\&l'(x'-x)+m'(y'-y)+n'(z'-z)=-r\cos\theta',\\&ll'+mm'+nn'=\cos\varepsilon,\end{aligned}\right\}\tag{3}$$

式中 ε 是各线段元本身的方向之间的夹角，从而 $\cos\varepsilon=-\cos\theta\cos\theta'+\sin\theta\sin\theta'\cos\eta$。(4)

再者 $$r^2=(x'-x)^2+(y'-y)^2+(z'-z)^2,\tag{5}$$

由此即得

同理可得

$$\left.\begin{aligned}&r\frac{\mathrm{d}r}{\mathrm{d}s}=-(x'-x)\frac{\mathrm{d}x}{\mathrm{d}s}-(y'-y)\frac{\mathrm{d}y}{\mathrm{d}s}-(z'-z)\frac{\mathrm{d}z}{\mathrm{d}s},\\&\quad=-r\cos\theta。\\&r\frac{\mathrm{d}r}{\mathrm{d}s'}=(x'-x)\frac{\mathrm{d}x'}{\mathrm{d}s'}+(y'-y)\frac{\mathrm{d}y'}{\mathrm{d}s'}+(z'-z)\frac{\mathrm{d}z'}{\mathrm{d}s'},\\&\quad=-r\cos\theta';\end{aligned}\right\}\tag{6}$$

而且，对 s' 求 $r\frac{\mathrm{d}r}{\mathrm{d}s}$ 的导数，即得

$$\left.\begin{aligned}&r\frac{\mathrm{d}^2r}{\mathrm{d}s\mathrm{d}s'}+\frac{\mathrm{d}r}{\mathrm{d}s}\frac{\mathrm{d}r}{\mathrm{d}s'}=-\frac{\mathrm{d}x}{\mathrm{d}s}\frac{\mathrm{d}x'}{\mathrm{d}s'}-\frac{\mathrm{d}y}{\mathrm{d}s}\frac{\mathrm{d}y'}{\mathrm{d}s'}-\frac{\mathrm{d}z}{\mathrm{d}s}\frac{\mathrm{d}z'}{\mathrm{d}s'},\\&=-(ll'+mm'+nn'),\\&=-\cos\varepsilon。\end{aligned}\right\}\tag{7}$$

因此我们可以把三个角 θ、θ' 和 η 以及辅助角 ε 用 r 对 s 和 s' 的微分系数表示出来如下：

$$\left.\begin{aligned}&\cos\theta=-\frac{\mathrm{d}r}{\mathrm{d}s},\\&\cos\theta'=-\frac{\mathrm{d}r}{\mathrm{d}s'},\\&\cos\varepsilon=-\frac{\mathrm{d}^2r}{\mathrm{d}s\mathrm{d}s'}-\frac{\mathrm{d}r}{\mathrm{d}s}\frac{\mathrm{d}r}{\mathrm{d}s'},\\&\sin\theta\sin\theta'\cos\eta=-r\frac{\mathrm{d}^2r}{\mathrm{d}s\mathrm{d}s'}。\end{aligned}\right\}.\tag{8}$$

513.〕 其次我们将考虑，可以用什么方式来数学地设想线段元 PQ 和 $P'Q'$ 将会相互发生作用，而当这样做时，我们在起初并不假设它们的相互作用力一定是沿着它们的连线的。

我们已经看到，可以假设每一线段元被分解成一些别的线段元，如果这些分量当按照矢量加法的法则结合起来时将作为它们的合量而给出原有的线段元的话。

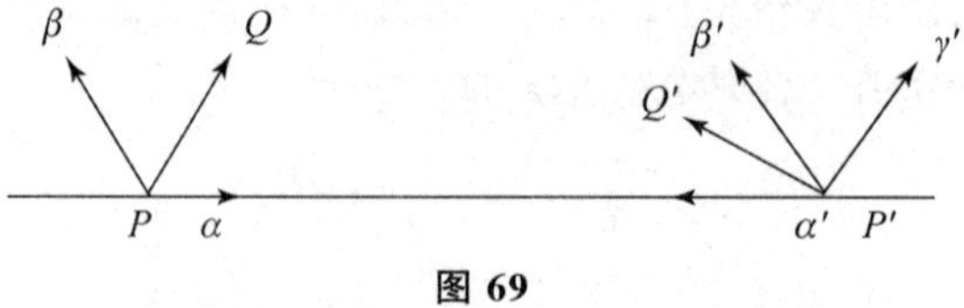

图 69

因此我们将认为 ds 被分解成沿 γ 方向的 $\cos\theta\mathrm{d}s=\alpha$ 和在平面 $P'PQ$ 内沿垂直于 r 的方向的 $\sin\theta\mathrm{d}s=\beta$。

我们也将认为 $\mathrm{d}s'$ 被分解成沿 r 之反方向的 $\cos\theta'\mathrm{d}s'=\alpha'$，平行于 β 之测量方向的

$\sin\theta'\cos\eta ds' = \beta'$和垂直于$\alpha'$及$\beta'$的$\sin\theta'\sin\eta ds' = \gamma'$。

一方面是分量α和β，另一方面是α'、β'、γ'，让我们考虑二者之间的作用。

(1) α和α'位于同一直线上。因此它们之间的力必然沿这一直线。我们将假设这是一个吸引力，等于$A\alpha\alpha' ii'$，式中A是r的一个函数，而i、i'分别是ds和ds'中的电流强度。这个表示式满足随着i和随着i'而变号的条件。

(2) β和β'互相平行，并垂直于它们的连线。它们之间的作用力可以写成$B\beta\beta' ii'$。这个力显然是沿着β和β'的连线的，因为它必然位于β和β'所在的平面内，而且如果我们沿相反的方向测量β和β'，这个表示式的值将保持不变，这就表明，如果它代表一个力，这个力就没有沿β的分量，从而必然是沿着r的。让我们假设，当这个表示式为正时，它就代表一个吸引力。

(3) β和r'互相垂直并垂直于它们的连线。有着这种关系的电路元之间的唯一可能的作用就是一个轴线平行于r的力偶。我们现在关心的是力，因此我们将对这个力偶不予考虑①。

(4) 如果α和β'互相作用，则它们之间的作用力必须写成$C\alpha\beta' ii'$。如果我们反转测量β'的方向，这个表示式就会变号。因此它必然不是代表一个沿β'方向的力就是代表一个位于α和β'的平面内的力偶。既然我们不研究力偶，我们将认为它是一个沿β'方向作用在α上的力。

当然也有一个相等的力沿相反的方向作用在β'上。

根据同样的理由，我们有一个力$C\alpha\gamma' ii'$沿着γ'方向而作用在α，和一个力$C\beta\alpha' ii'$沿着和β的测量方向相反的方向而作用在β上。

514.〕 将结果综合起来，我们发现对ds的作用是由下列各力组成的：

$$\left.\begin{aligned} X &= (A\alpha\alpha' + B\beta\beta')ii' \text{ 沿 } r \text{ 的方向}, \\ Y &= C(\alpha\beta' - \alpha'\beta)ii' \text{ 沿 } \beta \text{ 的方向}, \\ Z &= C\alpha\gamma' ii' \text{ 沿 } \gamma' \text{ 的方向。} \end{aligned}\right\} \tag{9}$$

让我们假设，对ds的作用是三个力的合力，即沿r方向的$Rii'dsds'$，沿ds方向的$Sii'dsds'$和沿ds'方向的$S'ii'dsds'$；于是，用θ、θ'和η表示出来，就有

$$\left.\begin{aligned} R &= A + 2C\cos\theta\cos\theta' + B\sin\theta\sin\theta'\cos\eta, \\ S &= -C\cos\theta', \qquad S' = C\cos\theta。 \end{aligned}\right\} \tag{10}$$

用r的微分系数表示出来，就有

$$\left.\begin{aligned} R &= A + 2C\frac{dr}{ds}\frac{dr}{ds'} - Br\frac{d^2 r}{ds\,ds'}, \\ S &= C\frac{dr}{ds'}, \qquad S' = -C\frac{dr}{ds}。 \end{aligned}\right\} \tag{11}$$

用l、m、n和l'、m'、n'表示出来，就有

① 人们可能会反驳说，我们没有理由假设在这一事例中就不存在力，因为，例如说有一个力作用在β上，该力垂直于β又垂直于r'，而其方向则是当按照右手螺旋的转动使r'绕β转过90°时所将得到的方向，而这样的规则就指示一个力，它满足这样的条件：如果两个电路元件中有一个变号而不是两个都变号，则力将反向。假设这样的力并不存在的理由就是，力的方向将只取决于电流的方向，而不会取决于它们的相对位置。例如，如果图69中的P'不是位于P的右方而是位于P的左方，则力将从电路元之间的一个推斥力变成一个吸引力。

$$\left.\begin{aligned}R &= -(A+2C+B)\frac{1}{r^2}(l\xi+m\eta+n\zeta)(l'\xi+m'\eta+n'\zeta)\\&\quad +B(ll'+mm'+nn'),\\S &= C\frac{1}{r}(l'\xi+m'\eta+n'\zeta),\quad S'=C\frac{1}{r}(l\xi+m\eta+n\zeta),\end{aligned}\right\}\tag{12}$$

式中ξ、η、ζ分别代表$x'-x$、$y'-y$和$z'-z$。

515.〕 其次我们必须计算有限电流s'对有限电流s作用的力，电流s从$s=0$的A点延伸到使它具有值s的P点。电流s'从$s'=0$的A'点延伸到使它具有值s'的P'点。其中任一电流上各点的坐标是s的函数或s'的函数。

如果F是点的位置的任一函数，我们就将利用下标$(s,0)$来标明它的值从A到p的增量，例如$F_{(s,0)}=F_P-F_A$。当电路闭合时这样的[增量]函数必照为零。

设$A'P'$对AP作用的总力的分量是$ii'X$、$ii'Y$和$ii'Z$。于是ds'对ds作用的平行于X的分力就是$ii'\frac{d^2X}{ds\,ds'}ds\,ds'$。

由此即得
$$\frac{d^2X}{ds\,ds'}=R\frac{\xi}{r}+Sl+S'l'。\tag{13}$$

按(12)式把R、S和S'的值代入，记得
$$l'\xi+m'\eta+n'\zeta=r\frac{dr}{ds'},\tag{14}$$

并按l、m、n集合各项，我们就得到

$$\begin{aligned}\frac{d^2X}{ds\,ds'}&=l\left\{-(A+2C+B)\frac{1}{r^2}\frac{dr}{ds'}\xi^2+C\frac{dr}{ds'}+(B+C)\frac{l'\xi}{r}\right\}\\&\quad+m\left\{-(A+2C+B)\frac{1}{r^2}\frac{dr}{ds'}\xi\eta+C\frac{l'\eta}{r}+B\frac{m'\xi}{r}\right\}\\&\quad+n\left\{-(A+2C+B)\frac{1}{r^2}\frac{dr}{ds'}\xi\zeta+C\frac{l'\zeta}{r}+B\frac{n'\xi}{r}\right\}。\end{aligned}\tag{15}$$

既然A、B和C是r的函数，我们就可以写出

$$P=\int_r^\infty(A+2C+B)\frac{1}{r^2}dr,\quad Q=\int_r^\infty C\,dr,\tag{16}$$

积分是从r到∞计算的，因为当$r=\infty$时A、B、C为零。

由此即得
$$(A+B)\frac{1}{r^2}=-\frac{dP}{dr},\quad 和\quad C=-\frac{dQ}{dr}。\tag{17}$$

516.〕 现在，我们由安培的第三个平衡事例可知，当s'是一个闭合的电路时作用在ds上的力是垂直于ds的，或者换句话说，力在ds本身的方向上的分量是零。因此，让我们通过取$l=1$、$m=0$、$n=0$来把x轴的方向弄成平行于ds。于是方程(15)就变成

$$\frac{d^2X}{ds\,ds'}=\frac{dP}{ds'}\xi^2-\frac{dQ}{ds'}+(B+C)\frac{l'\xi}{r}。\tag{18}$$

为了求出作用在ds的单位长度上的力$\frac{dX}{ds}$，我们必须对s'求这一表示式的积分。对第一项进行分部积分，我们就得到
$$\frac{dX}{ds}=(P\xi^2-Q)_{(s',0)}-\int_0^{s'}(2Pr-B-C)\frac{l'\xi}{r}ds'。\tag{19}$$

当s'是一个闭合电路时，这一表示式必为零。第一项将自动地等于零。然而第二项

一般在闭合电路的事例中将不为零,除非积分号下的量恒为零。由此可见,为了满足安培的条件,我们必须令

$$P=\frac{1}{2r}(B+C)。\tag{20}$$

517.〕 现在我们可消去 P 而求得$\frac{\mathrm{d}X}{\mathrm{d}s}$的普遍值了:

$$\begin{aligned}\frac{\mathrm{d}X}{\mathrm{d}s}&=\left\{\frac{B+C}{2}\frac{\xi}{r}(l\xi+m\eta+n\zeta)+Q\right\}_{(s',0)}\\&+m\int_0^{s'}\frac{B-C}{2}\frac{m'\xi-l'\eta}{r}\mathrm{d}s'-n\int_0^{s'}\frac{B-C}{2}\frac{l'\zeta-n'\xi}{r}\mathrm{d}s'。\end{aligned}\tag{21}$$

当 s'是一个闭合电路时此式的第一项为零,而如果我们令

$$\left.\begin{aligned}\alpha'&=\int_0^{s'}\frac{B-C}{2}\frac{n'\eta-m'\zeta}{r}\mathrm{d}s',\\\beta'&=\int_0^{s'}\frac{B-C}{2}\frac{l'\zeta-n'\xi}{r}\mathrm{d}s',\\\gamma'&=\int_0^{s'}\frac{B-C}{2}\frac{m'\xi-l'\eta}{r}\mathrm{d}s',\end{aligned}\right\}\tag{22}$$

式中的积分沿闭合回路 s'计算,我们就可以写出

$$\frac{\mathrm{d}X}{\mathrm{d}s}=m\gamma'-n\beta'。$$

同理可得

$$\left.\begin{aligned}\frac{\mathrm{d}Y}{\mathrm{d}s}&=n\alpha'-l\gamma',\\\frac{\mathrm{d}Z}{\mathrm{d}s}&=l\beta'-m\alpha'。\end{aligned}\right\}\tag{23}$$

各量 α'、β'、γ'有时被称为电路 s'对 P 点而言的决定分量(determinants)。它们的合量被安培称为电磁作用的准线。

由方程可见,分量为$\frac{\mathrm{d}X}{\mathrm{d}s}\mathrm{d}s$、$\frac{\mathrm{d}Y}{\mathrm{d}s}\mathrm{d}s$ 和$\frac{\mathrm{d}Z}{\mathrm{d}s}\mathrm{d}s$ 的力既垂直于 $\mathrm{d}s$ 又垂直于这一准线,而且在数值上是由以 $\mathrm{d}s$ 和准线为边的平行四边形的面积来代表的。

用四元数的语言来说,作用在 $\mathrm{d}s$ 上的力,是准线和 $\mathrm{d}s$ 的乘积的矢量部分。

既然我们已经知道准线和由电路 s'中的单位电流引起的磁力是同一个东西,今后我们就将把准线叫做由该电路引起的磁力。

518.〕 现在我们将完成两个有限的、不论闭合与否的电路之间的作用分力的计算了。

设 ρ 是 r 的一个新函数,满足

$$\rho=\frac{1}{2}\int_r^{\infty}(B-C)\mathrm{d}r,\tag{24}$$

则由(17)和(20)可得

$$A+B=r\frac{\mathrm{d}^2}{\mathrm{d}r^2}(Q+\rho)-\frac{\mathrm{d}}{\mathrm{d}r}(Q+\rho),\tag{25}$$

而方程(11)变成

$$\left.\begin{aligned}&R=-\frac{\mathrm{d}\rho}{\mathrm{d}r}\cos\varepsilon+r\frac{\mathrm{d}^2}{\mathrm{d}s\,\mathrm{d}s'}(Q+\rho),\\&S=-\frac{\mathrm{d}Q}{\mathrm{d}s'},\qquad S'=\frac{\mathrm{d}Q}{\mathrm{d}s}。\end{aligned}\right\}\tag{26}$$

利用这些分力值,方程(13)就变为

$$\frac{\mathrm{d}^2X}{\mathrm{d}s\,\mathrm{d}s'}=-\cos\varepsilon\frac{\mathrm{d}\rho}{\mathrm{d}r}\frac{\xi}{r}+\xi\frac{\mathrm{d}^2}{\mathrm{d}s\,\mathrm{d}s'}(Q+\rho)-l\frac{\mathrm{d}Q}{\mathrm{d}s'}+l'\frac{\mathrm{d}Q}{\mathrm{d}s},$$

$$=\cos\varepsilon\frac{d\rho}{dx}+\frac{d^2\{(Q+\rho)\xi\}}{ds\,ds'}+l\frac{d\rho}{ds'}-l'\frac{d\rho}{ds}。\tag{27}$$

519.〕 现在令
$$F=\int_0^s l\rho ds, G=\int_0^s m\rho ds, H=\int_0^s n\rho ds,\tag{28}$$

$$F'=\int_0^{s'} l'\rho ds', G'=\int_0^{s'} m'\rho ds', H'=\int_0^{s'} n'\rho ds'。\tag{29}$$

这些方程在空间的任一给定点上都有定值。当各电路是闭合的时,它们就对应于各电路的矢势的分量。

设 L 是 r 的一个新函数,满足
$$L=\int_0^r r(Q+\rho)dr,\tag{30}$$

并设 M 是二重积分
$$\int_0^{s'}\int_0^s \rho\cos\varepsilon\, ds\, ds',\tag{31}$$

此式当各电路是闭合的时就变成它们的相互作用势,于是(27)就可以写成

$$\frac{d^2X}{ds\,ds'}=\frac{d^2}{ds\,ds'}\left\{\frac{dM}{dx}-\frac{dL}{dx}+F-F'\right\}。\tag{32}$$

520.〕 在给定的积分限间对 s 和 s' 求积分,我们就得到

$$X=\frac{dM}{dx}-\frac{d}{dx}(L_{PP'}-L_{AP'}-L_{A'P}+L_{AA'}),$$
$$+F_{P'}-F_{A'}-F'_P+F'_A,\tag{33}$$

此处 L 的下标指示距离 r,而 L 就是该距离的函数,F 和 F' 的下标指示它们在那里取值的各点。

Y 和 Z 的表示式可以仿照此式写出。分别用 dx、dy、dz 乘这些分量,我们就得到

$$\begin{aligned}Xdx+Ydy+Zdz=&DM-D(L_{PP'}-L_{AP'}-L_{A'P}+L_{AA'})\\&-(F'dx+G'dy+H'dz)_{(P-A)}\\&+(Fdx+Gdy+Hdz)_{(P'-A')},\end{aligned}\tag{34}$$

式中 D 是全微分的符号。

既然 $Fdx+Gdy+Hdz$ 通常并不是 x、y、z 的一个函数的全微分,对于其中有一个电流并不闭合的那些电流来说,通常 $Xdx+Ydy+Zdz$ 就不是一个全微分。

521.〕 然而,如果两个电流都是闭合的,含 L、F、G、H、F'、G'、H' 的各项就都不存在,从而就有
$$Xdx+Ydy+Zdz=DM,\tag{35}$$
式中 M 是两个载有单位电流的闭合电路的相互势。M 这个量表示的是当其中一传导电路平行于自身而从无限远处移动到它的实际位置上时电磁力对它做的功。任何使 M 增大的位置变化都会受到电磁力的促进。

可以像在第 490、596 节中那样证明,当电路的运动并不平行于它自身时,作用在它上面的力仍然由一个电路对另一电路的势 M 的改变来确定。

522.〕 在这种研究中,我们所曾用到的唯一实验事实就是由安培确证的事实,那就是,一个闭合电路对另一电路之任一部分的作用力垂直于那一部分。本研究的每一其他部分都只依赖于和曲线在空间中的性质有关的纯数学的考虑。因此,利用特别适用于表示这种几种关系的一种数学方法即哈密顿的四元数方法的概念和语言,这种推理就可以用一种更加凝练得多和更加恰当得多的形式表达出来。

这一点已由泰特教授在 *Quarterly Journal of Mathematics*, 1866 上和在他的著作

Quaternions，§399 中针对安培的原如研究做过了，而读者也很容易把相同的方法转用到这里给出的更普遍一些的研究方面来。

523.〕 到此为止，我们并没有针对 A、B、C 各量做出任何假设，只除了它们是二电路元之间的距离 r 的函数以外。我们其次必须确定这些函数的形式，而为此目的，我们将利用第 508 节中安培的第四个平衡事例。在那里曾经证明，如果一组两个电路的一切线度和距离都按同一比例发生了变化而其电流保持不变，则两个电路之间的作用将保持不变。

现在，对单位电流而言的电路之间的力是 $\dfrac{\mathrm{d}M}{\mathrm{d}x}$，而既然此量和体系的线度无关，它就必然是一个数字量。由此可见，M 本身，即二电路之相互势的系数，必然是一个具有长度量纲的量。由方程(31)可以推知，ρ 必然是长度的倒数，从而由(24)可知 $B-C$ 必然是长度平方的倒数。但是，既然 B 和 C 都是 r 的函数，$B-C$ 就必然是 r 平方的倒数或该倒数的倍数。

524.〕 我们所采用的倍数依赖于我们的单位制。所谓电磁单位制的名称，是由于这种单位制和早先用于磁学测量的单位制相一致。如果我们采用电磁单位制，则 M 的值应该和分别以两个电路为边界的两个单位强度磁壳的势的值相重合。由第 423 节可知，这一事例中的 M 值是

$$M=\iint\frac{\cos\varepsilon}{r}\mathrm{d}s\,\mathrm{d}s' \tag{36}$$

积分是在两个电路上沿着正方向计算的。取此式作为 M 的数值并和(31)式相比较，我们就得到

$$\rho=\frac{1}{r},\quad 而\quad B-C=\frac{2}{r^2}。\tag{37}$$

525.〕 现在我们可以把由 $\mathrm{d}s'$ 的作用引起的对 $\mathrm{d}s$ 的作用力的分力表示成和实验事实相一致的最普遍形式了。

作用在 $\mathrm{d}s$ 上的力由三个吸引力组成，即

$$\left.\begin{aligned}&Rii'\mathrm{d}s\,\mathrm{d}s'=\frac{1}{r^2}\left(\frac{\mathrm{d}r\,\mathrm{d}r}{\mathrm{d}s\,\mathrm{d}s'}-2r\frac{\mathrm{d}^2r}{\mathrm{d}s\,\mathrm{d}s'}\right)ii'\mathrm{d}s\,\mathrm{d}s'+r\frac{\mathrm{d}^2Q}{\mathrm{d}s\,\mathrm{d}s'}ii'\mathrm{d}s\,\mathrm{d}s'\\&\text{沿 } r \text{ 方向},\\&Sii'\mathrm{d}s\,\mathrm{d}s'=-\frac{\mathrm{d}Q}{\mathrm{d}s'}ii'\mathrm{d}s\,\mathrm{d}s'\ \text{沿 } \mathrm{d}s \text{ 方向},\\&\text{以及 } Sii'\mathrm{d}s\,\mathrm{d}s'=\frac{\mathrm{d}Q}{\mathrm{d}s}ii'\mathrm{d}s\,\mathrm{d}s'\ \text{沿 } \mathrm{d}s' \text{ 方向},\end{aligned}\right\}\tag{38}$$

式中 $Q=\int_r^\infty C\mathrm{d}r$，而且，既然 C 是 r 的一个未知函数，我们就只知道 Q 是 r 的某一函数。

526.〕 不必做出某种假设，Q 这个量就可以由实验测定；在实验中，主动电流形成一个闭合回路。如果我们像安培一样假设电路元 $\mathrm{d}s$ 和 $\mathrm{d}s'$ 之间的作用是沿着它们的连线的，则 S 和 S' 必然不存在，而 Q 必然是常量或零。于是力就简化为一个吸引力，其值是

$$Rii'\mathrm{d}s\,\mathrm{d}s'=\frac{1}{r^2}\left(\frac{\mathrm{d}r}{\mathrm{d}s}\frac{\mathrm{d}r}{\mathrm{d}s'}-2r\frac{\mathrm{d}^2r}{\mathrm{d}s\,\mathrm{d}s'}\right)ii'\mathrm{d}s\,\mathrm{d}s'。\tag{39}$$

安培在磁单位制被确定的很久以前就进行了这种研究，他使用了其数值为此值之一半的一个公式，那就是

$$jj'\mathrm{d}s\,\mathrm{d}s'=\frac{1}{r^2}\left(\frac{1}{2}\frac{\mathrm{d}r}{\mathrm{d}s}\frac{\mathrm{d}r}{\mathrm{d}s'}-r\frac{\mathrm{d}^2r}{\mathrm{d}s\,\mathrm{d}s'}\right)jj'\mathrm{d}s\,\mathrm{d}s'。\tag{40}$$

这里的电流强度是用所谓电动力学单位来量度的。如果 i、i'是用电磁单位来量度的电流强度，而 j、j'是用电动力学单位来量度的同两个电流强度，则显然有

$$jj'=2ii'，\text{或 } j=\sqrt{2}\,i。\tag{41}$$

由此可见，电磁制中的电流单位大于电动力学制中的电流单位，二者之比为$\sqrt{2}$比 1。

考虑电动力学单位的唯一意义就在于电流之间的作用力定律的发现者安培本来是采用了这种单位的。在建筑在这种单位上的计算中，$\sqrt{2}$将频繁地出现；这是不方便的，而且电磁单位还有一个很大的优点，那就是它可以和我们所有的磁学公式在数值上互相符合。既然学生很难记住是不是必须乘上或除上一个$\sqrt{2}$，我们从现在起将只使用电磁单位制，正如韦伯和大多数别的作者们所采用的那样。

既然 Q 的形式和值对迄今做过的至少主动电流永远是闭合电流的任一实验并无影响，那么，如果我们愿意，我们就可以采用任何看来可以简化公式的 Q 值。

例如，安培假设了两个电路元之间的力是沿着它们的连线的。这就给出 $Q=0$，

$$Rii'\mathrm{d}s\mathrm{d}s'=\frac{1}{r^2}\left(\frac{\mathrm{d}r}{\mathrm{d}s}\frac{\mathrm{d}r}{\mathrm{d}s'}-2r\frac{\mathrm{d}^2r}{\mathrm{d}s\mathrm{d}s'}\right)ii'\mathrm{d}s\mathrm{d}s',\quad S=0,\quad S'=0。\tag{42}$$

格喇斯曼[①]假设两个沿同一直线的电路元没有相互作用。这就给出

$$Q=-\frac{1}{2r},\quad R=-\frac{3}{2r}\frac{\mathrm{d}^2r}{\mathrm{d}s\mathrm{d}s'},\quad S=-\frac{1}{2r^2}\frac{\mathrm{d}r}{\mathrm{d}s'},\quad S'=\frac{1}{2r^2}\frac{\mathrm{d}r}{\mathrm{d}s}。\tag{43}$$

如果我们愿意，我们就可以假设相隔一个给定距离的两个电路元之间的吸引力正比于它们之间的夹角的余弦。在这种情况下，就有

$$Q=-\frac{1}{r},\quad R=\frac{1}{r^2}\cos\varepsilon,\quad S=-\frac{1}{r^2}\frac{\mathrm{d}r}{\mathrm{d}s'},\quad S'=\frac{1}{r^2}\frac{\mathrm{d}r}{\mathrm{d}s}。\tag{44}$$

最后，我们也可能假设吸引力和斜向力只依赖于各电路元和它们的连线之间的夹角，那么我们就会有 $Q=-\frac{2}{r},\quad R=-3\frac{1}{r^2}\frac{\mathrm{d}r}{\mathrm{d}s}\frac{\mathrm{d}r}{\mathrm{d}s'},\quad S=-\frac{2}{r^2}\frac{\mathrm{d}r}{\mathrm{d}s'},\quad S'=\frac{2}{r^2}\frac{\mathrm{d}r}{\mathrm{d}s}。\quad(45)$

527.〕 在这四种不同的假设中，安培的假设无疑是最好的，因为它是唯一可以把作用在两个电路元上的力弄得不仅相等而反向而且还沿着二电路元之连线的一种假设。

---

① Pogg., *Ann*. 64, p. 1(1845).

第三十六章 论电流的感应

528.〕 奥斯特关于电流之磁作用的发现，通过一种直接的推理导致了由电流引起的磁化的发现，以及电流之间的机械力的发现。然而，直到1831年，已经在若干时间内努力尝试了用磁作用或电作用来产生电流的法拉第，才终于发现了磁电感应的条件。法拉第在他的研究中所用的方法，包括了对实验的一种首尾一贯的依靠，用来作为一种考验他的想法之真确性的手段，也包括了在实验的影响下对概念的一种不断培育。在他已发表的研究中，我们发现这些概念是用一种语言来表达的；那种语言特别适用于一门新生的科学，因为它在那些习惯于已确立的数学的思想形态的物理学家们看来是多少有点陌生的。

安培用以建立了电流之间的机械作用定律的那种实验研究，是科学中最辉煌的成就之一。

整个的东西，理论和实验，就仿佛是充分成长地和全身披挂地从"电学中的牛顿"的头脑中跑出来的一样。它在形式上是完美无缺的，在精确性上是无懈可击的，而且它被总结在一个公式中，由此公式可以推出所有的现象，从而它必将永远成为电动力学中的主导公式。

然而，尽管安培的方法已被塑造成一种归纳的形式，它却无助于我们追溯指引了它的形成的那些想法。我们几乎不能相信安培果真是借助于他所描述的那些实验来发现了作用定律的。事实上，我们不免猜想他本人所告诉我们的情况①，就是说，他通过某种他不曾展示给我们的过程而发现了定律，而他在已经建立起了一种十全十美的演证之后，就销毁了借以建立这种演证的那个脚手架的一切痕迹。

另一方面，法拉第却向我们既展示了他那些成功的实验也展示了他那些不成功的实验，既展示了他那些发展成熟的想法也展示了他那些粗略的想法，而读者不论在归纳能力方面比他差了多少，却对他感到同情多于钦佩，而且会被诱使着相信，假若自己有机会，自己也将是一个发现家。因此，每一个学生都应该阅读安培的研究，把它看成叙述科学发现的风格的一种辉煌范例，但是他也应该研习法拉第的著作，以期借助于即将发生在法拉第向他介绍的那些新发现的事实和他自己头脑中那些新生的意念之间的作用和反作用，来培育一种科学精神。

也许是为了对科学有益，法拉第虽然彻底意识到了空间、时间和力的基本形态，但他却不是一个专业的数学家。他并没有被引诱着进入纯数学方面的许多有趣的研究，而假若他那些发现曾经用数学的形式展示出来，它们是会启迪人们去进行那许多研究的。另外，他也并没觉得有责任把他那些结果挤到一种当时的数学口味可以接受的样式中去，

① *Théorie des phénomènes Electrodymamiquds*, p. 9.

或者是把它们用一种数学家们会钻研的形式表示出来。因此他就可以随心所欲地做他的正题工作，把他的想法和他的事实协调起来，并且用一种自然的、非专门的语言把它们表达出来。

我决心撰写这本论著，主要就是希望把这些想法弄成一种数学方法的基础。

529.〕 我们习惯于认为宇宙是由一些部分构成的，而数学家们通常是首先考虑单独一个粒子，然后再考虑该粒子和另一粒子的关系，如此等等。一般认为这就是最自然的方法。然而，设想一个粒子却需要一种抽象过程，因为我们的一切感觉都是和一些有广延的物体联系着的，因此，关于一个在给定时刻存在于我们意识中的全部事物的概念，也许就是和关于任一个体事物的概念同样原始的一个概念。由此可见，有可能存在一种数学方法，在那种方法中，我们从整体进而考虑部分，而不是从部分进而考虑整体。例如，欧几里得在他的第一本书中把一条线设想成由一个点运动而成的，把一个面设想成由一条线扫掠而成的，把一个体设想成由一个曲面生成。但是他也把面定义为体的界面，把线定义为面的边沿，而把点定义为线的端。

按照类似的方式，我们可以把一个物质体系的势设想成通过某种按场中各物体的质量求积分的一种过程而求得的一个函数，或者，我们也可以假设质量本身除了$\frac{1}{4\pi}\nabla^2\Psi$的体积分以外并无别的数学意义，此处$\Psi$是势。

在电学研究中，我们可以利用一些公式，它们所包括的量是某些物体距离以及这些物体中的电量或电流，或者，我们也可以利用包括另一些量的公式，而其中每一个量都在空间中是到处连续的。

在第一种方法中用到的数学手续是沿曲线、在曲面上或在整个的有限空间内部求积分，而在第二种方法中用到的则是偏微分方程和各该方程在整个空间中的积分。

法拉第的方法似乎是和这两种处理方式中的第二种密切联系着的。他从来不认为物体是彼此之间除了距离以外没有任何的东西而存在着，而且是按照距离的某种函数而相互作用着的。他把整个空间设想成一个力场，力线一般是弯曲的，而由任一物体引起的那些力线都从该物体向一切方向延伸，其方向将受到其他物体之存在的影响。他甚至把属于一个物体的力线在某种意义上说成物体本身的一部分①，因此在它对远处物体的作用中，它并不能说是在它不存在的地方起作用的。然而在法拉第看来这并不是一个主要的概念。我想他却或许会说，空间的场中是充满了力线的，它们的分布依赖于场中各物体的分布，而作用在每一物体上的机械作用力和电作用力则取决于连接在物体上的力线。

磁电感应现象②

530.〕 1. 由原电流的变化所引起的感应

设有两个导体电路，“原电路”和“副电路”。原电路中接有电池，利用这个电池，原电

① *Exp. Res.*, vol. ii. p. 293; vol. iii. p. 447.

② 阅读 Faraday's *Experimental Researches*, *Serids i and ii*.

流可以被产生、保持、停止或反向。副电路中接有电流计，以指示可能在该电路中形成的任何电流。这个电流计被放在离原电路的所有各部分都很远的地方，以致原电流对它的示数并无可觉察的直接影响。

设原电路的一部分是一条直导线，而副电路的一部分是和这条直导线靠近并平行的另一条直导线，二电路的其他部分全都相距很远。

经发现，在向原电路中的直导线送入一个电流的那一瞬间，副电路中的电流计指示出第二条直导线中有一个反方向的电流。这叫做感生电流。如果使原电流保持恒定，感生电流很快就会消失，而原电流就显得对副电路并无任何影响。如果现在使原电流停止，一个副电流就会被观察到，它是和原电流同向的。原电流的每一变化都在副电路中引起电动势。当原电流增大时，电动势是沿着和电流相反的方向的。当原电流减小时，电动势是沿着和电流相同的方向的。当原电流不变时，不存在任何电动势。

这些感应效应会通过两个电路的靠拢而有所加强。它们也会由于把两个电路作成相距很近的两个圆形或螺线形的线圈而被加强，并且会通过在线圈中放入一棍铁棒或一束铁丝而被更大地加强。

2. 由原电路的运动所引起的感应

我们已经看到，当原电路保持不变和静止时，副电流是顽强地不出现的。

现在让原电流保持不变，但是却使原直导线向副直导线靠拢。在靠拢的过程中，将出现一个和原电流反向的副电流。

如果让原电路远离副电路而运动，就会出现一个和原电流同向的副电流。

3. 由副电路的运动所引起的感应

如果副电路被移动，则副电流当副导线靠近原导线时和原电流反向，而当副导线离开原导线而运动时和原电流同向。

在所有的事例中，副电流的方向都是使两个导体之间的机械作用力和运动方向相反，当导线互相靠拢时是一个推斥力，当导线互相远离时是一个吸引力。这个很重要的事实是由楞次①确定的。

4. 由一个磁体和副电路的相对运动所引起的感应

如果我们把原电路换成一个磁壳，其边界和该电路相重合，其强度在数值上等于电路中的电流强度，而其表面对应于电路的正面，则由这个磁壳和副电路的相对运动所引起的现象和在原电路未被代换时观察到的现象相同。

531.〕 所有这些现象可以总结在一条定律中。当沿正方向穿过副电路的磁感线的数目变化时，就有一个电动势在该电路中起作用，这个电动势是用穿过电路的磁感的减少率来量度的。

532.〕 例如，设火车的两根铁轨是和地面绝缘的，但是在其一端却通过一电流计而互相连接，此外并假设电路通过离此端距离为 x 处的车轮和车轴而形成闭路。忽略车轴离铁轨水平面的高度，副电路中的感应就是由地球磁力的竖直分量引起的；在北半球，这一分量指向下方。由此可见，如果铁路的轨距是 b，则电路的水平面积是 bx，而通过它的磁感的面

① Pogg., *Ann*. xxxi. p. 483(1834).

积分是 Zbx，此处 Z 是地球的磁力的竖直分量。既然 Z 是向下的，电路的较低一面就应该被当作正面，而电路本身的正方向则是北、东、南、西，也就是太阳的表观昼夜运动的方向。

现在让火车开始运动起来，于是 x 就会变化，而电路中就会存在一个电动势，其值为 $-Zb\,\dfrac{\mathrm{d}x}{\mathrm{d}t}$。

如果 x 是增大的，就是说，如果火车是远离轨端而运动的，则这个电动势是沿负方向的，或者说是沿北、西、南、东方向的。因此，通过车轴的电动势的方向是由右向左的。假如 x 是减小的，则电动势的绝对方向将反转，但是既然火车运动的方向也反过来了，车轴中的电动势就仍然是从右向左的，车上的观察者永远被假设为面向前方而运动。在磁针的南端向下倾斜的南半球，一个运动物体中的电动势是由左向右的。

由此我们就得到确定一根通过一个磁力场而运动的导线中的电动势的下述法则。设想把你的头和脚分别放在罗盘指针的指北端和指南端的位置上，把你的脸转向运动的前方，则由运动而引起的电动势将是从左向右的。

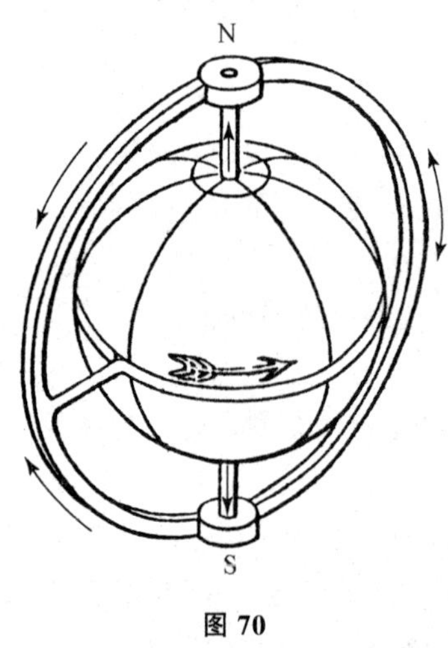

图 70

533.〕 由于这些方向关系是很重要的，让我们再举一个例子。设有一条金属腰带绕在地球的赤道上，还有一条金属线通过格林尼治子午线从赤道通到北极。

制造一个金属的大圆象限弧，其一端支在北极处的支轴上，另一端在赤道处的大腰带上滑动，追随太阳的昼夜运动。沿赤道运动的象限弧将有一个电动势从北极指向赤道。

不论我们假设地球静止而象限弧从东向西运动，还是假设象限弧静止而地球从西向东转动，电动势都将是相同的。如果我们假设地球是转动的，则固定在空间中的一端接触地极而另一端接触赤道的一部分电路中的电动势将是确定的，不论这一部分电路具有什么样的形状。这一部分电路中的电流是从地极流向赤道的。

相对于地球为静止的电路的其他部分也可以有任意的形状，而且可以在地球以内或以外。在这一部分电路中，电流是从赤道流向某一地极的。

534.〕 磁电感应的电动势的强度是完全和它在那里起作用的导体物质的本性无关的，而且也是和载有施感电流的导体的本性无关的。

为了证明这一点，法拉第[①]用两根不同金属的导线做成了一个导体；二线之间用丝绸绝缘，它们被扭在一起，其一端焊接了起来。二线的另一端接了一个电流计。这样，两根导线相对于原电路来说就处在相同的状态，但是假若一根导线中的电动势比另一根导线中的电动势更强一些，它就将产生一个电流，这是将由电流计显示出来的。然而他却发现，这样一种组合导体可以受到由感应而引起的最强的电动势的作用，而电流计并不受任何影响。他也发现，不论组合导体是由两根导线构成还是由一根导线和一种电解质构

① Exp. Res.，195.

成,电流计都是不受影响的[①]。

由此可见,作用在任一导体上的电动势,只依赖于该导体的形状和运动,以及场中电流的强度、形状和运动。

535.〕 电动势的另一种消极性质就是它本身并没有任何引起任何导体的机械运动的倾向,而只有在导体中引起一个电流的倾向。

如果它确实在物体中引起一个电流,则由于电流的存在,确实会有机械运动,但是如果我们阻止电流的形成,则物体并不会自己发生任何机械运动。然而,如果物体是带电的,则电动势将推动物体,正如我们在静电学中已经描述过的那样。

536.〕 固定电路中电流的感应定律的实验研究,可以用一种方法来相当精确地进行;在这种方法中,电流计中的电动势,从而还有电流,被调成了零。

例如,如果我们想要证明线圈 A 对线圈 X 的感应等于线圈 B 对线圈 Y 的感应,我们就把第一对线圈 A 和 X 放在离第二对线圈 B 和 Y 足够远的地方。然后我们就把 A 和 B 接在一个电池上,于是我们就能够使相同的原电流沿正方向通过 A 然后再沿负方向通过 B。我们也把 X 和 Y 接在一个电流计上,于是如果有副电流的话,它就会沿相同的方向通过 X 和 Y。

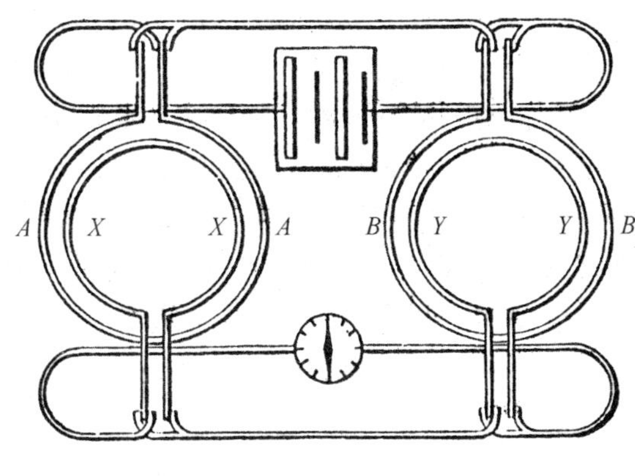

图 71

于是如果 A 对 X 的感应等于 B 对 Y 的感应,则当电池接通和开断时电流计将不会指示任何感生电流。

这种方法的精确性随着原电流的强度和电流计对瞬时电流的灵敏性而增加,从而实验要比那些和电磁吸引力有关的实验容易做得多;在那些实验中,导体本身必须很精致地悬挂起来。

比萨的菲利西教授[②]描述了一系列很有教育意义的、设计得很好的这一类实验。

(1) 一个电路对另一个电路的感应电动势,和导体的截面积以及制造导体所用的材料无关[③]。

① Exp. Res., 200.

② *Annales de Chimie*, xxxiv. p. 64(1852), and *Nuovo Cimento*, ix., p. 345(1859).

③ 如果一种材料或多种材料是磁性的,则这种说法不一定严格正确,因为,在这种事例中,磁力线的分布是会受到导线中的感生磁性的干扰的。

因为我们可以把实验中的任一电路换成另一个不同截面和不同材料而形状却相同的电路，而并不改变实验结果。

(2) 电路 A 对电路 X 的感应等于 X 对 A 的感应。

因为，如果我们把 A 接在电流计电路中而把 X 接在电池电路中，电动势的平衡不会受到扰乱。

(3) 感应正比于施感电流。

因为，如果我们已经确证，A 对 X 的感应等于 B 对 Y 的感应，而且也等于 C 对 Z 的感应，我们就可以使电池的电流先通过 A，然后按任意比例在 B 和 C 中分流。然后，如果我们使 X 取反方向而 Y 和 Z 取正方向并把它们串联起来接到电流计上，则 X 中的电动势将平衡 Y 和 Z 中的电动势之和。

(4) 在一对一对地形成几何相似体系的电路中，感应正比于它们的线度。

因为，如果前面提到的三对电路全都相似，但是第一对电路的线度等于第二对和第三对电路的对应电路之和，那么，如果 A、B 和 C 是串联起来而和电池相接的，而且 X 是反向而 Y 和 Z 是正向串联在一起而和电流计相接的，则平衡将成立。

(5) 由一个 m 匝线圈中的电流在一个 n 匝线圈中引起的电动势，正比于乘积 mn。

537.〕 对我们已在考虑的这种实验来说，电流计应该尽可能地灵敏，它的指针应该尽可能地轻，以便对一个很小的瞬变电流做出一种可觉察的显示。关于由运动引起的感应的实验，要求指针具有比较长一些的振动周期，以便反映导体的某些运动而指针离它的平衡位置并不很远。在以前的实验中，电流计电路中的电动势在全部时间内都是处于平衡的，从而没有任何电流通过电流计的线圈。在现在所描述的那些实验中，电动势起初沿一个方向起作用，而后又沿另一个方向起作用，于是就先后引起两个沿相反方向通过电流计的电流，从而我们就必须证明，由这些相继的电流引起的对电流计指针的冲量在某些事例中是相等而反向的。

电流计对瞬变电流之量度的应用的理论，将在第 748 节中进行更详细的考虑。在目前，注意到一点也就够了；那就是，只要电流计指针还离它的平衡位置较近，电流的致偏力就正比于电流本身，而如果电流的整个作用时间远小于指针的振动周期，磁体的末速度就将正比于电流中的总电量。因此，如果两个电流以很快的次序通过电流计，并沿相反的方向传递相等的电量，则指针不会留下任何末速度。

例如，为了证明由原电路的接通和开断而在副电路中引起的感生电流是在数量上相等和在方向上相反的，我们可以适当安排和电池相接的原电路，以便通过按下一个电钮就可以把电流送入原电路中，而手指一松，就可以随时把电路开断。如果电钮被按下了一段时间，则副电路中的电流计将在电钮接通的时刻指示一个和原电流反向的瞬变电流。如果接触被保持，则感生电流将简单地通过并消失。如果我们断开接触，则有另一个瞬变电流沿相反方向通过副电路，而电流计指针就沿相反方向受到一个冲击。

但是，如果我们只在一瞬间接通电路然后又把它断开，则两个感生电流将以如此快的顺序通过电流计，以致指针在受到第一个电流的作用时还来不及从它的平衡位置运动开一个可觉察的距离就会被第二个电流所阻止，而且由于这些瞬变电流在数量上确切相等，指针就会完全被阻止住。

如果仔细地注视指针，就会看到它似乎从一个静止位置突然跳到另一个相隔很近的静止位置。

用这种办法我们就能证明，当电路开断时，感生电流中的电量是和电路接通时感生电流中的电量确切相等而流向相反的。

538.〕 这种方法的另一种应用由菲利西在他的〈研究〉的第二个系列中给出如下。

永远可以找到副线圈 B 的许多不同的位置，使得原线圈的接通或断开在 B 中并不引起任何感生电流。在这样的情况下，两个线圈的位置被称为相互“共轭”。

设 B_1 和 B_2 是两个这样的位置。如果线圈 B 突然被从位置 B_1 挪动到 B_2，则 B 中瞬变电流的代数和将恰好等于零，于是当 B 的运动完成时电流计指针就保持静止。

这一点是对的，不论线圈 B 是用什么方式从 B_1 挪动到 B_2，也不论原线圈 A 中的电流在挪动过程中是保持不变还是正在变。

另外，设 B'是 B 的任一不和 A 共轭的位置，于是当 B 是在位置 B'上时，A 中电流的接通或断开就在 B 中引起一个感生电流。

设电流是当 B 位于共轭位置 B_1 时接通的，这时将没有感生电流。把 B 挪动到 B'，那就会有一个由运动引起的感生电流。但是如果把 B 很快地移动到 B'，然后把电流开断，则由电流开断所引起的感生电流将恰好抵消由运动所引起的感生电流的效应，于是电流计指针就将保持静止。由此可见，从一个共轭位置到任一其他位置的运动所引起的电流，和由在该其他位置上的电路开断所引起的电流相等而反向。

既然电路接通的效应和电路开断的效应相等而反向，那就可以推知，当 B 在任一位置 B'上时接通电路的效应，等于在电流通过 A 时把线圈从任一共轭位置 B_1 搬到 B'的效应。

如果二线圈相对位置的变化是通过搬动原电路而不是通过搬动副电路来达成的，则人们发现结果仍相同。

539.〕 由这些实验可以推知，当 A 中的电流从 γ_1 变到 γ_2 时，在 A 从 A_1 到 A_2 而 B 从 B_1 到 B_2 的同时运动过程中，B 中的总感生电流只依赖于初状态 A_1、B_1、γ_1 和末状态 A_2、B_2、γ_2，而和体系可以通过的那些中间状态的性质完全无关。

由此可见，总的感生电流一定具有 $F(A_2,B_2,\gamma_2)-F(A_1,B_1,\gamma_1)$的形式，此处 F 是 A、B、γ 的一个函数。

关于这个函数的形式，我们由第 536 节知道当不存在运动从而 $A_1=A_2$ 而 $B_1=B_2$ 时，感生电流是和原电流成正比的。因此 γ 只作为一个乘法因子而出现，另一个因子则是电路 A 和 B 的形状及位置的函数。

我们也知道，这个函数只依赖于 A 和 B 的相对位置而不依赖于它们的绝对位置，因此这个函数必将可以表示成构成二电路的那些电路元之间的距离和夹角的一个函数。

设 M 是这个函数，则总的感生电流可以写成 $C\{M_1\gamma_1-M_2\gamma_2\}$，

式中 C 是副电路的电导，M_1、γ_1 是 M 和 γ 的初值，而 M_2、γ_2 是它们的末值。

因此，这些实验就证明，总的感生电流依赖于某量 $M\gamma$ 的改变量，而这个改变量可以起源于原电流 γ 的变化，也可以起源于原电路或副电路的任何改变 M 的变化。

540.〕 感生电流不是依赖于某个量的绝对值而是依赖于它的改变量，关于这样一

个量的概念,是在法拉第的《研究》的早期阶段就被想到了的[①]。他曾观察到,当在一个强度恒定的电磁场中保持静止时,副电路并不显示任何电效应,但是,如果同样这种场状态是突然产生的,副电路中就会有一个电流。另外,如果原电路被从场中取走,或者说场被撤除,那就会有个相反种类的电流。因此,当副电路位于电磁场中时,他就在该电路中认识到一种"物质的特殊的电状况",他把这种状况叫做"电壮状态"(electrotonic state)。后来他发现,借助于建筑在磁力线上的考虑,他可以不必使用这一概念[②],但是即使在他最后的《研究》中[③],他还说过:"一次又一次地,关于一种电壮状态[④]的想法曾被现实强加在我的头脑中。"

显示在他已发现的《研究》中的法拉第头脑中的这一想法的整个历史,是相当值得研讨的。在精心思维的指引下,但是没有用到数学计算的帮助,他被一系列实验引导到了关于某种东西之存在的认识,而现在我们知道那种东西是一个数学量,而且甚至可以说是电磁理论中的基本量。但是,既然他是被一种纯实验的路线引导到这一概念的,他就认为它有一种物理的存在,尽管一旦能够用任何更加习见的思维形式来解释现象,他就是很乐于放弃这种学说的。

其他的研究者在很久以后也被一种纯数学的路线引导到了同一个概念,但是就我所知,他们谁也不曾在两个电路的势这一精化了的数学概念中认识到法拉第的关于电壮状态的大胆假说。因此,沿着这些最初把这一课题的规律归结为数学形式的杰出研究者们所指示的路线而接近了这一课题的那些人们,有时就觉得很难领会法拉第在他头两个系列的《研究》以如此奇妙的完备性给出的那些规律的叙述的科学精确性。

法拉第的电壮状态概念的科学价值,就在于它指导人们的思想去把握某一个量,而实际的现象就是依赖于那个量的改变量的。如果不对它进行比法拉第的形式更加进步得多的发展,这一概念是很难用来解释现象的。我们将在第 584 节中再回到这一课题上来。

541.〕 在法拉第的手中更加有力得多的,就是那种利用磁力线的方法;当思索他的磁体或电流时,那些磁力线一直是存在于他的心目中的,而且他很有理由地认为[⑤],借助于铁屑来显示磁力线,就是对实验家的一种最有价值的帮助。

法拉第认为,这些磁力线不仅用它们的方向表示着磁力的方向,而且用它们的数目和密度表示着磁力的强度,而且他在自己较晚的《研究》中也指明了如何设想单位力线[⑥],我在本书的不同部分中曾经说明了法拉第在这些力线方面认识到的那些性质和电力及磁力的数学状况之间的关系,也说明了法拉第关于单位力线和力线数目的意念可以怎样在一定的限度内加以数学的精确化。参阅第 82、404、490 节。

在他的第一系列的《研究》[⑦]中,法拉第清楚地指明了一个部分活动的导体电路中的

---

① *Exp. Res.*, series i. 60.

② *Exp. Res.*, series ii. 242.

③ Ib, 3269.

④ Ib., 60, 1114, 1661, 1729, 1733.

⑤ Bxp. Res., 3234.

⑥ Ib., 3122.

⑦ Bxp. Res., 114.

电流方向如何依赖于活动部分切割磁力线的方式。

在第二个系列中[①],他指明了由一个电流强度或磁体强度的变化而产生的现象,如何通过假设当功率增大或减小时磁力线族就从导线或磁体扩大出来或向它收缩过去来加以解释。

我不能肯定当时他以多大程度的明晰性认识了他后来非常明白地建立了的学说[②],那就是,当切割力线时,一个运动导体就将收集由力线的面积或截面引起的作用。然而,当把第二系列的研究[③]考虑在内时,这却显得并不是关于情况的新观点。

法拉第关于力线之连续性的观念,排除了力线在一个空间中突然无中生有的可能性。因此,如果想令穿过一个导体电路的力线数目发生变化,那就只可能或是通过电路运动而扫过力线,或是通过力线运动而扫过电路来达成。在任一事例中都会有一个电流在电路中产生出来。

在任一时刻穿过电路的磁力线数目,在数学上是和法拉第关于该电路之电壮状态的早期观念相等价的,从而是用 $M\gamma$ 这个量来代表的。

只有当在第 69、274 节中把电动势的定义弄得更加确切了以后,我们才算能够把磁电感应的真实定律叙述如下:

在任一时刻沿一个电路起作用的总电动势,是用穿过该电路的磁力线数目的减少率来量度的。

当对时间求了积分时,这一叙述就变成:

沿任一电路起作用的总电动势的时间积分,再加上穿过该电路的磁力线数目,是一个常量。

我们可以不谈论磁力线数目,而谈论穿过电路的磁感,或谈论在以电路为边界的任一曲面上求的磁感的面积分。

我们将再回到法拉第的这一方法上来。在此以前,我们必须列举建筑在其他一些考虑上的感应理论。

楞次定律

542.〕 在 1834 年,楞次[④]提出了由安培公式所定义的电流的机械作用现象和由导体的相对运动所引起的电流感应现象之间的下述惊人关系。叙述这样一种关系的一次更早的尝试,曾由瑞奇在同年一月份的《哲学杂志》上做出。但是在这两个事例中感生电流的方向都是叙述错了的。楞次的定律如下:

如果有一个恒定电流在原电路 A 中流动,并通过 A 的运动或副电路 B 的运动而在 B 中感生了一个电流,则这一感生电流的方向将是这样的:通过它对 A 的电磁作用,它

---

① Ib.,238.

② Ib.,3082,3087,3113.

③ Ib.,217,&c.

④ *Pogg.*, *Ann.* xxxi. p. 483(1834).

将倾向于阻止二电路的相对运动。

以这一定律为基础，F. E. 诺依曼建立了他的有关感应的数学理论[1]；在这种理论中，他确立了由原导体或副导体的运动所引起的感生电流的数学定律。他证明了，我们曾称之为一个电路对另一电路的势的 M 这个量，是和我已经联系到安培公式而研究过的一个电路对另一个电路的电磁势相等同的。因此，我们可以认为 F. E. 诺依曼已经针对电流的感应来补全了安培曾经应用于电流的机械作用的那种数学处理。

543.〕 不久以后，一个具有更大的科学重要性的步骤就由亥姆霍兹在他的论文《论力的守恒》中给出了[2]，也由工作开始得较晚但独立于亥姆霍兹的 W. 汤姆孙爵士[3]做出了。他们证明了，法拉第所发现的电流的感应，可以通过能量守恒原理的应用而从奥斯特和安培所发现的电磁作用中数学地推导出来。

亥姆霍兹所取的是电阻为 R 的导体电路的事例，在电路中，有一个起源于电池装置或温差电装置的电动势在起作用。电路中任意时刻的电流是 I，他假设在电路附近有一个磁体在运动，而其对导体而言的势是 V，于是，在任一很小的时间阶段 $\mathrm{d}t$ 中，由电磁作用传给磁体的能量就是 $I\,\frac{\mathrm{d}V}{\mathrm{d}t}\mathrm{d}t$。

由第 242 节中的焦耳定律，使电路发热所做的功是 $I^2R\mathrm{d}t$，而电动势 A 为在时间 $\mathrm{d}t$ 中保持电流 I 而消耗的功是 $AI\mathrm{d}t$。因此，既然做的功必然等于消耗的功，就有 $AI\mathrm{d}t=I^2R\mathrm{d}t+I\,\frac{\mathrm{d}V}{\mathrm{d}t}\mathrm{d}t$，由此我们就得出电流强度 $I=\dfrac{A-\frac{\mathrm{d}V}{\mathrm{d}t}}{R}$。

现在，A 的值可以是由我们任意选取的。因此，令 $A=0$，就得到 $\quad I=-\frac{1}{R}\frac{\mathrm{d}V}{\mathrm{d}t}$，

或者说，将存在一个由磁体的运动而引起的电流，它等于由一个电动势 $-\frac{\mathrm{d}V}{\mathrm{d}t}$ 所引起的电流。

在磁体从势为 V_1 的地方到势为 V_2 的地方的运动过程中，总的感生电流就是

$$\int I\mathrm{d}t=-\frac{1}{R}\int\frac{\mathrm{d}V}{\mathrm{d}t}\mathrm{d}t=\frac{1}{R}(V_1-V_2),$$

从而总电流就不依赖于磁体的速度和路径而只依赖于它的初位置和末位置。

亥姆霍兹在他的原始研究中采用了一种单位制，那是建筑在导体中由电流所生的热的量度上的。把电流的单位看成任意的，电阻的单位就是那样一个导体的电阻，即这一单位电流在单位时间内应在该导体中产生单位的势量。这一单位制中的电动势单位，就是为在单位电阻的导体中产生单位电流所要求的电动势。这种单位制的采用，要求在各方程中引入一个量 a，这就是单位热量的机械功当量。由于我们总是采用静电单位制或电磁单位制，这一因子并不出现在此处所给出的方程中。

544.〕 亥姆霍兹也导出了当使一个导体电路和一个载有恒定电流的电路发生相对

---

① *Berlin Akad.*, 1845 and 1847.

② 1847 年 7 月 23 日在柏林物理学会上宣读。译文见 Taylor's "Scientific Memoirs". part ii. p. 114。

③ *Trans. Brit. Ass.*, 1848. and *Phil. Mag.*, Dec. 1851. 并参阅其论文"Transient Electric Currents", *Phil. Mag.*, *June* 1853.

运动时的感生电流①。

设 R_1、R_2 是电阻，I_1、I_2 是电流，A_1、A_2 是外电动势，而 V 是由每一电路中的单位电流所引起的一个电路在另一个电路上的势，于是我们就像以前那样得到

$$A_1I_1+A_2I_2=I_1{}^2R_1+I_2{}^2R_2+I_1I_2\frac{\mathrm{d}V}{\mathrm{d}t}。$$

如果我们假设 I_1 是原电流，而 I_2 比 I_1 小得多以致它并不通过感应而在 I_1 中引起任何可觉察的变化，从而我们可以令 $I_1=\dfrac{A_1}{R_1}$，于是就有 $I_2=\dfrac{A_2-I_1\dfrac{\mathrm{d}V}{\mathrm{d}t}}{R_2}$，这是恰好可以像在磁体的事例中一样加以阐释的一种结果。

如果我们假设 I_2 是原电流而 I_1 比 I_2 小得多，我们就得到 I_1 的表示式

$$I_1=\frac{A_1-I_2\dfrac{\mathrm{d}V}{\mathrm{d}t}}{R_1}。$$

这就证明，对于相同的电流来说，第一电路在第二电路中感生的电动势等于第二电路在第一电路中感生的电动势，不论各电路的形状如何。

---

① 在第 543、544 节中给出的证明是不能令人满意的，因为那些证明忽略了可能发生在电流中的任何变化，也忽略了由于电路的运动而可能发生在动能方面的任何变化。事实上，仅仅根据能量守恒原理来推导两个电路的感应方程是不可能的，正如不利用除了能量守恒原理以外的任何原理就想推出一个具有两个自由度的体系的运动方程是不可能的一样。

如果对二电路事例应用能量守恒原理，我们就得到个方程，这可以推导如下：设 L、M、N 分别是第一个电路的自感系数、两个电路的互感系数和第二个电路的自感系数（第 578 节）。设 T_e 是由各电路中的电流所引起的动能，而其余的符号都和第 544 节中的符号相同。于是就有（第 578 节）

$$T_e=\frac{1}{2}LI_1^2+MI_1I_2+\frac{1}{2}NI_2^2,\delta T_e=\frac{\mathrm{d}T_e}{\mathrm{d}I_1}\delta I_1+\frac{\mathrm{d}T_e}{\mathrm{d}I_2}\delta I_2+\sum\frac{\mathrm{d}T_e}{\mathrm{d}x}\delta x,\tag{1}$$

式中 x 是一个用来协助确定电路位置的任意类型的坐标。

既然 T_e 是 I_1、I_2 的二次齐次式，就有 $$2T_e=I_1\frac{\mathrm{d}T_e}{\mathrm{d}I_1}+I_2\frac{\mathrm{d}T_e}{\mathrm{d}I_2},$$

由此即得 $$2\delta T_e=\delta I_1\frac{\mathrm{d}T_e}{\mathrm{d}I_1}+I_1\delta\frac{\mathrm{d}T_e}{\mathrm{d}I_1}+\delta I_2\cdot\frac{\mathrm{d}T_e}{\mathrm{d}I_2}+I_2\delta\frac{\mathrm{d}T_e}{\mathrm{d}I_2}。\tag{2}$$

将(2)式代入(1)式中，即得 $$\delta T_e=I_1\delta\frac{\mathrm{d}T_e}{\mathrm{d}I_1}+I_2\delta\frac{\mathrm{d}T_e}{\mathrm{d}I_2}-\sum\frac{\mathrm{d}T_e}{\mathrm{d}x}\delta x。\tag{3}$$

然而 $\dfrac{\mathrm{d}T_e}{\mathrm{d}x}$ 就是作用在体系上的 x 类型的力，因此，既然我们假设没有任何外力作用在体系上，$\sum\dfrac{\mathrm{d}T_e}{\mathrm{d}x}\delta x$ 就将是由体系的运动所引起的动能 T_m 的增量，于是(3)式就给出 $$\delta(T_e+T_m)=I_1\delta\frac{\mathrm{d}T_e}{\mathrm{d}I_1}+I_2\delta\frac{\mathrm{d}T_e}{\mathrm{d}I_2}。\tag{4}$$

电池在时间 δt 内做的功是 $A_1I_1\delta t+A_2I_2\delta t$。在同一时间内产生的热量由焦耳定律给出，$(R_1I_1{}^2+R_2I_2{}^2)\delta t$。由能量守恒原理可知，电池所做的功必须等于电路中产生的热量再加上体系能量的增量，于是就有

$$A_1I_1\delta t+A_2I_2\delta t=(R_1I_1{}^2+R_2I_2{}^2)\delta t+\delta(T_e+T_m)。$$

将(4)中的 $\delta(T_e+T_m)$ 值代入此式，即得 $I_1\left\{A_1-R_1I_1-\dfrac{\mathrm{d}}{\mathrm{d}t}\dfrac{\mathrm{d}T_e}{\mathrm{d}I_1}\right\}+I_2\left\{A_2-R_2I_2-\dfrac{\mathrm{d}}{\mathrm{d}t}\dfrac{\mathrm{d}T_e}{\mathrm{d}I_2}\right\}=0$，或者写成

$$I_1\left\{A_1-R_1I_1-\frac{\mathrm{d}}{\mathrm{d}t}(LI_1+MI_2)\right\}+I_2\left\{A_2-R_2I_2-\frac{\mathrm{d}}{\mathrm{d}t}(MI_1+NI_2)\right\}=0。\tag{5}$$

感应方程就是使括号中的两个量等于零，但是能量守恒原理却只证明(5)式的左端为零，而不是各括号分别为零。感生电流的方程的一种严格证明将在第 581 节中给出。

亥姆霍兹在这一论著中没有讨论由原电流的加强或减弱所引起的感应，或者说没有讨论电流对自己的感应。汤姆孙[①]把同一原理应用到了电流之机械值的确定上，而且他已指出，当功是由两个恒定电流的相互作用所做出时，它们的机械作用就会增加一个相同的数量，从而电池就除了反抗电路的电阻而维持电流所需要的功以外，还必须供应两倍的功[②]。

545.〕 电学量的一个绝对测量单位制由 W. 韦伯的引入，是科学进步的量重要步骤之一。在和高斯一起把磁学量的测量提高到头等的精确方法之列以后，韦伯就在他的《电动力学测量》中不但着手奠定了确定所用单位的牢固原理，而且开始利用这些单位来在一种未之前闻的精确度下测定一些特定的电学量。不论是电磁单位制还是静电单位制，它们的发展和实际应用都得力于这些研究。

韦伯也搞出了一种电作用的普遍理论，他由这种理论推出了静电力和电磁力，也推出了电流的感应。我们将在单独一章中考虑这一理论，并考虑它的某些较晚近的发展。参阅第 846 节。

---

① Mechanical Theory of Electrolysis, *Phil. Mag.*, Dec. 1851.

② Nichol's *Cyclopaedia of Physical Science*, ed. 1860, Article "Magnetism, Dynamical Relations of," and *Reprint*, § 571.

第三十七章　论一个电流对它自己的感应

546.〕　法拉第曾经把他的第九系列的《研究》用于由一根导线中的电流所显示出来的一类现象，该导线形成一个电磁铁的线圈。

金肯先生曾经注意到，尽管不可能通过只包括一对金属板的伏打体系的直接作用来产生一次可觉察的电冲击，但是，如果使电流通过一个电磁铁的线圈，然后使握在两只手中的两根导线的端点脱离接触，却是会感觉到一次强烈的电冲击的。

法拉第证明了，这种现象以及他所描述的另一些现象，都是由他已经观察过的电流对邻近导体的同一种感应作用所引起的。然而在这一事例中，感应作用却是作用在载有电流的那同一个导体上的，而且它更加强烈得多，因为导线本身要比其他导线所能做到的更加靠近不同的电流元。

547.〕　然而他却谈到[①]，"最先出现的想法就是，电是带着某种类似动量或惯性的性质而在导线中流动的"。确实，当我们只考虑一根特定的导线时，现象是和充满连续流动的水的管子的现象确切类似的。如果我们在水正流动时突然把管子的一端封住，水的动量就会产生一个突然的压强；这个压强比由水头造成的压强大得多，甚至足以把水管弄裂。

如果当主通道关闭时水可以通过一个小口逸出，它就会以一个比由水头造成的速度大得多的速度射出，而如果它可以通过一个阀门进入一个室中，它就会进入该室，即使室内的压强大于由水头造成的压强。

水力扬汲机正是根据这种原理制成的；利用这种机器，可以借助于从低得多的水平面流下来的大量的水来把少量的水提升到一个很大的高度。

548.〕　管中液体之惯性的这些效应，只依赖于经由管子流过的液量、管子的长度和管子不同部分的截面。它们不依赖于管子外面的任何东西，也不依赖于管子被弯成什么形状，如果管长不变的话。

对于一根载有电流的导线来说，情况却不是这样的。因为，如果一根长导线被从中间弯成双股，则效应是很小的；如果两股是互相离开的，则效应较大；如果导线被绕成螺绕线圈，则效应更大；如果再在线圈中放入一个铁芯，则效应最大。

再者，如果有第二根导线和第一根导线绕在一起，但是二导线互相绝缘，那么，如果第二根导线并不形成一个闭合电路，则现象仍和以前一样；但是如果第二根导线形成一个闭合电路，则有一个感生电流出现在第二根导线中，而第一根导线中的自感效应就会受到阻滞。

549.〕　这些结果清楚地表明，如果现象是由动量引起的，这种动量就肯定不是导线

---

① *Exp. Res.*, 1077.

中的电荷的动量,因为载有相同电流的相同导体将按照其形状的不同而显示不同的效应,而且即使它的形状保持不变,一块铁或一个闭合金属电路之类的其他物体的存在也对结果有影响。

550.〕 然而,人们的思想一旦认识了自感现象和运动物质体的现象之间的类似性,就很难放弃这一类似性的协助或承认它完全是表面化的或引人误解的。有关物质的基本动力学概念,例如能够通过它的运动而成为动量和能量的承受者的那种概念,是如此紧密地和我们思想形式交织在一起,以致每当在大自然的任一部分中看到一点它的踪影时,我们都会觉得面前出现一条早晚会导致问题之完全了解的道路。

551.〕 在电流的事例中,我们发现了,当电动势开始起作用时,它并不是立即产生足额的电流,而是电流将逐渐增大。在反对的电阻不能平衡它的那段时间内,电动势在做着什么事呢?它正在增大电流。

现在,沿着物体的运动方向而作用在物体上的一个普通的力,将增大物体的动量并向它传送动能,或者说传送由于它的运动而具有的做功本领。

与此类似,电动势的未受阻部分曾被用于电流的增强。那么,当这样产生了以后,电流有没有动量或动能呢?

我们已经证明它有某种很像动量的东西,它反对被突然停止,它可以在一段短时间内作用一个大的电动势。

但是,里边已经建起了电流的一个导体电路具有由于这一电流而做功的本领,而且这种本领并不能说是“很像能量”的某种东西,因为它确确实实就是能量。

例如,如果让电流自行流动,它就将继续流动,直到被电路的电阻所阻止时为止。然而,在它被阻止住以前,它将已经产生了一定数量的热,而以动力学单位计,这一热量就等于起初存在于电流中的能量。

再者,当电流自行流动时,可以通过运动磁体而使它做功,而且由楞次定律可知,这种运动的感应效应将使电流停止,比只有电路的电阻起作用时停止得更快。用这种办法,电流能量的任一部分都可以被转换成机械功而不是转换成热。

552.〕 因此,看来一个含有电流的体系就是某种能量的所在之处;而且,既然除了作为一种运动现象以外我们对电流不能形成任何概念[①],它的能量就必然是动能,也就是运动物体由于它的运动而具有的能量。

我们已经证明,导体中的电荷不能看成我们将在它上面看到能量的那种运动物体,因为一个运动物体的能量并不依赖于物体以外的任何东西,而电流附近其他物体的存在却会改变电流的能量。

因此我们就被引导着探索在导线外面的空间中是否可能有某种运动正在进行着;那种空间并未被电流所占据,而电流的电磁效应却表现在那种空间中。

在目前,我不打算细说在一个地方而不在另一地方寻找这种运动,或是把这些运动看成一种运动而不看成另一种运动的那些理由。

现在我准备做的是检查一条假设的推论,该假设就是,电流的现象是一个运动体系

① Faraday, *Exp. Res.* 283.

的现象，其运动是由力从体系的一个部分传送到另一部分的，力的性质和规律我们甚至还不曾尝试去规定，因为我们可以通过拉格朗日针对任意连接体系给出的方法来把这些力从运动方程中消去。

在本书的以下五章中，我打算根据一个这一类型的动力学假说来导出电学理论的主要结构，而并不遵循曾经把韦伯和别的探索者们引导到许多引人注目的发现和实验、引导到其中某些是既大胆又美好的观念的那一路径。我曾经选择了这种方法，因为我愿意指明，存在另外一些看待现象的方式，它们在我看来是更加令人满意的，而同时也比那些根据远距作用的假说来进行的方式更加和本书的前几编所遵循的方法相协调。

第三十八章　关于一个连接体系的运动方程

553.〕　在他的《分析力学》的第四节中，拉格朗日曾经给出了一种把一个连接体系之各部分的普通动力学运动方程简化为其数目等于体系之自由度的一些方程的方法。

一个连接体系的运动方程曾由哈密顿以一种不同的形式给出，而且曾经导致了纯运动学之较高深部分的巨大推广①。

正如我们将发现这是必要的那样，在我们把电现象纳入动力学的范围、把我们的动力学概念纳入一种适合于对物理问题之直接应用的状态的努力中，我们将利用本章来从物理的观点对这些动力学概念作一介绍。

554.〕　拉格朗日的目的是把动力学置于微积分的管辖之下。他是从利用纯代数量的对应关系式来表示初等动力学关系式开始的，而从这样得出的那些方程，他通过一种纯代数的手续而推得了他那些最后的方程。某些量（表示着由体系的物理联系所引起的体系各部分之间的关系的量）出现在体系各组成部分的运动方程中，而从一种数学的观点看来，拉格朗日的研究就是一种从最后的方程中消去这些量的方法。

在追随这种消去法的步骤时是需要进行计算的思索的，从而我们在思想上必须避免动力学概念的侵入。另一方面，我们的目的却是发展我们的动力学概念。因此我们将利用数学家们的劳动，而把他们的结果从微积分的语言翻译成动力学的语言，以便我们的论述不是唤起关于某种代数运算的思维形象而是唤起有关运动物体的某种性质的思维形象。

动力学的语言已经被那些借助于通俗说法来阐述能量守恒学说的人们所大大扩充了，而且我们即将看到，以下的许多叙述已经由汤姆孙和泰特在《自然哲学》中的研究所暗示过，特别是那种从冲击力理论开始的方法。

我曾经应用了这种方法，以避免除了整个体系的运动所依赖的坐标或变量以外还要显露地考虑体系任一部分的运动。无疑很重要的是，学生应该追索体系每一部分的运动和各变量的变化之间的联系，但是在求得和这些联系之特定形式无关的最后方程的过程中，这种追索却是绝非必要的。

变　量

555.〕　一个体系的自由度数，就是为了完备地确定它的位置而必须给出的数据的个数。这些数据可以有不同的形式，但是它们的个数却依赖于体系本身的本性，从而是不能改变的。

为了明确，我们可以设想体系是借助于适当的机件而和一些活动部件连接起来的，

① 参阅 Professor Cayley's "Report on Theoretical Dynamics," *British Association*, 1857；并参阅 Thomson and Tait's *Natural Philosophy*.

其中每一个部件只能沿着一条直线而运动，而不能进行任何别的运动。把其中每一部件和体系连接起来的那种假想的机件，必须被想象为没有摩擦的、没有惯性的和不会通过所加力的作用而发生协变的。这种机件的用处仅仅在于当把位置、速度和动量指定给在拉格朗日研究中显得是一些纯代数量的各量时比较容易想象。

设 q 代表其中一个部件的位置，通过它离开自己的运动直线上一个固定点的距离来定义。我们将用下标 1、2 等等来区分对应于不同部件的 q 值。当我们处理只属于一个部件的一组量时，我们可以略去下标。

当所有变量(q)的值已经给定时，每一个部件的位置就都是已知的，而通过那种假想的机件，整个体系的位形也就确定了。

速　度

556.〕 在体系的运动过程中，位形以某种确定的方式发生变化，而既然每一时刻的位形都是由各变量(q)的值来充分定义的，那么，如果我们知道了各变量(q)的值以及它们的速度$\left(\frac{\mathrm{d}q}{\mathrm{d}t}\right.$，或者采用牛顿的记号 $\left.\dot{q}\right)$，则体系每一部分的速度，以及体系的位形，就都将是完全确定的了。

力

557.〕 通过各变量之运动的适当控制，和连接的本性相容的任何体系运动都可以被产生。为了通过挪动各活动部件来产生这一运动，必须对这些部件施以力。

我们将把必须作用在任一变量 q_r 上的力写成 F_r，力系(F)是在力学上和真正产生这种运动的那个力系(不论它可能是什么样的力系)相等价的(由于有体系的那些连接)。

动　量

558.〕 当一个物体的运动方式适足以使它相对于作用在它上面的力而言的位形永远保持相同时(例如当一个力沿着质点的运动直线作用在单一质点上时)，主动力就用动量的增加率来量度。如果 F 是主动力而 p 是动量，则有 $F=\frac{\mathrm{d}p}{\mathrm{d}t}$，由此即得 $p=\int F\mathrm{d}t$。

一个力的时间积分叫做该力的冲量，从而我们可以断言，动量就是力使物体从静止状态变到一个给定的运动状态时的冲量。

在一个运动连接体系的事例中，位形是以依赖于各速度($\dot{q}$)的快慢而连续变化的，从而我们不再能够假设动量就是作用在物体上的力的时间积分。

但是任一变量的增量 δ_q 不可能大于 $\dot{q}'\delta t$，此处 δt 是增量发生的时间，而 $\dot{q}'$ 是速度在这段时间中的最大值。在一个体系在永远沿同一直线的力的作用下从静止开始运动的事例中，这个最大速度显然就是末速度。

如果体系的末速度和末位形已经给定，我们就可以设想速度是在一段很小的时间 δt 内传给体系的，原位形和末位形相差若干个量 δq_1、δq_2 等等，它们分别小于 $\dot{q}_1{}'\delta t$、$\dot{q}_2{}'\delta t$ 等等。

我们所假设的时间增量 δt 越短，所加的力就必须越大，但是每一个力的时间积分或冲量将仍为有限值。当时间无限缩短而趋于零时，冲量的极限值就定义为瞬时冲量，而对应于任一变量 q 的动量 p 就定义当体系从静止状态在一瞬间被纳入所给的运动状态时和该变量相对应的冲量。

这种认为动量可以由作用在静止体系上的瞬时冲量来产生的观念，只是作为定义动量之量值的一种方法而被引入的，因为体系的动量只依赖于体系的瞬时运动状态而不依赖于产生这一状态的过程。

在一个连接的体系中，和任一变量相对应的动量通常是所有各变量的速度的一个线性函数，而并不是像在质点动力学中那样简单地和速度成正比。

使体系的速度突然从 $\dot{q}_1$、$\dot{q}_2$ 等等变成 $\dot{q}_1{}'$、$\dot{q}_2{}'$等等时所需要的冲量，显然等于若干个变量的动量改变量 $p_1{}'-p_1$、$p_2{}'-p_2$ 等等。

一个小冲量所做的功

559.〕 力 F_1 在冲量期间所做的功就是力的空间积分，或者说，$W=\int F_1\mathrm{d}q_1=\int F_1\dot{q}_1\mathrm{d}t$。

如果 $\dot{q}_1{}'$是速度 $\dot{q}_1$ 在力的作用时间内的最大值而 $\dot{q}_1{}''$是其最小值，则 W 必将小于 $\dot{q}_1\int F\mathrm{d}t$ 或 $\dot{q}_1{}'(p_1{}'-p_1)$，而大于 $\dot{q}_1{}''\int F\mathrm{d}t$ 或 $\dot{q}_1{}''(p_1{}'-p_1)$。

如果我们现在假设冲量 $\int F\mathrm{d}t$ 无限地减小，则 $\dot{q}_1{}'$和 $\dot{q}_1{}''$的值将互相趋近而终于和 $\dot{q}_1$ 的相重合，而且我们可以写出 $p_1{}'-p_1=\delta p_1$，于是所做的功最后就是 $\delta W_1=\dot{q}_1\delta p_1$，或者说，一个很小的冲量所做的功，在极限下等于冲量和速度的乘积。

动能的增量

560.〕 当为使一个保守体系开始运动而对它做功时，能量就会被传送给它，而体系就变得能够在达到静止以前反抗阻力而做相等数量的功。

一个体系由于它的运动而具有的能量叫做它的“动能”，而且是由使它运动起来的那些力在所做的功的形式下传送给它的。

设 T 是体系的动能，并设它由于分量为 δp_1、δp_2 等等的一个无限小冲量的作用而变成了 $T+\delta T$，那么增量 δT 就必然是冲量所做的功的总和，或者，用符号表示出来就是

$$\begin{aligned}\delta T&=\dot{q}_1\delta p_1+\dot{q}_2\delta p_2+\cdots,\\&=\sum(\dot{q}\delta p)。\end{aligned}\tag{1}$$

如果各位形变量和各动量都已给定，体系的瞬时状态就是完全确定的。由此可见，依赖于体系之瞬时状态的动能，可以用各变量(q)和各动量(p)表示出来。这就是哈密顿所引入的表示 T 的方式。当 T 是用这种方式表示出来时，我们将用下标 p 来区分它，于是就把它写成 T_p。

T_p 的全变分是

$$\delta T_p = \sum\left(\frac{\mathrm{d}T_p}{\mathrm{d}p}\delta p\right) + \sum\left(\frac{\mathrm{d}T_p}{\mathrm{d}q}\delta p\right)。 \tag{2}$$

最后一项可以写成 $\sum\left(\frac{\mathrm{d}T_p}{\mathrm{d}q}\dot{q}\delta t\right)$，此式随 δt 而减小，而当冲量变为瞬时时终于变为零。

由此可见，使方程(1)和(2)中 δp 的系数相等，我们就得到

$$\dot{q} = \frac{\mathrm{d}T_p}{\mathrm{d}p}, \tag{3}$$

或者说，和变量 q 相对应的速度，就是 T_p 对相应动量 p 的微分系数。

我们通过考虑冲击力而得到了这一结果。利用这种方法，我们避免了考虑位形在力的作用时间内的变化。但是，体系的瞬时状态在一切方面都是相同的，不论体系是否通过冲击力的瞬时作用而从静止状态被带到所给的运动状态，或者说，不论它是否以无论多慢的任意方式而到达该状态。

换句话说，各变量以及对应的速度和动量，都只依赖于体系在一个给定时刻的实际运动状态，而不依赖于它的以前历史。

由此可见，不论体系的运动状态被假设为由冲击力所引起还是被假设为由以随便什么方式来起作用的力所引起，方程(3)都是同样成立的。

因此我们现在可以舍去关于冲击力的考虑，以及加在它们的作用时间上的限制和加在位形在各力作用时间内的变化上的限制。

哈密顿运动方程

561.〕 我们已经证明，

$$\frac{\mathrm{d}T_p}{\mathrm{d}p} = \dot{q}。 \tag{4}$$

设体系以满足加在它的连接上的那些条件的任意方式而进行运动，于是 p 和 q 的变分就是

$$\delta p = \frac{\mathrm{d}p}{\mathrm{d}t}\delta t, \quad \delta q = \dot{q}\delta t。 \tag{5}$$

由此即得

$$\frac{\mathrm{d}T_p}{\mathrm{d}p}\delta p = \frac{\mathrm{d}p}{\mathrm{d}t}\dot{q}\delta t = \frac{\mathrm{d}p}{\mathrm{d}t}\delta q, \tag{6}$$

从而 T_p 的全变分就是

$$\delta T_p = \sum\left(\frac{\mathrm{d}T_p}{\mathrm{d}p}\delta q + \frac{\mathrm{d}T_p}{\mathrm{d}p}\delta p\right),$$

$$= \sum\left(\left(\frac{\mathrm{d}p}{\mathrm{d}t} + \frac{\mathrm{d}T_p}{\mathrm{d}q}\right)\delta q\right)。 \tag{7}$$

但是动能的增量来源于所加力做的功，或者说，

$$\delta T_p = \sum(F\delta q)。 \tag{8}$$

在这两个表示式中，所有各变分 δq 都是互相独立的，因此我们可以令两个表示式(7)和(8)中每一个变分的系数彼此相等。于是我们就得到

$$F_r = \frac{\mathrm{d}p_r}{\mathrm{d}t} + \frac{\mathrm{d}T_p}{\mathrm{d}q_r}, \tag{9}$$

式中的动量 p_r 和力 F_r 属于变量 q_r[①]。

有多少个变量，就有多少个这种形式的方程。这些方程是由哈密顿给出的。它们表明，和任一变量相对应的力都是两项之和。第一项是该变量之动量对时间而言的增加率。第二项是每单位变量增量的动能增加率，这时假设其他的变量和所有的动量都保持不变。

用动量和速度来表示的动能

562.〕 设 p_1、p_2 等等是在给定时刻的动量而 $\dot{q}_1$、$\dot{q}_2$ 等等是在该时刻的速度，并设 P_1、P_2 等等和 $\dot{q}_1$、$q\dot{q}_2$ 等等是另一组动量和速度，满足 $p_1=np_1,\quad \dot{q}_1=n\dot{q}_1$，等等 (10)

很显然，如果 p、$\dot{q}$ 组是自洽的，则 p、q 组也是自洽的。

现在令 n 改变一个 δn。力 F_1 所做的功是 $F_1\delta q_1=\dot{q}_1\delta p_1=\dot{q}_1 n\delta n$。 (11)

令 n 从 0 增加到 1，体系就从静止状态被带到运动状态$(\dot{q},p)$，而在造成这一运动时所消耗的总功是

$$(\dot{q}_1 p_1+\dot{q}_2 p_2+\cdots)\int_0^1 n\,\mathrm{d}n。\tag{12}$$

但是 $\int_0^1 n\,\mathrm{d}n=\frac{1}{2}$，而且产生运动时所消耗的功是和动能等价的。由此即得

$$T_{p\dot{q}}=\frac{1}{2}(p_1\dot{q}_1+p_2\dot{q}_2+\cdots),\tag{13}$$

式中 $T_{p\dot{q}}$ 代表用动量和速度表示出来的动能。各变量 q_1、q_2 等等并不出现在这一表示式中。

因此动能等于动量及其对应速度之积的总和的二分之一。

当动能用这种方式来表示时，我们就将用符号 $T_{p\dot{q}}$ 来代表它。它只是动量和速度的函数而并不包括那些位形变量本身。

563.〕 还有第三种表示动能的方法，而事实上这种方法通常认为是基本的方法。通过求解方程组(3)，我们可以把动量用速度表示出来，然后把这些值代入(13)中，我们就将有一个只包含速度和变量的 T 的表示式。当 T 被表示成这种形式时，我们就将用符号 $T\dot{q}$ 来代表它。这就是动能在拉格朗日方程中被表示的形式。

564.〕 很显然，既然 T_p、$T_{\dot{q}}$ 和 $T_{p\dot{q}}$ 是同一个量的三种不同的表示式，就有

$$T_p+T_{\dot{q}}-2T_{p\dot{q}}=0,$$

或者写成

$$T_p+T_{\dot{q}}-p_1\dot{q}_1-p_2\dot{q}_2-\cdots=0。\tag{14}$$

由此可见，如果所有各量 p、q 和 $\dot{q}$ 都是变化的，就有

$$\begin{aligned}&\left(\frac{\mathrm{d}T_p}{\mathrm{d}p_1}-\dot{q}_1\right)\delta p_1+\left(\frac{\mathrm{d}T_p}{\mathrm{d}p_2}-\dot{q}_2\right)\delta p_2+\cdots\\&+\left(\frac{\mathrm{d}T_{\dot{q}}}{\mathrm{d}\dot{q}}-p_1\right)\delta\dot{q}_1+\left(\frac{\mathrm{d}T_{\dot{q}}}{\mathrm{d}\dot{q}_2}-p_2\right)\delta\dot{q}_2+\cdots\\&+\left(\frac{\mathrm{d}T_p}{\mathrm{d}q_1}+\frac{\mathrm{d}T_{\dot{q}}}{\mathrm{d}q_1}\right)\delta q_1+\left(\frac{\mathrm{d}T_p}{\mathrm{d}q_2}+\frac{\mathrm{d}T_{\dot{q}}}{\mathrm{d}q_2}\right)\delta q_2+\cdots=0。\end{aligned}\tag{15}$$

---

① 这种证明似乎是有问题的，因为 δq 是被假设为等于 $\dot{q}\,\delta t$ 即等于 $\frac{\mathrm{d}T_p}{\mathrm{d}p}\delta t$ 的，因此我们能够合理地从(7)和(8)推出的只是 $\sum\left\{\left(\frac{\mathrm{d}p_r}{\mathrm{d}t}+\frac{\mathrm{d}T_p}{\mathrm{d}q_r}-P_r\right)\frac{\mathrm{d}T_p}{\mathrm{d}p_r}\right\}=0$。

各变分 δp 并不是和各变分 δq 及 $\delta\dot{q}$ 相互独立的，因此我们并不能立即断定方程中每一个变分的系数都等于零。但是，我们由方程组(3)可知，

$$\frac{dT_p}{dp_1}-\dot{q}_1=0,\cdots,\tag{16}$$

因此包含各变分 δp 的那些项自动地等于零。

剩下来的各变分 $\delta\dot{q}$ 和 δq 现在全都是独立的了，因此我们就通过令 $\delta\dot{q}_1$ 等等的系数等于零而得到

$$p_1=\frac{dT_{\dot{q}}}{d\dot{q}_1},\qquad p_2=\frac{dT_{\dot{q}}}{d\dot{q}_2},\cdots;\tag{17}$$

或者说，动量的各个分量是 $T\dot{q}$ 对相应速度的微分系数。

再者，通过令 δq_1 等等的系数等于零，就得到

$$\frac{dT_p}{dq_1}+\frac{dT_{\dot{q}}}{dq_1}=0,\cdots;\tag{18}$$

或者说，动能对任一变量 q_1 的微分系数是等值而异号的，当 T 被表示成速度的函数而不是表示成动量的函数时①。

由于有方程(18)，我们可以把运动方程(9)写成

$$F_1=\frac{dp_1}{dt}-\frac{dT_{\dot{q}}}{dq_1},\tag{19}$$

或者写成

$$F_1=\frac{d}{dt}\frac{dT_{\dot{q}}}{d\dot{q}_1}-\frac{dT_{\dot{q}}}{dq_1},\tag{20}$$

这就是由拉格朗日给出的运动方程的形式。

565.〕 在以上的探讨中，我们曾经避免了考虑用速度或用动量来表示动能的那种函数形式。我们曾经指定给它的唯一显函数形式就是

$$T_{p\dot{q}}=\frac{1}{2}(p_1\dot{q}_1+p_2\dot{q}_2+\cdots),\tag{21}$$

在这种形式下，动能被表示成了每一动量及其对应速度之积的总和的一半。

就像在方程(3)中那样，我们可以把速度用 T_p 对动量的微分系数表示出来，

$$T_p=\frac{1}{2}\left(p_1\frac{dT_p}{dp_1}+p_2\frac{dT_p}{dp_2}+\cdots\right)。\tag{22}$$

这就表明，T_p 是动量 p_1、p_2 等等的二次齐次函数。

我们也可以把各动量用 $T_{\dot{q}}$ 表示出来，而且我们得到

$$T_{\dot{q}}=\frac{1}{2}\left(\dot{q}_1\frac{dT_{\dot{q}}}{d\dot{q}_1}+\dot{q}_2\frac{dT_{\dot{q}}}{d\dot{q}_2}+\cdots\right),\tag{23}$$

这就表明，$T_{\dot{q}}$ 是各速度 q_1、q_2 等等的二次齐次函数。

如果我们用 P_{11} 代表 $\frac{d^2T_{\dot{q}}}{d\dot{q}_1^{\,2}}$，$P_{12}$ 代表 $\frac{d^2T_{\dot{q}}}{d\dot{q}_1d\dot{q}_2}$，…，并用 Q_{11} 代表 $\frac{d^2T_p}{dp_1^{\,2}}$，$Q_{12}$ 代表 $\frac{d^2T_p}{dp_1dp_2}$，…；那么，既然 $T\dot{q}$ 和 T_p 分别是 $\dot{q}$ 和 p 的二次函数，各个 p 和各个 Q 就都将只是各变量 q 的函数而和速度及动量无关。于是我们就得到 T 的两个表示式：

$$2T_{\dot{q}}=P_{11}\dot{q}_1^{\,2}+2P_{12}\dot{q}_1\dot{q}_2+\cdots,\tag{24}$$

$$2T_p=Q_{11}p_1^{\,2}+2Q_{12}p_1p_2+\cdots,\tag{25}$$

各动量通过一些线性方程而用速度表示出来，

$$p_1=P_{11}\dot{q}_1+P_{12}\dot{q}_2+\cdots,\tag{26}$$

① 原意如此。这句话显然讲得不够明确，学者可据上面的公式体会其真正含意。——译注

而各速度也通过一些线性方程而用动量表示出来，$\dot{q}_1 = Q_{11}p_1 + Q_{12}p_2 + \cdots$。　(27)

在刚体运动力学的论著中，对应于 P_{11} 的两个下标相同的系数被称为“惯量矩”，而对应于 P_{12} 的两个下标不同的系数被称为“惯量积”。我们可以把这些名称推广到现在所面临的更加普遍的问题；在这种问题中，这些量并不像在刚体的事例中那样是一些绝对的常量，却是变量 q_1、q_2 等等的函数。

同样，我们可以把形如 Q_{11} 的系数称为“动性矩”(moments of mobility)，而把形如 Q_{12} 的系数称为“动性积”。然而，我们并不经常有机会谈到这些动性系数。

566.〕 一个体系的动能是一个永远为正或者为零的量。因此，不论它是用速度还是用动量表示出来的，各个系数必须保证没有任何的实数变量值可以使 T 成为负的。

因此就有各系数 P 所必须满足的一套必要条件。这些条件如下：

各系数 P_{11}、P_{12} 等等都必须是正的。

通过在行列式

$$\begin{vmatrix} P_{11} & P_{12} & P_{13} & \cdots & P_{1n} \\ P_{12} & P_{22} & P_{23} & \cdots & P_{2n} \\ P_{13} & P_{23} & P_{33} & \cdots & P_{3n} \\ \vdots & \vdots & \vdots & & \vdots \\ P_{1n} & P_{2n} & P_{3n} & \cdots & P_{nn} \end{vmatrix}$$

中略去具有下标 1 的各项，然后再略去具有下标 1 或 2 的各项，依此类推而逐次得出的 $n-1$ 个行列式都必须是正的。

因此，对于 n 个变量来说，条件的个数就是 $2n-1$，

各系数 Q 也必须满足种类相同的条件。

567.〕 在这种关于连接体系动力学之基本原理的概述中，我们没有考虑把体系的各部分连接起来的那种机件。我们甚至没有写出一组方程来表明体系任一部分的运动是怎样依赖于各个变量的变化的，我们曾经把自己的注意力限制在各个变量、它们的速度和动量以及作用在表示着各个变量的各个部件上的力上。我们仅有的一些假设就是，体系的连接适足以保证时间并不显式地出现在条件方程中，而且能量守恒原理对体系是适用的。

纯动力学方法的这样一种描述并不是不必要的，因为给我们提供了这些方法的拉格朗日及其后继者们一般都把自己限制到了这些原理的一种例示方面，而且，为了把自己的注意力集中在所遇到的各个符号上，他们曾经尽力摒弃了除关于纯数量的概念以外的一切概念，以致不仅避免了图解的应用，而且在一劳永逸地用原始方程中的符号代替了速度、动量和能量以后，就把这些概念也排除掉了。为了能够用普通动力学的语言来谈论这种分析的一些结果，我们曾经尽力把这种方法的主要方程重新翻译成了一种不用符号也能理解的语言。

纯数学的概念和方法的发展，已经使人们有可能通过构成一种动力学的数学理论来揭示出许多真理，而没有数学的训练是不太可能发现这些真理的。因此，如果我们要形成其他科学的动力学理论，我们就必须既精通数学方法又熟悉这些动力学真理。

在追随和任何一门像电学这样的涉及力及其效应的科学有关的概念和术语时，我们必须时刻记得适合于动力学这一基础科学的那些概念，以便我们在这门科学的早期发展过程中可以避免和已经确立了的东西发生矛盾，而当我们的观点变得更加明确了时，我们已经采用了的那种语言也可以成为我们的助力而不是成为我们的障碍。

第三十九章 电磁现象的动力学理论

568.〕 我们在第552节中曾经证明,当一个电流存在于一个导体电路中时,它就有一种做一定数量的机械功的本领,而且这是和保持电流的任何外电动势都无关的。现在,做功的本领必然是能量,不论它的来源如何,而一切能量都是同一种东西,不论它在形式上可以多么不同。一个电流的能量不是具有存在于物质的实际运动中的那种形式,就是具有存在于由作用在位于某种相对位置的物体之间的力所引起被推动的可能性中的那种形式。

第一种能量,即运动的能量,被称为"动能",而且一旦被理解了以后,它就显得是自然界中如此基本的一个事实,以致我们很难设想再把它分解成任何别的东西了。第二种能量,即依赖于位置的能量,被称为"势能";它是由我们称之为力的东西所引起的,也就是由改变相对位置的那种趋势所引起的。关于这些力,虽然我们可以承认它们的存在是一种明显的事实,但是我们总觉得,对于使物体运动起来的那种机制的每一次解释都形成我们的知识的一种实在的增加。

569.〕 电流只能被设想成一种运动的现象。法拉第总是力图使他的思想从"电流"和"电流体"之类字眼所暗示的影响下解脱出来,但是就连他也把电流说成"某种进行的东西,而不是一种单纯的排列"①。

电流的效应,例如电解效应,以及电从一个物体到另一个物体的传送,都是必须有一定的时间才能完成的一些进行的作用,从而都是具有运动的本性的。

至于电流的速度,我们已经表明我们对它毫无所知;它可以等于每小时十分之一英寸,或等于每秒十万英里②。我们对任一事例中电流速度的绝对值都如此无知,以致我们甚至不知道我们所说的正方向是真正的运动方向呢还是它的反方向。

然而我们在这里所假设的一切只是电流和某种运动有关。造成电流的原因曾被称为"电动势"。这一名词已经很有裨益地使用了很久,而且从来不曾在科学的语言中引起过麻烦。电动势永远要被理解为只对电起作用,而不是对电存在于其上的那些物体起作用。它永远不应该和只对物体起作用而不对物体中的电起作用的普通的机械力混为一谈。如果我们有一天能够知道了电和普通物质之间的形式化的关系,我们或许就也能知道电动势和普通力之间的关系了。

570.〕 当普通的力作用在一个物体上而该物体对力退让时,力所做的功就用力和物体退让的数量的乘积来量度。例如,在水被压迫而通过一根水管的事例中,在任一截面处所做的功就用截面上压强和流过截面的水量的乘积来量度。

---

① *Exp. Res.*, 283.

② Ibid., 1648.

同样,一个电动势所做的功,是用电动势和在该电动势作用下通过导体截面的电量的乘积来量度的。

一个电动势所做的功和一个普通力所做的功属于确切相同的种类,而且二者都是用相同的标准或单位来量度的。

作用在一个导体电路上的电动势所做的功的一部分,用来克服电路的电阻,而这一部分功就由此而转化成热。另一部分功用来产生安培所观察到的电磁现象,在那种现象中一些导体被电磁力弄得运动起来。其余的功用来增加电流的动能,而这一部分作用的效应可以在法拉第所观察到的电流感应现象中被显示出来。

因此,我们对电流所知够多,可以把载有电流的一个物质导体体系看成一个作为能量之存在处所的动力学体系了;这里的能量可以一部分是动能而一部分是势能。

这一体系之各部分的连接本性是我们所不得而知的。但是既然我们有一些并不要求有关体系机构的知识的动力学研究方法,我们就可以把它们应用于这一事例。

我们首先将检查,当假设表示体系动能的函数具有最普遍的形式时将得到哪些结论。

571.〕 设体系由若干个导体电路组成,各电路的形状和位置由一组变量 x_1、x_2 等等的值来确定,变量的个数等于体系的自由度数。

假如体系的总动量是由这些导体的运动引起的,则它将被表示成如下的形式:

$$T=\frac{1}{2}(x_1x_1)\dot{x}_1{}^2+\cdots+(x_1x_2)\dot{x}\dot{x}_2+\cdots,$$

式中符号(x_1x_1)等等代表我们已经称之为惯量矩的那些量,而(x_1x_2)等等则代表惯量积。

设 X'是所加的倾向于增大坐标 x 的力,而 x 的增大也是产生实际运动时所要求的,则由拉格朗日方程可得$\frac{\mathrm{d}}{\mathrm{d}t}\frac{\mathrm{d}T}{\mathrm{d}\dot{x}}-\frac{\mathrm{d}T}{\mathrm{d}x}=X'$。

当 T 代表只由可以看到的运动所引起的动能时,我们将用下标 m 来标明它,例如 T_m。

但是,在一组载有电流的导体中,一部分动能是因为这些电流的存在而存在的。设电的运动以及其运动受电运动的支配的任何东西都由另一组坐标 y_1、y_2 等等来确定,则 T 将是这两组坐标之一切速度的平方和乘积的齐次函数。因此我们可以把 T 分成三部分:在第一部分 T_m 中,只出现各坐标 x 的速度;在第二部分 T_e 中,只出现各坐标 y 的速度;在第三部分中,每一项都包括两个坐标的速度的乘积,其中一个坐标属于 x 组而另一个坐标属于 y 组。

因此我们就有 $T=T_m+T_e+T_{me}$,式中 $T_m=\frac{1}{2}(x_1x_1)\dot{x}_1^2+\cdots+(x_1x_2)\dot{x}_1\dot{x}_2+\cdots$,

$T_e=\frac{1}{2}(y_1y_1)\dot{y}_1^2+\cdots+(y_1y_2)\dot{y}_1\dot{y}_2+\cdots$,$T_{me}=(x_1y_1)\dot{x}_1\dot{y}_1+\cdots$。

572.〕 在普遍的动力学理论中,每一项的系数都可以是既包括 x 又包括 y 的所有坐标的函数。然而在电流的事例中却容易看到,y 类的坐标并不出现在各系数中。

因为,如果所有的电流都保持恒定,而各个导体也都处于静止,则场的整个状态也将保持不变。但是,在这一事例中,各坐标 y 是可以变化的,尽管各速度 y 是不变的。由此可见,各坐标 y 不能出现在 T 的表示式中,也不能出现在实际过程的任何其他表示式中。

除此以外,由于连续性方程的存在,如果各导体具有线性电路的性质,则只需要用一个变量来表示每一导体中的电流强度。设速度 $\dot{y}_1$、$\dot{y}_2$ 等等代表若干个导体中的电流强度。

所有的结果也应成立,如果我们考虑的不是电流而是一些柔性管子中的不可压缩的液体流的话。在这一事例中,液流的速度将出现在 T 的表示式中,但是各系数却将只依赖于确定着各管子的形状及位置的那些变量 x。

在液体的事例中,一根管子中液体的运动并不直接影响任一其他管子的运动或管中液体的运动。由此可见,在 T_e 的值中,只会出现各速度 $\dot{y}$ 的平方而不会出现它们的乘积,而在 T_{me} 中,任一速度 $\dot{y}$ 是只和属于它自己的管子的那些形如 $\dot{x}$ 的速度相联系的。

在电流的事例中,我们知道这种限制并不成立,因为不同电路中的电流是互相作用的。因此我们必须承认一些包含着形如 $\dot{y}_1\dot{y}_2$ 之乘积的项的存在,而这就涉及某种运动着的东西的存在,其运动是依赖于两个电流强度 $\dot{y}_1$ 和 $\dot{y}_2$ 的。不论这种运动的东西到底是什么,它都不是局限在载有两个电流的导体的内部,而是或许会扩展到各导体周围的整个空间之中。

573.〕 其次让我们考虑拉格朗日运动方程在这一事例中所采取的形式。设 X' 是所加的和确定各导体电路之形状及位置的坐标之一 x 相对应的力。这是一个通常意义上的力,即一种改变位置的趋势。这个力由下列方程给出:$X'=\frac{\mathrm{d}}{\mathrm{d}t}\frac{\mathrm{d}T}{\mathrm{d}\dot{x}}-\frac{\mathrm{d}T}{\mathrm{d}x}$。

我们可以认为这个力是三个部分之和,它们对应于我们把体系的动能分成的那三个部分,从而我们可以用同样的下标来区分它们。于是就有 $X'=X'_m+X'_e+X'_{me}$。

X'_m 这一部分是依赖于普通的动力学考虑的那一部分,从而我们用不着留意它。

既然 T_e 并不包含 $\dot{x}$,T'_e 表示式中的第一项就是零,从而它的值就简化为 $X'_e=-\frac{\mathrm{d}T_e}{\mathrm{d}x}$。

这就是必须作用在一个导体上以平衡电磁力的那个机械力的表示式,而且此式表明,这个力是用坐标 x 的变化所引起的纯动电能量的减小率来量度的。唤起外机械力之作用的电磁力 X_e 和 X'_e 相等而反向,从而是用和坐标 x 之增量相对应的动电能量增加率来量度的。既然依赖于电流的平方和乘积,X_e 的值就将保持不变,如果我们使所有的电流反向的话。

X' 的第三部分是 $X'_{me}=\frac{\mathrm{d}}{\mathrm{d}t}\frac{\mathrm{d}T_{me}}{\mathrm{d}\dot{x}}-\frac{\mathrm{d}T_{me}}{\mathrm{d}x}$。量 T_{me} 只包含形如 $\dot{x}\dot{y}$ 的乘积,从而 $\frac{\mathrm{d}T_{me}}{\mathrm{d}\dot{x}}$ 是各电流强度 $\dot{y}$ 的线性函数。因此第一项就依赖于各电流强度的变化率,并指示一个作用在导体上的力;这个力当各电流不变时是零,它按照各电流强度的增大或减小而为正或为负。

第二项不是依赖于电流的变化而是依赖于电流的实际强度。既然它对这些电流来说是一个线性函数,当电流变号时它也就会变号。既然每一项都包含一个速度 $\dot{x}$,当各导体静止时它就会等于零。也有一些项起源于$\frac{\mathrm{d}T_{me}}{\mathrm{d}\dot{x}}$中$\dot{y}$的系数的时间变化；这些说法也适用于它们。

574.〕 既然很重要的是确定动能的任何部分是否具有包括普通速度和电流强度之乘积的T_{me}的形式，很仔细地对这一课题进行一些实验就是很有必要的。

作用在迅速运动物体上的力的测定是困难的。因此让我们注意依赖于电流强度之变化的第一项。

如果动能的任一部分依赖于一个普通的速度和一个电流的强度的乘积，则当速度和电流同向或反向时或许最容易观察它。因此让我们取一个匝数很大的线圈，用一根很细的竖直悬线挂起来，使它的各匝都处于水平位置，而且线圈可以绕着一条竖直轴线而转动，既可以沿着线圈中电流的方向转动也可以反着电流的方向而转动。

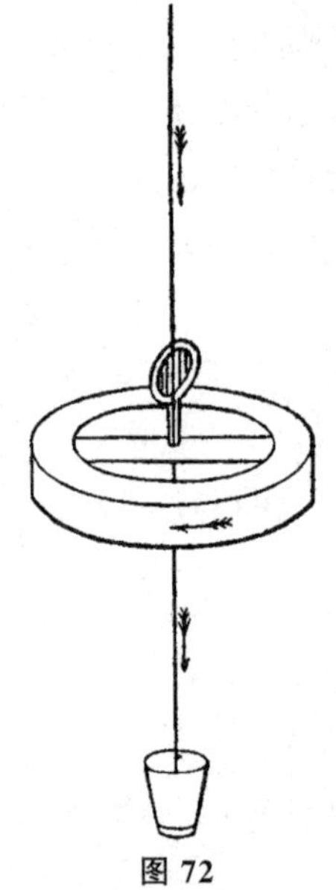
图 72

既然当线圈中有电流时地磁水平分量的作用将倾向于使线圈绕着一个水平轴而转动，我们就将假设地磁的水平分量是借助于一些固定的磁体而确切中和了的，或者假设实验是在地球的磁极上作的。一个竖直的小镜被装在线圈上，以检测方位方面的任何运动。

现在设使一个电流沿北—西—南—东的方向通过线圈。假如电是像水那样的一种液体，沿着导线而流动，那么，在电流开始的时刻，以及在速度增大的时间内，就要求加一个力来产生液体在绕着线圈流动时的角动量，而且，既然这个力必须由悬线的弹性来提供，在开始时线圈就将沿着相反的方向即西—南—东—北的方向而转动，而且这种转动将被小镜检测出来。在使电流停止时，小镜就会有另一次运动，这一次是沿着和电流相同的方向而转动的。

任何这种现象还都不曾被观察到。这样一种作用如果存在，它就将是很容易通过下述的特点而和已经知道的电流作用区别开来的。

（1）只有当电流的强度变化时，例如在接通或开断电流时，这种作用才会出现，而在电流不变时则不出现。

所有已知的电流的机械作用都依赖于电流的强度而不依赖于变化率。感生电流事例中的电动势不能和这种电磁作用混为一谈。

（2）当在场的一切电流都反向时，这一作用的方向也反转。

当所有的电流都反向时，所有已知的电流的机械作用都保持不变，因为它们是依赖于这些电流的平方和乘积的。

假如任何这样一种作用被发现了，我们就将能够把所说的正、负电中的一种看成一种实在的物质，从而我们就将能够把电流描述成这种物质沿着一个特定方向的真实运动。事实上，假如电运动不论怎样可以和普通物质的运动相比拟，则形如T_{me}的项将存在，而且它们的存在将由机械力X_{me}显示出来。

菲希诺尔设想，电流就是相等的正电和负电在同一导体中沿相反方向的流动；按照这种假设，第二类的项T_{me}应该为零，因为属于正电流的每一项都和一个属于负电流的相等而异号的项相伴随，从而依赖于这些项的现象就将不存在。

然而在我看来，尽管我们由于认识到电流和物质性的液体流之间的许多类似性而获益匪浅，我们还是必须小心地避免作出没有实验资料保证的任何假设，而且，迄今还没有任何实验证据可以指明电流是否果然是一种实在物质的流动，或是不是一种双重流动，或电流的速度以英尺每秒计是大还是小。

关于这些问题的一种知识将至少意味着电的一种完全的动力学理论的开始；在那种理论中，我们将不是像在本书中一样把电作用看成一种由未知的原因所引起的、只服从动力学的普遍定律的现象，而是把它看成物质之已知部分的已知运动的结果；在那种理论中，不仅是运动的总效应和最后结果，而且还有运动的整个中间机制和细节都将被看成研究的对象。

575.〕 X_{me} 的第二项即 $\frac{\mathrm{d}T_{me}}{\mathrm{d}x}$ 的实验研究更加困难，因为它涉及作用在迅速运动物体上的力的效应的观察。

图 73 所示的我在 1861 年制造的仪器，是打算用来测试这一种力的存在的。

电磁铁 A 可以在一个圆环中绕水平轴 BB' 而转动，圆环本身则绕竖直轴而转动。

设 A、B、C 分别是电磁铁对线圈轴线、水平轴 BB' 和第三条轴线 CC' 而言的惯量矩。

设 θ 是 CC' 和竖直线之间的夹角，φ 是轴 BB' 的方位角，而 ψ 是线圈中电的运动所依赖的一个变量。

于是电磁铁的动能 T 就可以写成 $2T=A\dot{\varphi}^2\sin\theta+B\dot{\theta}^2+C\dot{\varphi}^2\cos^2\theta+E(\dot{\varphi}\sin\theta+\dot{\psi})^2$，式中 E 是可以称为线圈中的电的惯量矩的一个量。

如果 Θ 是所加力倾向于使 θ 增大的力矩，我们由动力学方程就得到

$$\Theta=B\frac{\mathrm{d}^2\theta}{\mathrm{d}t^2}-\{(A-C)\dot{\varphi}^2\sin\theta\cos\theta+E\dot{\varphi}\cos\theta(\dot{\varphi}^2\sin\theta+\dot{\psi})\}。$$

令所加的倾向于使 ψ 增大的力 Ψ 等于零，我们得到 $\dot{\varphi}\sin\theta+\dot{\psi}=\gamma$，这是一个常量，我们可以认为它代表线圈中的电流强度。

如果 C 比 A 大一些，Θ 就将是零，而当 $\sin\theta=\frac{E\gamma}{(C-A)\dot{\varphi}}$ 时绕 BB' 的平衡就将是稳定的。

这个 θ 值依赖于电流强度 γ 的值，而且按照电流方向的不同而为正或为负。

电流通过线圈的轴承 B 和 B' 而进入线圈中，轴承通过和放在竖直轴上的金属环相摩擦的弹簧片而和电池相接。

为了确定 θ 的值，在 C 上放了一个纸质圆盘，一条平行于 BB' 的直径把圆盘分成两半，一半涂成红色而另一半涂成绿色。

设仪器正在转动中，当 θ 为正时就在 C 处看到一个红色的圆，其半径大致地表示着 θ 的值。当 θ 为负时，就在 C 处看到一个绿色的圆。

通过套在和电磁铁相连的螺丝上的螺母，可以把 CC' 调成一个主轴，并使它的惯量矩刚刚超过绕轴 A 的惯量矩，这样就把仪器弄得对力的作用很敏感，如果力存在的话。

实验中的主要困难起源于地球磁力的干扰，它使电磁铁像一个倾角针那样地起作用。由于这种原因，所得到的结果是很粗略的，但是甚至当把一个铁芯插入线圈中，而使它成为一个强力的电磁铁时，也没有能够得到关于 θ 的任何变化的任何证据。

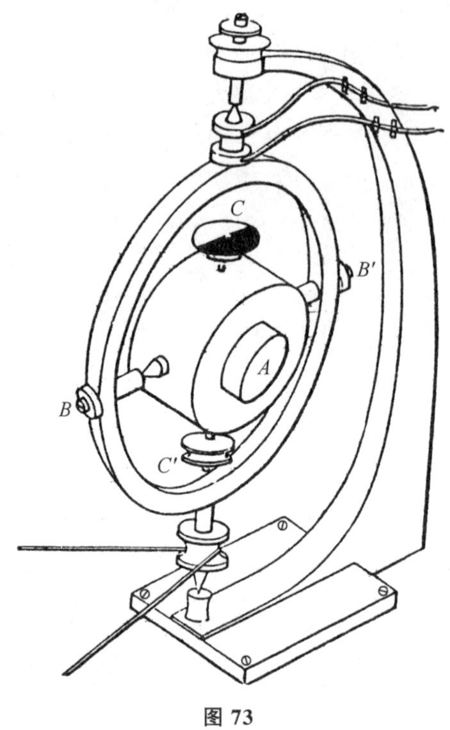

图 73

因此，如果一个磁体包含着迅速转动的物质，则这种转动的角动量和我们所能量度的任何量相比都必然是很小的，而且我们迄今还没有关于由转动的机械作用得出的关于 T_{me} 项的存在的任何证据。

576.〕 其次让我们考虑作用在电流上的力，也就是电磁力。

设 Y 是由感应引起的有效电动势，则必须由外界作用在电路上以平衡 Y 的电动势是 $Y'=-Y$，从而由拉格朗日方程就有 $Y=-Y'=-\frac{\mathrm{d}}{\mathrm{d}t}\frac{\mathrm{d}T}{\mathrm{d}\dot{y}}+\frac{\mathrm{d}T}{\mathrm{d}y}$。

既然 T 中没有任何含坐标 y 的项，上式中的第二项就是零，而 Y 就简化为它的第一项。由此可见，电动势不可能存在于一个载有恒定电流的静止体系中。

此外，如果我们把 Y 分成和 T 的三个部分相对应的三部分 Y_m、Y_e 和 Y_{me}，我们就发现，既然 T_m 不包含 $\dot{y}$，应有 $Y_m=0$。

我们也得到 $Y_e=-\frac{\mathrm{d}}{\mathrm{d}t}\frac{\mathrm{d}T_e}{\mathrm{d}\dot{y}}$。这里的 $\frac{\mathrm{d}T_e}{\mathrm{d}\dot{y}}$ 是各电流的线性函数，而这一部分电动势就等于这一函数的变化率。这就是由法拉第发现了的感生电动势。以后我们还将更详细地考虑它。

577.〕 我们由依赖于速度和电流之乘积的那一部分 T 就得到 $T_{me}=-\frac{\mathrm{d}}{\mathrm{d}t}\frac{\mathrm{d}T_{me}}{\mathrm{d}\dot{y}}$。

现在，$\frac{dT_{me}}{d\dot{y}}$是各导体的速度的线性函数。因此，如果 T_{me} 的任何项是实际存在的，那就将有可能通过只改变各导体的速度而不依赖于一切存在的电流来产生一个电动势。例如，在第 574 节的悬挂线圈的事例中，当线圈静止而我们使它突然绕着竖直轴而转动起来时，就会有一个正比于这一运动之加速度的电动势开始起作用。当运动变成均匀的时，这个电动势将消失，而当运动减速时电动势就会反向。

很少有什么科学观测是可以做得比用一个电流计来确定一个电流存在或不存在的观测更加精确的。这种方法的灵敏度远远超过用来测量作用在一个物体上的力的大多数装置的灵敏度。因此，假如任保电流可以用这种办法来产生，它们就将会被发现，即使它们是很微弱的。它们将在下述的特征方面和普通的感生电流有所不同。

(1) 它们将完全依赖于各导体的运动，而一点也不依赖于场中已有的电流强度或磁力。

(2) 它们将不是依赖于各导体的绝对速度而是依赖于各导体的加速度，也依赖于各速度的平方和乘积，而且它们当加速度变成减速度时也会变化，即使绝对速度是相同的。

在实际观察过的一切事例中，感生电流完全依赖于场中电流的强度和变化，而且不可能在一个没有磁力和没有电流的地方被激起。既然它们依赖于各导体的运动，它们就依赖于这些运动的绝对速度，而不是依赖于速度的变化。

这样，我们就有三种检测形如 T_{me} 的项之存在的方法，其中任何一种方法都还一直不曾导致正面的结果。我曾经比较细心地指出了这些方法，因为在我看来很重要的是，我们在和真实的电学理论如此关系密切的一个问题上应该获取所能得到的最大量的证据。

然而，既然迄今不曾得到有关这种项的任何证据，我现在就将根据一个假设来进行工作，那就是，这些项并不存在，或者至少是并不引起可觉察的效应。这是一条将使我们的动力学理论大为简化的假设。然而我们将来会有机会讨论磁和光的关系，以证明构成光的那种运动会出现在涉及构成磁的运动的一些项中。

第四十章　电路理论

578.〕 我们现在可以把我们的注意力限制在体系的依赖于各电流强度的平方和乘积的那一部分动能上。我们可以把这种动能称为动电能量。依赖于各导体之运动的那一部分动能属于普通的动力学，而我们已经看到依赖于速度和电流之乘积的部分是并不存在的。

设 A_1、A_2 等等代表不同的导体电路。设它们的形状和相对应位置用一些变量 x_1、x_2 等等来确定，变量的个数等于力学体系的自由度数。我们将把这些变量叫做"几何变量"。

设 y_1 代表自时间 t 开始以来已经通过导体 A_1 的一个给定截面的电量。电流强度将用这个量的流数[fluxion，即导数]$\dot{y}_1$ 来代表。

我们将把 $\dot{y}_1$ 叫做实际电流，而把 y_1 叫做积分电流。对于体系中的每一个电路，各有一个这样的变量。

设 T 代表体系的动电能量。它是对各电流强度而言的一个二次齐次函数，其形式是

$$T=\frac{1}{2}L_1\dot{y}_1^2+\frac{1}{2}L_2\dot{y}_2^2+\cdots+M_{12}\dot{y}_1\dot{y}_2+\cdots, \tag{1}$$

式中各系数 L、M 等等是各几何变量 x_1、x_2 等等的函数。电变量 y_1、y_2 等等并不进入表示式中。

我们可以把 L_1、L_2 等等叫做电路 A_1、A_2 等等的电惯量矩，而把 M_{12} 叫做两个路 A_1、A_2 的电惯量积。当我们想要避免使用动力学理论的语言时，我们将把 L_1 叫做电路 A_1 的自感系数，而把 M_{12} 叫做电路 A_1 和 A_2 的互感系数。M_{12} 也叫做电路 A_1 对电路 A_2 而言的势。这些量只依赖于各电路的形状和相对位置。我们将发现，在电磁单位制中，它们是一些具有长度量纲的量。

对 $\dot{y}_1$ 微分 T，我们就得到一个量 p_1；这个量在动力学理论中可以叫做对应于 y_1 的动量。在电学理论中，我们将把 p_1 叫做电路 A_1 的动电动量。它的值是

$$p_1=L_1\dot{y}_1+M_{12}\dot{y}_2+\cdots。$$

因此，电路 A_1 的动电动量就等于它自己的电流乘以它的自感系数，再加上其他电路的电流分别乘以 A_1 和各该电路的互感系数所得之乘积的和。

电动势

579.〕 设 E 是由化学电池或温差电池之类的原因加在电路 A 上的电动势，它将独立于磁电感应而产生一个电流。

设 R 是电路的电阻，则由欧姆定律可知，需要一个电动势 $R\dot{y}$ 来克服阻力，剩下一个电动势来改变电路的动量。把对应的力称为 Y'，我们就由普遍方程得到 $Y'=\frac{\mathrm{d}p}{\mathrm{d}t}-\frac{\mathrm{d}T}{\mathrm{d}y}$，但是既然 T 不含 y，后一项就是不出现的。

由此可见，由动势的方程是 $E-R\dot{y}=Y'=\frac{\mathrm{d}p}{\mathrm{d}t}$，或作 $E=R\dot{y}+\frac{\mathrm{d}p}{\mathrm{d}t}$。

因此所加电动势就是两项之和。第一项，$R\dot{y}$，是反抗阻力而保持电流 $\dot{y}$ 所需要的。第二项是增加电磁动量 p 所需要的。这就是必须由和磁电感应无关的电源供给的电动势。仅仅起源于磁电感应的电动势显然是 $-\frac{\mathrm{d}p}{\mathrm{d}t}$，或者说是**电路之动电动量的减小率**。

电 磁 力

580.〕 设 X' 是由外界原因所引起的倾向于增大变量 x 的机械力。由普遍方程可得

$$X'=\frac{\mathrm{d}}{\mathrm{d}t}\frac{\mathrm{d}T}{\mathrm{d}\dot{x}}-\frac{\mathrm{d}T}{\mathrm{d}x}。$$

既然动电能量的表示式并不包含速度($\dot{x}$)，右端的第一项就不出现，从而我们就得到

$$X'=\frac{\mathrm{d}T}{\mathrm{d}x}。$$

此处 X' 是需要用来平衡起源于电学原因的力的外力。通常人们把这个力看成反抗电磁力的反作用；我们将把电磁力写成 X，它和 X' 相等而反向。

由此即得 $X=\frac{\mathrm{d}T}{\mathrm{d}x}$，

或者说，倾向于增大任一变量的电磁力等于对该变量每单位增量而言的动电能量增加率，若这时各电流保持不变。

如果各电流在电动势做功 W 的一次位移中由电池来保持不变，则体系的动电能量将同时增大一个量 W。由此可见，除了由于在电路中产生热而消耗的能量以外，电池还要消耗双倍的能量即 $2W$。这一点是由 W. 汤姆孙爵士①首先指出的。请把这一结果和第 93 节中的静电性质作一比较。

二电路事例

581.〕 设 A_1 被称为“原电路”而 A_2 被称为“副电路”。体系的动电能量可以写成

$$T=\frac{1}{2}L\dot{y}_1^2+M\dot{y}_1\dot{y}_2+\frac{1}{2}N\dot{y}_2^2,$$

① Nichol's *Cyclopaedia of the Physical Sciences*, ed. 1860, article 'Magnetism, Dynamical Relations of.'

式中 L 和 N 分别是原电路和副电路的自感系数，而 M 是它们的互感系数。

让我们假设，除了由原电路的感应所引起的电动势以外，没有任何别的电动势作用在副电路上。于是我们就有 $E_2=R_2\dot{y}_2+\frac{\mathrm{d}}{\mathrm{d}t}(M\dot{y}_1+N\dot{y}_2)=0$。

把这一方程对 t 求积分，我们就有 $R_2y_2+M\dot{y}_1+N\dot{y}_2=C$，即为常量，式中 y_2 是副电路中的积分电流。

测量一个短时间内的积分电流的方法将在第 748 节中加以描述，而且在多数事例中是不难保证副电流的持续时间为很短的。

设用撇号来标明方程中各变量在时间 t 的末时刻的值，如果 y_2 是积分电流，或者说是在时间 t 内流过副电路的一个截面的总电量，则有

$$R_2y_2=M\dot{y}_1+N\dot{y}_2-(M'\dot{y}'_1+N'\dot{y}'_2)。$$

设副电流完全是由感应引起的。如果在时间 t 开始以前原电流不变而各导体都处于静止，则副电流的初值 $\dot{y}_2$ 必为零。

如果时间够长，可以允许副电流衰减完毕，则它的末值也为零，于是方程就变为

$$R_2y_2=M\dot{y}_1-M'\dot{y}'_1。$$

在这一事例中，副电路的积分电流依赖于 $M\dot{y}_1$ 的初值和末值。

感生电流

582.〕 让我们在开始时假设原电路是断开的，或者说 $\dot{y}_1=0$；设在电路接通时有一个电流 $\dot{y}_1'$ 被建立了起来。

确定副积分电流的方程是 $R_2y_2=-M'\dot{y}_1'$。

当各电路互相并排而方向相同时，M' 是一个正量。因此，当原电路被接通时就在副电路中感应出一个负电流。

当原电路被断开时，原电流就停止，从而感生的积分电流就是 y_2，且有 $R_2y_2=M\dot{y}_1$。

在这一事例中，副电流是正的。

如果原电流保持不变而各电路的形状和相对位置变化以致 M 变成了 M'，则积分副电流是 y_2，而 $R_2y_2=(M-M')\dot{y}_1$。

在两个电路相并排而方向相同的事例中，当电路间的距离增大时 M 就减小。因此感生电流当距离增大时为正而当距离减小时为负。

二电路之间的机械作用

583.〕 设 x 是二电路之形状及相对位置所依赖的几何变量之一，倾向于增大 x 的电磁力就是 $X=\frac{1}{2}\dot{y}_1^2\frac{\mathrm{d}L}{\mathrm{d}x}+\dot{y}_1\dot{y}_2\frac{\mathrm{d}M}{\mathrm{d}x}+\frac{1}{2}\dot{y}_2^2\frac{\mathrm{d}N}{\mathrm{d}x}$。

如果和 x 的变化相对应的体系运动使得每一个电路都像一个刚体那样地运动，则 L 和 N 将不依赖于 x，从而方程将简化为 $x=\dot{y}_1\dot{y}_2\dfrac{\mathrm{d}M}{\mathrm{d}x}$。

由此可见，如果原电流和副电流符号相同，则作用于电路之间的力将倾向于使它们运动以增大 M。

如果二电路是并排的而二电流是沿相同方向流动的，则 M 将由于二电路的靠拢而增大。由此可见，力 X 在这一事例中是一个吸引力。

584.〕 两个电路相互作用的整个现象，不论是电流感应现象还是二者之间的机械力，都依赖于我们已称之为互感系数的 M。由二电路的几何关系来推算这个量的方法已在第 524 节中给出，但是在下一章的探讨中我们将并不假设有关这个量的数学形式的知识。我们将认为它已从关于感应的实验中推得，例如已经通过当把副电路突然从一个给定的位置挪动到无限远处或挪动到我们已知其 $M=0$ 的位置上时观测积分电流而求得。

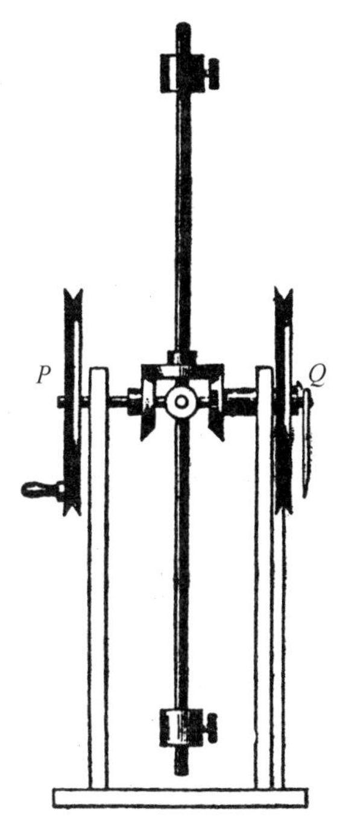

图 74

注　卡文迪什实验室有一个由麦克斯韦设计的仪器，它很清楚地例示了电流的感应定律。

这个仪器如图 74 所示。P 和 Q 是两个圆盘。P 的转动代表原电路，Q 的转动代表副电路。两个圆盘通过一个差动齿轮而互相连接。中间的轮子携带一个飞轮，其惯量矩可以通过向里或向外移动重物来加以改变。副电路的电阻用一根绳子的摩擦来代表，绳子绕在 Q 上并用一个弹性带子来保持拉紧。如果 P 被弄得转动起来(电流在原电路中开始流动)，则圆盘 Q 将向相反的方向转动(当原电流开始时副电路中出现反向电流)。当 P 的转动速度变成均匀的时，Q 就是静止的(当原电流不变时副电路中没有电流)；如果圆盘 P 受到阻力，Q 就开始沿着 P 的原有转动方向而转动(当原路被开断时副电路中出现正向电流)。铁芯的增强感应的效应可以通过增大飞轮的惯量矩来加以演示。

第四十一章　利用副电路来勘查场

585.〕 我们在第 582、583、584 节中已经证明,原电路和副电路之间的电磁作用依赖于一个用 M 来代表的量,这是两个电路的形状及相对位置的一个函数。

虽然 M 这个量和两个电路的势事实上是相同的,而那个势的数学形式和性质我们已在第 423、492、521、539 节中由磁现象和电磁现象推出,但是我们在这儿将只字不提那些结果而从一个新的基础重新开始;这时我们除了在第七章中叙述了的那些动力学理论的假设以外不再作任务别的假设。

副电路的动电动量包括两部分(第 578 节):一部分是 Mi_1,依赖于原电流 i_1;另一部分是 Mi_2,依赖于副电流 i_2。现在我们要研究第一部分。我们用 p 来代表它,即

$$p=Mi_1。\tag{1}$$

我们也将假设原电路是固定的,而原电流也是不变的。p 这个量,即副电路的动电动量,在这一事例中将只依赖于副电路的形状和位置,于是,如果取任一闭合曲线作为副电路,并选定一个沿着曲线的方向作为正方向,则这条闭合曲线的 p 值是确定的。假若当初取了相反的沿曲线的方向作为正方向,则量 p 的符号将相反。

586.〕 既然量 p 依赖于电路的形状和位置,我们就可以假设,电路的每一部分都对 p 的值有某些贡献,而且电路的每一部分的贡献都只依赖于该部分的形状和位置,而并不依赖于电路的其他部分的位置。

这一假设是合理的,因为我们现在考虑的并不是一个各部分可能而且确实互相作用的电流,而只是一个电路,也就是电流可能沿着它运行的一条闭合曲线,从而这只是一个纯几何的图形,它的各个部分是不能被设想为彼此有什么物理的作用的。

因此我们可以假设,由线段元 $\mathrm{d}s$ 贡献的那一部分是 $J\,\mathrm{d}s$,此处 J 是一个依赖于 $\mathrm{d}s$ 之位置及方向的量。由此可见,p 的值可以表示成一个线积分

$$p=\int J\,\mathrm{d}s,\tag{2}$$

式中的积分要沿电路计算一周。

587.〕 其次我们必须确定 J 这个量的形式。首先,如果 $\mathrm{d}s$ 的方向倒转,则 J 将变号。由此可见,如果两个电路 $ABCE$ 和 $AECD$ 具有一个公共部分 AEC,但是这一部分在两个电路中是沿相反方向计算的,则两个电路 $ABCE$ 和 $AECD$ 上的 p 值将等于由该二电路合成的电路 $ABCD$ 上的 p 值。

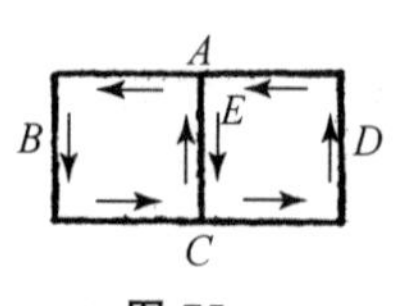

图 75

因为,依赖于线段 AEC 的那一部分线积分在两个分电路中是相等而反号的,从而当加在一起时将互相抵消,剩下来的只是依赖于 $ABCD$ 的外边界的那些线积分部分。

同样我们可以证明,如果一个以一条闭合曲线为边界的曲面被分成任意多个部分,

如果其中每一个部分的边界线被看成一个电路，而每一个电路的正绕行方向和最外的闭合曲线的正绕行方向相同，则闭合曲线上的 p 值等于所有各电路的 p 值之和。请参阅第483节。

588.〕 现在让我们考虑曲面的一个部分，其线度和曲面的主曲率半径相比是如此的小，以致法线方向在该部分内部的变化可以忽略不计。我们也将假设，如果把任何一个很小的电路从一部分平行移动到另一部分，则小电路的 p 值不会有很大的变化。如果曲面部分的线度远小于它离原电路的距离，情况显然就是如此的。

如果在曲面的这一部分上画一条任意的闭合曲线，则其 p 值将正比于其面积。

因为，任何两个电路的面积都可以分成许多大小相同并有相同的 p 值的面积元。两个电路的面积之比等于它们所含的面积元数目之比，从而二电路的 p 值也有相同的比值。

由此可见，作为曲面上面积元 $\mathrm{d}S$ 之边界的电路的 p 值应有 $I\mathrm{d}S$，的形式，式中 I 是一个依赖于 $\mathrm{d}S$ 的位置及其法线方向的量。因此我们就有 p 的一个新表示式 $p=\iint I\mathrm{d}S$，

$$(3)$$

此处的双重积分是在以电路为边的曲面上计算的。

589.〕 设 $ABCD$ 是一个电路，其中 AC 是一个线段元，短得可以看成直线。设 APB 和 CQB 是同一平面上相等的面积，于是小电路 APB 和 CQB 的 p 值将相同。或者说，$p(APB)=p(CQB)$。由此可见 $p(APBQCD)=p(ABQCD)+p(APB)=p(ABQCD)+p(CQB)=p(ABCD)$，或者说，用折线 $APQC$ 来代替直线 AC，并不会改变 p 值，如果电路的面积并未显著地改变的话。事实上，这就是由安培的第二个实验确立了的原理（第506节），在那个实验中曾经证明，一个曲折的部分和一个直部分相等价，如果曲折部分的任何段都和直线部分相距不很远的话。

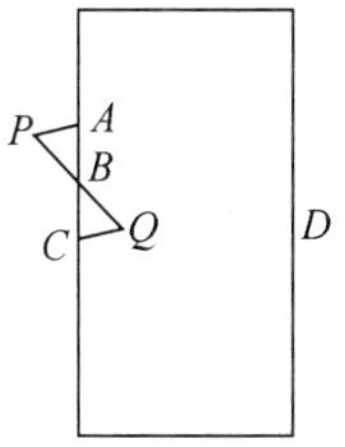

图 76

因此，如果代替了 $\mathrm{d}s$，我们画出三个线段元 $\mathrm{d}x$、$\mathrm{d}y$、$\mathrm{d}z$，它们是一个接一个地画出并从 $\mathrm{d}s$ 的起点到达 $\mathrm{d}s$ 的终点而形成一条连续路径的，如果 $F\mathrm{d}x$、$G\mathrm{d}y$、$H\mathrm{d}z$ 是分别对应于 $\mathrm{d}x$、$\mathrm{d}y$、$\mathrm{d}z$ 的线积分元，则有

$$J\,\mathrm{d}s=F\mathrm{d}x+G\mathrm{d}y+H\mathrm{d}z。\tag{4}$$

590.〕 现在我们能够确定 J 这个量依赖于 $\mathrm{d}s$ 的方向的那种方式了。因为由(4)即得

$$J=F\frac{\mathrm{d}x}{\mathrm{d}s}+G\frac{\mathrm{d}y}{\mathrm{d}s}+H\frac{\mathrm{d}z}{\mathrm{d}s}。\tag{5}$$

这就是一个矢量投影在 $\mathrm{d}s$ 方向上的那一部分的表示式，该矢量 x、y、z 在各轴上的投影分别是 F、G、H。

如果把这个矢量写成 ρ，而把从原点到电路上一点的矢量写成 ρ，则电路元将是 $\mathrm{d}\rho$，而 $J\,\mathrm{d}s$ 的四元数表示式将是 $-S.\,\mathfrak{A}\mathrm{d}\rho$。

现在我们可以把方程(2)写成下列形式：

$$p=\int\left(F\frac{\mathrm{d}x}{\mathrm{d}s}+G\frac{\mathrm{d}y}{\mathrm{d}s}+H\frac{\mathrm{d}z}{\mathrm{d}s}\right)\mathrm{d}s,\tag{6}$$

或作

$$p=-\int S.\,\mathfrak{A}\,\mathrm{d}\rho。\tag{7}$$

矢量 $\mathfrak{A}$ 及其分量 F、G、H 依赖于 ds 在场中的位置而不依赖它被画出的方向。因此它们是 ds 的坐标 x、y、z 的函数而不是 ds 的方向余弦 l、m、n 的函数。

矢量 $\mathfrak{A}$ 在方向和量值上代表一个电动强度的时间积分,该电动强度就是当原电路突然断开时一个位于点(x,y,z)上的粒子将经受到的。因此我们将把它叫做点(x,y,z)上的"动电动量"。它是和我们在第 405 节中在磁感之矢势的名义下研究过的那个量相等同的。

任一有限线段或电路的动电动量就是路径各点上动电动量沿该路径的分量的线积分。

591.〕 其次让我们确定元长方形 $ABCD$ 的 p 值,长方形的各边是 dy 和 dz,其绕行方向是从 y 轴方向转向 z 轴方向。

设元电路的重心 O 的坐标为 x_0、y_0、z_0,并设这一点上的 G 值和 H 值是 G_0 和 H_0。

长方形第一个边的中点 A 的坐标是 y_0 和 $z_0-\frac{1}{2}dz$。对应的 G 值是

$$G=G_0-\frac{1}{2}\frac{dG}{dz}dz+\cdots, \tag{8}$$

而起源于 A 边的 p 值部分近似地是

$$G_0dy-\frac{1}{2}\frac{dG}{dz}dydz。 \tag{9}$$

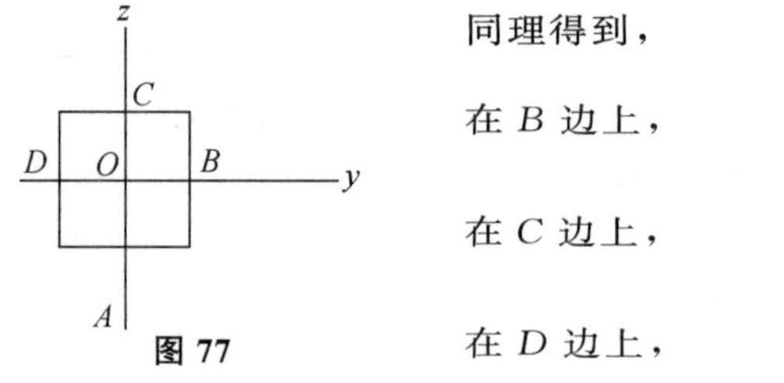

图 77

同理得到,

在 B 边上, $H_0dz+\frac{1}{2}\frac{dH}{dy}dydz$,

在 C 边上, $-G_0dy-\frac{1}{2}\frac{dG}{dz}dydz$,

在 D 边上, $-H_0dz+\frac{1}{2}\frac{dH}{dy}dydz$。

把这四个量加起来,我们就得到长方形上的 p 值,即

$$p=\left(\frac{dH}{dy}-\frac{dG}{dz}\right)dydz。 \tag{10}$$

如果我们现在假设三个新量 a、b、c,满足

$$\left.\begin{aligned}a&=\frac{dH}{dy}-\frac{dG}{dz},\\ b&=\frac{dF}{dz}-\frac{dH}{dx},\\ c&=\frac{dG}{dx}-\frac{dF}{dy},\end{aligned}\right\} \tag{A}$$

并把这三个量看成一个新矢量 $\mathfrak{B}$ 的分量,则由第 24 节的定理四,我们可把 $\mathfrak{A}$ 沿任一回路的线积分用 $\mathfrak{B}$ 在以该回路为边的一个曲面上的面积分表示出来,于是就有

$$p=\int\left(F\frac{dx}{ds}+G\frac{dy}{ds}+H\frac{dz}{ds}\right)ds=\iint(la+mb+nc)dS, \tag{11}$$

或者写成

$$p=\int T.\mathfrak{A}\cos\epsilon\, ds=\iint T.\mathfrak{B}\cos\eta\, dS, \tag{12}$$

式中 ϵ 是 $\mathfrak{A}$ 和 ds 之间的夹角,η 是 $\mathfrak{B}$ 和 dS 上方向余弦为 l、m、n 的法线之间的夹角,而 $T.\mathfrak{A}$ 和 $T.\mathfrak{B}$ 代表 $\mathfrak{A}$ 和 $\mathfrak{B}$ 的数值。

把这一结果和方程(3)相比较,就显然可知该方程中的 I 等于 $\mathfrak{B}\cos\eta$,或者说等于 $\mathfrak{B}$ 在 dS 的法线上的投影。

592.〕 我们已经看到(第 490、541 节),按照法拉第的理论,电路中的电磁力及感应现象,依赖于穿过该电路的磁感线数目的变化。这些线的数目是用磁感在以电路为边的任一曲面上的面积分来数学地表示的。由此可见,我们必须把矢量 $\mathfrak{B}$ 及其分量 a、b、c 看成我们已经熟悉的磁感及其分量。

在此处的探讨中,我们打算从在上一章中叙述了的动力学原理出发并尽可能少地求助于实验来导出这一矢量的性质。

当把作为数学探讨的结果而出现的这一矢量和我们通过有关磁体的实验而知道了它的性质的磁感等同看待时,我们并没有背离这一方法,因为我们并没有把任何新的事实引入到理论中来,而是只给一个数学量加上了一个名称,而这种做法的恰当性是按照数学量的各关系式和该名称所指示的那一物理量的各关系式的一致性来判断的。

既然矢量 $\mathfrak{B}$ 出现在一个面积分中,它就显然属于第 12 节所描述的那种流量密度的范畴。另一方面,矢量 $\mathfrak{A}$ 却属于力的范畴,因为它是出现在一个线积分中的。

593.〕 在这儿,我们必须回忆关于量的和方向的正负的约定,其中某些约定已在第 23 节中叙述过。我们采用右手坐标系,就是说,如果沿着 x 轴的方向放一个右手螺旋,而螺旋上的螺母是沿着正方向即从 y 方向转向 z 方向而被转动的,则螺母将沿着 x 的正方向而在螺旋上前进。

我们也把玻璃电和指北磁极算作正的。一个电路或一条电感线的正方向就是正电的运动方向或它倾向于运动的方向,而一条磁感线的正方向就是一个罗盘指针的指北极所指的方向。请参阅第 498 节的图 63 和第 501 节的图 64。

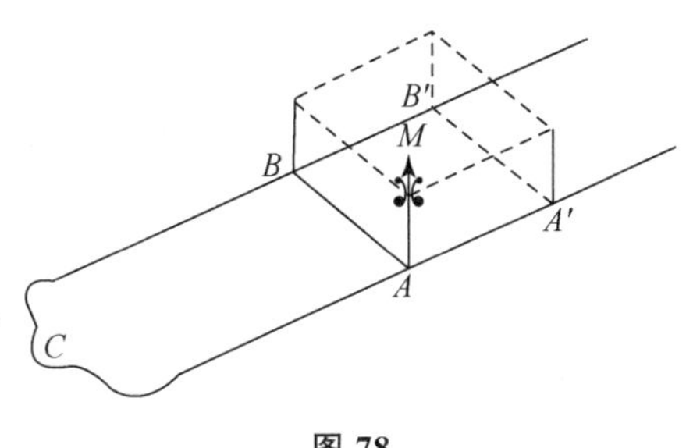

图 78

我们建议学生自选一种在他看来是最有效的方法来把这些约定牢记在心中,因为要记住关于在以前是不同的两种方式中到底选用哪一种来进行叙述的规则,比记住从多种方式中选出一种方式的法则还要困难得多。

594.〕 其次我们必须由动力学原理导出通过磁场而作用在一个载流导体上的电磁力的表示式,以及作用在磁场中的一个导体内的电上的电动势的表示式。我们所采用的数学方法可以和法拉第[①]借助于一根导线来探测场的实验方法相对比,也可以和我们在第 490 节中利用一种建筑在实验上的方法已经做到的那些事情相对比。我们现在必须做的就是确定由副电路形状的给定变化所引起的对该电路动电动量 p 的值的影响。

设 AA'、BB'是两个平行的直导体,用一个形状可以任意的导电弧 C 来互相连接,并

① *Exp. Res.*,3082,3087,3113.

用一个直导体 AB 来互相连接;AB 可以平行于自身而在导体轨道 AA' 和 BB' 上滑动。

设把这样形成的电路看成副电路,并把方向 ABC 取作正方向。

设滑动部分平行于自身而从位置 AB 滑到了位置 $A'B'$。我们必须确定滑动部分的位移所引起的电路之动电动量 p 的变化。

副电路由 ABC 变成了 $A'B'C'$,因此由第 597 节可得

$$p=(A'B'C')-p(ABC)=p(AA'BB')。\tag{13}$$

因此我们必须确定平行四边形 $AA'B'B$ 上的 p 值。如果这个平行四边形足够小,以致我们可以忽略磁感的方向和量值在它的平面的不同各点上的变化,则由第 591 节可知,p 的值是 $\mathfrak{B}\cos\eta$。$AA'B'B$,式中 $\mathfrak{B}$ 是磁感,而 η 是它和平行四边形 $AA'B'B$ 的正向法线之间的夹角。

我们可以用一个平行六面体的体积来几何地表示上述结果;该平行六面体的底是平行四边形 $AA'B'B$,而它的一个棱是在方向和量值上都代表磁感 V 的一个线段 AM。如果平行四边形位于纸面上,而 AM 的方向由纸面向上,或者说得更普遍些,如果电路 AB 的方向、磁感 AM 的方向和位移 AA' 的方向当按循环次序来看时形成一个右手系,则平行六面体的体积取作正值。

这个平行六面体的体积就代表由于滑动部分从 AB 到 $A'B'$ 的位移而引起的副电路之 p 值的增量。

作用在滑动部分上的电动势

595.〕 由第 597 节可知,滑动部分的运动在副电路中引起的电动势是

$$E=-\frac{\mathrm{d}p}{\mathrm{d}t}。\tag{1}$$

如果我们假设 AA' 是单位时间内的位移,则 AA' 将代表速度,而平行六面体将代表 $\frac{\mathrm{d}p}{\mathrm{d}t}$,从而由方程(14)可知它就代表沿负方向 BA 的电动势。

由此可见,由于滑动部分 AB 在磁场中的运动而引起的作用在该部分上的电动势,用其各棱在方向和量值上代表速度、磁感和滑动部分本身的一个平行六面体的体积来表示,而且当这三个方向具有右手循环的次序时电动势为正。

作用在滑动部分上的电磁力

596.〕 设 i_2 代表副电路中沿正方向 ABC 的电流,则当 AB 从位置 AB 滑到位置 $A'B'$ 上时电磁力对它做的功是 $(M'-M)i_1i_2$,此处 M 和 M' 是 AB 的初位置和末位置上的 M_{12} 值。但是 $(M'-M)i_1$ 等于 $p'-p$,而且是用以 AB、AM 和 AA' 为棱画出的平行六面体的体积来表示的。因此,如果我们用一条平行于 AB 的线来表示 $AB.i_2$,则这条线和磁感 AM 以及位移 AA' 所包含的平行六面体将表示在这一位移时间内所做的功。

对于一个给定大小的位移来说，当位移垂直于以 AB 和 AM 为边的平行四边形时功为最大。因此电磁力就用以 AB 和 AM 为边的平行四边形的面积乘以 i_2 来表示，而其方向沿着这一平行四边形的法线，该法线画得使 AB、AM 和法线成右手循环的次序。

磁感线的四种定义

597.〕 如果滑动部分的运动方向 AA' 和磁感的方向 AM 相重合，滑动部分的运动就不会引起电动势，而如果 AB 载有一个电流，它也不会有沿 AA' 而滑动的趋势。

再者，如果滑动部分 AB 的方向和磁感的方向 AM 相重合，则 AB 的任何运动都不会引起电动势，而且 AB 中的一个电流也不会使 AB 受到机械力的作用。

因此我们就可以用四种不同的方式来定义磁感线。

(1) 如果一个导体平行于自身而沿着磁感线运动，该导体就不会受到电动势的作用。

(2) 如果一个载流导体可以沿着一条磁感线而自由运动，则该导体不会有如此运动的倾向。

(3) 如果一个线性导体在方向上和一条磁感线相重合，而且被迫使平行于自身而沿任一方向运动，则该导体不会受到沿其长度方向的电动势的作用。

(4) 如果一个载有电流的线性导体在方向上和一条磁感线相重合，则该导体不会受到任何机械力的作用。

电动强度的普遍方程

598.〕 我们已经看到，作用在副电路上的由感应引起的电动势 E 等于 $-\frac{\mathrm{d}p}{\mathrm{d}t}$，此处

$$p=\int\left(F\frac{\mathrm{d}x}{\mathrm{d}s}+G\frac{\mathrm{d}y}{\mathrm{d}s}+H\frac{\mathrm{d}z}{\mathrm{d}s}\right)\mathrm{d}s。\tag{1}$$

为了确定 E，让我们对 t 求被积函数的导数；这时要记得，如果副电路是运动的，则 x、y、z 是时间的函数。我们得到

$$\begin{aligned}E=&-\int\left(\frac{\mathrm{d}F}{\mathrm{d}t}\frac{\mathrm{d}x}{\mathrm{d}s}+\frac{\mathrm{d}G}{\mathrm{d}t}\frac{\mathrm{d}y}{\mathrm{d}s}+\frac{\mathrm{d}H}{\mathrm{d}t}\frac{\mathrm{d}z}{\mathrm{d}s}\right)\mathrm{d}s\\&-\left(\frac{\mathrm{d}F}{\mathrm{d}x}\frac{\mathrm{d}x}{\mathrm{d}s}+\frac{\mathrm{d}G}{\mathrm{d}x}\frac{\mathrm{d}y}{\mathrm{d}s}+\frac{\mathrm{d}H}{\mathrm{d}x}\frac{\mathrm{d}z}{\mathrm{d}s}\right)\frac{\mathrm{d}x}{\mathrm{d}t}\mathrm{d}s\\&-\int\left(\frac{\mathrm{d}F}{\mathrm{d}y}\frac{\mathrm{d}x}{\mathrm{d}s}+\frac{\mathrm{d}G}{\mathrm{d}y}\frac{\mathrm{d}y}{\mathrm{d}s}+\frac{\mathrm{d}H}{\mathrm{d}y}\frac{\mathrm{d}z}{\mathrm{d}s}\right)\frac{\mathrm{d}y}{\mathrm{d}t}\mathrm{d}s\\&-\int\left(\frac{\mathrm{d}F}{\mathrm{d}z}\frac{\mathrm{d}x}{\mathrm{d}s}+\frac{\mathrm{d}G}{\mathrm{d}z}\frac{\mathrm{d}y}{\mathrm{d}s}+\frac{\mathrm{d}H}{\mathrm{d}z}\frac{\mathrm{d}z}{\mathrm{d}s}\right)\frac{\mathrm{d}z}{\mathrm{d}t}\mathrm{d}s\\&-\int\left(F\frac{\mathrm{d}^2x}{\mathrm{d}s\,\mathrm{d}t}+G\frac{\mathrm{d}^2y}{\mathrm{d}s\,\mathrm{d}t}+H\frac{\mathrm{d}^2z}{\mathrm{d}s\,\mathrm{d}t}\right)\mathrm{d}s。\end{aligned}\tag{2}$$

现在考虑第二行中的积分并按照第 591 节中的方程组(A)把 $\frac{\mathrm{d}G}{\mathrm{d}x}$ 和 $\frac{\mathrm{d}H}{\mathrm{d}x}$ 的值代入此

式。于是这一行就变成 $-\int\left(c\frac{\mathrm{d}y}{\mathrm{d}s}-b\frac{\mathrm{d}z}{\mathrm{d}s}+\frac{\mathrm{d}F}{\mathrm{d}x}\frac{\mathrm{d}x}{\mathrm{d}s}+\frac{\mathrm{d}F}{\mathrm{d}y}\frac{\mathrm{d}y}{\mathrm{d}s}+\frac{\mathrm{d}F}{\mathrm{d}z}\frac{\mathrm{d}z}{\mathrm{d}s}\right)\frac{\mathrm{d}x}{\mathrm{d}t}\mathrm{d}s$，此式也可以写成 $-\int\left(c\frac{\mathrm{d}y}{\mathrm{d}s}-b\frac{\mathrm{d}z}{\mathrm{d}s}+\frac{\mathrm{d}F}{\mathrm{d}s}\right)\frac{\mathrm{d}x}{\mathrm{d}t}\mathrm{d}s$。

用同样办法处理第三行和第四行并计算含 $\frac{\mathrm{d}x}{\mathrm{d}s}\frac{\mathrm{d}y}{\mathrm{d}s}$ 和 $\frac{\mathrm{d}z}{\mathrm{d}s}$ 的各项；这时要记得

$$\int\left(\frac{\mathrm{d}F}{\mathrm{d}s}\frac{\mathrm{d}x}{\mathrm{d}t}+F\frac{\mathrm{d}^2x}{\mathrm{d}s\,\mathrm{d}t}\right)\mathrm{d}s=F\frac{\mathrm{d}x}{\mathrm{d}t},\tag{3}$$

从而当沿闭合曲线计算时积分为零，于是即得

$$\begin{aligned}E=&\int\left(c\frac{\mathrm{d}y}{\mathrm{d}t}-b\frac{\mathrm{d}z}{\mathrm{d}t}-\frac{\mathrm{d}F}{\mathrm{d}t}\right)\frac{\mathrm{d}x}{\mathrm{d}s}\mathrm{d}s\\&+\int\left(a\frac{\mathrm{d}z}{\mathrm{d}t}-c\frac{\mathrm{d}x}{\mathrm{d}t}-\frac{\mathrm{d}G}{\mathrm{d}t}\right)\frac{\mathrm{d}y}{\mathrm{d}s}\mathrm{d}s\\&+\int\left(b\frac{\mathrm{d}x}{\mathrm{d}t}-a\frac{\mathrm{d}y}{\mathrm{d}t}-\frac{\mathrm{d}H}{\mathrm{d}t}\right)\frac{\mathrm{d}z}{\mathrm{d}s}\mathrm{d}s。\end{aligned}\tag{4}$$

我们可以把这一表示式写成下列形式：

$$E=\int\left(P\frac{\mathrm{d}x}{\mathrm{d}s}+Q\frac{\mathrm{d}y}{\mathrm{d}s}+R\frac{\mathrm{d}z}{\mathrm{d}s}\right)\mathrm{d}s,\tag{5}$$

式中

$$\left.\begin{aligned}P&=c\frac{\mathrm{d}y}{\mathrm{d}t}-b\frac{\mathrm{d}z}{\mathrm{d}t}-\frac{\mathrm{d}F}{\mathrm{d}t}-\frac{\mathrm{d}\Psi}{\mathrm{d}x},\\Q&=a\frac{\mathrm{d}z}{\mathrm{d}t}-c\frac{\mathrm{d}x}{\mathrm{d}t}-\frac{\mathrm{d}G}{\mathrm{d}t}-\frac{\mathrm{d}\Psi}{\mathrm{d}y},\\R&=b\frac{\mathrm{d}x}{\mathrm{d}t}-a\frac{\mathrm{d}y}{\mathrm{d}t}-\frac{\mathrm{d}H}{\mathrm{d}t}-\frac{\mathrm{d}\Psi}{\mathrm{d}z}。\end{aligned}\right\}\text{电动强度方程组}\tag{B}$$

引入含新量 Ψ 的各项是为了使 P、Q、R 的表示式具有普遍性。当沿闭合曲线求积分时，这些项将不出现。因此，从我们现在所面对的问题来看，量 Ψ 是中间性的，因为现在的问题正是要确定沿电路的电动势。然而我们即将发现，我们可以给 Ψ 指定一个确定的值，而且它在一种确定的定义下代表(x,y,z)点的电势。

方程(5)中积分号下的表示式代表作用在电路元 $\mathrm{d}s$ 上的电动强度。

如果我们用 $T.\,\mathfrak{E}$，来代表 P、Q、R 的合矢量的数值，并用 ε 来代表这一合矢量的方向和 $\mathrm{d}s$ 的方向之间的夹角，我们就可以把方程(5)写成

$$E=\int T.\,\mathfrak{E}\cos\varepsilon\,\mathrm{d}s。\tag{6}$$

矢量 $\mathfrak{E}$ 就是运动电路元 $\mathrm{d}s$ 上的电动强度。它的方向和量值依赖于 $\mathrm{d}s$ 的位置和运动，也依赖于磁场的变化，但并不依赖于 $\mathrm{d}s$ 的方向。因此我们现在就可以不必考虑 $\mathrm{d}s$ 形成电路之一部分的这一事实，而只把它看成一个运动物体上受到电动强度 $\mathfrak{E}$ 作用的一部分。电动强度早在第 68 节中已经定义过了。它也被称为合电场强度，也就是位于该点上的一个单位正电荷所将受到的力。现在我们已经在磁场中的运动物体的事例中求得了由一个变化的电体系所引起的这个量的最普遍的值。

如果物体是一个导体，则电动势将产生一个电流；如果物体是一个电介体，则电动势将只产生电位移。

电动强度，或者说作用在一个粒子上的力，必须和作用在一个曲线弧上的电动势仔细地区分开来；后一个量是前一个量的线积分。请参阅第 69 节。

599.〕 其分量由方程组(B)来定义的电动强度依赖于三种情况。其中第一种就是

粒子在磁场中的运动。依赖于这种运动的那一部分力由每一方程右端的前两项来表示。它依赖于粒子扫过磁感线的速度。如果 $\mathfrak{G}$ 是一个表示着速度的矢量，而 $\mathfrak{B}$ 是另一个表示着磁感的矢量，那么，如果 $\mathfrak{E}_1$ 是依赖于运动的那一部分电动强度，就有 $\mathfrak{E}_1 = V.\,\mathfrak{G}\mathfrak{B}$，

(7)

或者说，这一部分电动强度就等于磁感和速度之乘积的矢量部分；这就是说，电动强度的量值用以速度和磁感二矢量为边的平行四边形的面积来表示，其方向沿这一平行四边形的法线，而法线的画法要使速度、磁感和电动强度成右手循环的次序。

方程组(B)中每一方程的第三项依赖于磁场的时间变化率。这可以起源于原电路中电流的时间变化率，也可以起源于原电路的运动。设 $\mathfrak{E}_2$ 是依赖于这些项的那一部分电动强度。它的分量是 $-\dfrac{\mathrm{d}F}{\mathrm{d}t}$，$-\dfrac{\mathrm{d}G}{\mathrm{d}t}$ 和 $-\dfrac{\mathrm{d}H}{\mathrm{d}t}$，而这些就是矢量 $-\dfrac{\mathrm{d}\mathfrak{A}}{\mathrm{d}t}$ 或 $-\dot{\mathfrak{A}}$ 的分量。由此可见

$$\mathfrak{E}_2 = -\dot{\mathfrak{A}}。\tag{8}$$

方程组(B)中每一方程的最后一项是由函数 Ψ 在场的不同部分中的变化引起的。我们可以把由这种原因引起的这个第三部分电动强度写成 $\mathfrak{E}_3 = -\nabla\Psi$。 (9)

因此，由方程组(B)定义的电动强度就可以写成四元数的形式如下

$$\mathfrak{E} = V.\,\mathfrak{G}\mathfrak{B} - \dot{\mathfrak{A}} - \nabla\Psi。\tag{10}$$

当所参照的坐标系是在空间中运动的时对电动强度方程组的修订

600.〕 设 x'、y'、z' 是相对于一个在空间中运动着的直角坐标系而言的一点的坐标，并设 x、y、z 是相对于固定坐标系而言的同一点的坐标。

设运动系的原点相对于固定系的速度的分量是 u、v、w，而其角速度分量是 ω_1、ω_2、ω_3，而且让我们选择各固定坐标轴使它们在给定的时刻和各运动坐标轴相重合，于是在两个坐标轴中有所不同的量将只是那些对时间求了导数的量。如果 $\dfrac{\delta x}{\delta t}$ 代表和运动坐标系刚性连接着的点的分速度，而 $\dfrac{\mathrm{d}x}{\mathrm{d}t}$ 和 $\dfrac{\mathrm{d}x'}{\mathrm{d}t}$ 代表任何一个具有相同瞬时位置的点分别相对于固定坐标系和运动坐标系的分速度，则有[①]

$$\frac{\mathrm{d}x}{\mathrm{d}t} = \frac{\delta x}{\delta t} + \frac{\mathrm{d}x'}{\mathrm{d}t},\tag{1}$$

其他分速的方程与此相似。

由一个固定形状的物体的运动理论可知，

$$\left.\begin{aligned} \frac{\delta x}{\delta t} &= u + \omega_2 z - \omega_3 y, \\ \frac{\delta y}{\delta t} &= v + \omega_3 x - \omega_1 z, \\ \frac{\delta z}{\delta t} &= \omega + \omega_1 y - \omega_2 x。 \end{aligned}\right\}\tag{2}$$

① 此处引用了伽利略坐标变换。——译注

既然 F 是一个有向量的平行于 x 轴的分量，如果$\frac{dF'}{dt}$是$\frac{dF}{dt}$相对于运动坐标系而言的值，则可以证明

$$\frac{dF'}{dt}=\frac{dF}{dx}\frac{\delta x}{\delta t}+\frac{dF}{dy}\frac{\delta y}{\delta t}+\frac{dF}{dz}\frac{\delta z}{\delta t}+G\omega_3-H\omega_2+\frac{dF}{dt}。\tag{3}$$

把由方程组(A)导出的$\frac{dF}{dy}$和$\frac{dF}{dz}$的值代入此式中，并记得由(2)应有

$$\frac{d}{dx}\frac{\delta x}{\delta t}=0,\quad \frac{d}{dx}\frac{\delta y}{\delta t}=\omega_3,\quad \frac{d}{dx}\frac{\delta z}{\delta t}=-\omega_2,\tag{4}$$

我们得到

$$\frac{dF'}{dt}=\frac{dF}{dx}\frac{\delta x}{\delta t}+F\frac{d}{dx}\frac{\delta x}{\delta t}+\frac{dG}{dx}\frac{\delta y}{\delta t}+G\frac{d}{dx}\frac{\delta y}{\delta t}+\frac{dH}{dx}\frac{\delta z}{\delta t}+H\frac{d}{dx}\frac{\delta z}{\delta t}$$
$$-c\frac{\delta y}{\delta t}+b\frac{\delta z}{\delta t}+\frac{dF}{dt}。\tag{5}$$

如果我们现在令

$$-\Psi'=F\frac{\delta x}{\delta t}+G\frac{dy}{\delta t}+H\frac{\delta z}{\delta t},\tag{6}$$

就有

$$\frac{dF'}{dt}=-\frac{d\Psi'}{dx}-c\frac{\delta y}{\delta t}+b\frac{\delta z}{\delta t}+\frac{dF}{dt}。\tag{7}$$

由(B)可知，相对于固定坐标系来说，电动强度平行于 x 轴的分量 P 的方程是

$$P=c\frac{dy}{dt}-b\frac{dz}{dt}-\frac{dF}{dt}-\frac{d\Psi}{dx},\tag{8}$$

把相对于运动坐标系而言的各量的值代入此式，我们就得到相对于运动坐标系而言的 P'的方程如下：

$$P'=c\frac{dy'}{dt}-b\frac{dz'}{dt}-\frac{dF'}{dt}-\frac{d(\Psi+\Psi')}{dx},\tag{9}$$

601.〕 由这一方程看来，不论导体的运动是相对于固定坐标系还是相对于运动坐标系而言的，电动强度都是用同一种形式的公式来表示的，唯一的不同就是在运动坐标系的事例中必须把电势 Ψ 换成 $\Psi+\Psi'$。

在电流是出现在一个导体电路中的一切事例中，电动势都是沿电路计算的线积分，

$$E=\int\left(P\frac{dx}{ds}+Q\frac{dy}{ds}+R\frac{dz}{ds}\right)ds,\tag{10}$$

Ψ 的值并不出现在这一积分中，从而 Ψ'的引入对积分值毫无影响。因此，在涉及闭合电路及电路中的电流的一切现象中，我们所用的坐标系是固定的还是运动的就全都无所谓了。请参阅第 668 节。

关于作用在一个通过磁场的载流导体上的电磁力

602.〕 我们在第 583 节的普遍探索中已经看到，如果 x_1 是确定着副电路之位置及形状的变量之一，而 X_1 是作用在副电路上而倾向于增大这一变量的力，则有

$$X_1=\frac{dM}{dx_1}i_1i_2。\tag{1}$$

既然 i_1 是和 x_1 无关的，我们就可以写出 $Mi_1=p=\int\left(F\frac{dx}{ds}+G\frac{dy}{ds}+H\frac{dz}{ds}\right)ds$，(2)

于是关于 X_1 的值我们就有 $$X_1=i_2\frac{\mathrm{d}}{\mathrm{d}x_1}\int\left(F\frac{\mathrm{d}x}{\mathrm{d}s}+G\frac{\mathrm{d}y}{\mathrm{d}s}+H\frac{\mathrm{d}z}{\mathrm{d}s}\right)\mathrm{d}s。\tag{3}$$

现在让我们假设，位移就是使电路上的每一点沿 x 方向移动一个距离 δx，此处 δx 可以是 s 的任意连续函数，从而电路的不同部分是互相独立地运动的，而电路则保持为连续的和闭合的。

另外，设 X 是沿 x 方向作用在从 $s=0$ 到 $s=s$ 的电路部分上的总力，则和电路元 $\mathrm{d}s$ 相对应的那一部分力将是 $\frac{\mathrm{d}X}{\mathrm{d}s}\mathrm{d}s$。于是我们就将得到力在位移过程中所做的功的下列表示式：
$$\int\frac{\mathrm{d}X}{\mathrm{d}s}\delta x\,\mathrm{d}s=i_2\int\frac{\mathrm{d}}{\mathrm{d}\delta x}\left(F\frac{\mathrm{d}x}{\mathrm{d}s}+G\frac{\mathrm{d}y}{\mathrm{d}s}+H\frac{\mathrm{d}z}{\mathrm{d}s}\right)\delta x\,\mathrm{d}s,\tag{4}$$
式中的积分是沿着闭合曲线计算的，此时要记得 δx 是 s 的一个任意函数。因此我们可以按照第 598 节中对 t 微分的同样方式来完成对 δx 的微分，这时要记得
$$\frac{\mathrm{d}x}{\mathrm{d}\delta x}=1,\quad \frac{\mathrm{d}y}{\mathrm{d}\delta x}=0,\quad 而\frac{\mathrm{d}z}{\mathrm{d}\delta x}=0。\tag{5}$$

于是我们就得到 $$\int\frac{\mathrm{d}X}{\mathrm{d}s}\delta x\,\mathrm{d}s=i_2\int\left(c\frac{\mathrm{d}y}{\mathrm{d}s}-b\frac{\mathrm{d}z}{\mathrm{d}s}\right)\delta x\,\mathrm{d}s+i_2\int\frac{\mathrm{d}}{\mathrm{d}s}(F\delta x)\mathrm{d}s。\tag{6}$$

当积分沿闭合曲线计算时，最后一项就变为零，而既然方程必须对一切形式的函数 δx 都成立，我们就必须有 $$\frac{\mathrm{d}X}{\mathrm{d}s}=i_2\left(c\frac{\mathrm{d}y}{\mathrm{d}s}-b\frac{\mathrm{d}z}{\mathrm{d}s}\right),\tag{7}$$
这个方程就给出作用在任一单位电路元上的平行于 x 方向的力，平行于 y 轴的和平行于 z 轴的力是
$$\frac{\mathrm{d}Y}{\mathrm{d}s}=i_2\left(a\frac{\mathrm{d}z}{\mathrm{d}s}-c\frac{\mathrm{d}x}{\mathrm{d}s}\right),\tag{8}$$
$$\frac{\mathrm{d}Z}{\mathrm{d}s}=i_2\left(b\frac{\mathrm{d}x}{\mathrm{d}s}-a\frac{\mathrm{d}y}{\mathrm{d}s}\right)。\tag{9}$$

作用在电路元上的合力在方向上和量值上由四元数表示式 $i_2V.\,\mathrm{d}\rho\,\mathfrak{B}$ 来给出，式中 i_2 是电流的量值，$\mathrm{d}\rho$ 和 $\mathfrak{B}$ 是表示着电路元和磁感的两个矢量，而乘积是按哈密顿意义来理解的。

603.〕 如果导线不应该被看成一条线而应该被看成一个体，我们就必须用一些表示着单位体积的力和单位面积的电流的符号来把作用于在线段元上的力表示出来。

现在令 X、Y、Z 代表按单位体积来计算的分力，并令 u、v、w 代表按单位面积来计算的电流的分量。于是，如果 S 代表我们将假设为很小的导体截面，则电路元 $\mathrm{d}s$ 的体积将是 $S\mathrm{d}s$，而 $u=\frac{i_2}{S}\frac{\mathrm{d}x}{\mathrm{d}s}$。由此可见方程(7)将变成 $$\frac{XS\mathrm{d}s}{\mathrm{d}s}=S(vc-wb),\tag{10}$$

或作
同理
$$\left.\begin{aligned}X&=vc-wb。\\Y&=wa-uc,\\Z&=ub-va。\end{aligned}\right\}（电磁力方程组）\tag{C}$$

在这里，X、Y、Z 是作用在导体的一个体积元上的电磁力的分量除以该体积元的体积；u、v、w 是针对单位面积来计算的通过体积元的电流的分量，而 a、b、c 也是针对单位面积来计算的该体积元处的磁感分量。

如果矢量 $\mathfrak{F}$ 在量值和方向上表示作用在导体的单位体积上的力，而 $\mathfrak{C}$ 表示通过它

的电流，则有 $$\mathfrak{F}=V.\,\mathfrak{C}\,\mathfrak{B}。 \tag{11}$$

[第 598 节中的方程组(B)可以用下列方法证明，此法导源于麦克斯韦教授的〈电磁场的一种动力学理论〉一文，见 *Phil. Trans.* 1865，pp. 459～512.

$-p$ 的时间变化率可以分成两部分，一部分依赖于电路的运动而另一部分则不依赖于导体的运动。后一部分显然是 $-\int\left(\frac{\mathrm{d}F}{\mathrm{d}t}\mathrm{d}x+\frac{\mathrm{d}G}{\mathrm{d}t}\mathrm{d}y+\frac{\mathrm{d}H}{\mathrm{d}t}\mathrm{d}z\right)$。

为了求出前一部分，让我们考虑形成电路之一部分的一个弧 δs；让我们设想这个弧是以分量为 $\dot{x}$、$\dot{y}$、$\dot{z}$ 的速度 ν 而沿着导轨运动的，导轨可以被认为是平行的，这时电路的其余部分被假设为保持静止。于是我们可以假设运动弧生成一个小的平行四边形，其法线的方向余弦是 $\lambda,\mu,\nu=\frac{n\dot{y}-m\dot{z}}{\nu\sin\theta}，\frac{l\dot{z}-n\dot{x}}{\nu\sin\theta}，\frac{m\dot{x}-l\dot{y}}{\nu\sin\theta}$，式中 l、m、n 是 δs 的方向余弦，而 θ 是 ν 和 δs 之间的夹角。

为了验证 λ、μ、ν 的符号，我们可以取 $m=-1$ 而 $\dot{x}=\nu$；这时它们就变成 0、0、-1，正如在一个右手坐标系中所应该出现的那样。

现在设 a、b、c 是磁感的分量，于是由于 δs 在时间 δt 中的运动，我们就有

$$\delta p=(a\lambda+b\mu+c\nu)v\delta t\delta s\sin\theta。$$

如果我们假设电路的每一部分都以类似的方式而运动，则总的效果将是整个导体的运动，而导轨中的电流在两个相邻弧的每一事例中都互相抵消。因此，由电路的运动所引起的 $-p$ 的时间变化率就是 $-\int\{a(n\dot{y}-m\dot{z})+\text{两个类似的项}\}\mathrm{d}s$。

沿电路求积分，即得 $=\int(c\dot{y}-b\dot{z})\mathrm{d}x+$ 两个类似的积分。

第 602 节中关于电磁力分量的结果，可以从上面的 δp 表示式中推导出来；就是说，令弧 δs 沿方向 l'、m'、n' 运动一个距离 $\delta s'$，就有 $\delta p=\{l'(cm-bn)+\text{两个类似的项}\}\delta s\delta s'$。

现在设 X 是作用在弧 s 上的力的 x 分量，则对单位电流来说，我们由第 596 节即得

$$\frac{\mathrm{d}X}{\mathrm{d}s}=\frac{\mathrm{d}p}{\mathrm{d}x}=cm-bn。$$

电磁场方程组

如果假设电流永远是沿着闭合电路运行的，我们就可以不必引入矢势而导出一些方程，而这些方程将确定电磁场的状态。

因为，设 i 是任意一条我们将假设它为静止的电路中的电流强度。由这一电流引起的动电能量 T 是 $i\iint(la+mb+nc)\mathrm{d}S$，式中 $\mathrm{d}S$ 是以电路为边界的一个曲面上的面积元。

由此可见，电路中倾向于增大 i 的总电动势即 $-\frac{\mathrm{d}}{\mathrm{d}t}\frac{\mathrm{d}T}{\mathrm{d}i}$ 就等于

$$-\iint\left(l\,\frac{\mathrm{d}a}{\mathrm{d}t}+m\,\frac{\mathrm{d}b}{\mathrm{d}t}+n\,\frac{\mathrm{d}c}{\mathrm{d}t}\right)\mathrm{d}S；$$

因此，如果 X、Y、Z 是电动强度的分量，就有

$$\int(X\mathrm{d}x+Y\mathrm{d}y+Z\mathrm{d}z)=-\iint\left(l\,\frac{\mathrm{d}a}{\mathrm{d}t}+m\,\frac{\mathrm{d}b}{\mathrm{d}t}+n\,\frac{\mathrm{d}c}{\mathrm{d}t}\right)\mathrm{d}S\,; \tag{1}$$

但是由斯托克斯定理,此式左端等于$\iint\left\{l\left(\frac{\mathrm{d}Z}{\mathrm{d}y}-\frac{\mathrm{d}Y}{\mathrm{d}z}\right)+m\left(\frac{\mathrm{d}X}{\mathrm{d}z}-\frac{\mathrm{d}Z}{\mathrm{d}x}\right)+n\left(\frac{\mathrm{d}Y}{\mathrm{d}x}-\frac{\mathrm{d}X}{\mathrm{d}y}\right)\right\}\mathrm{d}S$。使这一积分和方程(1)的右端相等,既然包围电流的曲面是完全任意的,我们就得到

$$\frac{\mathrm{d}Z}{\mathrm{d}y}-\frac{\mathrm{d}Y}{\mathrm{d}z}=-\frac{\mathrm{d}a}{\mathrm{d}t},$$

$$\frac{\mathrm{d}X}{\mathrm{d}z}-\frac{\mathrm{d}Z}{\mathrm{d}x}=-\frac{\mathrm{d}b}{\mathrm{d}t},$$

$$\frac{\mathrm{d}Y}{\mathrm{d}x}-\frac{\mathrm{d}X}{\mathrm{d}y}=-\frac{\mathrm{d}c}{\mathrm{d}t}。$$

这些方程,以及在比电阻为 σ 的导体中的各关系式 $4\pi\mu=\frac{\mathrm{d}\gamma}{\mathrm{d}y}-\frac{\mathrm{d}\beta}{\mathrm{d}z}$, $4\pi\nu=\frac{\mathrm{d}\alpha}{\mathrm{d}z}-\frac{\mathrm{d}\gamma}{\mathrm{d}x}$, $4\pi\omega=\frac{\mathrm{d}\beta}{\mathrm{d}x}-\frac{\mathrm{d}\alpha}{\mathrm{d}y}$, $\mu=\frac{X}{\sigma}$, $\nu=\frac{Y}{\sigma}$, $\omega=\frac{Z}{\sigma}$。

或在比感本领为 K 的绝缘体中的各关系式 $\mu=\frac{K}{4\pi}\frac{\mathrm{d}X}{\mathrm{d}t}$, $\nu=\frac{K}{4\pi}\frac{\mathrm{d}Y}{\mathrm{d}t}$, $\omega=\frac{K}{4\pi}\frac{\mathrm{d}Z}{\mathrm{d}t}$一起,就足以确定电磁场的状态了。任一曲面上的边界条件是,垂直于曲面的磁感应该连续,而平行于曲面的磁力也应该连续。

这种研究电磁场方法的一种优点就在于它的简单性。这种方法曾受到亥维赛先生的大力支持。然而它却不像正文中的方法那样普遍,因为正文中的方法即使在电流并不是永远在闭合电路中运行时也能适用。

第四十二章　电磁场的普遍方程组

604.〕 在我们关于电动力学的理论讨论中,我们是从一条假设开始的,那就是,一组载流电路形成一个动力学体系,体系中的电流可以看成一些速度,而和这些速度相对应的各个坐标本身并不出现在方程中。由这一假设可以推知,体系的动能就其对电流的关系来看是各电流的一个二次齐次函数,其中的各个系数只依赖于各电路的形状和相对位置。假设了这些系数已由实验或其他方法求出,我们用纯动力学的推理导出了电流的感应定律,以及电磁吸引力的定律。在这种探讨中,我们引用了一个电流组的动电能量的概念、一个电路的电磁动量的概念以及两个电路的相互势的概念。

然后我们就着手借助于副电路的各种位形来勘查了场,并从而被引导到了一个在场中任一点上都有确定的量值和方向的矢量 $\mathfrak{A}$ 的概念。我们把这个矢量叫做该点的电磁动量。这个量可以看成一个电动强度的时间积分,而如果把所有的电流突然从场中撤走,那就会在该点上引起这个电动强度。这个量是和在第 405 节中已经作为磁感之矢势而研究过的那个量相等同的。它的平行于 x、y、z 的分量是 F、G、H。一个回路的电磁动量就是 $\mathfrak{A}$ 在回路上的线积分。

然后我们就利用第 24 节中的定理回来把 $\mathfrak{A}$ 的线积分变换成了另一个矢量 $\mathfrak{B}$ 的面积分;这个矢量的分量是 a、b、c,而且我们发现,由导体的运动而引起的感应现象以及电磁力的现象都可以用 $\mathfrak{B}$ 表示出来。我们把 $\mathfrak{B}$ 命名为磁感,因为它的性质和法拉第所研究过的磁感线的性质相等同。

我们也建立了三组方程。第一组(A)是磁感方程组,把磁感用电磁动量表示了出来。第二组(B)是电动强度方程组,把电动强度用导体扫过磁感线的运动和电磁动量的变化率表示了出来。第三组(C)是电磁力方程组,把电磁力用电流和磁感表示了出来。

在所有这些事例中,电流都应该被理解为实际的电流,即不仅包括传导电流而且包括电位移的变化。

磁感 $\mathfrak{B}$ 就是我们在第 400 节中已经考虑过的那个量。在一个未磁化的物体中,它和作用在一个单位磁极上的力相等同,但是如果物体是永久性地被磁化或是通过感应而被磁化了的,它就将是作用在一个位于物体中的扁平空腔中单位磁极上的力,空腔的平面垂直于磁化的方向。$\mathfrak{B}$ 的分量是 a、b、c。

由定义了 a、b、c 的方程组(A)可以推得 $\frac{\mathrm{d}a}{\mathrm{d}x}+\frac{\mathrm{d}b}{\mathrm{d}y}+\frac{\mathrm{d}c}{\mathrm{d}z}=0$。

这在第 403 节中已经证明正是磁感的一种性质。

605.〕 不同于磁感,我们曾经把一个磁体内部的磁力定义为作用在一个位于细长空腔中的单位磁极上的力,该空腔的长轴平行于磁化的方向。这个量用 $\mathfrak{H}$ 来代表,它的分量用 α、β、γ 来代表。请参阅第 398 节。

如果 $\mathfrak{J}$ 是磁化强度,而 A、B、C 是它的分量,则由第 400 节得到

$$\left.\begin{aligned}a&=\alpha+4\pi A,\\b&=\beta+4\pi B,\\c&=\gamma+4\pi C。\end{aligned}\right\}\text{（磁化方程组）}\qquad\text{(D)}$$

我们可以把这些方程叫做磁化方程组，而且它们表明，在电磁单位制中，看成一个矢量的磁感 $\mathfrak{B}$ 是两个矢量在哈密顿意义下的和，那两个矢量就是磁力 $\mathfrak{H}$ 和乘以 4π 的磁化 $\mathfrak{J}$，或者说，$\mathfrak{B}=\mathfrak{H}+4\pi\mathfrak{J}$。

在某些物质中，磁化依赖于磁力，而且这是用在第 426 节和第 435 节中给出的感生磁性的方程组表示了的。

606.〕 研究到这个地方，我们已经根据纯动力学的考虑导出了一切结果而根本没有提及电和磁方面的定量实验。我们所曾用到的实验知识，仅在于承认了一些由理论推出的抽象的量就是一些由实验发现了的具体的量，并且用了一些名词来代表它们，这些名词指示着各该量的物理关系而不是它们的数学起源。

利用这种办法，我们曾经指出了电磁动量 $\mathfrak{A}$ 作为一个在空间中从一部分到另一部分而变化着的矢量的存在，而且由此出发，我们曾经通过数学的手续而推得了作为一个导出矢量的磁感 $\mathfrak{B}$。然而我们并不曾用到关于由场中的电流分布来确定 $\mathfrak{A}$ 或 $\mathfrak{B}$ 的任何资料。为此目的，我们必须找出这些量和电流的数学联系。

我们从承认永久磁体的存在开始，各该磁体的相互作用满足能量守恒原理。除了服从这一原理，即认为作用在一个磁极上的力必须可以从一个势函数导出以外，我们在磁力定律方面并不提出任何假设。

然后我们就观察电流和磁体之间的作用，而且我们发现，一个电流对一个磁体的作用方式和另一个磁体对那个磁体的作用方式在表观上相同，如果这另一个磁体的强度、形状和位置都调节得适当的话；而且我们也发现，磁体对电流的作用方式也和另一个电流对该电流的作用方式相同。这些观察不一定被假设为是和力的实际测量相伴随的。因此它们不应该被看成是提供着数值资料的，它们只不过在给我们提出供考虑的问题方面是有用的而已。

这些观察所提出的问题是，在许多方面和由磁体产生的磁场相似的由电流产生的磁场，是不是在和势的关系方面也和前一种磁场相似？

一个载流电路在它周围的空间中产生一些磁效应，它们和由一个以电路为边界的磁壳所产生的磁效应确切相同；这一事实的证据已经在第 482～485 节中叙述过了。

我们知道在磁壳的事例中是存在一个势的；这个势在磁壳物质之外的一切点上都有确定的值，但是它在磁壳两侧的两个邻近点上的值却相差一个有限的量。

如果一个电流周围的磁场和一个磁壳周围的磁场相似，则作为磁力的线积分而求出的磁势对于两条积分曲线来说将相同，如果其中一条曲线可以通过不和电流相交的连续运动而转化为另一条曲线的话。

然而，如果一条积分曲线不能不和电流相交而转化为另一条积分曲线，则磁力沿一条曲线的线积分将和它沿另一条曲线的线积分相差一个依赖于电流强度的量。因此，由一个电流引起的磁势就具有一系列无限多个彼此之间有一公共差的值，而特定的值则依赖于积分曲线的画法。在导体物质的内部，并不存在磁势之类的量。

607.〕 假设了一个电流的磁作用有一个这样的磁势，我们就开始来数学地表示这一假设了。

首先，如果一条闭合曲线并不包围电流，则磁力在这条闭合曲线上的线积分为零。

其次，如果电流沿正方向穿过闭合曲线一次，而且只穿过一次，则线积分有一个确定的值，而这个值就可以用来作为电流强度的一种量度。因为，如果闭合曲线按任何连续方式改变其形状而并不切割电流，则线积分将保持不变。

在电磁单位制中，磁力沿一条闭合曲线的线积分在数值上等于穿过闭合曲线的电流乘以 4π。

如果我们把其边为 $\mathrm{d}y$ 和 $\mathrm{d}z$ 的长方形取作闭合曲线，则磁力沿长方形各边的线积分是 $\left(\frac{\mathrm{d}\gamma}{\mathrm{d}y}-\frac{\mathrm{d}\beta}{\mathrm{d}z}\right)\mathrm{d}y\mathrm{d}z$，而如果 u、v、w 是电流的分量，则穿过该长方形的电流是 $u\mathrm{d}y\mathrm{d}z$。

将此式乘以 4π 并使它和线积分的结果相等，我们就得到一个方程

同理即得

$$\left.\begin{aligned}4\pi u&=\frac{\mathrm{d}\gamma}{\mathrm{d}y}-\frac{\mathrm{d}\beta}{\mathrm{d}z},\\4\pi v&=\frac{\mathrm{d}\alpha}{\mathrm{d}z}-\frac{\mathrm{d}\gamma}{\mathrm{d}x},\\4\pi w&=\frac{\mathrm{d}\beta}{\mathrm{d}x}-\frac{\mathrm{d}\alpha}{\mathrm{d}y},\end{aligned}\right\}\text{（电流方程组）}\qquad\text{(E)}$$

当每一点上的磁力已经给定时，这一方程组就能确定电流的方向和量值。

当没有任何电流时，这些方程就和条件 $\alpha\mathrm{d}x+\beta\mathrm{d}y+\gamma\mathrm{d}z=-D\Omega$ 相等价，或者说，在场中没有电流的一切点上，磁力可以从一个磁势中导出。

把方程组(E)中的各式分别对 x、y 和 z 求导数并相加，我们就得到方程

$$\frac{\mathrm{d}u}{\mathrm{d}x}+\frac{\mathrm{d}v}{\mathrm{d}y}+\frac{\mathrm{d}w}{\mathrm{d}z}=0,$$

此式就表明，分量为 u、v、w 的电流服从一种不可压缩的液体的运动条件，而且它必然是沿着闭合的路线在流动的。

这一方程，只有当我们把 u、v、w 看成那种既由真正的导电又由电位移的变化所引起的电的流动的分量时才是正确的。

关于由电介质中电位移的变化所引起的电流的电磁作用，我们掌握的实验证据非常少，但是把电磁定律和非闭合电流的存在互相协调起来的极大困难，就是我们之所以必须承认由电位移的变化所引起的瞬变电流存在的许多原因之一。这些电流的重要性，当我们考虑到光的电磁理论时就会被看出。

608.〕 我们现在已经确定了和奥斯特、安培及法拉第所发现的那些现象有关的各主要量之间的关系。为了把这些量和在本论著的前几编中描述了的现象联系起来，还需要另外一些关系式。

当电动强度作用在一个物质体上时，它就在物质体中产生两种电效应，而法拉第称这两种效应为“感应”和“传导”；第一种效应在电介体中最为突出，而第二种效应在导体中最为突出。

在本书中，静电感应是用我们称之为电位移的那个量来量度的。这是一个有向量或

矢量，我们曾经用 $\mathfrak{D}$ 来代表它，并用 f、g、h 来代表它的分量。

在各向同性的物质中，电位移和产生它的电动强度同向，并和电动强度成正比，至少当电动强度的值很小时是如此。这一事实可以用一个方程表示出来，即

$$\mathfrak{D}=\frac{1}{4\pi}K\,\mathfrak{E}\text{，（电位移方程）}\tag{F}$$

式中 K 是物质的介电本领。请参阅第 68 节。

在并非各向同性的物质中，电位移 $\mathfrak{D}$ 的分量 f、g、h 是电动强度 $\mathfrak{E}$ 的分量 P、Q、R 的线性函数。

电位移方程组的形式和在第 289 节中给出的电传导方程组的形式相仿。

这些关系可以用下述说法来表达：K 在各向同性的物体中是一个标量，但在别的物体中却是一个作用在矢量 $\mathfrak{E}$ 上的线性矢量函数。

609.〕 电动强度的另一种效应就是传导。作为电动强度之结果的电传导定律是由欧姆建立的，而且是在本书第二编的第 241 节中已经解释过的。这些定律总结为一个方程

$$\mathfrak{K}=C\,\mathfrak{E}\text{，（电传导方程）}\tag{G}$$

式中 $\mathfrak{E}$ 是一点上的电动强度，$\mathfrak{K}$ 是传导电流的密度，其分量为 p、q、r，而 C 是物质的电导率；在各向同性物质的事例中 C 是一个简单的标量，但在其他物质中却变成一个作用在矢量 $\mathfrak{E}$ 上的线性矢量函数。这个函数的形式已在第 298 节中在笛卡儿坐标下给出。

610.〕 本论著的主要特点之一就在于一个学说，它主张电磁现象所依赖的真实电流 $\mathfrak{C}$ 和传导电流 $\mathfrak{K}$ 并不相同，而是在估计总的电荷运动时必须把电位移 $\mathfrak{D}$ 的时间变化率考虑在内，因此我们必须写出

$$\mathfrak{C}=\mathfrak{K}+\dot{\mathfrak{D}}\text{，（真实电流方程）}\tag{H}$$

或者，用分量表示出来，就是

$$u=p+\frac{\mathrm{d}f}{\mathrm{d}t},\ v=q+\frac{\mathrm{d}g}{\mathrm{d}t},\ w=r+\frac{\mathrm{d}h}{\mathrm{d}t}\text{。}\tag{H*}$$

611.〕 既然 $\mathfrak{K}$ 和 $\mathfrak{D}$ 都依赖于电动强度 $\mathfrak{E}$，我们就可以把真实电流 $\mathfrak{C}$ 用电动强度表示出来，于是就有

$$\mathfrak{C}=\left(C+\frac{1}{4\pi}K\,\frac{\mathrm{d}'}{\mathrm{d}t}\right)\mathfrak{E}\text{，}\tag{I}$$

或者，在 C 和 K 为常量的事例中就有

$$\left.\begin{aligned}u&=CP+\frac{1}{4\pi}K\,\frac{\mathrm{d}P}{\mathrm{d}t},\\v&=CQ+\frac{1}{4\pi}K\,\frac{\mathrm{d}Q}{\mathrm{d}t},\\w&=CR+\frac{1}{4\pi}K\,\frac{\mathrm{d}R}{\mathrm{d}t}\text{。}\end{aligned}\right\}\tag{I*}$$

612.〕 任意一点上的自由电荷的体密度可以通过方程

$$\rho=\frac{\mathrm{d}f}{\mathrm{d}x}+\frac{\mathrm{d}g}{\mathrm{d}y}+\frac{\mathrm{d}h}{\mathrm{d}z}\tag{J}$$

而由电位移的分量求得。

613.〕 电荷的面密度是

$$\sigma=lf+mg+nh+l'f'+m'g'+n'h',\tag{K}$$

式中 l、m、n 是从曲面指向电位移分量为 f、g、h 的那种媒质的法线的方向余弦，而 l'、m'、n' 是从曲面指向电位移分量为 f'、g'、h' 的那种媒质的法线的方向余弦。

614.〕 当媒质的磁化完全是由作用在它上面的磁力所感生的时，我们就可以写出感生磁化方程

$$\mathfrak{B}=\mu\,\mathfrak{H}\text{，}\tag{L}$$

式中 μ 是磁导系数，它可以被看成一个标量或一个作用在 $\mathfrak{H}$ 上的线性矢量函数，随媒质

是否各向同性而定。

615.〕 这些关系式可以看成我们所曾考虑过的各量之间的主要关系式。它们可以互相联立，以消去其中某些量，但是我们目前的目的不在于获得数学公式的紧凑性而在于表示我们对之有所知的每一种关系。消去一个表示着有用概念的量，在我们目前的探索阶段上将不是一种收获而是一种损失。

然而却有一种结果，是我们可以通过把方程组(A)和(E)结合起来而求得的，而且是具有很大重要性的。

如果我们假设，除了在载流电路的形式下以外场中没有其他的磁体，则我们一直保留了的磁力和磁感之间的区别将不复存在，因为只有在磁化了的物质中这些量才是彼此不同的。

按照即将在第 833 节中加以阐释的安培的假说，我们所说的磁化物质的性质是由分子性的电路引起的，因此只有当我们考虑大块的物质时，我们的关于磁化的理论才是适用的，而如果我们的数学方法被假设为能够把发生在个体分子中的过程照顾在内，则这些方法将只会看到电路而看不到任何别的东西，从而我们就将发现磁力和磁感是互相等同的。然而，为了能够随心所欲地应用静电单位制或电磁单位制，我们将保留系数 μ，并记住它在电磁单位制中的值是 1。

616.〕 由第 591 节的方程组(A)，磁感的分量是 $a=\frac{dH}{dy}-\frac{dG}{dz}, b=\frac{dF}{dz}-\frac{dH}{dx}, c=\frac{dG}{dx}-\frac{dF}{dy}$。

由第 607 节的方程组(E)，电流的分量由下列方程组给出：

$$\left.\begin{aligned}4\pi u&=\frac{d\gamma}{dy}-\frac{d\beta}{dz},\\4\pi v&=\frac{d\alpha}{dz}-\frac{d\gamma}{dx},\\4\pi w&=\frac{d\beta}{dx}-\frac{d\alpha}{dy}。\end{aligned}\right\}$$

按照我们的假说，a、b、c 是分别和 $\mu\alpha$、$\mu\beta$、$\mu\gamma$ 相等同的。因此我们就得到{当 μ 为常数时}，

$$4\pi\mu u=\frac{d^2G}{dx\,dy}-\frac{d^2F}{dy^2}-\frac{d^2F}{dz^2}+\frac{d^2H}{dz\,dx}。\tag{1}$$

如果我们写出

$$J=\frac{dF}{dx}+\frac{dG}{dy}+\frac{dH}{dz},\tag{2}$$

并写出①

$$\nabla^2=-\left(\frac{d^2}{dx^2}+\frac{d^2}{dy^2}+\frac{d^2}{dz^2}\right),\tag{3}$$

我们就可以把方程(1)写成

$$4\pi\mu u=\frac{dJ}{dx}+\nabla^2F。$$

同理，

$$\left.\begin{aligned}4\pi\mu u&=\frac{dJ}{dx}+\nabla^2F。\\4\pi\mu v&=\frac{dJ}{dy}+\nabla^2G,\\4\pi\mu w&=\frac{dJ}{dz}+\nabla^2H。\end{aligned}\right\}\tag{4}$$

① 此处应用了负号，为的是使我们的表示式和应用四元数的表示式相一致。

如果我们写出

$$\left.\begin{aligned} F' &= \mu\iiint \frac{u}{r}\mathrm{d}x\,\mathrm{d}y\,\mathrm{d}z,\\ G' &= \mu\iiint \frac{v}{r}\mathrm{d}x\,\mathrm{d}y\,\mathrm{d}z,\\ H' &= \mu\iiint \frac{w}{r}\mathrm{d}x\,\mathrm{d}y\,\mathrm{d}z,\end{aligned}\right\} \tag{5}$$

就有

$$\chi = \frac{1}{4\pi}\iiint \frac{J}{r}\mathrm{d}x\,\mathrm{d}y\,\mathrm{d}z, \tag{6}$$

式中 r 是从体积元(x、y、z)到所给点的距离,而积分是遍及于全部空间的。于是即得

$$F = F' - \frac{\mathrm{d}\chi}{\mathrm{d}x},\ G = G' - \frac{\mathrm{d}\chi}{\mathrm{d}y},\ H = H' - \frac{\mathrm{d}\chi}{\mathrm{d}z}。 \tag{7}$$

量 χ 从方程组(A)中消失了,从而它是和任何物理现象都没有联系的。如果我们假设它到处等于零,J 就将也到处等于零。略去方程组(5)中各量上的撇号,该方程组就将给出 $\mathfrak{A}$ 的各分量的真实值。

617.〕 因此,作为 $\mathfrak{A}$ 的一种定义,我们可以把它看成电流的矢势,它和电流之间的关系类似于标势和引起标势的物质之间的关系,而且也是用一个类似的积分手续求得的。这个积分手续可以描述如下:

设从一个给定点开始画一个在量值和方向上表示着一个给定的电流元除以电流元到该给定点的距离的数值。设针对每一电流元都画了这样的矢量。这样得到的所有各矢量的合矢量就是全部电流的矢势。既然电流是一个矢量性的量,它的势也是一个矢量。请参阅第 422 节。

当电流的分布已经给定时,就存在一种、而且只存在一种 $\mathfrak{A}$ 值的分布,使得 $\mathfrak{A}$ 到处都为有限的和连续的,并满足方程 $\Delta^2\mathfrak{A} = 4\pi\mu\mathfrak{C}$,$S.\Delta\mathfrak{A} = 0$,而且在离电体系为无限远处变为零。这个值就是由方程(5)所给出的那个值,该方程可以写成四元数的形式,

$$\mathfrak{A} = \mu\iiint \frac{\mathfrak{C}}{r}\mathrm{d}x\,\mathrm{d}y\,\mathrm{d}z。$$

各电磁方程的四元数表示式

618.〕 在本论著中,我们曾经努力避免了任何要求读者具有四元数计算知识的推理过程。与此同时,当必要时,我们曾经毫不迟疑地引用了矢量概念。当我们有机会用一个符号来代表一个矢量时,我们曾经用了德文字母,因为不同矢量的数目是如此之大,以致哈密顿所喜爱的符号很快就会不够用了。因此,每当用了一个德文字母时,它就代表一个哈密顿式的矢量,它既表示矢量的量值又表示矢量的方向。矢量的分量用罗马字母或希腊字母来表示。

我们必须考虑的主要矢量是:

	矢量符号	分量
一个点的矢径	ρ	$x\quad y\quad z$
一个点上的电磁动量	$\mathfrak{A}$	$F\quad G\quad H$
磁感	$\mathfrak{B}$	$a\quad b\quad c$
(全)电流	$\mathfrak{C}$	$u\quad v\quad w$
电位移	$\mathfrak{D}$	$f\quad g\quad h$
电动强度	$\mathfrak{E}$	$P\quad Q\quad R$
机械力	$\mathfrak{F}$	$X\quad Y\quad Z$
一个点的速度	$\mathfrak{G}$ 或 $\dot{p}$	$\dot{x}\quad \dot{y}\quad \dot{z}$
磁力	$\mathfrak{H}$	$\alpha\quad \beta\quad \gamma$
磁化强度	$\mathfrak{I}$	$A\quad B\quad C$
传导电流	$\mathfrak{K}$	$p\quad q\quad r$

我们也有下列的标量函数：

电势 Ψ。

磁势(在它存在之处)Ω。

电荷密度 e。

磁“质”密度 m。

除此以外，我们还有指示着每一点上的媒质性质的下列各量：

C，电流的传导率。

K，介电感应本领。

μ，磁感应本领。

这些量在各向同性的媒质中是 ρ 的简单标量函数，但是在普遍情况下则是作用在它们被应用上去的那些矢量函数上的线性矢量算符。K 和 μ 肯定都是自轭的，而 C 或许也如此。

619.〕 磁感方程组(A)的第一个方程是 $a=\frac{\mathrm{d}H}{\mathrm{d}y}-\frac{\mathrm{d}G}{\mathrm{d}z}$，现在该方程组可以写成下列形式了：$\mathfrak{B}=V.\nabla\mathfrak{A}$，式中$\nabla$ 是算符 $\boldsymbol{i}\frac{\mathrm{d}}{\mathrm{d}x}+\boldsymbol{j}\frac{\mathrm{d}}{\mathrm{d}y}+\boldsymbol{k}\frac{\mathrm{d}}{\mathrm{d}z}$，而 V 则表示应取这一运算结果的矢量部分。

既然 $\mathfrak{A}$ 是满足条件 $S.\nabla\mathfrak{A}=0$ 的，$\nabla\mathfrak{A}$ 就是一个纯矢量，从而符号 V 是不必要的。

电动势方程组(B)的第一个方程是 $P=c\dot{y}-b\dot{z}-\frac{\mathrm{d}F}{\mathrm{d}t}-\frac{\mathrm{d}\Psi}{\mathrm{d}x}$，现在该方程组变成了 $\mathfrak{E}=V.\mathfrak{G}\mathfrak{B}-\dot{\mathfrak{A}}-\nabla\Psi$。

机械力方程组(C)的第一个方程是[①] $X=cv-bw+eP-m\frac{\mathrm{d}\Omega}{\mathrm{d}x}$，现在该方程组变成了 $\mathfrak{F}=\mathfrak{C}A\mathfrak{B}+e\mathfrak{E}-m\Delta\Omega$。

磁化方程组(D)的第一个方程是 $a=\alpha+4\pi A$，现在该方程组变成了 $\mathfrak{B}=\mathfrak{H}+4\pi\mathfrak{I}$。

电流方程组(E)的第一个方程是 $4\pi u=\frac{\mathrm{d}\gamma}{\mathrm{d}y}-\frac{\mathrm{d}\beta}{\mathrm{d}z}$，现在该方程组变成了 $4\pi\mathfrak{C}=V.\nabla\mathfrak{H}$。

---

① 在本书的第一版和第二版中，这一方程中的 P 是被写成 $-\frac{\mathrm{d}\Psi}{\mathrm{d}x}$ 的。改正归功于 G. F. 斐兹杰惹教授，见 *Trans. R. S. Dublin*, 1883.

由欧姆定律可知，传导电流的方程是 $\mathfrak{K}=C\mathfrak{E}$。电位移的方程是 $D=\frac{1}{4\pi}K\mathfrak{H}$。既由电传导又由电位移的变化所引起的全电流的方程是 $\mathfrak{H}=\mathfrak{K}+\mathfrak{D}$。

当磁化起源于磁感应时，有 $\mathfrak{B}=\mu\mathfrak{H}$。为了确定电荷的体密度，我们也有 $e=S.\nabla\mathfrak{D}$。为了确定磁的体密度，有 $m=S.\nabla\mathfrak{F}$。当磁力可以由一个势导出时，有 $\mathfrak{H}=-\nabla\Omega$。

第九章附录

如果电磁场中包含一些具有不同磁导率的物质，则表示式(5)一般是并不准确的，因为，在那种事例中，在两个不同磁导率的分界表面上，通常会有自由磁；这就会在矢势的表示式中引起一些项，由第 35 页上的方程(22)来表示。如果两种媒质的磁导率是 μ_1 和 μ_2，分界面两侧的矢势分量用 F_1、G_1、H_1 和 F_2、G_2、H_2 来代表，而 l、m、n 是分界面法线的方向余弦，那么，两种媒质的分界面上的边界条件就包括两部分：第一，既然法向磁感是连续的，就有

$$l\left(\frac{dH_1}{dy}-\frac{dG_1}{dz}\right)+m\left(\frac{dF_1}{dz}-\frac{dH_1}{dx}\right)+n\left(\frac{dG_1}{dx}-\frac{dF_1}{dy}\right)$$
$$=l\left(\frac{dH_2}{dy}-\frac{dG_2}{dz}\right)+m\left(\frac{dF_2}{dz}-\frac{dH_2}{dx}\right)+n\left(\frac{dG_2}{dx}-\frac{dF_2}{dy}\right);$$

第二，既然沿分界面的[分]磁力是连续的，就有

$$\frac{\frac{1}{\mu_1}\left(\frac{dH_1}{dy}-\frac{dG_1}{dz}\right)-\frac{1}{\mu_2}\left(\frac{dH_2}{dy}-\frac{dG_2}{dz}\right)}{l}=\frac{\frac{1}{\mu_1}\left(\frac{dF_1}{dz}-\frac{dH_1}{dx}\right)-\frac{1}{\mu_2}\left(\frac{dF_2}{dz}-\frac{dH_2}{dx}\right)}{m}$$
$$=\frac{\frac{1}{\mu_1}\left(\frac{dG_1}{dx}-\frac{dF_1}{dy}\right)-\frac{1}{\mu_2}\left(\frac{dG_2}{dx}-\frac{dF_2}{dy}\right)}{n}。$$

表示式(5)通常并不满足这些边界条件。因此，最好认为 F、G、H 是由方程

$$\nabla^2F=4\pi\mu u$$
$$\nabla^2G=4\pi\mu v$$
$$\nabla^2H=4\pi\mu w$$

以及上述那些边界条件来给出的。

当导体是运动的时，看来假设方程组(B)中的 Ψ 就代表静电势是并不合理的，因为麦克斯韦在推导这些方程时舍去了一项 $-\frac{d}{ds}\left(F\frac{dx}{dt}+G\frac{dy}{dt}+H\frac{dz}{dt}\right)$，理由是这一项当沿着一条闭合回路求积分以后将变为零。如果我们把这一项加进去，则 Ψ 不再是静电势而是该势 $F\frac{dx}{dt}+G\frac{dy}{dt}+H\frac{dz}{dt}$ 之和。

这一点对一个曾经吸引了很多注意力的问题有一种重要的应用；那就是一个在磁场中以角速度 ω 绕竖直轴而转动的球的问题，设磁场中的磁力是竖直的并等于 c。假设球的转动已经达到稳定状态，方程组(B)在这一事例中就变成 $P=c\omega x-\frac{d\Psi}{dx}$，$Q=c\omega y-\frac{d\Psi}{dy}$，$R=-\frac{d\Psi}{dz}$。

既然球是一个处于稳定状态的导体，而且$\frac{P}{\sigma}$、$\frac{Q}{\sigma}$、$\frac{R}{\sigma}$是电流的分量，那就有$\frac{dP}{dx}+\frac{dQ}{dy}+\frac{dR}{dz}=0$；由此即得$2c\omega=\frac{d^2\Psi}{dx^2}+\frac{d^2\Psi}{dy^2}+\frac{d^2\Psi}{dz^2}$。

这一方程通常被诠释为意味着在整个球内有一种体密度为$-c\omega/2\pi$的电荷分布，然而只有当我们假设Ψ是静电势时这种诠释才是合理的。

如果我们试着导出方程组(B)的那种研究来假设Φ是静电势，而

$$\Psi=\Phi+F\frac{dx}{dt}+G\frac{dy}{dt}+H\frac{dz}{dt},$$

或者，在这一事例中就是$\Psi=\Phi+\omega(Gx-Fy)$，那么，既然$\left(\frac{d^2}{dx^2}+\frac{d^2}{dy^2}+\frac{d^2}{dz^2}\right)(Gx-Fy)=2\left(\frac{dG}{dx}-\frac{dF}{dy}\right)=2c$，我们就看到，由于$\frac{d^2\Psi}{dx^2}+\frac{d^2\Psi}{dy^2}+\frac{d^2\Psi}{dz^2}=2c\omega$，故有$\frac{d^2\Phi}{dx^2}+\frac{d^2\Phi}{dy^2}+\frac{d^2\Phi}{dz^2}=0$；就是说，在整个球体中并不存在自由电荷的分布。

因此，在电磁场的各个方程中，并没有任何东西引导我们去假设一个转动的球体中会含有自由电荷。

用球极坐标和柱坐标来表示的电磁场的方程

如果F、G、H分别是矢势沿矢径、子午线和纬度平行线的分量，a、b、c是磁感在这些方向上的分量，α、β、γ是磁力在这些方向上的分量，而u、v、w是电流在这些方向上的分量，则我们可以很容易地证明$a=\frac{1}{r^2\sin\theta}\left\{\frac{d}{d\theta}(r\sin\theta H)-\frac{d}{d\varphi}(rG)\right\}$，$b=\frac{1}{r\sin\theta}\left\{\frac{dF}{d\varphi}-\frac{d}{dr}(r\sin\theta H)\right\}$，$c=\frac{1}{r}\left\{\frac{d}{dr}(rG)-\frac{dF}{d\theta}\right\}$；$4\pi u=\frac{1}{r^2\sin\theta}\left\{\frac{d}{d\theta}(r\sin\theta\gamma)-\frac{d}{d\varphi}(r\beta)\right\}$，$4\pi v=\frac{1}{r\sin\theta}\left\{\frac{da}{d\varphi}-\frac{d}{dr}(r\sin\theta\gamma)\right\}$，$4\pi w=\frac{1}{r}\left\{\frac{d}{dr}(r\beta)-\frac{da}{d\theta}\right\}$。

如果P、Q、R是电动强度沿矢径、子午线和纬度平行线的分量，则有$\frac{da}{dt}=-\frac{1}{r^2\sin\theta}\left\{\frac{d}{d\theta}(r\sin\theta R)-\frac{d}{d\varphi}(rQ)\right\}$，$\frac{db}{dt}=-\frac{1}{r\sin\theta}\left\{\frac{dP}{d\varphi}-\frac{d}{r}(r\sin\theta R)\right\}$，$\frac{dc}{dt}=-\frac{1}{r}\left\{\frac{d}{dr}(rQ)-\frac{dP}{d\theta}\right\}$。

如果柱坐标是ρ、θ、z，而F、G、H是矢势平行于ρ、θ、z的分量，a、b、c是磁感在这些方向上的分量，α、β、γ是磁力在这些方向上的分量，u、v、w是电流在这些方向上的分量，则有

$$a=\frac{1}{\rho}\left\{\frac{dH}{d\theta}-\frac{d}{dz}(\rho G)\right\},\quad b=\frac{dF}{dz}-\frac{dH}{d\rho},\quad c=\frac{1}{\rho}\left\{\frac{d}{d\rho}(\rho G)-\frac{dF}{d\theta}\right\};$$

$$4\pi u=\frac{1}{\rho}\left\{\frac{d\gamma}{d\theta}-\frac{d}{dz}(\rho\beta)\right\},\quad 4\pi v=\frac{da}{dz}-\frac{d\gamma}{d\rho},\quad 4\pi w=\frac{1}{\rho}\left\{\frac{d}{d\rho}(\rho\beta)-\frac{da}{d\theta}\right\}。$$

如果P、Q、R是电动强度沿ρ、θ、z的分量，则有$\frac{da}{dt}=-\frac{1}{\rho}\left\{\frac{dR}{d\theta}-\frac{d}{dz}(\rho Q)\right\}$，$\frac{db}{dt}=-\left\{\frac{dP}{dz}-\frac{dR}{d\rho}\right\}$，$\frac{dc}{dt}=-\frac{1}{\rho}\left\{\frac{d}{d\rho}(\rho Q)-\frac{dP}{d\theta}\right\}$。

第四十三章　电学单位的量纲

620.〕 每一个电磁量都可以参照基本量长度、质量和时间的单位来加以定义。如果我们从第 65 节中所给出的那种电量的定义开始,我们就可以利用包括某一电磁量和电量的方程来得到每一个电磁量的单位,这样得到的单位制叫做"静电单位制"。

另一方面,如果我们从第 374 节所给出的那种磁极的单位开始,我们就会得到同一套量的一种不同的单位制。这种单位制和前一种单位制并不一致,叫做"电磁单位制"。

我们将从叙述不同单位之间在两种单位制中都成立的那些关系式开始,然后我们按照每一单位制作出各单位的一个量纲表。

621.〕 我们将把我们所必须考虑的主要量配成对。在前三对中,每一对中两个量的乘积都是一个能量或功。在后三对中,每一对量的乘积都是对单位体积而言的能量。

前三对

静电对

符号

(1) 电量…… e

(2) 电动势,或电势…… E

磁对

(3) 自由磁量,或磁极强度…… m

(4) 磁势…… Ω

动电对

(5) 一个电路的动电动量…… p

(6) 电流…… C

后三对

静电对

(7) 电位移(用面密度来量度)…… $\mathfrak{D}$

(8) 电动强度…… $\mathfrak{E}$

磁对

(9) 磁感…… $\mathfrak{B}$

(10) 磁力…… $\mathfrak{H}$

动电对

(11) 一点处的电流强度 ………………………………………………………… $\mathfrak{C}$
(12) 电路的矢势 ……………………………………………………………… $\mathfrak{A}$

622.〕 下述各关系式在这些量之间成立。首先,既然能量的量纲是 $\left[\frac{L^2M}{T^2}\right]$,而单位体积的能量的量纲是 $\left[\frac{M}{LT^2}\right]$,我们就有以下的量纲方程:

$$[eE]=[m\Omega]=[pC]=\left[\frac{L^2M}{T^2}\right], \tag{1}$$

$$[\mathfrak{D}\mathfrak{E}]=[\mathfrak{B}\mathfrak{H}]=[\mathfrak{C}\mathfrak{A}]=\left[\frac{M}{LT^2}\right]。 \tag{2}$$

其次,既然 e、p 和 $\mathfrak{A}$ 分别是 C、E 和 $\mathfrak{C}$ 的时间积分,就有

$$\left[\frac{e}{C}\right]=\left[\frac{p}{E}\right]=\left[\frac{\mathfrak{A}}{\mathfrak{C}}\right]=[T]。 \tag{3}$$

第三,既然 E、Ω 和 p 分别是 $\mathfrak{E}$,$\mathfrak{H}$ 和 $\mathfrak{A}$ 的线积分,就有

$$\left[\frac{E}{\mathfrak{E}}\right]=\left[\frac{\Omega}{\mathfrak{H}}\right]=\left[\frac{p}{\mathfrak{A}}\right]=[L]。^{①} \tag{4}$$

最后,既然 e、C 和 m 分别是 $\mathfrak{D}$、$\mathfrak{C}$ 和 $\mathfrak{B}$ 的面积分,就有

$$\left[\frac{e}{\mathfrak{D}}\right]=\left[\frac{C}{\mathfrak{C}}\right]=\left[\frac{m}{\mathfrak{B}}\right]=[L^2]。 \tag{5}$$

623.〕 这 15 个方程并不是独立的,而且,为了导出所包含的 12 个单位的量纲,我们还需要另一个方程。然而,如果我们把 e 或 m 看成一个独立的单位,我们就能导出其余各量的含有 e 或 m 的量纲。

(1) $[e]=[e]=\left[\frac{L^2M}{mT}\right]$。

(2) $[E]=\left[\frac{L^2M}{eT}\right]=\left[\frac{m}{T}\right]$。

(3) 和(5) $[p]=[m]=\left[\frac{L^2M}{eT}\right]=[m]$。

(4) 和(6) $[C]=[\Omega]=\left[\frac{e}{T}\right]=\left[\frac{L^2M}{mT^2}\right]$。

(7) $[\mathfrak{D}]=\left[\frac{e}{L^2}\right]=\left[\frac{M}{mT}\right]$。

(8) $[\mathfrak{E}]=\left[\frac{LM}{eT^2}\right]=\left[\frac{m}{LT}\right]$。

(9) $[\mathfrak{B}]=\left[\frac{M}{eT}\right]=\left[\frac{m}{L^2}\right]$。

(10) $[\mathfrak{H}]=\left[\frac{e}{LT}\right]=\left[\frac{LM}{mT^2}\right]$。

---

① 我们也有 $\left[\frac{\mathfrak{A}}{\mathfrak{B}}\right]=[L]$。

$$(11)\quad [\mathfrak{E}] = \left[\frac{e}{L^2T}\right] = \left[\frac{M}{mT^2}\right]。$$

$$(12)\quad [\mathfrak{A}] = \left[\frac{LM}{eT}\right] = \left[\frac{m}{L}\right]。$$

624.〕 这些量中的前 10 个量的关系可以利用下面的排列显示出来：

e，$\mathfrak{D}$，$\mathfrak{H}$，C 和 Ω.	E，$\mathfrak{E}$，$\mathfrak{B}$，m 和 p.
m 和 p，$\mathfrak{B}$，$\mathfrak{E}$，E.	C 和 Ω，$\mathfrak{H}$，$\mathfrak{D}$，e.

第一行中的各量通过一些运算而从 e 导出，第二行中各对应量也通过相同的运算而从 m 导出。可以看到，第一行中各量的顺序恰好和第二行中各量的顺序相反。每一行中的第四个量在分子上包含着第一个符号，而每一行中的后四个量则在分母上包含着该符号。

以上给出的所有这些关系，不论我们采用什么单位制都是正确的。

625.〕 具有一定科学价值的只有静电单位制和电磁单位制。静电单位制是建立在第 41、42 节中的电量单位的定义上的，而且是可以由下一方程导出的：$\mathfrak{E}=\frac{e}{L^2}$；此式表明，一个电量 e 在距离 L 处一点上引起的合电场强度，通过将 e 除以 L^2 来求得。代入量纲方程(1)和(8)中，我们就得到 $\left[\frac{LM}{eT^2}\right]=\left[\frac{e}{L^2}\right]$，$\left[\frac{m}{LT}\right]=\left[\frac{M}{mT}\right]$，由此，在静电单位制中就有$[e]=[L^{\frac{3}{2}}M^{\frac{1}{2}}T^{-1}]$，$m=[L^{\frac{1}{2}}M^{\frac{1}{2}}]$。

电磁单位制是建立在第 374 节中关于磁极强度单位的一种完全相似的定义上的。这种定义导致 $\mathfrak{H}=\frac{m}{L^2}$，由此，在电磁单位制中就有 $\left[\frac{e}{LT}\right]=\left[\frac{M}{eT}\right]$，$\left[\frac{LM}{mT^2}\right]=\left[\frac{m}{L^2}\right]$，$[e]=[L^{\frac{1}{2}}M^{\frac{1}{2}}]$，$[m]=[L^{\frac{3}{2}}M^{\frac{1}{2}}T^{-1}]$，由这些结果，我们就得到其他各量的量纲。

626.〕

量 纲 表

	符号	量纲：在静电制中	量纲：在电磁制中
电量	e	$[L^{\frac{3}{2}}M^{\frac{1}{2}}T^{-1}]$	$[L^{\frac{1}{2}}M^{\frac{1}{2}}]$。
电动强度的线积分	E	$[L^{\frac{1}{2}}M^{\frac{1}{2}}T^{-1}]$	$[L^{\frac{3}{2}}M^{\frac{1}{2}}T^{-2}]$。
磁量 电路的动电动量	m p	$[L^{\frac{1}{2}}M^{\frac{1}{2}}]$	$[L^{\frac{3}{2}}M^{\frac{1}{2}}T^{-1}]$。
电流 磁势	C Ω	$[L^{\frac{3}{2}}M^{\frac{1}{2}}T^{-2}]$	$[L^{\frac{1}{2}}M^{\frac{1}{2}}T^{-1}]$。
电位移 面密度	$\mathfrak{D}$	$[L^{-\frac{1}{2}}M^{\frac{1}{2}}T^{-1}]$	$[L^{-\frac{3}{2}}M^{\frac{1}{2}}]$。
电动强度	$\mathfrak{E}$	$[L^{-\frac{1}{2}}M^{\frac{1}{2}}T^{-1}]$	$[L^{\frac{1}{2}}M^{\frac{1}{2}}T^{-2}]$。
磁感	$\mathfrak{B}$	$[L^{-\frac{3}{2}}M^{\frac{1}{2}}]$	$[L^{-\frac{1}{2}}M^{\frac{1}{2}}T^{-1}]$。
磁力	$\mathfrak{H}$	$[L^{\frac{1}{2}}M^{\frac{1}{2}}T^{-2}]$	$[L^{-\frac{1}{2}}M^{\frac{1}{2}}T^{-1}]$。

一点上的电流强度 …………………	$\mathfrak{C}$	$[L^{-\frac{1}{2}}M^{\frac{1}{2}}T^{-2}]$	$[L^{-\frac{3}{2}}M^{\frac{1}{2}}T^{-1}]$。
矢势 ………………………………	$\mathfrak{A}$	$[L^{-\frac{1}{2}}M^{\frac{1}{2}}]$	$[L^{\frac{1}{2}}M^{\frac{1}{2}}T^{-1}]$。

627.〕 我们已经按照它们出现的次序考虑过这些量的配对乘积。它们的比值在某些事例中是有科学重要性的。于是就有

	符号	静电制	电磁制
$\frac{e}{E}$=一个集电器的电容	q	$[L]$	$\left[\frac{T^2}{L}\right]$。
$\frac{p}{C}$=$\begin{Bmatrix}\text{电路的自感系数}\\\text{或电磁本领}\end{Bmatrix}$	L	$\left[\frac{T^2}{L}\right]$	$[L]$。
$\frac{\mathfrak{D}}{\mathfrak{E}}$=电介质的比感本领	K	$[0]$	$\left[\frac{T^2}{L^2}\right]$。
$\frac{\mathfrak{B}}{\mathfrak{H}}$=磁感本领	μ	$\left[\frac{T^2}{L^2}\right]$	$[0]$。
$\frac{E}{C}$=导体的电阻	R	$\left[\frac{T}{L}\right]$	$\left[\frac{L}{T}\right]$。
$\frac{\mathfrak{E}}{\mathfrak{C}}$=物质的比电阻	r	$[T]$	$\left[\frac{L^2}{T}\right]$。

628.〕 如果长度、质量和时间的单位在两种单位制中是相同的，则电量的一个电磁单位中所含有的静电单位倍数在数值上等于某一个速度，其绝对值和所用基本单位的大小无关。这个速度是一个重要的物理量，我们将用 v 来代表它。

一个电磁单位所含静电单位的倍数

对 $e, C, \Omega, \mathfrak{D}, \mathfrak{H}, \mathfrak{C}$ 来说 ………………………………………………………… v。

对 $m, p, E, \mathfrak{B}, \mathfrak{E}, \mathfrak{A}$，来说 ……………………………………………………… $\frac{1}{v}$。

对静电电容、介电感应本领和电导率来说是$\frac{1}{v^2}$。

确定速度 v 的几种方法将在第 768～780 节中给出。

在电磁单位制中，空气的磁比感本领被假设为等于 1，因此这个量在静电单位制中用$\frac{1}{v^2}$来代表。

电学单位的实用制

629.〕 在这两种单位制中，电磁制对那些从事于电磁电报的实用电学家们来说用处较大。然而，如果长度、时间和质量的单位是在其他科学工作中通用的那些，例如米或厘米、秒和克，则电阻和电动势的单位将太小，以致要表示出现在实用中的那些量就必须

用一些非常大的数字，而电量和电容的单位又将太大，以致只有一些极小的分数才会出现在实用中。因此，实用电学家们曾经采用了一套电学单位，这是依据一个大的长度单位和一个小的质量单位而通过电磁单位制推导出来的。

为此目的而使用的长度单位是一千万米，或者说近似地等于地球子午线的四分之一的长度。

时间的单位仍和从前一样是秒。

质量的单位是 10^{-11} 克，或者说是一亿分之一毫克。

由这些基本单位导出的电学单位曾经根据一些杰出的电学发现者来命名。例如电阻的实用单位是“欧姆”，并且是用大英科学促进协会所发布的在第 340 节中描述了的那种电阻线圈来代表的。在电磁制中，它用一个 10,000,000 米/秒的速度来代表。

电动势的实用单位叫做“伏特”，它和一个丹聂耳电池的电动势相差不大。拉提摩·克拉克先生近来曾经发明了一种很稳定的电池，其电动势几乎确切地等于 1.454 伏特。

电容的实用单位叫做“法拉”。在一伏特的电动势作用下在一秒钟内流过一欧姆电阻的电量，等于由一伏特的电动势在电容为一法拉的电容器上产生的电荷。

人们发现，这些名称的使用在实用上比不断重复“电磁单位”一词并附带说明各单位所依据的特定基本单位要方便得多。

当必须测量很大的量时，可以把原有单位乘以一百万并在它的名称前加一个“兆”字来形成一个新的单位。

同样，通过在前面加一个“微”字，就可以形成一个小的单位，它是原有单位的一百万之一。

下表给出在不同时期被采用的不同单位制中的这些实用单位的值。

基本单位	实用单位	大英协会报告 1863	汤姆孙	韦伯
长度	地球象限孤	米	厘米	毫米
时间	秒	秒	秒	秒
质量	10^{-11} 克	克	克	毫克
电阻	欧姆	10^{7}	10^{9}	10^{10}
电动势	伏特	10^{5}	10^{8}	10^{11}
电容	法拉	10^{-7}	10^{-9}	10^{-10}
电量	法拉(充电到 1 伏特)	10^{-2}	10^{-1}	10

第四十四章　论电磁场中的能量和胁强

静电能量

630.〕 体系的能量可以分成“势能”和“动能”。

由带电而引起的势能已经在第 85 节中考虑过了。它曾被写成 $W=\frac{1}{2}\sum(e\Psi)$，　(1)

式中 e 是电势为 Ψ 处的电荷，而求和遍及于存在电荷的一切地方。

如果 f、g、h 是电位移的分量，则体积元 $\mathrm{d}x\ \mathrm{d}y\ \mathrm{d}z$ 中的电量是

$$e=\left(\frac{\mathrm{d}f}{\mathrm{d}x}+\frac{\mathrm{d}g}{\mathrm{d}y}+\frac{\mathrm{d}h}{\mathrm{d}z}\right)\mathrm{d}x\,\mathrm{d}y\,\mathrm{d}z,\tag{2}$$

从而

$$W=\frac{1}{2}\iiint\left(\frac{\mathrm{d}f}{\mathrm{d}x}+\frac{\mathrm{d}g}{\mathrm{d}y}+\frac{\mathrm{d}h}{\mathrm{d}z}\right)\Psi\ \mathrm{d}x\ \mathrm{d}y\ \mathrm{d}z,\tag{3}$$

式中的积分遍及整个空间。

631.〕 把这一表示式分部积分，并记得当从一个有限带电体系的一个给定点算起的距离 r 变为无限大时，势 Ψ 就变成一个 r^{-1} 级的无限小量，而 f、g、h 就变成 r^{-2} 级的无限小量，就可以把表示式简化成

$$W=-\frac{1}{2}\iiint\left(f\ \frac{\mathrm{d}\Psi}{\mathrm{d}x}+g\ \frac{\mathrm{d}\Psi}{\mathrm{d}y}+h\ \frac{\mathrm{d}\Psi}{\mathrm{d}z}\right)\mathrm{d}x\,\mathrm{d}y\,\mathrm{d}z,\tag{4}$$

式中的积分遍及整个空间。

如果我们现在把电动强度的分量写成 P、Q、R 而不写成 $-\frac{\mathrm{d}\Psi}{\mathrm{d}x}$，$-\frac{\mathrm{d}\Psi}{\mathrm{d}y}$和$-\frac{\mathrm{d}\Psi}{\mathrm{d}z}$，我们就得到

$$W=-\frac{1}{2}\iiint(Pf+Qg+Rh)\mathrm{d}x\,\mathrm{d}y\,\mathrm{d}z。\tag{5}$$[①]

由此可见，如果我们假设整个场的静电能量存在于场中电力和电位移不为零的每一部分中而不是只局限在可以找到电荷的地方，这个能量也将是相同的。

单位体积中的能量是电动强度和电位移的乘积的一半乘以这两个矢量之间的夹角。

在四元数语言中这就是$-\frac{1}{2}S.\,\mathfrak{E}\mathfrak{D}$。

① 这一静电能量表示式在本书第一卷中是根据静电力可由势函数导出的假设而推得的。当电动强度的一部分是由电磁感应引起的时，这种证明就不再成立了。然而，如果我们采取一种观点，即认为这一部分能量起源于电介质的极化状态而且等于每单位体积$\frac{1}{8\pi K}(f^2+g^2+h^2)$，则势能将只依赖于电介质的极化而不论这种极化是如何产生的。于是，既然$\frac{f}{4\pi K}=P$，$\frac{g}{4\pi K}=Q$，$\frac{h}{4\pi K}=R$，能量就将等于每单位体积$\frac{1}{2}(Pf+Qg+Rh)$。

磁 能 量

[①]632.〕 我们可以利用和在第 85 节的带电事例中所用的方法相仿的方法来处理由磁化引起的能量。如果 A、B、C 是磁化的分量，而 α、β、γ 是磁力的分量，则由第 389 节可知磁体系的势能是

$$-\frac{1}{2}\iiint(A\alpha+B\beta+C\gamma)\mathrm{d}x\,\mathrm{d}y\,\mathrm{d}z, \tag{1}$$

积分遍及于磁化物质所占据的空间。然而，这一部分能量却将在一种我们即将求得的形式下包含动能。

633.〕 当没有电流时，我们可变换这一表示式如下，我们知道，

$$\frac{\mathrm{d}a}{\mathrm{d}x}+\frac{\mathrm{d}b}{\mathrm{d}y}+\frac{\mathrm{d}c}{\mathrm{d}z}=0。 \tag{2}$$

因此，由第 97 节可知，如果正像当不存在电流时在磁现象中永远成立的那样有

$$\alpha=-\frac{\mathrm{d}\Omega}{\mathrm{d}x},\quad \beta=-\frac{\mathrm{d}\Omega}{\mathrm{d}y},\quad \gamma=-\frac{\mathrm{d}\Omega}{\mathrm{d}z}, \tag{3}$$

则有

$$\iiint(a\alpha+b\beta+c\gamma)\mathrm{d}x\,\mathrm{d}y\,\mathrm{d}z=0, \tag{4}$$

积分遍及整个空间，或者写作

$$\iiint\{(\alpha+4\pi A)\alpha+(\beta+4\pi B)\beta+(\gamma+4\pi C)\gamma\}\,\mathrm{d}x\,\mathrm{d}y\,\mathrm{d}z=0。 \tag{5}$$

由此可见，由一个磁体系引起的能量是

$$-\frac{1}{2}\iiint(A\alpha+B\beta+C\gamma)\mathrm{d}x\,\mathrm{d}y\,\mathrm{d}z=\frac{1}{8\pi}\iiint(\alpha^2+\beta^2+\gamma^2)\mathrm{d}x\,\mathrm{d}y\,\mathrm{d}z,$$

$$=\frac{1}{8\pi}\iiint\mathfrak{H}^2\mathrm{d}x\,\mathrm{d}y\,\mathrm{d}z。 \tag{6}$$

动电能量

634.〕 在第 578 节中，我们已经把一个电流组的动能表示成下列形式：

$$T=\frac{1}{2}\sum(pi), \tag{1}$$

式中 p 是一个电路的电磁动量，而 i 是在电路中流动着的电流的强度，求和遍及所有的电路。

但是我们在第 590 节中已经证明，p 可以表示成一个形式如下的线积分：

$$p=\int\left(F\frac{\mathrm{d}x}{\mathrm{d}s}+G\frac{\mathrm{d}y}{\mathrm{d}s}+H\frac{\mathrm{d}z}{\mathrm{d}s}\right)\mathrm{d}x, \tag{2}$$

式中 F、G、H 是点 (x,y,z) 上电磁动量 $\mathfrak{A}$ 的分量，而积分是沿闭合回路 s 计算的。因此我们就得到

$$T=\frac{1}{2}\sum i\int\left(F\frac{\mathrm{d}x}{\mathrm{d}s}+G\frac{\mathrm{d}y}{\mathrm{d}s}+H\frac{\mathrm{d}z}{\mathrm{d}s}\right)\mathrm{d}s。 \tag{3}$$

如果 u，v，w 是传导电路中任一点上的电流密度的分量，而 S 是覆盖在电路上的曲

① 见本章末尾的附录Ⅰ。

面，我们就可以写出
$$i\frac{\mathrm{d}x}{\mathrm{d}s}+uS,\quad i\frac{\mathrm{d}y}{\mathrm{d}s}=vS,\quad i\frac{\mathrm{d}z}{\mathrm{d}s}=wS,\tag{4}$$
而且我们也可以把体积元写成 $S\mathrm{d}s=\mathrm{d}x\mathrm{d}y\mathrm{d}z$，于是我们现在就得到
$$T=\frac{1}{2}\iiint(Fu+Gv+Hw)\mathrm{d}x\mathrm{d}y\mathrm{d}z,\tag{5}$$
式中的积分应该遍及于空间中存在电流的每一部分。

635.〕 现在让我们把 u、v、w 代换成由第 607 节中的方程组(E)给出的用磁力的分量 α、β、γ 表示出来的它们的值，于是我们就得到
$$T=\frac{1}{8\pi}\iiint\left\{F\left(\frac{\mathrm{d}\gamma}{\mathrm{d}y}-\frac{\mathrm{d}\beta}{\mathrm{d}z}\right)+G\left(\frac{\mathrm{d}\alpha}{\mathrm{d}z}-\frac{\mathrm{d}\gamma}{\mathrm{d}x}\right)+H\left(\frac{\mathrm{d}\beta}{\mathrm{d}x}-\frac{\mathrm{d}\alpha}{\mathrm{d}y}\right)\right\}\mathrm{d}x\mathrm{d}y\mathrm{d}z,\tag{6}$$
式中的积分遍及包含了所有电流的那一部分空间。

如果我们进行分部积分，并且记得在很大距离处 α、β 和 γ 具有 r^3 的数量级(而且在两种媒质的分界面上 F、G、H 和切向磁力都是连续的)，我们就会发现，当积分扩展到全部空间时，表示式就简化为
$$T=\frac{1}{8\pi}\iiint\left\{\alpha\left(\frac{\mathrm{d}H}{\mathrm{d}y}-\frac{\mathrm{d}G}{\mathrm{d}z}\right)+\beta\left(\frac{\mathrm{d}F}{\mathrm{d}z}-\frac{\mathrm{d}H}{\mathrm{d}x}\right)+\gamma\left(\frac{\mathrm{d}G}{\mathrm{d}x}-\frac{\mathrm{d}F}{\mathrm{d}y}\right)\right\}\mathrm{d}x\mathrm{d}y\mathrm{d}z。\tag{7}$$

由第 591 节中的磁感方程组(A)，我们可以把小括号中的各量代换成磁感分量 a、b、c，于是动能就可以写成
$$T=\frac{1}{8\pi}\iiint(a\alpha+b\beta+c\gamma)\mathrm{d}x\mathrm{d}y\mathrm{d}z,\tag{8}$$
式中的积分应该遍及空间中磁力和磁感的值异于零的每一个部分。

这一表示式的括号中的那个量，就是磁感和磁力在磁感方向上的投影的乘积。

在四元数的语言中，此式可以简单地写成 $-S.\mathfrak{B}\mathfrak{H}$，式中 $\mathfrak{B}$ 是磁感，其分量为 a、b、c，而 $\mathfrak{H}$ 是磁力，其分量为 α、β、γ。

636.〕 因此，体系的动能可以或是表示成在存在电流的地方求的积分。或是表示成在存在磁力的每一部分场中求的积分。然而，第一个积分是假设各电流直接互相发生远距作用的那种理论的自然表示，而第二个积分则对力图用各电流之间的空间中的某种中介作用来解释电流间的作用的那种理论是合适的。由于我们在本书中曾经采用了后一种研究方法，我们就很自然地把第二个表示式取作动能的最重要的表示形式。

按照我们的假说，我们认为动能是存在于任何有磁力的地方的，就是说，在一般情况是存在于场的每一部分中的。单位体积的能量是 $-\frac{1}{8\pi}S.\mathfrak{B}\mathfrak{H}$，而且这种能量是以物质的某种运动的形式而存在于空间的每一部分中的。

当我们讨论到法拉第关于磁对偏振光的效应的发现时，我们将举出相信有磁力线的地方就有物质绕该磁力线的转动的理由。请参阅第 821 节。

磁能量和动电能量的比较

637.〕 我们在第 423 节中已经求出，强度分别为 φ 和 φ' 而又分别以闭合曲线 s 和 s'

为边界的两个磁壳，其相互势能是 $-\varphi\varphi'\iint\frac{\cos\epsilon}{r}\mathrm{d}s\mathrm{d}s'$，式中 ϵ 是 $\mathrm{d}s$ 和 $\mathrm{d}s'$ 的方向之间的夹角，而 r 是它们之间的距离。

我们在第 521 节中也求得，载有电流 i 和 i' 的两个电路 s 和 s' 所引起的相互能量是 $ii'\iint\frac{\cos\epsilon}{r}\mathrm{d}s\mathrm{d}s'$。如果 i、i' 分别等于 φ、φ'，则磁壳之间的机械力等于对应载流电路之间的机械力，而且方向也相同。在磁壳的事例中，力倾向于减小它们的相互势能；在电路的事例中，力倾向于增大它们的相互能量，因为这种能量是动能。

通过磁化物质的任何布置来造成一个在一切方面都和一个载流电路相对应的体系是不可能的，因为磁体系的势在空间中的每一点上都是单值的，而电体系的势则是多值的。

但是通过一些无限小电路的适当布置来造成一个在一切方面都和任一磁壳相对应的体系却是可能的，如果我们在计算势时所取的积分曲线不许穿过任何一个这种小电路的话。这一点将在第 833 节中更充分地加以解释。

磁体在远处的作用是和载流电路在远处的作用完全等同的。因此我们就力图把它们归之于相同的原因；而既然我们不能借助于磁体来解释电流，我们就必须采取另一种办法，即借助于分子电路来解释磁体。

638.〕　在本书第三编中关于磁现象的研究中，我们没有试图解释在一段距离上的磁作用，而只是把这种作用看成了一种基本的经验事实。因此我们假设了一个磁体系的能量是势能，并假设了当体系的各部分被作用在它们上的磁力所推动时这一势能是减小的。

然而，如果我们认为各磁体的性质起源于在它们的分子内部运行着的电流，它们的能量就是动能，而它们之间的力就将倾向于使它们沿一种方向而运动，以致如果各电流强度保持不变则动能将会增大。

这种解释磁性的方式也要求我们放弃在第三编中所用的方法；在那种方法中，我们把磁体看成了一种连续的和均匀的物体，其最小的部分和整体具有相同的磁性。

现在我们必须认为一个磁体含有为数虽多但却是有限的一些电路，因此它就在本质上具有一种分子性的而不是连续的结构。

如果我们假设我们的数学工具是如此的粗糙，以致我们的积分曲线不可能穿过一个分子电路，并假设我们的体积元中含有为数甚巨的磁分子，我们就仍会得到和第三编的结果相类似的结果；但是，如果我们假设我们的数学工具更加精致并能够用来研究发生在分子内部的一切情况，我们就必须放弃旧有的磁性理论而采用安培的理论；这种理论除了由电流组成的磁体以外不承认任何别的磁体。

我们必须把磁能量和电磁能量都看成动能并给予它们以相同的正负号，正如在第 635 节中的作法那样。

在下面，尽管我们偶尔也像在第 639 节等处那样试图使用旧的磁性理论，但是我们却将发现，只有当像在第 644 节中那样放弃旧理论而采用安培的分子电流理论时，我们才能得到一种完全自洽的理论体系。

因此场的能量只有两部分，静电能或势能 $W=\frac{1}{2}\iiint(Pf+Qg+Rh)\mathrm{d}x\mathrm{d}y\mathrm{d}z$，和电磁

能或动能 $T=\frac{1}{8\pi}\iiint(a\alpha+b\beta+c\gamma)\mathrm{d}x\mathrm{d}y\mathrm{d}z$。

关于作用在位于电磁场中的物体的一个体积元上的力

作用在一个磁体元上的力

①639.〕 设一物体被磁化到磁化强度分量为 A、B、C 的程度，并位于磁力分量为 α、β、γ 的场中，则它的体积元 $\mathrm{d}x\mathrm{d}y\mathrm{d}z$ 的势能是 $-(A\alpha+B\beta+C\gamma)\mathrm{d}x\mathrm{d}y\mathrm{d}z$。

由此可见，如果促使体积元沿 x 方向移动而不转动的力是 $X_1\mathrm{d}x\mathrm{d}y\mathrm{d}z$，则

$$X_1=A\frac{\mathrm{d}\alpha}{\mathrm{d}x}+B\frac{\mathrm{d}\beta}{\mathrm{d}x}+C\frac{\mathrm{d}\gamma}{\mathrm{d}x}, \tag{1}$$

而如果倾向于使体积元绕着 x 轴而从 y 向 z 转动的力偶矩是 $L\mathrm{d}x\mathrm{d}y\mathrm{d}z$，则

$$L=B\gamma-C\beta。 \tag{2}$$

和 y 轴及 z 轴相对应的力及力矩可以通过适当的代换来写出。

640.〕 如果被磁化的物体载有其分量为 u、v、w 的电流，则由第 603 节中的方程组(C)可知将存在一个其分量为 X_2、Y_2、Z_2 的附加的力，其中 X_2 由下式给出：

$$X_2=vc-wb。 \tag{3}$$

由此可得，既起源于分子的磁性又起源于通过物体的电流的总力就是

$$X=A\frac{\mathrm{d}\alpha}{\mathrm{d}x}+B\frac{\mathrm{d}\beta}{\mathrm{d}x}+C\frac{\mathrm{d}\gamma}{\mathrm{d}x}+vc-wb。 \tag{4}$$

各量 a、b、c 是磁感的分量，而且是通过在第 400 节中给出的方程组来和磁力的分量 α、β、γ 相联系的：

$$\left.\begin{aligned}a&=\alpha+4\pi A,\\ b&=\beta+4\pi B\\ c&=\gamma+4\pi C,\end{aligned}\right\} \tag{5}$$

电流的分量 u、v、w、可以通过第 607 节中的方程组而用 α、β、γ 表示出来

$$\left.\begin{aligned}4\pi u&=\frac{\mathrm{d}\gamma}{\mathrm{d}y}-\frac{\mathrm{d}\beta}{\mathrm{d}z},\\ 4\pi v&=\frac{\mathrm{d}\alpha}{\mathrm{d}z}-\frac{\mathrm{d}\gamma}{\mathrm{d}x},\\ 4\pi w&=\frac{\mathrm{d}\beta}{\mathrm{d}x}-\frac{\mathrm{d}\alpha}{\mathrm{d}y}。\end{aligned}\right\} \tag{6}$$

由此即得

$$\begin{aligned}X&=\frac{1}{4\pi}\left\{(a-\alpha)\frac{\mathrm{d}\alpha}{\mathrm{d}x}+(b-\beta)\frac{\mathrm{d}\beta}{\mathrm{d}x}+(c-\gamma)\frac{\mathrm{d}\gamma}{\mathrm{d}x}+b\left(\frac{\mathrm{d}\alpha}{\mathrm{d}y}-\frac{\mathrm{d}\beta}{\mathrm{d}x}\right)+c\left(\frac{\mathrm{d}\alpha}{\mathrm{d}z}-\frac{\mathrm{d}\gamma}{\mathrm{d}x}\right)\right\}\\ &=\frac{1}{4\pi}\left\{a\frac{\mathrm{d}\alpha}{\mathrm{d}x}+b\frac{\mathrm{d}\alpha}{\mathrm{d}y}+c\frac{\mathrm{d}\alpha}{\mathrm{d}z}-\frac{1}{2}\frac{\mathrm{d}}{\mathrm{d}x}(\alpha^2+\beta^2+\gamma^2)\right\}。\end{aligned} \tag{7}$$

由第 403 节可得

$$\frac{\mathrm{d}a}{\mathrm{d}x}+\frac{\mathrm{d}b}{\mathrm{d}y}+\frac{\mathrm{d}c}{\mathrm{d}z}=0。 \tag{8}$$

---

① 参阅本章末尾的附录Ⅱ。

把这个方程(8)乘以 α 并除以 4π,我们就可以把所得结果和(7)相加,于是就得到

$$X=\frac{1}{4\pi}\left\{\frac{d}{dx}\left[a\alpha-\frac{1}{2}(\alpha^2+\beta^2+\gamma^2)\right]+\frac{d}{dy}[b\alpha]+\frac{d}{dz}[c\alpha]\right\}, \tag{9}$$

另外由(2)也得到

$$L=\frac{1}{4\pi}((b-\beta)\gamma-(c-\gamma)\beta), \tag{10}$$

$$=\frac{1}{4\pi}(b\gamma-c\beta), \tag{11}$$

式中 X 是按单位体积来计算的沿 x 方向的力,而 L 是绕该轴的力矩(每单位体积)。

关于用一种处于胁强状态的媒质来对这些力作出的解释

641.〕 让我们用一个形如 P_{hk} 的符号来代表对单位面积而言的任意种类的胁强,此处的第一个下标 h 表明胁强被假设作用于其上的那个面积的法线平行于 h 轴,而第二个下标 k 则表明位于面积之正侧的那一部分物体作用在位于面积之负侧的那一部分物体上的胁强是平行于 k 轴的。

h 和 k 两个方向可以相同,在那种事例中胁强就是一种直胁强。它们也可以互相斜交,在那种事例中胁强就是一种斜胁强;或者,它们也可以互相垂直,在那种事例中胁强就是一种切胁强。

各胁强不会在物体的元部分中引起任何转动趋势的条件是 $P_{hk}=P_{kh}$。

然而,在一个磁化物体的事例中却存在这样一种转动趋势,从而在普通胁强理论中成立的这一条件是并没有得到满足的。

让我们考虑作用在物体之元部分 $dx\,dy\,dz$ 的六个面上的各胁强的效应,这时取坐标原点作为该元部分的重心。

正表面 $dy\,dz$ 的 x 值是$\frac{1}{2}dx$,这一表面上的力是

$$\left.\begin{aligned}&\text{平行于 } x,\quad \left(P_{xx}+\frac{1}{2}\frac{dp_{xx}}{dx}dx\right)dy\,dz=X_{+x},\\&\text{平行于 } y,\quad \left(P_{xy}+\frac{1}{2}\frac{dp_{xy}}{dx}dx\right)dy\,dz=Y_{+x},\\&\text{平行于 } z,\quad \left(P_{xz}+\frac{1}{2}\frac{dp_{xz}}{dx}dx\right)dy\,dz=Z_{+x}。\end{aligned}\right\} \tag{1}$$

作用在反面上的力 $-X_{-x}$、$-Y_{-x}$、$-Z_{-x}$ 可以通过令 dx 变号而从这些表示式求得。我们可以用同样的方式把作用在体积元之每一其他表面上的力系表示出来,力的方向用大写字母来指示,而它的作用面则用下标来指示。

如果 $X\,dx\,dy\,dz$ 是作用在体积元上的平行于 x 的总力,则有

$$X\,dx\,dy\,dz=X_{+x}+X_{+y}+X_{+z}+X_{-x}+X_{-y}+X_{-z},$$

$$=\left(\frac{dp_{xx}}{dx}+\frac{dp_{yx}}{dy}+\frac{dp_{zx}}{dz}\right)dx\,dy\,dz,$$

由此即得

$$X=\frac{d}{dx}P_{xx}+\frac{d}{dy}P_{yx}+\frac{d}{dz}P_{zx}。 \tag{2}$$

如果 $L\,dx\,dy\,dz$ 是倾向于使体积元绕着 x 轴而从 y 向 z 转动的力矩，则有

$$L\,dx\,dy\,dz=\frac{1}{2}dy(Z_{+y}-Z_{-y})-\frac{1}{2}dz(y_{+z}-y_{-z})$$

$$=(P_{yz}-P_{zy})dx\,dy\,dz,$$

由此即得

$$L=P_{yz}-P_{zy}。\tag{3}$$

把由方程(9)及(10)给出的和由方程(13)及(14)给出的 X 及 L 的值互相比较一下，我们就发现，如果令

$$\left.\begin{aligned}
P_{xx}&=\frac{1}{4\pi}\left\{a\alpha-\frac{1}{2}(\alpha^2+\beta^2+\gamma^2)\right\},\\
P_{yy}&=\frac{1}{4\pi}\left\{b\beta-\frac{1}{2}(\alpha^2+\beta^2+\gamma^2)\right\},\\
P_{zz}&=\frac{1}{4\pi}\left\{c\gamma-\frac{1}{2}(\alpha^2+\beta^2+\gamma^2)\right\},\\
P_{yz}&=\frac{1}{4\pi}b\gamma,\quad P_{zy}=\frac{1}{4\pi}c\beta,\\
P_{zx}&=\frac{1}{4\pi}c\alpha,\quad P_{xz}=\frac{1}{4\pi}a\gamma,\\
P_{xy}&=\frac{1}{4\pi}a\beta,\quad P_{yx}=\frac{1}{4\pi}b\alpha,
\end{aligned}\right\}\tag{4}$$

则起源于以这些值作为分量的那一胁强系的力，将在对物体中每一体积元的效应方面是和起源于磁化及电流的力互相静力学等价的。

642.〕 通过令 x 平分磁力方向和磁感方向之间的夹角，并把 y 轴取在这些方向的平面上，而其方向指向磁力一边，就很容易找出以这些量为其分量的那种胁强的本性。

如果我们用 $\mathfrak{H}$ 代表磁力的数值，用 $\mathfrak{B}$ 代表磁感的数值，并用 2ε 代表它们的方向之间的夹角，就有

$$\left.\begin{aligned}
\alpha&=\mathfrak{H}\cos\varepsilon,\quad \beta=-\mathfrak{H}\sin\varepsilon,\quad \gamma=0,\\
a&=\mathfrak{B}\cos\varepsilon,\quad b=-\mathfrak{B}\sin\varepsilon,\quad c=0;
\end{aligned}\right\}\tag{5}$$

$$\left.\begin{aligned}
P_{xx}&=\frac{1}{4\pi}\left(+\mathfrak{B}\mathfrak{H}\cos^2\varepsilon-\frac{1}{2}\mathfrak{H}^2\right),\\
P_{yy}&=\frac{1}{4\pi}\left(-\mathfrak{B}\mathfrak{H}\sin^2\varepsilon-\frac{1}{2}\mathfrak{H}^2\right),\\
P_{zz}&=\frac{1}{4\pi}\left(-\frac{1}{2}\mathfrak{H}^2\right),\\
P_{yz}&=P_{zx}=P_{zy}=P_{xz}=0,\\
P_{xy}&=\frac{1}{4\pi}\mathfrak{B}\mathfrak{H}\cos\varepsilon\sin\varepsilon,\\
P_{yx}&=\frac{1}{4\pi}\mathfrak{B}\mathfrak{H}\cos\varepsilon\sin\varepsilon。
\end{aligned}\right\}\tag{6}$$

由此可见，胁强状态可以被看成由下列各量组成：

(1) 一个 $=\frac{1}{8\pi}\mathfrak{H}^2$ 的沿一切方向的压强。

(2) 一个 $=\frac{1}{4\pi}\mathfrak{B}\mathfrak{H}\cos^2\varepsilon$ 的沿磁力方向和磁感方向之夹角分角线的张力。

(3) 一个 $=\frac{1}{4\pi}\mathfrak{B}\mathfrak{H}\sin^2\varepsilon$ 的沿该二方向之外角分角线的压强。

（4）一个$=\frac{1}{4\pi}\mathfrak{B}\mathfrak{H}\sin 2\varepsilon$的力偶矩，倾向于使位于该二方向之平面内的每一物质元从磁感方向向着磁力方向而发生转动。

在流体或未磁化的固体中，磁感永远是和磁力同方向的。在这种事例中，$\varepsilon=0$，而当令x轴和磁力的方向相重合时，就有$P_{xx}=\frac{1}{4\pi}\left(\mathfrak{B}\mathfrak{H}\frac{1}{2}\mathfrak{H}^2\right)$，$P_{yy}=P_{zz}=-\frac{1}{8\pi}\mathfrak{H}^2$，　　（7）

而切胁强则不复存在。

因此，在这种事例中，胁强就是一个液体压强$\frac{1}{8\pi}\mathfrak{H}^2$和一个沿着力线的张力$\frac{1}{4\pi}\mathfrak{B}\mathfrak{H}$。

643.〕　当不存在磁化时，$\mathfrak{B}=\mathfrak{H}$，于是胁强就进一步得到简化，变成一个等于$\frac{1}{8\pi}\mathfrak{H}^2$的沿力线的张力和一个数值上等于$\frac{1}{8\pi}\mathfrak{H}^2$的沿一切垂直于力线的方向的压强。这种重要事例中的胁强分量是

$$\left.\begin{aligned}P_{xx}&=\frac{1}{8\pi}(\alpha^2-\beta^2-\gamma^2),\\P_{yy}&=\frac{1}{8\pi}(\beta^2-\gamma^2-\alpha^2),\\P_{zz}&=\frac{1}{8\pi}(\gamma^2-\alpha^2-\beta^2),\\P_{yz}&=P_{zy}=\frac{1}{4\pi}\beta\gamma,\\P_{zx}&=P_{xz}=\frac{1}{4\pi}\gamma\alpha,\\P_{xy}&=P_{yx}=\frac{1}{4\pi}\alpha\beta。\end{aligned}\right\}\tag{8}$$

由这些胁强引起的作用在一个媒质体积元上的x分力，当折算成单位体积的力时是

$$\begin{aligned}X&=\frac{\mathrm{d}}{\mathrm{d}x}P_{xx}+\frac{\mathrm{d}}{\mathrm{d}y}P_{yx}+\frac{\mathrm{d}}{\mathrm{d}z}P_{zx},\\&=\frac{1}{4\pi}\left\{\alpha\frac{\mathrm{d}\alpha}{\mathrm{d}x}-\beta\frac{\mathrm{d}\beta}{\mathrm{d}x}-\gamma\frac{\mathrm{d}\gamma}{\mathrm{d}x}\right\}+\frac{1}{4\pi}\left\{\alpha\frac{\mathrm{d}\beta}{\mathrm{d}y}+\beta\frac{\mathrm{d}\alpha}{\mathrm{d}y}\right\}\frac{1}{4\pi}\left\{\alpha\frac{\mathrm{d}\gamma}{\mathrm{d}z}+\gamma\frac{\mathrm{d}\alpha}{\mathrm{d}z}\right\},\\&=\frac{1}{4\pi}\alpha\left(\frac{\mathrm{d}\alpha}{\mathrm{d}x}+\frac{\mathrm{d}\beta}{\mathrm{d}y}+\frac{\mathrm{d}\gamma}{\mathrm{d}z}\right)+\frac{1}{4\pi}\gamma\left(\frac{\mathrm{d}\alpha}{\mathrm{d}z}-\frac{\mathrm{d}\gamma}{\mathrm{d}x}\right)-\frac{1}{4\beta}\left(\frac{\mathrm{d}\beta}{\mathrm{d}x}-\frac{\mathrm{d}\alpha}{\mathrm{d}y}\right)。\end{aligned}$$

现在，$\frac{\mathrm{d}\alpha}{\mathrm{d}x}+\frac{\mathrm{d}\beta}{\mathrm{d}y}+\frac{\mathrm{d}\gamma}{\mathrm{d}z}=4\pi m$，$\frac{\mathrm{d}\alpha}{\mathrm{d}z}-\frac{\mathrm{d}\gamma}{\mathrm{d}x}=4\pi v$，$\frac{\mathrm{d}\beta}{\mathrm{d}x}-\frac{\mathrm{d}\alpha}{\mathrm{d}y}=4\pi w$，式中$m$是指磁质对单位体积而言的密度，而$v$和$w$分别是垂直于$y$和$z$的电流强度。由此即得

同理也得

$$\left.\begin{aligned}X&=\alpha m+v\gamma-w\beta,\\Y&=\beta m+w\alpha+v\gamma,\\Z&=\gamma m+u\beta-v\alpha。\end{aligned}\right\}\text{（电磁力方程组）}\tag{9}$$

644.〕　如果我们采用安培和韦伯关于磁性物体和抗磁性物体之本性的理论，并假设磁性极化和抗磁性极化是由分子电流所引起的，我们就能排除假想的磁质，并且在任何地方都有$m=0$，即

$$\frac{\mathrm{d}\alpha}{\mathrm{d}x}+\frac{\mathrm{d}\beta}{\mathrm{d}y}+\frac{\mathrm{d}\gamma}{\mathrm{d}z}=0,\tag{10}$$

于是电磁力方程组就变成

$$\left.\begin{aligned}X&=v\gamma-w\beta,\\Y&=w\alpha-u\gamma,\\Z&=u\beta-v\alpha。\end{aligned}\right\}\tag{11}$$

这些就是按单位体积来看的机械力的分量。磁力的分量是 α、β、γ，而电流的分量是 u、v、w。这些方程是和已经建立了的那些方程相等同的。（第 603 节，方程组(C)。）

645.〕 在借助于媒质中的一种胁强状态来解释电磁力时，我们只是在追随法拉第[①]的观念，即认为磁力线倾向于自己缩短而且当并排存在时就互相推斥。我们所做的一切就是用数学语言来表示沿磁力线的张力的值以及垂直于磁力线的压强的值，并证明这样假设为存在于媒质中的胁强状态实际上就能产生观察到的作用在载有电流的导体上的力。

关于这种胁强状态在媒质中被引起和被保持的方式，我们还没有肯定过任何东西。我们只曾证明，有可能设想电流的相互作用依赖于周围媒质中的一种特定的胁强，而不是一种直接的和即时的远距作用。

任何一种借助于媒质的运动或用其他方式来对胁强状态作出的进一步解释，应被看成理论的一个另外的和独立的部分，它的成立或垮台并不影响我们目前的观点。请参阅第 832 节。

在本书第一编第 108 节中我们证明了观察到的静电力可被设想为是通过周围媒质中的一种胁强状态的介入而起作用的。现在我们针对电磁力作了同样的事情，而剩下来要考察的就是，关于能够支持这些胁强状态的一种媒质的观念是否能够和其他的已知现象相容，或者说，我们是否必须认为这种观念没有成果而把它放弃掉。

在一个既存在电磁作用又存在静电作用的场中，我们必须假设在第一编中描述了的那种静电胁强是叠加在我们刚才还在考虑的电磁胁强上的。

646.〕 如果我们假设总的地磁力是 10 大英单位（格令，英尺，秒），正如在英国情况差不多是如此的那样，则沿力线的张力是每平方英尺 0.128 格令重。焦耳[②]用电磁铁得到的最大的磁张力约为每平方英寸 140 磅重。

---

① *Exp. Res.* 3266, 3267, 3268.

② Sturgeon's *Annnals of Electricity*, vol. v. p. 187(1840); or *Philosophical Magazine*, Dec. 1851.

附 录 I

[导源于克拉克·麦克斯韦教授致克瑞斯托教授的一封信的下列注释，对第 389 节和第 632 节来说是重要的。

在第 389 节中，由于放在磁力分量为 α_2、β_2、γ_2 的磁场中而其磁化分量为 A_1、B_1、C_1 的一个磁体的存在而引起的能量是 $-\iiint(A_1\alpha_2+B_1\beta_2+C_1\gamma_2)\mathrm{d}x\,\mathrm{d}y\,\mathrm{d}z$，此处的积分以磁体为限，因为在任何别的地方 A_1、B_1、C_1 都为零。但是，总的能量却具有如下的形式 $-\frac{1}{2}\iiint\{(A_1+A_2)(\alpha_1+\alpha_2)+\cdots\}\mathrm{d}x\,\mathrm{d}y\,\mathrm{d}z$，积分遍及于空间中存在磁化物体的每一部分，而 A_2、B_2、C_2 代表磁体外面任何一点上的磁化分量。

于是总能量就包括四个部分： $$-\frac{1}{2}\iiint(A_1\alpha_1+\cdots)\mathrm{d}x\,\mathrm{d}y\,\mathrm{d}z, \tag{1}$$

如果磁体的磁化是固定的，则这一部分能量不变； $$-\frac{1}{2}\iiint(A_2\alpha_1+\cdots)\mathrm{d}x\,\mathrm{d}y\,\mathrm{d}z, \tag{2}$$

而由格林定理，此式等于 $$-\frac{1}{2}\iiint(A_1\alpha_2+\cdots)\mathrm{d}x\,\mathrm{d}y\,\mathrm{d}z, \tag{3}$$

以及 $$-\frac{1}{2}\iiint(A_2\alpha_2+\cdots)\mathrm{d}x\,\mathrm{d}y\,\mathrm{d}z。 \tag{4}$$

我们可以假设最后一式起源于固定的磁化，从而是一个常量。

因此，看成固定磁化了的活动磁体的能量中的变化部分，就是表示式(2)和(3)之和，即 $-\iiint(A_1\alpha_2+B_1\beta_2+C_1\gamma_2)\mathrm{d}x\,\mathrm{d}y\,\mathrm{d}z$。磁体的移动将改变 α_2、β_2、γ_2 的值而不改变 A_1、B_1、C_1 的值。记得这一点，我们就能求出作用在磁体上的力沿任一方向 φ 中的分量：$\iiint\left(A_1\frac{\mathrm{d}\alpha_2}{\mathrm{d}\varphi}+B_1\frac{\mathrm{d}\beta_2}{\mathrm{d}\varphi}+C_1\frac{\mathrm{d}\gamma_2}{\mathrm{d}\varphi}\right)\mathrm{d}x\,\mathrm{d}y\,\mathrm{d}z$。

如果我们不是有一个磁体而是有一个被感应磁化了的物体，则力的表示式也应该相同；就是说，写出 $A_1=\kappa a$ 等，我们就得到 $\iiint\kappa\left(\alpha\frac{\mathrm{d}\alpha_2}{\mathrm{d}\varphi}+\beta\frac{\mathrm{d}\beta_2}{\mathrm{d}\varphi}+\gamma\frac{\mathrm{d}\gamma_2}{\mathrm{d}\varphi}\right)\mathrm{d}x\,\mathrm{d}y\,\mathrm{d}z$。

在这一表示式中，a 代替了 a_1+a_2，余类推，但是如果磁化物体很小或是 κ 很小，则和 a_2 相比 a_1 可以忽略不计，于是力的表示式就像在第 440 节中那样变成

$$\frac{\mathrm{d}}{\mathrm{d}\varphi}\frac{1}{2}\iiint\kappa(\alpha^2+\beta_2+\gamma^2)\mathrm{d}x\,\mathrm{d}y\,\mathrm{d}z。$$

当一个感应本领很小的由感应而磁化的物体被带到无限远处时，磁力所做的功只是对被固定磁化到同一初强度的同一物体做的功的一半，因为当感生磁体被带走时它的强度是会逐步消失的。]

附 录 Ⅱ

[对于第 639 节中的由磁力引起的单位体积媒质的势能表示式曾经提出一些反对意见,其理由是,当在第 389 节中求得这一表示式时,我们假设了分力 α、β、γ 可以从一个势函数推出,而在第 639～640 节中则情况并非如此。这种反驳也波及力 X 的表示式,它是能量的空间变化率。这一注释的目的就在于提出一些倾向于肯定正文之准确性的想法。]

{为了计算的方便,可以把作用在一块载流磁性物质上的力分成两部分:(1) 由于电流的存在而作用在体积元上的力,(2) 由体积元中的磁性所引起的力。第一部分将和作用在一个非磁性物质体积元上的力相同,其分量分别是

$$\begin{matrix}\gamma v-\beta w\\ \alpha w-\gamma u\\ \beta u-\alpha v\end{matrix}\begin{cases}u、v、w\ \text{是电流的分量},\\ \alpha、\beta、\gamma\ \text{是磁力的分量}。\end{cases}$$

为了计算第二个力,设想从磁性物质中切出一个细柱,柱体的轴线平行于磁化的方向。

如果 I 是磁化强度,则作用在单位体积之磁体上的平行于 X 的力是 $I\dfrac{\mathrm{d}\alpha}{\mathrm{d}s}$,或者,如果 A、B、C 是 I 的分量,则有 $A\dfrac{\mathrm{d}\alpha}{\mathrm{d}x}+B\dfrac{\mathrm{d}\alpha}{\mathrm{d}y}+C\dfrac{\mathrm{d}\alpha}{\mathrm{d}z}$,或者写成 $A\dfrac{\mathrm{d}\alpha}{\mathrm{d}x}+B\left(\dfrac{\mathrm{d}\beta}{\mathrm{d}x}-4\pi w\right)+C\left(\dfrac{\mathrm{d}\gamma}{\mathrm{d}x}+4\pi v\right)$。因此,作用在体积元上的平行于 X 的总力就是 $\gamma v-\beta w+A\dfrac{\mathrm{d}\alpha}{\mathrm{d}x}+B\left(\dfrac{\mathrm{d}\beta}{\mathrm{d}x}-4\pi w\right)+C\left(\dfrac{\mathrm{d}\gamma}{\mathrm{d}x}+4\pi w\right)$,或者写成 $v(\gamma+4\pi C)-w(\beta+4\pi B)+A\dfrac{\mathrm{d}a}{\mathrm{d}x}+B\dfrac{\mathrm{d}\beta}{\mathrm{d}x}+C\dfrac{\mathrm{d}\gamma}{\mathrm{d}x}$,即 $vc-wb+A\dfrac{\mathrm{d}\alpha}{\mathrm{d}x}+B\dfrac{\mathrm{d}\beta}{\mathrm{d}x}+C\dfrac{\mathrm{d}\gamma}{\mathrm{d}x}$,这就是正文中的表示式。}

第四十五章　电　流　层

647.〕　一个"电流层"就是导电物质的一个无限薄的层，两侧都以绝缘媒质为界，从而电流可以在层内流动，但除了在某些称为"电极"的点上以外却不能从层中逸出，而电流就是经由那些电极而进入层中和流出层外的。

为了传导一个有限大小的电流，一个实在的层必须有一个有限的厚度，从而必须被看成一个三维的导体。然而，在许多事例中，从以上定义的那种电流层的电学性质来推出一个实在导电层或一薄层螺绕线圈的电学性质却在实际上是很方便的。

因此我们可以把一个任意形状的曲面看成一个电流层。既经选定了这一曲面的一侧作为正侧以后，我们将永远假设在曲面上画出的任何曲线都是从曲面的正侧来观察的。在一个闭合曲面的事例中，我们将把它的外侧看成正侧。然而请参阅第 294 节，在那里，电流的方向被定义成了从电流层的内侧所看到的方向。

电流函数

648.〕　设把曲面上的一个固定点 A 取作原点，并在曲面上从 A 到另一点 P 画一条曲线。设在单位时间内从左侧向右侧而越过这条曲线的电量是 φ，则 φ 叫做点 P 上的"电流函数"。

电流函数只依赖于 P 点的位置，而且对于曲线 AP 的任意两种形状来说都是相同的，如果曲线可以不扫过一个电极而通过连续的运动从一种形状变换成另一种形状的话。因为曲线的这两种形状将包围一个面积，而面积上不存在任何电极，从而越过其中一条曲线而进入这一面积的电量必将越过另一条曲线而流走。

如果 s 代表曲线 AP 的长度，则从左向右而越过 ds 的电流将是 $\frac{d\varphi}{ds}ds$。

如果 φ 在任一曲线上为常量，则不会有电流越过它。这样的曲线叫做"电流线"或"流线"。

649.〕　设 ψ 为层上任一点的电势，则沿一条曲线之任一线段元 ds 的电动势将是 $-\frac{d\psi}{ds}ds$，如果除了起源于电势差的电动势以外不存在任何别的电动势的话。

650.〕　现在我们可以假设，层上一点的位置由该点的 φ 值和 ψ 值来确定。设 ds_1 是交截在两条流线 φ 和 $\varphi+d\varphi$ 之间的等势线 ψ 的线段元的长度，并设 ds_2 是交截在两条等势线 ψ 和 $\psi+d\psi$ 之间的流线 φ 的线段元的长度，我们可以把 ds_1 和 ds_2 看成层上的面积元 $d\varphi d\psi$ 的边。沿 ds_2 方向的电动势 $-d\psi$ 产生越过 ds_1 的电流 $d\varphi$。

设层上长度为 ds_2 而宽度为 ds_1 的一个部分的电阻为 $\sigma\frac{ds_2}{ds_1}$，式中 σ 是层的对单位面积而言的比电阻，于是就有 $d\psi=\sigma\frac{ds_2}{ds_1}d\varphi$，由此即得 $\frac{ds_1}{d\varphi}=\sigma\frac{ds_2}{d\psi}$。

651.〕 如果层的材料在所有各方向上是同样导电的，则 ds_1 垂直于 ds_2。在均匀电阻的导电的事例中，σ 为常量，而如果令 $\psi=\sigma\psi'$，我们就有 $\frac{\delta s_1}{\delta s_2}=\frac{\delta\varphi}{\delta\psi'}$，而各流线和各等势线就把层面划分成一些小方块。

由此可以推知，如果 φ_1 和 ψ_1' 是 φ 和 ψ' 的共轭函数(见第 183 节)，曲线 φ_1 就可以是一个层中的流线，对该层来说曲线 ψ_1' 是对应的等势线。当然，一个事例就是 $\varphi_1=\psi'$ 而 $\psi_1'=-\varphi$ 时的事例。在这个事例中，等势线变成了流线而流线变成了等势线①。

如果我们已经针对任一特例得出了有关一个任意形状的均匀层中的电流分布的解，我们就能按照在第 190 节中给出的方法而利用共轭函数的适当变换来推出另一事例中的分布。

652.〕 其次我们必须确定一个电流层的磁作用，这时假设电流是完全限制在层中的，没有任何电极把电流送入层中或传出层外。

在这一事例中，电流函数 φ 在每一点上都有一个确定的值，所有的流线都是互不相交的闭合曲线，尽管任一流线都可以和自己相交。

试考虑层上介于流线 φ 和 $\varphi+\delta\varphi$ 之间的带状部分。层的这一部分是一个传导电路，它里边有一个强度为 $\delta\varphi$ 的电流在 φ 大于所给值的那一部分层中沿正方向而运行。这个电路的磁效应，在并不位于磁壳物质之内的任一点上和一个强度为 $\delta\varphi$ 的磁壳的效应相同。让我们假设，磁壳和电流层上 φ 值大于所给流线的 φ 值的那一部分相重合。

从 φ 具有最大值的流线开始到 φ 具有最小值的流线为止画出相继的流线，我们就把电流层分成一系列电路。把每一个电路代换成和它相对应的磁壳，我们就发现电流层的磁效应在任何并不位于电流层厚度之内的点上都和一个复杂磁壳的效应相同，该复杂磁壳的任意点上的强度是 $C+\varphi$，此处 C 是一个常量。

如果电流层是有界的，我们就必须在边界线上令 $C+\varphi=0$。如果电流层形成一个闭合的或无限的曲面，就没有任何条件可以确定常量 C。

653.〕 电流层每一侧的任一点上的磁势，正如在第 415 节中一样由下列表示式给出：$\Omega=\iint\frac{1}{r^2}\varphi\cos\theta\,ds$，式中 r 是所给点离面积元 ds 的距离，而 θ 是 r 的方向和从 ds 的正面画起的法线方向之间的夹角。

这一表示式给出了并不位于电流层厚度之内的一切点上的磁势，而我们知道，对于载有电流的导体内部各点来说，是不存在什么矢势的。

Ω 的值在电流层上是不连续的，因为，如果 Ω_1 是它在刚好位于电流层之内的一点上的值，而 Ω_2 是它在和第一个点很靠近但刚刚位于电流层之外的一个点上的值，则有 $\Omega_2=\Omega_1+4\pi\varphi$，式中 φ 是层上该点处的电流函数。

① 参阅 Thomson. *Camb. Math. Journ.*, vol. iii. p. 286。

垂直于层的磁力分量的值是连续的，在层的两侧都相同。平行于流线的磁力分量也是连续的，但是垂直于流线的切向分量却在层上并不连续。如果 s 是在层上画出的一条曲线的长度，则磁力沿 $\mathrm{d}s$ 方向的分量在层的负侧为 $-\frac{\mathrm{d}\Omega_1}{\mathrm{d}s}$ 而在层的正侧为 $-\frac{\mathrm{d}\Omega_2}{\mathrm{d}s}=-\frac{\mathrm{d}\Omega_1}{\mathrm{d}s}-4\pi\frac{\mathrm{d}\varphi}{\mathrm{d}s}$。

因此，磁力在正侧的分量比在负侧的分量大了一个量 $-4\pi\frac{\mathrm{d}\varphi}{\mathrm{d}s}$。在一个给定的点上，这个量当 $\mathrm{d}s$ 垂直于电流线时将有最大值。

关于一个具有无限大电导率的层中的电流的感应

654.〕 在第 579 节中已经证明，在任一电路中都有 $E=\frac{\mathrm{d}p}{\mathrm{d}t}+Ri$，式中 E 是所加的电动势，p 是电路的动电动量，R 是电路的电阻，而 i 是电路中的电流。如果不存在所加的电动势也不存在电阻，则 $\frac{\mathrm{d}p}{\mathrm{d}t}=0$，或者说 p 是常量。

在第 588 节中已经证明，电路的动电动量 p 是用穿过电路的磁感的面积分来量度的。因此，在一个没有电阻的电流层的事例中，穿过在曲面上画出的任一闭合曲线的磁感的面积分都必然是常量，而这就意味着，磁感的法向分量在电流层的每一点上都保持为常量。

655.〕 因此，如果磁场由于附近的磁体运动或电流变化而以任意方式发生了变化，则电流层中就会开始出现一些电流，以致它们的磁效应和磁体或电流的磁效应结合起来，将使磁感的法向分量在层的每一点上都保持不变。如果最初没有磁作用，而层中也没有电流，则磁感的法向分量将在层的每一点上永远为零。

因此，层就可以被看成对磁感来说是不可透过的，从而磁感线将在层上受到偏转，其方式和一个无限大均匀导电物质中电流的流线由于一个形状相同而用无限大电阻的材料做成的层的引入而受到偏转的那种方式完全相同。

如果层形成一个闭合的或无限大的曲面，则在其一侧可能发生的任何磁作用都不会在其另一侧产生任何磁效应。

平面电流层的理论

656.〕 我们已经看到，一个电流层的层外磁作用和一个磁壳的体外磁作用相等价，该磁壳的每一点上的强度在数值上等于电流函数 φ。当层是一个平面层时，我们就可以把确定电磁效应所必需的一切量都用单独一个函数 P 表示出来，这个函数就是由一层展布在平面上并带有面密度 φ 的假想物质所引起的势函数。P 的值当然就是

$$P=\iint\frac{\varphi}{r}\mathrm{d}x'\mathrm{d}y',\tag{1}$$

式中 r 是从计算 P 的一点 (x,y,z) 到平面上面积元 $\mathrm{d}x'\mathrm{d}y'$ 所在之点 $(x',y',0)$ 的距离。

为了求出磁势，我们可以把磁壳看成由平行于 xy 平面的两个表面组成。第一个表面的方程是 $z=\frac{1}{2}c$，其面密度是 $\frac{\varphi}{c}$；第二个表面的方程是 $z=-\frac{1}{2}c$，其面密度是 $-\frac{\varphi}{c}$。

由这些表面引起的势，分别是 $\frac{1}{c}P_{\left(z-\frac{c}{2}\right)}$ 和 $\frac{1}{c}P_{\left(z+\frac{c}{2}\right)}$，式中的下标表明，在第一个表示式中要把 z 代成 $z-\frac{c}{2}$，而在第二个表示式中要把 z 代成 $z+\frac{c}{2}$。按照泰勒定理来把这些表示式展开，把它们相加，然后取 c 为无限小，我们就得到由层在其外面任一点上引起的磁势

$$\Omega=-\frac{\mathrm{d}P}{\mathrm{d}z}。\tag{2}$$

657.〕 量 P 对层的平面来说是对称的，从而当把 z 换成 $-z$ 时是不变的。

磁势 Ω 当把 z 换成 $-z$ 时将变号。

在层的正表面上，

$$\Omega=-\frac{\mathrm{d}P}{\mathrm{d}z}=2\pi\varphi。\tag{3}$$

在层的负表面上，

$$\Omega=-\frac{\mathrm{d}P}{\mathrm{d}z}=-2\pi\varphi。\tag{4}$$

在层的内部，如果它的磁效应起源于它的物质的磁化，则磁势将从正表面上的 $2\pi\varphi$ 连续地变化到负表面上的 $-2\pi\varphi$。

如果层中含有电流，则层内的磁力并不满足具有一个势函数的条件。然而层内的磁力却是完全确定的。

法向分力，

$$\gamma=-\frac{\mathrm{d}\Omega}{\mathrm{d}z}=\frac{\mathrm{d}^2P}{\mathrm{d}z^2},\tag{5}$$

在层的两侧以及在整个层的物质中是相同的。

如果 α 和 β' 是在正表面上平行于 x 和平行于 y 的磁力分量，而 α' 和 β' 是负表面上的对应分量，则有

$$\alpha=-2\pi\frac{\mathrm{d}\varphi}{\mathrm{d}x}=-\alpha',\tag{6}$$

$$\beta=-2\pi\frac{\mathrm{d}\varphi}{\mathrm{d}y}=-\beta'。\tag{7}$$

在层的内部，各分量从 α 和 β 连续地变到 α' 和 β'。

把由电流层引起的矢势的分量 F、G、H 和标势 Ω 联系起来的方程组

$$\left.\begin{aligned}\frac{\mathrm{d}H}{\mathrm{d}y}-\frac{\mathrm{d}G}{\mathrm{d}z}&=-\frac{\mathrm{d}\Omega}{\mathrm{d}x},\\ \frac{\mathrm{d}F}{\mathrm{d}z}-\frac{\mathrm{d}H}{\mathrm{d}x}&=-\frac{\mathrm{d}\Omega}{\mathrm{d}y},\\ \frac{\mathrm{d}G}{\mathrm{d}x}-\frac{\mathrm{d}F}{\mathrm{d}y}&=-\frac{\mathrm{d}\Omega}{\mathrm{d}z},\end{aligned}\right\}\tag{8}$$

将得到满足，如果我们令

$$F=\frac{\mathrm{d}P}{\mathrm{d}y},\quad G=-\frac{\mathrm{d}P}{\mathrm{d}x},\quad H=0。\tag{9}$$

我们也可以通过直接求积分来得到这些值，例如在 F 的情况{如果 μ 到处等于 1 则我们由第 616 节得到}，

$$\begin{aligned}F&=\iint\frac{u}{r}\mathrm{d}x'\mathrm{d}y'=\iint\frac{1}{r}\frac{\mathrm{d}\varphi}{\mathrm{d}y'}\mathrm{d}x'\mathrm{d}y',\\ &=\int\frac{\varphi}{r}\mathrm{d}x'-\iint\varphi\frac{\mathrm{d}}{\mathrm{d}y'}\frac{1}{r}\mathrm{d}x'\mathrm{d}y'。\end{aligned}$$

既然积分运算要在无限大的平面层上进行估计，而第一项在无限远处变为零，表示式就会简化为第二项；而通过把 $-\frac{d}{dy'}\frac{1}{r}$ 代换成$\frac{d}{dy}\frac{1}{r}$，并记得 φ 依赖于 x' 和 y' 而不依赖于 x、y、z，我们就得到　$F=\frac{d}{dy}\iint\frac{\varphi}{r}dx'dy'$，

$$=\frac{dP}{dy},\quad \text{根据(1)。}$$

如果 Ω'是由层外的任何磁体系或电体系引起的磁势，我们就可以写出

$$P'=-\int\Omega'\quad dz, \tag{10}$$

于是，关于由这一体系引起的矢势的分量，我们就将有

$$F'=\frac{dP'}{dy},\quad G'=-\frac{dP'}{dx},\quad H'=0, \tag{11}$$

658.〕 现在让我们假设层是固定的并确定层上任意点处的电动强度。

设 X 和 Y 分别是平行于 x 和 y 的电动强度的分量，则我们由第 598 节得到{把 Ψ 改成 ψ}

$$X=-\frac{d}{dt}(F+F')-\frac{d\psi}{dx}, \tag{12}$$

$$Y=-\frac{d}{dt}(G+G')-\frac{d\psi}{dy}。 \tag{13}$$

如果层的电阻率是均匀的并等于 σ，则有　　$X=\sigma u,\quad Y=\sigma v,$　(14)

式中 u 和 v 是电流的分量；而如果 φ 是电流函数，则　$u=\frac{d\varphi}{dy},\quad v=-\frac{d\varphi}{dx}$。　(15)

但是由方程(3)可知，在电流层的正表面上有　　$2\pi\varphi=-\frac{dP}{dz}$，

因此方程(12)和(13)就可以写成

$$-\frac{\sigma}{2\pi}\frac{d^2P}{dy\,dz}=-\frac{d^2}{dy\,dt}(P+P')-\frac{d\psi}{dx}, \tag{16}$$

$$\frac{\sigma}{2\pi}\frac{d^2P}{dx\,dz}=\frac{d^2}{dx\,dt}(P+P')-\frac{d\psi}{dy}, \tag{17}$$

此处各表示式的值是和层的正表面相对应的。

如果把第一式对 x 求导数，把第二式对 y 求导数，并把结果加起来，我们就得到

$$\frac{d^2\psi}{dx^2}+\frac{d^2\psi}{dy^2}=0。 \tag{18}$$

唯一满足这一方程并在层的每一点上都为有限和连续而且在无限远处变为零的函数就是

$$\psi=0。 \tag{19}$$

由此可见，一个具有均匀电导率的无限大平面层中的电流的感应是并不和层的不同部分的电势差相伴随的。

将这一 ψ 值代入并把方程(16)和(17)求积分，我们就得到

$$\frac{\sigma}{2\pi}\frac{dP}{dz}-\frac{dP}{dt}-\frac{dP'}{dt}=f(z,t)。 \tag{20}$$

既然层中电流的值是通过对 x 或 y 求导数来得出的，z 和 t 的任意函数就将消失。因此我们将对这种函数不予考虑。

如果我们也把$\frac{\sigma}{2\pi}$用单独一个代表某一速度的符号 R 来代替，则 P 和 P'之间的方程

将变为 $$R\frac{\mathrm{d}P}{\mathrm{d}z}=\frac{\mathrm{d}P}{\mathrm{d}t}+\frac{\mathrm{d}P'}{\mathrm{d}t}。\tag{21}$$

659.〕 让我们首先假设不存在对电流层起作用的外界磁体系。因此我们可以假设 $P'=0$。于是事例就变成一个不受外界作用的电流系，但是各电流却通过它们的互感而相互作用，而同时又因层的电阻而消耗它们的能量。结果由下列方程来表示：

$$R\frac{\mathrm{d}P}{\mathrm{d}z}=\frac{\mathrm{d}P}{\mathrm{d}t},\tag{22}$$

它的解是 $$P=F\{x,y,(z+Rt)\}。\tag{23}$$

由此可见①，层的正侧其坐标为 x、y、z 的任意点上在时刻 t 的 P 值，等于一点 x、y、$(z+Rt)$ 上在时刻 $t=0$ 的 P 值。

因此，如果在一个无限大的均匀平面层中激起一些电流然后不再影响它，则它在层的正侧任一点上的磁效应，将和使电流保持不变而使层沿其负侧法线方向以一个常速度 R 而运动时的磁效应相同。由于实际事例中的电流衰减而引起的电磁力的减弱，用假想事例中距离的增大所引起的力的减弱来准确地代表。

660.〕 把方程(21)对 t 求积分，我们就得到 $$P+P'=\int R\frac{\mathrm{d}P}{\mathrm{d}z}\mathrm{d}t。\tag{24}$$

如果我们假设起初 P 和 P' 都是零，而一个磁体或电磁体突然被磁化或从无限远处搬过来，以致使 P' 的值突然从零变成了 P'，那么，既然(24)式右端的时间积分随时间而变为零，我们在最初的时刻就必然在层的表面上得到 $P'=-P'$。

因此，由引起 P' 的那一体系的突然引入而在层中激起的电流系，恰好分布得足以在层的表面上抵消由那一体系引起的磁效应。

因此，在层的表面上，从而也在层负侧的一切点上，初电流系就产生一种恰好和磁体系在正侧产生的效应相等而反向的效应。我们可以用一种说法来表示这一情况；那就是说，电流的效应和磁体系的一个像的效应相等价，那个像在位置上和原体系相重合，但是在磁化方向及电流方向上却和原体系相反。这样的像叫做负像。

层中的电流在层的正侧一点上的效应，和磁体系的一个正像在层的负侧所产生的效应相等价，这时对应点的连线被层所垂直平分。

因此，由层中的电流在层的任一侧的一点上引起的作用，可以看成由和该点异侧的一个磁体系的像所引起的作用；这个像是一个正像或负像，随该点位于层的正侧或负侧而定。

661.〕 如果层的电导率为无限大，则 $R=0$，从而(24)式的右端为零，于是像就将代表层中的电流在任何时刻的效应。

在实在层的事例中，R 具有某一个有限的值。因此，刚刚描述的那种像就只能在突然引入磁体系以后的最初时刻代表电流的效应。电流将立即开始衰减，而这种衰减的效应将准确地得到表示，如果我们假设两个像开始以常速度 R 从它们的原始位置而沿着由层画起的法线方向运动的话。

---

① 方程(20)和(22)已被证实为只有在层的表面上即当 $z=0$ 时才是正确的。表示式(23)普遍地满足(22)。从而在层的表面上也满足(22)。它也满足问题的其他条件，从而是一个解。“任何别的解必然和这个解差一个闭合电流系，这些电流依赖于层的初状态但并不是由任何外因引起的，从而它们必然很快地衰减”。请参阅克拉克·麦克斯韦教授的论文，见 *Royal Soc. Proc*, xx. pp. 160～168。

662.〕 现在我们已经准备好，可以考察由位于层的正侧的任何一个磁体系或电磁体系 M 在层中感应出来的电流系了，这时 M 的位置和强度可以按任意方式发生变化。

和以前一样，设 P' 是通过方程(3)、(9)等等来据以导出这一体系之直接作用的那个函数，则 $\frac{\mathrm{d}P'}{\mathrm{d}t}\delta t$ 将是和由 $\frac{\mathrm{d}M}{\mathrm{d}t}\delta t$ 来表示的体系相对应的函数。这个量就是 M 在时间 δt 中的增量，它可以看成本身就表示着一个磁体系。

如果我们假设在时刻 t 在层的负侧构成了体系 $\frac{\mathrm{d}M}{\mathrm{d}t}\delta t$ 的一个正像，则由这个像在层的正侧的任一点上引起的磁作用将和在 M 变化以后的最初时刻由这种变化在层中感应出来的电流的磁作用相等价；而且这个像将继续和层中的电流相等价，如果它一旦形成就以常速度 R 沿负 z 方向而运动的话。

如果假设在每一相继的时间元中都构成一个这样的像，而且它一旦形成就开始以速度 R 由层离去，我们就将得到一种像列的观念，列中的最后一个像正在形成中，而所有其余的像则正在像一个刚体那样以速度 R 而离开层。

663.〕 如果 P' 是起源于磁体系之作用的一个随便什么样的函数，我们就可以通过下述手续来求出起源于层中的电流的对应函数 P，而这种手续不过是像列理论的符号表示而已。

设 P_τ 代表 P（起源于层中电流的函数）在时刻 $t-\tau$ 在点 $(x,y,z+R_\tau)$ 上的值，并设 P'_τ 代表 P'（起源于磁体系的函数）在时刻 $t-\tau$ 在点 $(x,y,-(z+R_\tau))$ 上的值。于是就得到

$$\frac{\mathrm{d}P_\tau}{\mathrm{d}\tau}=R\frac{\mathrm{d}P_\tau}{\mathrm{d}z}-\frac{\mathrm{d}P_\tau}{\mathrm{d}t}, \tag{25}$$

从而方程(21)就变成

$$\frac{\mathrm{d}P_\tau}{\mathrm{d}\tau}=\frac{\mathrm{d}P'_\tau}{\mathrm{d}t}, \tag{26}$$

而对 τ 从 $\tau=0$ 积分到 $\tau=\infty$，我们就得到作为函数 P 的值

$$P=-\int_0^\infty\frac{\mathrm{d}P'_\tau}{\mathrm{d}t}\mathrm{d}\tau, \tag{27}$$

由此我们就将像在方程(3)、(9)等等中一样通过导数而得出层的一切性质。[①]

664.〕 作为此处所示手续的一个例子，让我们考虑以均匀速度沿直线而运动的一个具有单位强度的单独磁极的事例。

设磁极在时刻 t 的坐标是 $\xi=ut$，　$\eta=0$，　$\zeta=c+wt$。

在时刻 $t-\tau$ 求得的磁极之像的坐标是 $\xi=u(t-\tau)$，$\eta=0$，$\zeta=-(c+w(t-\tau)+R\tau)$，而如果 τ 是这个像离开点 (x,y,z) 的距离，则 $r^2=(x-u(t-\tau))^2+y^2+(z+c+w(t-\tau)+R\tau)^2$。为了求出由像列引起的势，我们必须计算积分 $-\frac{\mathrm{d}}{\mathrm{d}t}\int_0^\infty\frac{\mathrm{d}r}{r}$。如果我们

① 这种证明可以安排如下：设 $\mathfrak{P}_\tau$ 是 P 在时刻 $t-\tau$ 在点 x、y、$-(z+R_\tau)$ 的值，其余的符号和正文中的相同。于是既然 $\mathfrak{P}_\tau$ 是 x、y、$z+R_\tau$、$t-\tau$ 的函数，我们就有 $\frac{\mathrm{d}\mathfrak{P}_\tau}{\mathrm{d}\tau}=R\frac{\mathrm{d}\mathfrak{P}_\tau}{\mathrm{d}t}-\frac{\mathrm{d}\mathfrak{P}_\tau}{\mathrm{d}t}$；而既然由前面的小注可知方程(21)在场中一切点上都得到满足而不仅仅是在平面上得到满足，我们就有 $\frac{\mathrm{d}\mathfrak{P}_\tau}{\mathrm{d}\tau}=\frac{\mathrm{d}P'_\tau}{\mathrm{d}t}$，由此即得 $\mathfrak{P}_\tau=-\int_0^\infty\frac{\mathrm{d}P'_\tau}{\mathrm{d}t}\mathrm{d}\tau$；但是既然 P 在任何点上都和在对平面层而言的像点上具有相同的值，我们就有 $\mathfrak{P}_\tau=P_\tau$，由此即得 $P_\tau=-\int_0^\infty\frac{\mathrm{d}P'_\tau}{\mathrm{d}t}\mathrm{d}\tau$。

写出 $Q^2=u^2+(R-w)^2$，则有 $\int_0^\infty \frac{d\tau}{r}=-\frac{1}{Q}\log\{Qr+u(x-ut)+(R-w)(z+c+wt)\}$ + 一个无限大的项，但是当对 t 微分时后一项就会消失，因为这一表示式中的 r 值是通过在上面的 r 表示式中令 $\tau=0$ 来求得的。把这一表示式对 t 求导数并令 $t=0$，我们就得到由像列引起的磁势 $\Omega=\frac{1}{Q}\frac{Q\frac{w(z+c)-ux}{r}-u^2-w^2+Rw}{Qr+ux+(R-w)(z+c)}$。

通过对 x 或 z 求这一表示式的导数，我们就得到任意点上分别平行于 x 或 z 的磁力分量；而通过在这些表示式中令 $x=0$、$z=c$ 以及 $r=2c$，我们就得到作用在运动磁极本身上的各分力的值如下：

$$X=-\frac{1}{4c^2}\frac{u}{Q+R-w}\left\{1+\frac{w}{Q}-\frac{u^2}{Q(Q+R-w)}\right\},$$

$$Z=-\frac{1}{4c^2}\left\{\frac{w}{Q}-\frac{u^2}{Q(Q+R-w)}\right\}①。$$

665.〕 在这些表示式中，我们必须记得运动被假设为在所考虑的时间以前就已经进行了一段无限长的时间。因此我们就不应该把 w 看成一个正量，因为不然的话磁极就必曾在一段有限的时间内穿过层。

如果我们令 $u=0$ 而 w 为负，则 $X=0$，而 $Z=\frac{1}{4c^2}\frac{w}{R+w}$，或者说当磁极向层靠近时它就受到层的推斥。如果令 $w=0$，我们就得到 $Q^2=u^2+R^2$，$X=-\frac{1}{4c^2}\frac{uR}{Q(Q+R)}$ 和 $Z=\frac{1}{4c^2}\frac{u^2}{Q(Q+R)}$。

分力代表一种阻力，沿着和磁极运动方向相反的方向而作用在磁极上。对于给定的 R 值来说，X 当 $u=1.27R$ 时有极大值。

当层是一个非导体时，$R=\infty$ 而 $X=0$。当层是一个理想导体时，$R=0$ 而 $X=0$。

分力 Z 代表层对磁极的一个推斥力。它随速度的增大而增大，而最后当速度为无限大时变成 $\frac{1}{4c^2}$。当 R 为零时它也具有同一个值。

666.〕 当磁极沿着一条平行于层的曲线而运动时，计算就变得更加繁复，但是很容易看出，像列之最靠近的部分的效应就在于产生一个沿着和磁极运动方向相反的方向而作用在磁极上的力。直接跟在这一部分后面的那一部分像列的效应，和其磁轴在某一时间以前平行于磁极运动方向的一个磁体的效应种类相同。既然这一磁体的最近磁极是和运动磁极同名的，力就包括两部分：一部分是推斥力，另一部分是一个平行于以前的运动方向的力，但其方向是向后的。这个力可以分解成一个阻力和一个指向运动磁极的路径的凹侧的力。

667.〕 我们的探讨不足以使我们能够解决那种由于导电层的不连续性或具有边界而致使电流系不能完全形成的事例。

然而很容易看出，如果磁极是平行于层的边沿而运动的，则靠近边沿的电流将被削

① 这些表示式可以写成更简单的形式：$X=-\frac{1}{4c^2}\frac{R}{Q}\frac{u}{Q+R-w}$，$Z=\frac{1}{4c^2}\left(1-\frac{R}{Q}\right)$。

弱。由此可见，由这些电流所引起的力将较小，从而就不仅会有一个较小的阻力，而且，既然推斥力在靠近边沿的那一侧是最小的，磁极就会受到指向边沿的吸引力。

阿拉戈旋转盘的理论

668.〕 阿拉戈发现[①]，放在一个旋转着的金属盘附近的磁体会受到一个倾向于使它随盘而转动的力，尽管当盘为静止时在它和磁体之间是没有作用力的。

这种旋转盘的作用起初被认为是起源于一个新种类的感生磁化，直到法拉第[②]利用盘子通过磁力场的运动而在盘中感应出来的电流来解释了它为止。

为了确定这些感生电流的分布以及它们对磁体的影响，我们可以利用已经求得的关于受到运动磁体作用的一个静止导电层的结果，这时我们要用到在第 600 节中给出的相对于运动坐标系来处理电磁方程的方法。然而，既然这个事例有一种特殊的重要性，我们就将用一种直接的方式来处理它；我们将从这样一条假设开始：磁体的各个极都离盘的边沿很远，以致导电层的有界性的效应可以忽略不计。

利用以前各节(656～667)中的相同符号，我们就求得{第 598 节中的方程组(B)，将 Ψ 改写成 ψ}分别平行于 x 和 y 的电动强度分量

$$\left.\begin{aligned}\sigma u&=\gamma\frac{\mathrm{d}y}{\mathrm{d}t}-\frac{\mathrm{d}\psi}{\mathrm{d}x},\\ \sigma v&=-\gamma\frac{\mathrm{d}x}{\mathrm{d}t}-\frac{\mathrm{d}\psi}{\mathrm{d}y},\end{aligned}\right\}\tag{1}$$

式中 γ 是磁力垂直于盘的分量。

如果我们把 u 和 v 用电流函数 φ 表示出来，就有

$$u=\frac{\mathrm{d}\varphi}{\mathrm{d}y},\quad v=-\frac{\mathrm{d}\varphi}{\mathrm{d}x},\tag{2}$$

而如果盘子是以角速度 ω 而绕 z 轴转动的，就有

$$\frac{\mathrm{d}y}{\mathrm{d}t}=\omega x,\quad \frac{\mathrm{d}x}{\mathrm{d}t}=-\omega y。\tag{3}$$

把这些值代入方程组(1)中，我们就得到

$$\sigma\frac{\mathrm{d}\varphi}{\mathrm{d}y}=\gamma\omega x-\frac{\mathrm{d}\psi}{\mathrm{d}x},\tag{4}$$

$$-\sigma\frac{\mathrm{d}\varphi}{\mathrm{d}x}=\gamma\omega y-\frac{\mathrm{d}\psi}{\mathrm{d}y}。\tag{5}$$

用 x 乘(4)式而用 y 乘(5)式并相加，我们就得到

$$\sigma\left(x\frac{\mathrm{d}\varphi}{\mathrm{d}y}-y\frac{\mathrm{d}\varphi}{\mathrm{d}x}\right)=\gamma\omega(x^2+y^2)-\left(x\frac{\mathrm{d}\psi}{\mathrm{d}x}+y\frac{\mathrm{d}\psi}{\mathrm{d}y}\right)。\tag{6}$$

用 y 乘(4)式而用 $-x$ 乘(5)式并相加，我们就得到

$$\sigma\left(x\frac{\mathrm{d}\varphi}{\mathrm{d}x}+y\frac{\mathrm{d}\varphi}{\mathrm{d}y}\right)=x\frac{\mathrm{d}\psi}{\mathrm{d}y}-y\frac{\mathrm{d}\psi}{\mathrm{d}x}。\tag{7}$$

如果现在我们把这些方程用 r 和 θ 表示出来，此处

$$x=r\cos\theta,\quad y=r\sin\theta\tag{8}$$

则这些方程变成

$$\sigma\frac{\mathrm{d}\varphi}{\mathrm{d}\theta}=\gamma\omega r^2-r\frac{\mathrm{d}\psi}{\mathrm{d}r},\tag{9}$$

$$\sigma r\frac{\mathrm{d}\varphi}{\mathrm{d}r}=\frac{\mathrm{d}\psi}{\mathrm{d}\theta}。\tag{10}$$

---

① *Annales de Chimie et de Physique*, Tome 32, pp. 213～223, 1826.

② *Exp. Res.*, 81.

方程(10)可以得到满足,如果我们假设 r 和 θ 的一个任意函数并令

$$\varphi=\frac{\mathrm{d}\chi}{\mathrm{d}\theta}, \tag{11}$$

$$\psi=\sigma r\ \frac{\mathrm{d}\chi}{\mathrm{d}r}。 \tag{12}$$

把这些值代入方程(9)中,该方程就变成 $$\sigma\left(\frac{\mathrm{d}^2\chi}{\mathrm{d}^2}+r\ \frac{\mathrm{d}}{\mathrm{d}r}\left(r\ \frac{\mathrm{d}\chi}{\mathrm{d}r}\right)\right)=\gamma\omega r^2。 \tag{13}$$

用 σr^2 去除一下并回到坐标 x 和 y,此式就变成 $$\frac{\mathrm{d}^2\chi}{\mathrm{d}x^2}+\frac{\mathrm{d}^2\chi}{\mathrm{d}y^2}=\frac{\omega}{\sigma}\gamma。 \tag{14}$$

这就是理论的基本方程,它表示了函数 χ 和磁力垂直于盘的分量 γ 之间的关系。设 Q 是由以面密度 χ 分布在盘上的吸引性的假想物质在盘的正侧任一点上引起的势。

在盘的正表面上,有 $$\frac{\mathrm{d}Q}{\mathrm{d}z}=-2\pi\chi。 \tag{15}$$

由此可见,方程(14)的左端变成 $$\frac{\mathrm{d}^2\chi}{\mathrm{d}x^2}+\frac{\mathrm{d}^2\chi}{\mathrm{d}y^2}=-\frac{1}{2\pi}\frac{\mathrm{d}}{\mathrm{d}z}\left(\frac{\mathrm{d}^2Q}{\mathrm{d}x^2}+\frac{\mathrm{d}^2Q}{\mathrm{d}y^2}\right)。 \tag{16}$$

但是,既然 Q 在盘外面的所有各点上都满足拉普拉斯方程,那就有

$$\frac{\mathrm{d}^2Q}{\mathrm{d}x^2}+\frac{\mathrm{d}^2Q}{\mathrm{d}y^2}=-\frac{\mathrm{d}^2Q}{\mathrm{d}z^2}, \tag{17}$$

而方程(14)就变成 $$\frac{\sigma}{2\pi}\frac{\mathrm{d}^3Q}{\mathrm{d}z^3}=\omega\gamma。 \tag{18}$$

再者,既然 Q 是由分布 χ 所引起的势,那么由分布 φ 或者说由 $\frac{\mathrm{d}\chi}{\mathrm{d}\theta}$ 所引起的势就将是 $\frac{\mathrm{d}Q}{\mathrm{d}\theta}$。由此我们就得到由盘中的电流所引起的磁势的表示式 $$\Omega_1=-\frac{\mathrm{d}^2Q}{\mathrm{d}\theta\mathrm{d}z}, \tag{19}$$

而关于由电流引起的磁力垂直于盘的分量就有 $$\gamma_1=-\frac{\mathrm{d}\Omega}{\mathrm{d}z}=\frac{\mathrm{d}^3Q}{\mathrm{d}\theta\mathrm{d}z^2}。 \tag{20}$$

如果 Q_2 是由外界磁体引起的磁势,而且我们写出 $$P'=-\int\Omega_2\mathrm{d}z, \tag{21}$$

则由各该磁体引起的磁力垂直于盘的分量将是 $$\gamma_2=\frac{\mathrm{d}^2P'}{\mathrm{d}z^2}。 \tag{22}$$

现在,记得 $\gamma=\gamma_1+\gamma_2$,

我们就可以把方程(18)写成 $$\frac{\sigma}{2\pi}\frac{\mathrm{d}^3Q}{\mathrm{d}z^3}-\omega\ \frac{\mathrm{d}^3Q}{\mathrm{d}\theta\mathrm{d}z^2}=\omega\ \frac{\mathrm{d}^2P'}{\mathrm{d}z^2}。 \tag{23}$$

对 z 求两次积分并把 $\frac{\sigma}{2\pi}$ 写成 R,就有 $$\left(R\ \frac{\mathrm{d}}{\mathrm{d}z}-\omega\ \frac{\mathrm{d}}{\mathrm{d}\theta}\right)Q=\omega P'。 \tag{24}$$

如果用从盘轴量起的距离 r 以及两个满足 $$2\xi=z+\frac{R}{\omega}\theta,\quad 2\zeta=z-\frac{R}{\omega}\theta, \tag{25}$$

的新变量 ξ 和 ζ 把 P 和 Q 的值表示出来,则通过对 ζ 求积分,方程(24)就变成

$$Q=\int\frac{\omega}{R}P'\mathrm{d}\zeta。 \tag{26}$$

669.〕 当把这个表示式的形式和在第 662 节中给出的方法联系起来加以考虑时，它就表明盘中电流的磁作用是和磁体系的一个螺纹线状的像列的作用相等价的。

如果磁体系只包括单独一个强度为一单位的磁极，则螺纹线将位于一个柱面上，该柱面的轴线就是盘子的轴线，而柱面则通过磁极。螺纹线将从磁极对盘而言的光学像的位置开始。相邻螺纹之间的平行于轴线的距离将是 $2\pi\frac{R}{\omega}$。像列的磁效应将和螺纹线受到磁化时的效应相同，如果磁化到处是沿着垂直于轴线的螺纹线切线方向的，而其磁化强度则恰好使每一小部分螺纹线的磁矩在数值上等于该部分在盘面上的投影长度。

关于对磁极的影响的计算将是很繁复的，但是很容易看到这种影响包括以下各部分：(1) 一个平行于盘的运动方向的拖曳力。(2) 一个从盘开始的推斥力。(3) 一个指向盘轴的力。

当磁极靠近盘的边沿时，这些力中的第三个力可能被在第 667 节中指出了的那个指向盘沿的力所超过①。

所有这些力都由阿喇戈观察到了，并且由他在 1826 年的 *Annales de Chimie* 上描述过了。也请参阅 Felici，in Tortolini's *Annals*，iv，p. 173(1853)，and v，p. 35；and E. Jochmann，in *Crelle's Journal*，lxiii，pp. 158 and 329；also in Pogg. *Ann.* cxxii，p. 214(1864)。在后一篇论文中，给出了确定各电流对它们自己的感应所必需的方程，但是这一部分作用在结果的后来计算中却被略去了。此处所给出的像方法发表在 1872 年 2 月 15 日的 *Proceedings of the Royal Society* 上。

球形电流层

670.〕 设 φ 是一个球形电流层上任一点 Q 处的电流函数，而 P 是由展布在球面上而面密度为 φ 的一个假想物质层在一个给定点上引起的势，现在要求作为 P 的函数来求出电流层的磁势和矢势。

用 a 代表球的半径，用 r 代表从球心到一个给定点的距离，而用 p 代表给定点和球面上电流函数为 φ 的那个点 Q 之间的距离的倒数。

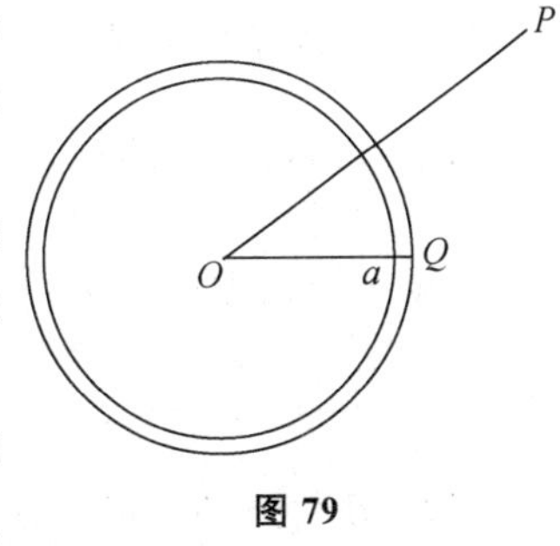

图 79

电流层在任何一个并不位于层物质内部的点上的作用，和一个其强度在任何一点上都在数值上等于电流函数的磁壳的作用相等同。

按照第 410 节，磁壳和一个位于点 P 的单位磁极之间的相互势是 $\Omega=\iint\varphi\frac{\mathrm{d}p}{\mathrm{d}a}\mathrm{d}S$。既然 p 是 r 和 a 的一个 -1 次的齐次函数，就有 $a\frac{\mathrm{d}p}{\mathrm{d}a}+r\frac{\mathrm{d}p}{\mathrm{d}r}=-p$，或者写成 $\frac{\mathrm{d}p}{\mathrm{d}a}=-\frac{1}{a}\frac{\mathrm{d}}{\mathrm{d}r}(pr)$，而且也有 $\Omega=-\iint\frac{\varphi}{a}\times$

① 如果 a 是一个磁极离盘轴的距离，c 是它在盘上的高度，我们就可以证明，对于很小的 ω 来说，作用在磁极上的拖曳力是 $m^2a\omega/8c^2R$，斥力是 $m^2a^2\omega^2/8c^2R^2$，而指向盘轴的力是 $m^2a\omega^2/4cR^2$。

$\frac{\mathrm{d}}{\mathrm{d}r}(pr)\mathrm{d}S$。

既然 r 和 a 在整个面积分的计算中都为常量，就有 $\Omega=-\frac{1}{a}\frac{\mathrm{d}}{\mathrm{d}r}\left(r\iint\varphi p\,\mathrm{d}S\right)$。

但是，如果 P 是由面密度为 φ 的一个假想物质层所引起的势，则 $P=\iint\varphi p\,\mathrm{d}S$，而电流层的磁势 Ω 就可以用 P 表示如下：$\Omega=-\frac{1}{a}\frac{\mathrm{d}}{\mathrm{d}r}(Pr)$。

671.〕 我们可以根据第 416 节中的表示式来确定矢势的 x 分量 F，$F=\iint\varphi\left(m\frac{\mathrm{d}p}{\mathrm{d}\zeta}-n\frac{\mathrm{d}p}{\mathrm{d}\eta}\right)\mathrm{d}s$，式中 ξ、η、ζ 是面积元 $\mathrm{d}S$ 的坐标，而 l、m、n 是法线的方向余弦。

既然层是一个球面，法线的方向余弦就是 $l=\frac{\xi}{a}$，$m=\frac{\eta}{a}$，$n=\frac{\zeta}{a}$，但是$\frac{\mathrm{d}p}{\mathrm{d}\zeta}=(z-\zeta)p^3=-\frac{\mathrm{d}p}{\mathrm{d}z}$，而且$\frac{\mathrm{d}p}{\mathrm{d}\eta}=(y-\eta)p^3=-\frac{\mathrm{d}p}{\mathrm{d}y}$，于是就得到 $m\frac{\mathrm{d}p}{\mathrm{d}\zeta}-n\frac{\mathrm{d}p}{\mathrm{d}\eta}=\{\eta(z-\zeta)-\zeta(y-\eta)\}\frac{p^3}{a}=\{z(\eta-y)-y(\zeta-z)\}\frac{p^3}{a}=\frac{z}{a}\frac{\mathrm{d}p}{\mathrm{d}y}-\frac{y}{a}\frac{\mathrm{d}p}{\mathrm{d}z}$。

乘以 $\varphi\mathrm{d}S$ 并在球面上求积分，我们就得到 $F=\frac{z}{a}\frac{\mathrm{d}p}{\mathrm{d}y}-\frac{y}{a}\frac{\mathrm{d}p}{\mathrm{d}z}$。

同理可得，$G=\frac{x}{a}\frac{\mathrm{d}P}{\mathrm{d}z}-\frac{z}{a}\frac{\mathrm{d}P}{\mathrm{d}x}$，$H=\frac{y}{a}\frac{\mathrm{d}P}{\mathrm{d}x}-\frac{x}{a}\frac{\mathrm{d}P}{\mathrm{d}y}$。分量为 F、G、H 的矢量 $\mathfrak{A}$ 显然垂直于矢径 r，而且也垂直于其分量为$\frac{\mathrm{d}P}{\mathrm{d}x}$，$\frac{\mathrm{d}P}{\mathrm{d}y}$和$\frac{\mathrm{d}P}{\mathrm{d}z}$的那个矢量。如果我们定出半径为 r 的球面和按照等差间隔而表示着 P 值的那些等势面的交线，则这些交线的方向将指示 $\mathfrak{A}$ 的方向，而其密度则将指示这一矢量的量值。

按照四元数的语言，就有 $\mathfrak{A}=\frac{1}{a}V.\rho\nabla P$。

672.〕 如果作为球内的 P 值，我们假设 $P=A\left(\frac{r}{a}\right)^{i}Y_i$，式中 Y_i 是 i 阶的球谐函数，则在球外将有 $P'=A\left(\frac{a}{r}\right)^{i+1}Y_i$。既然$\left(\frac{\mathrm{d}P}{\mathrm{d}r}-\frac{\mathrm{d}P'}{\mathrm{d}r}\right)_{r=a}=4\pi\varphi$，电流函数 φ 就由下列方程给出： $\varphi=\frac{2i+1}{4\pi}\frac{1}{a}AY_i$。

球内的磁势是 $\Omega=-(i+1)\frac{1}{a}A\left(\frac{r}{a}\right)^{i}Y_i$，而球外的磁势是 $\Omega'=i\frac{1}{a}A\left(\frac{a}{r}\right)^{i+1}Y_i$。

例如，设要借助于绕成球壳状的一根导线来在壳内产生一个均匀磁力 M。在这一事例中，球内的磁势是一个一阶的体谐函数，其形式是 $\Omega=-Mr\cos\theta$，式中 M 是磁力。由此即得 $A=\frac{1}{2}a^2M$，而 $\varphi=\frac{3}{8\pi}Ma\cos\theta$。

因此，电流函数和到球的赤道面的距离成正比，从而任何两个小圆之间的匝数必须正比于二圆之间的距离。

如果 N 是总匝数而 γ 是每一匝中的电流强度，则 $\varphi=\frac{1}{2}N\gamma\cos\theta$。由此可得，线圈内

的磁力是 $M=\frac{4\pi}{3}\frac{N\gamma}{a}$。

673.〕 现在让我们确定一种绕线方法，来在球内产生一个具有二阶带谐体函数形式的磁势 $\Omega=-3\frac{1}{a}A\frac{r^2}{a^2}\left(\frac{3}{2}\cos^2\theta-\frac{1}{2}\right)$，此处 $\varphi=\frac{5}{4\pi}\frac{A}{a}\left(\frac{3}{2}\cos^2\theta-\frac{1}{2}\right)$。

如果总匝数是 N，则极点和极角距离 θ 之间的匝数是 $\frac{1}{2}N\sin^2\theta$。

纬度 45°处的匝数最密。在赤道上，绕线方向改变，而在另一半球上的各匝是反向绕成的。

设 γ 是导线中的电流强度，则在球壳内部有 $\Omega=-\frac{4\pi}{5}N\gamma\frac{r^2}{a^2}\left(\frac{3}{2}\cos^2\theta-\frac{1}{2}\right)$。

现在让我们考虑形如一条平面闭合曲线的导体，放在球壳内部的任何地方，而其平面垂直于球壳的轴线。为了求得它的感应系数，我们必须令 $\gamma=1$ 并在曲线所包围的平面上求 $-\frac{\mathrm{d}\Omega}{\mathrm{d}z}$ 的面积分。我们有 $\Omega=-\frac{4\pi}{5a^2}N\left\{z^2-\frac{1}{2}(x^2+y^2)\right\}$，以及 $-\frac{\mathrm{d}\Omega}{\mathrm{d}z}=\frac{8\pi}{5a^2}Nz$。因此，如果 S 是闭合曲线所包围的面积，则感应系数是 $M=\frac{8\pi}{5a^2}NSz$。如果这个导体中的电流是 γ'，则由第 583 节可知将有一个沿 z 方向的作用力 Z，此处 $Z=\gamma\gamma'\frac{\mathrm{d}M}{\mathrm{d}z}=\frac{8\pi}{5a^2}NS\gamma\gamma'$，而既然此式并不依赖于 x、y、z，这个力就将是相同的，不论电路放在壳内的什么地方。

674.〕 设一物体沿 z 方向被磁化到强度 I，通过把这个物体换成其形状如物体的表面而其电流函数是

$$\varphi=Iz \tag{1}$$

的一个电流层，就可以把在第 437 节中描述了的由泊松给出的方法应用到这个电流层上。层中的电流将是出现在平行于 xy 面的平面的，而沿着厚度为 $\mathrm{d}z$ 的一个薄片运行的电流强度将是 $I\mathrm{d}z$。这一电流层在其外部任一点上引起的磁势将是 $\Omega=-I\frac{\mathrm{d}V}{\mathrm{d}z}$；　(2)

式中 V 是当面密度为 1 时由层引起的重力势。

在球内的任一点上，磁势将是

$$\Omega=-4\pi Iz-I\frac{\mathrm{d}V}{\mathrm{d}z}。\tag{3}$$

矢势的分量是

$$F=I\frac{\mathrm{d}V}{\mathrm{d}y},\quad G=-I\frac{\mathrm{d}V}{\mathrm{d}x},\quad H=0。\tag{4}$$

这些结果可以应用于出现在实际中的若干事例。

675.〕 (1) 任意形状的平面电路。

设 V 是由一个任意形状的而其面密度为 1 的平面层所引起的势。如果我们把这个平面层换成一个强度为 I 的磁壳或换成一个沿其边界运行的强度为 I 的电流，则 Ω 的值和 F、G、H 的值将是上面所给出的那些。

(2) 对于一个半径为 a 的实心球来说，

$$V=\frac{4\pi}{3}\frac{a^3}{r}，当 r 大于 a 时，\tag{5}$$

$$V=\frac{2\pi}{3}(3a^2-r^2)\text{，当 } r \text{ 小于 } a \text{ 时。} \tag{6}$$

由此可得，如果球被沿 z 方向磁化到强度 I，则磁势将是

$$\Omega=\frac{4\pi}{3}I\frac{a^3}{r^3}z\text{，在球外，} \tag{7}$$

$$\Omega=\frac{4\pi}{3}Iz\text{，在球内。} \tag{8}$$

如果球不是被磁化而是沿着等距的圆周绕上了导线，设其平面相距一个单位距离的两个小圆之间的总电流强度为 I，则球外的 Ω 值仍和从前一样，但在球内却有

$$\Omega=-\frac{8\pi}{3}Iz\text{。} \tag{9}$$

这就是在第 672 节中已经讨论过的那个事例。

(3) 沿着给定的直线而被均匀磁化的一个椭球的事例已经在第 437 节中讨论过了。如果椭球被在平行而等距的平面上绕有导线，则椭球内部的磁力将是均匀的。

一个柱状的磁体或螺线管

676.] 如果物体是一个截面形状为任意的柱体，两端的底面垂直于它的母线，如果 V_1 是由一个和柱体的正底面相重合的面密度为 1 的平面层在点 $(x、y、z)$ 上引起的势，而 V_2 是由一个和负底面相重合的面密度为 1 的平面层在同一点上引起的势，设柱体是沿纵向被均匀磁化到单位强度的，则点 (x,y,z) 上的势将是

$$\Omega=V_1-V_2\text{。} \tag{10}$$

如果柱体不是一个被磁化了的物体而是在上面均匀地绕了导线，每单位长度上的匝数是 n，而且导线中通有强度为 γ 的电流，则螺线管外的磁势仍和从前一样是

$$\Omega=n\gamma(V_1-V_2)\text{，} \tag{11}$$

但是在由螺线管及其两个平面端所限定的空间中却有

$$\Omega=n\gamma(-4\pi z+V_1-V_2)\text{。} \tag{12}$$

磁势在螺线管的平面端上是不连续的，但磁力却是连续的。

如果正负平面端的质心分别到点 (x,y,z) 的距离 r_1、r_2 和螺线管的横向线度相比是很大的，我们就可以写出

$$V_1=\frac{A}{r_1},\quad V_2=\frac{A}{r_2}\text{，} \tag{13}$$

式中 A 是每一截面的面积。

因此，螺线管外面的磁力是很小的，而螺线管内部的磁力则近似地是平行于轴的正方向并等于 $4\pi n\gamma$ 的一个力。

如果柱体的截面是一个半径为 a 的圆，则 V_1 和 V_2 的值可以表示成在 Thomson and Tait's *Natural Philosophy*, Art. 546, Ex. Ⅱ. 中给出的球谐函数的级数，

$$V=2\pi\left\{-rP_1+a+\frac{1}{2}\frac{r^2}{a}P_2-\frac{1.1}{2.4}\frac{r^4}{a^3}P_4+\frac{1.1.3}{2.4.6}\frac{r^6}{a^5}P_6-\cdots\right\}\text{，当 } r<a \text{ 时，} \tag{14}$$

$$V=2\pi\left\{\frac{1}{2}\frac{a^2}{r}-\frac{1.1}{2.4}\frac{a^4}{r^3}P_2+\frac{1.1.3}{2.4.6}\frac{a^6}{r^5}P_4-\cdots\right\}\text{，当 } r>a \text{ 时。} \tag{15}$$

在这些表示式中，r 是从螺线管的一个圆形端的中心到点 (x,y,z) 的距离，而带谐函

数 P_1、P_2 等等则是对应于 r 和柱轴之间的夹角 θ 的那些函数。

其中第一个表示式对 z 的微分系数当 $\theta=\frac{\pi}{2}$ 时是不连续的，但是我们必须记得，在螺线管的内部，我们必须在由这一表示式导出的磁力上加一个纵向力 $4\pi n\gamma$。

677.〕 现在让我们考虑一个很长螺线管，它长得使依赖于到端点的距离的各项在我们所考虑的空间部分中可以忽略不计。

穿过在螺线管内部画出的任一闭合曲线的磁感是 $4\pi n\gamma A'$，此处 A' 是曲线在垂直于螺线管轴线的平面上的投影面积。

如果闭合曲线位于螺线管之外，则当它包围螺线管时穿过它的磁感是 $4\pi n\gamma A$，此处 A 是螺线管截面的面积。如果闭合曲线并不包围螺线管，则穿过它的磁感是零。

如果一根导线在螺线管上绕了 n' 匝，则它和螺线管之间的感应系数是

$$M=4\pi nn'A。\tag{16}$$

通过假设这些匝和螺线管上的 n 匝相重合，我们就发现，在离两端足够远的地方，螺线管的单位长度的自感系数是

$$L=4\pi n^2A。\tag{17}$$

在一个螺线管的端点附近，我们必须照顾到那些依赖于螺线管平面端上的假想磁量分布的项。这些项的效应，就是使螺线管和一个包围它的电路之间的感应系数小于当电路在远离两端处绕过一个很长的螺线管时它所具有的值 $4\pi nA$。

让我们考虑具有相同长度 l 的两个同轴圆柱螺线管。设外面一个螺线管的半径是 c_1，它上面绕有每单位长度 n_1 匝的导线。设里面一个螺线管的半径为 c_2，其单位长度上的匝数是 n_2，于是，如果我们忽略端效应，则二螺线管间的感应系数是

$$M=Gg,\tag{18}$$

式中

$$G=4\pi n_1,\tag{19}$$

而

$$g=\pi c_2{}^2 ln_2。\tag{20}$$

678.〕 为了确定螺线管的正端的效应，我们必须计算形成内管之端面的一个圆盘对外管的感应系数。为此目的，我们取在方程(15)中给出的 V 的第二个表示式并把它对 r 求导数。然后我们用 $2\pi r^2\mathrm{d}\mu$ 去乘这个表示式并把它从 $\mu=1$ 到 $\mu=\frac{z}{\sqrt{z^2+c_1{}^2}}$ 对 μ 求积分。这就给出在离正端 z 距离处对外螺线管上单独一匝而言的感应系数。然后我们把这一结果乘以 $\mathrm{d}z$ 并从 $z=l$ 到 $z=0$ 对 z 求积分。最后我们再把结果乘以 n_1n_2，于是就得到其中一个管端在减小感应系数方面的效应。

于是我们就得到两个柱状螺线管之间的互感系数 M 的表示式，

$$M=4\pi^2 n_1n_2c_2{}^2(l-2c_1a),\tag{21}$$

式中

$$a=\frac{1}{2}\frac{c_1+l-r}{c_1}-\frac{1.3}{2.4}\cdot\frac{1}{2.3}\frac{c_2{}^2}{c_1{}^2}\left(1-\frac{c_1{}^3}{r^3}\right)+\frac{1.3.5}{2.4.6}\cdot\frac{1}{4.5}\frac{c_2{}^4}{c_1{}^4}\left(-\frac{1}{2}-2\frac{c_1{}^5}{r^5}+\frac{5}{2}\frac{c_1{}^7}{r^7}\right)+\cdots,\tag{22}$$

此处为了简单用 r 代替了 $\sqrt{l^2+c_1{}^2}$。

由此可见，在计算两个同轴螺线管的互感系数时，我们必须在表示式(20)中用改正过的长度 $l-2c_1a$ 来代替真实长度 l；在这种改正中，人们假设从每一端上切掉了一个等

于 ac_1 的部分。当螺线管和它的外半径相比是很长的时,就有

$$a=\frac{1}{2}-\frac{1}{16}\frac{c_2^{\ 2}}{c_1^{\ 2}}-\frac{1}{128}\frac{c_2^{\ 4}}{c_1^{\ 4}}+\cdots。\tag{23}$$

679.〕 当一个螺线管有若干层导线而其直径的单位长度上有 n 层时,在一个厚度 $\mathrm{d}r$ 上就有 $n\mathrm{d}r$ 层,从而我们就有

$$G=4\pi\int n^2\mathrm{d}r,\quad g=\pi l\int n^2r^2\mathrm{d}r。\tag{24}$$

设导线的粗细是均匀的,而感应发生在一个外螺线管和一个内螺线管之间,外管的外半径和内半径分别是 x 和 y,而内管的外半径和内半径分别是 y 和 z,那么,忽略端效应,就有

$$Gg=\frac{4}{3}\pi^2ln_1^{\ 2}n_2^{\ 2}(x-y)(y^3-z^3)。\tag{25}$$

当 x 和 z 给定而 y 可以变化时,此式有极大值的条件是

$$x=\frac{4}{3}y-\frac{1}{3}\frac{z^3}{y^2}。\tag{26}$$

对于一个无铁芯的感应机来说,此式给出了原线圈和副线圈的厚度之间的最佳关系。

如果存在一个半径为 z 的铁芯,则 G 仍和以前一样,但是 g 却变成

$$g=\pi l\int n^2(r^2+4\pi\kappa z^2)\mathrm{d}r,\tag{27}$$

$$=\pi ln^2\left(\frac{y^3-z^3}{3}+4\pi\kappa z^2(y-z)\right)。\tag{28}$$

如果 y 已给定,则使 g 有极大值的 z 值是

$$z=\frac{2}{3}y\,\frac{12\pi\kappa}{12\pi\kappa+1}。\tag{29}$$

当就像在铁的事例中那样 κ 是一个很大的数时,就近似地有 $z=\frac{2}{3}y$。

如果我们现在令 x 保持不变而令 y 和 z 变化,则当 κ 很大时得到 Gg 的最大值条件如下:

$$x:y:z::4:3:2。\tag{30}$$

设一个长螺线管的外半径和内半径为 x 和 y,并有一个半径为 z 的长铁芯,则它的单位长度的自感系数是

$$4\pi\int_y^x\left\{\pi\int_\rho^x n^2(\rho^2+4\pi\kappa z^2)\mathrm{d}r+\pi\int_y^\rho n^2(r^2+4\pi\kappa z^2)\mathrm{d}r\right\}n^2\mathrm{d}\rho,$$

$$=\frac{2}{3}\pi^2n^4(x-y)^2(x^2+2xy+3y^2+24\pi\kappa z^2)。\tag{31}$$

680.〕 到此为止,我们一直假设导线具有均匀的粗细。现在我们将确定不同层中导线粗细的变化所必须遵循的定律,以求在原线圈或副线圈的一个给定的电阻值下得到互感系数的一个极大值。

设在螺线管的每单位长度上绕有 n 匝导线,而单位长度的导线的电阻是 ρn^2。

整个螺线管的电阻是

$$R=2\pi\rho\, l\int n^4r\mathrm{d}r。\tag{32}$$

在 R 的给定值下,G 具有极大值的条件是 $\frac{\mathrm{d}G}{\mathrm{d}r}=C\,\frac{\mathrm{d}R}{\mathrm{d}r}$,式中 C 是某一常量。

这就给出 n^2 正比于 $\frac{1}{r}$,或者说,外管的导线粗细必须和该层半径的平方根成正比。

为了在给定的 R 值下 g 可以取极大值,应有

$$n^2=C\left(r+\frac{4\pi\kappa z^2}{r}\right)。\tag{33}$$

由此可见，如果铁芯不存在，则内管的导线粗细应和该层半径的平方根成反比；但是，如果有一个磁化本领很高的铁芯，则导线的粗细应该更近似于和半径的平方根成正比。

无端的螺线管

681.〕 如果一个物体是由一个平面图形 A 绕着一条在它的平面上而不与它相交的轴线旋转而生成的，它就会有一个环的形状。如果这个环上绕有导线，使得各匝导线都位于通过环的轴线的平面上，而其总匝数是 n，则导线层的电流函数是 $\varphi=\dfrac{1}{2\pi}n\gamma\theta$，式中 θ 是对环轴而言的方位角。

如果 Ω 是环内的磁势而 Ω' 是环外的磁势，则有 $\Omega-\Omega'=-4\pi\varphi+C=-2n\gamma\theta+C$。在环外，$\Omega'$ 必须满足拉普拉斯方程并在无限远处变为零。由问题的本性可知它必然只是 θ 的函数。唯一满足这些条件的 Ω' 值是零。因此就有 $\Omega'=0$，$\Omega=-2n\gamma\theta+C$。

环内任一点上的磁力垂直于通过环轴的平面，而且等于 $2\pi\gamma\dfrac{1}{r}$，式中 r 是到环轴的距离。环外没有任何磁力。

如果一条闭合曲线的形状由作为 s 之函数的它的描迹点的坐标 z、γ 和 θ 来给出，此处 s 是从一个固定点算起的曲线的长度，则穿过闭合曲线的磁感可以通过沿曲线求矢势的积分来求得。矢势的分量是 $F=2n\gamma\dfrac{xz}{r^2}$，$G=2n\gamma\dfrac{yz}{r^2}$，$H=0$。于是就得到 $2n\gamma\int_0^s\dfrac{z}{r}\dfrac{\mathrm{d}r}{\mathrm{d}s}\mathrm{d}s$，积分沿曲线计算，如果整条曲线都位于环内的话。如果曲线完全位于环外但是包围了环，则穿过曲线的磁感是 $2n\gamma\int_0^{s'}\dfrac{z'}{r'}\dfrac{\mathrm{d}r'}{\mathrm{d}s'}\mathrm{d}s'=2n\gamma a$，式中 a 是线性量 $\int_0^{s'}\dfrac{z'}{r'}\dfrac{\mathrm{d}r'}{\mathrm{d}s'}\mathrm{d}s'$，而带撇的坐标不是属于闭合曲线而是属于螺线管上的单独一匝导线的。

因此，穿过包围了环的任何一条闭合曲线的磁感都是相同的，而且都等于 $2n\gamma a$。如果闭合曲线并不包围环，则穿过它的磁感是零。

设有第二条导线以任意方式绕在环上，不一定和环相接触，但是却包围环共 n' 次。穿过这条导线[电路]的磁感是 $2nn'\gamma a$，从而一个线圈对另一线圈的感应系数 M 就是 $M=2nn'a$。

既然这是完全不依赖于第二条导线的形状和位置的，这些导线如果载有电流的话也不会受到作用于它们之间的任何机械力。通过令第二条导线和第一条相重合，我们就得到螺线环的自感系数 $L=2n^2a$。

第四十六章　平行电流

柱状导体

682.〕　在很重要的一类电装置中，电流是由一些截面近似均匀的圆柱导线来传导的；这些导线或是直的，或是它们的曲率半径远远大于它们的横截面的半径。为了做好准备来数学地处理这样的装置，我们将从一个事例开始。在这个事例中，电路包括两个很长的平行导体，两端用另外的导体互相连接，而我们将把自己的注意力集中在离导体两端很远的那一部分电路上，以便它们并非无限长这一事实不会对力的分布有任何可觉察的影响。

我们将把 z 轴取得平行于导体的方向，于是，由所考虑的那一部分场中的装置的对称性可知，一切事物都将依赖于矢势的平行于 z 的分量 H。

由方程组(A)可知，磁感的分量变成

$$a=\frac{\mathrm{d}H}{\mathrm{d}y},\tag{1}$$

$$b=-\frac{\mathrm{d}H}{\mathrm{d}x},\tag{2}$$

$$c=0。$$

为了保持普遍性，我们将假设磁感系数为 μ，于是就有 $a=\mu\alpha$，$b=\mu\beta$，式中 α 和 β 是磁力的分量。

第 607 节中的电流方程组(E)给出

$$v=0,4\pi w=\frac{\mathrm{d}\beta}{\mathrm{d}x}-\frac{\mathrm{d}\alpha}{\mathrm{d}y}。\tag{3}$$

683.〕　如果电流是离 z 轴的距离 r 的函数，而我们写出

$$x=r\cos\theta\quad 和\quad y=r\sin\theta,\tag{4}$$

并且用 β 来代表沿着一个方向的磁力，在那个方向上 θ 是垂直于通过 z 轴的平面来量度的，那么我们就有

$$4\pi w=\frac{\mathrm{d}\beta}{\mathrm{d}r}+\frac{1}{r}\beta=\frac{1}{r}\frac{\mathrm{d}}{\mathrm{d}r}(\beta r)。\tag{5}$$

考虑一个截面，由 xy 平面上的一个以原点为心而以 r 为半径的圆包围而成，如果 C 是通过这一截面的总电流，则有

$$C=\int_0^r 2\pi r w\,\mathrm{d}r=\frac{1}{2}\beta r。\tag{6}$$

因此就可以看到，由分布在以 x 轴为公共轴的一些柱状层中的电流在给定点上引起的磁力，只依赖于通过介于所给点和轴线之间的那些层的电流的总强度，而不依赖于电流在不同柱状层中的分布。

例如，设导体是一条半径为 a 的均匀导线，并设通过导线的总电流为 C，于是，如果电流是均匀地分布在截面的一切部分上的，则 w 将是常量而

$$C=\pi w a^2。\tag{7}$$

设 r 小于 a，通过半径为 r 的一个圆形截面的电流就是 $C'=\pi w r^2$。由此可见，在导线内部的任一点上，

$$\beta=\frac{2C'}{r}=2C\,\frac{r}{a^2}。\tag{8}$$

在导线外面，$$\beta=2\,\frac{C}{r}。\tag{9}$$

在导线的材料内并不存在磁势，因为在一个载有电流的导体内，磁力并不满足有势的条件。

在导线外面，磁势是 $$\Omega=-2C\theta。\tag{10}$$

让我们假设，导体不是一条导线而是一根金属管子，其外半径和内半径是 a_1 和 a_2，那么，如果 C 是通过管状导体的电流，则 $$C=\pi w({a_1}^2-{a_2}^2)。\tag{11}$$
在管内，磁力是零。在管子的金属中，r 介于 a_1 和 a_2 之间，我们有

$$\beta=2C\,\frac{1}{{a_1}^2-{a_2}^2}\left(r-\frac{{a_2}^2}{r}\right),\tag{12}$$

而在管外，则 $$\beta=2\,\frac{C}{r},\tag{13}$$

这个值是和电流通过实心导线时的值相同的。

684.〕 任一点上的磁感是 $b=\mu\beta$，而既然由方程(2)可有 $$b=-\frac{\mathrm{d}H}{\mathrm{d}r},\tag{14}$$

那就得到 $$H=-\int\mu\beta\,\mathrm{d}r。\tag{15}$$

管外的 H 值是 $$A-2\mu_0 C\log r,\tag{16}$$
式中 μ_0 是管外空间中的 μ 值，而 A 是一个常量，其值依赖于返回电流的位置。

在管子的物质中，$$H=A-2\mu_0 C\log a_1+\frac{\mu C}{{a_1}^2-{a_2}^2}\left({a_1}^2-r^2+2{a_2}^2\log\frac{r}{a_1}\right)。\tag{17}$$

在管内的空间中，H 是常量而且

$$H=A-2\mu_0 C\log a_1+\mu C\left(1+\frac{2{a_2}^2}{{a_1}^2-{a_2}^2}\log\frac{a_2}{a_1}\right)。\tag{18}$$

685.〕 设电流由一个返回电流来补全，返回电流沿一条平行于第一条管子的导线或管子而流动，二电流的轴线之间的距离是 b，为了确定体系的动能，我们必须计算积分

$$T=\frac{1}{2}\iiint Hw\,\mathrm{d}x\,\mathrm{d}y\,\mathrm{d}z。\tag{19}$$

如果我们把注意力集中在体系的一个部分，该部分介于两个垂直于导体的轴线而相距为 l 的平面之间，则表示式变为 $$T=\frac{1}{2}l\iint Hw\,\mathrm{d}x\,\mathrm{d}y。\tag{20}$$

如果用一个撇号来区分属于返回电流的量，则我们可以把此式写成

$$\frac{2T}{l}=\iint Hw'\,\mathrm{d}x'\,\mathrm{d}y'+\iint H'w\,\mathrm{d}x\,\mathrm{d}y+\iint Hw\,\mathrm{d}x\,\mathrm{d}y+\iint H'w'\,\mathrm{d}x'\,\mathrm{d}y'。\tag{21}$$

既然电流在管外任一点上的作用和把相同的电流集中在管轴上时的作用相同，返回电流的截面上的 H 平均值就是 $A-2\mu_0 C\log b$，而正向电流的截面上的 H' 平均值就是 $A'-2\mu_0 C'\log b$。

由此可见，在 T 的表示式中，前两项可写成 $AC'-2\mu_0 CC'\log b$，和 $A'C-2\mu_0 CC'\log b$。

按照通常的方法来求这些项的积分，把结果加起来并记得 $C+C'=0$，我们就得到动能 T 的值。把这个值写成 $\frac{1}{2}LC^2$，式中 L 是由两个导体构成的体系的自感系数，我们就得到长度为 l 的那一部分体系的自感系数

$$\frac{L}{l}=2\mu_0\log\frac{b^2}{a_1a_1{}'}+\frac{1}{2}\mu\left[\frac{a_1{}^2-3a_2{}^2}{a_1{}^2-a_2{}^2}+\frac{4a_2{}^4}{(a_1{}^2-a_2{}^2)^2}\log\frac{a_1}{a_2}\right]$$
$$+\frac{1}{2}\mu'\left[\frac{a_1{}'^2-3a_2{}'^2}{a_1{}'^2-a_2{}'^2}+\frac{4a_2{}'^4}{(a_1{}'^2-a_2{}'^2)^2}\log\frac{a_1{}'}{a_2{}'}\right]。\qquad(22)$$

如果各导体是实心的导线，则 a_2 和 $a_2{}'$为零，而

$$\frac{L}{l}=2\mu_0\log\frac{b^2}{a_1a_1{}'}+\frac{1}{2}(\mu+\mu')。\text{①}\qquad(23)$$

只有在铁导线的事例中我们才有必要在计算它们的自感时照顾磁感应现象。在其他的事例中，我们可以令 μ_0、μ 和 μ'都等于 1。导线的半径越小，它们之间的距离越大，则自感越大。

两段导线之间的推斥力 R 的计算

686.〕 由第 580 节，我们得到倾向于增大 b 的力为 $X=\frac{1}{2}\frac{\mathrm{d}L}{\mathrm{d}b}C^2=2\mu_0\frac{l}{b}C^2$， (24)

而当像在空气中那样 $\mu_0=1$ 时，此式就和安培的公式相一致。

687.〕 如果各导线的长度和它们之间的距离相比是很大的，我们就可以利用自感系数来确定起源于电流的作用的导线的张力。

如果 Z 是这种张力，则 $Z=\frac{1}{2}\frac{\mathrm{d}L}{\mathrm{d}l}C^2=C^2\left\{\mu_0\log\frac{b^2}{a_1a_1{}'}+\frac{\mu+\mu'}{4}\right\}$。 (25)

在安培的一个实验中，平行导体是用一个导线浮桥来互相连接的两个汞槽。当一个电流从一个槽的端点流入而沿槽流到浮动导线的一端，并经过浮桥而沿着第二个槽流回时，浮桥就沿着槽而运动，以增长电流所流过的那一部分汞。

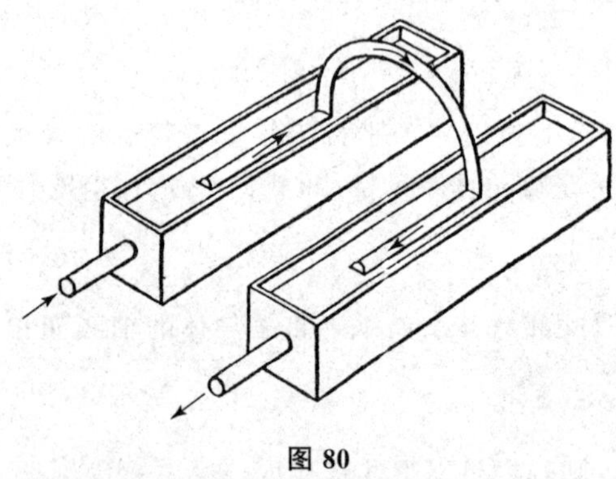

图 80

泰特教授曾经简化了这一实验的电学条件。他把导线换成了一个漂浮着的充了汞的玻璃虹吸管，这样电流在它的全程中就是在汞中流动的了。

这一实验有时也被举出，以证明一个电流的位于同一直线上的两个电流元是互相推斥的，并从而证明指示了共线电流元之间的这种推斥力的安培公式比没有给出共线电流元之间的任何作用的格喇斯曼公式更加正确。请参阅第 526 节。

但是，很显然，既然安培公式和格喇斯曼公式对闭合电路来说都给出相同的结果，而且我们在实验中只能有闭合的电路，那么实验的任何结果就都不能对这些理论中的任何一种理论更有利些。

事实上，两种理论都导致和以上已经给出的推斥力值恰恰相同的值；在这些公式中，平行导体之间的距离 b 都显现为一个重要的因素。

当各导体的长度并不比它们之间的距离大得多时，L 值的形式就会变得更加复杂一些。

688.〕 当导体之间的距离减小时，L 的值就减小。这种减小过程的极限就是当导

① 如果各导线是磁性的，则在它们中感应出来的磁性将扰动磁场，从而我们就不能应用以上的推理。方程(22)、(23)和(25)只有当 $\mu=\mu'=\mu_0$ 时才是严格正确的。

体互相靠紧时，也就是当 $b=a_1+a_1'$时。在这种事例中，如果 $\mu_0=\mu=\mu'=1$，就有

$$L=2l\left\{\log\frac{(a_1+a_1')^2}{a_1a_1'}+\frac{1}{2}\right\}。\tag{26}$$

当 $a_1=a_1'$时此式有极小值，那时就有 $L=2l(\log4+\frac{1}{2})$，$=2l(1.8863)$，$=3.7726l$。 (27)

这就是当一根圆柱形的导线从中间对折合并在一起时的最小的自感值，导线的总长度为 $2l$。

既然两部分导线必须是互相绝缘的，自感就绝不会真正达到这个极限值。通过用扁平的金属片来代替圆柱形导线，自感可以不受限制地被减小。

关于沿一个柱状导体产生一个变强度电流时所需要的电动势

689.〕 当一根导线中的电流具有变化的强度时，由电流对自己的感应所引起的电动势在导线截面的不同地方是不同的，这通常既是时间的函数又是离导线轴的距离的函数。如果我们假设圆柱状的导体由一束全都形成同一电路的一部分的导线构成，以致电流被迫在线束截面的每一部分上具有均匀的强度，则我们迄今一直使用的方法将是严格适用的。然而，如果我们假设圆柱状的导体是一个实心的物体，而电流可以在该物体中服从着电动势而自由地流过，电流强度就不会在不同的离柱距离处是相同的，而电动势本身也将依赖于电流在导线的不同柱状层中的分布。

任一点上的矢势 H、电流密度 w 和电动强度，都必须被看成时间和离导线轴的距离的函数。

通过导线截面的总电流 C 和沿着电路而起作用的电动势 E 都要被看成变量，它们之间的关系是我们必须求出的。

作为 H 的值，让我们假设 $H=S+T_0+T_1r^2+\cdots+T_nr^{2n}+\cdots$， (1)

式中 S、T_0、T_1 等等是时间的函数。

于是，由方程

$$\frac{\mathrm{d}^2H}{\mathrm{d}r^2}+\frac{1}{r}\frac{\mathrm{d}H}{\mathrm{d}r}=-4\pi w,\tag{2}$$

我们就得到

$$-\pi w=T_1+\cdots+n^2T_nr^{2n-2}+\cdots。\tag{3}$$

如果 ρ 代表物质之单位体积的比电阻，则任一点上的电动强度是 ρw，这个电动强度可以借助于第 598 节中的方程组(B)而用电势 Ψ 和矢势 H 表示出来，

$$\rho w=-\frac{\mathrm{d}\Psi}{\mathrm{d}z}-\frac{\mathrm{d}H}{\mathrm{d}t},\tag{4}$$

或者写成

$$-\rho w=\frac{\mathrm{d}\Psi}{\mathrm{d}z}+\frac{\mathrm{d}S}{\mathrm{d}t}+\frac{\mathrm{d}T_0}{\mathrm{d}t}+\frac{\mathrm{d}T_1}{\mathrm{d}t}r^2+\cdots+\frac{\mathrm{d}T_n}{\mathrm{d}t}r^{2n}+\cdots。\tag{5}$$

比较方程(3)和(5)中的 r 同次幂的系数，就得到

$$T_1=\frac{\pi}{\rho}\left(\frac{\mathrm{d}\Psi}{\mathrm{d}z}+\frac{\mathrm{d}S}{\mathrm{d}t}+\frac{\mathrm{d}T_0}{\mathrm{d}t}\right),\tag{6}$$

$$T_2=\frac{\pi}{\rho}\frac{1}{2^2}\frac{\mathrm{d}T_1}{\mathrm{d}t},\tag{7}$$

$$T_n=\frac{\pi}{\rho}\frac{1}{n^2}\frac{\mathrm{d}T_{n-1}}{\mathrm{d}t}。\tag{8}$$

由此我们可以写出

$$\frac{\mathrm{d}S}{\mathrm{d}t}=-\frac{\mathrm{d}\Psi}{\mathrm{d}z},\tag{9}$$

$$T_0=T,\quad T_1=\frac{\pi}{\rho}\frac{\mathrm{d}T}{\mathrm{d}t},\cdots,T_n=\frac{\pi^n}{\rho^n}\frac{1}{(n!)^2}\frac{\mathrm{d}^nT}{\mathrm{d}t^n}。\tag{10}$$

690.〕 为了求出总电流 C,我们必须在半径为 a 的导线截面上求出 w 的积分,

$$C=2\pi\int_0^a w\,r\mathrm{d}r。\tag{11}$$

将方程(3)中的 πw 值代入此式,我们就得到

$$C=-(T_1a^2+\cdots+nT_na^{2n}+\cdots)。\tag{12}$$

导线外面任一点上的 H 值只依赖于总电流 C 而不依赖于该电流在导线内的分布方式。因此我们可以假设 H 在导线表面上的值是 AC,此处 A 是要根据电路的一般形状而通过计算来确定的一个常量。当 $r=a$ 时令 $H=AC$,我们就得到

$$AC=S+T_0+T_1a^2+\cdots+T_na^{2n}+\cdots。\tag{13}$$

如果我们写出$\dfrac{\pi a^2}{\rho}=\alpha$,则 α 是单位长度导线的电导值,从而我们就有

$$C=-\left(\alpha\frac{\mathrm{d}T}{\mathrm{d}t}+\frac{2\alpha^2}{1^2.2^2}\frac{\mathrm{d}^2T}{\mathrm{d}t^2}+\cdots+\frac{n\alpha^n}{(n!)^2}\frac{\mathrm{d}^nT}{\mathrm{d}t^n}+\cdots\right),\tag{14}$$

$$AC-S=T+\alpha\frac{\mathrm{d}T}{\mathrm{d}t}+\frac{\alpha^2}{1^2.2^2}\frac{\mathrm{d}^2T}{\mathrm{d}t^2}+\cdots+\frac{\alpha^n}{(n!)^2}\frac{\mathrm{d}^nT}{\mathrm{d}t^n}+\cdots,\tag{15}$$

为了从这些方程中消去 T,我们首先必须把方程(14)反转过来。于是我们得到

$$\alpha\frac{\mathrm{d}T}{\mathrm{d}t}=-C+\frac{1}{2}\alpha\frac{\mathrm{d}C}{\mathrm{d}t}-\frac{1}{6}\alpha^2\frac{\mathrm{d}^2C}{\mathrm{d}t^2}+\frac{7}{144}\alpha^3\frac{\mathrm{d}^3C}{\mathrm{d}t^3}-\frac{39}{2880}\alpha^4\frac{\mathrm{d}^4C}{\mathrm{d}t^4}+\cdots。$$

我们由(14)和(15)也得到 $\alpha\left(A\dfrac{\mathrm{d}C}{\mathrm{d}t}-\dfrac{\mathrm{d}S}{\mathrm{d}t}\right)+C=\dfrac{1}{2}\alpha^2\dfrac{\mathrm{d}^2T}{\mathrm{d}t^2}+\dfrac{1}{6}\alpha^3\dfrac{\mathrm{d}^3T}{\mathrm{d}t^3}+\dfrac{1}{48}\alpha^4\dfrac{\mathrm{d}^4T}{\mathrm{d}t^4}+\dfrac{1}{720}\alpha^5\dfrac{\mathrm{d}^5T}{\mathrm{d}t^5}+\cdots$。由最后二式,我们就得到$l\left(A\dfrac{\mathrm{d}C}{\mathrm{d}t}-\dfrac{\mathrm{d}S}{\mathrm{d}t}\right)+C+\dfrac{1}{2}\alpha\dfrac{\mathrm{d}C}{\mathrm{d}t}-\dfrac{1}{12}\alpha^2\dfrac{\mathrm{d}^2C}{\mathrm{d}t^2}$

$$+\frac{1}{48}\alpha^3\frac{\mathrm{d}^3C}{\mathrm{d}t^3}-\frac{1}{180}\alpha^4\frac{\mathrm{d}^4C}{\mathrm{d}t^4}+\cdots=0。\tag{16}$$

如果 l 是线路的总长度,R 是它的电阻,而 E 是由除了电流对自己的感应以外的其他原因所引起的电动势,则有

$$\frac{\mathrm{d}S}{\mathrm{d}t}=\frac{E}{l},\quad \alpha=\frac{l}{R},\tag{17}$$

$$E=RC+l(A+\frac{1}{2})\frac{\mathrm{d}C}{\mathrm{d}t}-\frac{1}{12}\frac{l^2}{R}\frac{\mathrm{d}^2C}{\mathrm{d}t^2}+\frac{1}{48}\frac{l^3}{R^2}\frac{\mathrm{d}^3C}{\mathrm{d}t^3}-\frac{1}{180}\frac{l^4}{R^3}\frac{\mathrm{d}^4C}{\mathrm{d}t^4}+\cdots。\tag{18}$$

此式右端的第一项 RC,代表按照欧姆定律而克服电阻所需要的电动势。

第二项,$l(A+\dfrac{1}{2})\dfrac{\mathrm{d}C}{\mathrm{d}t}$代表在电流在导线截面的每一点上都有均匀强度的假说下将会用来增大电路之动电动量的电动势。

其余各项代表对这个值的改正量,其起因是电流在离导线轴不同距离处并不具有均匀强度这一事实。实际的电流系比电流被约束得在整个截面上具有均匀强度的那种假想情况具有更大的自由。因此使电流强度发生一种迅速变化所要求的电动势就比按照上述假说所将要求的电动势稍小一些。

电动势的时间积分和电流的时间积分之间的关系是

$$\int E\mathrm{d}t=R\int C\mathrm{d}t+l(A+\frac{1}{2})C-\frac{1}{12}\frac{l^2}{R}\frac{\mathrm{d}C}{\mathrm{d}t}+\cdots。\tag{19}$$

如果在开始时电流有一个常值 C_0,而在时间过程中它上升到 C_1 并从此不再变化,则包括 C 的微分系数的各项在两个积分限上都为零,从而就有

$$\int E\mathrm{d}t = R\int C\mathrm{d}t + l\left(A+\frac{1}{2}\right)(C_1 - C_0), \tag{20}$$

这是和电流在整个导线中均匀分布时的动电冲量相同的值。①

---

① 如果导线中的电流是周期性的并按照 e^{ipt} 的规律而变化的，则当不再假设 μ 等于 1 时可以把和(18)相对应的方程写成 $E=\left(R+\frac{1}{12}\frac{\mu^2l^2p^2}{R}-\frac{1}{180}\frac{\mu^4l^{4p}4}{R^3}+\cdots\right)C+\left\{\left(lA+\mu\frac{1}{2}\right)-\frac{1}{48}\frac{\mu^3l^3p^2}{R^2}+\cdots\right\}\frac{\mathrm{d}C}{\mathrm{d}t}$。

于是体系就表现得像是电阻为 $R+\frac{1}{12}\frac{\mu^2l^2p^2}{R}-\frac{1}{180}\frac{\mu^4l^4p^4}{R^3}+\cdots$而自感为 $lA+\mu\frac{1}{2}-\frac{1}{48}\frac{\mu^3l^3p^3}{R^2}+\cdots$那样。

因此，当电流是振动的时，有效的电阻就会增大而有效的自感就会减小。正如麦克斯韦所指出的那样，这种效应是由电流分布的改变所引起的。当电流是交流时，它就不再均匀地分布在导体的截面上，而是有一种离开中部而向导体的表面靠拢的趋势，因为这样就将减小自感，从而也将减小动能。适应着一条普遍的动力学定律，体系的惯性会使电流倾向于适当的分布，以便在通过任一截面的总电流为给定的条件下使动能具有尽可能小的值；而且，当体系动量反转方向的迅速程度增大时，这种趋势就会越来越强烈。考查一下第 685 节的方程(22)就可以看到，通过使电流在导线表面附近比在它的内部分布得更集中，就会减小体系的自感，从而也减小给定电流下的动能，因为这就对应于电流通过管状导体而流动的情况，而方程(22)表明，管状导体的自感是小于半径相同的实心导线的自感的。由于电流向管壁的集中会使通电的面积变小，我们就很容易理解为什么电阻在交变电流下会比在恒稳电流下更大。由于这个问题具有很大的重要性，这里将给出更多一些的结果，其证明见本书的“补遗卷”。也请参阅 Rayleigh, *Phil. Mag. XXI.* p. 381。

电流和电动势的关系由一个方程来表示，

$$\frac{E}{l}=-\frac{C\rho}{2\pi a^2}\frac{ina\,\mathrm{J}_0(ina)}{\mathrm{J}_0'(ina)}+A\frac{\mathrm{d}C}{\mathrm{d}t}, \tag{1}$$

式中 $n^2=4\pi\mu ip/\rho$，而 J_0 是零阶的贝塞耳函数。

由这个函数所满足的方程 $\frac{\mathrm{J}_0''(x)}{\mathrm{J}_0'(x)}+\frac{1}{x}+\frac{\mathrm{J}_0(x)}{\mathrm{J}_0'(x)}=0$，我们就有 $x\frac{\mathrm{J}_0(x)}{\mathrm{J}_0'(x)}=-1-x\frac{\mathrm{d}}{\mathrm{d}x}\log\mathrm{J}_0'(x)$，$=-2+2x^2S_2+2x^4S_4+2x^6S_6+\cdots$，式中 $S_2, S_4, S_6, \cdots$是下一方程的根的二次方、四次方、六次方…的倒数：$\frac{\mathrm{J}_0'(x)}{x}=0$，或者写成 $1-\frac{x^2}{2.4}+\frac{x^4}{2.4.4.6}-\frac{x^6}{2.4.6.4.6.8}+\cdots=0$。

于是，利用牛顿的方法，我们就得到 $S_2=\frac{1}{4}\times\frac{1}{2}$，$S_4=\frac{1}{4^2}\times\frac{1}{12}$，$S_6=\frac{1}{4^3}\times\frac{1}{48}$，$S_8=\frac{1}{4^4}\times\frac{1}{180}$，$S_{10}=\frac{1}{4^5}\times\frac{13}{8640}$，…。因此，把$\frac{ina\,\mathrm{J}_0(ina)}{\mathrm{J}_0'(ina)}$的这个值代入方程(1)中，我们就得到$\frac{E}{l}=\frac{C\rho}{\pi a^2}\left\{1+\frac{1}{12}\left(\frac{\pi\mu pa^2}{\rho}\right)^2-\frac{1}{180}\left(\frac{\pi\mu pa^2}{\rho}\right)^4+\cdots\right\}+iCp\left\{A+\frac{\mu}{2}-\frac{1}{48}\frac{\pi^2\mu^3p^2a^4}{\rho^2}+\frac{13}{8640}\frac{\pi^4\mu^5p^4a^5}{\rho^4}-\cdots\right\}$，当 $\mu=1$ 时此式和(18)是一致的。如果 na 很大，这个级数就是不方便的，但是在那种事例中就有 $\mathrm{J}_0'(ina)=-i\mathrm{J}_0(ina)$；Heine's Kugelfunctionen, p. 248, 2nd Edition. 因此，当电流变化很快以致 $\mu pa^2/\rho$ 是一个大量时，就有 $\frac{E}{l}=\frac{C\rho}{2\pi a}n+AipC$；而既然 $n^2=4\frac{\pi\mu ip}{\rho}$，就有 $\frac{E}{l}=\sqrt{\frac{\rho p\mu}{2\pi a^2}}C+ipC\left(A+\sqrt{\frac{\rho\mu}{2na^2p}}\right)$。

于是单位长度的电阻是 $\left\{\frac{\rho p\mu}{2\pi a^2}\right\}^{\frac{1}{2}}$，并随 p 的增大而无限增大。

单位长度的自感是 $A+\sqrt{\frac{\rho\mu}{2\pi a^2p}}$，而且当 p 是无限大时趋于一个极限 A。

导线内部一点上的磁力可被证明为$\frac{2C}{a}\frac{\mathrm{J}_0'(inr)}{\mathrm{J}_0'(ina)}$。

当 na 很大时，就有 $\mathrm{J}_0'(ina)=-i\frac{e^{na}}{\sqrt{\pi 2na}}$；因此，如果 $r=a-x$，离导线表面的距离为 x 处的磁力就是 $\frac{2C}{\sqrt{a(a-x)}}e^{-nx}$。

于是，如果 n 是很大的，则当我们从表面后退时磁力从而还有电流强度就将迅速地减小，以致导线的内部并不存在磁力和电流。既然 $\mu\frac{1}{q}$出现在 n 中，这些效应在铁导线中就会比在用非磁性金属做成的导线中更加明显得多。

关于平面上两个图形之间的几何平均距离[①]

691.〕 当计算在一个具有任意给定截面的直导体中流动的电流作用在一个截面也已给定的平行导体中的电流上的电磁作用力时，我们必须求出积分 $\iiiint \log r\,dx\,dy\,dx'\,dy'$，式中 $dx\,dy$ 是第一个截面的面积元，$dx'\,dy'$ 是第二个截面的面积元，而 r 是这些面积元之间的距离，积分首先遍及第一个截面的每一面积元，然后遍及第二个截面的每一面积元。

如果我们现在定义一条直线 R，使得上一积分等于 $A_1A_2\log R$，
式中 A_1 和 A_2 是两个截面的面积，则 R 的长度将是相同的，不论所采用的是什么长度单位和对数制。如果我们假设各截面被分成一些同样大小的面积元，则线 R 的长度乘以面积元对的数目就将等于各对面积元的距离的对数和。在这里，R 可以看成所有各对面积元的距离的几何平均值。显然，R 的值必然介于 r 的最大值和最小值之间。

如果 R_A 和 R_B 是两个图形 A 和 B 离开第三个图形 C 的几何平均距离，而 R_{A+B} 是二者的合图形离开 C 的几何平均距离，则有 $(A+B)\log R_{A+B}=A\log R_A+B\log R_B$。

借助于这一关系式，当已知各部分图形的 R 值时我们就能确定一个组合图形的 R 值。

举　　例[②]

692.〕 (1) 设 R 是从点 O 到直线 AB 的平均距离。设 OP 垂直于 AB（图 81)，则有

$$AB(\log R+1)=AP\log OA+PB\log OB+OP\widehat{AOB}。$$

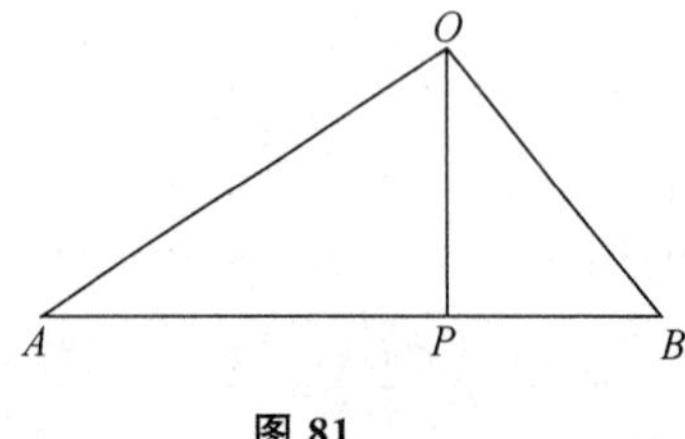

图 81

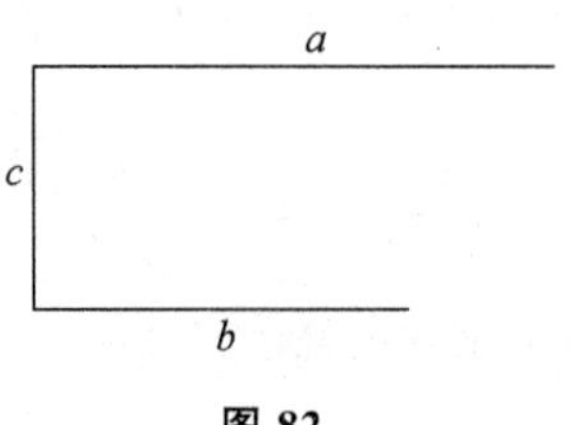

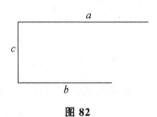

图 82

(2) 从一条长度为 c 的直线的两端开始向同一侧画两条长度各为 a 和 b 的垂线（图 82)，则有

$$\begin{aligned}ab(2\log R+3)&=(c^2-(a-b)^2)\log\sqrt{c^2+(a-b)^2}+c^2\log c\\&+(a^2-c^2)\log\sqrt{a^2+c^2}+(b^2-c^2)\log\sqrt{b^2+c^2}\\&-c(a-b)\tan^{-1}\frac{a-b}{c}+ac\tan^{-1}\frac{a}{c}+bc\tan^{-1}\frac{b}{c}。\end{aligned}$$

(3) 对于其延长线相交于 O 点的两条直线 PQ 和 RS 来说（图 83)，有

$$\begin{aligned}PQ\cdot RS(2\log R+3)&=\log PR(2OP\cdot OR\sin^2 O-PR^2\cos O)\\&+\log QS(2OQ\cdot OS\sin^2 O-QS^2\cos O)\\&-\log PS(2OP\cdot OS\sin^2 O-PS^2\cos O)\end{aligned}$$

① *Trans. R. S. Edin.*, 1871～1872.

② 在这些例子中，所有的对数都是自然对数。

$$-\log QR(2OQ\cdot OR\sin^2 O-QR^2\cos O)$$
$$-\sin O\{OP^2\cdot\widehat{SPR})-OQ^2\cdot SQR+OR^2\cdot\widehat{PRQ}-QS^2\cdot\widehat{PSQ}\}。$$

(4) 对于一点 O 和一个长方形面积 $ABCD$ 来说(图 84),设 OP、OQ、OR、OS 为到各边的垂线,则有

$$\begin{aligned}AB\cdot AD(2\log R+3)=&2\cdot OP\cdot OQ\log OA+2\cdot OQ\cdot OR\log OB\\&+2\cdot OR\cdot OS\log OC+2\cdot OS\cdot OP\log OD\\&+OP^2\cdot\widehat{DOA}+OQ^2\cdot\widehat{AOB}\\&+OR^2\cdot\widehat{BOC}+OS^2\cdot\widehat{COD}。\end{aligned}$$

(5) 两个图形并不一定是不同的,因为我们可以求出同一图形上每两个点之间的距离的几何平均值。例如,对于一条长度为 a 的直线来说,有 $\log R=\log a-\dfrac{3}{2}$,

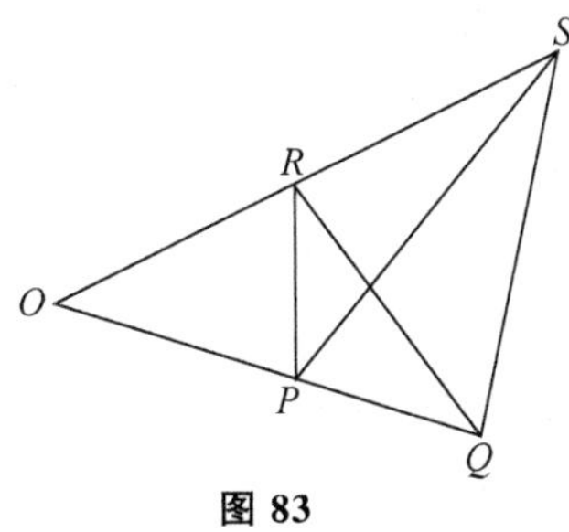

图 83

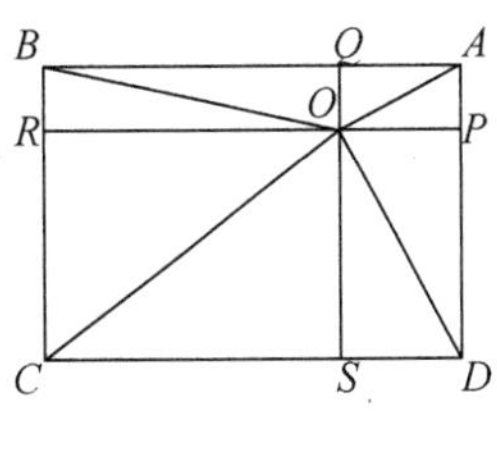

图 84

或者写成 $R=ae^{-\frac{3}{2}}$,$R=0.22313a$。

(6) 对于边长为 a 和 b 的长方形面积来说,

$$\log R=\log\sqrt{a^2+b^2}-\frac{1}{6}\frac{a^2}{b^2}\log\sqrt{1+\frac{b^2}{a^2}}-\frac{1}{6}\frac{b^2}{a^2}\log\sqrt{1+\frac{a^2}{b^2}}+\frac{2}{3}\frac{a}{b}\tan^{-1}\frac{b}{a}+\frac{2}{3}\frac{b}{a}\tan^{-1}\frac{a}{b}-\frac{25}{12}。$$

当长方形是一个边长为 a 的正方形时,有 $\log R=\log a+\dfrac{1}{3}\log 2+\dfrac{\pi}{3}-\dfrac{25}{12}$,

$$R=0.44705a。$$

(7) 一个点到一条圆周曲线的几何平均距离,等于它到圆心的距离和圆的半径这两个量中较大的一个量。

(8) 因此,任一图形到以两个同心圆为边的一个圆环的几何平均距离,如果图形完全位于环外就等于该图形到圆心的几何平均距离,但是如果它完全位于环内,则

$$\log R=\frac{a_1{}^2\log a_1-a_2{}^2\log a_2}{a_1{}^2-a_2{}^2}-\frac{1}{2},$$

式中 a_1 和 a_2 是环的外半径和内半径。在这一事例中,R 和位于环内的图形的形状无关。

(9) 环上所有各对点的几何平均距离,由方程

$$\log R=\log a_1-\frac{a_2{}^4}{(a_1{}^2-a_2{}^2)^2}\log\frac{a_1}{a_2}+\frac{1}{4}\frac{3a_2{}^2-a_1{}^2}{a_1{}^2-a_2{}^2}\text{ 来求得。}$$

对于一个半径为 a 的圆面积来说,此式变成 $\log R=\log a-\dfrac{1}{4}$,或者写作 $R=ae^{-\frac{1}{4}}$,

$R=0.7788a$。

对于一条圆周曲线来说，此式变成 $R=a$。

{对于半轴长为 a 和 b 的一个椭圆面积来说，有 $\log R=\log\frac{a+b}{2}-\frac{1}{4}$。}

693.〕 当计算一个截面均匀而曲率半径远大于横截面线度的线圈的自感系数时，我们首先用已经描述过的方法来确定截面上每一对点的距离的几何平均值，然后再计算具有所给形状的彼此隔开这样一个距离的两个线状导体之间的互感系数。

当线圈中的电流为 1 而且电流在截面的所有各点上均匀分布时，这样求得的结果就将是自感系数。

但是，如果线圈共有 n 匝，我们就必须把已经求得的系数乘以 n^2，这样我们就将得到自感系数，所根据的假设是导线的各匝填满了线圈的截面。

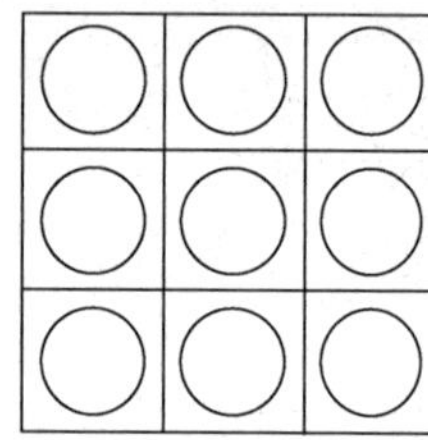

图 85

但是导线是圆柱状的，而且是用绝缘材料包着的，因此电流就不是均匀地分布在截面上而是集中在截面的某些部分上的，而这就会增大自感系数。除此以外，相邻导线中的电流并不是和在一条给定导线中均匀分布的那种电流具有相同的导电截面。

起源于这些考虑的各个改正量，可以用几何平均距离法来确定。它们正比于线圈中整条导线的长度，并且可以表示成我们必须乘在导线长度上以得出正确的自感系数的一个数字。

设导线的直径是 d，导线被包以绝缘材料，并绕成一个线圈。我们将假设导线的各个截面是按正方形次序排列的，如图 85 所示；而且我们也将假设，每一条导线的轴线和其次一条导线的轴线之间的距离，不论在线圈的宽度方向上还是在它的深度方向上都是 D。D 显然大于 d。

我们首先必须确定单位长度的直径为 d 的柱状导线比单位长度的边长为 D 的方截面导线在自感方面多出的量，或者说，

$$2\log\frac{R\text{ 对正方形而言}}{R\text{ 对圆而言}}=2\left(\log\frac{D}{d}+\frac{4}{3}\log 2+\frac{\pi}{3}-\frac{11}{6}\right)=2\left(\log\frac{D}{d}+0.1380606\right)。$$

八条最近的圆柱导线对所考虑的导线的感应作用，比对应的八条方导线对中间那条方导线的感应作用要小 $2\times(0.01971)$①。

对于相距更远的导线来说，改正量可以忽略不计，而总的改正量就可以写成

① 为了得到这一结果，我们注意：对圆柱导线来说，平均距离是它们圆心之间的距离；对两条并排的正方形导线来说，平均距离是 $0.99401D$；对角地摆着的两个正方形来说，平均距离是 $1.0011\times\sqrt{2}D$。请参阅 Maxwell，*Trans. R. S. Edinburgh*，p. 733，1871～1872。曾经盛情地重算了这种改正量的克瑞先生发现，采用了麦克斯韦的数字，改正量是 2×0.019635 而不是 2×0.019671。这种工作如下：

对于 8 根方截面导线有 $8\log_{10}R=4\log_{10}(0.99401D)+4\log_{10}(1.0011\sqrt{2}D)$。

对于圆柱导线有 $8\log_{10}R_1=4\log_{10}D+4\log_{10}\sqrt{2}D$；由此即得 $8\log_{10}\frac{R_1}{R}=0.0085272$；以及 $8\ln\frac{R_1}{R}=0.019635$。

这就给出总的改正量为 $2\left\{\ln\frac{D}{d}+0.118425\right\}$。

然而也有可能，在计算这一改正量时，麦克斯韦曾经使用比在他的论文中给出的准确到更多小数位的一些平均距离值。

$$2\left(\ln \frac{D}{d}+0.11835\right)。$$

因此最后的自感值就是 $L=n^2M+2l\left(\ln \frac{D}{d}+0.11835\right)$，式中 n 是匝数，l 是导线的长度，M 是相距为 R 的两个具有线圈之平均导线的形状的电路之间的互感，此处 R 是截面上各对点之间的几何平均距离。D 是相邻导线之间的距离，而 d 是导线的直径。

第四十七章　圆　电　流

由一个圆电流引起的磁势

694.〕　由一个载有单位电流的电路在一个给定点上引起的磁势，在数值上等于该电路对该点所张的立体角；参阅第 409、485 节。

当电路是圆形的时，立体角就是一个二次锥面的立体角；而当所给点位于锥面的轴线上时，曲面就变成一个正圆锥面。当点不位于轴线上时，锥面是一个椭圆锥面，而立体角就在数值上等于它在单位半径的球面上切出的球面椭圆的面积。

这个面积可以借助于第三类椭圆积分来表示成有限数的项。我们将发现，把它展成球谐函数的无限级数是更加方便的，因为利用这样的级数来一般地进行数学运算的简易性，不仅仅抵消了计算足以保证实际精确度的若干项时的烦琐性。

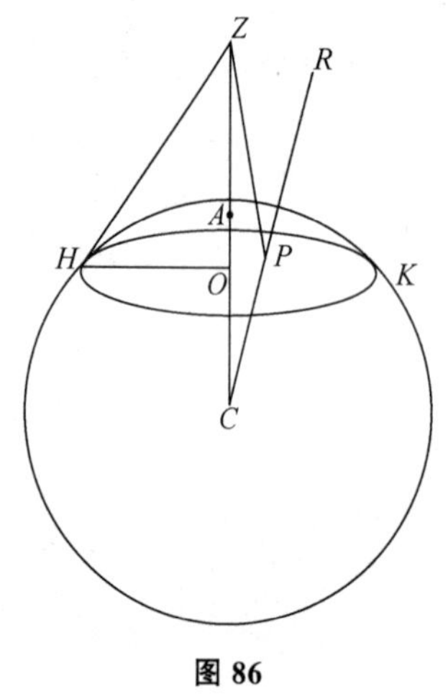

图 86

为了保持普遍性起见，我们将假设原点位于圆的轴线上，也就是说位于通过圆心而垂直于图形平面的直线上。

设 O 是圆心（图 86），C 是轴线上我们取作原点的那个点，H 是圆上的一点。

以 C 为心，以 CH 为半径画一个球。圆将位于这一球面上，并将形成一个角半径 α 的小圆。

设 $CH=c$，$OC=b=c\cos\alpha$，$OH=a=c\sin\alpha$。

设 A 是球的极点，Z 是轴线上的任意点，并设 $CZ_1=z$。

设 R 是空间中的任意点，并设 $CR=r$ 而 $ACR=\theta$。

设 P 是 CR 和球面相交的一点。

由圆电流引起的磁势等于由一个以电流为边界而具有单位强度的磁壳所引起的磁势。既然磁壳表面的形式只要以圆为边界就行，我们就可以假设它和球的表面相重合。

我们在第 670 节中已经证明，如果 V 是由展布在球面上小圆内部的面积上的一个单位面密度的物质层所引起的势，则由一个以相同的圆为边界而具有单位强度的磁壳所引起的磁势 ω 就是 $\omega=-\frac{1}{c}\frac{\mathrm{d}}{\mathrm{d}r}(rV)$。

因此我们首先必须求出 V。

设所给的点位于圆的轴线上的 Z 点，则由球面上位于 P 点的面积元 $\mathrm{d}S$ 在 Z 点引起的那一部分势是 $\frac{\mathrm{d}S}{ZP}$。

这个量可以展成下列两个球谐函数级数中的一个：$\frac{\mathrm{d}S}{c}\left\{P_0+P_1\frac{z}{c}+\cdots+P_i\frac{z^i}{c^i}+\cdots\right\}$，

$$\frac{dS}{z}\left\{P_0+P_1\frac{c}{z}+\cdots+P_i\frac{c^i}{z^i}+\cdots\right\},$$

第一个级数当 z 小于 c 时是收敛的，而第二个级数当 z 大于 c 时是收敛的。

写出 $dS=-c^2d\mu d\varphi$，并在 O 到 2π 的界限内对 φ 积分，并在 $\cos\alpha$ 和 1 的界限内对 μ 积分，我们就得到

$$V=2\pi c\left\{\int_{\cos\alpha}^1 P_0 d\mu+\cdots+\frac{z^i}{c^i}\int_{\cos\alpha}^1 P_i d\mu+\cdots\right\},\tag{1}$$

$$V'=2\pi\frac{c^2}{z}\left\{\int_{\cos\alpha}^1 P_0 d\mu+\cdots+\frac{c^i}{z^i}\int_{\cos\alpha}^1 P_i d\mu+\cdots\right\},\tag{1'}$$

由 P_i 的本征方程就有

$$i(i+1)P_i+\frac{d}{d\mu}\left[(1+\mu^2)\frac{dP_i}{d\mu}\right]=0。$$

由此即得

$$\int_\mu^1 P_i d\mu=\frac{1-\mu^2 dP_i}{i(i+1)d\mu}。\tag{2}$$

这个方程当 $i=0$ 时不成立，但是既然 $P_0=1$，就有

$$\int_\mu^1 P_0 d\mu=1-\mu。\tag{3}$$

既然函数 $\frac{dP_i}{d\mu}$ 出现在这一探讨的每一部分之中，我们就将用一个简写符号 P_i' 来代表它。和若干 i 值相对应的 P_i' 值在第 698 节中给出。

现在，通过把 z 换成 r，并用 θ 的同阶带谐函数分乘每一项，我们就能针对任一点 R 写出 V 的值，而不论 R 是否位于轴线上了。因为 V 必然能够被展成系数适当的 θ 的带谐函数的级数。当 $\theta=0$ 时，每一个带谐函数都变为 1，而 R 就位于轴线上。由此可见，各个系数就是位于轴线上的一点处的 V 的展式中的那些项。于是我们就得到两个级数

$$V=2\pi c\left\{1-\cos\alpha+\cdots+\frac{\sin^2\alpha}{i(i+1)}\frac{r^i}{c^i}P_i'(\alpha)P_i(\theta)+\cdots\right\},\tag{4}$$

$$V'=2\pi\frac{c^2}{r}\left\{1-\cos\alpha+\cdots+\frac{\sin^2\alpha}{i(i+1)}\frac{c^i}{r^i}P_i'(\alpha)P_i(\theta)+\cdots\right\},\tag{4'}$$

695.〕 现在我们可以利用第 670 节中的方法来由一个方程求出电路的磁势 ω 了，那就是

$$\omega=-\frac{1}{c}\frac{d}{dr}(Vr)。\tag{5}$$

于是我们就得到两个级数

$$\omega=-2\pi\left\{1-\cos\alpha+\cdots+\frac{\sin^2\alpha}{i}\frac{r^i}{c^i}P_i'(\alpha)P_i(\theta)+\cdots\right\},\tag{6}$$

$$\omega'=2\pi\sin^2\alpha\left\{\frac{1}{2}\frac{c^2}{r^2}P_1'(\alpha)P_1(\theta)+\cdots+\frac{1}{i+1}\frac{c^{i+1}}{r^{i+1}}P_i'(\alpha)P_i(\theta)+\cdots\right\}。\tag{6'}$$

级数(6)对一切小于 C 的 r 值为收敛，而级数(7)对一切大于 C 的 r 值为收敛。在球面上，$r=c$，两个级数当 θ 大于 α 时也就是在不被磁壳所占据的各点上给出相同的 ω 值，但是当 θ 小于 α 时，也就是在磁壳上的各点上，却有

$$\omega'=\omega+4\pi。\tag{7}$$

如果我们取圆心 O 作为坐标原点，我们就必须令 $\alpha=\frac{\pi}{2}$，而两个级数就变为

$$\omega=-2\pi\left\{1+\frac{r}{c}P_1(\theta)+\cdots+(-)^s\frac{1.3.\cdots.(2s-1)}{2.4.\cdots.2s}\frac{r^{2s+1}}{c^{2s+1}}P_{2s+1}(\theta)+\cdots\right\},\tag{8}$$

$$\omega=+2\pi\left\{\frac{1}{2}\frac{c^2}{r^2}P_1(\theta)+\cdots+(-)^s\frac{1.3.\cdots.(2s+1)}{2.4.\cdots.(2s+2)}\frac{c^{2s+2}}{r^{2s+2}}P_{2s+1}(\theta)+\cdots\right\},\qquad(8')$$

式中所有球谐函数的阶次都是奇数①。

关于两个圆电流的势能

696.〕 让我们在开始时假设和电流等价的两个磁壳各为两个同心球的一部分，二球的半径是 c_1 和 c_2，而 c_1 较大(图 87)。让我们也假设两个磁壳的轴线互相重合，并假设 α_1 是由第一个磁壳的半径在 C 点上所张的角，而 α_2 是由第二个磁壳的半径在 C 点上所张的角。

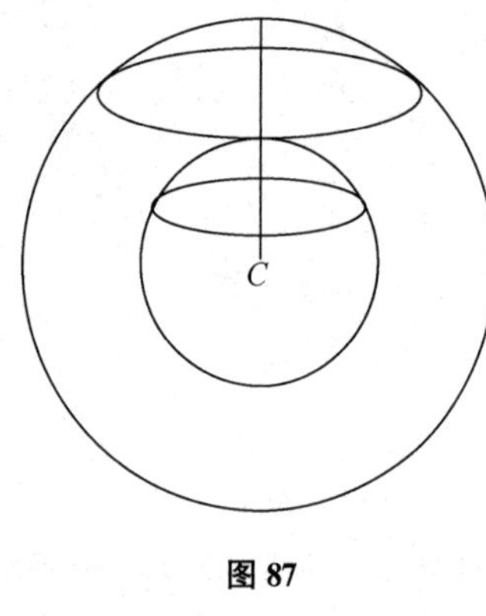

图 87

设 ω_1 是由第一个磁壳在它内部任一点上引起的磁势，则把第二个磁壳搬到无限远处时所需要的功是在第二个磁壳上计算的一个面积分 $M=-\iint\frac{\mathrm{d}\omega_1}{\mathrm{d}r}\mathrm{d}S$ 的值。由此即得

$$M=\int_{\mu_2}^{1}\frac{\mathrm{d}\omega_1}{\mathrm{d}r}2\pi c_2\mathrm{d}\mu_2,$$

$$=4\pi^2\sin^2\alpha_1c_2{}^2\left\{\frac{1}{c_1}P_1{}'(\alpha_1)\int_{\mu_2}^{1}P_1(\theta)\mathrm{d}\mu_2+\cdots\right.$$

$$\left.+\frac{c_2{}^{i-1}}{c^i}P_i{}'(\alpha_1)\int_{\mu_2}^{1}P_1(\theta)\mathrm{d}\mu_2+\cdots\right\},$$

或者，把第 694 节的方程(2)中的积分值代入此式，就得到

$$M=4\pi^2\sin^2\alpha_1\sin^2\alpha_2c_2\left\{\frac{1}{2}\frac{c_2}{c_1}P_1{}'(\alpha_1)P_1{}'(\alpha_2)+\cdots\right.$$

$$\left.+\frac{1}{i(i+1)}\frac{c_2{}^i}{c_1{}^i}P_i{}'(\alpha_1)P_i{}'(\alpha_2)+\cdots\right\}。②$$

697.〕 其次让我们假设，其中一个磁壳的轴线以 C 为心发生一次转动，以致它现在和另一个磁壳的轴线成一角度 θ(图 88)。我们只要把 θ 的带谐函数引入到 M 的这一表示式中就行了。于是我们就得到更普遍的 M 值，$M=4\pi^2\sin^2\alpha_1\sin^2\alpha_2c_2{}^2\left\{\frac{1}{2}\frac{c_2}{c_1}P_1{}'(\alpha_1)P_1{}'(\alpha_2)P_1(\theta)+\right.$

---

① 一个圆所张的立体角的值，可以用更直接的方法得出如下：

一个圆在位于轴线上的一点 Z 上所张的立体角很容易证明为 $\omega=2\pi\left(1-\frac{z-c\cos\alpha}{HZ}\right)$。

把这一表示式按球谐函数展开，我们就分别对应于 z 小于 c 和 z 大于 c 的位于轴线上的各点得到 ω 的展式：

$$\omega=2\pi\left\{(\cos\alpha+1)+(P_1(\alpha)\cos\alpha-P_0(\alpha))\frac{z}{c}+\cdots+(P_i(\alpha)\cos\alpha-P_{i-1}(\alpha))\frac{z^i}{c^i}+\cdots\right\},$$

$\omega'=2\pi\left\{(P_0(\alpha)\cos\alpha-(P_1(\alpha))\frac{c}{z}+\cdots+(P_i(\alpha)\cos\alpha-P_{i+1}(\alpha))\frac{c^{i+1}}{z^{i+1}}+\cdots\right\}$。很容易证明，这些结果是和正文中的结果相一致的。

② 这一点很容易证明，其方法是把出现在 ω_1 的表示式(6)中的带谐函数 $P_i(\theta)$ 表示成一系列以 Ca 为轴的带谐函数和田谐函数之和，然后利用公式 $M=\int_{\mu_2}^{1}\frac{\mathrm{d}w_1}{\mathrm{d}r}2\pi c_2{}^2\mathrm{d}\mu_2$。

$\cdots+\frac{1}{i(i+1)}\frac{c_2{}^i}{c_1{}^i}P'(\alpha_1)P_i{}'(\alpha_2)P_i(\theta)\Big\}$。①

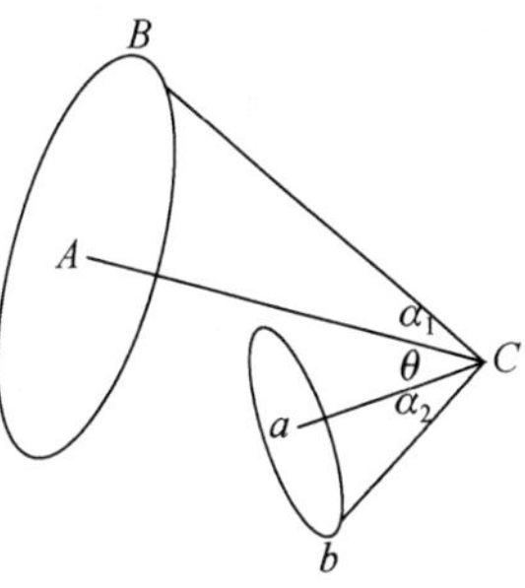

图 88

这就是由两个单位强度的圆电流的相互作用所引起的势能;两个电流的相对位置是,通过圆心的法线以角度 Q 相交于一点 C,从而圆周到 C 点的距离是 c_1 和 c_2,其中 c_1 较大。

如果任一位移 $\mathrm{d}x$ 将改变 M 的值,则沿位移方向作用着的力是
$$X=\frac{\mathrm{d}M}{\mathrm{d}x}。$$

例如,如果其中一个磁壳的轴线可以绕 C 点而自由转动以引起 Q 的变化,则倾向于增大 θ 的力矩是 Θ,此处 $\Theta=\frac{\mathrm{d}M}{\mathrm{d}\theta}$。

完成微分计算并记得 $\frac{\mathrm{d}P_i(\theta)}{\mathrm{d}\theta}=-\sin\theta P_i{}'(\theta)$,式中 $P_i{}'$ 的意义和在以前的方程中的意义相同,就得到 $\Theta=-4\pi^2\sin^2\alpha_1\sin^2\alpha_2\sin\theta c_2\Big\{\frac{1}{2}\ \frac{c_2}{c_1}P_1{}'(\alpha_1)P_1{}'(\alpha_2)P_1{}'(\theta)+\cdots+\frac{1}{i(i+1)}\times\frac{c_2{}^i}{c_1{}^i}P_i{}'(\alpha_1)P_i{}'(\alpha_2)P_i{}'(\theta)\Big\}$。

698.〕 既然 $P_i{}'$ 的值经常出现在这些计算中,下面这个前六阶的函数值表可能是有用的。在这个表中,μ 代表 $\cos\theta$ 而 γ 代表 $\sin\theta$。

$P_1{}'=1, P_2{}'=3\mu, P_3{}'=\frac{3}{2}(5\mu^2-1)=6\left(\mu^2-\frac{1}{4}\gamma^2\right), P_4{}'=\frac{5}{2}\mu(7\mu^2-3)=10\mu\times\left(\mu^2-\frac{3}{4}\gamma^2\right), P_5{}'=\frac{15}{8}(21\mu^4-14\mu^2+1)=15\left(\mu^4-\frac{3}{2}\mu^2\gamma^2+\frac{1}{8}\gamma^2\right), P_6{}'=\frac{21}{8}\mu(33\mu^4-30\mu^2+5)=21\mu\left(\mu^4-\frac{5}{2}\mu^2\gamma^2+\frac{5}{8}\gamma^4\right)$。

699.〕 有时用以下一些线性量来表示 M 的级数式是方便的。

设 a 是较小电路的半径,b 是电路的平面离原点的距离,而 $c=\sqrt{a^2+b^2}$。

设 A、B 和 C 是较大电路的各个对应量。

于是 M 的级数式就可以写成

$$M=1\times2\times\pi^2\ \frac{A^2}{C^3}a^2\cos\theta+2\times3\times\pi^2\ \frac{A^2B}{C^5}a^2b\left(\cos^2\theta-\frac{1}{2}\sin^2\theta\right)+3\times4\times\pi^2\times\frac{A^2\left(B^2-\frac{1}{4}A^2\right)}{C^7}a^2\left(b^2-\frac{1}{4}a^2\right)\left(\cos^3\theta-\frac{3}{2}\sin^2\theta\cos\theta\right)+\cdots。$$

如果我们令 $\theta=0$,两个圆就变成平行的并具有相同的轴线。为了确定它们之间的吸引力,我们可以对 b 求 M 的导数。于是我们就得到

---

① 这一点很容易证明,其方法是把出现在 ω_1 的表示式(6)中的带谐函数 $P_i(\theta)$ 表示成一系列以 Ca 为轴的带谐函数和田谐函数之和,然后利用公式 $M=\int_{\mu_2}^1\frac{\mathrm{d}w_1}{\mathrm{d}r}2\pi c_2{}^2\mathrm{d}\mu_2$。

$$\frac{dM}{db}=\pi^2\frac{A^2a^2}{C^4}\left\{2\times3\frac{B}{C}+2\times3\times4\frac{B^2-\frac{1}{4}A^2}{C^3}b+\cdots\right\}。$$

700.〕 当计算长方形截面的线圈的效应时，我们必须把已经求得的各表示式对线圈的半径 A 和对线圈平面离原点的距离 B 求积分，并把积分展布在线圈的宽度和深度上。

在某些事例中，直接积分是最方便的，但是也有另外一些事例，那时下列的近似方法会导致更有用的结果。

设 P 是 x 和 y 的任一函数，并设需要求出 $\overline{P}$ 的值，此处 $Pxy=\int_{-\frac{1}{2}x}^{+\frac{1}{2}x}\int_{-\frac{1}{2}y}^{+\frac{1}{2}y}P\,dx\,dy$。

在这一表示式中，$\overline{P}$ 是 P 在积分限中的平均值。

设 P_0 是当 $x=0$ 和 $y=0$ 时的 P 值，则利用泰勒定理来展开 P，即得

$$P=P_0+x\frac{dP_0}{dx}+y\frac{dP_0}{dy}+\frac{1}{2}x^2\frac{d^2P_0}{dx^2}+\cdots。$$

在积分限内积分这一表示式并将所得结果除以 xy，我们就得到 $\overline{P}$ 的值，

$$\begin{aligned}\overline{P}=&P_0+\frac{1}{24}\left(x^2\frac{d^2P_0}{dx^2}+y^2\frac{d^2P_0}{dy^2}\right)\\&+\frac{1}{1920}\left(x^4\frac{d^4P_0}{dx^4}+y^4\frac{d^4P_0}{dy^4}\right)+\frac{1}{576}x^2y^2\frac{d^4P_0}{dx^2dy^2}+\cdots。\end{aligned}$$

在线圈的事例中，设外半径和内半径分别是 $A+\frac{1}{2}\xi$ 和 $A-\frac{1}{2}\xi$，并设各线匝平面到原点的距离介于 $B+\frac{1}{2}\eta$ 和 $B-\frac{1}{2}\eta$ 之间，则线圈的宽度是 η 而其深度是 ξ，这些量远小于 A 或 B。

为了计算这样一个线圈的磁效应，我们可以把第 695 节中的级数(6)和(6′)中的相继各项写成下列形式：

$$G_0=\pi\frac{B}{C}\left(1+\frac{1}{24}\frac{2A^2-B^2}{C^4}\xi^2-\frac{1}{8}\frac{A^2}{C^4}\eta^2+\cdots\right),$$

$$G_1=2\pi\frac{A^2}{C^3}\left\{1+\frac{1}{24}\left(\frac{2}{A^2}-15\frac{B^2}{C^4}\right)\xi^2+\frac{1}{8}\frac{4B^2-A^2}{C^4}\eta^2+\cdots\right\},$$

$$G_2=3\pi\frac{A^2B}{C^5}\left\{1+\frac{1}{24}\left(\frac{2}{A^2}-\frac{25}{C^2}+\frac{35A^2}{C^4}\right)\xi^2+\frac{5}{24}\frac{4B^2-3A^2}{C^4}\eta^2+\cdots\right\},$$

$G_3=4\pi\dfrac{A^2\left(B^2-\frac{1}{4}A^2\right)}{C^7}+\dfrac{\pi}{24}\dfrac{\xi^2}{C^{11}}\{C^4(8B^2-12A^2)+35A^2B^2(5A^2-4B^2)\}+\dfrac{5}{8}\dfrac{\pi\eta^2}{C^{11}}A^2\times\{A^4-12A^2B^2+8B^4\}$，等等，等等；$g_1=\pi a^2+\frac{1}{12}\pi\xi^2$，$g_2=2\pi a^2b+\frac{1}{6}\pi b\xi^2$，$g_3=3\pi a^2\left(b^2-\frac{1}{4}a^2\right)+\frac{\pi}{8}\xi^2(2b^2-3a^2)+\frac{\pi}{4}\eta^2a^2$，等等，等等。

G_0、G_1、G_2 等等的量属于大线圈。在 r 小于 C 的各点上，ω 的值是

$$\omega=-2\pi+2G_0-G_1rP_1(\theta)-G_2r^2P_2(\theta)-\cdots。$$

g_1、g_2 等等的量属于小线圈。在 r 大于 C 的各点上，ω' 的值是

$$\omega' = g_1 \frac{1}{r^2} P_1(\theta) + g_2 \frac{1}{r^3} P_2(\theta) + \cdots。$$

当通过每一线圈的截面的总电流都为 1 时，一个线圈相对于另一线圈而言的势是

$$M = G_1 g_1 P_1(\theta) + G_2 g_2 P_2(\theta) + \cdots。$$

用椭圆积分来求 *M*

701.〕 当两个圆的圆周之间的距离和小圆的半径相比具有中等大小时，已经给出的级数并不是迅速收敛的。然而，在每一事例中，我们都可以利用椭圆积分来求出两个平行圆的 M 值。

因为，设 b 是二圆连心线的长度，并设这一直线垂直于二圆的平面，并设 A 和 a 是二圆的半径，则有 $M = \iint \frac{\cos\varepsilon}{r} \mathrm{d}s\mathrm{d}s'$，积分展布在两条曲线上。

在这一事例中，有 $\quad r^2 = A^2 + a^2 + b^2 - 2Aa\cos(\varphi - \varphi')$，

$$\varepsilon = \varphi - \varphi', \quad \mathrm{d}s = a\mathrm{d}\varphi, \quad \mathrm{d}s' = A\mathrm{d}\varphi',$$

$$M = \int_0^{2\pi} \int_0^{2\pi} \frac{Aa\cos(\varphi - \varphi')\mathrm{d}\varphi\mathrm{d}\varphi'}{\sqrt{A^2 + a^2 + b^2 - 2Aa\cos(\varphi - \varphi')}}$$

$$= -4\pi\sqrt{Aa}\left\{\left(c - \frac{2}{c}\right)F + \frac{2}{c}E\right\},$$

式中 $c = \frac{2\sqrt{Aa}}{\sqrt{(A+a)^2 + b^2}}$，而 F 和 E 是以 C 为模的完全椭圆积分。

由此，记得 $\quad \frac{\mathrm{d}F}{\mathrm{d}c} = \frac{1}{c(1-c^2)}\{E - (1-c^2)F\}$， $\quad \frac{\mathrm{d}E}{\mathrm{d}c} = \frac{1}{c}(E - F)$，并记得 c 是 b 的函数，我们就得到 $\quad \frac{\mathrm{d}M}{\mathrm{d}b} = \frac{\pi}{\sqrt{Aa}} \frac{bc}{1-c^2}\{(2-c^2)E - 2(1-c^2)F\}$。

如果 r_1 和 r_2 代表 r 的最大值和最小值，则 $r_1{}^2 = (A+a)^2 + b^2$， $\quad r_2{}^2 = (A-a)^2 + b^2$，而如果取一个角 γ，使它满足 $\cos\gamma = \frac{r_2}{r_1}$，则 $\quad \frac{\mathrm{d}M}{\mathrm{d}b} = -\pi\frac{b\sin\gamma}{\sqrt{Aa}}\{2F_\gamma - (1+\sec^2\gamma)E_\gamma\}$，式中 F_γ 和 E_γ 代表以 $\sin\gamma$ 为模的第一类和第二类完全椭圆积分。

如果 $A = a$，则 $\cot\gamma = \frac{b}{2a}$，而 $\quad \frac{\mathrm{d}M}{\mathrm{d}b} = -2\pi\cos\gamma\{2F_\gamma - (1+\sec^2\gamma)E_\gamma\}$。

$-\frac{\mathrm{d}M}{\mathrm{d}b}$ 这个量就代表当每一电流都等于 1 时两个平行的圆形电路之间的吸引力。

有鉴于 M 这个量在电磁计算中的重要性，已经在角 γ 值的 60 度到 90 度之间按 6′的间隔造了 $\log(M/4\pi\sqrt{Aa})$ 值的表，这种值只是 c 的函数，从而也只是 γ 的函数。这个表见本章的一个附录。

M 的第二个表示式

M 的一个有时更便于应用的表示式，是通过令 $c_1 = \frac{r_1 - r_2}{r_1 + r_2}$ 而得到的；在这种情况下，

就有[①] $M=8\pi\sqrt{Aa}\frac{1}{\sqrt{c_1}}\{F(c_1)-E(c_1)\}$。

圆电流的磁力线的画法

702.〕 磁力线显然位于通过圆的轴线的平面上，而在每一条磁力线上 M 值是不变的。

试利用勒让德的表来针对足够多的 θ 值算出 $K_\theta=\frac{\sin\theta}{(F\ \sin\theta-E\ \sin\theta)^2}$ 的值。

在纸上画出直角坐标的 x 轴和 z 轴{原点在圆心上，而 z 轴为圆的轴线}，并以点 $x=\frac{1}{2}a(\sin\theta+\csc\theta)$ 为心，以 $\frac{1}{2}a(\csc\theta-\sin\theta)$ 为半径画一个圆。对于这个圆上的所有各点来说，c_1 的值都将是 $\sin\theta$。由此可见，对于这个圆上的所有各点来说，都有

$$M=8\pi\sqrt{Aa}\ \frac{1}{\sqrt{K_\theta}}\quad \text{和}\quad A=\frac{1}{64\pi^2}\frac{M^2K_\theta}{a}。$$

A 就是针对它来求了 M 值的那个 x 值。因此，如果我们画一条 $x=A$ 的直线，它就会和圆相交于 M 具有给定值的两点。

使 M 按等差序列取一系列值，A 的值就是一系列平方项。因此，画一系列平行于 z 的直线，使它们的 x 取已经求得的那些 A 值，则这些直线和圆相交的各点，就将是对应的力线和圆相交的那些点。

如果我们令 $m=8\pi a$ 而 $M=nm$，则有 $A=x=n^2K_\theta a$。我们可以把 n 叫做力线的指示数(index)。

这些力线的形状在本书末尾的图版 18 上给出。这是根据 W. 汤姆孙爵士在他的论文〈涡旋运动〉[②]中给出一张图复制而成的。

703.〕 如果一个具有给定轴线的圆的位置被认为是由圆心和轴上一个固定点之间的距离 b 以及圆的半径 a 来确定的，则这个圆对任何一个不论什么样的磁体或电流的体系而言的感应系数 M 都满足下列的方程：

$$\frac{d^2M}{da^2}+\frac{d^2M}{db^2}-\frac{1}{a}\frac{dM}{da}=0。\qquad (1)$$

为了证明这一点，让我们考虑当 a 或 b 变化时被圆所切割的磁力线的条数。

(1) 设 a 变成 $a+\delta a$ 而 b 保持不变。在变化过程中，扩大着的圆在它自己的平面上扫过了一个宽度为 δa 的环形面积。

如果 V 是任一点上的磁势，而 y 轴平行于圆的轴线，则垂直于圆环平面的磁力是 $-\frac{dV}{dy}$。

---

① M 的第二个表示式可以借助于椭圆积分的下述变换来从第一个表示式推得：

如果 $\sqrt{1-c_2}=\frac{1-c_1}{1+c_1}$，或 $c=\frac{2\sqrt{c_1}}{1+c_1}$，则有 $F(c)=(1+c_1)F(c_1)$，$F(c)=\frac{2}{1+c_1}E(c_1)-(1-c_1)F(c_1)$。

② *Trans. R. S. Edin*, vol. xxv. p. 217(1869).

为了求出通过环形面积的磁感,我们必须计算积分 $-\int_0^{2\pi} a\delta a\,\frac{\mathrm{d}V}{\mathrm{d}y}\mathrm{d}\theta$,但是这个量代表由 a 的变化而引起的 M 的改变量,或者说代表 $\frac{\mathrm{d}M}{\mathrm{d}a}\delta a$。由此即得 $\frac{\mathrm{d}M}{\mathrm{d}a}=-\int_0^{2\pi} a\,\frac{\mathrm{d}V}{\mathrm{d}y}\mathrm{d}\theta$。 (2)

(2) 设 b 变成 $b+\delta b$ 而 a 保持不变。在变化过程中,圆扫过一个半径为 a 而长度为 δb 的柱面。{而穿过这一柱面的力线就是那些不再穿过圆的力线。}

任一点上垂直于这一曲面的磁力是 $-\frac{\mathrm{d}V}{\mathrm{d}r}$,式中 r 是离轴线的距离。由此即得

$$\frac{\mathrm{d}M}{\mathrm{d}b}=\int_0^{2\pi} a\,\frac{\mathrm{d}V}{\mathrm{d}r}\mathrm{d}\theta。 \tag{3}$$

对 a 求方程(2)的导数而对 b 求方程(3)的导数,我们就得到

$$\frac{\mathrm{d}^2M}{\mathrm{d}a^2}=-\int_0^{2\pi}\frac{\mathrm{d}V}{\mathrm{d}y}\mathrm{d}\theta-\int_0^{2\pi} a\,\frac{\mathrm{d}^2V}{\mathrm{d}r\mathrm{d}y}\mathrm{d}\theta, \tag{4}$$

$$\frac{\mathrm{d}^2M}{\mathrm{d}b^2}=-\int_0^{2\pi} a\,\frac{\mathrm{d}^2V}{\mathrm{d}r\mathrm{d}y}\mathrm{d}\theta。 \tag{5}$$

由此即得

$$\frac{\mathrm{d}^2M}{\mathrm{d}a^2}+\frac{\mathrm{d}^2M}{\mathrm{d}b^2}=-\int_0^{2\pi}\frac{\mathrm{d}V}{\mathrm{d}y}\mathrm{d}\theta, \tag{6}$$

$$=\frac{1}{a}\frac{\mathrm{d}M}{\mathrm{d}a},\text{据(2)}。$$

把最后一项移到左端,我们就得到方程(1)。

当弧间距离远小于各圆的半径时两个平行圆的感应系数

704.〕 在这一事例中,我们可以由已经给出的椭圆积分当它们的模近似于 1 时的展式推得 M 的值。然而下述的方法却是电学原理的一种更直接的应用。

初级近似

设 a 和 $a+c$ 是二圆的半径而 b 是它们的平面之间的距离,则它们的圆周之间的最短距离由下式给出:$r=\sqrt{c^2+b^2}$。我们必须求出由一个圆中的单位电流所引起的穿过另一圆的磁感。

我们将从假设两个圆位于平面上开始。考虑半径为 $a+c$ 的那个圆上的一段小弧 δs。在圆的平面上离 δs 中心的距离是 ρ 而此距离和 δs 的方向成一角度 θ 的一个任意点上,由 δs 引起的磁力垂直于该平面并等于 $\frac{1}{\rho^2}\sin\theta\delta s$。

为了计算这个力在半径为 a 的圆上的面积分,我们必须求出下列积分的值:$2\delta s\int_{\theta_1}^{\frac{1}{2}\pi}\int_{r_2}^{r_1}\frac{\sin\theta}{\rho}\mathrm{d}\theta\mathrm{d}\rho$,式中 r_1、r_2 是方程 $r^2-2(a+c)\sin\theta r+c_2+2ac=0$,的根,也就是说,

$$r_1=(a+c)\sin\theta+\sqrt{(a+c)^2\sin^2\theta-c^2-2ac},$$

$$r_2=(a+c)\sin\theta-\sqrt{(a+c)^2\sin^2\theta-c^2-2ac},$$

另外并有 $\sin^2\theta_1=\dfrac{c^2+2ac}{(c+a)^2}$。

当 c 远小于 a 时，我们可以令 $r_1=2a\sin\theta, r_2=c/\sin\theta$。

对 ρ 求积分，就得到 $2\delta s\int_{\theta_1}^{\frac{1}{2}\pi}\log\left(\frac{2a}{c}\sin^2\theta\right)\sin\theta d\theta=2\delta s\left[\cos\theta\left\{2-\log\left(\frac{2a}{c}\sin^2\theta\right)\right\}+2\log\tan\frac{\theta}{2}\right]_{\theta_1}^{\frac{\pi}{2}}=2\delta s\left(\ln\frac{8a}{c}-2\right)$，近似地。

于是我们就得到总的感应为 $M_{ac}=4\pi a\left(\ln\frac{8a}{c}-2\right)$。

当距离远小于曲率半径时，任一点上的磁力和导线为直线时的磁力相近；既然如此，我们就可以(见第 684 节)利用公式 $M_{aA}-M_{ac}=4\pi a\{\ln c-\ln r\}$，来计算穿过半径为 $a-c$ 的圆和穿过圆 A 的磁感之差。

由此我们就得到，A 和 a 之间的感应近似地等于 $M_{Aa}=4\pi a(\ln 8a-\ln r-2)$。如果二圆间的最小距离 r 远小于 a 的话。

705.〕 既然同一线圈上的两匝之间的互感在实验结果的计算中是一个很重要的量，我现在就将描述一种方法，而利用这种方法，对 M 值的逼近可以进行到任意要求的精确度。

我们将假设 M 的值具有下列形式：$M=4\pi\left\{A\ln\frac{8a}{r}+B\right\}$，

式中

$$A=a+A_1x+A_2\frac{x^2}{a}+A_2'\frac{y^2}{a}+A_3\frac{x^3}{a^2}+A_3'\frac{xy^2}{a^2}+\cdots,$$

$$+a^{-(n-1)}\{x^nA_n+x^{n-2}y^2A'_n+x^{n-4}y^4A''_n+\cdots\}+\cdots,$$

$$B=-2a+B_1x+B_2\frac{x^2}{a}+B_2'\frac{y^2}{a}+B_3\frac{x^3}{a^2}+B_3'\frac{xy^2}{a^2}+\cdots,$$

此处 a 和 $a+x$ 是二圆的半径，而 y 是它们的平面之间的距离。

我们必须确定系数 A 和 B 的值。很显然，只有 y 的偶次幂才能出现在这些量中，因为，如果 y 变号，M 的值必须保持不变。

我们也得到关于感应系数之倒易性质的另一组条件，因为不论我们把哪一个圆看成原电路，感应系数都应该是相同的。因此，当我们在以上各表示式中把 a 换成 $a+x$ 而把 x 换成 $-x$ 时，M 的值必须仍然相同。

于是，通过令 x 和 y 的相同组合的系数彼此相等，我们就得到下列的倒易条件式：

$A_1=1-A_1$，$B_1=1-2-B_1$，$A_3=-A_2-A_3$，$B_3=\frac{1}{3}-\frac{1}{2}A_1+A_2-B_2-B_3$，$A_3'=-A_2'-A_3'$，$B_3'=A_2'-B_2'-B_3'$；

$$(-)^nA_n=A_2+(n-2)A_3+\frac{(n-2)(n-3)}{1.2}A_4+\cdots+A_n,$$

$$(-)^nB_n=-\frac{1}{n}+\frac{1}{n-1}A_1-\frac{1}{n-2}A_2+\cdots+(-)^nA_{n-1}$$
$$+B_2+(n-2)B_3+\frac{(n-2)(n-3)}{1.2}B_4+\cdots+B_n。$$

由第 703 节中关于 M 的普遍方程 $\frac{d^2M}{dx^2}+\frac{d^2M}{dy^2}-\frac{1}{a+x}\frac{dM}{dx}=0$，

我们就得到另一组条件式，

$$2A_2+2A'_2=A_1,$$

$$2A_2+2A'_2+6A_3+2A'_3=2A_2;$$

$$n(n-1)A_n+(n+1)nA_{n+1}+1.2A'_n+1.2A'_{n+1}=nA_n,$$

[1] $$(n-1)(n-2)A'_n+n(n-1)A'_{n+1}+2.3A''_n+2.3A''_{n+1}=(n-2)A'_n,\cdots;$$

$$4A_2+A_1=2B_2+2B'_2-B_1=4A'_2,$$

$$6A_3+3A_2=2B'_2+6B_3+2B'_3=6A'_3+3A'_2,$$

$$(2n-1)A_n+(2n+2)A_{n+1}=(2n-1)A'_n+(2n+2)A'_{n+1}$$
$$=n(n-2)B_n+(n+1)nB_{n+1}+1.2B'_n+1.2B'_{n+1}。$$

求解这些方程并把各系数的值代入，M 的级数式就变成

[2] $$M=4\pi a\log\frac{8a}{r}\left\{1+\frac{1}{2}\frac{x}{a}+\frac{x^2+3y^2}{16a^2}-\frac{x^3+3xy^2}{32a^3}+\cdots\right\}$$
$$+4\pi a\left\{-2-\frac{1}{2}\frac{x}{a}+\frac{3x^2-y^2}{16a^2}-\frac{x^3-6xy^2}{48a^3}+\cdots\right\}。$$

当导线的总长度和粗细都已给定时试求自感系数最大的线圈形状

706.〕 忽略第 705 节的改正量，我们由第 693 节就得到 $L=4\pi n^2a\left(\log\frac{8a}{R}-2\right)$，式中 n 是导线匝数，a 是线圈的平均半径，而 R 是线圈横截面离它自己的几何平均距离。请参阅第 691 节。如果这个截面永远和它自己相似，则 R 正比于截面的线度，而 n 正比于 R^2。

既然导线的总长度是 $2\pi an$，a 就和 n 成反比。由此即得 $\frac{dn}{n}=2\frac{dR}{R}$，以及 $\frac{da}{a}=-2\frac{dR}{R}$，而我们就得到 L 具有极大值的条件 $\log\frac{8a}{R}=\frac{7}{2}$。

如果线圈沟槽的横截面是圆形的，而其半径为 c，则由第 692 节得到 $\log\frac{R}{c}=-\frac{1}{4}$，$\log\frac{8a}{c}=\frac{13}{4}$，由此即得 $a=3.22c$；或者说，线圈的平均半径应该是线圈沟槽的截面积半径的 3.22 倍，以便这样一个线圈可以有最大的自感系数。这个结果是由高斯求出的[3]。

如果导线所绕的沟槽具有正方形的横截面，则线圈的平均直径应该是沟槽之正方截面的边长的 3.7 倍。

---

① 克瑞先生发现此式应为 $(n-2)(n-3)A'_n+(n-1)(n-2)A'_{n+1}+3.4A''_n+3.4A''_{n+1}=(n-2)A'_n$.

② 这一结果可以利用第 704 节中所建议的方法来直接得出，就是说，利用在第 701 节求得的 M 表示式中的各椭圆积分的展式来直接得出。见 Cayley's *Elliptic Functions*, Art. 75。

③ *Werke*, Göttingen edition, 1867, bd. v. p. 622.

附 录 I

$\log \frac{M}{4\pi\sqrt{Aa}}$ 数值表(第 701 节)

对数以 10 为底

	$\log \frac{M}{4\pi\sqrt{Aa}}$		$\log \frac{M}{4\pi\sqrt{Aa}}$		$\log \frac{M}{4\pi\sqrt{Aa}}$
60° 0′	$\bar{1}$.4994783	62° 36′	$\bar{1}$.5715618	65° 12′	$\bar{1}$.6431645
6′	$\bar{1}$.5022651	42′	$\bar{1}$.5743217	18′	$\bar{1}$.6459153
12′	$\bar{1}$.5050505	48′	$\bar{1}$.5770809	24′	$\bar{1}$.6486660
18′	$\bar{1}$.5078345	54′	$\bar{1}$.5798394	30′	$\bar{1}$.6514169
24′	$\bar{1}$.5106173	63° 0′	$\bar{1}$.5825973	36′	$\bar{1}$.6541678
30′	$\bar{1}$.5133989	6′	$\bar{1}$.5853546	42′	$\bar{1}$.6569189
36′	$\bar{1}$.5161791	12′	$\bar{1}$.5881113	48′	$\bar{1}$.6596701
42′	$\bar{1}$.5189582	18′	$\bar{1}$.5908675	54′	$\bar{1}$.6624215
48′	$\bar{1}$.5217361	24′	$\bar{1}$.5936231	66° 0′	$\bar{1}$.6651732
54′	$\bar{1}$.5245128	30′	$\bar{1}$.5963782	6′	$\bar{1}$.6679250
61° 0′	$\bar{1}$.5272883	36′	$\bar{1}$.5991329	12′	$\bar{1}$.6706772
6′	$\bar{1}$.5300628	42′	$\bar{1}$.6018871	18′	$\bar{1}$.6734296
12′	$\bar{1}$.5328361	48′	$\bar{1}$.6046408	24′	$\bar{1}$.6761824
18′	$\bar{1}$.5356084	54′	$\bar{1}$.6073942	30′	$\bar{1}$.6789356
24′	$\bar{1}$.5383796	64° 0′	$\bar{1}$.6101472	36′	$\bar{1}$.6816891
30′	$\bar{1}$.5411498	6′	$\bar{1}$.6128998	42′	$\bar{1}$.6844431
36′	$\bar{1}$.5439190	12′	$\bar{1}$.6156522	48′	$\bar{1}$.6871976
42′	$\bar{1}$.5466872	18′	$\bar{1}$.6184042	54′	$\bar{1}$.6899526
48′	$\bar{1}$.5494545	24′	$\bar{1}$.6211560	67° 0′	$\bar{1}$.6927081
54′	$\bar{1}$.5522209	30′	$\bar{1}$.6239076	6′	$\bar{1}$.6954642
62° 0′	$\bar{1}$.5549864	36′	$\bar{1}$.6266589	12′	$\bar{1}$.6982209
6′	$\bar{1}$.5577510	42′	$\bar{1}$.6294101	18′	$\bar{1}$.7009782
12′	$\bar{1}$.5605147	48′	$\bar{1}$.6321612	24′	$\bar{1}$.7037362
18′	$\bar{1}$.5632776	54′	$\bar{1}$.6349121	30′	$\bar{1}$.7064949
24′	$\bar{1}$.5660398	65° 0′	$\bar{1}$.6376629	36′	$\bar{1}$.7092544
30′	$\bar{1}$.5688011	6′	$\bar{1}$.6404137	42′	$\bar{1}$.7120146

续表

	$\log\frac{M}{4\pi\sqrt{Aa}}$		$\log\frac{M}{4\pi\sqrt{Aa}}$		$\log\frac{M}{4\pi\sqrt{Aa}}$
67° 48′	$\bar{1}.7147756$	72° 30′	$\bar{1}.8461998$	77° 12′	$\bar{1}.9846454$
54′	$\bar{1}.7175375$	36′	$\bar{1}.8490493$	18′	$\bar{1}.9877249$
68° 0′	$\bar{1}.7203003$	42′	$\bar{1}.8519018$	24′	$\bar{1}.9908118$
6′	$\bar{1}.7230640$	48′	$\bar{1}.8547575$	30′	$\bar{1}.9939062$
12′	$\bar{1}.7258286$	54′	$\bar{1}.8576164$	36′	$\bar{1}.9970082$
18′	$\bar{1}.7285942$	73° 0′	$\bar{1}.8604785$	42′	0.0001181
24′	$\bar{1}.7313609$	6′	$\bar{1}.8633440$	48′	0.0032359
30′	$\bar{1}.7341287$	12′	$\bar{1}.8662129$	54′	0.0063618
36′	$\bar{1}.7368975$	18′	$\bar{1}.8690852$	78° 0′	0.0094959
42′	$\bar{1}.7396675$	24′	$\bar{1}.8719611$	6′	0.0126385
48′	$\bar{1}.7424387$	30′	$\bar{1}.8748406$	12′	0.0157896
54′	$\bar{1}.7452111$	36′	$\bar{1}.8777237$	18′	0.0189494
69° 0′	$\bar{1}.7479848$	42′	$\bar{1}.8806106$	24′	0.0221181
6′	$\bar{1}.7507597$	48′	$\bar{1}.8835013$	30′	0.0252959
12′	$\bar{1}.7535361$	54′	$\bar{1}.8863958$	36′	0.0284830
18′	$\bar{1}.7563138$	74° 0′	$\bar{1}.8892943$	42′	0.0316794
24′	$\bar{1}.7590929$	6′	$\bar{1}.8921969$	48′	0.0348855
30′	$\bar{1}.7618735$	12′	$\bar{1}.8951036$	54′	0.0381014
36′	$\bar{1}.7646556$	18′	$\bar{1}.8980144$	79° 0′	0.0413273
42′	$\bar{1}.7674392$	24′	$\bar{1}.9009295$	6′	0.0445633
48′	$\bar{1}.7702245$	30′	$\bar{1}.9038489$	12′	0.0478098
54′	$\bar{1}.7730114$	36′	$\bar{1}.9067728$	18′	0.0510668
70° 0′	$\bar{1}.7758000$	42′	$\bar{1}.9097012$	24′	0.0543347
6′	$\bar{1}.7785903$	48′	$\bar{1}.9126341$	30′	0.0576136
12′	$\bar{1}.7813823$	54′	$\bar{1}.9155717$	36′	0.0609037
18′	$\bar{1}.7841762$	75° 0′	$\bar{1}.9185141$	42′	0.0642054
24′	$\bar{1}.7869720$	6′	$\bar{1}.9214613$	48′	0.0675187
30′	$\bar{1}.7897696$	12′	$\bar{1}.9244135$	54′	0.0708441
36′	$\bar{1}.7925692$	18′	$\bar{1}.9273707$	80° 0′	0.0741816
42′	$\bar{1}.7953709$	24′	$\bar{1}.9303330$	6′	0.0775316
48′	$\bar{1}.7981745$	30′	$\bar{1}.9333005$	12′	0.0808944
54′	$\bar{1}.8009803$	36′	$\bar{1}.9362733$	18′	0.0842702
71° 0′	$\bar{1}.8037882$	42′	$\bar{1}.9392515$	24′	0.0876592
6′	$\bar{1}.8065983$	48′	$\bar{1}.9422352$	30′	0.0910619
12′	$\bar{1}.8094107$	54′	$\bar{1}.9452246$	36′	0.0944784
18′	$\bar{1}.8122253$	76° 0′	$\bar{1}.9482196$	42′	0.0979091
24′	$\bar{1}.8150423$	6′	$\bar{1}.9512205$	48′	0.1013542
30′	$\bar{1}.8178617$	12′	$\bar{1}.9542272$	54′	0.1048142
36′	$\bar{1}.8206836$	18′	$\bar{1}.9572400$	81° 0′	0.1082893
42′	$\bar{1}.8235080$	24′	$\bar{1}.9602590$	6′	0.1117799
48′	$\bar{1}.8263349$	30′	$\bar{1}.9632841$	12′	0.1152863
54′	$\bar{1}.8291645$	36′	$\bar{1}.9663157$	18′	0.1188089
72° 0′	$\bar{1}.8319967$	42′	$\bar{1}.9693537$	24′	0.1223481
6′	$\bar{1}.8348316$	48′	$\bar{1}.9723983$	30′	0.1259043
12′	$\bar{1}.8376693$	54′	$\bar{1}.9754497$	36′	0.1294778
18′	$\bar{1}.8405099$	77° 0′	$\bar{1}.9785079$	42′	0.1330691
24′	$\bar{1}.8433534$	6′	$\bar{1}.9815731$	48′	0.1366786

续表

	$\log\frac{M}{4\pi\sqrt{Aa}}$		$\log\frac{M}{4\pi\sqrt{Aa}}$		$\log\frac{M}{4\pi\sqrt{Aa}}$
81° 54′	0.1403067	84° 36′	0.2474748	87° 18′	0.3887006
82° 0′	0.1439539	42′	0.2518940	24′	0.3952792
6′	0.1476207	48′	0.2563561	30′	0.4020162
12′	0.1513075	54′	0.2608626	36′	0.4089234
18′	0.1550149	85° 0′	0.2654152	42′	0.4160138
24′	0.1587434	6′	0.2700156	48′	0.4233022
30′	0.1624935	12′	0.2746655	54′	0.4308053
36′	0.1662658	18′	0.2793670	88° 0′	0.4385420
42′	0.1700609	24′	0.2841221	6′	0.4465341
48′	0.1738794	30′	0.2889329	12′	0.4548064
54′	0.1777219	36′	0.2938018	18′	0.4633880
83° 0′	0.1815890	42′	0.2987312	24′	0.4723127
6′	0.1854815	48′	0.3037238	30′	0.4816206
12′	0.1894001	54′	0.3087823	36′	0.4913595
18′	0.1933455	86° 0′	0.3139097	42′	0.5015870
24′	0.1973184	6′	0.3191092	48′	0.5123738
30′	0.2013197	12′	0.3243843	54′	0.5238079
36′	0.2053502	18′	0.3297387	89° 0′	0.5360007
42′	0.2094108	24′	0.3351762	6′	0.5490969
48′	0.2135026	30′	0.3407012	12′	0.5632886
54′	0.2176259	36′	0.3463184	18′	0.5788406
84° 0′	0.2217823	42′	0.3520327	24′	0.5961320
6′	0.2259728	48′	0.3578495	30′	0.6157370
12′	0.2301983	54′	0.3637749	36′	0.6385907
18′	0.2344600	87° 0′	0.3698153	42′	0.6663883
24′	0.2387591	6′	0.3759777	48′	0.7027765
30′	0.2430970	12′	0.3822700	54′	0.7586941

附 录 Ⅱ

在两个同轴圆线圈这一很重要的事例中,瑞利勋爵曾在附录Ⅰ的表的应用方面建议了一个很方便的近似公式。这个适用于任意多个变数的公式见于 Mr. Merrifield's Report on Quadratures and Interpolation to the British Association,1880,而且据信是由已故的 H. J. 颇尔金斯先生得出的。在现有的例子中,变数的个数是四。

设 n、n'是两个线圈上的匝数。

a、a'是它们的中央匝的半径。

b 是它们的中心之间的距离。

$2h$、$2h'$是二线圈的径向宽度。

$2k$、$2k'$是它们的轴向宽度。

另外又设 $f(a,a',b)$是各中央线匝的互感系数。于是二线圈的互感系数就是

$$\frac{1}{6}nn'\begin{cases}f(a+h,a',b)+f(a-h,a',b)\\+f(a,a'+h',b)+f(a,a'-h',b)\\+f(a,a',b+k)+f(a,a',b-k)\\+f(a,a',b+k')+f(a,a',b-k')\\-2f(a,a',b)。\end{cases}$$

附 录 Ⅲ

正方截面的圆线圈的自感

设一n匝线圈的轴向宽度是b而径向宽度是c，如果a代表它的平均半径，则借助于第705节中的级数来计算的自感，曾由 Weinstein Wied. Ann. xxi. 329 证明为等于$L=4\pi n^2(a\lambda+\mu)$，式中，把b/c写成x，就有

$$\lambda=\log\frac{8a}{c}+\frac{1}{12}-\frac{\pi x}{2}-\frac{1}{2}\log(1+x^2)+\frac{1}{12x^2}\log(1+x^2)$$

$$+\frac{1}{12}x^2\log\left(1+\frac{1}{x^2}\right)+\frac{2}{3}\left(x-\frac{1}{x}\right)\tan^{-1}x,$$

$$\mu=\frac{c^2}{96a}\left[\left(\log\frac{8a}{c}-\frac{1}{2}\log(1+x^2)\right)(1+3x^2)+3.45x^2\right.$$

$$+\frac{221}{60}-1.6\pi x^3+3.2x^3\tan^{-1}x$$

$$\left.-\frac{1}{10}\frac{1}{x^2}\log(1+x^2)+\frac{1}{2}x^4\log\left(1+\frac{1}{x^2}\right)\right]。$$

第四十八章 电磁仪器

电 流 计

707.〕 一个电流计就是一个用来通过电流的磁作用而显示或测量电流的仪器。

当仪器的目的是指示一个微弱电流的存在时，它就叫做一个“灵敏电流计”。

当它的目的是利用标准单位在尽可能准确地测量电流时，它就叫做一个“标准电流计”。

所有的电流计都是依据了施外格尔倍加器的原理的；在这种倍加器中，一个电流被送入一根导线中，导线被绕好，使它多次地通过一个敞开的、里边放有一个悬挂磁体的空间，于是它就在该空间中产生一个电磁力，而该力的强度就由那个磁体来指示。

在灵敏电流计中，线圈被安装得各匝占有对磁体影响最大的位置。因此各匝是挤得很紧的，为的是靠近磁体。

标准电流计要造得它的一切固定部件的尺寸和相对位置都可以被准确地得知，而且关于各活动部分的位置的任何小的不确定性都在计算中只造成尽可能小的误差。

在制造一个灵敏电流计时，我们要把磁体悬挂在那里的那个电磁力场弄得尽可能强。在设计一个标准电流计时，我们希望把磁体附近的电磁力场弄得尽可能均匀，并且希望知道用电流的强度表示出来的电磁力场的确切强度。

关于标准电流计

708.〕 在一个标准电流计中，电流的强度必须根据它对悬挂磁体作用的力来测定。磁体中的磁量分布，以及当磁体被悬挂起来时它的磁心的位置，都是无法测定到多大的精确度的。因此就有必要很好地安排线圈，使它在磁体在其可能的运动过程中所占据的全部空间中产生一个非常接近于均匀的力场。因此，一般说来，线圈的尺寸必须比磁体的尺寸大得多。

通过若干个线圈的适当排列，它们中的力场可以被弄得比只用一个线圈时更加均匀得多；这样，仪器的尺寸就可以被压缩，而它的灵敏度也可以被提高。然而线度测量的误差却在较小的仪器中比在较大的仪器中带来电流值方面的更大的不准量。因此人们不是通过仪器尺寸的直接测量而是通过和一个其尺寸更准确地已知的较大的标准仪器进行电学对比来确定小仪器的电学常量；见第 752 节。

在所有的标准电流计中，线圈都是圆形的。线圈的绕线槽制造得很仔细。它的宽度做得等于包皮线直径的某一倍数 n。槽边上钻有小孔，以便引入导线并抽出包皮导线的另一端而形成线圈的内连接。线槽装在一个车床上，而且有一个木轴固定在它上面，见图 89，一根长绳的一端钉在轴沿的某处，作为导线的入口。然后让整个装置转动起来，而导线就平滑而规则地进入槽底直到槽底被几匝导线完全盖住时为止。在这个过程中，绳子已在轴上绕了几匝，于是就在第 n 匝处把一个钉子敲入绳中。绳子的各匝应该露在外边，以便计数。于是就测量第一层导线的周长并开始绕第二层。如此继续进行，直到层数合适时为止。绳子的用处在于数出匝数。如果由于某种原因而必须重绕线圈的某一部分，绳子也要倒回，以免我们记错了线圈上的实际匝数。钉子的作用在于区别每一层中的匝数。

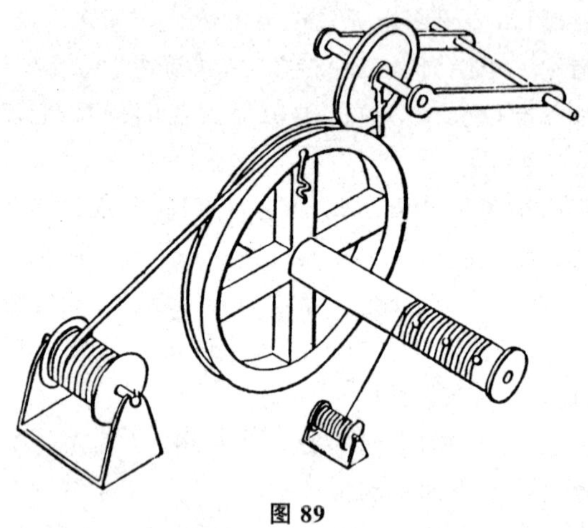

图 89

每一层的周长的测量提供对绕线规则性的一种检验，并使我们能够计算线圈的电阻。因为，如果我们取线槽周长和外层周长的算术平均值再加上所有各中间层的周长并用层数去除这一和数，我们就将得到平均周长，而由此我们就能推出线圈的平均半径。每一层的周长可以用钢卷尺来测量，或者更好的办法是用一个刻了度的轮子来测量，这个轮子在绕线过程中在线圈上滚动。钢卷尺上或轮子上的刻度值，必须通过和一个直尺对比来加以校准。

709.〕 线圈中的单位电流对悬挂着的仪器作用的力矩可以用一个级数来表示 $G_1 g_1 \sin\theta + G_2 g_2 \sin\theta P'_2(\theta) + \cdots$，式中各个 G 系数和线圈有关，而各个 g 系数和悬挂仪器有关，θ 是线圈轴线和悬挂仪器轴线之间的夹角，见第 700 节。

当悬挂的仪器是一个在中点上被挂起的长度为 $2l$ 而强度为 1 的均匀纵向磁化的细磁棒时，就有 $g_1 = 2l$，$g_2 = 0$，$g_3 = 2l^3$，…。一个长度为 $2l$ 的按任何别的方式磁化的磁棒的各系数值，小于它被均匀磁化时的各系数值。

710.〕 当仪器被用作一个正切电流计时，它的线圈是固定的，其平面是竖直的并平行于地球磁力的方向。在这一事例中，磁体的平衡方程就是

$$mg_1 H\cos\theta = m\gamma\sin\theta\{G_1 g_1 + G_2 g_2 P'_2(\theta) + \cdots\},$$

式中 mg_1 是磁体的磁矩，H 是地磁力的水平分量，而 γ 是线圈中的电流强度。当磁体的长度远小于线圈的半径时，含 G 和 g 的第一项以后的各项可以忽略不计，于是我们

就得到 $\gamma=\frac{H}{G_1}\cot\theta$。

通常测量的角度是磁体的偏转角 δ，它是 θ 的余角，从而 $\cot\theta=\tan\delta$。

于是电流和偏转角的正切成正比，从而仪器叫做"正切电流计"。

另一种办法是使整个仪器可以绕一个竖直轴而活动，并转动它直到磁体的轴线平行于线圈平面而处于平衡时为止。如果线圈平面和磁子午面之间的夹角是 δ，平衡方程就是 $mg_1H\sin\delta=m\gamma\left\{G_1g_1-\frac{3}{2}G_3g_3+\cdots\right\}$，由此即得 $\gamma=\frac{H}{(G_1-\cdots)}\sin\delta$。

既然电流是用偏转角的正弦来量度的，当这样使用时仪器就叫做"正弦电流计"。

只有当电流很稳定，以致我们可以认为它在调节仪器并使磁体达到平衡的过程中是恒定的时，正弦法才是可以应用的。

711.〕 其次我们必须考虑一个标准电流计中的线圈的装置。

在最简单的电流计中，只有单独一个线圈，而磁体就挂在线圈的中心上。

设 A 是线圈的平均半径，ξ 是它的深度，η 是它的宽度，而 n 是匝数，则各个系数的值是 $G_1=\frac{2\pi n}{A}\left\{1+\frac{1}{12}\frac{\xi^2}{A^2}-\frac{1}{8}\frac{\eta^2}{A^2}\right\}$，$G_2=0$，$G_3=-\frac{\pi n}{A^3}\left\{1+\frac{1}{2}\frac{\xi^2}{A^2}-\frac{5}{8}\frac{\eta^2}{A^2}\right\}$，$G_4=0$，$\cdots$。

主要的改正量来自 G_3。级数 $G_1g_1+G_3g_3P'_3(\theta)$ 近似地变成 $G_1g_1\left(1-3\frac{1}{A^2}\frac{g_3}{g_1}\times\left(\cos^2\theta-\frac{1}{4}\sin^2\theta\right)\right)$。

当磁体被均匀磁化而 $\theta=0$ 时，改正因子将和 1 相差最大。在这一事例中，它变成 $1-3\frac{l^2}{A^2}$。当 $\tan\theta=2$ 或当偏转角为 $\tan^{-1}\frac{1}{2}$ 或 $26°34'$ 时，改正量为零。因此有些观测者就调节他们的仪器，使得观测到的偏转角尽可能和这个角相接近。然而最好的办法是采用一个长度远小于线圈半径的磁体，以便改正量可以完全被忽略。

悬挂的磁体被细心地加以调节，使它的中心尽可能接近地和线圈的中心相重合。然而，如果调节不完善，而磁体的中心相对于线圈中心的坐标是 x、y、z，而 z 是平行于线圈轴线来量度的，则改正因子是 $\left(1+\frac{3}{2}\frac{x^2+y^2-2z^2}{A^2}\right)$。①

当线圈半径很大而磁体的调节也做得很细心时，我们可以假设这种改正是微不足道的。

---

① 当磁棒轴线和线圈轴线成一角度 θ 时，作用在磁棒上的力偶是

$$ml\left[\sin\theta\left\{G_1+G_3\frac{3}{2}\{2z^2-(x^2+y^2)\}\right\}+3\cos\theta\, G_3z\sqrt{x^2+y^2}\right]。$$

既然 $G_1+G_3\frac{3}{2}\{2z^2-(x^2+y^2)\}$ 就是点 (x,y,z) 上平行于线圈轴线的力，那么 $3G_3z\sqrt{x^2+y^2}$ 就是垂直于该轴线的力。于是当仪器被用作一个正弦电流计时，改正量就是

$$1+\frac{G_3}{G_1}\frac{3}{2}\{2z^2-(x^2+y^2)\}，它等于\ 1-\frac{3}{4}\frac{1}{A^2}\{2z^2-(x^2+y^2)\}。$$

高根装置法

712.〕 为了消除依赖于 G_3 的改正量，高根制造了一个电流计。在这种电流计中，磁体不是挂在线圈的中心上而是挂在线圈轴线上离线圈中心的距离为线圈半径之一半的点上；用这种方法，上述改正量就被弄成了零。G_3 的形式是 $G_3=4\pi\dfrac{A^2\left(B^2-\frac{1}{4}A^2\right)}{C^7}$，而既然在这种装置中 $B=\frac{1}{2}A$，那就有 $G_3=0$。假如我们能够确信悬挂磁体的中心恰好是在这样定义的那个点上的，这种装置就将是对最初装置的一种改进。然而，磁体中心的位置却永远是不确定的，而这种不确定性就带来一种大小未知的依赖于 G_2 的改正量，其形式是 $\left(1-\frac{6}{5}\frac{z}{A}\right)$，式中 z 是离线圈平面的距离中的多余值。这个改正量依赖于 $\frac{z}{A}$ 的一次幂。因此，具有离心悬挂的磁体的高根线圈就比以前的形式受到更大得多的不准量的影响。

亥姆霍兹装置法

713.〕 通过在磁体另一侧的相同距离处放上第二个和第一个线圈相等的线圈，亥姆霍兹把高根的电流计改造成了一种可以信赖的仪器。

通过把两个线圈对称地放在磁体的两侧，我们就一举而消除了所有的偶次项。

设 A 是每一个线圈的平均半径，两个线圈的平均平面之间的距离就被弄成了等于 A，而磁体就挂在它们的公共轴线的中点上。各系数是

$$G_1=\frac{16\pi n}{5\sqrt{5}}\frac{1}{A}\left(1-\frac{1}{60}\frac{\xi^2}{A^2}\right),$$

$$G_2=0,$$

$$G_3=0.0512\frac{\pi n}{3\sqrt{5}A^5}(31\xi^2-36\eta^2),$$

$$G_4=0,$$

$$G_5=-0.73728\frac{\pi n}{\sqrt{5}A^5},$$

式中 n 代表两个线圈的匝数之和。

由这些结果可以看出，如果 ψ 线圈的沟槽截面是深度为 ξ 而宽度为 η 的长方形，则按截面的有限大小而进行了改正的 G_3 的值将是很小的，而当 ξ^2 和 η^2 之比等于 36 比 31 时这个值为零。

因此，完全没有必要像某些仪器制造者所曾经做过的那样试图在圆锥表面上绕制线圈，因为条件可被具有长方形截面的线圈所满足，而这种线圈可以比在钝锥面上绕制的线圈制造得更加精确。

亥姆霍兹双线圈电流计中的线圈装置情况，如第 725 节中的图 93 所示。

由双线圈引起的力场，以截面的形式表示在本书末尾的图版 19 上。

四线圈电流计

714.〕 通过把四个线圈组合起来，我们可以消除 G_2、G_3、G_4、G_5 和 G_6。因为，利用任何对称组合，我们都可以消除各偶次系数。设四个线圈是属于同一球面的一些平行的圆，所对应的角度是 θ、φ、$\pi-\varphi$ 和 $\pi-\theta$。

设第一个和第四个线圈上的匝数是 n，而第二个和第三个上的匝数是 pn，于是，整个组合的 $G_3=0$ 的条件就给出
$$n\sin^2\theta P'_3(\theta)+pn\sin^2\varphi P'_3(\varphi)=0, \tag{1}$$
而 $G_5=0$ 的条件则给出
$$n\sin^2\theta P'_5(\theta)+pn\sin^2\varphi P'_5(\varphi)=0, \tag{2}$$
令
$$\sin^2\theta=x \text{ 而 } \sin^2\varphi=y, \tag{3}$$
并把 P'_3和 P'_5(见第 698 节)用这些量表示出来，方程(1)和(2)就变成
$$4x-5x^2+4py-5py^2=0, \tag{4}$$
$$8x-28x^2+21x^3+8py-28py^2+21py^3=0。 \tag{5}$$
由(5)式减去(4)式的二倍并除以 3，我们就得到
$$6x^2-7x^3+6py^2-7py^3=0。 \tag{6}$$
于是由(4)和(6)就有 $p=\frac{x}{y}\frac{5x-4}{4-5y}=\frac{x^2}{y^2}\frac{7x-6}{6-7y}$，而我们就得到 $y=\frac{4}{7}\frac{7x-6}{5x-4}$，$\frac{1}{p}=\frac{32}{49x}\frac{7x-6}{(5x-4)^3}$。

x 和 y 都是一些角的正弦的平方，从而必然介于 0 和 1 之间。由此可见，x 不是介于 0 和$\frac{4}{7}$之间就是介于$\frac{6}{7}$和 1 之间；在第一种事例中，y 介于$\frac{6}{7}$和 1 之间而 $1/p$ 介于∞和$\frac{49}{32}$之间；在第二种事例中，y 介于 0 和$\frac{4}{7}$之间而 $1/p$ 介于 0 和$\frac{32}{49}$之间。

三线圈电流计

715.〕 最方便的装置是 $x=1$ 的装置。这时有两个线圈合而为一并形成半径为 C 的球的一个大圆。这个复合线圈上的匝数是 64。另外两个线圈形成球的小圆。其中每一个小圆的半径是 $\sqrt{\frac{4}{7}}C$。其中每一小圆离开第一个大圆的平面的距离是 $\sqrt{\frac{3}{7}}C$。这些线圈中每一个线圈上的匝数是 49。

G_1 的值是$\frac{240\pi}{C}$。

在三线圈电流计中，G_1 以后第一个具有有限值的项是 G_7；因此，各线圈位于其表面上

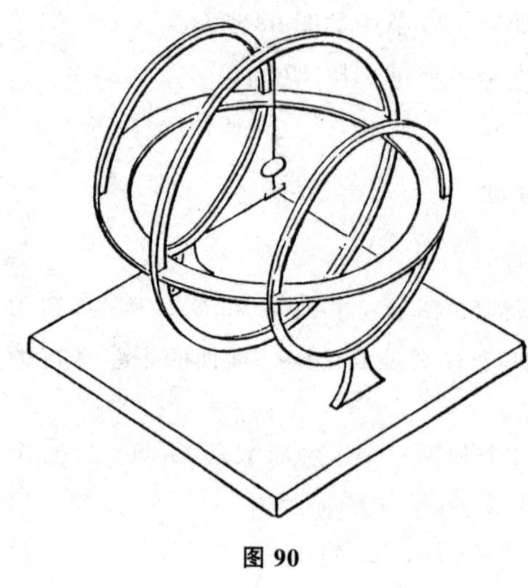

图 90

的那个球的一大部分就形成一个相当均匀的力场。

假如我们能够像在第 672 节中描述了的那样在整个球面上绕满导线，我们就将得到一个完全均匀的力场。然而，足够精确地把线匝分布在一个球面上却在实践上是不可能的，即使这样一个线圈并不受到另一种意见的反对，而那种意见就是，这种线圈形成一个闭合的曲面，从而它的内部是不可达到的。

通过把中间的那个线圈从电路中断开，而让电流在两个侧线圈中沿相反方向运行，我们就得到一个力场，它将对一个挂在场中而轴线平行于各线圈之轴线的磁体或线圈作用一个近似均匀的力，其方向沿轴线；见第 673 节。因为在这一事例中所有奇次系数都不存在，而既然 $\mu=\sqrt{\frac{3}{7}}$，就有 $P'_4=\frac{5}{2}\mu(7\mu^2-3)=0$。

由此可见，既然每一线圈上各有 n 匝导线，第 695 节中关于线圈中心附近的磁势的表示式(6)就变成 $\omega=\frac{8}{7}\sqrt{\frac{3}{7}}\pi n\left\{-3\frac{r^2}{C^2}P_2(\theta)+\frac{11}{7}\frac{r^6}{C^6}P_6(\theta)+\cdots\right\}$。

外电阻给定时一个电流计中的导线的适当粗细

716.〕 设电流计线圈的绕线槽的形状已经给定，要确定的是应该在槽内绕上一根长而细的导线呢还是绕上一根短而粗的导线。

设 l 是导线的长度，y 是它的半径，$y+b$ 是它在包皮以后的半径，ρ 是它的比电阻，g 是单位长度的导线的 G 值，而 r 是和电流计无关的那一部分电阻。

电流计导线的电阻是 $$R=\frac{\rho}{\pi}\frac{l}{y^2}。$$

线圈的体积是 $$V=\pi l(y+b)^2。$$

电磁力是 γG，此处 γ 是电流强度而 $$G=gl。$$

如果 E 是在电阻为 $R+r$ 的电路中起着作用的电动势，则 $$E=\gamma(R+r)。$$

由这个电动势所引起的电磁力是 $E\frac{G}{R+r}$，而我们正是必须通过改变 y 和 l 来使这个力取最大值。

把分式颠倒过来，我们就发现应使 $\frac{\rho}{\pi g}\frac{1}{y^2}+\frac{r}{gl}$ 取最小值。由此即得 $2\frac{\rho}{\pi}\frac{\mathrm{d}y}{y^3}+\frac{r\mathrm{d}l}{l^2}=0$。如果线圈的体积保持不变，则有 $\frac{\mathrm{d}l}{l}+2\frac{\mathrm{d}y}{y+b}=0$。消去 $\mathrm{d}l$ 和 $\mathrm{d}y$，我们就得到 $\frac{\rho}{\pi}\frac{y+b}{y^3}=\frac{r}{l}$，或者说 $\frac{r}{R}=\frac{y+b}{y}$。

由此可见，电流计导线的粗细，应使外电阻和电流计线圈电阻之比等于包皮线的直径和裸线本身的直径之比。

关于灵敏电流计

717.〕 在灵敏电流计的制造中，每一装置部件的目的都在于利用一个给定的作用于线圈电极之间的小电动势来引起磁体的尽可能大的偏转。

导线中的电流当导线离悬挂磁体尽可能近时就会产生最大的效应。但是磁体必须能够随便振动，从而线圈内部就必须保留一定的空余空间。这就确定了线圈的内边界。

在这一空间外面，每一线匝都必须布置得足以对磁体发生尽可能大的效应。随着匝数的增多，最有利的位置将被填满，以致到了最后，新的一匝所增大的电阻将削弱以前各匝中的电流的效应，而新匝所增大的效应反而较小。通过用比内部各匝更粗的导线来绕外边的匝，我们可以在给定的电动势下得到最大的磁效应。

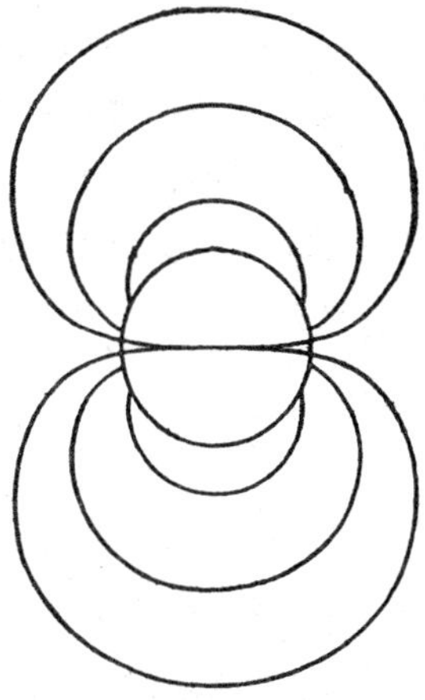

718.〕 我们将假设电流计的线匝是圆形的，电流计的轴线通过各圆的中心而垂直于它们的平面。

设 $r\sin\theta$ 是其中一个圆的半径，而 $r\cos\theta$ 是该圆的中心离电流计中心的距离，于是，如果 l 是和该圆相重合的导线的长度，而 γ 是通过导线的电流，则电流计中心上的磁力在轴线方向上的分量是

$$\gamma l\,\frac{\sin\theta}{r^2}。$$

图 91

如果我们写出

$$r^2=x^2\sin\theta,\tag{1}$$

则这一表示式变成 $\gamma\,\dfrac{l}{x^2}$。

由此可见，如果制造一个曲面，其截面如图 91 所示，其方程为

$$r^2=x_1^2\sin\theta,\tag{2}$$

式中 x_1 是任意常数，则弯成一个圆弧的导线当位于这一曲面之内时将比位于曲面之外时产生更大的磁效应。由此就得到，任一导线层的外表面应该具有一个恒定的 x 值，因为，如果一个地方的 x 大于另一地方的 x，则有一部分导线应能从第一个地方转移到第二个地方，以增大电流计中心上的力。

由线圈引起的总力是 γG，此处

$$G=\int\frac{dl}{x},\tag{3}$$

积分遍及导线的整个长度，x 被看成 l 的函数。

719.〕 设 y 是导线的半径，则其截面积将是 πy^2。设 ρ 是制造导线所用材料的对单位体积而言的比电阻，则长度为 l 的导线的电阻是 $\dfrac{l\rho}{\pi y^2}$，而线圈的总电阻是

$$R=\frac{\rho}{\pi}\int\frac{dl}{y^2},\tag{4}$$

式中 y 被看成 l 的函数。

设 Y^2 是一个四边形的面积，该四边形的四个角是线圈上四条相邻导线的轴线和通过线圈轴线的平面的交点，则 $Y^2 l$ 是一段长为 l 的导线及其绝缘包皮在线圈中所占的体积，其中包括必须保留在线圈各匝之间的空隙。因此线圈的总体积就是

$$V=\int Y^2 \mathrm{d}l, \tag{5}$$

式中 Y 被看成 l 的函数。

但是，既然线圈是一个旋成图形，就有 $$V=2\pi\iint r^2 \sin\theta \,\mathrm{d}r\,\mathrm{d}\theta, \tag{6}$$

或者，按方程(1)把 r 用 x 表示出来，就有 $$V=2\pi\iint x^2(\sin\theta)^{\frac{5}{2}}\mathrm{d}x\,\mathrm{d}\theta。 \tag{7}$$

$2\pi\int_0^\pi(\sin\theta)^{\frac{5}{2}}\mathrm{d}\theta$ 是一个数字量，用 N 来代表它，就有 $$V=\frac{1}{3}Nx^3-V_0, \tag{8}$$

式中 V_0 是留给磁体的内部空间的体积。

现在让我们考虑介于两个曲面 x 和 $x+\mathrm{d}x$ 之间的一个线圈层。

这一层的体积是 $$\mathrm{d}V=Nx^2\mathrm{d}x=Y^2\mathrm{d}l, \tag{9}$$

式中 $\mathrm{d}l$ 是这一层中的导线长度。

这就按照 $\mathrm{d}x$ 而给我们以 $\mathrm{d}l$。把此式代入方程(3)和(4)中，就得到

$$\mathrm{d}G=N\frac{\mathrm{d}x}{Y^2}, \tag{10}$$

$$\mathrm{d}R=N\frac{\rho}{\pi}\frac{x^2}{Y^2}\frac{\mathrm{d}x}{y^2}, \tag{11}$$

式中 $\mathrm{d}G$ 和 $\mathrm{d}R$ 代表由这一线圈层所引起的那一部分 G 值和 R 值。

现在，如果 E 是所给的电动势，则有 $$E=\gamma(R+r),$$

式中 r 是外电路的电阻，和电流计无关，从而电流计中心上的力就是 $\gamma G=E\dfrac{G}{R+r}$。

因此我们必须通过适当调节每一层中的导线截面来使 $\dfrac{G}{R+r}$ 有最大值。这也必然涉及 Y 的变化，因为 Y 是依赖于 y 的。

设 G_0 和 R_0 是当把所给的一层不计算在内时的 G 值和 $R+r$ 值。于是我们就有

$$\frac{G}{R+r}=\frac{G_0+\mathrm{d}G}{R_0+\mathrm{d}R}, \tag{12}$$

而通过针对所给层变化 y 值来使此式取极大值，我们就必须有

$$\frac{\frac{\mathrm{d}}{\mathrm{d}y}\cdot\mathrm{d}G}{\frac{\mathrm{d}}{\mathrm{d}y}\cdot\mathrm{d}R}=\frac{G_0+\mathrm{d}G}{R_0+\mathrm{d}R}=\frac{G}{R+r}。 \tag{13}$$

既然 $\mathrm{d}x$ 很小而最后变为零，$\dfrac{G_0}{R_0}$ 就将近似地相同而且最后是准确地相同，不论被排除于考虑之外的是哪一层，从而我们可以把它看成一个常量。因此，我们由(10)和(11)就有

$$\frac{\rho}{\pi}\frac{x^2}{y^2}\left(1+\frac{Y}{y}\frac{\mathrm{d}y}{\mathrm{d}Y}\right)=\frac{R+r}{G}=\text{常量}。 \tag{14}$$

如果导线的包皮方法和缠绕方法使得导线金属所占的体积和导线之间的空隙体积

之比不论导线是粗是细都相同，则有 $\frac{Y}{y}\frac{dy}{dY}=1$，而且我们必须令 y 及 Y 都和 x 成正比，这就是说，任一层中的导线的直径必须和该层的线度成正比。

如果绝缘包皮的厚度是常量并等于 b，而且导线是按正方形次序排列的，则有

$$Y=2(y+b), \tag{15}$$

而条件式就是

$$\frac{x^2(2y+b)}{y^3}=\text{常量}。 \tag{16}$$

在这一事例中，导线的直径随其所在层的直径而增大，但增大的速度却并不那样大。

如果我们采用这两个假说中的第一个假说（如果导线本身近似地占满全部空间，则这个假说近似地成立），我们就必须令 $y=\alpha x$，$Y=\beta y$，式中 α 和 β 是常数，而且{由(10)和(11)即得}

$$G=N\frac{1}{\alpha^2\beta^2}\left(\frac{1}{a}-\frac{1}{x}\right), R=N\frac{\rho}{\pi}\frac{1}{\alpha^4\beta^2}\left(\frac{1}{a}-\frac{1}{x}\right),$$

式中 a 是一个常量，依赖于在线圈中部留下来的空间的大小和形状。

因此，如果我们使导线的粗细按照和 x 的相同比例而变，则在线圈的外线度已经达到它的内线度的许多倍以后，再增大它的外部尺寸就不会有什么好处了。

720.〕 如果电阻的增大不被认为是一个缺点，例如当外电阻远远大于电流计的电阻时，或是当我们的目的只在于产生一个强力场时，我们就可以令 y 和 Y 都保持不变。这时我们就有

$$G=\frac{N}{Y^2}(x-a), R=\frac{1}{3}\frac{N}{Y^2y^2}\frac{\rho}{\pi}(x^3-a^3),$$

式中 a 是依赖于线圈内的空间的一个常量。在这一事例中，G 的值随着线圈尺寸的增大而均匀地增大，从而除了制造线圈所需的人力和财力以外，G 值是没有极限的。

关于悬挂着的线圈

721.〕 在普通的电流计中，一个悬挂着的磁体受到一个固定线圈的作用。但是，如果线圈可以被悬挂得足够精巧，我们就可以根据它对平衡位置的偏转来确定磁体或另一个线圈对悬挂线圈的作用。

然而，除非在电池的两极和线圈中导线的两端之间存在金属连接，我们并不能把电流送入线圈中去。这种连接可以用两种不同的办法来做到，即利用双线悬置法或利用反向的导线。

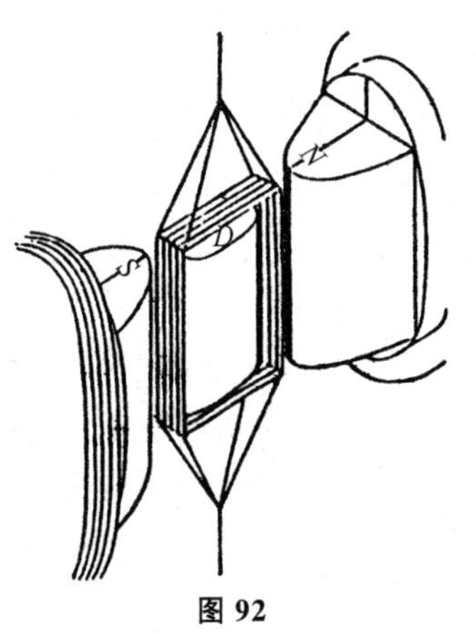

图 92

双线悬置法已经在第 459 节中作为对磁体的应用而描述过了。悬置的上部装置如图 94 所示。当用于线圈时，两根悬丝不再是丝线而是金属丝，而且，既然一根能够支持线圈并输送电流的金属丝的扭力比丝线的扭力大得多，这种扭力就必须被考虑在内。这种悬置在由 W. 韦伯所制造的仪器中已经被弄得非常完善了。

另一种悬置方法是利用和线圈的一端相接的单独一根

导线。线圈的另一端接在另一根导线上；这根导线和第一根导线沿着同一条竖直线而向下垂着，并插入一个汞杯中，如第 726 节中的图 95 所示。在某些事例中，把两根导线的各端固定在一些可以把它们拉直的零件上是方便的，这时必须注意使这些导线的延线通过线圈的重心。这种形式的仪器当轴线并不竖直时也可以使用，见图 92。

722.〕 悬挂的线圈可以作为一种非常灵敏的电流计来使用，因为，通过增大它所在的场中的磁力强度，由线圈中的一个微弱电流所引起的力可以大大增强而用不着加大线圈的质量。用于这种目的的磁力可以借助于一些永久磁体或借助于一些用辅助电流加以激励的电磁体来产生，而且可以借助于软铁电枢来把它强烈地汇聚在悬挂线圈上。例如，在 W. 汤姆孙爵士的记录仪器中，见图 92，线圈被挂在电磁体的两个相反的极 N 和 S 之间，而且，为了把磁力线汇聚在线圈的竖直边上，一个软铁块 D 被固定到了磁极之间。这块铁因感应而受到磁化，在它和两个磁极之间的空隙中产生一个很强的力场，而线圈的竖直边就是可以通过这些空隙而自由地运动的，于是，即使当通过线圈的电流非常微弱时，线圈也会受到一个倾向于使它绕竖直轴而转动的相当大的力。

723.〕 悬挂线圈的另一种应用就是通过和一个正切电流计相对比来测定地磁的水平分量。

线圈被悬挂得当它的平面平行于磁子午面时就处于稳定平衡。一个电流 γ 被送入线圈中并使它偏到一个和磁子午面有一夹角 θ 的新的平衡位置。如果悬置是双线式的，引起这一偏转的力偶矩就是 $F\sin\theta$，而这个力偶矩必然等于 $H\gamma g\cos\theta$，此处 H 是地磁的水平分量，γ 是线圈中的电流，而 g 是线圈所有各匝的面积之和。由此即得 $H\gamma=\frac{F}{g}\tan\theta$。

如果 A 是线圈对它的悬挂轴线而言的惯量矩，而 T 是半振动的时间，则当没有电流通过时应有 $FT^2=\pi^2A$，从而我们就得到 $H\gamma=\frac{\pi^2A}{T^2g}\tan\theta$。

如果同一个电流通过一个正切电流计的线圈并使它的磁体偏转一个角度 φ，则有

$$\frac{\gamma}{H}=\frac{1}{G}\tan\varphi,$$

式中 G 是正切电流计的主常量，见第 710 节。

由这两个方程我们就得到 $$H=\frac{\pi}{T}\sqrt{\frac{AG\tan\theta}{g\tan\varphi}},\quad \gamma=\frac{\pi}{T}\sqrt{\frac{A\tan\theta\tan\varphi}{Gg}}。$$

这种方法是由 F. 考耳若什提出的*。

724.〕 W. 汤姆孙爵士曾经制造了单一的仪器，利用这种仪器，同一个观测者可以同时进行测定 H 和测定 γ 所需要的那些观测。

线圈悬挂得它的平面在磁子午面内处于平衡，而且当有电流通入时就偏离这一位置。一个很小的磁体被悬挂在线圈的中心上，而且将被电流所偏转，其方向和线圈偏转的方向相反。设线圈的偏转角是 θ，而磁体的偏转角是 φ，则体系能量的可变部分是

$$-H\gamma g\sin\theta-m\gamma G\sin(\theta-\varphi)-Hm\cos\varphi-F\cos\theta。$$

---

* Pogg.，*Ann.* cxxxviii，pp. 1～10，Aug. 1869.

对 θ 和对 φ 求导数，我们就分别得到线圈的和磁体的平衡方程

$$-H\gamma g\cos\theta - m\gamma G\cos(\theta-\varphi) + F\sin\theta = 0,$$

$$m\gamma G\cos(\theta-\varphi) + Hm\sin\varphi = 0。$$

消去 H 或 γ，我们就由这些方程得到一个可以用来求出 γ 或 H 的二次方程。如果悬挂磁体的磁矩 m 很小，我们就得到下列的值：

$$H = \frac{\pi}{T}\sqrt{\frac{-AGA\sin\theta\cos(\theta-\varphi)}{g\cos\theta\sin\varphi}} - \frac{1}{2}\frac{mG}{g}\frac{\cos(\theta-\varphi)}{\cos\theta},$$

$$\gamma = -\frac{\pi}{T}\sqrt{\frac{-A\sin\theta\sin\varphi}{Gg\cos\theta\cos(\theta-\varphi)}} + \frac{1}{2}\frac{m}{g}\frac{\sin\varphi}{\cos\theta}。$$

在这些表示式中，G 和 g 是磁体和线圈的主常量，A 是线圈的惯量矩，T 是振动的半周期，m 是磁体的磁矩，H 是水平磁力的强度，γ 是电流强度，θ 是线圈的偏转角，而 φ 是磁体的偏转角。

既然线圈的偏转是和磁体的偏转方向相反的，这些 H 值和 γ 值就将永远是实值。

韦伯的力测电流计

725.〕 在这种仪器中，一个小线圈被用两根金属丝挂在一个较大的固定线圈中。当使电流通过两个线圈时，悬挂的线圈就倾向于使自己和固定线圈相平行。这一趋势受到起源于双线悬置的力矩的反抗，而且也受到地磁对悬挂线圈的作用的影响。

在仪器的普通应用中，两个线圈的平面几乎是接近互相垂直的，这样各线圈中的电流的相互作用就可以尽可能地强；而且悬挂线圈的平面是和磁子午接近互相垂直的，这样地磁的作用就可以尽可能地小。

设固定线圈的平面的磁方位角是 α，并设悬挂线圈的轴线和固定线圈的平面之间的角是 $\theta+\beta$，此处 β 是当线圈中没有电流并处于平衡时这一角的值，而 θ 是由电流引起的偏转角。设 γ_1 是固定线圈中的电流而 γ_2 是活动线圈中的电流，则平衡方程是

$$Gg\gamma_1\gamma_2\cos(\theta+\beta) - Hg\gamma_2\sin(\theta+\beta+\alpha) - F\sin\theta = 0。$$

让我们假设仪器被调节得 α 和 β 都很小，而且 $Hg\gamma_2$ 和 F 相比也很小。在这种情况下我们就近似地有 $\tan\theta = \frac{Gg\gamma_1\gamma_2\cos\beta}{F} - \frac{Hg\gamma_2\sin(\alpha+\beta)}{F} - \frac{HGg^2\gamma_1\gamma_2^2}{F^2} - \frac{G^2g^2\gamma_1^2\gamma_2^2\sin\beta}{F^2}$。

如果当 γ_1 和 γ_2 的符号变化时偏转角变化如下

θ_1，当 γ_1 为＋而 γ_2 为＋时，θ_2，当 γ_1 为－而 γ_2 为－时，θ_3，当 γ_1 为＋而 γ_2 为－时，θ_4，当 γ_1 为－而 γ_2 为＋时，

我们就得到

$$\gamma_1\gamma_2 = \frac{1}{4}\frac{F}{Gg\cos\beta}(\tan\theta_1 + \tan\theta_2 - \tan\theta_3 - \tan\theta_4)。$$

如果通入两个线圈的是相同的电流，我们就可以令 $\gamma_1\gamma_2 = \gamma^2$，于是就得到 γ 的值。

当电流不是很稳定时就最好采用这种称为“正切法”的方法。

如果电流稳定得使我们能够调节仪器的扭力头的角度 β，我们就能用正弦法来一举而消除关于地磁的改正量。

在这种方法中，β 一直被调整到偏转角等于零为止，于是就有 $\theta=-\beta$。

如果 γ_1 和 γ_2 的符号仍和从前一样用 β 的下标来指示，则有

$F\sin\beta_1=-F\sin\beta_3=-Gg\gamma_1\gamma_2+Hg\gamma_2\sin\alpha$，$F\sin\beta_2=-F\sin\beta_4=-Gg\gamma_1\gamma_2-Hg\gamma_2\sin\alpha$，

以及
$$\gamma_1\gamma_2=-\frac{F}{4Gg}(\sin\beta_1+\sin\beta_2-\sin\beta_3-\sin\beta_4)。$$

这就是拉提摩·克拉克先生在使用由大英协会的电学委员会制造的仪器时所采用的方法。我们感谢克拉克先生提供了图 93 中的力测电流计的作图；在这种电流计中，不论是作为固定线圈还是作为悬挂线圈都采用了亥姆霍兹的双线圈装置*。用来调节双线悬置的扭力头表示在图 94 中，悬线张力的相等通过下法来保证：两根悬线接在一根丝线的两端，丝线绕在一个滑轮上，悬线之间的距离用两个距离可变的导轮来调节。悬挂的线圈可以借助于一个对悬线轮起作用的螺旋来上下移动，并且可以借助于图 94 下部所示的滑动部件来在两个方向上水平移动，它也通过一个扭转螺旋来调节其方位，那个螺旋可以绕着竖直轴线而转动扭力头（见第 459 节）。悬挂线圈的方位角通过观察一个标尺在镜中的反射来确定，这种装置画在了悬挂线圈的轴线的正下方。

图 93

图 94

起初由韦伯制造的仪器在他的 *Elektrodynamische Maasbestimmungen* 中进行了描述。它是打算用于小电流的测量的，因此固定线圈和悬挂线圈都有许多匝，而且悬挂线

* 在实际的仪器中，使电流进入和流出各线圈的导线并不是像图中所示的那样分开，而是互相尽可能合并在一起以互相抵消其电磁作用的。

圈在固定线圈内部所占的空间部分也比在大英协会的仪器中要大，因为后者主要是打算用作一种标准仪器，以便可以把更灵敏的仪器和它对比的。韦伯用自己的仪器做的实验，为安培公式应用于闭合电流时的精确性提供了最完备的实验证明，而且形成了韦伯的研究的一个重要部分，通过这些研究，他在精确度方面把电学量的数值测定提高到了很高的水平。

在韦伯这种形式的力测电流计中，一个线圈悬挂在另一个线圈的内部，并受到一个倾向于使它绕竖直轴而转动的力偶的作用；这或许是最适合于绝对测量的一种仪器。在第 700 节中，曾经给出了计算这种装置之各常量的一种方法。

726.〕 然而，如果我们希望借助于一个微弱电流来产生一个相当大的电磁力，则更好的办法是把悬挂线圈摆得平行于固定线圈，并使它可以向着或离开固定线圈而运动。

在图 95 所示的焦耳博士的电流秤中，悬挂线圈是水平的，而且可以上下运动，而它和固定线圈之间的力则通过为了把线圈带回到没有电流时对固定线圈而言的同一相对位置而必须增加或减少的线圈重量来估算。

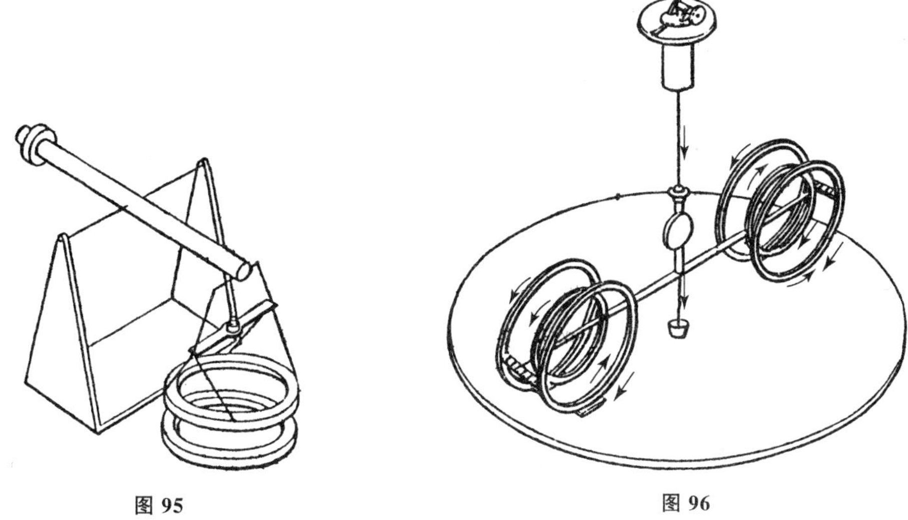

图 95　　图 96

悬挂线圈也可以固定在一个扭秤的水平臂的一端，并且可以放在两个固定线圈之间，其中一个固定线圈吸引它，而另一个则推斥它，如图 96 所示。

通过像在第 729 节中所描述的那样来安排各线圈，作用在悬挂线圈上的力可以被弄得在离开平衡位置的一段小距离之内成为近似的均匀。

另一个线圈可以固定在扭秤臂的另一端并放在两个固定线圈之间。如果两个线圈是相似的，但是却载有反向流动的电流，则地磁对扭秤臂位置的影响将被完全消除。

727.〕 如果悬挂线圈具有长螺线管的形状并且能够平行于它的轴线而运动，以通过一个更大的具有相同轴线的固定螺线管的内部，那么，如果两个螺线管中的电流方向相同，则悬挂螺线管将被一个力吸向固定螺线管的内部，而只要各螺线管没有和任何管端相距很近，这个力就是近似地均匀的。

728.〕 当一个小线圈放在两个相等的而线度更大得多的线圈之间时，为了在小线圈上产生一个均匀的纵向力，我们应该使大线圈的半径和它们平面之间的距离成 2 与$\sqrt{3}$之比。如果我们沿相反的方向把电流送入这些线圈中，则 ω 的表示式中含 r 奇次幂的各项都会消失，而且，既然 $\sin^2\alpha=\frac{4}{7}$而 $\cos^2\alpha=\frac{3}{7}$，含 r^4 的一项也会消失，从而作为 ω 的可变部分，我们由第 715 节就得到

$$\frac{8}{7}\sqrt{\frac{3}{7}\pi n\gamma}\left\{3\frac{r^2}{c^2}P_2(\theta)-\frac{11}{7}\frac{r^6}{c^6}P_6(\theta)+\cdots\right\},$$

这就指示了作用在小的悬挂线圈上的一个接近均匀的力。这一事例中的线圈安排，就是在第 715 节中描述了的三线圈电流计中那两个外线圈的安排。请参阅图 90。

729.〕 如果我们希望把一个悬挂线圈放在两个线圈之间，而这两个线圈离悬挂线圈很近，以致相互作用着的导线之间的距离远小于这两个线圈的直径，则最均匀的力可以通过使每一外线圈的半径比中间线圈的半径大出一个等于中间线圈和外线圈的平面间距的$\frac{1}{\sqrt{3}}$的值来得到。这一点可以由第 705 节中针对两个圆电流的互感而证明了的表示式来推知*。

---

* 在这一事例中，如果 M 是内线圈和一个外线圈的相互势能，则当利用第 705 节中的符号时，既然各线圈是对称排列的，和一个位移 y 相对应的力的改变量将正比于$\frac{\mathrm{d}^3M}{\mathrm{d}y^3}$。这一表示式中最重要的一项是 $\mathrm{d}^3\log r/\mathrm{d}r^3$，此项当 $3x^2=y^2$ 时变为零。

第四十九章 电磁观测

730.〕 电学量的许多测量都是对一个振动物体的运动的观测，因此我们将把某些注意力用到这种运动的本性方面，以及一些观测它的最好方法方面。

一般说来，一个物体在其稳定平衡附近的微小振动，是和一个受到正比于到一固定位置的力作用的点的振动相类似的。在我们的实验中的振动物体的事例中，也存在由空气的阻力、悬丝的阻力之类的种种原因引起的对运动的阻力。在许多电学仪器中，还有另一种阻力原因，那就是在振动磁体附近的传导电路中感应出来的电流的反作用。这些电流是被磁体的运动感应出来的，而根据楞次定律，它们对磁体的作用永远是反抗磁体的运动。这在许多事例中就是阻力的主要部分。

一个叫做“阻尼器”的金属电路有时被放在一个磁体的附近，其明确的目的就是阻碍或停止磁体的摆动。因此我们就把这种阻力称为“阻尼”。

在慢振动的事例中，例如在很容易观察的振动的事例中，不论起源于什么原因，整个的阻力都显现为和速度成正比。只有当速度比电磁仪器中的普通振动速度大得多时，我们才有关于阻力正比于速度平方的迹象。

因此我们必须研究一个物体在一个正比于距离的吸引力和一个正比于速度的阻力作用下的运动。

731.〕 泰特教授[*]对速端曲线原理的下述应用使我们能够借助于等角螺线而用一种极简单的方式来研究这种运动。

设要寻求的是一个以均匀角速度 ω 沿着一个对数蜷线或称等角蜷线而绕着极点运动的一个质点的加速度。

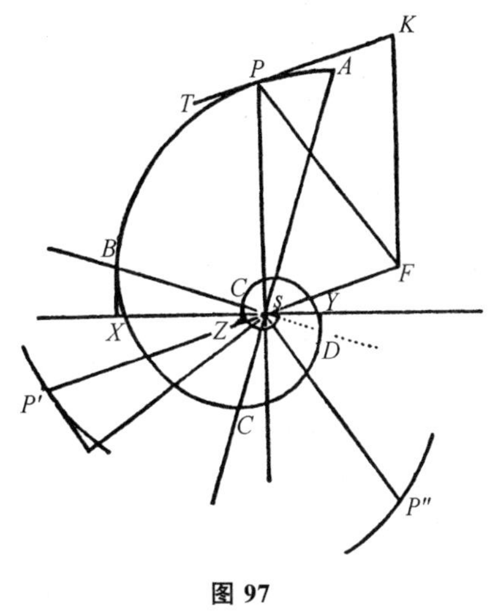

图 97

这种蜷线的性质是其切线 PT 和矢径 PS 成一常值角 α。

如果 v 是 P 点上的速度，则 $v.\sin\alpha=\omega.SP$。

由此可见，如果画直线 $\overline{SP'}$ 平行于 PT 并等于 SP，则 P 点上的速度的方向和量值都将由下式给出

$$v=\frac{\omega}{\sin\alpha}SP'。$$

因此 P' 就将是速端曲线上的一个点。但是，SP' 就是转过了一个常角 $\pi-\alpha$ 的 SP'，从而 P' 所描绘的速端曲线就是和绕着极点转过一个角 $\pi-\alpha$ 的原有蜷线相同的。

[*] *Proc. R. S. Edin.*, Dec. 16, 1867.

P 点的加速度在量值和方向上由 P'点的速度乘以同一因子$\frac{\omega}{\sin\alpha}$来代表。

由此可见,如果我们对 SP'进行同一运算,即把它绕着极点转过一个角度 $\pi-\alpha$ 而达到 SP'',则 P 点的加速度将在量值和方向上等于 $\frac{\omega^2}{\sin^2\alpha}SP''$,式中 SP''等于转过一个角 $2\pi-2\alpha$ 的 SP。

如果我们画 PF 使它等于并平行于 SP'',则加速度将是$\frac{\omega^2}{\sin^2\alpha}PF$;这个加速度可以分解成$\frac{\omega^2}{\sin^2\alpha}PS$ 和 $\frac{\omega^2}{\sin^2\alpha}PK$。其中第一个分量是一个正比于距离而指向 S 的向心加速度。

第二分量的方向和速度的方向相反,而既然 $PK=2\cos\alpha P'S=-2\frac{\sin\alpha\cos\alpha}{\omega}v$,这个加速度就可以写成$-2\frac{\omega\cos\alpha}{\sin\alpha}v$。

因此质点的加速度是由两部分合成的;其中第一部分由一个吸引力 μr 所引起,指向 S 并正比于距离,而第二部分则是$-2kv$,即一个正比于速度的对运动的阻力,此处有 $\mu=\frac{\omega^2}{\sin^2\alpha}$ 和 $k=\omega\frac{\cos\alpha}{\sin\alpha}$。如果我们在这些表示式中令 $\alpha=\frac{\pi}{2}$,则曲线轨道变成一个圆,而且我们有 $\mu_0=\omega_0^2$ 和 $k=0$。

由此可见,如果单位距离上的力保持相同,则 $\mu=\mu_0$ 而 $\omega=\omega_0\sin\alpha$。

吸引力规律相同的不同蜷线上的角速度,正比于各该蜷线的角度的正弦。

732.〕 如果我们现在考虑一点的运动,而该点是运动点 P 在水平线 XY 上的投影,我们就会发现,它离 S 的距离和它的速度是 P 点的距离和速度的水平分量。因此这个点的加速度也是一个等于 μ 乘以到 S 的距离而指向 S 的吸引力,以及一个等于 $2k$ 乘以速度的阻力。

因此我们就有了关于一点之直线运动的完备作图法,该点受到一个正比于离某一固定点的距离的吸引力以及一个正比于速度的阻力。这样一个点的运动,简单地就是另一个点的运动的水平部分,而那另一个点是以均匀角速度而沿着一条对数蜷线在运动的。

733.〕 蜷线的方程是 $r=Ce^{-\varphi\cot\alpha}$。

为了确定水平运动,我们令 $\varphi=\omega t$, $x=a+r\sin\varphi$,式中 a 是平衡点的 x 值。

如果我们作直线 BSD 使它和竖直线成一角 α,则切线 BX,DY,GZ 等等将是竖直的,而 X、Y、Z 等等则将是逐次振动的端点。

734.〕 对一个振动物体所作的观测如下:(1) 驻点外的标尺读数。这些读数叫做“伸长”。(2) 沿正方向和负方向通过标尺上一个确定刻度的时刻。(3) 某些确定时刻的标尺读数。除了在长周期的事例中以外,这一种观测是不常进行的*。

我们必须确定的量是:(1) 平衡位置上的标尺读数。(2) 振动的对数减缩。(3) 振动时间。

---

* 参阅 Gauss and W. Weber, *Resultate des magnetischen Vereins*, 1836. Chap. Ⅱ. pp. 34～50。

由三次相继伸长确定平衡位置的读数

735.〕 设 x_1、x_2、x_3 是观察到的对应于伸长 X、Y、Z 的标尺读数，a 是平衡位置 S 处的读数，并设 r_1 是 SB 的值，则有 $x_1-a=r_1\sin\alpha$，$x_2-a=-r_1\sin\alpha\ \mathrm{e}^{-\pi\cot\alpha}$，$x_3-a=r_1\sin\alpha\ \mathrm{e}^{-2\pi\cot\alpha}$。

由这些值，我们就得到 $(x_1-a)(x_3-a)=(x_2-a)^2$，式中 $a=\dfrac{x_1x_3-x_2^2}{x_1+x_3-2x_2}$。

当 x_3 和 x_1 相差不大时，我们可以用 $a=\dfrac{1}{4}(x_1+2x_2+x_3)$作为一个近似方程。

确定对数减缩

736.〕 一次振动和下一次振动的振幅之比的对数，叫做“对数减缩”。如果我们用 ρ 来代表这个比值，则有 $\rho=\dfrac{x_1-x_2}{x_3-x_2}$， $L=\log_{10}\rho$， $\lambda=\ln\rho$。

L 叫做常用对数减缩，而 λ 叫做自然对数减缩。很显然， $\lambda=L\ln10=\pi\cot\alpha$。

由此即得 $\alpha=\cot^{-1}\dfrac{\lambda}{\pi}$，此式确定了对数蜷线的角度。

在进行 λ 的一次具体测定时，我们让物体完成相当多次振动。如果 c_1 是第一次振动的振幅而 c_n 是第 n 次振动的振幅，则有 $\lambda=\dfrac{1}{n-1}\ln\left(\dfrac{c_1}{c_n}\right)$。

如果我们假设观测的精确度对大幅振动和小幅振动来说都是相同的，则为了得到最好的 λ 值，我们应该让振动衰减到 c_1 和 c_n 之比和自然对数的底 e 最接近时为止。这就给出一个 n 值，它是和$\dfrac{1}{\lambda}+1$ 最相近的整数。

然而，既然在大多数事例中时间是很宝贵的，最好就是在振幅的衰减进行到这种地步以前取它的倒数第二组观测结果。

737.〕 在某些事例中，我们可能必须由两次相继的伸长来确定平衡位置，而对数减缩则已经由专门的实验定出。这时我们就有 $a=\dfrac{x_1+\mathrm{e}^{\lambda}x_2}{1+\mathrm{e}^{\lambda}}$。

振 动 时 间

738.〕 当测定了平衡位置以后，就要在标尺的那一点上或在和该点尽可能接近的地方作个明显的记号，然后就记下在若干次相继的振动中经过这个记号的时刻。

让我们假设记号位于正向一侧和平衡点有一个未知的但很小的距离 x 处，而 t_1 就是所观测到的第一次沿正方向经过这一记号的时刻，而 t_2、t_3 等等则是以后各次的经过时刻。

如果 T 是振动时间{也就是两次相继经过平衡位置所需的时间}，而 P_1、P_2、P_3 等等则是经过真实平衡位置的时刻，于是就有 $t_1=P_1+\frac{x}{v_1}$，$t_2=P_2+\frac{x}{v_2}$，$P_2-P_1=P_3-P_2=T$，式中 v_1、v_2、v_3 等等是相继的经过速度，而我们可以认为这些速度在很小的距离 x 上是均匀的。

如果 ρ 是一次振动的振幅和其次一次振动的振幅之比，则有

$$v_2=-\frac{1}{\rho}v_1,\quad 而\frac{x}{v_2}=-\rho\frac{x}{v_1}。$$

如果三次经过是在时刻 t_1、t_2、t_3 被观察到的，我们就有$\frac{x}{v_1}=\frac{t_1-2t_2+t_3}{(\rho+1)^2}$。

因此振动时间就是 $$T=\frac{1}{2}(t_3-t_1)-\frac{1}{2}\frac{\rho-1}{\rho+1}(t_1-2t_2+t_3)。$$

下一次经过真实平衡点的时刻是 $P_2=\frac{1}{4}(t_1+2t_2+t_3)-\frac{1}{4}\frac{(\rho-1)^2}{(\rho+1)^2}(t_1-2t_2+t_3)$。

三次经过就足以确实这三个量，但是任何多次也可以用最小二乘法相合起来。例如，对于五次，就有 $T=\frac{1}{10}(2t_5+t_4-t_2-2t_1)-\frac{1}{10}(t_1-2t_2+2t_3-2t_4+t_5)\frac{\rho-1}{\rho+1}\left(2-\frac{\rho}{1+\rho^2}\right)$。

第三次经过的时刻是

$$P_3=\frac{1}{8}(t_1+2t_2+2t_3+2t_4+t_5)-\frac{1}{8}(t_1-2t_2+2t_3-2t_4+t_5)\frac{(\rho-1)^2}{(\rho+1)^2}。$$

739.〕 同样的方法可以扩大到一系列任何次数的振动。如果振动很迅速，以致无法记录每一次经过的时刻，我们就可以记录每三次或每五次的经过，但要注意使相继的经过是沿相反方向的。如果振动在一段长时间内保持为规则的，则我们在这整段时间内用不着进行观测。我们可以从观测足够多次的振动以从近似地确定振动时间 T 和经过中点的时刻 P 开始，这时要注意经过中点时是向右运动的还是向左运动的。然后我们就可以接着计数振动次数而不记录经过时刻，或是把观测停一段时间。然后我们就观测第二系列的中点经过，并推出振动时间 T' 和中点经过时刻 P'，这时也要注意这种经过的方向。

如果由这两组观测结果推得的振动时间 TT' 接近相等，我们就可以开始通过两组观测结果的组合来进行周期的一种更精确的测定。

用 T 去除 $P'-P$，商数应该很接近于一个整数，其为偶或为奇由经过 P 和 P' 为同向或为反向而定。如果情况并非如此，则那些观测结果是没有价值的。但是，如果结果很接近于一个整数 n，我们就可以用 n 去除 $P'-P$，于是我们就得到整段振动时间中的 T 的平均值。

740.〕 这样求得的振动时间 T 是实际的平均振动时间，它是应该加以改正的，如果我们想要由它推出沿无限小弧段的无阻尼振动的振动时间的话。

为了把观察到的时间折算成沿无限小弧段的振动时间，我们指出，在振幅为 c 处从

静止到静止的振动时间通常形式如下：$T=T_1(1+\kappa c^2)$，式中 κ 是一个系数，在普通摆的事例中它是 $\frac{1}{64}$。现在，相继的各次振动的振幅是 $c, c\rho^{-1}, c\rho^{-2}, \cdots, c\rho^{1-n}$，于是 n 次振动的总时间就是 $nT=T_1\left(n+\kappa\frac{{c_1}^2\rho^2-{c_n}^2}{\rho^2-1}\right)$，式中 T 是由观测结果推得的振动时间。

由此可见，为了求得在无限小弧上的振动时间，我们近似地有 $T_1=T\left\{1-\frac{\kappa}{n}\frac{{c_1}^2\rho^2-{c_n}^2}{\rho^2-1}\right\}$。

为了求出无阻尼时的振动时间 T_0，我们由第 731 节有

$$T_0=T_1\sin\alpha$$
$$=T_1\frac{\pi}{\sqrt{\pi^2+\lambda^2}}。$$

741.〕 被{一个正比于距离的力}吸向一个固定点并受到一个正比于速度的阻力的物体的直线运动的方程是

$$\frac{\mathrm{d}^2x}{\mathrm{d}t^2}+2k\frac{\mathrm{d}x}{\mathrm{d}t}+\omega^2(x-a)=0, \tag{1}$$

式中 x 是物体在时刻 t 的坐标，而 a 是平衡点的坐标。

为了求解这一方程，令

$$x-a=\mathrm{e}^{-kt}y; \tag{2}$$

于是就得到

$$\frac{\mathrm{d}^2y}{\mathrm{d}t^2}+(\omega^2-k^2)y=0; \tag{3}$$

此式的解是

$$y=C\cos(\sqrt{\omega^2-k^2}t+\alpha)，当 k 小于 \omega 时； \tag{4}$$

$$y=A+Bt，当 k 等于 \omega 时； \tag{5}$$

$$y=C'\cosh(\sqrt{k^2-\omega^2}t+\alpha')，当 k 大于 \omega 时。 \tag{6}$$

x 的值可以利用方程(2)而由 y 的值推得。当 k 小于 ω 时，运动是一系列常周期时间的无限多个振动，但其振幅是递减的。当 k 增大时，周期就变得更长，而振幅的减小也更快。

当 k(阻力系数的二分之一)变得等于或大于 ω(离平衡点单位距离处的加速度的平方根)时，运动就不再是振动性的，而是在整个的运动过程中物体只能经过一次平衡点，在此以后它就达到一个最大伸长位置，然后就向着平衡点运动回去，它不断接近平衡点，但永不达到该点。

电阻大得使它的运动属于这种运动的电流计，叫做不摆电流计。它们在许多实验中是有用的，而尤其在电报通信中是有用的；在电报通信中，自由振动的存在会完全掩盖了所要观察的运动。

不论 k 值和 ω 值是什么，平衡点的标尺读数 a 的值都可以利用公式

$$a=\frac{q(rs-qt)+r(pt-r^2)+s(qr-ps)}{(p-2q+r)(r-2s+t)-(q-2r+s)^2}$$

而根据按相等的时间间隔取得的五个标尺读数 p、q、r、s、t 来推出。

电流计的观测

742.〕 为了用一个正切电流计来测量一个常值电流，仪器被调得它的线圈平行于

磁子午面,并记下零值读数。然后把电流送入线圈中,并观测对应于新的平衡位置的磁体偏转角。设用 φ 代表这个角。

于是,如果 H 是水平磁力,G 是电流计的系数,而 γ 是电流的强度,则

$$\gamma=\frac{H}{G}\tan\varphi。\tag{1}$$

如果悬丝的扭转系数是 τMH(见第 452 节),则我们必须应用改正过的公式

$$\gamma=\frac{H}{G}(\tan\varphi+\tau\varphi\sec\varphi)。\tag{2}$$

偏转角的最佳值

743.〕 在某些电流计中,电流所通过的线圈匝数可以随意改变。在另一些电流计中,电流的一个已知分数可以用一个叫做"分流器"的导体而从电流计中引出。在其中任一种事例中,G 的值,也就是单位电流对磁体的效应,都被弄成变化的了。

让我们确定一个 G 值,在那个值下,偏转角观测值中的一个给定误差将对应于推得的电流值中的最小误差。

求方程(1)的导数,我们就得到

$$\frac{d\gamma}{d\varphi}=\frac{H}{G}\sec^2\varphi。\tag{1}$$

由此即得

$$\frac{d\varphi}{d\gamma}=\frac{2}{2\gamma}\sin2\varphi。\tag{2}$$

当 γ 值给定时,此式在偏转角为 45°时有一个极大值。因此 G 的值应该加以调节,直到 $G\gamma$ 尽可能近似地等于 H 时为止;因此,对于强电流来说,不用太灵敏的电流计是更好一些的。

通入电流的最佳方法

744.〕 当观察者能够借助于一个开关而随时接通或断开电路时,最好适当地操作那个开关,以使磁体以尽可能小的速度到达它的平衡位置。下面的办法是由高斯针对这一目的而设计的。

假设磁体是处于平衡位置的,而且也不存在电流。现在观察者使电路接通一小会儿,于是磁体就被推得向着它的新平衡位置运动起来。然后他又断开电路。现在力就是指向原有的平衡位置的,而运动就受到阻碍。如果设法做到使磁体恰好在新平衡位置上达到静止,而观察者就在这一时刻接通电路且不再断开,磁体就将在它的新位置上保持静止。

如果我们忽略阻力的效应并且也忽略在新旧位置上作用着的总力之差,那么,既然我们希望新力在第一次作用中所产生的动能和原有力在电路断开时所消灭的动能一样多,我们就必须使电流的第一次作用延长到磁体已经运动了从第一个位置到第二个位置

的距离的一半。然后，如果原有力是当磁体走过它的另一半路程时起作用的，该力就会正好使磁体停下来。现在，从一个最大伸长点运动到离平衡位置一半距离处所需的时间是从静止到静止的一个周期的三分之一。

因此，既已预先确定了从静止到静止的一次振动的时间，操作者就使电路接通一段等于这一时间的三分之一的时间，然后使电路断开同样一段时间，然后使电路在实验过程中保持接通。于是磁体或是静止，或是它的摆动如此之小，以致可以立刻记下观察结果而不必等候摆动停下来。为此目的可以把一个节拍器调得磁体每振动一下就打响三次。

当阻力较大而必须照顾到时，规则就复杂一点，但是在这种事例中，摆动会衰减得如此之快以致用不着对此规则进行什么改正。

当必须使磁体返回它的原始位置时，电路被断开一段等于三分之一周期的时间，然后接通一段相同的时间，而最后再断开。这就会使磁体在它的原有位置上处于静止。

如果在取得了正向观测结果以后必须立即取得反向静测结果，就可以把电路断开一段单次振动的时间然后使它反向。这就会使磁体在反向位置上达到静止。

利用第一次摆动来进行的测量

745.〕 当没有时间来进行多于一次的观测时，电流可以用在磁体的第一次摆动中观测到的最大伸长来量度。如果没有阻力，永久偏转角 φ 就是最大伸长的一半。如果阻力使一次振动和下一次振动之比成为 ρ，而且 θ_0 是零值读数，而 θ_1 是第一次摆动中的最大伸长，则和平衡点相对应的偏转角 φ 是 $\varphi=\dfrac{\theta_0+\rho\,\theta_1}{1+\rho}$。

用这种办法，偏转角可被算出而不必等着磁体在它的平衡位置上停下来。

进行一系列观测

746.〕 对一个常值电流进行相当多次测量的最好方法就是，先在电流沿正向流动时观测三个伸长值，然后使电路断开一段约为单独一次振动的时间，以便磁体摆回到负偏转的位置上，然后使电流反向并在负向一侧观测三个相继的伸长值，然后使电路断开一次单独振动的时间并在正值一侧重复这些观测，这样一直继续下去，直到获得了足够多的观察结果为止。用这种办法，可能起源于地磁力的方向在观测时间内的变化的那些误差就可以被消除。通过仔细地定时接通和定时开断电路，操作者很容易调节振动的程度，以使它们成为很小而并不模糊。磁体的运动如图 98 中的曲线所示，图中的横坐标表示时间而纵坐标表示磁体的偏转角。如果 $\theta_1,\cdots,\theta_6$ 是观测到的各伸长的代数值，则偏转角由下列方程给出：$8\varphi=\theta_1+2\theta_2+\theta_3-\theta_4-2\theta_5-\theta_6$。

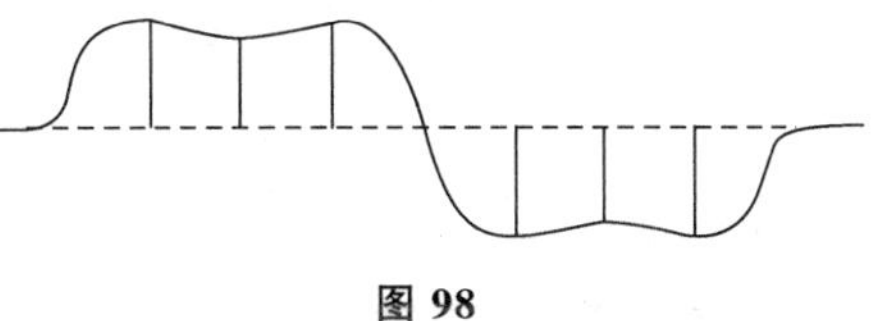

图 98

倍增法

747.〕 在电流计磁体的偏转角很小的一些事例中，也许值得建议的是按照适当的时间间隔来使电流反向以引起磁体的一种摆动，这样就能增大可以看到的效应。为此目的，在确定了磁体的单次振动{即从静止点到静止点的一次振动}的时间 T 以后，电流被沿方向送一段时间 T，然后沿反方向送一段相同的时间，如此继续进行。当磁体的运动变成可见的时，我们可以按观察到的最大伸长时间来改换电流方向。

设磁体位于正伸长 θ_0，并设电流被沿负方向送入线圈中。于是平衡点就是 $-\varphi$，而磁体就会摆向一个负伸长 θ_1，使得 $-\rho(\varphi+\theta_1)=(\theta_0+\varphi)$，或者写成 $-\rho\theta_1=\theta_0(\rho+1)\varphi$，

同理，如果现在把电流改为正向，而磁体摆往 θ_2，则有 $\rho\theta_2=-\theta_1+(\rho+1)\varphi$，或者写成 $\rho^2\theta_2=\theta_0+(\rho+1)^2\varphi$；而如果电流往返地改向 n 次，我们就得到 $(-1)^n\theta_n=\rho^{-n}\theta_0+\dfrac{\rho+1}{\rho-1}\times(1-\rho^{-n})\varphi$，由此我们就得到 φ 的形式如下：$\varphi=(\theta_n-\rho^{-n}\theta_0)\dfrac{\rho-1}{\rho+1}\dfrac{1}{1-\rho^{-n}}$。

如果 n 是一个很大的数以致 ρ^{-n} 可以忽略不计，则表示式变成 $\varphi=\theta_n\dfrac{\rho-1}{\rho+1}$。

这一方法对精确测量的应用，要求关于 ρ 的准确知识，而 ρ 就是磁体在所受阻力的影响下的一次振动和下一次振动的比值。不准量起源于一个事实，那就是避免 ρ 值之不规则的困难一般会大于大角度伸长的好处。只有当我们希望通过使一个很小的电流引起磁针的可见运动来确证该电流的存在时，这个方法才是真正有价值的。

关于瞬变电流的测量

748.〕 当一个电流的持续时间只是电流计磁体的振动时间的一个很小的分数时，电流所输送的总电量就可以用在通电时间之内传给磁体的一个角速度来量度，而这个角速度可以根据磁体第一次振动的伸长来确定。

如果我们忽略阻滞磁体振动的阻力，讨论就会变得很简单。

设 γ 是任一时刻的电流强度，而 Q 是该电流所输送的电量，则有 $Q=\int\gamma\,\mathrm{d}t$。 (1)

设 M 是悬挂磁体的磁矩，A 是它的惯量矩，而 θ 是磁体和线圈平面所成的角，则

$$A\frac{\mathrm{d}^2\theta}{\mathrm{d}t^2}+MH\sin\theta=MG\gamma\cos\theta。\tag{2}$$

如果电流通过的时间很短，我们可以在这段时间内在 t 积分而不必照顾 θ 的变化，于是我们就得到

$$A\frac{\mathrm{d}\theta}{\mathrm{d}t}=MG\cos\theta_0\int\gamma\,\mathrm{d}t+C=MGQ\cos\theta_0+C。\tag{3}$$

这就表明，电量 Q 的通过在磁体上产生一个角动量 $MGQ\cos\theta_0$，式中 θ_0 是 θ 在电流通过的那一瞬间的值。如果磁体起初是处于平衡的，我们就可以令 $\theta_0=0,C=0$。

于是磁体就自由摆动并达到一个伸长 θ_1。如果没有阻力，在摆动过程中反抗磁力而做的功就是 $MH(1-\cos\theta_1)$。

电流向磁体传送的能量是 $\frac{1}{2}A\overline{\frac{\mathrm{d}\theta}{\mathrm{d}t}}\Big|^2$。

使二量相等，我们就得到 $$\overline{\frac{\mathrm{d}\theta}{\mathrm{d}t}}\Big|^2=2\frac{MH}{A}(1-\cos\theta_1),\tag{4}$$

由此即得
$$\frac{\mathrm{d}\theta}{\mathrm{d}t}=2\sqrt{\frac{MH}{A}}\sin\frac{1}{2}\theta_1$$
$$=\frac{MG}{A}Q,\text{根据(3)}。\tag{5}$$

但是，如果 T 是磁体从静止点到静止点而振动一次所用的时间，则有
$$T=\pi\sqrt{\frac{A}{MH}},\tag{6}$$

从而我们就有 $$Q=\frac{H}{G}\frac{T}{\pi}2\sin\frac{1}{2}\theta_1,\tag{7}$$

式中 H 是水平磁力，G 是电流计系数、T 是单独一次振动的时间，而 θ_1 是磁体振动的第一伸长。

749.〕 在许多实际的实验中，伸长是一个很小的角，从而就很容易照顾到阻力的效应，因为我们可以把运动方程当成一个线性方程来处理。

设磁体静止在它的平衡位置上，设在一瞬间内向它传送了一个角速度 v，并设它的第一伸长是 θ_1。

运动方程是 $$\theta=Ce^{-\omega_1 t\tan\beta}\sin\omega_1 t,\tag{8}$$
$$\frac{\mathrm{d}\theta}{\mathrm{d}t}=C\omega_1\sec\beta\, e^{-\omega_1 t\tan\beta}\cos(\omega_1 t+\beta)。\tag{9}$$

当 $t=0$ 时，$\theta=0$ 而 $\frac{\mathrm{d}\theta}{\mathrm{d}t}=C\omega_1=v$。

当 $\omega_1 t+\beta=\frac{\pi}{2}$ 时，$$\theta=Ce^{-\left(\frac{\pi}{2}-\beta\right)\tan\beta}\cos\beta=\theta_1。\tag{10}$$

由此即得 $$\theta_1=\frac{v}{\omega_1}e^{-\left(\frac{\pi}{2}-\beta\right)\tan\beta}\cos\beta。\tag{11}$$

现在，由第 741 节就有 $$\frac{MH}{A}=\omega^2=\omega_1^2\sec^2\beta,\tag{12}$$
$$\tan\beta=\frac{\lambda}{\pi},\quad \omega_1=\frac{\pi}{T_1},\tag{13}$$

而由方程(5)就有 $$v=\frac{MG}{A}Q。\tag{14}$$

由此即得
$$\theta_1=\frac{QG}{H}\sqrt{\frac{\pi^2+\lambda^2}{T_1}}e^{-\frac{\lambda}{\pi}\tan^{-1}\frac{\pi}{\lambda}},\tag{15}$$
$$Q=\frac{H}{G}\frac{T_1\theta_1}{\sqrt{\pi^2+\lambda^2}}e^{\frac{\lambda}{\pi}\tan^{-1}\frac{\pi}{\lambda}},\tag{16}$$

此二式作为瞬变电流之电量的函数而给出第一伸长，并相反地作为第一伸长的函数而给出瞬变电流的电量，式中 T_1 是观测到的在实际阻尼力影响下的单独一次振动的时间。

当 λ 很小时我们可以使用近似公式 $$Q=\frac{H}{G}\frac{T}{\pi}\left(1+\frac{1}{2}\lambda\right)\theta_1。\tag{17}$$

反 冲 法

750.〕 上述方法假设了当瞬变电流通过线圈时磁体是静止在它的平衡位置上的。如果我们想要重作实验,那就必须等到磁体又静止下来时才行。然而,在某些事例中,我们能够得到一些强度相等的瞬变电流,而且随便在什么时刻都能得到;在这样的事例中,由韦伯* 描述了的下述方法,就在进行一系列连续不断的观测方面是最为方便的。

假设我们利用一个其值为 Q_0 的瞬变电流来使磁体摆动起来。如果我们为了简单而写出

$$\frac{G}{H}\frac{\sqrt{\pi^2+\lambda^2}}{T_1}e^{-\frac{\lambda}{\pi}\tan^{-1}\frac{\pi}{\lambda}}=K, \tag{1}$$

则第一伸长是

$$\theta_1=KQ_0=a_1(\text{say})。\tag{2}$$

在开始的一瞬间传给磁体的速度是

$$v_0=\frac{MG}{A}Q_0。\tag{3}$$

当它返回头来沿负方向通过平衡点时,它的速度将是

$$v_1=-v\,e^{-\lambda}。\tag{4}$$

其次一个负伸长将是

$$\theta_2=-\theta_1e^{-\lambda}=b_1。\tag{5}$$

当磁体回到平衡点时,它的速度将是

$$v_2=v_0e^{-2\lambda}。\tag{6}$$

现在,当磁体位于零点时,把一个总量为 $-Q$ 的瞬变电流送入线圈中。它将使速度 v_2 变成 v_2-v,此处

$$v=\frac{MG}{A}Q。\tag{7}$$

如果 Q 大于 $Q_0e^{-2\lambda}$,则新的速度将是负的,并等于

$$-\frac{MG}{A}(Q-Q_0e^{-2\lambda})。$$

于是磁体的运动就会反向,而其次一个伸长就将是负的

$$\theta_3=-K(Q-Q_0e^{-2\lambda})=c_1=-KQ+\theta_1e^{-2\lambda}。\tag{8}$$

然后让磁体达到它的正伸长

$$\theta_4=-\theta_3e^{-\lambda}=d_1=e^{-\lambda}(KQ-a_1e^{-2\lambda}), \tag{9}$$

而当它再次回到平衡点时又把一个其量为 Q 的正电流送入线圈中去。这就会把磁体推回正方向而达到正伸长

$$\theta_5=KQ+\theta_3e^{-2\lambda}; \tag{10}$$

或者,把这个伸长称为第二组四个伸长中的第二伸长,就有

$$a_2=KQ(1-e^{-2\lambda})+a_1e^{-4\lambda}。\tag{11}$$

如此进行下去,通过观测两个伸长+和-,然后送入一个负电流并观测两个伸长-和+,然后送入一个正电流,依此类推,我们就得到一系列每组四个的伸长,其中

$$\frac{d-b}{a-c}=e^{-\lambda}, \tag{12}$$

而

$$KQ=\frac{(a-b)e^{-2\lambda}+d-c}{1+e^{-\lambda}}; \tag{13}$$

如果观测了 n 个伸长系列,我们就可以由方程

$$\frac{\sum(d)-\sum(b)}{\sum(a)-\sum(c)}=e^{-\lambda} \tag{14}$$

求出对数减缩,并由方程

---

* Gauss & Weber, *Resultate des Magnetischen Vereins*, 1838, p. 98.

$$KQ(1+e^{-\lambda})(2n-1)=\sum_n(a-b-c+d)(1+e^{-2\lambda})-(a_1-b_1)-(d_n-c_n)e^{-2\lambda} \tag{15}$$

求出 Q。

磁体在反冲法中的运动如图 99 中的曲线所示；图中的横坐标表示时间，而纵坐标表示磁体在相应时刻的偏转角。请参阅第 760 节。

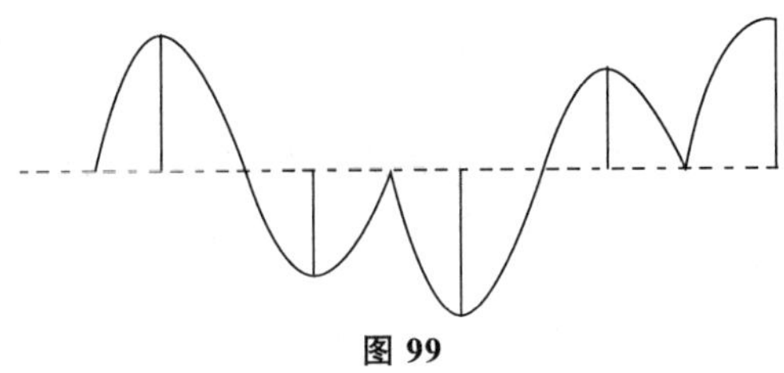

图 99

倍 增 法

751.〕 如果每当磁体经过零点时我们就通入瞬变电流，而且总是使它增大磁体的速度，则逐次的伸长 Q_1、Q_2 等等将是

$$\theta_2=-KQ-e^{-\lambda}\theta_1, \tag{1}$$

$$\theta_3=+KQ-e^{-\lambda}\theta_2。 \tag{2}$$

多次振动以后伸长所趋向的极限值，通过令 $\theta_n=-\theta_{n-1}$ 来求出，由此我们就得到

$$\theta=\pm\frac{1}{1-e^{-\lambda}}KQ。 \tag{3}$$

如果 λ 很小，终极伸长的值可以是大的，但是，既然这就涉及一种持续很久的实验，而且涉及 λ 的细心测定，而且 λ 中的很小误差会引起 Q 的测定中的很大误差，这种方法在数值测定中就很少有用，而必须保留着用来获得关于小得无法直接观察的电流的存在与否的证据。

在使瞬变电流对电流计中的运动磁体发生作用的一切实验中，重要的一点都在于，全部的电流都应该当磁体离零点的距离只是总伸长的一个很小的分数时通过。因此，振动时间应该比产生电流所需要的时间长得多，而操作者应该注视磁体的运动，以便根据磁体经过其平衡点的时刻来控制电流通过的时刻。

为了估计操作员未能准时产生电流而造成的误差，我们指出，一个冲量在增大伸长方面的效应正比于

$$e^{\varphi\tan\beta}\cos(\varphi+\beta)^{*},$$

而且当 $\varphi=0$ 时此式有极大值。因此，由电流的取值有误而引起的误差总是导致对电流值的低估，而误差的大小则可按照电流通过时振动周相的正弦和 1 之比来加以估计。

* 我没能证明这一表示式；我利用第 748 节中的符号得出，当在 φ 处加上冲量时的伸长和同一冲量在 $\varphi=0$ 时所产生的伸长成下列比例：$e^{\frac{A\omega_1}{MGQ}\varphi\tan\beta}\left\{1+\frac{A\omega_1\varphi\tan\beta}{MGQ}\right\}$，式中 φ 被假设为很小，以致它的平方和更高次方可以忽略不计。

第五十章　线圈的比较

一个线圈的电学常量的实验测定

752.〕　我们在第717节中已经看到，在一个灵敏电流计中，线圈应该有很小的半径和许多匝导线。即使我们可以接近每一匝导线以便测量它，通过直接测量这样一个线圈的形状和尺寸来确定它的电学常量也将是极其困难的。但是，事实上，不仅多数线匝都被外面各匝所掩盖，而且我们在导线绕好以后也不能肯定外边各匝的压力会不会已经改变了内部各匝的形状。

因此，更好的办法就是通过和其常量为已知的标准线圈进行直接的电学对比来测定一个线圈的电学常量。

既然标准线圈的尺寸必须通过实际测量来确定，这种线圈就必须做得相当大，以便它的直径或周长的测量中的不可避免的误差可以和所测的量比起来尽可能小。绕制线圈的沟槽应该具有长方形的截面，而且截面的线度和线圈的半径相比应该很小。这一点之所以必要，不仅是为了减小因截面大小而作的改正，而更重要的是为了避免被外面各匝遮盖住的那些线匝的位置上的不确定性。*

我们想要测定的主要常量是：

(1) 由单位电流引起的线圈中心上的磁力。这就是在第700节中用 G_1 来代表的那个量。

(2) 由单位电流引起的线圈的磁矩。这就是量 g_1。

753.〕　测定 G_1。既然工作电流计的线圈比标准线圈小得多，我们就把电流计放在标准线圈的内部，使它们的中心互相重合，两个线圈的平面都是竖直的和平行于地磁力的。于是我们就得到一个差绕电流计，它的一个线圈是 G_1 值已知的标准线圈，而另一个线圈则是我们想要测定其常量 G_1' 的那个线圈。

悬挂在电流计线圈中心的磁体是同时受到这两个线圈中的电流的作用的。如果标

---

* 大的正切电流计有时作得只有一个相当粗的导电圆环，它足够结实，可以不用支撑而保持自己的形状。对于一个标准仪器来说，这并不是一种好的计划。电流在导体中的分布依赖于导体各部分的相对电导率。因此，金属内部连续性的任何隐蔽缺陷都可能使电的主流或是偏向圆环的外侧或是偏向它的内侧。于是电流的真实路线就变成不确定的了。除此以外，当电流只沿圆周运行一次时，必须特别注意避免电流在进入和流出此圆的途中对悬挂磁体的任何作用，因为电极中的电流是等于圆环中的电流的。在许多仪器的构造中，这一部分电流的作用似乎完全没被注意到。

最完善的方法是把其中一个电极做成一个金属管，而把另一个电极做成一根同轴地放在管内的用绝缘材料包起的金属线。这样安装的两个电极的外在作用，由第683节可知是零。

准线圈中电流的强度是 r，而电流计线圈中电流的强度是 γ'，那么，如果这些沿相反方向流动的电流引起磁体的一个偏转角 δ，则有

$$H\tan\delta = G\gamma' - G_1\gamma, \tag{1}$$

式中 H 是地球的水平磁力。

如果两个电流被安排得并不引起任何偏转角，我们就可以用方程

$$G_1' = \frac{\gamma}{\gamma'}G_1 \tag{2}$$

来求得 G_1'。我们可以用好几种方法来确定 γ 和 γ' 的比值。既然电流计的 G_1 值通常是大于标准线圈的 G_1 值的，我们就可以适当地安排电路，使得总电流先通过标准线圈，然后被分流，其中一部分 γ' 通过组合电阻为 R_1 的电流计和电阻线圈，而其余的部分 $\gamma-\gamma'$ 则通过组合电阻为 R_2 的另一组电阻线圈。

于是我们由第 276 节就得到

$$\gamma' R_1 = (\gamma - \gamma')R_2, \tag{3}$$

或者写成

$$\frac{\gamma}{\gamma'} = \frac{R_1 + R_2}{R_2}, \tag{4}$$

从而就有

$$G_1' = \frac{R_1 + R_2}{R_2}G_1。 \tag{5}$$

如果在电流计线圈的实际电阻方面有任何不确定处（例如由于温度不确定），我们就可以给它增加一些电阻线圈，以使电流计本身的电阻只占 R_1 的一个很小部分，从而就在最后的结果中只引起很小的不确定性。

754.〕 测定 g_1，g_1 就是由通过一个小线圈的单位电流所引起的该线圈的磁矩。为了测定 g_1，磁体仍然悬挂在标准线圈的中心，但是小线圈却沿着两个线圈的公共轴线而被平行移开，直到在两个线圈中沿相反方向运行的电流不再引起磁体的偏转时为止。现在，如果二线圈的中心之间的距离是 r，我们就有（第 700 节）

$$G_1 = 2\frac{g_1}{r^3} + 3\frac{g_2}{r^4} + 4\frac{g_3}{r^5} + \cdots。 \tag{6}$$

通过在标准线圈两侧用小线圈重复进行实验，并测量小线圈的两个位置之间的距离，我们就可以消除测定磁体中心和小线圈中心的位置时的不确定的误差，而且也可以排除 g_2、g_4 等等。

如果标准线圈经过适当的安排，以致我们可以使电流只通过它的半数的线圈以得出一个不同的 G_1 值，那么我们就可以确定一个新的 r 值，而这样一来，正如在第 454 节中一样，我们就可以消去含 g_3 的项。

然而，也常常可能通过足够精确地直接测量小线圈来测定 g_3，以便在计算对 g_1 的改正量时用于下列方程中

$$g_1 = \frac{1}{2}G_1 r^3 - 2\frac{g_3}{r^2}, \tag{7}$$

式中由第 700 节有

$$g_3 = -\frac{1}{8}\pi a^2(6a^2 + 3\xi^2 - 2\eta^2)。$$

感应系数的比较

755.〕 只有在少数的事例中，由电路的形状和位置来直接计算感应系数才是容易

完成的。为了达到足够的精确度，电路之间的距离必须是可以精确测量的。但是，当电路之间的距离大得足以防止测量上的误差会引起结果方面的很大误差时，感应系数本身必然就会在量值上大为减小。现在，对许多实验来说，把感应系数弄得较大是必要的，而我们只能通过使电路互相靠得更近来做到这一点，这时直接测量的方法就会变成不可能的了，从而，为了确定感应系数，我们就必须把它和一对线圈的感应系数进行对比，那一对线圈安排得恰好，从而它们的感应系数可以通过直接测量和计算来求得。

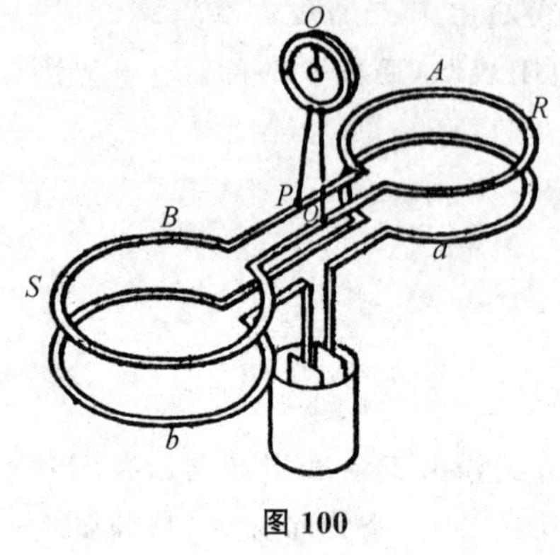

图 100

这种对比可以进行如下：

设 A 和 a 是标准的一对线圈，B 和 b 是要和它们进行对比的线圈。把 A 和 B 接成一个电路，并把电流计 G 的电极接在 P 和 Q 上，使得 PAQ 的电阻是 R 而 QBP 的电阻是 S，而 K 是电流计的电阻。把 a 和 b 以及电池接成一个电路。

设 A 中的电流是 $\dot{x}$，B 中的电流是 $\dot{y}$，电流计中的电流是 $\dot{x}-\dot{y}$，而电池电路中的电流是 γ。

于是，如果 M_1 是 A 和 a 之间的感应系数，而 M_2 是 B 和 b 之间的感应系数，则当开断电池电路时通过电流计的积分感应电流是

$$x-y=\gamma\frac{\dfrac{M_2}{S}-\dfrac{M_1}{R}}{1+\dfrac{K}{R}+\dfrac{K}{S}}。\tag{1}$$

调节电阻 R 和 S 直到当电池电路接通或开断时没有电流经过电流计时为止，M_2 和 M_1 之比就可以通过 S 和 R 之比来确定。

*[表示式(1)可以证明如下：设 L_1、L_2、N 和 Γ 分别是线圈 A、B、ab 和电流计的自感系数。于是体系的动能 T 就近似地是

$$\frac{1}{2}L_1\dot{x}^2+\frac{1}{2}L_2\dot{y}^2+\frac{1}{2}\Gamma(\dot{x}-\dot{y})^2+\frac{1}{2}N\gamma^2+M_1\dot{x}\gamma+M_2\dot{y}\gamma。$$

耗散函数 F，也就是电流加热线圈时的能量消耗率的一半，等于(见 Lord Rayleigh's *Theory of Sound*, vol. i. p. 78) $\frac{1}{2}\dot{x}^2R+\frac{1}{2}\dot{y}^2S+\frac{1}{2}(\dot{x}-\dot{y})^2K+\frac{1}{2}\gamma^2Q$，式中 Q 是电池及电池线圈的电阻。

于是和任一变量 x 相对应的电流方程就有如下的形式：$\frac{\mathrm{d}}{\mathrm{d}t}\frac{\mathrm{d}T}{\mathrm{d}\dot{x}}-\frac{\mathrm{d}T}{\mathrm{d}x}+\frac{\mathrm{d}F}{\mathrm{d}\dot{x}}=\xi$，式中 ξ 是对应的电动势。

由此我们就得到

$$L_1\ddot{x}+\Gamma(\ddot{x}-\ddot{y})+M_1\dot{\gamma}+R\dot{x}+K(\dot{x}-\dot{y})=0,$$

$$L_2\ddot{y}-\Gamma(\ddot{x}-\ddot{y})+M_2\dot{\gamma}+S\dot{y}-K(\dot{x}-\dot{y})=0。$$

这些方程可以立即对 t 积分。注意到 x、$\dot{x}$、y、$\dot{y}$、γ 的初始值是零，如果写出 $x-y=z$，

* 方括号中的探讨采自弗来明先生对克勒克·麦克斯韦教授的演讲所加的注释；这种探讨有一种使人伤悼的兴趣，因为这是教授所发表的最后一篇演讲的一部分。在弗来明先生的注释中，实验的计划和本文所给出的有所不同，其不同在于电池和电流计交换了位置。

我们就在消去 y 后得到一个如下形式的方程： $A\ddot{z}+B\dot{z}+Cz=D\dot{\gamma}+E\gamma$。 (1′)

接通电池以后不久，电流就会变成恒稳的，而电流 $\dot{z}$ 就会消失，由此即得 $Cz=E\gamma$。

这就给出上面的表示式(1)，而且它表明，当通过电流计的总电量为零时，我们必有 $E=0$ 或 $M_2R-M_1S=0$。方程(1′)也表明，如果电流计中根本没有任何电流，我们就必有 $D=0$ 或 $M_2L_1-M_1L_2=0$。]*

一个自感系数和一个互感系数的对比

756.〕 设把一个线圈接在惠斯登电桥的支路 AF 上，而线圈的自感系数就是我们所要测出的。让我们用 L 来代表这个自感系数。

在 A 和电池之间的连线上接上另一个线圈。这个线圈和 AF 上的线圈之间的互感系数是 M。它可以用第 755 节所描述的方法来测量。

如果从 A 到 F 的电流是 x，从 A 到 H 的电流是 y，则从 Z 通过 B 而到 A 的电流将是 $x+y$。从 A 到 F 的外电动势是

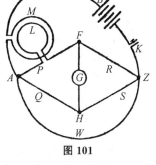

$$A-F=Px+L\frac{\mathrm{d}x}{\mathrm{d}t}+M\left(\frac{\mathrm{d}x}{\mathrm{d}t}+\frac{\mathrm{d}y}{\mathrm{d}t}\right)。\tag{1}$$

沿 AH 的外电动势是 $A-H=Qy$。 (2)

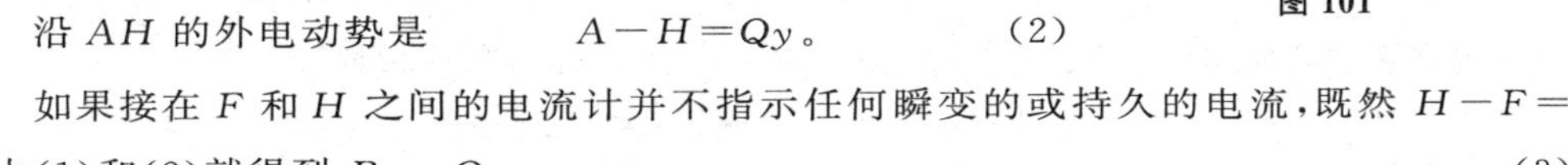

图 101

如果接在 F 和 H 之间的电流计并不指示任何瞬变的或持久的电流，既然 $H-F=0$，由(1)和(2)就得到 $Px=Qy$； (3)

从而
$$L\frac{\mathrm{d}x}{\mathrm{d}t}+M\left(\frac{\mathrm{d}x}{\mathrm{d}t}+\frac{\mathrm{d}y}{\mathrm{d}t}\right)=0,\tag{4}$$

由此即得
$$L=-\left(1+\frac{P}{Q}\right)M。\tag{5}$$

既然 L 永远是正的，M 就必然是负的，从而电流必然沿相反的方向通过接在 P 上和接在 B 上的线圈。在作实验时，我们有两种办法可供选择。我们在开始时可以先调节各个电阻，使得
$$PS=QR,\tag{6}$$
这就是不存在持久电流的条件；然后我们就调节线圈之间的距离，直到在接通和开断电池的连接时电流计不再指示一个瞬变电流为止。另一方面，如果这一距离是不能调节的，我们就可以通过适当改变电阻 Q 和 S 而使它们的比值保持不变来消除瞬变电流。

如果发现这种双重调节太麻烦，我们就可以采用第三种方法。在开始时可以把装置安排得由自感引起的瞬变电流稍大于由互感引起的瞬变电流，然后我们就可以通过在 A、Z 之间插入一个电阻为 W 的导体来消除不相等性。没有持久电流通过电流计的条件并不会因为 W 的引入而有所改变。因此我们就可以通过只调节 W 的电阻来消除瞬变电

* 除非条件式 $M_2L_1-M_1L_2=0$ 近似的得到满足，不然由瞬变电流所引起的电流零点的不稳定性就会使我们无法准确地确定当接通电池电路时电流计中是否有一次“冲动”。

流。当这一点已经做到时，L 的值就是
$$L=-\left(1+\frac{P}{Q}+\frac{P+R}{W}\right)M。\tag{7}$$

两个线圈的自感系数的对比

757.〕 把两个线圈接在惠斯登电桥的两个相邻的支路上。设 L 和 N 分别是接在 P 上和接在 R 上的线圈的自感系数，则图 101 中没有电流计电流的条件就是
$$\left(Px+L\frac{\mathrm{d}x}{\mathrm{d}t}\right)Sy=Qy\left(Rx+N\frac{\mathrm{d}x}{\mathrm{d}t}\right),\tag{1}$$
由此即得
$$PS=QR，为了没有持久电流，\tag{2}$$
$$\frac{L}{P}=\frac{N}{R}，为了没有瞬变电流。\tag{3}$$

由此可见，通过电阻的适当调节，持久电流和瞬变电流都可以被消除，然后 L 和 N 之比就可以通过电阻的比较来确定。

第十七章附录

测量一个线圈的自感系数的方法，在采自麦克斯韦关于电磁场的动力学理论的论文的下述节录中有所描述。该论文见 *Phil. Trans.* 155，pp. 475～477。

〈论用一个电秤来测定感应系数〉

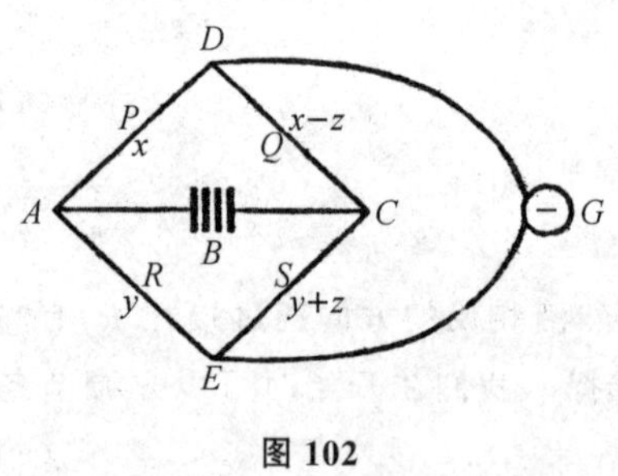

图 102

电秤包括把四个点 A、C、D、E 两两相连的六个导体。

其中一对点 AC 是通过一个电池 B 而互相连接的。相对的一对点 DE 是通过一个电流计 G 而互相连接的。于是，如果其余四个导体的电阻用 P、Q、R、S 来代表，而它们中的电流用 x、$x-z$、y、$y+z$ 来代表，则通过 G 的电流将是 z。设各点的电势是 A、C、D、E。于是恒稳电流的条件可由下列各方程求出：
$$\left.\begin{array}{ll}Px=A-D, & Q(x-z)=D-C,\\ Ry=A-E, & S(y+z)=E-C,\\ Gz=D-E, & B(x+y)=-A+C+F。\end{array}\right\}\tag{1}$$
对 z 求解这些方程，我们就得到
$$z\left\{\frac{1}{P}+\frac{1}{Q}+\frac{1}{R}+\frac{1}{S}+B\left(\frac{1}{P}+\frac{1}{R}\right)\left(\frac{1}{Q}+\frac{1}{S}\right)+G\left(\frac{1}{P}+\frac{1}{Q}\right)\left(\frac{1}{R}+\frac{1}{S}\right)\right.$$
$$\left.+\frac{BG}{PQRS}(P+Q+R+S)\right\}=F\left(\frac{1}{PS}-\frac{1}{QR}\right)。\tag{2}$$
在这一表示式中，F 是电池的电动势；z 是电流达到稳定时通过电流计的电流；P、

Q、R、S 是四个臂的电阻；B 是电池和电极的电阻；G 是电流计的电阻。

（44） 如果 $PS=QR$，则 $z=0$，从而就不会有恒稳电流通过电流计，而只有当电路接通或开断时由于感应而产生的瞬变电流才能通过它，而且电流计的示数就可能用来确定感应系数，如果我们理解所发生的作用的话。

我们将假设 $PS=QR$，于是当过了足够的时间以后电流 z 就将变为零，并有

$$x(P+Q)=y(R+S)=\frac{F(P+Q)(R+S)}{(P+Q)(R+S)+B(P+Q+R+S)}。\tag{3}$$

设 P、Q、R、S 之间的感应系数由下表给出：P 对自己的感应系数是 p，P 和 Q 之间的感应系数是 h，余类推。

	P	Q	R	S
P	p	h	k	l
Q	h	q	m	n
R	k	m	r	o
S	l	n	o	s

设 g 是电流计对它自己的感应系数，并设它不受 P、Q、R、S 的影响（因为必须如此，以避免 P、Q、R、S 对指针的直接作用）。设 X、Y、Z 是 x、y、z 对 t 的积分。当刚刚接通电路时，x、y、z 是零。过了一段时间，z 变为零，而 x 和 y 达到常值。因此，每一个导体的方程就将是

$$\left.\begin{aligned}
&PX+(p+h)x+(k+l)y=\int A\mathrm{d}t-\int D\mathrm{d}t,\\
&Q(X-Z)+(h+q)x+(m+n)y=\int D\mathrm{d}t-\int C\mathrm{d}t,\\
&RY+(k+m)x+(r+o)y=\int A\mathrm{d}t-\int E\mathrm{d}t,\\
&S(Y+Z)+(l+n)x+(o+s)y=\int E\mathrm{d}t-\int C\mathrm{d}t,
\end{aligned}\right\}\tag{4}$$

$$GZ=\int D\mathrm{d}t-\int E\mathrm{d}t。$$

解这些方程以求 Z，我们就得到

$$\begin{aligned}
&Z\left\{\frac{1}{P}+\frac{1}{Q}+\frac{1}{R}+\frac{1}{S}+B\left(\frac{1}{P}+\frac{1}{R}\right)\left(\frac{1}{Q}+\frac{1}{S}\right)+G\left(\frac{1}{P}+\frac{1}{Q}\right)\left(\frac{1}{R}+\frac{1}{S}\right)\right.\\
&\qquad\left.+\frac{BG}{PQRS}(P+Q+R+S)\right\}=-F\,\frac{1}{PS}\left\{\frac{p}{P}-\frac{q}{Q}-\frac{r}{R}+\frac{s}{S}\right.\\
&\qquad+h\left(\frac{1}{P}-\frac{1}{Q}\right)+k\left(\frac{1}{R}-\frac{1}{P}\right)+l\left(\frac{1}{R}+\frac{1}{Q}\right)-m\left(\frac{1}{P}+\frac{1}{S}\right)\\
&\qquad\left.n\left(\frac{1}{Q}-\frac{1}{S}\right)+o\left(\frac{1}{S}-\frac{1}{R}\right)\right\}。
\end{aligned}\tag{5}$$

现在设由强度{总电量}为 Z 的瞬时电流所引起的电流计偏转角为 α。

设当 PS 和 QR 之比不是 1 而是 ρ 时所引起的持久偏转角为 θ。

另外再设电流计指针从静止点到静止点的振动时间为 T。于是，令

$$\frac{p}{P}-\frac{q}{Q}-\frac{r}{R}+\frac{s}{S}+h\left(\frac{1}{P}-\frac{1}{Q}\right)+k\left(\frac{1}{R}-\frac{1}{P}\right)+l\left(\frac{1}{R}-\frac{1}{Q}\right)$$

$$-m\left(\frac{1}{P}+\frac{1}{S}\right)+n\left(\frac{1}{Q}-\frac{1}{S}\right)+o\left(\frac{1}{S}-\frac{1}{R}\right)=r, \tag{6}$$

我们就得到

$$\frac{Z}{z}=\frac{2\sin\frac{1}{2}\alpha}{\tan\theta}\frac{T}{\pi}=\frac{r}{\rho-1}。 \tag{7}$$

当用实验来测定 τ 时，最好利用金肯先生在 1863 年向大英协会提交的报告中所描述的装置来改变一个臂的电阻；利用这种装置，从 1 到 1.01 的任意 ρ 值都可以精确地量出。

我们先观察{α}，即当电流计接在电路中而各电阻已调节得不会给出持久电流，当接通电流时由感应脉冲而引起的最大偏转角{摆幅}。

然后我们观察{β}，即当一个臂的电阻按 ρ 比 1 的比例增大时由持久电流引起的最大偏转角{摆幅}，电流计起初不接通，直到电池已接通一会儿以后才接通。

为了消除空气阻力的影响，最好改变 ρ 直到近似地有 $\beta=2\alpha$ 为止。这时就有

$$r=T\,\frac{1}{\pi}(\rho-1)\,\frac{2\sin\frac{1}{2}\alpha}{\tan\frac{1}{2}\beta}。$$

如果除 P 以外电秤各臂都是一些用在绕制以前双折起来的不太长的很细导线绕成的电阻线圈，则属于这些线圈的感应系数将可忽略不计，从而 τ 就将简化为 p/P。因此，电秤就给我们提供了一种手段，来测量其电阻为已知的任意电路的自感。

第五十一章 电阻的电磁单位

用电磁单位来测量一个线圈的电阻

758.〕 一个导体的电阻定义为电动势的数值和它在导体中产生的电流的数值之比。当我们知道了地球磁力的值时,以电磁单位计的电流值的测定可以利用一个标准电流计来进行。电动势值的测定更加困难一些,因为我们可以直接计算它的值的唯一事例就是当电动势起源于电路对一个已知磁体系的相对运动时的那个事例。

759.〕 按电磁单位来对一根导线的电阻进行的最初测定,是由基尔霍夫*作出的。他使用了两个形状已知的线圈 A_1 和 A_2,并根据有关各线圈之形状和位置的几何数据算出了它们的互感系数。这些线圈和一个电流计 G 以及一个电池 B 接成一个电路,而电路的两点,即二线圈之间的点 P 和电池与电流计之间的点 Q,则用要测量它的电阻 R 的那条导线连接了起来。

当电流稳定时,它就分流在导线电路中和电流计电路中,并引起电流计的某一持久偏转角。如果现在线圈 A_1 被从 A_2 很快地取走并被放在一个 A_1 和 A_2 之间的互感系数为零的位置上(第 538 节),则在两个电路中都会引起一个感生电流,而电流计指针就受到一个冲击,这个冲击就引起某一瞬变偏转角**。

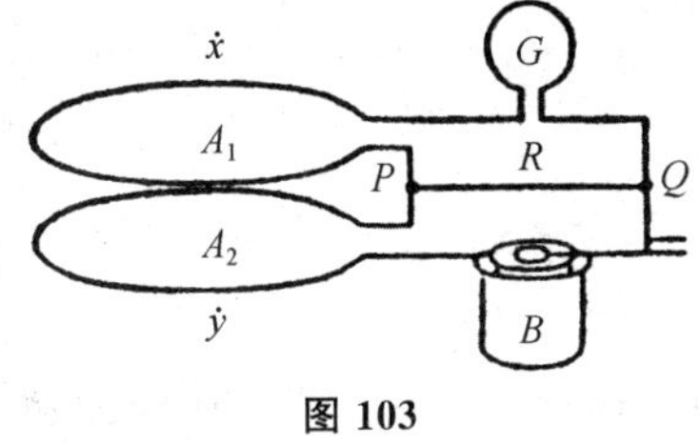

图 103

导线的电阻 R 根据由恒稳电流所引起的持久偏转角和由感生电流所引起的瞬变偏转角的比较来推出。

设 QGA_1P 的电阻为 K,PA_2BQ 的电阻为 B,而 PQ 的电阻为 R。

设 L、M 和 N 是 A_1 和 A_2 的感应系数。

设 $\dot{x}$ 是 G 中的电流,$\dot{y}$ 是 B 中的电流,则从 P 到 Q 的电流是 $\dot{x}-\dot{y}$。

设 E 为电池的电动势,于是就有

$$(K+R)\dot{x}-R\dot{y}+\frac{\mathrm{d}}{\mathrm{d}t}(L\dot{x}+M\dot{y})=0, \tag{1}$$

$$-R\dot{x}+(B+R)\dot{y}+\frac{\mathrm{d}}{\mathrm{d}t}(M\dot{x}+N\dot{y})=E。 \tag{2}$$

---

* 'Bestimmung der Constaten, von welcher die Intensität inducirter elektrischer Ströme abhängt.' Pogg., *Ann.*, xxvi(April, 1849).

** 更加方便的是反转 A_2 中的电流而不是搬走线圈 A_1。在这种事例中,通过冲击电流计的电量是正文中所给电量的两倍。基尔霍夫的方法曾被 Glazebrook、Sargant 和 Dolds 用来按绝对单位测定电阻。见 *Phil. Trans.* 1883, pp. 233～268。

当各电流为常值而一切物体都静止时，$(K+R)\dot{x}-R\dot{y}=0$。 (3)

如果现在 M 由于 A_1 和 A_2 的分离而突然变为零，则对 t 积分，就得到

$$(K+R)x-Ry-M\dot{y}=0, \tag{4}$$

$$-Rx(B+R)y-M\dot{x}=\int E\mathrm{d}t=0; \tag{5}$$

由此即得

$$x=M\frac{(B+R)\dot{y}+R\dot{x}}{(B+R)(K+R)-R^2}。 \tag{6}$$

按照(3)将 $\dot{y}$ 值用 $\dot{x}$ 表示出来并代入，就有

$$\frac{x}{\dot{x}}=\frac{M}{R}\frac{(B+R)(K+R)+R^2}{(B+R)(K+R)-R^2} \tag{7}$$

$$=\frac{M}{R}\left\{1+\frac{2R^2}{(B+R)(K+R)}+\cdots\right\}。 \tag{8}$$

当像在基尔霍夫的实验中一样 B 和 K 都比 R 大得多时，这一方程就简化为

$$\frac{x}{\dot{x}}=\frac{M}{R}。 \tag{9}$$

在这些量中，x 可以根据由感应电流引起的电流计摆幅来求出。请参阅第 748 节。持久电流 $\dot{x}$ 可以根据由恒稳电流引起的持久偏转角来求出，见第 746 节。M 或是通过按几何数据而直接算出，或是通过和已经作过这种计算的一对线圈相对比来求出，见第 755 节。根据这三个量，R 就可以按电磁单位而被确定。

这些方法都涉及电流计磁体的振动周期的测定，以及该磁体的振动的对数减缩的规定。

韦伯的瞬变电流法*

760.〕 一个颇大的线圈被装在一个轴上，可以绕着它的一个竖直的直径而转动。线圈的导线和一个正切电流计的线圈相连接而成为一个单一的电路。设这个线圈的电阻是 R。把大线圈放好，使它的正面垂直于磁子午面，然后使它很快地转动半周。这时将出现由地球磁力所引起的感生电流，而以电磁单位计，这个电流中的总量将是

$$Q=\frac{2g_1H}{R}, \tag{1}$$

式中 g_1 是单位电流下的线圈磁矩；在一个大线圈的事例中，这个量可以通过测量线圈的尺寸并计算各线匝的面积之和来直接确定。H 是地磁的水平分量，R 是由线圈和电流计一起组成的电路的电阻。这个电流会使电流计的磁体运动起来。

如果磁体起初是静止的，而且线圈的运动只占磁体振动时间的一个小分数，那么，如果忽略对磁体运动的阻力，我们由第 748 节就得到 $Q=\frac{H}{G}\frac{T}{\pi}2\sin\frac{1}{2}\theta$， (2)

式中 G 是电流计的常量，T 是磁体的振动时间，而 θ 是观察到的伸长。我们由这些量就

* *Elekt. Maasb.*: or Pogg., *Ann*, lxxii. pp. 337～369(1851).

得到
$$R=\pi G g_1 \frac{1}{T\sin\frac{1}{2}\theta}。\tag{3}$$

H 的值并不出现于这一结果中，如果它在线圈的位置上和在电流计的位置上是相同的话。这里不应该假设情况正是如此，而必须通过比较同一磁体在不同地方的振动时间来加以检验；磁体先放在其中一个位置上，然后又放在另一个位置上。

761.〕 为了进行一系列观测，韦伯是从使线圈平行于子午线开始的。然后他把线圈转到北面朝向北方，并观察了由负电流引起的第一伸长。然后他观察了自由摆动磁体的第二伸长，而当磁体回到平衡点时把线圈转得正面朝向了南方。这就使磁体反冲到了正侧。这个系列继续进行，正如在第 750 节中一样，而且也对结果进行了阻力方面的改正。用这种办法，就确定了线圈和电流计的组合电路的电阻。

在所有这样的实验中，为了得到足够大的偏转角，必须用铜来做导线，而铜这种金属虽然是最好的导体，但却有一种缺点，那就是它的电阻会随温度的变化而发生颇大的变化。因此，为了从这种实验得出具有永久价值的结果，实验电路的电阻必须在实验之前和之后都和一个精心制造的电阻线圈的电阻进行比较。

韦伯的观察磁体振动之减缩的方法

762.〕 一个磁矩颇大的磁体被挂在电流计线圈的中心上。对振动的周期和对数减缩进行了观测，起初是当电流计线路断开时，然后是在线路闭合时，而电流计线圈的电导则根据磁体的运动所引起的感生电流在阻滞运动方面的效应推导了出来。

如果 T 是观测到的单次振动的时间，而 λ 是每单次振动的自然对数减缩，那么，如果我们写出
$$\omega=\frac{\pi}{T},\tag{1}$$
$$\alpha=\frac{\lambda}{T},\tag{2}$$
则磁体的运动函数将具有下列的形式：
$$\varphi=Ce^{-\alpha t}\cos(\omega t+\beta)。\tag{3}$$
这就表示了通过观测而定出的运动的本性。我们必须把此式和动力学运动方程进行比较。

设 M 是电流计线圈和悬挂磁体之间的感应系数。它具有下列的形式：
$$M=G_1g_1P_1(\theta)+G_2g_2P_2(\theta)+\cdots,\tag{4}$$
式中 G_1、G_2 等等是属于线圈的系数，g_1、g_2 等等是属于磁体的系数，而 $P_1(\theta)$、$P_2(\theta)$ 等等是线圈和磁体的轴线夹角的带谐函数。请参阅第 700 节。通过适当安排电流计的线圈，并通过把若干个磁体按适当距离并排起来以构成悬挂的磁体，我们可以使 M 中第一项以后的所有各项和第一项相比都成为微不足道。如果再令 $\varphi=\frac{\pi}{2}-\theta$，我们就可以写出
$$M=Gm\sin\varphi,\tag{5}$$
式中 $G(=G_1)$ 是电流计的主系数，m 是磁体的磁矩，而 φ 是磁体轴线和线圈平面之间的

夹角，它在这一实验中永远是一个小角。

设 L 是线圈的自感系数，R 是它的电阻，而 γ 是线圈中的电流，则有

$$\frac{\mathrm{d}}{\mathrm{d}t}(L\gamma+M)+R\gamma=0, \tag{6}$$

或者写成

$$L\frac{\mathrm{d}\gamma}{\mathrm{d}t}+R\gamma+Gm\cos\varphi\frac{\mathrm{d}\varphi}{\mathrm{d}t}=0。 \tag{7}$$

电流 γ 作用在磁体上的力矩是 $\gamma\frac{\mathrm{d}M}{\mathrm{d}\varphi}$，或者说是 $Gm\gamma\cos\varphi$。在这个实验中，角 φ 是如此之小，以致我们可以假设 $\cos\varphi=1$。

让我们假设，当电路被开断时，磁体的运动方程是

$$A\frac{\mathrm{d}^2\varphi}{\mathrm{d}t^2}+B\frac{\mathrm{d}\varphi}{\mathrm{d}t}+C\varphi=0, \tag{8}$$

式中 A 是悬挂仪器的磁矩，$B\frac{\mathrm{d}\varphi}{\mathrm{d}t}$ 代表由空气黏滞性和悬丝黏滞性等等所引起的阻力，而 $G\varphi$ 代表起源于地磁、悬挂仪器的扭转等等的倾向于把磁体带到它的平衡位置去的力矩。

受到电流影响的运动方程将是

$$A\frac{\mathrm{d}^2\varphi}{\mathrm{d}t^2}+B\frac{\mathrm{d}\varphi}{\mathrm{d}t}+C\varphi=Gm\gamma。 \tag{9}$$

为了确定磁体的运动，我们必须把此式和(7)式结合起来以消去 γ。结果就是

$$\left(L\frac{\mathrm{d}}{\mathrm{d}t}+R\right)\left(A\frac{\mathrm{d}^2}{\mathrm{d}t^2}+B\frac{\mathrm{d}}{\mathrm{d}t}C\right)\varphi+G^2m^2\frac{\mathrm{d}\varphi}{\mathrm{d}t}=0, \tag{10}$$

这是一个三阶的线性微分方程。

然而我们却没有任何求解这一方程的必要，因为问题的数据是观测到的磁体运动的要素，而我们必须根据这些要素来求 R 的值。

设 α_0 和 ω_0 是当电路被开断时方程(3)中的 α 值和 ω 值。在这一事例中，R 是无限大而方程(10)简化成(8)的形式。于是我们就有

$$B=2A\alpha_0,\quad C=A(\alpha_0{}^2+\omega_0{}^2)。 \tag{11}$$

解方程(10)而求 R，并写出

$$\frac{\mathrm{d}\varphi}{\mathrm{d}t}=-(\alpha+\mathrm{i}\omega),\quad 式中\ \mathrm{i}=\sqrt{-1}, \tag{12}$$

我们就得到

$$R=\frac{G^2m^2}{A}\frac{\alpha+\mathrm{i}\omega}{\alpha^2-\omega^2+2\mathrm{i}\alpha\omega-2\alpha_0(\alpha+\mathrm{i}\omega)+\alpha_0{}^2+\omega_0{}^2}+L(\alpha+\mathrm{i}\omega)。 \tag{13}$$

既然 ω 的值通常是比 α 的值大得多的，最好的 R 值就可以通过令含 $\mathrm{i}\omega$ 的项相等来求出，

$$R=\frac{G^2m^2}{2A(\alpha-\alpha_0)}+\frac{1}{2}L\left(3\alpha-\alpha_0-\frac{\omega^2-\omega_0{}^2}{\alpha-\alpha_0}\right)。 \tag{14}$$

我们也可以通过令不含 i 的项相等来求得一个 R 值，但是由于这些项很小，这一方程只有在作为检验观测精确度的一种手段方面才是有用的。我们由这些方程得到下列的检验方程：

$$G^2m^2\{\alpha^2+\omega^2-\alpha_0{}^2-\omega_0{}^2\}=LA\{(\alpha-\alpha_0)^4+2(\alpha-\alpha_0)^2(\omega^2+\omega_0{}^2)+(\omega^2-\omega_0{}^2)^2\}。 \tag{15}$$

既然 $LA\omega^2$ 和 G^2m^2 相比是很小的，这一方程就给出

$$\omega^2-\omega_0{}^2=\alpha_0{}^2-\alpha^2; \tag{16}$$

而方程(14)就可以写成

$$R=\frac{G^2m^2}{2A(\alpha-\alpha^0)}+2L\alpha。 \tag{17}$$

在这个表示式中，G 或是通过电流计线圈的线度测量来确定，或是更好地按照第 753

节的方法通过和一个标准线圈相对比来确定。A 是磁体及其悬挂仪器的惯量矩，必须用适当的动力学方法来求出。ω、ω_0、α 和 α_0 通过观测来得出。

悬挂磁体的磁矩 m 的值的测定，是这种研究的最困难的部分，因为它受到温度的影响、地磁力的影响和机械磕碰的影响，从而在当磁体处于和它在振动时相同的情况下时来测量这个量就必须十分小心。

R 中包含 L_1 的那个第二项是重要性较小的，因为它通常和第一项相比是很小的。L_1 的值可以或是根据已知的线圈形状来计算，或是通过一个关于附加感应电流的实验来测定。请参阅第 756 节。

汤姆孙的旋转线圈法

763.〕 这种方法是由汤姆孙向大英协会的电学标准委员会提出的，实验由巴耳德·斯提瓦特、弗里明·金肯和本书作者于 1863 年作出*。

一个圆形线圈被弄得以均匀速度绕着一条竖直轴线转动起来。一个小磁体被一根丝线挂在线圈的中心。地磁和悬挂磁体都在线圈中引起感生电流。电流是交变的，在转动的不同阶段在导线中沿相反的方向运行，但是电流对悬挂磁体的效应却总是引起一个从地磁子午面向线圈转动方向的偏转。

764.〕 设 H 是地磁的水平分量，

设 γ 是线圈中电流的强度，

g 是一切线匝所包围的总面积，

G 是由单位电流所引起的线圈中心上的磁力，

L 是线圈的自感系数，

M 是悬挂磁体的磁矩，

θ 是线圈平面和磁子午面之间的夹角，

φ 是悬挂磁体的轴线和磁子午面之间的夹角，

A 是悬挂磁体的磁矩，

$MH\tau$ 是悬丝的扭转系数，

α 是磁体在没有扭力时的方位角，

R 是线圈的电阻。

体系的动能是 $$T=\frac{1}{2}L\gamma^2-Hg\gamma\sin\theta-MG\gamma\sin(\theta-\varphi)+MH\cos\varphi+\frac{1}{2}A\dot{\varphi}^2。\quad(1)$$

第一项 $\frac{1}{2}L\gamma^2$ 表示依赖于线圈本身的电流能量；第二项依赖于电流和地磁的相互作用；第三项依赖于电流和悬挂磁体之磁性的相互作用；第四项依赖于悬挂磁体之磁性和地磁的相互作用；而最后一项则代表构成磁体以及和它一起运动的悬挂仪器的那些物质的动能。

---

* 见 *Report of the British Association for* 1863，pp. 111～176。

由悬丝的扭力引起的悬挂仪器的势能{的可变部分}是 $V=\frac{MH}{2}\tau(\varphi^2-2\varphi\alpha)$。(2)

电流的电磁动量是 $p=\frac{\mathrm{d}T}{\mathrm{d}\gamma}=L\gamma-Hg\sin\theta-MG\sin(\theta-\varphi)$, (3)

而如果 R 是线圈的电阻,则电流的方程是 $R\gamma+\frac{\mathrm{d}^2T}{\mathrm{d}t\,\mathrm{d}\gamma}=0$, (4)

或者,既然 $\theta=\omega t$, (5)

就有 $\left(R+L\frac{\mathrm{d}}{\mathrm{d}t}\right)\gamma=Hg\omega\cos\theta+MG(\omega-\dot{\varphi})\cos(\theta-\varphi)$。(6)

765.〕 理论和实验的结果都是,磁体的主位角 φ 遭受到两种周期振动。其中一种是自由振动,其振动周期依赖于地磁的强度,在实验上是几秒。另一种是受迫振动,其周期是转动线圈的周期的一半,而其振幅则正如我们即将看到的那样是不可觉察的。因此,在测定 γ 时,我们可以认为 γ 实际上是不变的。

于是我们就得到 $\gamma=\frac{Hg\omega}{R^2+L^2\omega^2}(R\cos\theta+L\omega\sin\theta)$ (7)

$$+\frac{MG\omega}{R^2+L^2\omega^2}\{R\cos(\theta-\varphi)+L\omega\sin(\theta-\varphi)\},\tag{8}$$

$$+Ce^{-\frac{R}{L}t}。\tag{9}$$

当转动保持均匀时,这个表示式的最后一项很快就会消失。

悬挂磁体的运动方程是 $\frac{\mathrm{d}^2T}{\mathrm{d}t\,\mathrm{d}\dot{\varphi}}-\frac{\mathrm{d}T}{\mathrm{d}\varphi}+\frac{\mathrm{d}V}{\mathrm{d}\varphi}=0$, (10)

由此即得 $A\ddot{\varphi}-MG\gamma\cos(\theta-\varphi)+MH(\sin\varphi+\tau(\varphi-\alpha))=0$。(11)

把 γ 的值代入并按照 θ 倍数的方程整理各项,于是我们根据观测就知道

$$\varphi=\varphi_0+be^{-lt}\cos nt+c\cos2(\theta-\beta),\tag{12}$$

式中 φ_0 是 φ 的平均值,第二项代表逐渐衰减的自由运动,而第三项则代表由致偏电流的变化所引起的受迫振动。

从(11)中不含 θ 而必须集体等于零的各项开始,我们就近似地得到

$$\frac{MG\omega}{R^2+L^2\omega^2}\{Hg(R\cos\varphi_0+L\omega\sin\varphi_0)+GMR\}$$

$$=2MH(\sin\varphi_0+\tau(\varphi_0-\alpha))。\tag{13}$$

既然 $L\tan\varphi_0$ 和 Gg 相比通常是很小的{$GM\sec\varphi$ 和 gH 相比亦然},二次方程(13)的解就近似地给出 $R=\frac{Gg\omega}{2\tan\varphi_0\left(1+\tau\frac{\varphi_0-\alpha}{\sin\varphi_0}\right)}\left\{1+\frac{GM}{gH}\sec\varphi_0-\frac{2L}{Gg}\left(\frac{2L}{Gg}-1\right)\tan^2\varphi_0\right.$

$$\left.-\left(\frac{2L}{Gg}\right)^2\left(\frac{2L}{Gg}-1\right)^2\tan^4\varphi_0\right\}。\tag{14}$$

如果我们现在应用方程(7)、(8)和(11)中的主导项*,我们就将发现方程(12)中的 n 值是 $\sqrt{\frac{HM}{A}\sec\varphi_0}$。受迫振动的振幅 c 的值是 $\frac{1}{4}\frac{n^2}{\omega^2}\sin\varphi_0$。由此可见,当线圈在磁体的一

* 更加简短而同样精确的办法是在方程(6)中令 $L=0$ 并把相应的 γ 值代入方程(11)中。

次自由振动期间转动许多周时，磁体受迫振动的振幅就是很小的，从而我们就可以略去(11)中含 c 的各项。

766.〕 于是，在电磁单位制中，电阻就可以通过速度 ω 和偏转角 φ 来确定。没有必要测定水平地磁力 H，如果它在实验过程中保持不变的话。

为了测定$\frac{M}{H}$，我们必须像在第 454 节中描述过的那样利用悬挂磁体来引起磁强计的偏转。在实验中，M 应该很小，以便这一改正量只具有次要的意义。

关于这一实验所需要的其他改正量，请参阅 *Report of the British Association for* 1863，p. 168。

焦耳的量热法

767.〕 由第 242 节中的焦耳定律可知，一个电流 γ 在通过一个电阻为 R 的导体时所产生的热量是

$$h=\frac{1}{J}\int R\gamma^2\mathrm{d}t,\tag{1}$$

式中 J 是所用的单位热量的力学单位当量。

由此可见，如果 R 在实验过程中保持不变，则它的值是

$$R=\frac{Jh}{\int\gamma^2\mathrm{d}t}。\tag{2}$$

这种测定 R 的方法涉及电流在一段给定时间内产生的热量 h 的测定，以及电流强度的平方 r^2 的测定。

在焦耳的实验中*，h 是通过导线所浸入于其中的一个容器中水的温度的升高来测定的。通过在导线中不通入电流时的另一些实验，对结果进行了有关辐射效应等等的改正。

电流的强度是用一个正切电流计来测量的。这种方法涉及地磁强度的测定，那是用在第 457 节中描述过的方法来进行的。这些测量结果也用第 726 节所描述的电秤来进行了检验，那种电秤是直接测量 γ^2 的。然而，测量 $\int\gamma^2\mathrm{d}t$ 的最直接的方法却是把电流通入一个带有给出正比于 γ^2 的读数的刻度盘的自动力测电流计(第 725 节)中，并按相等的时间间隔来进行观测，这可以通过在整个的实验过程中在仪器每一次振动的最远点上进行读数来近似地做到**。

* *Report on Standards of Electrical Resistance of the British Association for* 1867，pp. 474～522.

** 关于求出一个电阻的绝对量质的各种方法的相对优缺点，请读者参阅瑞利勋爵的一篇论文，见 *Phil. Mag.* Nov. 1882. 在正文中没有讲到的一种由洛伦兹提出的很精彩的方法，曾由瑞利勋爵和西德威克夫人进行了充分的描述，见 *Phil. Trans.* 1883，Part Ⅰ，pp. 295～322。读者也应参阅相同作者们的论文：'Experiments to determine the value of the British Association Unit of Resistance in Absolute Measure，' *Phil. Trans.* 1882，Part Ⅱ，pp. 661～697。

第五十二章　静电单位和电磁单位的比较

电量的一个电磁单位所含静电单位的数目的测定

768.〕 两种单位制中各电学单位的绝对大小，都依赖于我们所采用的长度、时间和质量的单位，而且它们依赖于这些单位的方式在两种单位制中是不同的，因此，按照长度和时间的单位的不同，电学单位的比值也将用不同的数字来表示。

由第 628 节中的量纲表可以看出，电量的一个电磁单位所含静电单位的数目，和我们采用的长度单位的大小成反比而和所用时间单位的大小成正比。

因此，如果我们确定一个在数值上用这个数目来表示的速度，则即使当我们采用新的长度单位和时间单位时，表示这一速度的那个数目也将仍然是按照新的测量单位制来看的电量的一个电磁单位所含静电单位的倍数。

因此，指示着静电现象和电磁现象之间的关系的这个速度，就是一个有着确定大小的自然量，而这个量的测量就是电学中的最重要研究之一。

为了证明我们所要寻求的量确实是一个速度，我们可以指出，在两个平行电流的事例中，其中一个电流的一个长度 a 所受到的吸引力按照第 686 节是 $F=2CC'\frac{a}{b}$，式中 C、C' 是以电磁单位计的电流的数值，而 b 是它们之间的距离。如果我们令 $b=2a$，就有 $F=CC'$。

现在，电流 C 在时间 t 内传送的电是 Ct 个电磁单位，或者说是 nCt 个静电单位，如果 n 是一个电磁单位所含静电单位的倍数的话。

设两个小导体被充上了这两个电流在时间 t 内所传送的电量，并把它们放在相距为 r 的位置上。它们之间的推斥力将是 $F'=\frac{CC'n^2t^2}{r^2}$。

设适当选择距离 r，使得这个推斥力等于电流的吸引力，于是就有 $\frac{CC'n^2t^2}{r^2}=CC'$。由此即得 $r=nt$；或者说，距离 r 必须按速度 n 而随着时间 t 来增大。由此可见，n 是一个速度，它的绝对量值是相同的，不论我们采用什么单位。

769.〕 为了得到有关这一速度的物理观念，让我们想象一个充电到静电面密度 σ 并在自己的平面内以速度 v 而运动的平表面。运动的带电表面将是和一个电流层相等价的；通过单位表面宽度的电流强度，以静电单位计是 σv，而以电磁单位计是 $\frac{1}{n}\sigma v$，如果 n 是一个电磁单位所含的静电单位的倍数的话。如果平行于第一个表面的另一个平表面被充电到面密度 σ' 并沿相同的方向以速度 v' 而运动，它就将和第二个电流层相等价。

由第 124 节可知，对相对着的两个表面上的单位面积来说，两个带电表面之间的静电推斥力是 $2\pi\sigma\sigma'$。由第 653 节可知，对单位面积来说，两个电流层之间的电磁吸引力是

$2\pi uu'$，此处 u 和 u' 是从电磁单位计的电流的面密度。但是 $u=\frac{1}{n}\sigma v$ 而 $u'=\frac{1}{n}\sigma' v'$，从而吸引力就是 $2\pi\sigma\sigma'\frac{vv'}{n^2}$。

吸引力和推斥力之比，等于 vv' 和 n^2 之比。由此可见，既然吸引力和推斥力是种类相同的量，n 就必然是一个和 v 种类相同的量，就是说它必然是一个速度。如果我们现在假设每一个运动平面的速度都等于 n，吸引力就将等于推斥力，从而平面之间就将没有任何的机械作用力。因此我们就可以把电学单位之比定义为一个这样的速度：当以这个速度沿相同的方向运动时，两个带电表面之间没有相互作用力。既然这个速度约为300 000 千米每秒，进行上述这样的实验就是不可能的。

770.〕 如果电荷面密度和速度都可以被弄得很大，以致磁力成为一个可测量的量，我们就至少可以验证我们的假设，即运动的带电体和电流相等价。

我们可以假设①，空气中的一个带电表面当电力 $2\pi\sigma$ 达到 130 这个值时就开始通过火花而放电。由电流层引起的磁力是 $2\pi\sigma\,\frac{v}{n}$。在英国，水平磁力约为 0.175。因此，一个充电到最高程度并以 100 米每秒的速度运动着的表面将对一个磁体作用一个约为地球水平磁力的四千分之一的力，这是一个可以测量的量。带电表面可以是一个在磁子午面内转动着的非导体圆盘的表面，磁体可以放在靠近圆盘的上升部分或下降部分的地方，并用一个金属屏来屏蔽圆盘的静电作用。我不知道这个实验迄今是否有人做过②。

电量单位的比较

771.〕 既然电量的电磁单位和静电单位之比是用一个速度来表示的，我们在以后就将用一个符号 v 来代表它。这一速度的最初的数值测量是由韦伯和考耳劳什作出的③。

他们的方法依据的是同一个电量的测量，先用静电单位然后用电磁单位来测量。

所测量的电量是一个莱顿瓶的电荷。它是作为瓶的电容和它的两板之间电势差的乘积而用静电单位测量的。瓶的电容通过和一个挂在远离一切物体的开阔空间中的球的电容相对比来加以测定。这样一个球的电容在静电单位制中是用它的半径来表示的。于是瓶的电容就可以作为某一长度而被求出来和表示出来。请参阅第 227 节。

瓶的两板之间的电势差通过把两板接在一个静电计的两极上来测量；静电计的常量已经很仔细地测定过，从而电势差 E 就是在静电单位下被得知的了。

通过把这个电势差乘以瓶的电容 c，瓶的电荷就用静电单位表示了出来。

为了用电磁单位来测定电荷的值，通过一个电流计的线圈来把莱顿瓶放了电。瞬变电流对电流计磁体的效应使磁体得到一定的角速度。于是磁体就向某一偏转角摆过去，

① Sir W. Thomson, R. S. Proc. or Reprint, Art. xix. pp. 247～259.

② 这一效应是由罗兰教授在 1876 年发现的。关于以后有关这一课题的实验，请参阅 Rowland and Hutchinson, *Phil. Mag.* 27. 445(1877)；Ronten, *Wied. Ann.* 40. 93；Himstedt, *Wied. Ann.* 40. 720。

③ *Elektrodynanamische Maasbestimmungen*；and Pogg.，*Ann*，xcix(Aug. pp. 10～25, 1856).

而在那个偏转角上它的速度将被地磁的反向作用所完全消除。

通过观测磁体的最大偏转角，放电中的电量就可以像在第 748 节中一样按照公式

$$Q=\frac{H}{G}\frac{T}{\pi}2\sin\frac{1}{2}\theta$$

而用电磁单位测定出来，式中 Q 是以电磁单位计的电量。因此我们必须测定下列各量：

H，地磁水平分量的强度；见第 456 节。

G，电流计的主常量；见第 700 节。

T，磁体单次振动的时间。

θ，由瞬变电流引起的偏转角。

由韦伯先生和考耳劳什先生求得的 v 值是 $v=310740000$ 米每秒。

固体电介质的那种曾被称为"电吹收"的性质，使人们很难正确地估计莱顿瓶的电容。表观的电容随着从瓶的充电或放电到电势的测量之间的时间而变，过的时间越长则求得的瓶的电容值越大。

因此，既然求得静电计的一个读数所需的时间和通过电流计进行放电所经过的时间相比是很长的，那么按静电单位进行的对放电的估计就或许偏高，从而由此导出的 v 值也或许偏大。

表示为一个电阻的"v"

772.〕 另外两种测定 v 的方法导致一个用某一给定导体的电阻来表示 v 值的表示式；在电磁单位制中，电阻也是被表示为一个速度的。

在威廉·汤姆孙的实验形式下，让一个电流通过了一根电阻很大的导线。促使电流通过导线的电动势通过把导线的两端接在一个绝对静电计的两极上而静电地加以测量，见第 217、218 节。导线中电流的强度用电流所通过的一个力测电流计的悬挂线圈的偏转角来用电磁单位加以测量，见第 725 节。电路的电阻通过和一个标准线圈或标准欧姆相比较而在电磁单位下成为已知。通过把电流强度乘以这个电阻，我们就得到以电磁单位计的电动势，而通过把这个值和以静电单位计的值相比较，就能得到 v 的值。

这种方法要求分别利用静电计和力测电流计来同时测定两个力，而出现在结果中的只是这两个力的比值。

773.〕 在另一种方法中，这些力不是分别被测量而是直接互相反向；这种方法是由本书作者所应用了的。大电阻线圈的两端被接在两个平行的圆盘上，其中一个圆盘可以活动。使电流通过大电阻的同一电动势也在圆盘之间产生一个吸引力。与此同时，在实际的实验中和原电流不同的一个电流被送入两个线圈中，其中一个线圈和固定圆盘的背面相接，而另一个则和活动圆盘的背面相接。电流在这些线圈中沿相反的方向流动，从而它们是互相推斥的。通过调节两个圆盘的距离，吸引力就准确地被推斥力所平衡，而与此同时，另一个观测者就用一个带分流器的差绕电流计来测定原电流和副电流的比值。

在这一实验中，必须涉及一种物质标准的唯一测量就是那个大电阻的测量，它必须通过和标准欧姆相比较来用绝对单位测定出来。其他的测量结果只是为了测定比值，从

而是可以采用任意的单位的。

例如两个力的比值就是 1。

两个电流的比值是当差绕电流计的线圈没有偏转时通过电阻的比较来求出的。

吸引力依赖于圆盘直径和盘间距离之比的平方。

推斥力依赖于线圈直径和线圈距离之比。

因此 v 的值就是通过大线圈的电阻来直接表示的，而该电阻本身则是和标准欧姆进行比较的。

用汤姆孙方法得出的 v 值是 28.2 欧姆[①]；用麦克斯韦方法得出的是 28.8 欧姆[②]。

以电磁单位计的静电电容

774.〕 一个电容器的电容可以通过产生电荷的电动势和放电电流中的电量的比较而用电磁单位来测定。利用一个化学电池，在一个包括大电阻线圈的电路中保持一个电流。电容器通过把它的电极和电阻线圈的电极相接触而被充电。通过线圈的电流用它在一个电流计中引起的偏转角来测量。设 φ 是这个偏转角，则由第 742 节可知电流是 $\gamma=\frac{H}{G}\tan\varphi$，式中 H 是地磁的水平分量，而 G 是电流计的主常量。

如果 R 是这个电流所通过的那一线圈的电阻，则线圈两端的电势差是 $E=R\gamma$，而在其电容为 C 个电磁单位的电容器中产生的电荷则是 $Q=EC$。

现在从电路中先断开电容器的电极，再断开电流计的电极，并让电流计的磁体在它的平衡位置上达到静止。然后把电容器的电极和电流计的电极互相接通。一个瞬变电流将流过电流计并使磁体摆到一个极端偏转角 θ。于是，第 748 节可知，如果放电量等于充电量，则有 $Q=\frac{H}{G}\frac{T}{\pi}2\sin\frac{1}{2}\theta$。于是，作为以电磁单位计的电容的值，我们就得到 $C=\frac{T}{\pi}\times\frac{1}{R}\frac{2\sin\frac{1}{2}\theta}{\tan\varphi}$。于是，一个电容器的电容就由下列各量来确定：$T$，电流计磁体从静止点到静止点的振动时间。$R$，线圈的电阻。$\theta$，由放电引起的摆角极限。$\varphi$，由通过线圈的电流所引起的常值偏转角。这种方法是由弗里明·金肯教授在以电磁单位测定电容器的电容时应用了的[③]。

如果 C 是以静电单位计的同一电容器的电容，例如通过和一个其电可以根据它的几何数据来算出的电容器相比较而测定的电容，我们就有 $c=v^2C$。由此即得 $v^2=\pi R\times\frac{c}{T}\frac{\tan\varphi}{2\sin\frac{1}{2}\theta}$。

因此 v 这个量就可以用这种办法求得。它依赖于以电磁单位计的 R 的测定，但是，

① *Peport of British Assoication*, 1869, p. 434.

② *Phil. Trans.*, 1868. p. 643; and *Report of British Association*, 1869, p. 436.

③ *Report of British Association*, 1867, pp. 493～488.

既然它只包含 R 的平方根，这种测定中的误差就不会像在第 772、773 节中的方法中一样对 v 的值有那么大的影响。

断续电流法

775.〕 如果一个电池电路的导线在任一点上被断开，并把断开的两端接在一个电容器的两个电极上，则电流将流入电容器，但其强度将随电容器二板之间的电势差的增大而减小，因此当电容器已经接收到和作用在导线上的电动势相对应的全额电荷时，电流就完全停止了。

如果现在把电容器的两个电极从导线两端断开，然后按相反的顺序再和它们接起来，电容器就会通过导线而放电，然后就将按相反的方式被充电，于是就有一个瞬变电流通过导线，其总电量等于电容器电荷的两倍。

利用一种机构(通常称为"换向器")，反转连接电容器的手续可以按相等的时间间隔而重复进行，每一个间隔等于 T。如果这段时间足以使电容器来得及完全放电，导线在每一间隔中输送的电就将是 $2EC$，此处 E 是电动势而 C 是电容器的是电容。

如果接在电路中的一个电流计的磁体加了载重，从而它摆动得很慢，以致在磁体的一次自由振动的时间内将发生电容器的许多次放电，则逐次的放电将像一个强度为 $\frac{2EC}{T}$ 的恒稳电流那样对磁体起作用。

如果现在把电容器取走而用一个电阻线圈来代替它，并调节线圈直到通过电流计的恒稳电流和那些逐次放电产生相同的偏转角，那么，如果这时整个电路的电阻是 R，则有

$$\frac{E}{R}=\frac{2EC}{T};\tag{1}$$

或者写成

$$R=\frac{T}{2C}。\tag{2}$$

于是，我们可以把一个带有活动着的换向器的电容比拟为某一个电阻，而为了测量这个电阻，我们可以利用在第 345～357 节中描述了的那些不同的测量电阻的方法。

776.〕 为此目的，我们可以把第 346 节的差绕电流计法中或第 347 节的惠斯登电桥法中的任何一条导线换成一个带换向器的电容器。让我们假设，在其中任一事例中，已经先用一个带换向器的电容器而后又把它换成一个电阻为 R_1 的线圈来得到了电流计的零偏转，于是量 $\frac{T}{2C}$ 就可以用一个电路的电阻来量度，此时线圈 R_1 就是这个电路的一部分，而另一部分则是包括电池在内的其余导电体系。因此，我们所要计算的电阻 R 就等于电阻线圈的电阻 R_1 再加上其余体系(包括电池在内)的电阻，这时把电阻线圈的两端看成其余体系的电极。

在差绕电流计和惠斯登电桥的事例中，用不着把电容器换成一个电阻线圈来进行第二个实验。为此目的而要求的电阻值，可以根据体系中其他的已知电阻计算出来。

利用第 347 节中的符号，假设电容器和换向器取代了惠斯登电桥上的导体 AC，设电流计接在 OA 上而电流计的偏转角为零，于是我们就知道，当接在 AC 上时将引起零偏转

角的那个线圈的电阻是 $$b=\frac{c\gamma}{\beta}=R_1。\tag{3}$$

电阻的另一部分，R_2，就是各导体 AO、OC、AB、BC 和 OB 所构成的体系的电阻，此时把 A 点和 C 点看成电极。由此可见，$$R_2=\frac{\beta(c+a)(\gamma+\alpha)+ca(\gamma+a)+\gamma\alpha(c+a)}{(c+\alpha)(\gamma+a)+\beta(c+a+\gamma+\alpha)}。\tag{4}$$

在这一表示式中，a 代表电池及其接线的内阻，它的值并不能很准确地被测定；但是，通过把它弄得远小于其他电阻，这种不准确性就将只对 R_2 的值有很小的影响。

以电磁单位计的电容器的电容值是 $$C=\frac{T}{2(R_1+R_2)}。$$①

① 由于这种方法在用电磁单位来测量一个电容器的电容方面是很重要的，我们在这里附上一种比较详细的探讨，这适用于当圆柱具有保护环时的情况。

在这种测量中所应用的装置如附图所示。

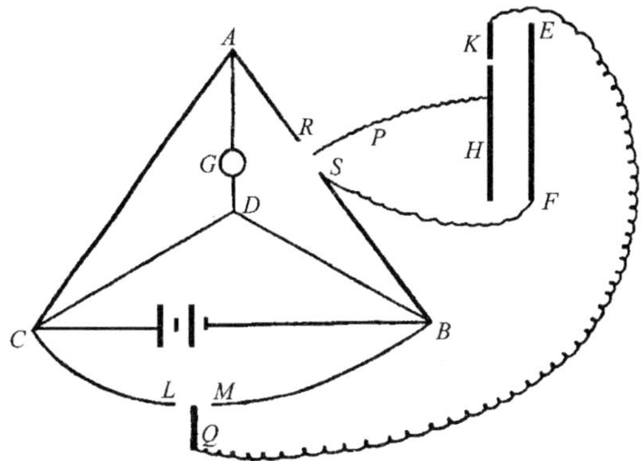

$ABCD$ 是一个惠斯登电桥，电流计在 G 处，而电池在 B 和 C 之间，臂 AB 在 R 和 S 处断开，它们是一个换向器的两个极，交替地和一个弹簧 T 相接触，而弹簧则接在电容器的中板 H 上。没有保护环的极板和 S 点相接。点 C 和点 B 分别与一个换向器的两个极 L、M 相连接，这两个极交替地和固定在电容器保护环上的一个弹簧 Q 相接触。体系调节得适当，使得当换向器工作时各事件的次序如下：

Ⅰ. P 接 S，电容器放电。
  Q 接 M，保护环放电。

Ⅱ. P 接 R，电容器开始充电。
  Q 接 M。

Ⅲ. P 接 R，电容器被充电到电势差$(A)-(B)$。
  Q 接 L，保护圈充电到电势差$(C)-(B)$。

Ⅳ. P 接 S，电容器开始放电。
  Q 接 L。

Ⅴ. P 接 S，电容器放电。
  Q 接 M，保护环放电。

（转下页）

(接上页)

于是,当换向器工作时,由于电量向电容器流动,将有一系列短暂的电流通过电流计。各电阻调节得使这些短暂电流对电流计的效应足以平衡恒稳电流的效应,从而不存在电流计的偏转。

为了考察这种情况下的各电阻之间的关系,让我们假设当保护环和电容器被充电时有

$\dot{x}$=通过 BC 的电流,

$\dot{y}$=通过 AE 的电流,

$\dot{z}$=通过 AD 的电流,

$\dot{w}$=通过 CL 的电流。

于是,如果 a、b、α、β、γ 分别是臂 BC、AC、AD、BD、CD 的电阻,L 是电流计的自感系数,而 E 是电池的电动势,我们就由电路 ADC 和 BCD 分别得到

$$L\ddot{z}+(b+\gamma+a)\dot{z}+(b+\gamma)\dot{y}+\gamma\dot{w}-\gamma\dot{x}=0, \tag{1}$$

$$(\alpha+\gamma+\beta)\dot{x}-(\gamma+\beta)\dot{y}-\gamma\dot{z}-(\gamma+\beta)\dot{w}-E=0。\tag{2}$$

现在很显然,各电流是用下列类型的方程来表示的:$\dot{x}=\dot{x}_1+\dot{x}_2$,$\dot{z}=\dot{z}_1+\dot{x}$,

式中 $\dot{x}_1$ 和 $\dot{z}_1$ 表示当没有电荷流入电容器时的恒稳电流 $\dot{x}_2$、$\dot{z}_2$ 具有 $Ae^{-\lambda t}$、$Be^{-\lambda t}$ 的形式,并表示由电容器充电而引起的电流的变化部分;$\dot{y}$ 和 $\dot{w}$ 将具有 $Ce^{-\lambda t}$、$De^{-\lambda t}$ 的形式;所有这些表示式中的 t 都是从电容器开始充电时算起的时间。

于是方程(1) 和(2) 就将包含一些常数项和一些带 $e^{-\lambda t}$ 因子的项,而且后一些项必将分别变为零,因此我们就有

$$L\ddot{z}_2+(b+\gamma+a)\dot{z}_2+(b+\gamma)\dot{y}+\gamma\dot{w}-\gamma\dot{x}_2=0, \tag{3}$$

$$(\alpha+\gamma+\beta)\dot{x}_2-(\gamma+\beta)\dot{y}-\gamma\dot{z}_2-(\gamma+\beta)\dot{w}=0。\tag{4}$$

设 Z、X 分别是由于电容器的充电而已经流过电流计和电池的电量,而 Y 和 W 是电容器上和保护环上的电荷。于是,在从恰恰在电容器开始充电以前到它完全充电以后的一段时间内求方程(3)和(4)的积分,并记得在这些时刻中的每一时刻都有 $\dot{z}=0$,我们就得到

$$(b+\gamma+a)Z+(b+\gamma)Y+\gamma W-\gamma X=0,$$

$$(\alpha+\gamma+\beta)X-(\gamma+\beta)Y-\gamma Z-(\gamma+\beta)W=0;$$

因此,消去 X,就得到

$$Z\left(b+\gamma+a-\frac{\gamma^2}{\alpha+\gamma+\beta}\right)+Y\left(b+\gamma-\frac{\gamma(\gamma+\beta)}{\alpha+\gamma+\beta}\right)+W\gamma\frac{\alpha}{\alpha+\gamma+\beta}=0。$$

在实际上,电池的电阻确实比 β、b 或 γ 小得多,使得和第二项相比第三项可以忽略不计,因此,略去电池电阻,我们就得到

$$z=-\frac{b}{b+\gamma+a-\dfrac{\gamma^2}{\gamma+\beta}}Y。$$

如果$\{A\}$、$\{B\}$、$\{D\}$代表当电容器充分充电时 A、B、D 各点上的电势,而 C 代表电容器的电容,则有

$$Y=C[\{A\}-\{B\}]。$$

但是 $\dfrac{\{A\}-\{B\}}{a+\beta\dfrac{(b+a+\gamma)}{\gamma}}=\dfrac{\{A\}-\{D\}}{a}$。这一方程的右端显然就是通过电流计的恒稳电流 $\dot{z}_1$,于是就有

$$Y=C\dot{z}_1\left(a+\beta\frac{(b+a+\gamma)}{\gamma}\right), \tag{5}$$

$$Z=-\dot{z}_1 bC\frac{\left\{a+\beta\dfrac{(b+a+\gamma)}{\gamma}\right\}}{b+\gamma+a-\dfrac{\gamma^2}{\gamma+\beta}}。\tag{6}$$

如果电容器每秒充电 n 次,则因此而每秒通过电流计的电量是 nZ_1。如果电流计的指针保持不偏转,则单位时间内通过电流计的电量必须是零。但是这个电量是 $nZ_1+\dot{z}_1$,于是就有 $nZ+\dot{z}_1=0$。

把这一关系式代入方程(6)中,我们就得到

$$C=\frac{1}{n}\frac{\gamma}{b\beta}\frac{\left\{1-\dfrac{\gamma^2}{(\gamma+\beta)(b+a+\gamma)}\right\}}{1+\dfrac{\gamma a}{(b+a+\gamma)\beta}}。\tag{7}$$

如果知道电阻和速率,我们由这一方程就能算出电容。请参阅 J. J. Thomson and Searle,"A Determination of 'v'" *Phil. Trans.* 1890,A,p. 583。

777.〕　如果电容器有一个很大的电容，而且换向器的动作很迅速，则电容器可能并不是在每一次换向时都能充分放电的。放电过程中的电流方程是

$$Q+R_2C\frac{\mathrm{d}Q}{\mathrm{d}t}+EC=0, \tag{6}$$

式中 Q 是电容器的电荷，C 是它的电容，R_2 是电容器两极之间的体系其余部分的电阻，而 E 是由于电池的接通而引起的电动势。由此即得

$$Q=(Q_0+EC)\mathrm{e}^{-\frac{t}{R_2C}}-EC, \tag{7}$$

式中 Q_0 是 Q 的初始值。

如果 τ 是在每一次放电中保持接触的时间，则每次所放的电量是

$$Q=2EC\frac{1-\mathrm{e}^{-\frac{\tau}{R_2C}}}{1+\mathrm{e}^{-\frac{\tau}{R_2C}}}。 \tag{8}$$

通过使方程(4)中的 C 和 γ 比 β、a 或 α 大得多，由 R_2C 表示的时间可以被弄得比 τ 小得多，以致我们在计算指数表示式的值时可以使用方程(5)中的 C 值。于是我们就得到

$$\frac{\tau}{R_2C}=2\frac{R_1+R_2}{R_2}\frac{\tau}{T}, \tag{9}$$

式中 R_1 是为了产生等价的效应而必须用来代替电容器的那个电阻。R_2 是体系其余部分的电阻，T 是开始放电和下一次开始放电之间的时间，而 τ 是每一次放电的接触时间。于是，我们就得到以电磁单位计的正确的 C 值：

$$C=\frac{1}{2}\frac{T}{R_1+R_2}\frac{1+\mathrm{e}^{-2\frac{R_1+R_2}{R_2}\frac{\tau}{T}}}{1-\mathrm{e}^{-2\frac{R_1+R_2}{R_2}\frac{\tau}{T}}}。 \tag{10}$$

电容器的静电电容和线圈自感系数的电磁电容的比较

778.〕　如果一个传导电路中其间的电阻为 R 的两个点被接在一个电容为 C 的电容器的两个极上，则当有一个电动势作用在电路上时，会有一部分电流将不是通过电阻 R 而是被用来使电容器充电。因此通过 R 的电流将以一种逐渐的方式上升到它的末值。由数学理论可知，通过 R 的电流从零上升到它的末值的那种方式用一个公式来表示，该公式在形式上和表示被一个常值电动势推动着流过一个电磁体的线圈的电流值的那种公式完全相同。因此我们可以把一个电容器和一个电磁体适当地接在惠斯登电桥的两个臂上，使得甚至在接通或开断电池电路的时刻通过电流计的电流也总是零。

在图 104 中，设 P、Q、R、S 分别是惠斯登电桥的四个臂的电阻。设使一个自感系数为 L 的线圈成为电阻 Q 的臂 AH 的一部分，并把一个电容为 C 的电容器的两极用电阻很小的导体接在点 F 和点 Z 上。为了简单，我们将假设没有电流通过其电极接在 F 和 H 上的电流计 G，因此我们必须确定 F 点的电势和 H 点的电势相等的条件。只有当我们想要估计这种方法的精确度时，我们才有必要计算当这一条件不满足时通过电流计的电流。

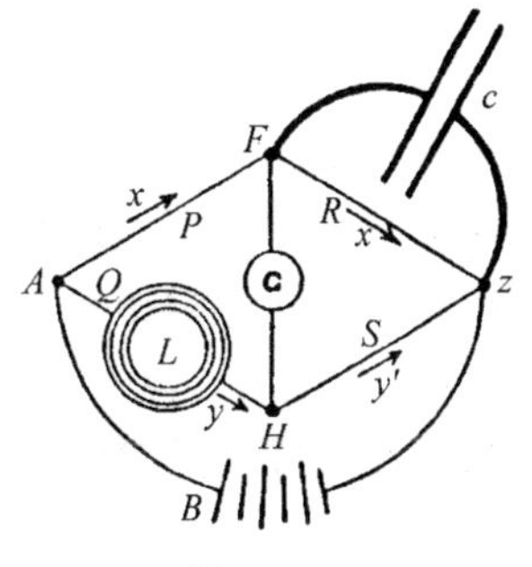

图 104

设 X 是在时刻 t 已经通过了臂 AF 的总电量，而 z 是已经通过了 FZ 的总电量，则 $x-z$ 将是电容器的电荷。由欧姆定律可知，作用在电容器的二极之间的电动势是 $R\frac{dz}{dt}$，因此如果电容器的电容是 C，则有

$$x-z=RC\frac{dz}{dt}。\tag{1}$$

设 y 是已经通过臂 AH 的总电量，从 A 到 H 的电动势必须等于从 A 到 F 的电动势，或者说，

$$Q\frac{dy}{dt}+L\frac{d^2y}{dt^2}=P\frac{dx}{dt}。\tag{2}$$

既然没有电流通过电流计，已经通过 HZ 的电量就必然也是 y，从而我们就得到

$$S\frac{dy}{dt}=R\frac{dz}{dt}。\tag{3}$$

把由(1)式推出的 x 值代入(2)中，并和(3)式相比较，我们就得到没有电流通过电流计的条件如下：

$$RQ\left(1+\frac{L}{Q}\frac{d}{dt}\right)z=SP\left(1+RC\frac{d}{dt}\right)z。\tag{4}$$

正如在普通形式的惠斯登电桥中一样，没有末电流的条件是

$$QR=SP。\tag{5}$$

在电池开关被接通或开断时没有电流的附加条件是

$$\frac{L}{Q}=RC。\tag{6}$$

这里的$\frac{L}{Q}$和 RC 分别是臂 Q 和 R 的时间常量，而且，如果我们通过改变 R 或 Q 可以调节到不论是在接通和开断电路时还是当电流已经稳定时电流计中都没有电流的状态，我们就知道线圈的时间常量等于电容器的时间常量。

自感系数 L 可以通过和几何数据已知的两个电路的互感系数相比较而用电磁单位量出（见第 756 节）。这是一个具有长度量纲的量。

电容器的电容可以通过和几何数据已知的一个电容器的电容相比较而用静电单位量出（见第 229 节）。这个量也是一个长度 c。以静电单位计的电容是

$$C=\frac{c}{v^2}。\tag{7}$$

把这个量代入方程(6)中，我们就得到 v^2 的值如下：

$$v^2=\frac{c}{L}QR,\tag{8}$$

式中 c 是以静电单位计的电容器电容，L 是以电磁单位计的线圈自感系数，而 Q 和 R 是以电磁单位计的电阻。用这种方法测定出来的 v 值正如在第 772、773 节的第二种方法中那样是依赖于电阻单位的确定的。

电容器的静电电容和线圈自感的电磁电容的组合

779.〕 设 C 是一个电容器的电容，电容器的两个面用一条电阻为 R 的导线连接了起来。设在这条导线中间接入两个线圈 L 和 L'，并用 L 代表它们的自感系数之和。线圈 L'用一种双线装置悬挂着，由两个竖直平面的线圈构成，二者之间有一个轴，上面装有磁体 M，磁体的轴线在两个线圈 $L'L'$之间的一个水平面上转动。圈线 L 有一个大的自感系数，而且是固定的。悬挂线圈的转动部分封在一个空盒中，以隔离由磁体的转动所引起的空气流。

磁体的运动在线圈中引起感应电流，而这些电流又受到磁体的作用，以致悬挂线圈的平面将被磁体所偏转。让我们确定感生电流的强度和悬挂线圈的偏转角的量值。

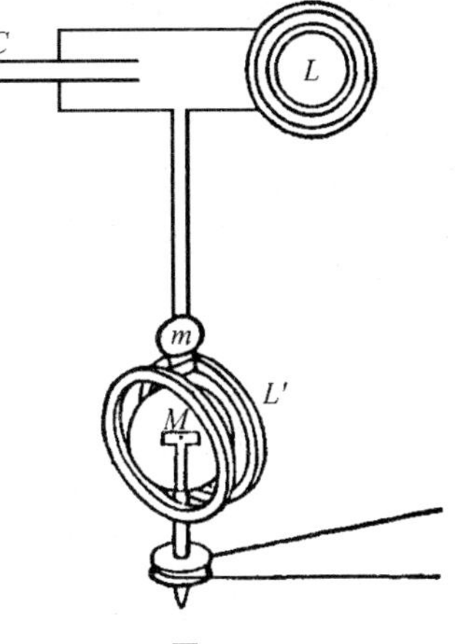

图 105

设 x 是电容器的上板面的电荷，如果 E 是引起这一电荷的电动势，则我们由电容器的理论得到

$$x = CE。\tag{1}$$

由电流的理论我们也有

$$R\dot{x} + \frac{\mathrm{d}}{\mathrm{d}t}(L\dot{x} + M\cos\theta) + E = 0,\tag{2}$$

式中 M 是当磁体轴线垂直于线圈平面时电路 L' 的电磁动量，而 θ 是磁体轴线和线圈平面的法线之间的夹角。

因此，确定 x 的方程就是

$$CL\frac{\mathrm{d}^2x}{\mathrm{d}t^2} + CR\frac{\mathrm{d}x}{\mathrm{d}t} + x = CM\sin\theta\frac{\mathrm{d}\theta}{\mathrm{d}t}。\tag{3}$$

如果线圈位于一个平衡位置上，而磁体的转动是均匀的，其角速度为 n，则有

$$\theta = nt。\tag{4}$$

电流的表示式包括两部分。其中一部分不依赖于方程右端的一项，而且是按时间的指数函数的规律而递减的。另一项可以称为受迫振动；它完全依赖于含 θ 的项，而且可以写成

$$x = A\sin\theta + B\cos\theta。\tag{5}$$

通过代入方程(3)中来求出 A 和 B 的值，我们就得到

$$x = -MCn\frac{RCn\cos\theta - (1 - CLn^2)\sin\theta}{R^2C^2n^2 + (1 - CLn^2)^2}。\tag{6}$$

磁体作用在通有电流 $\dot{x}$ 的线圈 L' 上的力矩，就是假设线圈为固定时它对线圈作用的力矩的负值；它由下式给出：

$$\Theta = -\dot{x}\frac{\mathrm{d}}{\mathrm{d}\theta}(M\cos\theta) = M\sin\theta\frac{\mathrm{d}x}{\mathrm{d}t}。\tag{7}$$

把这一表示式在一次转动中对 t 积分并除以时间，我们就得到 Θ 的平均值如下：

$$\overline{\Theta} = \frac{1}{2}\frac{M^2RC^2n^3}{R^2C^2n^2 + (1 - CLn^2)^2}。\tag{8}$$

如果线圈有一个相当大的惯量矩，则它的受迫振动将是很小的，而且它的偏转角将和 $\overline{\Theta}$ 成正比。

设 D_1、D_2、D_3 是观测到的和角速度 n_1、n_2、n_3 相对应的偏转角，则一般地有

$$P\frac{n}{D} = \left(\frac{1}{n} - CLn\right)^2 + R^2C^2,\tag{9}$$

式中 P 是一个常量。

由三个这种形式的方程消去 P 和 R，我们就得到

$$C^2L^2 = \frac{1}{n_1^2n_2^2n_3^2}\frac{\frac{n_1^3}{D_1}(n_2^2 - n_3^2) + \frac{n_2^3}{D_2}(n_3^2 - n_1^2) + \frac{n_3^3}{D_3}(n_1^2 - n_2^2)}{\frac{n_1}{D_1}(n_2^2 - n_3^2) + \frac{n_2}{D_2}(n_3^2 - n_1^2) + \frac{n_3}{D_3}(n_1^2 - n_2^2)}。\tag{10}$$

如果 n_2 适足以使 $CLn_2^2 = 1$，则 $\frac{n}{D}$ 在这个 n 值下将有极小值。其他的 n 值应该取得一个大于 n_2 而另一个小于 n_2。

由方程(10)确定出来的 CL 值具有时间平方的量纲。让我们把它写成 τ^2。

如果 C_s 是以静电单位计的电容器电容而 L_m 是以电磁单位计的线圈自感，则 C_s 和 L_m 都是长度，而其乘积是

$$C_sL_m=v^2C_sL_s=v^2C_mL_m=v^2\tau^2; \tag{11}$$

从而就有

$$v^2=\frac{C_sL_m}{\tau^2}, \tag{12}$$

式中 τ^2 是由这一实验测定的 C^2L^2 值①。此处作为测定 v 的一种方法而提出的这个实验，是和 W. R. 格罗夫爵士所描述的实验性质相同的，见 *Phil. Mag.*, March 1868, p. 184. 也请参阅本书作者对实验的评论，见该刊 May 1868, pp. 360～363。

电阻的静电量度(见第 355 节)

780.〕 设一个电容为 C 的电容器通过一根电阻为 R 的导线而放电，如果 x 是在任一时刻的电荷，则有

$$\frac{x}{C}+R\,\frac{\mathrm{d}x}{\mathrm{d}t}=0。 \tag{1}$$

由此即得

$$x=x_0\mathrm{e}^{-\frac{t}{RC}}。 \tag{2}$$

如果通过任何一种方法，我们可以在一段精确已知的时间内使电路保持接通，以允许电流在导体中流动一段时间 t，那么，如果 E_0 和 E_1 是一个和电容器连接的静电计在这手续以前和以后的读数，则有

$$RC(\ln E_0-\ln E_1)=t。 \tag{3}$$

如果 C 在静电单位下作为一个线性量而为已知，则 R 可以在静电单位下作为一个速度的倒数而由这一方程中求出。

如果 R_s 是这样测定出来的电阻的数值，而 R_m 是以电磁单位计的电阻的数值，则

$$v^2=\frac{R_m}{R_s}。 \tag{4}$$

既然 R 在这个实验中必须很大，而在第 763 节等等的电磁实验中必须很小，这些实验就必须针对不同的导体来进行，而这些导体的电阻必须用普通的方法来加以比较。

① 原意如此，疑有笔误。——译注

第五十三章 光的电磁学说

781.〕 在本论著的若干部分中，曾经作过借助于机械作用来解释电磁现象的尝试，那种机械作用是通过占据着物体之间的空间的一种媒质而从一个物体传到另一个物体的。光的波动学说也假设一种媒质的存在。现在我们必须证明，电磁媒质的性质是和光媒质的性质相等同的。

每当有一种新现象需要解释时就用一种新的媒质来充满全部的空间，这在哲学上绝不是多么有道理的。但是，如果两个不同科学分支的研究已经独立地提供了关于一种媒质的想法，而且，如果为了说明电磁现象而必须赋予媒质的那些性质是和我们为了说明光的现象而赋予光媒质的那些性质种类相同的，那种媒质之物理存在的证据就将得到很大的加强。

但是，各物体的性质是可以定量地测量的。因此我们就得到媒质的数据，例如一种扰动通过媒质而传播的那一速度的数值，而这一速度是可以根据电磁实验来算出的，也是在光的事例中可以直接观测的。如果居然发现电磁扰动的传播速度和光的速度相同，而且这不但在空气中是如此，在别的透明媒质中也是如此，则我们将有很强的理由相信光是一种电磁现象，而且光学资料和电学资料的组合也将产生一种关于媒质之实在性的信念，和我们在其他种类的物质的事例中通过感官资料的组合而得到那种信念相似。

782.〕 当光被发出时，发光物体就会消耗一定的能量；而如果光被另一物体所吸收，则这个物体会变热，表明它从外面接收到了能量。在从光离开第一个物体以后到它达到第二个物体以前的那一时间阶段中，光必须曾经作为能量而存在于中间的空间之中。

按照粒子发射学说，能量的传递是通过光颗粒从发光物体到被照物体的实际转移来达到的，这些颗粒携带着它们的动能，以及它们可以接受的任何其他种类的能量。

按照波动学说，有一种物质性的媒质充满在两个物体之间的空间中，而正是通过这种媒质的各相邻部分的作用，能量才从一部分传到其次的部分，直到它到达了被照明的物体为止。

因此，在光通过它的期间，光媒质就是能量的一种承受物。在由惠更斯、菲涅耳、杨、格林等人发展起来的波动学说中，这种能量被假设为部分是势能而部分是动能。势能被假设为起源于媒质各元部分的形变。因此我们必须认为媒质是弹性的，动能被假设为起源于媒质的振动。因此我们必须认为媒质有一种有限的密度。

在本书所采用的关于电和磁的理论中，两种形式的能量曾经得到承认，那就是静电能量和动电能量（见第 630 节和第 636 节），而这些能量被假设为不仅在带电的物体和磁化的物体上有其存身之处，而且在观察到有电力或磁力起作用的每一部分周围的空间中有其存身之处。由此可见，我们的理论在假设存在可以成为两种形式的能量的承受者的一种媒质方面是和波动学说一致的①。

783.〕 其次让我们确定一个电磁扰动通过一种均匀媒质而传播的条件;我们将假设这种媒质是静止的,也就是说,除了在电磁扰动中可能涉及的运动以外,它没有别的运动。

设 C 是媒质的比电导,K 是它对静电感应而言的比感本领,而 μ 是它的磁"导率"。

为了得到电磁扰动的普遍方程,我们将把真实电流 $\mathfrak{C}$ 用矢势 $\mathfrak{A}$ 和电势 Ψ 表示出来。

真实电流 $\mathfrak{C}$ 是由传导电流 $\mathfrak{K}$ 以及电位移 $\mathfrak{D}$ 的变化构成的,而既然这二者都依赖于电动强度 $\mathfrak{E}$,我们就像在第 611 节中那样得到

$$\mathfrak{C}=\left(C+\frac{1}{4\pi}K\frac{\mathrm{d}}{\mathrm{d}t}\right)\mathfrak{E}。\tag{1}$$

但是,既然媒质没有运动,我们就可以像在第 599 节中那种把电动强度表示成

$$\mathfrak{E}=-\dot{\mathfrak{A}}-\nabla\Psi。\tag{2}$$

由此即得

$$\mathfrak{C}=-\left(C+\frac{1}{4\pi}K\frac{\mathrm{d}}{\mathrm{d}t}\right)\frac{\mathrm{d}\mathfrak{A}}{\mathrm{d}t}+\nabla\Psi。\tag{3}$$

但是我们可以用另一种办法来确定 $\mathfrak{C}$ 和 $\mathfrak{A}$ 之间的一种关系,因为正如在第 616 节中证明了的那样,它们的方程组(4)可以写成

$$4\pi\mu\mathfrak{C}=\nabla^2\mathfrak{A}+\nabla J,\tag{4}$$

式中

$$J=\frac{\mathrm{d}F}{\mathrm{d}x}+\frac{\mathrm{d}G}{\mathrm{d}y}+\frac{\mathrm{d}H}{\mathrm{d}z}。\tag{5}$$

把方程(3)和(4)合并起来,我们就得到

$$\mu\left(4\pi C+K\frac{\mathrm{d}}{\mathrm{d}t}\right)\left(\frac{\mathrm{d}\mathfrak{A}}{\mathrm{d}t}+\nabla\Psi\right)+\nabla^2\mathfrak{A}+\nabla J=0,\tag{6}$$

此式可以表示成三个方程如下:

$$\left.\begin{aligned}
&\mu\left(4\pi C+K\frac{\mathrm{d}}{\mathrm{d}t}\right)\left(\frac{\mathrm{d}F}{\mathrm{d}t}+\frac{\mathrm{d}\Psi}{\mathrm{d}x}\right)+\nabla^2F+\frac{\mathrm{d}J}{\mathrm{d}x}=0,\\
&\mu\left(4\pi C+K\frac{\mathrm{d}}{\mathrm{d}t}\right)\left(\frac{\mathrm{d}G}{\mathrm{d}t}+\frac{\mathrm{d}\Psi}{\mathrm{d}y}\right)+\nabla^2G+\frac{\mathrm{d}J}{\mathrm{d}y}=0,\\
&\mu\left(4\pi C+K\frac{\mathrm{d}}{\mathrm{d}t}\right)\left(\frac{\mathrm{d}H}{\mathrm{d}t}+\frac{\mathrm{d}\Psi}{\mathrm{d}z}\right)+\nabla^2H+\frac{\mathrm{d}J}{\mathrm{d}z}=0。
\end{aligned}\right\}\tag{7}$$

这就是电磁扰动的普遍方程。

如果我们分别对 x、y、z 求这些方程的导数,就得到

$$\mu\left(4\pi C+K\frac{\mathrm{d}}{\mathrm{d}t}\right)\left(\frac{\mathrm{d}J}{\mathrm{d}t}-\nabla^2\Psi\right)=0。\tag{8}$$

如果媒质是一种非导体,则 $C=0$,而正比于自由电荷体密度的 $\nabla^2\Psi$ 就和 t 无关。因此 J 就必须或是 t 的线性函数,或是常量,或是零,从而我们在考虑周期性的扰动时就可以完全不考虑 J 和 Ψ。

① "在我这方面,当考虑到真空和磁力的关系以及磁体外面的磁现象的一般特性时,我更倾向于认为在力的传递中的磁体外面,有这样一种作用,而不太倾向于认为效应只是超距的吸引力和推斥力。这样一种作用可能是以太的一种功能;因为,完全不无可能的是,如果存在一种以太,则它除了仅仅作为辐射的传送物以外还应该有别的用处。"——法拉第,*Experimental Researches*,3075。

振动在非导体媒质中的传播

784.〕 在这一事例中，$C=0$，从而方程组变为

$$\left.\begin{aligned}K\mu\frac{\mathrm{d}^2F}{\mathrm{d}t^2}+\nabla^2F=0,\\K\mu\frac{\mathrm{d}^2G}{\mathrm{d}t^2}+\nabla^2G=0,\\K\mu\frac{\mathrm{d}^2H}{\mathrm{d}t^2}+\nabla^2H=0。\end{aligned}\right\}\tag{9}$$

这种形式的方程和一个不可压缩的弹性固体的运动方程相似，而当初始条件已经给定时，方程的解可以表示成由泊松[①]给出的和由斯托克斯[②]应用于衍射理论的那种形式。

让我们写出
$$V=\frac{1}{\sqrt{K\mu}}。\tag{10}$$

如果 F、G、H 的值和$\frac{\mathrm{d}F}{\mathrm{d}t}$、$\frac{\mathrm{d}G}{\mathrm{d}t}$、$\frac{\mathrm{d}H}{\mathrm{d}t}$的值在初时刻($t=0$)在空间的每一点上都已给出，我们就可以确定它们在以后任一时刻 t 的值如下。

设 O 是我想要确定其 F 在时刻 t 的值的那个点。求出 F 在一个球面的每一点上的初始值，并求出这些值的平均值 $\overline{F}$。也求出$\frac{\mathrm{d}F}{\mathrm{d}t}$在球面每一点上的初始值，并设这些值的平均值为$\frac{\mathrm{d}\overline{F}}{\mathrm{d}t}$。

于是，在时刻 t，O 点上的 F 值就是

同理得到

$$\left.\begin{aligned}F=\frac{\mathrm{d}}{\mathrm{d}t}(\overline{F}t)+t\frac{\mathrm{d}\overline{F}}{\mathrm{d}t}。\\G=\frac{\mathrm{d}}{\mathrm{d}t}(\overline{G}t)+t\frac{\mathrm{d}\overline{G}}{\mathrm{d}t},\\H=\frac{\mathrm{d}}{\mathrm{d}t}(\overline{H}t)+t\frac{\mathrm{d}\overline{H}}{\mathrm{d}t}。\end{aligned}\right\}\tag{11}$$

785.〕 因此就看到，O 点上的任一时刻的情况，依赖于距离为 Vt 的地方在一段时间 t 以前的情况，从而任何扰动都是以速度 V 来通过媒质而传播的。

让我们假设，当 t 为零时，量 $\mathfrak{A}$ 和 $\dot{\mathfrak{A}}$ 除了在某一空间 S 中以外都为零。于是，它们在时刻 t 在 O 点的值将是零，除非以 O 为心，以 Vt 为半径画出的球面全体地或部分地位于空间 S 之内。然后，O 点上的扰动就将开始，并持续到 Vt 等于从 O 到 S 的任一部分的最大距离时为止。然后 O 点的扰动就将永远停止。

786.〕 由方程(10)可见，第 784 节中表示着电磁扰动在一种非导电媒质中的传播速度的 V 这个量，等于$\frac{1}{\sqrt{K\mu}}$。

---

① *Mém. de l'Acad.*, tom. iii. p. 130, et seq.

② *Cambridge Transactions*, vol. ix. pp. 1～62(1849).

如果媒质是空气，而且我们采用的是静电单位制，则有 $K=1$ 和 $\mu=\frac{1}{v^2}$，于是就有 $V=v$，或者说传播速度在数值上等于电量的电磁单位和静电单位之比。如果我们采用电磁单位，则 $K=\frac{1}{v^2}$ 而 $\mu=1$，从而方程 $V=v$ 仍然成立。

如果认为光就是在传输其他电磁作用的那同一种媒质中传播的电磁扰动，则按照这种学说，V 必须是光的速度，这是其值已用若干方法估计过的一个量。另一方面，v 就是电量的一个电磁单位所含的静电单位的倍数，而测定这个量的方法已经在上一章中描述过了。这些方法是和测定光速的方法完全无关的。因此，V 的值和 v 的值是否相符，就可以给光的电磁学说提供一种检验。

787.〕 在下面的表中，把直接观测光通过空气或星际空间的速度的主要结果和比较电学单位的主要结果进行了比对：

光速（米每秒）		电学单位之比（米每秒）	
菲佐	314 000 000	韦伯	310 740 000
光行差等等，以及太阳的视差	308 000 000	麦克斯韦	288 000 000
佛科	298 360 000	汤姆孙	282 000 000

很明显，光速和单位比值是两个具有相同数量级的量。其中任何一个量也还不能说已经被测定到足以使我们能够断言一个量是大于或小于另一个量的那种精确度。应该希望，通过今后进一步的实验，这两个量的量值之间的关系将可更准确地被确定下来①。

在关系尚未完全确定时，我们这种断定两个量相等并赋予这种相等性以一种物理理

① 下表采自 E. B. Ross 的一篇论文，见 *Phil. Mag.* 28, p. 315, 1889. 表中给出了“v”的测定结果，对 B. A. 单位的误差进行了改正：

1856 Weber and Kohlrausch	3.107×10^{10}（厘米每秒）
1868 Maxwell	2.842×10^{10}
1869 W. Thomson and King	2.808×10^{10}
1872 M^c^Kichan	2.896×10^{10}
1879 Ayrton and Perry	2.960×10^{10}
1880 Shida	2.955×10^{10}
1883 J. J. Thomson	2.963×10^{10}
1884 Klemenčič	3.019×10^{10}
1888 Himstedt	3.009×10^{10}
1889 W. Thomson	3.004×40^{10}
1889 E. B. Rosa	2.9993×10^{10}
1890 J. J. Thomson and Searle	2.9995×10^{10}

空气中的光速

Cornu(1878)	3.003×10^{10}
Michelson(1879)	2.9982×10^{10}
Micheleson(1882)	2.9976×10^{10}
Newcomb(1885)	$\left\{\begin{matrix}2.99615\\2.99682\\2.99766\end{matrix}\right\}\times10^{10}$

由的理论，是肯定不会被目前这样的结果的对比所驳倒的。

788.〕 在除了空气以外的其他媒质中，速度 V 反比于介电比感本领和磁比感本领之乘积的平方根。按照波动学说，不同媒质中的光速反比于各媒质的折射率。

任何透明媒质的磁比感本领都只和空气的磁比感本领相差一个很小的分数。因此，这些媒质的差别的主要部分必然依赖于它们的介电比感本领。因此，按照我们的理论，一种透明媒质的介电本领应该等于它的折射率的平方。

但是折射率却对不同种类的光是不同的，对振动较快的光折射率较大。因此我们必须选择和周期最长的波相对应的折射率，因为只有这种波动的运动才是可以和我们用来测定介电本领的那些慢过程互相对比的。

789.〕 迄今为止，其介电本领曾经测到足够的精确度的唯一电介质就是石蜡；对于固定形式下的石蜡，吉耳孙和巴克雷[①]得到了

$$K=1.975。\tag{12}$$

格拉德斯通博士曾经求得了熔融石蜡对 A、D 和 H 谱线的下列折射率值：

温度	A	D	H
54℃	1.4306	1.4357	1.4499
57℃	1.4294	1.4343	1.4493

我由此表求得，对无限长波的折射率将约为 1.422。R 的平方根是 1.405。

这些数字的差值大于可以用观测误差来说明的差值，而这就证明，在我们可以根据物体的电学性质来推定它们的光学性质以前，我们关于物体结构的理论必须大大改进。与此同时，我却认为数值的符合已经达到一种程度，以致如果在从颇多物质的光学性质和电学性质推出的数字之间并没有发现更大的分歧，我们就可以有把握地得出结论说，K 的平方根即使可能并不是折射率的完备表示式，它至少也是该表示式中最重要的一项[②].

平 面 波

790.〕 现在让我们把注意力限制在平面波方面，我们将假设它的波前垂直于 z 轴。其变化构成这种波的所有各量都只是 z 和 t 的函数而不依赖于 x 和 y。因此，第 591 节中的磁感方程组(A)就简化为

$$a=-\frac{\mathrm{d}G}{\mathrm{d}z},\quad b=\frac{\mathrm{d}F}{\mathrm{d}z},\quad c=0,\tag{13}$$

或者说磁扰动是位于波面上的。这和我们所知道的构成光的那种扰动是相符的。

---

① *Phil. Trans.* 1871, p. 573.

② 在于 1877 年 6 月 14 日向皇家学会宣读的一篇论文中，J. 霍普金孙博士给出了为测定各种气体的比感本领的目的而作的一些实验的结果。这些结果并没有证实在正文中得到的理论结论，在每一事例中 K 都大于折射率的平方。在后来于 1881 年 1 月 6 日向皇家学会宣读的其次一篇论文中，霍普金孙发现，如果 u_{∞} 代表对无限长波的折射率，则对烃类来说有 $K=\mu_{\infty}^2$，而对动物油和植物油来说有 $K<\mu_{\infty}^2$。

按照 J. J. 汤姆孙的实验(见 *Proc. Roy. Soc.*, June 20, 1889)和布朗劳的实验(见 *Comptes Rendus*, May 11, 1891, p. 1058)，在频率约为每秒 25 兆周的电振动下，玻璃的比感本领趋近于 μ^2。勒舍尔(*Wied Ann.* 42, p. 142)得到了相反的结论，即这种情况下的分歧大于恒稳力情况下的分歧。

分别用 $\mu\alpha$、$\mu\beta$ 和 $\mu\gamma$ 来代替 a、b 和 c，第 607 节中的电流方程组就变成

$$\left.\begin{aligned}4\pi\mu u &= -\frac{\mathrm{d}b}{\mathrm{d}z} = -\frac{\mathrm{d}^2F}{\mathrm{d}z^2},\\ 4\pi\mu v &= -\frac{\mathrm{d}a}{\mathrm{d}z} = -\frac{\mathrm{d}^2G}{\mathrm{d}z^2},\\ 4\pi\mu w &= 0。\end{aligned}\right\} \tag{14}$$

由此可见电扰动也是位于波面上的，而如果磁扰动被限制在一个方向上，比如限制在 x 方向上，则电扰动是限制在垂直的方向或者说 y 方向上的。

但是我们也可以用另一种办法来计算电扰动，因为，如果 f、g、h 是一种非导电媒中的电位移分量，则有

$$u=\frac{\mathrm{d}f}{\mathrm{d}t},\quad v=\frac{\mathrm{d}g}{\mathrm{d}t},\quad w=\frac{\mathrm{d}h}{\mathrm{d}t}。\tag{15}$$

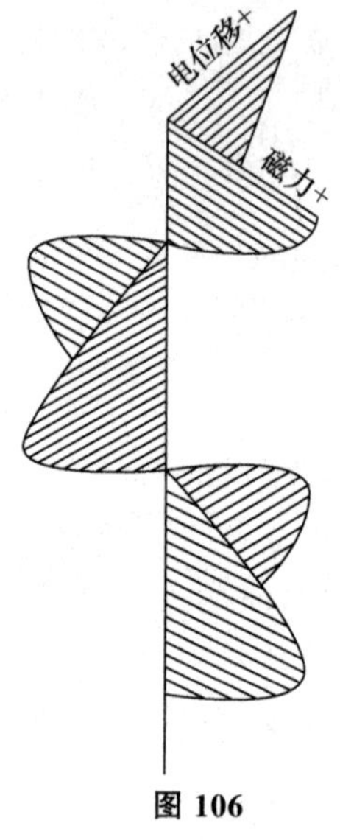

图 106

如果 P、Q、R 是电动强度分量，则

$$f=\frac{K}{4\pi}P,\quad g=\frac{K}{4\pi}Q,\quad h=\frac{K}{4\pi}R;\tag{16}$$

而既然媒质并不运动，第 598 节中的方程组(B)就变成

$$P=-\frac{\mathrm{d}F}{\mathrm{d}t},\quad Q=-\frac{\mathrm{d}G}{\mathrm{d}t},\quad R=-\frac{\mathrm{d}H}{\mathrm{d}t}。\tag{17}$$

由此即得

$$u=-\frac{K}{4\pi}\frac{\mathrm{d}^2F}{\mathrm{d}t^2},\quad v=-\frac{K}{4\pi}\frac{\mathrm{d}^2G}{\mathrm{d}t^2},\quad w=-\frac{K}{4\pi}\frac{\mathrm{d}^2H}{\mathrm{d}t^2}。\tag{18}$$

把这些值和在方程(14)中给出的值相比较，我们就得到

$$\left.\begin{aligned}\frac{\mathrm{d}^2F}{\mathrm{d}z^2} &= K\mu\frac{\mathrm{d}^2F}{\mathrm{d}t^2},\\ \frac{\mathrm{d}^2G}{\mathrm{d}z^2} &= K\mu\frac{\mathrm{d}^2G}{\mathrm{d}t^2},\\ 0 &= K\mu\frac{\mathrm{d}^2H}{\mathrm{d}t^2}。\end{aligned}\right\}\tag{19}$$

这些方程中的第一个和第二个，就是平面波的传播方程，它们的解具有众所周知的形式

$$\left.\begin{aligned}F&=f_1(z-Vt)+f_2(z+Vt),\\ G&=f_3(z-Vt)+f_4(z+Vt)。\end{aligned}\right\}\tag{20}$$

第三个方程的解是

$$H=A+Bt,\tag{21}$$

式中 A 和 B 是 z 的函数。因此 H 或是常量或随时间而线性地变化。在哪一种情况下它也不能在波的传播中起什么作用。

791.〕 由此看来，磁扰动和电扰动的方向都位于波平面上。因此，扰动的数学形式就是和构成光的那种垂直于传播方向的扰动的数学形式相一致的。

如果我们假设 $G=0$，扰动就对应于一条平面偏振的光线。

在这一事例中，磁力平行于 y 轴并等于 $\frac{1}{\mu}\frac{\mathrm{d}F}{\mathrm{d}z}$，而电动强度则平行于 x 轴并等于 $-\frac{\mathrm{d}F}{\mathrm{d}t}$。因此磁力就位于一个平面上，该平面垂直于包含电动强度的平面。

磁力和电动强度在一个给定时刻在射线的不同各点上的值，针对一个平面上的简谐

扰动的情况表示在图 106 中。这对应于一条平面偏振光线，但是偏振面是对应于磁扰动的平面还是对应于电扰动的平面，却还有待阐明。请参阅第 797 节。

辐射的能量和胁强

792.〕 在一种非导电的媒质中，波动中任一点上的单位体积的静电能量是

$$\frac{1}{2}fP=\frac{K}{8\pi}P^2=\frac{K}{8\pi}\left.\overline{\frac{\mathrm{d}F}{\mathrm{d}t}}\right|^2。\tag{22}$$

同一点上的单位体积的动电能量是

$$\frac{1}{8\pi}b\beta=\frac{1}{8\pi\mu}b^2=\frac{1}{8\pi\mu}\left.\overline{\frac{\mathrm{d}F}{\mathrm{d}z}}\right|^2。\tag{23}$$

由于有方程(20)，这两个表示式对单独一个波来说是相等的，因此，在波的每一点上，媒质的内能有一半是静电能量而另一半是动电能量。

设 p 是二者中的随便哪一个量的值，就是说，p 或是单位体积的静电能量或是单位体积的动电能量，那么，由于存在媒质的静电状态，就将存在一个平行于 x 方向的张力，其量值等于 p，同时还在一个平行于 y 方向和 z 方向的压强，而且也等于 p。请参阅第 107 节。

由于存在媒质的动电状态，就存在一个平行于 y 方向的等于 p 的张力，以及一个平行于 x 方向和 z 方向的等于 p 的压强。请参阅第 643 节。

由此可见，静电胁强和动电胁强的联合效应就是一个沿波的传播方向的等于 $2p$ 的压强。$2p$ 也表示单位体积的总能量。

因此，在波所传播于其中的一种媒质中，存在一个沿波面法线方向的而数值上等于单位体积的能量的压强。

793.〕 例如，如果强太阳光射在一平方英尺上的光能量是每秒 83.4 英磅，则每立方英尺中的平均能量约为 0.000 000 088 2 英磅，从而一平方英尺上的平均压强就是 0.000 000 088 2 磅重。曝晒在太阳光中的一个扁平物体将只在被晒的一面受到这一压强，从而就会从被晒的一侧受到推斥。借助于会聚的电灯光线，也许可以得到更大得多的辐射能量。射在一个在真空中很精密地悬挂着的薄金属片上的这种光线，也许会产生一种可观察的效应。当任何一种干扰包含一些项，而各项包含着随时间而变的角的正弦或余弦时，最大能量就等于平均能量的两倍。因此，如果 P 是在光的传播过程中出现的最大电动强度而 β 是最大磁力，则有 $\frac{K}{8\pi}P^2=\frac{\mu}{8\pi}\beta^2=$ 单位体积中的平均能量。　(24)

利用汤姆孙（*Trans. R. S. E.*，1854）所引用的泡依乐（Pouillet）的数据，在电磁单位下就得到

$P=60\,000\,000$，或 600 个丹聂尔电池每米[①]。

---

① 我没有证实这些数字。如果我们假设 $v=3\times10$，则按照汤姆孙所引用的泡依乐的数据，一立方厘米中的平均能量是 3.92×10^{-5} 尔格，而在 C.G.S. 单位制下，由(24)式给出的对应的 P 值和 β 值就是

$P=9.42\times10^8$，或 9.42 伏特/厘米，$\beta=0.0314$，或颇大于地球水平磁力的六分之一。

$\beta=0.193$，或颇大于英国的水平磁力的十分之一[①]。

① 我们可以从一个不同的观点来看待入射光作用在反射面上的力。让我们假设反射面是金属性的表面，于是当光射中表面时磁力的变化就在金属中感应出电流，而这些电流就在入射光中引起相反的感应效应，使得感应力被从金属板的内部屏蔽开来，于是，板内的电流，从而还有光的强度，就会随着我们从表面向板内的进入而迅速地减弱。板内的电流是由和它们垂直的磁力伴随着的，对应的机械力既垂直于电流又垂直于磁力，从而是平行于光的传播方向的。假如光是通过一种非吸收性的媒质而传播的，这个机械力就会在半个波长以后反转方向，从而当在一段有限的时间和距离内求了积分时就会没有任何合效应。然而，当电流随着我们离开表面而迅速衰减时，由表面附近的电流所引起的效应就不会被离表面较远处的电流引起的效应所抵消，从而合效应就不会是零。

我们可以计算这一效应的量值如下。让我们考虑光垂直入射在金属平板上的事例；我们把金属平板取作 xy 平面。设 σ 是材料的比电阻。设入射线的矢势由方程 $F=A\mathrm{e}^{\mathrm{i}(pt-az)}$ 给出，反射线的矢势由方程 $F'=A'\mathrm{e}^{\mathrm{i}(pt-az)}$ 给出，而折射线的矢势由方程 $F''=A''\mathrm{e}^{\mathrm{i}(pt-a'z)}$ 给出，于是在空气中就有 $\frac{\mathrm{d}^2F}{\mathrm{d}z^2}=\frac{1}{V^2}\frac{\mathrm{d}^2F}{\mathrm{d}t^2}$，式中 V 是空气中的光速，由此就有 $a=\frac{p}{V}$；在金属中，$\frac{\mathrm{d}^2F}{\mathrm{d}z^2}=\frac{4\pi\mu}{\sigma}\frac{\mathrm{d}F}{\mathrm{d}t}$，从而就有，譬如说 $a'^2=-\frac{4\pi\mu\mathrm{i}p}{\sigma}=-2\mathrm{i}n^2$；于是就有 $a'=n(1-\mathrm{i})$，$F''=A''\mathrm{e}^{-nz}\mathrm{e}^{\mathrm{i}(pt-nz)}$。

矢势在表面上是连续的，因此就有 $A+A'=A''$。

平行于表面的磁力也是连续的，因此就有 $a(A-A')=\frac{a'A''}{\mu}$，或者写成 $A''=\frac{2A}{1+\frac{a'}{a\mu}}$；或者，既然 a'/a 是很大的，我们就可以把此式写成 $A''=2A\frac{a\mu}{a'}=\frac{2A\mu p}{V\sqrt{2}n}\mathrm{e}^{\mathrm{i}\frac{\pi}{4}}$，于是，在金属中，矢势的实数部分就是 $F''=\frac{2A\mu p}{V\sqrt{2}n}\mathrm{e}^{-nz}\times\cos\left(pt-nz+\frac{\pi}{4}\right)$。

电流的强度是 $-\frac{1}{\sigma}\frac{\mathrm{d}F''}{\mathrm{d}t}$，也就是 $\frac{2A\mu p^2}{\sigma V\sqrt{2}n}\mathrm{e}^{-nz}\sin\left(pt-nz+\frac{\pi}{4}\right)$。

磁感 $\frac{\mathrm{d}F''}{\mathrm{d}z}$ 是 $\frac{-2A\mu p}{V\sqrt{2}}\mathrm{e}^{-nz}\left\{\cos\left(pt-nz+\frac{\pi}{4}\right)-\sin\left(pt-nz+\frac{\pi}{4}\right)\right\}$。

平行于 z 的单位体积中的机械力是这两个量的乘积，即

$$-\frac{2A^2\mu^2p^3}{\sigma V^2n}\mathrm{e}^{-2nz}\left\{\frac{1}{2}\sin2\left(pt-nz+\frac{\pi}{4}\right)-\frac{1}{2}\left(1-\cos2\left(pt-nz+\frac{\pi}{4}\right)\right)\right\}。$$

这个量的平均值用非周期性的一项来表示，并等于 $\frac{A^2\mu^2p^3}{\sigma V^2n}\mathrm{e}^{-2nz}$。

把这一表示式从 $z=0$ 积分到 $z=\infty$，我们就得到作用在金属板的单位面积上的力 $=\frac{1}{2}\frac{A^2\mu^2p^3}{\sigma V^2n^2}=\frac{A^2\mu p^2}{4\pi V^2}$。

类似的考虑将表明，当存在吸收时，将有一个力作用在吸收性媒质上，从光强的地方指向光弱的地方。在日光的事例中，这种效应看来是很小的。然而，假如吸收是由很稀薄的气体引起的，则压强梯度可能大得足以引起颇大的效应，而且人们曾经建议这种原因就是使彗星尾被推得远离太阳的原因之一。当电振动是在赫兹实验中所产生的那样的振动时，磁力就是比日光中的磁力大得多的，从而效应就应该可以被探测出来，如果能够保持振动使它类似于连续振动的话。

当存在稳定振动时，我们也得到平均值在任一点上都不为零的机械力。我们可以取上面例子中的反射波和入射波作为稳定振动的实例。

记得 a/a' 是很小的，就知道空气中的矢势是 $A\mathrm{e}^{\mathrm{i}(pt-az)}+A'\mathrm{e}^{\mathrm{i}(pt+az)}$，或者，取实数部分，既然近似地有 $A+A'=0$，就得到 $2A\sin pt\sin az$。电流是 $\frac{1}{4\pi\mu}\frac{\mathrm{d}^2F}{\mathrm{d}z^2}=\frac{a^2A}{2\pi\mu}\sin pt\sin az$。磁感是 $2Aa\sin pt\cos az$；从而机械力就是 $\frac{A^2a^3}{2\pi\mu}(1-\cos2pt)\times\sin az\cos az$，而这个量的平均值就是 $\frac{A^2a^3}{2\pi\mu}\sin az\cos az$。

平面波在结晶媒质中的传播

794.〕 当根据普通的电磁实验提供的数据来计算将由每秒许多亿次的周期性扰动所引起的电现象时，已经使我们的理论受到了一种很严厉的考验，即使当媒质被假设为空气或真空时也是如此。但是，如果企图把我们的理论扩充到浓密媒质的事例中去，我们就不仅会卷入到分子理论的一切困难之中，而且会卷入到分子和电磁媒质之关系这一更深刻的奥秘之中。

为了避免这些困难，我们将假设，在某些媒质中，静电感应的比感本领在不同的方向上是不同的；或者换句话说，电位移不是和电动强度方向相同并成正比，而是由一个和第297节所给出的方程组相类似的方程组来联系着的。可以像在第436节中那样证明，系数组必然是对称的，于是，通过坐标轴的适当选择，各方程就变成

$$f=\frac{1}{4\pi}K_1P,\quad g=\frac{1}{4\pi}K_2Q,\quad h=\frac{1}{4\pi}K_3R, \tag{1}$$

式中 K_1、K_2 和 K_3 是媒质的主比感本领。因此扰动的传播方程就是

$$\left.\begin{aligned}&\frac{d^2F}{dy^2}+\frac{d^2F}{dz^2}-\frac{d^2G}{dx\,dy}-\frac{d^2H}{dz\,dx}=K_1\mu\left(\frac{d^2F}{dt^2}+\frac{d^2\Psi}{dx\,dt}\right),\\&\frac{d^2G}{dz^2}+\frac{d^2G}{dx^2}-\frac{d^2H}{dy\,dz}-\frac{d^2F}{dx\,dy}=K_2\mu\left(\frac{d^2G}{dt^2}+\frac{d^2\Psi}{dy\,dt}\right),\\&\frac{d^2H}{dx^2}+\frac{d^2H}{dy^2}-\frac{d^2F}{dz\,dx}-\frac{d^2G}{dy\,dz}=K_3\mu\left(\frac{d^2H}{dt^2}+\frac{d^2\Psi}{dz\,dt}\right)。\end{aligned}\right\} \tag{2}$$

795.〕 如果 l、m、n 是波前的法线的方向余弦，V 是波的速度，设

$$lx+my+nz-Vt=w, \tag{3}$$

而用 F''、G''、H''、Ψ''来分别代表 F、G、H、Ψ 对 ω 而言的二阶微分系数，并令

$$K_1\mu=\frac{1}{a^2},\quad K_2\mu=\frac{1}{b^2},\quad K_3\mu=\frac{1}{c^2}, \tag{4}$$

式中 a、b、c 是三个主传播速度，则各方程变成

$$\left.\begin{aligned}&\left(m^2+n^2-\frac{V^2}{a^2}\right)F''-lmG''-nlH''+V\Psi''\frac{l}{a^2}=0,\\&-lmF''+\left(n^2+l^2-\frac{V^2}{b^2}\right)G''-mnH''+V\Psi''\frac{m}{b^2}=0,\\&-nlF''-mnG''+\left(l^2+m^2-\frac{V^2}{c^2}\right)H''+V\Psi''\frac{n}{c^2}=0。\end{aligned}\right\} \tag{5}$$

796.〕 如果写出

$$\frac{l^2}{V^2-a^2}+\frac{m^2}{V^2-b^2}+\frac{n^2}{V^2-c^2}=U, \tag{6}$$

我们就由这些方程得到

$$\left.\begin{aligned}&VU(VF''-l\Psi'')=0,\\&VU(VG''-m\Psi'')=0,\\&VU(VH''-n\Psi'')=0。\end{aligned}\right\} \tag{7}$$

因此，或是 $V=0$，如此则完全没有波被传播；或是 $U=0$，这就导致菲涅耳所给出的 V 的

方程；或是括号中的量等于零，如此则分量为 F''、G''、H''的矢量垂直于波前并正比于电荷体密度。既然媒质是一种非导体，任一给点上的电荷密度就是恒定的，从而这些方程所指示的扰动就是非周期性的，从而就不能形成一种波。因此，在波的考察中我们可以认为 $\Psi''=0$。

797.〕 因此，波的传播速度完全由方程 $U=0$ 来确定，或者说由方程

$$\frac{l^2}{V^2-a^2}+\frac{m^2}{V^2-b^2}+\frac{n^2}{V^2-c^2}=0 \tag{8}$$

来确定。因此，对应于一个给定的波前，就有两个 V^2 的值，而且只有两个 V^2 的值。

如果 λ、μ、ν 是分量为 u、v、w 的电流的方向余弦。

$$\lambda:\mu:\nu=\frac{1}{a^2}F'':\frac{1}{b^2}G'':\frac{1}{c^2}H'', \tag{9}$$

则有

$$l\gamma+m\mu+n\nu=0; \tag{10}$$

或者说，电流位于波前的平面上，而它在波前上的方向则由下列方程来确定：

$$\frac{l}{\gamma}(b^2-c^2)+\frac{m}{\mu}(c^2-a^2)+\frac{n}{\nu}(a^2-b^2)=0。 \tag{11}$$

如果我们把偏振平面定义为通过射线而垂直于电干扰平面的一个平面，这些方程就和菲涅耳所给出的方程完全相同。

按照这种双折射的电磁理论，构成普通理论的主要困难之一的法向扰动波是不存在的，而要说明沿晶体的一个主平面而偏振的射线将按照普通方式而折射这一事实也并不需要任何新的假设①。

电导率和阻光率之间的关系

798.〕 如果媒质不是一种完全的绝缘体而是一种单位体积的电导率为 C 的导体，则扰动将不仅包括电位移而且包括传导电流；在传导电流中，电能量会被转化为热，从而振动将受到媒质的吸收。

如果扰动是用一个三角函数来表示的，我们就可以写成

$$F=\mathrm{e}^{-pz}\cos(nt-qz), \tag{1}$$

因为这一函数将满足方程

$$\frac{\mathrm{d}^2F}{\mathrm{d}z^2}=\mu K\frac{\mathrm{d}^2F}{\mathrm{d}t^2}+4\pi\mu C\frac{\mathrm{d}F}{\mathrm{d}t}, \tag{2}$$

如果

$$q^2-p^2=\mu Kn^2, \tag{3}$$

而且

$$2pq=4\pi\mu Cn。 \tag{4}$$

传播速度是

$$V=\frac{n}{q}, \tag{5}$$

而吸收系数是

$$p=2\pi\mu CV。 \tag{6}$$

设 R 是一块平板的以电磁单位计的电阻{对沿板的长度而流动的电流而言的电阻}，而板的长度为 l，宽度为 b，厚度为 z，则有

$$R=\frac{l}{bzC}。 \tag{7}$$

入射波将穿透这一平板的部分是

$$\mathrm{e}^{-2pz}=\mathrm{e}^{-4\pi\mu\frac{l}{b}\frac{V}{R}}。 \tag{8}$$

---

① 参阅 Stokes' 'Report on Double Refraction,' *Brit. Assoc. Report*, 1862, p. 253。

799.〕 多数的透明固体是良好的绝缘体，而所有的良导体都是很不透明的。然而，关于物体的电导率越大则其阻光率越大的这条定律，却存在许多例外。

电解质允许一个电流通过，但许多电解质却是透明的。然而我们却可以假设，在光传播过程中起作用的那种迅速交变力的事例中，电动强度只在很短的一段时间内沿着一个方向起作用，以致它不能造成化合分子之间的一种完全的分离。当电动强度在另一半振动中沿相反的方向起作用时，它就干脆把它在前一半振动中所做的事情反转过来。因此就不存在通过电解质的真正电传导，不存在电能的损失，从而也不存在光的吸收。

800.〕 金、银和铂是良导体，但是当被做成很薄的薄片时，它们却允许光透过它们[①]。根据我用一片金箔（其电阻由霍金先生所测定）所作的实验，看来透明度比可以和我们的理论相容的值要大得多，除非我们假设，当电动势在每半个光振动时间内反转一次方向时，能量损失比电动势像在我们的普通实验中那样在可觉察的时间内起作用时要小。

801.〕 其次让我们考虑一种媒质的事例；在这种媒质中，电导率和比感本领相比是大得多的。

在这一事例中，我们可以略去第 783 节的各方程中含 K 的项，从而各方程变为

$$\left.\begin{aligned}\nabla^2 F + 4\pi\mu C\frac{\mathrm{d}F}{\mathrm{d}t} &= 0,\\ \nabla^2 G + 4\pi\mu C\frac{\mathrm{d}G}{\mathrm{d}t} &= 0,\\ \nabla^2 H + 4\pi\mu C\frac{\mathrm{d}H}{\mathrm{d}t} &= 0。\end{aligned}\right\}\tag{9}$$

这些方程中的每一个方程，都和傅立叶的 *Traité de la Chaleur* 一书中所给出的热扩散方程具有相同的形式。

802.〕 以其中第一个方程为例，矢势的分量 F 将随时间和位置而变，其变化方式和一个均匀固体的温度随时间和位置而变的方式相同，这时两个事例中的初值条件及边值条件要被弄得互相对应，而量 $4\pi\mu C$ 则在数值上等于物质热导率的倒数，这就是说，等于被通过物质的一个单位立方体的热量加热一度的单位体积的数目，该单位立方体的相对两面的温度相差一度，而其他各面则不传热[②]。

傅立叶已给出其解的热传导中的不同的问题，可以翻译成电磁量的扩散问题，不过要记得 F、G、H 是一个矢量的分量，而傅立叶问题中的温度则是一个标量。

让我们考虑傅立叶已经给出完全解的事例之一[③]，即初状态已经给定的一种无限大媒质的事例。

媒质中任一点在时刻 t 的状态，通过对媒质各部分的状态求平均值来求得，在求平均

① 维恩(*Wied. Ann.* 35, p. 48)已经验证了这个结论：金属薄膜的透明度比上述理论所指示的要大得多。

② 见 *Maxwell's Theory of Heat*, p. 235 first edition, p. 255 fourth adition。

③ *Traité de la Chaleur*, Art. 384. 通过点(α,β,γ)上的初温度 $f(\alpha,\beta,\gamma)$来确定时间 t 后一点(x,y,z)上的温度 v 的方程是 $v=\iiint\frac{\mathrm{d}\alpha\,\mathrm{d}\beta\,\mathrm{d}r}{2^3\sqrt{k^3\pi^3t^3}}\mathrm{e}^{-\left(\frac{(\alpha-x)^2+(\beta-y)^2+(\gamma-z)^2}{4kt}\right)}f(\alpha,\beta,\gamma)$，式中 k 为热导率。

值时指定给每一个部分的权重是 $e^{-\frac{\pi\mu c r^2}{t}}$,

式中 r 是该部分离开所考虑的那一点的距离。在矢量的事例中,这个平均值可以通过分别考虑矢量的每一分量而最方便地求出。

803.〕 我们首先必须指出,在这一问题中,傅立叶媒质的热导率被取成反比于我们的媒质的电导率,因此,电导率越大,在扩散过程中达到一个指定状况所需要的时间就越长。如果我们记得第 655 节中的结果,这种说法就不会显得是令人大惑不解的;那结果就是,一种无限大电导率的媒质对磁力的扩散过程形成一种完全的阻隔物。

其次,在扩散过程中造成一个指定状况所需要的时间,正比于体系的线度的平方。

不存在任何一个可以定义为扩散速度的确定速度。如果我们企图通过测定在离扰动源一定距离处产生一定量的扰动所需要的时间来量度这个速度,我们就会发现,所选的扰动值越小,速度就将显得越大,因为,不论距离多大,也不论时间多短,扰动的值都将是数学地异于零的。

扩散的这一特点,把它和以有限速度进行的波传播区别开来。直到波到达一个给定点为止,该点上是不会出现扰动的;而当波已经通过该点时,扰动就永远停止了。

804.〕 现在让我们考察当一个电流开始并继续在一个线性电路中流动时所发生的过程,设电路周围的媒质有一个有限的电导率。(试和第 660 节相比较。)

当电流开始时,它的第一个效应就是在媒质靠近导线的各部分中产生一种传导电流。这个电流的方向是和原始电流的方向相反的,而在第一个瞬间,它的总量和原始电流的总量相等,从而对媒质较远部分的电磁效应在起初就是零,而只有当感生电流由于媒质电阻的作用而消失殆尽时,这种电磁效应才会上升到它的末值。

但是,当靠近导线的感生电流衰减时,一个新的感生电流就会在较远处的媒质中被产生,于是感生电流所占据的空间就会不断地扩大,而电流的强度则不断地减小。

感生电流的这种扩散和衰减的现象,是和热量从一部分媒质开始扩散的现象确切类似的,那一部分媒质在起始时比其余部分更热或更冷一些。然而我们必须记得,既然电流是一个矢量,而且既然在一个电路中对面两点上的电流是方向相反的,那么,在计算感生电流的任一给定的分量时,我们就必须把问题比拟成这样一个[热传导]问题:相等数量的热和冷是从相邻的地方开始扩散的;在这种情况下,对远处各点的效应就将具有较小的数量级。

805.〕 如果线性导体中的电流被保持为恒定,则依赖于状态之初始变化的感生电流将逐渐扩散和衰减,而把媒质留在它的永久状态中,这个状态和热流的永久状态相类似。在这个状态中,我们在全部媒质中都有

$$\nabla^2 F=\nabla^2 G=\nabla^2 H=0 \tag{10}$$

只有在被电路所占据的各点上除外,在各该点上(当 $\mu=1$ 时)有

$$\left.\begin{aligned}\nabla^2 F&=4\pi u,\\ \nabla^2 G&=4\pi v,\\ \nabla^2 H&=4\pi w。\end{aligned}\right\} \tag{11}$$

这些方程就足以确定整个媒质中各点上 F、G、H 的值了。它们表明,除了在电路中以外不存在任何电流,而磁力则简单地是由电路中的电流按照普通的理论而引起的那些磁

力。这一永久状态的建成速度是如此之大，以致用我们的实验方法是不能测量的，也许除了在很大块的像铜之类的高度导电的媒质的事例中以外。

注：在一篇发表在波根道夫的*Annalen*，July1867，pp. 243～263上的论文中，洛仑兹先生曾经根据基尔霍夫的电流方程（Pogg. *Ann*，cii. 1857），通过增加某些并不影响任何实验结果的项而导出了新的方程组；这一方程组表明，电磁场中的力的分布，可以被设想成是由一些相邻单元的相互作用所引起的，而且由横向电流所构成的波可以在非导电媒质中以一个可以和光速相比的速度而进行传播。因此他认为，构成光的扰动是和这些电流等同的，而且他也已经证明，导电的媒质必然对这些辐射来说是不透明的。

这些结论和本章的结论相似，尽管它们是用一种完全不同的方法求得的。本章中给出的这种理论，最初发表在*Phil. Trans.* for 1865，pp. 459～512。

第五十四章　对光的磁作用

806.〕　在电现象及磁现象和光的现象之间建立一种关系的最重要步骤，必然是某种实例的发现，在那种实例中，一组现象受到了另一组现象的影响。在寻找这样的现象时，我们必须以我们可能在想要对比的各量的数学形式或几何形式方面已经获得的任何知识为我们的指针。例如，如果我们像索末维耳夫人所做的那样企图借助于光来磁化一根针，我们就必须记得，磁南方和磁北方的区别只是一个方向的问题，从而它会立即反向，如果我们反转了有关数学正负号之应用的某些约定的话。电解现象使我们能够通过观察氧出现在电解槽的一个极上而氢出现在另一个极上来把正电和负电区分开来；而磁学中却没有任何和电解现象相类似的现象。

因此我们就不能指望，如果我们使光射中一根针的一端，那一端就会变成具有确定名称的一个磁极，因为两个磁极并不是像明和暗那样地不同的。

如果我们让圆偏振光射在针上，让右手偏振光射在针的一端而让左手偏振光射在针的另一端上，我们也许就能指望有较好的结果，因为在某些方面这两种光之间的相互关系可以说是和两种磁极之间的关系具有相同的形式的。然而，类似性甚至在这儿也是有毛病的，因为当两种光线互相合并时，它们并不是互相抵消而是形成一种平面偏振的光线。

法拉第是很熟悉借助于偏振光来研究产生在透明固体中的胁变的方法的。他做了许多实验，希望发现偏振光在通过内部存在着电解导电或介电感应的媒质时所受到的某种作用①。然而他并没能找到任何这种作用，尽管实验是用按照最适宜发现拉力的效应的方式装置起来的——电力或电流和光线相垂直，并和偏振平面成 45°的角。法拉第用各种方式改变了实验，但是没有发现由电解电流或静电感应引起的对光的任何作用。

然而他在确立光和磁之间的关系方面却取得了成功，而他做到这一点的那些实验则描述在他的《实验研究》的第十九组中。我们将把法拉第的发现取作我们有关磁的本性的进一步探索的出发点，从而我们将描述一下他所观察到的现象。

807.〕　一条平面偏振的光线从一种透明的抗磁性媒质中通过；当从媒质中出来时，用一个检偏器截断它的路程，以测定它的偏振面。然后加上一个磁力，使透明媒质中的磁力方向和光线的方向相重合。于是光立即重新出现，但是如果把检偏器转过某一角度，光就又被截断。这就表明，磁力的效应就是使偏振面以光线方向为轴而转过一个确定的角度，这个角度为了截断光线而必须使检偏器转过的那个角度来描述。

808.〕　偏振面转过的角度和下列各量成正比：

(1) 光线在媒质中走过的距离。因此偏振面是从它的原始位置开始而连续变化的。

(2) 磁力在光线方向上的分量。

① *Experimental Researches*, 951～954 and 2216～2220.

(3) 转动角的大小依赖于媒质的种类。当媒质是空气或任何其他气体时，还没有观察到任何的转动[1]。

这三点说法被包括在一个更普遍的叙述中，那就是，旋转角在数值上等于光线从进入媒质的一点到离开媒质的一点的矢势增量乘以一个系数，而对抗磁性媒质来说，这个系数通常是正的。

809.〕 在抗磁性物质中，偏振面被转向的方向{一般说来}和一个电流的正方向相同，那个电流就是为了产生和实际存在的磁力同方向的磁力而必须绕着光线运行的。

然而外尔代特却发现，在某些铁磁性媒质中，例如一种高氯化铁在木精或乙醚的浓溶液中，旋转方向却和将会产生磁力的电流运行方向相反。

这就表明，铁磁性物质和抗磁性物质的区别不仅仅起源于"磁导率"在前一事例中大于而在后一事例中小于空气的磁导率，而是这两类物体确实性质相反。

一种物质在磁力作用下获得的使光的偏振面发生旋转的能力，并不是恰好正比于它的抗磁的或铁磁的磁化率。事实上，抗磁性物质中的旋转为正而铁磁性物质中的旋转为负这一法则，是有例外情况的，因为中性的铬酸钾是抗磁性的，但它却引起负旋转。

810.〕 也存在另外一些物质，它们不依赖于磁力的施加就能在光线通过物质时使偏振面向右或向左旋转。在某些这种物质中，性质依赖于一个轴，例如在石英的事例中就是如此。在另一些物质中，性质并不依赖于光线在媒质中的方向，例如在松节油、糖溶液等等中就是如此。然而，在所有这些物质中，如果任何一条光线的偏振面在媒质中是像一个右手螺旋那样地扭转的，则当光线沿相反方向通过媒质时偏振面仍将像右手螺旋似的扭转。当把媒质放在光线的路程上时，观察者为了截断光线就必须旋转他的检偏器，而不论光线是从南或从北向他射来，旋转的方向相对于观察者来说都是相同的。当光线的方向反向时，旋转在空间中的方向当然也会反向。但是当旋转是由磁作用引起的时，它在空间中的方向却不论光是向南还是向北传播都是相同的。如果媒质属于正类，则旋转方向总是和产生或将会产生实际的磁场状态的电流的方向相同，而如果媒质属于负类则旋转方向总是和该电流的方向相反。

由此可以推知，如果光线在从北向南通过了媒质以后受到一个镜面的反射而从南向北返回媒质中，则当旋转是由磁作用引起的时，旋转就会加倍。当旋转只依赖于媒质的种类{而不依赖于光线的方向}，就像在松节油等等中那样时，光线在被反射而回到媒质中再从媒质中出来时，它的偏振将是和入射时在相同的平面上的，第一次通过时的旋转将在第二次通过时被恰好倒了回来。

811.〕 现象的物理解释带来了相当大的困难。不论是在磁致旋转方面，还是在某些媒质的表现方面，这些困难还几乎不能说已经解决。然而我们可以通过分析已经观察到的事实来给一种解释做些准备。

运动学中的一个众所周知的定理就是，两个振幅相同、振动周期相同、在同一平面上但沿相反方向转动的匀速圆周振动，当合成在一起时是和一个直线振动相等价的。这一

① 在此书写成以后，已经有人在气体中观察和测量了偏振面的旋转，参阅 H. Becquerel，*Compt. Rendus*，88，p. 709；90，p. 1407；Kundt and Röntgen，*Wied*，*Ann.*，6，p. 332；8，p. 278；Bichat，*Compt. Rendus*，88，p. 712；*Journal de Physique*，9，p. 275，1880。

振动的周期等于圆周振动的周期，它的振幅等于圆周振动的振幅的两倍，它的方向是两个点的连线，那就是在同一圆周上沿不同方向描述圆周运动的两个质点即将相遇的两个点。因此，如果一个圆周运动的周相被加速，则直线振动的方向将沿着圆周运动的方向转过一个等于周相加速度的二分之一的角。

也可以通过直接的光学实验来证明，两条沿相反方向而圆偏振的强度相同的光线，当合并在一起时就变成一条平面偏振的光线，而且，如果其中一条圆偏振光线的周相由于任何原因被加速了，则合光线的偏振平面会转过一个等于周相加速度之一半的角度。

812.〕 因此我们可以表示偏振面的旋转现象如下：有一条平面偏振光线射在媒质上。这条光线和两条圆偏振光线相等价，其中一条是右手圆偏振的，而另一条是左手圆偏振的(对观察者而言)。通过了媒质以后，光线仍然是平面偏振的，但其偏振面却向譬如说右方旋转了(相对于观察者而言)。由此可见，在两条圆偏振光线中，右手圆偏振的那一条的周相一定是在通过媒质时相对于另一条而被加速了。

换句话说，右手圆偏振的光线曾经完成了更多次数的振动，从而在媒质内部比周期相同的左手圆偏振的光线具有较小的波长。

现象的这种叙述方式是和任何光的学说都无关的，因为虽然我们使用了波长、圆偏振等等在我们头脑中可能和某种形式的波动学说相联系的术语，但是推理过程却和这种联系无关而只依赖于被实验证明了的事实。

813.〕 其次让我们考虑其中一条光线在某一给定时刻的位形。每时刻的运动都是圆周运动的任何波动，都可以用一个螺纹线或螺旋来代表。如果让螺旋绕着它的轴线旋转而并不发生任何纵向运动，则每一个粒子都会描述一个圆，而与此同时，波动的传播则将由螺旋纹路上位置相似的各部分的表现纵向运动来代表。很容易看到，如果螺旋是右手的，而观察者是位于波动所传向的一端的，则在他看来螺旋的运动将显得是左手的，也就是说，运动将显得是逆时针的。因此，这样的一条光线曾经被称为一条左手圆偏振的光线；这名称最初起源于一些法国作者，现在已经在整个科学界都通行了。

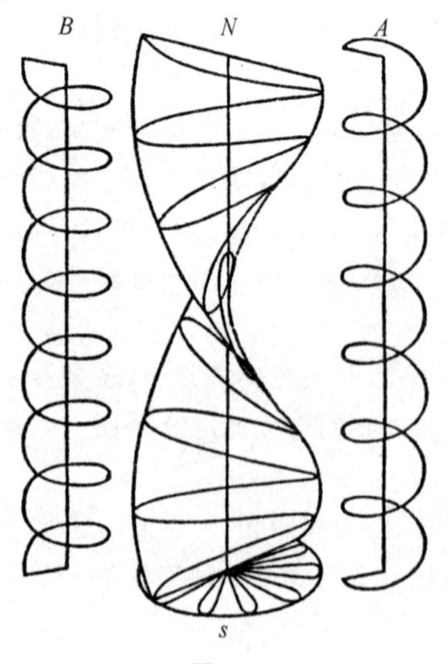

图 107

一条右手圆偏振的光线可以按相似的方式用一个左手螺旋来表示。在图 107 中，右侧的右手螺旋线 A 表示一条左手圆偏振的光线，而左侧的左手螺旋线 B 则表示一条右手圆偏振的光线。

814.〕 现在让我们考虑在媒质内部具有相同波长的两条这样的光线。它们在一切方面都是几何地相似的，只除了其中一条是另一条的“反演”，即有如另一条在镜子里的像一样。然而，其中一条，譬如说是 A，却比另一条具有较短的旋转周期。如果运动完全起源于由位移所引起的力，那么这就表明，当位形像 A 那样时，由相同的位移引起的力要比位形像 B 那样时大一些。因此，在这一事例中，左手光线将相对于右手光线而被加速，而且不论各光线是从北向南还是从南向北行进，情况都将是这样的。

因此这就是松节油等等引起的那种现象的解释。在这些媒质中，当位形像 A 那样时，由一条圆偏振光线所造成的位移将比位形像 B 那样时引起较大的恢复力。于是这些力就只依赖于位形，而不依赖于运动的方向。

但是在沿 SN 方向受到磁作用的一种抗磁性媒质中，两个螺旋 A 和 B 中的一个却永远是以最大的速度旋转的，那就是当眼睛从 S 向 N 看去时看到它在顺时针转动的那个螺旋。因此，对于从 S 向 N 射去的光线来说，右手光线 B 将传播得最快；而对于从 N 向 S 射去的光线来说，则左手光线 A 将传播得最快。

815.〕 当把我们的注意力只集中在一条光线上时，螺纹线 B 就具有完全相同的位形，不论它表示的是一条由 S 向 N 的光线还是一条由 N 向 S 的光线。但是在第一种情况下光线传播得更快一些，从而螺纹线也旋转得更快一些。因此，当螺纹线向一个方向运动时，将比它向另一个方向运动时引起较大的力。因此力并不仅仅依赖于光线的位形，而且也依赖于光线各部分的运动方向。

816.〕 构成光的那种扰动，不论它的物理本性如何，是具有垂直于光线方向的矢量性质的。这可以由两条光线在干涉时在某些条件下会造成黑暗这一事实以及偏振在互相垂直的平面上的两条光线并不互相干涉这一事实来得到证明。因为，既然干涉依赖于偏振面的角位置，扰动就必然是一个有向量或矢量；而既然当偏振面互相正交时干涉就停止，代表扰动的那个矢量就必然垂直于这些偏振面的交线，也就是垂直于光线的方向。

817.〕 既然是一个矢量，扰动就可以分解成平行于 x 的和平行于 y 的分量，z 轴平行于光线的方向。设 ξ 和 η 是这两个分量，则在均匀圆偏振光线的事例中有

$$\xi = r\cos\theta, \qquad \eta = r\sin\theta, \tag{1}$$

式中

$$\theta = nt - qz + \alpha。\tag{2}$$

在这些表示式中，r 代表矢量的量值，而 θ 代表矢量和 x 轴方向之间的夹角。

扰动的周期 τ 满足 $$n\tau = 2\pi。\tag{3}$$

扰动的波长 λ 满足 $$q\lambda = 2\pi。\tag{4}$$

传播速度是$\frac{n}{g}$。

当 t 和 z 都为零时，扰动的周期是 α。

按照 q 为负或为正，圆偏振是右手的或左手的。

按照 n 为正或为负，光的振动方向是平面(x, y)上的正转动或负转动的方向。

按照 n 和 q 为同号或异号，光将沿着 x 轴的正方向或负方向而传播。

在所有的媒质中，当 q 变化时 n 都会变化，而且$\frac{\mathrm{d}n}{\mathrm{d}q}$永远和$\frac{n}{q}$同号。

因此，如果对 n 的一个给定数值来说$\frac{n}{q}$的值当 n 为正时比 n 为负时要大，那就可以推知，对于一个量值和正负号都给定的 q 值来说，n 的正值将大于 n 的负值。

这就是在一种受到一个沿 z 轴方向的磁力 γ 作用的抗磁性媒质中所｛通常｝观察到的情况。在两条周期相同的圆偏振光线中，被加速的是它在(x, y)平面上的旋转方向为正的那一条。因此，在两条在媒质内部具有相同波长的都是左手圆偏振的光线中，具有

最短周期的就是在(x,y)平面上旋转方向为正的那一条，也就是沿着正z轴而从南向北传播的那一条光线。因此我们就必须说明这样一件事实：在体系的方程组中，当q和r给定时，有两个n值满足各方程，一正一负，而n值在数值上大于负值。

818.〕 我们可以通过考虑媒质的势能和动能来求得运动方程。体系的势能V依赖于它的位形，即依赖于体系各部分的相对位置。就它依赖于由圆偏振光线引起的扰动来看，它必然只是扭转幅度r和扭转系数q的函数。它对数值相等的正q值和负q值来说可能有不同的值，而且它在自身就引起偏振面旋转的媒质的事例中或许就是这样的。

体系的动能T是体系各速度的二次齐次函数，不同各项的系数是坐标的函数。

819.〕 让我们考虑光线可以具有恒定强度的动力学条件，也就是r可以为常量的动力学条件。

有关r方向上的力的拉格朗日方程变为
$$\frac{\mathrm{d}}{\mathrm{d}t}\frac{\mathrm{d}T}{\mathrm{d}\dot{r}}-\frac{\mathrm{d}T}{\mathrm{d}r}+\frac{\mathrm{d}V}{\mathrm{d}r}=0。\tag{5}$$

既然r是常量，第一项就是零。因此我们就有一个方程
$$-\frac{\mathrm{d}T}{\mathrm{d}r}+\frac{\mathrm{d}V}{\mathrm{d}r}=0,\tag{6}$$
式中的q被假设为给定，而我们要确定的是角速度$\dot{\theta}$的值，我们将用它的实际值n来代表这个角速度。

动能T包括一个含n^2的项；另一些项可能含有n和其他速度的乘积，而其余的项则不依赖于n。势能V是完全不依赖于n的。因此方程(6)就具有如下的形式
$$An^2+Bn+C=0。\tag{7}$$
既然是一个二次方程，此式就给出两个n值。由实验看到，两个都是实值，一正一负，而且正值在数值上较大。由此可见，如果A是正的，则B和C都是负的，因为，如果n_1和n_2是方程的根，就有
$$A(n_1+n_2)+B=0。\tag{8}$$
因此系数B就不为零，至少当有磁力作用在媒质上时是如此。因为我们必须考虑表示式B_n，这就是动能中含有扰动之角速度n的一次幂的那一部分。

820.〕 T的每一项对速度来说都是二次的。因此含n的项必然含有某一另外的速度。这个速度不可能是$\dot{r}$或$\dot{q}$，因为在我们所考虑的事例中r和q是常量。由此可见它是独立于构成光的那种运动而存在于媒质中的一个速度。它也必须是和n有着适当关系的一个速度，就是说，当和n相乘时，得到的结果就是一个标量，因为只有标量才能作为一些项而出现在本身就是一个标量的T的值中。由此可见，这个速度必须是和n方向相同或方向相反的，也就是说，它必然是一个绕z轴的角速度。

再者，这个速度不可能不依赖于磁力，因为，假如它是和固定在媒质中的一个方向联系的，则当我们把媒质颠倒一下时现象就将是不同的，而事实却并非如此。

因此我们就被引导到这样一个结论：这个速度是和显示偏振面之磁旋转的那些媒质中的磁力不可改变地相伴随着的。

821.〕 我们迄今为止不得不使用一种语言，它或许过分暗示了关于波动学说中的运动的普遍假说。然而也很容易用一种不带这种假说的色彩的形式来叙述我们的结果。

不论光是什么，在空间每一点上总是有种什么事情在进行，这或许是移动，或许是转动，或许是还没有想象到的什么东西，但它肯定具有一个矢量或有向量的本性，其方向垂直于光线的方向。这是由于涉现象全面证明了的。

在圆偏振光的事例中，这一矢量的量值保持不变，但其方向则绕着光线的方向而旋转，在波的一个周期内正好转一周。至于这个矢量是位于偏振面上还是和该平面相垂直，这种不确定性并不影响我们关于该矢量在右手圆偏振光和左手圆偏振光中的旋转方向的知识。这一矢量的方向和角速度是完全已知的，尽管这一矢量的物理本性和它在一个给定时刻的绝对方向是不确定的。

当一条圆偏振光线射在一种处于磁力作用下的媒质上时，它在媒质中的传播就受到光的旋转方向和磁力的方向之间的关系的影响。利用第 817 节中的推理，我们由此就得出结论说，在媒质中，当处于磁力的作用之下时，有某种旋转运动是正在进行着的，其旋转轴线就是磁力的方向；而且，当光的振动性旋转的方向和媒质的磁旋转方向相同时，圆偏振光的传播速率是和该二方向相反时不同的。

一方面是有圆偏振光从中通过的媒质，另一方面是有磁力线从中通过的媒质，我们在二者之间所能追索的唯一相似性就是，在二者中都存在一种绕轴旋转的运动。但是相似性也就到此为止，因为光现象中的转动就是表示着扰动的那个矢量的转动。这个矢量永远垂直于光线的方向，而且每秒绕该方向转过一定的转数。在磁现象中，转动的东西没有可以据以确定其侧面的任何性质，从而我们就不能确定它每秒转动多少次。

因此，在磁现象中，就没有任何东西和光现象中的波长及波动传播相对应。在有一个恒定磁力作用于其内的媒质中，并不会由于该力的作用而像当有光在其内传播时那样充满一种沿一个方向前进的波动。光现象和磁现象之间的唯一相似性就是，在媒质的每一点上，存在某种东西，它具有以磁力方向为轴的角速度的本性。

关于分子漩涡假说

822.〕 正如我们已经看到的那样，关于磁对偏振光的作用的考虑，导致了这样的结论：在一种处于磁力作用下的媒质中，和角速度属于同一数学类别的某种东西形成了现象的一个部分，而它的轴线就沿着磁力的方向。

这个角速度，不可能是具有可觉察大小的任何媒质部分作为整体而转动的角速度。因此我们必须把转动设想成媒质的一些很小部分的转动，每一个小部分都绕着自己的轴线在转动。这就是分子漩涡假说。

虽然正如我们已经看到的那样（第 575 节）。这些漩涡的运动并不会显著影响大物体的可见运动，但是它们却可能会影响波动学说中光的传播所依据的那种振动性的运动。在光的传播过程中，媒质的位移将引起各漩涡的一种扰动，而当受到这样的扰动时，各漩涡就会反作用于媒质，以致影响了光线传播的方式。

823.〕 在目前我们对漩涡的本性毫无所知的状态下，不可能指定联系着媒质的位移和漩涡的变化的那种定律的形式。因此我们将假设，由媒质的位移所引起的漩涡的变化，服从亥姆霍兹在他有关涡流运动的伟大著作①中已经证明了的支配着理想液体之漩

① *Crelle's Journal*, vol. lv. (1858), pp. 25～55. Tait 的英译文见 *Phil. Mag.*, June, pp. 485～511, 1867。

涡变化的相同条件。

亥姆霍兹的定律可以叙述如下：设 P 和 Q 是一个漩涡的轴线上的两个相邻的质点，如果由于流体的运动，这两个质点达到了 P'、Q' 二点，则直线 $P'Q'$ 将代表漩涡轴线的新方向，而漩涡的强度则将按 $P'Q'$ 和 PQ 之比而发生变化。

因此，如果 α、β、γ 代表一个漩涡的强度的分量，而 ξ、η、ζ 代表媒质的位移，则 α、β、γ 的值将变成

$$\left.\begin{aligned}\alpha'&=\alpha+\alpha\frac{\mathrm{d}\xi}{\mathrm{d}x}+\beta\frac{\mathrm{d}\xi}{\mathrm{d}y}+\gamma\frac{\mathrm{d}\xi}{\mathrm{d}z},\\ \beta'&=\beta+\alpha\frac{\mathrm{d}\eta}{\mathrm{d}x}+\beta\frac{\mathrm{d}\eta}{\mathrm{d}y}+\gamma\frac{\mathrm{d}\eta}{\mathrm{d}z},\\ \gamma'&=\gamma+\alpha\frac{\mathrm{d}\zeta}{\mathrm{d}x}+\beta\frac{\mathrm{d}\zeta}{\mathrm{d}y}+\gamma\frac{\mathrm{d}\zeta}{\mathrm{d}z}。\end{aligned}\right\}\tag{1}$$

现在我们假设，同样的条件在一种媒质的微小移动过程中也是满足的，在那种媒质中，α、β、γ 不是代表一个普通漩涡的强度分量，而是代表磁力的分量。

824.〕 媒质的一个元部分的角速度分量是

$$\begin{aligned}\omega_1&=\frac{1}{2}\frac{\mathrm{d}}{\mathrm{d}t}\left(\frac{\mathrm{d}\zeta}{\mathrm{d}y}-\frac{\mathrm{d}\eta}{\mathrm{d}z}\right),\\ \omega_2&=\frac{1}{2}\frac{\mathrm{d}}{\mathrm{d}t}\left(\frac{\mathrm{d}\xi}{\mathrm{d}z}-\frac{\mathrm{d}\zeta}{\mathrm{d}x}\right),\\ \omega_3&=\frac{1}{2}\frac{\mathrm{d}}{\mathrm{d}t}\left(\frac{\mathrm{d}\eta}{\mathrm{d}x}-\frac{\mathrm{d}\xi}{\mathrm{d}y}\right)。\end{aligned}\tag{2}$$

我们假说中的其次一步就是一个假设，即认为媒质的动能包括形式如下的一项：

$$2C(\alpha\omega_1+\beta\omega_2+\gamma\omega_3)。\tag{3}$$

这就和下述假设相等价：媒质元在光的传播过程中所获得的角速度，是可能出现在和用来解释磁现象的那种运动的关系中的一个量。

为了建立媒质的运动方程，我们必须用媒质各部分的分量为 $\dot{\xi}$、$\dot{\eta}$、$\dot{\zeta}$ 的速度把它的动能表示出来。因此我们就分部求积分，并得到

$$\begin{aligned}&2C\iiint(\alpha\omega_1+\beta\omega_2+\gamma\omega_3)\mathrm{d}x\mathrm{d}y\mathrm{d}z\\ &=C\iint(\gamma\dot{\eta}-\beta\dot{\zeta})\mathrm{d}y\mathrm{d}z+C\iint(\alpha\dot{\zeta}-\gamma\dot{\xi})\mathrm{d}z\mathrm{d}x\\ &\quad+C\iint(\beta\dot{\xi}-\alpha\dot{\eta})\mathrm{d}x\mathrm{d}y+C\iiint\left\{\dot{\xi}\left(\frac{\mathrm{d}\gamma}{\mathrm{d}y}-\frac{\mathrm{d}\beta}{\mathrm{d}z}\right)\right.\\ &\quad\left.+\dot{\eta}\left(\frac{\mathrm{d}\alpha}{\mathrm{d}z}-\frac{\mathrm{d}\gamma}{\mathrm{d}x}\right)+\dot{\zeta}\left(\frac{\mathrm{d}\beta}{\mathrm{d}x}-\frac{\mathrm{d}\alpha}{\mathrm{d}y}\right)\right\}\mathrm{d}x\mathrm{d}y\mathrm{d}z。\end{aligned}\tag{4}$$

二重积分涉及的是媒质的边界面，这个边界面可以似设为位于无限远处。因此，当探索发生在媒质内部的过程时，我们可以只注意那个三重积分。

825.〕 由这个三重积分来表示的单位体中动能的那一部分，可以写成

$$4\pi C(\dot{\xi}u+\dot{\eta}v+\dot{\zeta}w),\tag{5}$$

式中 u、v、w 是由第 607 节中的方程组(E)给出的电流分量。

由此可以看出，我们的假说和另一条假设相等价；那假设就是，一个媒质质点的分量为 $\dot{\xi}$、$\dot{\eta}$、$\dot{\zeta}$ 的速度，是可能出现在和分量为 u、v、w 的电流的关系中的一个量。

826.〕 现在回到(4)式中三重积分号下面的那个表示式。把 α、β、γ 的值代成由方程组(1)给出的 α'、β'、γ'的值,并用 $\frac{\mathrm{d}}{\mathrm{d}h}$来代表 $\alpha\frac{\mathrm{d}}{\mathrm{d}x}+\beta\frac{\mathrm{d}}{\mathrm{d}y}+\gamma\frac{\mathrm{d}}{\mathrm{d}z}$, (6)

被积分式就变成 $$C\left\{\dot{\xi}\frac{\mathrm{d}}{\mathrm{d}h}\left(\frac{\mathrm{d}\zeta}{\mathrm{d}y}-\frac{\mathrm{d}\eta}{\mathrm{d}z}\right)+\dot{\eta}\frac{\mathrm{d}}{\mathrm{d}h}\left(\frac{\mathrm{d}\xi}{\mathrm{d}z}-\frac{\mathrm{d}\zeta}{\mathrm{d}x}\right)+\dot{\zeta}\frac{\mathrm{d}}{\mathrm{d}h}\left(\frac{\mathrm{d}\eta}{\mathrm{d}x}-\frac{\mathrm{d}\xi}{\mathrm{d}y}\right)\right\}。\tag{7}$$

在垂直于 z 轴的平面波的事例中,各位移只是 z 和 t 的函数,于是就有$\frac{\mathrm{d}}{\mathrm{d}h}=\gamma\frac{\mathrm{d}}{\mathrm{d}z}$,而上式变为
$$C\gamma\left(\frac{\mathrm{d}^2\xi}{\mathrm{d}z^2}\dot{\eta}-\frac{\mathrm{d}^2\eta}{\mathrm{d}z^2}\dot{\xi}\right)。\tag{8}$$

现在,就其依赖于各位移速度的情况来看,单位体积的动能就可以写成
$$T=\frac{1}{2}\rho(\dot{\xi}^2+\dot{\eta}^2+\dot{\zeta}^2)+C\gamma\left(\frac{\mathrm{d}^2\xi}{\mathrm{d}z^2}\dot{\eta}-\frac{\mathrm{d}^2\eta}{\mathrm{d}z^2}\dot{\xi}\right),\tag{9}$$
式中 ρ 是媒质的密度。

827.〕 对单位体积来说的外加力的分量 X 和 Y,可以利用拉格朗日方程(第 564 节)而由此式导出。我们注意,通过对 z 进行两次分部积分并略去边界面上的二重积分,可以证明 $\iiint\frac{\mathrm{d}^2\xi}{\mathrm{d}z^2}\dot{\eta}\mathrm{d}x\mathrm{d}y\mathrm{d}z=\iiint\xi\frac{\mathrm{d}^3\eta}{\mathrm{d}z^2\mathrm{d}t}\mathrm{d}x\mathrm{d}y\mathrm{d}z$。由此即得$\frac{\mathrm{d}T}{\mathrm{d}\xi}=C\gamma\frac{\mathrm{d}^3\eta}{\mathrm{d}z^2\mathrm{d}t}$。

因此力的表示式就由下式给出:
$$X=\rho\frac{\mathrm{d}^2\xi}{\mathrm{d}t^2}-2C\gamma\frac{\mathrm{d}^3\eta}{\mathrm{d}z^2\mathrm{d}t},\tag{10}$$
$$Y=\rho\frac{\mathrm{d}^2\eta}{\mathrm{d}t^2}+2C\gamma\frac{\mathrm{d}^3\xi}{\mathrm{d}z^2\mathrm{d}t}。\tag{11}$$

这些力是由媒质的其余部分作用在所考虑的媒质元上的,从而在各向同性媒质的事例中必然具有由科希指出的形式,
$$X=A_0\frac{\mathrm{d}^2\xi}{\mathrm{d}z^2}+A_1\frac{\mathrm{d}^4\xi}{\mathrm{d}z^4}+\cdots,\tag{12}$$
$$Y=A_0\frac{\mathrm{d}^2\eta}{\mathrm{d}z^2}+A_1\frac{\mathrm{d}^4\eta}{\mathrm{d}z^4}+\cdots。\tag{13}$$

828.〕 如果现在我们考虑满足 $\xi=r\cos(nt-qz)$, $\eta=r\sin(nt-qz)$, (14)
的圆偏振光的事例,我们就发现,关于单位体积中的动能,应有
$$T=\frac{1}{2}\rho r^2n^2-C\gamma r^2q^2n;\tag{15}$$
而关于单位体积中的势能则有
$$V=\frac{1}{2}r^2(A_0q^2-A_1q^4+\cdots)=\frac{1}{2}r^2Q,\tag{16}$$
式中 Q 是 q^2 的一个函数。

在第 819 节的方程(6)中给出的光线自由传播的条件是 $$\frac{\mathrm{d}T}{\mathrm{d}r}=\frac{\mathrm{d}V}{\mathrm{d}r},\tag{17}$$
此式给出 $$\rho n^2-2C\gamma q^2n=Q,\tag{18}$$
由此就能求得用 q 表示出来的 n 值。

但是,在受到磁力作用的一条具有给定波动周期的光线的事例中,我们所要确定的

是用 γ 为常量时的$\dfrac{dq}{dn}$表示出来的 n 为常量时的$\dfrac{dq}{d\gamma}$。求(18)式的导数，就有

$$(2\rho n - 2C\gamma q^2)dn - \left(\frac{dQ}{dq} + 4C\gamma qn\right)dq - 2Cq^2 n d\gamma = 0。\tag{19}$$

于是我们就得到

$$\frac{dq}{d\gamma} = -\frac{Cq^2 n}{\rho n - C\gamma q^2}\frac{dq}{dn}。\tag{20}$$

829.〕 如果 λ 是空气中的波长，v 是空气中的波速，而 i 是媒质中的对应折射率，则有

$$q\lambda = 2\pi i, \qquad n\lambda = 2\pi v。\tag{21}$$

$\left\{\text{从而也有}\quad \dfrac{dq}{dn} = \dfrac{1}{v}\left(i - \lambda\dfrac{di}{d\lambda}\right)。\right\}$

由磁作用引起的 q 值的改变量，在任何情况下都是它的值的一个非常小的分数，因此我们就可以写出

$$q = q_0 + \frac{dq}{d\gamma}\gamma,\tag{22}$$

式中 q_0 是磁力为零时的 q 值。在通过媒质的一个厚度 c 时偏振面转过的角度 θ，等于 qc 的正值和负值之和的一半，其正负号应改变，因为方程(14)中的 q 是负的。于是我们就得到

$$\theta = -c\gamma\frac{dq}{d\gamma},\tag{23}$$

$$= \frac{4\pi^2 C}{v\rho}c\gamma\frac{i^2}{\lambda^2}\left(i - \lambda\frac{di}{d\lambda}\right)\frac{1}{1 - 2\pi C\gamma\dfrac{i^2}{v\rho\lambda}}。\tag{24}$$

这个分数的分母中的第二项，近似地等于当光在媒质中通过一个等于(媒质中的)波长之半$\left\{\text{的}\dfrac{1}{\pi}\text{倍}\right\}$的厚度时偏振面转过的角度。因此它就是我们在一切事例中和 1 相比都可以忽略不计的一个量。

写出

$$\frac{4\pi^2 C}{v\rho} = m,\tag{25}$$

我们就可以把 m 叫做媒质的磁旋系数，这是一个必须通过观测来确定它的值的量。经发现，多数抗磁性媒质的 m 是正的，而某些顺磁性媒质的 m 则是负的。因此，作为我们的理论的最后结果，我们就有

$$\theta = mc\gamma\frac{i^2}{\lambda^2}\left(i - \lambda\frac{di}{d\lambda}\right),\tag{26}$$

式中 θ 是偏振面的旋转角，m 是通过媒质的观测来确定的一个常量，γ 是投影到光线方向上的磁力强度，c 是媒质内部的光线长度，λ 是光在空气中的波长，而 i 是媒质的折射率①。

830.〕 这种理论迄今为止所经受过的唯一检验，就是在相同的磁力作用下通过相同媒质的不同种类的光的 θ 值的比较。

这种比较已由外尔代特先生针对为数颇多的媒质作过了②，他得到了下列的结果：

(1) 不同颜色的光线的偏振面的磁致旋转，近似地服从波长的平方反比定律。

---

① 罗兰德曾经证明(*Phil，mag*. xi. p. 254，1881)，如果霍耳效应(见上卷第 303 节)在电介质中是存在的，则偏振面的磁致旋转就会产生。

② Recherches sur les Propriétés optiques développées dans les corps transparents par l'action du magnétisme, 4me partie. *Comptes Rendus*，t. lvi，p. 630(6 April，1863).

(2) 现象的确切规律永远使得旋转角和波长平方的乘积从光谱的折射性最小的一端向折射性最大的一端递增。

(3) 这种递增性最显著的物质,也就是具有最大色散率的那些物质。

他也发现,在本身就会引起偏振面的旋转的酒石酸溶液中,磁致旋转根本不是和自然旋转成正比的。

在加在同一论著中的补充论述①中,外尔代特也给出了用二硫化碳和木馏油做的很仔细的实验的结果;在这两种物质中,对波长平方反比定律的偏差是很明显的。他也把这些结果和由下列三个不同的公式给出的数值进行了对比:

(Ⅰ) $\theta = mc\gamma \dfrac{i^2}{\lambda^2}\left(i - \lambda \dfrac{di}{d\lambda}\right)$;(Ⅱ) $\theta = mc\gamma \dfrac{1}{\lambda^2}\left(i - \lambda \dfrac{di}{d\lambda}\right)$;(Ⅲ) $\theta = mc\gamma\left(i - \lambda \dfrac{di}{d\lambda}\right)$。

这些公式中的第一个(Ⅰ),是我们在第 829 节的方程(26)中已经得出的。第二个公式(Ⅱ),可以通过在第 827 节的方程(10)和(11)中不是代入形如$\dfrac{d^3\eta}{dz^2dt}$和$-\dfrac{d^3\xi}{dz^2dt}$的项而是代入$\dfrac{d^3\eta}{dt^3}$和$-\dfrac{d^3\xi}{dt^3}$的项来得出。就我所知这个方程的形式并不曾由任何物理理论提出过。第三个公式,(Ⅲ),来自 M. C. 诺依曼的物理理论②,在那种理论中,运动方程含有形如$\dfrac{d\eta}{dt}$和$-\dfrac{d\xi}{dt}$的项③。

很明显,由公式(Ⅲ)给出的 θ 值甚至并不能近似地和波长的平方成反比。由公式(Ⅰ)和(Ⅱ)给出的值满足这一条件,而且这些值也和在中等色散率的媒质中观测到的值差强人意地相符合。然而,对于二硫化碳和木馏油来说,由(Ⅱ)给出的值却和观测值分歧很大。由(Ⅰ)给出的值和观测值符合得稍好,但是,尽管在二硫化碳的事例中符合性较好,在木馏油的事例中分歧却大得不能用任何的观测误差来加以说明。

偏振面的磁致旋转(据外尔代特)

24.9℃下的二硫化碳

光谱线	*C*	*D*	*E*	*F*	*G*
观测值	592	768	1000	1234	1704
据Ⅰ计算	589	760	1000	1234	1713
据Ⅱ计算	606	772	1000	1216	1640
据Ⅲ计算	943	967	1000	1034	1091

谱线 *E* 的旋转$=25°28'$

① *Comptes Rendus*, lvii. p. 670(19 Oct., 1863).

② 'Explicare tentatur quomodo fiat ut lucis planum polarizationis per vires electricas vel magneticas declinetur.' *Halis Saxonum*, 1858.

③ 这三种形式的运动方程是由 G. B. 艾瑞爵士作为分析当时刚由法拉第发现的现象的手段而首次提出的(*Phil. Mag.*, June 1846, p. 477)。马克·枯拉(Mac Cullagh)在此以前曾经提出过含有形如$\dfrac{d^3}{dz^3}$的项的方程,以便数学地表示水晶的现象。这些方程由马克·枯拉和艾瑞提供出来,"不是为了给出现象的一种力学解释,而是为了证明现象可以用一些方程来加以解释,那些方程似乎有可能从一种可取的力学假设中推出,尽管还没有任何这样的假设已被作出。"

24.3℃下的木馏油

光谱线	C	D	E	F	G
观测值	573	758	1000	1241	1723
据Ⅰ计算	617	780	1000	1210	1603
据Ⅱ计算	623	789	1000	1200	1565
据Ⅲ计算	976	993	1000	1017	1041

谱线 E 的旋转 $=21°58'$

我们对物体分子构成的细节所知太少,以致不太可能建立联系到对光的磁作用这样的具体现象的任何理论;那要等到我们已经通过建筑在若干不同的可见现象被发现为依赖于涉及分子作用的那种事例上的归纳综合,了解了有关一些性质的某种更确定的知识时才行,那些性质就是为了满足观测到的各事实的条件而必须指定给分子的。

以上提出的这种理论显然是一种暂时性的理论,它依据了有关分子漩涡之本性的以及有关它们受到媒质位移之影响时的那种方式的一些未经证实的假说。因此我们必须认为,和观测事实的任何符合,在偏振面的磁致旋转理论中都比在光的电磁理论中具有更加小得多的科学价值,因为光的电磁理论虽然也涉及了关于媒质的电性质的一些假说,但它却并没有涉及媒质的分子构造之类的问题。

831.〕 注 整个这一章可以看成威廉·汤姆孙爵士的一个非常重要的说法的引申。他在 *Proceedings of the Royal Society*,June 1856 上写道:"法拉第所发现的对光的磁影响,依赖于运动粒子的运动方向。例如,在具有运动粒子的媒质中,沿着平行于磁力线的直线而运动的粒子会被弄成沿着以该直线为轴的螺旋线而运动,然后,以这样的速度切向投影成描绘圆周,就将按照它们的运动是绕向一个方向(和磁化线圈中传导电流的名义方向相同)或是绕向相反的方向而具有不同的方向。但是,不论粒子的速度和方向如何,媒质的弹性反作用对相同的位移必然是相同的。这就是说,被圆周运动的离心力所平衡的力是相等的,而光运动则是不相等的。因此,那些绝对圆周运动或者相等,或者把相等的离心力传给起初考虑的那些粒子,由此就可以推知,光运动只是整个运动的一个成分,而且,沿一个方向的较弱的光运动和当并未传送光时存在于媒质中的运动结合起来,将与沿相反方向的较强的光运动和同一非光运动结合起来时给出相同的合运动。平行于磁力线而通过磁化玻璃传送的具有相同的性质即永为左手或永为右手的圆偏振光,将按照它的路程是沿着还是反着一个北磁极被画出的方向而以不同的速度传播;关于这个事实,我认为不仅不可能设想出和上述这种动力学解释有所不同的任何动力学解释,而且我也相信,可以阐明这一事实的任何别的解释都是不可能的。因此,看样子,法拉第的光学发现给关于磁的终极本性的安培解释提供了一种证明,并且在热的动力论中给出了一个磁化的定义。动量矩原理('面积的守恒性')在兰金'分子漩涡'假说的数学处理中的引用,似乎表明一条垂直于热运动之合角动量平面('不变的平面')的直线就是磁化物体的磁轴;而且这也意味着,这些运动的合动量矩就是'磁矩'的确切量度。一切电磁的吸引或推斥现象,以及电磁感应现象,其解释都应该简单地到其运动构成热的那种物质的惯性和压力中去寻找。这种物质是不是电，它是一种填充在分子核之间的空间中的连续流体呢还是本身也有分子结构，或者，是不是一切物质都是连续的而分子性的不均匀性只存在于物体各相邻部分的有限的漩涡运动或其他相对运动方面，这在目前的科学状况下还是无法确定的，而且或许推测它也是无用的。”

我曾经相当详细地发展了一种分子漩涡理论，见 *Phil. Mag.* for March, April, and May, 1861, Jan. and Feb. 1862.

我认为，我们有很好的证据可以相信，磁场中有某种转动现象在进行着，这种转动是由许许多多很小的物质部分在进行着的，其中每一个小部分都绕着自己的轴线在转动，这个轴线平行于磁力的方向，而且，通过彼此之间的某种连接机制，这些不同的漩涡是被弄得互相制约着的。

然后我就试着设想了这种机制的一个可行的模型。这种尝试不能过分当真，它只是一种演示，表明可能设想出一种机制，它可以产生一种连接，在力学上和电磁场各部分之间的实际连接相等价。为了在一个体系各部分的运动之间建立一种给定类型的联系，就需要某种机制；这种机制的确定问题永远可以有无限多种解。在这许多解中，有些解可能比别的解更加复杂和更加别扭，但是所有的解都必须满足机制的普遍条件。

然而，理论的下列结果却具有较高的价值：

（1）磁力是各漩涡的离心力的效应。

（2）电流的电磁感应是当各漩涡的速度发生变化时所引起的那些力的效应。

（3）电动势起源于连接机制上的胁强。

（4）电位移起源于连接机制的弹性屈服。

第五十五章　用分子电流来解释铁磁性和抗磁性

关于磁性的电磁学说

832.〕 我们已经看到(第 380 节),磁体和磁体之间的相互作用,可以用一种叫做"磁质"的假想物质的吸引和推斥来准确地代表。我们已经指出了为什么我们不能假设磁质能够像当我们磁化一个棒时起初想象的那样从磁体的一部分经过一个可觉察的距离而运动到磁体的另一部分,从而我们就被引导到了泊松的假说,即磁质是严格地局限在磁性物质的单个分子中的,因此一个磁化了的分子就是种类相反的磁质或多或少地向分子的相对两端分开的一个分子,但是其中任何一种磁质都永远不能真正地脱离分子(第 430 节)。

这些论点就能完全确立一个事实,即磁化不是大块的铁的现象而是分子的现象,也就是说,是物质的那样一些很小的部分的现象,它们太小了,以致我们无法用机械的手段把它们一分为二,以便得到一个和南极分离开的北极。但是,不经进一步的探索,磁分子的本性却绝不是已经确定的。我们已经看到(第 442 节),有很强的理由可以相信,对铁或钢进行磁化的动作并不是把磁性传给组成铁或钢的那些分子,而是这些分子即使在未被磁化的铁中就已经是磁性分子了,但是它们的轴线却不偏不倚地指向所有的方向,而磁化的动作则只是转动那些分子,使它们的轴线或是完全指向一个方向,或是至少偏向那个方向。

833.〕 然而,我们还没有得到有关磁性分子之本性的任何解释,也就是说,我们还没有认识到它和我们更加了解的任何其他东西的相似性。因此我们必须考虑安培的假说,就是说,分子的磁性起源于一种在分子内部不断地沿某种闭合路线进行着的分子电流。

利用一个在其表面上适当分布的电流层来得出任一磁体在其外部各点上的作用的一种确切模拟,总是可能的。但是,磁体在其内部各点上的作用,却是和电流在各对应点上的作用完全不同的。因此安培就得出结论说,如果磁性是要借助于电流来加以解释的,这些电流就必然在磁体的分子内部流动,而不应该从一个分子流到另一个分子。由于我们不能测量分子内部的一点上的磁作用,这一假说就不能像我们可以否证磁体内部可觉察范围内的电流的假说那样加以否证。

除此以外,我们也知道,当从导体的一个部分过渡到另一个部分时,一个电流就遇到电阻并产生热;因此,假如有普通种类的电流绕着可觉察大小的磁体部分在进行,那就会有一种经常的能量耗损来保持这些电流,而且一个磁体也将是一个永久性的热源。人们对分子内部的电阻是毫无所知的，因此，通过把电路限制在分子内部，我们就可以断言电流在分子内运行时不会遇到任何电阻，而且我们用不着害怕任何矛盾。

因此，按照安培的学说，所有的磁现象都起源于电流，而且，假如我们能够对一个磁性分子内部的磁力进行观测，我们就将发现这种磁力和由任何其他电路包围着的区域中的磁力服从完全相同的规律。

834.〕 当处理磁体内部的力时，我们曾经假设测量是在从磁体物质中挖出的小空腔中进行的，见第 395 节。这样我们就被引导到了两个不同量的考虑，即磁力和磁感的考虑，这二者都被假设为是在磁性物质已被取走的空间中观测的。我们并没有认为自己能够穿透磁性分子的内部并观测分子内部的力。

如果我们采用安培的学说，我们就把一个磁体不是看成其磁化按照某种容易想象的规律而从一点到另一点地变化的一种连续的物质，而是把它看成为数甚多的一群分子；在每一个分子中都流动着一套电流，它们引起一种极其复杂的磁力分布；分子内部的磁力的方向，通常是和它的邻域中的平均磁力的方向相反的；而在它存在的地方，磁势也是一个多重函数，其重数就如磁体中的分子数那样地大。

835.〕 但是我们却将发现，尽管存在这种表观复杂性（然而这种复杂性只不过起源于许多较简单部分的同时存在），通过采用安培学说并把我们的数学眼光伸展到分子的内部，磁的数学理论却是被大大简化了的。

首先，磁力的两个定义变成了一个定义，二者都和适用于磁体外部空间的定义相同了。其次，磁力的分量到处都满足磁感分量所满足的条件了，就是说，到处都满足下一条件了：

$$\frac{\mathrm{d}\alpha}{\mathrm{d}x}+\frac{\mathrm{d}\beta}{\mathrm{d}y}+\frac{\mathrm{d}\gamma}{\mathrm{d}z}=0。\qquad (1)$$

换句话说，磁力的分布和一种不可压缩流体的速度的分布具有相同的性质，或者，正像我们在第 25 节中已经表述过的那样，磁力是没有敛度的。

最后，三个矢量函数即电磁动量、磁力和电流，变得更简单地相互联系着了。它们都是没有敛度的矢量函数，而且它们是按次序一个从一个用相同的手续导出的，其手续就是求空间变化率，即哈密顿用符号∇来表示的那种运算。

836.〕 但是我们现在是在从一种物理的观点来考虑磁，从而我们就必须追问分子电流的物理性质。我们假设有一个电流在分子中循环不已，而且它并不会遇到任何电阻。设 L 是分子电路的自感系数，而 M 是这一电路和某一其他电路之间的互感系数，那么，如果 γ 是分子中的电流而 γ' 是另一电路中的电流，则电流 γ 的方程是

$$\frac{\mathrm{d}}{\mathrm{d}t}(L\gamma+M\gamma')=-R\gamma;\qquad (2)$$

而既然按照假说并不存在任何电阻，我们就有 $R=0$，于是通过积分就得到

$$L\gamma+M\gamma'=\text{常量}=L\gamma_0,\qquad (3)$$

让我们假设分子电路在分子轴线的垂面上的投影面积是 A，该轴线定义为使投影面积为最大的那个平面的法线。如果其他电流在一个和分子轴线成 θ 角的方向上引起的磁力是 X，则量 $M\gamma'$ 变成 $XA\cos\theta$，而作为电流的方程我们就有

$$L\gamma+XA\cos\theta=L\gamma_0,\qquad (4)$$

式中 γ_0 是当 $X=0$ 时的 γ 值。

因此，看来分子电流的强度完全依赖于它的原始值 γ_0，也依赖于由其他电流引起的磁力的强度。

837.〕 如果我们假设不存在原始电流而是电流完全起源于感应，则有

$$\gamma=-\frac{XA}{L}\cos\theta。\tag{5}$$

负号表明感生电流的方向和施感电流的方向相反，而且它的磁作用是在电路内部沿着和磁力相反的方向而起作用。换句话说，分子电流像一个小磁体那样起作用，它的两极是指向施感磁体的同名极的。

这是一种作用，它和铁分子在磁力影响下的作用相反。因此，铁中的分子电流并不是由感应作用引起的。但是在抗磁性物质中却有一种这样的作用被观察到，而事实上这也正是由韦伯最初提出的对于抗磁体的解释。

韦伯的抗磁性理论

838.〕 按照韦伯的理论，在抗磁性物质的分子中存在某些渠道，而电流可以沿着这些渠道运行而不受到阻力。很显然，如果我们假设这些渠道沿一切方向而穿过分子，那就等于把分子看成一个理想的导体。

从假设分子内的一个线性电路开始，我们就得到由方程(5)给出的电流强度。

电流的磁矩是它的强度和电路面积的乘积，即 γA，而这个磁矩沿磁化力方向的分量则是 $\gamma A\cos\theta$，或者由(5)就得到

$$-\frac{XA^2}{L}\cos^2\theta。\tag{1}$$

如果单位体积中有 n 个这样的分子，而它们的轴线是不偏不倚地沿一切方向分布的，则 $\cos^2\theta$ 的平均值将是 $\frac{1}{3}$，而物质的磁化强度将是

$$-\frac{1}{3}\frac{nXA^2}{L}\tag{2}$$

因此，诺依曼的磁化系数就是

$$\kappa=-\frac{1}{3}\frac{nA^2}{L}。\tag{3}$$

因此物质的磁化是沿着磁化力的反方向的，或者换句话说，物质是抗磁性的。磁化也和磁化力确切地成正比而并不像普通的磁感应事例中那样趋于一个有限的极限。请参阅第 442 等节。

839.〕 如果各分子渠道的轴线方向不是不偏不倚地沿一切方向排列，而是沿某些方向的数目较多，则按所有分子计算的和式 $\sum\frac{A^2}{L}\cos^2\theta$ 将按照从它开始测量 θ 值的那条直线的方向之不同而有不同的值，而这些值在不同方向上的分布将和绕通过同一点而方向不同的轴线的惯量矩的分布相似。

这样一种分布将解释由普吕克尔所描述了的那种和物体中的轴线有关的磁现象，即法拉第所说的磁晶现象。请参阅第 435 节。

840.〕 现在让我们考虑，如果不是把电流限制在分子内的某些渠道中，而是整个的分子被假设成一个理想的导体，那将有什么效应呢？

让我们从一个非环形物体的事例开始；就是说，物体不是一个环或一个穿了孔的物体。让我们假设这个物体到处都被一个理想导电物质的薄壳所包围。

我们在第 654 节中已经证明，一个任意形状的理想导电物质的闭合层，本来不带有电流，当受到外磁力的作用时就变成一个电流层，其作用是足以在层的内部各点上使磁力等于零。

如果我们注意到一个情况，那就可能有助于我们理解这一事例。其情况就是，磁力在这样一个物体附近的分布，和一种不可压缩流体的速度在一个相同形状的不可穿透性物体附近的分布相似。

很显然，如果另一些导电壳被放在第一个壳的内部，既然它们并没有受到磁力的作用，也就不会有任何电流在它们中被激起。因此，在一个由理想导电材料构成的固体中，磁力的效应就是激起一个完全限制在物体表面上的电流系。

841.〕 如果导电物体具有半径为 r 的球的形状，则它的磁矩可被证明{利用在第 672 节中给出的方法来证明}为等于 $-\frac{1}{2}r^3X$，而且，如果有若干个这样的球分布在一种媒质中，使得单位体积中的导电物质的体积是 k'，则通过在第 314 节的方程(17)中令 $k_1=\infty$、$k_2=1$ 和 $p=k'$，我们就能求出磁导率；这时把磁导率看成那一节中的电阻的倒数，即

$$\mu=\frac{2-2k'}{2+k'},\tag{4}$$

由此，关于泊松的磁系数，我们就有

$$k=-\frac{1}{2}k',\tag{5}$$

而关于诺依曼的感应磁化系数，就有

$$\kappa=-\frac{3}{4\pi}\frac{k'}{2+k'}。\tag{6}$$

既然理想导电物体的数学观念导致一些和我们在普通导体中所能观察到的任何现象都非常不同的结果，那就让我们更多地考察一下这个课题吧。

842.〕 回到像第 836 节中那样的具有面积为 A 的闭合曲线形状的导电渠道的事例，关于倾向于使角 θ 增大的电磁力矩，我们就有

$$\gamma\gamma'\frac{\mathrm{d}M}{\mathrm{d}\theta}=-\gamma XA\sin\theta\tag{7}$$

$$=\frac{X^2A^2}{L}\sin\theta\cos\theta。\tag{8}$$

按照 θ 大于或小于直角，这个力是正的或负的。由此可见，一个理想导电渠道的磁力的效应，就是倾向把它转得使它的轴线和磁力线相垂直，也就是使渠道的平面变成和磁力线相平行。

把一个铜币或铜环放在电磁铁的两极之间，就能观察到种类相似的一个效应。在磁铁被激励的那一瞬间，铜环就把它的平面转向轴的方向，但是电流一经被铜的电阻所消灭，力也就变成零了①。

843.〕 到此为止，我们只考虑了分子电流完全由外磁力所激起的事例。其次让我们分析韦伯关于分子电流之磁电感应的理论和安培关于普通磁性的学说之间的关系。

① Faraday, *Exp. Res.*, 2310, &c.

按照安培和韦伯的看法，磁性物质中的分子电流不是由外磁力所激起而是早已存在的，而分子本身则是受到电流在其中流动的电路上的那种磁力的电磁作用的影响并被那种作用所偏转的。当安培创立了这个假说时，电流的感应现象还是未知的，从而他就没有提出任何假说来说明分子电流的存在或确定它们的强度。

然而，现在我们必须对这些电流应用韦伯对他的抗磁性分子中的电流所应用的那些同样的定律。我们只需假设，当没有磁力作用时，电流 γ 的原始值不是零而是 γ_0。当一个磁力 X 作用在一个面积为 A 而轴线和磁力线夹一角度 θ 的分子电流上时，电流强度是

$$\gamma=\gamma_0-\frac{XA}{L}\cos\theta, \tag{9}$$

而倾向于转动分子以使 θ 增大的力偶矩是

$$-\gamma_0 XA\sin\theta+\frac{X^2A^2}{2L}\sin 2\theta。 \tag{10}$$

因此，在第 443 节中的探索中令

$$A\gamma_0=m,\quad \frac{A}{L\lambda_0}=B, \tag{12}$$

平衡方程就变成

$$X\sin\theta-BX^2\sin\theta\cos\theta=D\sin(\alpha-\theta)。 \tag{13}$$

电流的磁矩在 X 方向上的分量是

$$\gamma A\cos\theta=\gamma_0 A\cos\theta-\frac{XA^2}{L}\cos^2\theta, \tag{14}$$

$$=m\cos\theta(1-BX\cos\theta)。 \tag{15}$$

844.〕 这些条件和韦伯的磁感应理论中那些条件的差别在于含有系数 B 的各项。如果 BX 和 1 相比是很小的，这些结果就将趋近于韦伯的磁性理论中的结果。如果 BX 和 1 相比是很大的，这些结果就将趋近于韦伯的抗磁性理论中的结果。

分子电流的原始值 γ_0 越大，B 就将变得越小，而如果 L 也很大，则这也会使 B 减小。现在，如果电流是在一个环形的渠道中流动的，则 L 的值依赖于 $\log\frac{R}{r}$，式中 R 是渠道的中线的半径，而 r 是其截面的半径。因此，渠道截面和它的面积相比越小，自感系数 L 就越大，而现象就越和韦伯的原始理论相一致。然而却存在一点不同，即当磁化力 X 增大时暂时磁矩不仅将达到一个极大值，而且以后将随 X 的增大而减小。

假如有一天能够在实验上证明任何物质的暂时磁化在磁化力连续增大时是起初增大而后减小的，我认为这些分子电流之存在的证据就会几乎被提高到证明的等级了①。

845.〕 如果抗磁性物质中的分子电流是限制在一些确定的渠道中的，而且各分子是像磁性物质的分子那样可以被偏转的，则当磁力增大时抗磁极性将是一直增大的，但当磁力很大时极性就增大得不像磁力那样快。然而，抗磁系数的很小的绝对值却表明，作用在每一个分子上的致偏力，和作用在一个磁性分子上的致偏力相比一定是很小的，因此由这种偏转引起的任何结果都不太可能是觉察得到的。

另一方面，如果抗磁性物质中的分子电流可以在分子的物质整体中自由地流动，抗磁极性就将严格地正比于磁化力，而其量值则将导致理想导电物质所占之全部空间的一种测定，而且，如果我们知道分子的数目，这个量值也将导致分子大小的测定。

---

① 厄翁教授曾在很强的磁场中寻求这种效应的迹象，但是尚未发现。见 Ewing and Low 'On the Magnetisation of Iron and other Magnetic Metals in very Strong Fields', *Phil. Trans*. 1889, A. p. 221。

第五十六章 远距作用理论

关于高斯和韦伯所提出的对安培公式的解释

846.〕 按照安培公式，载有强度为 i 和 i' 的两个电路的元段 $\mathrm{d}s$ 和 $\mathrm{d}s'$ 之间的吸引力

是
$$\frac{ii'\mathrm{d}s\mathrm{d}s'}{r^2}\left(2\cos\varepsilon+3\frac{\mathrm{d}r}{\mathrm{d}s}\frac{\mathrm{d}r}{\mathrm{d}s'}\right); \tag{1}$$

或者写成
$$-\frac{ii'\mathrm{d}s\mathrm{d}s'}{r^2}\left(2r\frac{\mathrm{d}^2r}{\mathrm{d}s\mathrm{d}s'}-\frac{\mathrm{d}r}{\mathrm{d}s}\frac{\mathrm{d}r}{\mathrm{d}s'}\right); \tag{2}$$

式中的电流用电磁单位来量度。请参阅第 526 节。

我们现在必须诠释其意义的各个出现在这些表示式中的量是 $\cos\varepsilon_1\ \frac{\mathrm{d}r}{\mathrm{d}s}\frac{\mathrm{d}r}{\mathrm{d}s'}$，和 $\frac{\mathrm{d}^2r}{\mathrm{d}s\mathrm{d}s'}$；而应该到那里去寻求一种建筑在电流之间的直接关系上的诠释的最明显的现象就是两个电路元中的电荷相对速度。

847.〕 因此，让我们考虑分别以速度 v 和 v' 而沿着电路元 $\mathrm{d}s$ 和 $\mathrm{d}s'$ 运动的粒子的相对运动。这些粒子的相对速度的平方是
$$u^2=v^2-2vv'\cos\varepsilon+v'^2; \tag{3}$$

而如果我们用 r 来代表二粒子之间的距离，就有
$$\frac{\partial r}{\partial t}=v\frac{\mathrm{d}r}{\mathrm{d}s}+v'\frac{\mathrm{d}r}{\mathrm{d}s'}, \tag{4}$$

$$\left(\frac{\partial r}{\partial t}\right)^2=v^2\left(\frac{\mathrm{d}r}{\mathrm{d}s}\right)^2+2vv'\frac{\mathrm{d}r}{\mathrm{d}s}\frac{\mathrm{d}r}{\mathrm{d}s'}+v'^2\left(\frac{\mathrm{d}r}{\mathrm{d}s'}\right)^2, \tag{5}$$

$$\frac{\partial^2 r}{\partial t^2}=v^2\frac{\mathrm{d}^2r}{\mathrm{d}s^2}+2vv'\frac{\mathrm{d}^2r}{\mathrm{d}s\mathrm{d}s'}+v'^2\frac{\mathrm{d}^2r}{\mathrm{d}s'^2}, \tag{6}$$

式中的符号 ∂ 表示，在被微分的量中，粒子的坐标要用时间表示出来。

因此就看到，方程(3)、(5)和(6)中含乘积 vv' 的各项包含了那些出现在(1)和(2)中的必须加以诠释的量。因此我们就力图用 u^2、$\overline{\frac{\partial r}{\partial t}}\Big|^2$ 和 $\frac{\partial^2 r}{\partial t^2}$ 把(1)和(2)表示出来。但是，为了做到这一点，我们必须把其中每一表示式中的第一项和第三项消去，因为它们含有一些并不出现在安培公式中的量。由此可见，我们不能把电流解释成仅仅沿一个方向的电传递，而是在每一个电流中都要把两个反向的流动结合起来，以便含有 v^2 和 v'^2 的各项的组合效应可以是零。

848.〕 因此让我们假设，在第一个电路元 $\mathrm{d}s$ 中，我们有一个以速度 v 运动着的带电质点 e 和另一个以速度 v_1 运动着的带电质点 e_1；而且同样，在 $\mathrm{d}s'$ 中也有两个分别以速度 v' 和 v_1' 运动着的质点 e' 和 e_1'。

对这些质点的组合作用来说，含 v^2 的项是 $\sum(v^2ee')=(v^2e+v_1{}^2e_1)(e'+e'_1)$。

(7)

同理就有 $$\sum(v'^2ee')=(v'^2e'+v_1'^2e'_1)(e+e_1); \tag{8}$$

以及 $$\sum(vv'ee')=(ve+v_1e_1)(v'e'+v'_1e'_1)。 \tag{9}$$

要想使 $\sum v^2ee'$ 可以是零，我们就必须有 $e'+e'_1=0$，或 $v^2e+v_1{}^2e_1=0$。(10)

按照菲希诺尔的假说，电流就是一个沿正方向的正电之流和一个沿负方向的负电之流的结合体，二者在运动着的电量和运动所取的速度方面都在数值上恰好相等。由此可见，(10)中的两个条件都是被菲希诺尔假说所满足的。

但是，为了我们的目的，只要一条假设也就够了：或是假设每一电流元中的正电量在数值上等于负电量，或是假设两种电量都和它们的速度平方成反比。

现在我们知道，通过使第二条导线作为整体而带电，我们可以使 $e+e'$ 为正或为负。按照这一公式，即使并未载有电流，这样一条带电的导线也会对载有电流而其内部的 $v^2e+v_1^2e_1$ 有一个异于零的值的第一条导线作用以力。这样的作用从来不曾被观察到过。

因此，既然 $e+e'$ 这个量可以在实验上被证实为并不永远等于零，既然 $v^2e+v_1^2e_1$ 这个量并不能在实验上进行检验，那么，对于这些思索来说，假设后一个量永远为零就是比较好的。

849.〕 不论我们采用什么假说，无可怀疑的都是，代数地计算下来，沿第一个电路的总的电荷传输应由下式表示：$ve+v_1e_1=ci\,\mathrm{d}s$，式中 c 是单位电流在单位时间内所传输的静电的单位数；于是我们就可以把方程(9)写成

$$\sum(vv'ee')=c^2ii'\mathrm{d}s\mathrm{d}s'。 \tag{11}$$

因此，(3)、(5)和(6)的四个值的和就变成

$$\sum(ee'u^2)=-2c^2ii'\mathrm{d}s\mathrm{d}s'\cos\varepsilon, \tag{12}$$

$$\sum\left(ee'\left(\frac{\partial r}{\partial t}\right)^2\right)=2c^2ii'\mathrm{d}s\mathrm{d}s'\frac{\mathrm{d}r}{\mathrm{d}s}\frac{\mathrm{d}r}{\mathrm{d}s'}, \tag{13}$$

$$\sum\left(ee'r\frac{\partial^2 r}{\partial t^2}\right)=2c^2ii'\mathrm{d}s\mathrm{d}s'r\frac{\mathrm{d}^2 r}{\mathrm{d}s\mathrm{d}s'}, \tag{14}$$

从而我们就可以把 $\mathrm{d}s$ 和 $\mathrm{d}s'$ 之间的吸引力的两个表示式(1)和(2)写成

$$-\frac{1}{c^2}\sum\left[\frac{ee'}{r^2}\left(u^2-\frac{3}{2}\left(\frac{\partial r}{\partial t}\right)^2\right)\right], \tag{15}$$

和 $$-\frac{1}{c^2}\sum\left[\frac{ee'}{r^2}\left(r\frac{\partial^2 r}{\partial t^2}-\frac{1}{2}\left(\frac{\partial r}{\partial t}\right)^2\right)\right]。 \tag{16}$$

850.〕 在静电理论中，两个带电质点 e 和 e' 之间的推斥力的普通表示式是 $\frac{ee'}{r^2}$，而且

$$\sum\left(\frac{ee'}{r^2}\right)=\frac{(e+e_1)(e'+e'_1)}{r^2}, \tag{17}$$

此式就给出两个电路元之间的静电推斥力，如果它们是作为整体而带电的话。

由此可见，如果我们假设两个电路元之间的推斥力满足下列两个修订了的表示式中

的任一个：
$$\frac{ee'}{r^2}\left[1+\frac{1}{c^2}\left(u^2-\frac{3}{2}\left(\frac{\partial r}{\partial t}\right)^2\right)\right], \tag{18}$$

或
$$\frac{ee'}{r^2}\left[1+\frac{1}{c^2}\left(r\frac{\partial^2 r}{\partial t^2}-\frac{1}{2}\left(\frac{\partial r}{\partial t}\right)^2\right)\right],[①] \tag{19}$$

我们就可以从它们既推出普通的静电力，又推出由安培确定出来的作用在电流之间的动力。

851.〕 这些表示式中的第一个(18)，是由高斯[②]在1835年7月间发现，并被他诠释为一条电作用的基本定律的；他说："两个电荷元在相对运动的状态中会互相吸引或互相推斥，但其方式和它们处于相对静止时不同。"就我所知，这一发现在高斯在世时并没有发表，从而第二个表示式就是被科学界得知的这种结果中最早的一种；这个表示式是由韦伯独立发现的，发表在他那著名的 *Elektrodynamische Maasbestimmungen* 的第一编中[③]。

852.〕 当应用于两个电流之间的机械力的确定时，这两个表示式就导致完全相同的结果，而且这种结果是和安培的结果等同的。但是当把它们看成两个带电质点之间的作用的物理定律的表示式时，我们必须追问它们是否和其他已知的自然事实相容。

这两个表示式都包含着质点的相对速度。当通过数学推理来建立众所周知的能量守恒原理时，人们普遍地假设作用在两个质点之间的力只是距离的函数，而且人们通常说，如果力是其他东西的函数，例如时间或质点速度的函数，则原理的证明是不成立的。

因此，一条涉及质点速度的电作用定律，有时曾经被认为是和能量守恒原理相矛盾的。

853.〕 高斯的公式和这一原理相矛盾，从而必须被放弃，因为它导致一条结论，认为能量可以借助于物理手段而在一个有限的体系中无限地产生出来。这种反驳不适用于韦伯的公式，因为他曾经证明[④]，如果我们假设由两个带电质点组成的体系的势能是

$$\psi=\frac{ee'}{r}\left[1-\frac{1}{2c^2}\left(\frac{\partial r}{\partial t}\right)^2\right], \tag{20}$$

则通过对 r 求此式的导数并变号而得到的质点间的推斥力是由公式(19)给出的。

由此可见，一个固定质点的推斥力对一个运动质点做的功就是 $\psi_0-\psi_1$，式中 ψ_0 和 ψ_1 是 ψ 在运动质点的路径起点和路径终点上的值。ψ 不但依赖于距离 r，而且依赖于速度沿 r 的分量。因此，如果质点描绘了任何一条闭合的路径，使得它在终点上的位置、速度以及运动方向都和在起点上的相同，则在这一循环过程中总的来说将是没做任何功的。

由此可见，无限大数量的功并不能由一个在韦伯所假设的力的作用下以一种周期方式运动着的粒子所作出。

854.〕 但是，在他的《静止导体中电的运动方程》[⑤]这篇重要的论著中，亥姆霍兹一

① 关于这种类型的理论的论述，请参阅 *Report on Electrical Theories*, by J. J. Thomson, *B. A. Report*, 1885, pp. 97～155。

② *Werke* (Göttingen edition, 1867), vol. v. p. 616.

③ *Abh. Leibnizens Ges.*, Leipzig(1846), p. 316.

④ *Pogg. Ann.* lxxiii. p. 229(1848).

⑤ *Crelle's Journal*, 72. pp. 57～129(1870).

方面证明了韦伯的公式当只考虑在完整的循环过程中所做的功时是并不和能量守恒原理相矛盾的，另一方面他也指出了，韦伯的公式导致这样一个结论：按照韦伯定律而运动的两个带电质点在起初可以有有限的速度，但是当彼此相距还为有限距离时，它们却可以获得无限的动能，也可以做无限的功。

对于这种批评，韦伯[①]回答说：在亥姆霍兹的例子中，质点的初始相对速度虽然是有限的，但却是大于光速的，而且，动能变为无限时的距离虽然是有限的，但却是小于我们所能觉察的，从而把两个质点弄得如此靠近就可能是在物理上做不到的。因此这个例子就不能用任何实验的方法来加以检验。

于是亥姆霍兹[②]就叙述了一个事例；在这个事例中，对于实验验证来说距离不是太小，而速度也不是太大。一个半径为 a 的固定的不导电的球面被充电到了面密度为 σ。一个质量为 m 而带有电荷 e 的质点在球内以速度 v 而运动。由公式(20)算出的电动力学势能是

$$4\pi a\sigma e\left(1-\frac{v^2}{6c^2}\right), \tag{21}$$

从而是和质点在球内的位置无关的。在这个结果上加上由其他力的作用所引起的另一部分势能 V 和质点的动能 $\frac{1}{2}mv^2$，我们就得到能量方程

$$\frac{1}{2}\left(m-\frac{4}{3}\frac{\pi a\sigma e}{c^2}\right)v^2+4\pi a\sigma e+V=\text{常量}。 \tag{22}$$

既然 v^2 的系数中的第二项可以通过增大球的半径 a 并使面密度 σ 保持不变而无限地增大，v^2 的系数就可以被弄成负数。于是质点运动的加速就将对应于它的“活动”(*vis viva*)的减小，而一个沿闭合路径运动并受到像摩擦力一样永远和运动方向相反的一个力的作用的质点，就将不断地增大它的速度，而且这是没有限度的。这种不可能的结果是假设一种势能公式的必然推论，那种公式在 v^2 的系数中引入了负项。

855.〕 但是我们现在必须考虑韦伯理论对可以实现的现象的应用。我们已经看到它怎样给出两个电流元之间的吸引力的安培表示式。一个电流元在另一电流上的势通过对两个电流元中正、负电流的四种组合求和来求得。由方程(20)，求$\left.\frac{\partial r}{\partial t}\right|^2$ 的四个值的和，结果就是

$$-ii'\mathrm{d}s\mathrm{d}s'\frac{1}{r}\frac{\mathrm{d}r}{\mathrm{d}s}\frac{\mathrm{d}r}{\mathrm{d}s'}, \tag{23}$$

而一个闭合电流在另一个闭合电流上的势就是

$$-ii'\iint\frac{1}{r}\frac{\mathrm{d}r}{\mathrm{d}s}\frac{\mathrm{d}r}{\mathrm{d}s'}\mathrm{d}s\mathrm{d}s'=ii'M, \tag{24}$$

式中正如在第 423、524 节中一样，

$$M=\iint\frac{\cos\varepsilon}{r}\mathrm{d}s\mathrm{d}s'。$$

在闭合电流的事例中，这一表示式和我们已经(在第 524 节中)得到的表示式相等同[③]。

① *Elektr. Maasb. inbesondere über das Princip der Erhaltung der Energie.*

② *Berlin Monatsbericht*, April 1872, pp. 247～256; *Phil. Mag.*, Dep. 1872, *Supp.*, pp. 530～537.

③ 在整个的探索中，韦伯应用了电动力学单位制。在本书中，我们总是使用电磁单位制。电流的电磁单位和电动力学单位之比是$\sqrt{2}$比 1。见第 526 节。

韦伯的电流感应理论

856.〕 韦伯在从安培的关于电流元之间的作用的公式推得了他自己的关于运动带电质点之间的作用的公式以后，就着手应用他的公式来解释电流由磁电感应所产生的现象了。在这一点上他是杰出地成功的，从而我们将说明可以用来从韦伯公式推出感生电流定律的那种方法。但是我们必须提到，从安培发现的现象推出的一条定律也可以说明后来由法拉第发现的现象，而这一事实却并不像我们起初所设想的那样在定律之物理真实性的证据上增加了多大的重量。

因为，亥姆霍兹和汤姆孙已经证明(见第 543 节)，如果安培的现象是真实的，而且能量守恒定律也是被承认的，则法拉第所发现的感应现象是必然的推论。现在，韦伯的定律，以及它所涉及的关于电流本性的各种假设，通过数学变换而导致了安培的公式。韦伯的定律也是和能量守恒定律相一致的，只要势存在就行，而势存在也正是亥姆霍兹和汤姆孙应用该原理时所唯一要求的。因此，甚至在对这一课题作出任何应用之前，我们就可以断定韦伯的定律将能够解释电流的感应了。因此，计算证明它能够解释电流感应这一事实，就不能使定律之物理真实性的证据有任何的增减。

另一方面，高斯的公式尽管能够解释电流的吸引现象，但它却和能量守恒原理不能相容，从而我们就不能断定它将解释所有的感应现象。事实上它并不能做到这一点，正如我们在第 859 节中即将看到的那样。

857.〕 现在我必须考虑当 ds 在运动中而它的电流可以变化时由电流元 ds 在电流元 ds'中引起的电流。

按照韦伯的观点，对 ds'是它的一个元的那个导体的材料的作用，是对它所携带的电的所有作用之和。另一方面，作用在 ds'中的电上的电动力，却是作用在它内部的正电和负电上的电力之差。既然所有这些力都是沿着二电流元的连线而起作用的，作用在 ds'上的电动力也就是沿着这一连线的，而为了解释沿 ds'方向的电动力，我们就必须把力投影到该方向上。为了应用韦伯的公式，我们必须计算出现在公式中的各项，所依据的假设是，电流元 ds'是相对于 ds'而运动着的，而且两个电流元中的电流都是随时间而变的。这样求得的表示式将包括含 v^2、vv'、v'^2、v、v'的一些项，以及不含 v 或 v'的一些项，所有这些项都乘上了 ee'。像从前那样检查每一项的四个值并首先考虑由四个值的和值所引起的机械力，结果发现，我们所必须照顾到的只有含乘积 $vv'ee'$的那一项。

如果我们就考虑由第一个电流元对第二个电流元中正电和负电的作用之差所引起的倾向于在第二个电流元中产生电流的那个力，我们就会发现，我们所必须分析的唯一的一项就是含 vee'的那一项。我们可以写出 $\sum(vee')$中被感生的四项，于是就有

$$e'(ve+v_1e_1)\text{ 和 }e'_1(ve+v_1e_1)。$$

既然 $e'+e'_1=0$，由这些项引起的机械力就是零，但是作用在正电 e'上的电动力却是$(ve+v_1e_1)$，而作用在负电 e'_1上的电动力则和此力相等而反向。

858.〕 现在让我们假设，第一个电流元 ds 是相对于 ds'而以速度 V 沿着某一方向

运动的，并且让我们用 $\widehat{V\mathrm{d}s}$ 和 $\widehat{V\mathrm{d}s'}$ 来分别代表 V 的方向和 $\mathrm{d}s$ 的方向之间的夹角，于是两个带电质点的相对速度 u 的平方就是

$$u^2=v^2+v'^2+V^2-2vv'\cos\varepsilon+2Vv\cos\widehat{V\mathrm{d}s}-2Vv'\cos\widehat{V\mathrm{d}s'}。\tag{25}$$

含 vv' 的项和方程(3)中的一项相同。电动力所依赖的含 v 的那一项是 $2Vv\cos\widehat{V\mathrm{d}s}$。

关于这一事例中 r 的时间变化率的值，我们也有 $$\frac{\partial r}{\partial t}=v\frac{\mathrm{d}r}{\mathrm{d}s}+v'\frac{\mathrm{d}r}{\mathrm{d}s'}+\frac{\mathrm{d}r}{\mathrm{d}t},\tag{26}$$

式中 $\frac{\partial r}{\partial t}$ 指的是带电质点的运动，而 $\frac{\mathrm{d}r}{\mathrm{d}t}$ 指的是物质性导体的运动。如果我们求出这个量的平方，则机械力所依赖的含 vv' 的项仍像从前那样和方程(5)中的一项相同，而电动力所依赖的含 v 的项则是 $2v\frac{\mathrm{d}r}{\mathrm{d}s}\frac{\mathrm{d}r}{\mathrm{d}t}$。

对 t 求(26)的导数，我们就得到

$$\begin{aligned}\frac{\partial^2 r}{\partial t^2}=&v^2\frac{\mathrm{d}^2 r}{\mathrm{d}s^2}+2vv'\frac{\mathrm{d}^2 r}{\mathrm{d}s\mathrm{d}s'}+v'^2\frac{\mathrm{d}^2 r}{\mathrm{d}s'^2}+\frac{\mathrm{d}v}{\mathrm{d}t}\frac{\mathrm{d}r}{\mathrm{d}s}+\frac{\mathrm{d}v'}{\mathrm{d}t}\frac{\mathrm{d}r}{\mathrm{d}s'}\\&+v\frac{\mathrm{d}v}{\mathrm{d}s}\frac{\mathrm{d}r}{\mathrm{d}s}+v'\frac{\mathrm{d}v'}{\mathrm{d}s}\frac{\mathrm{d}r}{\mathrm{d}s'}+2v\frac{\mathrm{d}}{\mathrm{d}s}\frac{\mathrm{d}r}{\mathrm{d}t}+2v'\frac{\mathrm{d}}{\mathrm{d}s'}\frac{\mathrm{d}r}{\mathrm{d}t}+\frac{\mathrm{d}^2 r}{\mathrm{d}t^2}。\end{aligned}\tag{27}$$①

我们发现，含 vv' 的项仍像从前一样和(6)中的一项相同。随着 v 的变号而变号的项是 $\frac{\mathrm{d}v}{\mathrm{d}t}\frac{\mathrm{d}r}{\mathrm{d}s}$ 和 $2v\frac{\mathrm{d}}{\mathrm{d}s}\frac{\mathrm{d}r}{\mathrm{d}t}$。

859.〕 如果我们现在利用高斯的公式(方程(18))来计算由第一个电流元 $\mathrm{d}s$ 的作用而来的沿第二个电流元 $\mathrm{d}s'$ 方向的合电力，我们就得到

$$\frac{1}{r^2}\mathrm{d}s\mathrm{d}s'iV(2\cos\widehat{V\mathrm{d}s}-3\cos\widehat{Vr}\cos\widehat{r\mathrm{d}s})\cos\widehat{r\mathrm{d}s'}。\tag{28}$$

由于这个表示式中并没有包含电流 i 的变化率的项，而且我们知道原电流的变化会对副电路发生一种感应作用，因此我们就不能接受高斯的公式作为带电质点之间的作用的一种真实表示式。

860.〕 然而，如果我们使用韦伯的公式(19)，我们就得到

$$\frac{1}{r^2}\mathrm{d}s\mathrm{d}s'\left(r\frac{\mathrm{d}r}{\mathrm{d}s}\frac{\mathrm{d}i}{\mathrm{d}t}+2i\frac{\mathrm{d}}{\mathrm{d}s}\frac{\mathrm{d}r}{\mathrm{d}t}-i\frac{\mathrm{d}r}{\mathrm{d}s}\frac{\mathrm{d}r}{\mathrm{d}t}\right)\frac{\mathrm{d}r}{\mathrm{d}s'},\tag{29}$$

或者写成 $$\frac{\mathrm{d}}{\mathrm{d}t}\left(\frac{i}{r}\frac{\mathrm{d}r}{\mathrm{d}s}\frac{\mathrm{d}r}{\mathrm{d}s'}\right)\mathrm{d}s\mathrm{d}s'+\frac{i}{r}\left(\frac{\mathrm{d}^2 r}{\mathrm{d}s\mathrm{d}t}\frac{\mathrm{d}r}{\mathrm{d}s'}-\frac{\mathrm{d}^2 r}{\mathrm{d}s'\mathrm{d}t}\frac{\mathrm{d}r}{\mathrm{d}s}\right)\mathrm{d}s\mathrm{d}s'。\tag{30}$$

如果我们对 s 和 s' 求这个表示式的积分，我们就得到关于第二个电路中的电动势的方程如下：$$\frac{\mathrm{d}}{\mathrm{d}t}i\iint\frac{1}{r}\frac{\mathrm{d}r}{\mathrm{d}s}\frac{\mathrm{d}r}{\mathrm{d}s'}\mathrm{d}s\mathrm{d}s'+i\iint\frac{1}{r}\left(\frac{\mathrm{d}^2 r}{\mathrm{d}s\mathrm{d}t}\frac{\mathrm{d}r}{\mathrm{d}s'}-\frac{\mathrm{d}^2 r}{\mathrm{d}s'\mathrm{d}t}\frac{\mathrm{d}r}{\mathrm{d}s}\right)\mathrm{d}s\mathrm{d}s'。\tag{31}$$

现在，当第一个电路是闭合的时候，就有 $$\int\frac{\mathrm{d}^2 r}{\mathrm{d}s\mathrm{d}s'}\mathrm{d}s=0。$$

---

① 在本书的第一版和第二版中，$2v\frac{\mathrm{d}}{\mathrm{d}s}\frac{\mathrm{d}r}{\mathrm{d}t}+2v'\frac{\mathrm{d}}{\mathrm{d}s'}\frac{\mathrm{d}r}{\mathrm{d}t}$ 各项是被略去了的。但是，既然 $\frac{\partial^2}{\partial t}=\left\{v\frac{\mathrm{d}}{\mathrm{d}s}+v'\frac{\mathrm{d}}{\mathrm{d}s'}+\frac{\mathrm{d}}{\mathrm{d}t}\right\}^2$，看来似乎还是应该把它们包括进来，然而当电路闭合时这些项对结果并无影响。

由此即得 $\int \frac{1}{r}\frac{\mathrm{d}r}{\mathrm{d}s}\frac{\mathrm{d}r}{\mathrm{d}s'}\mathrm{d}s=\int\left(\frac{1}{r}\frac{\mathrm{d}r}{\mathrm{d}s}\frac{\mathrm{d}r}{\mathrm{d}s'}+\frac{\mathrm{d}^2 r}{\mathrm{d}s\mathrm{d}s'}\right)\mathrm{d}s=-\int\frac{\cos\varepsilon}{r}\mathrm{d}s$。 (32)

但是由第 423、524 节就有 $\iint\frac{\cos\varepsilon}{r}\mathrm{d}s\mathrm{d}s'=M$。 (33)

如果两个电路都是闭合的，则方程(31)中的第二项等于零，因此我们就可以把第二个电路中的电动势写成 $-\frac{\mathrm{d}}{\mathrm{d}t}(iM)$， (34)

这是和我们已经根据实验确立了的结果相一致的，见第 539 节。

关于把高斯的公式看成起源于从一个带电质点以常值速度传递到另一个带电质点的一种作用的问题

861.〕 高斯在一封写给 W. 韦伯的很有兴趣的信①中，提到了他在很久以前就从事过的一些电动力学的思索；他将会已经发表了这些思索，假如他当时能够确立了他认为是电动力学之真正关键的结果的话，那结果就是，通过考虑带电质点之间的一种作用来推出作用在它们之间的力，而那种作用不是瞬时性的，而是按一种类似于光的传播的方式而在时间中传播的。当他终止他的电动力学研究时，他并没有在进行这种推导方面取得成功，而且他有一种主观的信念，认为要想对这种传播的进行方式形成一种自洽的表示，这种推导首先就是必要的。

有三位杰出的数学家曾经试图提供这一电动力学的关键原理。

862.〕 伯恩哈德·黎曼在 1858 年向格丁根的皇家学会提出了一篇论文，但是随后又撤回了；这篇论文直到作者逝世以后才于 1867 年问世，见 Poggendorff's *Annalen*, bd. cxxxi. pp. 237～263。在这篇论文中，从泊松方程的一种修订形式

$$\frac{\mathrm{d}^2 V}{\mathrm{d}x^2}+\frac{\mathrm{d}^2 V}{\mathrm{d}y^2}+\frac{\mathrm{d}^2 V}{\mathrm{d}z^2}+4\pi\rho=\frac{1}{\alpha^2}\frac{\mathrm{d}^2 V}{\mathrm{d}t^2}$$

出发，黎曼推导了电流的感应现象；在这里，V 是静电势，而 α 是一个速度。

这个方程和表示波及其他扰动在弹性媒质中的传播的方程形式相同。但是作者似乎避免了明白地提到扰动在其中传播的任何媒质。

黎曼所作的数学探索曾由克劳修斯②进行过检查。他不承认数学过程的可靠性，而且证明了势像光一样地传播这一假说既不能导致韦伯的公式也不能导致已知的电动力学定律。

863.〕 克劳修斯也检查了 C. 诺依曼关于《电动力学原理》的另一篇更精密得多的论文③。然而诺依曼却曾经指出④，他的关于势从一个带电质点传到另一个带电质点的理论，是和高斯所提出的、黎曼所采用的并由克劳修斯检查过的那种理论十分不同的；在那

① March 19, 1845, *Werke*, bd. v. 629.

② Pogg., bd. cxxxv. p. 612.

③ Tübingen, 1868.

④ *Mathematische Annalen*, i. 317.

种理论中，传播是和光的传播相像的。相反地，按照诺依曼的看法，势的传播和光的传播之间却存在着要多大就多大的差别。

一个发光体向一切方向发射光，光的强度只依赖于发光体而不依赖于被光照到的物体的存在。

另一方面，一个带电质点发出势，其值$\frac{ee'}{r}$不但依赖于发射质点e，而且依赖于接收质点e'，而且依赖于发射时刻的质点间的距离r。

在光的事例中，强度随光向远方传播而减小；发射出去的势却流到它所作用的物体上而一点也不减小它的原始值。

被照物体所接受的光通常只是射在它上面的光的一部分；被吸引物体所接受的势和到达它的势是完全相同的，或者说是相等的。

除此以外，势的传送速度不是像光的速度那样相对于以太或空间为常量，而却有如一个抛射体的速度那样相对于发射质点在发射时刻的速度而为常量。

由此可见，为了理解诺依曼的理论，我们必须形成一种和我们在考虑光的传播时已经习惯了的表象很不相同的势的传递过程的表象。在高斯看来是必要的那种传递过程能否有一天会作为"可设想的表象"而被人们所接受，我无法断言，但是我自己却没有能够构造出诺依曼理论的一种自洽的思维表象。

864.〕 比萨的比提教授①曾经用一种不同的方式处理了问题。他假设电流在里边流动的那些闭合电路是由一些电路元构成的，而其中每一个电路元都周期性地被极化，也就是按相等的时间阶段而来回地被极化。这些极化的电流元像一些小磁体那样互相发生作用，各磁体的轴线沿电路的切线方向。这种极化的周期在所有的电路中都是相同的。比提假设一个极化电路元对隔着一个距离的另一极化电路元的作用不是瞬时出现的而是在一段和二电路元之间的距离成正比的时间之后才出现的。用这种办法，他求得了一个电路对另一个电路的作用的表示式，和已知为真确的那些表示式相符合。然而，克劳修斯在这一事例中也批评了数学计算的某些部分，其详情在此不赘述。

865.〕 在这些杰出人物的头脑中，似乎对光和热的辐射现象以及在一个距离上的电作用在那里发生的一种媒质有一种偏见或反感。确实，在一个时期之内，那些思索物理现象之原因的人们习惯于借助一种以太流来说明每一种远距作用，那种以太流的功能和性质就是要产生这些作用。他们把全部空间充上了三四种不同的以太，它们的性质只是被发明了来"粉饰外表"的，为的是使更加理性化的研讨者们不但接受牛顿关于远距吸引力的确切定律，而且甚至也接受科太斯②的教条，即认为远距作用是物质的最原始性质之一，而且任何解释都不比这一事实更容易理解。因此，光的波动学说就曾经遇到许多的反对意见，这并不是指向它在解释现象方面的失败，而是指向它的光在其中传播的那种媒质之存在的假设。

866.〕 我们已经看到，在高斯的思想中，电动力学作用的数学表示导致了一种确信，认为一种关于电作用在时间中传播的理论将被发现就是电动力学的基础本身。我们

① *Nuovo Cimento*，xxvii(1868)。

② 见牛顿《自然哲学之数学原理》一书第二版的序。

不能设想时间中的传播，除非是作为一种物质实体在空间中的飞行，或是作为一种运动状态或胁强状态在早已存在于空间中的媒质中的传播。在诺依曼的理论中，我们无法设想为一种物质实体的一个叫做势的数学观念被假设为从一个质点抛射向另一个质点，其方式和一种媒质完全无关，而且正如诺依曼本人已经指出的那样，其方式是和光的传播方式极不相同的。在黎曼和比提的理论中，看来作用是被假设为以一种和光的传播方式更相似的方式而传播的。

但是在所有这些理论中，很自然地会出现一个问题：如果某种东西是越过一段距离而从一个质点传送到另一个质点的，它在已经离开一个质点而尚未到达别的质点时的状况是怎样的呢？如果某种东西像在诺依曼理论中那样是两个质点的势能，我们应该怎样把这种能量想象为存在于一个既不和某一个也不和另外的质点相重合的空间点上呢？事实上，每当能量在时间中从一个物体被传送到另一个物体时，就必然有一种媒质或物质，而能量在离开一个物体以后和到达其他物体之前就是存在于这种媒质或物体中的，因为，正如托里拆利①所指出的那样，能量"是本性上如此稀薄的一种原质，它不能被容纳于除物体的最内在物质以外的任何容器中"。由此可见，所有的这些理论都引向一种媒质的观念，而传播就是在那种媒质中进行的；而且我认为，如果我们采纳这种媒质作为一种假说，它就应该在我们的探索中占据一种突出的地位，而且我们就应该努力构造一种关于它的作用的一切细节的思想表象，而这就一直是我在这部著作中的目标。

---

① *Lezioni Accademiche*(Firenze,1715),p. 25.

图 版

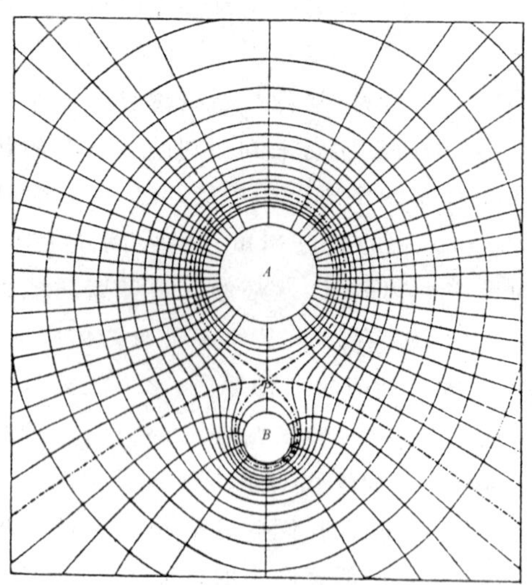

图版 1

(第 118 节)

力线和等势面

$A=20$. $B=5$. P 为平衡点. $AP=\frac{2}{3}AB$.

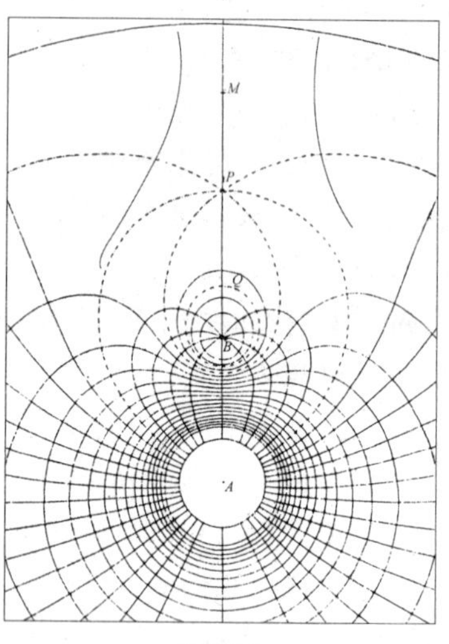

图版 2

(第 119 节)

力线和等势面

$A=20$. $B=-5$. P 为平衡点. $AP=2AB$.

Q 为零势球面,M 为沿轴线的力最大的点,虚线是 $\Psi=0.1$ 的力线。

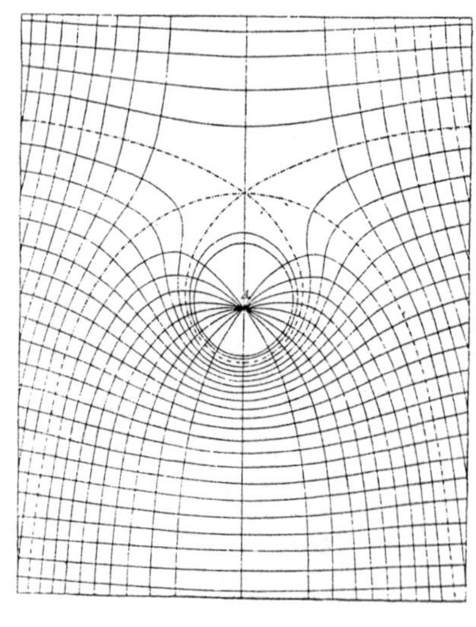

图版 3

(第 120 节)

力线和等势面

$A=10$

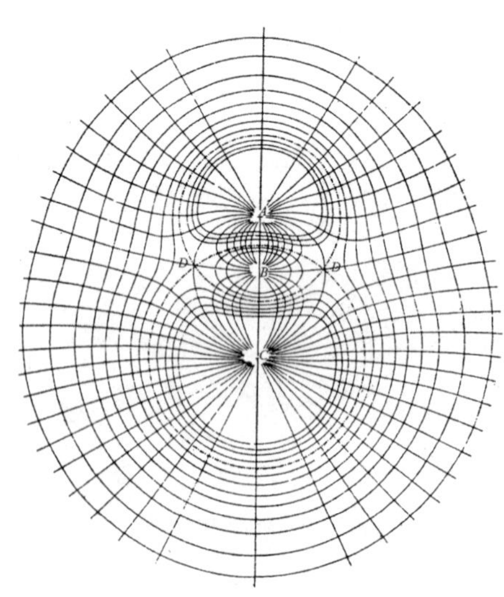

图版 4

(第 121 节)

力线和等势面

$A=15$. $B=12$. $C=20$.

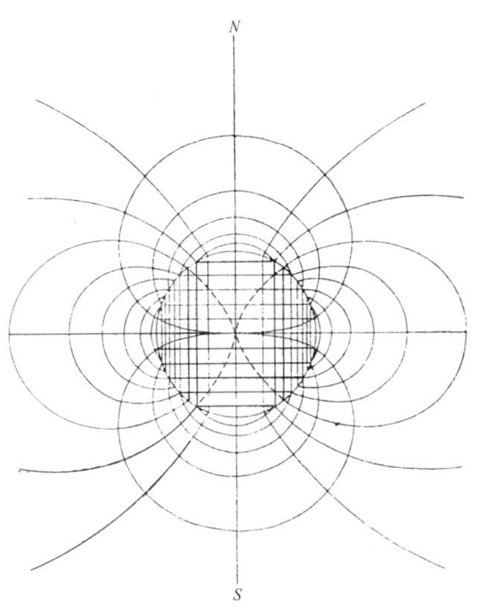

图版 5
(第 143 节)

一个球面的大圆截面上的力线和等势面,该球面上的面密度等于一个一阶谐函数。

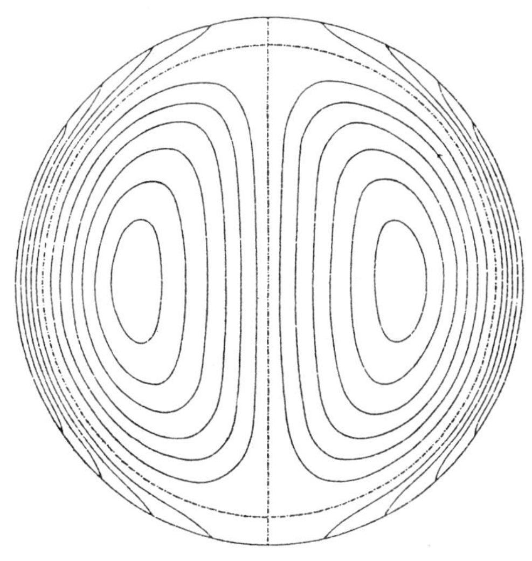

图版 6
(第 143 节)
三阶球谐函数
$n=3$. $O=1$

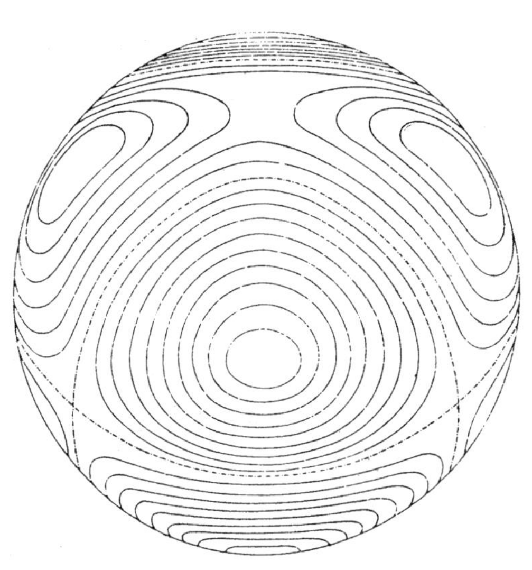

图版 7
(第 143 节)
三阶球谐函数

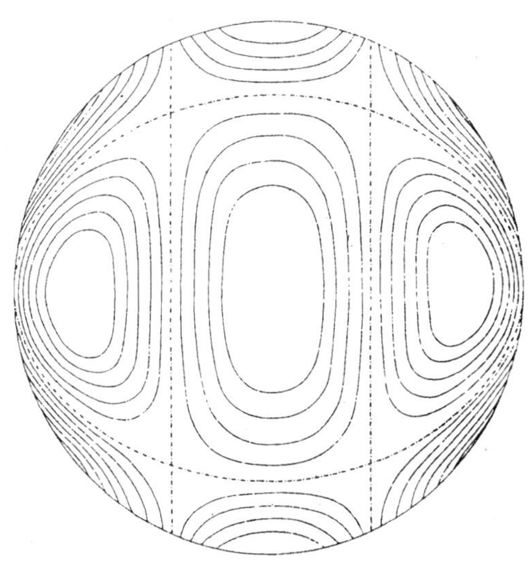

图版 8
(第 143 节)
四阶球谐函数
$n=4$. $O=2$

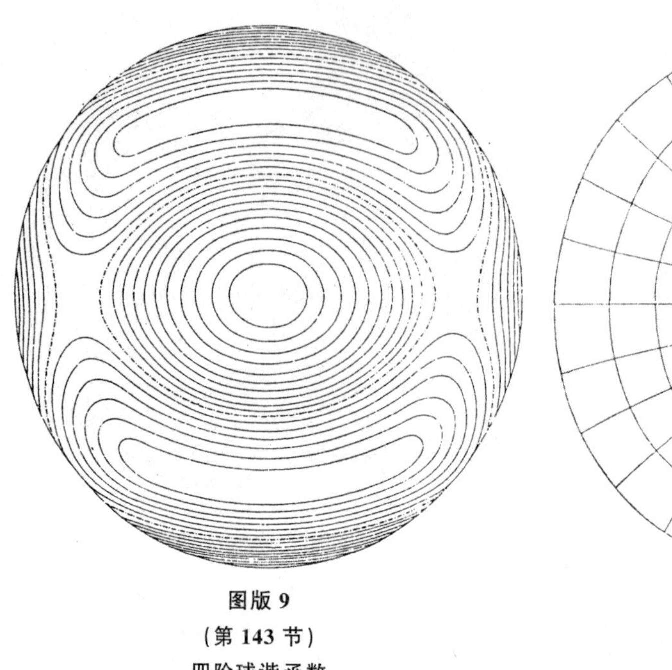

图版 9
（第 143 节）
四阶球谐函数

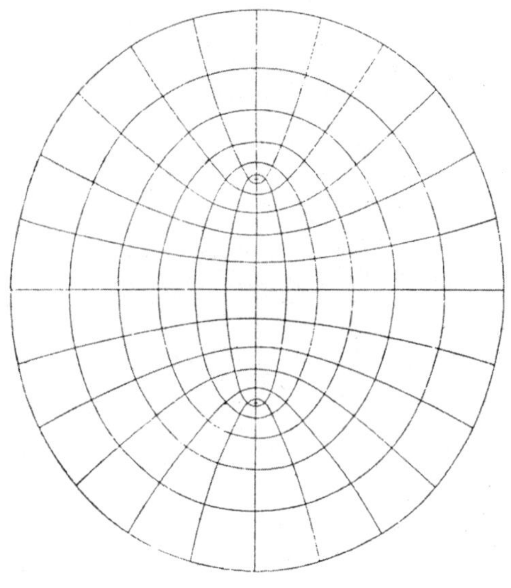

图版 10
（第 192 节）
共焦的椭圆和双曲线

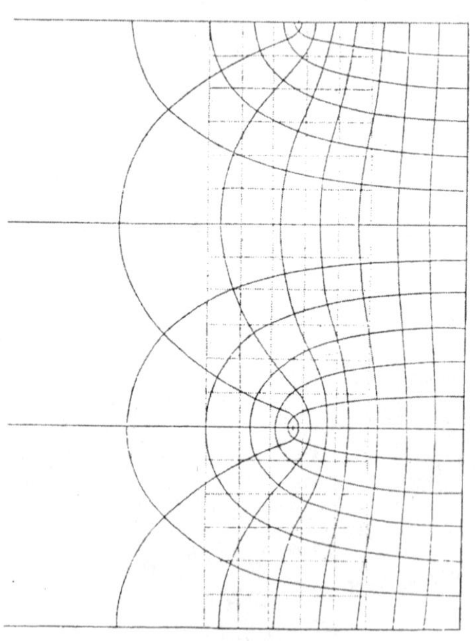

图版 11
（第 193 节）
平板边沿附近的力线

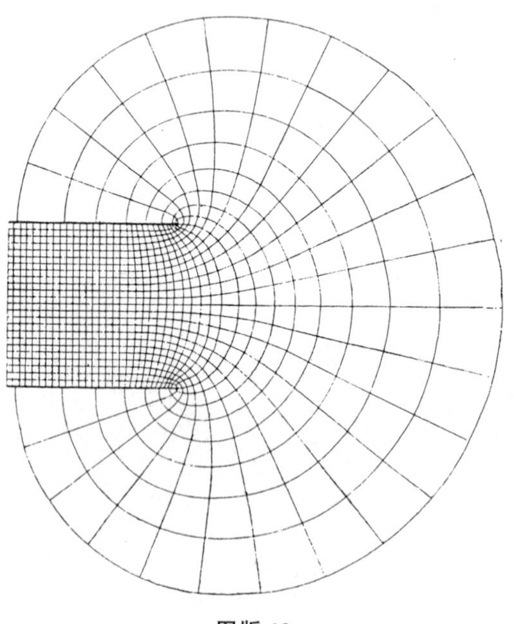

图版 12
（第 202 节）
二平板之间的力线

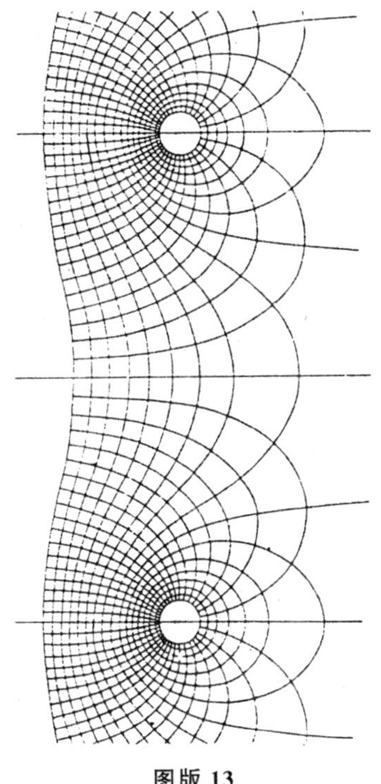

图版 13
(第 203 节)
导线栅附近的力线

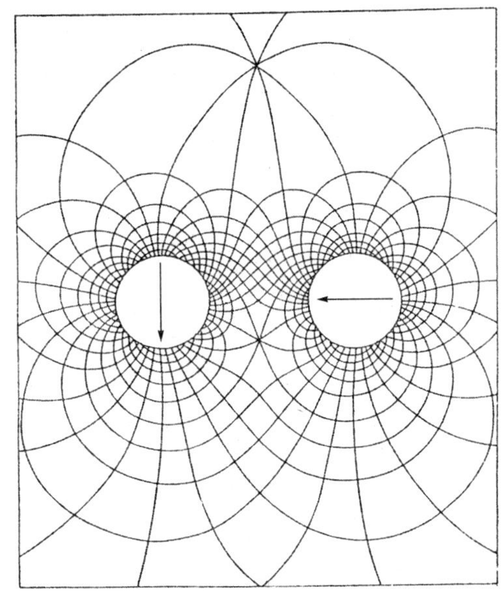

图版 14
(第 388 节)
两个横向磁化的圆柱

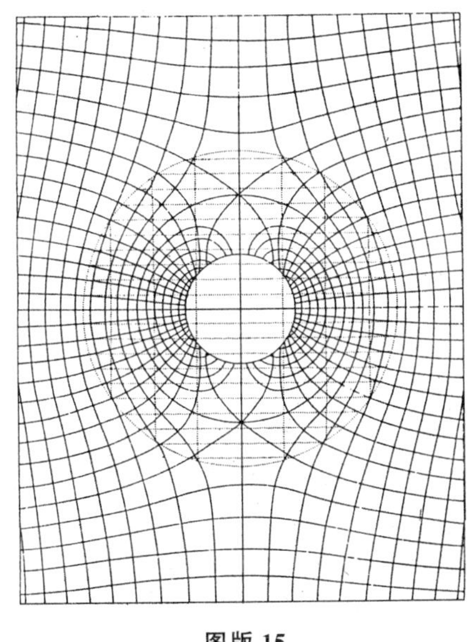

图版 15
(第 434 节)
横向磁化的圆柱,在均匀磁场中沿南北方向摆放

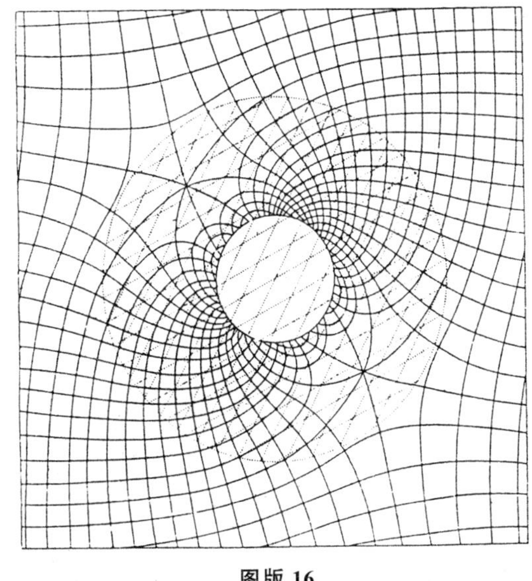

图版 16
(第 436 节)
横向磁化的圆柱,在均匀磁场中沿东西方向摆放

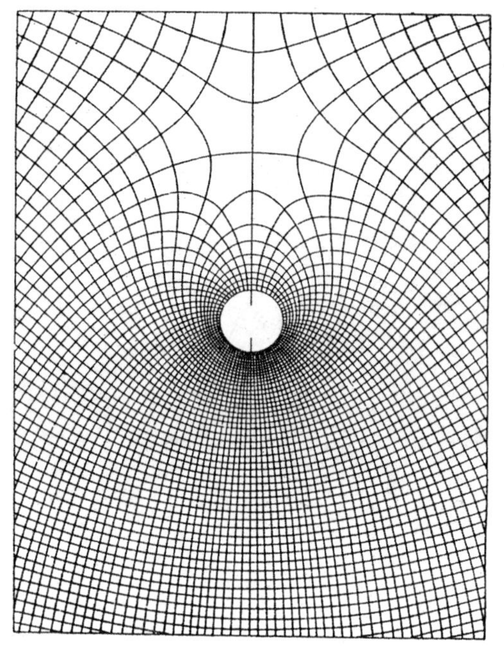

图版 17

（第 496 节）

受到直导体中电流的扰动的均匀磁场

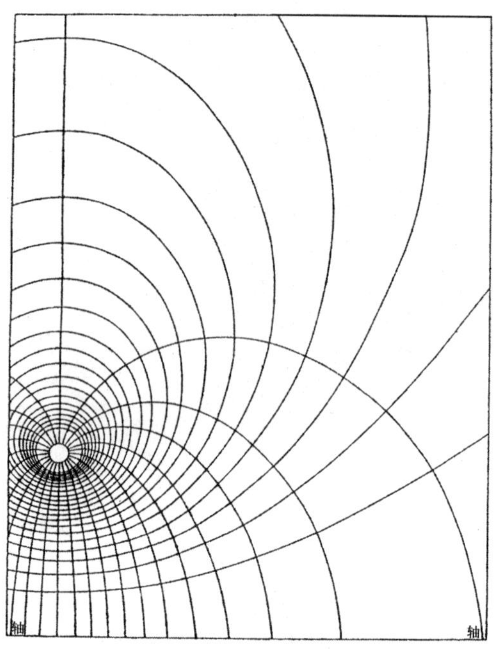

图版 18

（第 487、702 节）

圆形电流

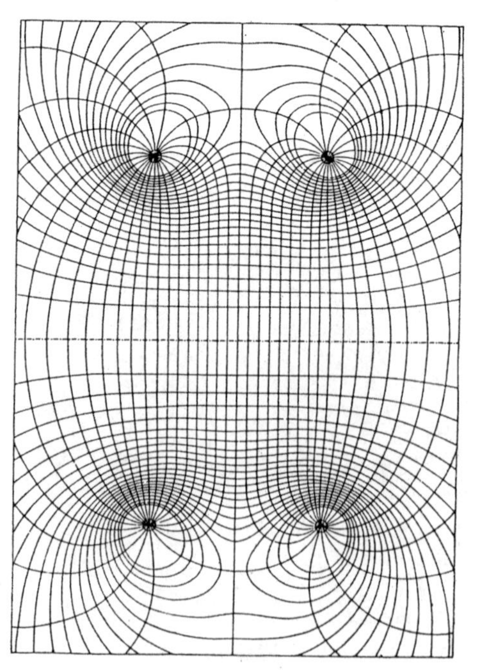

图版 19

（第 731 节）

两个圆形电流

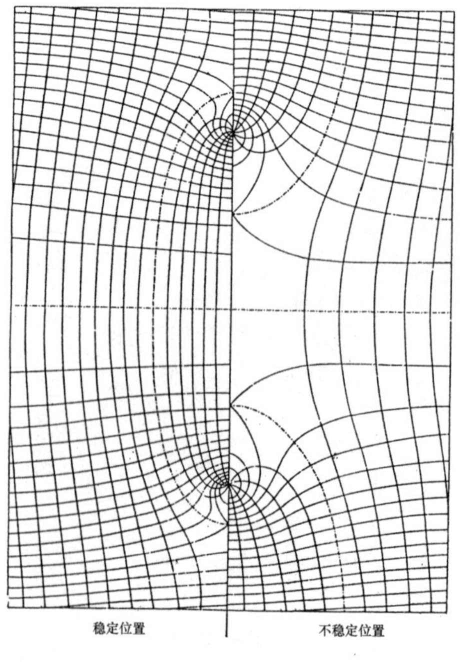

图版 20

（第 225 节）

均匀力场中的圆形电流

科学元典丛书

1 天体运行论 [波兰]哥白尼
2 关于托勒密和哥白尼两大世界体系的对话 [意]伽利略
3 心血运动论 [英]威廉·哈维
4 薛定谔讲演录 [奥地利]薛定谔
5 自然哲学之数学原理 [英]牛顿
6 牛顿光学 [英]牛顿
7 惠更斯光论（附《惠更斯评传》） [荷兰]惠更斯
8 怀疑的化学家 [英]波义耳
9 化学哲学新体系 [英]道尔顿
10 控制论 [美]维纳
11 海陆的起源 [德]魏格纳
12 物种起源（增订版） [英]达尔文
13 热的解析理论 [法]傅立叶
14 化学基础论 [法]拉瓦锡
15 笛卡儿几何 [法]笛卡儿
16 狭义与广义相对论浅说 [美]爱因斯坦
17 人类在自然界的位置（全译本） [英]赫胥黎
18 基因论 [美]摩尔根
19 进化论与伦理学(全译本)(附《天演论》) [英]赫胥黎
20 从存在到演化 [比利时]普里戈金
21 地质学原理 [英]莱伊尔
22 人类的由来及性选择 [英]达尔文
23 希尔伯特几何基础 [德]希尔伯特
24 人类和动物的表情 [英]达尔文
25 条件反射：动物高级神经活动 [俄]巴甫洛夫
26 电磁通论 [英]麦克斯韦
27 居里夫人文选 [法]玛丽·居里
28 计算机与人脑 [美]冯·诺伊曼
29 人有人的用处——控制论与社会 [美]维纳
30 李比希文选 [德]李比希
31 世界的和谐 [德]开普勒
32 遗传学经典文选 [奥地利]孟德尔 等
33 德布罗意文选 [法]德布罗意
34 行为主义 [美]华生
35 人类与动物心理学讲义 [德]冯特
36 心理学原理 [美]詹姆斯
37 大脑两半球机能讲义 [俄]巴甫洛夫
38 相对论的意义：爱因斯坦在普林斯顿大学的演讲 [美]爱因斯坦
39 关于两门新科学的对谈 [意]伽利略
40 玻尔讲演录 [丹麦]玻尔
41 动物和植物在家养下的变异 [英]达尔文

42 攀援植物的运动和习性 [英] 达尔文
43 食虫植物 [英] 达尔文
44 宇宙发展史概论 [德] 康德
45 兰科植物的受精 [英] 达尔文
46 星云世界 [美] 哈勃
47 费米讲演录 [美] 费米
48 宇宙体系 [英] 牛顿
49 对称 [德] 外尔
50 植物的运动本领 [英] 达尔文
51 博弈论与经济行为（60 周年纪念版） [美] 冯·诺伊曼 摩根斯坦
52 生命是什么（附《我的世界观》） [奥地利] 薛定谔
53 同种植物的不同花型 [英] 达尔文
54 生命的奇迹 [德] 海克尔
55 阿基米德经典著作集 [古希腊] 阿基米德
56 性心理学、性教育与性道德 [英] 霭理士
57 宇宙之谜 [德] 海克尔
58 植物界异花和自花受精的效果 [英] 达尔文
59 盖伦经典著作选 [古罗马] 盖伦
60 超穷数理论基础（茹尔丹 齐民友 注释） [德] 康托
61 宇宙（第一卷） [德] 亚历山大·洪堡
62 圆锥曲线论 [古希腊] 阿波罗尼奥斯
化学键的本质 [美] 鲍林

科学元典丛书（彩图珍藏版）

自然哲学之数学原理（彩图珍藏版） [英] 牛顿
物种起源（彩图珍藏版）（附《进化论的十大猜想》） [英] 达尔文
狭义与广义相对论浅说（彩图珍藏版） [美] 爱因斯坦
关于两门新科学的对话（彩图珍藏版） [意] 伽利略

科学元典丛书（学生版）

1 天体运行论（学生版） [波兰] 哥白尼
2 关于两门新科学的对话（学生版） [意] 伽利略
3 笛卡儿几何（学生版） [法] 笛卡儿
4 自然哲学之数学原理（学生版） [英] 牛顿
5 化学基础论（学生版） [法] 拉瓦锡
6 物种起源（学生版） [英] 达尔文
7 基因论（学生版） [美] 摩尔根
8 居里夫人文选（学生版） [法] 玛丽·居里
9 狭义与广义相对论浅说（学生版） [美] 爱因斯坦
10 海陆的起源（学生版） [德] 魏格纳
11 生命是什么（学生版） [奥地利] 薛定谔
12 化学键的本质（学生版） [美] 鲍林
13 计算机与人脑（学生版） [美] 冯·诺伊曼
14 从存在到演化（学生版） [比利时] 普里戈金
15 九章算术（学生版） （汉）张苍 耿寿昌
16 几何原本（学生版） [古希腊] 欧几里得